有机化学提要与习题精解

王永梅　庞美丽　王桂林　吕　键　编著

南开大学出版社

天　津

图书在版编目(CIP)数据

有机化学提要与习题精解 / 王永梅等编著.—天津：
南开大学出版社，2013.1(2023.8 重印)
 ISBN 978-7-310-03905-0

Ⅰ.①有… Ⅱ.①王… Ⅲ.①有机化学－高等学校－
自学参考资料 Ⅳ.①O62

中国版本图书馆 CIP 数据核字(2012)第 094134 号

版权所有　侵权必究

有机化学提要与习题精解
YOUJI HUAXUE TIYAO YU XITI JINGJIE

南开大学出版社出版发行
出版人：陈　敬
地址：天津市南开区卫津路 94 号　邮政编码：300071
营销部电话：(022)23508339　营销部传真：(022)23508542
https://nkup.nankai.edu.cn

天津创先河普业印刷有限公司印刷　全国各地新华书店经销
2013 年 1 月第 1 版　2023 年 8 月第 6 次印刷
260×185 毫米　16 开本　25.75 印张　648 千字
定价:58.00 元

如遇图书印装质量问题,请与本社营销部联系调换,电话:(022)23508339

前 言

近年来有机化学在理论、前沿领域的研究应用方面都有了迅速发展，相应的教学改革也在不断深化，为了配合有机化学教学的需要，我们编写了《有机化学提要与习题精解》一书，目的在于加强学生对新教材的理解，帮助学生巩固基础知识，开阔思路，提高灵活运用所学知识分析问题、解决问题的能力，进而促进有机化学教学质量的不断提高。

本书共分为 22 章，每章由提要、例题和习题（及答案）组成。提要由复习要点、新概念、新知识等部分组成。复习要点概括总结了每章内容，提纲挈领，利于学生复习和总结；新概念部分以词汇（中英文对照）形式表达了每章的新内容，简明扼要，为提高学生专业英语阅读水平打下基础；新知识补充了与书本内容有关的新内容，丰富课本的内容，扩展了学生的知识面，利于学生素质及创新意识的培养。根据每章内容需要略有差别，如有的章节增加了必须掌握的重要反应机理及官能团的检测方法。例题部分精选了与每章的重点和难点有关的典型题目作为示范，指出反应中必须的注意事项；并在必要时归纳有关的解题规律，达到前后知识系统化的目的，可帮助学生解决学习中遇到的困难，既引导学生的解题思路，又便于教师备课时使用。在习题部分，我们精选的习题包括：为巩固学生所学知识必要的练习题；从国内外优秀教材及知名大学（如伯克利等）考题中选取的题目，从不同的角度扩大学生的知识面，帮助学生了解、掌握所学知识；综合性较强、灵活性较高的练习；从文献中选取的题目，让学生了解所学知识在实际中的应用，培养学生理论联系实际分析问题、解决问题的能力。在每章习题后面附有习题答案，有机化学习题的答案常常不止一种，尤其是合成题，所以这些解答仅供参考。

近代物理分析方法有很快的发展，有机化合物结构测定的重要性也日显突出，因此在内容上我们有一定的加强，在对光谱的分析方面我们也有典型的例题及细致的分析，帮助学生提高分析谱图的能力，并配合来源于实际的习题加以巩固。本书系统地介绍了各类有机化合物的英文命名法，并选用了适当的习题加以巩固；还有一些与有机化学有关的生物方向上的发展内容，提供有机化学发展的动向。

本书既适用于化学及化学相关专业本科生、研究生的学习，又适合作为相关高校教师的参考书。

本书由南开大学化学院王永梅教授、庞美丽副教授、博士生吕健，天津师范大学王桂林教授编写。南开大学出版社编辑也为本书提出了有益的建议，为本书的顺利出版作出了重要贡献。

限于编者水平，书中不妥和错误之处在所难免，恳请读者批评指正，互相探讨，共同提高。我们的联系邮箱是：ymw@nankai.edu.cn。

编者
2011.12

内容提要

本书共分为 22 章,每章由提要、例题及习题精选组成,每章后附有习题答案。全书在提要中的新知识介绍,丰富了课本的内容,扩展了学生的知识面;例题部分精选了每章关键的问题,及时地归纳有关的解题规律,并结合前后章节选用综合的习题,达到前后知识系统化的目的,可帮助学生解决学习中遇到的困难,既引导学生的解题思路,又便于教师备课时使用;在习题部分,从文献中选取的题目较多,让学生了解所学知识在实际中的应用,培养学生理论联系实际分析问题、解决问题的能力;在光谱分析方面也有典型的例题和练习,利于学生实际能力的培养。另外,还系统地介绍了各类有机化合物的英文命名法,为提高学生专业英语阅读水平打下基础,同时选用了适当的习题加以巩固。

本书可供化学及化学相关专业本科生、研究生及大学教师使用。

目 录

第一章	绪论	1
第二章	烷烃	3
第三章	脂环烃	12
第四章	烯烃	17
第五章	炔烃和二烯烃	33
第六章	芳香烃	44
第七章	立体化学	63
第八章	卤代烃	78
第九章	醇和酚	103
第十章	醚和环氧化合物	127
第十一章	醛和酮	138
第十二章	核磁共振和质谱	174
第十三章	红外与紫外光谱	191
第十四章	羧酸	213
第十五章	羧酸衍生物	227
第十六章	羧酸衍生物涉及碳负离子的反应及在合成中的应用	254
第十七章	胺	280
第十八章	协同反应	315
第十九章	碳水化合物	334
第二十章	杂环化合物	354
第二十一章	氨基酸、多肽及核酸	376
第二十二章	脂肪、萜、甾族化合物	392

第一章 绪 论

一、复习要点

1. 共价键：（1）共价键的属性（键长、键能、键角）；（2）路易斯结构的画法，不饱和度的计算；（3）共价键与分子极性的关系（偶极矩）。
2. 价键理论：（1）电子配对理论；（2）分子轨道理论；（3）杂化轨道理论。
3. 酸碱理论：（1）勃朗斯台－洛瑞（Brönsted-Lowry）质子酸碱理论，共轭酸碱理论；（2）路易斯（Lewis）电子酸碱理论；（3）软硬酸碱理论（the Hard and Soft Acids and Bases Theory, HSAB）。
4. 有机化合物和有机化学反应的一般特点（与无机化合物和无机化学反应相区别）。
5. 有机化合物的分类（依据官能团进行分类）。
6. 有机化合物的研究手段（各种化学手段及波谱手段）。

二、新概念

八隅体规则（Octet Rule），离子键（Ionic Bond），共价键（Covalent Bond），孤对电子（Lone Pair），键长（Bond Length），键角（Bond Angle），键能（Bond Energy），键偶极矩（Bond Dipole Moment），分子轨道理论（Molecular Orbitals Theory, MO），杂化轨道理论（Hybridized Orbitals Theory）

三、例题

例1 根据如下键离解能数据，计算反应 $CH_4+I_2 \rightarrow CH_3I+HI$ 的 ΔH，并预测反应平衡的趋向。键离解能数据：C－H（427 kJ/mol），I－I（151 kJ/mol），C－I（222 kJ/mol），H－I（297 kJ/mol）。

解 键断裂吸收的能量为+427 kJ/mol（C－H）和+151 kJ/mol（I－I），吸收的总能量为 427+151＝+578 kJ/mol。键形成放出的能量为-222 kJ/mol（C－I）和-297 kJ/mol（H－I），放出的总能量为-222+(-297)＝-519 kJ/mol。该反应的 ΔH＝+578 kJ/mol-519 kJ/mol＝+59 kJ/mol。因 $\Delta H>0$，故总反应是吸热反应，反应不能自发向右进行，平衡偏向逆反应方向。

例2 已知 CO_2 的偶极矩 $\mu=0D$，H_2O 的偶极矩 $\mu=1.84D$，判断这两个分子的几何形状。

解 在 CO_2 分子中，O 原子的电负性比 C 原子大，两个 O＝C 键均为极性键。分子的 $\mu=0D$ 说明分子为对称结构，几何构型应该为直线型，只有这样才能使两个键偶极矩相互抵消。

在 H_2O 分子中，O 原子的电负性比 H 原子大，两个 O－H 键均为极性键。分子的 $\mu=1.84D$，存在一个净偶极矩，说明分子应为弯曲 V 字形结构。

例3 下列分子中，哪些分子中具有极性键？哪些是极性分子？

F$_2$　HF　BrCl　CH$_4$　CHCl$_3$　CH$_3$OH

解 具有极性键的分子：HF, BrCl, CH$_4$, CHCl$_3$, CH$_3$OH；极性分子：HF, BrCl, CHCl$_3$, CH$_3$OH。

例4 下列物质中哪些是两性酸碱物质？写出相应的共轭酸碱结构。

（1）H$_2$O　（2）NH$_3$　（3）NH$_4^+$　（4）Cl$^-$　（5）HCO$_3^-$　（6）HF

解 （1）是，共轭酸 H$_3$O$^+$，共轭碱 OH$^-$；（2）是，共轭酸 NH$_4^+$，共轭碱 NH$_2^-$；（3）不是，共轭碱 NH$_3$，不能接受 H$^+$，无共轭酸；（4）不是，共轭酸 HCl，不能提供 H$^+$，无共轭碱；（5）是，共轭酸 H$_2$CO$_3$，共轭碱 CO$_3^{2-}$；（6）是，共轭酸 H$_2$F$^+$，共轭碱 F$^-$。

第二章 烷 烃

一、复习要点

1. 烷烃结构特点及结构与性质的关系。
2. 烷烃的命名（中、英文的 IUPAC 命名）。
3. 烷烃的构象（正确掌握几种构象的表达形式）。
4. 烷烃的物理性质（了解影响沸点及熔点的因素）。
5. 烷烃的化学性质（卤代、氧化、热裂）。
6. 卤代反应的机理及影响反应活性的因素。

二、新概念

烷烃（Alkane），构象（Conformation），构造异构（Constitutional Isomerism），中间体（Intermediate），过渡态（Transition State），自由基（Free Radical），自由基反应（Free Radical Reaction），反应机理（Reaction Mechanism）

三、例题

例 1 写出分子式为 C_6H_{14} 的烷烃的所有构造异构体。

解

主链碳数	构造式	键线式	备注
6	$CH_3CH_2CH_2CH_2CH_2CH_3$	 ⋀⋀	直链烃
5	$CH_3CHCH_2CH_2CH_3$ $\quad\ \, \vert$ $\quad CH_3$	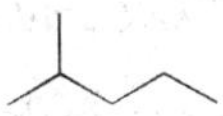	一个甲基，在主链不同位置
	$CH_3CH_2CHCH_2CH_3$ $\qquad\quad \vert$ $\qquad\ \ CH_3$	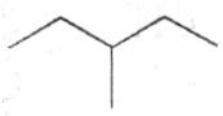	
4	$\qquad CH_3$ $\qquad\ \vert$ $CH_3CH\!-\!CHCH_3$ $\qquad\ \vert$ $\qquad CH_3$	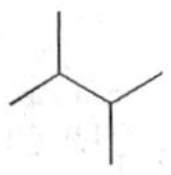	两个甲基，在主链不同位置
	$\qquad\ CH_3$ $\qquad\ \ \vert$ $CH_3CH_2CCH_3$ $\qquad\ \ \vert$ $\qquad\ CH_3$	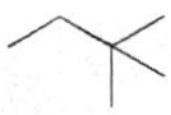	

注意：侧链的碳数应小于其在主链的位次。因此在 C_4 的烷中不能有 2 位的乙基侧链：

$$\overset{1}{C}H_3\overset{2}{C}H\overset{3}{C}H_2\overset{4}{C}H_3 \equiv$$ 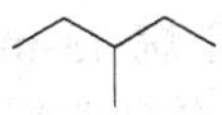
$\qquad\ \vert$
$\quad CH_2CH_3$

例2 写出下列化合物的 IUPAC 中英文名称。

化合物	名称
$(CH_3)_2CHCH_2CH_2CH_3$	2-甲基戊烷(2-methylpentane)
$CH_3CH_2CH-CHCH_3$ 　　　　$\|\ \ \ \|$ 　　　$CH_3\ CH_3$	2,3-二甲基戊烷 (2,3-dimethylpentane)①
$\ \ \ \ \ \ \ \ CH_3\ \ \ \ \ \ CH_3$ $\ \ \ \ \ \ \ \ \|\ \ \ \ \ \ \ \ \ \ \|$ $H_3C-C-CH_2-C-CH_3$ $\ \ \ \ \ \ \ \ \|\ \ \ \ \ \ \ \ \ \ \|$ $\ \ \ \ \ \ \ \ CH_3\ \ \ \ \ \ CH_3$	2,2,4,4-四甲基戊烷 (2,2,4,4-tetramethylpentane)②
$\ \ \ \ \ \ \ \ \ CH_3\ \ CH_3$ $\ \ \ \ \ \ \ \ \ \|\ \ \ \ \ \|$ $H_3C-CHCHCHCH_3$ $\ \ \ \ \ \ \ \ \ \ \ \ \ \|$ $\ \ \ \ \ \ \ \ \ \ \ \ CH_2$ $\ \ \ \ \ \ \ \ \ \ \ \ CH_2CH_3$	2-甲基-3-异丙基庚烷 (3-isopropyl-2-methylheptane)③
$\ \ \ \ \ \ \ \ \ \ \ \ \ CH_3$ $\ \ \ \ \ \ \ \ \ \ \ \ \ \|$ $\ \ \ \ \ \ \ \ \ \ \ \ \ CH_2\ \ \ CH_3$ $\ \ \ \ \ \ \ \ \ \ \ \ \ \|\ \ \ \ \ \ \ \|$ $CH_3CH_2CH_2-C-\!\!-\!\!CH-CH_3$ $\ \ \ \ \ \ \ \ \ \ \ \ \ \|$ $\ \ \ \ \ \ \ \ \ \ \ \ \ CH_2\ CH_3$ $\ \ \ \ \ \ \ \ \ \ \ \ \ \|$ $\ \ \ \ \ \ \ \ \ \ H_3C-CH$ $\ \ \ \ \ \ \ \ \ \ \ \ \ \|$ $\ \ \ \ \ \ \ \ \ \ \ \ \ CH_3$	2,3,6-三甲基-4-乙基-4-丙基庚烷 (4-ethyl-2,3,6-trimethyl-4-propylheptane)④
$\ \ \ \ \ \ \ \ CH_3\ \ \ \ \ \ \ \ CH_3$ $\ \ \ \ \ \ \ \ \|\ \ \ \ \ \ \ \ \ \ \ \ \|$ $H_3C-CH-CH_2-CH-CH_3$ $\ \ \ \ \ \ \ \ \ \ \ \ \ \ \ \ \|$ $\ \ \ \ \ \ \ \ \ \ \ \ \ \ \ \ CH_2$ $\ \ \ \ \ \ \ \ \ \ \ \ \ \ \ \ CH_3$	2,5-二甲基-3-乙基己烷 (3-ethyl-2,5-dimethylhexane)⑤
$\ \ \ \ \ \ \ \ \ \ \ \ CH_3$ $\ \ \ \ \ \ \ \ \ \ \ \ \|$ $CH_3CH_2-CH-CHCH_2CH_3$ $\ \ \ \ \ \ \ \ \ \ \ \ \ \ \ \ \ CH_2CH_3$	3-甲基-4-乙基己烷 (3-ethyl-4-methylhexane)⑥

说明：①从距取代基近的一端开始编号。②每个取代基的位置均用数字标明。③选最长的链为主链，而不是书写的直链。④有相同长度的链时，选取代基最多的链为主链。⑤编号时使取代基编号依次最小，英文取代基按字母顺序排列，表示取代基个数的字头不参与排序。⑥中文命名给较小的取代基以较小位次，英文命名给字母顺序在前的取代基以较小的位次。

例3 给化合物 $CH_3CH_2CH-CH_2CHCH_2CH_2CH_3$
　　　　　　　　　　　$\ \ \ \ \ \ \ \ \ \ \ \ \ \ \ \|\ \ \ \ \ \ \ \ \ \ \ \|$
　　　　　　　　　　　$\ \ \ \ \ \ \ \ \ \ \ \ \ \ CH_3\ \ \ \ \ CHCH_3$
　　　　　　　　　　　$\ \|$
　　　　　　　　　　　$\ CHCH_3$
　　　　　　　　　　　$\ \|$
　　　　　　　　　　　$\ CH_3$ 命名。

解　　　$\overset{1}{C}H_3\overset{2}{C}H_2-\overset{3}{C}H-\overset{4}{C}H_2\overset{5}{C}H\overset{6}{C}H_2\overset{7}{C}H_2\overset{8}{C}H_2\overset{9}{C}H_3$
　　　　　　　　　　　$\ \ \ \ \ \ \ \ \ \ \ \|\ \ \ \ \ \ \ \ \ \ \ \ \|$
　　　　　　　　　　　$\ \ \ \ \ \ \ \ \ CH_3\ \ \ 1'CHCH_3$
　　　　　　　　　　　$\ 2'CHCH_3$
　　　　　　　　　　　$\ 3'\ CH_3$

该化合物有较复杂的侧链，需对侧链的取代基进行编号，编号从与主链碳原子相连的支链碳原子开始，号码用带撇（'）的数字。化合物中 5 位的较复杂的侧链表示为（1',2'-二甲基丙基），故该化合物命名为：

3-甲基-5-(1',2'-二甲基丙基)壬烷 (3-methyl-5-(1',2'-dimethylpropyl)nonane)。

例4 写出 1,2-二氯乙烷的各种典型构象的投影式及名称，并解释为什么其偶极矩随温度的降低而减小。

温度 T（K）　　223　　248　　273　　298　　323
偶极矩 D　　　1.13　1.21　1.30　1.36　1.42

解

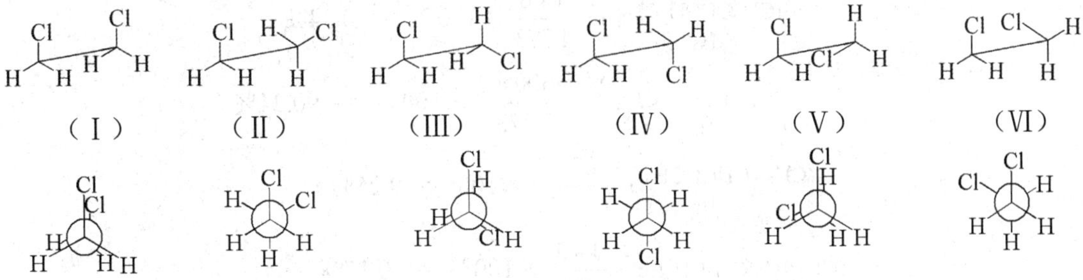

（I）　　（II）　　（III）　　（IV）　　（V）　　（VI）

其中（II）和（VI）能量相等，（III）和（V）能量相等，但为两种不同的构象，对位交叉式最稳定。

在常温下，1,2-二氯乙烷是各种构象的平衡混合物，各种构象可依靠分子热运动的能量克服其能垒而相互转变。但在低温时，占优势的构象是能量最低的对位交叉构象（IV），其对称性最好，偶极矩最小（为零），而随温度的升高，其他能量较高的构象比例增加，从构象式可以看出，它们的偶极矩均大于对位交叉式，能量最高的全重叠式偶极矩也最大（I）。所以，偶极矩必然随温度降低而减少。

例5 （1）2-甲基丁烷的氯代得一氯代产物的混合物（多氯代产物除外），其比例为2-甲基-1-氯丁烷（28%），2-甲基-2-氯丁烷（23%），2-甲基-3-氯丁烷（35%），3-甲基-1-氯丁烷（14%）。试说明这些产物是如何形成的，并计算伯氢、仲氢、叔氢的相对活性。

（2）已知C—H键对于溴原子的相对反应活性有如下比例关系，伯:仲:叔＝1:82:1 600，计算2-甲基丁烷溴代时各种一溴代物的百分数。

（3）解释从氯代和溴代所得到的不同结果。

（4）推测氟代反应的选择性。

解（1）
$$H_3C-\underset{CH_3}{\underset{|}{C}}H-CH_2CH_3 + Cl\cdot \xrightarrow{-HCl}$$

$$\begin{array}{l}
H_3C-\underset{CH_3}{\underset{|}{C}}H-CH_2CH_3 \\
H_3C-\underset{CH_3}{\underset{|}{C}}-CH_2CH_3 \\
H_3C-\underset{CH_3}{\underset{|}{C}}H-\dot{C}HCH_3 \\
H_3C-\underset{CH_3}{\underset{|}{C}}H-CH_2\dot{C}H_2
\end{array} \longrightarrow \begin{array}{l}
ClH_2C-\underset{CH_3}{\underset{|}{C}}H-CH_2CH_3 + Cl\cdot \\
H_3C-\underset{CH_3}{\underset{|}{C}}Cl-CH_2CH_3 + Cl\cdot \\
H_3C-\underset{CH_3}{\underset{|}{C}}H-\underset{|}{CHCl}CH_3 + Cl\cdot \\
H_3C-\underset{CH_3}{\underset{|}{C}}H-CH_2CH_2Cl + Cl\cdot
\end{array}$$

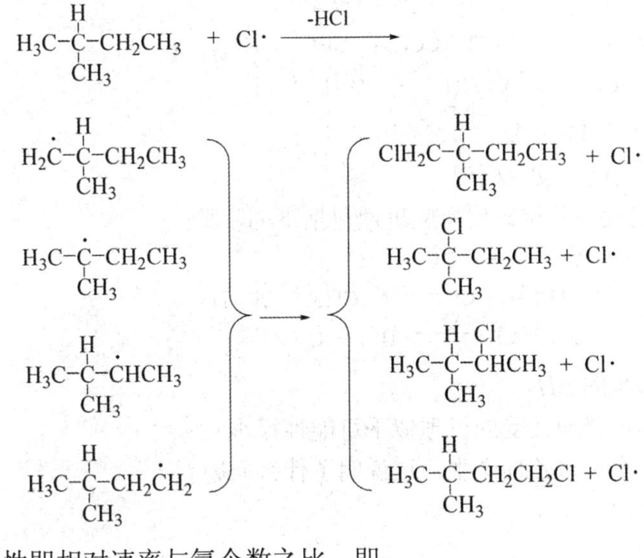

相对活性即相对速率与氢个数之比，即：

伯氢：仲氢：叔氢 = [(28+14)/9]∶(35/2)∶(23/1) = 1∶3.8∶5

（2）整个反应活性总和（总反应速率）= 9×1+2×82+1×1600 = 1773

各种产物的百分数：$\dfrac{\text{分速率}}{\text{总速率}} = \dfrac{\text{相对活性} \times \text{氢个数}}{\text{各分速率之和}}$

$\text{BrCH}_2\text{CHCH}_2\text{CH}_3$：$\dfrac{1\times 6}{1773} \times 100\% = 0.34\%$
　　　$|$
　　　CH_3

$(\text{CH}_3)_2\text{CCH}_2\text{CH}_3$：$\dfrac{1600\times 2}{1773} \times 100\% = 90.24\%$
　　　$|$
　　　Br

$(\text{CH}_3)_2\text{CHCHCH}_3$：$\dfrac{82\times 2}{1773} \times 100 = 9.25\%$
　　　　$|$
　　　　Br

$(\text{CH}_3)_2\text{CHCH}_2\text{CH}_2\text{Br}$：$\dfrac{1\times 3}{1773} \times 100\% = 0.17\%$

（3）Cl·比 Br·更活泼，反应所需要活化能较低，过渡态更接近于反应物，因此，不同类型的氢反应的活化能差别小，产物受几率因素影响较大。Br·的活性较小，过渡态接近于自由基中间体，伯、仲、叔 3 种自由基能量有一定差别（分别为 410 kJ/mol、390 kJ/mol、381 kJ/mol），因此，反应活化能差别大，溴选择性强，决定产物的因素通常是各种 H 的活化差别。

（4）氟原子活性比氯大，因此选择性比氯差，抽提一级氢原子和三级氢原子的比为 1∶1.4。

例 6 叔丁基过氧化物是一种稳定而便于操作的液体，可作为一个方便的自由基来源：

$$(\text{CH}_3)_3\text{C-O-O-C}(\text{CH}_3)_3 \xrightarrow{30℃ \text{ or } h\nu} 2(\text{CH}_3)_3\text{C-O}\cdot$$

叔丁烷和 CCl$_4$ 的混合物在 130℃～140℃时十分稳定，假如加入少量叔丁基过氧化物就会发生反应，主要生成叔丁基氯和氯仿，同时也得到少量的叔丁醇，其量相当于所加的过氧化物。试写出这个反应的可能机理的所有步骤。

解

（1） $(\text{CH}_3)_3\text{C-O-O-C}(\text{CH}_3)_3 \xrightarrow{30℃ \text{ 或 } h\nu} 2(\text{CH}_3)_3\text{C-O}\cdot$ ⎫ 链引发

（2） $(\text{CH}_3)_3\text{CO}\cdot + (\text{CH}_3)_3\text{CH} \longrightarrow (\text{CH}_3)_3\text{COH} + (\text{CH}_3)_3\text{C}\cdot$ ⎭

（3） $(\text{CH}_3)_3\text{C}\cdot + \text{CCl}_4 \longrightarrow (\text{CH}_3)_3\text{CCl} + \text{Cl}_3\text{C}\cdot$ ⎫ 链传递

（4） $\text{Cl}_3\text{C}\cdot + (\text{CH}_3)_3\text{CH} \longrightarrow \text{Cl}_3\text{CH} + (\text{CH}_3)_3\text{C}\cdot$ ⎭

然后（3）、（4），（3）、（4）重复。

例 7 （1）写出乙烷氯代的反应机理。

（2）1940 年以前人们设想乙烷氯代反应机理包括下列步骤：

$$\text{Cl}_2 \longrightarrow 2\text{Cl}\cdot$$
$$\text{CH}_3\text{CH}_3 + \text{Cl}\cdot \longrightarrow \text{CH}_3\text{CH}_2\text{Cl} + \text{H}\cdot$$
$$\text{H}\cdot + \text{Cl}_2 \longrightarrow \text{HCl} + \text{Cl}\cdot$$

①计算这些步骤中每步的 ΔH。

②为什么这个机理作为普遍接受的机理似乎可能性很小？

（3）乙烷氯代反应中有少量乙烯产生，这说明了什么问题？

解

(1) $Cl_2 \longrightarrow 2Cl\cdot$

$\underset{410 \text{ kJ/mol}}{Cl\cdot + CH_3CH_3} \longrightarrow CH_3CH_2\cdot + \underset{431 \text{ kJ/mol}}{HCl} \quad \Delta H = -21 \text{ kJ/mol}$

$CH_3CH_2\cdot + Cl_2 \longrightarrow CH_3CH_2Cl + Cl\cdot$

(2) $Cl_2 \longrightarrow 2Cl\cdot \quad \Delta H = 243 \text{ kJ/mol}$ ①

$\underset{410 \text{ kJ/mol}}{Cl\cdot + CH_3CH_2{-}H} \longrightarrow CH_3CH_2{-}Cl + \underset{351 \text{ kJ/mol}}{HCl} \quad \Delta H = 59 \text{ kJ/mol}$

$\underset{243 \text{ kJ/mol}}{Cl{-}Cl} + H\cdot \longrightarrow H{-}Cl + Cl\cdot \quad \Delta H = -188 \text{ kJ/mol}$ ②
$\phantom{243 \text{ kJ/mol}}\phantom{Cl{-}Cl + H\cdot \longrightarrow}\underset{431\text{kJ/mol}}{\phantom{H{-}Cl}}$

链传递步骤②中活化能不小于 59 kJ/mol，比按（1）中方式（现在确认方式）进行活化能高出许多，反应难以进行，更重要的原因是空间因素。由于一价原子比高价原子更为暴露，容易受自由基的进攻。实验表明，自由基抽提的部分几乎没有四价、三价和二价原子。

（3）自由基可歧化

$$CH_3CH_2\cdot + \underset{H}{CH_2CH_2}\cdot \longrightarrow H_2C{=}CH_2 + CH_3CH_3$$

它与自由基二聚一样也是链中止的一种方式。

四、习题

2.1 写出分子式为 C_7H_{16} 的所有烷烃的构造异构体，并用系统命名法（中、英）命名。

2.2 写出下列化合物的构造式：（1）*n*-butane；（2）tetramethylbutane；（3）isopentane；（4）neopentane。

2.3 写出下列烷基的构造式：（1）Et-；（2）*i*-Pr-；（3）neopentyl；（4）*s*-Bu-；（5）*t*-Bu-；（6）Me-。

2.4 下列化合物的命名不符合系统命名法，试指出违背哪些原则，并加以改正：（1）1,1-dimethylpropane（1,1-二甲基丙烷）；（2）2-ethyl-hexane（2-乙基己烷）；（3）isobutane（异丁烷）；（4）1,1-dimethylbutane（1,1-二甲基丁烷）；（5）3,4-dimethylpentane（3,4-二甲基戊烷）。

2.5 用系统命名法（中、英）命名下列化合物。

(1) $CH_3CH_2CH_2CHCH_3$
         $|$
         CH_2
         $|$
         CH_3

(2) $CH_3CH_2\underset{\underset{CH(CH_3)_2}{|}}{CH}CH_2CH_2\underset{\underset{CH_2CH_3}{|}}{\overset{\overset{CH_3}{|}}{C}}CH_3$

(3) $C_2H_5{-}\underset{\underset{CH_2CH_3}{|}}{\overset{\overset{CH_3}{|}}{C}}{-}\overset{\overset{CH_3}{|}}{C}HCHCH(CH_3)_2$

(4) $(CH_3)_2CHCH_2CH(CH_3)_2$

(5) $C_2H_5{-}\overset{\overset{H}{|}}{\underset{\underset{CH_3}{|}}{C}}{-}CH_2{-}\overset{\overset{CH_3}{|}}{\underset{\underset{H}{|}}{C}}{-}CH{-}CH_2CH_2CH(CH_3)_2$
$\phantom{C_2H_5{-}C{-}CH_2{-}C{-}}\underset{\underset{CH(CH_3)_2}{|}}{\overset{|}{CH_2}}$

(6) $CH_3CH_2CH_2\overset{\overset{CH_3}{|}}{C}HCH_2\underset{\underset{CH_3}{|}}{\overset{\overset{CH_2CH_3}{|}}{C}}H_2CH_3$
$H_3C{-}CH_2{-}C{-}CH_2CH_3$

2.6 下面化合物具有复杂的侧链，请给出正确的（中、英）命名。

(1) 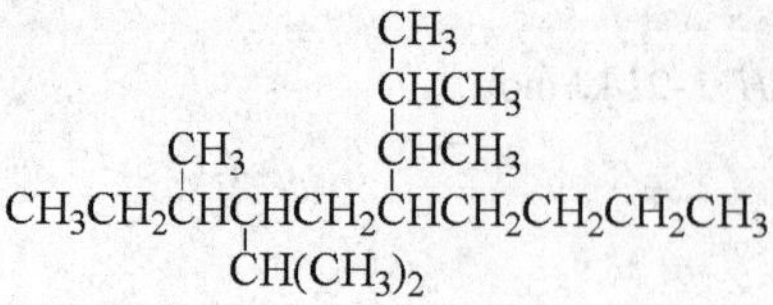 CH₃CH₂CHCH₂CHCH₂CH₂CH₃
　　　　 |　　　　|
　　　　 CH₃　　 CHCH₃
　　　　　　　　　|
　　　　　　　 CH(CH₃)₂

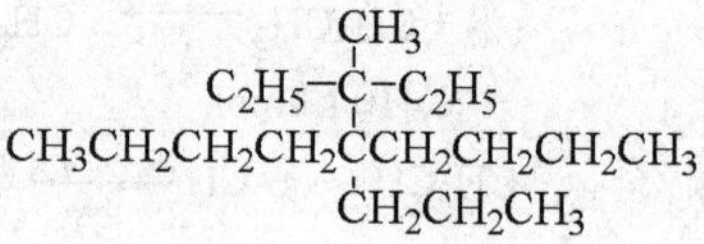

(2) CH₃CH₂CH₂CH₂CCH₂CH₂CH₃
　　　　　　　　　|
　　　　　 C₂H₅—C—C₂H₅
　　　　　　　　　|
　　　　　　　CH₂CH₃

(3) （支化碳骨架结构）

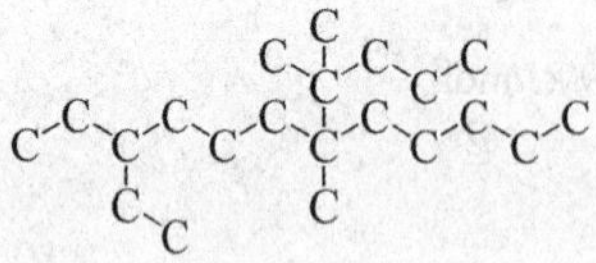

2.7（1）标出 2,2,4-三甲基戊烷中相应的碳和氢是几级碳和几级氢；（2）写出将上述烷烃进行一氯代反应时得到的全部产物的构造式。

2.8 不要查表，试将下列烷烃按沸点降低的次序排列：(1) 3,3-二甲基戊烷；(2) 正庚烷；(3) 2-甲基庚烷；(4) 2-甲基己烷；(5) 正戊烷。并指出排列顺序的一般原则。

2.9 某些高级烷烃的氯代反应能被用于实验室制备氯代烷，例如新戊烷制备新戊基氯，由环己烷制备氯代环己烷。试问：(1) 这些化合物的何种结构特征使这种制备方法成为可能？(2) 你能否再举出一个具有上述结构特征的化合物吗？

2.10 如果形成一种自由基比形成另一种自由基需要的能量少，这只能意味着相对于形成自由基的母体烷烃的一种自由基比另一种自由基含有较少的能量，也就是说更稳定一些。求：

(1) 根据键离解能数据，排列下述自由基的稳定性：·CH₃、CH₃CH₂·、(CH₃)₂CH·、(CH₃)₃C·、H₂C=CH·、CH₂=CH—CH₂·、C₆H₅CH₂·。键离解能数据如下（kJ/mol）：CH₃—H，435；C₂H₅—H，410；(CH₃)₂CH—H，397；(CH₃)₃C—H，381；CH₂=CH—H，461；CH₂=CHCH₂—H，368；C₆H₅CH₂—H，360。

(2) 根据 (1) 的结论，预测下列反应的主要产物：

$$H_2C=CH-CH_3 \xrightarrow[\text{高温}]{Cl_2} ; \quad C_6H_5CH_3 \xrightarrow[\text{光}]{Cl_2}$$

(3) 比较 ⌬ 与 （叔碳基环己烷）的稳定性，说明自由基的稳定性还与什么有关。

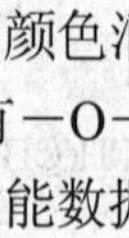

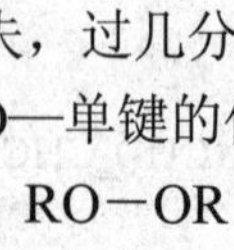

2.11 写出下列化合物一氯代物及一溴代物的构造式，并估算它们的相对产率：(1) 丁烷；(2) 2,2,4-三甲基戊烷（参考本章例4）。

2.12 六苯基乙烷为白色固体物质，当溶于乙醚中时，溶液呈黄色，若迅速地振荡则由于与空气接触而颜色消失，过几分钟后黄色又出现，试解释此现象。

2.13 具有—O—O—单键的化合物叫做过氧化物，它常常被用作自由基链反应的引发剂，考查有关的键能数据：RO—OR 197 kJ/mol，O—H 464 kJ/mol，C—H（平均）415.5 kJ/mol。说明为什么过氧化物是一种特别有效的自由基引发剂。

2.14 用透视式和纽曼式画出下列化合物的极限构象式：(1) 异戊烷；(2) 1,2-二溴乙烷。

2.15 考虑两步反应：$A \underset{k_2}{\overset{k_1}{\rightleftharpoons}} B \overset{k_3}{\underset{k_4}{\rightleftharpoons}} C$，它的反应过程能量关系如图1—1。问：

(1) 整个反应 A→C 是放热反应还是吸热反应？
(2) 标出过渡状态，哪一个过渡状态决定反应速度？

（3）下列哪一个速度常数大小顺序正确？
 A. $k_1>k_2>k_3>k_4$　　　　B. $k_2>k_3>k_1>k_4$
 C. $k_4>k_1>k_3>k_2$　　　　D. $k_3>k_2>k_4>k_1$
（4）哪一个是最稳定的化合物？
（5）哪一个是最不稳定的化合物？

2.16 定性画出溴与乙烷反应生成溴乙烷的反应进程图。标明反应物、中间体、过渡态的结构及其相应位置，并指出反应决速步骤。

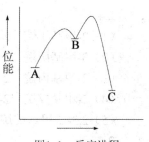

图1-1　反应进程

五、习题参考答案

2.1

结构	中文名	英文名
CH₃CH₂CH₂CH₂CH₂CH₂CH₃	庚烷	heptane
CH₃CHCH₂CH₂CH₂CH₃ 　　｜ 　　CH₃	2-甲基己烷	2-methylhexane
CH₃CH₂CHCH₂CH₂CH₃ 　　　｜ 　　　CH₃	3-甲基己烷	3-methylhexane
CH₃CH₂CHCH₂CH₃ 　　　｜ 　　　CH₂CH₃	3-乙基戊烷	3-ethylpentane
CH₃ 　　　｜ CH₃CCH₂CH₂CH₃ 　　　｜ 　　　CH₃	2,2-二甲基戊烷	2,2-dimethylpentane
CH₃ 　　　　｜ CH₃CH₂CCH₂CH₃ 　　　　｜ 　　　　CH₃	3,3-二甲基戊烷	3,3-dimethylpentane
CH₃ 　　｜ CH₃CHCHCH₂CH₃ 　　　　｜ 　　　　CH₃	2,3-二甲基戊烷	2,3-dimethylpentane
CH₃CHCH₂CHCH₃ 　　｜　　　｜ 　　CH₃　　CH₃	2,4-二甲基戊烷	2,4-dimethylpentane
CH₃ 　　｜ CH₃C—CHCH₃ 　　｜　｜ 　　CH₃ CH₃	2,2,3-三甲基丁烷	2,2,3-trimethylbutane

2.2

（1）CH₃CH₂CH₂CH₃　　（2）(CH₃)₃C—C(CH₃)₃　　（3）CH₃CHCH₂CH₃
　　　　　　　　　　　　　　　　　　　　　　　　　　　　　　｜
　　　　　　　　　　　　　　　　　　　　　　　　　　　　　CH₃
（4）(CH₃)₄C

2.3

（1）CH₃CH₂—　　　（2）(CH₃)₂CH—　　　（3）(CH₃)₃CCH₂—

（4）CH₃CHCH₂CH₃　（5）(CH₃)₃C—　　　（6）CH₃—
　　　｜

2.4
(1) 2-甲基丁烷 2-methylbutane 错误：没选最长的碳链为主链。
(2) 3-甲基庚烷 3-methylheptane 错误：没选最长的碳链为主链。
(3) 2-甲基丙烷 2-methylpropane 错误：系统命名中不采用正、异、新的词头。
(4) 2-甲基戊烷 2-methylpentane 错误：没选最长的碳链为主链。
(5) 2,3-二甲基戊烷 2,3-dimethylpentane 错误：应从靠近取代基最近的一端起编号。

2.5
(1) 3-甲基己烷 3-methylhexane
(2) 2,6-二甲基-3,6-二乙基辛烷 3,6-diethyl-2,6-dimethyloctane
(3) 2,3,5-三甲基-4-丙基庚烷 2,3,5-trimethyl-4-propylheptane
(4) 2,4-二甲基戊烷 2,4-dimethylpentane
(5) 2,7,9-三甲基-6-(2′-甲基丙基)十一烷 2,7,9-trimethyl-6-(2′-methylpropyl)undecane
(6) 3,5,5,6-四甲基-3-乙基壬烷 3-ethyl-3,5,5,6-tetramethylnonane

2.6
(1) 3-甲基-4-异丙基-6-(1′,2′-二甲基丙基)癸烷
    6-(1′,2′-dimethylpropyl)-4-isopropyl-3-methyldecane
(2) 5-乙基-5-(1′-甲基-1′-乙基丙基)壬烷 5-ethyl-5-(1′-ethyl-1′-methylpropyl)nonane
(3) 7-甲基-3-乙基-7-(1′,1′-二甲基丁基)十二烷 7-(1′,1′-dimethylbutyl)-3-ethyl-7-methyldodecane

2.7

(1) 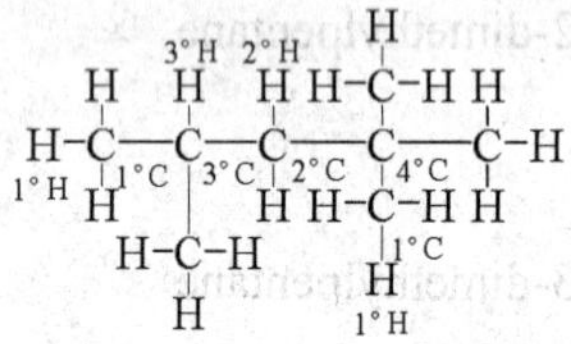 [结构式图]

(2) [氯代反应方程式图]

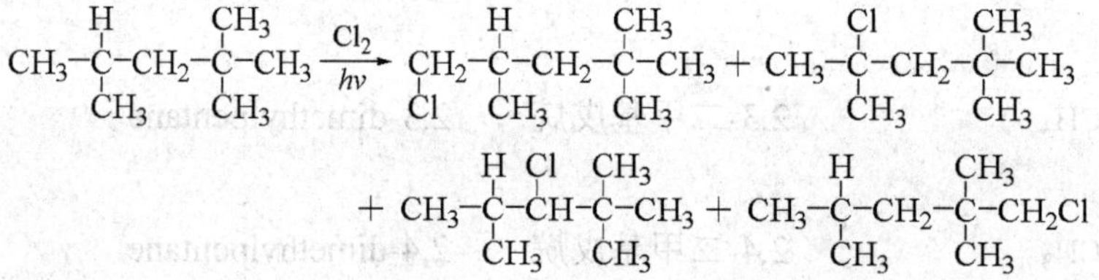

2.8 （3）＞（2）＞（4）＞（1）＞（5）
首先根据分子量大小顺序排列。分子量大的沸点高；分子量相同，分支少，沸点高。

2.9 （1）这些化合物分子中的全部氢都是等同的。因此，在使用过量烷烃的情况下，可以良好的产率制得一卤代烷。（2）环丁烷、乙烷

2.10（1）根据键能数据可以看出，自由基能量高低次序大致如下：
$CH_2=CH\cdot > CH_3\cdot > CH_3CH_2\cdot > (CH_3)_2CH\cdot > (CH_3)_3C\cdot > CH_2=CH-CH_2\cdot > C_6H_5CH_2\cdot$
所以自由基稳定性顺序为：
$C_6H_5CH_2\cdot > CH_2=CH-CH_2\cdot > (CH_3)_3C\cdot > (CH_3)_2CH\cdot > CH_3CH_2\cdot > CH_3\cdot > CH_2=CH\cdot$

(2) $CH_2=CH-CH_3$； $C_6H_5CH_2Cl$

(3) [结构图] 比 [结构图] 稳定。由于空间障碍使自由基活性降低，说明其活性还与空间因素

有关。

2.11

（1） 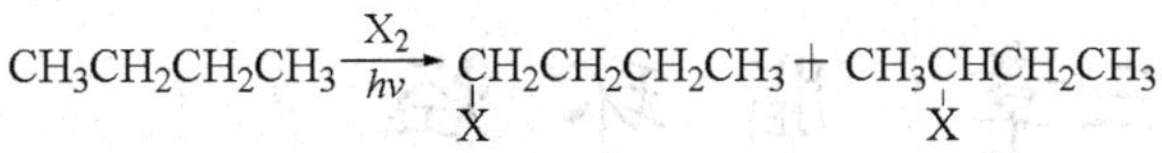 CH₃CH₂CH₂CH₃ $\xrightarrow{X_2}{h\nu}$ CH₂CH₂CH₂CH₃ + CH₃CHCH₂CH₃
                                            | |
                                            X   X
                                            A   **B**

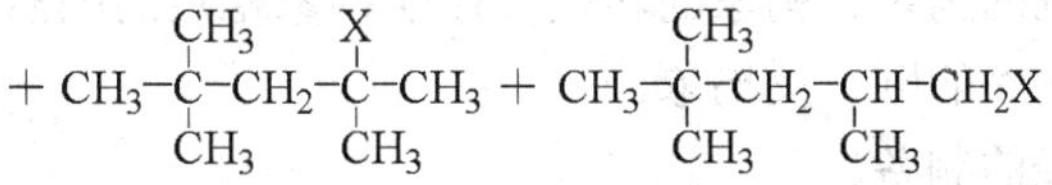

	A	B
X=Cl	28.3%	71.7%
X=Br	1.8%	98.2%

（2）结构式反应式

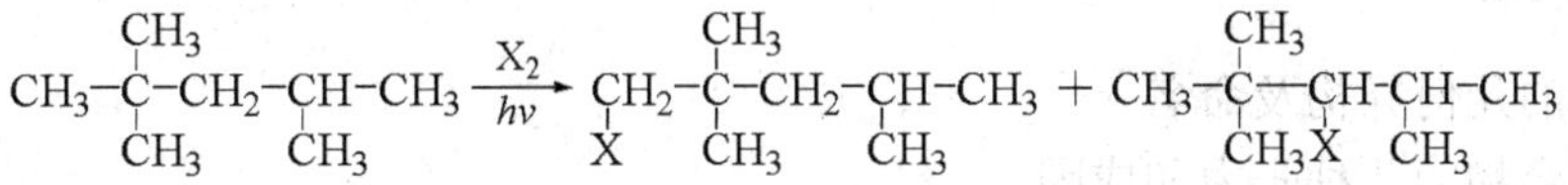

	A	B	C	D
X=Cl	32%	28.5%	18.1%	21.4%
X=Br	0.51%	9.22%	89.93%	0.34%

2.12 六苯基乙烷在溶液中部分离解为稳定的三苯甲基自由基，呈黄色。

$$\text{六苯基乙烷} \rightleftharpoons 2(C_6H_5)_3C\cdot$$

当溶液中的自由基与空气中的 O_2 作用时，则氧化为无色过氧化物。

$$2(C_6H_5)_3C\cdot + \cdot O-O\cdot \longrightarrow (C_6H_5)_3C-O-O-C(C_6H_5)_3$$

氧消耗完后六苯基乙烷又很快离解达平衡，溶液又呈黄色。

2.13 —O—O—单键是个很弱的键，RO—OR 键离解能仅 197 kJ/mol，所以加热条件下很容易断裂产生 RO·，从而引发自由基反应。

2.14

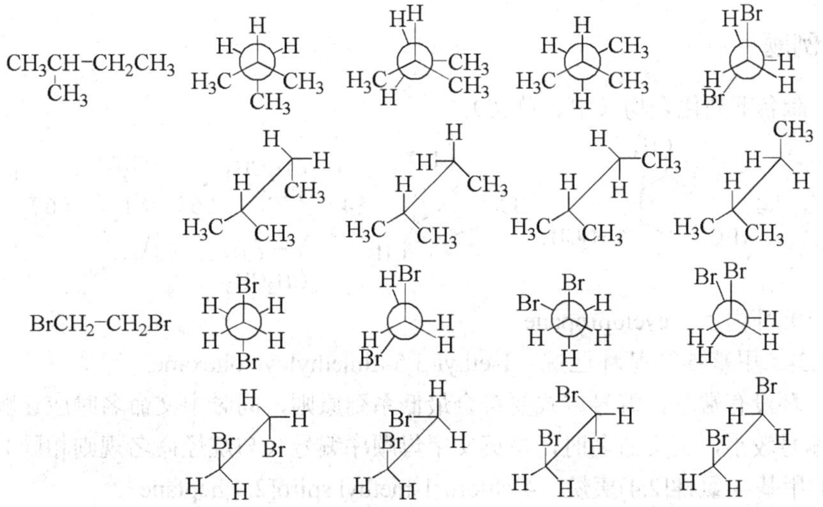

[结构式图示略]

2.15 （1）放热；（2）由 **A→B** 的过渡态决定；（3）**B** 正确；（4）**C**；（5）**B**。

2.16 略。

第三章 脂环烃

一、复习要点

1. 脂环烃的几何异构及命名。
2. 环状化合物的几种张力和成因。
3. 环己烷的构象、构象的转换及影响构象稳定的因素。
4. 十氢化萘的顺、反构象。
5. 脂环烃的制备。

（1）烯与卡宾加成，形成三元环

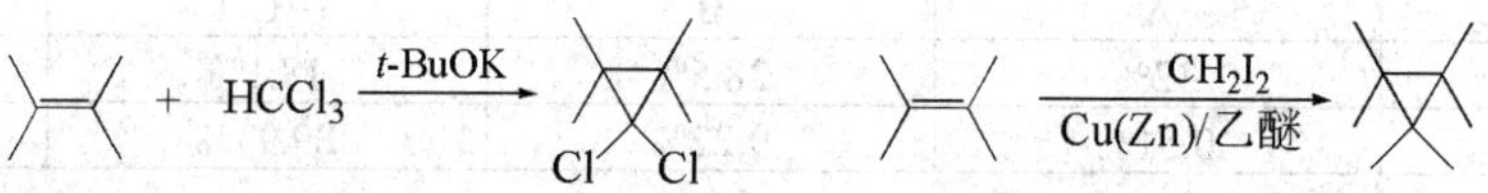

$$\diagup\!\!\!\!\diagdown + HCCl_3 \xrightarrow{t\text{-BuOK}} \text{(三元环-Cl}_2\text{)} \qquad \diagup\!\!\!\!\diagdown \xrightarrow[\text{Cu(Zn)/乙醚}]{CH_2I_2} \text{(三元环)}$$

（2）Diels-Alder 反应

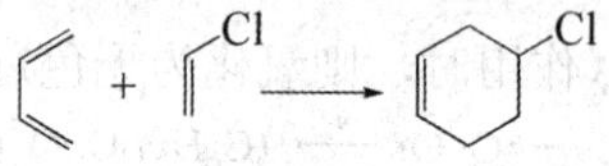

二、新概念

脂环烃（Alicyclic Hydrocarbon），角张力（Angle Strain），扭转张力（Torsional Strain），范德华张力（Van der Waals Strain），卡宾（Carbene）

三、例题

例1 命名下列化合物（中、英文）。

(1) △ (2) 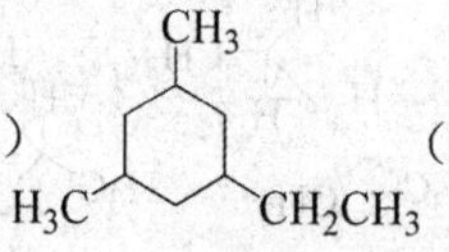 1,3-二甲基-5-乙基环己烷 (3) 1-甲基-4-氯螺[2.4]庚烷 (4) 乙基环己烷 (5) 环丙基环戊烷 (6) 环己基环己烷

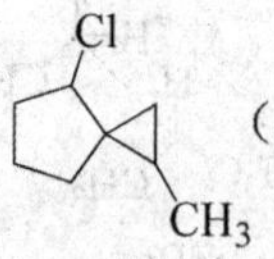

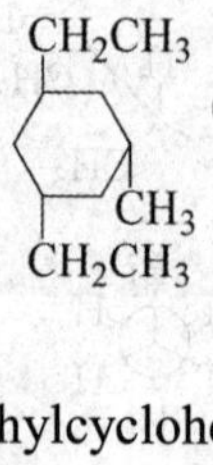

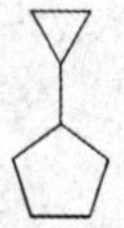

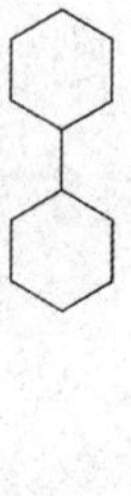

解 （1）环丙烷　cyclopropane

（2）1,3-二甲基-5-乙基环己烷　1-ethyl-3,5-dimethylcyclohexane

说明：环没有端基，编号方式要符合最低系列原则，同时中文命名时应让顺序规则中较小的基团编号较小，英文命名时，按英文字母顺序编号（与烷烃命名规则相同）。

（3）1-甲基-4-氯螺[2.4]庚烷　4-chloro-1-methyl spiro[2.4]heptane

（4）r-1,1-甲基-顺-3-反-5-二乙基环己烷　r-1,trans-1,3-diethyl,trans-5-methylcyclohexane

说明：环上带有三个或更多基团，用顺、反表示构型时，选用1位的基团为参照基团，

用 r-1 表示，写在名称的最前面。

（5）环丙基环戊烷　cyclopropanylcyclopentane

说明：当分子中有大环和小环时，应以大环作母体，小环为取代基进行命名。

（6）联环己烷　bicyclohexane

说明：若分子中有两个相同的环连接在一起，加上联（bi）的词头。

例2　完成下列反应。

(1) 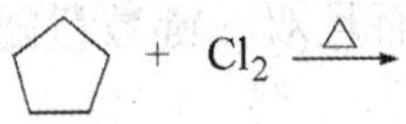 ⬠ + Cl$_2$ $\xrightarrow{\triangle}$　　　　(2) ▷ $\xrightarrow{浓H_2SO_4}$

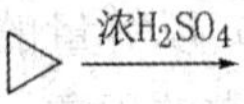

(3) C$_2$H$_5$—CH=CH—C$_2$H$_5$ + CH$_2$I$_2$ $\xrightarrow[乙醚]{Cu(Zn)}$　　　(4) 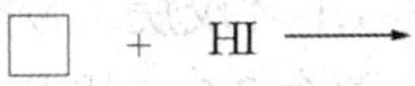 ☐ + HI ⟶

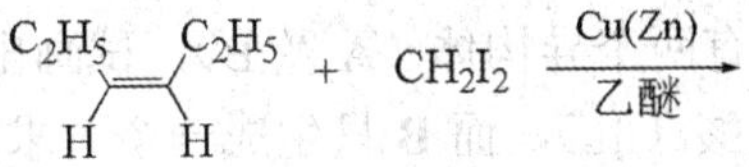

解（1）⬠—Cl （环烃的自由基取代反应产物单一可用于合成）

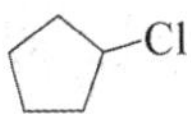

（2）CH$_3$CH$_2$CH$_2$OH　　（3） C$_2$H$_5$—△—C$_2$H$_5$　　（4）CH$_3$CH$_2$CH$_2$CH$_2$I

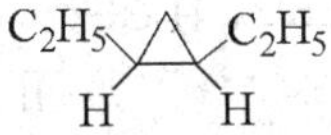

例3　写出下列化合物的稳定构象：(1) *cis*-1,3-ditert-butylcyclohexane；(2) *cis*-1,4-ditert-butylcyclohexane；(3) *cis*-4-methyl-1-tert-butylcyclohexane；(4) 顺-1,3-环己二醇。

解（1）(H$_3$C)$_3$C～～C(CH$_3$)$_3$　　（2）(H$_3$C)$_3$C～～C(CH$_3$)$_3$

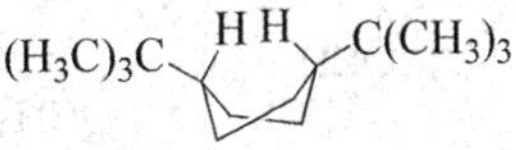

在（2）*cis*-1,4-二叔丁基环己烷椅式构象中的 (e,a) 构象，a 键的叔丁基非常不稳定，因此，扭船式构象比椅式构象更为稳定。

（3）(H$_3$C)$_3$C～～CH$_3$　　（4）带有分子内氢键的1,3-环己二醇构象

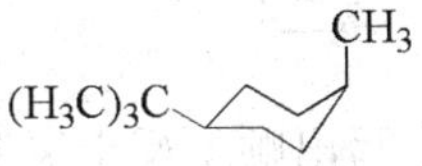

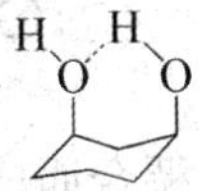

在（4）中，两个羟基处于 a 键能形成分子内氢键，使 (a,a) 构象稳定。

例4　用化学方法区分下列化合物。

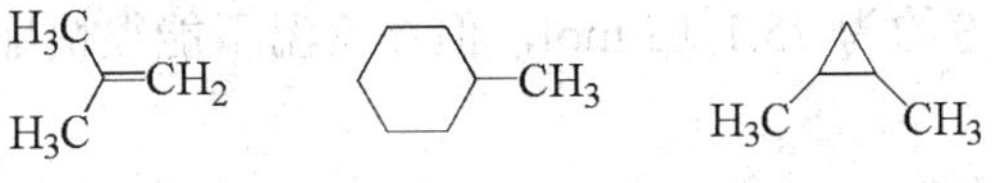

H$_3$C—C(CH$_2$)—CH$_3$　　环己基—CH$_3$　　H$_3$C—△—CH$_3$

解

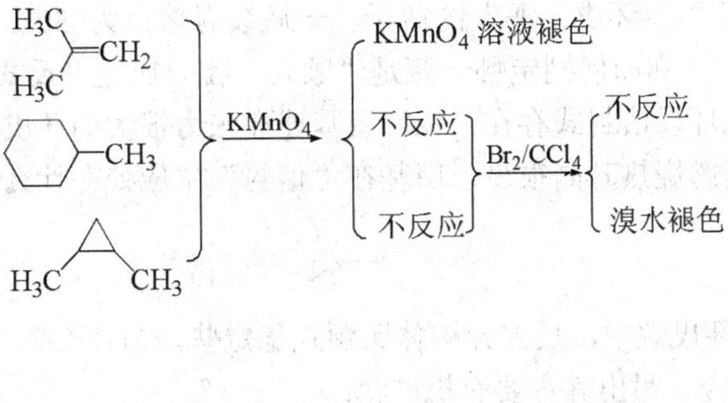

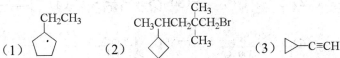

四、习题

3.1 用中、英文命名下列化合物或写出相应结构式。

(1) ⬠—CH$_2$CH$_3$　　(2) ☐—CH$_2$CH(CH$_3$)CH$_2$C(CH$_3$)$_2$CH$_2$Br　　(3) ▷—C≡CH

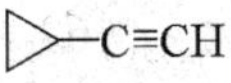

(4) [环戊基环丙烷结构] (5) [双环结构] (6) H_3C—[结构]—CH_3 (7) [结构]—CH_3

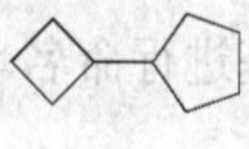

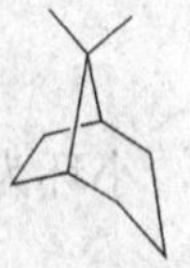

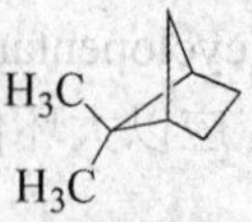

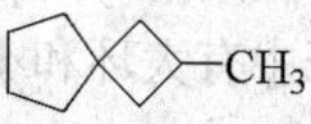

(8) 1-氯二环[2.2.2]辛烷 (9) 2,6-二甲基二环[3.2.1]辛烷

3.2 溴（氯）取代环己烷，溴（氯）在 a 键比在 e 键能量高 2.1 kJ/mol。但反-1,2-二溴环己烷（或反-1,2-二氯环己烷）以等量的双 e 键和双 a 键存在，而且双 a 键数量随溶剂极性的增加而减少，请解释这种反常的现象。

3.3 （1）2,5-二甲基-1,1-环戊烷二羧酸（Ⅰ）有两个异构体（A 及 B），试画出它们的结构；（2）加热时，A 生成两个 2,5-二甲基环戊烷羧酸（Ⅱ），而 B 只生成一个。求 A 及 B 的结构。

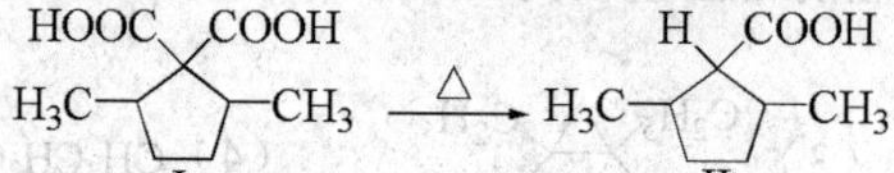

[反应式：I → II]

3.4 写出下列化合物的一对构象异构体，指出其优势构象，并计算它们的势能差。

（1）[氯代甲基环己烷] （2）[碘代甲氧基环己烷] （3）[氟代羟基甲基环己烷] （4）[氟代羧基环己烷]

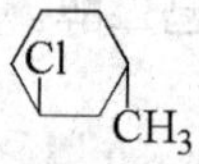

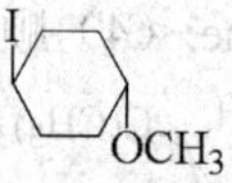

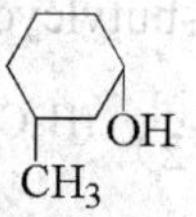

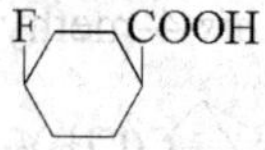

3.5 画出下列化合物的优势构象。

（1）[十氢萘结构] （2）[十氢萘结构] （3）$(H_3C)_2HC$—[氯代环己烷]

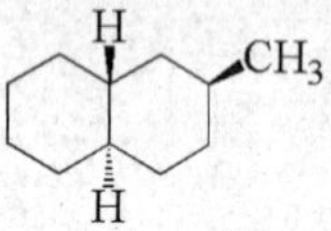

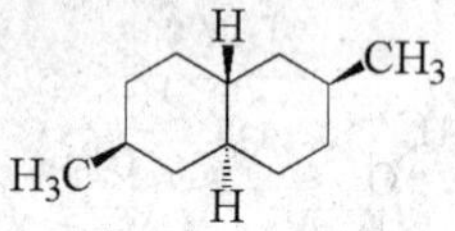

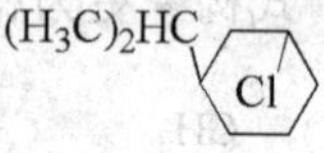

3.6 化合物十氢萘 $C_{10}H_{18}$ 是由 2 个环己烷稠合而成的。（1）写出顺、反十氢萘的构型及稳定构象；（2）解释反十氢萘比顺十氢萘更稳定这一事实；（3）顺和反十氢萘之间的稳定性之差为 8.36 kJ/mol，只是在非常激烈的条件下，才能从一种转变成另一种。环己烷的椅式和扭船式之间的稳定性之差约为 25.1 kJ/mol，但在室温下能很快地互相转变，怎样解释这个差别。

3.7 简要回答下列问题：

（1）有两个标有"C_2-环戊二醇"的瓶子，一瓶装有熔点为 30℃的化合物，另一瓶装有熔点为 53℃的化合物，你如何判定哪一瓶是"顺式"哪一瓶是"反式"？

（2）如果环戊烷环以信封式存在，(a) 甲基连在张力很大的环戊烷上比甲基连接在没有张力的环己烷上，其燃烧热升高很少，甲基在"信封"中应处在什么位置？

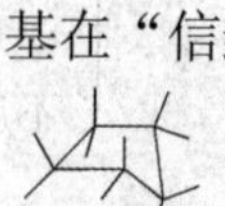

[信封式构象图]

（b）1,2-二甲基环戊烷中，反式异构体比顺式稳定些，为什么？

3.8 完成下列反应，写出其主要有机产物：

(1) 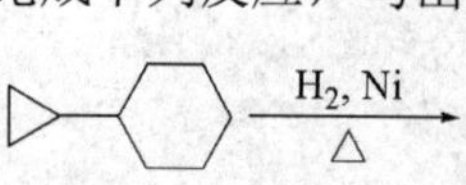 [环丙基环己烷] $\xrightarrow{H_2, Ni}{\Delta}$ (2) [环丁烷] $\xrightarrow{Cl_2}{300\ °C}$ (3) [环丙烷] $\xrightarrow{Cl_2}{FeCl_3}$ (4) [环丙烷] $\xrightarrow{HBr}$

(5) [环丙烷] $\xrightarrow{浓H_2SO_4}$ (6) [环戊烷] $\xrightarrow{Br_2}{300\ °C}$ (7) [环己烷] $\xrightarrow{1\ mol}{HCl}$

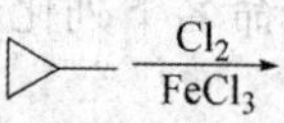

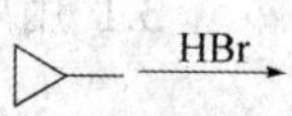

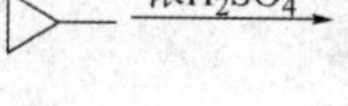

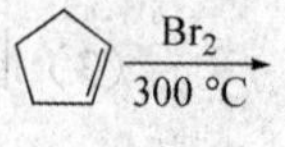

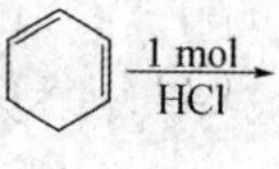

(8) ![cyclohexene with CH3] $\xrightarrow{Br_2, H_2O}$ (9) 2 ![cyclohexene] $\xrightarrow{Br_2, H_2O}$ (10) ![furan] + ![maleate with COOCH3, COOCH3] $\longrightarrow$

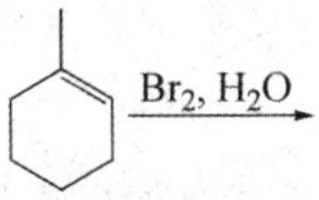

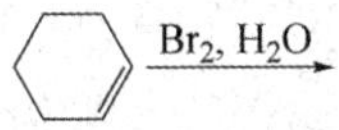

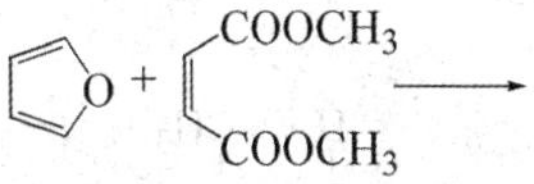

3.9 用简单化学方法鉴别下列化合物。

(1) 环丙烷和丙烷

(2) $CH_3CH_2CH_2CH_2C\equiv CH$ ； $CH_3CH_2CH=CHCH_2CH_3$ ； ![benzene] ； ![cyclopentyl-CH3] ； ![cyclopropyl-CH2CH3]

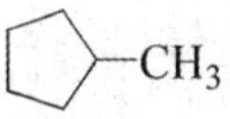

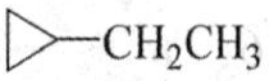

五、习题参考答案

3.1

(1) 乙基环戊烷　ethylcyclopentane

(2) 2,2-二甲基-4-环丁基-1-溴戊烷　1-bromo-4-cyclobutyl-2,2-dimethylpentane

(3) 环丙基乙炔或乙炔基环丙烷　cyclopropylacetylene or ethynylcyclopropane

(4) 环丁基环戊烷或环戊基环丁烷　cyclobutylcyclopentane or cyclopentylcyclobutane

(5) 8,8-二甲基二环[3.2.1]辛烷　8,8-dimethylbicyclo[3.2.1]octane

(6) 5,5-二甲基二环[2.1.1]辛烷　5,5-dimethylbicyclo[2.1.1]octane

(7) 2-甲基螺[3.4]辛烷　2-methylspiro[3.4]octane

(8) 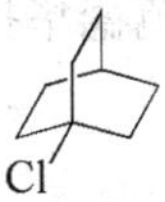 ![structure with Cl]　(9) ![structure with CH3 and H3C]

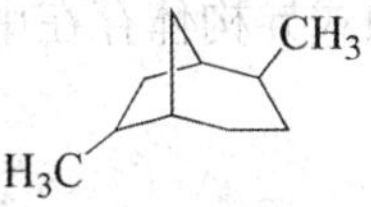

3.2 在二溴或二氯化合物的（e,e）构象中，有 C—X 键的偶极－偶极推斥作用，这种偶极－偶极斥力在双 a 键中被解除。然而，通常立体的[1,3]相互作用在双 e 键构象中被解除。因此平衡结果使两种构象以等量存在。

当溶剂极性增加时，包围在溴（氯）外围的极性溶剂分子使偶极－偶极相互作用减少，于是立体上有利的（e,e）构象就占了优势。参见下图：

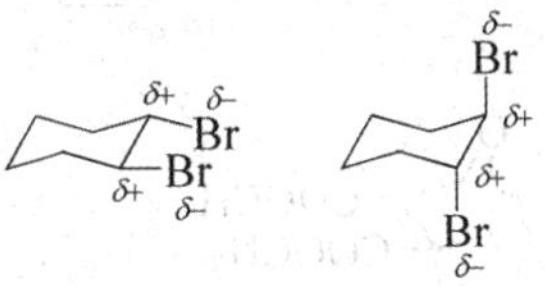

![two chair conformations with Br substituents showing δ+ and δ- charges]

3.3 ![two cyclopentane structures A and B with HOOC, COOH, CH3, H3C substituents]

3.4 构象异构体如下，势能差计算略。

(1) 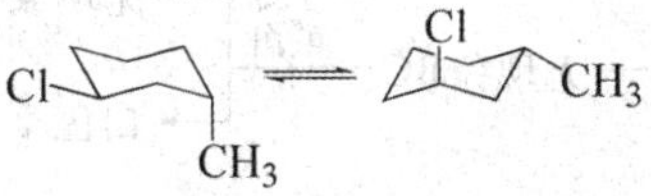 ![chair conformations with Cl and CH3]　(2) ![chair conformations with I and OCH3]

(3) ![chair conformations with CH3 and OH]　(4) ![chair conformations with F and COOH]

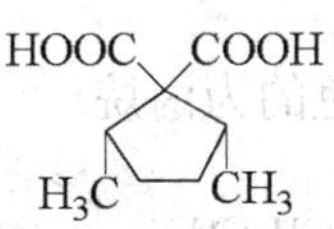

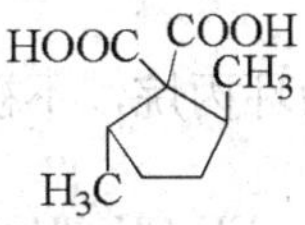

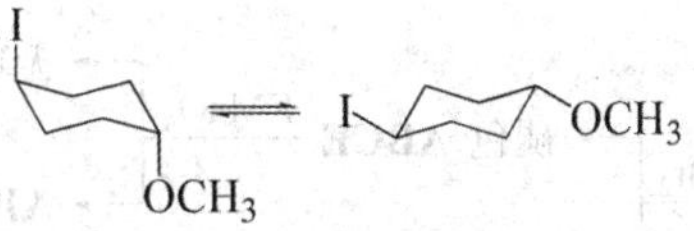

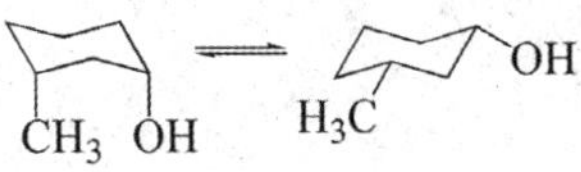

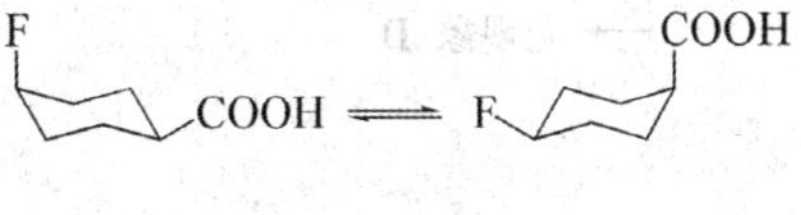

3.5

(1)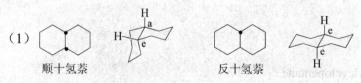

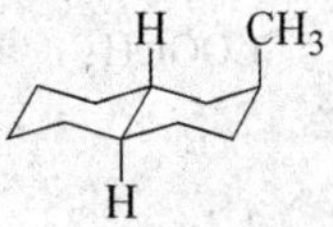

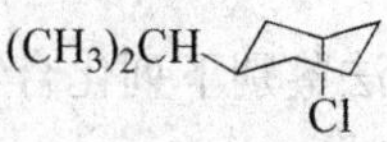

3.6

(1) 顺十氢萘 反十氢萘

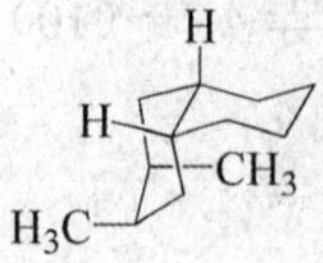

(2) 顺、反十氢萘的能量差是2种不同的构象引起的。反十氢萘中,两个大取代基(另一环)皆成e键;另一方面,顺十氢萘中,两个大取代基之一为a键。因此反十氢萘更稳定。

(3) 顺、反十氢萘是两种构型异构体,要发生互变必须破坏 C—C 单键需要很高的活化能;而环己烷的两种构象只需σ键的部分扭转即可达到,室温下即可发生翻转。

3.7 (1) 熔点为 30℃的为顺式 1,2-环戊二醇,熔点为 53℃的为反式 1,2-环戊二醇。顺式 1,2-环戊二醇因存在分子内氢键,使得分子间氢键有所削弱,熔点降低。

(2) (a) 甲基应处于平伏键的位置。(b) 顺式异构体存在甲基之间的范德华排斥力,使其不稳定。

3.8

(1) 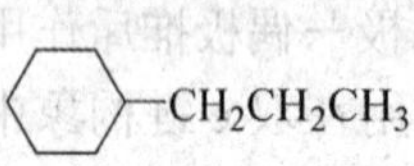 环己基-CH₂CH₂CH₃ (2) 1,1-二氯环丙烷 (3) CH₃CHCH₂Cl 带Cl (4) CH₃CHCH₂CH₃ 带Br

(5) CH₃CHCH₂CH₃ 带OSO₃H (6) 环戊基-Br (7) 环己基-Cl (8) HO-带CH₃和Br + H₃C-带OH和Br

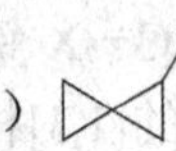

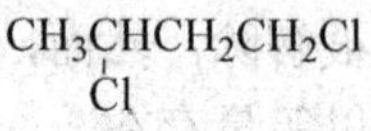

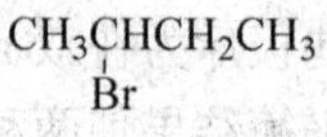

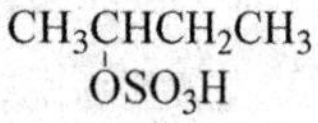

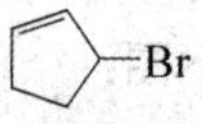

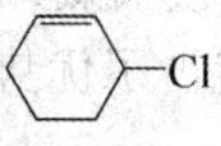

(9) 环己基-环己烯 (10) 降冰片烯-二甲酯

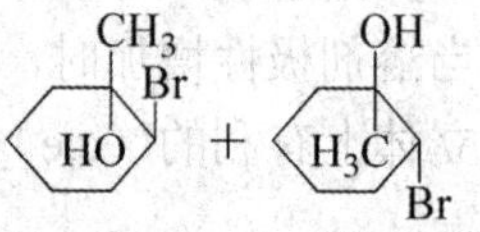

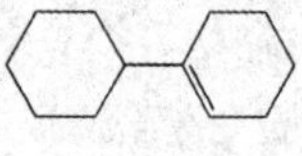

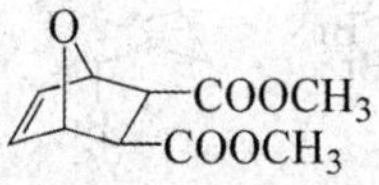

3.9

(1) 加入溴水,褪色的为环丙烷,不褪色的为丙烷。

(2) CH₃CH₂CH₂C≡CH   CH₃CH₂CH=CHCH₂CH₃   苯   甲基环戊烷   乙基环丙烷
    A   B   C   D   E

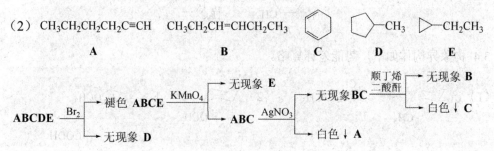

第四章 烯 烃

一、复习要点

1. 烯烃的结构、异构和命名。
2. 烯烃的化学性质。

（1）加成

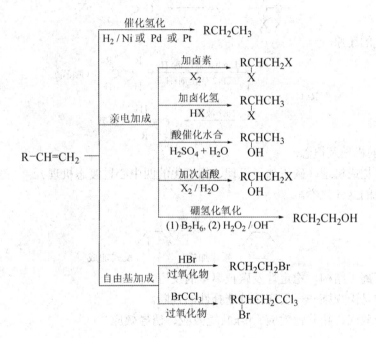

（2）氧化

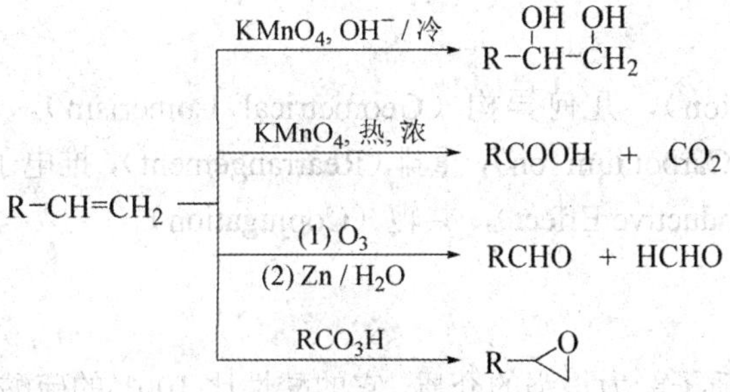

（3）聚合

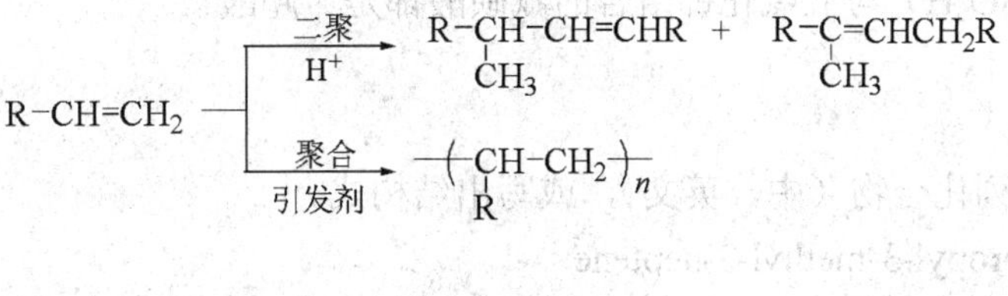

（4）α-H 取代

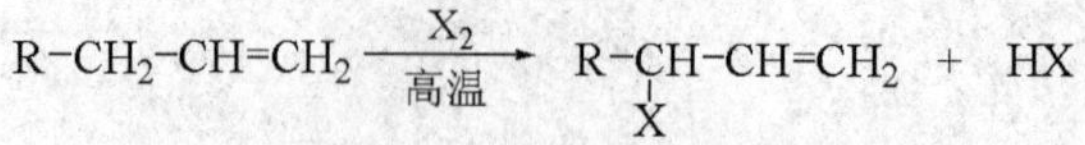

$$R-CH_2-CH=CH_2 \xrightarrow[\text{高温}]{X_2} R-\underset{X}{CH}-CH=CH_2 + HX$$

3. 烯烃的制法。

（1）卤代烷脱卤化氢

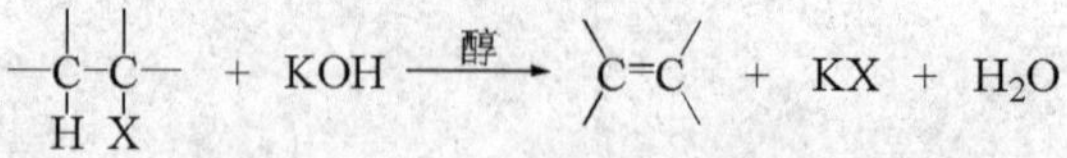

$$-\underset{H\ X}{C-C}- + KOH \xrightarrow{\text{醇}} C=C + KX + H_2O$$

（2）醇脱水

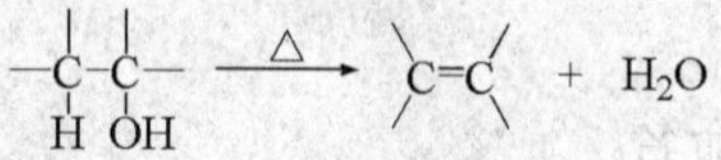

$$-\underset{H\ OH}{C-C}- \xrightarrow{\triangle} C=C + H_2O$$

（3）邻二卤代烷脱卤

$$-\underset{X\ X}{C-C}- + Zn \longrightarrow C=C + ZnX_2$$

（4）炔烃的还原

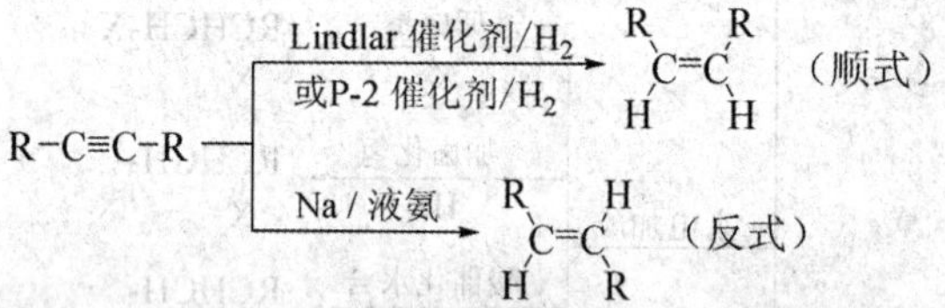

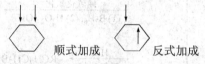

4. 重要的机理及概念。
（1）亲电加成机理（碳正离子机理、硼氢化的四中心过渡态机理）。
（2）反应的立体化学。

顺式加成　　反式加成

（3）碳正离子结构、稳定性及碳正离子的反应。
（4）加成马氏规则——反应区域选择性的判断。
（5）电子效应、超共轭效应、p-π共轭效应、诱导效应。

二、新概念

构型（Configuration），几何异构（Geometrical Isomerism），亲电加成（Electrophilic Addition），正碳离子（Carbonium Ion），重排（Rearrangement），推电子基团（Electron-releasing Group），诱导效应（Inductive Effect），共轭（Conjugation）

三、知识介绍

"超酸"是指给出质子能力很强的介质，它的酸性比100%的硫酸还强。氟磺酸（FSO_3H）、三氟甲磺酸（CF_3SO_3H）与五氯化锑络合的氟磺酸都是"超酸"。

四、例题

例1　命名下列化合物（中、英文），或写出结构式。
（1）(*Z*)-4-isopropyl-3-methyl-3-heptene

(2) 结构式: H, CH₃ 在一侧, CH₂Cl, C(CH₃)₃ 在另一侧, C=C 双键

(3) CH₃CH₂-C(=CH₂)-CH(CH₃)-... 结构

(4) 双环结构带甲基

(5) H₃C 和 CH₃ 在环戊烯上（顺式）

(6) 环己烷带亚甲基和甲基

解（1）
$$\begin{array}{c} CH_3CH_2 \\ CH_3 \end{array} C=C \begin{array}{c} CH(CH_3)_2 \\ CH_2CH_2CH_3 \end{array}$$

（2）(E)-4,4-二甲基-3-氯甲基-2-戊烯   (E)-3-chloromethyl-4,4-dimethyl-2-pentene

（3）3-甲基-2-乙基-1-丁烯   2-ethyl-3-methyl-1-butene

（4）2-甲基双环[2.2.2]-2-辛烯   2-methyl bicyclo[2.2.2]oct-2-ene

（5）顺-3,5-二甲基环戊烯   *cis*-dimethylcyclopentene

（6）3-亚甲基-1-甲基环己烷   1-methyl-3-methylene cyclohexane

例 2 为下列反应选择溶剂，并加以简单解释。

（1）反应：$CH_2=CH_2 + Br_2 \longrightarrow CH_2BrCH_2Br$；溶剂：甲醇、水、四氯化碳

（2）反应：$CH_2=CH_2 + HX(g) \longrightarrow CH_3CH_2X$ 溶剂：水、石油醚

解（1）应选四氯化碳作溶剂，反应几乎定量进行。若选用甲醇，由于甲醇中的氧可提供一对电子与碳正离子结合，使反应产物不仅有二溴乙烷，还有 $BrCH_2CH_2OCH_3$。

$$CH_2=CH_2 \xrightarrow[-Br^-]{Br_2} \underset{Br}{CH_2-CH_2^+} \begin{array}{c} \xrightarrow{Br^-} CH_2-CH_2 (Br, Br) \\ \xrightarrow{CH_3OH} CH_2-CH_2 (Br, H_2^+OCH_3) \xrightarrow{-H^+} CH_2-CH_2 (Br, OCH_3) \end{array}$$

若以水作溶剂，大量的水与溴鎓离子作用，主要产物为 α-溴代醇。反应实际上相当于与次卤酸的加成。

$$CH_2=CH_2 \xrightarrow[-Br^-]{Br_2/H_2O} \underset{Br}{CH_2-CH_2^+} \begin{array}{c} \xrightarrow{Br^-} CH_2-CH_2 (Br, Br) \\ \xrightarrow{H_2O} CH_2-CH_2 (Br, OH_2^+) \xrightarrow{-H^+} CH_2-CH_2 (Br, OH) \end{array}$$

（2）应选用石油醚作溶剂，无副反应。用水作溶剂，由于水中的氧会与碳正离子作用，生成副产物醇；另一方面，干燥卤化氢的亲电性比其在水溶液中生成 H_3^+O 的亲电性更强。

例 3 写出下列反应的主要产物，并简单解释之。比较它们与乙烯的活性，说明反应中反应活泼性主要由哪种效应控制，是诱导效应还是共轭效应？反应取向受哪种效应控制？

（1）$CH_3CH=CH_2 + HCl$ （2）$CH_2=CHCl + HCl$ （3）$CH_3OCH=CH_2 + HCl$

（4）$CF_3CH=CH_2 + HCl$ （5）$C_6H_5-CH=CHCH_3 + HCl$

解 乙烯与 HCl 的加成反应为：

$$CH_2=CH_2 + HCl \xrightarrow{-Cl^-} CH_3CH_2^+ \xrightarrow{Cl^-} CH_3CH_2Cl$$

（1） $CH_3CH=CH_2 \xrightarrow{HCl} CH_3CHClCH_3$ （主）

$$CH_3-CH=CH_2 \xrightarrow{H^+} \begin{cases} CH_3\overset{+}{C}HCH_3 \text{（主）} \\ CH_3CH_2\overset{+}{C}H_2 \text{（次）} \end{cases}$$

中间体碳正离子 2° 比 1° 稳定，主产物为 $(CH_3)_2CHCl$。丙烯比乙烯活泼，反应活性及取向都受超共轭效应控制。

（2） $CH_2=CHCl \xrightarrow{HCl} CH_3CHCl_2$ （主）

$$CH_2=CHCl \xrightarrow{H^+} \begin{cases} CH_3\overset{+}{C}HCl \text{（主）} \\ \overset{+}{C}H_2CH_2Cl \text{（次）} \end{cases}$$

显然，$CH_3\overset{+}{C}HCl$ 比 $\overset{+}{C}H_2CH_2Cl$ 稳定，这是由于 $CH_3-\overset{+}{C}H-\overset{..}{C}l$ 中存在 p-p 共轭，氯上的未共用电子对离域到碳原子的空的 p 轨道中，使正电荷得以部分分散，使其较 $\overset{+}{C}H_2CH_2Cl$ 更稳定，主要产物为 CH_3CHCl_2，反应取向受共轭效应控制。

由于氯原子的（-I）诱导效应，氯乙烯反应活性较乙烯小，中间体 $CH_3\overset{+}{C}HCl$ 稳定性比 $CH_3\overset{+}{C}H_2$ 小，反应活性受诱导效应控制。

（3） $CH_3OCH=CH_2 \xrightarrow{HCl} CH_3OCHCH_3$ （主）
                                              $|$
                                              Cl

$$CH_3OCH=CH_2 \xrightarrow{H^+} \begin{cases} CH_3O\overset{+}{C}HCH_3 \text{（主）} \\ CH_3OCH_2\overset{+}{C}H_2 \text{（次）} \end{cases}$$

由于 p-p 共轭，氧上的未共用电子对离域到碳上的空 p 轨道中，部分分散正电荷，使正碳离子 $CH_3O\overset{+}{C}HCH_3$ 比 $CH_3OCH_2\overset{+}{C}H_2$ 稳定，取向受共轭效应控制。一般杂原子（如 $\overset{..}{N}$、$\overset{..}{S}$、$\overset{..}{X}$）都有这种作用。

甲基乙烯基醚（$CH_3OCH=CH_2$）活性较乙烯大，氧的给电子共轭效应超过了氧的拉电子诱导效应，使 $CH_3O\overset{+}{C}HCH_3$ 稳定性比 $CH_3\overset{+}{C}H_2$ 大，因此其活性受共轭效应控制。

（4） $CF_3CH=CH_2 \xrightarrow{HCl} CF_3CH_2Cl$ （主）

$$CF_3CH=CH_2 \xrightarrow{H^+} \begin{cases} CF_3CH_2\overset{+}{C}H_2 \text{（主）} \\ CF_3\overset{+}{C}HCH_3 \text{（次）} \end{cases}$$

由于 $-CF_3$ 基团强烈的拉电子效应，使 $CF_3CH_2\overset{+}{C}H_2$ 比 $CF_3\overset{+}{C}HCH_3$ 稳定，取向受诱导效应控制。同样，由于 $-CF_3$ 基团的拉电子作用，使 $CF_3\overset{+}{C}HCH_3$ 的稳定性大大低于 $CH_3\overset{+}{C}H_2$，其活性受诱导效应控制。

（5） C₆H₅-CH=CHCH₃ $\xrightarrow{HCl}$ C₆H₅-CHCH₂CH₃
                                                    $|$
                                                    Cl

$$\text{C}_6\text{H}_5-\text{CH}=\text{CHCH}_3 \xrightarrow{\text{H}^+} \begin{cases} \text{C}_6\text{H}_5-\overset{+}{\text{C}}\text{HCH}_2\text{CH}_3 \quad (主) \\ \text{苄基碳正离子} \\ \text{C}_6\text{H}_5-\text{CH}_2\overset{+}{\text{C}}\text{HCH}_3 \quad (次) \end{cases}$$

虽然反应形成的两种碳正离子都是仲碳正离子，但苄基碳正离子中苯环上的π电子离域到与之邻近的碳的空p轨道中，稳定了碳正离子。烯丙基碳正离子与此类似，它们都是十分稳定的碳正离子。

由于苯环电子的共轭效应，大大稳定了苄基碳正离子，稳定性大大高于$\text{CH}_3\overset{+}{\text{C}}\text{H}_2$，其活性受共轭效应控制。

诱导效应、共轭效应和超共轭效应统称为电子效应。诱导效应是由原子或原子团的电负性引起的，这种效应通过分子链向某一方向移动而起作用，随着取代基距离的增加而作用迅速减弱（C→C→C→X）诱导效应通常用"I"表示，以氢原子作为标准。

$$\overset{\delta+}{\text{Y}}\longrightarrow\text{CR}_3 \qquad \text{H}-\text{CR}_3 \qquad \overset{\delta+}{\text{X}}\longleftarrow\text{CR}_3$$

推电子+I效应　　　　　　　　吸电子-I效应

在有机分子中，大多数可以取代氢的元素，其电负性都比氢大，因此，大多数取代基产生吸电子的（-I）诱导效应，例如—F、—Cl、—Br、—I、—OH、—NO$_2$等。

共轭效应涉及电子的离域，共轭效应本质上是一种稳定效应，它相当于把电子释放给正电荷中心，或从负电荷中心吸电子。例如，超共轭效应，p-p 共轭和 p-π 共轭等。

超共轭　　　　p-p 共轭　　　　p-π 共轭　　　　π-π 共轭

这些共轭涉及p轨道，因此要求其有适当的位置。电子效应是解释有机反应的基础，有十分重要的意义。

例4 HCl 和 3-甲基-1-丁烯的加成产生 2 种氯代烷的混合物，它们可能是什么？如何形成的？试写出详细的反应机理。

解 2 种产物为：$(\text{CH}_3)_2\text{CHCHCH}_3$ 和 $(\text{CH}_3)_2\overset{|}{\text{C}}\text{CH}_2\text{CH}_3$
　　　　　　　　　　　　　|　　　　　　　　　　|
　　　　　　　　　　　　Cl　　　　　　　　　Cl

反应机理：$(\text{CH}_3)_2\text{CHCH}=\text{CH}_2 \xrightarrow{\text{H}^+} (\text{CH}_3)_2\text{CH}\overset{+}{\text{C}}\text{HCH}_3 \; (2°)$

$$\begin{cases} \xrightarrow{\text{Cl}^-} (\text{CH}_3)_2\text{CHCHCH}_3 \\ \qquad\qquad\qquad |\\ \qquad\qquad\qquad \text{Cl}\\ \xrightarrow{\text{H 迁移}} (\text{CH}_3)_2\overset{+}{\text{C}}\text{CH}_2\text{CH}_3 \; (3°) \xrightarrow{\text{Cl}^-} (\text{CH}_3)_2\text{CCH}_2\text{CH}_3 \\ \qquad\qquad\qquad\qquad\qquad\qquad\qquad\qquad\qquad\quad |\\ \qquad\qquad\qquad\qquad\qquad\qquad\qquad\qquad\qquad\quad \text{Cl} \end{cases}$$

例5 用反应式表示生成下述产物的各步机理：

$$(CH_3)_3CCH_2OH \xrightarrow[-H_2O]{H_2SO_4, \triangle} \underset{(主)}{\overset{H_3C}{\underset{H_3C}{>}}C=\overset{H}{\underset{CH_3}{<}}} + \underset{(次)}{\overset{CH_2=\overset{C_2H_5}{\underset{CH_3}{<}}}{}}$$

解 $(CH_3)_3CCH_2OH \xrightarrow{H^+} (CH_3)_3CCH_2\overset{+}{O}H_2 \xrightarrow{-H_2O} (CH_3)_3C\overset{+}{C}H_2$ (1°)

$\xrightarrow{甲基重排}$ $\overset{H_a}{\underset{}{CH_2}}-\underset{3°}{\overset{CH_3}{\overset{|}{\underset{|}{C}}}}-\overset{H_b}{\underset{}{CH}}-CH_3$

$\xrightarrow{-H_a}$ $CH_2=\underset{CH_3}{\overset{C_2H_5}{<}}$ (次)

$\xrightarrow{-H_b}$ $\underset{H_3C}{\overset{H_3C}{>}}C=\underset{CH_3}{\overset{H}{<}}$ (主)

例 6 完成下列反应。

(1) $CH_3CH_2CH_2CH_2OH \xrightarrow[\triangle]{H_2SO_4}$

(2) $CH_3CH_2CH_2CH_2X \xrightarrow{NaOH/醇}$

(3) $CH_3CH_2CHXCH_3 \xrightarrow{NaOH/醇}$

(4) $(CH_3)_2CCH_2CH_3 \atop \underset{OH}{|} \xrightarrow[\triangle]{H_2SO_4}$

解 (1) $CH_3CH_2CH_2CH_2OH \xrightarrow[\triangle]{H_2SO_4} \underset{(主)}{CH_3CH=CHCH_3} + \underset{(次)}{CH_3CH_2CH=CH_2}$ (有重排发生)。

(2) $CH_3CH_2CH_2CH_2X \xrightarrow{NaOH/醇} CH_3CH_2CH=CH_2$

(3) $CH_3CH_2CHXCH_3 \xrightarrow{NaOH/醇} CH_3CH=CHCH_3$

由卤代烃消除制备烯烃时，总是消去含氢较少的碳上的氢，这样生成的烯烃较稳定。如上述反应，可以有两种消除方向，分别生成 $CH_3CH=CHCH_3$ 和 $CH_3CH_2CH=CH_2$，但前者是主要的，它比后者稳定。

(4) $(CH_3)_2\underset{OH}{\overset{|}{C}}CH_2CH_3 \xrightarrow[\triangle]{H_2SO_4} \underset{H_3C}{\overset{H_3C}{>}}C=CHCH_3$ （无重排发生）

反应(1)中醇脱水时，形成碳正离子中间体，往往有重排发生，生成较稳定的烯。而卤代烃消除，一般不发生重排，在制备烯烃时应予注意。

例 7 写出下述反应的历程。

$\underset{CH_3}{\overset{CH_3}{>}}C=CHCH_2\underset{CH_3}{\overset{|}{CH}}CH=CH_2 \xrightarrow{H^+}$ [环己烯产物]

解 $\underset{CH_3}{\overset{CH_3}{>}}C=CHCH_2\underset{CH_3}{\overset{|}{CH}}CH=CH_2 \xrightarrow{H^+}$ [中间体] $\rightarrow$ [碳正离子] $\xrightarrow{-H^+}$ [产物]

碳正离子作为亲电试剂对烯烃进行分子内亲电加成。

例 8 已知下述反应是自由基加成反应：

$$CH_3CH_2-\underset{\underset{}{}}{\overset{\overset{CH_3}{|}}{C}}=CH_2 + CCl_4 \xrightarrow{ROOR} CH_3CH_2-\underset{\underset{Cl}{|}}{\overset{\overset{CH_3}{|}}{C}}-CH_2CCl_3$$

用反应式表示其反应机理。

解 （1）$RO-OR \xrightarrow{\triangle} 2RO\cdot$

（2）$RO\cdot + CCl_4 \longrightarrow ROCl + \cdot CCl_3$

（3）$CH_3CH_2-\overset{\overset{CH_3}{|}}{C}=CH_2 + \cdot CCl_3 \longrightarrow CH_3CH_2-\overset{\overset{CH_3}{|}}{\underset{}{C}}-CH_2CCl_3$

（4）$CH_3CH_2-\overset{\overset{CH_3}{|}}{\underset{}{C}}-CH_2CCl_3 + CCl_4 \longrightarrow CH_3CH_2-\underset{\underset{Cl}{|}}{\overset{\overset{CH_3}{|}}{C}}-CH_2CCl_3 + \cdot CCl_3$

然后重复步骤（3）、（4）。

例 9 某烃的分子式为 C_8H_{14}，可与 1 mol 氢气加成，经臭氧化分解得到二醛 $OHC-\underset{\underset{CH_3}{|}}{CH}CH_2CH_2\underset{\underset{CH_3}{|}}{CH}-CHO$，试推出该烃结构。

解 该烃分子式为 C_8H_{14}，比相应的烷烃分子少 4 个氢，说明不饱和度为 2；只能加 1 mol 氢，说明含有 1 个碳碳双键；由臭氧化分解得到 1 个二醛，可知另一个不饱和度是环状结构。

$$\underset{CH_2—CH_2}{\overset{CH=O\ O=HC}{CH_3-CH\quad CH-CH_3}} \Longleftarrow \underset{CH_2-CH_2}{\overset{CH=CH}{CH_3-CH\quad CH-CH_3}}$$

由上述分析，可知该烃的结构式为：$H_3C-\bigcirc-CH_3$。

烃（C_nH_m）的不饱和度的计算如下：

$$不饱和度 = n - \frac{m-2}{2}$$

据此，烯、炔、苯和环烷烃不饱和度分别为：1、2、4、1。

例 10 Br_2/H_2O 与不对称烯烃加成，公认历程如下：

$$RCH=CH_2 + Br_2/H_2O \longrightarrow \left[R-\underset{a}{CH}\overset{\overset{Br}{|}}{\cdots}\underset{b}{CH_2}\right]$$

首先形成溴鎓离子中间体，然后 H_2O 进攻三元环，得到产物，符合马氏规则。请解释加成的取向。

解 加成得到不对称的溴鎓离子，正电荷在两个碳 a、b 中分布不均匀，a 与烷基相连，水分子将进攻更具碳正离子特征的 a，取向符合马氏规则。

五、习题

4.1 写出分子式为 C_6H_{12} 的烯烃的所有异构体，并用系统命名法命名（中、英）。

4.2 命名下列化合物（中、英）。

（1）$CH_3CH_2-\underset{\underset{CH_2CH_3}{|}}{C}=CH-CH_3$ 　　（2）$\underset{H_3C}{\overset{H}{>}}C=C\underset{CH_2CH_3}{\overset{CH_2CH_2CH_3}{<}}$

(3) $\begin{array}{c}CH_3CH_2\\CH_3CH_2CH_2\end{array}C=C\begin{array}{c}CH_3\\CH_2CH_3\end{array}$　　(4) $CH_2=C=CH_2$

4.3 使用 Z/E 构型标记法，用英文命名下列化合物并写出相应的构造式：(1) 顺-2-苯基-2-丁烯；(2) 反-4,4-二甲基-2-戊烯；(3) 顺-2-戊烯；(4) 顺-3,4-二甲基-3-己烯；(5) 3-氯-4-甲基-3-庚烯的两种几何异构体。

4.4 下列名称是不正确的，请给出正确的名称：(1) 反-1-丁烯；(2) E-3-乙基-3-戊烯；(3) 顺-2-甲基-3-戊烯；(4) 1-溴异丁烯。

4.5 给出下列基的中、英文名称。

(1) $CH_2=CH-$ 　　(2) $CH_3\underset{\underset{CH_3}{|}}{C}HCH_2CH_2-$ 　　(3) $CH_2=CH-CH_2-$

(4) $CH_3CH_2\underset{\underset{CH_3}{|}}{\overset{\overset{CH_3}{|}}{C}}-$ 　　(5) $CH_3CH=CH-$ 　　(6) $CH_3-\underset{\underset{|}{|}}{C}=CH_2$

4.6 按照几何异构、构造异构、位置异构的定义，指出下列各对烯烃分别属于哪一种同分异构体？(1) 顺-2-己烯和反-2-己烯；(2) 3-己烯和 2-己烯；(3) 3-甲基-1-戊烯和 1-己烯；(4) 2-甲基-2-戊烯和 3-甲基-2-戊烯。

4.7 写出预计从 1-甲基环戊烯与下列试剂反应所得的产物（如果有的话）：(1) H_2, Ni；(2) Br_2；(3) HBr；(4) HBr, 过氧化物；(5) HI, 过氧化物；(6) H_2SO_4；(7) H_2O, H^+；(8) Br_2, H_2O；(9) Br_2+NaCl 水溶液；(10) B_2H_6, 然后 H_2O_2, OH^-；(11) 冷的碱性 $KMnO_4$；(12) 热的 $KMnO_4$；(13) O_3, 然后 Zn, H_2O；(14) ICl。

4.8 给出下列概念的确切定义，并各举 1 例：(1) 共价键均裂；(2) 共价键异裂；(3) 键离解能；(4) 自由基；(5) 碳正离子。

4.9 用简单的化学方法区别 △ 和丙烯。

4.10 从实验中测得：$(CH_3)_3CH + CH_2=CH_2 \xrightarrow{H^+} (CH_3)_2CHCH(CH_3)_2$，解释其反应的过程。

4.11 HBr 加成（使用自由基抑制剂以避免自由基产生）到 3,3-二甲基-1-丁烯上去，得到 2-溴-2,3-二甲基丁烷（重排产物）和一定量的 2-溴-3,3-二甲基丁烷。当过氧化物参与 HBr 的加成时，对同一个烯来说，只生成 1-溴-3,3-二甲基丁烷。从上述事实中，你可以判定自由基对烷基迁移趋势的影响吗？并简单解释之。

4.12 写出下列反应的主要产物。

(1) $CH_3-CH=CH_2 \xrightarrow{HCl}$ 　　(2) $(CH_3)_3\overset{+}{N}-CH=CH_2 \xrightarrow{HI}$

(3) $(CH_3)_2C=CCl_2 \xrightarrow{HCl}$ 　　(4) ⬡=CHCH$_3$ $\xrightarrow{HCl}$

4.13 从丙烯开始合成下述化合物，只能用所给的有机原料，无机试剂任选：(1) 2-溴丙烷；(2) 丙烷；(3) 1-溴丙烷；(4) 1,2-二溴丙烷；(5) 正丙醇；(6) 异丙醇；(7) 1-氯-2-丙醇（$CH_3CH(OH)CH_2Cl$）。

4.14 下列化合物发生氧化反应后得到什么产物？

(1) 3-己烯 + $KMnO_4 \xrightarrow{\triangle}$ 　　(2) $(CH_3)_2C=CHCH_3 + KMnO_4$（冷、稀）$\longrightarrow$

（3）$CH_3CH=CHCH_2CH_2CH=CCH_2CH_3$ (带CH$_3$支链) $\xrightarrow{O_3}\xrightarrow{Zn, H_2O}$

（4）环戊烯带甲基 $\xrightarrow{O_3}\xrightarrow{Zn, H_2O}$ （5）$(CH_3)_2C=CHCH_3 + PhCO_3H \xrightarrow{H_2O, H^+}$

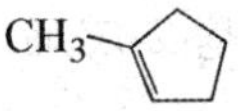

（6）环己烯 $+ PhCO_3H \xrightarrow{H_2O, H^+}$ （7）环己烯 $+ KMnO_4$（冷、稀）$\longrightarrow$

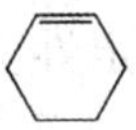

4.15 某化合物 **A**，经臭氧氧化水解或用高锰酸钾溶液氧化都得到相同的产物，**A** 的分子式为 C_7H_{14}，试指出此化合物的构造式。

4.16 由臭氧分解生成的产物来推断原化合物的构造式：

（1）$CH_3\overset{O}{\overset{\|}{C}}CH_3$ 和 $CH_3\overset{O}{\overset{\|}{C}}CH_2CH_2\overset{O}{\overset{\|}{C}}CH_3$ （等摩尔） （2）只有 $CH_3\overset{O}{\overset{\|}{C}}CH_3$

4.17 某烃的分子式为 $C_{10}H_{16}$，能吸收 3 摩尔氢而成为 $C_{10}H_{22}$，臭氧氧化并分解之后产生 $(CH_3)_2C=O$、$HCHO$、$OHCCH_2CH_2COCHO$，试写出该烃可能的结构。

4.18 有 3 个氯代烷（**A**、**B**、**C**），用其中 2 个（**A**、**B**）分别与氢氧化钠乙醇溶液反应，都得到 2-甲基-2-戊烯，另一个（**C**）进行上述反应只能生成 3-甲基-1-戊烯。试写出这 3 个氯代烷的结构式。

4.19 用什么方法可把伯碘异丁烷变成叔碘异丁烷？

4.20 解释下列各种卤素与烯烃加成的反应速度差异。

卤素	I_2	ICl	$BrCl$
相对速度	1	100 000	4 000 000

4.21 将下列醇按用 H_2SO_4 脱水反应的难易顺序排列。

（1）$CH_3\underset{CH_3}{\overset{}{C}}HCH_2CH_2OH$ （2）$CH_3-\underset{OH}{\overset{CH_3}{\overset{|}{C}}}-CH_2CH_3$ （3）$CH_3\underset{CH_3}{\overset{}{C}}H-\overset{}{C}HCH_3$ (OH在中间碳)

4.22 下表给出了溴和各种烯烃加成反应的相对速度：

化合物	相对速度	化合物	相对速度
$(CH_3)_2C=CH_2$	5.53	$CH_3CH=CHCO_2H$	0.26
$CH_3CH=CH_2$	2.03	$CH_2=CHBr$	0.01
$CH_2=CH_2$	1.0	$CH_2=CHCO_2H$	0.03

问取代基的性质如何影响烯烃反应活性？

4.23 试写出由适当的烯烃制备下列各醇的反应步骤。

（1）$CH_3CHOHCH_2CH_2CH_3$ （2）$(CH_3)_2CHOH$ （3）$(CH_3)_3COH$ （4）1-甲基环己醇

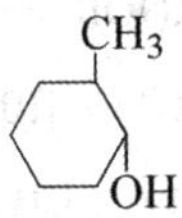

4.24 选择制备指定烯的相应原料，简述理由。

（1）$CH_3CH_2CH=CH_2$

a. $CH_3CH_2CH_2CH_2OH$ b. $CH_3CH_2\underset{OH}{\overset{}{C}}HCH_3$ c. $CH_3CH_2CH_2CH_2Cl$ d. $CH_3CH_2\underset{Br}{\overset{}{C}}HCH_3$

（2）$CH_3-\underset{}{\overset{CH_3}{\overset{|}{C}}}=CHCH_3$

a. $CH_3-\underset{OH}{\overset{CH_3}{\overset{|}{C}}}-CH_2CH_3$ b. $CH_3-\underset{}{\overset{CH_3}{\overset{|}{C}}}H-\underset{OH}{\overset{}{C}}HCH_3$ c. $CH_3-\underset{Cl}{\overset{CH_3}{\overset{|}{C}}}-CH_2CH_3$

d. $CH_3-\underset{Cl}{CH}-\overset{CH_3}{CH}CH_3$　e. $CH_3-\overset{CH_3}{CH}-CH_2CH_2Cl$

4.25 顺、反烯烃之间的能量差一般是 4.18 kJ/mol，但对于 4,4-二甲基-2-戊烯，顺式异构体的能量比反式异构体高 15.9 kJ/mol，试解释原因。

4.26 将下列烯烃按照它们相对稳定性大小的次序排列：反-3-己烯；1-己烯；2-甲基-2-戊烯；顺-2-己烯；2,3-二甲基-2-丁烯。上面列出的哪些烯烃能用比较氢化热来测定它们的相对稳定性？

4.27 按要求排序。

（1）将下列化合物按亲电加成反应活性从大到小排序。

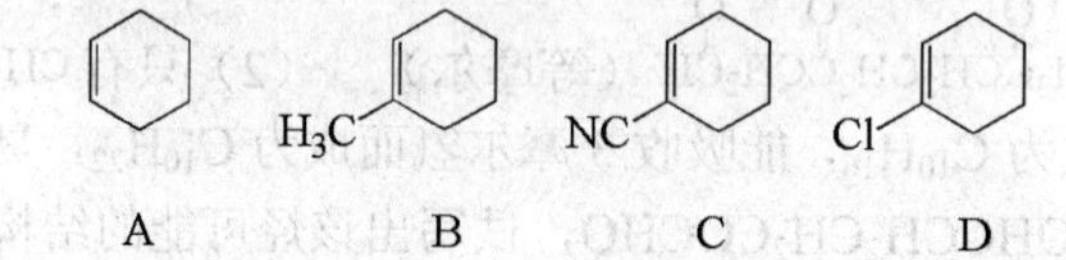

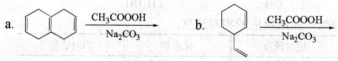

A　B　C　D

（2）按下列化合物与 Br_2 加成活性从大到小排序。

A　B　C　D

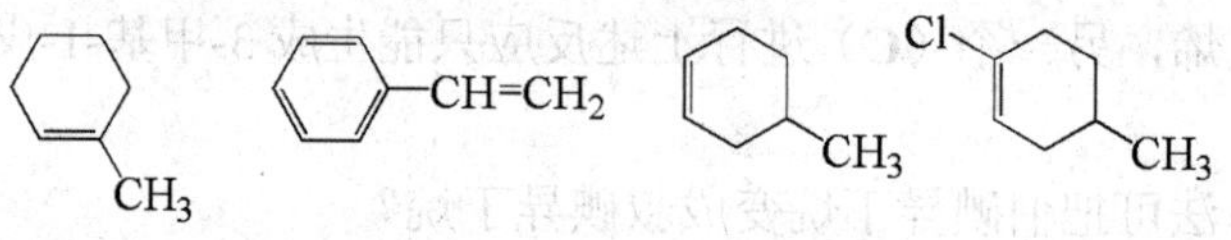

（3）将下列烯烃按氢化热从大到小排序。

a.

A　B　C

b.

A　B　C

（4）写出反应产物（比较同一分子中不同烯烃氧化快慢）。

a.

b.

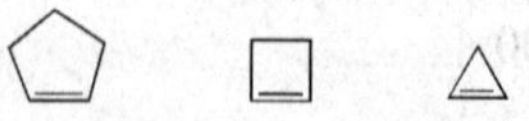

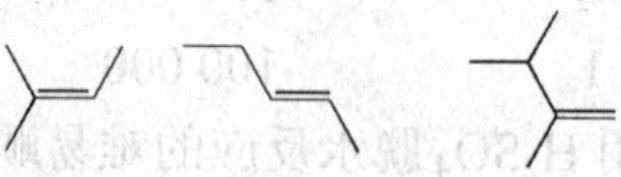

4.28 写出 6-甲基-2-庚烯的结构式。标出各组氢原子对氯原子的相对反应活性用“1”表示最活泼，“2”表示其次，等等。

4.29 已知在过氧化物存在下，溴化氢和丙烯进行自由基加成反应，加成产物是反马氏规则的。但是，以下途径是人们可以设想的另一种机理：

（1）$ROOR \longrightarrow RO\cdot$

（2）$RO\cdot + HBr \longrightarrow ROBr + H\cdot$

（3）$H\cdot + CH_3-CH=CH_2 \longrightarrow CH_3-\dot{C}H-CH_3$

（4）$CH_3-\dot{C}H-CH_3 + HBr \longrightarrow CH_3-\underset{Br}{CH}-CH_3 + H\cdot$

然后（3）、（4）；（3）、（4）重复，这样的加成产物符合马氏规则。

A．在步骤（2）和（4）中，1 个自由基自 HBr 夺取溴而不是氢，根据键离解能，这个机理比你所学过的机理是更合适还是不合适？试解释之。

B．物理方法测定指出，1 个烯烃，它的双键不管是和 HBr 还是和 DBr（溴化氘）加成，所生成的自由基中间体是一样的，你怎么根据这个事实来肯定哪个机理是正确的？

4.30 溴三氯甲烷在过氧化物存在下，按自由基历程加到 1-辛烯上，利用键能数据为此反应设想一个可能历程，并推断产物结构。在相似情况下，三溴甲烷对 1-辛烯加成将产生什么产物？

4.31 写出下列反应的历程。

(1) 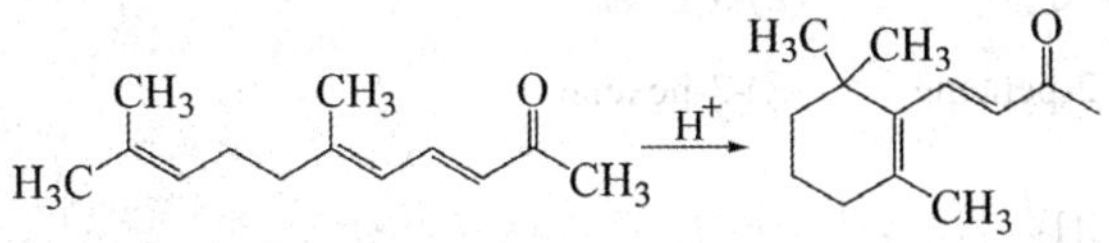 [结构式] $\xrightarrow{H^+}$ β-紫罗兰酮

(2) 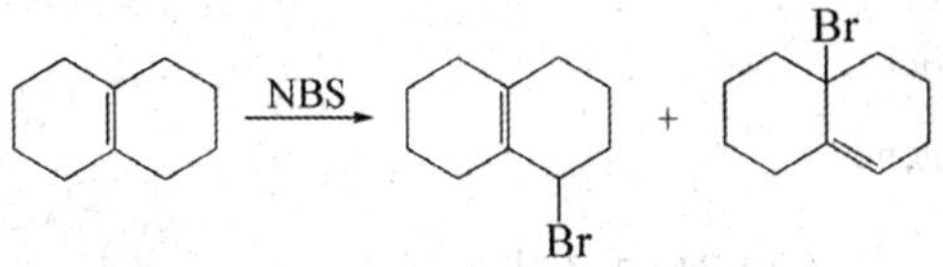 [结构式] $\xrightarrow{NBS}$ [结构式] + [结构式]

(3) [结构式] $\xrightarrow[H_2SO_4]{25\%}$ [结构式]

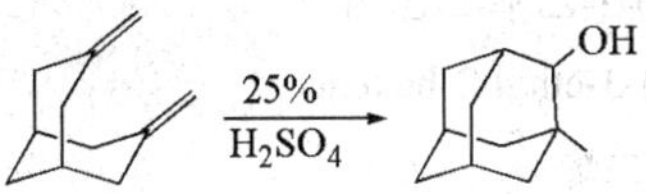

4.32 完成下列转变。

(1) $CH_3CH=CH_2 \longrightarrow \underset{Br\ \ Br}{CH_2-CH-CH_2Cl}$

(2) $CH_2=CHCH_2CH_3 \longrightarrow \underset{Cl\ \ Cl\ \ Br}{CH_2-CH-CHCH_3}$

(3) $2\ \underset{CH_3}{CH_3-C=CH_2} \longrightarrow H_3C-\underset{CH_3}{\overset{CH_3}{C}}-CH_2-\underset{CH_3}{\overset{CH_3}{C}}-CH_3$

六、习题参考答案

4.1

$CH_2=CHCH_2CH_2CH_3$　　$CH_2=\underset{CH_3}{C}-CH_2CH_3$　　$CH_2=CH\underset{CH_3}{CH}CH_3$

1-己烯　　　　　　　　2-甲基-1-戊烯　　　　3-甲基-1-戊烯

1-hexene　　　　　　　2-methyl-1-pentene　　3-methyl-1-pentene

$CH_2=CHCH_2\underset{CH_3}{CH}$　　$CH_2=C(CH_2CH_3)_2$　　$CH_2=CHC(CH_3)_3$

4-甲基-1-戊烯　　　　2-乙基-1-丁烯　　　　3,3-二甲基-1-丁烯

4-methyl-1-pentene　　2-ethyl-1-butene　　　3,3-dimethyl-1-butene

$CH_2=\underset{CH_3}{C}CH(CH_3)_2$　　[(Z)-2-己烯结构式]　　[(E)-2-己烯结构式]

2,3-二甲基-1-丁烯　　(Z)-2-己烯　　　　　(E)-2-己烯

2,3-dimethyl-1-butene　(Z)-2-hexene　　　　(E)-2-hexene

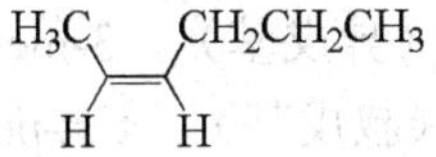

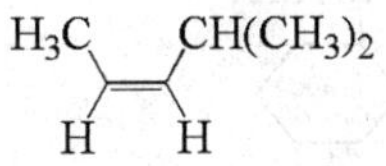

[(Z)-4-甲基-2-戊烯结构式]　[(E)-4-甲基-2-戊烯结构式]　[(Z)-3-甲基-2-戊烯结构式]

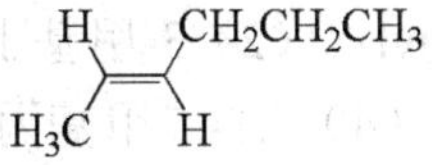

(Z)-4-甲基-2-戊烯　　(E)-4-甲基-2-戊烯　　(Z)-3-甲基-2-戊烯

(Z)-4-methyl-2-pentene　(E)-4-methyl-2-pentene　(Z)-3-methyl-2-pentene

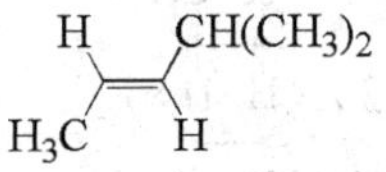

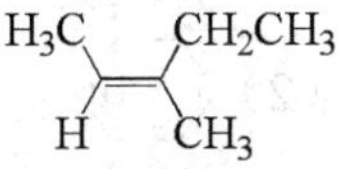

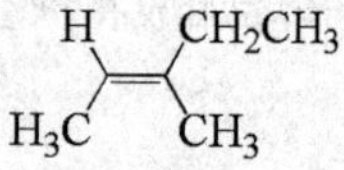

(E)-3-甲基-2-戊烯　　　2-甲基-2-戊烯　　　(Z)-3-己烯
(E)-3-methyl-2-pentene　　2-methyl-2-pentene　　(Z)-3-hexene

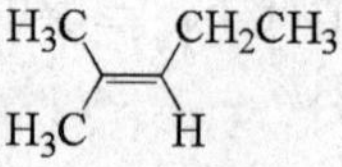

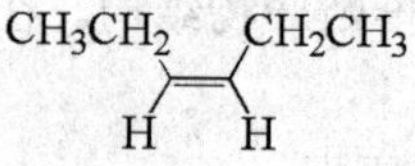

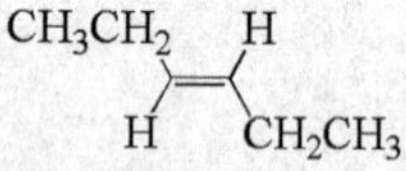

(E)-3-己烯　　　2,3-二甲基-2-丁烯
(E)-3-hexene　　2,3-dimethyl-2-butene

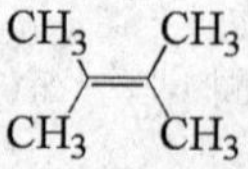

4.2 （1）3-甲基-2-乙基-1-丁烯　　　（2）(E)-3-乙基-2-己烯
　　　2-ethyl-3-methyl-1-butene　　　　　(E)-3-ethyl-2-hexene
　　（3）(Z)-3-甲基-4-乙基-3-辛烯　　（4）丙二烯
　　　(Z)-4-ethyl-3-methyl-3-octene　　　propadiene

4.3
（1） 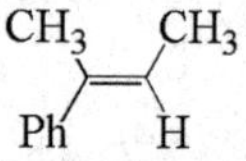　(E)-2-苯基-2-丁烯
　　　(E)-2-phenyl-2-butene

（2） 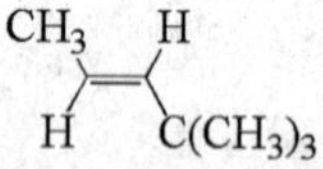　(E)-4,4-二甲基-2-戊烯
　　　(E)-4,4-dimethyl-2-pentene

（3） 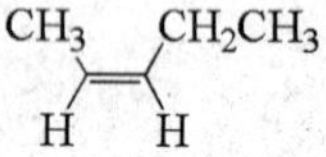　(Z)-2-戊烯
　　　(Z)-2-pentene

（4） 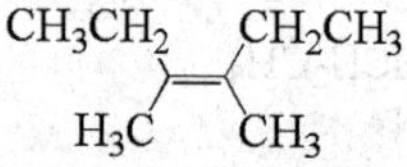　(Z)-3,4-二甲基-3-己烯
　　　(Z)-3,4-dimethyl-3-hexene

（5） 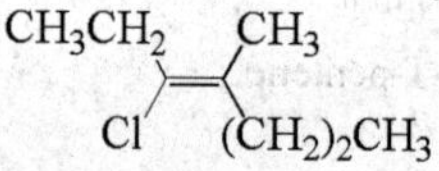　(Z)-3-氯-4-甲基-3-庚烯
　　　(Z)-3-chloro-4-methyl-3-heptene

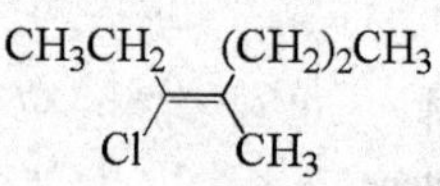

　　　(E)-3-氯-4-甲基-3-庚烯
　　　(E)-3-chloro-4-methyl-3-heptene

4.4 （1）1-丁烯（2）3-乙基-2-戊烯（3）顺-4-甲基-2-戊烯（4）1-溴-2-甲基丙烯
4.5 （1）乙烯基　vinyl　（2）3-甲基丁基（异戊基）　3-methylbutyl（isopentyl）
（3）烯丙基　allyl　（4）1,1-二甲基丙基（叔戊基）　tert-pentyl or tert-amyl
（5）丙烯基　1-propenyl　（6）异丙烯基　isopropenyl
4.6 （1）几何异构（顺、反）；（2）位置异构；（3）、（4）构造异构。
4.7

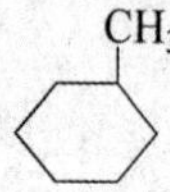

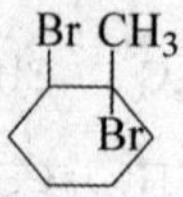

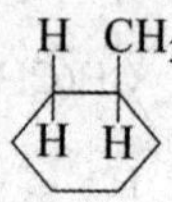

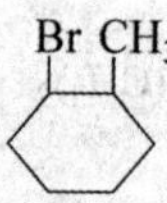

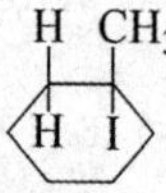

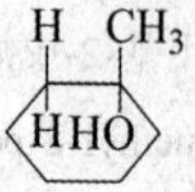

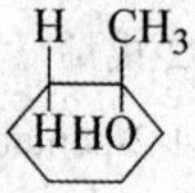

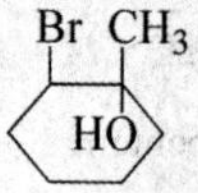

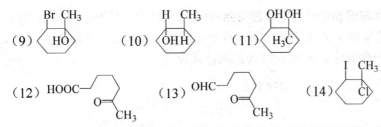

4.8（1）共价键的共用电子对被均等地分配于成键原子间的一种共价键断裂方式，结果形成自由基。如：Cl—Cl ⟶ Cl· + Cl·。

（2）共价键的共用电子对被一个原子所占有的一种共价键的断裂方式，结果形成离子。如：H—Cl ⟶ H⁺ + Cl⁻。

（3）使 1 mol 双原子分子（气态）均裂为 2 个原子（气态）时所需要的能量。对于多原子分子，则是均裂为 1 个原子和 1 个原子团。如：

$$Cl-Cl \longrightarrow Cl\cdot + Cl\cdot \qquad CH_3-H \longrightarrow CH_3\cdot + H\cdot$$
$$243 \text{ kJ/mol} \qquad\qquad\qquad 435 \text{ kJ/mol}$$

（4）自由基是带有 1 个未共用电子的原子或原子团，如 Br·、·CH₃ 等。

（5）1 个碳正离子是带有 1 个正电荷的三价碳原子的离子。如：$(CH_3)_3C^+$。

4.9 可用高锰酸钾水溶液来鉴别，丙烯显正反应。

4.10
$$H^+ + CH_2=CH_2 \xrightarrow{\text{加成}} CH_3CH_2^+$$
$$CH_3CH_2^+ + (CH_3)_3CH \xrightarrow{\text{夺氢}} CH_3CH_3 + (CH_3)_3C^+$$
$$(CH_3)_3C^+ + CH_2=CH_2 \xrightarrow{\text{加成}} (CH_3)_3CCH_2CH_2^+$$
$$(CH_3)_3CCH_2CH_2^+ \xrightarrow[\text{[H]}]{\text{重排}} (CH_3)_3\overset{+}{C}CH(CH_3)_2 \xrightarrow[\text{[CH}_3\text{]}]{\text{重排}} (CH_3)_2\overset{+}{C}CH(CH_3)_2$$
$$(CH_3)_2\overset{+}{C}CH(CH_3)_2 + (CH_3)_3CH \xrightarrow{\text{夺氢}} (CH_3)_2CHCH(CH_3)_2 + (CH_3)_3C^+$$

4.11 在自由基反应中，一般不发生烷基迁移。这是由于一级和三级自由基间的能量差别比相应的碳正离子小很多，重排倾向小。

$$(CH_3)_3C^+ \quad (CH_3)_2CH^+ \quad CH_3CH_2^+ \quad (CH_3)_3C\cdot \quad (CH_3)_2CH\cdot \quad CH_3CH_2\cdot$$
$$1\ 097 \text{ kJ/mol} \quad 1\ 158 \text{ kJ/mol} \quad 1\ 264 \text{ kJ/mol} \quad 381 \text{ kJ/mol} \quad 397 \text{ kJ/mol} \quad 410 \text{ kJ/mol}$$

4.12（1）CH₃CHClCH₃ （2）$(CH_3)_3\overset{+}{N}CH_2CH_2I$ （3）$(CH_3)_2CHCCl_3$ （4） 环己基-C(Cl)(CH₂CH₃)

4.13（1）HBr （2）H₂, Ni （3）HBr/ROOR （4）Br₂
（5）a. B₂H₆ b. H₂O₂, NaOH （6）H⁺/H₂O （7）Cl₂/H₂O

4.14

（1）2 CH₃CH₂COOH （2）(CH₃)₂C—CHCH₃
                                                  | |
                                                OH OH

（3）CH₃CHO, OHCCH₂CH₂CHO, CH₃COCH₂CH₃ （4）CH₃COCH₂CH₂CHO

（5）(CH₃)₂C—CHCH₃   （6）环己烷-1,2-二醇(OH,HO)   （7）环己烷(HO,HO,OH)
      | |
     OH OH

4.15 **A** 经臭氧氧化水解或高锰酸钾氧化都得到相同的产物，则产物应为酮。**A** 的结构式应为 $R_2C=CR_2$ 类型，这里如果 R 为甲基，则含 6 个碳原子，现有 7 个碳原子，所以第 7 个碳原子可以接到任何一个 R 上，此化合物 **A** 的构造式为：

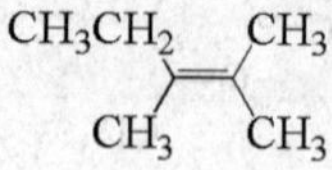

$$\underset{CH_3}{\overset{CH_3CH_2}{>}}C=C\underset{CH_3}{\overset{CH_3}{<}}$$

4.16（1）$CH_3-\bigcirc-C(CH_3)_2$

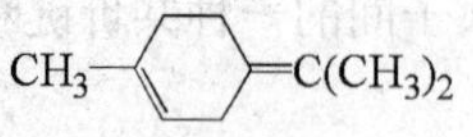

含双键的三元、四元环不稳定，因此不可能为：

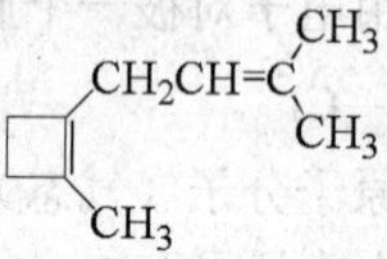

（带 $CH_2CH=\overset{CH_3}{\underset{CH_3}{C}}$ 取代基的环丁烯，CH₃ 在环上） 或 （环丙基）$-CH_2\underset{CH_3}{\overset{CH_3}{C}}=C$

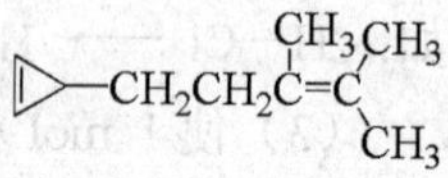

（2）$\underset{CH_3}{\overset{CH_3}{>}}C=C\underset{CH_3}{\overset{CH_3}{<}}$

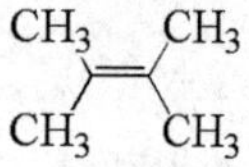

4.17 根据吸收氢数可断定不饱和度为 3，由臭氧氧化产物可知必含 3 个双键，其可能结构为：

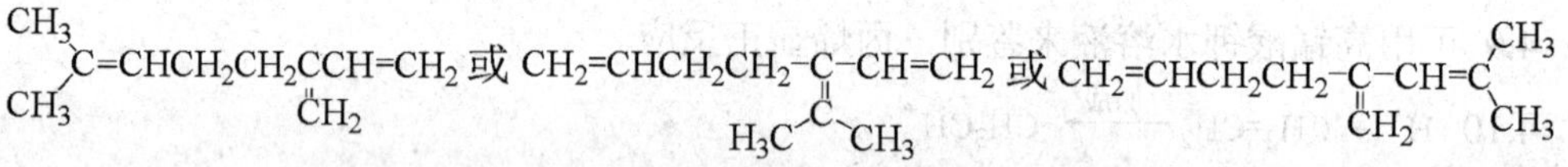

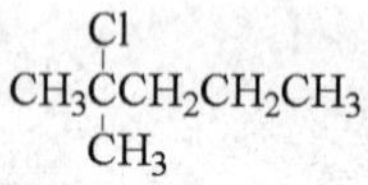

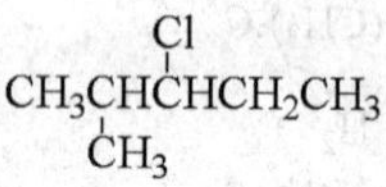

$\underset{CH_3}{\overset{CH_3}{>}}C=CHCH_2CH_2CH=CH_2$ 或 $CH_2=CHCH_2CH_2-\underset{H_3C}{\overset{CH_2}{\underset{|}{C}}}-CH=CH_2$ 或 $CH_2=CHCH_2CH_2-\underset{CH_2}{\overset{|}{C}}=CH-\underset{CH_3}{\overset{CH_3}{<}}$

4.18 **A、B** $CH_3\underset{CH_3}{\overset{Cl}{\underset{|}{C}}}CH_2CH_3$ $CH_3\underset{CH_3}{\overset{Cl}{\underset{|}{C}H}}CH_2CH_3$ **C** $CH_3CH_2\underset{CH_3}{\overset{|}{C}H}CH_2Cl$

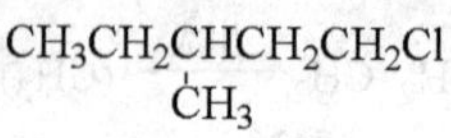

4.19 $(CH_3)_2CHCH_2I \xrightarrow[\text{醇溶液}]{KOH} (CH_3)_2C=CH_2 \xrightarrow{HI} (CH_3)_3CICH_3$

4.20 卤素与烯烃加成为亲电加成。第一步是卤素正离子与烯烃加成，这一步是速度决定步骤。因为氯的电负性比碘大，因此 ICl 中的碘比碘分子中的碘亲电子能力大，所以 ICl 比 I_2 的加成速度快 10^5 倍。BrCl 和烯烃的加成速度比 ICl 快 40 倍，这是由于 Br^+ 比 I^+ 活泼。

4.21 脱水由易到难的次序为：(2)＞(3)＞(1)。

4.22 甲基等排斥电子的基团增加了烯烃和亲电试剂加成反应的活性；而卤素及羰基等吸引电子的基团使烯烃和亲电试剂的加成反应速度减慢。

4.23 （1）1-戊烯 + H_2O + H_2SO_4 （2）丙烯 + H_2O + H_2SO_4

（3）异丁烯 + H_2O + H_2SO_4 （4）$\bigcirc-CH_3$ + 1) B_2H_6, 2) H_2O_2, OH^-

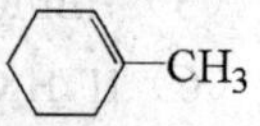

4.24 （1）c 行；a 会重排；b、d 产物为 2-丁烯

（2）a、b、c、d 都可以；c 不行，产物为 3-甲基-1-丁烯

4.25 4,4-二甲基-2-戊烯的结构是：

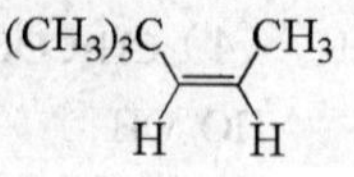

$$\underset{H}{\overset{(CH_3)_3C}{>}}C=C\underset{H}{\overset{CH_3}{<}} \qquad \underset{H}{\overset{(CH_3)_3C}{>}}C=C\underset{CH_3}{\overset{H}{<}}$$
$$\text{顺} \qquad\qquad\qquad \text{反}$$

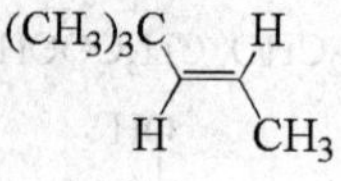

二者立体障碍差别显著。

4.26 2,3-二甲基-2-丁烯＞2-甲基-2-戊烯＞反-3-己烯＞顺-2-己烯＞1-己烯

能用比较氢化热来衡量相对稳定性的烯烃只是那些能得到相同氢化产物的烯烃。如：反-3-己烯，1-己烯和顺-2-己烯。它们在氢化时都得到己烷。

4.27 （1）B＞A＞D＞C （2）B＞A＞C＞D （3）a. C＞B＞A；b. C＞B＞A

（4）a. 萘环氧化物 b. 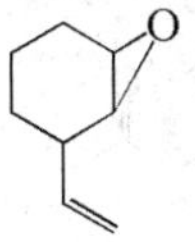 3-乙烯基-1,2-环氧环己烷

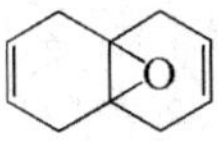

4.28 $CH_3-\underset{5}{CH_2}-\underset{H}{\overset{H_3C}{\underset{H}{C}}}-\underset{4}{\overset{H}{\underset{H}{C}}}-\underset{1}{\overset{H}{\underset{H}{C}}}=\underset{6}{\overset{H}{\underset{6}{C}}}-\underset{2}{CH_3}$

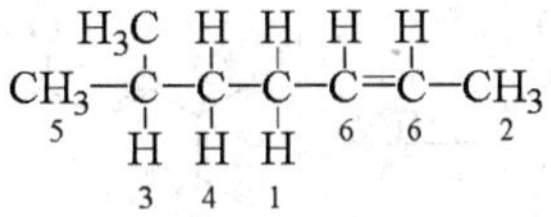

4.29 A

（1）RO–OR $\longrightarrow$ 2 RO·

（2）RO· + H–Br $\longrightarrow$ RO–Br + H·
　　　　368　　 201　　　　　　 $\Delta H = +167$ kJ/mol

若抽取 H：

　　　　RO· + H–Br $\longrightarrow$ RO–H + Br·
　　　　368　　 462　　　　　　 $\Delta H = -94$ kJ/mol

第（4）步：

　　　　CH₃ĊHCH₃ + H–Br $\longrightarrow$ CH₃CHCH₃ + H·
　　　　　　　　　　　　　　　　　　　　　|
　　　　　　　　　　　　　　　　　　　　 Br
　　　　368　　　　　　　　　　 284　　　 $\Delta H = +84$ kJ/mol

若抽取 H：

　　　　CH₃ĊHCH₃ + H–Br $\longrightarrow$ CH₃CHCH₃ + Br·
　　　　　　　　　　　　　　　　　　　　　|
　　　　　　　　　　　　　　　　　　　　 H
　　　　368　　　　　　　　　　 397　　　 $\Delta H = -29$ kJ/mol

从计算看出，这个机理是不合适的，形成 C—Br 键比形成 C—H 键放热少，键传递步骤（4）是吸热反应，所需活化能太高。

B 这个中间体自由基应是 CH₃–ĊH–CH₂Br，否则用 HBr 必得中间体 CH₃–ĊH–CH₃，而且 DBr 必得中间体 CH₃–ĊH–CH₂D。所以，已学过的机理是正确的，这个设想的机理是错误的。

4.30

（1）RO–OR $\longrightarrow$ 2 RO·

（2）RO· + BrCCl₃ $\begin{array}{l} \nearrow \text{ROBr} + \cdot\text{CCl}_3 \\ \searrow \text{ROCl} + \cdot\text{CBrCl}_2 \end{array}$

（3）·CCl₃ + C₆H₁₃CH=CH₂ $\longrightarrow$ C₆H₁₃ĊHCH₂CCl₃

（4）C₆H₁₃ĊHCH₂CCl₃ + BrCCl₃ $\longrightarrow$ C₆H₁₃CHCH₂CCl₃ + ·CCl₃
　　　　　　　　　　　　　　　　　　　　　　　　　　|
　　　　　　　　　　　　　　　　　　　　　　　　　 Br

然后（3）、（4），（3）、（4）重复。

　　　　RO· + CHBr₃ $\begin{array}{l} \nearrow \text{ROH} + \cdot\text{CBr}_3 \\ \searrow \text{ROBr} + \cdot\text{CHBr}_2 \end{array}$

C—Br 键较 C—H 键弱。因此

$$C_6H_{13}CH=CH_2 + CHBr_3 \longrightarrow C_6H_{13}CHBrCH_2CHBr_2$$

4.31

(1) 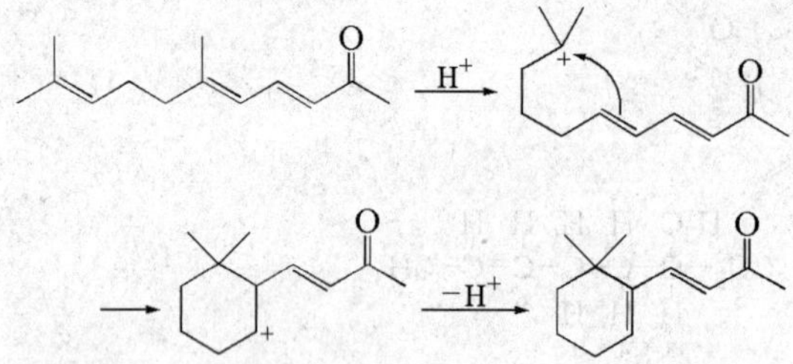 [结构式：萜烯酮在 H⁺ 作用下质子化形成环状碳正离子中间体，再失去 H⁺ 得到环化产物]

(2) [结构式：十氢萘在 Br·/−HBr 作用下生成自由基，共振后与 Br₂ 反应生成溴代产物]

(3) [结构式：金刚烷类烯烃在 H⁺ 作用下形成碳正离子，再与 H₂O 加成、失去 H⁺ 得到金刚烷醇]

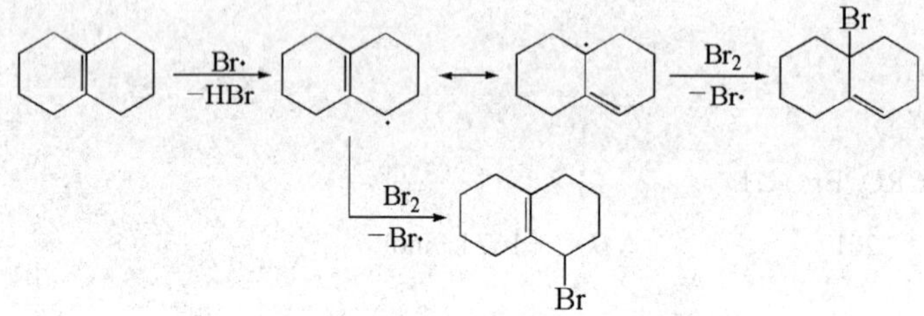

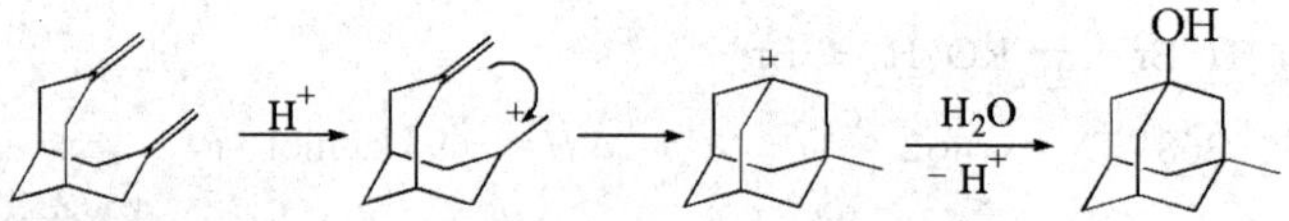

4.32

(1) $CH_2=CH-CH_3 \xrightarrow[500℃]{Cl_2} CH_2=CH-CH_2Cl \xrightarrow[CCl_4]{Br_2} BrCH_2CHBrCH_2Cl$

(2) $CH_2=CH-CH_2CH_3 \xrightarrow{NBS} CH_2=CH-\underset{Br}{C}HCH_3 \xrightarrow{Cl_2} \underset{Cl}{C}H_2-\underset{Cl}{C}H-\underset{Br}{C}HCH_3$

(3) $CH_3-\underset{CH_3}{\overset{CH_3}{C}}=CH_2 \xrightarrow[70℃]{60\% H_2SO_4} H_3C-\underset{CH_3}{\overset{CH_3}{\overset{|}{C}^+}}-CH_3 \xrightarrow{CH_3-C=CH_2} H_3C-\underset{CH_3}{\overset{CH_3}{\overset{|}{C}}}-CH_2-\overset{CH_3}{\underset{CH_3}{\overset{|}{C}^+}}-CH_3$

$\xrightarrow{-H^+} H_3C-\underset{CH_3}{\overset{CH_3}{\overset{|}{C}}}-CH=\overset{CH_3}{\underset{}{C}}-CH_3 + H_3C-\underset{CH_3}{\overset{CH_3}{\overset{|}{C}}}-CH_2-\overset{CH_3}{\underset{}{C}}=CH_2$

次（位阻大，不稳定）　　　　　主

$\xrightarrow[50℃]{H_2, Ni} H_3C-\underset{CH_3}{\overset{CH_3}{\overset{|}{C}}}-CH_2-\overset{CH_3}{\underset{}{C}}H-CH_3$

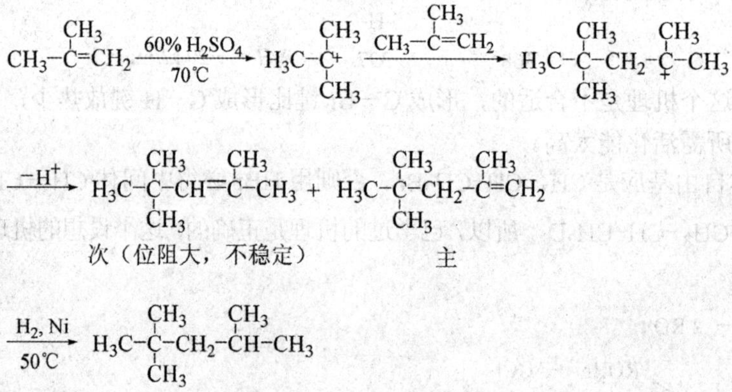

第五章 炔烃和二烯烃

一、复习要点

1. 炔烃的结构及命名。
2. 炔烃的化学性质。

（1）氢化

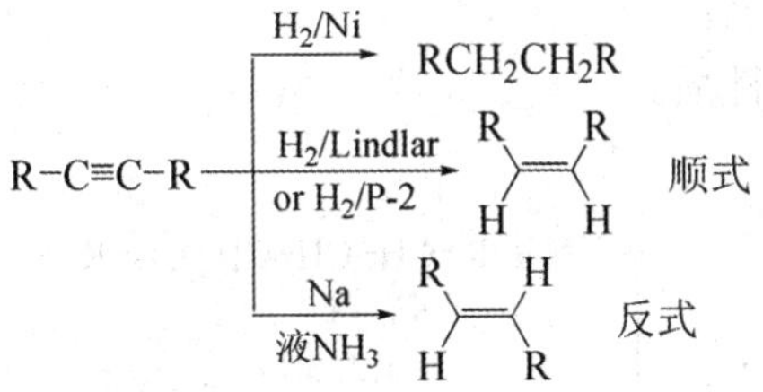

$$R-C\equiv C-R \begin{cases} \xrightarrow{H_2/Ni} RCH_2CH_2R \\ \xrightarrow{H_2/Lindlar \text{ or } H_2/P-2} \text{顺式} \\ \xrightarrow{Na, 液NH_3} \text{反式} \end{cases}$$

（2）亲电加成

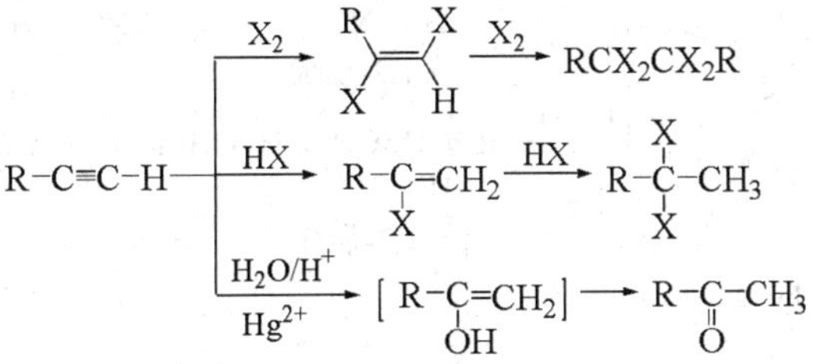

$$R-C\equiv C-H \begin{cases} \xrightarrow{X_2} \xrightarrow{X_2} RCX_2CX_2R \\ \xrightarrow{HX} \xrightarrow{HX} \\ \xrightarrow{H_2O/H^+, Hg^{2+}} [R-C(OH)=CH_2] \rightarrow R-CO-CH_3 \end{cases}$$

（3）亲核加成

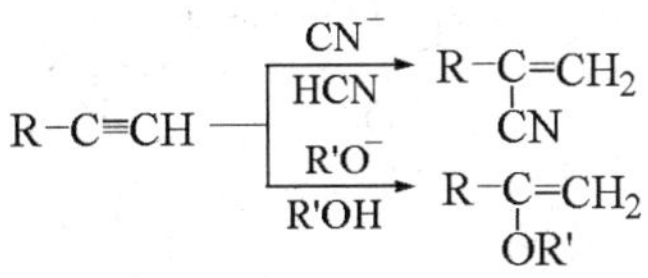

$$R-C\equiv CH \begin{cases} \xrightarrow{CN^-/HCN} R-C(CN)=CH_2 \\ \xrightarrow{R'O^-/R'OH} R-C(OR')=CH_2 \end{cases}$$

（4）端基氢的酸性

$$R-C\equiv CH \xrightarrow{NaNH_2 \text{ or } Na} R-C\equiv CNa$$

$$R-C\equiv CH \xrightarrow{Ag(NH_3)_2^+} R-C\equiv CAg\downarrow \text{（白色）}$$

$$R-C\equiv CH \xrightarrow{Cu(NH_3)_2^+} R-C\equiv CCu\downarrow \text{（棕红色）}$$

（5）氧化

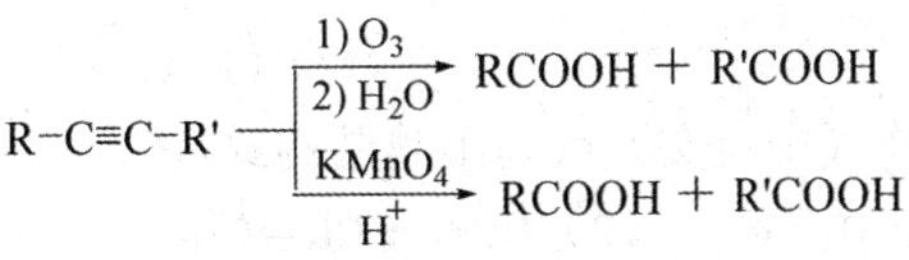

$$R-C\equiv C-R' \begin{cases} \xrightarrow{1) O_3; 2) H_2O} RCOOH + R'COOH \\ \xrightarrow{KMnO_4/H^+} RCOOH + R'COOH \end{cases}$$

（6）聚合

$$HC\equiv CH \xrightarrow[NH_4Cl]{Cu_2Cl_2} HC\equiv C-CH=CH_2 \text{（二聚）}$$

3．炔烃的制备。
（1）二卤代烷去卤化氢

$$\underset{\text{（或 }RCH_2CHX_2\text{）}}{RCHXCH_2X} \xrightarrow[\triangle]{KOH} R-\underset{X}{\overset{H}{C}}=CH \xrightarrow[\triangle]{NaNH_2} R-C\equiv CH$$

（2）金属炔化物与伯卤代烷反应

$$R-C\equiv CNa + R'X\text{（伯卤）} \longrightarrow R-C\equiv C-R'$$

（3）四卤代烷脱卤

$$-\underset{X}{\overset{X}{C}}-\underset{X}{\overset{X}{C}}- \xrightarrow{2Zn} -C\equiv C-$$

4．二烯烃的分类及命名。
5．共轭二烯烃的化学性质。
（1）1,2-和 1,4-加成

$$R-CH=CH-CH=CH-R \begin{cases} \xrightarrow{X_2} R-\underset{X}{\overset{}{C}}H-\underset{X}{\overset{}{C}}H-CH=CH-R + R-\underset{X}{\overset{}{C}}H-CH=CH-\underset{X}{\overset{}{C}}H-R \\ \qquad\qquad\qquad\qquad\quad 1,2\text{-加成} \qquad\qquad\qquad\qquad 1,4\text{-加成} \\ \xrightarrow{HX} R-\underset{H}{\overset{}{C}}H-\underset{X}{\overset{}{C}}H-CH=CH-R + R-\underset{H}{\overset{}{C}}H-CH=CH-\underset{X}{\overset{}{C}}H-R \\ \qquad\qquad\qquad\qquad\quad 1,2\text{-加成} \qquad\qquad\qquad\qquad 1,4\text{-加成} \\ \xrightarrow{H_2/Ni} R-\underset{H}{\overset{}{C}}H-\underset{H}{\overset{}{C}}H-CH=CH-R + R-\underset{H}{\overset{}{C}}H-CH=CH-\underset{H}{\overset{}{C}}H-R \\ \qquad\qquad\qquad\qquad\quad 1,2\text{-加成} \qquad\qquad\qquad\qquad 1,4\text{-加成} \end{cases}$$

（2）Diels-Alder 反应

二、重要的概念

（1）共振论，（2）杂化形式对碳氢酸性的影响，（3）动力学控制和热力学控制。

三、新概念

炔烃（Alkyne），二烯烃（Alkadiene），酸和碱（Acid and Base），共振论（Resonance Theory），1,2-加成和 1,4-加成（1,2-Addition and 1,4-Addition），互变异构（Tautomerism）

四、例题

例 1 命名下列化合物（中英文）或写出其结构式。
（1）$CH_3C\equiv C-CH=CHCH_3$ （2）$HC\equiv C-CH=CH_2$
（3）3-methyl-1-butyne （4）(*cis,trans*)-2,4-hexadiene

解（1）2-己烯-4-炔（2-hexen-4-yne）　　（2）1-丁烯-3-炔（1-buten-3-yne）

命名烯炔时，选含双键和叁键的最长链为主链，编号从靠近双键或叁键的一端开始，使不饱和键的编号尽可能小。如果两种编号相同，则使双键具有较小的位次。

（3）$CH_3-\underset{\underset{CH_3}{|}}{CH}-C\equiv CH$　　（4） 顺,顺-结构 （ 顺,顺-结构 ）

例 2　完成下列反应。

（1）$CH_2=\underset{\underset{CH_3}{|}}{C}-CH=CH_2 \xrightarrow{HCl}$　　（2）$Ph-CH=CH-CH=CH_2 + HBr \longrightarrow$

（3）$CH_2=CH-CH_2-C\equiv CH \xrightarrow[1\,mol]{Br_2}$　　（4）$CH_3CH_2O-C\equiv CH \xrightarrow[H_2O]{H^+}$

解

(1) 反应机理示意：经 H^+ 加成，次要路径生成 **A** $CH_2=\overset{+}{C}H-\underset{\underset{CH_3}{|}}{CH}-CH_3$ 和 **B** $\overset{+}{C}H_2-\underset{\underset{CH_3}{|}}{C}=CH-CH_3$；主要路径生成 **C** $CH_3-\underset{\underset{CH_3}{|}}{\overset{+}{C}}-CH=CH_2$ 和 **D** $CH_3-\underset{\underset{CH_3}{|}}{C}=CH-\overset{+}{C}H_2$，然后与 Cl^- 加成生成 $CH_3-\underset{\underset{CH_3}{|}}{\underset{|}{\overset{Cl}{C}}}-CH=CH_2 + CH_3-\underset{\underset{CH_3}{|}}{C}=CH-CH_2Cl$

由于 **C**（既是 3°碳又为烯丙基碳正离子）比 **A**（2°烯丙基碳正离子）稳定，因此主要形成 **C**。

（2）$Ph-CH=CH-CH=CH_2 \xrightarrow{HBr} Ph-CH=CH-\underset{\underset{Br}{|}}{CH}-CH_3 + Ph-\underset{\underset{Br}{|}}{CH}-CH=CH-CH_3$
　　　　　　　　　　　　　　　　　　主　　　　　　　　　　次

1-苯基-1,3-丁二烯和 HBr 的加成反应主要为 1,2-加成产物。因为在这个产物的分子中苯环和双键共轭，较其他形式的加成产物稳定。

（3）$CH_2=CH-CH_2-C\equiv CH \xrightarrow{Br_2}{1\,mol} \underset{\underset{Br}{|}}{CH_2}-\underset{\underset{Br}{|}}{CH}-CH_2-C\equiv CH$

由于烯加成形成的碳正离子 $CH_2Br-\overset{+}{C}H-CH_2-C\equiv CH$ 比炔加成形成的碳正离子 $CH_2=CH-CH_2-\overset{+}{C}=CH_2Br$ 稳定，因此烯的亲电加成活性比炔大。

（4）
$CH_3CH_2O-C\equiv CH \xrightarrow{H^+}$ 主要生成 **A** $CH_3CH_2O-\overset{+}{C}=CH_2 \xrightarrow{H_2O} CH_3CH_2O-\underset{\underset{\overset{+}{O}H_2}{|}}{C}=CH_2 \xrightarrow{-H^+} [CH_3CH_2O-\underset{\underset{OH}{|}}{C}=CH_2] \rightarrow CH_3CH_2O-\underset{\underset{O}{\|}}{C}-CH_3$；次要路径 $\times\ CH_3CH_2O-CH=\overset{+}{C}H$

A 中氧上未共用电子对与缺电子的碳共振形成稳定的八隅体稳定碳正离子。

例 3　按指定要求排列下列各组化合物顺序并简单解释：（1）CH_3CH_3，$HC\equiv CH$，$CH_2=CH_2$（按酸性由大到小排）；（2）NaOH，$HC\equiv CNa$，$NaNH_2$，NaF（按碱性由大到小

排）；(3) I⁻，Cl⁻，Br⁻，F⁻ （按碱性由大到小排）。

解 (1) 酸性：HC≡CH > CH$_2$=CH$_2$ > CH$_3$CH$_3$

碳原子的杂化态分别为 sp、sp^2、sp^3，其中 s 电子成分分别占 50%、33.3%、25%。轨道中 s 成分较多的电子离原子核近，形成离子时，原子核对未共用电子对束缚牢，相应的负离子稳定性大，因此 HC≡C⁻ 最稳定，CH$_2$=CH⁻ 次之，CH$_3$CH$_2$⁻ 最不稳定，这也是氢作为质子易离去的顺序。

(2) 碱性：NaNH$_2$ > HC≡CNa > NaOH > NaF

由于相应的共轭酸的酸性顺序为：HF > H$_2$O > HC≡CH > NH$_3$，酸性越强，其对应的共轭碱的碱性越弱。对于同一周期来说，随着原子量的增加，碱性逐渐减弱。

(3) 碱性：F⁻ > Cl⁻ > Br⁻ > I⁻

同一族元素，随着原子量增大，其碱性减弱。从相应的共轭酸的酸性大小次序（HI > HBr > HCl > HF），也可得出同样结论。

Lewis 酸碱定义：碱是能提供一对电子，形成共价键的物质。如：含有未共用电子对的化合物（H$_2$O，NH$_3$，ROH 等）或负离子（X⁻，OH⁻，RO⁻，R⁻ 等）。酸是能夺取一对电子以形成共价键的物质。如：含有空轨道的化合物（AlCl$_3$，BF$_3$，ZnCl$_2$，FeCl$_3$ 等）或正离子（H⁺，R⁺，Br⁺，NO$_2$⁺，Ag⁺）。Lewis 酸碱理论在有机化学中有广泛应用。

例 4 用共振论解释下列问题。

(1) CH$_3$ĊH$_3$Cl 比 ĊH$_2$CH$_2$Cl 稳定。

(2) 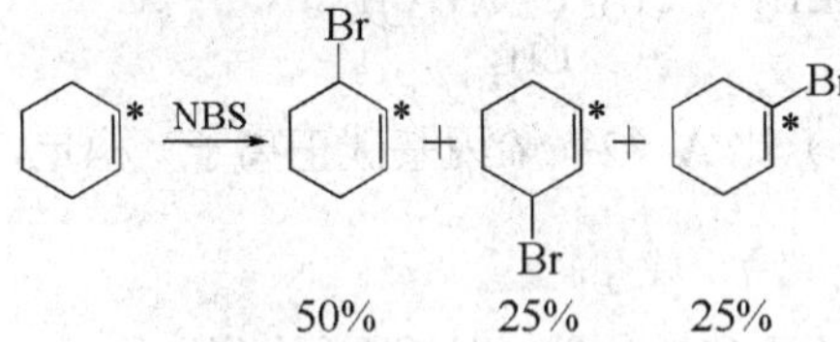 环己烯 $\xrightarrow{\text{NBS}}$ 3-溴环己烯（50%）+ 6-溴环己烯（25%）+ 3-溴环己烯异构体（25%）

(3) 在 CH$_2$=CHCl 中，C—Cl 键比一般的 C—Cl 键短。

解 (1) [CH$_3$—ĊH—Ċl ⟷ CH$_3$—CH=Cl⁺]
              A

由于 **A** 中缺电子的碳与氯上未共用电子对共振，形成了稳定的八隅体，这种效应远远超过氯的吸电子诱导效应。而 ĊH$_2$CH$_2$Cl 没有这种共振效应存在。

(2) 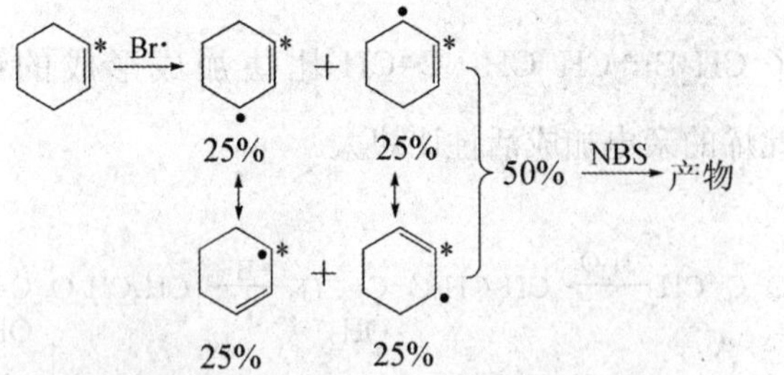 环己烯 $\xrightarrow{\text{Br·}}$ 烯丙基自由基共振体系（各 25%）$\xrightarrow{\text{NBS}}$ 产物

由于烯丙基自由基的共轭。

(3) [CH$_2$=CH—Ċl: ⟷ ⁻CH$_2$—CH=Cl⁺]

氯原子的未共用电子对与 π 键共振时，使氯和碳之间具有一定的双键性质。

例 5 以 2-丁炔为例，写出炔烃臭氧化的机理。

解

$$CH_3C\equiv CCH_3 \xrightarrow{O_3} \text{(中间体)} \longrightarrow \cdots \longrightarrow CH_3-\underset{O}{\underset{\|}{C}}-\underset{O}{\underset{\|}{C}}-CH_3 \xrightarrow{H_2O} 2\ CH_3COOH$$

例6 合成：(1) 以乙炔和 2 个碳以下的有机物为原料合成反-2-戊烯；(2) 以乙炔为原料合成 取代环己烯腈（含CN基）。

有机合成是有机化学的重要组成部分，它通常是指从简单有机物和无机物，通过化学反应制取比较复杂的有机物的过程。一个所需化合物（目标分子 TM）的合成可能需要一步或多步反应，这个过程可以表示如下：

$$A \xrightarrow{B} C \xrightarrow{D} E \xrightarrow{F} \cdots\cdots \longrightarrow TM$$

其中 A、B、D、F 等是原料或反应条件，C、E 等是中间体，TM 是目标分子。书写时，只需写出有机化合物的结构，并且在箭头上面写出必要的试剂和反应条件。

选择合成路线时应尽可能符合下列前提：① 选用易得和廉价的原料；② 选择反应时，尽量选用副反应少、收率高、反应条件缓和且易控制的反应；③ 设计路线短而合理。

有机合成是从原料出发合成目标化合物，对较复杂的合成题，常用反推法，即着眼于目标化合物分子结构的剖析，首先要认清目标化合物的类型（以官能团为基础）及其主体结构特点，根据所学知识找出适当的反应。以此为基础，把分子结构中的化学键断开，将较复杂的分子剖析为较简单的单元，即目标分子的前体，如此继续，直至达到给定的或较简单的起始原料为止。

解

(1) 反式烯烃，可由炔烃氢化制得

$$\underset{H}{\overset{CH_3}{\diagdown}}C=C\underset{CH_2CH_3}{\overset{H}{\diagup}}$$

⇓ Na/NH₃(l)

$CH_3-C\equiv C-CH_2CH_3$　二取代炔烃，可由金属炔化物与卤代烃反应制得

⇓

$CH_3-C\equiv CNa \Rightarrow CH_3-C\equiv CH \Rightarrow NaC\equiv CH \Rightarrow HC\equiv CH$
$+$　　　　　　　　　　　　　$+$
CH_3CH_2Cl　　　　　　　　CH_3I

合成：$HC\equiv CH \xrightarrow{NaNH_2} NaC\equiv CH \xrightarrow{CH_3I} CH_3-C\equiv CH \xrightarrow{NaNH_2} CH_3-C\equiv CNa$

$\xrightarrow{CH_3CH_2Cl} CH_3-C\equiv C-CH_2CH_3 \xrightarrow{Na/NH_3(l)} \underset{H}{\overset{CH_3}{\diagdown}}C=C\underset{CH_2CH_3}{\overset{H}{\diagup}}$

(2) 取代六元环烯，可用Diels-Alder反应

环己烯-CN $\Rightarrow$ CH₂=CH-CN + CH₂=CH-CH=CH₂

CH₂=CH-CN $\Rightarrow HC\equiv CH + HCN$

$CH_2=CH-CH=CH_2 \Rightarrow HC\equiv CH$

合成：HC≡CH + HCN $\xrightarrow{\text{碱}}$ CH$_2$=CH-CN

HC≡CH $\xrightarrow[\text{NH}_4\text{Cl}]{\text{CuCl}_2}$ CH$_2$=CH-C≡CH $\xrightarrow[\text{Lindlar}]{\text{H}_2}$ CH$_2$=CH-CH=CH$_2$ $\xrightarrow[\Delta]{\text{CH}_2\text{=CH-CN}}$ [环己烯-CN]

五、习题

5.1 用（中、英文）系统命名法命名下列化合物。

(1) HC≡CCH(CH$_3$)CH$_3$ 　　(2) CH$_2$=CHCH$_2$C≡CH

(3) CH$_3$(CH$_2$)$_4$CH=CHC≡CCH$_3$

(4) Br(CH$_2$)$_4$C≡CH 　　(5) ClCH$_2$CH=CHCH=CH$_2$

(6) CH$_2$=C(CH$_3$)=CH$_2$ 　　(7) [顺,顺-2,4-己二烯结构式]

5.2 在多数制备烯烃的方法中，主要是生成较稳定的反式异构体。试写出一个将含有75%反式和25%顺式的2-戊烯的混合物转变成基本上纯的顺-2-戊烯的所有步骤。

5.3 写出1-戊炔与下列各化合物反应所得的产物：(1) 1 mol H$_2$/Ni；(2) 2 mol H$_2$/Ni；(3) 1 mol Br$_2$；(4) 2 mol Br$_2$；(5) 1 mol HCl；(6) 2 mol HCl；(7) H$_2$O，H$^+$，Hg^{2+}；(8) 硝酸银氨溶液；(9) 氯化亚铜氨溶液；(10) NaNH$_2$/NH$_3$；(11) 热的 KMnO$_4$；(12) O$_3$，然后 Zn，H$_2$O；(13) H$_2$，Pd-BaSO$_4$，喹啉；(14) B$_2$H$_6$，然后 H$_2$O$_2$，NaOH。

5.4 用 [甲基环己烯] 代替1-戊炔回答5.3问题中的 (1)、(2)、(3)、(4)、(5)、(6)、(11)、(12) 项。

5.5 说明怎样以良好产率完成下述转变：

CH$_3$CH$_2$CH$_2$CH$_3$ ⟶ CH$_3$CH$_2$CHClCH$_3$（不含1-氯丁烷）

5.6 为什么烯醇不稳定，容易异构成醛或酮，以乙烯醇异构成乙醛为例说明。

5.7 乙炔中的 C—H 键是所有 C—H 键中键能最大者，而炔氢又是酸性最强的，这两个事实是否彼此矛盾？

5.8 以生石灰和焦炭为原料，合成下列化合物，可以利用其他无机试剂，前一步已经合成的产物，后面可直接使用。(1) 乙炔；(2) 1-丁炔；(3) 乙烯基乙炔；(4) 1,3-丁二烯；(5) 1-己烯；(6) 3-己炔；(7) 顺-3-己烯；(8) 反-3-己烯；(9) 己烷；(10) 3-己酮；(11) 1-丁醇；(12) 1,5-己二炔；(13) 丁醛。

5.9 写出下列反应的产物。

(1) [1-乙炔基环己醇] $\xrightarrow[\text{HgSO}_4]{\text{H}_2\text{SO}_4/\text{H}_2\text{O}}$

(2) CH$_2$=CCl-CH=CH$_2$ $\xrightarrow{\text{HCl}}$

(3) CH$_2$=CH-CH$_2$-C≡CH $\xrightarrow{\text{HCl}}$

(4) CH$_2$=CH-C≡CH $\xrightarrow[45\sim60℃]{\text{HCl, NH}_4\text{Cl-Cu}_2\text{Cl}_2}$

(5) CH$_2$=C=CH$_2$ $\xrightarrow{\text{HCl}}$

(6) [1,3-二甲基-1,3-环己二烯] $\xrightarrow{\text{HBr}}$

5.10 解释下述事实：（1）1,4-二苯基-1,3-丁二烯和溴加成的产物主要为 1,2-加成产物，而 1,4-加成产物不超过 4%；（2）1 mol 溴与 1,3,5-己三烯加成时，只产生 5,6-二溴-1,3-己二烯及 1,6-二溴-2,4-己二烯，是速率还是平衡位置起主导作用？（3）在亲电加成反应中，烯比炔活性大，而在催化加氢反应中，炔比烯活性大；（4）2,3-二异丙基-1,3-丁二烯不发生 Diels-Alder 反应。

5.11 完成下列反应。

(1) 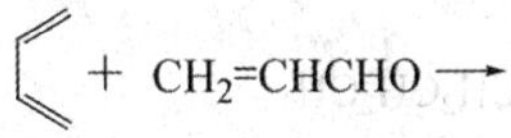 ⌬ + CH₂=CHCHO ⟶

(2) ⌬ + COOCH₃-C≡C-COOCH₃ ⟶

(3) ⌬ + (马来酸酐) ⟶

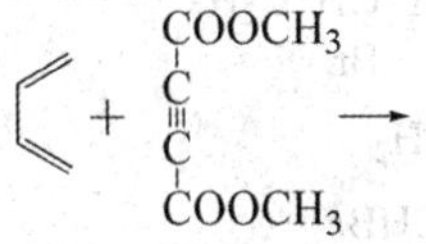

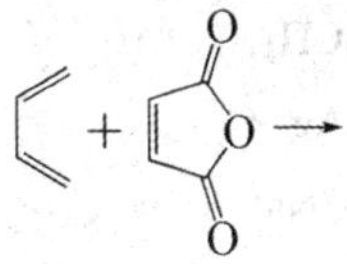

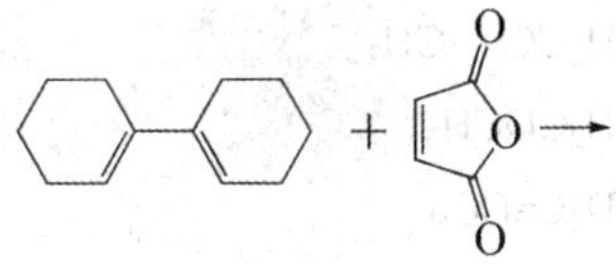

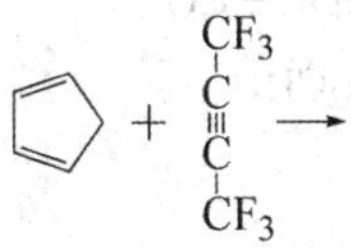

(4) (联环己烯) + (马来酸酐) ⟶

(5) (环戊二烯) + CF₃-C≡C-CF₃ ⟶

(6) (环戊二烯) + (环戊二烯) —室温→

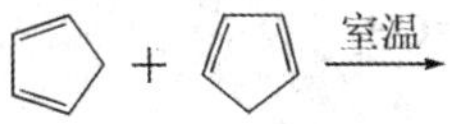

5.12 分别将下述化合物转化成 1,3-丁二烯：
（1）BrCH₂CH₂CH₂CH₂Br；（2）CH₂=CHCH₂CH₂OH；
（3）CH₂=CHC≡CH；（4）CH₂=CHCH₂CH₃。

5.13 除氨基钠和液氨之外，假定还有 (CH₃)₃C—C≡CH、CH₃CH₂Br、CH₃CH₂C≡CH、(CH₃)₃CBr 4 种易于得到的化合物，试合成 2,2-二甲基-3-己炔。你将选择怎样的合成路线？

5.14 有 1 种碳氢化合物 C₅H₈，能使 KMnO₄ 水溶液和溴的四氯化碳溶液褪色，与银氨溶液生成白色沉淀，和醋酸汞的稀硫酸溶液反应生成 1 种含氧化合物，写出该碳氢化合物可能的结构式。

5.15 有 4 种化合物 **A**、**B**、**C**、**D**，都具有分子式 C₅H₈。它们都能使溴的四氯化碳溶液褪色。**A** 能与 AgNO₃ 的氨溶液作用生成沉淀，**B**、**C**、**D** 则不能。当用热的高锰酸钾氧化时，**A** 得到 CO₂ 和 CH₃CH₂CH₂COOH；**B** 得到乙酸和丙酸；**C** 得到戊二酸（HOOCCH₂CH₂CH₂COOH）；**D** 得到丙二酸（HOOCCH₂COOH）和 CO₂。试指出 **A**、**B**、**C**、**D** 的构造式。

5.16 2,7-二甲基-2,6-辛二烯用磷酸处理转变成 1,1-二甲基-2-异丙烯基环戊烷：

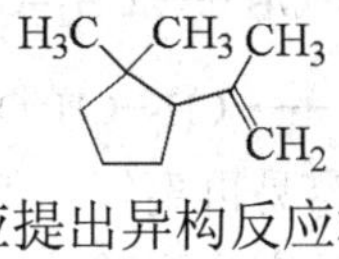

(结构式：H₃C CH₃ 环戊烷环带 C(CH₃)=CH₂ 取代基)

应用你已熟悉的反应步骤，为这个反应提出异构反应机理。

5.17 以任意开链化合物为原料合成 1,2-二甲基环己烷。

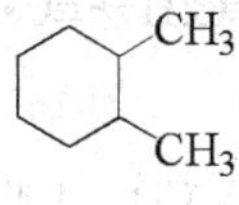

(结构式：环己烷环带两个 CH₃)

六、习题参考答案

5.1 （1）3-甲基-1-戊炔　3-methyl-1-pentyne　（2）1-己烯-5-炔　1-hexen-5-yne

(3) 5-十一烯-3-炔　5-undecen-3-yne　　　　(4) 6-溴-1-己炔　6-bromo-1-hexyne

(5) 5-氯-1,3-戊二烯　5-chloro-1,3-pentadiene

(6) 2-甲基-1,3-丁二烯　2-methyl-1,3-butadiene

(7) (E)-2-甲基-1,3-戊二烯　(E)-2-methyl-1,3-pentadiene

5.2

$$2\text{-戊烯（顺反混合物）} \xrightarrow{Br_2} CH_3\text{-}CHBr\text{-}CHBr\text{-}C_2H_5 \xrightarrow[\triangle]{KOH,EtOH} CH_3\text{-}C\equiv C\text{-}C_2H_5 \xrightarrow[\text{喹啉}]{H_2,Pd\text{-}BaSO_4} \underset{H}{\overset{CH_3}{\underset{|}{C}}}=\underset{H}{\overset{C_2H_5}{\underset{|}{C}}}$$

5.3 (1) $CH_3CH_2CH_2CH=CH_2$　　　　(2) $CH_3CH_2CH_2CH_2CH_3$

(3) $CH_3CH_2CH_2CBr=CHBr$　　　　(4) $CH_3CH_2CH_2CBr_2CHBr_2$

(5) $CH_3CH_2CH_2CCl=CH_2$　　　　(6) $CH_3CH_2CH_2CCl_2CH_3$

(7) $CH_3CH_2CH_2COCH_3$　　　　(8) $CH_3CH_2CH_2C\equiv CAg$

(9) $CH_3CH_2CH_2C\equiv CCu$　　　　(10) $CH_3CH_2CH_2C\equiv CNa$

(11) $CH_3CH_2CH_2COOH+CO_2$　　　　(12) $CH_3CH_2CH_2COOH+CO_2$

(13) $CH_3CH_2CH_2CH=CH_2$　　　　(14) $CH_3CH_2CH_2CH_2CHO$

5.4 (1) ［甲基环己烯］　(2) ［甲基环己烷］　(3) ［二溴甲基环己烯］ + ［二溴甲基环己烯］

(4) ［三溴甲基环己烷］　(5) ［氯甲基环己烯］ + ［氯甲基环己烯］　(6) ［二氯甲基环己烷］

(11) ［戊二酸 COOH/COOH］ + ［乙酸 COOH］　(12) ［戊二醛 CHO/CHO］ + ［乙醛 CHO］

5.5 $CH_3CH_2CH_2CH_3 \xrightarrow{Cl_2, h\nu} CH_3CH_2CHClCH_3 + CH_3CH_2CH_2Cl \xrightarrow[\triangle]{KOH,EtOH}$

$CH_3CH=CHCH_3 + CH_3CH_2CH=CH_2 \xrightarrow{HCl} CH_3CH_2CHClCH_3$

5.6 烯醇具有较强酸性，可离解出氢离子。

$$CH_2=CH\text{-}OH \longrightarrow CH_2=CH\text{-}O^- + H^+$$

$$\overset{\frown}{C}H_2=CH\text{-}\overset{\frown}{O}^- \longleftrightarrow \bar{C}H_2\text{-}CH=O \xrightarrow{H^+} CH_3CHO$$

如果氢离子与负性氧结合，它很容易再离解；但如果与碳结合，形成较稳定的弱酸性的醛。我们可以把这个例子看做为强酸转变为弱酸的一个例子。

5.7 不矛盾。键能是根据均裂反应 $\equiv C{:}H \rightarrow \equiv C\cdot + H\cdot$ 来衡量的。而酸性则起因于异裂反应 $\equiv C{:}H + $ 碱 $\rightarrow \equiv C{:}^- + H^+$（碱）。

5.8 (1) $CaO + 3C \xrightarrow{2\,500\sim3\,000℃} CaC_2 + CO$　$CaC_2 + 2H_2O \longrightarrow HC\equiv CH + Ca(OH)_2$

(2) $HC\equiv CH \xrightarrow[\text{Lindlar催化剂}]{H_2} CH_2=CH_2 \xrightarrow{HBr} CH_3CH_2Br \xrightarrow{HC\equiv CNa} CH_3CH_2\text{-}C\equiv CH$

$HC\equiv CH \xrightarrow[NH_3(l)]{NaNH_2} HC\equiv CNa$

（3） $2HC\equiv CH \xrightarrow[NH_4Cl]{Cu_2Cl_2} CH_2=CH-C\equiv CH$

（4） 产物（3） $\xrightarrow[Lindlar催化剂]{H_2} CH_2=CH-CH=CH_2$

（5） 产物（2） $\xrightarrow[Lindlar催化剂]{H_2} CH_3CH_2CH=CH_2 \xrightarrow[过氧化物]{HBr} CH_3CH_2CH_2CH_2Br$
$\xrightarrow{HC\equiv CNa} CH_3CH_2CH_2CH_2-C\equiv CH \xrightarrow[Lindlar催化剂]{H_2} CH_3CH_2CH_2CH_2CH=CH_2$

（6） 产物（2） $\xrightarrow[NH_3(l)]{NaNH_2} CH_3CH_2C\equiv CNa \xrightarrow{CH_3CH_2Br} CH_3CH_2C\equiv CCH_2CH_3$

（7） 产物（6） $\xrightarrow[Lindlar催化剂]{H_2}$
$\begin{array}{c}CH_3CH_2CH_2CH_3\\ \diagdown C=C \diagup \\ HH\end{array}$

（8） 产物（6） $\xrightarrow[NH_3(l)]{Na}$
$\begin{array}{c}CH_3CH_2H\\ \diagdown C=C \diagup \\ HCH_2CH_3\end{array}$

（9） 产物（6） $\xrightarrow{2H_2}_{Ni} CH_3(CH_2)_4CH_3$

（10） 产物（6） $\xrightarrow[H_2O]{HgSO_4, H_2SO_4} CH_3CH_2\underset{\underset{O}{\|}}{C}CH_2CH_2CH_3$

（11） 由（5）得 $CH_3CH_2CH=CH_2 \xrightarrow[2)H_2O_2/OH^-]{1)B_2H_6} CH_3CH_2CH_2CH_2OH$

（12） 由（2）得 $CH_2=CH_2 \xrightarrow[CCl_4]{Br_2} BrCH_2CH_2Br \xrightarrow{2HC\equiv CNa} HC\equiv CCH_2CH_2C\equiv CH$

（13） 由（2）得 $CH_3CH_2-C\equiv CH \xrightarrow[2)H_2O_2/OH^-]{1)B_2H_6} CH_3CH_2CH_2CHO$

5.9（1） 环己基，1-OH，1-COCH$_3$ 取代

（2） $CH_3-\underset{Cl}{\overset{Cl}{C}}-CH-CH_2Cl + CH_3-\underset{Cl}{\overset{Cl}{C}}-CH=CH_2$

（3） $CH_3-\underset{Cl}{CH}-CH_2-C\equiv CH$

（4） $CH_2=CH-CH=CH_2$

（5） $CH_3-\underset{Cl}{C}-CH_2$

第（5）反应有一定特殊性，与轨道的立体化学有关：

$\overset{+}{C}H_2-CH=CH_2 \xleftarrow{H^+} CH_2=C=CH_2 \xrightarrow{H^+} CH_3-\overset{+}{C}=CH_2$

初步设想，如果不考虑反应的立体化学，应当形成更稳定的烯丙基碳正离子。实际上中间碳加质子而亚甲基不旋转，剩下的π键正交于空的 p 轨道，导致没有共振稳定的第一碳正离子，而不是烯丙基正离子。

边上碳的质子化，得到由甲基超共轭稳定的较为稳定的仲碳正离子。

（6） 1-甲基-6-溴环己烯 + 1-溴-3-甲基环己烯型产物

5.10

(1) Ph-CH=CH-CH=CH-Ph ⟶ Ph-CH-CH=CH-CH-Ph + Ph-CH-CH=CH-CH-Ph
                                    | | | |
                                    Br   Br   Br   Br
                                    1,2-加成   1,4-加成 <4%

共轭烯烃加成中，1,2-加成产物是动力学控制产物，1,4-加成产物是热力学控制产物。1,4-二苯基-1,3-丁二烯和溴的 1,2-加成产物分子中，苯核和双键共轭，较 1,4-加成产物稳定，它又是热力学控制产物。

(2) $CH_2=CH-CH=CH-CH=CH_2 + Br_2 \longrightarrow \overset{+}{CH_2}-CH-CH=CH-CH=CH_2$
                                                      |
                                                      Br
                                                       A

⟶ $CH_2-CH=CH-\overset{+}{CH}-CH=CH_2$ $CH_2-CH=CH-CH=CH-\overset{+}{CH_2}$
    | |
    Br   Br
                                            B

在三个碳正离子共振极限式中，**A** 和 **B** 为贡献较大的共振式。由贡献较大的共振式得到如下两个产物：

$CH_2-CH-CH=CH-CH=CH_2$ $CH_2-CH=CH-CH-CH=CH_2$
 | | | |
 Br Br   Br   Br

其中反应速率起了主导作用。

(3) 亲电加成反应烯比炔活性大。催化氢化与亲电加成反应历程不同。催化氢化中π键以均裂方式断裂，反应速度取决于π键的键能。

	C≡C	C=C	C—C
键能（kJ/mol）	837	612.5	361

炔断裂一个π键所需能量为 224.5 kJ/mol，而烯断裂一个π键所需能量为 251.5 kJ/mol。

(4) 因为 Diels-Alder 反应需共轭双烯以顺式构象进行反应，而 2,3-二异丙基-1,3-丁二烯由于位阻太大，不能以顺式构象存在。

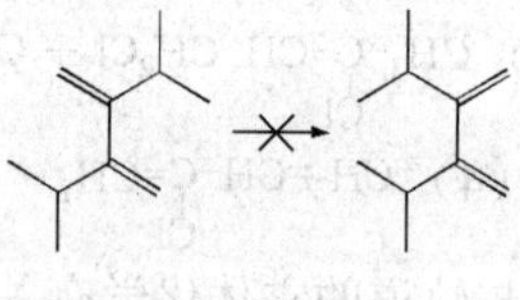

5.11 (1) 环己烯-CHO (2) 邻苯-COOCH₃/COOCH₃ (3) 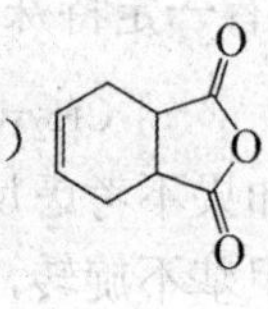 四氢邻苯二甲酸酐

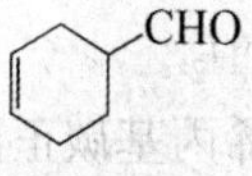

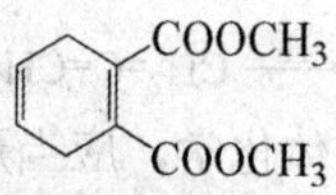

(4) 稠环酸酐 (5) 降冰片烯-CF₃/CF₃ (6) 双环戊二烯加成物

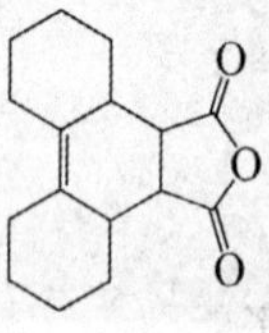

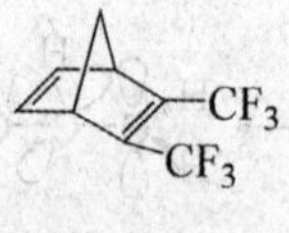

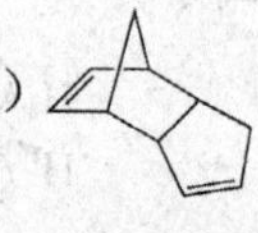

5.12 (1) $CH_2BrCH_2CH_2CH_2Br \xrightarrow[\triangle]{KOH, EtOH} CH_2=CH-CH=CH_2$

(2) $CH_2=CH-CH_2CH_2OH \xrightarrow[-H_2O]{H_2SO_4, \triangle} CH_2=CH-CH=CH_2$

(3) 见 5.8 (4)

（4）$CH_2=CH-CH_2CH_3 \xrightarrow{NBS} CH_2=CH-\underset{Br}{CH}CH_3 \xrightarrow[EtOH]{KOH} CH_2=CH-CH=CH_2$

5.13

$(CH_3)_3CC≡CH \xrightarrow{NaNH_2} (CH_3)_3CC≡CNa \xrightarrow{CH_3CH_2Br} (CH_3)_3CC≡CCH_2CH_3$

如用 $CH_3CH_2C≡CNa + (CH_3)_3CBr$ 进行反应，将导致消除，产生 $CH_2=C\underset{CH_3}{\overset{CH_3}{|}}$ + $CH_3CH_2C≡CH$。

5.14

$CH_3CH_2CH_2C≡CH$ 或 $\underset{CH_3}{\overset{CH_3}{|}}CH-C≡CH$

5.15

A $CH_3CH_2CH_2C≡CH$ **B** $CH_3CH_2C≡CCH_3$

C (cyclopentene) **D** $CH_2=CHCH_2CH=CH_2$

5.16

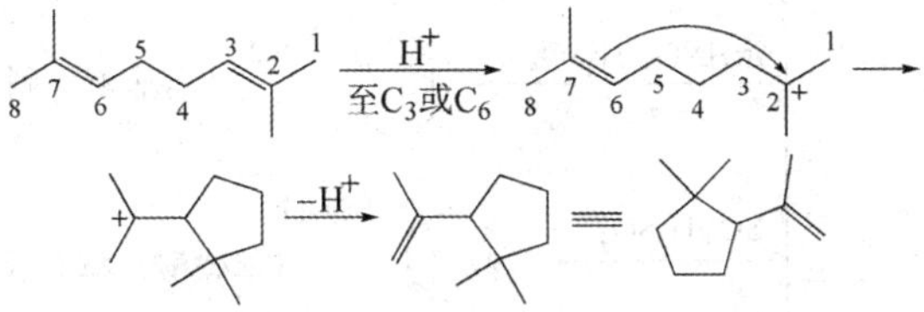

5.17

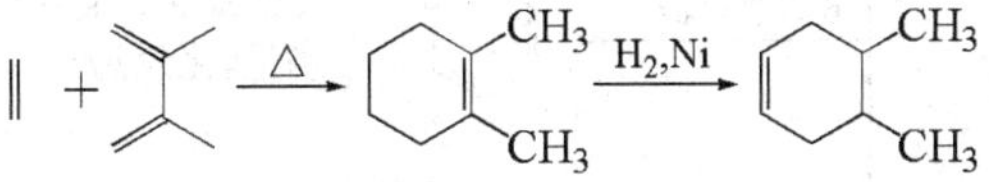

第六章 芳香烃

一、复习要点

1. 苯的结构特点及其衍生物的命名。
2. 芳香性：具有芳香性化合物的结构特点及 Hückel 规则。
3. 苯的化学性质。

（1）亲电取代反应

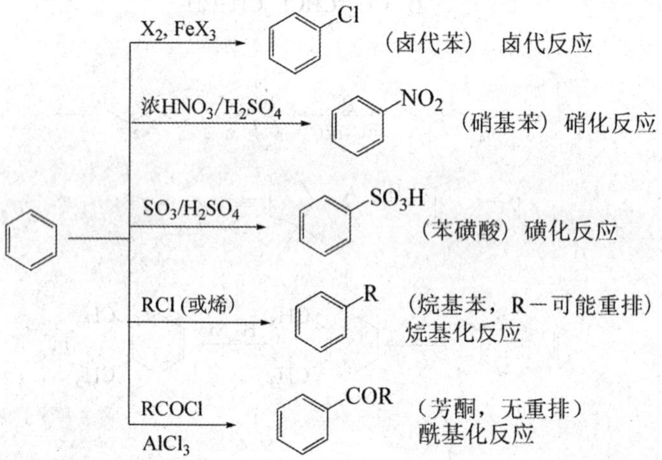

$$\text{C}_6\text{H}_6 \xrightarrow{X_2, FeX_3} \text{C}_6\text{H}_5\text{Cl} \quad (\text{卤代苯}) \quad \text{卤代反应}$$

$$\xrightarrow{\text{浓}HNO_3/H_2SO_4} \text{C}_6\text{H}_5\text{NO}_2 \quad (\text{硝基苯}) \quad \text{硝化反应}$$

$$\xrightarrow{SO_3/H_2SO_4} \text{C}_6\text{H}_5\text{SO}_3\text{H} \quad (\text{苯磺酸}) \quad \text{磺化反应}$$

$$\xrightarrow{RCl \text{ (或烯)}} \text{C}_6\text{H}_5\text{R} \quad (\text{烷基苯，R—可能重排}) \quad \text{烷基化反应}$$

$$\xrightarrow[AlCl_3]{RCOCl} \text{C}_6\text{H}_5\text{COR} \quad (\text{芳酮，无重排}) \quad \text{酰基化反应}$$

（2）Birch 还原反应

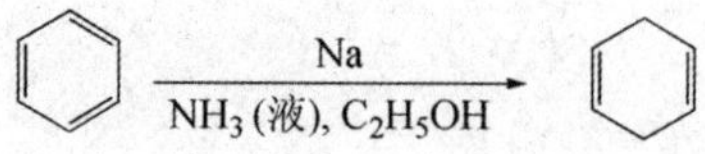

$$\text{C}_6\text{H}_6 \xrightarrow[NH_3(\text{液}), C_2H_5OH]{Na} \text{1,4-环己二烯}$$

（3）烷基苯侧链的反应

$$\text{C}_6\text{H}_5\text{C}_2\text{H}_5 \xrightarrow{\text{热}KMnO_4} \text{C}_6\text{H}_5\text{COOH}$$

$$\xrightarrow{X_2, h\nu} \text{C}_6\text{H}_5\text{CHXCH}_3$$

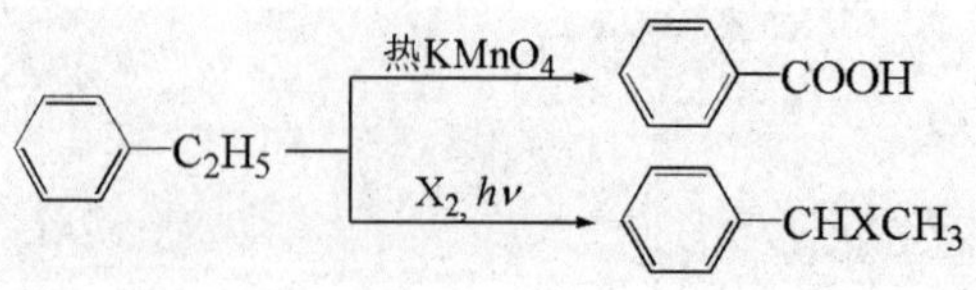

（4）萘的反应

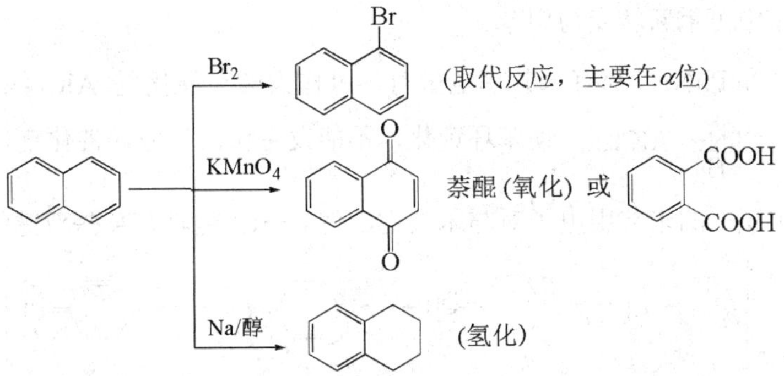

$$\text{萘} \xrightarrow{Br_2} \text{1-溴萘} \quad (\text{取代反应，主要在 } \alpha \text{ 位})$$

$$\xrightarrow{KMnO_4} \text{萘醌（氧化）或 邻苯二甲酸}$$

$$\xrightarrow{Na/\text{醇}} \text{四氢化萘} \quad (\text{氢化})$$

一取代萘的定位效应：当取代基 E 为第一类定位基时，新的基团进入同环的 α 位；若取代基为第二类定位基，则新的基团进入另一环的 α 位，即 5、8 位。

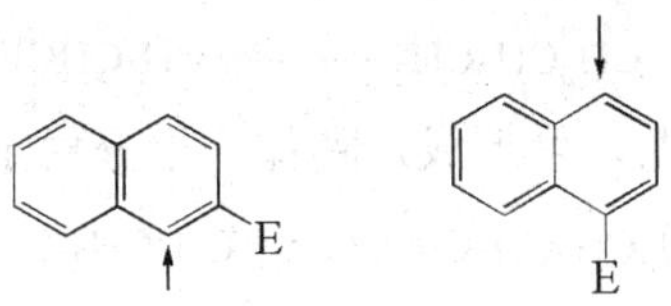

二、重要的机理及概念

（1）苯的亲电取代机理，（2）影响苯环活性的因素，（3）定位效应，两类定位基，（4）Birch 还原机理。

三、新概念

苯（Benzene），芳香烃（Aromatic Hydrocarbon），氢化热（Heat of Hydrogenation），亲电取代（Electrophilic Substitution），定位效应（Orientation Effect），芳香性（Aromaticity），共轭能（Resonance Energy），同位素效应（Isotope Effect）

四、新知识介绍：氢的同位素效应

氢的同位素效应是指反应体系中氢被氘取代，造成速率上的差别（见本章例 11）。

五、例题

例 1 解释下列有关 Friedel-Crafts 反应的实验事实。

（1）C_6H_6 用 CH_3X 在 $AlCl_3$ 存在下进行烷基化时需要过量；

（2）PhOH 和 $PhNH_2$ 的烷基化产率很低；

（3）Ph—Ph 不能用 PhH + PhCl $\xrightarrow[\triangle]{AlCl_3}$ 反应来制取；

（4）苯的付氏烷基化反应发生重排，而酰基化反应却不发生重排。

$$PhH + CH_3CH_2CH_2Cl \xrightarrow{AlCl_3} PhCH(CH_3)_2$$
$$PhH + CH_3CH_2CH_2COCl \xrightarrow{AlCl_3} PhCOCH_2CH_2CH_3$$

解（1）因为甲基是致活基团，甲苯比苯更活泼，故甲苯可进一步反应生成二甲苯、三甲苯，为了避免多烷基化，使用过量的苯以增加 CH_3^+ 与苯之间的碰撞机会，即减少 CH_3^+ 与甲苯之间的碰撞机会。同时由于付氏烷基化反应是可逆反应，生成的多取代苯在三氯化铝存在下,在大量苯中可重新转变为甲苯。

(2) $Ph\overset{..}{O}H$ 和 $Ph\overset{..}{N}H_2$ 都有未共享电子对,可作为碱与催化剂 $AlCl_3$ 等路易斯酸结合成 $Ph\overset{+}{O}\cdots AlCl_3^-$、$Ph\overset{+}{N}\cdots AlCl_3^-$,使苯环钝化,不能发生付氏反应,催化剂也失去活化。
   $\quad\quad H \quad\quad\quad\quad H_2$

(3) 氯苯中氯上的未共用电子对与苯共轭,使 C—Cl 键具有某些双键的性质。

$$\left[\begin{array}{c} \text{Ph—}\overset{..}{\underset{..}{Cl}}: \longleftrightarrow \text{Ph=}\overset{+}{\underset{..}{Cl}}: \longleftrightarrow \text{Ph=}\overset{+}{\underset{..}{Cl}}: \longleftrightarrow \text{Ph—}\overset{+}{\underset{..}{Cl}}: \end{array} \right]$$

(4) 烃基与苯的加成反应是一个慢步骤,在反应中不稳定的烃基碳正离子可重排成更加稳定的碳正离子:

$$CH_3CH_2\overset{+}{C}H_2 \longrightarrow CH_3\overset{+}{C}HCH_3$$

而酰基碳正离子,由于共振,可形成八隅体,十分稳定,不发生重排。

$$CH_3CH_2CH_2\overset{+}{C}=\overset{..}{O} \longleftrightarrow CH_3CH_2CH_2C\equiv\overset{+}{O}$$

例 2 试从苯或甲苯合成:(1) $p\text{-}ClC_6H_4NO_2$;(2) $m\text{-}ClC_6H_4NO_2$;(3) $p\text{-}O_2NC_6H_4CO_2H$;(4) $m\text{-}O_2NC_6H_4CO_2H$;(5) $m\text{-}O_2NC_6H_4COCH_3$。

解 (1) 由于两个取代基互呈对位,必须首先引入邻、对位定位基—Cl:

$$\text{苯} \xrightarrow{Fe, Cl_2} \text{PhCl} \xrightarrow{\text{浓HNO}_3}{\text{浓H}_2\text{SO}_4} p\text{-ClC}_6\text{H}_4\text{NO}_2$$

(2) 由于两个取代基互呈间位,故应先引入间位定位基—NO_2:

$$\text{苯} \xrightarrow[\text{浓H}_2\text{SO}_4]{\text{浓HNO}_3} \text{PhNO}_2 \xrightarrow{Fe, Cl_2} m\text{-ClC}_6\text{H}_4\text{NO}_2$$

(3) CO_2H 可由 CH_3—氧化形成,因为产物有两个间位定位基,所以必须把—NO_2 首先引入到甲基的对位,然后再把甲基氧化成羧基:

$$\text{甲苯} \xrightarrow[\text{浓H}_2\text{SO}_4]{\text{浓HNO}_3} p\text{-CH}_3\text{C}_6\text{H}_4\text{NO}_2 + o\text{-CH}_3\text{C}_6\text{H}_4\text{NO}_2$$

对位异构体易从混合物中分离:

$$p\text{-CH}_3\text{C}_6\text{H}_4\text{NO}_2 \xrightarrow[H^+]{KMnO_4} \text{HOOC—C}_6\text{H}_4\text{—NO}_2$$

(4) 两个取代基互呈间位,所以必须把 CH_3—氧化成 CO_2H,然后在 CO_2H 存在下将 NO_2 引入其间位。

$$\text{甲苯} \xrightarrow[H^+]{KMnO_4} \text{HOOC—C}_6\text{H}_5 \xrightarrow{\text{浓HNO}_3, \text{浓H}_2\text{SO}_4} m\text{-HOOC—C}_6\text{H}_4\text{—NO}_2$$

(5) 两个基团互呈间位,从理论上分析,似乎先引入哪个基团都可以,但如先引入硝基,则会阻止付氏酰基化反应的发生,因此必须先引入乙酰基,再引入硝基。

$$\text{苯} \xrightarrow[AlCl_3]{CH_3COCl} \text{PhCOCH}_3 \xrightarrow{\text{浓HNO}_3, \text{浓H}_2\text{SO}_4} m\text{-CH}_3\text{OC—C}_6\text{H}_4\text{—NO}_2$$

例3 （1）以苯及环己醇为原料合成 [环己烯基苯]。

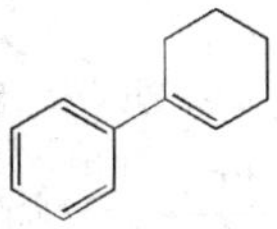

（2）以苯及其他必要的有机和无机试剂合成：[对氯苯乙烯]。

解（1）

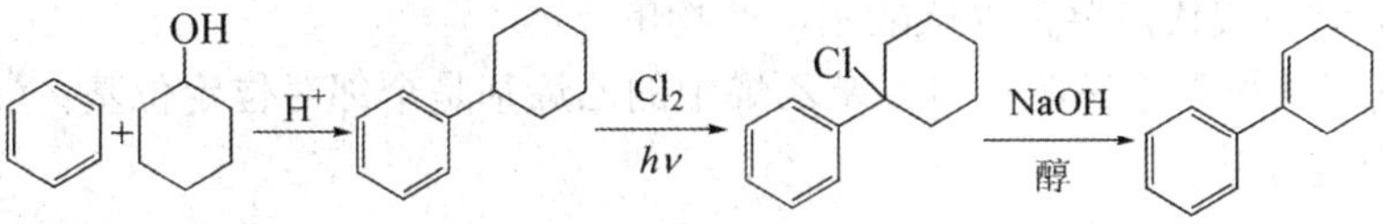

$$\text{苯} + \text{环己醇} \xrightarrow{H^+} \text{环己基苯} \xrightarrow[h\nu]{Cl_2} \text{1-氯-1-苯基环己烷} \xrightarrow[\text{醇}]{NaOH} \text{1-苯基环己烯}$$

注意：不能直接采用 苯 + 1-氯环己烯 $\xrightarrow{AlCl_3}$，因为乙烯型卤代烃不活泼。

（2）

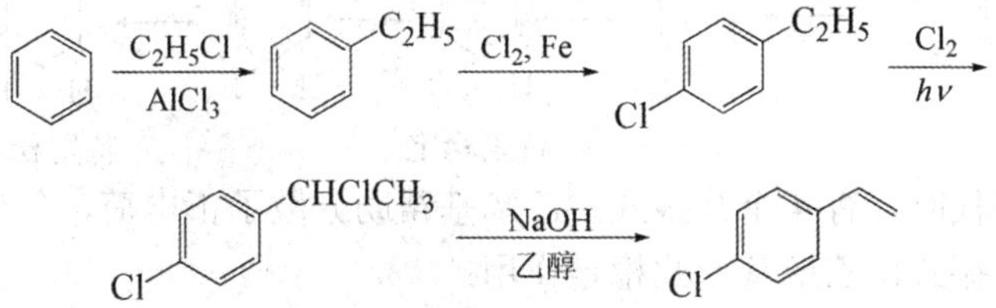

$$\text{苯} \xrightarrow[AlCl_3]{C_2H_5Cl} \text{乙苯} \xrightarrow[Fe]{Cl_2} \text{对氯乙苯} \xrightarrow{Cl_2 \atop h\nu}$$

$$\text{对氯-}\alpha\text{-氯乙苯（CHClCH}_3\text{）} \xrightarrow[\text{乙醇}]{NaOH} \text{对氯苯乙烯}$$

注意：反应不能由苯乙烯氯代，因为氯首先与双键加成。
取代基有不饱和键时，一般通过官能团的转化而得，同时注意引入基团的先后顺序。

例4 用常见的原料合成下列多取代化合物。

（1）2,3-二溴-4-硝基 （2）4-溴-3-硝基苯甲酸 （3）2,6-二溴甲苯

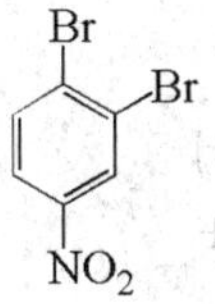

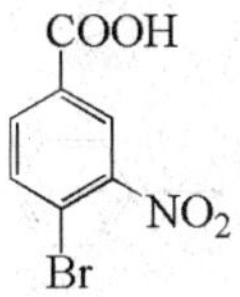

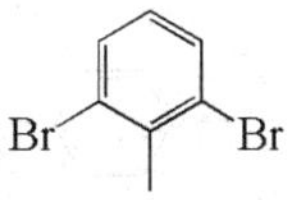

解 由苯先溴代制溴苯，溴苯硝化得对位取代物，易分离提纯，进一步溴代产物单一。如溴苯先溴代得邻位产物，不易分离，进一步硝化产物也不单一。

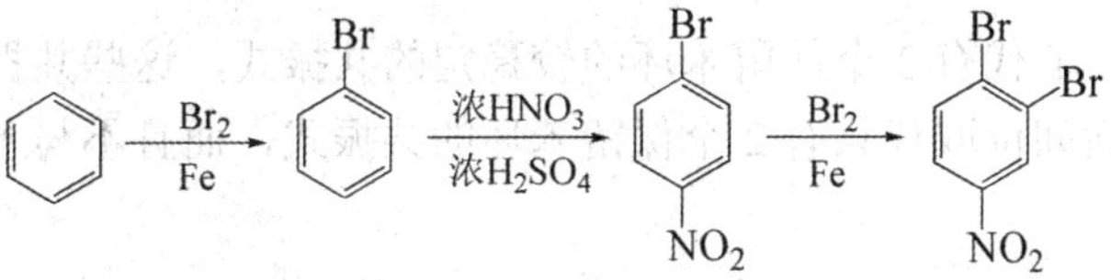

$$\text{苯} \xrightarrow[Fe]{Br_2} \text{溴苯} \xrightarrow[\text{浓}H_2SO_4]{\text{浓}HNO_3} \text{对硝基溴苯} \xrightarrow[Fe]{Br_2} \text{目标产物}$$

如首先制得硝基苯，硝基苯溴化得间位产物，进一步溴化的主要产物为 [3-硝基-1,4-二溴苯]，不是目标分子。

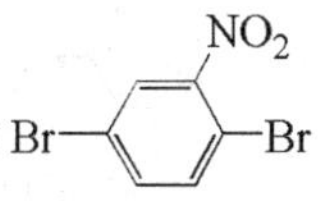

（2）

$$\text{甲苯} \xrightarrow[Fe]{Br_2} \text{对溴甲苯} \xrightarrow[H^+]{KMnO_4} \text{对溴苯甲酸} \xrightarrow[\text{浓}H_2SO_4]{\text{浓}HNO_3} \text{4-溴-3-硝基苯甲酸}$$

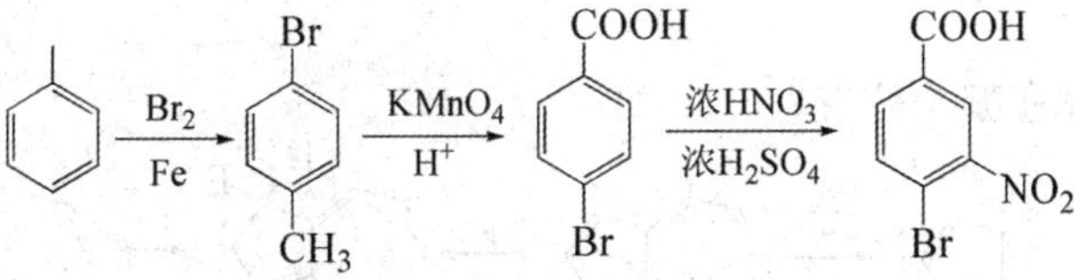

苯甲酸是通过甲苯氧化而得，溴代后随之氧化，再硝化产物单一，否则 [对溴甲苯] 先硝化，甲基与溴的活性差别不大，硝化后得产物约为1:1的两种混合物。

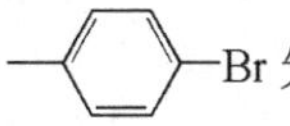

（3）

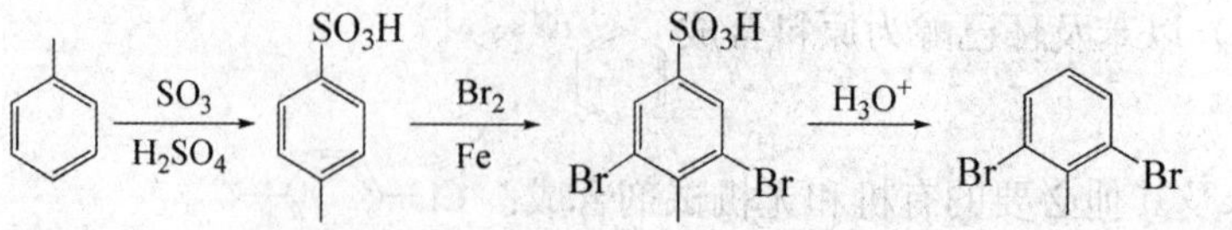

甲基为邻对位定位基，直接引入溴会得到对位溴代物。利用磺化反应的可逆性，用磺酸基占据对位，然后溴代，再去掉磺酸基，产物单一。

例5 利用共振理论说明：（1）苯乙烯中的乙烯基是个邻对位定位基；（2）联苯中的苯基是个邻对位定位基。

解（1）

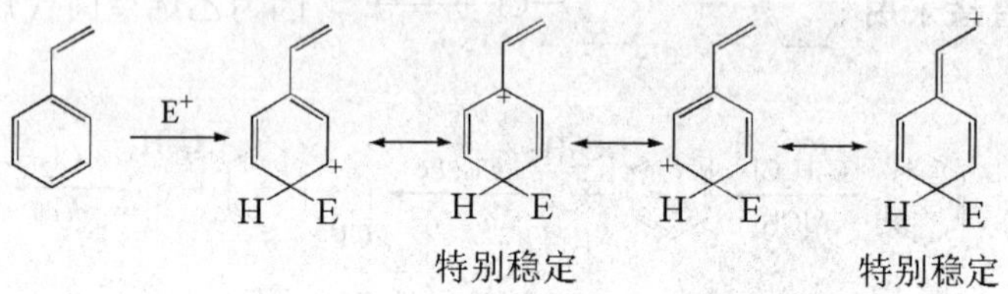

苯乙烯对位取代时，有4个共振式，乙烯基帮助分散了正电荷，邻位取代时亦相同。间位取代时有3个共振式，乙烯基无此稳定作用：

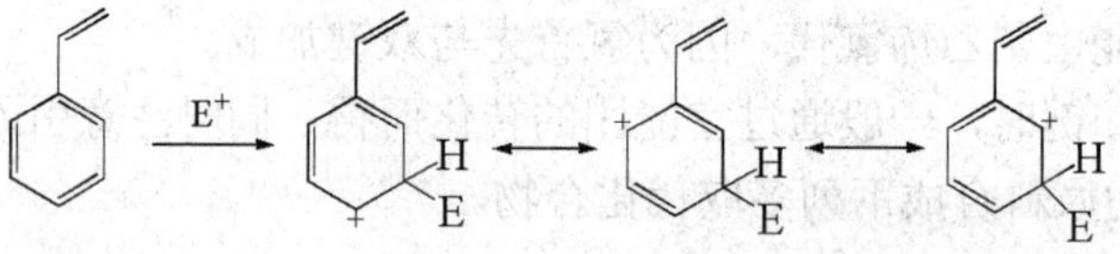

（2）

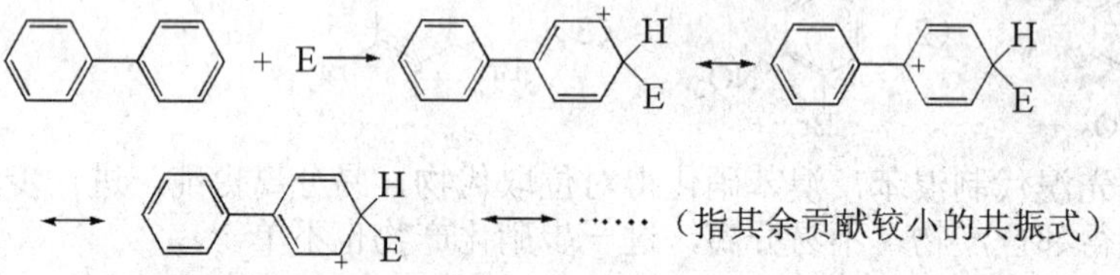

联苯对（邻）位取代有3个保留苯环的较稳定的共振式，这些共振式与苯环共轭，电荷可分散在苯环上，而间位取代只有2个保留苯环的共振式，而且不与苯环共轭，电荷不能分散到苯环上：

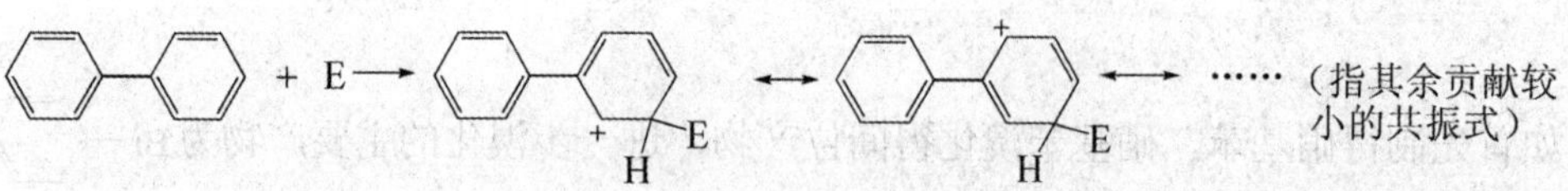

例6 薁具有芳香性，预测硝化反应、Friedel-Crafts 酰基化反应发生在它的哪个环上？具体在哪个位置？

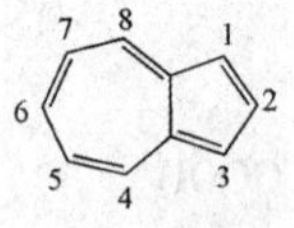

解

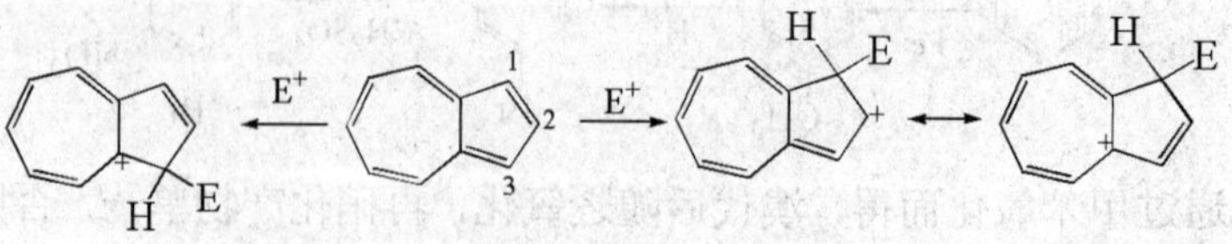

反应发生在五元环上，因其稳定结构 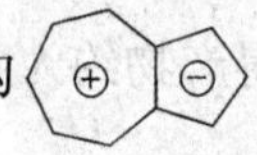 中五元环显负电性，易受到亲电试剂进攻，

进攻发生在 1,3 位上,此时可形成特别稳定的环庚三烯正离子。

例 7 (1) 吡咯 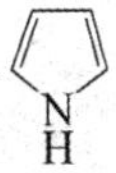 为杂环化合物,具有芳香性,试解释之。

(2) 吡咯易发生亲电取代反应,用中间体的稳定性判断取代的位置( )。

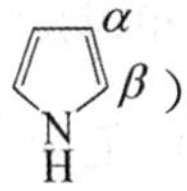

(3) 根据中间体的结构推断它与苯衍生物中哪一类物质的活性类似。

解 (1) 由于氮上的未共用电子对参加 π 体系中,有 6 个 p 电子,符合 $4n+2$ 规则,具有芳香性。

(2)

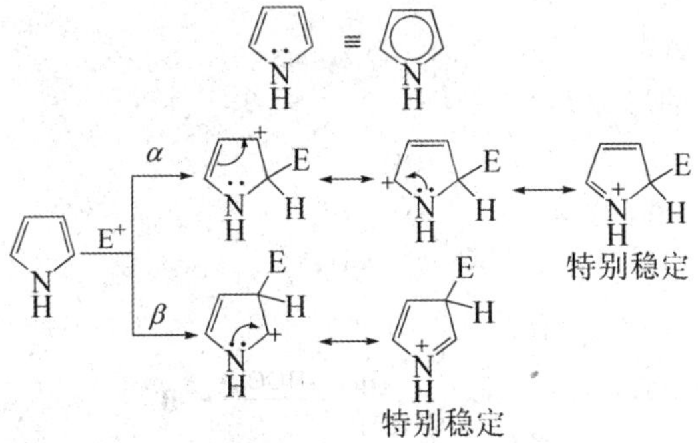

进攻 α 位有 3 个共振式,正电荷分散在 3 个原子上;进攻 β 位有 2 个共振式,正电荷分散在 2 个原子上,取代以 α 位为主。

(3) 共振式中有特别稳定的共振式,具有八隅体的结构,活性类似于与之相应的 —NH₂ 或 —OH。

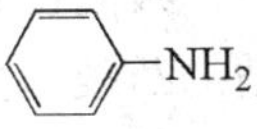

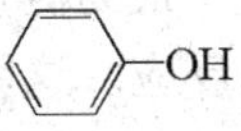

例 8 甲苯在 0℃用氯甲烷和 AlCl₃ 处理,主要生成邻二甲苯和对二甲苯。但在 80℃时,主要产物则为间二甲苯。再者,邻二甲苯、对二甲苯在 80℃用 AlCl₃ 和 HCl 处理都容易转变成间二甲苯,如何说明温度在定位中的影响?并说明 HCl 的作用。

解 在 0℃时,反应为速率控制,邻二甲苯和对二甲苯形成较快;在 80℃时,反应为平衡控制,间二甲苯为较稳定产物。

烷基化是可逆反应,甲基使邻、对位活化,有利于邻、对位的烷基化,但亦有利于邻、对位去烷基化——经由质子的亲电进攻。温度升高,逆反应速度加快,尽管形成的间二甲苯中间体稳定性较差,生成速度很慢,但它一旦转变成间二甲苯后,便倾向于存在,相应逆反应速度也很慢,故导致邻二甲苯、对二甲苯向间二甲苯的转变。

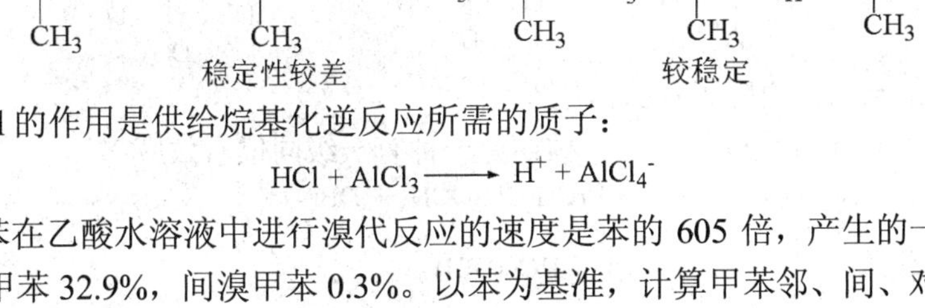

显然,HCl 的作用是供给烷基化逆反应所需的质子:

$$HCl + AlCl_3 \longrightarrow H^+ + AlCl_4^-$$

例 9 甲苯在乙酸水溶液中进行溴代反应的速度是苯的 605 倍,产生的一溴代甲苯的比例如下:邻溴甲苯 32.9%,间溴甲苯 0.3%。以苯为基准,计算甲苯邻、间、对位的相对反应速率。

解 邻位相对反应速率 $= 6 \times \dfrac{0.329 \times 605}{2} = 597$

对位相对反应速率 $= 6 \times 0.668 \times 605 = 2\,425$

间位相对反应速率 $= 6 \times \dfrac{0.003 \times 605}{2} = 5.4$

例10 已经发现化合物 **A** 跟氟硼酸反应产生甲醇和 1 种分子式为 $C_6H_9^+BF_4^-$ 的化合物 **B**：

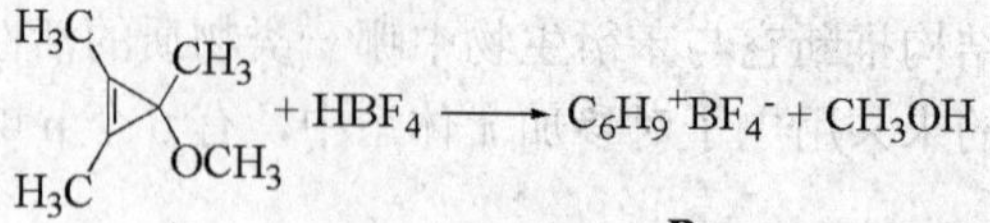

$$\underset{\mathbf{A}}{\text{(三甲基甲氧基环丙烯)}} + HBF_4 \longrightarrow \underset{\mathbf{B}}{C_6H_9^+BF_4^-} + CH_3OH$$

（1）**B** 的结构是什么？

（2）你怎么解释它的形成？

解 （1） 三甲基环丙烯正离子 BF_4^- ≡ 芳香性环丙烯正离子 BF_4^-

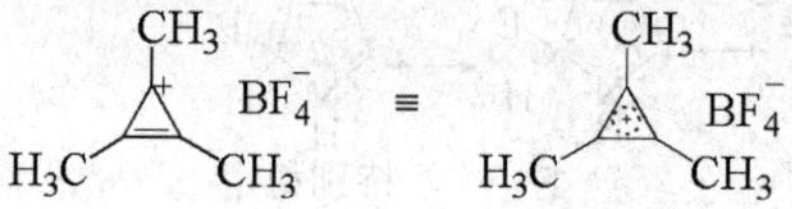

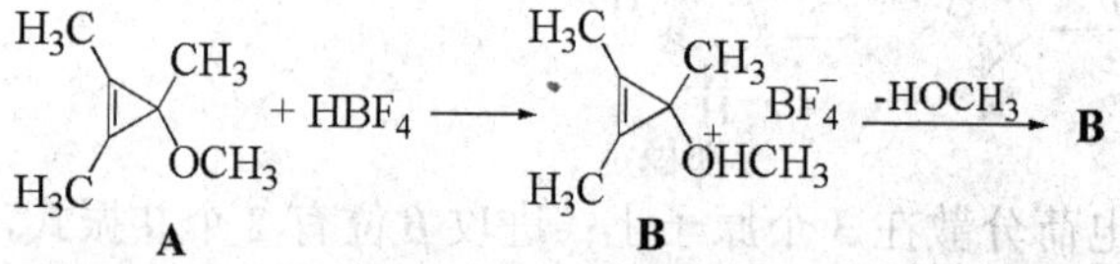

（2） $\mathbf{A} + HBF_4 \longrightarrow$ 质子化中间体 BF_4^- $\xrightarrow{-HOCH_3}$ **B**

例11 同位素效应是指反应体系中的原子被它的同位素取代而造成速率（或平衡位置）上的差别。氘（D）比氢（H）重一倍，因此，氢的同位素效应最大，最易测量。一级同位素效应是指在决定速率步骤中与同位素取代原子相连的键发生断裂的反应。这就是：断裂与氢（H）相连接的键比断裂与氘（D）相连接的键快。一般 k_H/k_D 在 2～7。例如甲苯的自由基取代的决定速率步骤中：

$$PhCH_3 + Br\cdot \longrightarrow PhCH_2\cdot + HBr$$
$$PhCD_3 + Br\cdot \longrightarrow PhCD_2\cdot + DBr \qquad k_H/k_D = 4.6$$

一级同位素效应是研究反应机理的重要手段。

（1）在苯的硝化过程中：

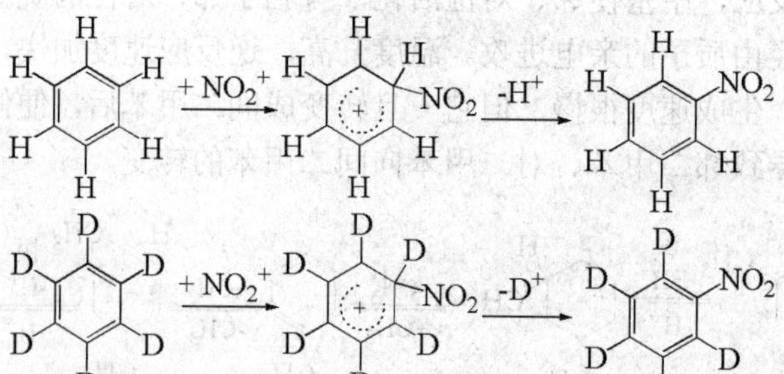

苯 $+ NO_2^+ \longrightarrow$ σ-络合物 $\xrightarrow{-H^+}$ 硝基苯

氘代苯 $+ NO_2^+ \longrightarrow$ σ-络合物(D) $\xrightarrow{-D^+}$ 硝基氘代苯

测得 $k_H/k_D = 1$，说明了什么问题？

（2）以下标记化合物进行反应，预期哪一种有一级同位素效应：

① $H_2C=CH_2 + Br_2 + CH_3OD \longrightarrow BrCH_2CH_2OCH_3 + DBr$

② 苯及氘代苯 $\xrightarrow{Cl_2}{FeCl_3}$ 氯苯 $+ HCl\,(DCl)$

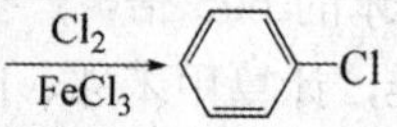

（3）下列两个反应中观察氘不同的一级同位素效应，为反应机理提供了什么信息？

$$\text{C}_6\text{H}_5\text{-CD}_2\text{CH}_2\text{OH} \xrightarrow[\triangle]{\text{H}^+} \text{C}_6\text{H}_5\text{-C(=CH}_2\text{)D} \qquad k_\text{H}/k_\text{D} = 1$$

$$\text{C}_6\text{H}_5\text{-CD}_2\text{CH}_2\text{Br} \xrightarrow[\text{CH}_3\text{OH}]{\text{CH}_3\text{ONa}} \text{C}_6\text{H}_5\text{-C(=CH}_2\text{)D} + \text{CH}_3\text{OD} \qquad k_\text{H}/k_\text{D} = 6.0$$

解（1）说明 [C₆H₅(NO₂)H]⁺ $\xrightarrow{-\text{H}^+}$ C₆H₅NO₂ 不是决速步骤，硝化反应中第一步是决定速度步骤。

（2）①无。因为决定速度步骤为：

$$\text{H}_2\text{C=CH}_2 + \text{Br}_2 \xrightarrow[\text{决速步骤}]{k_1} \text{HC}^{(+)}\text{Br-CH}_2 \xrightarrow[k_2]{\text{DOCH}_3} \text{BrCH}_2\text{CH}_2\text{O}^+\text{DCH}_3 \xrightarrow[k_3]{-\text{D}^+} \text{BrCH}_2\text{CH}_2\text{OCH}_3$$

②无。与苯硝化类似。

（3）两个反应机理不同：

$$\text{C}_6\text{H}_5\text{-CD}_2\text{CH}_2\text{OH} \xrightarrow[\triangle]{\text{H}^+} \text{C}_6\text{H}_5\text{-CD}_2\text{CH}_2\text{O}^+\text{H}_2 \xrightarrow[-\text{H}_2\text{O}]{\text{慢}} \text{C}_6\text{H}_5\text{-CD}_2\text{CH}_2^+ \xrightarrow{-\text{D}^+} \text{C}_6\text{H}_5\text{-C(=CH}_2\text{)D}$$

（脱氢步骤不是决速步骤）

C₆H₅-CD(D)-CH₂Br + CH₃O⁻ → C₆H₅-C(=CH₂)D （脱氢步骤是慢步骤）

六、习题

6.1 用中、英文命名下列化合物或写出构造式。

(1) 3-乙基异丙基苯 (C₂H₅, CH(CH₃)₂)
(2) 2,4-二氯甲苯
(3) 3-溴仲丁基苯
(4) 4-硝基苯磺酸
(5) 3-甲氧基苯甲醛
(6) 4-溴氯苯
(7) 4-溴-2,6-二甲基苯甲酸
(8) 3-溴-5-碘甲苯
(9) 3-氯异丁基苯
(10) 2,4-二甲基苯 (1,2,4-?)

(11) *p*-diethenylbenzene (12) *trans*-stilbene

6.2 写出正丙苯与下列各化合物反应（如果有的话）所得到的主要有机产物：（1）H₂，Ni，室温；（2）H₂，Ni，10 MPa，200℃；（3）冷、稀 KMnO₄；（4）热 KMnO₄；（5）K₂Cr₂O₇，H₂SO₄，△；（8）Cl₂，Fe；（9）Cl₂，光照；（10）CH₃Cl，AlCl₃，0℃；（11）C₆H₅Cl，AlCl₃，80℃；（12）(CH₃CO)₂O，AlCl₃；（13）异丁醇，HF；（14）叔丁醇，HF；（15）Na，液氨，乙醇。

6.3 有 3 个瓶子，分别装有 3 种二溴苯的异构体，它们的熔点是 87℃、6℃、−7℃。通过大量工作，可制得 6 种二溴硝基苯 $C_6H_3Br_2NO_2$，并发现这 6 种中有 1 种是和熔点为 87℃ 的二溴苯有联系（可由它衍生出来或可转变为它）。有 2 种和熔点 6℃ 的异构体有联系，有 3 种和熔点为 −7℃ 的异构体有联系。正确使用邻、间、对的名称标出每一个瓶子（这就是 Korner 的绝对定位法）。

6.4 指出下列取代苯硝化的主要产物。

(1) 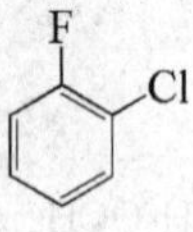 邻氟氯苯 (2) 间甲基溴苯 (3) 对乙酰氨基甲苯 (4) 2,4-二硝基甲苯

(5) 对甲苯磺酸 (6) 邻硝基苯甲醚 (7) 间甲氧基苯酚 (8) 间二硝基苯

(9) 苯甲酸苯酯 (10) 三苯基甲基铵 (11) 对硝基联苯

(12) 邻苯基苯酚 (13) 苯甲基苯基酮 (14) 咔唑

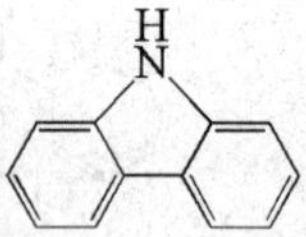

6.5 完成下列反应。

(1) 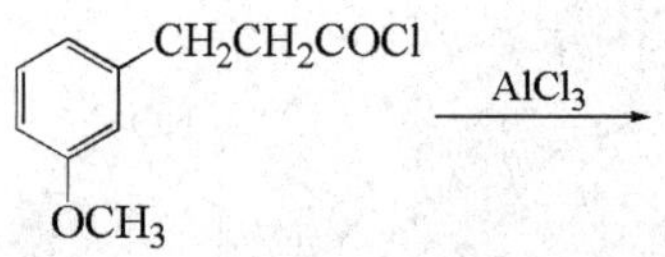 间甲氧基苯基-CH$_2$CH$_2$COCl $\xrightarrow{AlCl_3}$

(2) PhCHBr-COCH$_3$ + 苯 $\xrightarrow{AlCl_3}$

(3) CH_3-C(=CH$_2$)-CH$_2$Cl + 苯 $\xrightarrow{H_2SO_4}$

(4) 3,4-二甲氧基苯基-CH$_2$-CH(CH$_2$Ph)-COCl $\xrightarrow[\text{1 mole}]{AlCl_3}$

(5) PhCH=CHCHO $\xrightarrow[Ac_2O]{HNO_3}$

(6) PhCH=CHCOOH $\xrightarrow[H_2SO_4]{HNO_3}$

(7) 菲 $\xrightarrow[Fe]{Cl_2}$

(8) PhNHCOCH$_3$ + ClCH$_2$COCl $\xrightarrow{AlCl_3}$

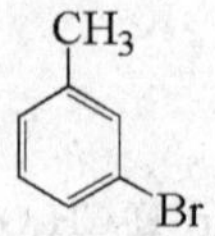

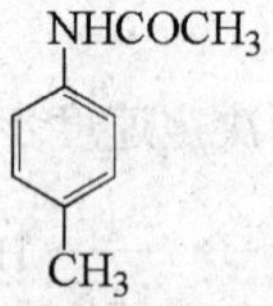

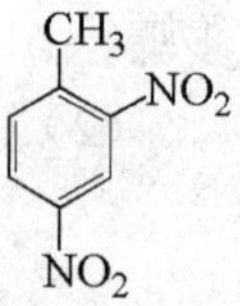

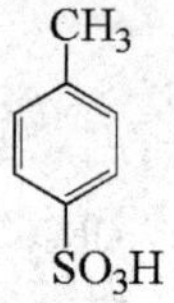

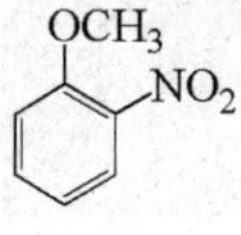

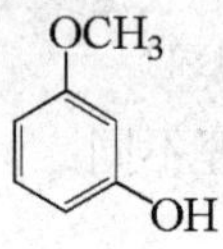

(9) PhCHBr-CHBr-COOH + 苯 $\xrightarrow{AlCl_3}$

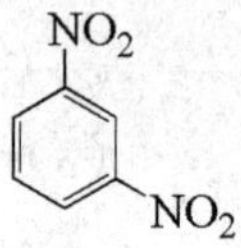

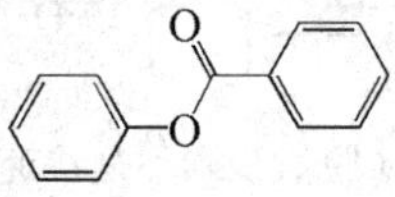

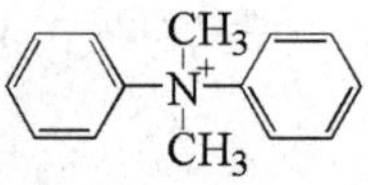

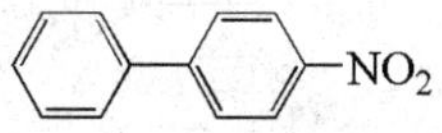

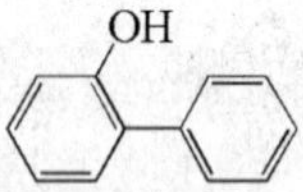

(10) 马来酸酐 + 苯 $\xrightarrow{AlCl_3}$

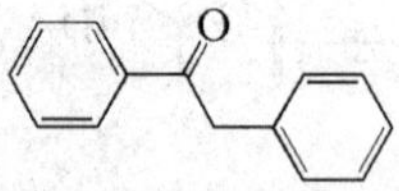

(11) PhCH$_2$CH$_2$CH(CH$_3$)C(CH$_3$)$_2$OH $\xrightarrow{AlCl_3}$

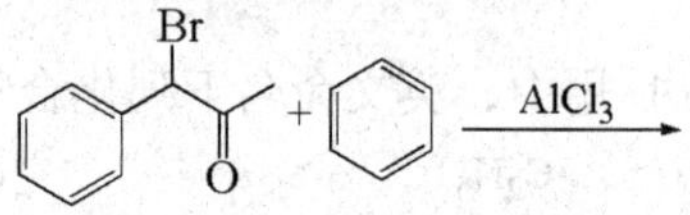

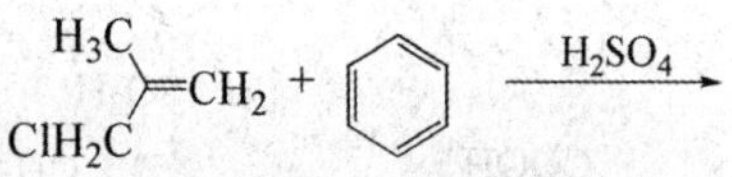

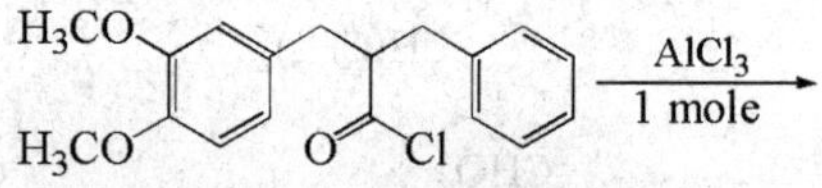

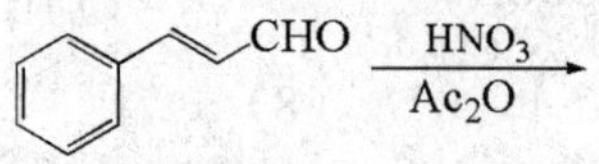

(12) PhCH=CHCH$_3$ $\xrightarrow[C_2H_5OH]{Na/液NH_3}$

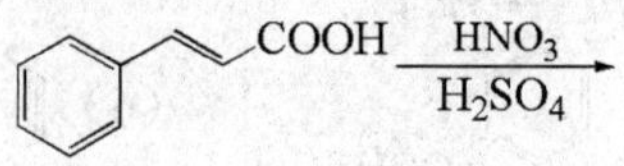

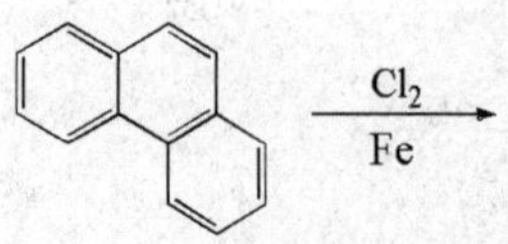

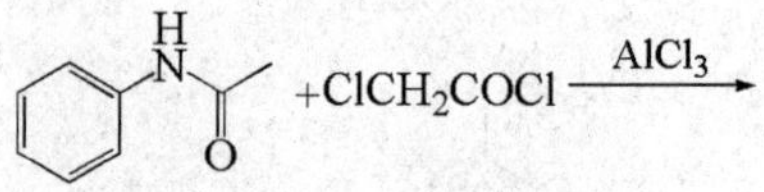

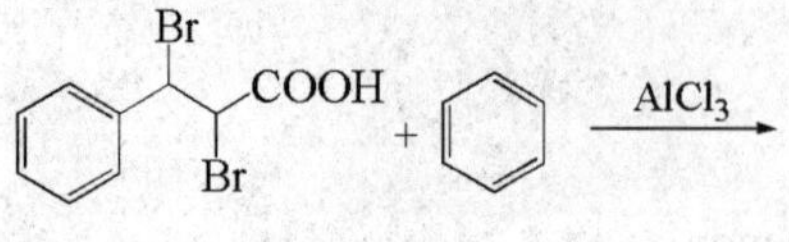

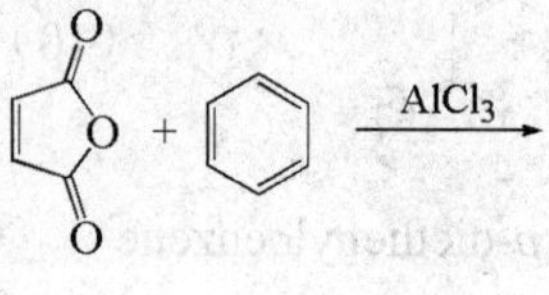

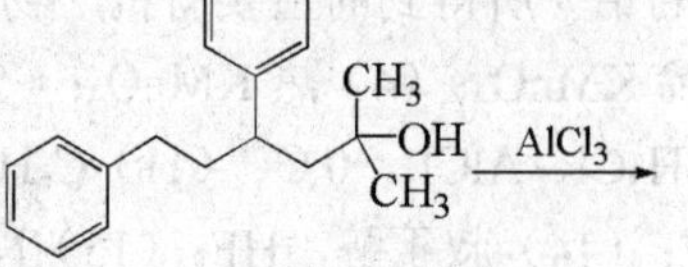

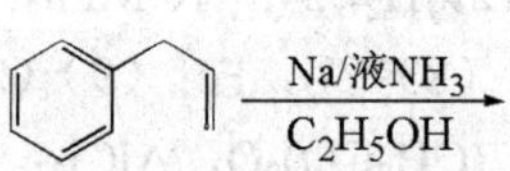

6.6 写出下列反应的机理。

(1) 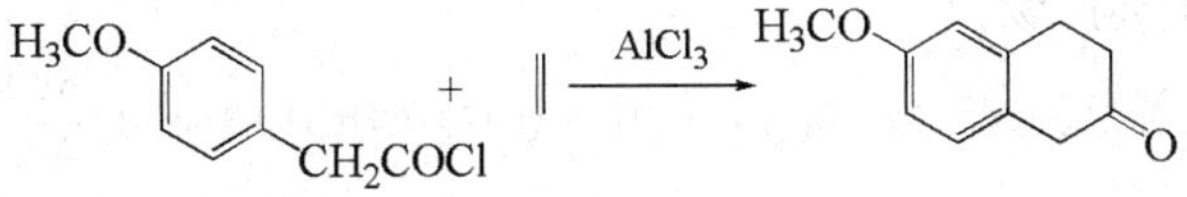 4-CH₃O-C₆H₄-CH₂COCl + CH₂=CH₂ $\xrightarrow{AlCl_3}$ 6-甲氧基-2-四氢萘酮

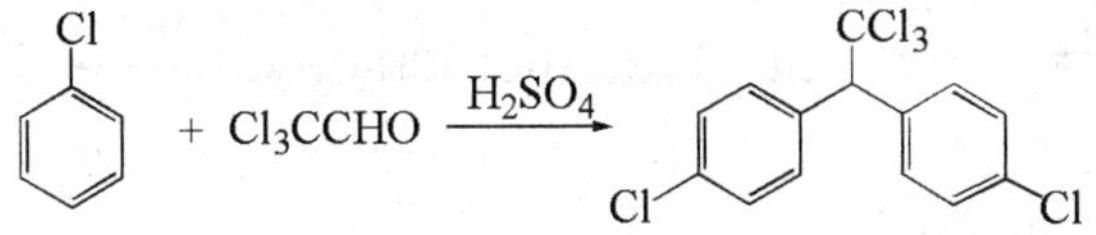

(2) 氯苯 + Cl₃CCHO $\xrightarrow{H_2SO_4}$ (4-ClC₆H₄)₂CHCCl₃

(3) 2-甲基-5-叔丁基苯乙酮 + 苯 $\xrightarrow{HCl-AlCl_3}$ 邻甲基苯乙酮

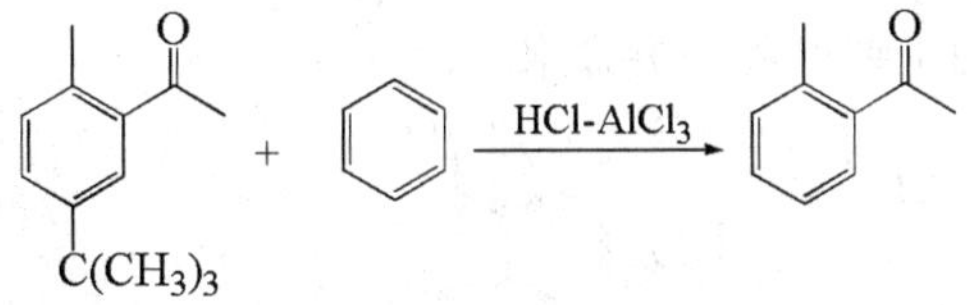

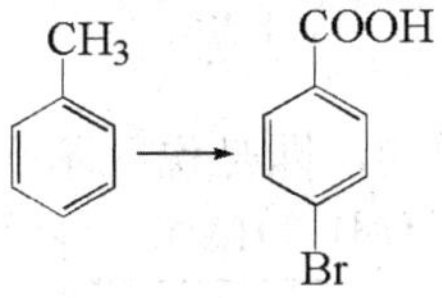

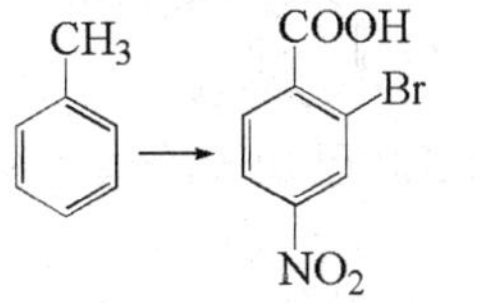

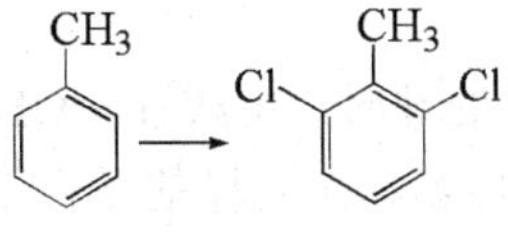

6.7 完成下述转变（可用任何必要的有机和无机试剂）。

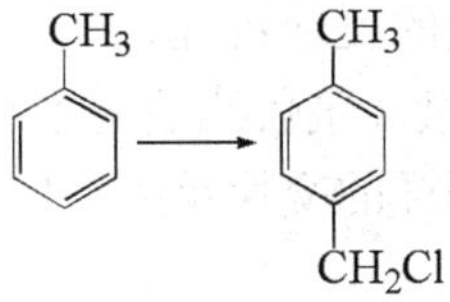

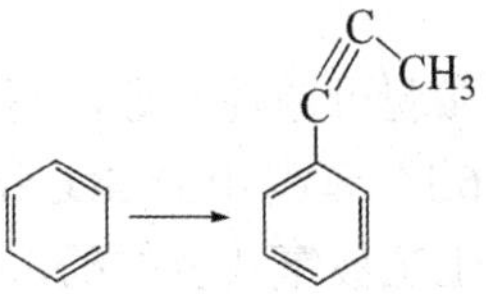

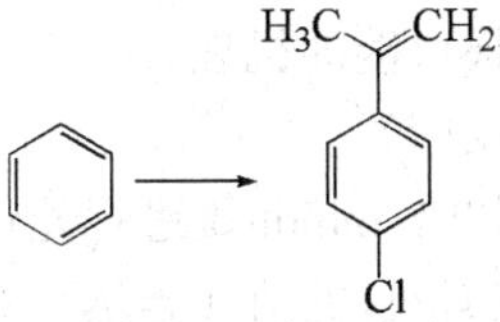

(1) 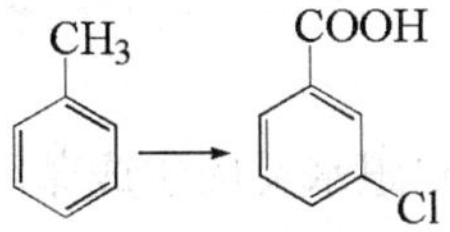 甲苯 → 3-氯苯甲酸

(2) 甲苯 → 4-溴苯甲酸

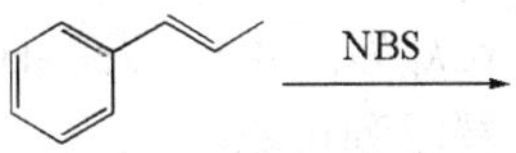

(3) 甲苯 → 2-溴-4-硝基苯甲酸

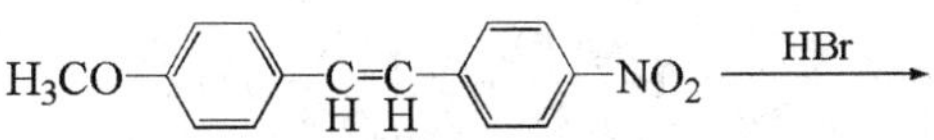

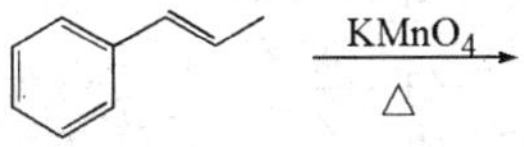

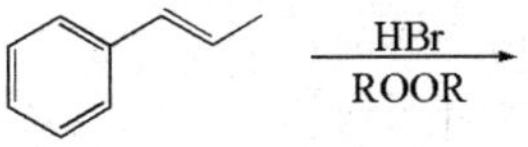

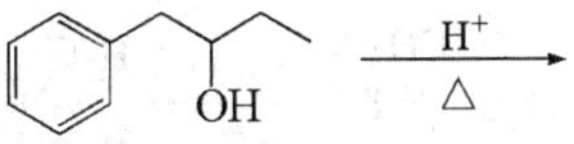

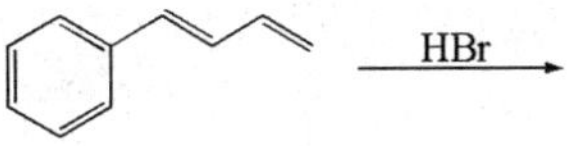

(4) 甲苯 → 2,6-二氯甲苯

(5) 甲苯 → 4-甲基苄氯

(6) 苯 → 1-苯基丙炔

(7) 苯 → 4-氯-α-甲基苯乙烯

(8) 苯 → 1,1-二(4-硝基苯基)乙烷

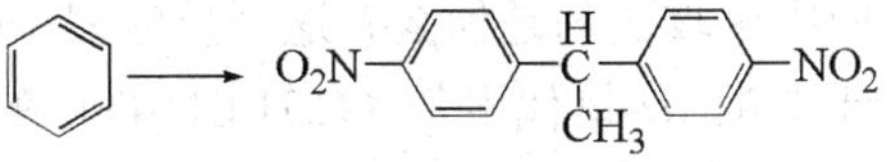

6.8 完成下列反应。

(1) 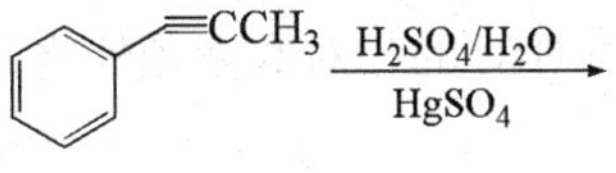 PhC≡CCH₃ $\xrightarrow[HgSO_4]{H_2SO_4/H_2O}$

(2) PhCH=CHCH₃ $\xrightarrow{NBS}$

(3) H₃CO-C₆H₄-CH=CH-C₆H₄-NO₂ $\xrightarrow{HBr}$

(4) PhCH=CHCH₃ $\xrightarrow[\Delta]{KMnO_4}$

(5) PhCH=CHCH₃ $\xrightarrow[ROOR]{HBr}$

(6) PhCH₂CH(OH)CH₂CH₃ $\xrightarrow[\Delta]{H^+}$

(7) PhCH=CHCH=CH₂ $\xrightarrow{HBr}$

(8) (E)-PhC(CH₃)=CHCH₃ $\xrightarrow[2) H_2O_2/OH^-]{1) B_2H_6}$

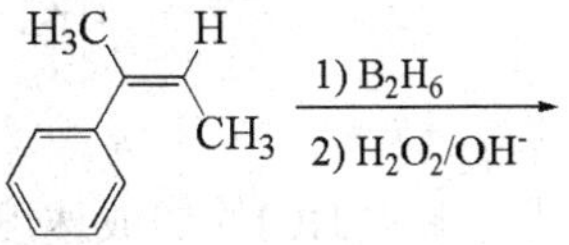

6.9 把苯的一个位置的反应活性定为1.0，芴在硝化反应中相对于苯的分速率因数如下，试解释不同位置反应活性的差别。

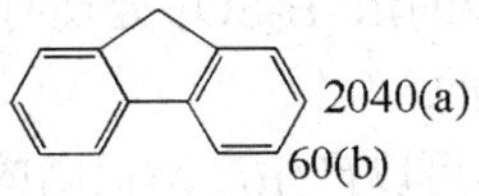

芴：2040(a)，60(b)

6.10 按硝化反应活性由大到小的顺序排列下述化合物：(1) 苯、甲苯、间二甲苯、对二甲苯；(2) $C_6H_5\overset{+}{N}(CH_3)_3$、$C_6H_5CH_2\overset{+}{N}(CH_3)_3$、$C_6H_5CH_2CH_2\overset{+}{N}(CH_3)_3$；(3) 苯、硝基苯、甲苯。

6.11 预示下列付氏反应的主要产物：

(1) $C_6H_6 + (CH_3)_2CHCH_2Br \xrightarrow{AlCl_3}$

(2) $C_6H_6 + (CH_3)_2CHCH_2CH_2OH \xrightarrow[HCl]{AlCl_3}$

(3) $C_6H_6 + CH_3(CH_2)_3CH_2Cl \xrightarrow[HCl]{AlCl_3}$

(4) $C_6H_5CH_2CH_2CH_2Cl \xrightarrow{AlCl_3}$

(5) $C_6H_6 + \underset{H}{\overset{CH_2Cl}{\diagdown\!\!\diagup}} \xrightarrow{AlCl_3}$

6.12 指出下列化合物进行一硝化时的主要产物，并命名。

(1) 1-甲基萘   (2) 2-甲基萘   (3) 1-硝基萘

(4) 2-硝基萘   (5) 苊   （蒽）

6.13 已知苯的磺化反应是可逆的，即是说，苯磺酸在100℃跟水反应生成苯和硫酸：

$$C_6H_5SO_3H \xrightarrow[100℃]{H_2SO_4} C_6H_6 + H_2SO_4$$

根据微观可逆性原理，写出其可能的反应机理。

6.14 苯酚用 D_2SO_4 和 D_2O 溶液（氘代硫酸的重水溶液）处理时，生成在—OH 的邻位和对位上氢被氘代替的酚，苯发生同样的交换反应，但速率慢得多。在同样的条件下，苯磺酸完全不发生交换反应。

(1) 简略为芳香族化合物中的氢—氘交换反应提出一种最可能的机理。

(2) 在各反应中进攻试剂是什么？这个反应属于哪一类反应？

6.15 (1) 当过量的 α-氘代甲苯（$C_6H_5CH_2D$）在 80℃ 用 0.1 mmol 氯进行光化单氯代，结果得到 0.021 2 mol DCl 和 0.086 8 mol HCl，求同位素效应 k_H/k_D 的值（当然是对每个氯原子而言）。(2) 从 $C_6H_5CHD_2$ 新得到的 DCl 和 HCl 的相对数量预计将是多少？(3) 甲苯溴代的同位素效应 $k_H/k_D=4.6$。从 $C_6H_5CHD_2$ 所得到的 DBr 和 HBr 的相对数量预计将是多少？

6.16 解释下列现象。

(1) 环戊基-I $\xrightarrow[乙酸]{AgClO_4}$ 环戊烯 + AgI（很快）；环戊基-I $\xrightarrow[乙酸]{AgClO_4}$ 无 形成

(2) $H_3C\underset{\underset{CH_3}{|}}{\overset{\overset{CH_3}{|}}{C}}-I \xrightarrow[醇]{AgNO_3} H_3C\underset{H_3C}{\overset{H_3C}{C}}=CH_2$（迅速）；降冰片基-I $\xrightarrow[醇/\Delta]{AgNO_3}$ 不反应

(3) 对甲氧基苯乙烯 与HCl的加成速度快； 对硝基苯乙烯 与HCl的加成速度慢

6.17 苄醇（$C_6H_5CH_2OH$）用冷的浓 H_2SO_4 处理时生成高沸点的树脂状物质。这一物质可能有怎样的结构，它是怎样形成的？

6.18 苯乙烯和硫酸水溶液共热可以产生产率很高的二聚体：

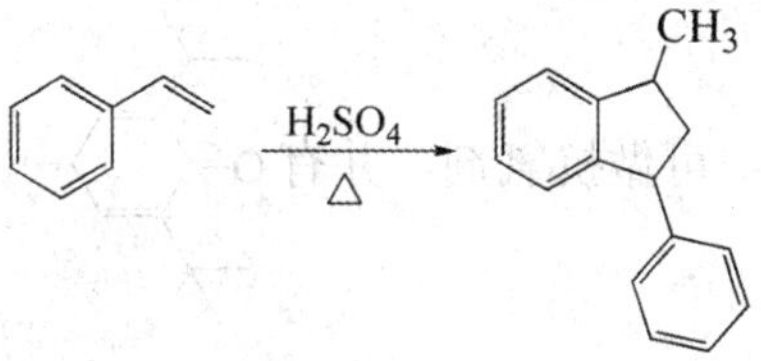

用反应式表示产物形成过程的可能机理。

6.19 下列化合物哪些有芳香性。

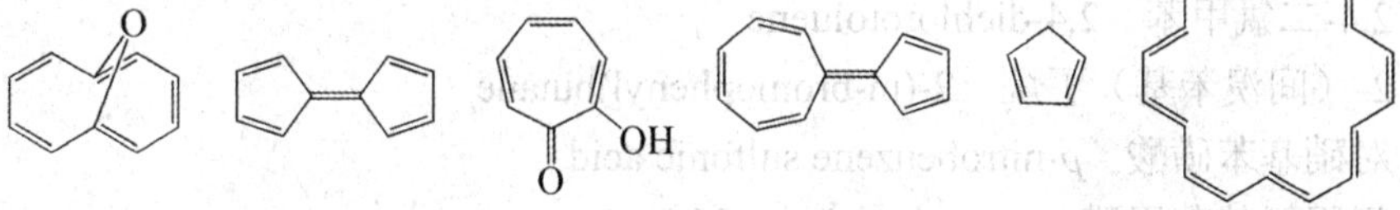

6.20 试写出下列各化合物在酸性介质中质子化时应当形成的结构，并说明理由。

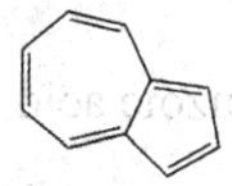

A   B

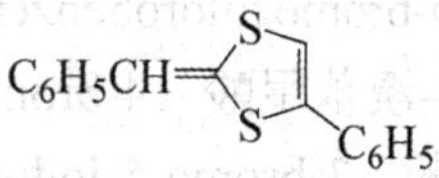

6.21 二苯基环丙烯酮跟溴化氢反应形成一个稳定的晶体，它的结构是什么？

6.22 写出下列反应机理。

（1）

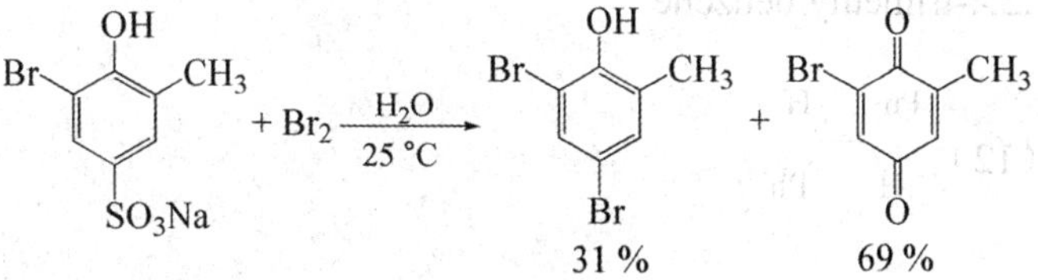

（2）

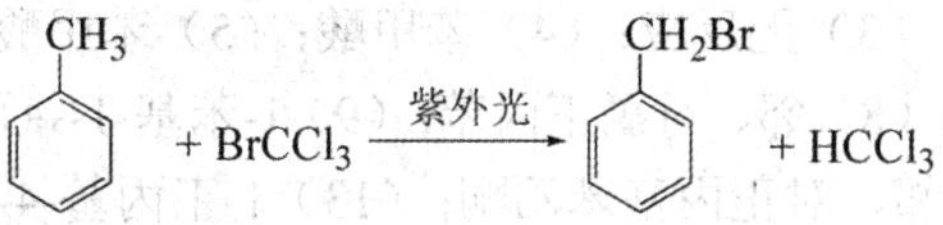

6.23 由苯、甲苯、二甲苯及不超过4个碳的有机试剂及必要的无机试剂为原料合成下列化合物。

（1）5-硝基间苯二甲酸　（2） 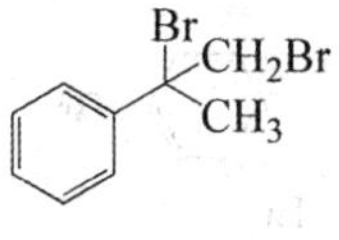　　　（3）

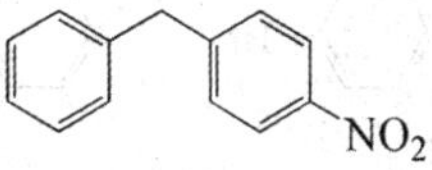

（4） 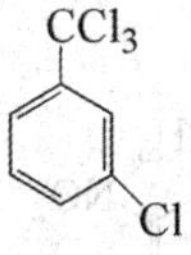　　　（5）

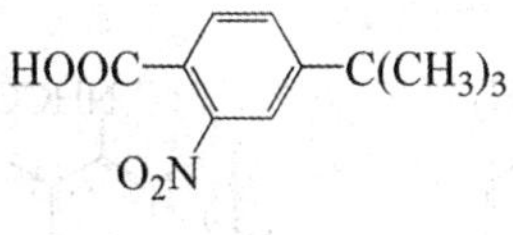

6.24 推导下列芳烃的结构：

（1）化合物 **A**（$C_{16}H_{16}$），能使 Br_2/CCl_4 和冷稀 $KMnO_4$ 褪色。**A** 能与 1 mol 的 H_2 加成。用热 $KMnO_4$ 氧化时，**A** 生成二元酸[$C_6H_4(COOH)_2$]，后者只能生成一个单溴代产物。试推出 **A** 的结构，结构中还有什么特征不能确定？

（2）化合物茚（C_9H_8）存在于煤焦油中，能迅速使 Br_2/CCl_4 和稀的 $KMnO_4$ 溶液褪色。它只能吸收 1 mol 氢而生成茚满（C_9H_{10}）。较剧烈氢化时生成分子式为 C_9H_{16} 的化合物。茚经剧烈氧化生成邻苯二甲酸。试问茚及茚满的结构是什么？

6.25 为什么 [2,6-di-tert-butylphenol结构] 可做抗氧剂,并有 [醌类二聚体结构] 副产物生成。

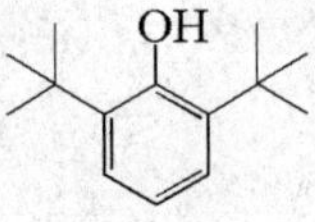

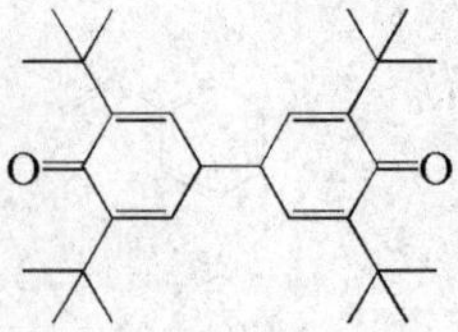

七、习题参考答案

6.1（1）间乙基异丙苯　*m*-ethylisopropylbenzene
（2）2,4-二氯甲苯　2,4-dichlorotoluene
（3）2-（间溴苯基）丁烷　2-(m-bromophenyl)butane
（4）对硝基苯磺酸　*p*-nitrobenzene sulfonic acid
（5）间甲氧基苯甲醛　*m*-methoxybenzaldehyde
（6）对溴氯苯　*p*-bromochlorobenzene
（7）2,6-二甲基-4-溴苯甲酸　4-bromo-2,6-dimethylbenzoic acid
（8）3-溴-5-碘甲苯　3-bromo-5-iodotoluene
（9）2-甲基-3-（3-氯苯基）丁烷　3-(3-chlorophenyl)-2-methylbutane
（10）1,2,4-三甲苯　1,2,4-trimethylbenzene
（11）对二乙烯基苯结构　（12）反式二苯乙烯结构

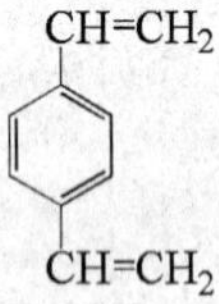

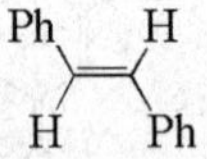

6.2（1）无反应；（2）正丙基环己烷；（3）无反应；（4）苯甲酸；（5）苯甲酸；（6）邻、对硝基正丙苯；（7）邻、对正丙基苯磺酸；（8）邻、对氯正丙苯；（9）1-苯基-1-氯丙烷；（10）邻、对正丙基甲苯；（11）不反应；（12）邻、对正丙基苯乙酮；（13）1-正丙基-4-叔丁基苯；（14）同（13）；（15）环己烯基丙基结构

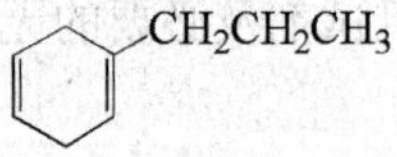

6.3 对二溴苯 87℃　邻二溴苯 6℃　间二溴苯 −7℃

6.4 (1) F, Cl 取代苯 (2) CH₃, Br 取代苯 (3) NHCOCH₃取代苯 (4) CH₃, NO₂, NO₂ 取代苯
(5) CH₃, SO₃H 取代苯 (6) OCH₃, NO₂ 取代苯 (7) OH, OCH₃ 取代苯 (8) NO₂, NO₂ 取代苯
(9) 苯甲酸苯酯结构 (10) N,N-二甲基二苯胺结构 (11) 联苯-NO₂结构

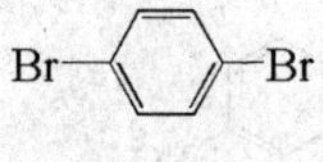

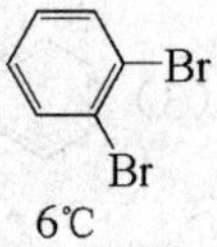

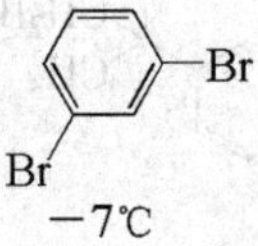

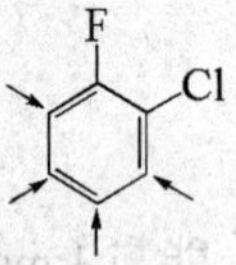

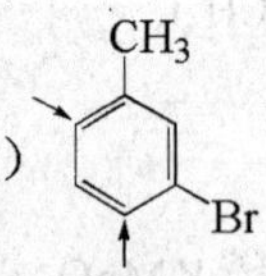

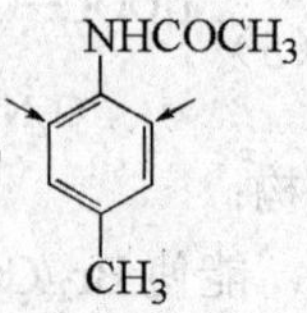

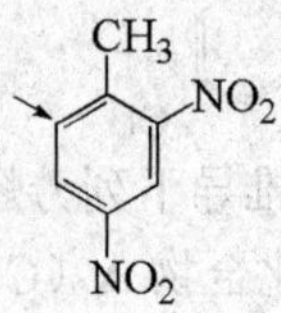

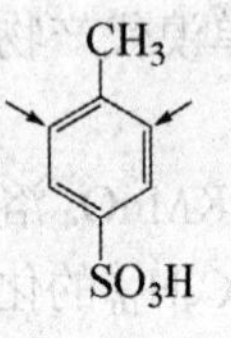

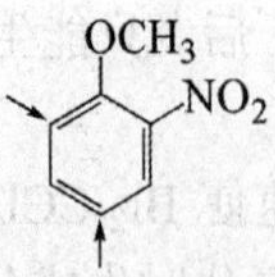

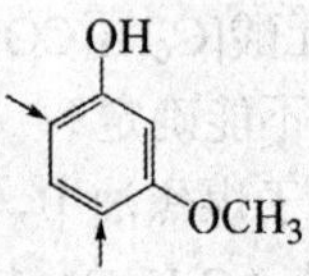

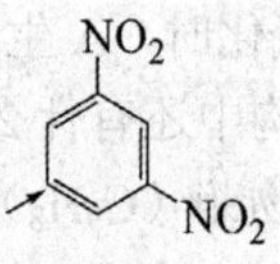

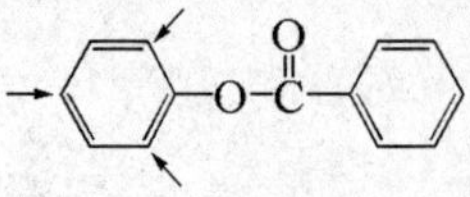

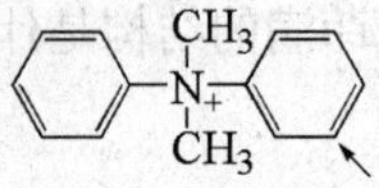

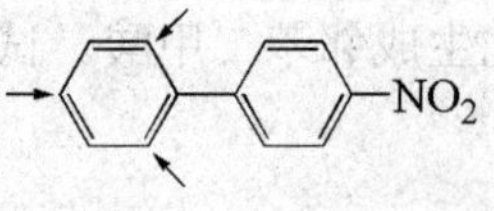

(12) 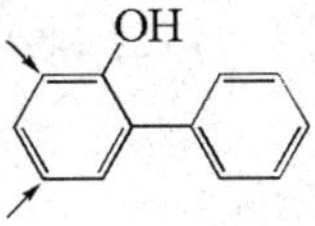 [2,6-positions marked on 2-phenylphenol] (13) 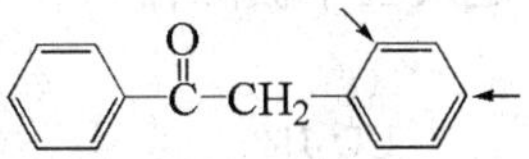 [ortho and para to CH2 marked on phenyl of PhCOCH2-C6H5] (14) 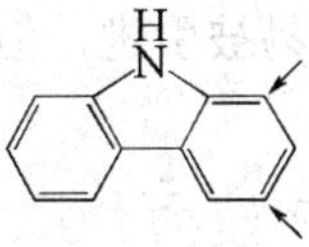 [1,6-positions marked on carbazole]

6.5

(1) 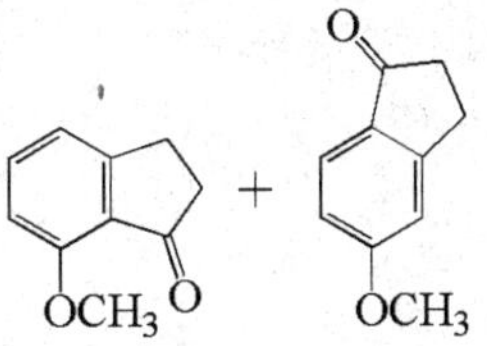 4-methoxy-1-indanone + 5-methoxy-1-indanone

(2) 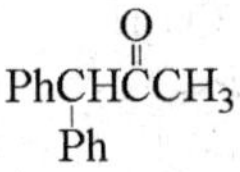 PhCHCOCH3
      |
      Ph

(3) 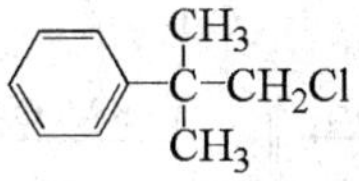 Ph–C(CH3)2–CH2Cl

(4) 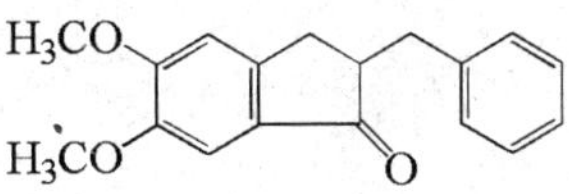 5,6-dimethoxy-2-benzyl-1-indanone (H3CO, H3CO on ring; benzyl substituent)

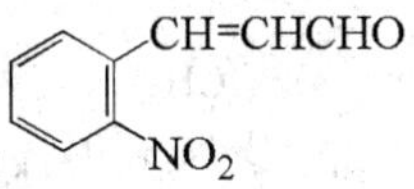

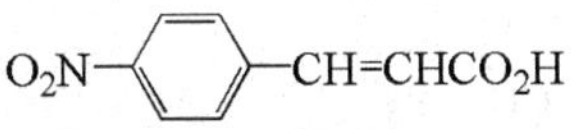

(5) 2-nitrocinnamaldehyde (o-NO2-C6H4-CH=CHCHO)

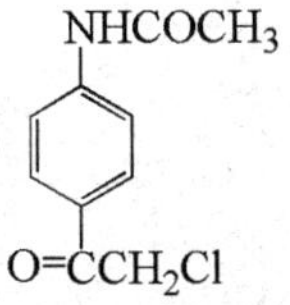

(6) O2N–C6H4–CH=CHCO2H

(7) 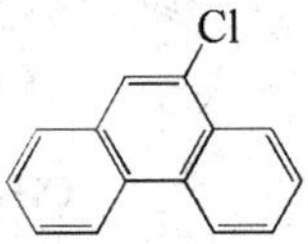 9-chlorophenanthrene

(8) 4-NHCOCH3–C6H4–O=CCH2Cl (p-acetamidophenyl chloromethyl ketone)

(9) Ph2CHCHCOOH
              |
              Br

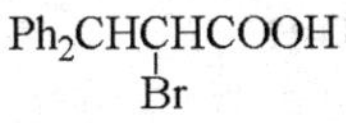

(10) 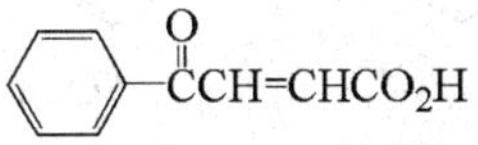 Ph–CO–CH=CHCO2H

(11) 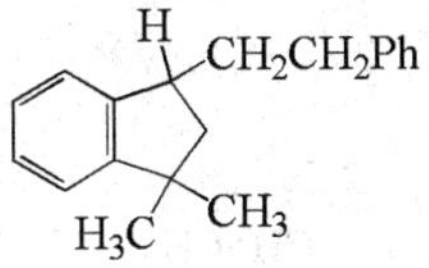 1-(2-phenylethyl)-3-methyl-3H-indane (indane with H, CH2CH2Ph at C1 and CH3, CH3 at C3)

(12) 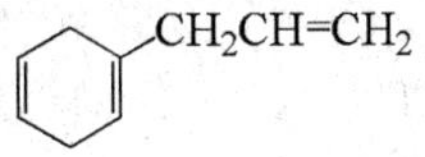 3-allylcyclohexene (cyclohexene-CH2CH=CH2)   与苯环不共轭的双键不能发生反应，Birch还原

6.6

(1) 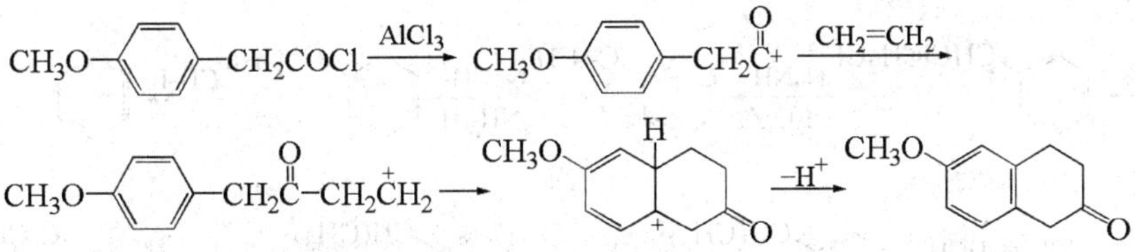 CH3O–C6H4–CH2COCl $\xrightarrow{AlCl_3}$ CH3O–C6H4–CH2C$^+$=O $\xrightarrow{CH_2=CH_2}$ CH3O–C6H4–CH2–CO–C$^+$H2CH2 ⟶ [bicyclic cation intermediate with CH3O] $\xrightarrow{-H^+}$ 6-methoxy-2-tetralone

(2) CCl3–CHO $\xrightarrow{H^+}$ CCl3–C$^+$H(OH) ⟷ CCl3–C$^+$(OH)H

C6H5Cl $\xrightarrow[-H^+]{CCl_3-C^+H(OH)}$ Cl–C6H4–CH(OH)CCl3 $\xrightarrow[-H_2O]{H^+}$ Cl–C6H4–C$^+$HCCl3 $\xrightarrow[-H^+]{C_6H_5Cl}$ (Cl–C6H4–)2CHCCl3

(3) 2-methyl-4-tert-butylacetophenone $\xrightarrow{H^+}$ [arenium ion with CH3, COCH3, H, C(CH3)3] $\xrightarrow[AlCl_4^-]{-^+C(CH_3)_3}$ 2-methylacetophenone

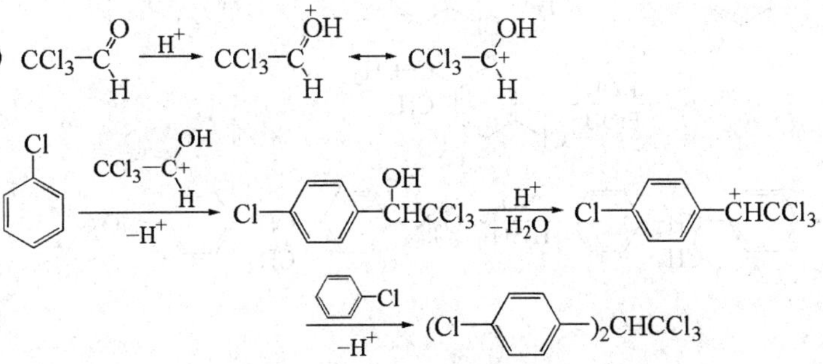

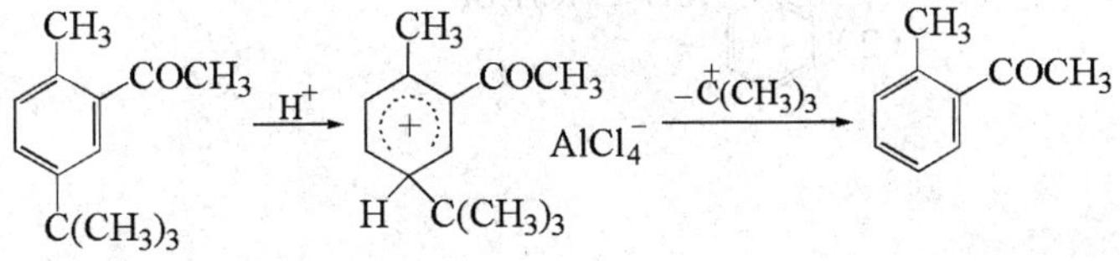

叔烷基极易被引进，但也极易在逆反应中被除去。

6.7

(1) 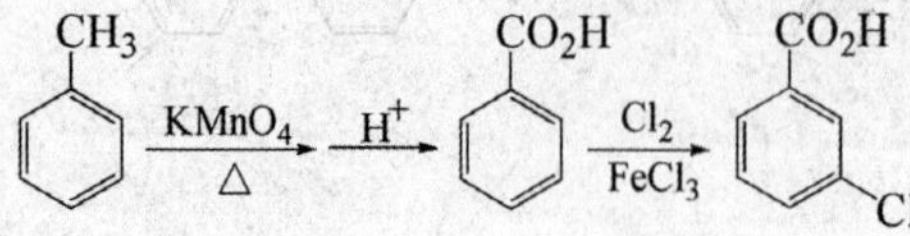 甲苯 $\xrightarrow[\Delta]{KMnO_4}$ $\xrightarrow{H^+}$ 苯甲酸 $\xrightarrow{Cl_2/FeCl_3}$ 3-氯苯甲酸

(2) 甲苯 $\xrightarrow{Br_2/Fe}$ 对溴甲苯 $\xrightarrow[\Delta]{KMnO_4}$ $\xrightarrow{H^+}$ 对溴苯甲酸

(3) 甲苯 $\xrightarrow{HNO_3/H_2SO_4}$ 对硝基甲苯 $\xrightarrow{Br_2/Fe}$ 2-溴-4-硝基甲苯 $\xrightarrow[\Delta]{KMnO_4}$ $\xrightarrow{H^+}$

(4) 甲苯 $\xrightarrow{浓H_2SO_4}$ 对甲苯磺酸 $\xrightarrow{Cl_2/Fe}$ 3,5-二氯-4-甲基苯磺酸 $\xrightarrow{H_2SO_4/H_2O,\Delta}$ 2,6-二氯甲苯

(5) 甲苯 $\xrightarrow{HCHO,HCl/ZnCl_2}$ 对甲基氯苄

(6) 苯 $\xrightarrow{CH_3CH_2Cl/AlCl_3}$ 乙苯 $\xrightarrow{Cl_2/h\nu}$ PhCHClCH$_3$ $\xrightarrow{KOH/EtOH}$ 苯乙烯 $\xrightarrow{Cl_2}$ PhCHClCH$_2$Cl $\xrightarrow{NaNH_2/H_2O,\Delta}$ 苯乙炔 $\xrightarrow{NaNH_2/NH_3(l)}$ PhC≡CNa $\xrightarrow{CH_3I}$ PhC≡CCH$_3$

(7) 苯 $\xrightarrow{CH_2=CHCH_3/H^+}$ 异丙苯 $\xrightarrow{Cl_2/Fe}$ 对氯异丙苯 $\xrightarrow{Cl_2/h\nu}$ 4-Cl-C$_6$H$_4$-C(CH$_3$)$_2$Cl $\xrightarrow{KOH/EtOH}$ 4-Cl-C$_6$H$_4$-C(CH$_3$)=CH$_2$

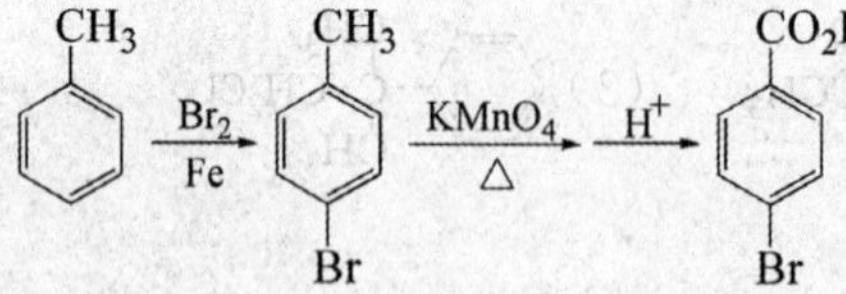

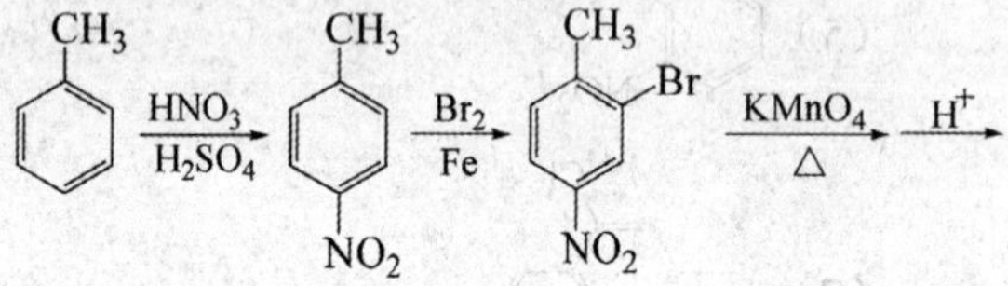

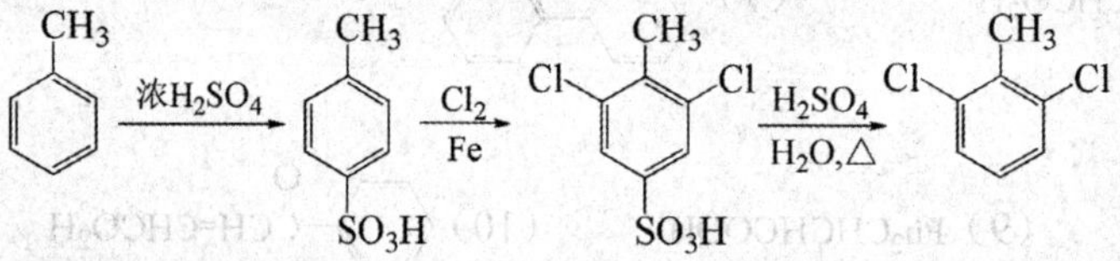

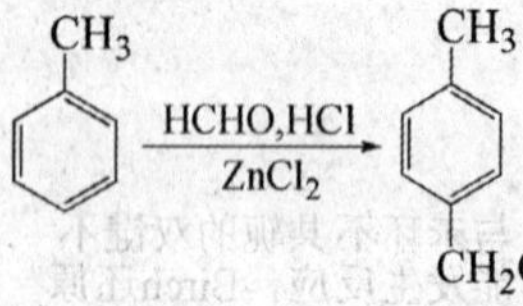

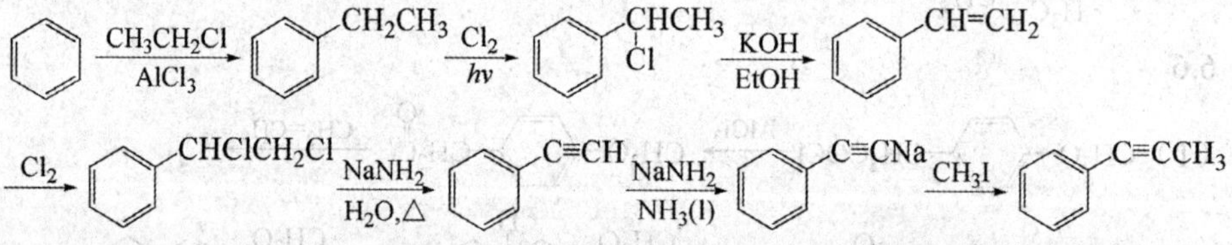

(8) 苯 $\xrightarrow{CH_3CHCl_2/AlCl_3}$ 1,1-二苯基乙烷 $\xrightarrow{HNO_3/H_2SO_4}$ 1,1-双(对硝基苯基)乙烷

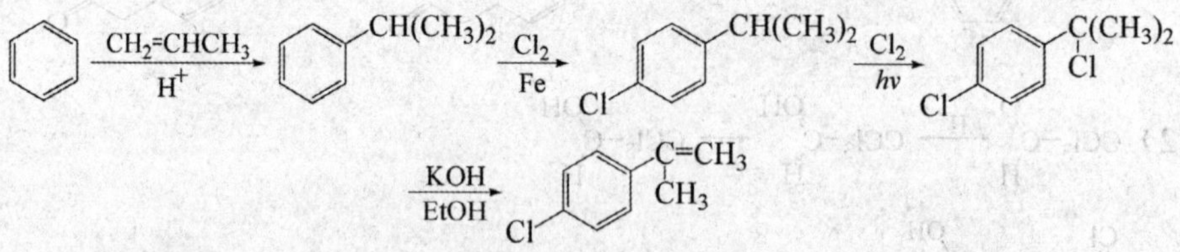

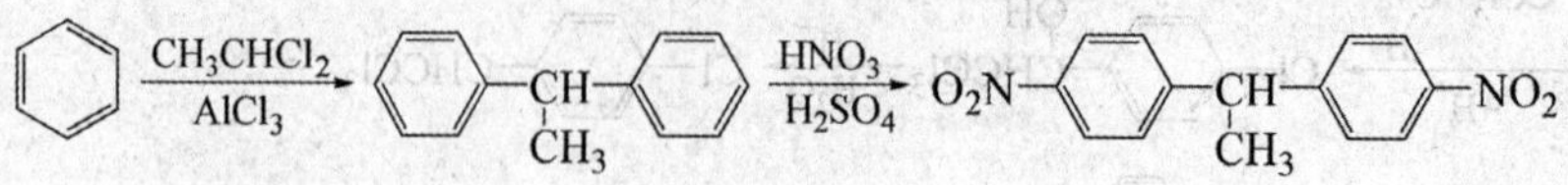

6.8

(1) 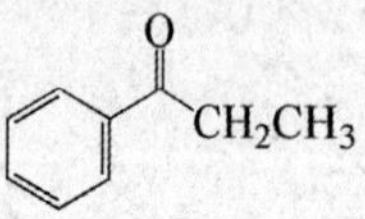 PhCOCH$_2$CH$_3$

(2) PhCH=CHCH$_2$Br

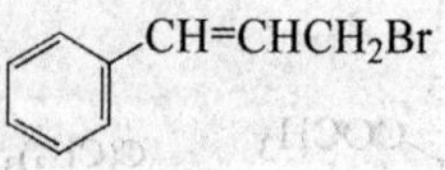

（3） CH₃O—C₆H₄—CH=CH—C₆H₄—NO₂

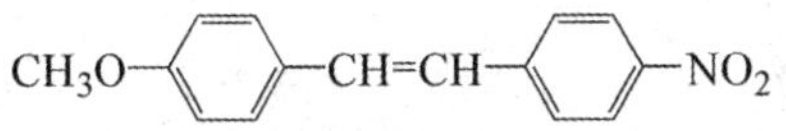

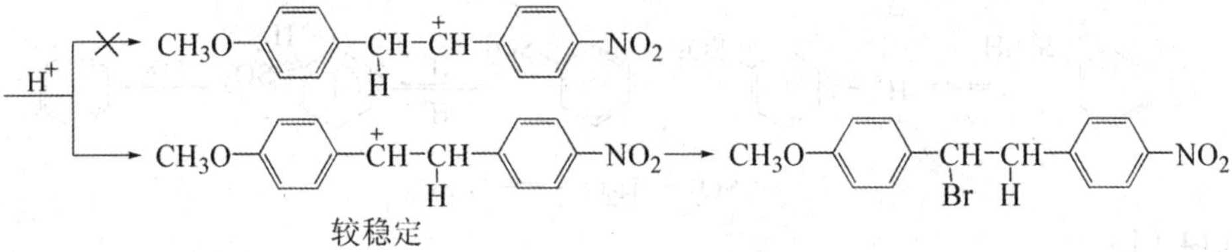

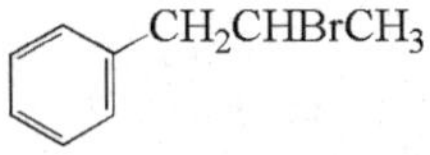

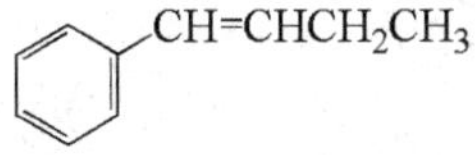

H⁺ → CH₃O—C₆H₄—CH⁺—CH₂—C₆H₄—NO₂ (不经此路)
    ↘ CH₃O—C₆H₄—CH⁺—CH₂—C₆H₄—NO₂ → CH₃O—C₆H₄—CHBr—CH₂—C₆H₄—NO₂
       较稳定

（4） 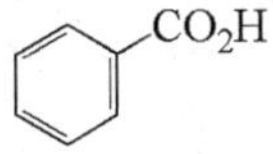 C₆H₅COOH   （5） C₆H₅CH₂CHBrCH₃

（6） C₆H₅CH=CHCH₃   （7） C₆H₅CH=CHCH₃(Br)   （8） C₆H₅CH(CH₃)CH(OH)CH₃

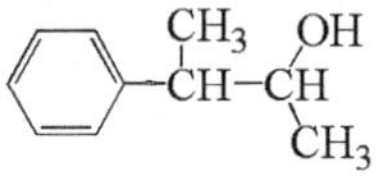

6.9 进攻 b 位：

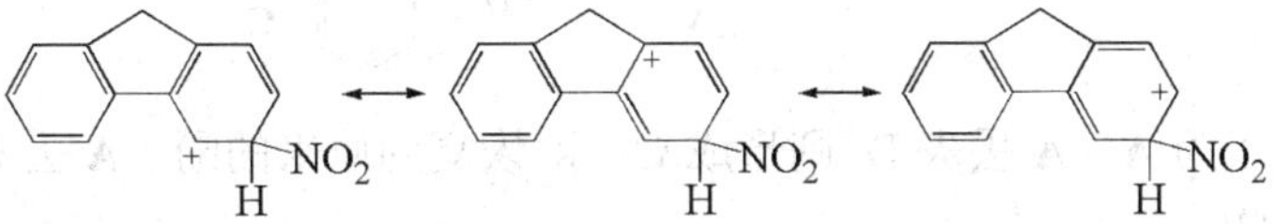

（共振结构式图）

进攻 a 位：

（共振结构式图）

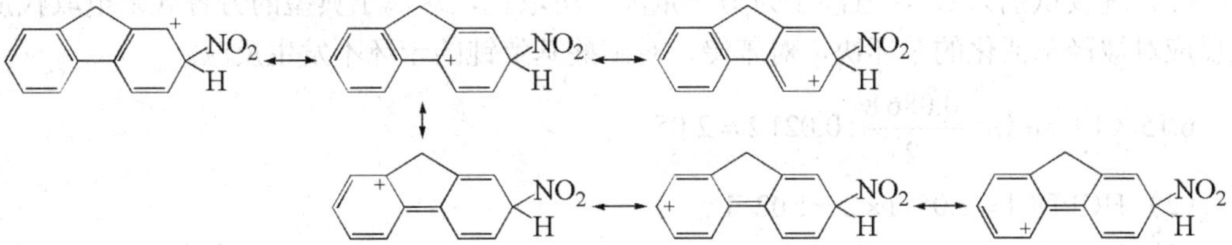

a 位硝化形成的碳正离子中间体，电荷可分布到邻近的苯环上，而 b 位却不行。因此 a 位得到的反应中间体稳定得多。

6.10（1）间二甲苯＞对二甲苯＞甲苯＞苯

（2） $C_6H_5CH_2CH_2\overset{+}{N}(CH_3)_3 > C_6H_5CH_2\overset{+}{N}(CH_3)_3 > C_6H_5\overset{+}{N}(CH_3)_3$

（3）甲苯＞苯＞硝基苯

6.11（1） C₆H₅—C(CH₃)₃   （2）2-甲基-2-苯基丁烷   （3）2-苯基戊烷   （4）四氢萘

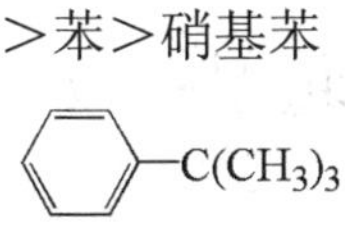

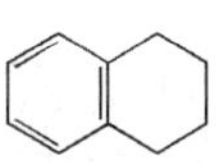

（5） C₆H₅CH₂CH₂CH=CH₂ 和 1-苯基环丁烷

6.12

（1）1-甲基-4-硝基萘

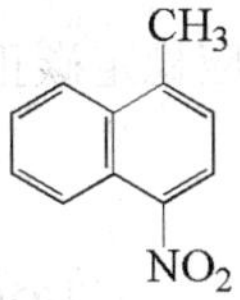

（2）2-甲基-1-硝基萘

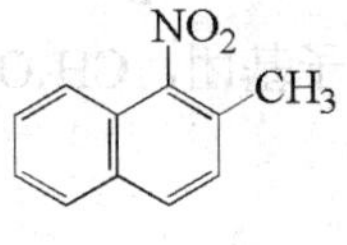

（3）1,5-二硝基萘 + 1,8-二硝基萘

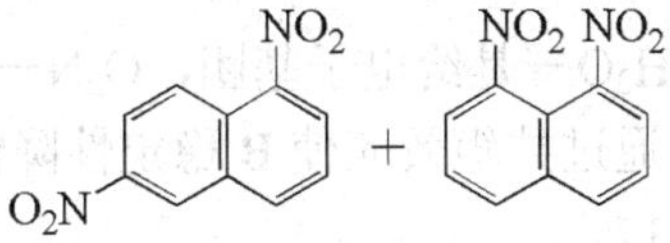

（4）1,6-二硝基萘 + 1,7-二硝基萘

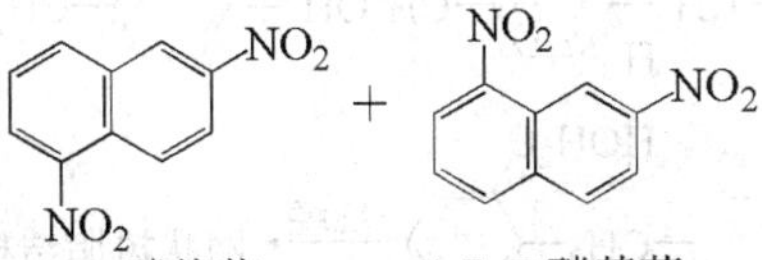

（5）4-硝基-1,2-二氢苊

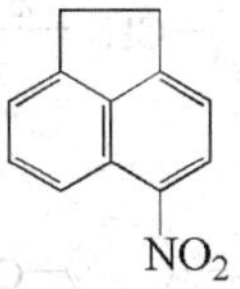

6.13

$$\text{C}_6\text{H}_5\text{SO}_3\text{H} \rightleftharpoons \text{H}^+ + \text{C}_6\text{H}_5\text{SO}_3^- \quad \text{C}_6\text{H}_5\text{SO}_3^- \underset{-\text{H}^+}{\overset{\text{H}^+}{\rightleftharpoons}} [\text{C}_6\text{H}_6\text{SO}_3^-]^+ \xrightarrow{-\text{SO}_3} \text{C}_6\text{H}_6$$

$$\text{SO}_3 + \text{H}_2\text{O} \rightleftharpoons \text{H}_2\text{SO}_4$$

6.14（1）

[反应机理图：苯酚 + D⁺ → 中间体 A → B (对位 D 取代酚) 或 C (原苯酚)]

中间体阳离子为 **A**。**A** 丢失 D⁺ 则形成 **C**，即恢复到原来的酚。**A** 丢失 H⁺，则产生 **B**，为氢－氘交换产物。

（2）进攻试剂为 D⁺，氢离子为另一氘离子所取代，这属于典型的芳香族亲电取代反应，此反应对被羟基活化的苯环快，对苯慢，对磺酸基致钝的苯环不发生反应。

6.15（1）$k_\text{H}/k_\text{D} = \dfrac{0.0868}{2} : 0.0212 = 2.05$

（2）HCl : DCl = 2.05 : 1 × 2 = 1.02 : 1

（3）HBr : DBr = 4.6 : 1 × 2 = 2.3 : 1

6.16（1）环戊二烯正离子是 $4n$ 体系，它是反芳的，不稳定，因此不易形成。

（2）碳正离子是 sp^2 杂化的平面结构，而锥形的 [降冰片基正离子结构图] 很难形成。

（3）

$$\text{CH}_3\text{O}-\text{C}_6\text{H}_4-\text{CH}=\text{CH}_2 \xrightarrow{\text{H}^+} \text{CH}_3\text{O}-\text{C}_6\text{H}_4-\overset{+}{\text{CH}}-\text{CH}_3 \xrightarrow{\text{Cl}^-} \text{产物}$$
$$\textbf{A}$$

$$\text{O}_2\text{N}-\text{C}_6\text{H}_4-\text{CH}=\text{CH}_2 \xrightarrow{\text{H}^+} \text{O}_2\text{N}-\text{C}_6\text{H}_4-\overset{+}{\text{CH}}-\text{CH}_3 \xrightarrow{\text{Cl}^-} \text{产物}$$
$$\textbf{B}$$

$\text{CH}_3\text{O}-$ 是给电子基团，$\text{O}_2\text{N}-$ 是拉电子基团，$\text{CH}_3\text{O}-$ 通过共轭效应稳定碳正离子 **A**，$\text{O}_2\text{N}-$ 通过共轭效应使 **B** 稳定性降低。

6.17

[反应机理图：苯甲醇 $\xrightarrow{\text{H}^+, -\text{H}_2\text{O}}$ 苄基正离子 $\xrightarrow{\text{苯甲醇}}$ 质子化中间体 $\xrightarrow{-\text{H}^+}$ 对位与邻位二苯甲烷类产物 → 继续 → 网状树脂结构]

6.18

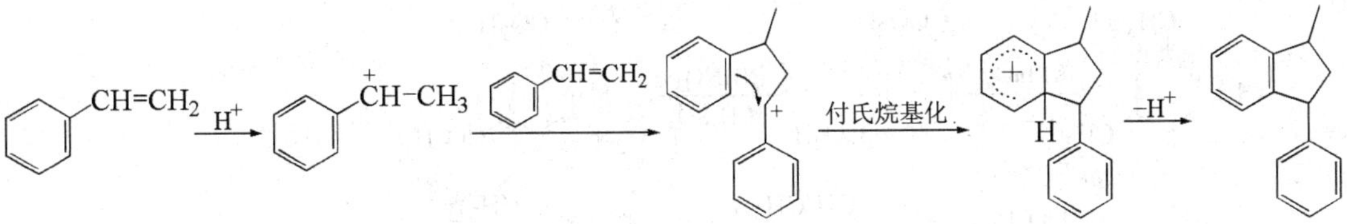

付氏烷基化

6.19 有芳香性者：

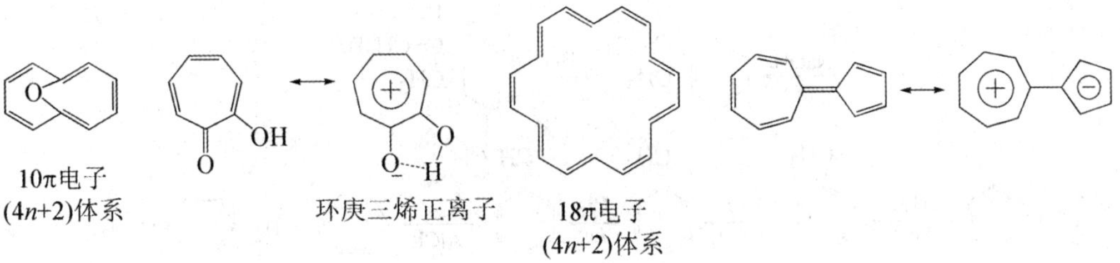

10π电子
(4n+2)体系
环庚三烯正离子
18π电子
(4n+2)体系

6.20　**A** 质子化在五元环上，可得到一具有芳香性的七元环。

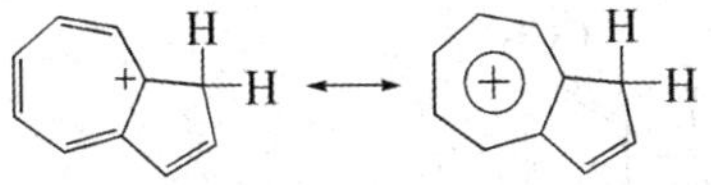

B 在环外双键处质子化，与环上硫形成一芳香的五元环。

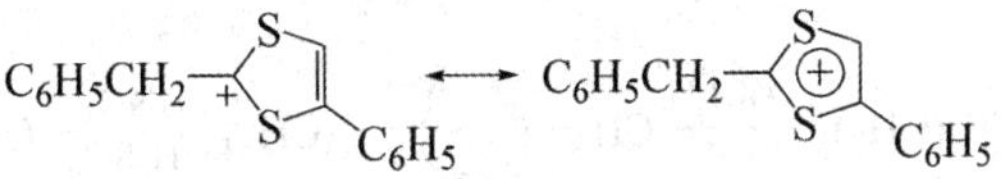

6.21

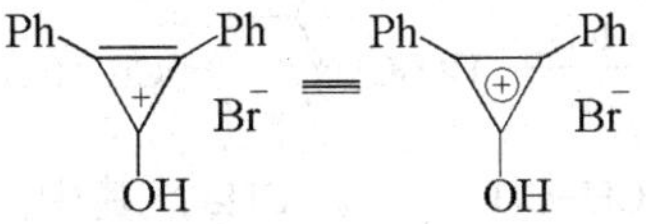

6.22

（1）

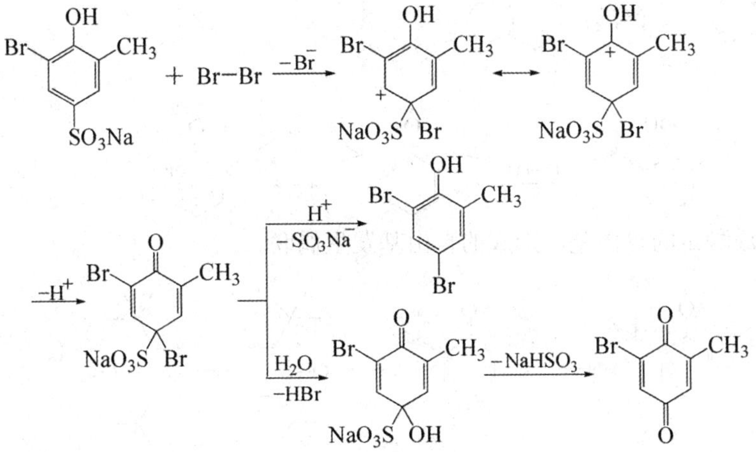

（2）$BrCCl_3 \xrightarrow{h\nu} Br\cdot + \cdot CCl_3$

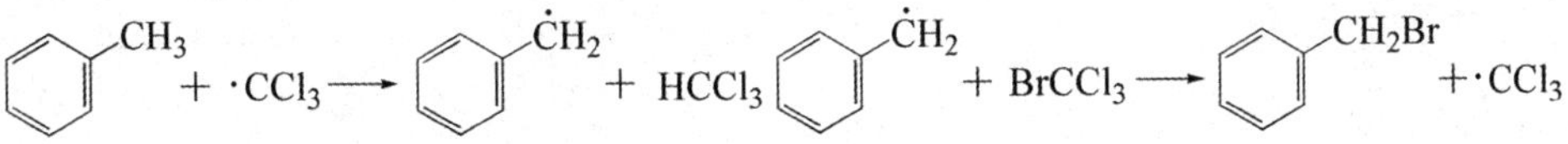

6.23

(1) 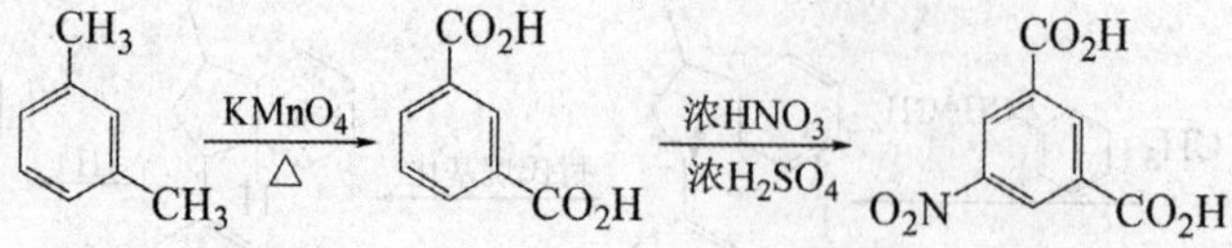 ![m-xylene] $\xrightarrow[\Delta]{KMnO_4}$ benzene-1,3-dicarboxylic acid $\xrightarrow[浓H_2SO_4]{浓HNO_3}$ 5-nitrobenzene-1,3-dicarboxylic acid

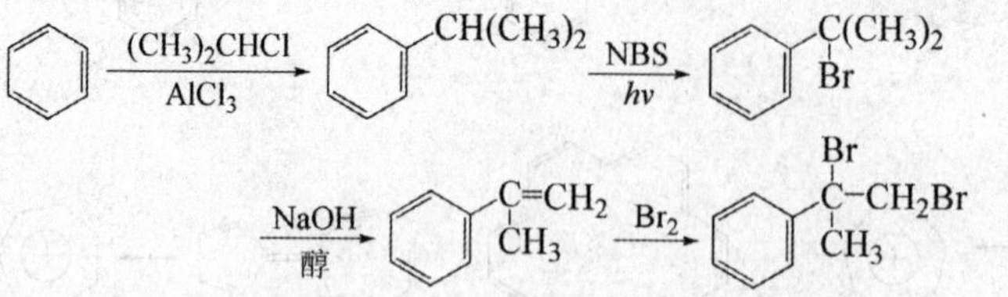

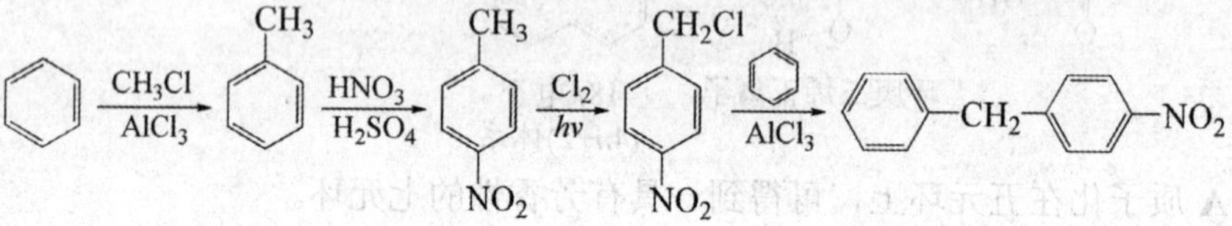

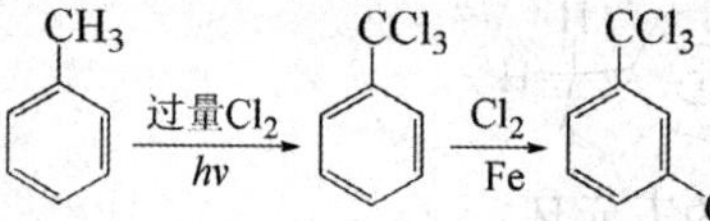

(2) 苯 $\xrightarrow[AlCl_3]{(CH_3)_2CHCl}$ C₆H₅CH(CH₃)₂ $\xrightarrow[h\nu]{NBS}$ C₆H₅C(CH₃)₂Br

$\xrightarrow[醇]{NaOH}$ C₆H₅C(CH₃)=CH₂ $\xrightarrow{Br_2}$ C₆H₅CBr(CH₃)CH₂Br

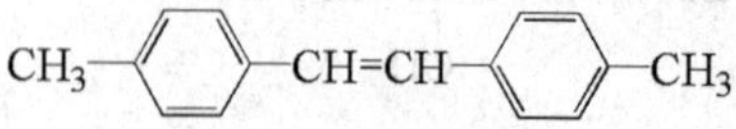

(3) 苯 $\xrightarrow[AlCl_3]{CH_3Cl}$ C₆H₅CH₃ $\xrightarrow{HNO_3/H_2SO_4}$ p-O₂N-C₆H₄-CH₃ $\xrightarrow[h\nu]{Cl_2}$ p-O₂N-C₆H₄-CH₂Cl $\xrightarrow[AlCl_3]{苯}$ C₆H₅-CH₂-C₆H₄-NO₂(p)

(4) C₆H₅CH₃ $\xrightarrow[h\nu]{过量Cl_2}$ C₆H₅CCl₃ $\xrightarrow[Fe]{Cl_2}$ m-Cl-C₆H₄-CCl₃

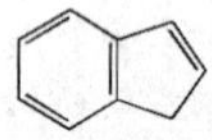

(5) CH₃-C₆H₅ + ClC(CH₃)₃ $\xrightarrow{AlCl_3}$ p-CH₃-C₆H₄-C(CH₃)₃ $\xrightarrow{HNO_3/H_2SO_4}$ 2-NO₂-4-C(CH₃)₃-C₆H₃-CH₃

$\xrightarrow[\Delta]{KMnO_4}$ 2-NO₂-4-C(CH₃)₃-C₆H₃-CO₂H

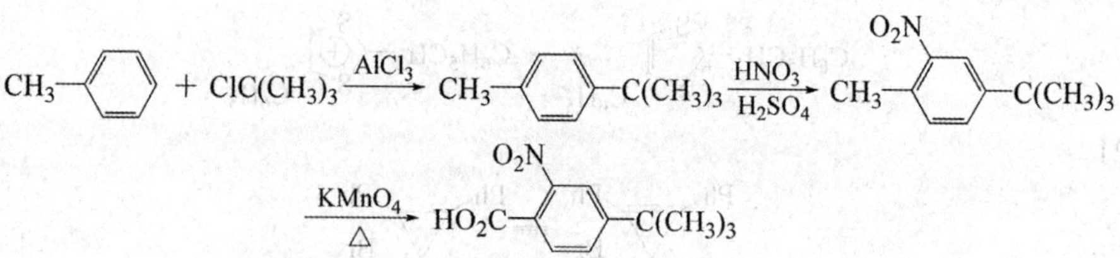

6.24（1）**A**：CH₃-C₆H₄-CH=CH-C₆H₄-CH₃，其中顺反异构不能确定。

（2）茚： ![indene]   茚满： ![indane]

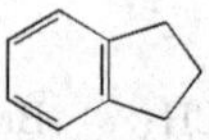

6.25

![2,6-di-tert-butylphenol] $\xrightarrow{\cdot O-O\cdot}$![phenoxy radical] $\leftrightarrow$![resonance structure]

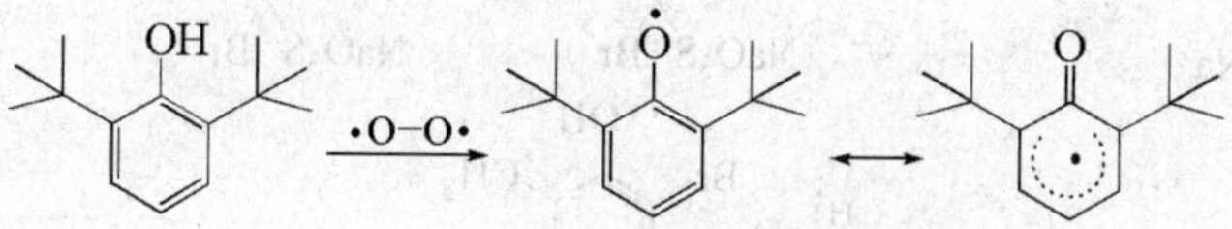

可与氧反应形成稳定的自由基，形成的自由基发生偶联。

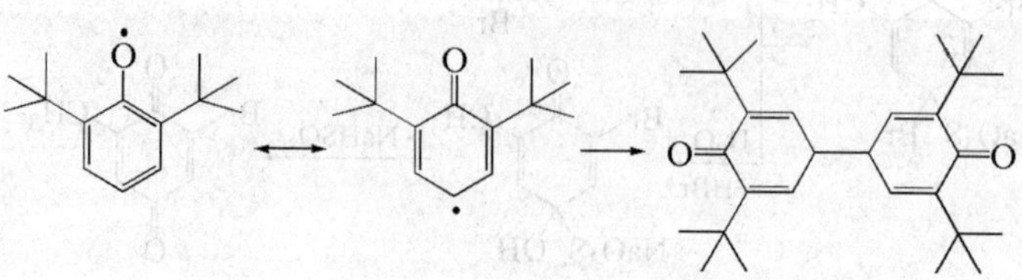

![radical] $\leftrightarrow$![radical resonance] $\longrightarrow$![coupled bisquinone product]

第七章 立体化学

一、复习要点

1. 旋光性、旋光度、比旋光度。
2. 有关手性化合物的概念。

（1）手性、手性中心
含手性中心的分子。如：

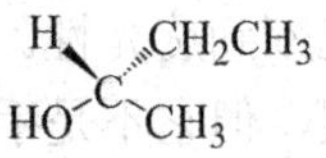

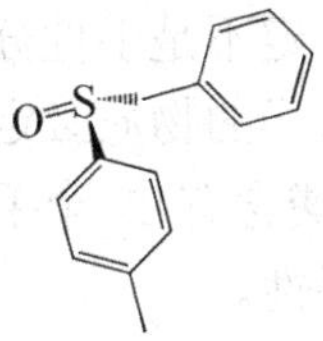

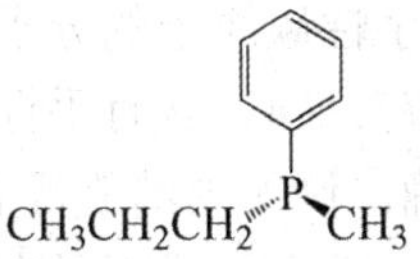

（2）对映异构体、外消旋体、差向异构、非对映异构
与手性碳有关的几种立体异构的比较

异构体	$[\alpha]_D^{20}$	镜像关系	数目	C^*之间关系	理化性质
对映体（enantiomer）	$[\alpha]_D^{20} \neq 0$ 大小相等 方向相反	互为镜像的异构体	2^n	构型相反	旋光性不同其余性质全相同
外消旋体（racemate）	$[\alpha]_D^{20} = 0$	等量的对映体互为镜像	2^{n-1}	两个对映体的构型相反	—
内消旋体（meso）	$[\alpha]_D^{20} = 0$	分子内有一对称面，两部分互为镜像	—	对称面两侧构型相反，旋光性抵消	—
差向异构体（epimer）	$[\alpha]_D^{20} \neq 0$	不互为镜像	—	只有一个C^*构型不同	不同
非对映体（diastereomers）	$[\alpha]_D^{20} \neq 0$	不互为镜像	—	部分构型不同	不同

注：C^*为手性中心，n为C^*的数目。

3. 利用分子的对称性判定化合物的手性。
4. 构型标记：相对构型 D、L 标记，绝对构型 R、S 标记。
5. 轴手性化合物、面手性化合物。
6. 制备手性化合物的方法，旋光纯度（ee 值）。
7. 反应中的立体化学，烯的加成，自由基取代反应。
8. 静态立体化学和动态立体化学研究的范围。

二、新概念

手性中心（Chiral Center），手性轴（Chiral Axle），立体化学（Stereochemistry），手性（Chirality），光学活性（Optical Activity），旋光性（Rotation），比旋光度（Specific Rotation），对映异构（Enantiomerism），外消旋化合物（Racemic Compounds），内消旋化合物（Meso Compound），拆分（Resolution），立体选择反应（Stereoselective Reaction），立体专一反应（Stereospecific Reaction）

三、新内容

轴手性化合物绝对构型的判断（见本章例5）。

四、例题

例1 举例说明下列说法是否正确，并说明理由：（1）一个含有手性碳的分子必定具有手性；（2）不含有手性碳原子的分子必定不是手性分子；（3）有旋光性的分子具有手性，定有对映异构现象存在；（4）含有手性分子的物质必定可观察到旋光性。

解（1）不正确。例如内消旋酒石酸含有 2 个手性碳，但它不是手性分子。因为其分子内存在 1 个对称面，整个分子不具有手性。

（2）不正确。因手性分子分 3 类，除含手性碳的分子外，还有含手性轴及手性面的化合物，如：

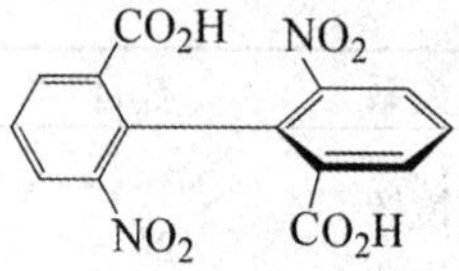

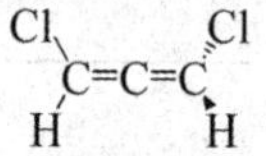

（3）正确。旋光性起因于分子的手性，即分子与其镜像的不重叠性。分子的手性是对映异构体存在的充分必要条件。

（4）不正确。例如等量对映体的混合物所组成的外消旋体是无消旋性的，虽然每个对映体都是手性分子。这是因为 1 个对映体的旋光效应恰好被它的对映体所抵消。

例2 用溴水处理顺-2-丁烯：（1）写出反应式（用透视式表示反应产物）；（2）把透视式写成 Fischer 投影式和 Newman 式；（3）产物是苏式还是赤式？

解（1）

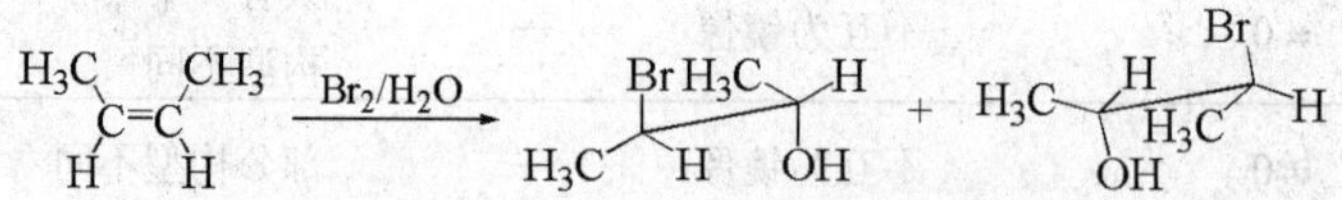

（2）

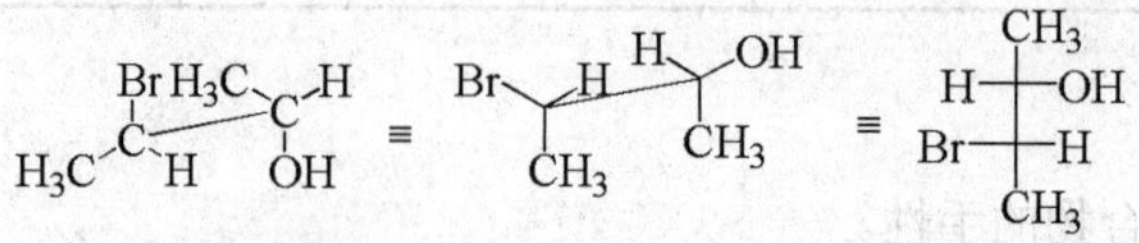

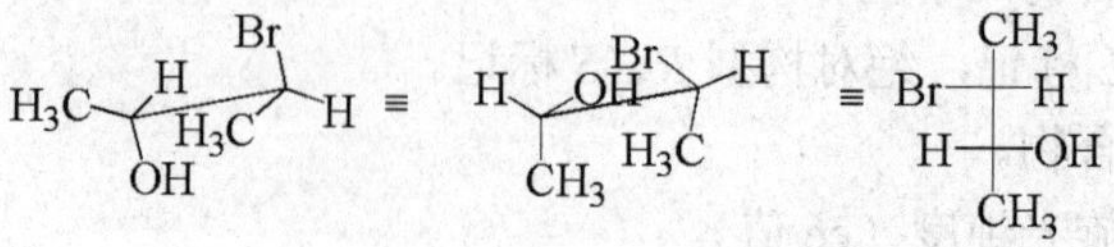

首先将交叉式构象旋转为重叠式构象，让碳链在一个平面上，然后投影。

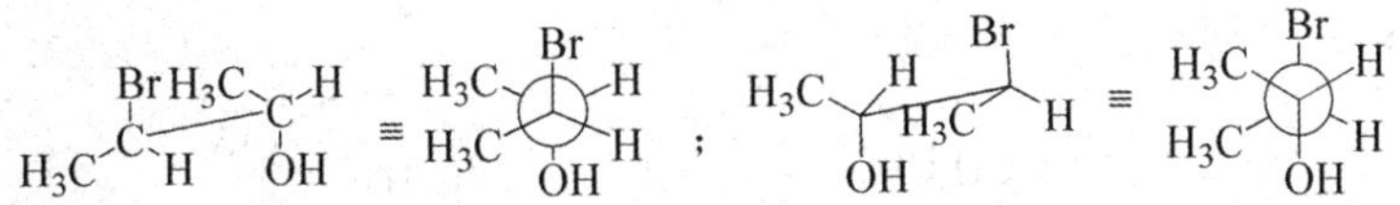

（3）产物为苏式。

赤式（erythro）和苏式（threo）：

赤式表示在 Fischer 投影式或重叠式构象中 2 个不同手性碳上相同或相似的基团同处于碳链的一侧，而处于异侧的则为苏式。

如：

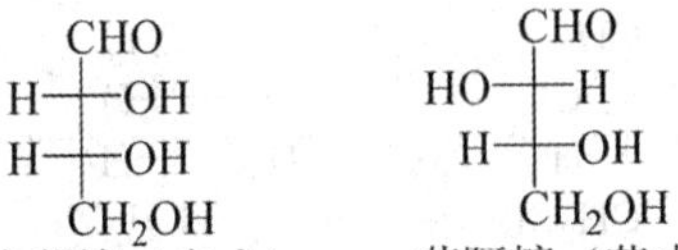

赤藓糖（赤式）　　苏阿糖（苏式）

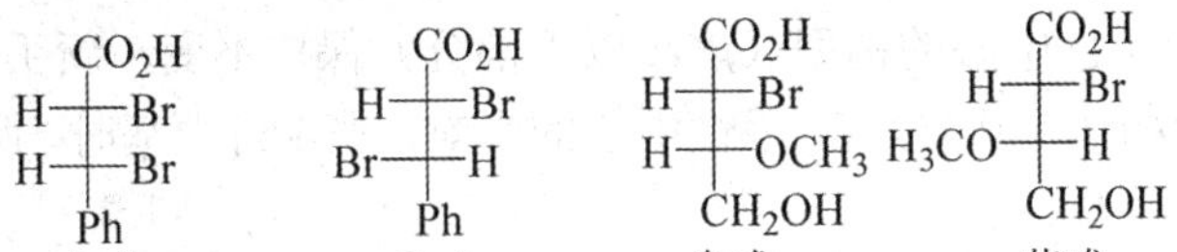

赤式　　苏式　　赤式　　苏式

例 3 写出下列化合物的所有异构体并命名。

(1) $CH_3CH=CHC^*HCH_3$　　(2) 1,2-dimethylcyclobutane
　　　　　　　　$\underset{Cl}{|}$

解 （1）此分子既有 Z、E 几何异构，又有 R、S 的对映异构，因此有 4 个立体异构。

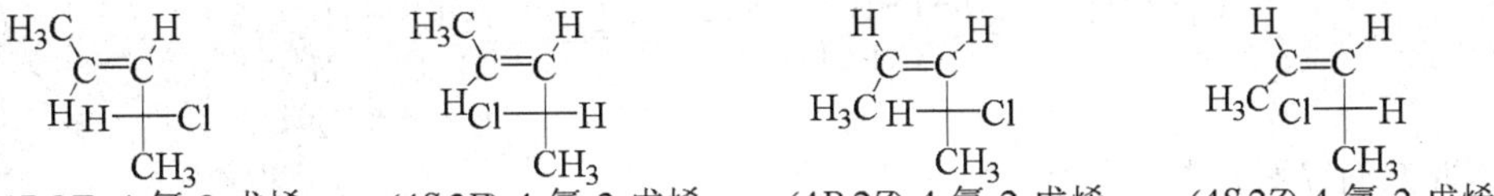

(4R,2E)-4-氯-2-戊烯　　(4S,2E)-4-氯-2-戊烯　　(4R,2Z)-4-氯-2-戊烯　　(4S,2Z)-4-氯-2-戊烯

（2）环状化合物的立体异构比较复杂，往往顺反异构和对映异构同时存在。

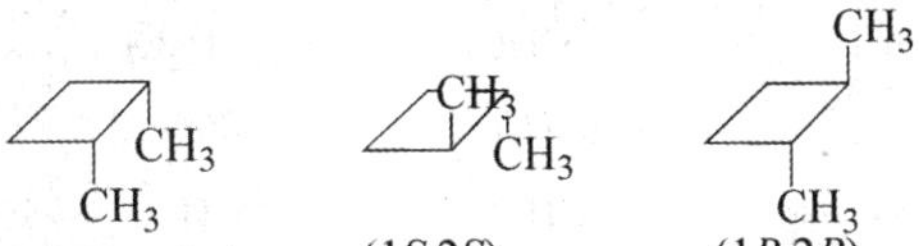

cis-1,2-dimethyl cyclobutane　　(1S,2S)　　(1R,2R)
　　　　　　　　　　　　trans-1,2-dimethylcyclobutane

判断环状化合物构型时，要注意碳的正四面体构型，如把环上的两个键作为一个平面，分布在环两侧的键所在的平面与之垂直，两个键伸向环外。

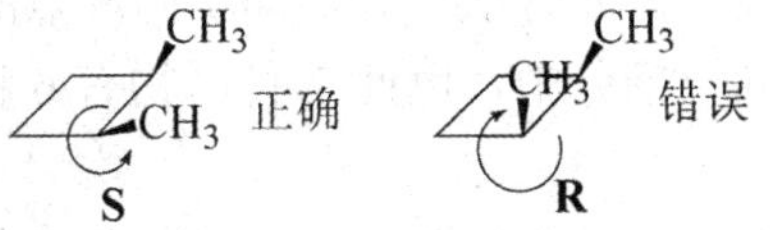

正确　　错误

例 4　R-(-)-1-氯-2-甲基丁烷自由基氯代时，所得产物的分子式为 $C_5H_{10}Cl_2$：（1）试预测能有几种产物，并写出产物的构造式；（2）有几个馏分？（3）各馏分有无旋光性，为什么？

解　（1）R-(-)-1-氯-2-甲基丁烷的结构为：$H_3C-\overset{2}{\underset{H}{C}}-\overset{\overset{3}{C}H_2\overset{4}{C}H_3}{\underset{^1CH_2Cl}{|}}$

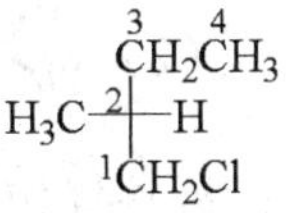

初看分子中有 5 种不同的氢，应有 5 种产物，但取代 C_2 上的氢时，涉及与手性中心相连的键，由于形成的非手性自由基近似平面的形状，氯进攻平面两边的机会均等，因此将会形

成一对对映体：

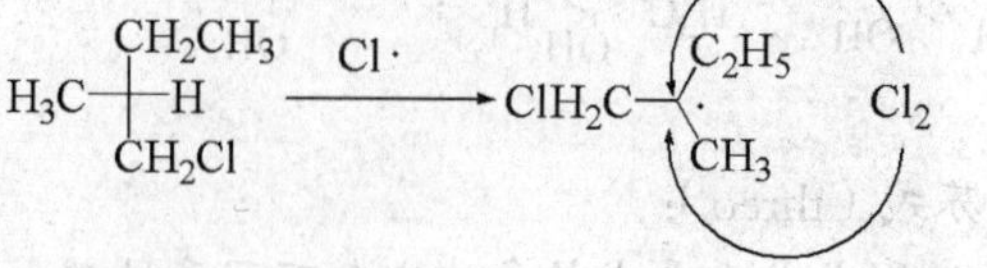

$$CH_3CH_2-CH(CH_3)-CH_2Cl \xrightarrow{Cl\cdot} ClH_2C-\overset{C_2H_5}{\underset{CH_3}{C\cdot}} \quad Cl_2$$

取代 C_3 上的氢，不涉及与手性中心相连的键，手性中心的键的空间分布不变，但又形成一个新的手性中心，取代 C_3 上的氢有下面2种可能性：

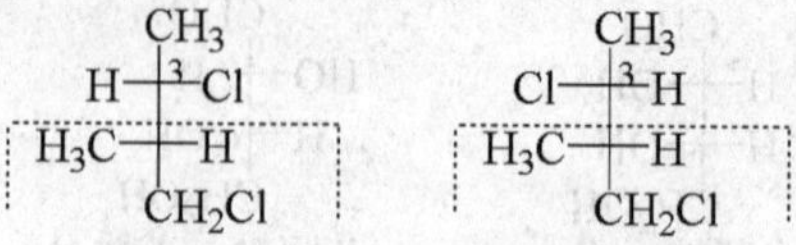

$$\begin{array}{cc} \text{2}R\text{,3}S & \text{2}R\text{,3}R \end{array}$$

这两种产物中，原手性中心的构型（虚线以下部分）保持不变，新手性中心的构型刚好相反，二者是非对映异构体，由于受 C_2 手性中心的影响，进攻自由基时，两个面的机会不等，位阻大的面产物较少：

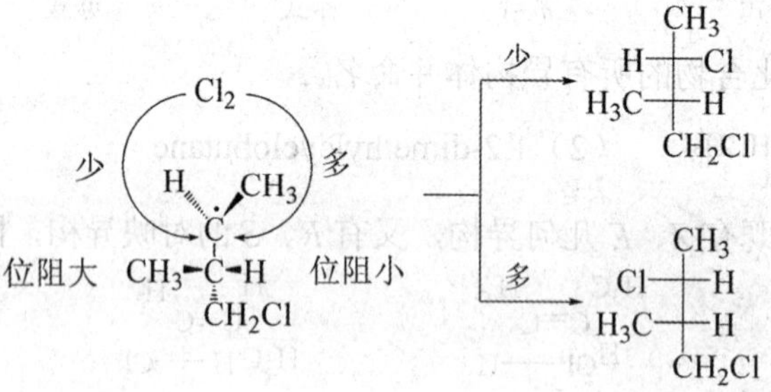

因此共有7种产物：

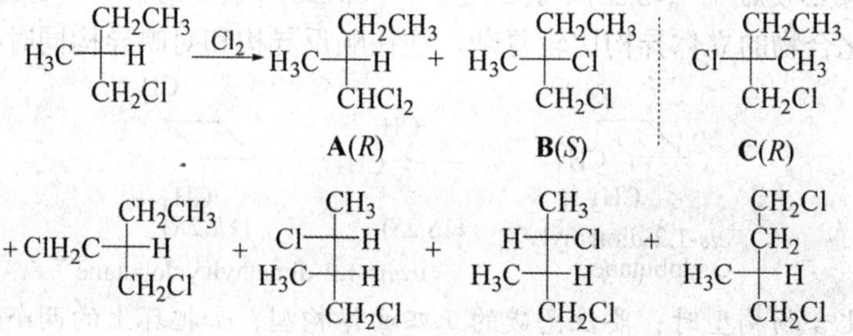

$$CH_3CH_2-CH(CH_3)-CH_2Cl \xrightarrow{Cl_2} A(R) + B(S) + C(R)$$

$$+ D + E(2R,3R) + F(2R,3S) + G(R)$$

（2）沸点不同的物质可经一定的方法分开，即不同沸点的物质应不在同一馏分中。非对映体由于沸点不同则不应在同一馏分中，因此7种产物有6种馏分，其中 **B**、**C** 为对映体在同一馏分中。

（3）馏分 **B**、**C** 为外消旋体，无旋光性，**D** 分子也无旋光性，其余4种馏分有旋光性。

例5 判断下列手性化合物的 R、S 构型。

（1）$\underset{HO_2C}{H}C=C=C\underset{CO_2H}{H}$ （2）

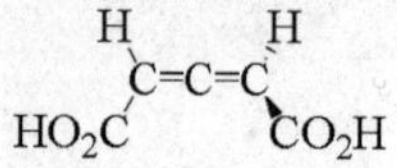

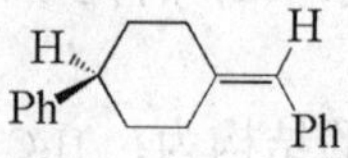

解 轴手性化合物优先顺序：近端优先于远端。其绝对构型判断如下：从手性轴的方向看去，先看到的基团为近端，用视线表示；后看到的基团为远端，用虚线表示。

(1)

然后按优先顺序，从近端的大基团开始，沿近端至远端的大基团旋转（COOH→H→COOH）为顺时针，是 R 构型（不看最小基团）。

如果站到另一面，可得到同样结果。

(2)

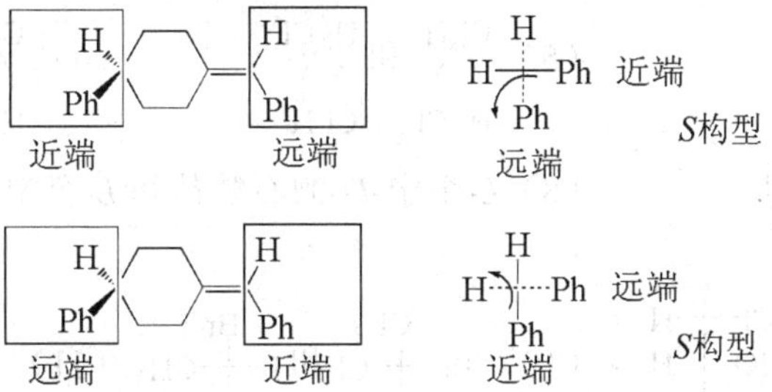

类似方法可判断联苯型，螺环形化合物的构型。

例 6 写出下面反应的历程：

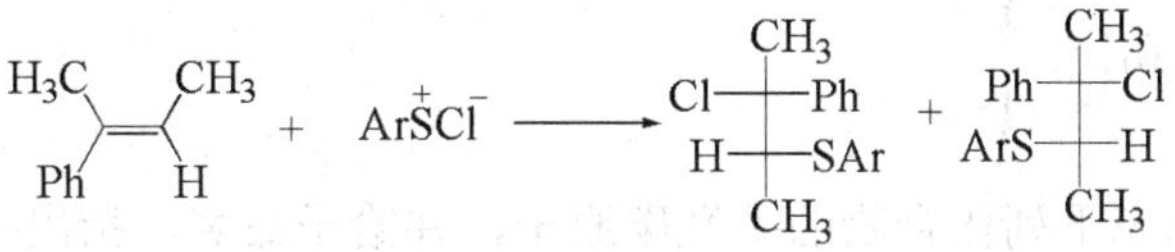

解

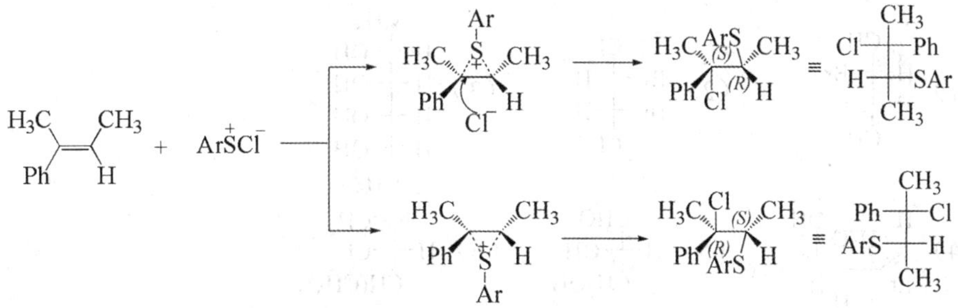

五、习题

7.1 举例说明下列各词的意义及其区别：（1）构型和构象；（2）对映体和立体异构；（3）旋光度、比旋光度、旋光纯度；（4）手性和手性中心；（5）绝对构型和相对构型；（6）立体选择反应和立体专一反应。

7.2 一种化合物的氯仿溶液的旋光度为 $+10°$，用什么方法可以确定它的旋光度是 $+10°$ 而不是 $-350°$？

7.3 将葡萄糖的水溶液放在 1 dm 长的盛液管中，在 20℃ 测得其旋光度为 $+3.2°$。求这个溶液的浓度，已知葡萄糖在水中的比旋光度 $[\alpha]_D^{20} = +52.5°$。

7.4 肾上腺素存在于肾上腺体内，医学上它用来刺激心脏，升高血压，左旋肾上腺素比右旋体强心作用大，纯左旋体的$[\alpha]_D^{20}=-50.72°$（稀 HCl 中）。问：（1）如果商品的$[\alpha]_D^{20}=-10.14°$，问样品中含左旋体多少？（2）商品的旋光纯度是多少？

7.5 化合物的手性碳构型为 *RSSR*，从异构体 *SRRS*、*SSRR*、*RRSS* 中找出它的对映体、非对映体、差向异构体。

7.6 下列各对化合物属于对映体、非对映体、几何异构体、构造异构体，还是同一种化合物？

（1）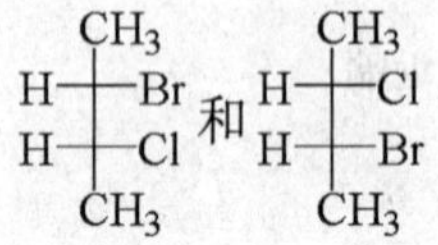

（2）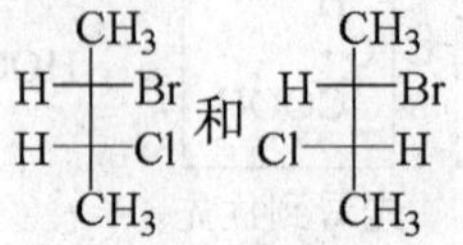

（3）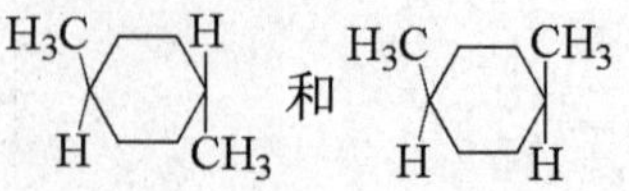

（4）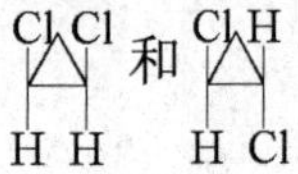

（5）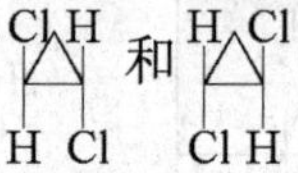

（6）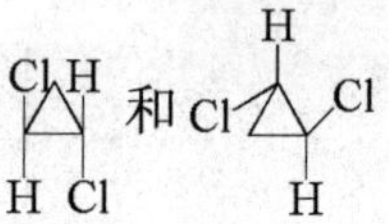

（7）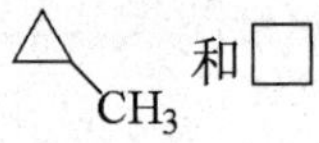

（8）*L*-奎宁-*D*-酒石酸盐和 *L*-奎宁-*L*-酒石酸盐

（9）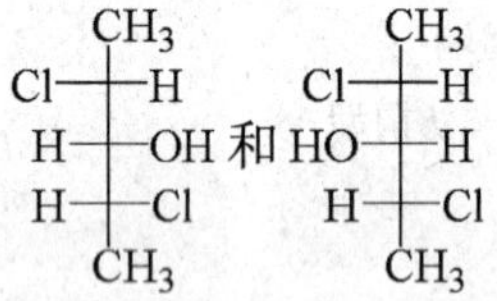

（10）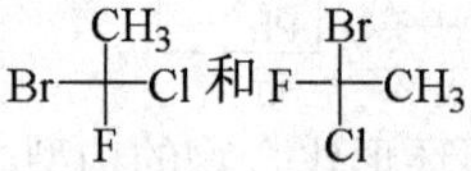

（11）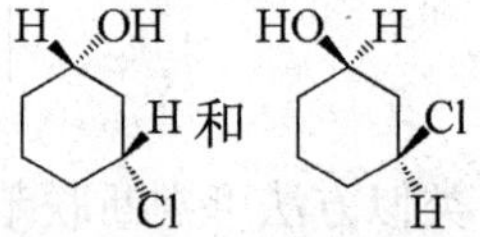

（12）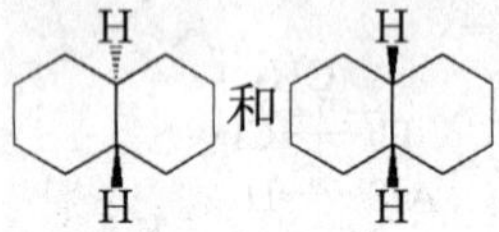

7.7 用 *R* 或 *S* 标记下列化合物的手性碳原子，并给予命名，指出哪些是有旋光性的。

（1）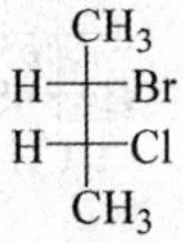

（2）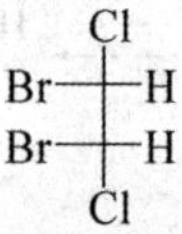

（3）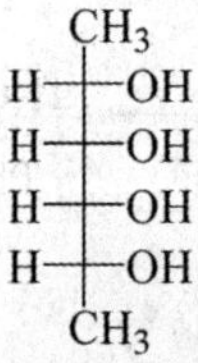

（4）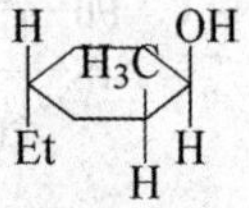

（5）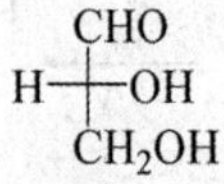

（6）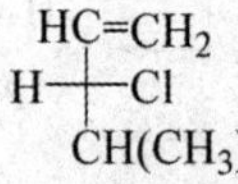

7.8 判断下列化合物的手性（用“有”或“无”标出）。

（1）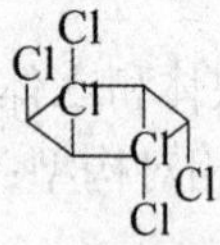

（2）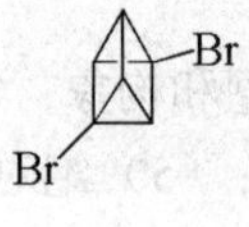

（3）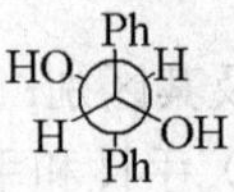

（4）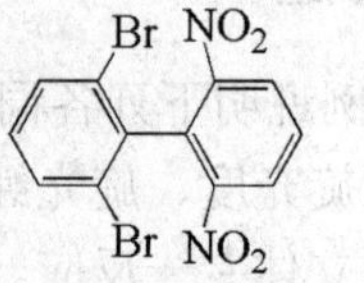

（5）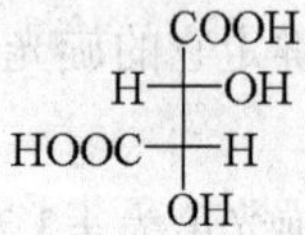

（6）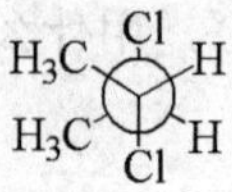

（7）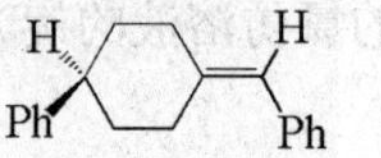

（8）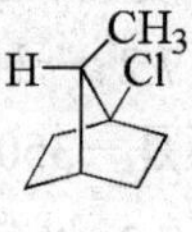

（9）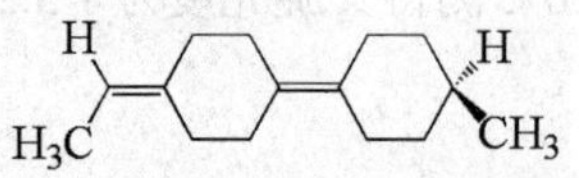

（10）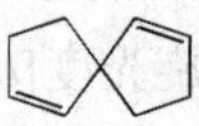

7.9 写出下列化合物所有的立体异构体并进行标记。

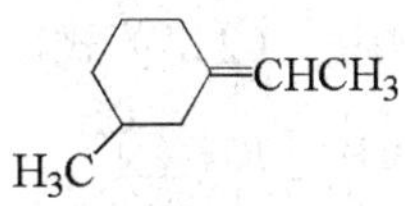

$$\text{H}_3\text{C}\!-\!\!\bigcirc\!\!=\text{CHCH}_3$$

7.10 写出下列化合物可能有的立体异构体：

（1） 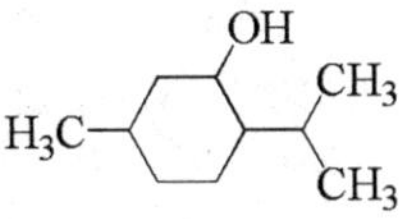 H₃C—环己烷—OH，CH(CH₃)₂ 取代

（2） H₃C—CH(OH)—CH(OH)—CH₃

（3） O₂N—C₆H₄—CH(OH)—CH(NHCOCHCl₂)—CH₂OH

（4） H₃C—CH₂—CH(OH)—CH(OH)—CH₃

（5） H₃C—CH(Cl)—CH(Cl)—CH(OH)—CH₃

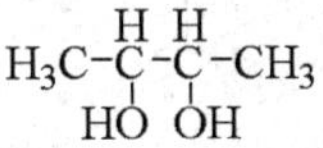

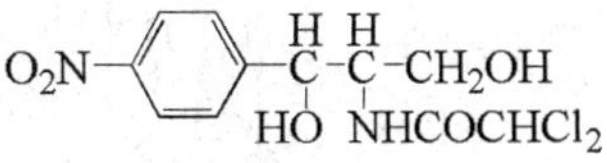

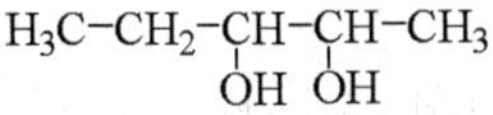

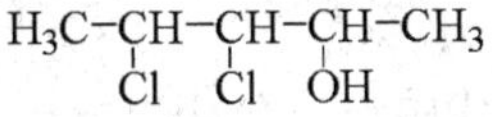

（6） CH₃(CH₂)₅CH(OH)CH₂CH=CH(CH₂)₇COOH

（7） 2,5-二氯-1,4-环己二酮

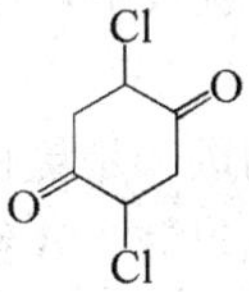

（8） 降冰片基-CHClCH₃

7.11 判断下列化合物是否有手性，如有，标明其 R、S 构型。

（1） 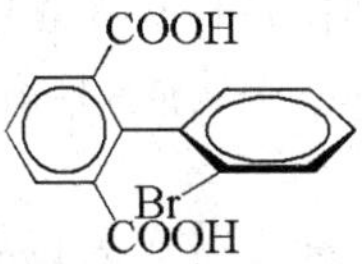 2,2'-二羧基-6-溴联苯

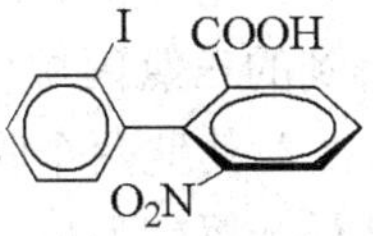

（2） 2-碘-2'-硝基-6-羧基联苯

（3） 2,2'-二甲酰胺-6-甲基联苯

（4） H₃C—环己基=CH—COOH

（5） (H₃C)₂C=C(Cl)(C(CH₃)₃)

（6） H₃C—CH=CH—CH(CH₃)—CH=CH—CH₃

（7） 3,5-二溴-4,4'-二羟基-4''-甲基-联三苯类

（8） CH₃CH₂CH₂—P(Ph)(CH₃)=O

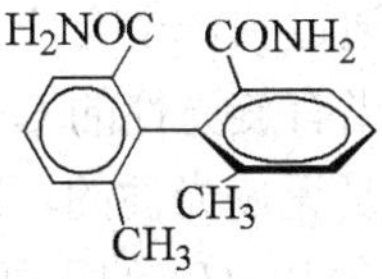

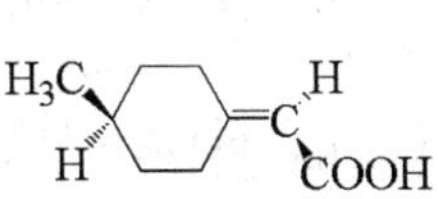

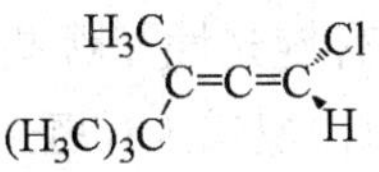

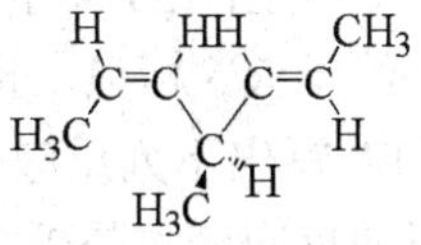

（9） Et(H)C=C(CH₃)₂

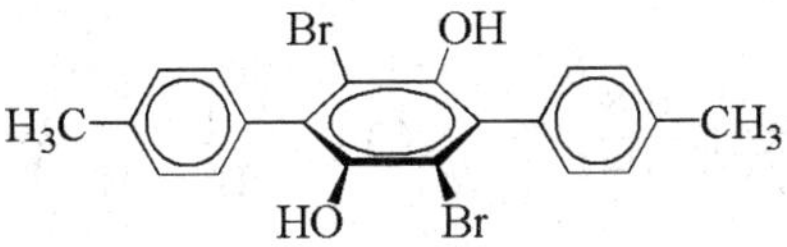

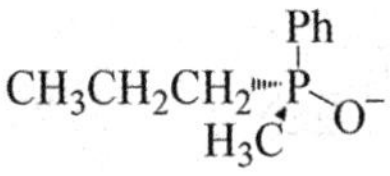

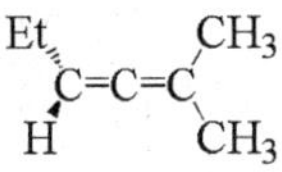

（10） 双环丁烷

（11） H₃C—环己基=环己基—CH₃

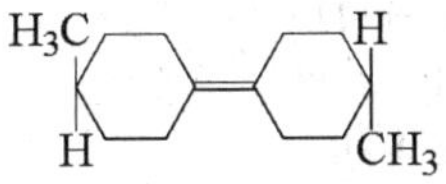

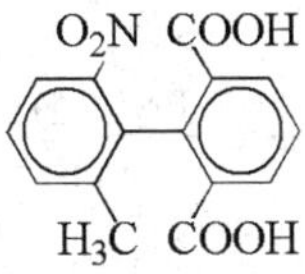

（12） 2-硝基-2'-甲基-6,6'-二羧基联苯

（13） 双环[2.2.1]庚-2-酮

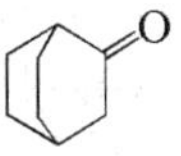

7.12 樟脑和薄荷醇分子中各有几个手性碳原子？各有几种光学异构体？

（1） 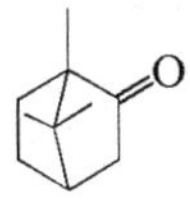 樟脑   （2） 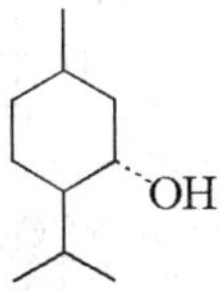 薄荷醇

7.13 （1）什么是构型转化？什么是构型保持？

（2）下列反应中构型有无变化？试为原料及产物指定 R/S。

① H₃C—*C(H)(OH)—COOH $\xrightarrow{\text{CH}_3\text{OH}, \text{HCl}}$ H₃C—*C(H)(OH)—COOCH₃

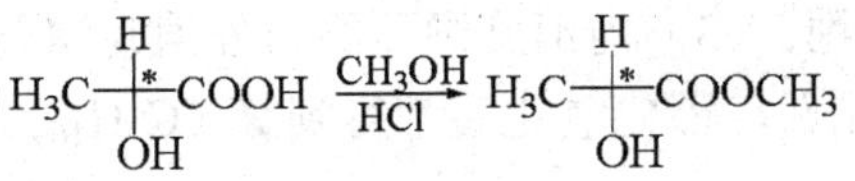

② CH₃CH₂—CH(Cl)(CH₃) $\xrightarrow{\text{Cl}_2, \text{光}}$ CH₃CH₂—CCl(CH₃)—CH₂Cl

③ CH₃CH₂—CH(Cl)(CH₃) $\xrightarrow{\text{KI, 丙酮}}$ CH₃CH₂—CH(I)(CH₃)

④ H₃C—CH(Cl)—COOCH₃ $\xrightarrow{\text{CN}^-}$ H₃C—CH(CN)—COOCH₃

⑤ H₃C—CH(OH)—(CH₂)₅CH₃ $\xrightarrow{\text{SOCl}_2/\text{二氧六环}}$ H₃C—CH(Cl)—(CH₂)₅CH₃

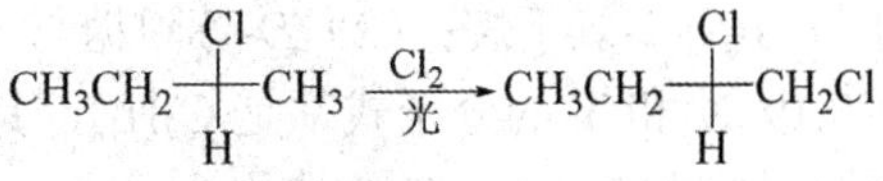

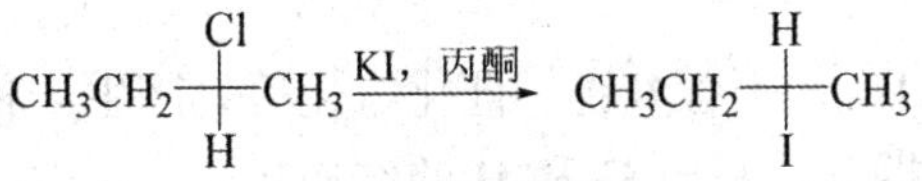

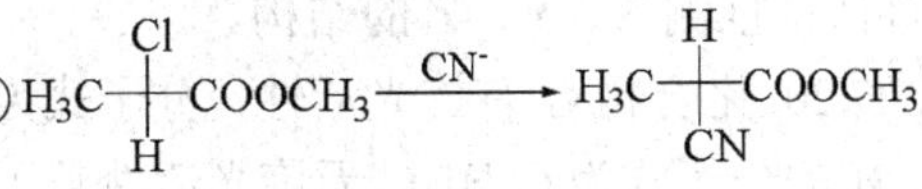

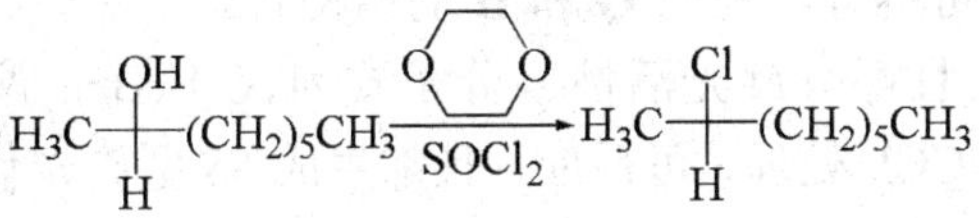

7.14 画出下列化合物的稳定构象。
(1) 赤式-1,2-二苯基-1,2-二氯丙烷　(2) 苏式-1,2-二苯基-1,2-二氯丙烷

(3) (CH₃)₂HC—[环己烷]—Cl,CH₃　(4) (CH₃)₂HC—[环己烷]—Cl,CH₃　(5) 1,3,5-环己三醇（全顺式）

(6) [十氢萘结构式]　(7) [十氢萘结构式]

7.15 (1) 在研究二氯代中，已分离出分子式为 $C_3H_6Cl_2$ 的四种产物（**A**、**B**、**C** 和 **D**），它们的结构是什么？

(2) 从各个二氯产物进一步氯代后所得到的三氯代产物（$C_3H_5Cl_3$）的数目已由气相色谱法确定，**A** 给出一个三氯产物，**B** 给出两个，**C** 和 **D** 各给出三个，**A**、**B**、**C** 和 **D** 的结构是什么？

(3) 通过另一个合成方法得到旋光性的化合物 **C**，那么 **C** 的结构是什么？**D** 的结构呢？

(4) 当有旋光性的 **C** 氯化时，所得到的三氯丙烷化合物中，有一个（**E**）是有旋光性的，而另两个是无旋光性的，**E** 的结构是什么？其他两个呢？

7.16 写出 (*R*)-仲丁基氯在 300℃ 进行一氯代反应可能得到的全部一氯代产物的立体化学式，并给予 *R*/*S* 标记，指出哪些产物有旋光性，哪些无旋光性。

7.17 写出下列反应产物或原料的构型式（开链化合物写出 Fischer 投影式），并指出每种情况下的反应产物是否有旋光性。

(1) [二甲基降冰片烯] $\xrightarrow{H_2/Ni}$　(2) $CH_3CH_2CH=CH_2 \xrightarrow{H_2SO_4}{H_2O}$　(3) [顺式-2-丁烯] $\xrightarrow{冷、稀}{KMnO_4}$

(4) $H_3CC≡CCH_3 \xrightarrow{?} ? \xrightarrow{Br_2}{CCl_4}$ [两个Fischer投影式] + [另一个]

(5) $H_3CC≡CCH_3 \xrightarrow{?} ? \xrightarrow{冷、稀}{KMnO_4}$ [两个Fischer投影式] + [另一个]

(6) [环己烯] + $Br_2 \longrightarrow$　(7) [1-甲基环己烯] + $RCO_3H \longrightarrow$

7.18 以下各组化合物，在熔点或沸点、旋光、溶解性方面表现相同还是不同？(1)(*R*)-2-氯丁烷与(*S*)-2-氯丁烷；(2)*D*-苏阿糖与 *D*-赤藓糖；(3) 内消旋酒石酸与外消旋酒石酸。

7.19 **X** 和 **Y** 的分子式都是 C_7H_{14}，具有旋光性，催化氢化后都得到 **Z**（C_7H_{16}）。**Z** 有旋光性，试推测 **X**、**Y**、**Z** 的结构。

7.20 化合物 **G** 有旋光活性，分子式为 C_6H_{10}，不含叁键。催化氢化后只产生一种化合物 **H**，**H** 的分子式为 C_6H_{14}，无旋光活性且不可拆分，写出 **G** 和 **H** 的结构式。

7.21 两种开链卤代烃互为几何异构，且都有旋光活性。分子式为 C_5H_9Br，两者均与 $AgNO_3/C_2H_5OH$ 反应立即生成沉淀，用 Br_2/CCl_4 处理，可反应，且都生成 *SS* 型旋光化合物和

一内消旋体。写出这两种卤代烃的构型式 **A**、**B**，并用反应式表示立体化学过程。

7.22 一种旋光性的化合物 **A**（假定它是右旋的）具有分子式 $C_7H_{11}Br$。在过氧化合物存在下，**A** 跟 HBr 反应产生异构体 **B** 和 **C**，它们的分子式为 $C_7H_{12}Br_2$，**B** 是旋光活性的，**C** 没有旋光性。用 1 mol 氢氧化钾的乙醇溶液处理 **B**，产生 (+)-**A**，用相同方法处理 **C**，产生 (±)-**A**，用氢氧化钾的乙醇溶液处理 **A** 产生 **D**（C_7H_{10}）。1 mol **D** 进行臭氧化水解得到 2 mol 甲醛和 1 mol 1,3-环戊二酮。写出 **A**、**B**、**C**、**D** 的立体化学式，用反应式表示全部过程。

7.23 用 4 个或少于 4 个碳的有机物为原料，再用其他必要的无机试剂，合成下列化合物：（1）内消旋-3,4-二溴己烷；（2）外消旋 2,3-庚二醇。

7.24 化合物 **A**（$C_8H_{17}Cl$）无旋光性。**A** 用 NaOH/EtOH 处理得到化合物 **B**（C_8H_{16}）；**B** 在过氧化物存在下与 HBr 反应得到 **C**，**C** 可拆分为 4 种有旋光活性的化合物。**B** 经臭氧化－还原水解得到丙醛和 1 分子酮 **D**。写出 **A**、**B**、**D** 的构造式和 **C** 的 4 种 Fischer 投影式。

7.25 写出下列反应的历程，并用构型式表示下列反应的产物。所得产物有无光学活性简单解释。

（1）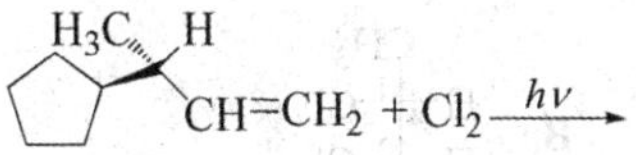
H3C
H
CH=CH2 + Cl2
hν
（2）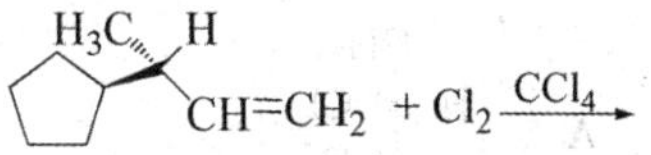
H3C
H
CH=CH2 + Cl2
CCl4

六、习题参考答案

7.1（1）构型：表示某一种特定立体异构体特征的原子的排列叫做它的构型。例如：

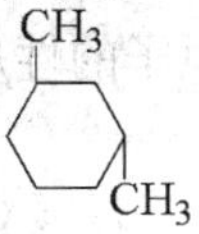
CH3
CH3
反-1,3-二甲基环己烷

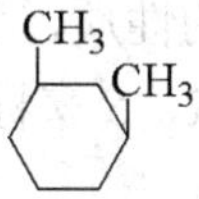
CH3
CH3
顺-1,3-二甲基环己烷

二者为两种不同构型式，是两种物质，不能互相转化。

构象：由于围绕单键旋转而产生的分子中的原子或原子团在空间的不同的排列方式。两种构象可互相转换，例如：

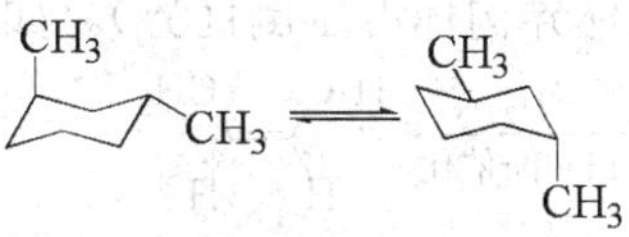
CH3
CH3
CH3
CH3
反-1,3-二甲基环己烷

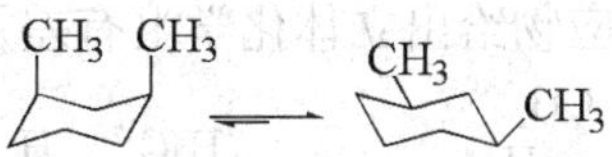
CH3 CH3
CH3
CH3
顺-1,3-二甲基环己烷

（2）对映体：互为镜像而又不能互相重叠的立体异构。

立体异构：由分子中原子在空间的排列方式不同引起的异构。如：

A 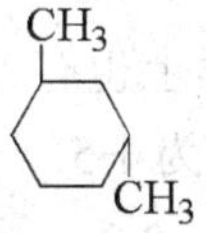
CH3
CH3
B 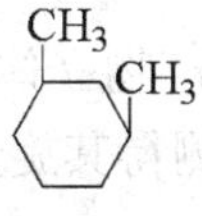
CH3
CH3

化合物 **A**、**B** 之间是立体异构（顺、反）。

$\mathbf{A_1}$ 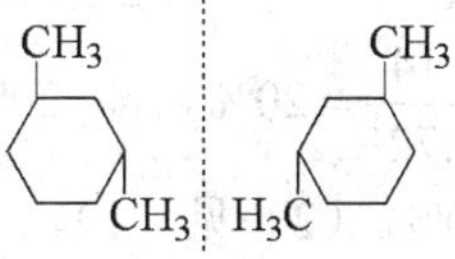 $\mathbf{A_2}$
CH3
CH3
CH3
H3C

化合物 $\mathbf{A_1}$、$\mathbf{A_2}$ 之间是对映异构体。

立体异构包括范围大，对映异构属于立体异构的一个部分。

（3）旋光度：由旋光仪在一定条件下观察得到的旋光指数。

比旋光度：当管内待测物质的浓度（或密度）为 1 g/mL（或 1 g/cm³）时，用一根 1 dm 长的旋光管所观察到的旋光度数。

旋光度与测定时溶液的浓度及管的长度有关，比旋光度除掉了这些因素的影响，是旋光性物质的物理常数。

旋光纯度：对单一的对映体组成的纯度的一种量度。

$$\text{旋光纯度} = \frac{\text{样品的比旋光度}}{\text{纯对映体的比旋光度}} \times 100\%$$

如外消旋体旋光纯度为零。又如，一个对映体含量 75%，另一个 25%，其旋光纯度为 50%。

（4）手性：指实物和镜像不能重叠的性质。

手性中心：指不对称的原子。如带有 4 个不同取代基的碳原子，带有 3 个不同取代基的磷原子等。例如：

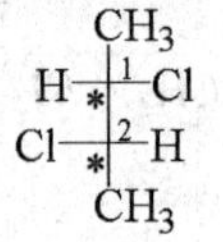

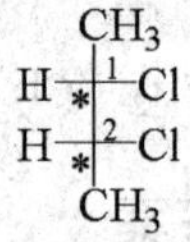

化合物 **A** 中 C_1、C_2 为手性中心，整个分子与镜影不重合，具有手性。化合物 **B** 中 C_1、C_2 为手性中心，但整个分子有对称面，不具有手性。

手性是指整个物质的性质，手性中心是指其中某一原子的性质，二者无必然的联系。

（5）绝对构型：用 R、S 来标记手性碳原子的构型。

相对构型：用 D、L 来标记化合物的构型。它是人为规定 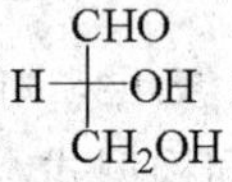 羟基在右侧的甘油醛为 D 构型，与之对应及由它衍生出来的化合物都以此为基础确定构型。

（6）立体选择反应：一个反应不管反应物的立体化学如何，生成的产物只有一种立体异构（或有两种立体异构体，但其中一种立体异构体占压倒优势）。如：

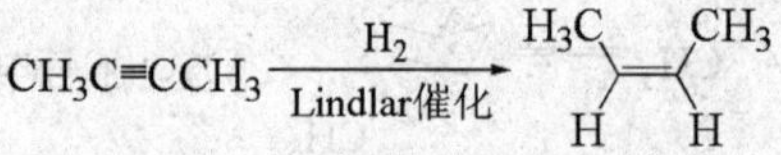

立体专一反应：从立体上有差别的反应物给出立体化学上有差别的产物的反应。如：

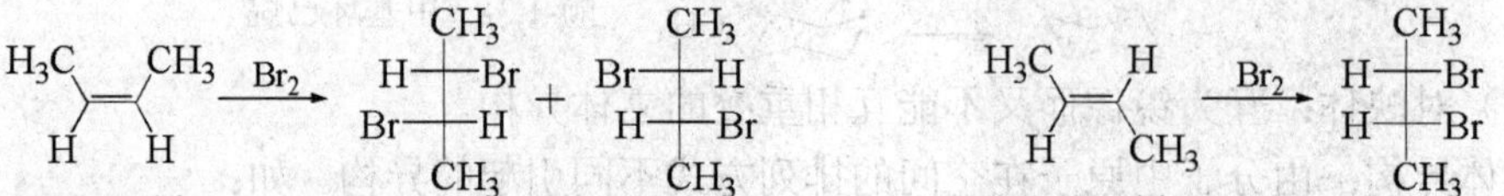

反应物立体化学上有差别，产物立体化学上也有差别。

7.2 将溶液稀释 1 倍，如果测得其旋光度为 +5°，则证明原来溶液的旋光度为 +10°。

7.3 据 $[\alpha]_D^{20} = \frac{\alpha_D^{20}}{1 \times c}$ $52.5 = \frac{3.2}{1 \times c}$，所以 $c = \frac{3.2}{52.5} = 0.06$ (g/mL)

7.4（1）商品的旋光纯度为 $\frac{10.14°}{50.72°} = 20\%$，即 20% 为左旋体，80% 为外消旋体。故混合物中左旋体含量为：20% + 40% = 60%。（2）见（1）。

7.5 对映体：*SRRS*；差向异构体：*SSSR*；非对映体：*SSSR*、*RRSS*

7.6（1）对映体；（2）非对映体；（3）几何异构体；（4）几何异构体；（5）对映体；（6）同一化合物；（7）构造异构体；（8）非对映体；（9）同一化合物；（10）对映体；（11）对映体；（12）几何异构（顺、反）体。

7.7（1）

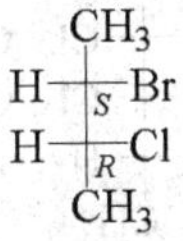

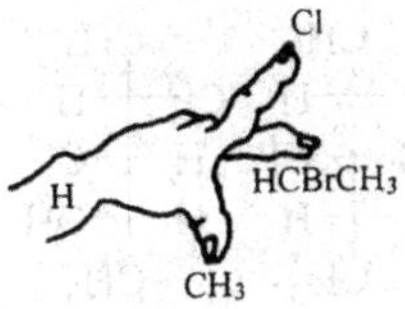

(2R,3S)-2-氯-3-溴丁烷

方法：伸出左手，把手臂作为氢（最小基团），竖起食指表示 Cl，大拇指表示 CH_3，中指表示 $HCBrCH_3$，按 Cl→$HCBrCH_3$→CH_3 方向旋转，顺时针为 R。

(2)

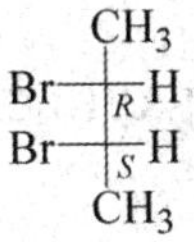

(1R,2S)-1,2-二氯-1,2-二溴乙烷，内消旋
（用右手代替左手可得出结果）

(3)

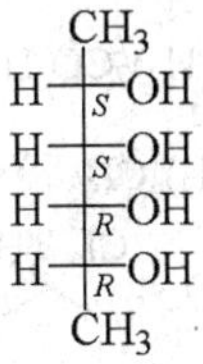

(2S,3S,4R,5R)-2,3,4,5-己四醇，内消旋

(4)

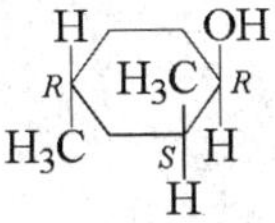

(1R,2S,4R)-2-甲基-4-乙基环己醇，光学活性

(5)

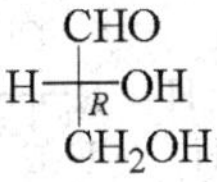

(R)-2,3-二羟基丙醛，光学活性

(6)

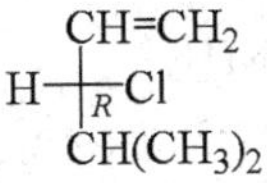

(R)-3-氯-4-甲基-1-戊烯，光学活性

7.8（1）、（2）、（3）、（4）、（5）无；（6）、（7）、（8）、（9）、（10）有

7.9

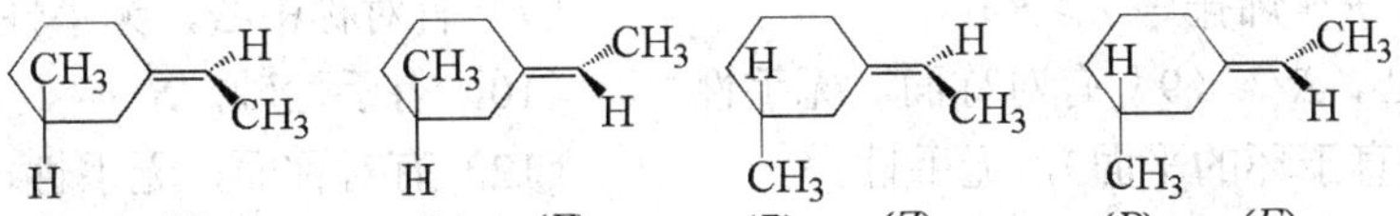

(S)(Z)　　(S)(E)　　(R)(Z)　　(R)(E)

7.10（1）

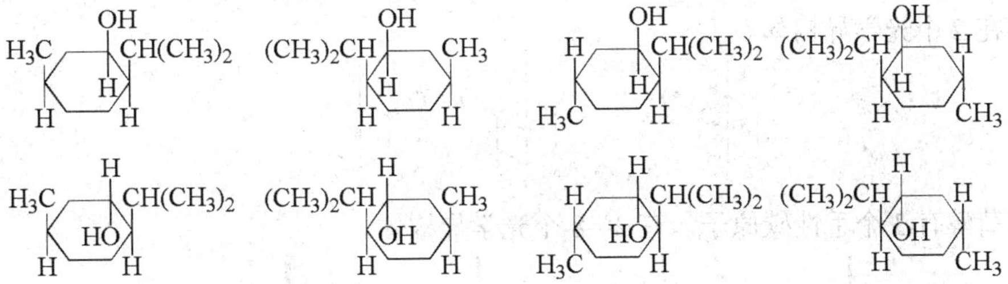

(2)

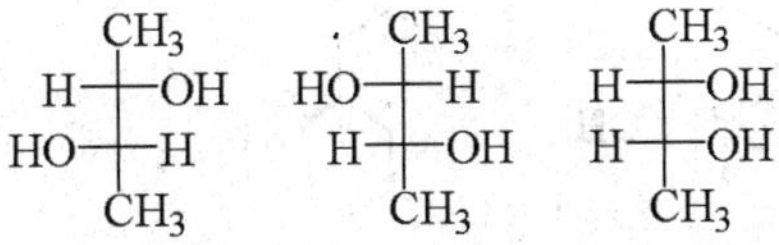

(3)

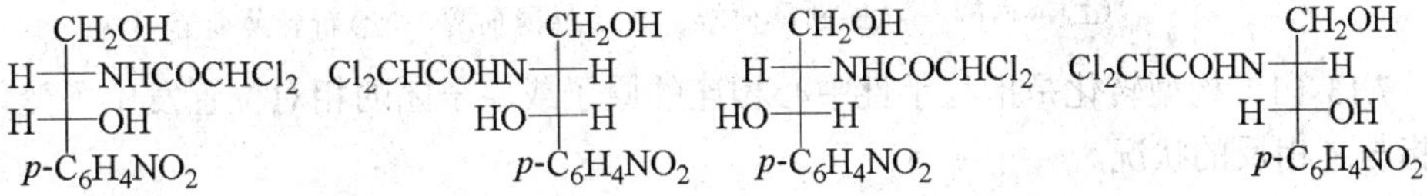

(4) 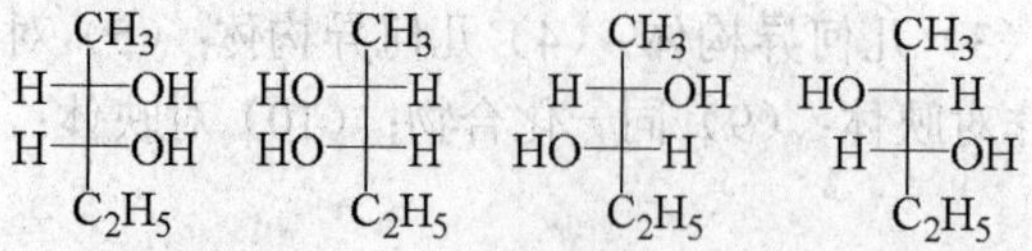 [Fischer projections of four stereoisomers with CH₃/C₂H₅ and OH/H]

(5) 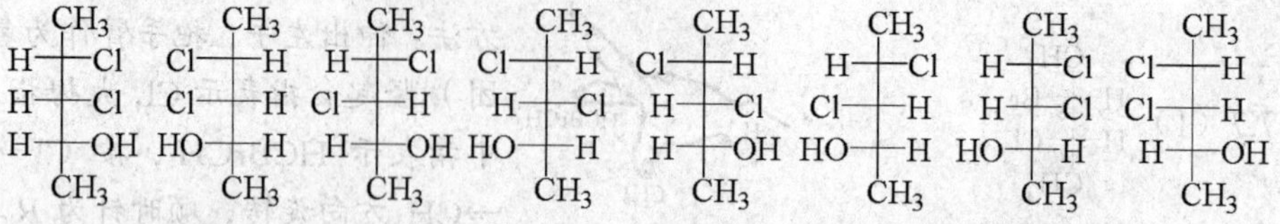 [Fischer projections of six stereoisomers with CH₃/Cl/OH]

(6) 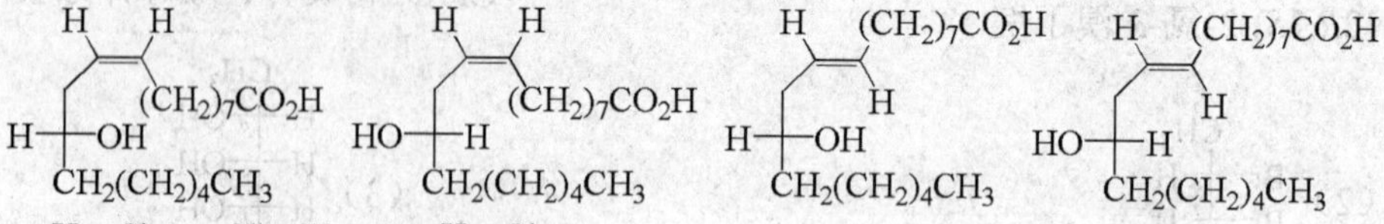 [Four stereoisomers with (CH₂)₇CO₂H, OH, and CH₂(CH₂)₄CH₃]

(7) 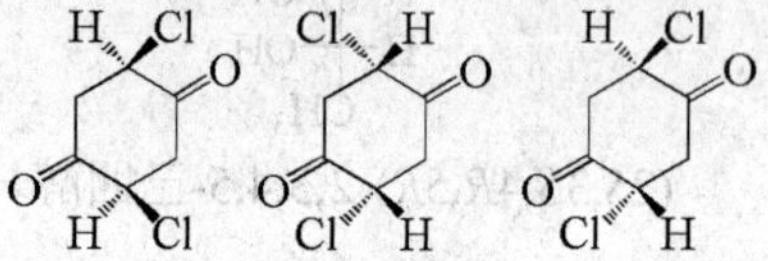 [Three stereoisomers of dichlorocyclohexanedione]

(8) 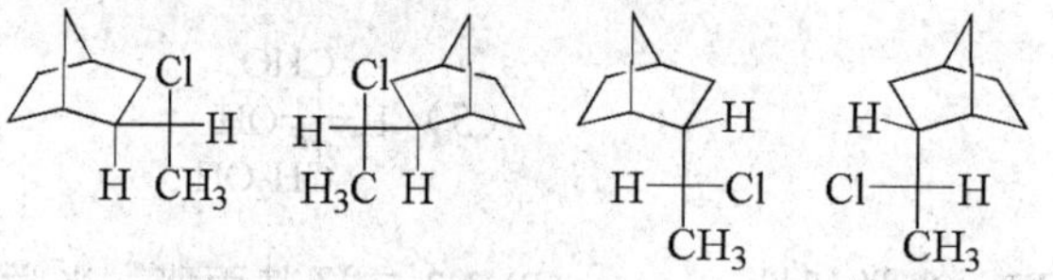 [Four stereoisomers of chloromethylnorbornane]

7.11 （1）有对称面，无手性

（2）有手性轴，S $O_2N\overset{H}{\underset{}{\diagdown}}CO_2H$ （3）有手性轴，R $H_2NOC\overset{CONH_2}{\underset{CH_3}{\diagdown}}CH_3$

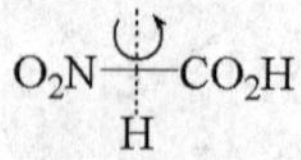

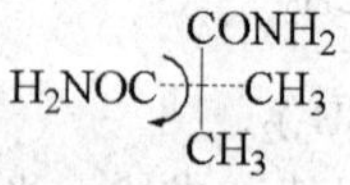

（4）既无对称面，又无对称中心，S $H\overset{CH_3}{\underset{}{\diagdown}}COOH$ （5）有手性轴，S

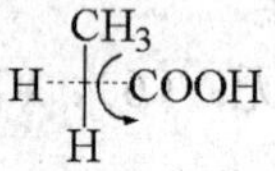

（6）有一个手性碳，R（烯排序 $Z>E$）   （7）有对称中心，无手性

（8）有一个手性中心，R （9）有对称面，无手性   （10）有手性轴，S

（11）有对称面（垂直于环的平面），无手性   （12）有对称面，无手性

（13）有对称面，无手性

7.12 （1）樟脑有 2 个手性碳原子，应具有 $2^2=4$ 个光学异构体，但由于环小，不能反式相连，只存在 2 个光学异构体。

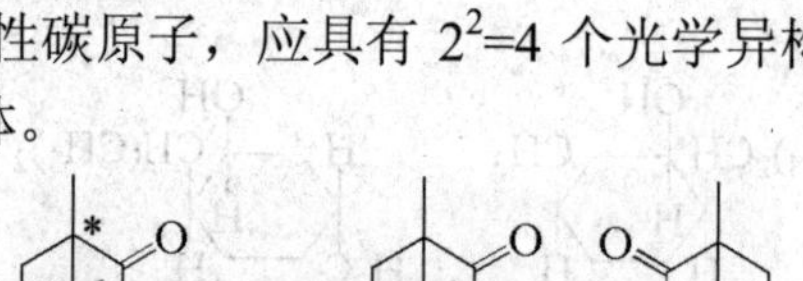

[Three camphor structures with chiral centers marked]

（2）薄荷醇有 3 个手性碳原子，有 $2^3=8$ 个光学异构体。

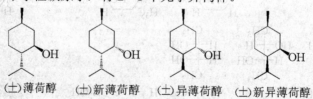

（±）薄荷醇　（±）新薄荷醇　（±）异薄荷醇　（±）新异薄荷醇

7.13 （1）构型转化是指与手性中心相连的原子或原子团的相对位置发生了变化。构型保持指与之相反的状况。

（2）①连接于手性碳原子的键未发生断裂，因此构型不变。产物构型为 S。

② 与①类似，构型保持不变。由于基团的优先性次序发生了变化，产物属 R。因此，从 S 变到 R（或从 R 变到 S），并不一定需要有构型的转化。

③ I⁻置换 Cl⁻的过程中，与手性碳相连的键发生构型 S$_N$2 的转化的断裂。构型为 R。

④ 发生转化。尽管发生了构型转化，产物和反应物均属 R。

⑤ Cl⁻取代 OH⁻的过程中，尽管与手性碳相连的一个键发生了断裂，但取代基团的相对位置未发生变化，因此，此反应构型保持。产物与反应物均属 R。

7.14

(1)〔结构式〕 (2)〔结构式〕 (3) $(CH_3)_2CH$—〔环己基-Cl,CH_3〕

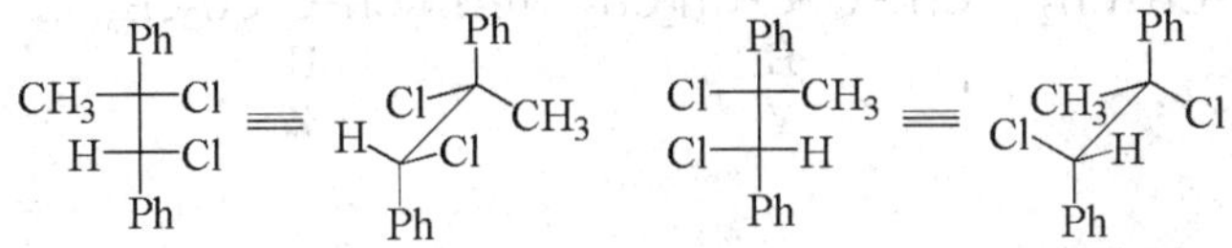

(4) $(CH_3)_2CH$—〔环己基-Cl,CH_3〕 (5)〔环己二醇〕 (6)〔十氢萘〕 (7)〔十氢萘〕

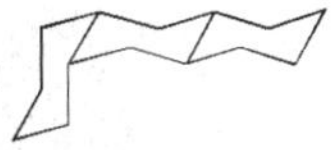

7.15 (1) $CH_3CCl_2CH_3$；$CH_2ClCH_2CH_2Cl$；$CH_3CHClCH_2Cl$；$CH_3CH_2CHCl_2$

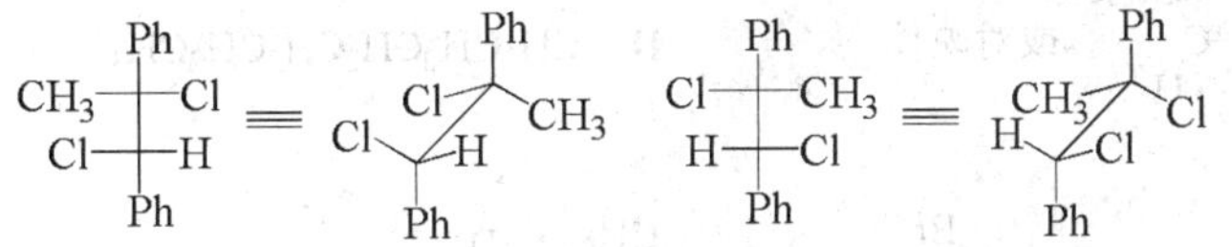

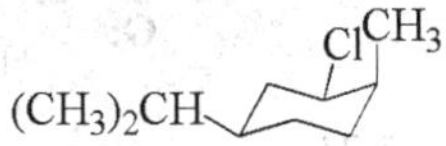

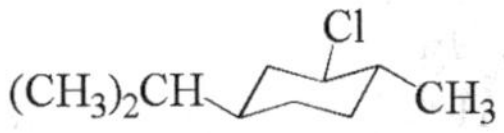

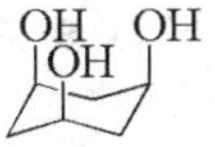

(2) **A**：$CH_3CCl_2CH_3$；**B**：$CH_2ClCH_2CH_2Cl$；**C**、**D**：$CH_3CHClCH_2Cl$；$CH_3CH_2CHCl_2$

(3) **C**：$CH_3CHClCH_2Cl$；**D**：$CH_3CH_2CHCl_2$

(4) **E**：$CH_3CHClCHCl_2$；其余两个：$CH_3CCl_2CHCl_2$；$CH_2ClCHClCH_2Cl$

7.16

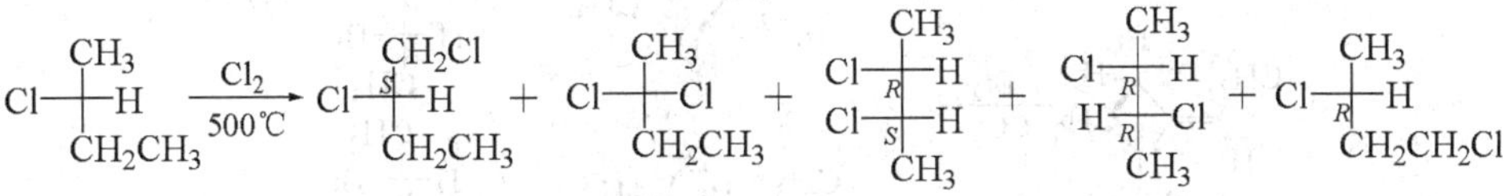

$$Cl\text{-}\underset{CH_2CH_3}{\overset{CH_3}{\underset{|}{\overset{|}{C}}}}\text{-}H \xrightarrow[500℃]{Cl_2} \text{产物}$$

（有旋光性）（无旋光性）（无旋光性）（有旋光性）（有旋光性）
　　　　　　　　　　内消旋

7.17

(1)〔双环结构 H, CH_3〕 氢从位阻较小的一面加上，无旋光性

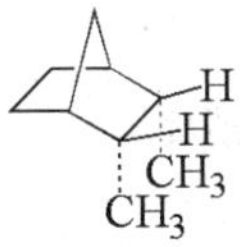

(2)〔结构式〕 无旋光性外消旋

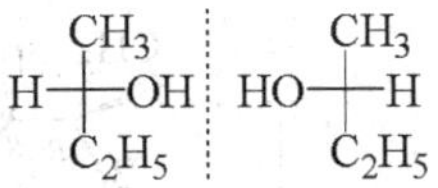

(3)〔结构式〕 内消旋

(4)  $\xrightarrow[\text{Lindlar催化剂}]{H_2}$ 〔顺式烯烃〕（无）

(5) $\xrightarrow[NH_3(l)]{Na}$ 〔反式烯烃〕（无）

(6) 〔Br环己烷〕 + 〔Br环己烷〕 外消旋

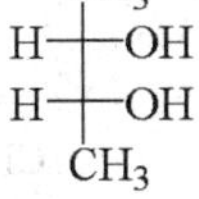

(7) 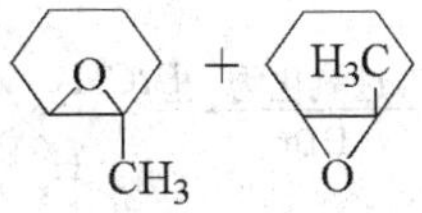 〔环氧化合物〕 + 〔环氧化合物〕

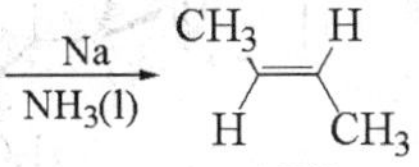

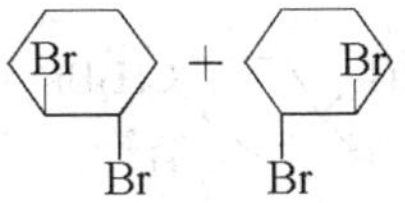

7.18

编号	熔点或沸点	旋光	溶解度
(1)	同	大小相同，方向相反	同
(2)	不同	不同	不同
(3)	不同	同（都为零）	不同

7.19

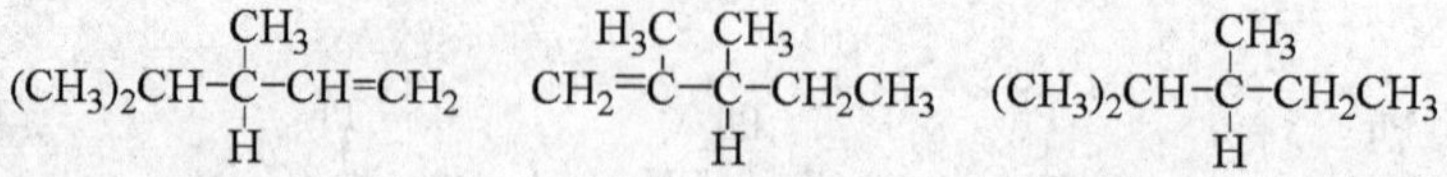

$(CH_3)_2CH-\underset{\underset{CH_3}{|}}{C}-CH=CH_2$ **X**

$CH_2=\underset{\underset{CH_3}{|}}{C}-\underset{\underset{H}{|}}{\overset{\overset{H_3C}{|}}{C}}-CH_2CH_3$ **Y**

$(CH_3)_2CH-\underset{\underset{CH_3}{|}}{C}-CH_2CH_3$ **Z**

7.20

G: (CH₃)(H)C=C=C(H)(C₂H₅) 或对映体   H: CH₃CH₂CH₂CH₂CH₂CH₃

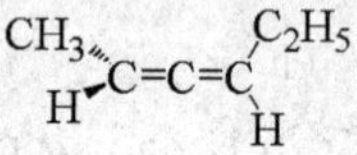

7.21

A: (Z)-alkene with CHBrCH₃ stereocenter   B: (Z)-alkene with CHBrCH₃ stereocenter

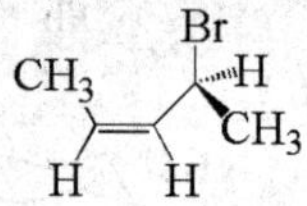

A + AgNO₃/C₂H₅OH → allylic ONO₂ product + AgBr↓   B与AgNO₃反应与A类似

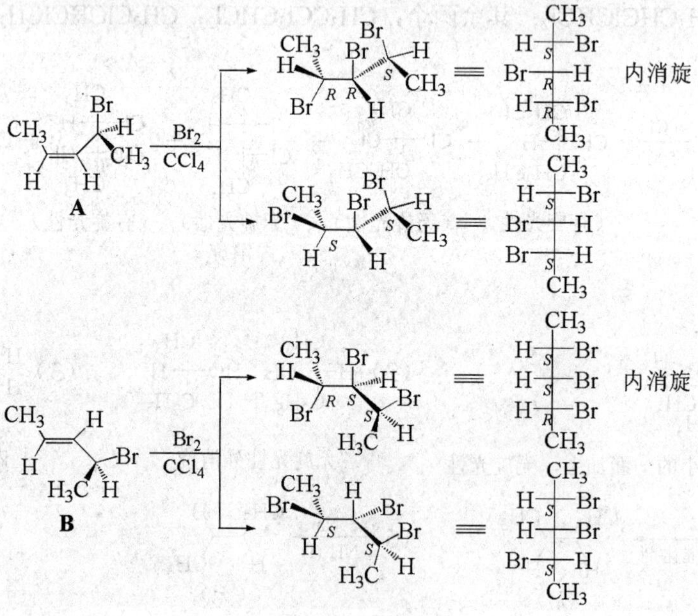

A + Br₂/CCl₄ → 两个非对映体（内消旋 及 S,S/R,R 对）

B + Br₂/CCl₄ → 两个非对映体（内消旋 及 S,S 对）

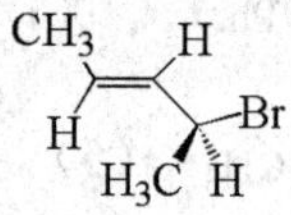

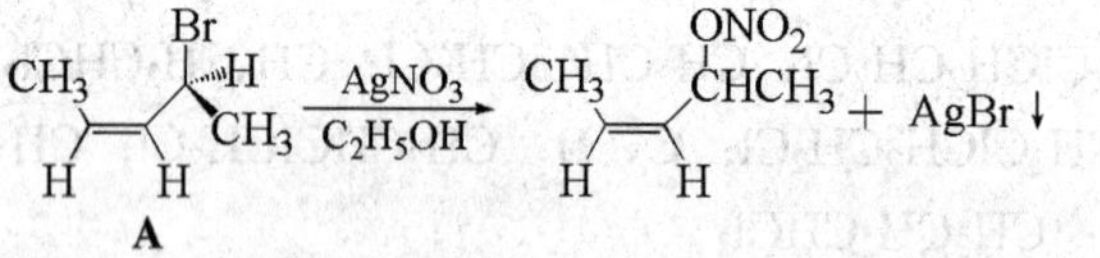

7.22

(+)-A (BrCH₂-cyclopentane with =CH₂) + HBr/过氧化物 → B (二取代) + C (二取代)

B + KOH (1 mol) → (+)-A ≡ (+)-A

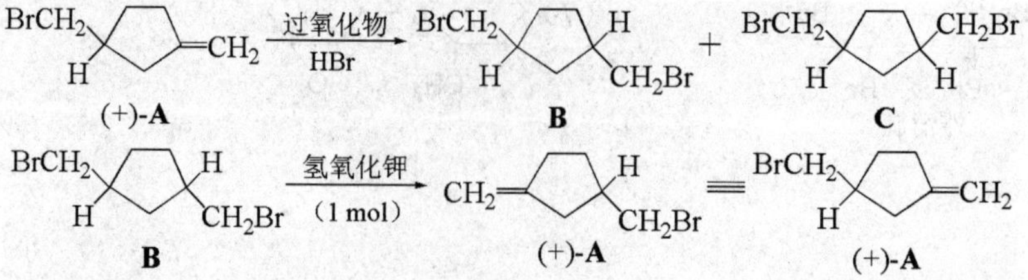

7.23

(1) $HC\equiv CH \xrightarrow{NaNH_2} NaC\equiv CNa \xrightarrow{2C_2H_5Br} C_2H_5C\equiv CC_2H_5 \xrightarrow[NH_3(l)]{Na}$ (cis-alkene with C_2H_5, H / H, C_2H_5) $\xrightarrow{Br_2}$

$$\begin{array}{c} C_2H_5 \\ H{-}{-}Br \\ H{-}{-}Br \\ C_2H_5 \end{array}$$
内消旋

(2) $HC\equiv CH \xrightarrow{NaNH_2} NaC\equiv CH \xrightarrow{CH_3I} CH_3C\equiv CH \xrightarrow{NaNH_2} \xrightarrow{n\text{-}C_4H_9Br} CH_3C\equiv CC_4H_9\text{-}n$

$\xrightarrow[NH_3(l)]{Na}$ (cis-alkene CH_3, H / H, C_4H_9-n) $\xrightarrow[KMnO_4]{冷稀}$
$$\begin{array}{c} CH_3 \\ HO{-}{-}H \\ {-}{-}OH \\ C_4H_9\text{-}n \end{array}$$ + 对映体

7.24

A: $CH_3CH_2CH_2\underset{\underset{CH_3}{|}}{\overset{\overset{Cl}{|}}{C}}CH_2CH_2CH_3$ **B:** $CH_3CH_2CH=\underset{\underset{CH_2CH_2CH_3}{|}}{\overset{\overset{CH_3}{|}}{C}}$

C:
$$\begin{array}{cccc} C_2H_5 & C_2H_5 & C_2H_5 & C_2H_5 \\ Br{-}{-}H & H{-}{-}Br & H{-}{-}Br & Br{-}{-}H \\ H{-}{-}CH_3 & H_3C{-}{-}H & H{-}{-}CH_3 & H_3C{-}{-}H \\ CH_2CH_2CH_3 & CH_2CH_2CH_3 & CH_2CH_2CH_3 & CH_2CH_2CH_3 \end{array}$$

D: $CH_3CH_2CH=O$ $O=\underset{\underset{CH_2CH_2CH_3}{|}}{\overset{\overset{CH_3}{|}}{C}}$

7.25

(1) (cyclopentyl)—CH(CH$_3$)—CH=CH$_2$ + Cl$_2$ $\xrightarrow{-HCl}$ (cyclopentyl)—C·(CH$_3$)—CH=CH$_2$ 平面结构 $\longrightarrow$
两种产物 外消旋体

(2) (cyclopentyl)—CH(CH$_3$)—CH=CH$_2$ + Cl$_2$ $\longrightarrow$ 氯鎓离子中间体 $\xrightarrow{Cl^-}$ 两种产物

第八章 卤代烃

一、复习要点

1. 卤代烃的分类：伯、仲、叔卤代烃，乙烯型（苯型）卤代烃，烯丙型（苄型卤代烃）。
2. 卤代烃的物理性质：卤代烃均不溶于水，但溶于一般有机溶剂。除一氟代烃、一氯代烃比水轻，其他都比水重；常用于溶剂卤代烃的沸点：二氯甲烷 40℃、三氯甲烷 61℃、四氯化碳 77℃。
3. 化学性质。

(1) 亲核取代

$$R\text{-}X + :Nu^- \longrightarrow R\text{-}Nu + X^-$$
反应底物　亲核试剂　取代产物　离去基团

亲核试剂	取代产物	产物种类
$Na^+ \,^-OH$	$R-OH$	醇
$Na^+ \,^-SH$	$R-SH$	硫醇
$Na^+ \,^-OR'$	$R-OR'$	醚
$Na^+ \,^-SR'$	$R-SR'$	硫醚
$Na^+ \,^-CN$	$R-CN$	腈
$Na^+ \,^-OOCR'$	$R-OOCR'$	酯
NH_3	$R-NH_2$	胺
$Na^+ \,^-C\equiv CR'$	$R-C\equiv CR'$	炔
$Na^+ \,^-ONO_2$	$R-ONO_2$（$AgX\downarrow$）	硝酸酯
$Na^+ \,^-I$（丙酮）	$R-I$	碘代烃

（与卤素相连的碳原子称为中心碳原子。）

(2) 消除

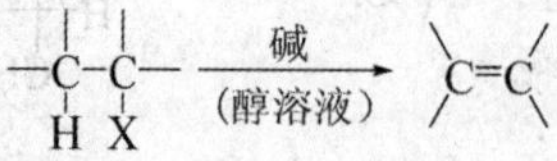

$$\underset{H\quad X}{-\overset{|}{C}-\overset{|}{C}-} \xrightarrow[\text{(醇溶液)}]{\text{碱}} \underset{}{C=C} \quad \beta\text{-消除}$$

$$HCCl_3 \xrightarrow{\text{碱}} [\,^-CCl_3] \longrightarrow :CCl_2\text{（二氯卡宾）} \quad \alpha\text{-消除}$$

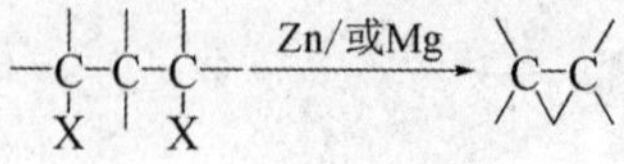

$$\underset{X\quad\quad X}{-\overset{|}{C}-\overset{|}{C}-\overset{|}{C}-} \xrightarrow{Zn/\text{或}Mg} \underset{}{\overset{|}{C}\underset{}{\underset{}{-}}\overset{|}{C}} \quad \gamma\text{-消除}$$

(3) 与活泼金属反应

$$RX \begin{cases} \xrightarrow[\text{无水乙醚}]{\text{Mg}} RMgX \\ \xrightarrow{\text{Li}} RLi \\ \xrightarrow{\text{Na}} R\text{-}R \text{（Wurtz反应）} \end{cases}$$

（4）与二烷基铜锂偶联（Corey-House 反应）

$$RX + R'_2CuLi \longrightarrow R\text{-}R'$$

（5）还原

$$RX \xrightarrow{LiAlH_4} RH$$

$$RX \xrightarrow{Zn/HCl} RH$$

$$RX \xrightarrow[\text{干醚}]{Mg} RMgX \xrightarrow{H_2O} RH$$

$$RX \xrightarrow{H_2/Pd} RH$$

（6）邻基参与反应

基团在适当位置进行分子内的 S_N2 反应。因此构型往往有变化，同时速度特别快。

（7）苯环上的亲核取代反应

4．制法。

（1）烃的卤代

$$H_2C\text{=}CHCH_3 \xrightarrow[500℃]{Cl_2} H_2C\text{=}CHCH_2Cl$$

$$C_6H_5CH_3 \xrightarrow{Cl_2}_{h\nu} C_6H_5CH_2Cl$$

$$PhH \xrightarrow{Cl_2, Fe} PhCl$$

$$(CH_3)_3CCH_3 \xrightarrow{Cl_2, h\nu} (CH_3)_3CCH_2Cl$$

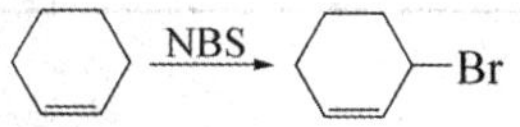

环己烯 $\xrightarrow{NBS}$ 溴代环己烯

（2）从醇制备

$$ROH + HX \longrightarrow RX$$

$$ROH + NaX + H_2SO_4 \xrightarrow{\triangle} RX$$

$$ROH + PX_3 \longrightarrow RX$$

$$ROH + SOCl_2 \longrightarrow RCl + SO_2\uparrow + HCl\uparrow$$

（3）不饱和烃与 HX 或 X_2 的加成

$$RCH\text{=}CH_2 \xrightarrow{HX} RCHXCH_3$$

$$RCH\text{=}CH_2 \xrightarrow[ROOR]{HBr} RCH_2CH_2Br$$

$$RCH\text{=}CH_2 \xrightarrow{X_2} RCHXCH_2X$$

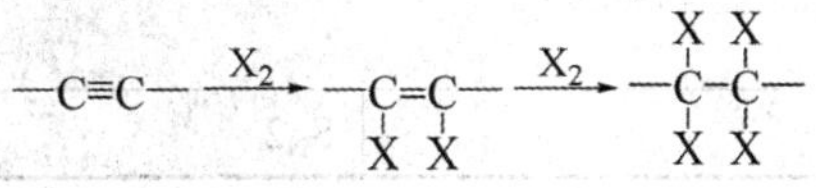

$$\text{-}C\text{≡}C\text{-} \xrightarrow{X_2} \underset{X\ X}{\text{-}C\text{=}C\text{-}} \xrightarrow{X_2} \underset{X\ X}{\overset{X\ X}{\text{-}C\text{-}C\text{-}}}$$

（4）卤化物的互换

$$RCl + NaI \xrightarrow{丙酮} RI + NaCl$$

（5）氯甲基化

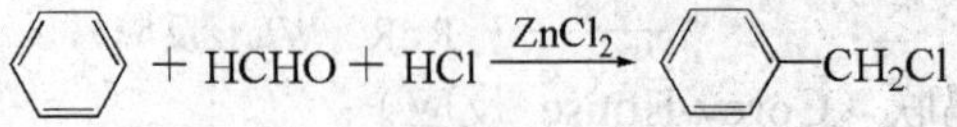

$$\text{C}_6\text{H}_6 + HCHO + HCl \xrightarrow{ZnCl_2} \text{C}_6\text{H}_5-CH_2Cl$$

5．反应历程。

S_N1、S_N2 亲核取代反应的比较

比较内容	S_N1	S_N2
反应历程	$R-X \xrightleftharpoons{慢} R^+ + X^-$ $R^+ + Nu^- \xrightarrow{快} RNu$　两步反应	$Nu^- + R-X \longrightarrow [Nu\cdots C\cdots X]^{\delta-\,\delta-}$ $\longrightarrow R-Nu + X^-$　一步反应
动力学	$v = k[RX]$ 一级反应（单分子）	$v = k[RX][Nu^-]$ 二级反应（双分子）
反应中的能量变化	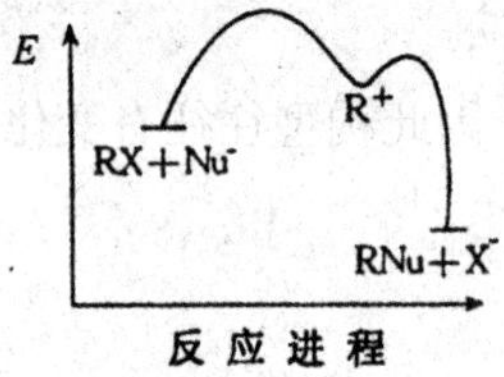 （能量曲线图：两个过渡态，中间体 R^+，始态 $RX+Nu^-$，终态 $RNu+X^-$）	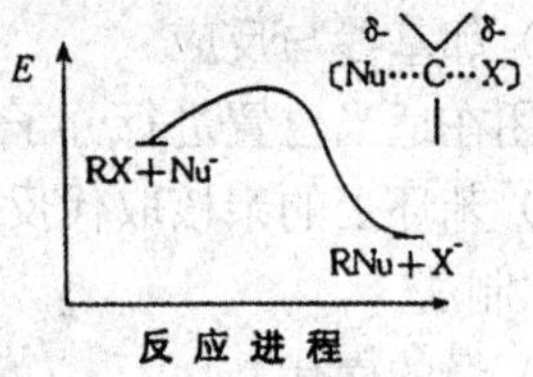 （能量曲线图：一个过渡态 $(Nu\cdots C\cdots X)$，始态 $RX+Nu^-$，终态 $RNu+X^-$）
立体化学	外消旋化	构型转化
R-X 的活性	R^+的稳定性起主导作用 3°>2°>1°>CH_3>>乙烯型	反应中心碳上的立体因素起主导作用 CH_3>1°>2°>3°>>乙烯型
	烯丙基、苄基卤在两类反应中都有很高的活性	
选择机理倾向	R_3CX　R_2CHX　RCH_2X　CH_3X S_N1　　S_N1, S_N2　S_N2　　S_N2	
副反应	重排、消除	消除

E1、E2 消除反应的比较

比较内容	E1	E2
反应历程	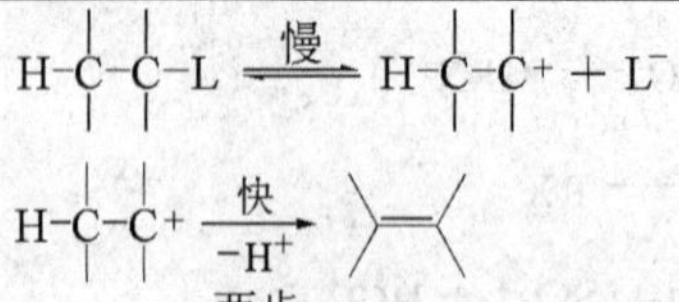 $H-C-C-L \xrightleftharpoons{慢} H-C-C^+ + L^-$ $H-C-C^+ \xrightarrow[-H^+]{快} $ C=C 两步	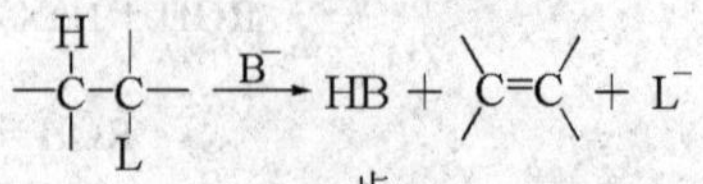 $\underset{L}{\overset{H}{-C-C-}} \xrightarrow{B^-} HB + \,\text{C=C} + L^-$ 一步
动力学	$v = k[H-C-C-L]$ 一级反应（单分子）	$v = k[H-C-C-L][Nu^-]$ 二级反应（双分子）
立体化学	非立体专一性的	一般情况为反式消除
RX 的活性	叔卤>仲卤>伯卤	
竞争反应	S_N1 及重排	S_N2

6. 取代和消除反应的竞争。

取代和消除是一对竞争的反应，亲核试剂（具有碱性）进攻中心碳原子，得取代产物；进攻β-H 生成消除产物：

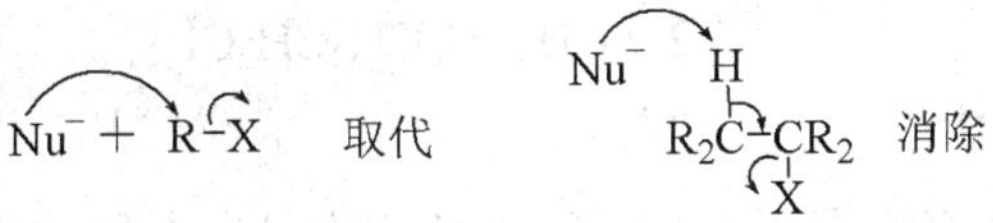

$$Nu^- + R-X \xrightarrow{} 取代 \qquad R_2C-CR_2 \xrightarrow{Nu^- \; H} 消除$$
$$\qquad\qquad\qquad\qquad\qquad\qquad\; X$$

反应是取代还是消除，主要与卤代烃的结构有关（内因）。

叔卤中心碳原子位阻大，不利于试剂进攻，主要给出消除产物。例如叔卤代烷，无论是与 NaOH 还是与碱性较弱的 NaCN 或 Na_2CO_3 水溶液等反应，主要是消除产物。反应常按单分子历程（S_N1、E1）进行：

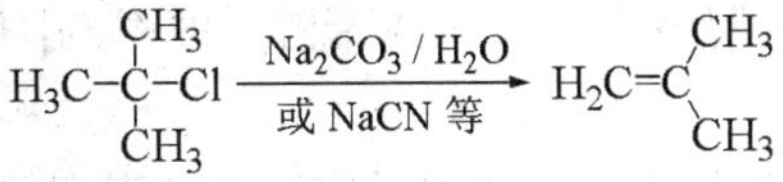

$$H_3C-\underset{CH_3}{\overset{CH_3}{C}}-Cl \xrightarrow[\text{或 NaCN 等}]{Na_2CO_3/H_2O} H_2C=\underset{CH_3}{\overset{CH_3}{C}}$$

只有在纯水或乙醇中发生溶剂解，才以取代为主。

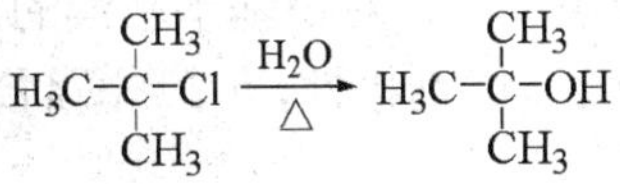

$$H_3C-\underset{CH_3}{\overset{CH_3}{C}}-Cl \xrightarrow[\Delta]{H_2O} H_3C-\underset{CH_3}{\overset{CH_3}{C}}-OH$$

伯卤代烷发生取代反应的倾向比消除反应大，只有在强碱条件下才以消除为主。反应常按双分子机理（S_N2、E2）进行。例如：

$$CH_3CH_2CH_2Br \xrightarrow{NaOH/H_2O} CH_3CH_2CH_2OH$$
$$CH_3CH_2CH_2Br \xrightarrow[\Delta]{NaOH/乙醇} CH_3CH=CH_2$$

NaOH 的醇溶液是各种卤代烃消除反应的一般条件。

仲卤代烃的情况介于上述二者之间，有较大的取代倾向，但消除程度比伯卤代烃大得多，产物不单一，但在强碱（NaOH，乙醇）作用下，主要发生消除。

此外，试剂、溶剂、反应温度与反应方向也有关系。试剂亲核性强、浓度大、溶剂极性高、反应温度低有利于取代。反之，试剂碱性强、浓度大、溶剂极性低、反应温度高有利于消除。

二、新概念

亲核取代（Nucleophilic Substitution）；卤代烃（Halohydrocarbon）消除反应（Elimination Reaction）；邻基参与（Anchimeric Assistance）；动力学（Dynamic）；消旋化（Racemization）；空间阻碍（Steric Hindrance）；溶剂解反应（Solvolysis Reaction）；非经典碳正离子（Nonclassical Carboniumion）

三、重要鉴别方法

用 $AgNO_3$ 溶液鉴别 RI、RBr、RCl；鉴别 1°、2°、3°级的 RX。

四、新内容

非经典碳正离子（参考本章例 13）。

五、例题

例 1 下列卤代物哪些可由相应的烃用光催化单氯代的方法制得？

(1) CH_3CH_2Cl　　　　(2) $CH_3CH_2CH_2CH_2Cl$　　　　(3) $(CH_3)_3CCH_2Cl$

(4) $(CH_3)_3CCHClCH_3$　　(5) ▷—Cl　　　　(6) $CH_2=CHCH_2Cl$

解 当反应物中所有的氢都等性时，一氯代产物只有 1 种，故可得到高产率的产物。符合这一点有：(1) CH_3CH_3、(3) $(CH_3)_3CCH_3$、(5) ▷。高产率的 (6) 可由相应的烃 $CH_2=CHCH_3$ 制得，因烯丙型氢比乙烯型氢活泼得多。这通常用来制备烯丙基卤。而 (2) 和 (4) 中分别含有 2 种和 3 种不同的、活性差别不大的氢，因此不能生成高产率的单氯代产物。

例 2 苄基溴和水在甲酸溶液中反应生成苄醇。速率与 $[H_2O]$ 无关，在同样条件下，对甲基苄基溴是前者的 58 倍。

苄基溴和乙氧基离子在无水乙醇溶液中反应，生成苄基乙基醚（$C_6H_5CH_2OC_2H_5$）；速率取决于 [RBr] 和 $[OC_2H_5]$，在同样条件下，对甲基苄基溴的反应速率是前者的 1.5 倍。

试解释这些结果，它们对 (1) 试剂极性，(2) 试剂亲核力，(3) 取代基推电子的影响说明了什么？

解 (1) 溶剂极性大容易进行 S_N1 反应（H_2O/甲酸），溶剂极性小容易进行 S_N2 反应（无水乙醇）。

(2) 试剂亲核力强利于进行 S_N2 反应。

(3) 在 S_N1 反应中决速步骤是形成碳正离子中间体：在甲酸的水溶液中二者进行 S_N1 反应：

$$C_6H_5-CH_2Br \longrightarrow C_6H_5-\overset{+}{CH_2} + Br^-$$

$$H_3C-C_6H_4-CH_2Br \longrightarrow H_3C-C_6H_4-\overset{+}{CH_2} + Br^-$$

推电子效应有利于稳定碳正离子中间体。因此二者速率相差 58 倍。

在极性较小的无水乙醇中进行 S_N2 反应中，形成五配位的过渡态，推电子效应对过渡态有一定影响。但与 S_N1 反应比较，这种影响力差很多。它的速率主要与底物的空间因素有关，因此速率仅差 1.5 倍。

$$C_2H_5O^{\delta-}\cdots\underset{H}{\overset{H}{C}}\cdots Br^{\delta-}$$
（对甲基苯基）

例 3 解释下面反应结果：

$$CH_3O^- + CH_3(CH_2)_{15}CH_2CH_2Br \xrightarrow[65℃]{C_2H_5OH} CH_3(CH_2)_{15}CH=CH_2 + CH_3(CH_2)_{15}CH_2CH_2OCH_3$$
　　　　　　　　　　　　　　　　　　　　　　E2　　　　　　　　　　S_N2
　　　　　　　　　　　　　　　　　　　　　　1%　　　　　　　　　　99%

$$H_3C-\underset{\underset{CH_3}{|}}{\overset{\overset{CH_3}{|}}{C}}-O^- + CH_3(CH_2)_{12}CH_2CH_2Br \xrightarrow[40℃]{(CH_3)_3COH} CH_3(CH_2)_{15}CH=CH_2 + CH_3(CH_2)_{12}CH_2CH_2O-\underset{\underset{CH_3}{|}}{\overset{\overset{CH_3}{|}}{C}}-CH_3$$
　　　　　　　　　　　　　　　　　　　　　　　　　　　　　　　　　E2　　　　　　　　　　　　　　S_N2
　　　　　　　　　　　　　　　　　　　　　　　　　　　　　　　　　85%　　　　　　　　　　　　　15%

解 第一反应式中几乎全部为 S_N2 反应，第二反应式中碱的体积增大不利于五配位的过渡态生成，使 β 位的进攻为主，为 E2 消除。

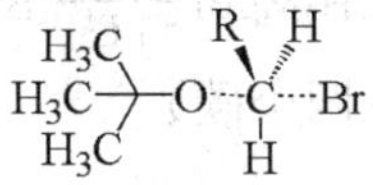

碱位阻太大不利于过渡态形成 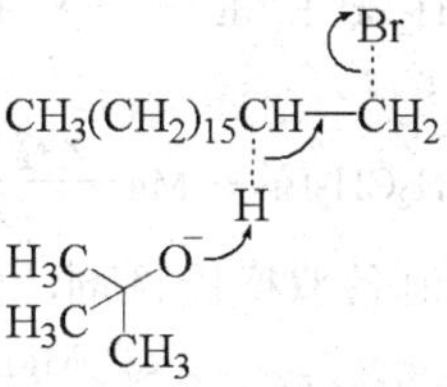　　　　β 进攻为主，E2 消除产物为主

例 4　假定在 S_N1 条件下，比旋光为-20.8°（比旋光度为-34.6°）的 2-溴辛烷产生比旋光为+3.96°（比旋光度为+9.9°）的 2-辛醇。计算（1）反应物和产物的旋光纯度；（2）伴随这个反应的外消旋化和转化的百分率；（3）前面和后面进攻碳正离子的百分率。

解　（1）旋光纯度

2-溴辛烷（-20.8° / -34.6°）×100 % = 71.67 %

2-辛醇（+3.96° / +9.9°）×100 % = 40.0 %

（2）构型转化的百分率（其中只考虑有旋光部分的原料，使计算简单化）：

（40.0% / 71.67 %）= 55.8 %

外消旋化的百分率：100%-55.8%=44.2% 或 [71.67 /（71.67-40）] ×100 % = 44.2%

（3）后面进攻的为 55.8%，前面进攻的为 22.1%。

例 5　按给定的反应机理，写出下列反应中哪个位置反应最快。

(1) 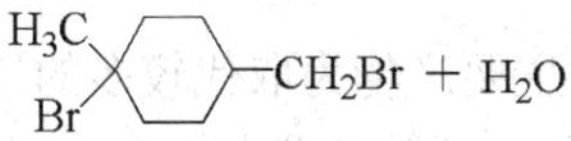 （结构式）+ H_2O　　S_N1
(2) （结构式）　　S_N1
(3) （结构式）+ CN^-　　S_N2

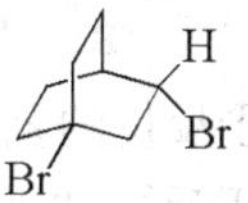

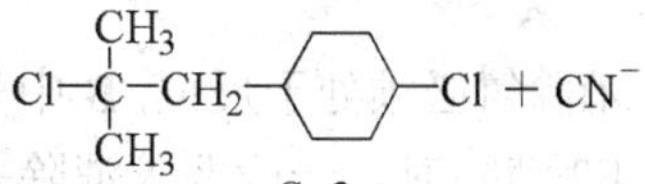

解　（1）（结构式）（3°）—CH_2Br　比（1°）更快。

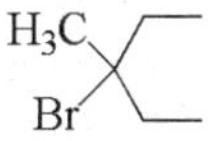

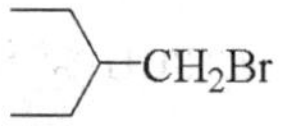

（2）与（1）不同，这里在 2°碳上的反应要比 3°碳更快，原因如下：

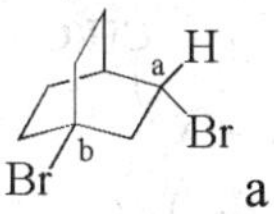

a 比 b 快

尽管桥头的碳为 3°，但由于它是刚性结构，不可能形成平面的 R^+，因而不能发生 S_N1 反应（又由于二环结构不允许在碳原子背后做亲核进攻，这也排除了 S_N2 的可能性）。

（3）—（环）—Cl　（2°）比　—CH_2—C(CH_3)_2—Cl　（3°）快。

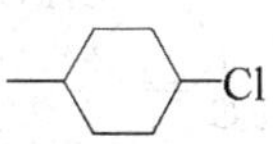

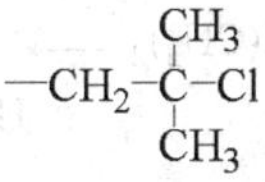

例 6　完成下列反应。

（1）$BrCH_2CH_2Br + Mg \xrightarrow{乙醚}$　　（2）$BrCH_2CH_2Br + Mg \xrightarrow{乙醚}$

（3）$BrCH_2CH_2CH_2CH_2Br + Mg \xrightarrow{乙醚}$　　（4）（间氯溴苯）+ Mg $\xrightarrow{乙醚}$

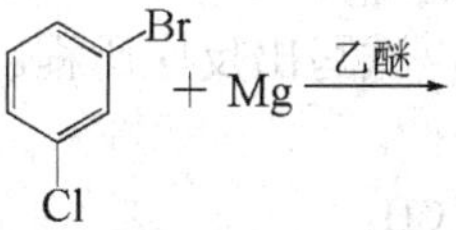

解　（1）$BrCH_2CH_2Br + Mg \xrightarrow{乙醚} BrMg\text{—}\overset{+}{C}H_2\text{—}CH_2\text{—}Br \longrightarrow H_2C=CH_2 + MgBr_2$

（经由烷基溴化镁的 E2 反应）

(2) $BrCH_2CH_2CH_2Br + Mg \xrightarrow{乙醚} \begin{matrix} H_2C\!\!-\!\!CH_2MgBr \\ H_2C\!\!-\!\!Br \end{matrix} \longrightarrow \triangle + MgBr_2$

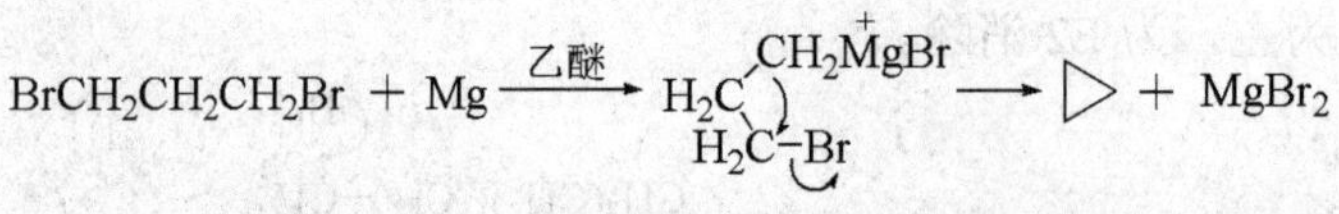

(3) $BrCH_2CH_2CH_2CH_2Br + Mg \xrightarrow{乙醚} BrCH_2CH_2CH_2CH_2MgBr \xrightarrow[干醚]{Mg} BrMgCH_2CH_2CH_2CH_2MgBr$

（二卤代烷制备双格氏试剂，两卤素至少相隔四个碳）

(4) 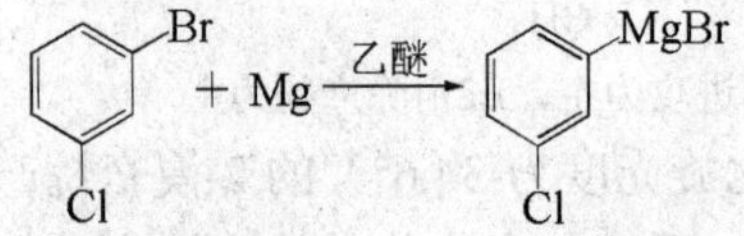 [图: 间氯溴苯] + Mg $\xrightarrow{乙醚}$ [图: 间氯苯基溴化镁]

乙烯型氯化物要制格式试剂，需选用沸点较高的四氢呋喃作溶剂：

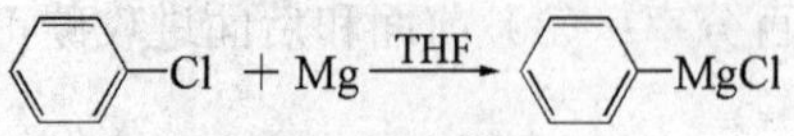

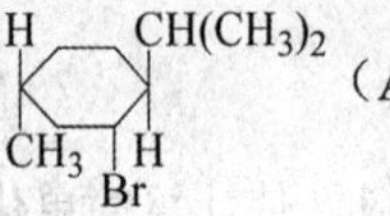

[图: 氯苯] + Mg $\xrightarrow{THF}$ [图: 苯基氯化镁]

例 7 写出 [结构A] (**A**) 和 [结构B] (**B**) 进行 E2 反应所得产物并比较其相应的反应速度。

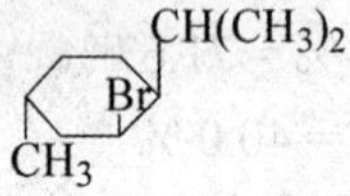

解

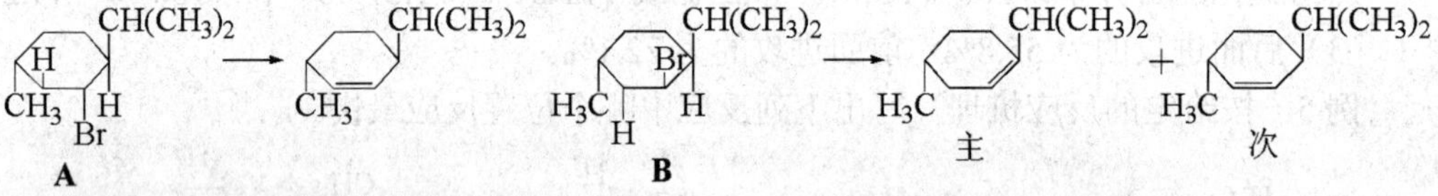

[反应式图]

消除氢必须处于反位，**B** 中与溴处于反位的氢有两种，主要产物为取代较多的较稳定的烯。E2 消除时，一般要求消除基团位于反式共平面，因此，消除速度与构象有关：

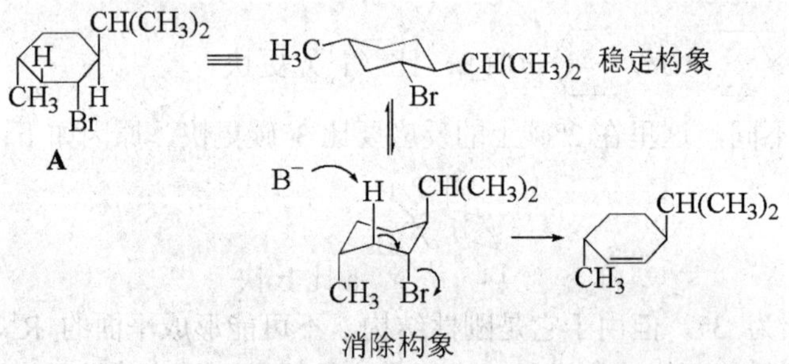

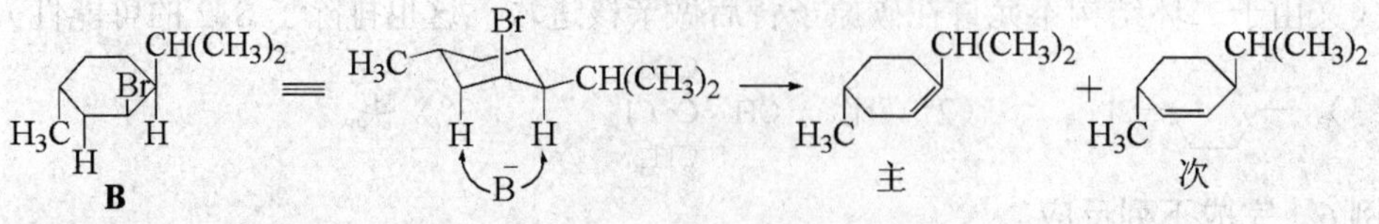

[构象分析图]

B 消除速度比 **A** 快，因 **B** 的消除构象又是它的稳定构象。

例 8 (2*R*,3*R*)-3-溴-2-丁醇与 HBr 反应得到内消旋化合物，而 (2*S*,3*R*)-3-溴-2-丁醇与 HBr 反应则得一对对映体，试写出反应历程。

解

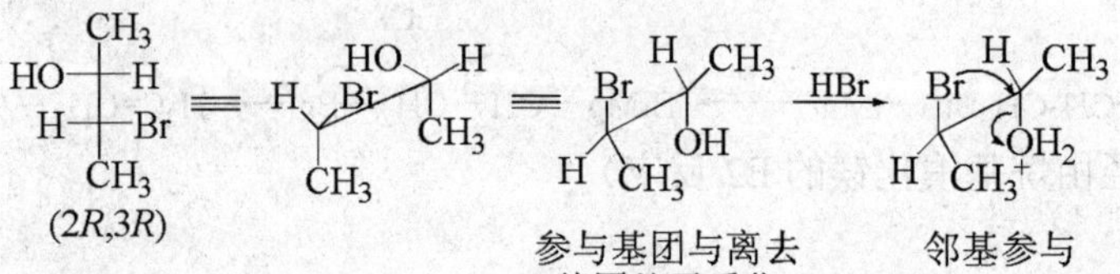

[反应机理图]
(2*R*,3*R*)   参与基团与离去基团处于反位   邻基参与

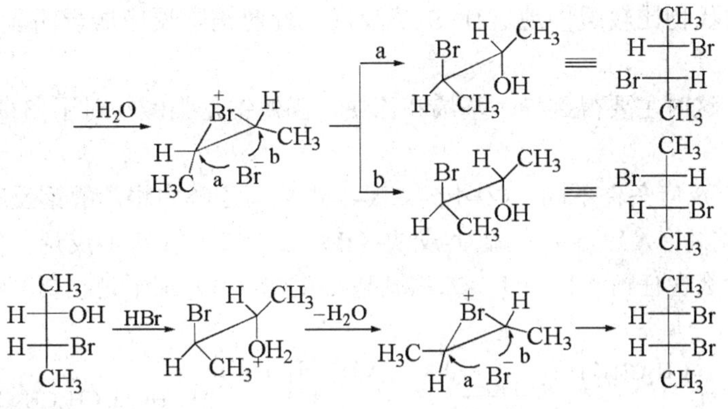

$$\xrightarrow{-H_2O} \begin{array}{c}\text{(carbocation intermediate)}\end{array} \xrightarrow[b]{a} \text{(产物 a 和 b)}$$

例9 预测下列反应是 S_N1、S_N2、E1 还是 E2？

（1） $CH_3CH_2CH_2CH_2OH \xrightarrow[\triangle]{H^+} CH_3CH=CHCH_3$

（2） 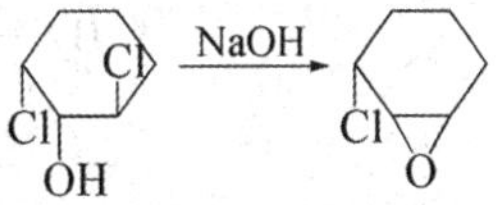 环己烷(Cl, Cl, OH) $\xrightarrow{NaOH}$ 环氧化物(Cl)

（3） $CH_3CH=CHCH_2Cl \xrightarrow[OH^-]{Ag_2O} CH_3CH=CHCH_2OH + CH_3CHCH=CH_2$ (OH)

（4） 1-甲基-2-氯环己烷 $\xrightarrow[\text{醇}]{NaOH}$ 1-甲基环己烯

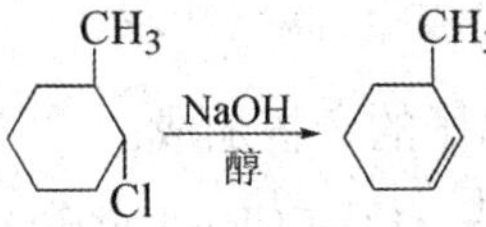

解

（1）E1。因反应伴随有碳正离子的重排：

$$CH_3CH_2CH_2CH_2OH \xrightarrow{H^+} CH_3CH_2CH_2\overset{+}{C}H_2 \xrightarrow{\text{氢重排}} CH_3CH_2\overset{+}{C}HCH_3 \longrightarrow CH_3CH_2=CHCH_3$$

（2）分子内的 S_N2。离去基团与进攻基团处于反位，有构型变化：

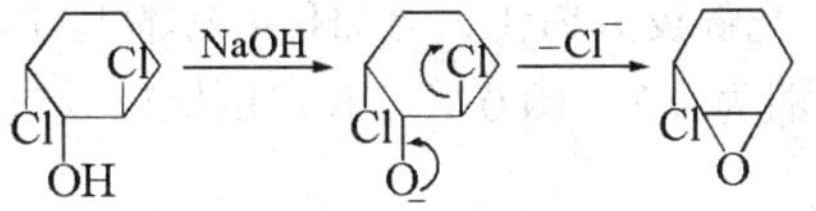

（3）S_N1。因反应伴随有烯丙基碳正离子的重排：

$$CH_3CH=CHCH_2Cl \xrightarrow{Ag_2O} [CH_3CH=CH\overset{+}{C}H_2 \longleftrightarrow CH_3\overset{+}{C}HCH=CH_2]$$

（4）E2。有反式共平面消除的立体化学特点：

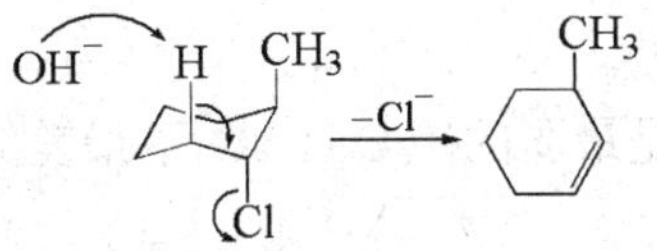

例10 当乙炔锂在 HMPT{hexamethyl phosphoric triamide[$(CH_3)_2N]_3PO$}中跟正丙基溴反应时，产生75%的1-戊炔。然而，如果使用异丙基溴，主要产物是乙炔和丙烯：

$$HC \equiv CLi + CH_3CH_2CH_2Br \xrightarrow{HMPT} CH_3CH_2CH_2C \equiv CH$$

$$HC \equiv CLi + CH_3CHBrCH_3 \xrightarrow{HMPT} HC \equiv CH + CH_3CH=CH_2$$

（1）解释上述事实；（2）依据上述解答，你能否由叔丁基氯和乙炔钠的反应来制备 3,3-二甲基-1-丁炔？这时得到的主要产物是什么？

解（1）对于一级卤代烃，相应消除成为烯的倾向小，主要给出 S_N2 取代反应的产物

1-戊炔。二级溴代物比较缓慢地进行 S_N2 反应，此时消除反应居于明显优势，所以主要成为烯烃。

（2）不能。这时主要得到异丁基烯和乙炔，因炔钠是强碱，对于 3°RX，几乎全是消除产物。

例 11 依据反应条件不同，(Z)-1,5-二溴-1-戊烯在乙醇中跟乙醇钠反应主要给出：(Z)-1-溴-5-乙氧基-1-戊烯（**A**）；5-乙氧基-1-戊炔（**B**）；2,5-二乙氧基-1-戊烯（**C**）。这些产物是怎样生成的？为什么在任何条件下 1,5-二乙氧基-1-戊烯（**D**）都不是主要产物？

解

$$\underset{H}{\overset{Br}{C}}=\underset{H}{\overset{CH_2CH_2CH_2Br}{C}} \xrightarrow[EtOH]{EtO^-} \underset{H}{\overset{Br}{C}}=\underset{H}{\overset{CH_2CH_2CH_2OEt}{C}} + HC\equiv CCH_2CH_2OEt$$
$$\mathbf{A} \qquad\qquad \mathbf{B}$$

$$+\ H_2C=\underset{OEt}{\overset{}{C}}CH_2CH_2CH_2OEt\ +\ EtOCH=CHCH_2CH_2OEt$$
$$\mathbf{C} \qquad\qquad \mathbf{D}（无）$$

A、**B**、**C** 3 种产物中的链端乙氧基 EtO^- 来自于一级溴代物的正常的 S_N2 亲核取代反应。而乙烯基溴不可能进行类似的取代反应，因此无 **D** 产生。

B 中链端炔烃 $HC\equiv C-$，来自乙烯基溴的 E2 消除反应。

C 中的乙烯基醚，来自于反应中生成的炔 **B** 和乙氧基负离子的亲核加成：

$$EtO^- + HC\equiv CCH_2CH_2OEt \longrightarrow HC=\underset{OEt}{\overset{}{C}}CH_2CH_2OEt \xrightarrow{EtOH} H_2C=\underset{OEt}{\overset{}{C}}CH_2CH_2OEt$$

乙氧基离子加到叁键上产生一个一级负碳离子 $HC=\bar{C}-$，它要比二级负碳离子 $C=\bar{C}-C$ 稳定。只有产生二级负碳离子才能产生 **D**。显然，它是不能和前一种加成方式竞争的。所以在任何条件下，1,5-二乙氧基-1-戊烯（**D**）都不是主要产物。

例 12 （1）CH_3COO^-（醋酸负离子），$C_6H_5O^-$（酚基负离子）和 $C_6H_5SO_3^-$（苯磺酸负离子）的共轭酸的 pK_a 值分别为 4.5、10.0 和 2.6。试比较这些负离子作为离去基团时的难易程度。

（2）比较负离子

$$H_3C-\!\!\!\!\bigcirc\!\!\!\!-SO_3^- \qquad \bigcirc\!\!\!\!-SO_3^- \qquad Br-\!\!\!\!\bigcirc\!\!\!\!-SO_3^-$$
$$TsO^- \qquad\qquad\qquad\qquad BsO^-$$

作为离去基团时的难易程度。

解 （1）最好的离去基团是最弱的碱 $C_6H_5SO_3^-$，最差的离去基团是最强的碱 $C_6H_5O^-$。

（2）离去基团由易到难：$BsO^- > \bigcirc\!\!\!\!-SO_3^- > TsO^-$。

例 13 非经典碳正离子是指二电子非定域于三中心键的碳正离子。例如下列 **A**、**B**、**C** 都是非经典碳正离子。

$$\underset{\mathbf{A}}{\text{(structure)}} \xrightarrow[-70℃]{SbF_5/SO_2} \underset{\mathbf{A}}{\text{(structure)}} SbF_6^- \qquad \underset{\mathbf{B}}{\text{(structure)}} \qquad \underset{\mathbf{C}}{\text{(structure)}}$$

溶剂解反应是指底物与溶剂发生反应。例如：$RX \xrightarrow{H_2O} ROH$，$RX \xrightarrow{R'OH} ROR'$ 等。

溶剂解反应一般较慢，很少用于合成，但用于研究反应机理，非常重要。试解释下列现象：

（1） 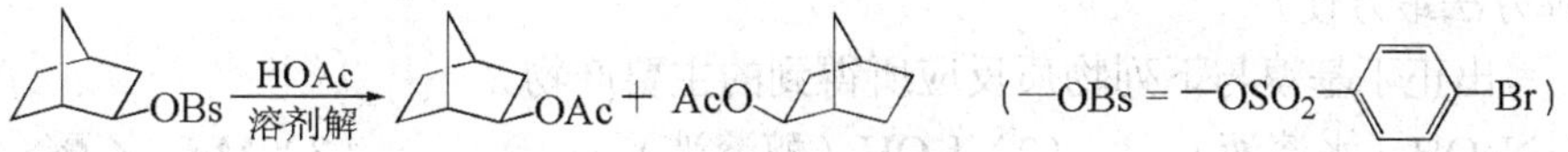 [结构式] OBs $\xrightarrow[\text{溶剂解}]{\text{HOAc}}$ [结构式] OAc + AcO [结构式]   （—OBs = —OSO$_2$—〈〉—Br）

（2）在 HOAc 的溶剂解速度：

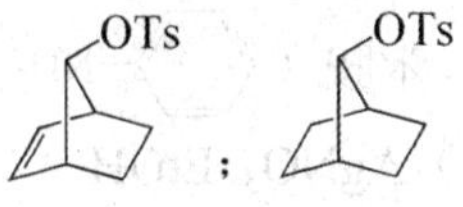

[结构式 OTs] : [结构式 OTs]
10^{11} ; 1

解 （1）

[结构式] OBs $\xrightarrow{-\text{OBs}}$ [非经典碳正离子结构]

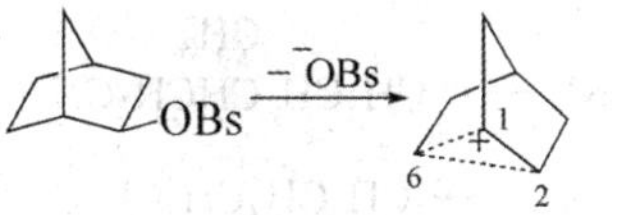

C$_1$-C$_6$ 的 σ 键参与帮助—OBs 离去，形成非经典碳正离子。

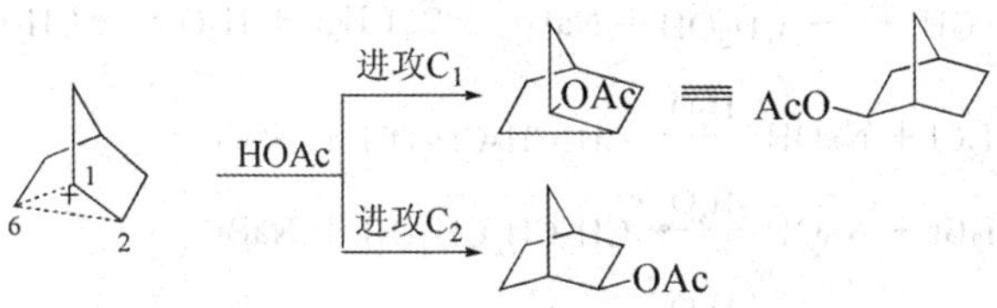

[结构式] $\xrightarrow{\text{HOAc}}$ 进攻C$_1$ → [结构] OAc ≡ AcO [结构]
　　　　　　　　　进攻C$_2$ → [结构] OAc

（2） [结构式] OTs $\xrightarrow{-\text{OTs}}$ [非经典碳正离子] $\xrightarrow{\text{HOAc}}$ [结构式] OAc

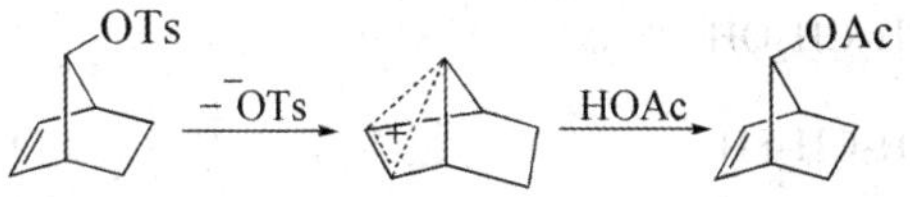

双键的参与协助—OTs 离去，形成了非经典碳正离子，加速了反应。而 [结构式 OTs] 无此作用。

六、习题

8.1 写出分子式为 C$_4$H$_9$Br 的所有构造异构体，分别用（中、英文）普通命名法和系统命名法命名之。指出何为第一级、第二级及第三级溴代烷。

8.2 写出乙苯的各种一氯代产物的构造式，用（中、英文）系统命名法命名，并说明它们在化学性质上相应于哪一类卤代烃。

8.3 用（中、英文）系统命名法命名下列化合物或写出结构式。

（1）(CH$_3$)$_2$CHCHClCH$_3$　　（2）CH$_2$=C(C$_2$H$_5$)CH$_2$CH$_2$Cl　　（3）CH$_3$CH$_2$—C(CH$_2$Cl)(CH$_2$Cl)—C(CH$_3$)$_2$—CH$_3$

（4）(CH$_3$)$_2$CHCHClCHFCH$_2$OH　　（5）[环己烷，CH$_3$, Cl, Cl 取代]　　（6）[苯环，CH$_2$Cl, NO$_2$ 对位]

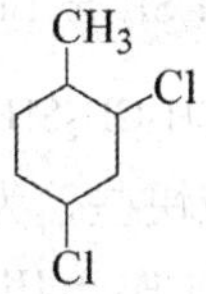

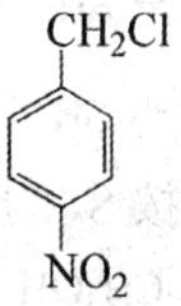

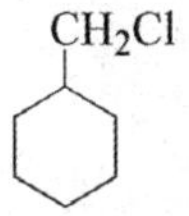

（7）[环己基-CH$_2$Cl]　　（8）CH$_3$CHBrCHClCH$_2$CH$_3$　　（9）HOCH$_2$CH$_2$Cl

（10）烯丙基氯　　（11）溴化乙烯　　（12）氟里昂

8.4 简述从下列化合物合成溴乙烷的方法：（1）乙烷；（2）乙烯；（3）乙醇。在实验室里哪一种方法最方便？

8.5 写出正丁基溴与下列物质反应所得到的主要产物。

（1）NaOH（水溶液）　　（2）KOH（醇溶液）　　（3）Mg，乙醚
（4）（3）的产物+D_2O　　（5）（3）的产物+HC≡CH　　（6）NaI 的丙酮溶液
（7）H_3CC≡CNa　　（8）苯胺（C$_6$H$_5$—NH_2）　　（9）NaC≡N
（10）EtONa/EtOH　　（11）$AgNO_3$, EtOH　　（12）CH_3COOAg
（13）PhH, $AlCl_3$　　（14）$NaSCH_3$　　（15）H_2+Pt　　（16）$(CH_3)_2CuLi$（铜锂试剂）

8.6 下面每对反应中哪一个速度更快些？为什么？

(1) ① $CH_3CH_2\overset{CH_3}{C}HCH_2Br + CN^- \longrightarrow CH_3CH_2\overset{CH_3}{C}HCH_2CN + Br^-$

② $CH_3CH_2CH_2CH_2Br + CN^- \longrightarrow CH_3CH_2CH_2CH_2CN + Br^-$

(2) ① $CH_3I + NaOH \xrightarrow{H_2O} CH_3OH + NaI$　　② $CH_3I + H_2O \longrightarrow CH_3OH$

(3) ① $CH_3CH_2CH_2Cl + NaOH \xrightarrow{H_2O} CH_3CH_2CH_2OH + NaCl$

② $CH_3CH_2CH_2Br + NaOH \xrightarrow{H_2O} CH_3CH_2CH_2OH + NaBr$

(4) ① $CH_3CH_2CH_2Cl + NaOH \xrightarrow{H_2O} CH_3CH_2CH_2OH$

② $CH_3CH_2CH_2Cl + NaSH \xrightarrow{H_2O} CH_3CH_2CH_2SH$

(5) ① $CH_3CH_2CH_2Cl + NaOH \xrightarrow{H_2O} CH_3CH_2CH_2OH + NaCl$

② $CH_3CH_2CH_2Cl + NaOCH_3 \xrightarrow{H_2O} CH_3CH_2CH_2OCH_3 + NaCl$

(6) ① $CH_3Br + (CH_3)_3N \longrightarrow (CH_3)_4\overset{+}{N}\overset{-}{Br}$

② $CH_3Br + (CH_3)_3P \longrightarrow (CH_3)_4\overset{+}{P}\overset{-}{Br}$

(7) ① $CH_3CH_2I + CH_3S^- (1.0M) \longrightarrow CH_3CH_2SCH_3 + I^-$

② $CH_3CH_2I + CH_3S^- (2.0M) \longrightarrow CH_3CH_2SCH_3 + I^-$

(8) ① $CH_3CH_2Br + {}^-SCN \xrightarrow{EtOH} CH_3CH_2SCN + Br^-$

② $CH_3CH_2Br + SCN^- \xrightarrow{EtOH} CH_3CH_2NCS + Br^-$

(9) ① $CH_3CH_2Br + SH^- \xrightarrow{CH_3OH} CH_3CH_2SH + Br^-$

② $CH_3CH_2Br + SH^- \xrightarrow{HCON(CH_3)_2} CH_3CH_2SH + Br^-$

8.7 下列各反应按 S_N1 历程哪个反应快些？为什么？

(1) ① $(CH_3)_3I + CH_3OH \longrightarrow (CH_3)_3COCH_3 + HI$

② $(CH_3)_3Cl + CH_3OH \longrightarrow (CH_3)_3COCH_3 + HCl$

(2) ① $(CH_3)_3CBr + H_2O \longrightarrow (CH_3)_3COH + HBr$

② $(CH_3)_3CBr + CH_3OH \longrightarrow (CH_3)_3COCH_3 + HBr$

(3) ① $CH_2=CHCH_2Cl + Ag_2O + H_2O \longrightarrow CH_2=CHCH_2OH + AgCl$

② $CH_3CH_2CH_2Cl + Ag_2O + H_2O \longrightarrow CH_3CH_2CH_2OH + AgCl$

(4) ① $(CH_3)_3CCl + CH_3O^- (0.001M) \xrightarrow{CH_3OH} (CH_3)_3COCH_3 + Cl^-$

② $(CH_3)_3CCl + CH_3O^- (0.0001M) \xrightarrow{CH_3OH} (CH_3)_3COCH_3 + Cl^-$

8.8 用苯酚和硫酸二甲酯在碱性溶液中制备苯甲醚，是一种常用的方法。反应分两步：第一步让等摩尔的苯酚及硫酸二甲酯在40℃氢氧化钠水溶液中反应，反应迅速完成：

$$C_6H_5OH + H_3CO-SO_2-OCH_3 \xrightarrow[40℃]{NaOH} C_6H_5OCH_3 + H_3CO-SO_2-O^-Na^+$$

第二步再加入 1 mol 苯酚及适量的氢氧化钠水溶液，反应混合物加热回流 10 h，结束反应。

$$C_6H_5OH + CH_3OSO_3^-Na^+ \xrightarrow[\text{回流}10h]{NaOH} C_6H_5OCH_3 + SO_4^{2-}$$

（1）写出两步的反应历程。
（2）为什么第一步反应比第二步容易？

8.9 将下列各组化合物按照对指定试剂的反应活性大小顺序排列。
（1）氢氧化钠水溶液：苄基氯，氯苯，1-氯丁烷。
（2）碘化钠丙酮溶液：3-溴丙烯，溴乙烯，1-溴丁烷，2-溴丁烷。
（3）2% $AgNO_3$ 的乙醇溶液：苄基氯，对氯苄基氯，对甲氧基苄基氯，对甲基苄基氯，对硝基苄基氯。

8.10 将下列负离子按亲核性从强到弱排列成序。

$C_6H_5O^-$　　$CH_3CH_2O^-$　　CH_3COO^-　　$H_3C-C\equiv C^-$　　$CH_3CH_2CH_2CH_2\overset{-}{C}H_2$
　A　　　　　　B　　　　　　　C　　　　　　　D　　　　　　　　E

8.11 旋光纯 (S)-(+)-$CH_3CHBrC_6H_{13}$-n 的 $[\alpha]_D^{25}$ =+36°，今将一个比旋光为+30°的部分消旋的样品与稀 NaOH 反应，生成(R)-(-)-$CH_3CH(OH)C_6H_{13}$-n ($[\alpha]_D^{25}$ = −5.97°)，后者在旋光纯时的比旋光是-10.3°；（1）试用 Fischer 投影式写出此反应的方程式；（2）计算反应物和产物的旋光纯度百分率；（3）计算外消旋化和构型转化的百分率；（4）计算正面和背面进攻的百分率；（5）考虑到（4）的计算结果，对于2°卤代烷的反应可下怎样的结论？（6）改变什么条件可提高构型转化率？

8.12 乙醚同碘化氢加热得到碘乙烷和水：

$$CH_3CH_2OCH_2CH_3 + HI \longrightarrow CH_3CH_2I + H_2O$$

（1）写出反应的机理；（2）解释为什么乙醚同 KI 的丙酮溶液不反应。

8.13 完成下列反应。

（1）$Na_2S + Cl(CH_2)_4Cl \longrightarrow$　　　　（2）$H_2N(CH_2)_4Br \longrightarrow$

（3）$Na_2S + 2CH_3I \longrightarrow$　　　　（4）$ClHC=CHCH_2Cl + CH_3CO_2^- \longrightarrow$

（5）$CH_3CH_2MgCl + ClCH_2CH=CHCH_2CH_2OH \xrightarrow{\text{干醚}}$

(6) [邻氯苄基氯] + NaCN →　　　(7) NH₃ + CH₃CH₂MgCl →

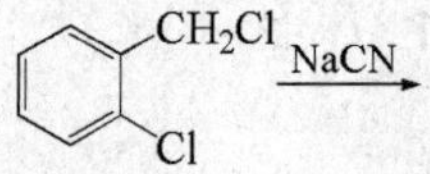

(8) HO-环戊烯 + CH₂I₂/Zn(Cu) →　　　(9) [1,3-二溴-2-(溴甲基)丙烷] + CH₃NH₂ →

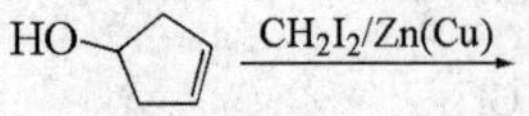

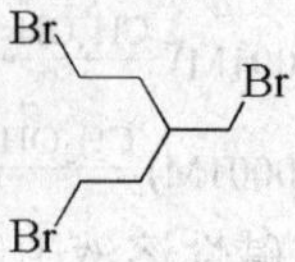

8.14 解释下列现象：

（1）$CH_3CH_2CH_2CH_2Cl$ 在含水乙醇中进行碱性水解时，若增加水的含量，则使反应速度下降，$(CH_3)_3CCl$ 在含水乙醇中进行水解，若增加水的含量，却使反应速度上升。

（2）不管实验的条件如何，[降冰片基-X结构] 在亲核取代时，反应几乎不进行。

（3）苄基氯、3-甲氧基苄基氯和4-甲氧基苄基氯在含水丙酮中的溶剂解相对速率为 $1:0.67:1\times10^4$（增加水量速度明显增加）。

8.15 根据下面所说的情况，哪些反应是按 S_N2 历程？哪些按 S_N1 历程？（1）产物的绝对构型完全转化；（2）有重排产物；（3）碱的浓度增加，反应速度增加；（4）反应历程只有一步；（5）反应是动力学一级反应；（6）增加溶剂含水量，反应速度明显加快；（7）叔卤代烷反应比仲卤代烷快。

8.16 如下亲核取代反应可以通过加入 NaI 来加速，请解释该反应所得到的不同立体选择性。

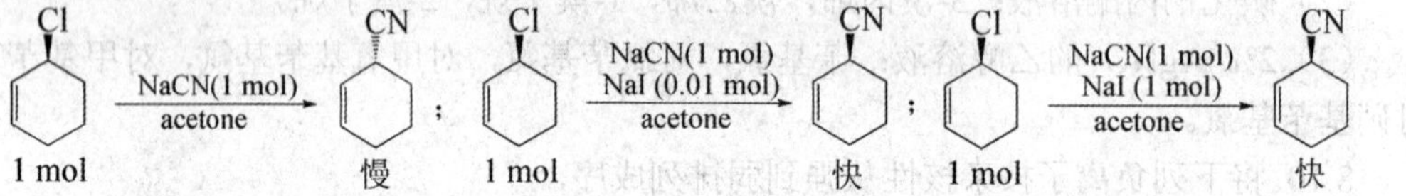

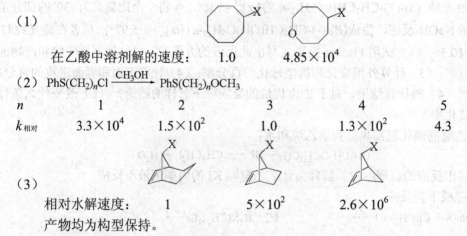

8.17 一氯丁烷与 NaCN 发生氰基代反应，在乙醇介质中加热回流 24 小时产率为 23%，而在二甲亚砜介质中加热 2 小时产率可达 64%。为什么后一实验条件比较有利？

8.18 解释下列反应中在速度上的差异。

（1） [环辛基-X]　　[氧杂环辛基-X]

在乙酸中溶剂解的速度：　1.0　　4.85×10^4

（2）$PhS(CH_2)_nCl \xrightarrow{CH_3OH} PhS(CH_2)_nOCH_3$

n	1	2	3	4	5
$k_{相对}$	3.3×10^4	1.5×10^2	1.0	1.3×10^2	4.3

（3） [降冰片烷-X]　　[降冰片烷-X]　　[降冰片烷-X]

相对水解速度：　　1　　　5×10^2　　2.6×10^6

产物均为构型保持。

8.19 用简单方法区分下列化合物：（1）3-溴-2-戊烯，4-溴-2-戊烯，5-溴-2-戊烯；（2）正氯丁烷，正碘丁烷，己烷，环己烷，对异丙基甲苯；（3）氯乙醇，1,2-二氯乙烷，乙二醇。

8.20 完成下列反应。

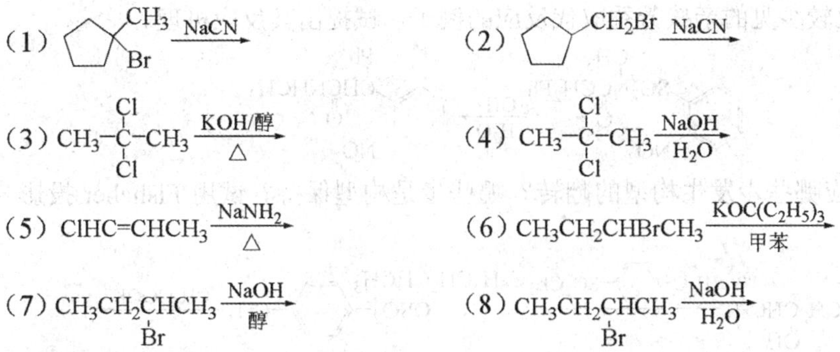

(1) [环戊基，CH₃，Br] + NaCN →　　(2) [环戊基-CH₂Br] + NaCN →

(3) CH₃-CCl₂-CH₃ $\xrightarrow{\text{KOH/醇}, \Delta}$　　(4) CH₃-CCl₂-CH₃ $\xrightarrow{\text{NaOH}, H_2O}$

(5) ClHC=CHCH₃ $\xrightarrow{\text{NaNH}_2, \Delta}$　　(6) CH₃CH₂CHBrCH₃ $\xrightarrow{\text{KOC(C}_2\text{H}_5)_3}{\text{甲苯}}$

(7) CH₃CH₂CHCH₃ (Br) $\xrightarrow{\text{NaOH}}{\text{醇}}$　　(8) CH₃CH₂CHCH₃ (Br) $\xrightarrow{\text{NaOH}}{H_2O}$

8.21 比较下列消除反应的速度（在 KOH 的醇溶液中）。

(1) [环己烯-Br]　[环己烯-Br]　[环己基-Br]

(2)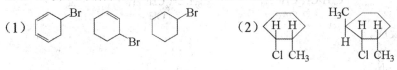

(3) CH₃CCl=CH₂　CH₃CHClCH₃　CH₃CH₂CH₂Cl　(CH₃)₃CCl

8.22 解释下列的实验事实：

（1）当苏式化合物 **A** 在 EtOH 中用 EtOK 处理时，得到没有失去氘的反-2-丁烯；它的非对映异构体赤式化合物 **B** 却生成没有失去氘的顺-2-丁烯和失去氘的反-2-丁烯。

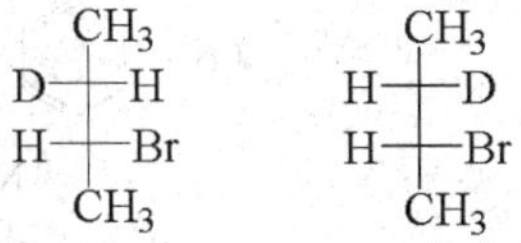

```
   CH₃              CH₃
D——H             H——D
H——Br            H——Br
   CH₃              CH₃
 A（苏式）       B（赤式）
```

（2）化合物 **A** 和 **B** 互为立体异构，在碱作用消除得不同产物。试写出其产物，并简单解释。

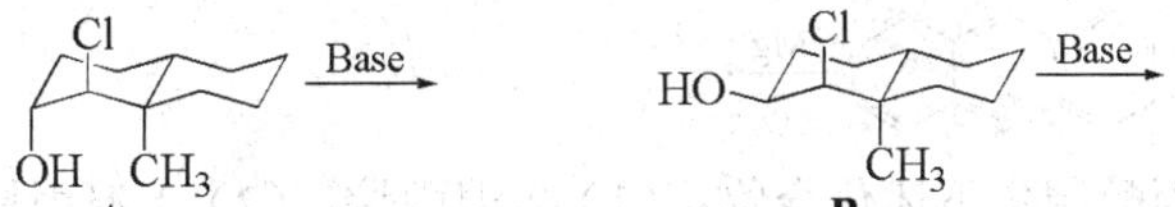

[环己烷 Cl, OH, CH₃] A $\xrightarrow{\text{Base}}$　　[环己烷 HO, Cl, CH₃] B $\xrightarrow{\text{Base}}$

（3）化合物 **A** 在叔丁醇钾的作用下不发生反应。

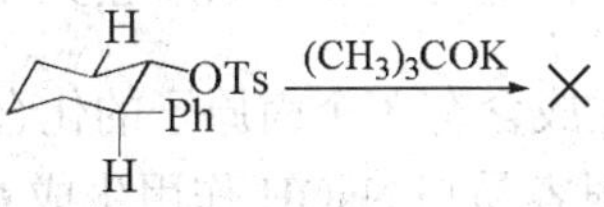

[环己烷 H, OTs, Ph, H] A $\xrightarrow{(CH_3)_3COK}$ ×

8.23 2-氯-2-甲基丁烷、2-溴-2-甲基丁烷和 2-碘-2-甲基丁烷以不同的速度进行甲醇溶剂解反应，但其产物都得到 2-甲氧基-2-甲基丁烷、2-甲基-1-丁烯和 2-甲基-2-丁烯混合物。试解释上述结果。

8.24 当我们将一级卤代烷或二级卤代烷用氢氧化钠水解制备时，得到醇和烯的混合物；当我们改用乙酸盐，先将卤代烷转变成乙酸酯，再将乙酸酯水解得到醇。这样得到的醇基本上不含有消除反应产物烯烃，总的产率也高，为什么？

8.25 写出下面反应的历程。

（1）EtSCHCH₂OH + HCl → EtSCH₂CHCl
　　　　CH₃　　　　　　　　　　CH₃

(2) 下面是比较少见的亲核芳香取代反应的例子，试提出其反应机理。

$$\underset{NO_2}{\underset{|}{C_6H_4}}\text{-}SO_2N(CH_3)CH_2Ph \xrightarrow[H_2O]{OH^-} \underset{NO_2}{\underset{|}{C_6H_4}}\text{-}CH(Ph)CONHCH_3$$

8.26 下面反应哪些步发生构型的翻转？哪些步是构型保持？试用 Fishcher 投影式表示出来。

$$C_6H_5CH_2\underset{OH}{\overset{|}{C}}HCH_3 \xrightarrow{H_3C-C_6H_4-SO_2Cl} C_6H_5CH_2\underset{OSO_2C_6H_4CH_3}{\overset{|}{C}}HCH_3 \xrightarrow{CH_3COOK}$$

$$C_6H_5CH_2\underset{OAc}{\overset{|}{C}}HCH_3 \xrightarrow{OH^-} C_6H_5CH_2\underset{OH}{\overset{|}{C}}HCH_3$$

8.27 完成下列反应。

(1) 邻硝基氯苯 + 哌啶 ⟶

(2) 3,4-二氯-1,5-二硝基苯 + NH$_3$ (△) ⟶

(3) O_2N-C$_6$H$_4$-Cl + C$_6$H$_5$-OH ⟶

(4) Cl-C$_6$H$_4$-COCH$_3$ + (CH$_3$)$_2$NH ⟶

(5) 1-溴萘 + NaNH$_2$ / 哌啶 ⟶

(6) C$_6$H$_5$*-Cl + KNH$_2$ ⟶

(7) 3-氯-C$_6$H$_4$-(CH$_2$)$_3$NHCH$_3$ + PhLi ⟶

(8) 3,5-二硝基-苯腈 + CH$_3$O$^-$ ⟶

(9) 邻二溴苯 + 蒽 + Mg ⟶

8.28 完成由异丙醇制备下述化合物：(1) 2-溴丙烷；(2) 3-溴丙烯；(3) 1,1,2,2-四溴丙烷；(4) 2-溴-2-碘丙烷；(5) 1,3-二氯-2-丙醇；(6) 2,3-二氯丙醇；(7) 1-甲基-2,2-二氯环丙烷。

8.29 某化合物 **A** 与溴作用生成含有 3 个卤原子的化合物 **B**，**A** 能使 KMnO$_4$ 褪色，生成含有 1 个溴原子的 1,2-二醇。**A** 很容易与 NaOH 作用生成 **C** 和 **D**，**C** 和 **D** 氢化后分别给出两种互为异构物的饱和一元醇 **E** 和 **F**，**F** 比 **E** 更容易脱水。**E** 脱水后生成两个异构化合物。**F** 脱水后仅产生一个化合物。这些脱水产物都能被还原成正丁烷。写出 **A**、**B**、**C**、**D**、**E** 和 **F** 的结构式及各步反应式。

8.30 完成下列转变，可用任意有机或无机试剂：

(1) $CH_3CH=CH_2 \longrightarrow CH_2=CH\text{-}CH_2I$

(2) $CH_2=CHCl \longrightarrow CH_2=CHD$

(3) 对氯-α-氯乙基苯 ⟶ 对氯-α-羟乙基苯

(4) 苯 ⟶ 对甲基-(乙氧甲基)苯

(5) [benzene] → [PhCH₂-CH=CH₂]   (6) [benzene] → [Ph-cyclohexenyl]

(7) [toluene] → [CH₃-C₆H₄-C(CH₃)=CH₂]   (8) [1,3-dichlorobenzene] → [4,6-dinitro-1,3-diaminobenzene]

(9) [chlorobenzene] → [2,6-dinitroaniline]

8.31 解释下列现象：

（1）(S)-3-溴-3-甲基己烷在丙酮水溶液中反应得外消旋的 3-甲基-3-己醇。

$$(S)\text{-CH}_3\text{CH}_2\text{CH}_2\underset{\underset{\text{Br}}{|}}{\overset{\overset{\text{CH}_3}{|}}{\text{C}}}\text{CH}_3 \xrightarrow[\Delta]{\text{丙酮}} (\pm)\text{-CH}_3\text{CH}_2\text{CH}_2\underset{\underset{\text{OH}}{|}}{\overset{\overset{\text{CH}_3}{|}}{\text{C}}}\text{CH}_3$$

（2）当新戊基碘用醋酸银在乙酸中处理时，得到的产物是乙酸叔戊酯。

$$(\text{CH}_3)_3\text{CCH}_2\text{I} \xrightarrow[\text{CH}_3\text{COOH}]{\text{CH}_3\text{COOAg}} \text{CH}_3\underset{\underset{\text{OCOCH}_3}{|}}{\overset{\overset{\text{CH}_3}{|}}{\text{C}}}\text{CH}_2\text{CH}_3$$

（3）3-氯-1-丁烯和乙氧基离子在乙醇中的反应速率取决于[RCl]和[OC₂H₅⁻]，产物是 3-乙氧基-1-丁烯。而 3-氯-1-丁烯和乙醇反应时，不仅产生 3-乙氧基-1-丁烯，还产生 1-乙氧基-2-丁烯（CH₃CH=CHCH₂OC₂H₅）。

8.32 研究 α-取代基对亲核取代反应的影响，得出如下结果：

$$\text{XCH}_2\text{Cl} + \text{I}^- \xrightarrow{\text{丙酮}} \text{X-CH}_2\text{I}$$

X	相对速度
CH₃CH₂CH₂-	1
CH₂=CHCH₂-	32
CH₃CO-	3.5×10^4
PhCO-	3.2×10^4
N≡C-	3×10^3
C₂H₅OCO-	1.7×10^3
PhSO₂-	0.25

如果进行 S_N1 反应时，带有拉电子取代基则反应速度非常缓慢。试解释以上得出的实验结果。

七、习题参考答案

8.1

CH₃(CH₂)₃Br　正丁基溴　*n*-butyl bromide　1-溴丁烷　1-bromobutane　1°RBr

CH₃CH(Br)CH₂CH₃　仲丁基溴　*s*-butyl bromide　2-溴丁烷　2-bromobutane　2°RBr

CH₃CHCH₂Br　异丁基溴　isobutyl bromide
　　|
　　CH₃
　　　　2-甲基-1-溴丙烷　1-bromo-2-methylpropane　1°RBr

93

$CH_3-\underset{\underset{CH_3}{|}}{\overset{\overset{CH_3}{|}}{C}}-Br$ 叔丁基溴   tert-butyl bromide

2-甲基-2-溴丙烷   2-bromo-2-methylpropane   3°RBr

8.2

结构	中文名	英文名	类型
C₆H₅-CH₂CH₂Cl	1-苯基-2-氯乙烷	1-chloro-2-phenylethane	普通型（伯卤）
C₆H₅-CHClCH₃	1-苯基-1-氯乙烷	1-chloro-1-phenylethane	烯丙型（苄型）
o-ClC₆H₄CH₂CH₃	邻氯乙苯	o-chloroethylbenzene	乙烯型（苯型）
m-ClC₆H₄CH₂CH₃	间氯乙苯	m-chloroethylbenzene	乙烯型（苯型）
p-ClC₆H₄CH₂CH₃	对氯乙苯	p-chloroethylbenzene	乙烯型（苯型）

8.3
（1）2-甲基-3-氯丁烷　　　　　　2-chloro-3-methylbutane
（2）2-乙基-4-氯-1-丁烯　　　　　4-chloro-2-ethyl-1-butene
（3）3,3-二甲基-2,2-二氯戊烷　　 2,2-dichloro-3,3-dimethylpentane
（4）4-甲基-2-氟-3-氯-1-戊醇　　 3-chloro-2-fluoro-4-methyl-1-pentanol
（5）1-甲基-2,4-二氯环己烷　　　 2,4-dichloro-1-methylcyclohexane
（6）对硝基苯基二氯甲烷　　　　 p-nitrophenyldichloromethane
（7）氯甲基环己烷　　　　　　　 chloromethylcyclohexane
（8）3-氯-2-溴甲基己烷　　　　　 2-bromo-3-chlorohexane
（9）2-氯乙醇　　　　　　　　　 2-chloroethanol
（10）$CH_2=CHCH_2Cl$　　（11）CH_2BrCH_2Br　　（12）CF_2Cl_2

8.4
（1）$CH_3CH_3 \xrightarrow[hv]{Br_2} CH_3CH_2Br$　　（2）$CH_2=CH_2 \xrightarrow{HBr} CH_3CH_2Br$
（3）$CH_3CH_2OH \xrightarrow[H_2SO_4]{NaBr} CH_3CH_2Br$（最简便）

8.5
（1）$CH_3CH_2CH_2CH_2OH$　　　　　（2）$CH_3CH_2CH=CH_2$
（3）$CH_3CH_2CH_2CH_2MgBr$　　　　（4）$CH_3CH_2CH_2CH_2D$
（5）$CH_3CH_2CH_2CH_3 + CH\equiv CMgBr$（6）$CH_3CH_2CH_2CH_2I$
（7）$CH_3CH_2CH_2CH_2C\equiv CCH_3$　 （8）$CH_3CH_2CH_2CH_2NHPh$
（9）$CH_3CH_2CH_2CH_2CN$　　　　　（10）$CH_3CH_2CH_2CH_2OCH_2CH_3$
（11）$CH_3CH_2CH_2CH_2ONO_2 + AgBr$（12）$CH_3CH_2CH_2CH_2OCOCH_3$

(13) ![C6H5-CH(CH3)-CH2CH3]

(14) $CH_3CH_2CH_2CH_2SCH_3$

(15) $CH_3CH_2CH_2CH_3$

(16) $CH_3CH_2CH_2CH_2CH_3$

8.6（1）②>①，S_N2，位阻大者反应慢。

（2）①>②，S_N2，卤代烃相同，亲核试剂活性 $OH^- > H_2O$，反应中①速度快。

（3）②>①，S_N2，其他条件相同，离去基团离去活性 $Br^- > Cl^-$。

（4）②>①，S_N2，亲核试剂活性 $SH^- > OH^-$，在 S_N2 历程中②反应快。

（5）②>①，S_N2，亲核试剂活性 $CH_3O^- > OH^-$。

（6）②>①，S_N2，亲核试剂活性 $Me_3P > Me_3N$。

（7）②>①，S_N2，亲核试剂浓度大者速度快。

（8）①>②，S_N2，亲核试剂活性 $SCN > SCN^-$。

（9）②>①，反应物相同，非质子性溶剂对 S_N2 有利。常用的非质子性溶剂有 $HCON(CH_3)_2$（N,N-二甲基甲酰胺，简称 DMF），CH_3SOCH_3（二甲亚砜，DMSO）。

8.7（1）①>②，离去基团活性 $I^- > Cl^-$。

（2）①>②，溶剂极性 $H_2O > CH_3OH$。

（3）①>②，碳正离子稳定性 $CH_2=CHCH_2^+ > CH_3CH_2CH_2^+$。

（4）①=②，S_N1，反应速度与亲核试剂浓度无关。

8.8（1）

第一步：

C6H5-OH + NaOH ⟶ C6H5-ONa + H_2O

C6H5-O⁻ + $CH_3-O-SO_2-OCH_3$ ⟶ C6H5-OCH3 + $^-O-SO_2-OCH_3$ (S_N2)

第二步：

C6H5-O⁻ + $CH_3-O-SO_2-O^-$ ⟶ C6H5-OCH3 + SO_4^{2-} (S_N2)

（2）CH_3SO_4H 酸性比 HSO_4^- 强，其共轭碱的碱性 $CH_3SO_4^-$ 比 SO_4^{2-} 弱，因此是更好的离去基团，故第一步反应比第二步反应容易。

8.9（1）苄基氯 > 1-氯丁烷 >> 氯苯

（2）S_N2 反应。3-溴丙烯 > 1-溴丁烷 > 2-溴丁烷 >> 溴乙烯

（3）S_N1 反应。对甲氧基苄基氯 > 对甲基苄基氯 > 苄基氯 > 对氯苄基氯 > 对硝基苄基氯

8.10 E>D>B>A>C

8.11（1）

$OH^- + CH_3\underset{H}{\overset{n\text{-}C_6H_{13}}{|}}Br \longrightarrow HO\underset{H}{\overset{n\text{-}C_6H_{13}}{|}}CH_3 + CH_3\underset{H}{\overset{n\text{-}C_6H_{13}}{|}}OH + Br^-$

主　　　　次

（2）原料溴代烷的旋光纯度 $= \dfrac{+30°}{+36°} \times 100\% = 83\%$

产物醇的旋光纯度 $= \dfrac{-5.97°}{-10.3°} \times 100\% = 58\%$

(3) 构型转化百分率应为已转化构型的产物醇的旋光百分率被原料溴代烷的旋光百分率所除，所得的商与100%之差即为外消旋化的百分率。

$$\text{转化}\% = \frac{58\%}{83\%} \times 100\% = 70\% \qquad \text{外消旋化}\% = 100\% - 70\% = 30\%$$

(4) 只有背面进攻才能导致构型转化，外消旋化则是由于等量的正面和背面进攻所致，因此背面进攻的反应 $= 70\% + \frac{1}{2} \times 30\% = 85\%$，正面进攻的反应 $= \frac{1}{2} \times 30\% = 15\%$。

(5) 高的构型转化百分率表明主要发生了 S_N2 反应，而较小的外消旋化百分率则表明有一些 S_N1 反应。这种 S_N1 和 S_N2 同时存在的反应机理是 2° RX 的典型反应。

(6) 提高亲核试剂的浓度——此处为 OH^-。

8.12 (1) $CH_3CH_2\overset{}{O}CH_2CH_3 \xrightarrow{H^+} CH_3CH_2\overset{H}{\underset{+}{O}}CH_2CH_3$

$CH_3CH_2\overset{H}{\underset{+}{O}}CH_2CH_3 \xrightarrow{} CH_3CH_2I + CH_3CH_2OH$
$\quad\quad\quad\overset{|}{I^-}$

$CH_3CH_2OH + H^+ \longrightarrow CH_3CH_2\overset{+}{O}H_2$

$CH_3CH_2{-}\overset{+}{O}H_2 \longrightarrow CH_3CH_2I + H_2O$
$\quad\quad\overset{|}{I^-}$

(2) $CH_3CH_2O^-$ 是强碱，是一个很难离去的基团。

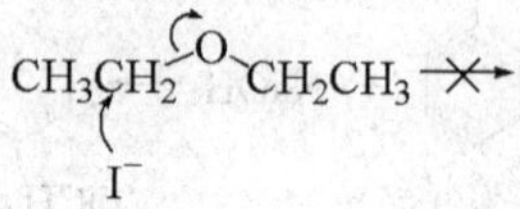

$$CH_3CH_2\overset{}{O}CH_2CH_3 \not\longrightarrow$$
$$\quad\quad\overset{|}{I^-}$$

8.13

(1)  ⟨tetrahydrothiophene⟩ (2) ⟨pyrrolidine (NH)⟩ (3) CH_3SCH_3 (4) $ClCH{=}CHCH_2O\overset{O}{\overset{\|}{C}}CH_3$

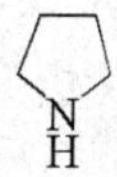

(5) $CH_3CH_3 + ClCH_2CH{=}CHCH_2OMgCl$ (6) ⟨邻氯苄腈 CH_2CN, Cl⟩

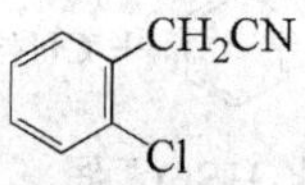

(7) $CH_3CH_3 + H_2NMgCl$ (8)  ⟨双环醇 OH⟩ (9) ⟨桥环胺 N⟩

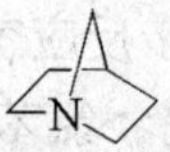

8.14 (1) 水的极性比乙醇大，增加乙醇中水的含量，就使溶剂的极性增加。氯代正丁烷的水解反应主要按 S_N2 历程进行，溶剂的极性增加，使过渡态的能量也增加，所以水解速度减慢。叔氯代正丁烷的水解反应主要按 S_N1 历程进行，溶剂的极性增加时，使过渡态的能量下降，水解速度加快。

(2) 若进行 S_N1 反应，平面的 ⟨桥环结构⟩ 几乎不存在；若进行 S_N2 反应，由于环的阻碍使进攻中心碳原子的速度减慢，反应也几乎不进行。

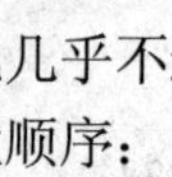

(3) 中间体碳正离子的稳定性顺序：

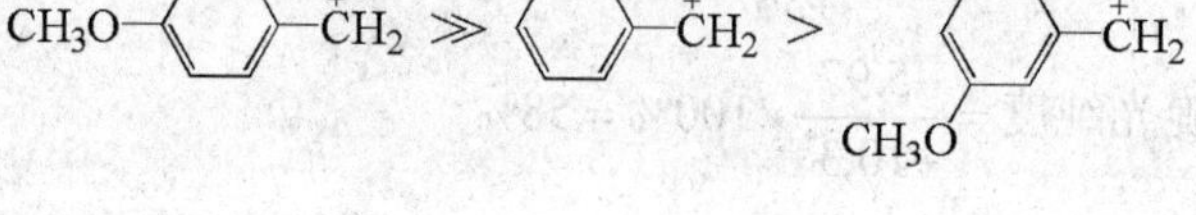

$CH_3O{-}\langle C_6H_4\rangle{-}\overset{+}{C}H_2 \gg \langle C_6H_5\rangle{-}\overset{+}{C}H_2 > \langle m\text{-}CH_3O{-}C_6H_4\rangle{-}\overset{+}{C}H_2$

甲氧基在对位为共轭给电子基，在间位为诱导拉电子基。增加水量，溶剂极性增加，有利于 S_N1 反应，说明此反应按 S_N1 进行。

8.15 （1）S_N2；（2）S_N1；（3）S_N2；（4）S_N2；（5）S_N1；（6）S_N1；（7）S_N1。

8.16 没有碘化钠催化的情况下，发生正常 S_N2 的反应，构型翻转；在催化量碘化钠（0.01 mol）存在下，Cl^- 首先离去，由双键参与形成非经典碳正离子，然后 CN^- 进攻，得到构型保持的产物；在反应量碘化钠（1 mol）存在下，首先 I^- 取代 Cl^-，发生一次构型翻转，然后 CN^- 取代 I^-，发生一次构型翻转，两次翻转后，得到构型保持的产物。

8.17 该反应为 S_N2 历程，二甲亚砜溶剂极性比乙醇小，更有利于 S_N2 反应，使反应速度加快。

8.18 （1）由于环中氧的参与，形成 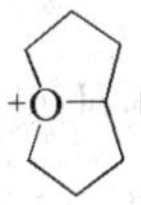 中间体，加速反应。

（2）分子中硫的参与分别形成如下中间体：

n	1	2	3	4	5
中间体	$Ph-\overset{+}{S}=CH_2$	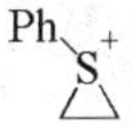 $Ph\overset{+}{S}\triangle$	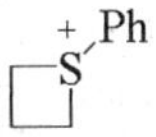 $\square\overset{+}{S}Ph$	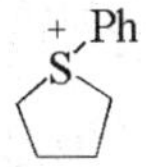 $\overset{+}{S}Ph$ 五元环	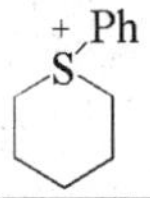 $\overset{+}{S}Ph$ 六元环
$k_{相对}$	$3.3×10^4$	$1.5×10^2$	1.0	$1.3×10^2$	4.3

其中 $n=1$ 形成八隅体，中间体最稳定；$n=2$ 的三元环形成时的活化熵是有利的；$n=4$ 的五元环其活化焓是有利的；$n=3$ 的四元环，熵项、焓项都不利，速度最慢；$n=5$ 的六元环熵项逐渐变得不利。

（3）双键参与，协助卤素的离去，然后水进攻，两次 S_N2 反应，得到构型保持的产物。

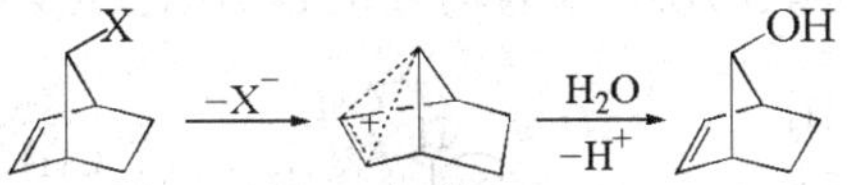

非经典碳正离子

同时随着环的缩小，环内的张力增大，环的折叠程度增大，这样在过渡态时形成的 p 轨道与 π 键的距离缩短，π 键的参与作用加强，相应的水解速度也增大。

8.19

（1）

3-溴-2-戊烯 —— 不反应
4-溴-2-戊烯 —$\dfrac{AgNO_3}{醇}$→ 室温，黄色↓
5-溴-2-戊烯 —— △，黄色↓

（2）

正氯丁烷、正碘丁烷、己烷、对异丙基甲苯、环己烯 —$\dfrac{AgNO_3}{醇\ \triangle}$→ {正反应：正氯丁烷、正碘丁烷；负反应：己烷、对异丙基甲苯、环己烯}

正反应 —$\dfrac{AgNO_3}{醇\ 室温}$→ 正反应：正氯丁烷；负反应：正碘丁烷

负反应 —$\dfrac{Br_2}{CCl_4}$→ 负反应：己烷、对异丙基甲苯；正反应：环己烯

负反应 —$\dfrac{KMnO_4}{\triangle}$→ 负反应：己烷；正反应：异丙基甲苯

(3)
氯乙醇　　　　　　　由黄变绿　　AgNO₃　↓
乙二醇　──CrO₃/H₂SO₄──→　由黄变绿　──醇/Δ──→　无
1,2-二氯乙烷　　　　　不反应

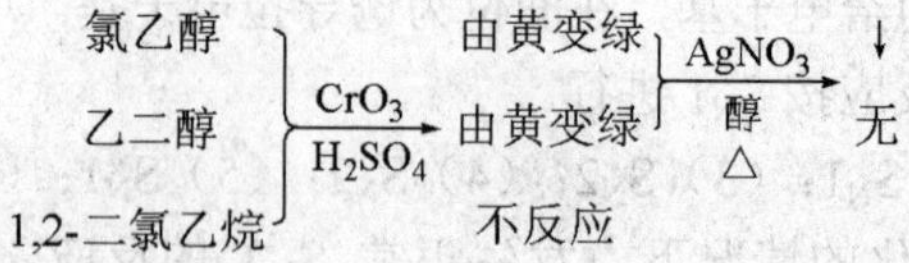

8.20

(1) 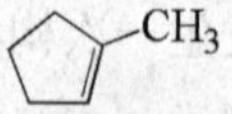 1-甲基环戊烯　(2) 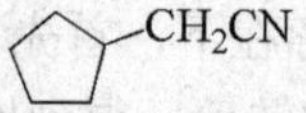 环戊基CH₂CN　(3) $HC\equiv CCH_3$

(4) $[CH_3-\underset{OH}{\overset{OH}{C}}-CH_3] \xrightarrow{-H_2O} CH_3COCH_3$　(5) $CH_3C\equiv CH$

(6) $CH_3CH_2CH=CH_2$　(7) $CH_3CH=CHCH_3$　(8) $CH_3CH_2CH(OH)CH_3$
（碱体积大）

8.21

(1) 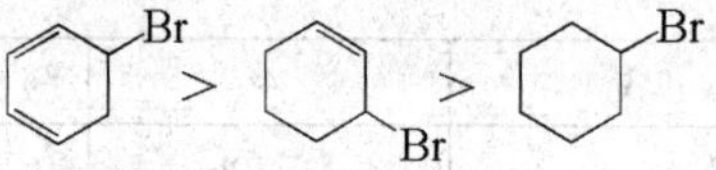 苯-Br > 环己烯-Br > 环己基-Br

(2) 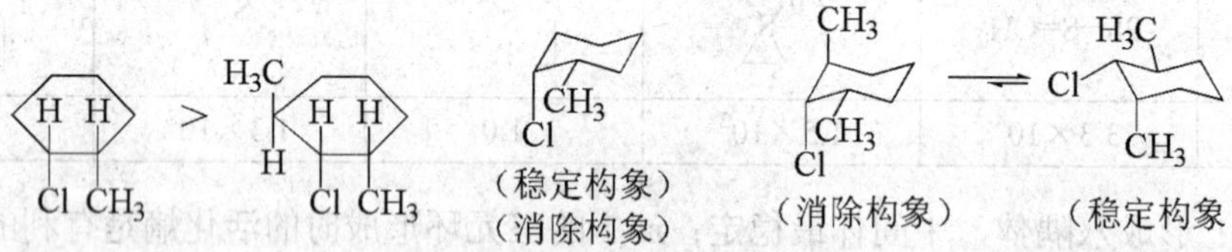 （顺-1,2-二甲基-Cl 环戊烷）> （反-1,2-二甲基-Cl 环戊烷）> （Cl直立甲基平伏 环己烷，稳定构象）（Cl平伏甲基直立，消除构象） ⇌ （消除构象）（稳定构象）

(3) $CH_3-\underset{Cl}{\overset{CH_3}{C}}-CH_3 > CH_3CHClCH_3 > CH_3CH_2CH_2Cl > CH_3CCl=CH_2$

8.22（1）只有当氢或重氢与溴呈反位时才能起消除反应。

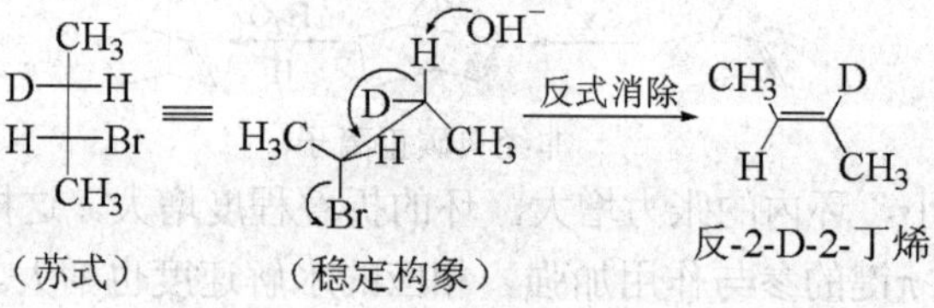

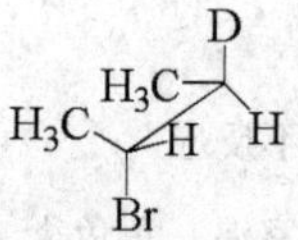

（苏式）（稳定构象） ──反式消除──→ 反-2-D-2-丁烯

甲基在同侧构象不稳定，又因一级同位素效应，因此无失去氘的反-2-丁烯

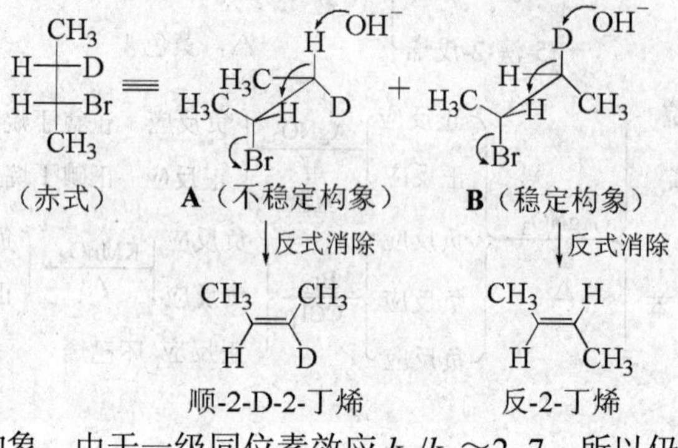

（赤式）　A（不稳定构象）　B（稳定构象）
　　　　　↓反式消除　　　↓反式消除
　　　　　顺-2-D-2-丁烯　反-2-丁烯

尽管 **A** 为不稳定构象，由于一级同位素效应 $k_H/k_D \approx 2\sim 7$，所以仍有顺-2-D-2-丁烯。

（2） A [结构图：含环氧的甲基取代十氢萘]   B [结构图：含酮的甲基取代十氢萘]

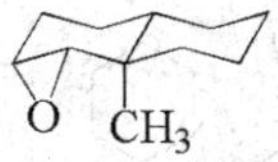

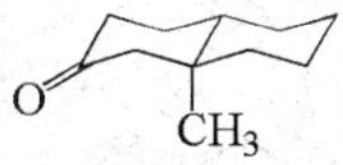

因消除必须是反式共平面，A 中不能进行正常消除而得环氧化合物。

（3）由于 A 中两个大基团的存在，它以平伏键的稳定构象存在，不能翻转为两个直立键的消除构象。

8.23

$$(CH_3)_2CXCH_2CH_3 \xrightarrow{k_X} X^- + (CH_3)_2\overset{+}{C}CH_2CH_3$$

$$(CH_3)_2\overset{+}{C}CH_2CH_3 \begin{cases} \xrightarrow{-H^+} CH_2=\underset{CH_3}{\overset{CH_3}{C}}CH_2CH_3 \\ \xrightarrow{-H^+} (CH_3)_2C=CHCH_3 \\ \xrightarrow{CH_3OH} (CH_3)_2\overset{\overset{+}{O}CH_3}{\underset{}{C}}CH_2CH_3 \xrightarrow{-H^+} (CH_3)_2\overset{OCH_3}{\underset{}{C}}CH_2CH_3 \end{cases}$$

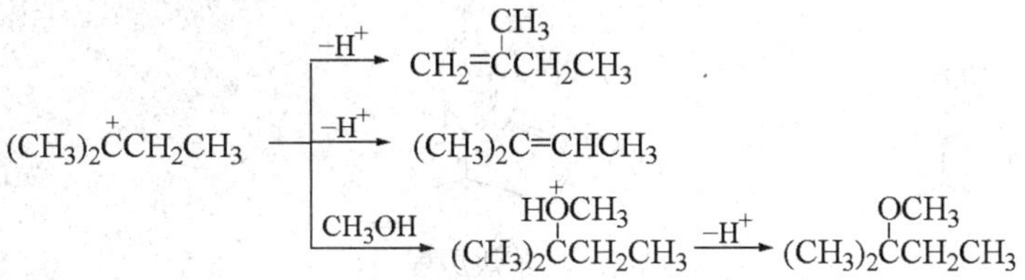

k_X 为决速步，对 X=Cl、Br、I 反应速度不同，但由于它们得到相同的中间体，经过取代或消除得到同样的混合物。

8.24 氢氧根离子（OH^-）既是一个强碱，又是一个强亲核试剂，因此取代反应和消除反应同时发生，得到醇和烯的混合物。改用弱碱乙酸盐时，乙酸根离子虽是弱碱，但是一个强亲核试剂，因此只发生取代反应（S_N2），把卤代烷转变为酯，得到的酯水解后得高产率的醇。

8.25（1）

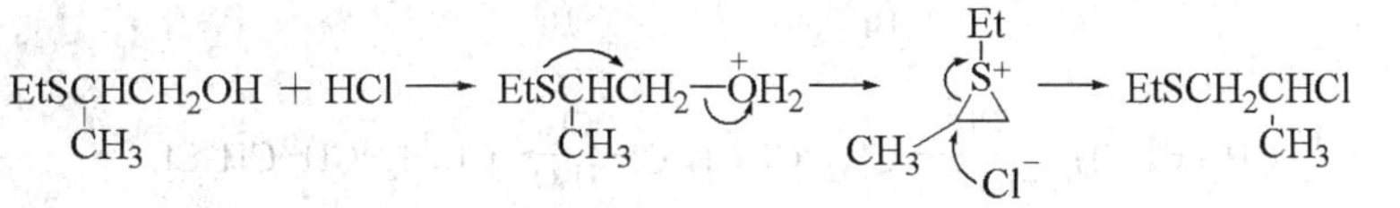

$$EtSCHCH_2OH + HCl \longrightarrow EtS\underset{CH_3}{CH}CH_2\overset{+}{O}H_2 \longrightarrow \underset{CH_3}{\overset{Et}{\overset{|}{S^+}}}\underset{Cl^-}{\triangle} \longrightarrow EtSCH_2\underset{CH_3}{CH}Cl$$

（2）

[反应机理图：含有 SO_2N(CH_3)、NO_2、CH_2Ph 基团的苯环，经 OH^- 作用生成中间体，再经 -SO_2、H_2O/-OH^- 得到最终产物 PhCH(CH_3)C(O)NHCH_3 的邻硝基苯化合物]

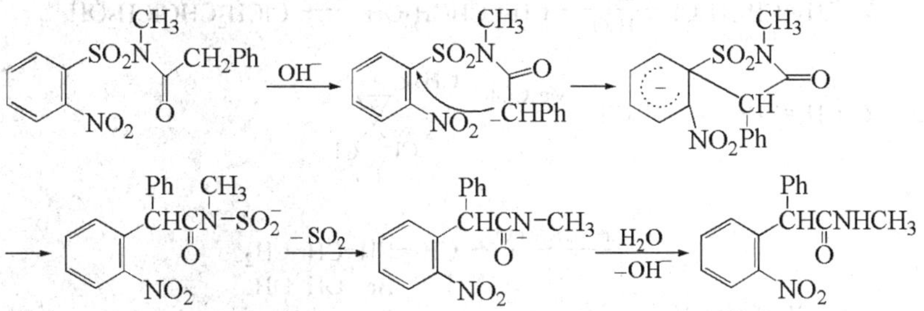

8.26

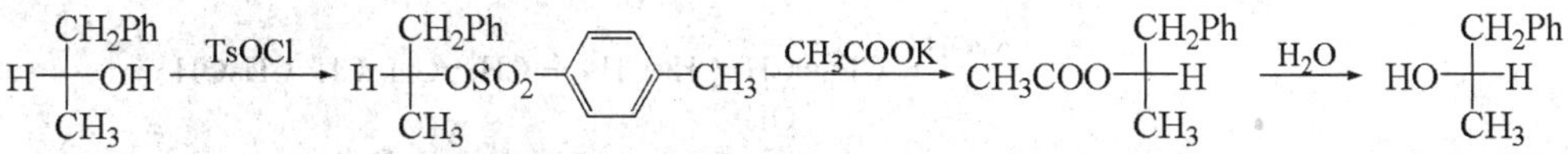

[反应式：含 CH_2Ph、OH、CH_3 的不对称碳 经 TsOCl 转化为磺酸酯（构型保持，不对称碳4个键不变），再经 CH_3COOK 生成乙酸酯（构型翻转），最后 H_2O 水解为醇（构型保持）]

8.27

（1）[2-硝基-N-哌啶基苯]   （2）[2-氯-4,6-二硝基苯胺]   （3）[4-硝基二苯醚] O_2N—[苯环]—O—[苯环]

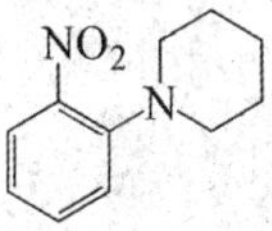

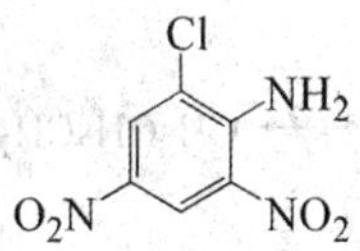

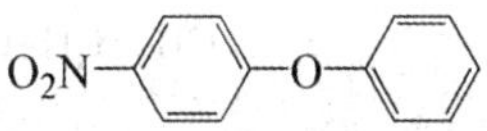

（4）$(CH_3)_2N-\underset{}{C_6H_4}-\underset{O}{\overset{\|}{C}}CH_3$ （5） [萘炔中间体] → 2-(1-哌啶基)萘 + 1-(1-哌啶基)萘

（6） $\overset{*}{C_6H_5}-NH_2$ + $\overset{*}{C_6H_4}-NH_2$ （7） [$C_6H_5CH_2CH_2CH_2NHCH_3$] → N-甲基-1,2,3,4-四氢喹啉
  苯炔中间体
  PhLi 作为一强碱

（8） 1-甲氧基-3,5-二硝基苯 ($CH_3O-C_6H_3(NO_2)_2$) （9） 三蝶烯类结构
  苯炔历程

8.28

（1） $\xrightarrow{PBr_3}$ （2） $\xrightarrow[-H_2O]{H^+, \Delta}$ $CH_2=CHCH_3$ $\xrightarrow{NBS}$

（3） 由（2） $CH_2=CHCH_3 \xrightarrow{Br_2} CH_2BrCHBrCH_3 \xrightarrow[\Delta]{NaNH_2} HC\equiv CCH_3 \xrightarrow{2Br_2} CHBr_2CBr_2CH_3$

（4） 由（3） $CH_3C\equiv CH \xrightarrow{HBr} CH_3\underset{Br}{C}=CH_2 \xrightarrow{HI} CH_3\underset{Br}{\overset{I}{C}}CH_3$

（5） 由（2） $CH_2=CHCH_3 \xrightarrow[500℃]{Cl_2} CH_2=CHCH_2Cl \xrightarrow{Cl_2/H_2O} ClCH_2-\underset{OH}{CH}-CH_2Cl$

（6） 由（5） $CH_2=CHCH_2Cl \xrightarrow[H_2O]{Na_2CO_3} CH_2=CHCH_2OH \xrightarrow{Cl_2} ClCH_2CHClCH_2OH$

（7） 由（2） $CH_2=CHCH_3 + CHCl_3 \xrightarrow{Me_3COK}$ 1,1-二氯-2-甲基环丙烷

8.29

$CH_3-\underset{Br}{CH}-CH=CH_2$ （A）

冷稀$KMnO_4$ → $CH_3-\underset{Br}{CH}-\underset{OH}{CH}-\underset{OH}{CH_2}$

Br_2 → $CH_3-\underset{Br}{CH}-\underset{Br}{CH}-\underset{Br}{CH_2}$ （B）

$NaOH$ → $CH_3-\underset{OH}{CH}-CH=CH_2$ + $CH_3-CH=CH-CH_2OH$
  （C）   （D）

$CH_3-\underset{OH}{CH}-CH=CH_2 \xrightarrow{[H]} CH_3-\underset{OH}{CH}-CH_2CH_3$ （F）

$CH_3-CH=CH-CH_2OH \xrightarrow{[H]} CH_3CH_2CH_2CH_2OH$ （E）

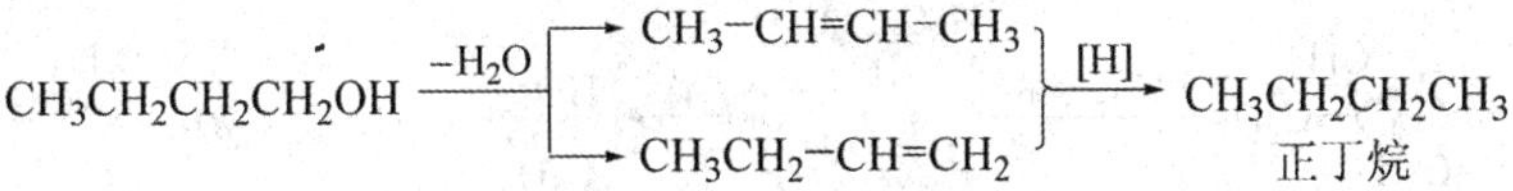

$$CH_3CH_2CH_2CH_2OH \xrightarrow{-H_2O} \begin{array}{c} CH_3-CH=CH-CH_3 \\ CH_3CH_2-CH=CH_2 \end{array} \xrightarrow{[H]} CH_3CH_2CH_2CH_3 \text{ 正丁烷}$$

$$CH_3-\underset{OH}{CH}-CH_2CH_3 \xrightarrow{-H_2O} CH_3-CH=CH-CH_3$$

8.30

（1）$CH_3CH=CH_2 \xrightarrow[500℃]{Cl_2} CH_2=CH-CH_2Cl \xrightarrow[\text{丙酮}]{NaI} CH_2=CH-CH_2I$

（2）$CH_2=CHCl \xrightarrow[THF]{Mg} CH_2=CHMgCl \xrightarrow{D_2O} CH_2=CHD$

（3） 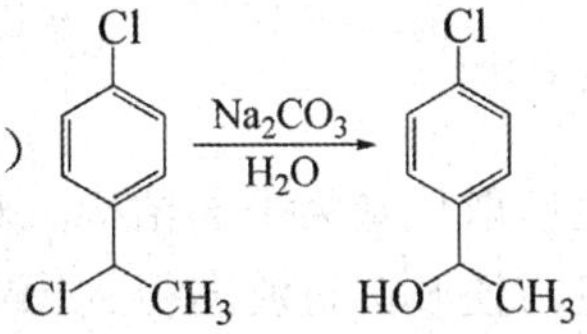 对氯-α-氯乙基苯 $\xrightarrow[H_2O]{Na_2CO_3}$ 对氯-α-羟基乙基苯

（4） 苯 $\xrightarrow[AlCl_3]{CH_3Cl}$ 甲苯 $\xrightarrow[ZnCl_2]{HCl, HCHO}$ 对甲基氯苄 $\xrightarrow{EtONa}$ 对甲基苄基乙基醚

（5） 苯 $\xrightarrow[ZnCl_2]{HCl, HCHO}$ PhCH$_2$Cl $\xrightarrow{CH_2=CHMgCl}$ PhCH$_2$CH=CH$_2$

（6） 苯 $\xrightarrow[\text{Ni,压力高温}]{H_2}$ 环己烷 $\xrightarrow[hv]{Cl_2}$ 氯代环己烷

苯 + 氯代环己烷 $\xrightarrow{AlCl_3}$ 苯基环己烷 $\xrightarrow[hv]{Cl_2}$ 1-氯-1-苯基环己烷 $\xrightarrow[\text{醇}]{NaOH}$ 1-苯基环己烯

（7） CH$_3$-C$_6$H$_5$ $\xrightarrow[Br_2]{Fe}$ CH$_3$-C$_6$H$_4$-Br $\xrightarrow{(CH_2=C(CH_3))_2CuLi}$ CH$_3$-C$_6$H$_4$-C(CH$_3$)=CH$_2$

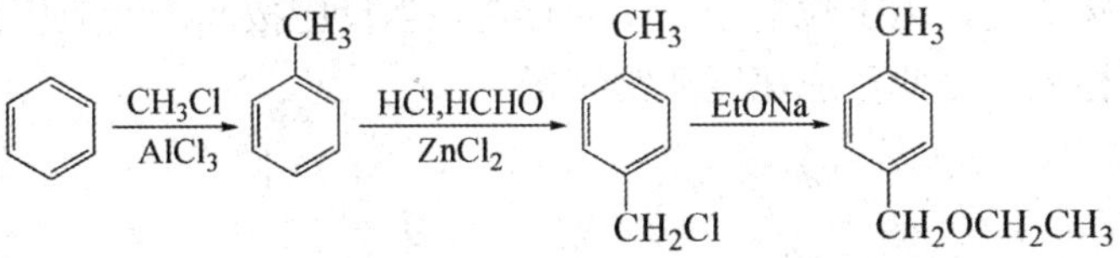

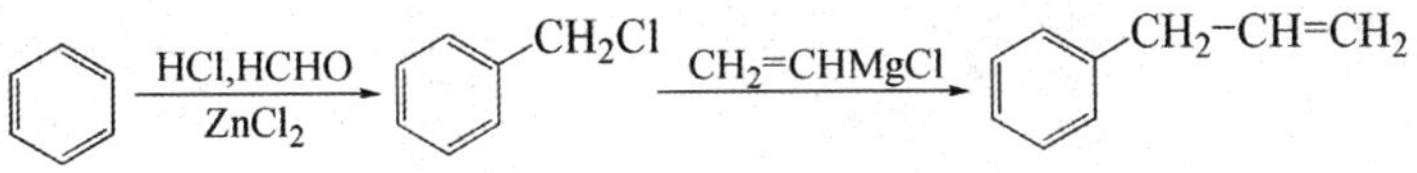

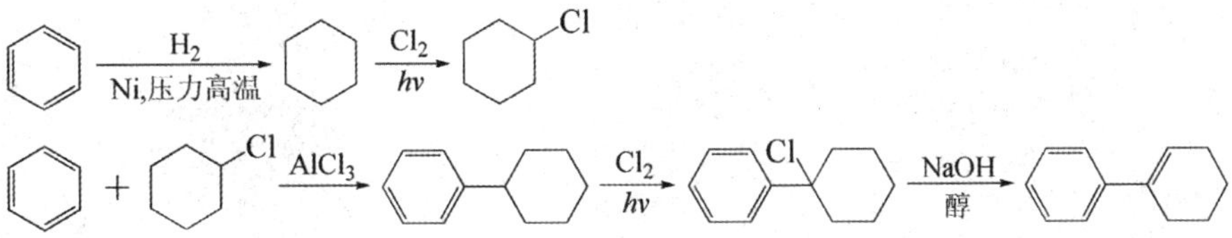

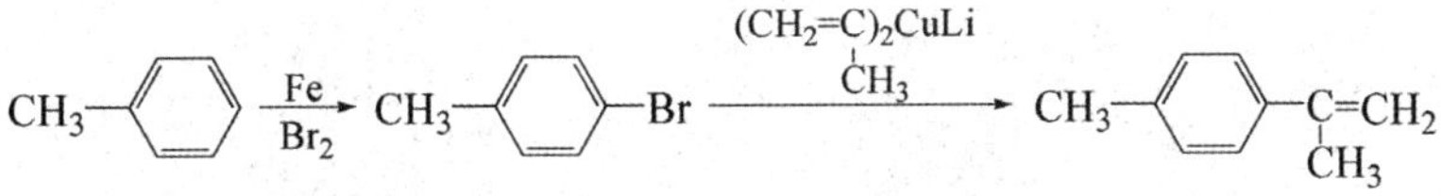

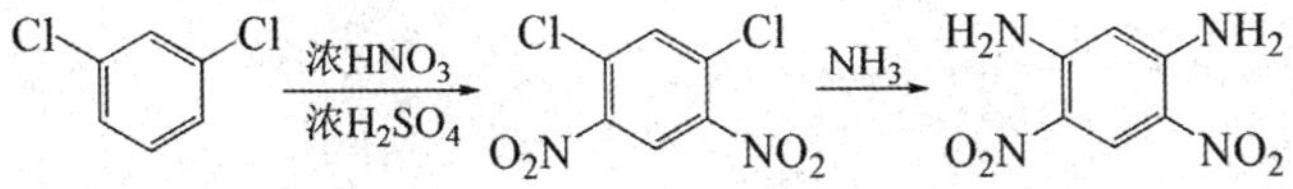

（8） 1,3-二氯苯 $\xrightarrow[\text{浓}H_2SO_4]{\text{浓}HNO_3}$ 2,4-二氯-1,5-二硝基苯 $\xrightarrow{NH_3}$ 4,5-二氨基-1,2-二硝基苯

（9） 氯苯 $\xrightarrow[SO_3]{H_2SO_4}$ 对氯苯磺酸 $\xrightarrow[\text{浓}H_2SO_4]{\text{浓}HNO_3}$ 4-氯-3,5-二硝基苯磺酸 $\xrightarrow[H_2O]{H^+}$ 2-氯-1,3-二硝基苯 $\xrightarrow{NH_3}$ 2,6-二硝基-3-氯苯胺

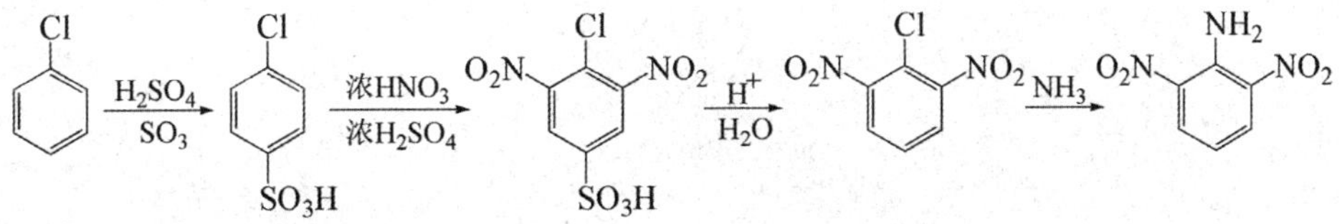

8.31（1）S_N1 反应。中间体为平面碳正离子。亲核试剂（水分子）从平面两侧进攻机会均等，故发生外消旋化。

$$\underset{\underset{C_3H_7}{|}}{\overset{\overset{CH_3}{|}}{\underset{}{C}}}\!-\!Br \xrightarrow{\text{溶剂分解}} \left[\underset{\underset{H_2O}{\curvearrowright}}{\overset{\overset{H_3C}{\diagdown}\overset{C_2H_5}{\diagup}}{\underset{C_3H_7}{C^+}}} \right] \xrightarrow{-H^+} \underset{\underset{C_3H_7}{|}}{\overset{\overset{CH_3}{|}}{\underset{}{C}}}\!-\!OH \; (C_2H_5) \; + \; \underset{\underset{CH_3}{|}}{\overset{\overset{CH_3}{|}}{\underset{}{C}}}\!-\!OH \; (C_3H_7)$$

（2）

$$CH_3\!-\!\underset{\underset{CH_3}{|}}{\overset{\overset{CH_3}{|}}{C}}\!-\!CH_2I \xrightarrow[-AgI]{Ag^+} CH_3\!-\!\underset{\underset{CH_3}{|}}{\overset{\overset{CH_3}{|}}{C}}\!-\!CH_2^+ \xrightarrow{\text{重排}} CH_3\!-\!\underset{}{\overset{\overset{CH_3}{|}}{C^+}}\!-\!CH_2CH_3 \xrightarrow{CH_3COO^-} CH_3\!-\!\underset{\underset{OCOCH_3}{|}}{\overset{\overset{CH_3}{|}}{C}}\!-\!CH_2CH_3$$

（3）对于强的亲核试剂 EtO^-，反应为 S_N2，故 EtO^- 取代 3 位的氯。对于弱亲核试剂，反应为 S_N1，中间体经过烯丙型阳离子。

$$\underset{\underset{Cl}{|}}{CH_3CHCH}\!=\!CH_2 \xrightarrow{-Cl^-} CH_3\overset{\delta+}{CH}\!=\!CH\!-\!\overset{\delta+}{CH_2} \xrightarrow{EtOH} \underset{\underset{H\overset{+}{O}Et}{|}}{CH_3CH}\!-\!CH\!=\!CH_2 + CH_3CH\!=\!CH\!-\!\underset{\underset{H\overset{+}{O}Et}{|}}{CH_2}$$

$$\xrightarrow{-H^+} \underset{\underset{OEt}{|}}{CH_3CH}\!-\!CH\!=\!CH_2 + CH_3CH\!=\!CH\!-\!\underset{\underset{OEt}{|}}{CH_2}$$

8.32 α 位为拉电子的酮、腈、酯等基团，一方面由于这些取代基为平面结构，对进攻的亲核体的阻碍作用较小，另一方面可与过渡态的 p 轨道重叠，使 S_N2 过渡态得到稳定，因此可加速反应。磺酰基是特殊情况。由于拉电子基团的存在，当反应按 S_N1 反应历程进行时，使碳正离子中间体变得不稳定，因此反应速度非常缓慢。

第九章 醇和酚

一、复习要点

1. 掌握醇和酚化合物的结构特点及对物理、化学性质的影响。醇和酚都含有羟基，酚的羟基与芳环直接相连。由于羟基的存在，分子间有氢键，因此都具有较高的沸点和熔点，同时在水中有不同程度的溶解性。

2. 醇的分类及醇和酚的命名。

3. 醇和酚的化学性质。

（1）醇的官能团是（—OH），它可发生如下两种断裂：R⫶O⫶H，具有酸性及碱性；α 碳上的氢活泼，易被氧化。

① 碳氧键断裂（R⫶OH）

由于—OH 的碱性强难于离去，因此碳氧键断裂需在酸性条件下进行。

醇羟基的反应活性：烯丙基、苄基型＞3°＞2°＞1°。

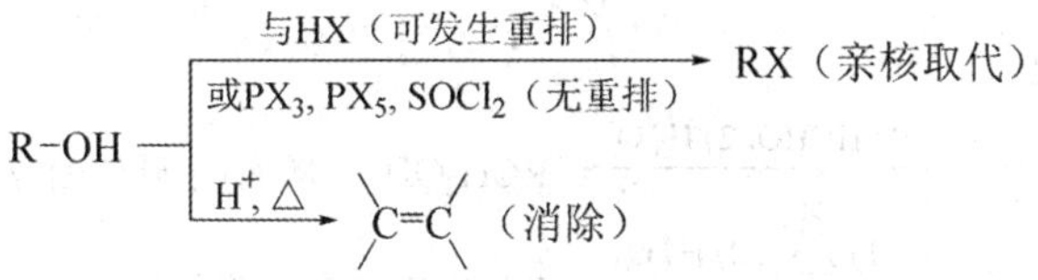

$$R-OH \begin{cases} \xrightarrow{\text{与HX（可发生重排）}} RX\text{（亲核取代）} \\ \xrightarrow{\text{或}PX_3, PX_5, SOCl_2\text{（无重排）}} \\ \xrightarrow{H^+, \triangle} \text{C=C（消除）} \end{cases}$$

② 氢氧键断裂（RO⫶H）

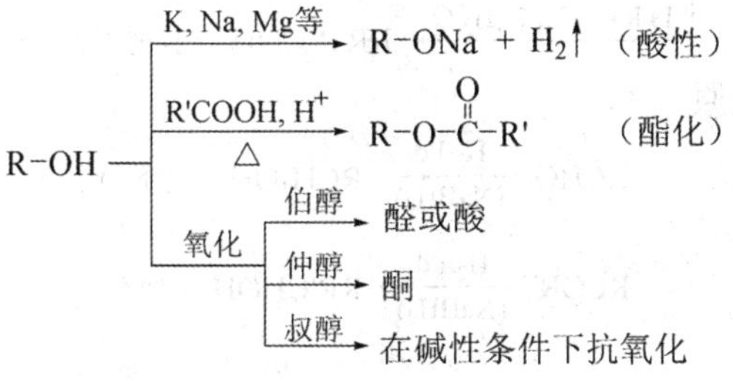

$$R-OH \begin{cases} \xrightarrow{K, Na, Mg\text{等}} R-ONa + H_2\uparrow \text{（酸性）} \\ \xrightarrow[\triangle]{R'COOH, H^+} R-O-\overset{O}{\overset{\|}{C}}-R' \text{（酯化）} \\ \xrightarrow{\text{氧化}} \begin{cases}\text{伯醇} \to \text{醛或酸} \\ \text{仲醇} \to \text{酮} \\ \text{叔醇} \to \text{在碱性条件下抗氧化}\end{cases} \end{cases}$$

③ 邻二醇的反应

$$\underset{\underset{OH\ OH}{|\ \ \ |}}{R-\overset{R}{\overset{|}{C}}-\overset{R}{\overset{|}{C}}-R} \begin{cases} \xrightarrow{\text{氧化}, HIO_4} \text{醛或酮} \xrightarrow{AgNO_3} \text{白色}\downarrow \text{（用于检验邻二醇）} \\ \xrightarrow[\text{频哪重排}]{H^+, \triangle} R-\overset{R}{\overset{|}{\underset{\|}{C}}}-\overset{O}{\overset{\|}{C}}-R \end{cases}$$

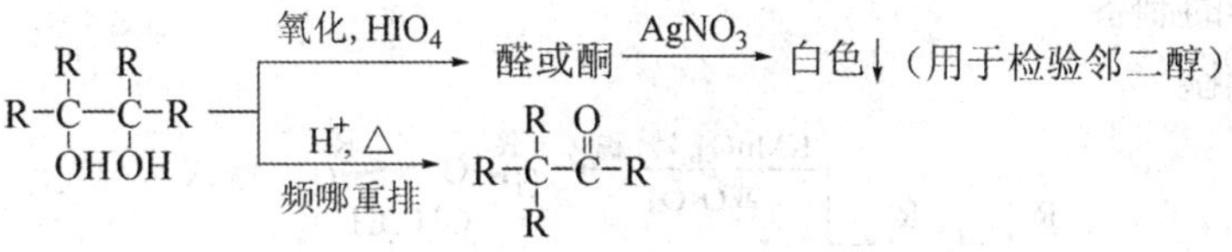

（2）酚

$$\text{ArOH} \begin{cases} \xrightarrow{\text{NaOH或Na}_2\text{CO}_3/\text{H}_2\text{O}} \text{ArONa（酸性）} \\ \xrightarrow{\text{FeCl}_3} \text{显色} \\ \longrightarrow \text{卤代、磺化、硝化（环的亲电取代）} \\ \xrightarrow{[\text{O}]} \text{醌} \\ \xrightarrow[\text{或(RCO)}_2\text{O}]{\text{RCOCl}} \text{PhO-CO-R} \xrightarrow[\text{AlCl}_3]{\text{Fries重排}} \begin{cases} 25^\circ\text{C}: p\text{-ROC-C}_6\text{H}_4\text{-OH} \\ 160^\circ\text{C}: o\text{-HO-C}_6\text{H}_4\text{-COR} \end{cases} \\ \xrightarrow[\text{H}^+\text{或OH}^-]{\text{HCHO}} \text{酚醛树脂} \end{cases}$$

4. 制法。

（1）醇

① 烯烃加水

$$\text{RCH=CH}_2 + \text{H}_2\text{O} \xrightarrow{\text{H}_2\text{SO}_4\text{或H}_3\text{PO}_4} \text{RCH(OH)CH}_3$$

② 烯烃经羟汞化－还原脱汞反应

$$\text{RCH=CH}_2 \xrightarrow[\text{H}_2\text{O}]{\text{Hg(OAc)}_2} \text{R-CH(OH)-CH}_2\text{HgOAc} \xrightarrow{\text{NaBH}_4} \text{R-CH(OH)-CH}_3$$

③ 烯烃经硼氢化－氧化反应

$$\text{RCH=CH}_2 \xrightarrow{\text{B}_2\text{H}_6} (\text{R-CH(H)-CH}_2)_3\text{B} \xrightarrow[\text{OH}^-]{\text{H}_2\text{O}_2} \text{RCH}_2\text{CH}_2\text{OH}$$

④ Grignard 反应

$$\text{RMgX} \begin{cases} \xrightarrow{1)\ \text{HCHO},\ 2)\ \text{H}_3^+\text{O}} \text{RCH}_2\text{OH（增加1个碳的伯醇）} \\ \xrightarrow{1)\ \text{环氧乙烷},\ 2)\ \text{H}_3^+\text{O}} \text{RCH}_2\text{CH}_2\text{OH（增加2个碳的伯醇）} \\ \xrightarrow{1)\ \text{R'CHO},\ 2)\ \text{H}_3^+\text{O}} \text{RCH(OH)R'（仲醇）} \\ \xrightarrow{1)\ \text{R'COR''},\ 2)\ \text{H}_3^+\text{O}} \text{RR'R''COH（叔醇）} \end{cases}$$

⑤ 羰基化合物的还原

$$\text{RCHO} \xrightarrow[(\text{NaBH}_4)]{\text{H}_2/\text{Pd}} \text{RCH}_2\text{OH（伯醇）}$$

$$\text{RCOR'} \xrightarrow[(\text{NaBH}_4)]{\text{H}_2/\text{Pd}} \text{RR'CHOH（仲醇）}$$

⑥ 卤代烷的水解

$$\text{RX} + \text{OH}^-\ (\text{或H}_2\text{O}) \longrightarrow \text{ROH} + \text{X}^-$$

⑦ 邻二醇的制备

a. 烯烃氧化

$$\text{RHC=CHR} \begin{cases} \xrightarrow{\text{KMnO}_4,\ \text{冷,碱 或 OsO}_4} \text{R-CH(OH)-CH(OH)-R（顺式）} \\ \xrightarrow{1)\ \text{RCO}_3\text{H},\ 2)\ \text{H}_3^+\text{O}} \text{R-CH(OH)-CH(OH)-R（反式）} \end{cases}$$

b. 酮还原偶联

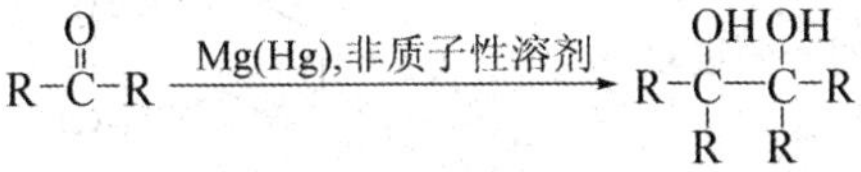

$$R-\overset{O}{\underset{}{C}}-R \xrightarrow{Mg(Hg), 非质子性溶剂} \underset{R\ R}{\overset{OH\ OH}{R-C-C-R}}$$

（2）酚
① 磺酸盐碱熔法

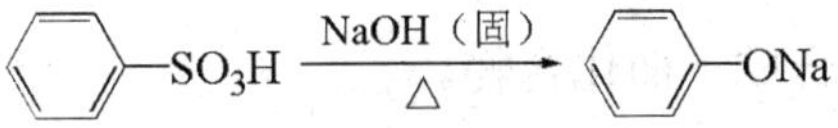

$$\text{C}_6\text{H}_5-SO_3H \xrightarrow[\Delta]{NaOH（固）} \text{C}_6\text{H}_5-ONa$$

② 氯苯水解

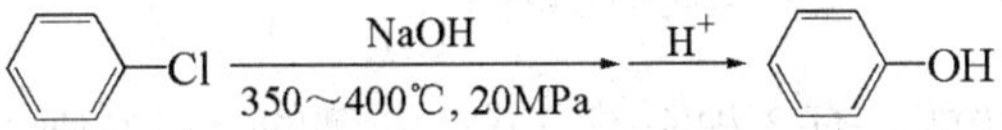

$$\text{C}_6\text{H}_5-Cl \xrightarrow[350\sim400℃, 20MPa]{NaOH} \xrightarrow{H^+} \text{C}_6\text{H}_5-OH$$

③ 异丙苯法

$$\text{C}_6\text{H}_5-CH(CH_3)_2 + O_2 \xrightarrow[\text{压力}]{\Delta} \xrightarrow[\Delta]{H_3^+O} \text{C}_6\text{H}_5-OH + CH_3COCH_3$$

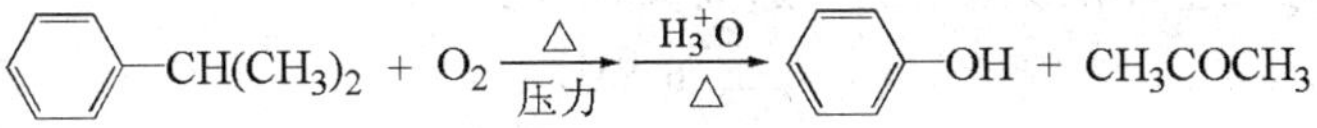

二、新概念

醇（Alcohol），酚（Phenol），𬭩盐（Oxonium），分子内亲核取代 S_Ni（Internal Nucleophilic Substitution），卢卡斯试剂（Lucas reagent），频哪醇重排（Pinacol Rearrangement），磺酸酯（Sulfonate），傅瑞斯重排（Fries Rearrangement），瑞穆－悌曼反应（Reimer-Tiemann Reaction），卡宾（Carbene）

三、新知识

卡宾的结构及 1*＋2 加成反应历程，参见习题 8.14（3）答案。
鉴别：用卢卡斯试剂鉴别 6 个碳以下的伯、仲、叔醇。

四、例题

例 1 说明以下事实：虽然乙醚的沸点比正丁醇低得多，但它们在水中有相同的溶解度（每 100 g 水溶解 8 g）。

解 溶解度跟有机物和水分子间形成的氢键有关，二者和水都能形成氢键。沸点与同种物质分子间氢键有关，正丁醇分子间能形成氢键，而乙醚分子间不能形成氢键。

例 2 完成下列反应。

（1） 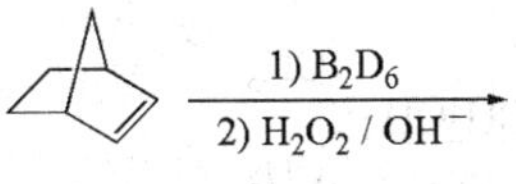 [降冰片烯] $\xrightarrow{\text{1) } B_2D_6}{\text{2) } H_2O_2/OH^-}$

（2） [蒎烯结构] $\xrightarrow{H_2, Pd}$

（3） [邻羟基苄醇] $+ (CH_3)_2SO_4 \xrightarrow{NaOH}$

（4） [邻羟基苄醇] $+ CH_3CO_2H \xrightarrow{H^+}$

（5） $CH_3\underset{OH}{\overset{}{CH}}CH_2CH_2CH=CH_2 \xrightarrow{Hg(OAc)_2} \xrightarrow{NaBH_4}$

解

（1） [产物结构] D + [产物结构] D   位阻小的一面进攻
      OH   HO

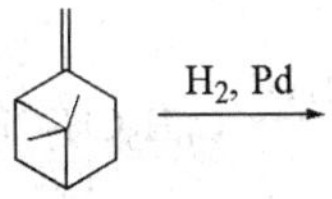

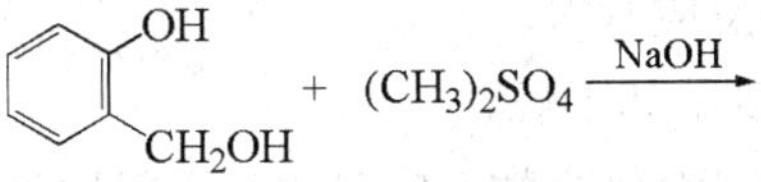

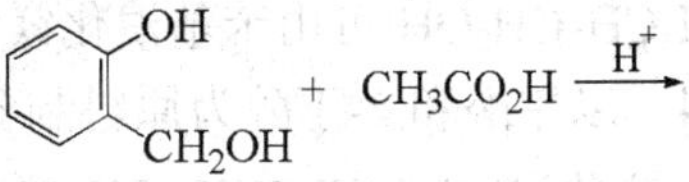

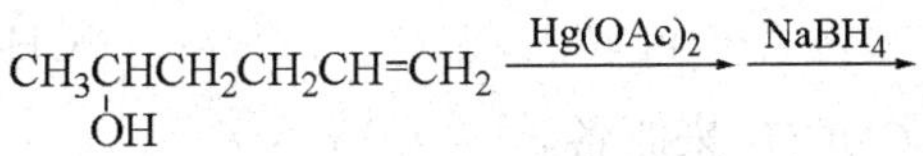

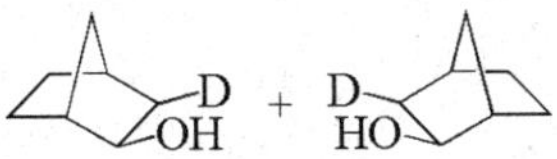

(2) 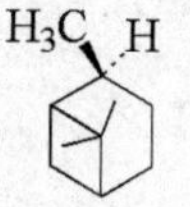 [结构图: CH₃ H 桥环化合物]   位阻小的一面进攻   (3) 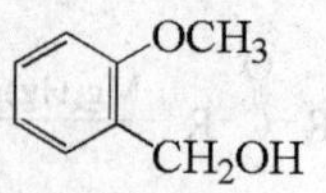 [结构图: 邻甲氧基苄醇 OCH₃, CH₂OH]   酚酸性强

(4) 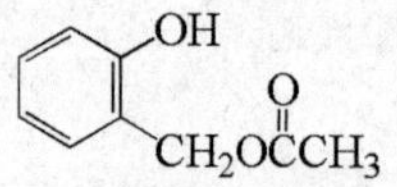 [结构图: 水杨醇乙酸酯 OH, CH₂OCOCH₃]   醇亲核活性大   (5) 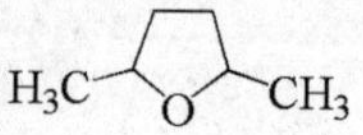 H₃C—[四氢呋喃环]—CH₃   分子内反应

例 3 选择适当的原料合成下面化合物。

(1) 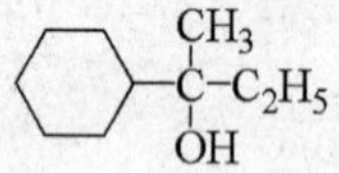 [环己基-C(OH)(CH₃)-C₂H₅]   (2) C₆H₅CH=C(CH₃)₂

解 (1) 是一个三级醇，有 3 种断键方式。断键的一般原则是从中心碳原子处将分子断开，与羟基相连的一边为醛或酮，另一边为卤代烃。

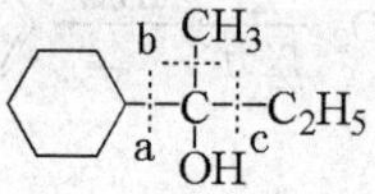

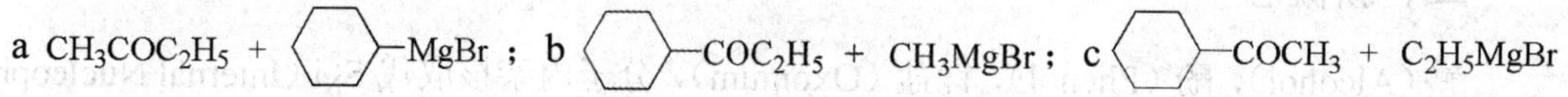

[结构图: 环己基-C(a)(OH)(b CH₃)(c C₂H₅)]

a CH₃COC₂H₅ + 环己基—MgBr； b 环己基—COC₂H₅ + CH₃MgBr； c 环己基—COCH₃ + C₂H₅MgBr

从机理的角度考虑，三种方法都是可行的，但实际上 b、c 两种方法原料本身的制备比较困难，所以选 a 法为好。丁酮是易得原料，环己基溴也易制得。

合成：

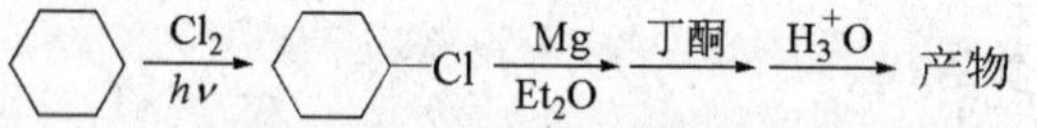

环己烷 $\xrightarrow{Cl_2/h\nu}$ 环己基—Cl $\xrightarrow{Mg/Et_2O}$ $\xrightarrow{丁酮}$ $\xrightarrow{H_3O^+}$ 产物

$CH_3CH_2OH \xrightarrow{CrO_3/吡啶} CH_3CHO \xrightarrow{C_2H_5MgCl} CH_3\overset{OH}{\underset{|}{C}}HCH_2CH_3 \xrightarrow{CrO_3/吡啶} CH_3\overset{O}{\underset{\|}{C}}CH_2CH_3$

(2) 是一个烯，可由相应的醇脱水制备，所以它的前体可能是：

a $C_6H_5CH_2\overset{OH}{\underset{|}{C}}H\text{-}\overset{CH_3}{\underset{|}{C}}HCH_3$ 或 b $C_6H_5CH_2CH_2\overset{OH}{\underset{|}{C}}\overset{CH_3}{\underset{|}{C}}H_3$

但 a 脱水时主要产生下述共轭烯烃：$C_6H_5CH=CHCH(CH_3)_2$ 或目标分子，而 b 脱水时只产生所需的目标分子。

合成：

$C_6H_5CH_2CH_2OH \xrightarrow{PBr_3} C_6H_5CH_2CH_2Br \xrightarrow[2) CH_3COCH_3]{1) Mg, Et_2O}$

$\xrightarrow{H_3O^+} C_6H_5CH_2CH_2\overset{OH}{\underset{|}{C}}(CH_3)_2 \xrightarrow[-H_2O]{H_3PO_4} C_6H_5CH_2CH=C(CH_3)_2$

$C_6H_5CH_2CH_2OH$ 可由苯基溴化镁和环氧乙烷反应制得。

例 4 以甲醛和 2-丁醇为原料制备 1,2-二溴-2-甲基丁烷。

解 产物 $BrCH_2CBr(CH_3)CH_2CH_3$ 是一种邻二溴化合物，它是由 $CH_3CH_2\underset{\underset{CH_3}{|}}{C}=CH_2$ 和 Br_2 加成制得。而 $CH_3CH_2\underset{\underset{CH_3}{|}}{C}=CH_2$ 需由 $CH_3CH_2\underset{\underset{CH_2OH}{|}}{C}HCH_3$ 来制备。

$CH_3CH_2\underset{\underset{CH_2OH}{|}}{C}HCH_3$ 是一级醇，需通过如下方法制备：

$$\text{CH}_3\text{CH}_2\text{CHCH}_3 \xrightarrow{\text{PBr}_3} \text{CH}_3\text{CH}_2\text{CHCH}_3 \xrightarrow[\text{Et}_2\text{O}]{\text{Mg}} \text{CH}_3\text{CH}_2\text{CHCH}_3$$
$$\text{OH} \qquad\qquad\qquad \text{Br} \qquad\qquad\qquad \text{MgBr}$$

$$\xrightarrow[\text{2) H}_2\text{O}]{\text{1) HCHO}} \text{CH}_3\text{CH}_2\text{CHCH}_3$$
$$\text{CH}_2\text{OH}$$

但 $\text{CH}_3\text{CH}_2\text{CH}(\text{CH}_3)\text{CH}_2\text{OH}$ 用 H_2SO_4 脱水将主要得到 2-甲基-2-丁烯：

$$\text{CH}_3\text{CH}_2\text{CHCH}_3 \xrightarrow[-\text{H}_2\text{O}]{\text{H}_2\text{SO}_4} \text{CH}_3\text{CH}_2\text{CHCH}_3 \xrightarrow{\text{重排}} \text{CH}_3\text{CH}_2\overset{+}{\text{C}}\text{CH}_3 \xrightarrow{-\text{H}^+} \text{CH}_3\text{CH}=\overset{\text{CH}_3}{\underset{\text{CH}_3}{\text{C}}}$$
$$\text{CH}_2\text{OH} \qquad\qquad \overset{+}{\text{CH}}_2 \qquad\qquad \text{CH}_3$$

所以，需要的烯烃应该通过卤代烃脱卤化氢来制备。

$$\text{CH}_3\text{CH}_2\text{CHCH}_3 \xrightarrow{\text{PBr}_3} \text{CH}_3\text{CH}_2\text{CHCH}_3 \xrightarrow[\text{醇}]{\text{KOH}} \text{CH}_3\text{CH}_2\text{C}=\text{CH}_2 \xrightarrow{\text{Br}_2} \text{CH}_3\text{CH}_2\overset{\text{Br}}{\underset{\text{CH}_3}{\text{C}}}-\overset{\text{Br}}{\text{CH}_2}$$
$$\text{CH}_2\text{OH} \qquad\qquad \text{CH}_2\text{Br} \qquad\qquad \text{CH}_3$$

例 5 以苯为原料合成下面化合物。

（1）Cl—C$_6$H$_4$—CH$_2$CH$_2$OH （2）O$_2$N—C$_6$H$_4$—CH$_2$CH$_2$OH

解 （1）目标化合物为一伯醇，其余基团不干扰反应，可采用格氏反应路线合成。目标产物有两种断裂方式，即有两种组合形式：

a　Cl—C$_6$H$_4$—CH$_2$Cl + HCHO；　　b　Cl—C$_6$H$_4$—Br + 环氧乙烷

这两种组合中，b 更好。

$$\text{C}_6\text{H}_6 + \text{Br}_2 \xrightarrow{\text{Fe}} \text{C}_6\text{H}_5\text{Br} \xrightarrow[\text{Cl}_2]{\text{Fe}} \text{Cl-C}_6\text{H}_4\text{-Br} \xrightarrow[\text{Et}_2\text{O}]{\text{Mg}}$$

$$\text{Cl-C}_6\text{H}_4\text{-MgBr} + \overset{\text{O}}{\triangle} \xrightarrow{\text{H}_3^+\text{O}} \text{Cl-C}_6\text{H}_4\text{-CH}_2\text{CH}_2\text{OH}$$

苯（乙烯）型卤代烃与 Mg 反应的活性与卤素有关，溴与碘在乙醚中较低温度下即可反应，氯活性较差，需以四氢呋喃作溶剂且较高温度下才能反应。

（2）目标分子中有硝基，它可与格氏试剂加成，因此不能采用格氏反应路线。一般情况下，在苯分子中存在 $-\text{CO}_2\text{H}$、$-\text{OH}$、$-\text{NH}_2$、$-\text{C}\equiv\text{CH}$ 等含酸性氢的基团时，可使格氏试剂分解，或存在 $-\text{NO}_2$、$-\text{CN}$、$-\text{CO}_2\text{R}$ 等基团可与格氏试剂加成，都不能直接采用格氏反应方法。一般地说，在任何的有机合成中，在把注意力放在所关心的基团的同时，还必须考虑到其他官能团存在的干扰。目标化合物可通过官能团转化达到合成的目的。

分析：

$$\text{O}_2\text{N-C}_6\text{H}_4\text{-CH}_2\text{CH}_2\text{OH} \Longrightarrow \text{O}_2\text{N-C}_6\text{H}_4\text{-CH=CH}_2$$

合成：

$$\text{C}_6\text{H}_6 \xrightarrow[\text{AlCl}_3]{\text{CH}_3\text{CH}_2\text{Cl}} \text{C}_6\text{H}_5\text{-CH}_2\text{CH}_3 \xrightarrow[\text{浓 H}_2\text{SO}_4]{\text{浓 HNO}_3} \text{O}_2\text{N-C}_6\text{H}_4\text{-CH}_2\text{CH}_3 \xrightarrow[h\nu]{\text{Cl}_2}$$

$$\text{O}_2\text{N-C}_6\text{H}_4\text{-CHCH}_3 \xrightarrow[\text{醇}]{\text{NaOH}} \text{O}_2\text{N-C}_6\text{H}_4\text{-CH=CH}_2 \xrightarrow[\text{2) H}_2\text{O}_2/\text{OH}^-]{\text{1) B}_2\text{H}_6} \text{O}_2\text{N-C}_6\text{H}_4\text{-CH}_2\text{CH}_2\text{OH}$$
$$\text{Cl}$$

（B_2H_6 和 NaBH_4 不能还原硝基）

例6 用必要试剂合成：$CH_3-\underset{OH}{CH}-CH_2CH_2OH$。

解 目标化合物为二醇，在羟基存在下不能采用格氏反应法，但如果用格氏法合成其中一个醇，另一醇用官能团转化的方式即可得到。

分析：

$$CH_3-\underset{OH}{CH}-CH_2CH_2OH \xrightarrow{\text{官能团转化}} CH_3-\underset{OH}{CH}-CH=CH_2 \Longrightarrow CH_3CHO + CH_2=CHMgBr$$

合成：

$$CH_3CHO + CH_2=CHMgBr \xrightarrow{H_3O^+} CH_3-\underset{OH}{CH}-CH=CH_2 \xrightarrow[2)\ H_2O_2/OH^-]{1)\ B_2H_6} CH_3-\underset{OH}{CH}-CH_2CH_2OH$$

例7 当反-2-甲基环戊醇先用对甲苯磺酰氯处理，所得产物再以叔丁醇钾处理，得到的唯一烯烃是3-甲基环戊烯。

（1）写出相应的反应，这个反应的立体化学是怎样的？

（2）这是从环戊酮开始制取3-烷基环戊烯的通用方法中的最后一步，概述这条合成路线的所有步骤。

解
（1）

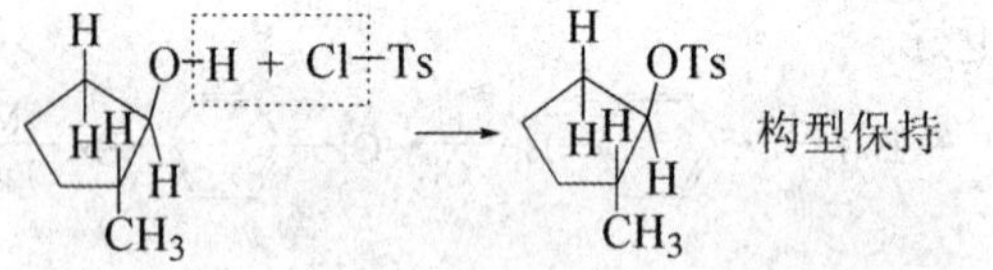

[构型保持示意图] 构型保持

由醇制磺酸酯时，不涉及碳氧键断裂，所得酯可100%地保持原料醇的构型。但由醇转化为卤代烃涉及碳氧键断裂，往往伴有构型的变化，因此磺酸酯比卤代烃更有独特的优点，在合成中有特殊的用处。

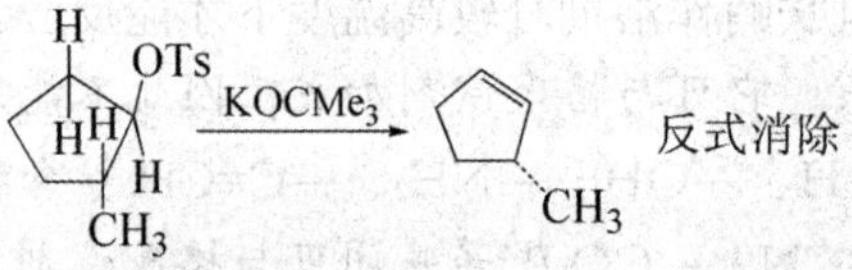

[反式消除示意图] 反式消除

对甲苯磺酸 $CH_3-\underset{}{\bigcirc}-SO_2-OH$（简写为 TsOH）是一强酸，其共轭碱 TsO⁻ 是一弱碱，是很好的离去基团，与卤代烃一样，对甲苯磺酸酯可发生消除及取代反应。

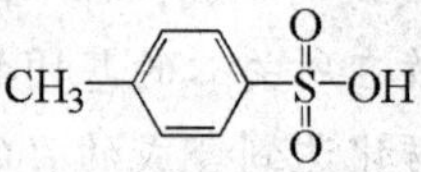

（2）

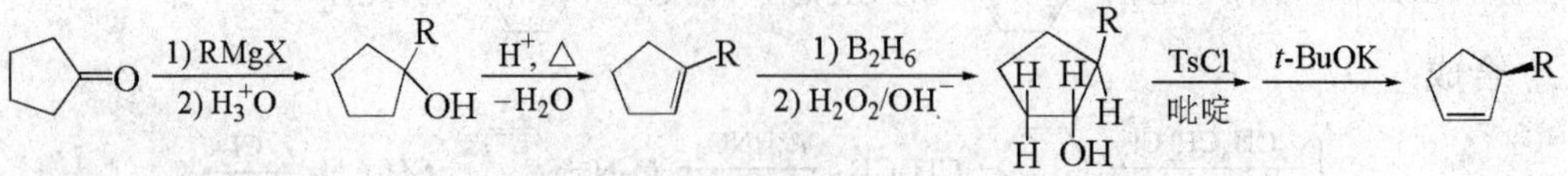

[合成路线图]

例8 写出化合物 **A**、**B**、**C** 的结构，并指出每一反应所需 HIO₄ 的摩尔数。

$$\mathbf{A} + HIO_4 \longrightarrow 2HCO_2H + 2HCHO$$

$$\mathbf{B} + HIO_4 \longrightarrow CH_3COCH_3 + C_2H_5CO_2H$$

$$\mathbf{C} + HIO_4 \longrightarrow PhCO_2H + CH_3CO_2H$$

解

$$\text{HO-CH}_2\overset{\text{HCHO}\Downarrow}{\underset{}{[\text{OH}]}} + \text{HO-CH}\overset{\text{HCO}_2\text{H}\Downarrow}{\underset{\text{OH}}{[\text{OH}]}} + \text{HO-CH}\overset{\text{HCO}_2\text{H}\Downarrow}{\underset{\text{OH}}{[\text{OH}]}} + \text{HO-CH}_2\overset{\text{HCHO}\Downarrow}{\underset{}{\text{-OH}}}$$

$$\textbf{A:}\ \text{HOCH}_2\text{-CH-CH-CH}_2\text{OH}\ (\text{OH, OH})$$

以 2 个羟基代替裂解产物的羰基（不稳定的胞二醇），然后消去一对羟基，把 2 个断片碳连接起来，即为原化合物。

1 mol HIO$_4$→HIO$_3$（1 mol），可断裂 1 根σ键，产生 2 个羰基。断裂σ键的数目，就是所需的高碘酸的摩尔数，此反应需 3 mol HIO$_4$。

$$\underset{\underset{\text{CH}_3}{\text{OH}}}{\text{CH}_3\text{-C-OH}} + \underset{\underset{\text{OH}}{\text{OH}}}{\text{HO-C-C}_2\text{H}_5} \qquad \textbf{B:}\ \underset{\underset{\text{CH}_3}{\text{OH}}}{\text{CH}_3\text{-C-C-C}_2\text{H}_5}\ (\text{O})$$

高碘酸也可氧化α-羟基酮，此反应需 1 mol HIO$_4$。

$$\underset{\underset{\text{OH}}{\text{OH}}}{\text{C}_6\text{H}_5\text{-C-OH}} + \underset{\underset{\text{OH}}{\text{OH}}}{\text{HO-C-CH}_3} \qquad \textbf{C:}\ \underset{\underset{\text{O}}{\text{O}}}{\text{C}_6\text{H}_5\text{-C-CCH}_3}$$

高碘酸可氧化α-二酮，此反应需 1 mol HIO$_4$。

例 9 请解释下列事实，提出其可能的反应机理。

(1) [bicyclic CH$_2$OH compound] $\xrightarrow[175℃]{\text{H}_2\text{SO}_4}$ [hydrindane]

(2) [bicyclic with CH$_3$, CH$_3$, =CH$_2$] $\xrightarrow[\text{H}_2\text{O}]{\text{H}_2\text{SO}_4}$ [rearranged product with H$_3$C, CH$_3$, HO, H$_3$C]

(3) $2\ \text{CH}_2\text{=C(CH}_3\text{)-C}_6\text{H}_5 \xrightarrow{\text{H}^+}$ [indane with Me, Ph, Me, Me substituents]

解

(1) [mechanism: CH$_2$OH bicycle $\xrightarrow[-\text{H}_2\text{O}]{\text{H}^+}$ $^+$CH$_2$ carbocation → rearranged carbocation → $\xrightarrow{-\text{H}^+}$ hydrindane]

(2) [mechanism with H$^+$ addition, carbocation rearrangements, then $-$H$^+$, H$_2$O addition to give final alcohol]

(3) $\text{CH}_2\text{=C(CH}_3\text{)-C}_6\text{H}_5 \xrightarrow{\text{H}^+} \text{CH}_3\text{-}\overset{+}{\text{C}}\text{(CH}_3\text{)-C}_6\text{H}_5 \xrightarrow{\text{CH}_2\text{=C(CH}_3\text{)-C}_6\text{H}_5}$ [carbocation intermediate] → [cyclized cation] $\xrightarrow{-\text{H}^+}$ [final indane product]

碳正离子化学是有机化学的重要内容之一。到本章为止，已经学过了许多有关碳正离子的知识，1 个碳正离子可以：（1）重排成更稳定的碳正离子；（2）消去 1 个氢离子形成烯烃；

(3) 与负离子或其他的碱性分子结合成中性分子；(4) 与烯烃加成形成 1 个更大的碳正离子；(5) 使芳香烃烷基化；(6) 从烷烃夺取 1 个氢负离子。

例 10 立体选择性反应在有机合成中占有十分重要的地位，到本章结束，已学过的明显的立体化学选择性反应可总结如下：

(1) 炔的催化氢化是顺式加氢，而在液氨中以金属钠为还原剂是反式加氢：

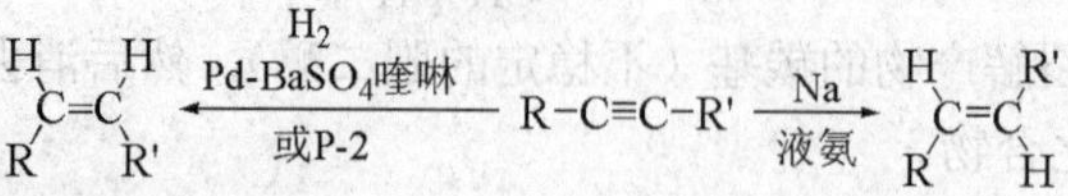

$$\underset{R}{H}C=C\underset{R'}{H} \xleftarrow[\text{或 P-2}]{\underset{\text{Pd-BaSO}_4\text{喹啉}}{H_2}} R-C\equiv C-R' \xrightarrow[\text{液氨}]{Na} \underset{R}{H}C=C\underset{H}{R'}$$

(2) 烯烃与卤素的加成是反式加成：

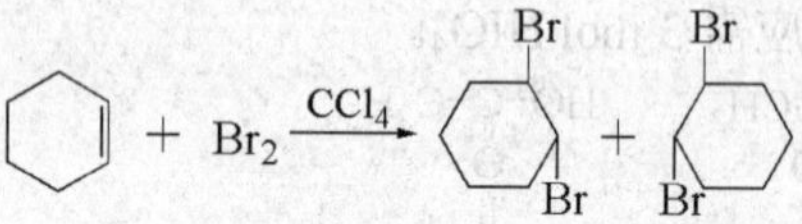

(3) 烯烃被 KMnO₄ 的中性溶液在室温下氧化，或被 OsO₄ 氧化得顺式二羟基化合物：

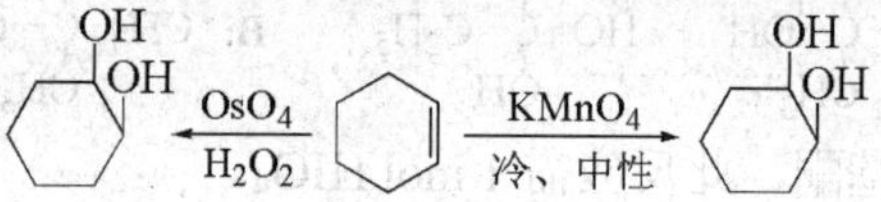

(4) 环氧化合物的开环一般是反式产物：

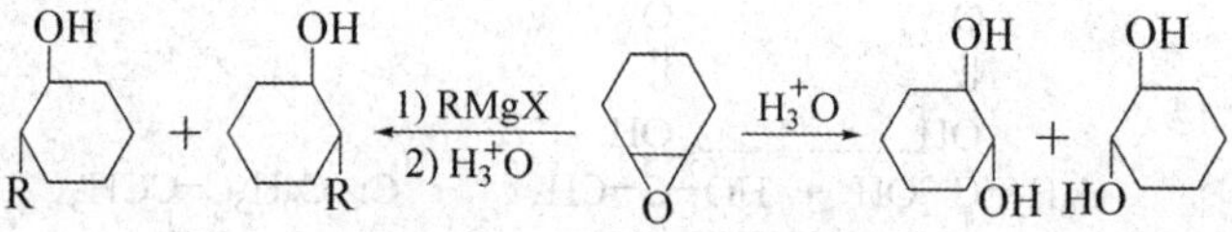

(5) 卤代烷的 E2 消除是反式消除：

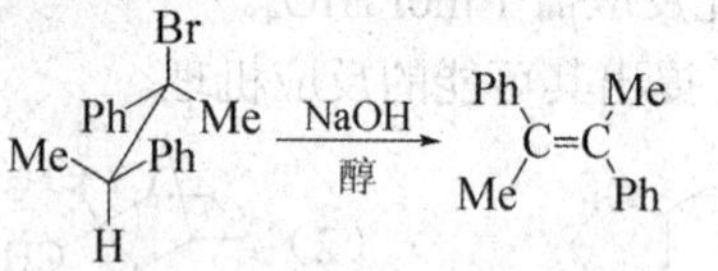

(6) 硼氢化-氧化水解反应总结果是顺式水合，而且是反马氏的：

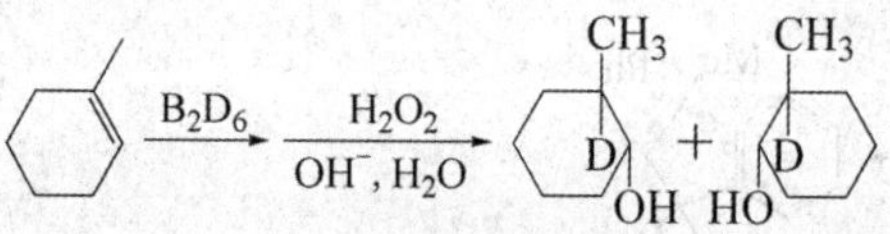

(7) 烯烃被过氧酸氧化不改变构型；烯烃与次卤酸加成而后脱卤化氢则两次构型翻转，与过氧酸氧化的结果相同：

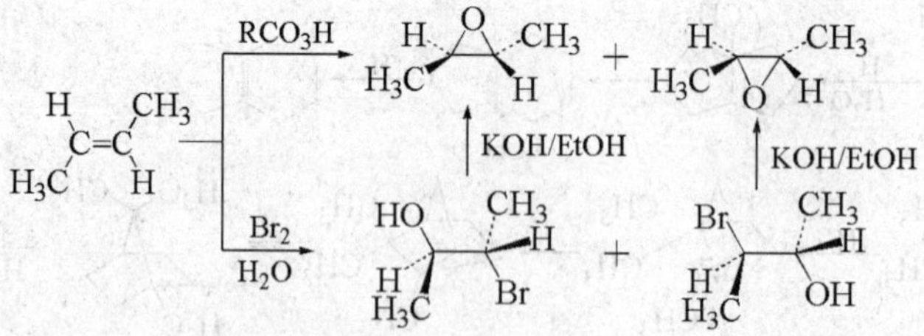

(8) 仲卤代烷的 S_N2 反应一般为构型翻转：

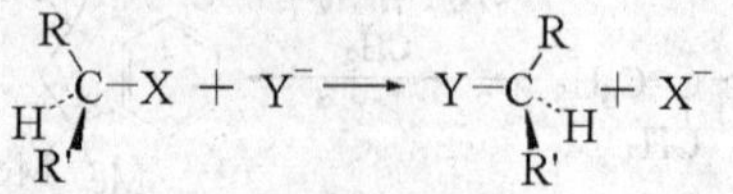

$$\underset{R'}{\overset{R}{\rule{0pt}{0pt}}}\!C\!-\!X + Y^- \longrightarrow Y\!-\!\underset{R'}{\overset{R}{\rule{0pt}{0pt}}}\!C\! + X^-$$

反应中在非手性环境下由潜手性面或潜手性中心产生的含手性中心的化合物，一定是外消旋的或内消旋的。

下面是合成上应用的几个实例：

① CH₃CH₂C(H)=C(H)CH₂CH₂OH

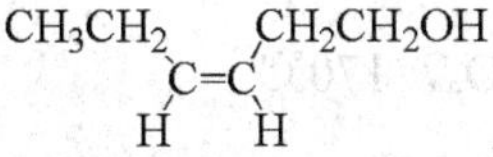

② H—C(Ph)(OH)—C(H)(OH)—Ph (内消旋)

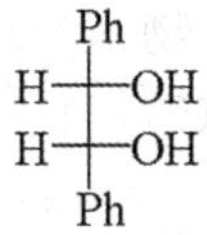

分析①

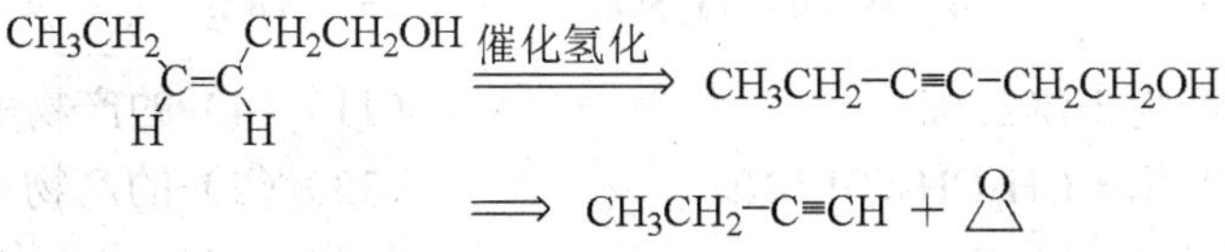

CH₃CH₂C(H)=C(H)CH₂CH₂OH ⟹(催化氢化) CH₃CH₂—C≡C—CH₂CH₂OH

⟹ CH₃CH₂—C≡CH + 环氧乙烷

合成：

HC≡CH →(NaNH₂) →(CH₃CH₂Cl) CH₃CH₂—C≡CH →(环氧乙烷)

→(H₂O) CH₃CH₂—C≡C—CH₂CH₂OH →(H₂/Lindlar) 顺-CH₃CH₂CH=CHCH₂CH₂OH

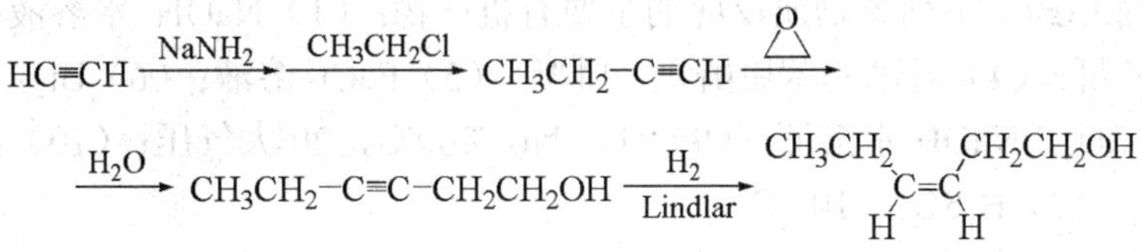

分析②

内消旋的二醇由顺式烯氧化得到，顺式烯由炔催化氢化得到。

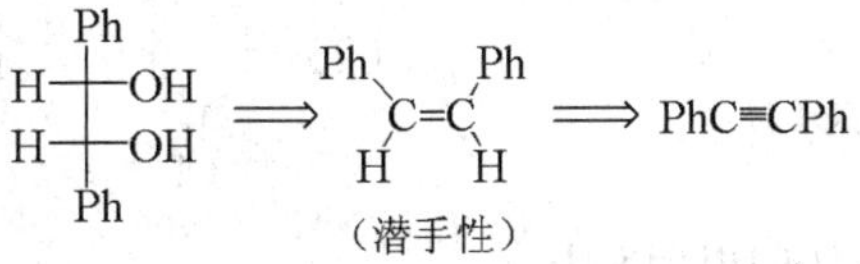

H—C(Ph)(OH)—C(H)(OH)—Ph ⟹ Ph(H)C=C(H)Ph (顺，潜手性) ⟹ PhC≡CPh

二苯乙炔不能通过苯的亲电反应直接得到，必须通过烷基苯或烯基苯转化得到：

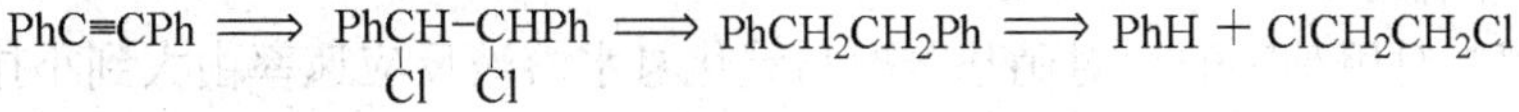

PhC≡CPh ⟹ PhCH(Cl)—CH(Cl)Ph ⟹ PhCH₂CH₂Ph ⟹ PhH + ClCH₂CH₂Cl

合成：

PhH →(ClCH₂CH₂Cl / AlCl₃) PhCH₂CH₂Ph →(Cl₂, hν) PhCH(Cl)—CH(Cl)Ph + PhC(Cl₂)—CH₂Ph

→(KOH/醇) PhC≡CPh →(H₂/Lindlar) →(OsO₄/H₂O₂) H—C(Ph)(OH)—C(H)(OH)—Ph

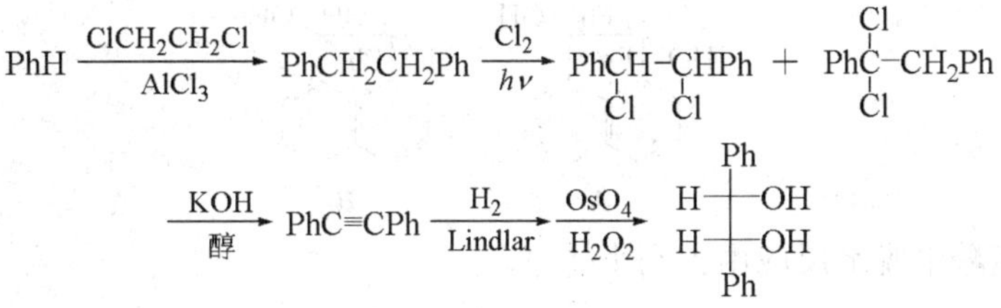

五、习题

9.1 用中、英文命名下列化合物或写出其相应结构。

（1）CH₃CH₂CH₂CH₂OH　　（2）PhCH₂CH₂OH　　（3）CH₃CH₂CH(CH₂CH₃)CH(CH₂OH)CH₃

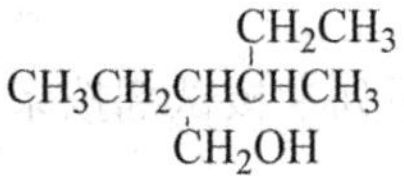

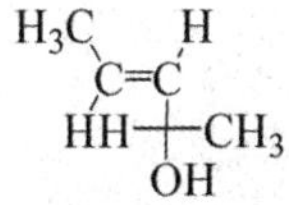

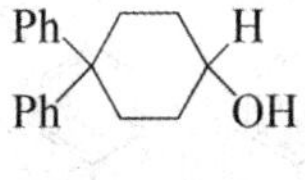

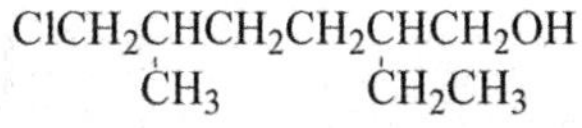

（4）H₃C(H)C=C(H)—CH(CH₃)(OH)　　（5）1-苯基-1-苯基环己醇（Ph,Ph,H,OH）　　（6）ClCH₂CH₂CH₂CH(CH₃)CH(CH₂CH₃)CH₂OH

（7）1,4-二取代萘（CH₂OH 和 CH₃）　　（8）新戊醇　　（9）苄醇　　（10）甘油

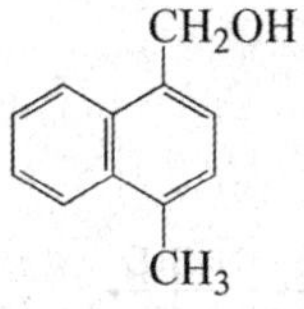

（11）α,β-二苯基乙醇　　（12）季戊四醇　　（13）β-萘酚　　（14）苦味酸

（15）1,4-二氧六环　　（16）对苯醌　　（17）蒽醌

9.2 写出正丙醇与下列试剂作用的主要产物。

（1）冷浓硫酸　　　　　（2）H₂SO₄，130℃　　　　（3）H₂SO₄，170℃

（4）金属钠　　　　　　（5）Mg　　　　　　　　　（6）P+I₂

（7）SOCl₂　　　　　　（8）NaBr，H₂SO₄　　　　（9）CH₃—C₆H₄—SO₂Cl，OH⁻

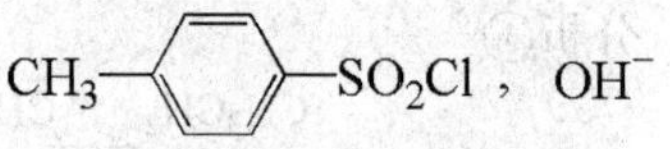

（10）（4）的产物+溴乙烷　　　　　　　　　　　（11）（4）的产物+Me₃CCl

（12）（8）的产物+CH₃CH₂CH₂SNa　　　　　　　（13）（2）的产物+HI（过量）

（14）（8）的产物+PhONa　　　　　　　　　　　（15）（14）的产物+HI（过量）

9.3 写出邻甲酚与下列各物质反应的主要有机产物：(1) NaOH 水溶液；(2) 溴化苄，NaOH；(3) 乙酐；(4) 对硝基苯甲酰氯, 吡啶；(5) FeCl₃ 溶液；(6) Br₂, H₂O；(7) Br₂, CS₂；(8) Me₂SO₄, NaOH 水溶液；(9) H₂, Ni, 200℃, 20 大气压；(10) 冷稀硝酸；(11) H₂SO₄, 20℃；(12) H₂SO₄, 100℃。

9.4 按酸性强弱排列下述化合物并简单解释之。

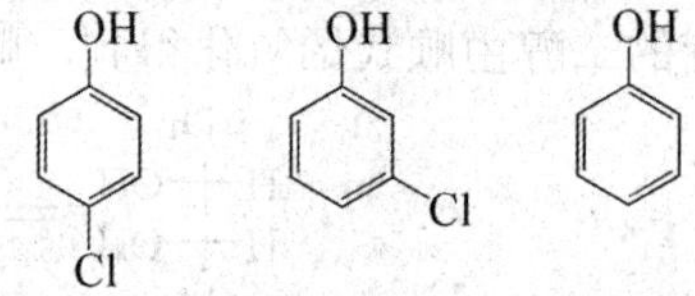

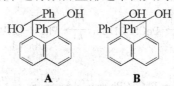

(3)　CH₃CH₂CH₂OH　　CH₃CH(OH)CH₃

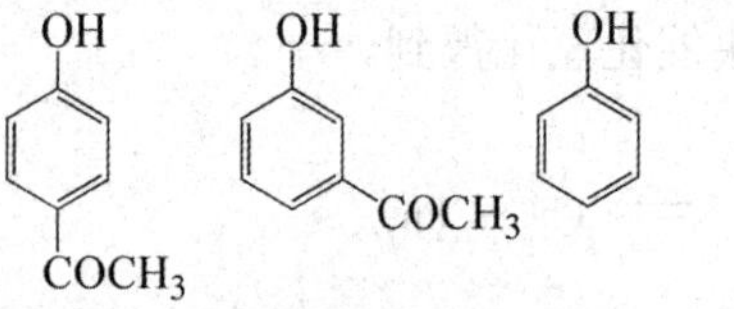

9.5 按要求排序。

（1）苄醇、对甲基苄醇、对硝基苄醇与溴化氢水溶液反应速率由大到小排序。

（2）按化合物 A、B 在硫酸中进行频哪重排速率由大到小排序。

（3）按在硫酸中脱水反应由大到小排序。

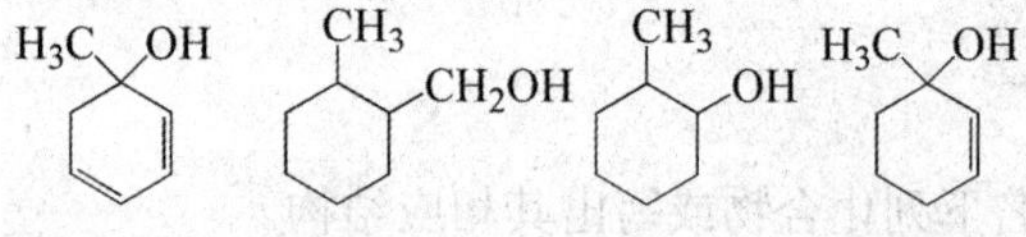

（4）将下列亲核试剂按亲核性从大到小排序。

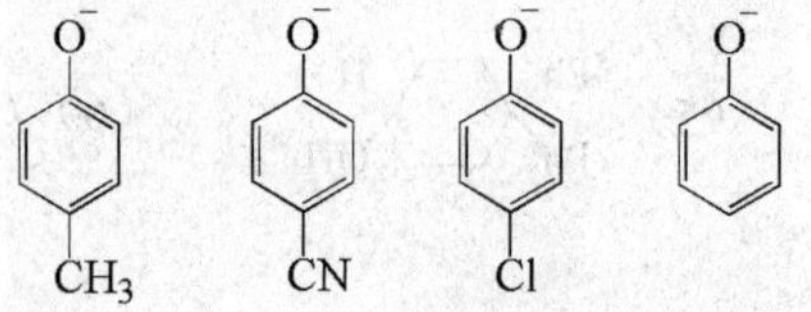

9.6 完成下列反应。

(1) 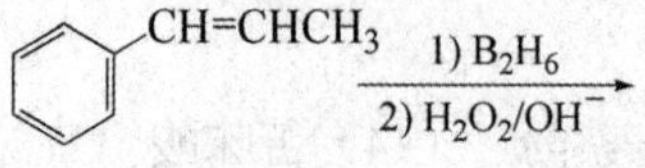 PhCH=CHCH₃ —1) B₂H₆ / 2) H₂O₂/OH⁻→

(2) 环己基=CHCH₃ —Hg(OAc)₂/H₂O→ NaBH₄→

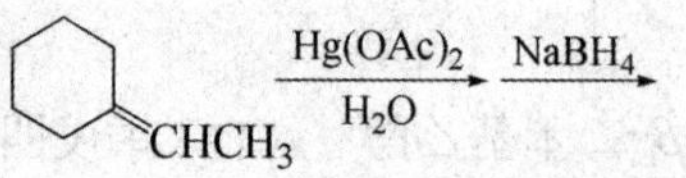

(3) [降冰片烯-亚甲基] $\xrightarrow{\text{Hg(OAc)}_2}{\text{H}_2\text{O}} \xrightarrow{\text{NaBH}_4}$ (4) [降冰片烯-亚甲基] $\xrightarrow[\text{2) H}_2\text{O}_2/\text{OH}^-]{\text{1) B}_2\text{H}_6}$

(5) [蒎烯结构] $\xrightarrow[\text{2) H}_2\text{O}_2/\text{OH}^-]{\text{1) B}_2\text{H}_6}$ (6) [1-甲基环己烯] $\xrightarrow[\text{2) H}_2\text{O}_2/\text{OH}^-]{\text{1) B}_2\text{H}_6}$

(7) $\begin{matrix} \text{Ph} \\ \text{H}-\overset{|}{\underset{|}{\text{C}}}-\text{CH}_3 \\ \text{H}-\overset{|}{\underset{|}{\text{C}}}-\text{OTs} \\ \text{Ph} \end{matrix}$ $\xrightarrow[\text{C}_2\text{H}_5\text{OH}]{\text{NaOH}}$ （构型式）   (8) [间溴苄氯] $\xrightarrow{\text{Na}_2\text{CO}_3}{\text{H}_2\text{O}}$

(9) $\text{CH}_3-\underset{\underset{\text{CH}_3}{|}}{\overset{\overset{\text{CH}_3}{|}}{\text{C}}}-\text{CH}=\text{CH}_2$ $\xrightarrow{\text{Hg(OAc)}_2}{\text{H}_2\text{O}} \xrightarrow{\text{NaBH}_4}$ (10) $\text{CH}_3-\underset{\underset{\text{CH}_3}{|}}{\overset{\overset{\text{CH}_3}{|}}{\text{C}}}-\text{CH}=\text{CH}_2$ $\xrightarrow{\text{H}_2\text{SO}_4}{\text{H}_2\text{O}}$

(11) $\text{CH}_3\text{C}\equiv\text{CH}$ $\xrightarrow[\text{2) H}_2\text{O}_2/\text{OH}^-]{\text{1) B}_2\text{H}_6}$ (12) $\text{CH}_3\text{C}\equiv\text{CH}$ $\xrightarrow{\text{B}_2\text{H}_6} \xrightarrow{\text{D}_2\text{O}}$

9.7 用简单化学方法区别下列各组化合物。
（1）正丁醇，1,2-丙二醇，甲乙醚，正庚烷　　（2）正己醇，2-己醇，叔丁醇

9.8 欲将下列醇转变为卤代烃，试给出最佳试剂和条件。

(1) $\text{CH}_3\text{CH}_2\underset{\underset{\text{CH}_3}{|}}{\text{CH}}\text{CH}_2\text{OH} \longrightarrow \text{CH}_3\text{CH}_2\underset{\underset{\text{CH}_3}{|}}{\text{CH}}\text{CH}_2\text{Cl}$ (2) $\text{CH}_3\text{CH}_2\underset{\underset{\text{CH}_3}{|}}{\text{CH}}\text{CH}_2\text{OH} \longrightarrow \text{CH}_3\text{CH}_2\underset{\underset{\text{CH}_3}{|}}{\overset{\overset{\text{Cl}}{|}}{\text{C}}}\text{CH}_3$

(3) $\text{CH}_3\text{CH}_2\text{CH}_2\underset{\underset{\text{OH}}{|}}{\text{CH}}\text{CH}_3 \longrightarrow \text{CH}_3\text{CH}_2\text{CH}_2\underset{\underset{\text{I}}{|}}{\text{CH}}\text{CH}_3$

(4) [环戊基-CH(H)(CH₂OH)] $\longrightarrow$ [环戊基-CH(H)(CH₂Br)]   (5) [环己基-C(Me)(OH)] $\longrightarrow$ [环己基-C(Me)(Cl)]

9.9 试给出格氏试剂和有关醛、酮、酯和环氧化合物的结构，用来合成下列醇（不必写出全部合成步骤，只写出有关的几种组合）：（1）2-戊醇（2种方法）；（2）1-己醇（2种方法）；（3）2-苯基-2-丁醇（3种方法）；（4）3-苯基-3-戊醇（3种方法）。

9.10 以苯、甲苯、苯酚和不超过4个碳的醇为原料合成下列化合物（无机试剂任选）。

(1) [对甲基苯-CH₂CH₂CH₂OH]   (2) 4-苯基-1-丁醇   (3) 2-甲基-2-丁醇

(4) $\text{CH}_3\underset{\underset{\text{CH}_3}{|}}{\text{CH}}-\underset{\underset{\text{OH}}{|}}{\text{CH}}\text{CH}_3$ (5) $(\text{CH}_3)_2\text{CHCHBrCH}_3$ (6) $(\text{CH}_3)_2\text{CHCOCH}_3$

(7) $(\text{CH}_3)_2\text{C}=\text{CHCH}_3$ (8) $(\text{CH}_3)_2\text{CClCH}_2\text{CH}_3$ (9) $\text{CH}_3\text{CH}_2\text{CH}(\text{CH}_3)_2$

(10) $(\text{CH}_3)_2\text{CBrCHBrCH}_3$ (11) [PhCH₂-环氧乙烷-CH₂]   (12) [邻甲氧基苯-CH₂CH(OH)CH₃]

9.11 完成下列反应。

(1) 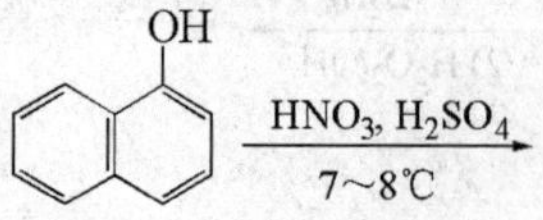 1-萘酚 $\xrightarrow{HNO_3, H_2SO_4}{7\sim 8℃}$

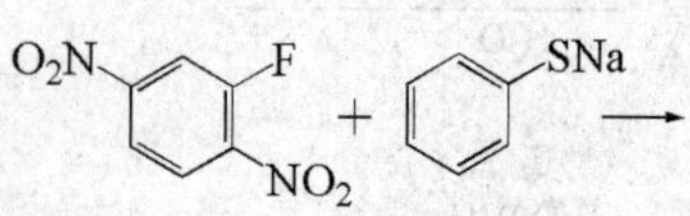

(2) 2,4-二硝基氟苯 + PhSNa ⟶

(3) 2',4'-二羟基苯乙酮 + CH₃I $\xrightarrow{NaOH}$

(4) 邻苯二甲酸酐 + 苯 $\xrightarrow[无水AlCl_3]{}$ $\xrightarrow[130\sim 140℃]{97\% H_2SO_4}$

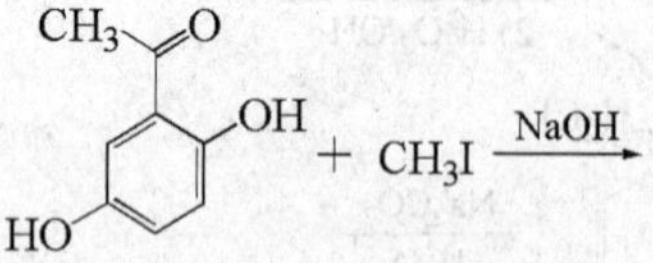

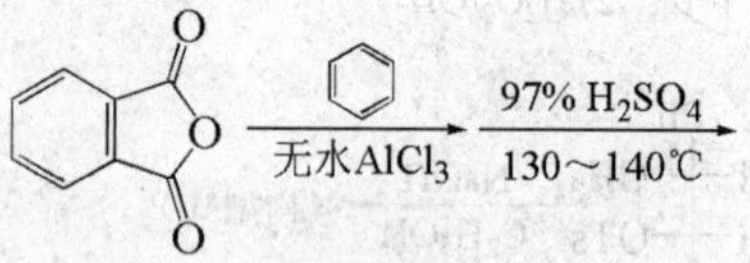

(5) $2\ HOCH_2CH_2OH \xrightarrow[\Delta]{H_3PO_4}$

(6) 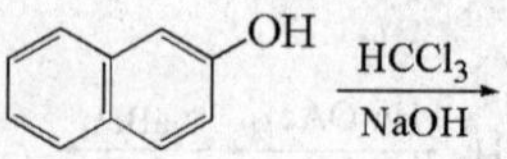 2-萘酚 $\xrightarrow{HCCl_3}{NaOH}$

(7) 对苯醌 + 2-甲基-1,3-丁二烯(异戊二烯) $\xrightarrow{\Delta}$

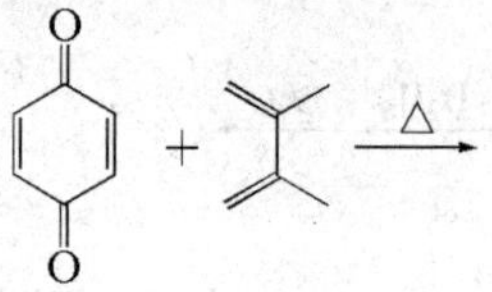

9.12 以环己醇为起始原料，合成下列化合物（其他试剂任选，前一步已经合成的物质，后面可直接使用）：(1) 环己酮；(2) 反-1,2-二溴环己烷；(3) 溴代环己烷；(4) 反-1,2-己二醇；(5) 顺-1,2-环己二醇；(6) 1-甲基环己醇；(7) 1-甲基环己烯；(8) 反-2-环己醇；(9) 己二酸；(10) 2-环己基-2-丁醇；(11) 1,3-环己二烯；(12) 1-溴-1-苯基环己烷；(13) 1-羟基-1-乙酰基环己烷；(14) 双环[4.1.0]庚烷。

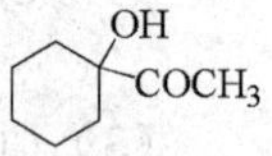

9.13 写出下列反应的历程。

(1) 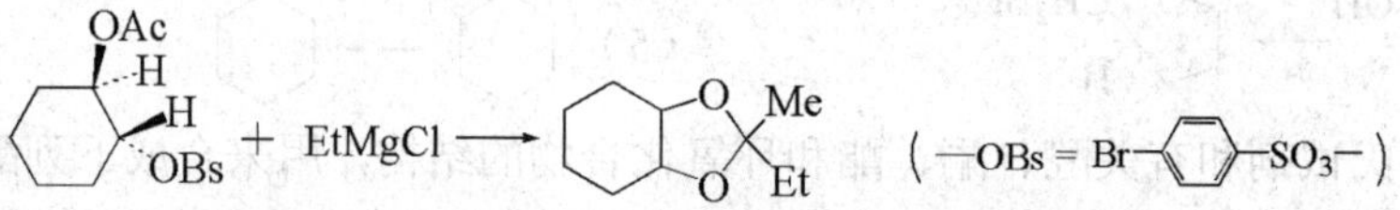 反-1-OAc-2-OBs-环己烷 + EtMgCl ⟶ 2-甲基-2-乙基-环己烷并-1,3-二氧杂环戊烷 （—OBs = —O₃S—C₆H₄—Br）

(2) 双环戊叉 $\xrightarrow[H_2O]{RCO_3H}$ $\xrightarrow[\Delta]{H^+}$ 螺[4.5]癸-6-酮

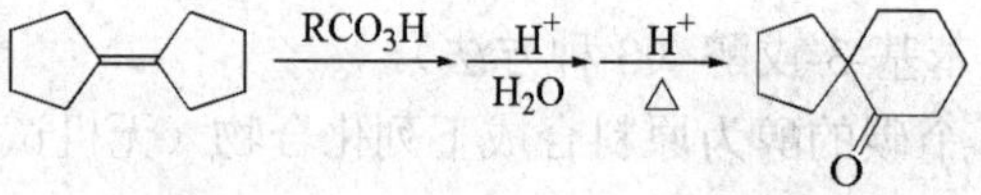

(3) 卡宾可插入烯，也可对苯环进行亲电取代，例如：

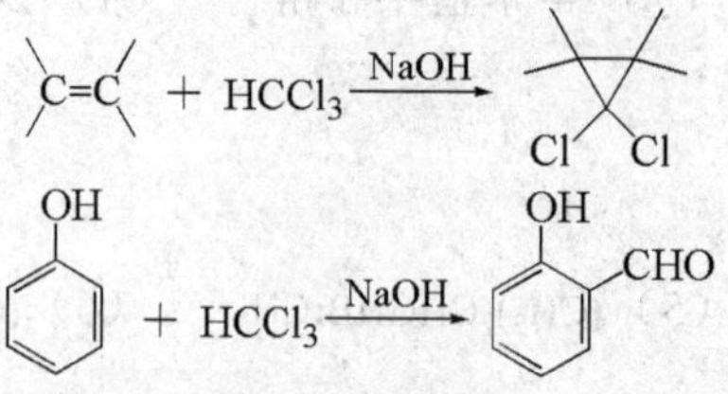

C=C + HCCl₃ $\xrightarrow{NaOH}$ 二氯环丙烷衍生物

苯酚 + HCCl₃ $\xrightarrow{NaOH}$ 邻羟基苯甲醛

① 试写出卡宾的结构；② 试写出卡宾插入烯的反应机理。

9.14 写出下列化合物 **A~E** 的结构，以及（6）的反应产物。

(1) **A** + 1 mol HIO₄ ⟶ CH₃COCH₃ + HCHO

(2) **B** + 1 mol HIO₄ ⟶ O=CHCH₂CH₂CHO

(3) **C** + 1 mol HIO₄ ⟶ HO₂C(CH₂)₄CHO

(4) **D** + 1 mol HIO₄ ⟶ 2 HO₂CCHO

（5） E + 3 mol HIO$_4$ ⟶ 2 HCO$_2$H + HCHO + CO$_2$

（6）
```
        CHO
        |
        —OH
HO—  +  (? mol) HIO₄  ⟶
        —OH
        —OH
        |
        CH₂OH
```

9.15 不要查表，将下列化合物按沸点由高到低的次序排列：

　　　　3-己醇　正己烷　二甲基正丙基甲醇　正辛醇　正己醇

9.16 下列化合物何者可能形成分子内氢键？

（邻硝基苯胺；邻甲基苯酚；邻羟基苯甲酸；邻羟基苯甲醛；邻氟苯酚；邻羟基苯甲腈；邻硝基苯酚）

9.17 乙酸苯酯 PhOCOCH$_3$ 发生 Fries 重排得邻对位异构体，两种异构物可用水蒸气蒸馏法分离，且只蒸出邻位异构体，为什么？

9.18 对于很多 2-取代乙醇 G-CH$_2$CH$_2$OH（G=—OH，—NH$_2$，—F，—Cl，—OCH$_3$，—NHCH$_3$，—NMe$_2$，—NO$_2$），邻位交叉构型较对位交叉构象稳定。

（1）如何说明这一事实？（2）写出乙二醇，α-氟乙醇的稳定纽曼式构象。

9.19 怎样解释 ROH 和 HCl 反应中，ZnCl$_2$ 的催化作用？

9.20 通过下列一系列反应后，最后产物的比旋光度是（A）、（B）、（C）、（D）中的哪一种？

　　　　（A）+33°　（B）−33°　（C）+16.5°　（D）0°

（1）PhCH$_2$—CHOH(CH$_3$) $\xrightarrow{\text{Me—C}_6\text{H}_4\text{—SO}_2\text{Cl}}$ PhCH$_2$—CHOSO$_2$C$_6$H$_4$CH$_3$(CH$_3$)

$\xrightarrow{\text{CH}_3\text{CO}_2^-}{\text{S}_N\text{2反应}}$ PhCH$_2$—CHO$_2$CCH$_3$(CH$_3$) $\xrightarrow{\text{OH}^-}{\text{H}_2\text{O}}$ PhCH$_2$—CHOH(CH$_3$)

（2）PhCH$_2$—CHOH(CH$_3$) $\xrightarrow{\text{HCl}}$ PhCH$_2$—CHCl(CH$_3$) $\xrightarrow{\text{Ag}_2\text{O}}{\text{H}_2\text{O}}$ PhCH$_2$—CHOH(CH$_3$)

（3）PhCH$_2$—CHOH(CH$_3$) $\xrightarrow{\text{Na}}$ PhCH$_2$—CHONa(CH$_3$) $\xrightarrow{\text{EtCl}}$ PhCH$_2$—CHOEt(CH$_3$) $\xrightarrow{\text{HI}}$ PhCH$_2$—CHOH(CH$_3$) + EtI

9.21 在乙醇中用乙氧基离子处理比旋光度为 −30.3° 的 (−)-2-溴辛烷时得到比旋光度为 +15.3° 的 (+)-2-乙氧基辛烷。已知：

```
    C₆H₁₃              C₆H₁₃
H——Br           C₂H₅O——H
    CH₃                CH₃
[α] = −34.6°       [α] = +17.6°
```

（1）在这个反应中构型是否完全保留，或是完全转化，或转化加上外消旋化？（2）这个反应是通过什么机理进行的？

9.22 2,2-二（对羟基苯基）丙烷（即双酚 A）在商业上常被用来制造环氧树脂或作为杀菌剂。它是在酸催化下用苯酚和丙酮制造的。试写出反应机理。

$$2\ \text{PhOH} + CH_3COCH_3 \xrightarrow{H^+} HO-C_6H_4-C(CH_3)_2-C_6H_4-OH$$
双酚A

9.23 写出下列反应的产物。

(1) $CH_3CH_2CH_2CH_2Cl + Li \xrightarrow{\text{石油醚}}$ 　　(2) $n\text{-}C_4H_9Li + EtOH \longrightarrow$

(3) $PhCl + Li \xrightarrow{\text{石油醚}}$ 　(4) $n\text{-}C_4H_9Li + CH_3Ph \longrightarrow$ 　(5) $CH_3CH_2Li + \text{环氧乙烷} \xrightarrow{H_3^+O}$

(6) 二氯二环丙烷 + $Me_2CuLi \longrightarrow$ 　(7) 1,2-二溴环辛四烯 + $Me_2CuLi \longrightarrow$

(8) $PCl_3 + PhMgBr \longrightarrow$ 　(9) $SiCl_4 + CH_3MgCl \longrightarrow$ 　(10) $2\ C_2H_5MgCl + CdCl_2 \longrightarrow$

9.24 如何分离提纯下述化合物：（1）苯酚和邻二甲苯；（2）正己烷杂有 1-己醇；(3) 3-己烯杂有正己烷。

9.25 已知下列酸性常数，问哪些可以溶解在 $NaHCO_3$ 水溶液中？

	H_2CO_3	苯酚	对甲苯酚	邻氯苯酚
K_2	4.3×10^{-7}	1.3×10^{-10}	6.7×10^{-11}	7.7×10^{-9}

	2,4-二硝基苯酚	苯甲酸	2,4,6-三硝基苯酚
K_2	1.1×10^{-4}	6.4×10^{-5}	4.2×10^{-1}

9.26 写出下列物质进行频哪重排时所得到的主要产物。

(1) $CH_3-C(OH)(CH_3)-CH(OH)-H$ 　(2) $C_6H_5-C(OH)(CH_3)-C(OH)(CH_3)-C_6H_5$ 　(3) 9,10-二(对甲苯基)-9,10-二氢菲-9,10-二醇

(4) 1-(1-羟基-2-羟基丙基)环戊醇 　(5) $Ph_2C(OH)-CH_2I \xrightarrow{Ag_2O}$ 　(6) $(CH_3)_2C-C(CH_3)_2$ 环氧 $\xrightarrow[H_2O]{H^+}$

(7) 2-甲基-1,2-环己二醇(CH₃,OH顺式) 　(8) 1-甲基-1,2-环己二醇

9.27 Fries 重排是芳酯重排为酚酮的反应:

$$PhO-C(=O)-R \xrightarrow{AlCl_3} o\text{-}HO\text{-}C_6H_4\text{-}C(=O)R + p\text{-}HO\text{-}C_6H_4\text{-}C(=O)R$$

（1）写出 Fries 重排反应的机理；（2）设计一个反应，证明此机理的正确性。

9.28 列出能很好说明下列事实的一系列步骤。

(1) C₆H₅(CH₂)₃C(CH₃)₂CH₂OH $\xrightarrow{H_3PO_4}$ [四氢萘, 1-Me, 1-Et 取代]

(2) CH₃CH(OH)CH=CH₂ $\xrightarrow[\text{水溶液}]{HBr}$ CH₃CH(Br)CH=CH₂ + CH₃CH=CHCH₂Br

(3) CH₃CH=CHCH₂Cl $\xrightarrow[\text{水溶液}]{NaOH}$ CH₃CH=CHCH₂OH + CH₃CH(OH)CH=CH₂

(4) 1-甲基-2-甲基环己醇 $\xrightarrow[H_2O]{H^+}$ 1,2-二甲基环己烯 + 亚异丙基环戊烷 + 异丙基环戊烯

(5) 1-甲基-1-(1-羟基乙基)环戊烷 $\xrightarrow[\triangle]{H^+}$ 1,2-二甲基环己烯

(6) CH₃CH(CH₃)CH(OH)CH₃ $\xrightarrow[\text{水溶液}]{HBr}$ (CH₃)₂C(Br)CH₂CH₃

(7) 1-(1-羟基乙基)-1-甲基环丙烷 $\xrightarrow[\triangle]{48\% HBr}$ 1-溴-1,2-二甲基环丁烷 + CH₃CH=C(CH₃)CH₂Br

9.29 写出 A~G 的结构：

R-2-甲基-1-溴丁烷 $\xrightarrow{Mg, Et_2O}$ **A**

A + CH₃COCH₂CH₃（然后水解）⟶ **B**（C₉H₂₀O）是个混合物

B + Na ⟶ **C**   **C** + 对甲苯磺酰氯（TsCl）⟶ **D**

D + KOH ⟶ **E**（C₉H₁₈）是个混合物   **E** + H₂ $\xrightarrow[\triangle]{Pd}$ **F**（C₉H₂₀）+ **G**（C₉H₂₀）

                  旋光活性 无旋光活性

9.30 当用各种试剂（水、乙炔离子）处理时，下面的硼酸酯能变成烯烃：

$$(RO)_2BCH_2CH_2Br \longrightarrow CH_2=CH_2$$

顺式和反式酯 **A** 已被制得。两种酯分别用溴处理，生成的二溴化物用水处理，顺式 **A** 只给出反式 **B**，而反式 **A** 只给出顺式 **B**：

      CH₃CH=C(CH₃)B(OR)₂   CH₃CH=CBrCH₃

      A（顺式或反式）   **B**（顺式或反式）

应用你所知道的关于溴和烯烃加成的知识，对于这个消除反应的立体化学可以得出什么结论？试说明消除反应的最可能机理以及水（或者乙炔离子）所起的作用。

9.31 完成下列反应。

(1) C₂H₅SH $\xrightarrow{NaOH}$? $\xrightarrow{EtBr}$ (2) C₂H₅SH + HgO ⟶ (3) C₂H₅SH + H₂O₂ ⟶

(4) C₂H₅SH + KMnO₄ $\xrightarrow{H^+}$ (5) CH₃SCH₃ $\xrightarrow{H_2O_2}$? $\xrightarrow{\text{发烟硝酸}}$

六、习题参考答案

9.1 （1）1-丁醇 1-butanol　　　　（2）2-苯基乙醇 2-phenylethanol

（3）3-甲基-2-乙基-1-戊醇 2-ethyl-3-methyl-1-pentanol

（4）(3E, 2S)-3-戊烯-2-醇 (3E, 2S)-3-penten-2-ol

（5）4,4-二苯基环己醇 4,4-diphenylcyclohexanol

（6）5-甲基-2-乙基-6-氯-1-己醇 6-chloro-2-ethyl-5-methyl-1-hexanol

（7）4-甲基-1-萘甲醇 4-methyl-1-naphthylcarbinol

（8）$(CH_3)_3CCH_2OH$　　（9）PhCH$_2$OH　　（10）CH$_2$—CH—CH$_2$ ； OH OH OH

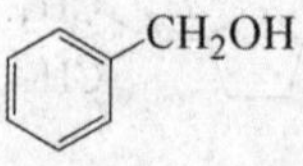

（11）PhCH$_2$CHPh ； OH　　（12）HOCH$_2$—C(CH$_2$OH)$_2$—CH$_2$OH　　（13）2-萘酚

（14）2,4,6-三硝基苯酚　　（15）1,4-二氧六环　　（16）1,4-苯醌　　（17）9,10-蒽醌

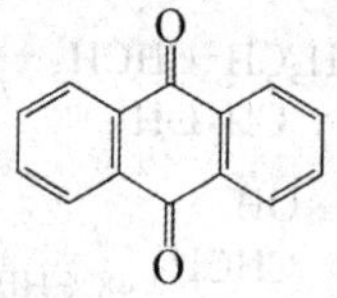

9.2

（1）$CH_3CH_2CH_2OSO_2OH$　　（2）$CH_3CH_2CH_2OCH_2CH_3$　　（3）$CH_3CH=CH_2$

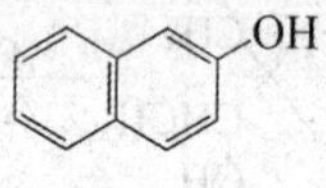

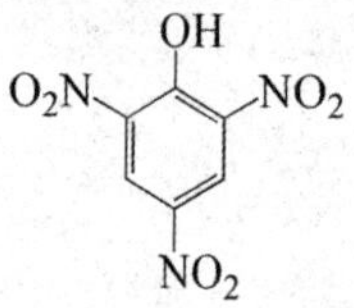

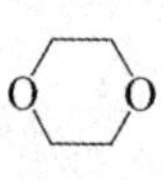

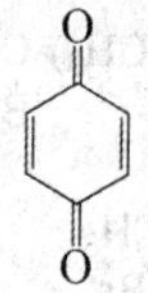

（4）$CH_3CH_2CH_2ONa$　　（5）$(CH_3CH_2CH_2O)_2Mg$　　（6）$CH_3CH_2CH_2I$

（7）$CH_3CH_2CH_2Cl$　　（8）$CH_3CH_2CH_2Br$　　（9）CH_3—C$_6H_4$—$SO_2OCH_2CH_3$

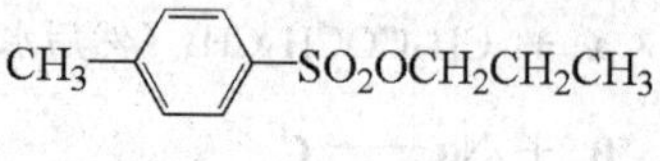

（10）$CH_3CH_2CH_2OCH_2CH_3$　　（11）$(CH_3)_2C=CH_2$ + $CH_3CH_2CH_2OH$

（12）$CH_3CH_2CH_2SCH_2CH_3$　　（13）2 $CH_3CH_2CH_2I$

（14）PhOCH$_2$CH$_3$　　（15）PhOH + $CH_3CH_2CH_2I$

9.3

（1）邻甲苯酚钠　（2）邻甲基苯基苄基醚　（3）邻甲基苯基乙酸酯　（4）邻甲基苯基对硝基苯甲酸酯

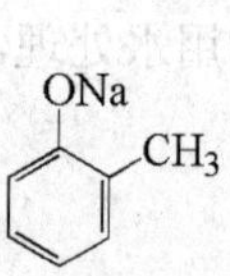

（5）$[(C_6H_4(CH_3)O)_6Fe]^{3-}$ 显色　（6）4-溴-2-甲基-6-溴苯酚　（7）4-溴-2-甲基苯酚　（8）邻甲基苯甲醚

（9）2-甲基环己醇　（10）3-甲基-4-硝基苯酚　（11）2-羟基-3-甲基苯磺酸　（12）2-甲基-4-磺酸基苯酚

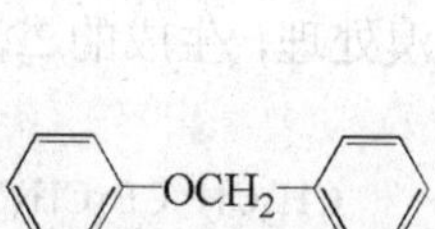

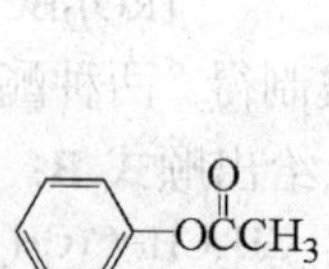

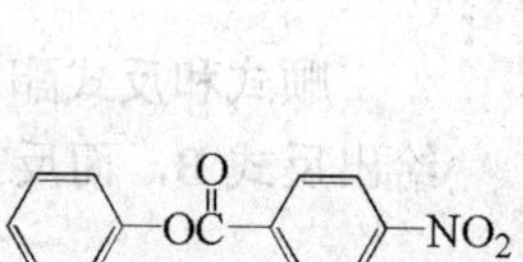

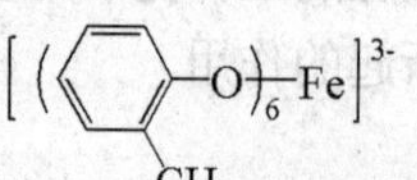

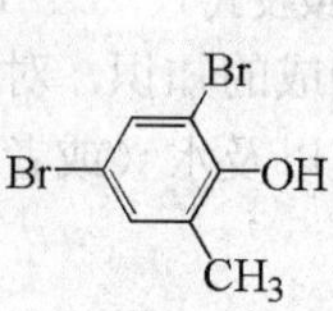

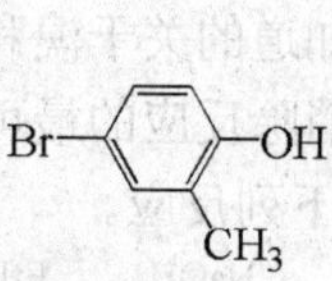

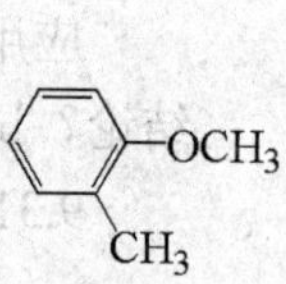

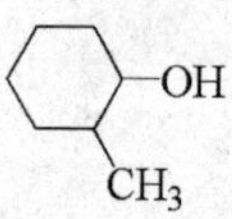

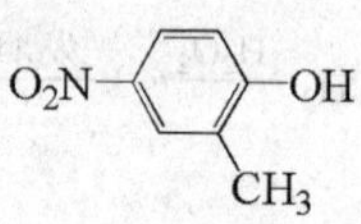

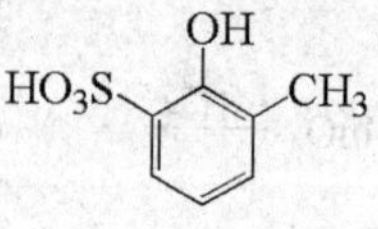

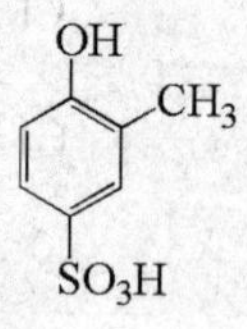

9.4

(1) 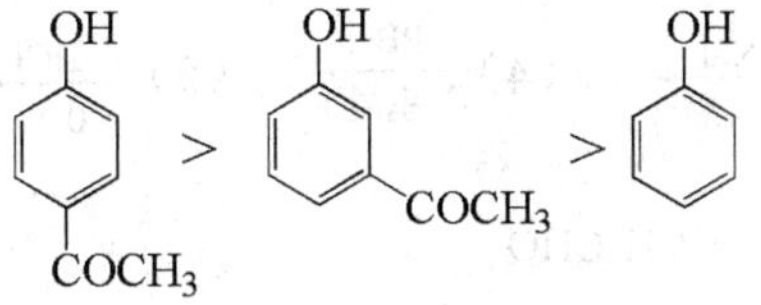 对-HOC₆H₄COCH₃ > 间-HOC₆H₄COCH₃ > C₆H₅OH

乙酰基是一个强拉电子基团，它可通过共轭拉电子作用影响邻、对位；同时又通过诱导效应拉电子作用影响邻、间、对位。它的共轭效应大于诱导效应，因此对位羟基受到拉电子作用大，酸性强。

(2) 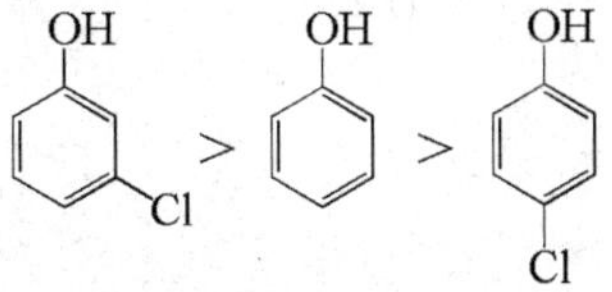 间-ClC₆H₄OH > C₆H₅OH > 对-ClC₆H₄OH

间位氯以诱导的拉电子作用影响羟基，羟基酸性大于苯酚；对位氯既有诱导的拉电子作用又有共轭的给电子作用，但共轭给电子作用比诱导拉电子作用更大，因此总的作用是给电子的，所以酸性比苯酚弱。

(3) 正丙醇＞异丙醇，一般用烷基的推电子效应解释。

9.5

(1) 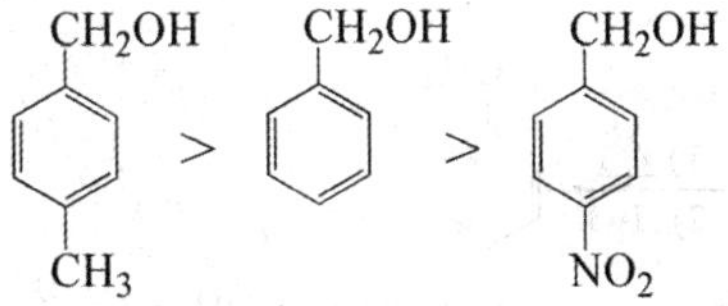 对-CH₃C₆H₄CH₂OH > C₆H₅CH₂OH > 对-O₂NC₆H₄CH₂OH

(2) B>A（反式重排）　　(3) A>D>C>B　　(4) A>D>C>B

9.6

(1) 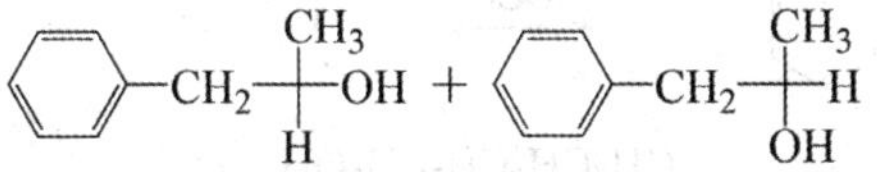 PhCH(CH₃)(H)OH + PhCH₂CH(CH₃)OH

(2) 1-乙基环己醇（1-ethylcyclohexan-1-ol，含CH₂CH₃及OH）

(3) 2-甲基-2-降冰片醇（从位阻较小面进攻）

(4) 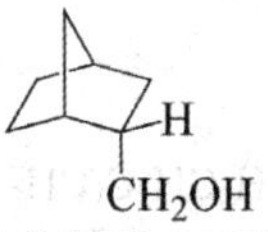 2-降冰片基甲醇（从位阻较小面进攻）

(5) 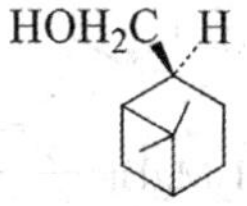 降冰片基-CH₂OH（立体构型如图）

(6) 顺/反-2-甲基环己醇

(7) Ph₂C(CH₃)(H) 含OH 的手性结构

(8) 间-BrC₆H₄CH₂OH

(9) (CH₃)₂C(OH)CH(CH₃)₂ 类结构：CH₃-CH(OH)-C(CH₃)₂-CH₃

(10) (CH₃)₃C-C(OH)(CH₃)₂ 类: CH₃-C(CH₃)₂-C(OH)(CH₃)-CH₃

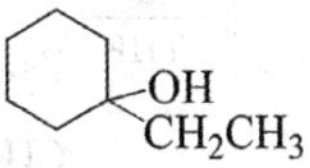

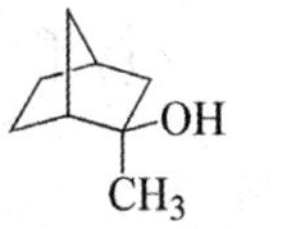

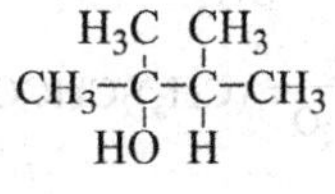

(11) CH₃CH₂CHO

(12) (CH₃CH₂CH₂)₃B；CH₃CH₂CH₂D

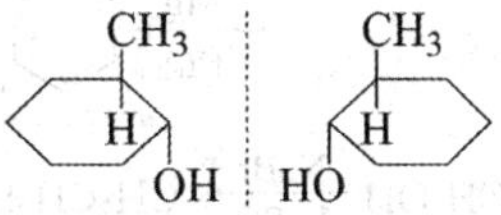

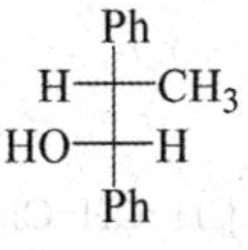

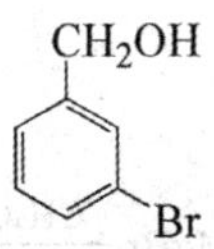

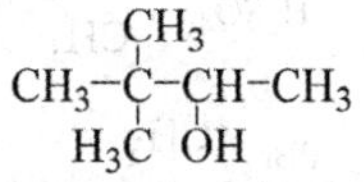

9.7

(1)

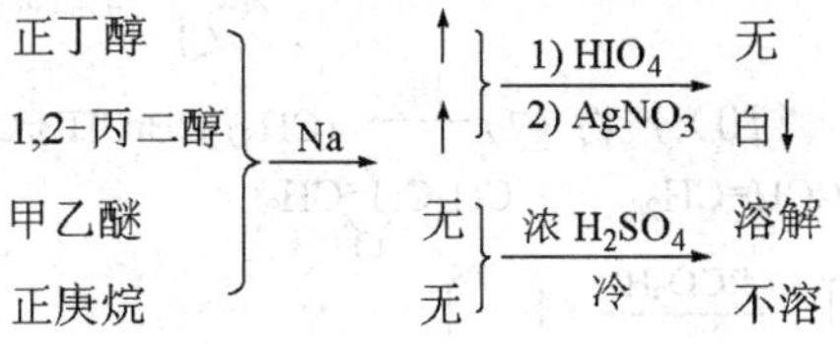

	Na	1) HIO₄ 2) AgNO₃	浓H₂SO₄ 冷
正丁醇	↑	无	溶解
1,2-丙二醇	↑	白↓	
甲乙醚	无		不溶
正庚烷	无		

(2)

	ZnCl₂, 浓HCl 室温
正己醇	几小时内无变化
2-己醇	数分钟后浑浊
叔丁醇	立即浑浊

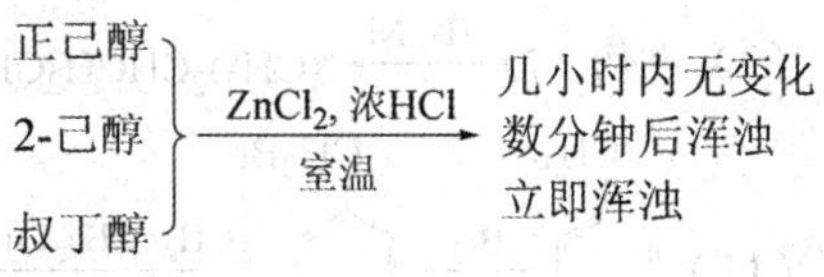

9.8

(1) $\xrightarrow[\text{吡啶}]{\text{SOCl}_2}$ (2) $\xrightarrow[\text{ZnCl}_2]{\text{浓HCl}}$ (3) $\xrightarrow[\text{吡啶}]{\text{TsCl}}$ $\xrightarrow[\text{丙酮}]{\text{NaI}}$ (4) $\xrightarrow[\text{室温}]{\text{PBr}_3}$ (5) $\xrightarrow[0\,℃]{\text{HCl}}$

9.9

(1) CH$_3$CH$_2$CH$_2$⁞CH⁞CH$_3$
      |
     OH
{ ① CH$_3$CH$_2$CH$_2$MgX + CH$_3$CHO
 ② CH$_3$CH$_2$CH$_2$CHO + CH$_3$MgX }

(2) CH$_3$CH$_2$CH$_2$CH$_2$⁞CH$_2$⁞CH$_2$OH
{ ① CH$_3$CH$_2$CH$_2$CH$_2$CH$_2$MgX + HCHO
 ② CH$_3$CH$_2$CH$_2$CH$_2$MgX + △O }

(3) CH$_3$CH$_2$−C(Ph)(OH)−CH$_3$
{ ① C$_2$H$_5$MgI + PhCOCH$_3$
 ② CH$_3$MgI + PhCOCH$_2$CH$_3$
 ③ PhMgX + CH$_3$CH$_2$COCH$_3$ }

(4) CH$_3$CH$_2$−C(Ph)(OH)−CH$_2$CH$_3$
{ ① CH$_3$CH$_2$MgBr + PhCOCH$_2$CH$_3$
 ② PhMgBr + C$_2$H$_5$COC$_2$H$_5$
 ③ 2 CH$_3$CH$_2$MgX + PhCO$_2$CH$_3$ }

9.10

(1) C$_6$H$_5$CH$_3$ $\xrightarrow[\text{ZnCl}_2]{\text{HCHO, HCl}}$ 4-CH$_3$C$_6$H$_4$CH$_2$Cl $\xrightarrow[\text{干醚}]{\text{Mg}}$ 4-CH$_3$C$_6$H$_4$CH$_2$MgCl $\xrightarrow[\text{2) H}_2\text{O}]{1)\,\triangle\!\!\!\!\!\text{O}}$ 4-CH$_3$C$_6$H$_4$CH$_2$CH$_2$CH$_2$OH

(2) C$_6$H$_6$ $\xrightarrow[\text{Fe}]{\text{Cl}_2}$ C$_6$H$_5$Cl $\xrightarrow[\text{THF}]{\text{Mg}}$ C$_6$H$_5$MgCl $\xrightarrow[\text{2) H}_3^+\text{O}]{1)\,\triangle\!\!\!\!\!\text{O}}$ C$_6$H$_5$CH$_2$CH$_2$OH $\xrightarrow{\text{SOCl}_2}$ C$_6$H$_5$CH$_2$CH$_2$Cl $\xrightarrow[\text{干醚}]{\text{Mg}}$ C$_6$H$_5$CH$_2$CH$_2$MgCl $\xrightarrow[\text{2) H}_3^+\text{O}]{1)\,\triangle\!\!\!\!\!\text{O}}$ C$_6$H$_5$CH$_2$CH$_2$CH$_2$OH

(3) CH$_3$CH$_2$OH $\xrightarrow[\text{H}_2\text{SO}_4]{\text{NaBr}}$ CH$_3$CH$_2$Br $\xrightarrow[\text{Et}_2\text{O}]{\text{Mg}}$ CH$_3$CH$_2$MgBr $\xrightarrow[]{\text{CH}_3\text{COCH}_3}$ $\xrightarrow{\text{H}_3^+\text{O}}$ CH$_3$CH$_2$C(CH$_3$)$_2$OH

(CH$_3$)$_2$CHOH $\xrightarrow[\text{H}_2\text{SO}_4]{\text{K}_2\text{Cr}_2\text{O}_7}$ (CH$_3$)$_2$C=O

(4) (CH$_3$)$_2$CHOH $\xrightarrow{\text{PBr}_3}$ (CH$_3$)$_2$CHBr $\xrightarrow[\text{Et}_2\text{O}]{\text{Mg}}$ (CH$_3$)$_2$CHMgBr $\xrightarrow{\text{CH}_3\text{CHO}}$ $\xrightarrow{\text{H}_3^+\text{O}}$ (CH$_3$)$_2$CHCH(OH)CH$_3$

(5) 产物 (4) + PBr$_3$ ⟶ (CH$_3$)$_2$CHCHBrCH$_3$ (6) 产物 (4) $\xrightarrow[\triangle,\text{H}_2\text{O}]{\text{CrO}_3}$ (CH$_3$)$_2$CHCOCH$_3$

(7) 产物 (4) $\xrightarrow[\triangle,\text{H}_2\text{O}]{\text{H}_2\text{SO}_4}$ (CH$_3$)$_2$C=CHCH$_3$ (8) 产物 (7) $\xrightarrow{\text{HCl}}$ (CH$_3$)$_2$CClCH$_2$CH$_3$

(9) 产物 (7) $\xrightarrow{\text{H}_2,\text{Ni}}$ (CH$_3$)$_2$CHCH$_2$CH$_3$ (10) 产物 (7) $\xrightarrow{\text{Br}_2}$ (CH$_3$)$_2$CBrCHBrCH$_3$

(11) C$_6$H$_5$CH$_3$ $\xrightarrow[h\nu]{\text{Br}_2}$ C$_6$H$_5$CH$_2$Br $\xrightarrow{(\text{CH}_2=\text{CH})_2\text{CuLi}}$ C$_6$H$_5$CH$_2$CH=CH$_2$ $\xrightarrow{\text{RCO}_3\text{H}}$ C$_6$H$_5$CH$_2$CH(−O−)CH$_2$

(12)
$$\text{PhOH} \xrightarrow[\text{NaOH}]{\text{ClCH}_2\text{CH=CH}_2} \text{Ph-O-CH}_2\text{CH=CH}_2 \xrightarrow{\triangle} \text{o-HOC}_6\text{H}_4\text{CH}_2\text{CH=CH}_2$$

$$\xrightarrow[\text{NaOH}]{(\text{CH}_3)_2\text{SO}_4} \text{o-CH}_3\text{OC}_6\text{H}_4\text{CH}_2\text{CH=CH}_2 \xrightarrow[\text{H}_2\text{SO}_4]{\text{H}_2\text{O}} \text{o-CH}_3\text{OC}_6\text{H}_4\text{CH}_2\text{CH(OH)CH}_3$$

9.11

(1) 4-nitro-1-naphthol

(2) 2,4-dinitrophenyl phenyl sulfide

(3) 2-hydroxy-5-methoxyacetophenone

(4) 2-benzoylbenzoic acid, anthraquinone

(5) 1,4-dioxane

(6) 2-hydroxy-1-naphthaldehyde

(7) 6,7-dimethyl-4a,5,8,8a-tetrahydronaphthalene-1,4-dione

9.12

(1) cyclohexanol $\xrightarrow[\text{H}_2\text{SO}_4]{\text{K}_2\text{Cr}_2\text{O}_7}$ cyclohexanone

(2) cyclohexanol $\xrightarrow[-\text{H}_2\text{O}]{\text{H}_2\text{SO}_4,\triangle}$ cyclohexene $\xrightarrow{\text{Br}_2}$ 1,2-dibromocyclohexane + 1,1-dibromocyclohexane

(3) cyclohexanol $\xrightarrow{\text{PBr}_3}$ cyclohexyl bromide

(4) 由 (2) cyclohexene $\xrightarrow{\text{RCO}_3\text{H}}$ epoxide $\xrightarrow{\text{H}_3\text{O}^+}$ trans-1,2-cyclohexanediol

(5) 由 (2) cyclohexene $\xrightarrow[\text{或 OsO}_4]{\text{冷, 碱 KMnO}_4}$ cis-1,2-cyclohexanediol

(6) 由 (1) cyclohexanone $\xrightarrow{\text{CH}_3\text{MgI}} \xrightarrow{\text{H}_3\text{O}^+}$ 1-methylcyclohexanol

(7) 由 (6) $\xrightarrow[-\text{H}_2\text{O}]{\text{H}_2\text{SO}_4/\triangle}$ 1-methylcyclohexene

(8) 由 (7) 1-methylcyclohexene $\xrightarrow[\text{2) H}_2\text{O}_2/\text{OH}^-]{\text{1) B}_2\text{H}_6}$ 2-methylcyclohexanol + 3-methylcyclohexanol

(9) 由 (1) cyclohexanone $\xrightarrow[(\text{或 HNO}_3)]{\text{K}_2\text{Cr}_2\text{O}_7, \text{H}_2\text{SO}_4}$ HO$_2$C(CH$_2$)$_4$CO$_2$H

(10) 由 (3) cyclohexyl-Br $\xrightarrow[\text{Et}_2\text{O}]{\text{Mg}}$ cyclohexyl-MgBr $\xrightarrow[\text{H}_3\text{O}^+]{\text{CH}_3\text{COCH}_2\text{CH}_3}$ 2-cyclohexyl-2-butanol

(11) 由 (2) cyclohexene $\xrightarrow{\text{NBS}}$ 3-bromocyclohexene $\xrightarrow[\text{EtOH}]{\text{KOH}}$ benzene

(12) 由 (1) cyclohexanone $\xrightarrow{\text{PhMgBr}} \xrightarrow{\text{H}_3\text{O}^+}$ 1-phenylcyclohexanol $\xrightarrow[\text{低温}]{\text{HBr}}$ 1-bromo-1-phenylcyclohexane

(13) 由 (1) cyclohexanone $\xrightarrow[\text{2) H}_3\text{O}^+]{\text{1) HC≡CMgBr}}$ 1-ethynylcyclohexanol $\xrightarrow[\text{HgSO}_4]{\text{H}_2\text{SO}_4}$ 1-acetylcyclohexanol

(14) [cyclohexene] + HCCl₃ $\xrightarrow[\text{Me}_3\text{COH}]{\text{Me}_3\text{COK}}$ [dichlorobicyclic] $\xrightarrow[\text{CH}_3\text{OH}]{\text{Na}}$ [norcarane]

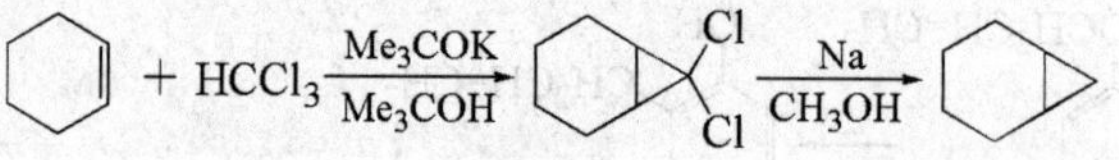

9.13

(1) 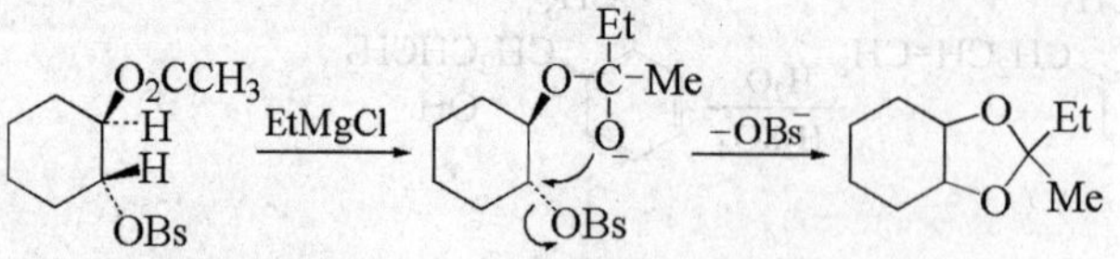 [cyclohexyl with OAc and OBs] $\xrightarrow{\text{EtMgCl}}$ [intermediate] $\xrightarrow{-\text{OBs}^-}$ [dioxolane with Et, Me]

(2) [cyclopentylidenecyclopentane] $\xrightarrow{\text{RCO}_3\text{H}}$ [spiro epoxide] $\xrightarrow[\text{H}_2\text{O}]{\text{H}^+}$ [diol]

$\xrightarrow[-\text{H}_2\text{O}]{\text{H}^+, \Delta}$ [carbocation] → [rearranged cation] $\xrightarrow{-\text{H}^+}$ [spiroketone]

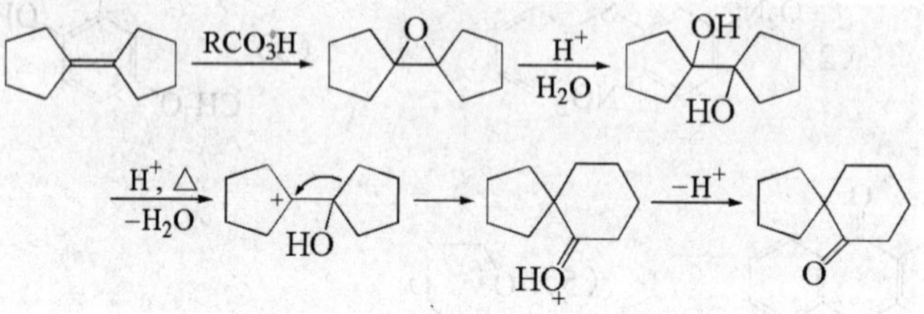

(3) ① 最外层6电子，有2种形态：

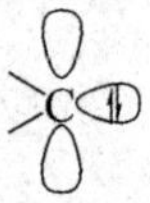

单线态 sp²杂化 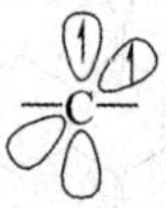   三线态 sp杂化

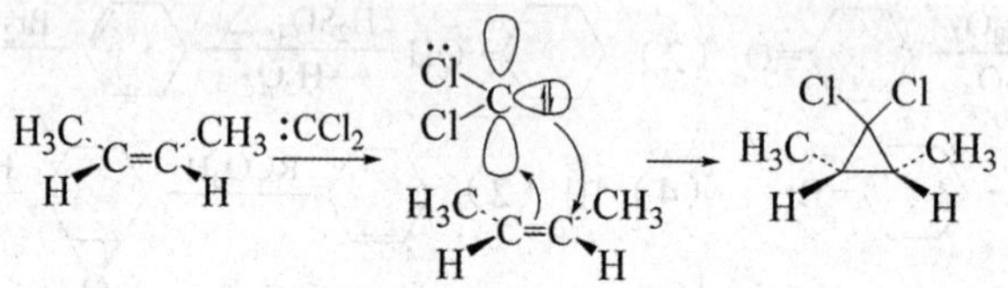

② 一般与杂原子相连时以单线态形式存在，如：[:CCl₂]

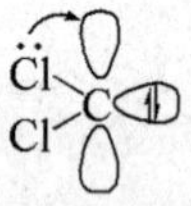

单线态加成： H₃C—C=C—CH₃ + :CCl₂ → [intermediate] → [cis cyclopropane with Cl, Cl, CH₃, CH₃]
协同过程，是立体专一的

三线态加成： H₃C—C=C—CH₃ + ·CCl₂· → [diradical] → [cis product]
↓ 单键旋转
[rotated diradical] → [trans product]
电子取向翻转后结合
双自由基历程，是非立体专一的

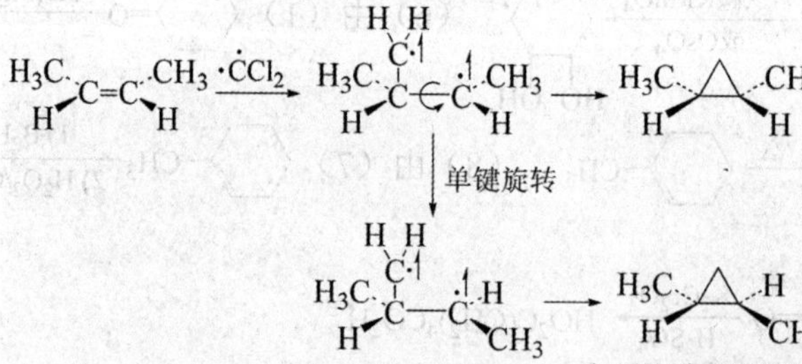

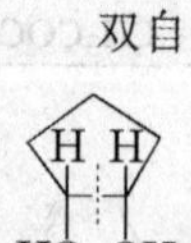

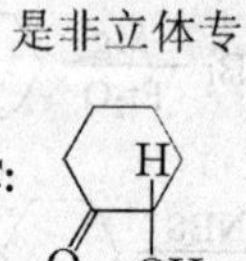

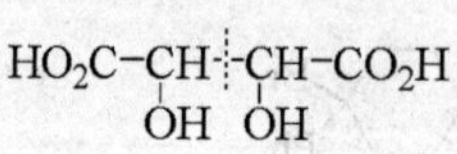

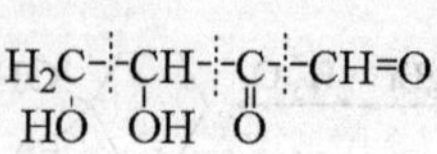

9.14 **A**: CH₃-C(OH)(CH₃)-CH₂OH **B**: [cyclopentane-1,2-diol] **C**: [2-hydroxycyclohexanone]

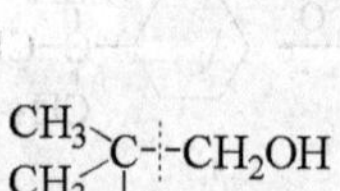

D: HO₂C-CH(OH)-CH(OH)-CO₂H **E**: H₂C(OH)-CH(OH)-C(O)-CH=O 或 H₂C(OH)-C(O)-CH(OH)-CH=O

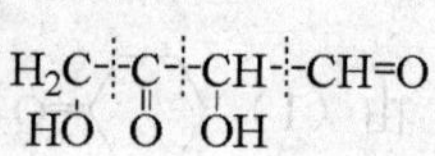

(6) 5 mol, HCHO + 5 HCO₂H

9.15 正辛醇＞正己醇＞3-己醇＞二甲基正丙基甲醇＞正己烷

9.16 [structures shown]

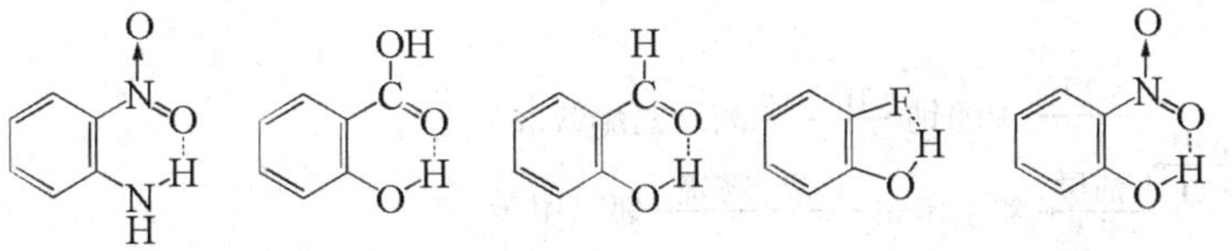

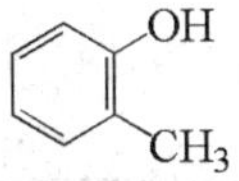

[phenol with methyl structure] 中的甲基不能形成氢键。[phenol with CN structure] 的几何形状不合适，—C≡N 中 C 为 sp 杂化，直线型，使 N 离开 OH 太远。

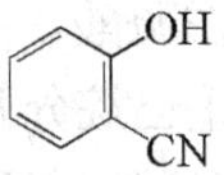

9.17 邻位异构体能形成分子内氢键 [structure] 沸点较低，挥发性大。对位异构体可形成分子间氢键：···H—O—⟨⟩—C=O···H—O—⟨⟩—C=O··· 沸点高，难挥发。
           | |
           CH₃   CH₃

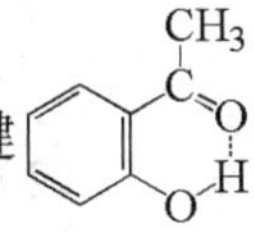

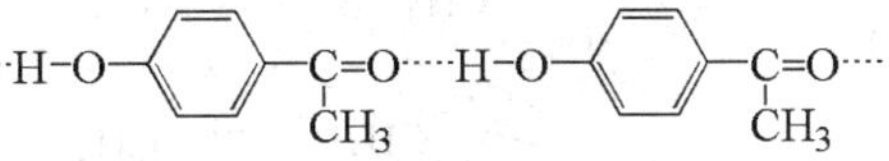

9.18（1）羟基—OH 和 G 能形成分子内氢键，使邻位交叉构象稳定。

（2）[Newman projection structures]

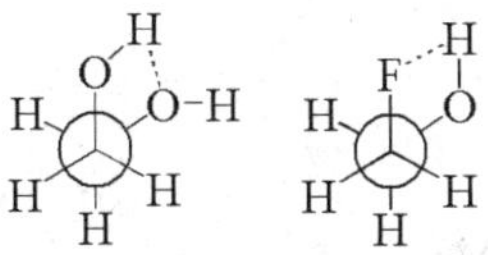

9.19 ZnCl₂ 在这里起 Lewis 酸的作用，接受醇羟基氧上的电子形成锌盐，这样羟基变为较佳离去基，使 C—O 键更容易断裂。

9.20（1）−33° （2）0° （3）+33°

9.21（1）(−)-2-溴辛烷的旋光纯度为：$\frac{30.3}{34.6} \times 100\%$ 87%

(+)-2-乙氧基辛烷的旋光纯度为：$\frac{15.3}{17.6} \times 100\%$ 87%

反应物及产物的旋光纯度几乎相等，可见构型是完全转化。

（2）此反应按 S_N2 机理进行。

9.22

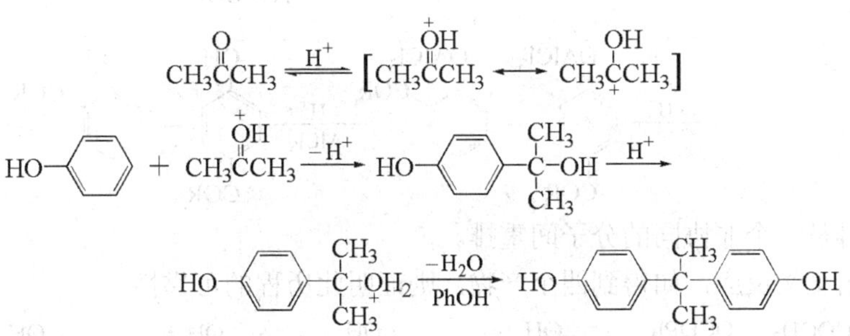

[reaction scheme showing bisphenol A synthesis]

9.23
（1）CH₃CH₂CH₂CH₂Li
（2）n-C₄H₁₀+ EtOLi
（3）PhLi
（4）PhCH₂Li
（5）CH₃CH₂CH₂CH₂OH
（6）[bicyclic structure with gem-dimethyl]
（7）[dimethylcycloheptatriene structure]
（8）Ph₃P
（9）CH₃SiCl₃
（10）Et₂Cd

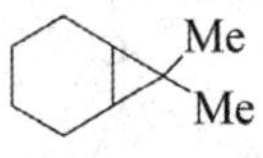

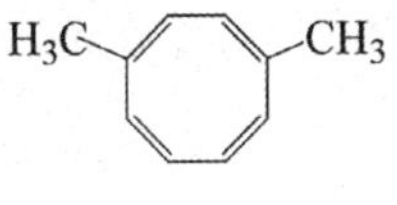

9.24

（1） 苯酚 + 邻二甲苯 $\xrightarrow{\text{NaOH}/\text{H}_2\text{O}}$ 水层：苯酚钠 $\xrightarrow{\text{H}^+}$ 苯酚（乙醚萃取）；油层：邻二甲苯 $\xrightarrow{\text{干燥}}$ $\xrightarrow{\text{蒸馏}}$ 邻二甲苯

（2）用浓 H_2SO_4 洗涤，弃去下层酸或浓硫酸。

（3）制成二溴化物，用分馏法使之与正己烷分开，然后用锌脱溴。

9.25 2,4-二硝基苯酚、苯甲酸、2,4,6-三硝基苯酚全是比碳酸更强的酸，它们都可溶于碳酸氢钠水溶液而成盐。

9.26

（1）$(CH_3)_2CHCHO$

（2）Ph_2CCOCH_3
　　　CH_3

（3）9,9-二(对甲苯基)-10-蒽酮结构

（4）1,2-二甲基环戊酮 与 1,2-二甲基环己酮

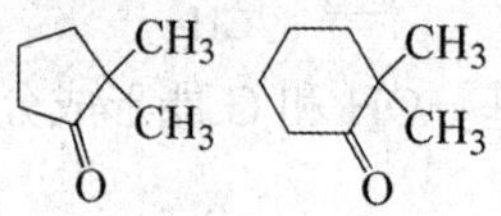

（5）$PhCOCH_2Ph$

（6）Me_3CCOMe

（7）顺式邻二醇 → 甲基环己基甲基酮（反式重排）

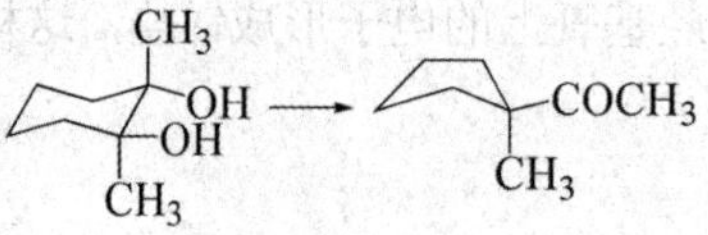

（8）顺式邻二醇 → 2,2-二甲基环己酮（反式重排）

9.27（1）

反应历程图示：苯酚酯 $\xrightarrow{AlCl_3}$ 络合物 $\xrightarrow{-RC^+}$ 苯酚盐 $\xrightarrow{+RC^+}$ 对位和邻位正离子中间体 $\xrightarrow{-H^+}$ 对位和邻位产物 $\xrightarrow{+H^+, -AlCl_3}$ 对羟基芳酮 + 邻羟基芳酮

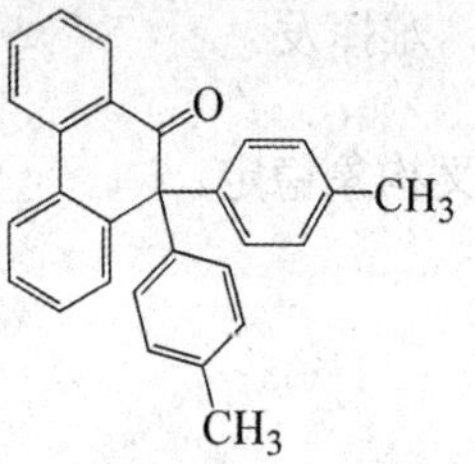

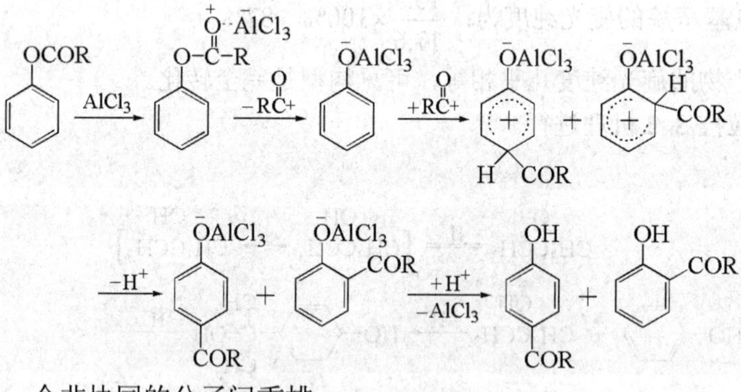

可见重排是一个非协同的分子间重排。

（2）采用交叉反应，如得到四个产物，则证明此历程的可靠性。

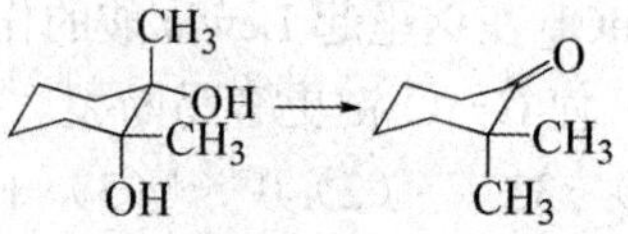

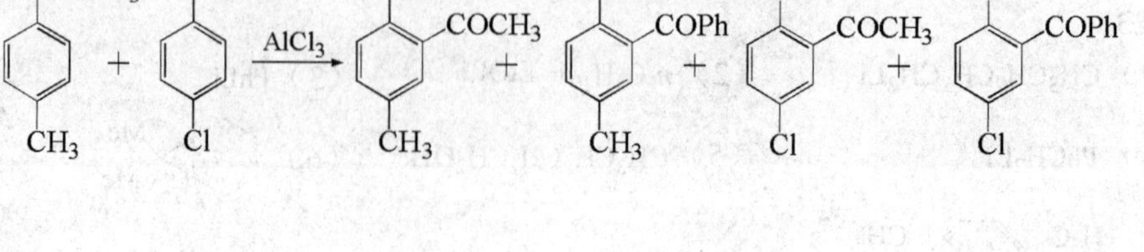

对甲苯基乙酸酯 + 对氯苯基苯甲酸酯 $\xrightarrow{AlCl_3}$ 四种交叉产物（对甲基-邻羟基苯乙酮、对甲基-邻羟基苯甲酰苯、对氯-邻羟基苯乙酮、对氯-邻羟基苯甲酰苯）

9.28

(1) 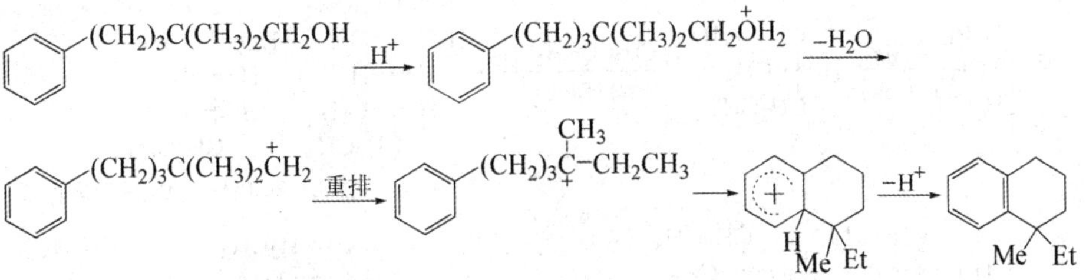 Ph(CH₂)₃C(CH₃)₂CH₂OH $\xrightarrow{H^+}$ Ph(CH₂)₃C(CH₃)₂CH₂O⁺H₂ $\xrightarrow{-H_2O}$ Ph(CH₂)₃C(CH₃)₂C⁺H₂ $\xrightarrow{重排}$ Ph(CH₂)₃C⁺(CH₃)CH₂CH₃ → [bicyclic cation with Me, Et] $\xrightarrow{-H^+}$ tetralin with Me, Et

(2) 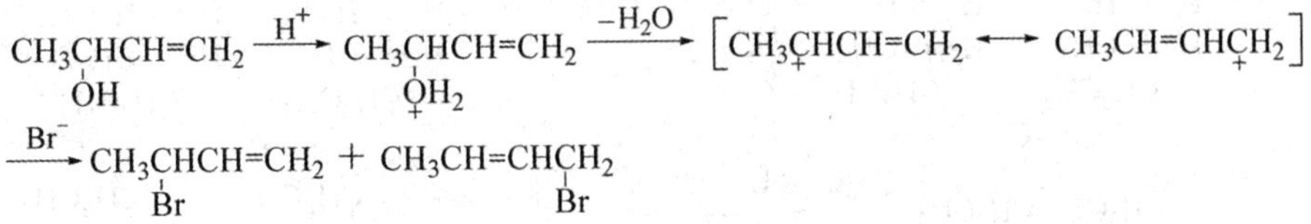 CH₃CH(OH)CH=CH₂ $\xrightarrow{H^+}$ CH₃CH(O⁺H₂)CH=CH₂ $\xrightarrow{-H_2O}$ [CH₃C⁺HCH=CH₂ ↔ CH₃CH=CHC⁺H₂] $\xrightarrow{Br^-}$ CH₃CH(Br)CH=CH₂ + CH₃CH=CHCH₂Br

(3) 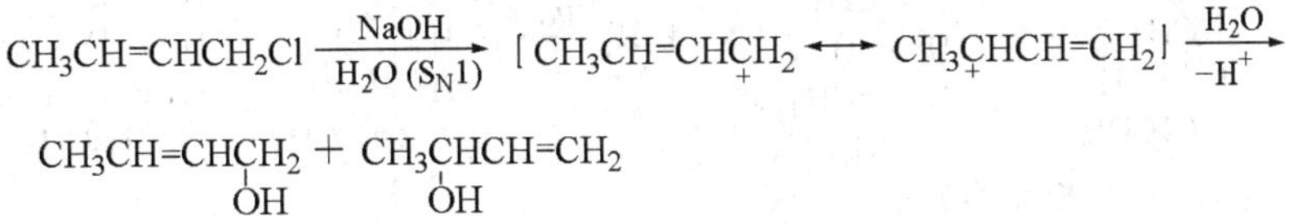 CH₃CH=CHCH₂Cl $\xrightarrow[H_2O\ (S_N1)]{NaOH}$ [CH₃CH=CHC⁺H₂ ↔ CH₃C⁺HCH=CH₂] $\xrightarrow[-H^+]{H_2O}$ CH₃CH=CHCH₂OH + CH₃CH(OH)CH=CH₂

(4) 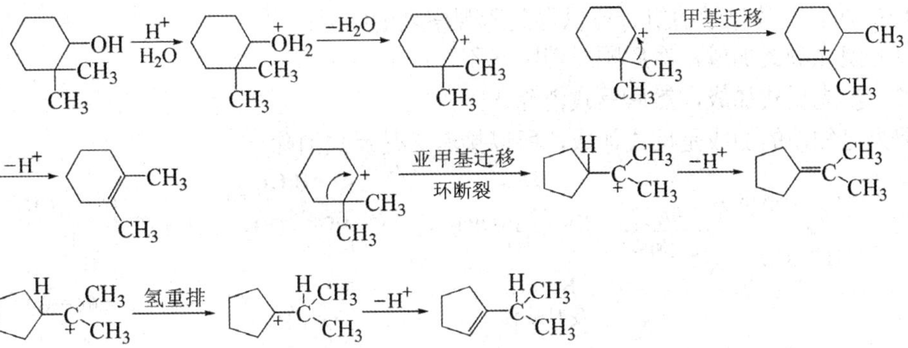 1-methyl-2-hydroxy-... cyclohexanol derivatives with multiple rearrangement steps (甲基迁移, 亚甲基迁移环断裂, 氢重排) leading to various cyclopentane/cyclohexene products as drawn.

(5) 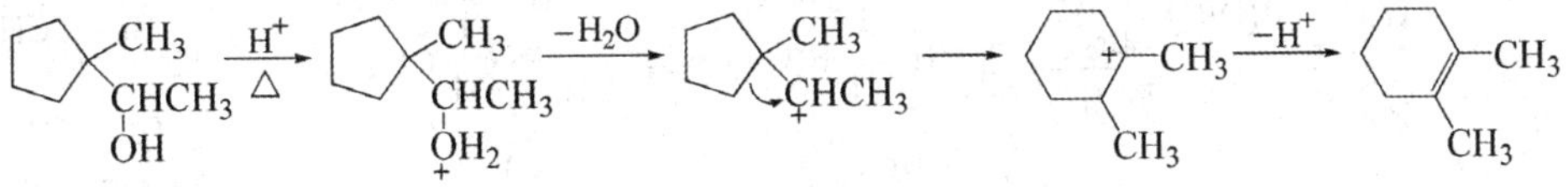 1-methyl-1-(1-hydroxyethyl)cyclopentane $\xrightarrow[\Delta]{H^+}$ protonated form $\xrightarrow{-H_2O}$ cation → ring expansion → cyclohexyl cation with CH₃ groups $\xrightarrow{-H^+}$ dimethylcyclohexene

(6) 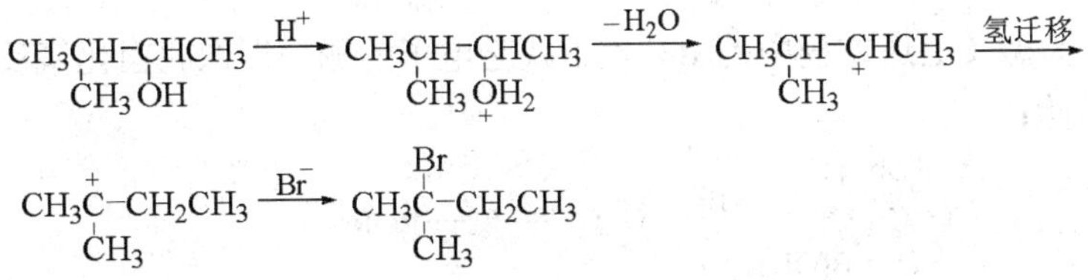 CH₃CH(CH₃)CH(OH)CH₃ $\xrightarrow{H^+}$ CH₃CH(CH₃)CH(O⁺H₂)CH₃ $\xrightarrow{-H_2O}$ CH₃CH(CH₃)C⁺HCH₃ $\xrightarrow{氢迁移}$ CH₃C⁺(CH₃)CH₂CH₃ $\xrightarrow{Br^-}$ CH₃C(Br)(CH₃)CH₂CH₃

(7) 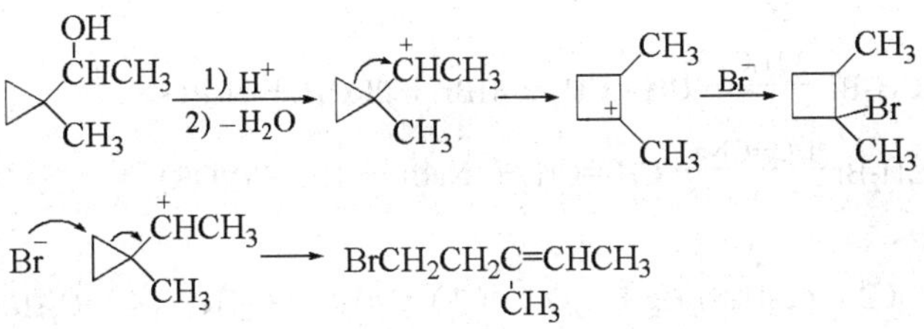 1-methyl-1-(1-hydroxyethyl)cyclopropane $\xrightarrow[2)\ -H_2O]{1)\ H^+}$ cyclopropyl carbinyl cation → cyclobutyl cation $\xrightarrow{Br^-}$ bromocyclobutane with CH₃ groups;

Br⁻ attacks cyclopropyl cation → BrCH₂CH₂C(CH₃)=CHCH₃

9.29

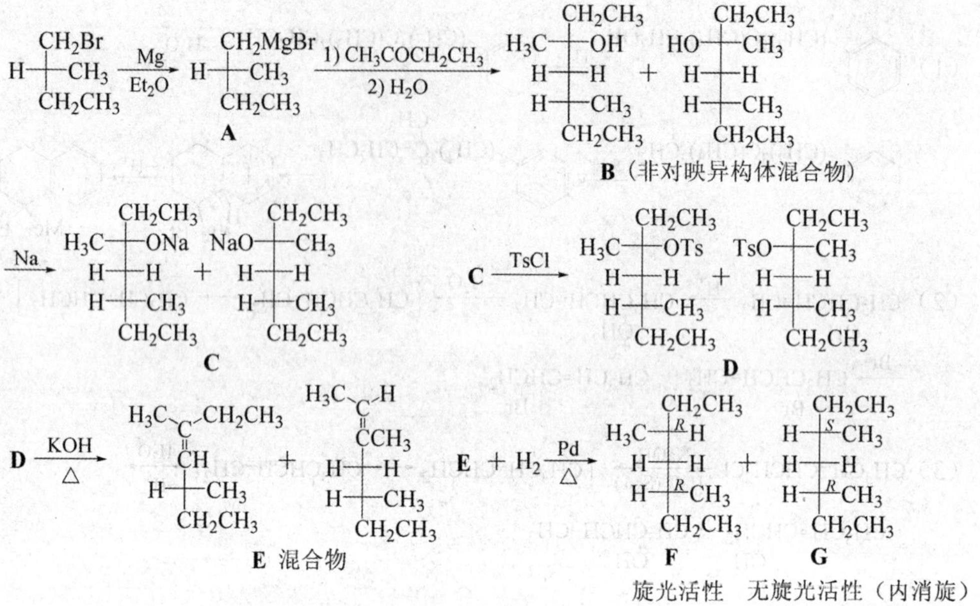

[Reaction scheme: CH₃CH(CH₂Br)CH₂CH₃ —Mg/Et₂O→ CH₃CH(CH₂MgBr)CH₂CH₃ (A) —1) CH₃COCH₂CH₃; 2) H₂O→ B (非对映异构体混合物)]

B —Na→ C —TsCl→ D —KOH, Δ→ E 混合物 —+H₂, Pd/Δ→ F (旋光活性) + G (无旋光活性（内消旋))

9.30 两种立体化学的组合可以得到所观察到的结果：
(1) 溴先顺式加成，然后顺式消除（不可能）。
(2) 溴先反式加成，然后反式消除。
因为已知溴的加成是反式加成，所以接着必是反式消除。

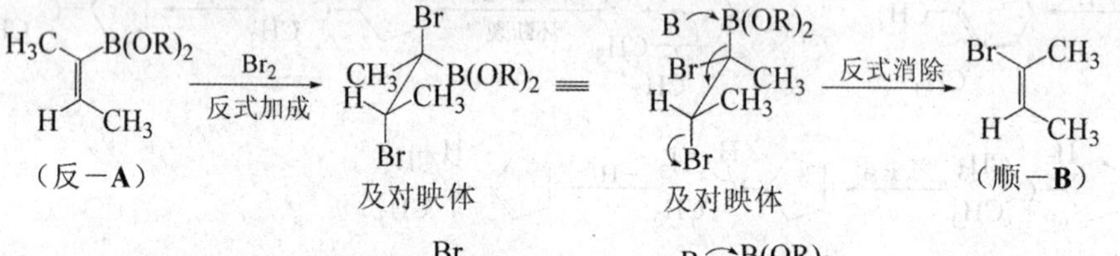

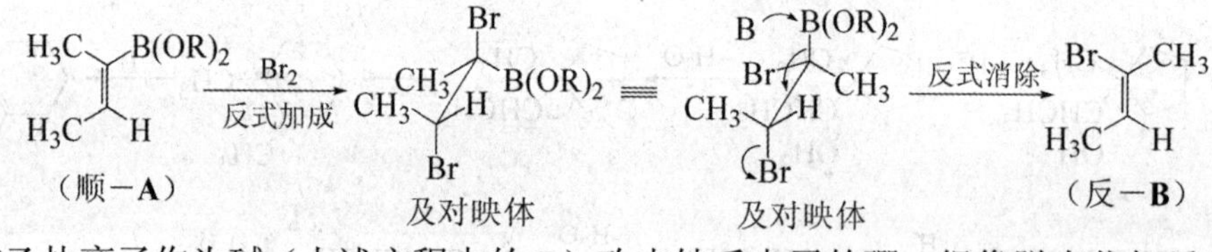

(反-A) —Br₂, 反式加成→ 中间体及对映体 ≡ 中间体及对映体 —反式消除→ (顺-B)

(顺-A) —Br₂, 反式加成→ 中间体及对映体 ≡ 中间体及对映体 —反式消除→ (反-B)

水或乙炔离子作为碱（上述方程中的 B）攻击缺乏电子的硼，很像脱卤化氢反应中 OH⁻ 进攻 H⁺ 而发生 E2 消除：

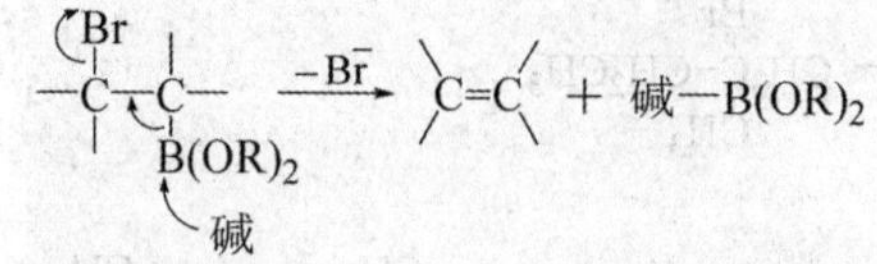

[示意图：—C(Br)—C(B(OR)₂)— + 碱 → C=C + 碱—B(OR)₂ + Br⁻]

$(RO)_2BCH_2CH_2Br \xrightarrow{3 H_2O} CH_2=CH_2 + HBr + 2ROH + H_3BO_3$

$(RO)_2BCH_2CH_2Br \xrightarrow{HC\equiv CNa} CH_2=CH_2 + NaBr + HC\equiv CB(OR)_2$

9.31
(1) C_2H_5SNa; $C_2H_5SC_2H_5$ (2) $(C_2H_5S)_2Hg + H_2O$ (3) $C_2H_5S-SC_2H_5$ (4) $C_2H_5SO_3H$

(5) $CH_3\overset{O}{\underset{\|}{S}}CH_3$; $CH_3\overset{O}{\underset{\|}{\underset{\|}{S}}}CH_3$ (第二个S上下各有一个=O)

第十章 醚和环氧化合物

一、复习要点

1. 醚的命名及物理性质。
2. 醚的制法。
（1）醇脱水

$$ROH \xrightarrow[\triangle]{H^+} R-O-R$$

（2）Williamson 合成

$$RX（伯卤）+ NaOR' \longrightarrow ROR' + NaX$$
$$RX（伯卤）+ NaOAr \longrightarrow ROAr + NaX$$

（3）烷氧汞化－脱汞反应（在醇中进行）

$$R-CH=CH_2 + R'OH + Hg(OCOCF_3)_2 \longrightarrow \underset{OR'}{R-CHCH_2HgO_2CCF_3} \xrightarrow{NaBH_4} \underset{OR'}{R-CHCH_3}$$

3. 醚的化学性质（醚有较稳定的化学性质）。
（1）与酸生成𬭩盐。
（2）在酸性试剂作用下，发生醚键断裂。
（3）Claisen 重排（烯基烯丙基醚重排）。

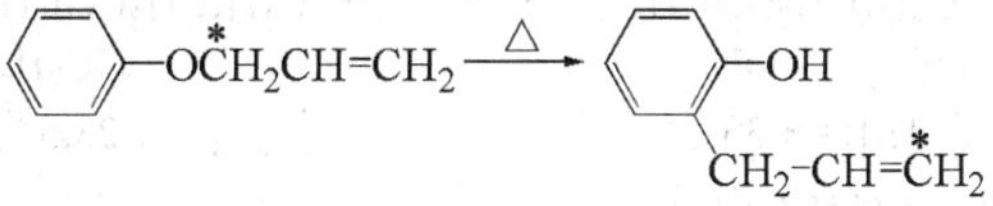

$$\text{PhO}\overset{*}{C}H_2CH=CH_2 \xrightarrow{\triangle} \text{邻-HOC}_6H_4-CH_2-CH=\overset{*}{C}H_2$$

（4）冠醚：结构、命名、合成及应用。

4. 环氧化合物制备。

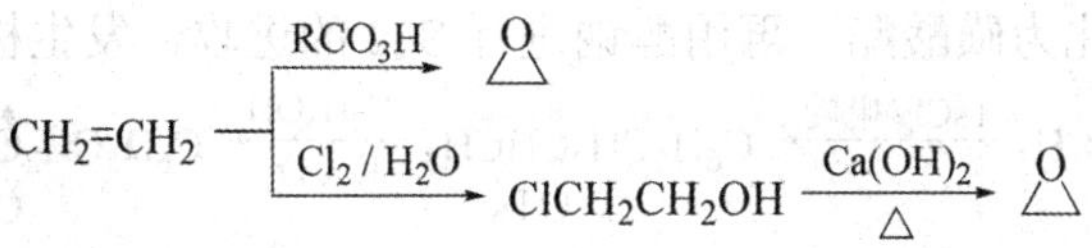

$$CH_2=CH_2 \begin{array}{c} \xrightarrow{RCO_3H} \triangle O \\ \xrightarrow{Cl_2/H_2O} ClCH_2CH_2OH \xrightarrow[\triangle]{Ca(OH)_2} \triangle O \end{array}$$

5. 环氧化合物化学性质。

环氧化合物不稳定易开环。

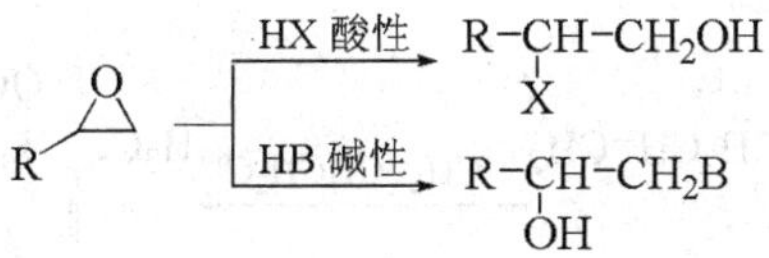

$$R\overset{O}{\triangle} \begin{array}{c} \xrightarrow{HX\ 酸性} \underset{X}{R-CH-CH_2OH} \\ \xrightarrow{HB\ 碱性} \underset{OH}{R-CH-CH_2B} \end{array}$$

二、新概念

醚（Ether），环氧化合物（Epoxy Compound），冠醚（Crown Ether），相转移催化剂（Phase Tranfer Catalyst），过氧化物（Peroxide）

三、重要机理

1,2-环氧化合物的酸性和碱性开环反应；Claisen 重排机理。

四、例题

例 1（1）不对称醚一般不是通过用硫酸加热两种醇的混合物来制备的，为什么？

（2）当叔丁醇和过量乙醇的混合物用稀硫酸处理时，却生成产率很高的一种醚，这个醚是什么？请解释这个结果。

解（1）因为这时常常得到 3 种混合物，如：

$$ROH + R'OH \xrightarrow[\triangle]{H_2SO_4} ROR + R'OR' + ROR'$$

（2）这个醚是乙基叔丁基醚，因为叔丁醇产生碳正离子比乙醇快得多。在此种条件下，乙醇自身不成醚，因此可采用过量乙醇作为溶剂。反应过程如下：

$$(CH_3)_3C-OH \xrightleftharpoons{H_2SO_4} (CH_3)_3C-\overset{+}{O}H_2 \longrightarrow (CH_3)_3\overset{+}{C} + H_2O$$

$$CH_3CH_2-OH \xrightleftharpoons{H_2SO_4} CH_3CH_2-\overset{+}{O}H_2 \xslashed{\longrightarrow} CH_3\overset{+}{C}H_2 + H_2O$$

$$(CH_3)_3\overset{+}{C} + C_2H_5OH \longrightarrow (CH_3)_3C\underset{H}{\overset{+}{O}}C_2H_5 \xrightarrow{-H^+} (CH_3)_3COC_2H_5$$

例 2 合成光学活性的 2-乙氧基-1-丙烷，可采用如下的方法：

$$\underset{\underset{OH}{|}}{C_6H_5CH_2\overset{*}{C}HCH_3} \xrightarrow{K} \xrightarrow{C_2H_5Br} \underset{\underset{OC_2H_5}{|}}{C_6H_5CH_2\overset{*}{C}HCH_3}$$
$$[\alpha]=+33.0° \qquad\qquad [\alpha]=+23.5°$$

（1）反应中是否发生构型的转变？

（2）如想用该醇制备得到旋光性相反的醚，可采用什么方法？

解（1）构型未发生转化，因反应并未涉及手性碳原子。

（2）首先将醇转化为磺酸酯，再用醇钠进行 S_N2 的进攻，发生构型转化。

$$\underset{\underset{OH}{|}}{C_6H_5CH_2\overset{*}{C}HCH_3} \xrightarrow{TsCl/吡啶} \underset{\underset{OTs}{|}}{C_6H_5CH_2\overset{*}{C}HCH_3} \xrightarrow[K_2CO_3]{C_2H_5OH} \underset{\underset{OC_2H_5}{|}}{C_6H_5CH_2\overset{*}{C}HCH_3} + KOTs$$

例 3 用 ^{14}C 标记的烯丙基氯与 2-甲基-6-烯丙基苯酚钠反应形成相应的醚，当加热这个醚时，克莱森重排得到的产物是 2-甲基-4,6-二烯丙基苯酚。在烯丙基中，有一半以上而不是全部 ^{14}C 在 4 位上。试解释之。

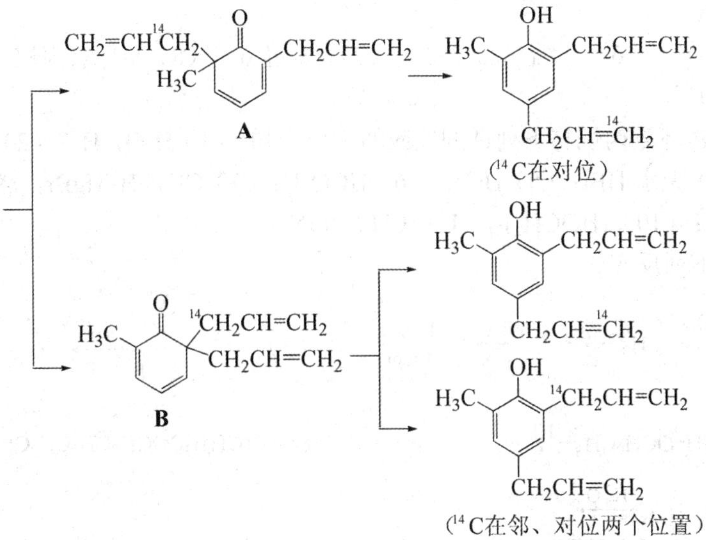

[图：A 和 B 两种中间体重排生成酚的反应机理示意图]

(¹⁴C在对位)

(¹⁴C在邻、对位两个位置)

A 和 **B** 生成的机会均等，结合反应机理可以看出，带标记的烯丙基一半以上而不是全部进入 4 位。

例 4 环氧丙烷是一个常用的有机试剂，它可用苯乙烷和丙烯氧化产生，同时还可得到有用的苯乙烯产品，试写出反应的过程。

解

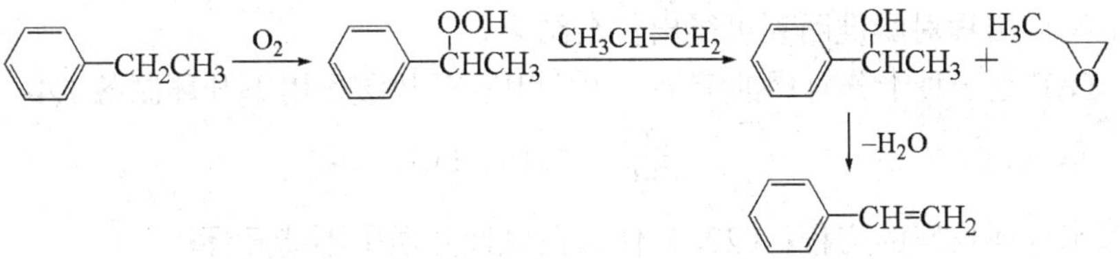

[反应式：苯乙烷经 O₂ 氧化生成过氧化物，与 CH₃CH=CH₂ 反应生成醇和环氧丙烷，醇脱水生成苯乙烯]

例 5 解释下面两个不同的醇与盐酸反应，为何得到相同的产物。

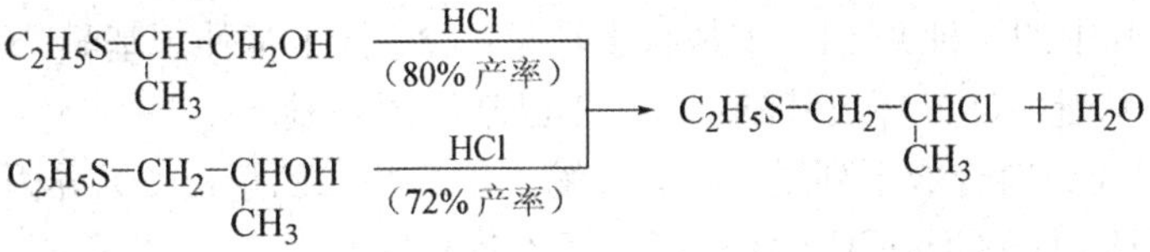

$$C_2H_5S-\underset{CH_3}{\overset{|}{CH}}-CH_2OH \xrightarrow[\text{(80\% 产率)}]{HCl}$$

$$C_2H_5S-CH_2-\underset{CH_3}{\overset{|}{CH}}OH \xrightarrow[\text{(72\% 产率)}]{HCl} \quad C_2H_5S-CH_2-\underset{CH_3}{\overset{|}{CH}}Cl + H_2O$$

解

[反应机理：醇质子化→硫参与，得相同中间体（硫鎓环）→得相同产物]

醇质子化   硫参与，得相同中间体   得相同产物

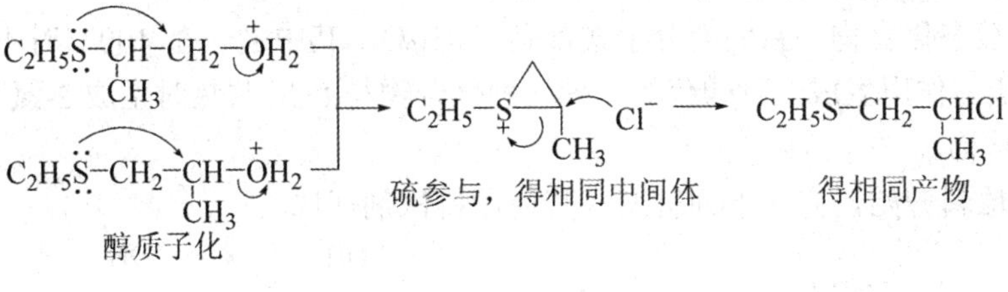

五、习题

10.1 用中、英文命名或写结构。

（1）茴香醚 （2）$CH_3CH_2O\underset{CH_3}{\overset{CH_3}{\overset{|}{CH}}}$ （3）$CH_3CH_2O-\!\!\!\!\bigcirc\!\!\!\!-NO_2$ （4）$CH_3CH_2\underset{OCH_3}{\overset{OH}{\overset{|}{CH}}-CH}CH_3$

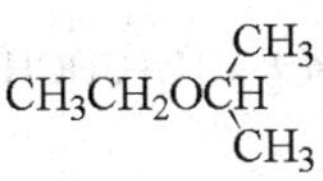

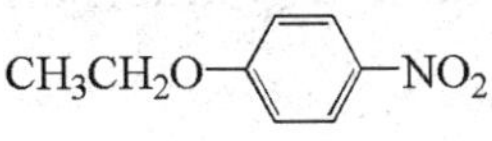

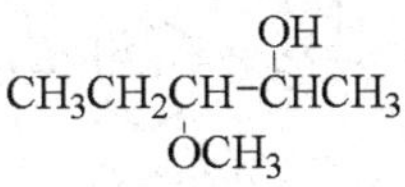

(5) [环氧环己烷结构图]　(6) 一缩二乙二醇　(7) 18-冠-6　(8) S-环氧丙烷

10.2 写出 R-环氧丙烷与下列试剂反应的主要产物：(1) H_2O, H^+；(2) H_2O, OH^-；(3) EtOH, H^+；(4) 无水 HBr；(5) HCN；(6) HCO_2H；(7) CH_3CH_2MgBr, 然后水；(8) NH_3；(9) PhOH, H^+；(10) $(HOCH_2)_2$, H^+；(11) NaN_3。

10.3 完成下列反应。

(1) Ph—[环氧丁烷]—CH_3 $\xrightarrow{HBr}$? $\xrightarrow{PBr_3}$? $\xrightarrow[1\ mol]{HOAc}$

(2) [萘并吡喃结构] $\xrightarrow{HI}{\Delta}$

(3) $CH_2=CH\text{-}OCH_2CH_3$ $\xrightarrow{HI}{\Delta}$

(4) $(CH_3)_3COCH_2CH_2C\equiv CH$ $\xrightarrow{H_3^+O}$

(5) $RO\text{-}Si(CH_3)_3$ $\xrightarrow{H_3^+O}$

10.4 写出下列反应历程。

(1) $H_3C\text{-}\underset{\underset{CH_3}{|}}{\overset{\overset{CH_3}{|}}{C}}\text{-}OCH_3$ $\xrightarrow[\Delta]{H_2SO_4}$ $H_3C\text{-}\underset{\underset{CH_3}{}}{C}=CH_2 + CH_3OH$

(2) 用无水 HI 断裂有旋光性的甲基仲丁基醚，产生碘甲烷和仲丁醇，这个仲丁醇的构型和光学纯度与原料一样。

从以上两个历程对醚键断裂可得出什么结果？

10.5 THF 是一种十分有用的溶剂，也常用它在盐酸作用下开环制备 1,4-二氯丁烷：

[THF] $\xrightarrow[H_2O]{HCl}$ $ClCH_2CH_2CH_2CH_2Cl$

(1) 写出开环反应的历程；(2) 为什么在碱性介质中不能开环。

10.6 合成下列醚。可选用 Williamson 合成法或烷氧汞化-脱汞反应（说明两种方法都可以，还是只能用其中的一种）。(1) 甲基叔丁基醚；(2) 异丁基仲丁基醚；(3) 正丙基苯基醚；(4) 环己基叔丁基醚；(5) 环己基醚；(6) 2-己基异丙基醚。

10.7 以乙烯为原料合成下列醚：(1) 一缩二乙二醇二乙醚；(2) 异丙基醚；(3) 乙基乙烯基醚；(4) $(CH_3CH_2)_2CHOCH_2CH_3$；(5) 二乙烯基醚。

10.8 有两种液态化合物，它们的分子式都是 $C_4H_{10}O$，其中之一在 100℃时不与 PCl_3 作用，但能与浓氢碘酸作用生成一种碘代烷。另一种化合物与 PCl_3 共热时生成 2-氯丁烷。试写出两种化合物的结构。

10.9 从指定原料开始，完成下列转变（其他原料试剂任选）。

(1) [苯] ⟶ [1,3-二甲氧基苯]

(2) [间苯二酚] ⟶ [2,4-二羟基苯基正戊基酮]

(3) [苯酚] ⟶ [2-(1-苯乙基)-6-异丙基苯酚]

(4) $CH_2=CHCH_3$ ⟶ $\underset{ONO_2\ ONO_2\ ONO_2}{CH_2\text{-}CH\text{-}CH_2}$

(5) 间二甲苯 → 2-羟基-3-甲基-5-甲基苯甲醛

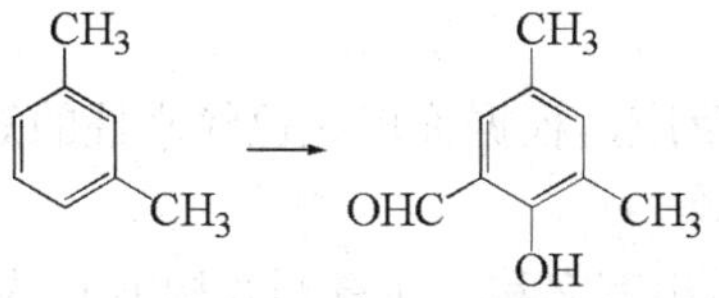

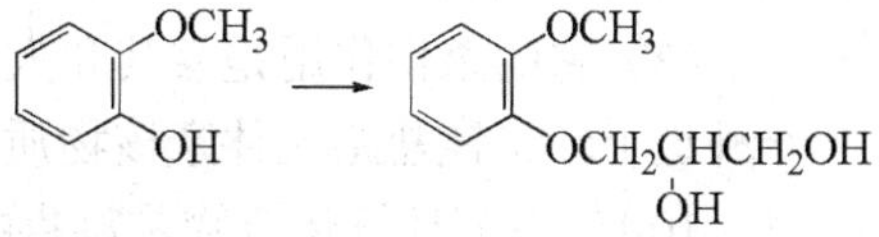

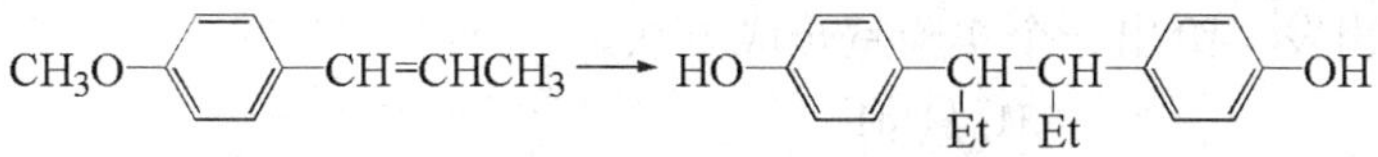

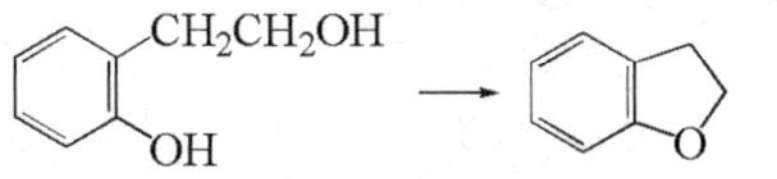

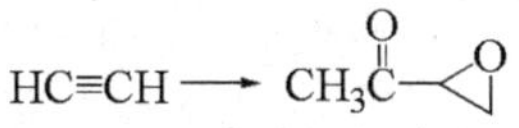

(6) 邻甲氧基苯酚 → 邻甲氧基苯氧基-CH₂CH(OH)CH₂OH

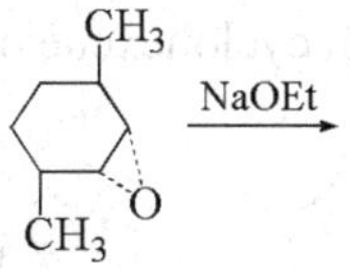

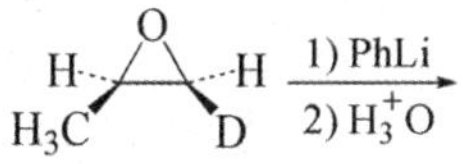

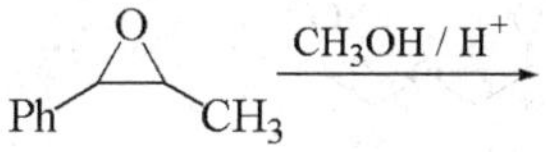

(7) $CH_3O-C_6H_4-CH=CHCH_3 \longrightarrow HO-C_6H_4-CH(Et)-CH(Et)-C_6H_4-OH$

(8) 邻羟基苯乙醇 → 2,3-二氢苯并呋喃

(9) $HC\equiv CH \longrightarrow CH_3-CO-环氧乙烷$

(10) 2,6-二氯苯 → 1-甲氧基-2,4-二硝基-5-甲氧基苯

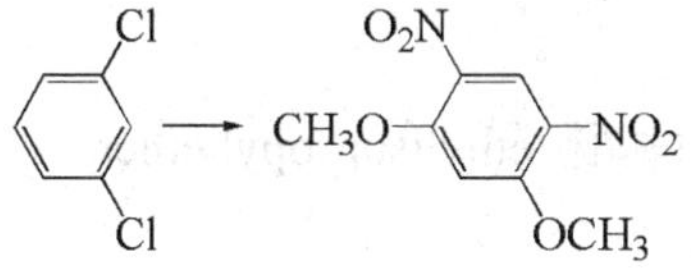

10.10 完成下列反应（构型式）。

(1) 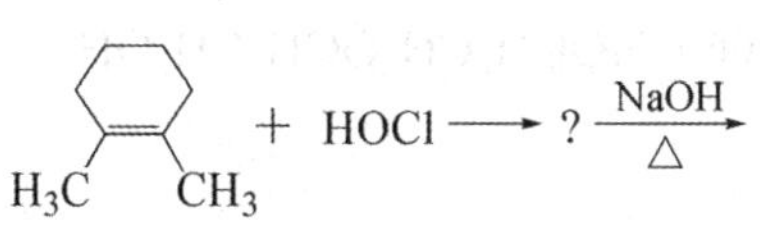 1,2-二甲基环己烯 + HOCl ⟶ ? $\xrightarrow{NaOH, \Delta}$

(2) 反-2,3-环氧-1,4-二甲基环己烷 $\xrightarrow{NaOEt}$

(3) 反-2,3-环氧丁烷(含D) $\xrightarrow{1) PhLi}{2) H_3^+O}$

(4) Ph-环氧-CH₃ $\xrightarrow{CH_3OH/H^+}$

(5) $Cl-CH_2-CH-\overset{*}{CH_2}-O \xrightarrow{NaOEt}$

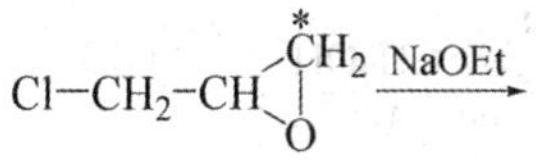

10.11 鉴别下列化合物。

(1) 苯酚，1-苯基乙醇，苯甲醚，甲苯。

(2) 芳香醚由于有高度活性的苯环，可使溴的四氯化碳溶液褪色，这种化学性质怎么能与通常的不饱和试剂区别开来？

10.12 顺-2-丁烯与反-2-丁烯分别与 Cl_2/H_2O 反应，然后加 OH^-，再加稀酸得到2种不同的产物 **A** 和 **B**，但分子式均为 $C_4H_{10}O_2$。（1）写出反应的历程；（2）写出 **A**、**B** 结构，二者属于何种异构体？

10.13 写出有机化合物 **A~E** 的构造式和立体化学标记。

(1) **A** + 浓 H_2SO_4 $\xrightarrow{冷}$ $CH_3CH(OSO_2H)CH_2CH_3$ $\xrightarrow{H^+/H_2O}$ **B**

(2) (R)-$CH_3CHOHCH_2CH=CH_2$ $\xrightarrow{H_2O/H_2SO_4}$ **C** + **D**

(3) 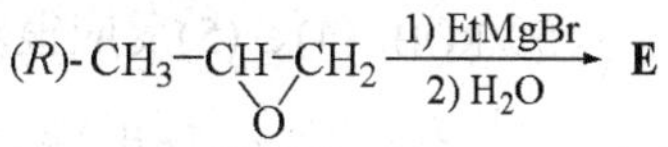 (R)-$CH_3-CH-CH_2-O$ (环氧) $\xrightarrow{1) EtMgBr}{2) H_2O}$ **E**

10.14 芥子气即β,β'-二氯乙硫醚，实际并非一种气体，而是一种高沸点液体，其名称来源于其气味像芥子，在第一次世界大战中曾被广泛用来作为战剂，其结构为 $(ClCH_2CH_2)_2S$，可以用环氧乙烷为原料合成之。

(1) 写出有关的合成步骤；

(2) 这个战剂实际上是一种环状锍盐

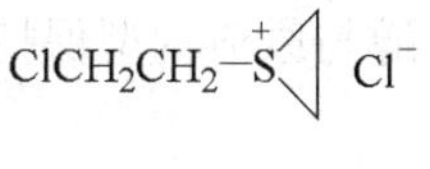

$ClCH_2CH_2-\overset{+}{S}\triangleleft \quad Cl^-$

试写出其形成机理；

（3）它的杀伤作用是靠其和人体中的亲核物质反应，根据你现在已经掌握的知识，提出一种这个环状锍盐跟人体亲核物质作用的可能机制。

10.15 下列环氧化合物是舞毒蛾的性引诱剂，给出其名称（注意顺式构型），从1-溴癸烷和4个碳以下的有机物出发，给出一个实验室合成方法。

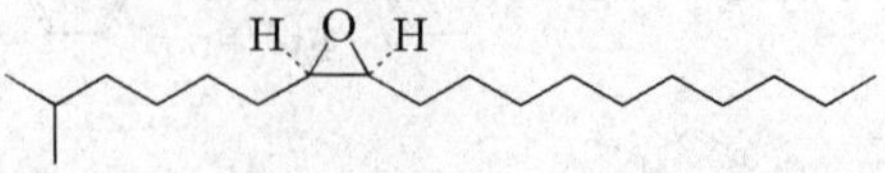

六、习题参考答案

10.1（1）苯甲醚 PhOCH$_3$　　（2）乙基异丙基醚 ethylisopropyl ether

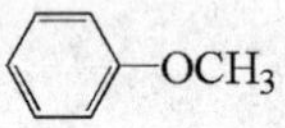

（3）对硝基苯乙醚 ethyl-p-nitrophenyl ether

（4）3-甲氧基-2-戊醇 3-methoxy-2-pentanol

（5）氧化环己烯 cyclohexene oxide　　（6）HOCH$_2$CH$_2$OCH$_2$CH$_2$OH

（7）18-冠-6　　（8）环氧丙烷

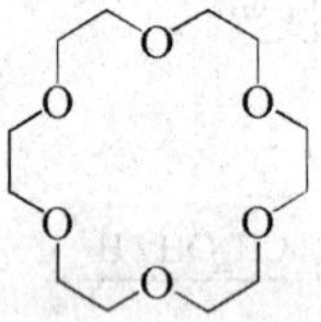

10.2 产物结构略

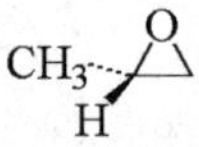

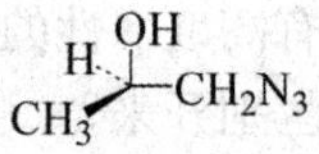

10.3（1）三种加成产物；（2）环化产物；（3）CH$_3$CHO + CH$_3$CH$_2$I；（4）HOCH$_2$CH$_2$C≡CH

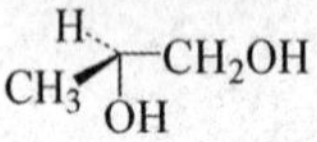

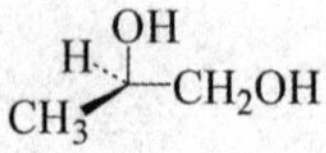

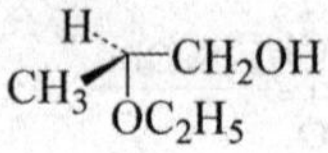

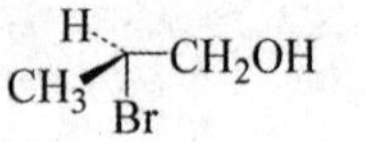

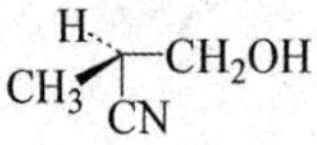

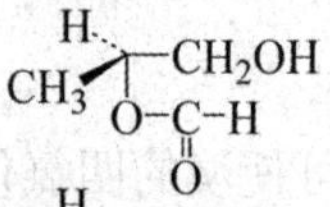

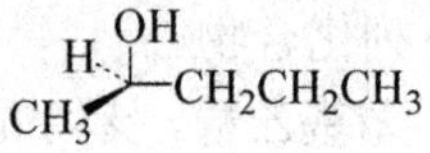

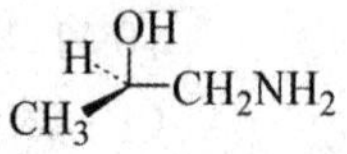

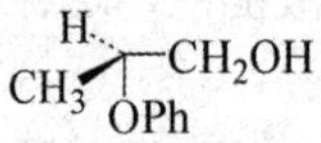

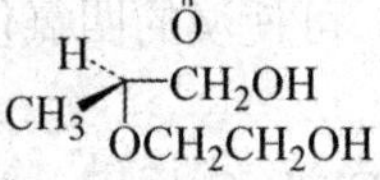

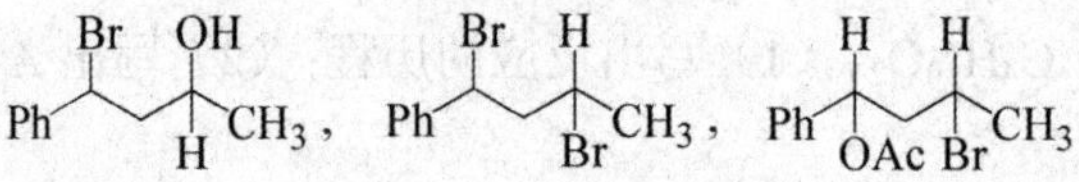

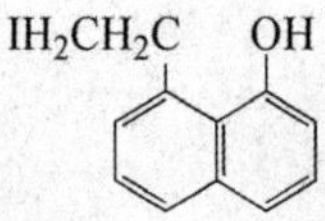

（5）ROH　（4）、（5）反应很容易发生，(CH$_3$)$_3$COH及(CH$_3$)$_3$SiCl都可用作醇的保护剂

10.4（1）(CH$_3$)$_3$COCH$_3$ $\xrightarrow{H^+}$ (CH$_3$)$_3$\overset{+}{C}OCH$_3$ $\longrightarrow$ (CH$_3$)$_3$\overset{+}{C}$ + CH$_3$OH $\xrightarrow{-H^+}$ (CH$_3$)$_2$C=CH$_2$

此反应经历 S$_N$1 历程。

（2）R'RCH-O-CH$_3$ $\xrightarrow{H^+}$ R'RCH-\overset{+}{O}(H)-CH$_3$ + I$^-$ $\xrightarrow{-CH_3I}$ R'RCH-OH

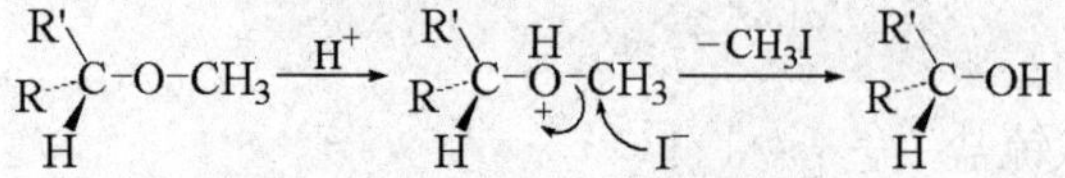

由于C—O之间未发生断裂，仲丁醇与原料构型保持一致，光学纯度不变，此反应为S$_N$2历程。

从上面两反应可预计,根据反应条件及醚的结构,醚键的断裂可按 S_N1 或 S_N2 两种机理进行。一半叔烷基易 S_N1 取代,伯烷基易 S_N2 取代。

10.5 (1)

$$\underset{O}{\bigcirc} \xrightarrow{HCl} \underset{\overset{+}{O}H}{\bigcirc} Cl^- \longrightarrow HOCH_2CH_2CH_2CH_2Cl \xrightarrow{HCl}$$

$$H_2\overset{+}{O}-CH_2CH_2CH_2CH_2Cl \xrightarrow{-H_2O} ClCH_2CH_2CH_2CH_2Cl$$
$$\underset{Cl^-}{}$$

(2) 在碱性介质中不能开环是因为烷氧基碱性大,是一个很难离去的基团。

10.6

(1) $H_3C-\underset{\underset{CH_3}{|}}{\overset{\overset{CH_3}{|}}{C}}-OH + CH_3OH \xrightarrow{稀H_2SO_4} H_3C-\underset{\underset{CH_3}{|}}{\overset{\overset{CH_3}{|}}{C}}-OCH_3 \quad H_3C-\underset{\underset{CH_3}{|}}{\overset{\overset{CH_3}{|}}{C}}-ONa + CH_3I \longrightarrow H_3C-\underset{\underset{CH_3}{|}}{\overset{\overset{CH_3}{|}}{C}}-OCH_3$

也可用烷氧汞化-脱汞反应:

$$CH_2=\underset{\underset{CH_3}{|}}{\overset{\overset{CH_3}{|}}{C}} \xrightarrow[CH_3OH]{Hg(OAc)_2} \xrightarrow{NaBH_4} H_3C-\underset{\underset{CH_3}{|}}{\overset{\overset{CH_3}{|}}{C}}-OCH_3$$

(2) $CH_3-\underset{\underset{CH_3}{|}}{CH}-CH_2Br + NaO-\underset{\underset{CH_2CH_3}{|}}{\overset{\overset{CH_3}{|}}{CH}} \longrightarrow CH_3-\underset{\underset{CH_3}{|}}{CH}-CH_2-O-\underset{\underset{CH_2CH_3}{|}}{\overset{\overset{CH_3}{|}}{CH}}$

异丁基　　　仲丁基

也可用烷氧汞化-脱汞反应:

$$CH_3C=CH_2 \xrightarrow[(CH_3)_2CHOH]{Hg(OOCCF_3)_2} \xrightarrow{NaBH_4} CH_3-\underset{\underset{CH_3}{|}}{CH}-CH_2-O-\underset{\underset{CH_2CH_3}{|}}{\overset{\overset{CH_3}{|}}{CH}}$$
$$\underset{CH_3}{|}$$

(3) $\underset{}{\bigcirc}-ONa + BrCH_2CH_2CH_3 \longrightarrow \underset{}{\bigcirc}-OCH_2CH_2CH_3$

(4) $CH_2=\underset{\underset{CH_3}{|}}{\overset{\overset{CH_3}{|}}{C}} \xrightarrow[\underset{}{\bigcirc}-OH]{Hg(OOCCF_3)_2} \xrightarrow{NaBH_4} \underset{}{\bigcirc}-O-\underset{\underset{CH_3}{|}}{\overset{\overset{CH_3}{|}}{C}}-CH_3$

不能用Williamson合成法,因无论采用如下哪种组合都会发生消去反应。

$\underset{}{\bigcirc}-Br + H_3C-\underset{\underset{CH_3}{|}}{\overset{\overset{CH_3}{|}}{C}}-ONa$ 或 $\underset{}{\bigcirc}-ONa + H_3C-\underset{\underset{CH_3}{|}}{\overset{\overset{CH_3}{|}}{C}}-Br$ 均不可行。

(5) $\underset{}{\bigcirc} \xrightarrow[\underset{}{\bigcirc}-OH]{Hg(OOCCF_3)_2} \xrightarrow{NaBH_4} \underset{}{\bigcirc}-O-\underset{}{\bigcirc}$

不能用Williamson合成法。

(6) $CH_3CH_2CH_2CH=CHCH_3 \xrightarrow[CH_3CHOH]{Hg(OOCCF_3)_2} \xrightarrow{NaBH_4} CH_3CH_2CH_2CH-O-CH_3$
$\underset{CH_3}{|}$ $\underset{CH_3}{|}$ $\underset{CH_3}{|}$

或 $CH_2=CHCH_3 \xrightarrow[CH_3CH_2CH_2CHCH_3]{Hg(OOCCF_3)_2} \xrightarrow{NaBH_4} CH_3CH_2CH_2CH-O-CHCH_3$
$\underset{OH}{|}$ $\underset{CH_3}{|}$ $\underset{CH_3}{|}$

不能用Williamson合成法。

10.7 (1)

$CH_2=CH_2 \xrightarrow{RCO_3H}$ (环氧乙烷) $CH_2=CH_2 \xrightarrow[H_2O/\triangle]{H_2SO_4} CH_3CH_2OH \xrightarrow{HCl} CH_3CH_2Cl$

$CH_3CH_2OH \xrightarrow[H^+]{\triangle(环氧)} CH_3CH_2OCH_2CH_2OH \xrightarrow[H^+]{\triangle(环氧)} CH_3CH_2OCH_2CH_2OCH_2CH_2OH \xrightarrow{Na} \xrightarrow{CH_3CH_2Cl}$

$CH_3CH_2OCH_2CH_2OCH_2CH_2OCH_2CH_3$

(2) $CH_2=CH_2 \xrightarrow[2) Zn/H_2O]{1) O_3} HCHO$

(1) 中的 $CH_3CH_2Cl \xrightarrow[Et_2O]{Mg} \xrightarrow{HCHO} \xrightarrow{H_3^+O} CH_3CH_2CH_2OH \xrightarrow[\triangle]{H^+}$

$CH_3CH=CH_2 \xrightarrow[H_2O]{H^+} CH_3\underset{OH}{C}HCH_3$

$CH_3CH=CH_2 \xrightarrow[CH_3\underset{OH}{C}HCH_3]{Hg(OAc)_2} \xrightarrow{NaBH_4} (CH_3)_2CHOCH(CH_3)_2$

(3) $CH_2=CH_2 \xrightarrow{Br_2/CCl_4} BrCH_2CH_2Br \xrightarrow[醇/\triangle]{KOH} HC\equiv CH \xrightarrow[NaOC_2H_5]{HOC_2H_5} CH_2=CHOC_2H_5$

$HOC_2H_5 + Na \longrightarrow NaOC_2H_5$

(4) (2) 中的 $CH_3CH_2CH_2OH \xrightarrow[吡啶]{CrO_3} CH_3CH_2CHO \xrightarrow{CH_3CH_2MgCl} \xrightarrow[H_2O]{H^+}$

$CH_3CH_2\underset{OH}{C}HCH_2CH_3 \xrightarrow{Na} \xrightarrow{CH_3CH_2Cl} (CH_3CH_2)_2CHOCH_2CH_3$

(5) $CH_2=CH_2 \xrightarrow[H_2O]{Cl_2} HOCH_2CH_2Cl \xrightarrow[\triangle]{H^+} ClCH_2CH_2OCH_2CH_2Cl \xrightarrow[醇]{NaOH}$

$CH_2=CH-O-CH=CH_2$

10.8 $CH_3CH_2OCH_2CH_3$ $CH_3\underset{OH}{C}HCH_2CH_3$

10.9

(1) 苯 $\xrightarrow{浓H_2SO_4}$ 苯磺酸 $\xrightarrow{发烟H_2SO_4}$ 间苯二磺酸 $\xrightarrow[300℃]{Na_2SO_3, NaOH}$ 间苯二酚二钠盐 $\xrightarrow{2CH_3I}$ 间二甲氧基苯

(2) 间苯二酚 $+ CH_3(CH_2)_4COCl \longrightarrow$ 间羟基苯己酰酯 $\xrightarrow[\triangle]{AlCl_3}$ 2,4-二羟基苯己酮

(3) 苯酚 $\xrightarrow{NaOH}$ 苯酚钠 $\xrightarrow{CH_3CH=CHCH_2Cl}$ 烯丙基苯基醚 $\xrightarrow{\triangle}$ 邻(1-甲基烯丙基)苯酚

$$\xrightarrow{\text{NaOH}} \xrightarrow{\text{PhCH=CHCH}_2\text{Cl}} \underset{\text{CH}_3}{\overset{\text{OCH}_2\text{CH=CHPh}}{\text{C}_6\text{H}_3}}\overset{\text{CHCH=CH}_2}{} \xrightarrow{\Delta} \underset{\text{Ph}}{\overset{\text{OH}}{\text{CH}_2=\text{CHCH}}}\text{C}_6\text{H}_3\underset{\text{CH}_3}{\text{CHCH=CH}_2}$$

$$\xrightarrow{\text{H}_2,\text{Ni}} \underset{\text{Ph}}{\overset{\text{OH}}{\text{CH}_3\text{CH}_2\text{CH}}}\text{C}_6\text{H}_3\underset{\text{CH}_3}{\text{CHCH}_2\text{CH}_3}$$

(4) $CH_2=CHCH_3 \xrightarrow[500°C]{Cl_2} CH_2=CHCH_2Cl \xrightarrow{Cl_2/H_2O} ClCH_2\underset{OH}{CH}CH_2Cl$

$\xrightarrow[\Delta]{Ca(OH)_2} ClCH_2\underset{O}{\triangle}\!\!\!\!\!\!\!\!CH_2 \xrightarrow[95\sim100°C]{Ca(OH)_2} \underset{OH}{CH_2}\underset{OH}{CH}\underset{OH}{CH_2} \xrightarrow{3HNO_3} \underset{ONO_2}{CH_2}\!\!-\!\!\underset{ONO_2}{CH}\!\!-\!\!\underset{ONO_2}{CH_2}$

(5) 1,3-二甲苯 $\xrightarrow{H_2SO_4}$ 2,4-二甲基苯磺酸 $\xrightarrow[\Delta]{NaOH}$ 2,4-二甲基苯酚 $\xrightarrow[NaOH]{HCCl_3}$ 3,5-二甲基-2-羟基苯甲醛

(6) 2-甲氧基苯酚 $\xrightarrow{NaOH}$ $\xrightarrow{ClCH_2CH=CH_2}$ $\xrightarrow{RCO_3H}$ $\xrightarrow{H_3O^+}$ 邻甲氧基苯氧基丙二醇

(7) $2CH_3O-C_6H_4-CH=CHCH_3 \xrightarrow{2HBr} 2CH_3O-C_6H_4-\underset{Br}{CH}CH_2CH_3 \xrightarrow{Mg}$

$CH_3O-C_6H_4-\underset{Et}{CH}-\underset{Et}{CH}-C_6H_4-OCH_3 \xrightarrow{2HI} HO-C_6H_4-\underset{Et}{CH}-\underset{Et}{CH}-C_6H_4-OH$

(8) 邻羟基苯乙醇 $\xrightarrow{PBr_3}$ 邻羟基苯乙基溴 $\xrightarrow{NaOH}$ $\xrightarrow{-NaBr}$ 2,3-二氢苯并呋喃

(9) $HC{\equiv}CH \xrightarrow{NaNH_2} HC{\equiv}CNa \xrightarrow{\triangle\!\!\!\!\!O} HC{\equiv}CCH_2CH_2OH \xrightarrow[H_2SO_4/\triangle]{HgSO_4} CH_3\overset{O}{C}CH=CH_2$

$\xrightarrow{RCO_3H} CH_3\overset{O}{C}\!\!-\!\!\underset{O}{\triangle}\!\!\!\!\!\!$

(10) 1,3-二氯苯 $\xrightarrow[H_2SO_4]{HNO_3}$ 2,4-二硝基-1,5-二氯苯 $\xrightarrow[HOCH_3]{NaOCH_3}$ 2,4-二硝基-1,5-二甲氧基苯

10.10

(1) 两对非对映体混合物 (2)
(3) (1R,2S) 或相应构型 (4) Ph-CH(OH)-CH(OCH_3)CH_3 (5) 环氧化合物 $CH_2OC_2H_5$

10.11（1）

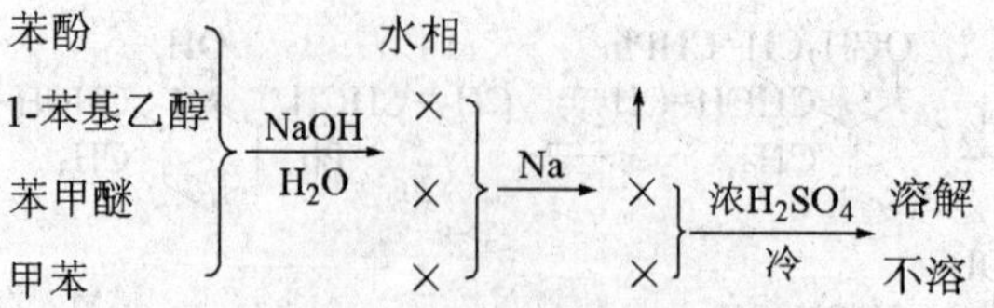

		水相			
苯酚		↑		浓H_2SO_4	溶解
1-苯基乙醇	$\xrightarrow{NaOH/H_2O}$ ×	$\xrightarrow{Na}$ ×	$\xrightarrow[冷]{浓H_2SO_4}$		
苯甲醚	×	×			不溶
甲苯	×				

（2）芳香醚与溴水发生变色反应会放出溴化氢气体，可在试管口上吹口气，它能产生烟雾。也可用稀的高锰酸钾溶液，芳香醚一般不会使高锰酸钾溶液褪色，而烯却很容易发生变色反应。

10.12

(1) 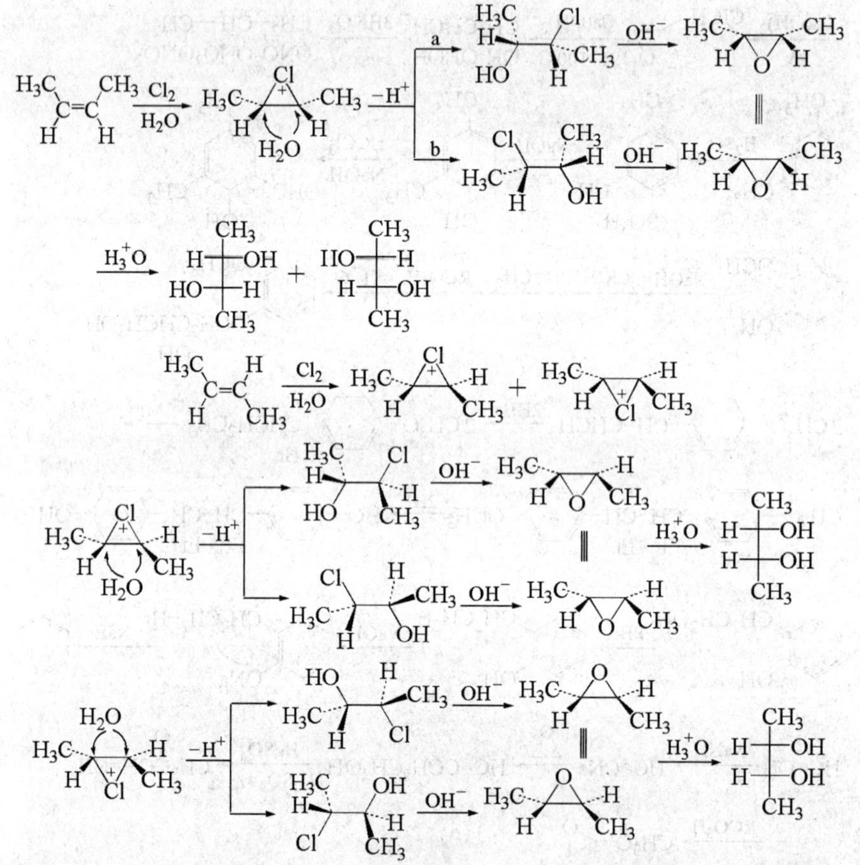 [反应机理图示]

(2) A: [外消旋体结构式] B: [内消旋体结构式]
     外消旋   内消旋

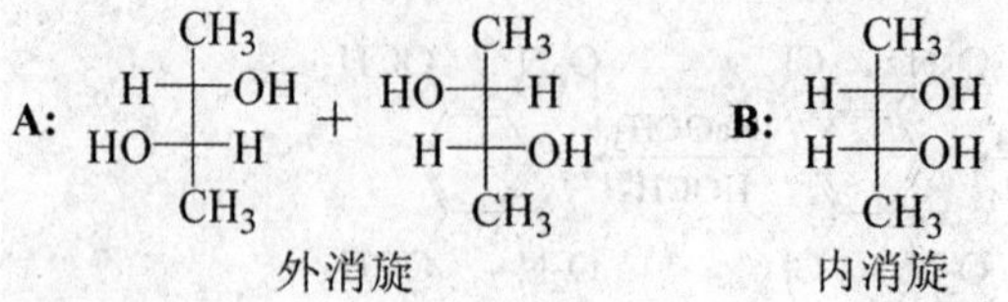

10.13 二者为非对映异构。

（1）**A**：顺或反 $CH_3CH=CHCH_3$ 或 $CH_2=CHCH_2CH_3$

B：外消旋 $CH_3CH(OH)CH_2CH_3$

中间体 $CH_3\overset{+}{C}HCH_2CH_3$ 能被 HSO_4^- 从任一侧进攻产生无旋光活性的外消旋的硫酸酯，该酯被水解为外消旋 2-丁醇。

(2) **C**: (R,R)- $CH_3\underset{H}{\overset{OH}{|}}CH_2\underset{OH}{\overset{H}{|}}CH_3$ 旋光活性   **D**: (R,S)- $CH_3\underset{H}{\overset{OH}{|}}CH_2\underset{H}{\overset{OH}{|}}CH_3$ 内消旋

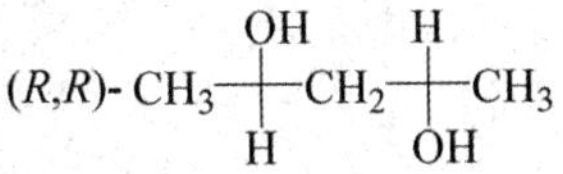

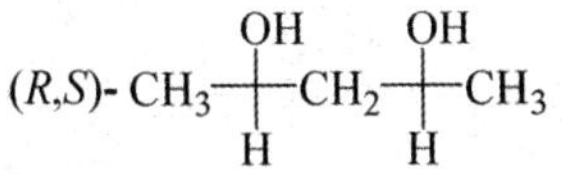

(3) **E**: (R)- $CH_3\underset{H}{\overset{OH}{|}}CH_2CH_3$

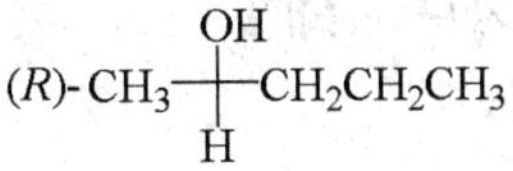

S_N2 进攻取代较少的一级碳，手性碳的构型保持不变。

10.14

(1) 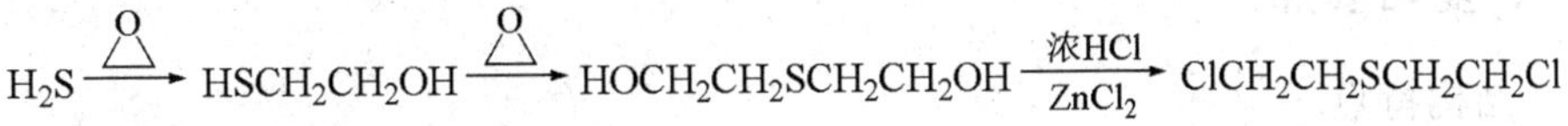 $H_2S \xrightarrow{\triangle O} HSCH_2CH_2OH \xrightarrow{\triangle O} HOCH_2CH_2SCH_2CH_2OH \xrightarrow[ZnCl_2]{\text{浓HCl}} ClCH_2CH_2SCH_2CH_2Cl$

(2) 分子内的亲核取代

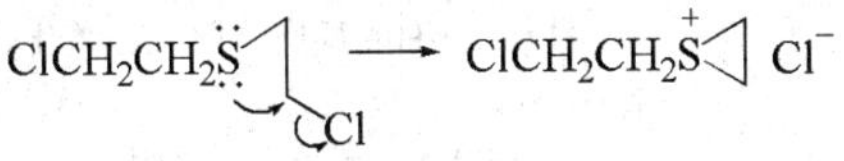

$ClCH_2CH_2\overset{..}{S}\underset{Cl}{\diagdown} \longrightarrow ClCH_2CH_2\overset{+}{S}\triangleleft \quad Cl^-$

(3)

$ClCH_2CH_2\overset{+}{S}\underset{Nu^-}{\triangleleft} \longrightarrow ClCH_2CH_2SCH_2CH_2Nu$

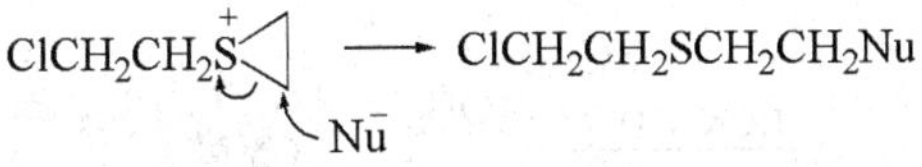

跟人体亲核物质的这个反应实际上是上述反应的逆反应。

10.15

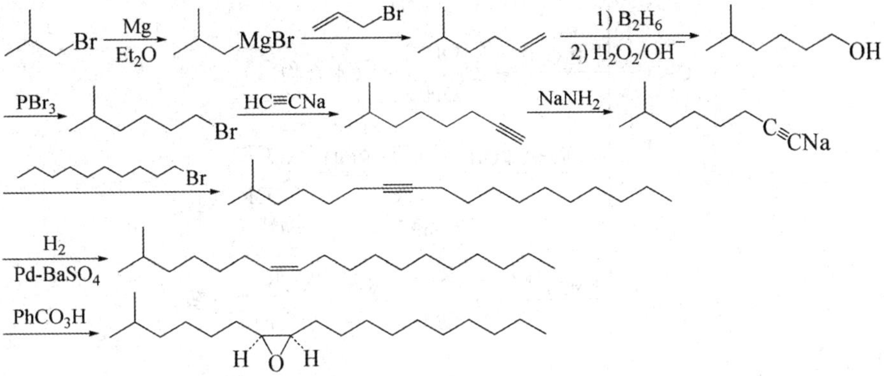

顺-(5-甲基己基)癸基环氧乙烷

第十一章 醛和酮

一、复习要点

1. 结构特点。
2. 化学性质。

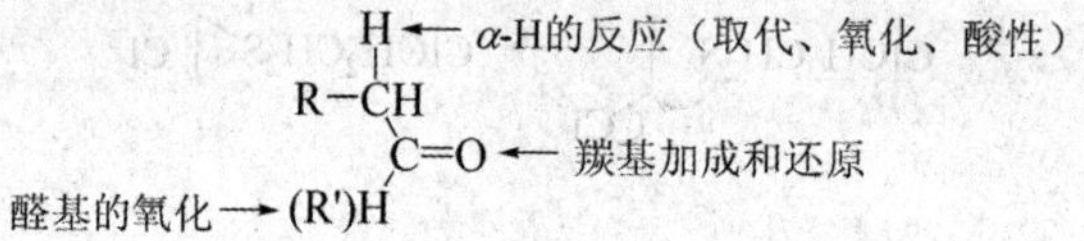

$$\underset{\underset{\uparrow}{(R')H}}{\overset{\overset{H \leftarrow \alpha\text{-H的反应（取代、氧化、酸性）}}{|}}{\underset{|}{R-C}}}\underset{\uparrow}{C=O} \leftarrow \text{羰基加成和还原}$$

醛基的氧化

（1）羰基的简单加成

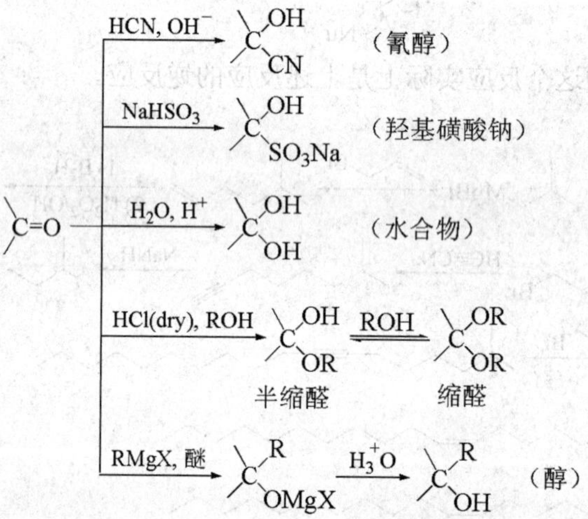

$$C=O \xrightarrow{\text{HCN, OH}^-} \underset{CN}{\overset{OH}{C}} \quad (氰醇)$$

$$\xrightarrow{\text{NaHSO}_3} \underset{SO_3Na}{\overset{OH}{C}} \quad (羟基磺酸钠)$$

$$\xrightarrow{H_2O, H^+} \underset{OH}{\overset{OH}{C}} \quad (水合物)$$

$$\xrightarrow{\text{HCl(dry), ROH}} \underset{OR}{\overset{OH}{C}} \xrightarrow{ROH} \underset{OR}{\overset{OR}{C}}$$
半缩醛 　 缩醛

$$\xrightarrow{\text{RMgX, 醚}} \underset{OMgX}{\overset{R}{C}} \xrightarrow{H_3^+O} \underset{OH}{\overset{R}{C}} \quad (醇)$$

（2）缩合

① 与氨及其衍生物的反应

$$C=O + H_2N-Y \longrightarrow C=N-Y$$

② 羟醛缩合反应

$$2\,RCH_2CHO \xrightarrow{\text{NaOH}} \underset{OH\ \ R}{RCH_2-CH-CHCHO} \xrightarrow{\Delta} \underset{R}{RCH_2CH=C-CHO}$$

α,β-不饱和羰基化合物

③ Wittig 反应

$$R_2C=O + Ph_3P=CR'_2 \longrightarrow R_2C=CR'_2 \quad (烯)$$

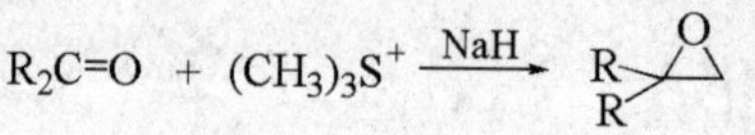

$$R_2C=O + (CH_3)_3S^+ \xrightarrow{\text{NaH}} \underset{R}{\overset{R}{\triangle}}\!\!\!\overset{O}{} \quad 环氧化合物$$

（3）α-氢的卤代

$$RCH_2COCH_2R \xrightarrow[H^+]{X_2} R-\underset{X}{CH}-\underset{O}{\overset{\|}{C}}-CH_2R$$

$$R-\underset{O}{\overset{\|}{C}}-CH_3 + X_2 \xrightarrow{NaOH} RCOO^- + CHX_3 \text{（卤仿反应）}$$

（4）羰基的氧化还原反应
①氧化反应

$$R-CHO \xrightarrow{Na_2Cr_2O_7, H^+ \text{（或}KMnO_4\text{）}} R-COOH$$

$$R-CHO \xrightarrow{Ag(NH_3)_2^+} R-COOH$$

环己酮 $\xrightarrow{RCO_3H}$ 内酯 （Baeyer-Villiger 氧化）

②还原反应

$$\text{C=O} \xrightarrow[\text{或}LiAlH_4 \text{/或}NaBH_4]{H_2, Ni \text{/或}Na, \text{醇}} \text{CH-OH}$$

$$\text{C=O} \xrightarrow{\text{异丙醇—异丙醇铝}} \text{CH-OH} \quad \text{（Meerwein-Pondorf 还原）}$$

$$\text{C=O} \xrightarrow[\text{或}H_2NNH_2, KOH, \text{一缩二乙二醇}]{Zn/Hg, \text{浓}HCl \text{（Clemmensen 还原）}} \text{CH}_2$$

$$\text{C=O} \xrightarrow[(2) H_2O]{(1) Mg/Hg} \underset{OH \; OH}{\text{C}-\text{C}} \quad \text{（还原偶联）}$$

$$R-CHO \xrightarrow{\text{强碱}} -COO^- + -CH_2OH \quad \text{（Cannizzaro 反应）}$$

（无 α-H 的醛）

（5）其他反应
①Beckmann 重排

$$\underset{R}{\overset{R'}{>}}C=N-OH \xrightarrow[\text{或}H^+]{PCl_5} R-\underset{O}{\overset{\|}{C}}-NHR'$$

② α, β-不饱和羰基化合物的 1,2-及 1,4-加成

$$R-CH=CH-\underset{O}{\overset{\|}{C}}-R \xrightarrow{NuH} R-CH-CH_2-\underset{O}{\overset{\|}{C}}-R + R-CH=CH-\underset{Nu}{\overset{OH}{C}}-R$$
$$\qquad\qquad\qquad\qquad\quad Nu \qquad\qquad\qquad\qquad\qquad\qquad$$
$$\qquad\qquad\qquad\qquad\quad 1,4\text{-加成} \qquad\qquad\qquad 1,2\text{-加成}$$

3．制法。
（1）醛的制备
①伯醇氧化

$$RCH_2OH \xrightarrow[\text{或}CrO_3/\text{吡啶}]{K_2Cr_2O_7, H^+} RCHO$$

②芳甲基氧化

$$\text{C}_6\text{H}_5\text{CH}_3 \xrightarrow{\text{CrO}_3/\text{乙酸}} \text{C}_6\text{H}_5\text{CHO}$$

③Gattermann-Koch 反应

$$\text{ArH} + \text{CO} + \text{HCl} \xrightarrow{\text{AlCl}_3} \text{ArCHO}$$

④Reimer-Tiemann 反应

$$\text{C}_6\text{H}_5\text{OH} \xrightarrow[\text{NaOH}]{\text{CHCl}_3} \xrightarrow{\text{HCl}} \text{o-HOC}_6\text{H}_4\text{CHO} \quad (\text{酚醛})$$

⑤酰氯还原

$$\text{RCOCl} \xrightarrow[\text{或Li}(t\text{-BuO})_3\text{AlH}]{\text{H}_2, \text{Pd-BaSO}_4} \text{RCHO}$$

⑥Vielsmeyer 反应

$$\text{Me}_2\text{N-C}_6\text{H}_5 + \text{H-C(=O)-N(CH}_3)_2 \xrightarrow{\text{POCl}_3} \text{Me}_2\text{N-C}_6\text{H}_4\text{-CHO}$$

⑦胞二卤代物的水解

$$\text{ArCH}_3 \xrightarrow{\text{Cl}_2, h\nu} \text{ArCHCl}_2 \xrightarrow[\text{Na}_2\text{CO}_3]{\text{H}_2\text{O}} \text{ArCHO}$$

（2）酮的制备

①仲醇的氧化

$$\underset{R}{\overset{R'}{\text{CHOH}}} \xrightarrow{\text{K}_2\text{Cr}_2\text{O}_7, \text{H}_2\text{SO}_4} \text{R-C(=O)-R'}$$

②Fridel-Crafts 反应

$$\text{ArH} + \text{RCOCl}\,(\text{或}\,(\text{RCO})_2\text{O}) \xrightarrow{\text{AlCl}_3} \text{ArCOR} \quad (\text{芳酮})$$

③炔烃的水合

$$\text{R-C}\equiv\text{CH} + \text{H}_2\text{O} \xrightarrow{\text{H}^+/\text{Hg}^{2+}} \text{RCOCH}_3$$

④有机镉和酰氯反应

$$\text{R'MgX} + \text{CdCl}_2 \longrightarrow \text{R'}_2\text{Cd} + \text{MgXCl}$$

$$\text{R'}_2\text{Cd} + \text{RCOCl} \longrightarrow \text{R-C(=O)-R'} + \text{CdCl}_2 \quad (\text{R'可为芳基或1°烃基})$$

⑤胞二卤代物水解

$$\text{C}_6\text{H}_5\text{CCl}_2\text{CH}_3 \xrightarrow{\text{H}_2\text{O}} \text{C}_6\text{H}_5\text{COCH}_3$$

二、新概念

醛（Aldehyde）和酮（Ketone），羰基（Carbonyl Group），缩合反应（Condensation Reaction），碳负离子（Carbanion），亲核加成（Nucleophilic Addition），缩醛（Acetal），叶立德（Ylide），西佛碱（Schiff Base）

三、重要机理

1. 羟醛缩合机理。
2. Wittig 反应机理。
3. 硫叶立德机理。
4. Baeyer-Villiger 氧化。
5. Meerwein-Pondorf 还原。
6. Reimer-Tiemann 反应。

四、检测方法

利用卤仿反应鉴别甲基酮；利用 Tollens 试剂和 Fehling 试剂鉴别醛酮。

五、例题

例 1 选择合适的氧化剂或还原剂完成下列转变：

(1) 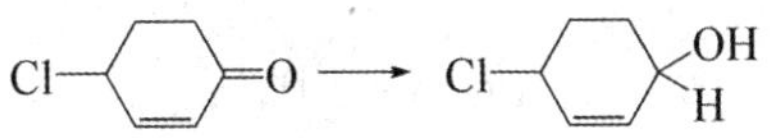 Cl—⟨⟩=O ⟶ Cl—⟨⟩—OH/H

(2) ⟨⟩=O ⟶ ⟨⟩—OH/H

(3) ⟨⟩=O ⟶ ⟨⟩=O

(4) O_2N—⟨⟩—COCH$_2$CH$_3$ ⟶ O_2N—⟨⟩—CH$_2$CH$_2$CH$_3$

(5) ⟨⟩—CHO ⟶ ⟨⟩—CO$_2$H

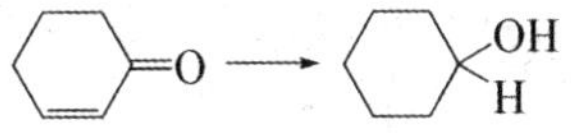

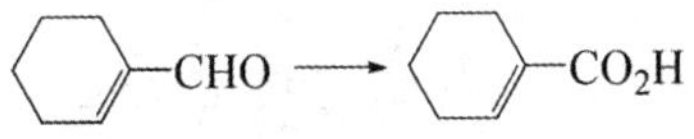

(6) PhCH=CHCH(OH)CH$_3$ ⟶ PhCH=CHCO$_2$H

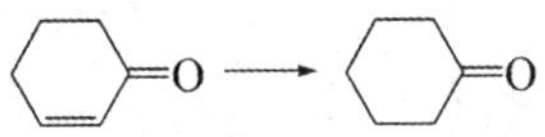

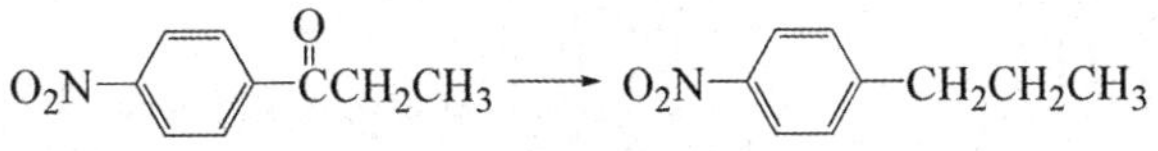

解 (1) $(CH_3)_2CHOH / Al[OCH(CH_3)_2]_3$，此方法是还原 α, β-不饱和醛酮中的羰基，是保留双键的最好方法，同时分子中卤素等其他活性基团也不受影响。

(2) H_2 / Ni

(3) Li / 液 NH_3，这是还原 α, β-不饱和醛酮的方法之一。

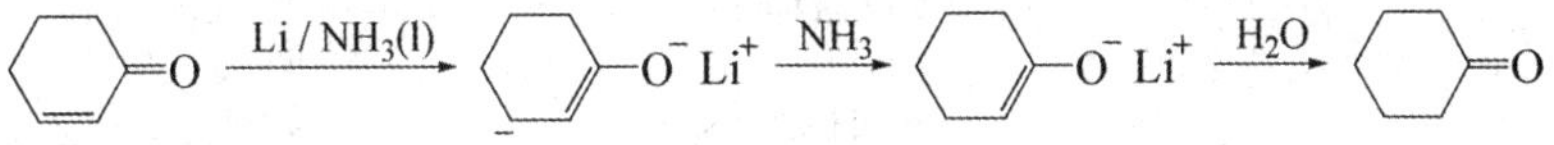

⟨⟩=O $\xrightarrow{Li/NH_3(l)}$ ⟨⟩—O$^-$Li$^+$ $\xrightarrow{NH_3}$ ⟨⟩—O$^-$Li$^+$ $\xrightarrow{H_2O}$ ⟨⟩=O

或选用 Pd / C / H_2 (1mol)，首先还原双键，然后再还原羰基。

(4) H_2NNH_2, KOH, 一缩二乙二醇

(5) $Ag(NH_3)_2^+$

(6) $I_2 / NaOH$，是碘仿反应的延伸

例 2 写出下列反应的历程。

(1) 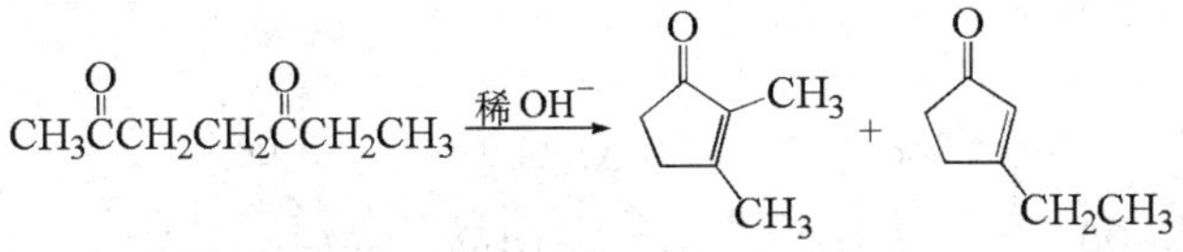 $CH_3COCH_2CH_2COCH_2CH_3$ $\xrightarrow{稀 OH^-}$ (主) 2,3-二甲基环戊烯酮 + (次) 3-乙基环戊烯酮

(2) PhCOCHO $\xrightarrow{NaOH/H_2O}$ Ph—CH(OH)COONa

(3) 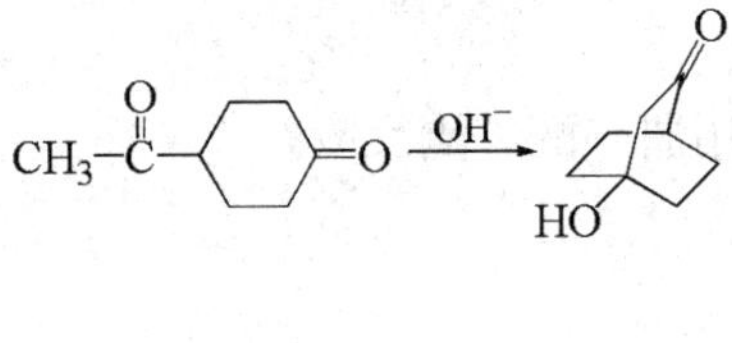 CH_3—CO—⟨⟩=O $\xrightarrow{OH^-}$ 双环结构(HO)

解 (1)

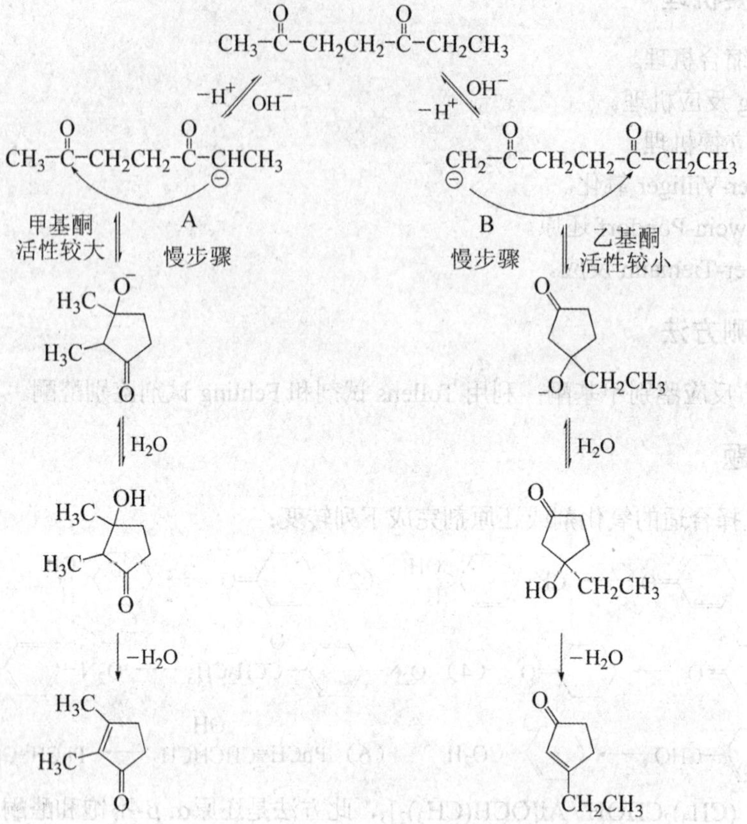

$$CH_3-\underset{\underset{O}{\|}}{C}-CH_2CH_2-\underset{\underset{O}{\|}}{C}-CH_2CH_3$$

反应历程中，第一步是快速平衡，第二步是慢步骤，是速度决定步骤，A 中碳负离子进攻甲基酮，B 中碳负离子进攻乙基酮，甲基酮活性大于乙基酮，因此反应速度快，产物主要是：

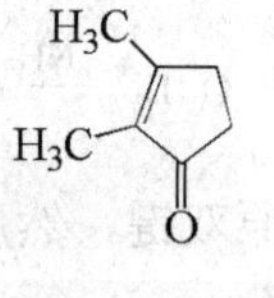

(在反应图中，左侧路径标注"甲基酮活性较大"、"慢步骤"，右侧路径标注"乙基酮活性较小"、"慢步骤"，中间标记 A 和 B)

(2) $Ph-\underset{\underset{O}{\|}}{C}-CHO \xrightarrow{OH^-} Ph-\underset{\underset{O}{\|}}{C}-\underset{\underset{OH}{|}}{C}-H \longrightarrow Ph-\underset{\underset{O^-}{|}}{C}-\underset{\underset{OH}{|}}{C}=O \xrightarrow{\text{质子转移}} Ph-\underset{\underset{OH}{|}}{C}-\underset{\underset{O^-}{|}}{C}=O$

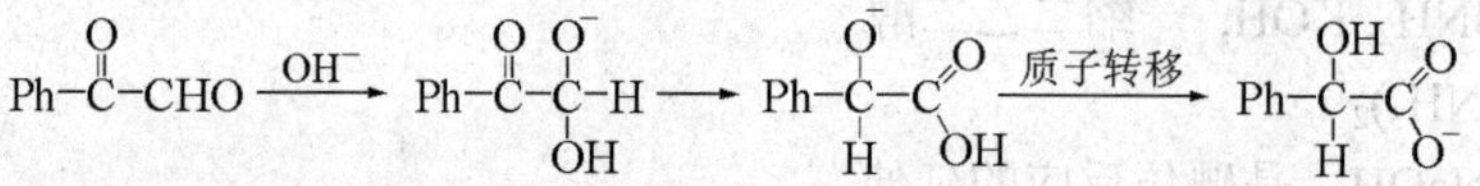

醛基活性比酮基大，亲核试剂首先进攻醛基。

(3)

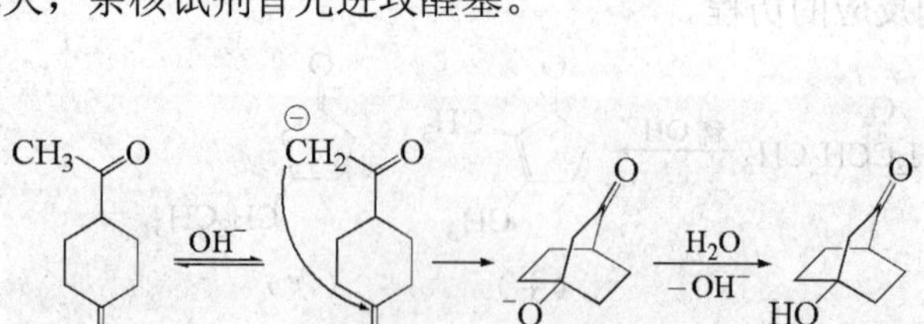

例 3 (1) 为什么醛、酮和氨衍生物的反应要在弱酸性（pH＝3.5）才有最大的速率？而碱性和较强的酸性条件则使反应速率降低？

(2) 为什么通常总是用 2,4-二硝基苯肼而不是用肼与醛、酮反应？

（3）氨基脲（H₂NCONHNH₂）中有 2 个伯氨基，为什么其中只有 1 个和羰基反应？

解 （1）在弱酸性条件下，羰基被质子化而成为它的共轭酸（ $\overset{R}{\underset{R}{\diagup}}\!\!=\!\!\overset{+}{O}H \longleftrightarrow \overset{R}{\underset{R}{\diagup}}\!\!-\!\!\overset{+}{O}H$ ），从而使亲核反应加速。在强酸性溶液中（pH<3.5），$\ddot{N}$ 上的未共用电子对（亲核位置）被质子化成为 $-\overset{+}{N}H_3$ 而失去亲电性。在碱性介质中，羰基不能被质子化。

（2）肼和羰基反应后得到的腙常再和羰基反应，生成一种联氮化合物。

$$\underset{R}{\overset{R}{\diagup}}C=O \xrightarrow{H_2NNH_2} \underset{R}{\overset{R}{\diagup}}C=NNH_2 \xrightarrow{\underset{R}{\overset{R}{\diagup}}C=O} \underset{R}{\overset{R}{\diagup}}C=N-N=C\underset{R}{\overset{R}{\diagdown}}$$

（3）连在羰基上的氨基是不活泼的，因为氮原子上的电子对受羰基影响而离域。

$$H_2\ddot{N}-NH-\overset{O}{\overset{\|}{C}}-\ddot{N}H_2 \longleftrightarrow H_2\ddot{N}-NH-\overset{\bar{O}}{\overset{|}{C}}=\overset{+}{N}H_2 \longleftrightarrow H_2\ddot{N}-NH-\overset{\bar{O}}{\overset{|}{C}}=\overset{+}{N}H_2$$

所以只有 1 个氮可与羰基缩合。

例 4 （1）写出苯甲醛同乙醛的缩合产物。

（2）为了使产物单一，某同学将乙醛慢慢加入苯甲醛的碱性溶液中，另一同学将苯甲醛慢慢加入到乙醛的碱性溶液中。问哪种操作正确？为什么？

（3）反应中分离出少量的 PhCH=CHCH=CHCHO，如何解释？

解

（1） PhCHO + CH₃CHO $\xrightarrow{\text{稀NaOH}}$ PhCH=CHCHO（主） + CH₃CH=CHCHO（次）

（2）第一位同学的操作正确，这样可避免乙醛自身缩合。

（3） PhCH=CHCHO $\xrightarrow{\overset{\ominus}{C}H_2CHO}$ PhCH-CH₂CHO（含 $\overset{\bar{O}}{|}$ 基） $\xrightarrow{-H_2O}$ PhCH=CH-CH=CHCHO

缩合产物在碱的作用下，会继续与乙醛缩合，这个反应称为插烯反应。

例 5 完成下列转变。

(1) 3-氧代环己基甲醛 → 1-甲基-1-羟基-3-醛基环己烷

(2) 环己烯 → 2-羟基环己基甲醛（—CH₂CHO）

解

(1) 3-氧代环己基甲醛 $\xrightarrow[C_2H_5OH]{HCl}$ 3-氧代环己基-CH(OC₂H₅)₂ $\xrightarrow[(2) H_3^+O]{(1) CH_3MgI}$ 产物

酮活泼性不如醛，保护酮时一般与乙二醇生成一种环状缩酮。

(2) [环己烯] $\xrightarrow{RCO_3H}$ [环氧化物] $\xrightarrow{HC\equiv CMgCl}$ $\xrightarrow{H_3^+O}$ [2-乙炔基环己醇]

$\xrightarrow{BH_3}$ ([硼烷中间体]) $\xrightarrow{H_2O_2, OH^-}$ [2-(2-羟乙基)环己醇]

例6 在碱溶液中丁酮溴代主要生成 1-溴-2-丁酮，而在酸性溶液中主要生成 3-溴-2-丁酮。试解释这种现象，并写出反应机理。

解

$CH_3COCH_2CH_3 \xrightleftharpoons{H^+} CH_3\overset{+}{C}(OH)CH_2CH_3 \xrightarrow{-H^+}$
（×→ $CH_2=C(OH)CH_2CH_3$）
$\rightarrow CH_3-C(OH)=CHCH_3 \xrightarrow{Br_2} CH_3COCHBrCH_3$

酸性介质中，烯醇化主要产生热力学控制的较稳定的烯醇物。

$CH_3COCH_2CH_3 \xrightarrow{OH^-}$
（×→ $CH_3CO\overset{-}{C}HCH_3$）
$\rightarrow \overset{-}{C}H_2COCH_2CH_3 \xrightarrow{Br_2} BrCH_2COCH_2CH_3$

碱性介质去质子烯醇化，碱进攻位阻较小、酸性较强的质子，形成动力学控制的产物。

例7 Wittig 反应可以用来制备醛，例如：

$H_3CO-C_6H_4-CO-CH_3 + CH_3OCH=PPh_3 \longrightarrow H_3CO-C_6H_4-C(CH_3)=CHOCH_3$ （60%）

$\xrightarrow{H^+/H_2O} H_3CO-C_6H_4-CH(CH_3)-CHO$ （85%）

问（1）如何制备 $CH_3OCH=PPh_3$？（2）为什么上面第二步反应产生1个醛？（3）通过上法，如何从环己酮制备 环己基-CHO？

解

（1） $CH_3OCH_2Br + PPh_3 \longrightarrow CH_3OCH_2-\overset{+}{P}Ph_3Br^- \xrightarrow{碱} CH_3OCH=PPh_3$

（2）乙烯基醚易水解，水解产物为1个半缩醛，半缩醛继续水解产生醛。

$H_3CO-C_6H_4-C(CH_3)=CHOCH_3 \xrightleftharpoons{H^+} H_3CO-C_6H_4-CH(CH_3)-CH=\overset{+}{O}CH_3$

$\xrightleftharpoons{H_2O} H_3CO-C_6H_4-CH(CH_3)-CH(\overset{+}{O}H_2)(OCH_3) \xrightleftharpoons{-H^+} H_3CO-C_6H_4-CH(CH_3)-CH(OH)(OCH_3)$
半缩醛

$\xrightleftharpoons{H^+} H_3CO-C_6H_4-CH(CH_3)-CH(OH)(\overset{+}{O}HCH_3) \xrightleftharpoons{-CH_3OH} H_3CO-C_6H_4-CH(CH_3)-CH=\overset{+}{O}H$

$$\xrightarrow{-H^+} H_3CO\text{—}\underset{CH_3}{\overset{H}{C}}\text{—CHO}$$

(3) $\text{cyclohexanone} + CH_3OCH=PPh_3 \longrightarrow \text{C}_6H_{10}=CHOCH_3 \xrightarrow{H^+/H_2O} \text{C}_6H_{11}CHO$

例8 在痕量干燥 HCl 或浓 H_2SO_4 存在下，二氢吡喃与醇反应形成四氢吡喃醚：

$$\text{二氢吡喃} + ROH \xrightarrow{\text{dry HCl}} \text{四氢吡喃醚 (}\text{—OR)}$$

（1）写出此反应可能的机制。

（2）为什么四氢吡喃醚在碱性水溶液中是最稳定的，而在酸性水溶液中迅速产生原来的醇和另一化合物，这个化合物是什么？用一组反应式表示该化合物的生成过程。

（3）四氢吡喃基能被用作醇或酚的保护基，如何利用这一点，由 $HOCH_2CH_2CH_2CH_2Cl$ 为起始原料合成 $HO(CH_2)_4C(CH_3)_2OH$。

解

（1） 二氢吡喃 + H^+ ⟶ [氧鎓离子共振式] $\xrightarrow{ROH}$ 中间体 $\xrightarrow{-H^+}$ 缩醛（—OR）

（2）缩醛可以看做一个碳上两个醚键，醚键在碱性溶液中是稳定的，但易为 H^+ 所裂解。产生的另一个化合物是 δ-羟基戊醛 $HO(CH_2)_4CHO$。

$$\text{缩醛} \xrightarrow{H^+} \xrightarrow{-ROH} \xrightarrow{H_2O} \text{半缩醛} \xrightarrow{-H^+}$$

$$\xrightarrow{H^+} \xrightarrow{} \xrightarrow{-H^+} HO(CH_2)_4CHO$$

（3） $HO(CH_2)_3CH_2Cl + \text{二氢吡喃} \xrightarrow{H^+} \text{THP-O(CH}_2)_3CH_2Cl \xrightarrow[\text{醚}]{Mg} \text{THP-O(CH}_2)_3CH_2MgCl$

$$\xrightarrow{CH_3COCH_3} \xrightarrow{H^+/H_2O} HO(CH_2)_3CH_2\underset{\underset{CH_3}{|}}{\overset{\overset{CH_3}{|}}{C}}\text{—OH} + HO(CH_2)_3CH_2CHO$$

例9 有人说："歧化反应中，一个醛分子接受的氢负离子是从溶液中来的。"对吗？如何用实验来证明？

解 不对。一个醛分子接受的氢负离子是从另一个醛分子而来。证明方法如下：

利用 $R\text{—}\underset{\|}{\overset{O}{C}}\text{—D}$，看第二个 D 是否出现于 RCD_2OH 中。

$$R\text{—}\underset{\|}{\overset{O}{C}}\text{—D} + OH^- \longrightarrow R\text{—}\underset{\underset{OH}{|}}{\overset{\overset{D}{|}}{C}}\text{—O}^-$$

$$\text{R-}\underset{\underset{\text{OH}}{|}}{\overset{\overset{\text{O}}{\|}}{\text{C}}}\text{-D} + \text{R-}\overset{\overset{\text{D}}{|}}{\underset{\underset{\text{D}}{|}}{\text{C}}}\text{O}^- \longrightarrow \text{R-}\overset{\overset{\text{D}}{|}}{\underset{\underset{\text{D}}{|}}{\text{C}}}\text{O}^- + \text{R-}\overset{\overset{\text{O}}{\|}}{\text{C}}\text{-OH} \longrightarrow \text{R-}\overset{\overset{\text{D}}{|}}{\underset{\underset{\text{D}}{|}}{\text{C}}}\text{OH} + \text{R-}\overset{\overset{\text{O}}{\|}}{\text{C}}\text{O}^-$$

例 10 苯偶酰（Benzil）重排是指 α-二酮化合物在强碱作用下，发生分子内重排生成 α-羟基酸：

$$\text{Ph-}\overset{\overset{\text{O}}{\|}}{\text{C}}\text{-}\overset{\overset{\text{O}}{\|}}{\text{C}}\text{-Ph} \xrightarrow[(2)\text{ H}^+]{(1)\text{ KOH}} \text{Ph-}\underset{\underset{\text{Ph}}{|}}{\overset{\overset{\text{OH}}{|}}{\text{C}}}\text{-COOH}$$

此重排与康尼扎罗反应有类似之处，也是经过两步亲核加成反应，写出反应历程。

解

[机理图：苯偶酰在OH⁻作用下加成，然后重排，再质子转移，最后酸化得到产物]

例 11 α-卤代酮用碱处理时发生 Favorskii 重排：

$$\text{PhCH}_2\text{-}\overset{\overset{\text{O}}{\|}}{\text{C}}\text{-CH}_2\text{Cl} \xrightarrow{\text{EtO}^-} \text{PhCH}_2\text{CH}_2\text{-}\overset{\overset{\text{O}}{\|}}{\text{C}}\text{-OEt}$$

$$\underset{\underset{\text{Cl}}{|}}{\text{PhCH}_2\text{-}\overset{\overset{\text{O}}{\|}}{\text{C}}\text{-CH}_3} \xrightarrow{\text{EtO}^-} \text{PhCH}_2\text{CH}_2\text{-}\overset{\overset{\text{O}}{\|}}{\text{C}}\text{-OEt}$$

（1）写出反应历程。
（2）此重排特别适用于制造张力较大的小碳环化合物。根据此重排完成下列反应。

① [环丁酮-Br] $\xrightarrow[(2)\text{ H}^+]{(1)\text{ OH}^-}$ ② [立方烷基-Br 酮] $\xrightarrow[(2)\text{ H}^+]{(1)\text{ OH}^-}$ ③ $(\text{CH}_3)_2\overset{|}{\underset{|}{\text{C}}}\text{COCH}_3 \xrightarrow[\text{EtOH}]{\text{EtONa}}$
Br

解（1）① 去质子形成碳负离子

$$\text{PhCH}_2\text{-}\overset{\overset{\text{O}}{\|}}{\text{C}}\text{-CH}_2\text{Cl} \xrightarrow[-\text{H}^+]{\text{EtO}^-} \text{PhCH}^{\ominus}\text{-}\overset{\overset{\text{O}}{\|}}{\text{C}}\text{-CH}_2\text{Cl}$$

② 分子内 S_N2 反应，得环丙酮中间体

$$\text{PhCH}^{\ominus}\text{-}\overset{\overset{\text{O}}{\|}}{\text{C}}\text{-CH}_2\text{Cl} \longrightarrow \text{[环丙酮中间体，Ph取代]}$$

$\text{PhCH}\text{-}\overset{\overset{\text{O}}{\|}}{\text{C}}\text{-CH}_3$ 也得同上的中间体。
$|$
Cl

③ 碱进攻羰基发生三元环开环反应

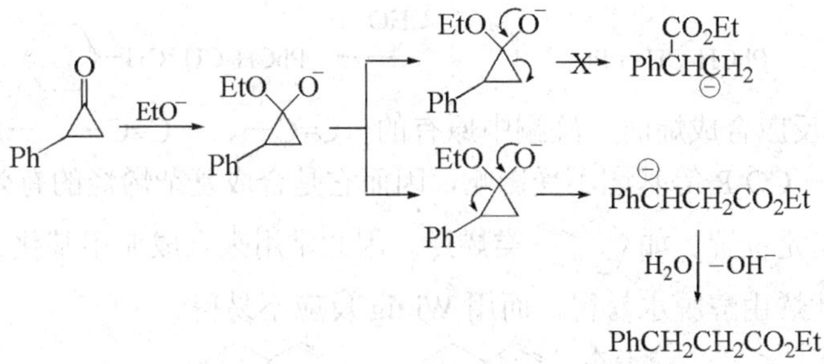

开环主要形成较稳定的碳负离子。

（2）① $\underset{Br}{\text{环丁酮}} \xrightarrow{(1) OH^-}{(2) H^+}$ 环丙烷-CO$_2$H

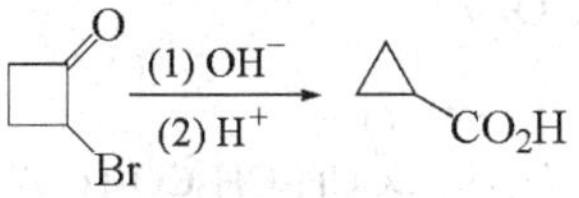

② 立方烷-Br $\xrightarrow{(1) OH^-}{(2) H^+}$ 立方烷-CO$_2$H

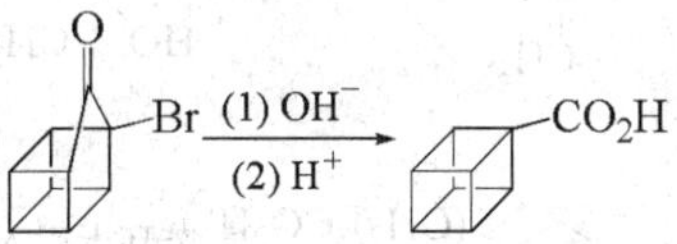

③ $(CH_3)_2\underset{Br}{C}COCH_3 \xrightarrow[EtOH]{EtONa} (CH_3)_3C-CO_2Et$

例 12 选择适当的原料合成下列化合物。

（1） PhCH$_2$CH=CH-环己烯基

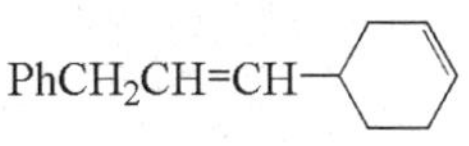

（2） 1-甲基-3,4-二氢萘

（3） CH$_3$CH$_2$$\underset{O}{\overset{\|}{C}}$-C$_6H_4$-NO$_2$

（4） PhCH=CH-C(CHPh)=CH-CHPh

解

（1）分析：用醇脱水或卤代烃脱卤化氢的方法，都不能得到预期产物，因为

$$PhCH_2-\underset{Cl}{CH}-CH_2-\text{环己基} \xrightarrow[\text{醇}]{NaOH} PhCH=CH-CH_2-\text{环己基}$$

$$PhCH_2CH_2-\underset{Cl}{CH}-\text{环己基} \xrightarrow[\text{醇}]{NaOH} PhCH_2CH_2-CH=\text{环己烯基}$$

采用 Wittig 方法可使双键出现在指定位置：

$$PhCH_2CH\stackrel{.}{=}CH-\text{环己烯基} \Longrightarrow PhCH_2CHO + Ph_3P=CH-\text{环己烯基} \Longrightarrow BrCH_2-\text{环己烯基} \quad (\text{路线A})$$

$$\Downarrow \text{Wittig反应}$$

$$PhCH_2CH=PPh_3 + OHC-\text{环己烯基} \quad (\text{路线B})$$

$$\Downarrow \qquad\qquad\qquad \Downarrow$$

$$PhCH_2CH_2Br \qquad OHC-CH=CH_2 + \text{丁二烯}$$

显然路线 B 所用原料易得。

合成：丁二烯 + CH$_2$=CH-CHO → 环己烯基-CHO

$$\text{苯} + \underset{O}{\triangle} \xrightarrow{AlCl_3} PhCH_2CH_2OH \xrightarrow{PBr_3} PhCH_2CH_2Br$$

$$\xrightarrow{PPh_3} PhCH_2CH_2\overset{+}{P}Ph_3Br^- \xrightarrow{\text{碱}} PhCH_2CH=PPh_3$$

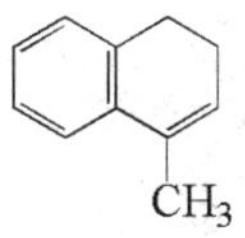

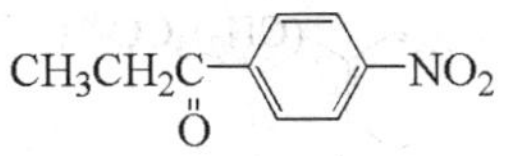

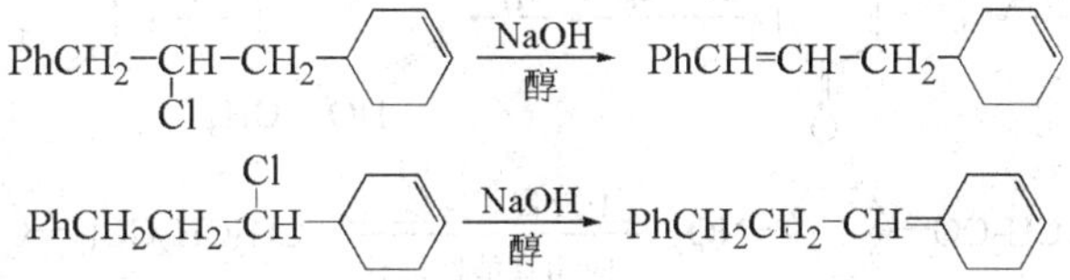

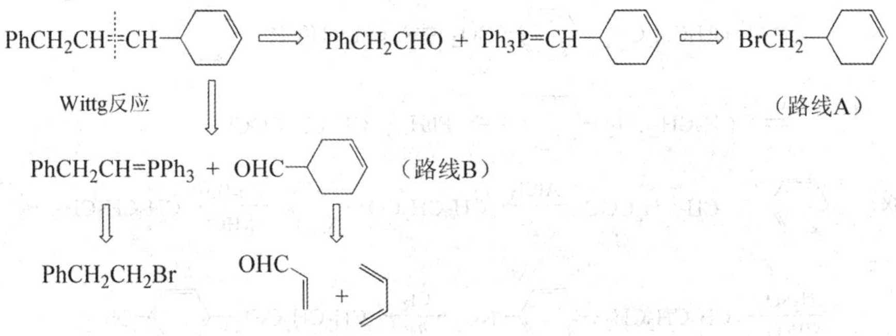

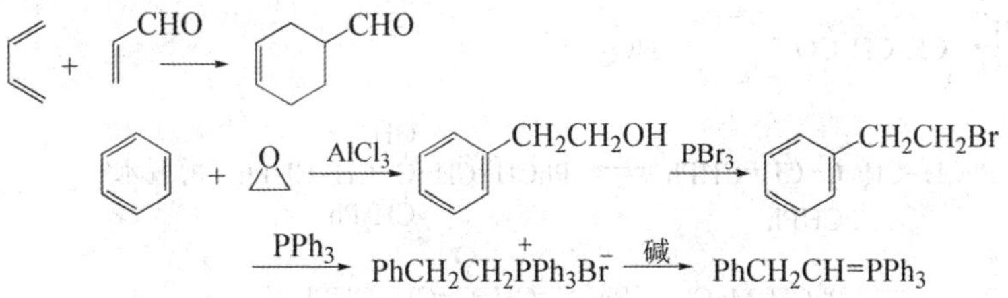

$$\text{PhCH}_2\text{CH=PPh}_3 + \text{[cyclohexyl]CHO} \longrightarrow \text{PhCH}_2\text{CH=[cyclohexenyl]}$$

利用 Wittig 反应合成烯时,醛酮中原有的 $-\text{C=C}-$、$-\text{C≡C}-$、$-\text{OH}$、$-\text{RO}$、$-\text{X}$、$-\text{NO}_2$、$-\text{NR}_2$、$-\text{CO}_2\text{R}$ 等基团不受影响,因而它是合成复杂烯烃的有效方法。同时,可用它把双键合成在指定位置,如 [环戊叉甲基] 类烯烃。因此常用来合成亚甲基化合物。

(2) 分析:此烯由醇脱水易得,而用 Wittig 反应不易得。

[1-甲基-3,4-二氢萘] $\xrightarrow{\text{醇脱水}}$ [1-甲基-1-羟基-四氢萘] $\Longrightarrow$ [α-四氢萘酮] + CH$_3$MgCl

$\Longrightarrow$ [Ph]-(CH$_2$)$_3$CO$_2$H $\xrightarrow[\text{一般用付氏酰基化反应}]{\text{苯环上引入直链基}}$ [Ph]-COCH$_2$CH$_2$CO$_2$H

$\Longrightarrow$ [苯] + [丁二酸酐]

合成: [苯] + [丁二酸酐] $\xrightarrow{\text{AlCl}_3}$ [Ph]COCH$_2$CH$_2$CO$_2$H $\xrightarrow[\text{浓HCl}]{\text{Zn-Hg}}$ [Ph]-(CH$_2$)$_3$CO$_2$H

$\xrightarrow{\text{PPA}}$ [α-四氢萘酮] $\xrightarrow{\text{CH}_3\text{MgCl}}$ $\xrightarrow{\text{H}^+}$ [1-甲基-1-羟基-四氢萘] $\xrightarrow[\Delta]{\text{H}^+}$ [1-甲基-3,4-二氢萘]

(3) 分析:CH$_3$CH$_2$CO-[C$_6$H$_4$]-NO$_2$ $\xrightarrow[\text{应用官能团转化}]{\text{不符合定位效应}}$ CH$_3$CH$_2$CCl$_2$-[C$_6$H$_4$]-NO$_2$

$\Longrightarrow$ CH$_3$CH$_2$CH$_2$-[C$_6$H$_4$]-NO$_2$ $\Longrightarrow$ CH$_3$CH$_2$CH$_2$-[Ph]

$\Longrightarrow$ CH$_3$CH$_2$CH$_2$-[Ph] $\Longrightarrow$ PhH + CH$_3$CH$_2$COCl

合成: [苯] + CH$_3$CH$_2$COCl $\xrightarrow{\text{AlCl}_3}$ CH$_3$CH$_2$CO-[Ph] $\xrightarrow[\text{浓HCl}]{\text{Zn-Hg}}$ CH$_3$CH$_2$CH$_2$-[Ph]

$\xrightarrow[\text{HNO}_3]{\text{H}_2\text{SO}_4}$ CH$_3$CH$_2$CH$_2$-[C$_6$H$_4$]-NO$_2$ $\xrightarrow{\text{Cl}_2/h\nu}$ CH$_3$CH$_2$CCl$_2$-[C$_6$H$_4$]-NO$_2$

$\xrightarrow[\text{H}_2\text{O}]{\text{OH}^-}$ CH$_3$CH$_2$CO-[C$_6$H$_4$]-NO$_2$

(4) 分析:PhCH=CH-C(-CH=CHPh)(CHPh) $\Longrightarrow$ PhCH=CH-C(OH)(CH$_2$Ph)-CH=CHPh 醇脱水

$\Longrightarrow$ PhCH$_2$MgCl + PhCH=CH-CO-CH=CHPh

或　　　　　PhCH=CH-C(=O)-CH=CHPh + PhCH=PPh₃
　　　　　　　　　⇓　　　　　　　　　⇓
　　　　　　2 PhCHO + CH₃COCH₃　　　PhCH₂Cl

（α, β-不饱和化合物由羟醛缩合得到，在双键处断裂，有羰基的一边提供α-氢，另一边提供羰基）

合成：2 PhCHO + CH₃COCH₃ $\xrightarrow{\text{稀OH}^-}$ PhCH=CH-C(=O)-CH=CHPh

$\xrightarrow{\text{PhCH=PPh}_3}$ PhCH=CH-C(=O)-CH=CHPh
　　　　　　　　　　　　　　　　　　　　|
　　　　　　　　　　　　　　　　　　　CHPh

PhCH₃ $\xrightarrow[h\nu]{Cl_2}$ PhCH₂Cl $\xrightarrow{PPh_3}$ $\xrightarrow{n\text{-BuLi}}$ PhCH=PPh₃

或　　PhCH=CH-C(=O)-CH=CHPh $\xrightarrow{PhCH_2MgCl}$ $\xrightarrow{H^+}$ PhCH=CH-C(OH)(CH₂Ph)-CH=CHPh

$\xrightarrow[\triangle]{H^+}$ PhCH=CH-C(=CHPh)-CH=CHPh

到目前为止，制备烯烃的方法有：① 醇脱水；② 卤代烃脱卤化氢；③ Wittig 反应；④ 炔还原（立体专属性）；⑤ 卤代烃与铜锂试剂反应。

例13 环状化合物的反应活性具有某些特殊性，与环的分子中的 3 种张力有关（扭转张力、角张力、范德华张力）。解释下面化合物被 NaBH₄ 还原时活性的差别。

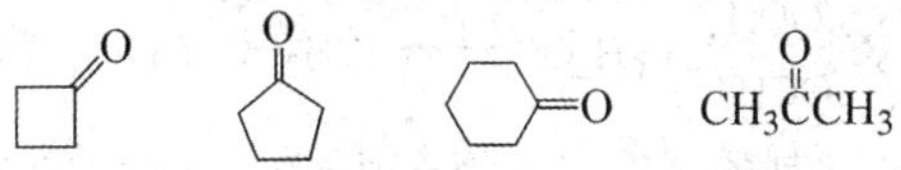

环丁酮　　环戊酮　　环己酮　　CH₃COCH₃
264　　　　7　　　　161　　　　15.1

解　与丙酮相比，四元环具有较大的角张力，还原时碳从 sp² 杂化变为 sp³ 杂化，角度从 120°变为 109.5°，极大地缓解了角张力，速度快。环戊酮还原后，键多为重叠式，有较大的扭转张力，速度慢。环己酮还原生成椅式构象过渡态，键处于交叉式，减小了扭转张力，速度较快。

六、习题

11.1 用中、英文命名下列化合物或写出结构式。

（1）Me₃CCHO　　　　　　　（2）CH₃CH₂COCH₂CH₃　　　（3）CH₃COCH=CHCH₃

（4）PhCH(CH₃)CHO　　　　（5）PhCH₂COCH₃　　　　　（6）OHC-C₆H₄-CO₂H

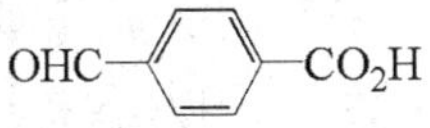

（7）CH₃COCH₂CH₂CHO　　（8）CH₃CO-C₆H₄-SO₃H　　　（9）1,3-环己二酮

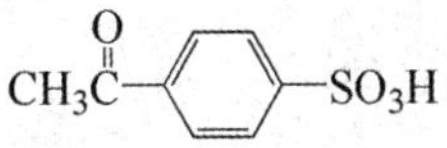

（10）2,5-二甲基-1,4-苯醌　　（11）CH₃-C(=NOH)-C(=NOH)-CH₃　　（12）巴豆醛

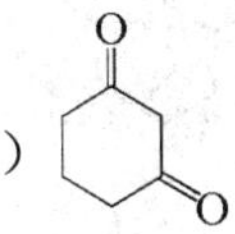

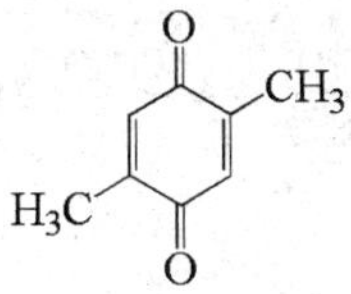

(13) 肉桂醛　　　　　　　（14) 水杨醛　　　　　　　（15) 乌洛托品

11.2 写出下列常用试剂的结构式和中、英文名称：(1) TsOH；(2) DMSO；(3) THF；(4) DMF。

11.3 写出丙醛跟下列试剂反应的主要产物：(1) $NaBH_4$；(2) 苯基溴化镁，然后水解；(3) $NaHSO_3$；(4) HCN；(5) $NaHSO_3$，然后 NaCN；(6) 稀 NaOH；(7) 稀 NaOH，加热；(8) H_2/Pt；(9) 2 EtOH，干 HCl；(10) $CH_3CH=PPh_3$；(11) Br_2, CH_3CO_2H；(12) $Ag(NH_3)_2^+$；(13) H_2NOH；(14) 苯肼；(15) $HSCH_2CH_2SH, H^+$，然后 Ni, H_2。

11.4 写出对甲基苯甲醛与下列试剂反应的主要产物：(1) $CH_3CHO, OH^-/\triangle$；(2) 浓 NaOH；(3) HCHO，浓 NaOH；(4) 冷、稀 $KMnO_4$；(5) $KMnO_4$，加热；(6) KCN, EtOH；(7) CH_3COCH_3, OH^-；(8) $CH_3CH=CHCHO, OH^-$；(9) $Ag(NH_3)_2^+$；(10) Zn-Hg / 浓 HCl。

11.5 写出 4-苯基-3-丁烯-2-酮与下列物质反应的主要产物：(1) $Me_2CHOH, Al(Me_2CHO)_3$；(2) NaOI；(3) O_3，然后 Zn/H_2O；(4) Br_2；(5) HBr；(6) H_2O, H^+；(7) CH_3OH, H^+；(8) HCN；(9) $PhNH_2$；(10) EtMgBr，然后水解；(11) Et_2CuLi，然后水解；(12) $PhCHO, OH^-$；(13) $CH_2=CH-CH=CH_2$。

11.6 用简单化学方法区别下列化合物：(1) 甲醛、丁醛、苯甲醛；(2) 2-戊酮、3-戊酮、苯乙酮；(3) 2-己醇、3-己醇、环己酮。

11.7 下列化合物哪些能发生正的碘仿反应：(1) 丙酮；(2) $PhCOCH_3$；(3) 正戊醛；(4) 2-戊酮；(5) 3-戊酮；(6) α-苯乙醇；(7) β-苯乙醇；(8) $(CH_3)_2\underset{OH}{C}CH_2CH_3$；(9) CH_3CH_2OH。

11.8 (1) 写出下面反应的机理：

$$\underset{\underset{OCH_3}{|}}{\overset{\overset{CH_3}{|}}{C}}OCH_3 + H_2O^{18} \xrightarrow{H^+} CH_3-\overset{O^{18}}{\overset{||}{C}}-CH_3 + HOCH_3$$

(2) 试从含 ^{18}O 的酮出发制备 2,2-二甲氧基丙烷。这时 ^{18}O 在哪个分子中？

11.9 完成下面反应

$$HOCH_2CH_2CH_2CHO \xrightarrow{dry\ HCl} A \xrightarrow[CH_3OH]{dry\ HCl} B$$

(1) A、B 是什么类型的化合物？(2) A、B 能否发生银镜反应，为什么？(3) 实验证明 A 是外消旋混合物，如何解释？

11.10

(1) α-四氢萘酮 + $HOCH_2CH_2OH \xrightarrow[苯/\triangle]{TsOH}$　　(2) 甘油 + 丙酮 $\xrightarrow{TsOH}$

(3) [甾体结构] $\xrightarrow[H_2O]{HCl}$　　(4) [二甲氧基四氢吡喃结构] $\xrightarrow[H_2O]{HCl}$

(5) [羟甲基二羟基四氢吡喃] $\xrightarrow{Ag^+(NH_3)_2}$　　(6) [环己醇缩酮] $\xrightarrow[吡啶]{CrO_3} A \xrightarrow{H_2O, H^+} B$

11.11 完成下面转化。

(1) 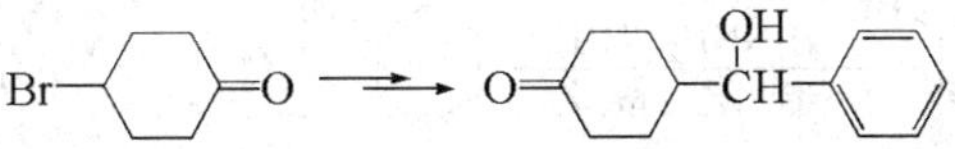 4-溴环己酮 ⟶ 4-(羟基苯甲基)环己酮

(2) 4-羟基十氢萘-2-酮 ⟶ 4-异丙叉基十氢萘-2-酮

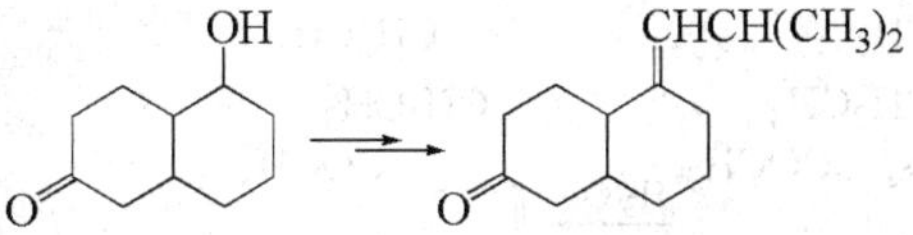

11.12 指出下列化合物半缩醛、缩醛、半缩酮、缩酮中羰基的碳原子，并说明属于哪一种缩醛或缩酮，写出其在酸中水解的产物。

(1) 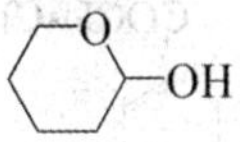 2-羟基四氢吡喃 (2) 2-甲氧基四氢吡喃 (3) 2-甲基-1,3-二氧戊环

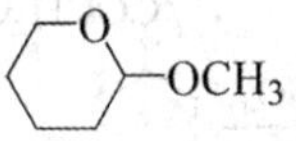

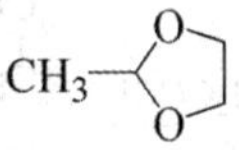

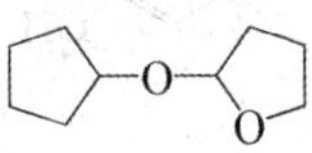

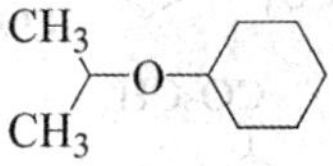

(4) 2-环戊氧基四氢呋喃 (5) 1-环己氧基-1-甲基乙基 (6) 1,4-二氧杂螺[4.5]癸烷

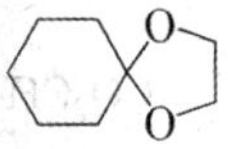

11.13 写出下列化合物同 1 mol HCN 反应所得产物的结构式。

(1) $CH_3COCH_2CH_2CHO$ (2) $PhCOCH_2COCH_3$

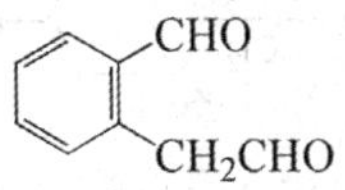

(3) 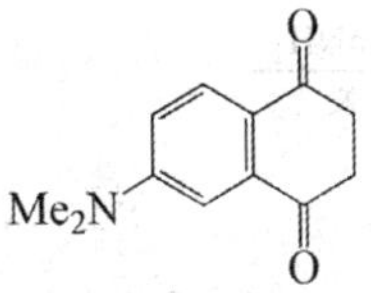 6-二甲氨基-1,2,3,4-四氢萘-1,4-二酮 (4) 邻-(CHO)(CH₂CHO)苯 (5) 2,2-二甲基-4-乙酰基环己酮

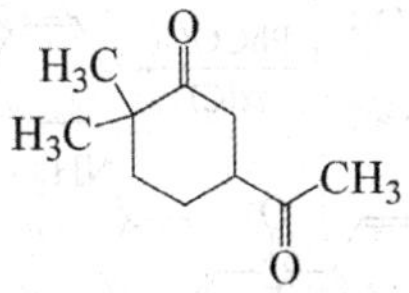

11.14 3-羟基苯甲醛易发生 Cannizzaro 反应，而 2-羟基苯甲醛和 4-羟基苯甲醛却不易发生该反应，试扼要解释之。

11.15 对甲基苯甲醛和间氯苯甲醛在浓碱作用下反应，哪一个被氧化为酸？

11.16 用苯甲醛和乙醇反应制二乙醇缩苯甲醛时，生成物中有未反应的苯甲醛。试提出一种简便的除掉苯甲醛的方法。

11.17 某化合物 **A**（$C_7H_{14}O_2$）与金属钠发生猛烈反应，但不与苯肼作用。它与四乙酸铅作用时，得到化合物 **B**（$C_7H_{12}O_2$）。**B** 与羟胺作用生成肟，能还原菲林溶液，并与碘的碱溶液作用生成碘仿及己二酸，写出 **A** 的结构。

11.18 完成下列反应。

(1) 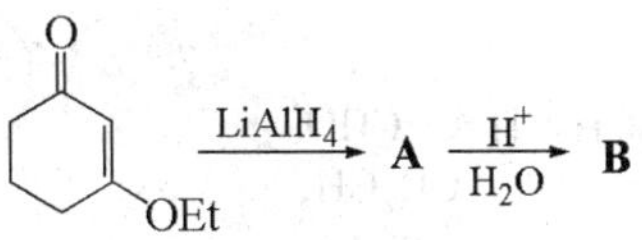 3-乙氧基-2-环己烯酮 $\xrightarrow{LiAlH_4}$ **A** $\xrightarrow[H_2O]{H^+}$ **B**

(2) 1-甲基-1,2-环氧环己烷 $\xrightarrow{LiAlH_4}$

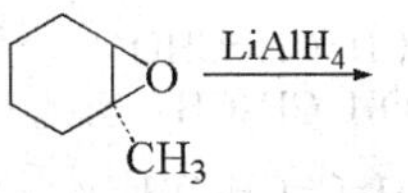

(3) $CH_3(CH_2)_5CHCH_3$（Cl）$\xrightarrow[DMSO]{NaBH_4}$

(4) 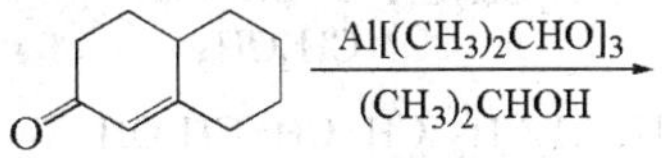 八氢萘-2(1H)-酮 $\xrightarrow[(CH_3)_2CHOH]{Al[(CH_3)_2CHO]_3}$

(5) 八氢萘-2-酮 $\xrightarrow[NH_3]{Li}$ **C** $\xrightarrow{H^+}$ **D**

(6) $C_6H_{11}C≡C-CH_3$ $\xrightarrow{BH_3}$ **E** $\xrightarrow[OH^-/H_2O]{H_2O_2}$ **F**

(7) 苯酚 $\xrightarrow[吡啶]{CH_3COCl}$ **G** $\xrightarrow[\triangle]{AlCl_3}$ **H** $\xrightarrow[浓HCl]{Zn-Hg}$ **I**

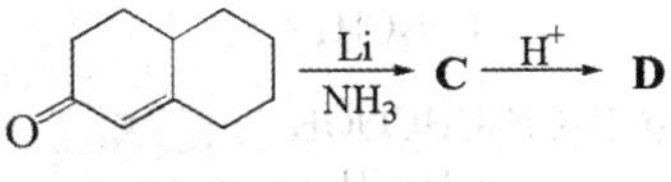

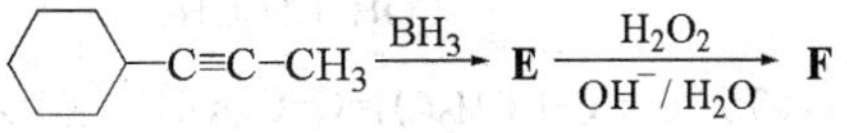

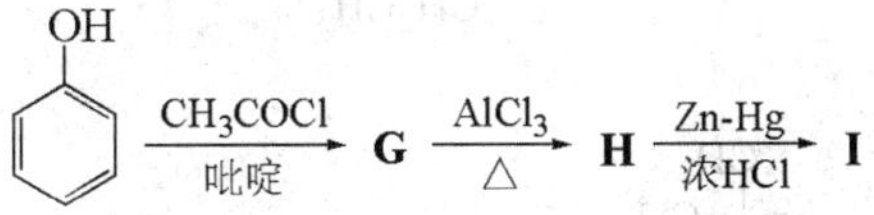

11.19 下列合成法都是不正确的，试指出错在哪里。

(1)
$C_6H_5CH_3 \xrightarrow{CH_3COCl} 4\text{-}CH_3C_6H_4COCH_3 \xrightarrow{Br_2/Fe} 3\text{-}Br\text{-}4\text{-}CH_3\text{-}C_6H_3COCH_3 \xrightarrow[\text{二缩二乙二醇}, \triangle]{H_2NNH_2, KOH} 3\text{-}Br\text{-}4\text{-}CH_3\text{-}C_6H_3CH_2CH_3$

(2)
$C_6H_5CH_2CH_3 \xrightarrow{H_2SO_4} 4\text{-}CH_3CH_2\text{-}C_6H_4SO_3H \xrightarrow{CH_3COCl/AlCl_3} 2\text{-}COCH_3\text{-}4\text{-}SO_3H\text{-}C_6H_3CH_2CH_3 \xrightarrow[\triangle]{H_3^+O} 2\text{-}CH_3CH_2\text{-}C_6H_4COCH_3$

(3)
$C_6H_6 \xrightarrow{CH_3CH_2COCl/AlCl_3} C_6H_5COCH_2CH_3 \xrightarrow[\text{2) NaHCO}_3]{1) \text{发烟 } H_2SO_4} 3\text{-}COCH_2CH_3\text{-}C_6H_4SO_3Na \xrightarrow[2) H^+]{1) KOH/\triangle} 3\text{-}COCH_2CH_3\text{-}C_6H_4OH$

(4)
$C_6H_5CO_2CH_3 \xrightarrow{Br_2/FeBr_3} 3\text{-}Br\text{-}C_6H_4CO_2CH_3 \xrightarrow[\text{乙醚}]{Mg} \xrightarrow{D_2O} 3\text{-}D\text{-}C_6H_4CO_2CH_3$

(5)
$C_6H_6 \xrightarrow{PhCOCl/AlCl_3} Ph\text{-}CO\text{-}Ph \xrightarrow{FeCl_3/Cl_2} 3\text{-}Cl\text{-}C_6H_4COPh \xrightarrow[\text{甲苯}, \triangle]{NaNH_2} 3\text{-}NH_2\text{-}C_6H_4COPh$

(6) $PhCH_2CHO \xrightarrow{K_2Cr_2O_7, H_2SO_4} PhCH_2CO_2H$

(7) $CH_2=CHCH_2OH \xrightarrow[\triangle]{K_2Cr_2O_7} CH_2=CHCHO \xrightarrow[\triangle]{HBr} BrCH_2CH_2CHO \xrightarrow{H_2, Pt} BrCH_2CH_2CH_2OH$

(8) $Me_3CCl \xrightarrow[\triangle]{NaCN} Me_3CCN \xrightarrow[2)H_2O/H^+]{1)EtMgBr} Me_3CCOCH_2CH_3 \xrightarrow[2)H^+]{1)I_2/NaOH} Me_3CCO_2H$

(9) $BrCH_2CH_2OH \xrightarrow[\triangle]{CH_3ONa} CH_3OCH_2CH_2OH \xrightarrow{K_2Cr_2O_7} CH_3OCH_2CO_2H$

(10) $BrCH_2CH_2CH_2CHO \xrightarrow[\triangle]{NaOH} HOCH_2CH_2CH_2CHO \xrightarrow[\triangle]{KMnO_4} OHCCH_2CH_2CHO$

11.20 从正丁醛开始，合成下述化合物。

(1) $CH_3CH_2CH_2-\underset{OH}{CH}-\underset{CH_2CH_3}{CH}-CHO$

(2) $CH_3CH_2CH_2CH=\underset{CH_2CH_3}{C}-CHO$

(3) $CH_3CH_2CH_2CH=\underset{CH_2CH_3}{C}-CH_2OH$

(4) $CH_3CH_2CH_2CH_2\underset{CH_2CH_3}{CH}CH_2OH$

(5) $CH_3CH_2CH_2-\underset{OH}{CH}-\underset{CH_2CH_3}{CH}-CH_2OH$

(6) $CH_3CH_2CH_2CH_2\underset{CH_2CH_3}{CH}CHO$

(7) $CH_3CH_2CH_2CH=\underset{CH_2CH_3}{C}-COOH$

(8) $CH_3CH_2CH_2CH_2\underset{CH_2CH_3}{CH}COOH$

11.21 写出下述反应的机理。

(1) $(CH_3)_2C=CHCOCH=C(CH_3)_2 \xrightarrow{EtONa}$ 4,4,6-三甲基-2-环己烯-1-酮

152

(2) $\xrightarrow{\text{(1) NaH} \atop \text{(2) H}_3^+\text{O}}$![product: chromanone with OH]

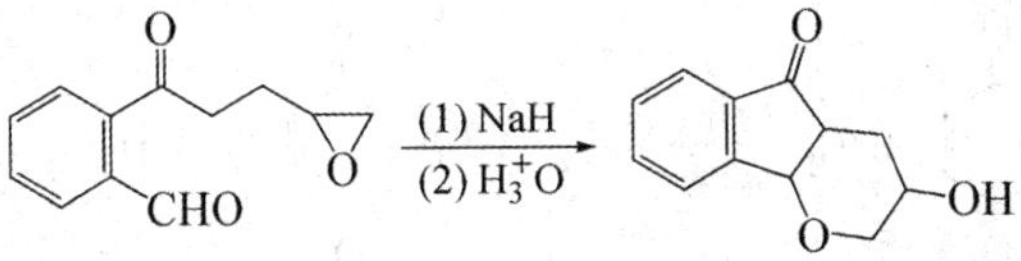

11.22 通常醇在酸催化下易于脱水，对于碱是稳定的，但 β-羟基醛酮，在碱性催化下也很容易脱水，为什么？

11.23 预言下列各对化合物中，哪一个化合物的烯醇化程度更高。

(1) 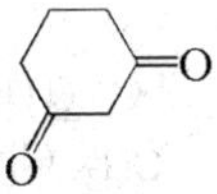 1,3-环己二酮 , 1,4-环己二酮

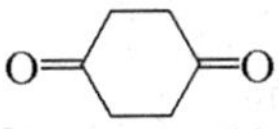

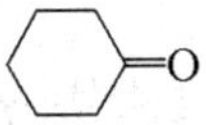

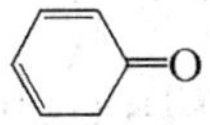

(2) 环己酮 , 2-环己烯酮

(3) α-四氢萘酮 , 蒽酮

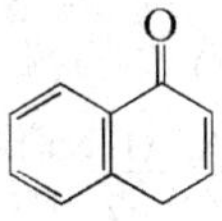

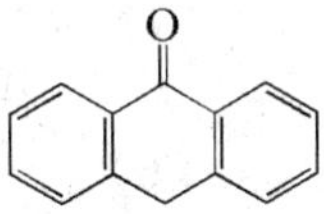

(4) $CH_3COCH_2COCH_3$, $CH_3COCH(CH_3)_2COCH_3$ [即 $CH_3COC(CH_3)_2COCH_3$]

(5) $CH_3COCOCH_3$, 环戊烷-1,2-二酮

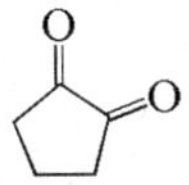

(6) $CH_3COCH_2CO_2CH_2CH_3$, $CH_3COCH_2COCH_3$

11.24 乙醛在少量浓硫酸催化下可生成三聚乙醛，后者加稀酸蒸馏时也可解聚成乙醛，写出其可能的历程。

11.25 （1）写出二苯甲酮肟在 PCl_5 催化下的贝克曼重排的反应产物及其全部过程。

（2）写出下列化合物进行贝克曼重排的产物。

① (Z)-苯乙酮肟和(E)-苯乙酮肟

② 2-硝基芴-9-酮肟

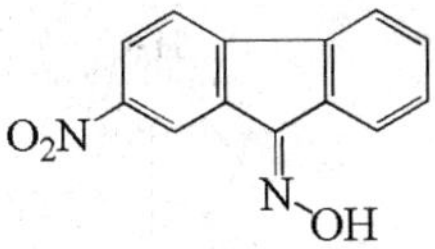

③ 2-甲基环戊酮肟 (H_2O^{18} / H_2SO_4)

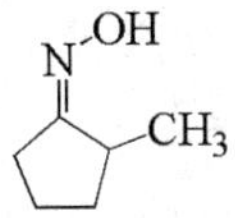

11.26 写出下面反应的历程。

(1) 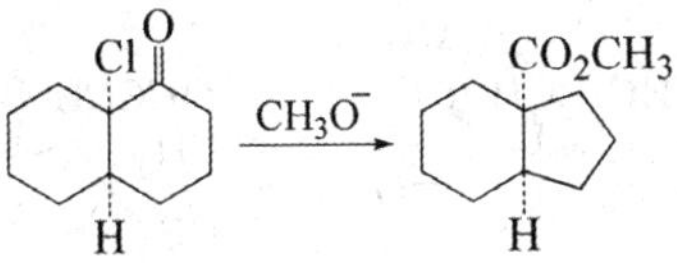 1-氯-十氢萘-2-酮 $\xrightarrow{CH_3O^-}$ 双环[4.3.0]壬烷-1-甲酸甲酯

(2) $(CH_3)_2C(Br)COCH_2Br \xrightarrow{NaOCH_3} (CH_3)_2C=CHOCH_3$

11.27 完成下列反应。

(1) $Ph-\overset{O^{18}}{C}-Ph \xrightarrow{PhCO_3H}$

(2) 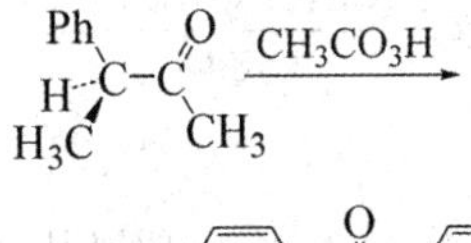 $\underset{H_3C}{\overset{Ph}{\underset{H}{>}}}C-\underset{CH_3}{\overset{O}{C}}-CH_3 \xrightarrow{CH_3CO_3H}$

(3) 降冰片酮 $\xrightarrow{RCO_3H}$

(4) 环丙基-CO-CH_3 $\xrightarrow{CF_3CO_3H}$

(5) $CH_3O-C_6H_4-CO-C_6H_4-Cl \xrightarrow{RCO_3H}$

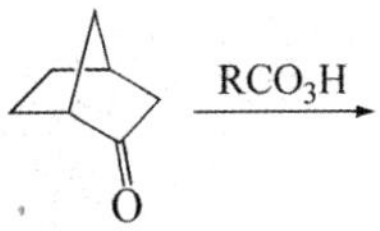

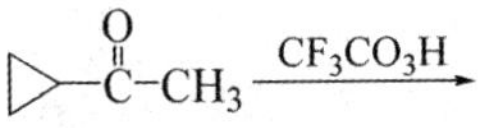

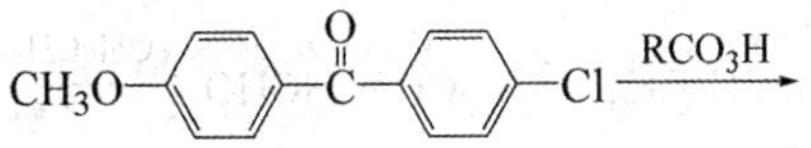

11.28 写出下列反应的历程。

(1) 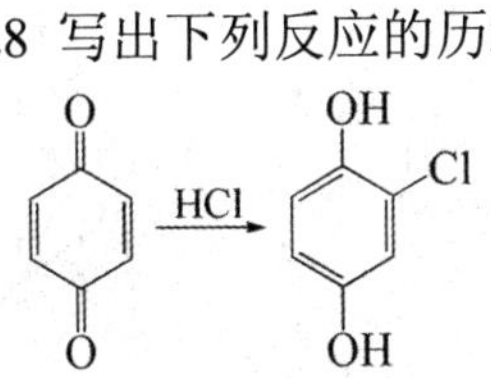 对苯醌 $\xrightarrow{HCl}$ 2-氯-1,4-苯二酚

(2) $CH_2=CH-\overset{O}{C}-CH_3 + H_2NNH_2 \longrightarrow$ 3-甲基-2-吡唑啉

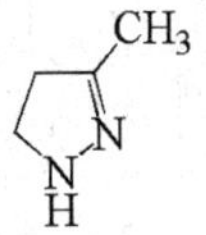

11.29 完成下列反应。

(1) [cyclohexenone] + HCN ⟶   (2) [cyclohexenone] + H$_2$ $\xrightarrow[\text{室温}]{\text{Ni}}$ (3) [cyclohexenone] + CH$_3$MgI ⟶

(4) [cyclohexenone] + PhLi ⟶   (5) [cyclohexenone] + Me$_2$CuLi ⟶   (6) [cyclohexenone] + LiAlH$_4$ ⟶

11.30 写出下面反应的主要产物。

(1) Ph-CH(CH$_3$)-C(=O)-CH$_3$ (with H,CH$_3$ stereochem) $\xrightarrow{\text{LiAlH}_4}$

(2) [epoxide with H$_3$C, Ph, CH$_3$] $\xrightarrow[(2) H_3^+O]{(1) EtMgBr}$

(3) H$_3$C-CHCl-C(=O)-CH$_3$ $\xrightarrow[(2) H_3^+O]{(1) EtMgBr}$

(4) [norbornanone] $\xrightarrow[(2) H_3^+O]{(1) CH_3MgCl}$

(5) [2-methylcyclopentanone] + HCN ⟶

(6) [methyl-hydrindanone] $\xrightarrow[(2) H_3^+O]{(1) NaC≡CH}$

11.31 完成下列转化。

(1) CH$_3$CHCH$_2$CH$_2$CH$_2$CH$_3$ (OH at C2) ⟶ CH$_3$(CH$_2$)$_4$CH$_3$

(2) (CH$_3$)$_2$C=CHCH$_2$CH$_2$CHO ⟶ OHCCH$_2$CH$_2$CHO

(3) [3-allylcyclohexanone] ⟶ [3-(3-hydroxypropyl)cyclohexanone]

(4) [4,4-dimethyl-2-cyclohexenol] ⟶ [4,4-dimethyl-epoxycyclohexanone]

(5) [bicyclic allyl alcohol with OMOM, CH$_3$, CH$_2$CH=CH$_2$] ⟶ [lactol] ⟶ [lactone]

(6) [bicyclic enone] ⟶ [decalin]

(7) [bicyclic ketone with CH$_2$=CHCH$_2$Cl, CH$_3$, CH$_3$] ⟶ [OHCCH$_2$CH$_2$Cl, CH$_3$, CH$_3$, OH bicyclic]

11.32 完成下列反应。

(1) Ph$_3$P$^+$-cyclopentyl I$^-$ + Ph-CHO $\xrightarrow[\text{乙醚}]{\text{CH}_3\text{CH}_2\text{CH}_2\text{CH}_2\text{Li}}$

(2) Ph$_3$P$^+$CH$_2$COCH$_2$CH$_3$ Br$^-$ + CH$_3$CH=CHCHO $\xrightarrow[\text{乙醇}]{\text{CH}_3\text{CH}_2\text{ONa}}$

(3) [trimethylcyclohexenyl-CH=CH-C(CH$_3$)=CH-CHO] + Ph$_3$P$^+$-CH$_2$-C(CH$_3$)=CH-COOC$_2$H$_5$ Br$^-$ $\xrightarrow[\text{乙醇}]{\text{CH}_3\text{CH}_2\text{ONa}}$

(4) [2,2-dimethyl-1-tetralone] + Ph$_3$P$^+$CH$_3$ Br$^-$ $\xrightarrow[\text{乙醚}]{\text{CH}_3\text{CH}_2\text{CH}_2\text{CH}_2\text{Li}}$

(5) [structure: steroid with HO- and ketone] + Ph₃P=CH₂ ⟶

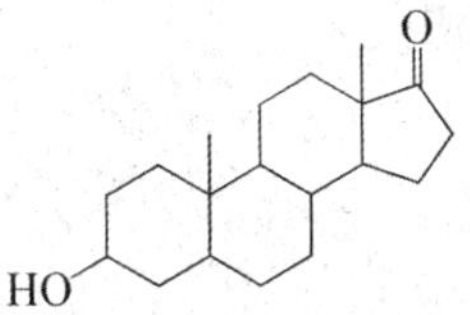

11.33 以你所需要的醛酮和卤代烃为原料，通过 Wittig 反应，合成下述化合物。

（1）PhCH=CHCH₃　　（2）环戊基=CHPh

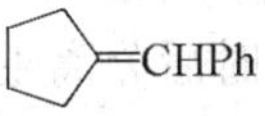

（3）Ph-C(CH₃)=CHCH₃　　（4）PhCH=CHCH=CH₂

11.34 试写出下面反应产物 **B** 和 **C** 的结构：（1）PhCOCH₂CH₂CH₂CH₂Br＋Ph₃P，然后 EtONa→**B** ($C_{11}H_{12}$)；（2）Br(CH₂)₃Br＋Ph₃P，n-BuLi→**C** ($C_{39}H_{34}P_2$)。

11.35 三苯基膦可以把环氧化合物转化成烯，例如：

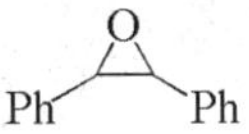

Ph-环氧-Ph + Ph₃P ⟶ PhCH=CHPh + Ph₃P=O

试给出一个可能的机理。

11.36 利用硫 Ylide 制备下列化合物。

（1）环己基螺环氧　　（2）(CH₃)₂C环氧　　（3）Me₂C—CMe₂（环氧）　　（4）环丁基螺环氧

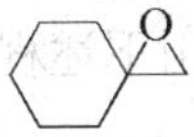

11.37 完成下列转变（可选用任何必须的无机或有机试剂）。

（1）异戊基-Cl ⟶ 2-甲基-3-乙基戊烷 (D)

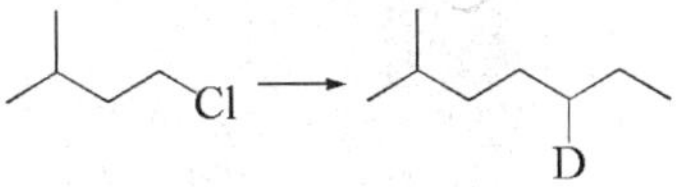

（2）环戊酮 ⟶ 2-丁基环戊醇（反式）

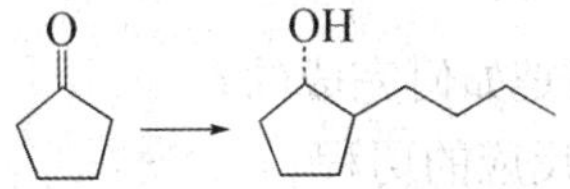

（3）CH₃CH₂CH₂CHO ⟶ CH₃CH₂CH₂C(O)CH(Br)CH₃

（4）戊基-Cl ⟶ 2-己基辛酸 CO₂H

（5）甲基酮基-CH₂CH₂Br ⟶ 甲基酮基-CH₂CH₂CH(OH)CH₃

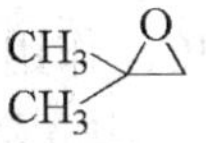

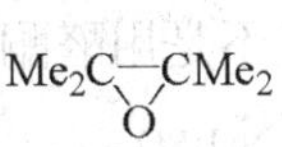

（6）3-羟基环己基甲醛 ⟶ 3-氧代环己基甲醛

（7）环己酮 ⟶ ε-己内酯

（8）环己酮 ⟶ ε-己内酰胺

（9）CH₃COCH₃ ⟶ Me₃CCO₂H

（10）3-甲基-2-环己烯酮 ⟶ 3-氧代-1-甲基环己烷-1-甲酸

（11）C₂H₅CO-C₆H₄-CH₂OCH₃ ⟶ CH₃CH₂CH₂-C₆H₄-CH₂OCH₃

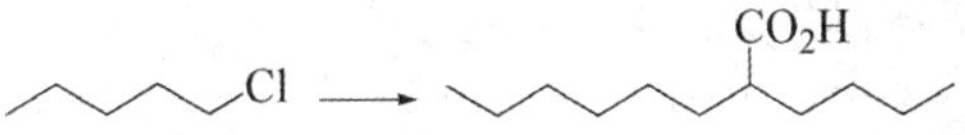

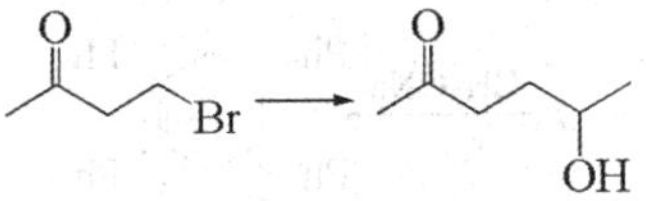

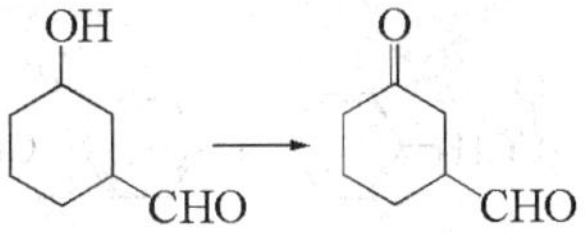

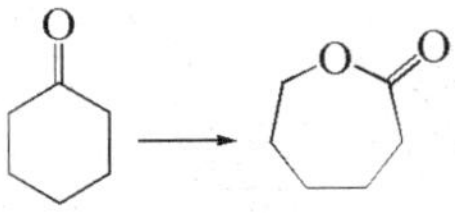

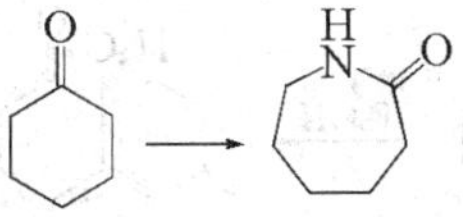

（12）C₂H₅CO-C₆H₄-CH₂CH₂Br ⟶ CH₃CH₂CH₂-C₆H₄-CH₂CH₂Br

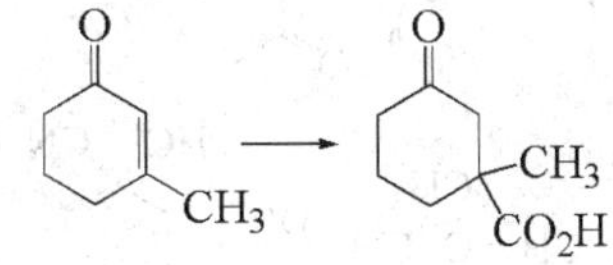

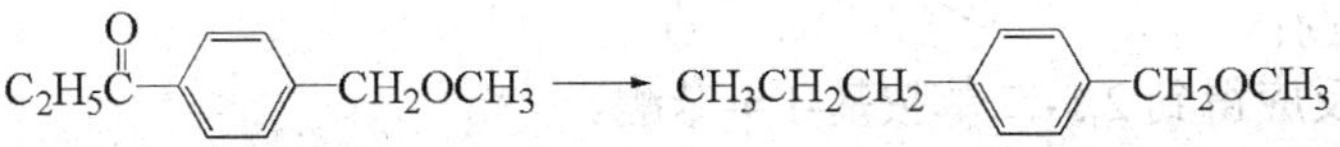

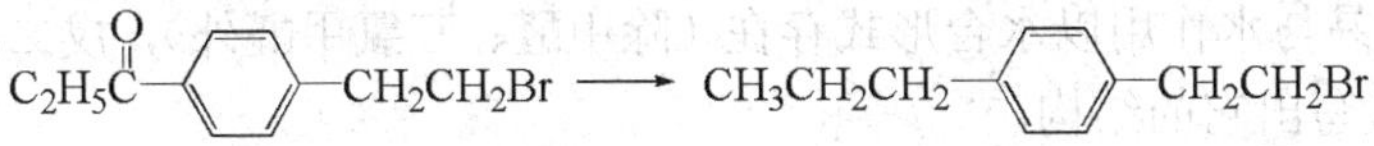

（13）HO₂C-环丁基=CH₂ ⟶ HO₂C-环戊基

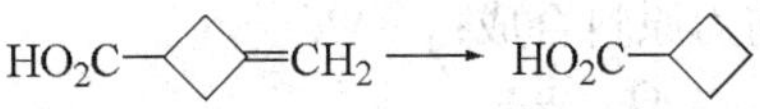

（14）PhCH=CHCHO ⟶ PhCHBrCHBrCH₂Cl

(15) $CH_3CHCH_3 \longrightarrow CH_3CH_2CHCH_2OH$ （要求用Wittg反应）
         $|$ $|$
         OH CH_3

(16) $CH_3-\phenyl \longrightarrow CH_3-\phenyl-CH=CH-CHO$

(17) $CH_3CH=CH_2 \longrightarrow CH_3CH_2CH_2CHO$

11.38 把 1 mol 氨基尿加入 1 mol 环己酮和 1 mol 苯甲醛的混合物中，如果立刻分离生成物，则几乎全为环己酮之缩胺尿，如果经几小时后分离生成物，则几乎全为苯甲醛的缩胺尿，如何解释此结果？

11.39 （1）下列反应为何种合成法？

邻苯二酚 + CH_2I_2 $\xrightarrow{NaOH\ 水溶液}$ 亚甲二氧苯 (Ⅰ)

（2）（Ⅰ）属于何种化合物？

（3）（Ⅰ）以酸处理形成何种产物？以碱处理呢？

11.40 质子化的丙酮 $CH_3-\overset{+}{\underset{OH}{C}}-CH_3$ 跟碱的反应为什么总是发生在碳上，而不是氧上？

11.41 实验室里制备氰醇一般不是用醛酮直接和 HCN 作用，而是采用下述程序：

$$R-\underset{O}{\overset{\|}{C}}-R'(H) \xrightarrow{NaHSO_3} R-\underset{SO_3Na}{\overset{OH}{\underset{|}{C}}}-R'(H) \xrightarrow{NaCN} R-\underset{CN}{\overset{OH}{\underset{|}{C}}}-R'(H)$$

在这里，第二步反应是如何完成的？

11.42 写出下面反应的历程。

(1) 3-(4-氧戊基)环己-2-烯酮 $\xrightarrow{Me_2CuLi}$ $\xrightarrow{H_2O}$ 十氢萘酮产物

(2) $\phenyl CH_2C(O)CH_2\phenyl$ + $\phenyl CH=CHC(O)\phenyl$ $\xrightarrow{CH_3ONa}$ 2,3,5,6-四苯基环己-2-烯酮

(3) 甾类二酮 $\xrightarrow{TsOH, \Delta}$ 稠环烯酮产物

(4) 环己酮 + $CH_3-\underset{OH}{\overset{CH_3}{\underset{|}{C}}}-CN$ $\xrightarrow{OH^-}$ 1-氰基-1-羟基环己烷 + CH_3COCH_3

（5）对苯醌与苯胺反应得到 2,5-二苯胺基-1,4-苯醌。

11.43 一般醛不容易与水作用以水合形式存在（除甲醛、三氯甲醛外），戊二醛却很容易与水反应生成水合物，写出它的结构。

11.44 （1）以苯、甲苯和 2 个碳以下有机物为原料合成：

$CH_3O-\phenyl-\underset{Ph}{\overset{}{\underset{|}{CH}}}CH_2-C(O)-\phenyl$

（2）以 4 个碳以下有机物为原料合成：

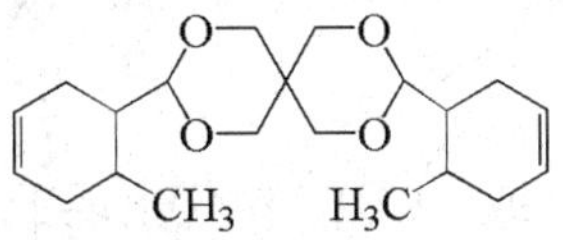

11.45 在维生素 D 的合成中，曾由（Ⅰ）开始，经几步反应合成了中间体（Ⅱ），写出可能的合成途径（可选用任何必要试剂）。

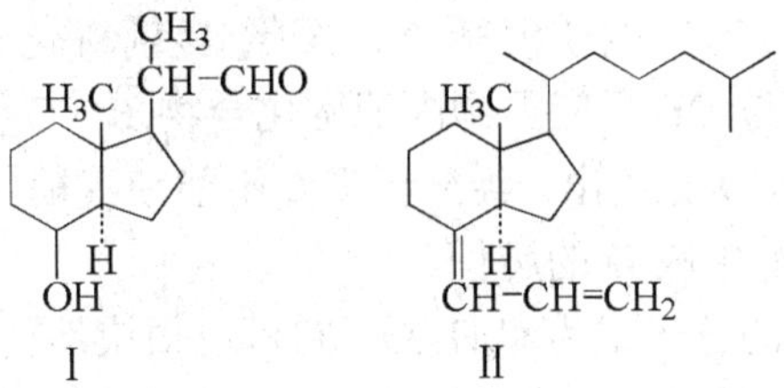

11.46 以苯、苯甲醛及不超过 3 个碳的有机物合成下面的化合物。

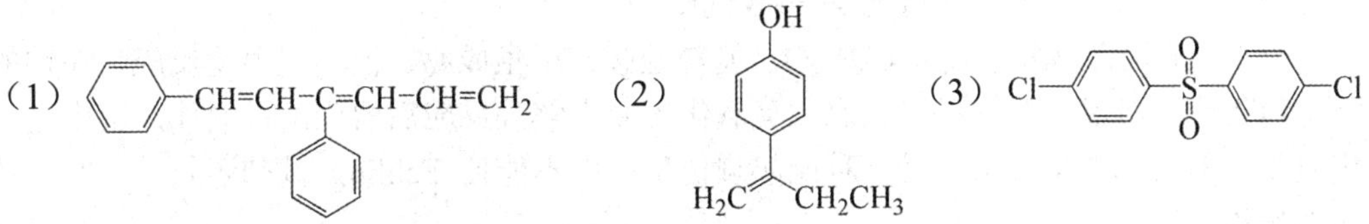

（1） （2） （3）

11.47 我国盛产山茶籽油，其主要成分是柠檬醛，以它为原料，可合成具有工业价值的 β-紫罗兰酮，写出其合成过程。

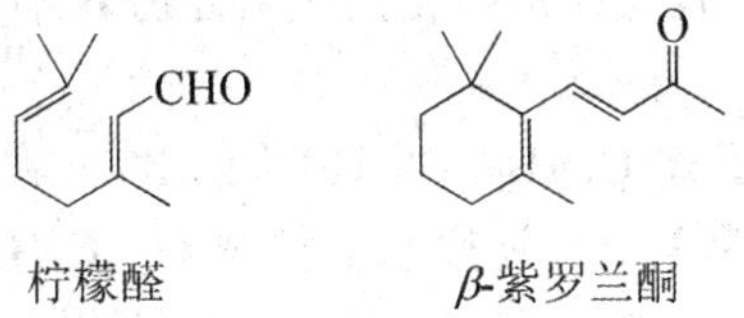

柠檬醛　　β-紫罗兰酮

11.48 写出下面反应的历程。

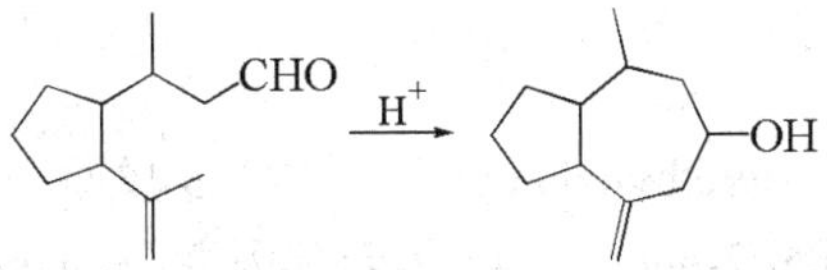

11.49 一种不饱和酮 **A**（C_5H_8O）跟甲基碘化镁反应，经水解后生成一种饱和酮 **B**（$C_6H_{12}O$）和另一产物 **C**。当在 NaOH 溶液中用溴处理 **B** 时，**B** 被转变为 3-甲基丁酸的钠盐。而 **C** 跟硫酸氢钾加热则脱水成为 **D**（C_6H_{10}），**D** 跟乙炔二羧酸反应生成 **E**（$C_{10}H_{12}O_4$）。**E** 用钯脱氢生成 3,5-二甲基邻苯二甲酸，写出 **A**～**E** 的结构式。

11.50 一个研究生需要若干量的二苯甲醇，决定以苯基溴化镁与苯甲醛作用来制备，他制备了 1 mol 苯基溴化镁，为确保产率，加入了 2 mol 苯甲醛（而非 1 mol）。反应混合物作用后，他发现得到很好产率的结晶性产物。但是，当他详细检查后发现，所得物质并非二苯甲醇而为二苯甲酮时，他失望了。困惑之余，这个研究生去找他的导师。不久，他红着脸，回到实验室，重新以等摩尔的反应物重做实验，而且以很好的产率得到了他所需要的混合物。问他的第一次尝试发生了什么错误？他对苯甲醛的慷慨如何害了他？

11.51 某种二苯甲醇类混合物（Ⅰ）以溴处理后转变成对溴苯甲醚（Ⅱ）及醛（Ⅲ）50∶50 的混合物。

$$\underset{\text{I}}{CH_3O-\bigcirc-\underset{OH}{\overset{H}{C}}-\bigcirc-G} + Br_2 \longrightarrow \underset{\text{II}}{CH_3O-\bigcirc-Br} + \underset{\text{III}}{G-\bigcirc-CHO}$$

无论 G 为 $-NO_2$、$-H$、$-Br$ 或 $-CH_3$，溴仅出现于 $-OCH_3$ 基的环上。反应速率略受 G 性质的影响。其影响减少的次序为：$-CH_3 > -H > -Br > -NO_2$，反应速率因加入溴离子而减慢。试概述此反应最可能的机理，并说明你的机理如何解释上述各事实。

11.52 化合物 A（$C_{20}H_{24}$）能使溴褪色，A 经臭氧氧化—还原水解，只生成一种醛（$PhCH_2CH_2CH_2CHO$）。A 与 Br_2 反应得到内消旋化合物 B（$C_{20}H_{24}Br_2$）。A 在硫酸存在下作用可生成一种化合物 D，将 D 分离出，经分析得知不能使溴褪色，D 与 A 有相同分子式。写出 A、D 的结构，并写出 A 生成 D 的历程。

11.53 有一化合物 A 的分子式为 $C_8H_{14}O$，它可以很快地使溴水褪色，也可与苯肼反应，A 经氧化生成 1 分子丙酮和另一化合物 B，B 具有酸性且能和 NaOCl 反应，生成 1 分子氯仿和 1 分子丁二酸，试推测化合物 A 和 B 的结构。

11.54 某化合物分子式为 $C_6H_{12}O$，能与羟胺作用生成肟，但不起银镜反应，在铂的催化下加氢得到一种醇，此醇经过去水、臭氧化还原水解等反应后得到两种液体，其中之一能起银镜反应但不起碘仿反应，另一种能起碘仿反应而不能使 Fehling 试剂还原，试写出该化合物的结构式。

11.55 化合物 A（$C_7H_{16}O$），与重铬酸钾的 H_2SO_4 溶液反应得到 B（$C_7H_{14}O$），当 B 用 NaOD 在 25℃ 时处理几小时，有氢和氘的交换。化合物 B 不为 Ag_2O 所氧化。问化合物 A 和 B 的结构怎样？

11.56 化合物 A 具有分子式 $C_{12}H_{20}$，并具有旋光性，在 Pt 催化下加氢得到两种异构体 B_1 和 B_2，分子式为 $C_{12}H_{22}$。臭氧氧化还原水解仅得 C（$C_6H_{10}O$），也具有旋光性，化合物 C 与羟胺作用得到 D（$C_6H_{11}NO$），C 只有一个甲基，写出化合物 A、B_1、B_2、C、D 的结构。

七、习题参考答案

11.1 （1）三甲基乙醛 trimethylethanal （2）3-戊酮 3-pentanone

（3）3-戊烯-2-酮 3-penten-2-one （4）2-苯基丙醛 2-phenylpropanal

（5）1-苯基-2-丙酮 1-phenyl-2-propanone （6）对甲酰基苯甲酸 *p*-formylbenzoic acid

（7）4-羰基戊醛 4-oxopentanal （8）对乙酰基苯磺酸 *p*-acetylbenzenesulfonic acid

（9）1,3-环己二酮 1,3-cyclohexanedione

（10）2,5-二甲基-1,4-苯醌 2,5-dimethyl-1,4-benzoquinone

（11）丁二酮二肟 butanedione dioxime （12）$CH_3CH=CHCHO$ crotonaldehyde

（13）$C_6H_5CH=CHCHO$ cinnamic aldehyde

（14） （邻羟基苯甲醛） salicylaldehyde （15） （六亚甲基四胺） hexamethylenamine

11.2 （1）$CH_3-\bigcirc-SO_3H$ 对甲苯磺酸 *p*-toluenesulfonic acid

（2）CH_3-S-CH_3 二甲亚砜 dimethylsulfone

(3) [四氢呋喃结构] 四氢呋喃 tetrahydrofuran

(4) $H-\overset{O}{\underset{}{C}}-N(CH_3)_2$ N,N-二甲基甲酰胺 N,N-dimethylformamide

11.3

(1) CH$_3$CH$_2$CH$_2$OH 　(2) PhCH(OH)CH$_2$CH$_3$ (3) CH$_3$CH$_2$CH(OH)SO$_3$Na

(4) CH$_3$CH$_2$CH(OH)CN (5) 同（4） (6) CH$_3$CH$_2$CH(OH)CH(CH$_3$)CHO

(7) CH$_3$CH$_2$CH=C(CH$_3$)CHO (8) CH$_3$CH$_2$CH$_2$OH (9) CH$_3$CH$_2$CH(OEt)$_2$

(10) CH$_3$CH$_2$CH=CHCH$_3$ (11) CH$_3$CHBrCHO (12) CH$_3$CH$_2$COO$^-$NH$_4^+$

(13) CH$_3$CH$_2$CH=NOH (14) PhNHN=CHCH$_2$CH$_3$ (15) CH$_3$CH$_2$CH$_3$

11.4

(1) CH$_3$—C$_6$H$_4$—CH=CH—CHO

(2) CH$_3$—C$_6$H$_4$—COONa + CH$_3$—C$_6$H$_4$—CH$_2$OH

(3) CH$_3$—C$_6$H$_4$—CH$_2$OH + HCOONa

(4) CH$_3$—C$_6$H$_4$—COOH

(5) HOOC—C$_6$H$_4$—COOH

(6) CH$_3$—C$_6$H$_4$—CO—CH(OH)—C$_6$H$_4$—CH$_3$

(7) CH$_3$—C$_6$H$_4$—CH=CH—CO—CH$_3$

(8) CH$_3$—C$_6$H$_4$—CH=CH—CH=CH—CHO

(9) CH$_3$—C$_6$H$_4$—COOH

(10) CH$_3$—C$_6$H$_4$—CH$_3$

11.5

(1) PhCH=CHCH(OH)CH$_3$

(2) PhCH=CHCOONa + CHI$_3$

(3) PhCHO + OHC—CO—CH$_3$

(4) PhCHBrCHBr—CO—CH$_3$

(5) PhCHBrCH$_2$—CO—CH$_3$

(6) Ph—CH(OH)—CH$_2$—CO—CH$_3$

(7) Ph—CH(OCH$_3$)—CH$_2$—CO—CH$_3$

(8) Ph—CH(CN)—CH$_2$—CO—CH$_3$

(9) Ph—CH(NHPh)—CH$_2$—CO—CH$_3$

(10) PhCH=CH—C(OH)(Et)CH$_3$

(11) Ph—CH(Et)—CH$_2$—CO—CH$_3$

(12) PhCH=CH—CO—CH=CH—Ph

(13) [环己烯基，Ph和COCH$_3$取代]

11.6 (1) 甲醛、丁醛、苯甲醛 用菲林试剂：甲醛 → Cu$_2$O↓，丁醛 → Cu$_2$O↓，苯甲醛 → 无；再用许夫试剂加浓H$_2$SO$_4$：显色 / 无色

(2) 2-戊酮、苯乙酮、3-戊酮 用 I$_2$/NaOH：2-戊酮 → CHI$_3$↓，苯乙酮 → CHI$_3$↓，3-戊酮 → 无；再用 NaHSO$_3$ 饱和溶液：↓ / 无

(3) 2-己醇, 3-己醇, 环己酮 —2,4-二硝基苯肼→ 无/无/↓ —I₂/NaOH→ CHI₃↓/无

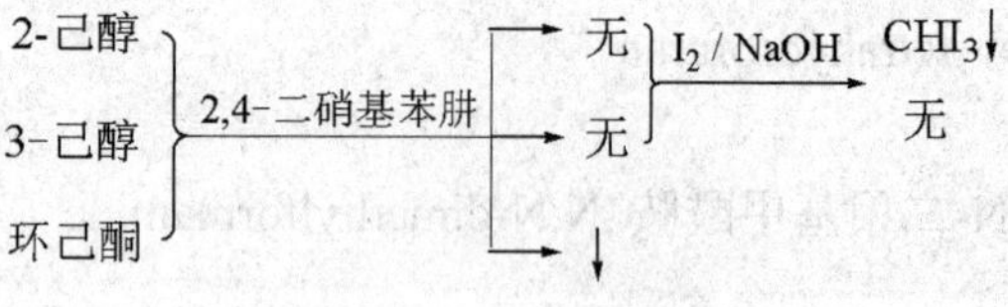

11.7 （1）、（2）、（4）、（6）、（9）能发生正的碘仿反应。

11.8 （1）

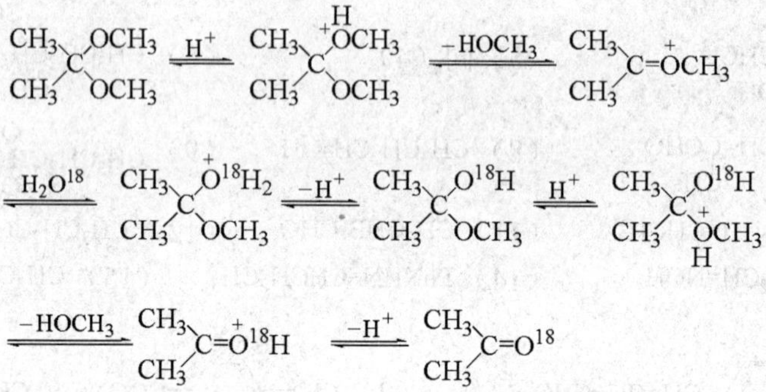

$$CH_3-C(OCH_3)_2-CH_3 \underset{}{\overset{H^+}{\rightleftharpoons}} CH_3-C(OCH_3)(\overset{+}{O}HCH_3)-CH_3 \underset{}{\overset{-HOCH_3}{\rightleftharpoons}} CH_3-\overset{+}{C}(OCH_3)-CH_3$$

$$\overset{H_2O^{18}}{\rightleftharpoons} CH_3-C(\overset{+}{O}^{18}H_2)(OCH_3)-CH_3 \overset{-H^+}{\rightleftharpoons} CH_3-C(O^{18}H)(OCH_3)-CH_3 \overset{H^+}{\rightleftharpoons} CH_3-C(O^{18}H)(\overset{+}{O}HCH_3)-CH_3$$

$$\overset{-HOCH_3}{\rightleftharpoons} CH_3-\overset{+}{C}(O^{18}H)-CH_3 \overset{-H^+}{\rightleftharpoons} CH_3-C(=O^{18})-CH_3$$

（2）^{18}O 在水分子中，因整个反应是上面反应的逆反应。

11.9 （1）**A**: [四氢呋喃-OH] **A** 为半缩醛 **B**: [四氢呋喃-OCH₃] **B** 为缩醛

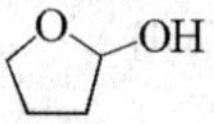

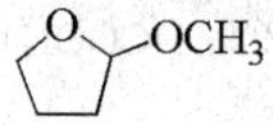

（2）**A** 能发生银镜反应，**B** 不行。
A 为半缩醛在碱性介质中不稳定，存在如下平衡：

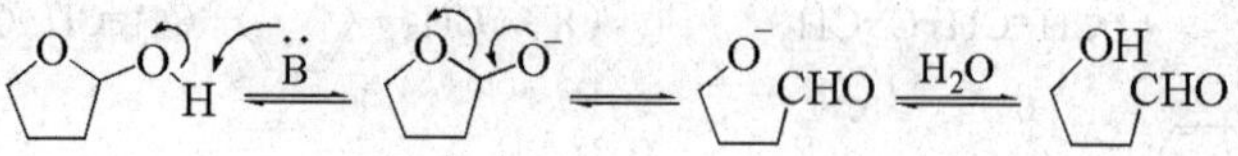

[结构式：半缩醛 → 开环醛 → 水合物]

B 是缩醛，没有酸性氢，不能和碱 **B⁻** 反应。

（3）

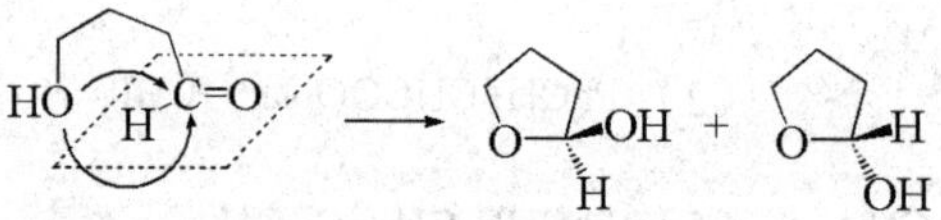

[结构式：羟基从两面进攻羰基，得到外消旋的混合物]

羟基从平面的两面进攻羰基，得到外消旋的混合物。

11.10

(1) 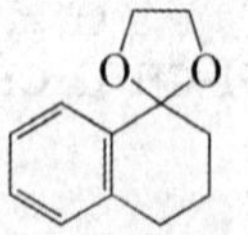 [萘并二氧戊环结构] (2) H₃C-C(OCH₃)(O-CH₂-)-CH₂OH 型缩酮 (3) [甾体结构带多个羟基和酮基]

(4) CH₂OCH₃-CH(OH)-CH(CH₃)-CHO + HOCH₃ (5) CH₂OH-CH(OH)-CH₂-CH(OH)-COOH (6) **A**: [螺环二氧戊环酮] **B**: [环己-1,3-二酮]

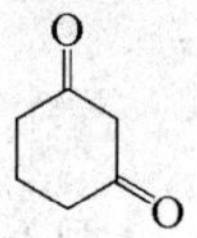

11.11

(1) 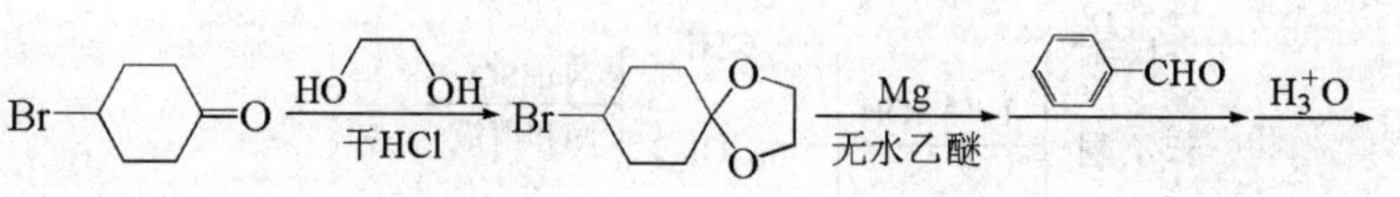 Br-[环己酮] —HO(CH₂)₂OH/干HCl→ Br-[环己烷缩酮] —Mg/无水乙醚→ —PhCHO→ —H₃O⁺→

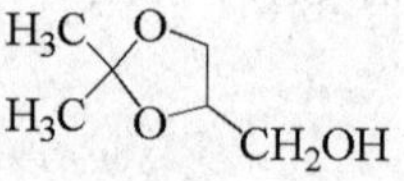

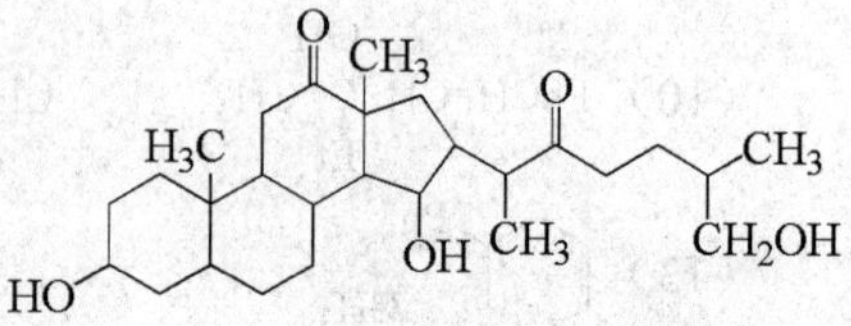

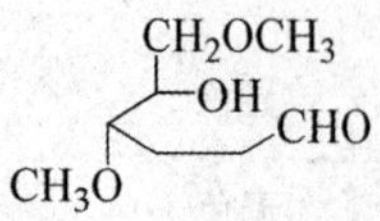

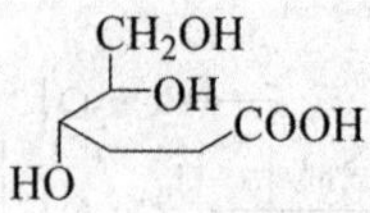

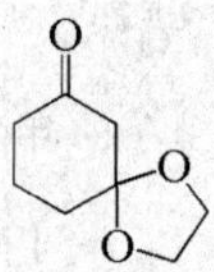

(2) [structure: decalin with OH and C=O] →(HOCH₂CH₂OH / 干HCl)→ [structure: ketal protected] →(CrO₃)→ →((CH₃)₂CHCH=PPh₃)→

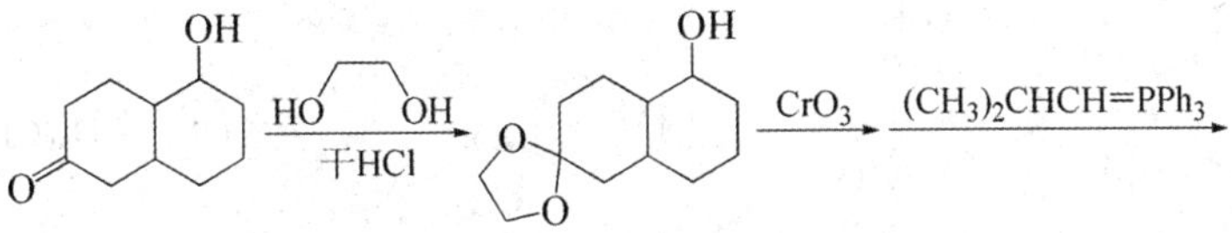

11.12

(1) 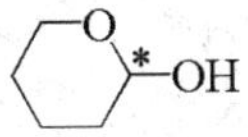 [tetrahydropyran-2-ol, C* with OH]   半缩醛   HOCH₂CH₂CH₂CH₂CHO

(2) [tetrahydropyran-2-OCH₃]   缩醛   HOCH₂CH₂CH₂CH₂CHO + CH₃OH

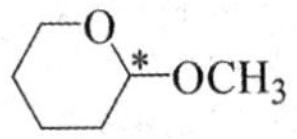

(3) H₃C—[1,3-dioxolane, C*]   缩醛   CH₃CHO + HO〰OH

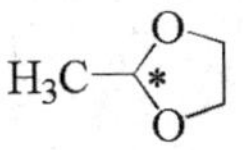

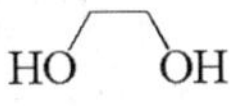

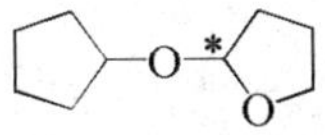

(4) [cyclopentyl-O-tetrahydrofuran, C*]   缩醛   CH₃CH₂CH₂CHO + [cyclopentyl-OH]

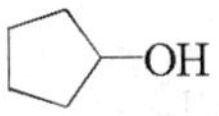

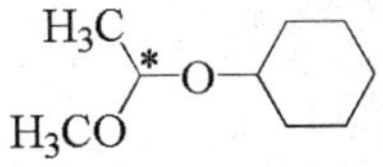

(5) H₃C—C*(OCH₃)—O—cyclohexyl   缩醛   CH₃CHO + CH₃OH + [cyclohexyl-OH]

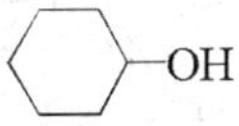

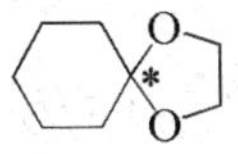

(6) [cyclohexane spiro 1,3-dioxolane, C*]   缩酮   [cyclohexanone] + HO〰OH

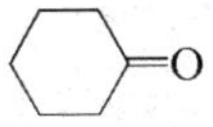

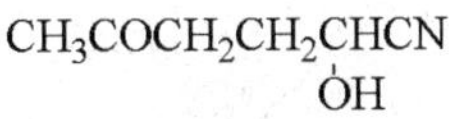

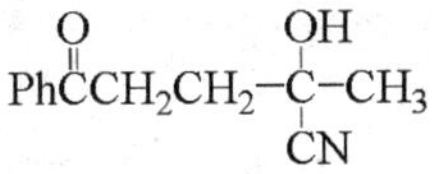

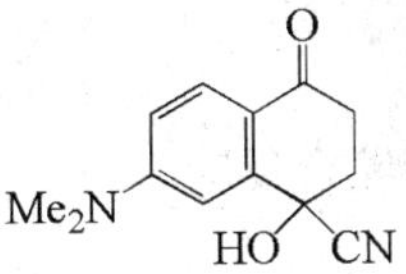

11.13 (1) CH₃COCH₂CH₂CH(OH)CN   (2) PhC(O)CH₂CH₂—C(OH)(CH₃)(CN)

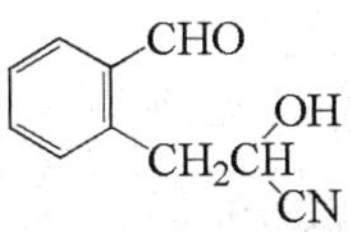

(3) [structure: 6-dimethylamino-4-hydroxy-4-cyano-tetrahydronaphthalen-1-one]   另一个与—NMe₂共轭，活性小

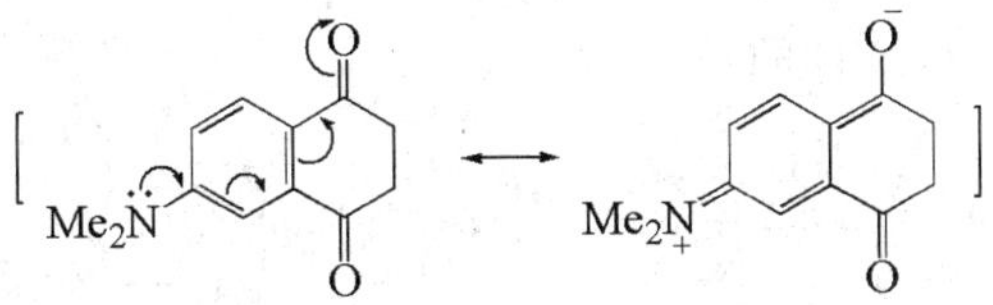

[resonance structures shown with Me₂N group and naphthoquinone-like system]

(4) [o-CHO-C₆H₄-CH₂CH(OH)CN]   (5) [3,3-dimethyl-5-(2-hydroxy-2-cyanopropyl)cyclohexanone]

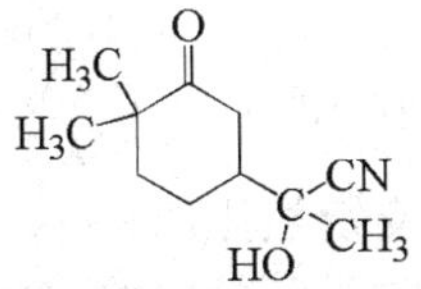

11.14 在 2-羟基苯甲醛和 4-羟基苯甲醛中，当—OH 变为—O⁻后，其电子云通过与苯环共轭而传递到羰基上，大大降低了其亲电性，因此不发生负离子的转移。

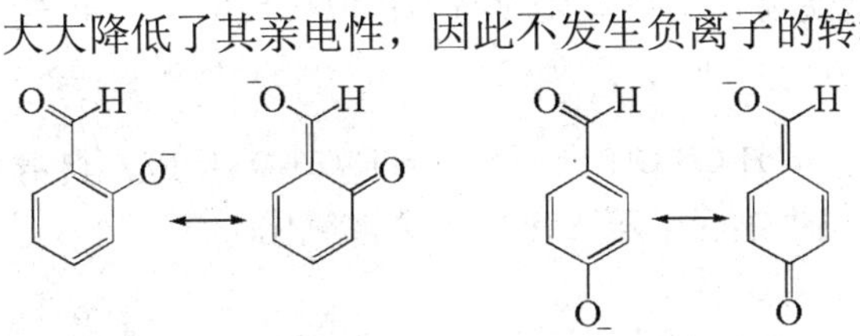

[resonance structures of 2-O⁻ and 4-O⁻ benzaldehyde anions]

11.15 氯在 3 位有拉电子的诱导效应，增加了羰基的活性。间氯苯甲醛被氧化为酸。

11.16 将苯甲醛转化为水溶性亚硫酸氢钠加成物，除去水层。

11.17 A 的结构是：[1-methyl-1,2-cyclohexanediol]

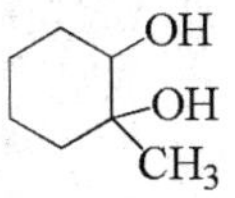

11.18（1）A: 3-乙氧基-2-环己烯-1-醇结构 B: 3-羟基环己酮 （2）(R)-1-甲基环己醇 （3）$CH_3(CH_2)_5CH_2CH_3$

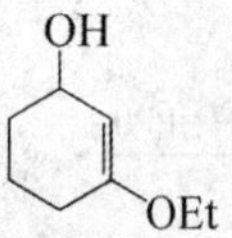

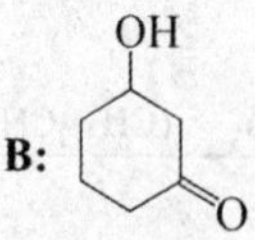

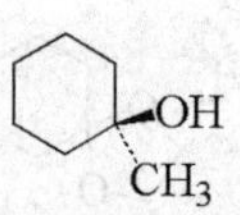

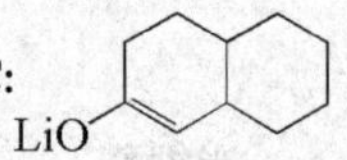

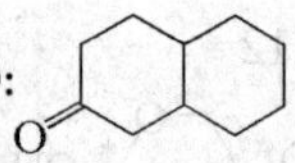

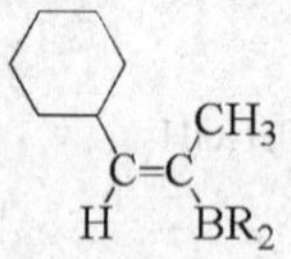

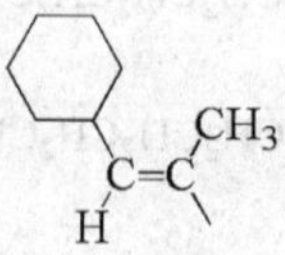

（4）2-羟基-八氢萘（烯醇式） （5）C: 锂烯醇盐（八氢萘） D: 八氢萘酮

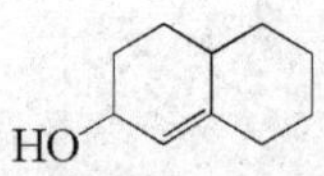

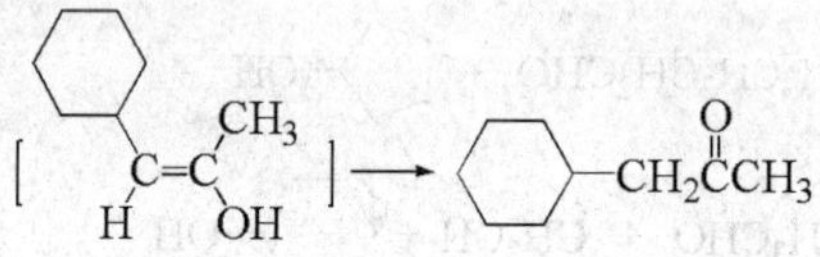

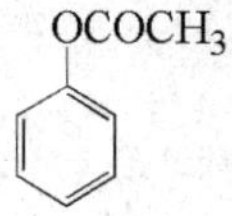

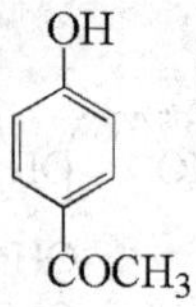

（6）E: 环己基-CH=C(CH₃)-CHBr₂ R: 环己基-CH=C(CH₃)₂
位阻效应

F: [环己基-CH=C(CH₃)-OCOCH₃] → 环己基-CH₂-CO-CH₃

（7）G: 苯基-OCOCH₃ H: 对羟基苯乙酮 I: 对羟基乙苯

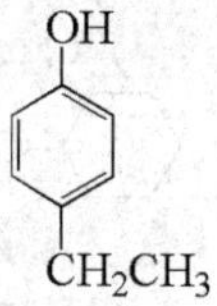

11.19（1）$CH_3\overset{O}{\underset{\|}{C}}-$ 上的甲基也发生溴代。

（2）有间位定位基$-SO_3H$，不能发生酰基化反应。

（3）碱熔一步是错误的。酮基对强碱是敏感的，碱促进羟醛缩合反应。

（4）格林尼亚试剂会与$-CO_2CH_3$作用。

（5）酮基将与$-NH_2$反应而断裂：

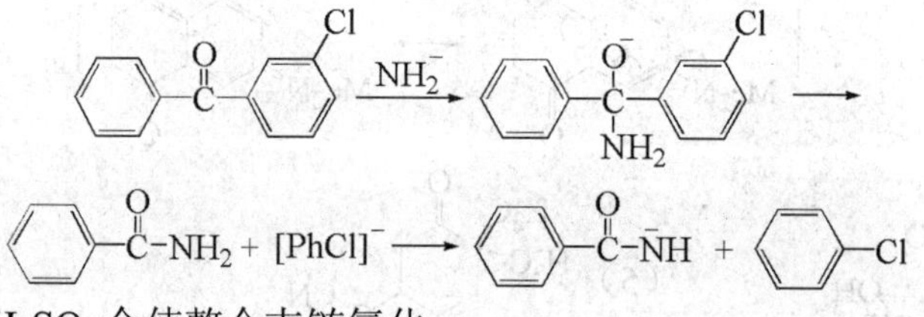

[reaction scheme: PhCO-C₆H₄Cl + NH₂⁻ → Ph-C(O⁻)(NH₂)-C₆H₄Cl → PhCONH₂ + [PhCl]⁻ → PhCONH⁻ + PhCl]

（6）$K_2Cr_2O_7+H_2SO_4$会使整个支链氧化。

（7）第一步双键会被氧化，第三步$BrCH_2CH_2CHO$中溴被氢解除去。

（8）第一步叔卤代烷易发生消除反应而不是取代反应，在第三步$I_2/NaOH$只能与甲基酮进行碘仿反应。

（9）第一步会发生$BrCH_2CH_2OH \xrightarrow{CH_3O^-} BrCH_2CH_2O^-$反应，自身反应得环氧乙烷。

（10）第一步醛会发生缩合，第二步醛也会被氧化。

11.20

（1）$CH_3CH_2CH_2CHO \xrightarrow{稀\ NaOH} CH_3CH_2CH_2\underset{OH}{\underset{|}{CH}}-\underset{CH_2CH_3}{\underset{|}{CH}}CHO$

（2）（1）的产物 $\xrightarrow[-H_2O]{H^+,\ \Delta} CH_3CH_2CH_2CH=\underset{CH_2CH_3}{\underset{|}{C}}CHO$

（3）（2）的产物 $\xrightarrow[异丙醇铝]{异丙醇} CH_3CH_2CH_2CH=\underset{CH_2CH_3}{\underset{|}{C}}CH_2OH$

(4) (2)的产物 $\xrightarrow{H_2, Ni}$ CH$_3$CH$_2$CH$_2$CH$_2$CHCH$_2$OH
　　　　　　　　　　　　　　　　　　　　　　|
　　　　　　　　　　　　　　　　　　　　　　CH$_2$CH$_3$

(5) (1)的产物 $\xrightarrow{H_2, Ni}$ CH$_3$CH$_2$CH$_2$CH—CHCH$_2$OH
　　　　　　　　　　　　　　　　　　　　|　　|
　　　　　　　　　　　　　　　　　　　　OH　CH$_2$CH$_3$

(6) (2)的产物 $\xrightarrow[\text{液 NH}_3]{Li}$ CH$_3$CH$_2$CH$_2$CH$_2$CHCHO
　　　　　　　　　　　　　　　　　　　　　　|
　　　　　　　　　　　　　　　　　　　　　　CH$_2$CH$_3$

(7) (2)的产物 $\xrightarrow{Ag(NH_3)_2^+}$ $\xrightarrow{H^+}$ CH$_3$CH$_2$CH$_2$CH=CCOOH
　　　　　　　　　　　　　　　　　　　　　　　　　　　　　|
　　　　　　　　　　　　　　　　　　　　　　　　　　　　CH$_2$CH$_3$

(8) (4)的产物 $\xrightarrow[H_2SO_4]{K_2Cr_2O_7}$ CH$_3$CH$_2$CH$_2$CH$_2$CHCOOH
　　　　　　　　　　　　　　　　　　　　　　|
　　　　　　　　　　　　　　　　　　　　　　CH$_2$CH$_3$

11.21（1）

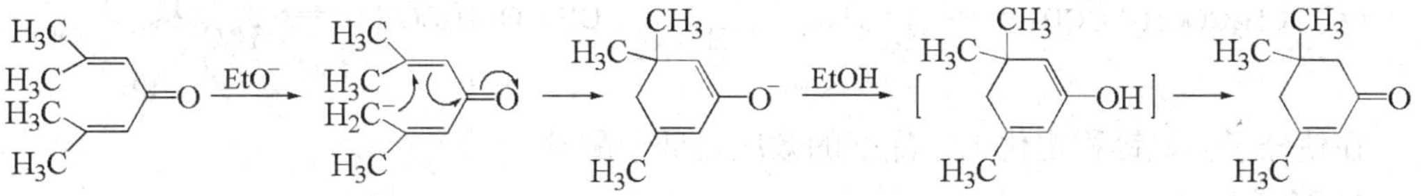

（2）

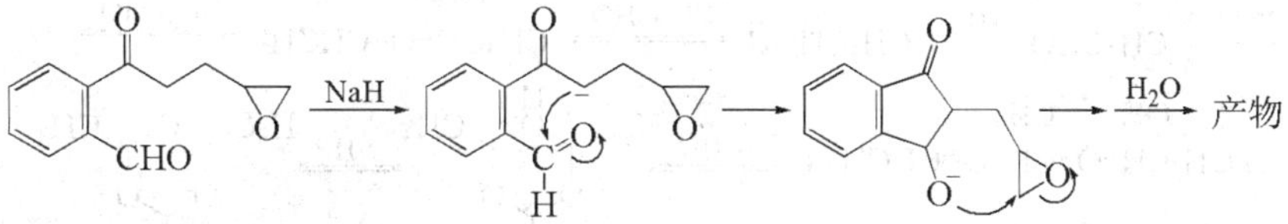

11.22 因受羰基影响，β-羟基醛酮的α-H 具有一定的酸性，经烯醇式离去，可生成较稳定的共轭α,β-不饱和化合物。

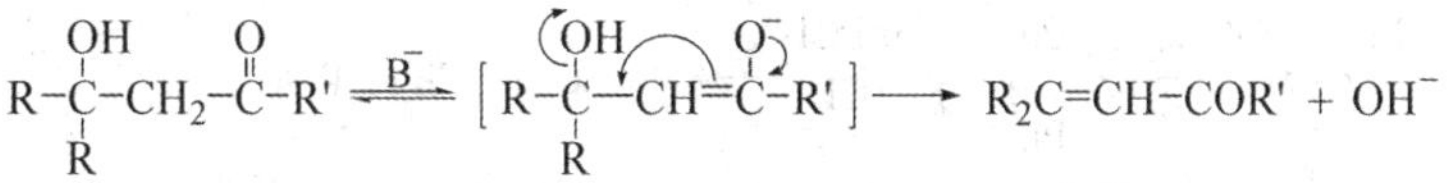

而醇没有被羰基致活的α-H，故对碱是稳定的。

11.23（1）

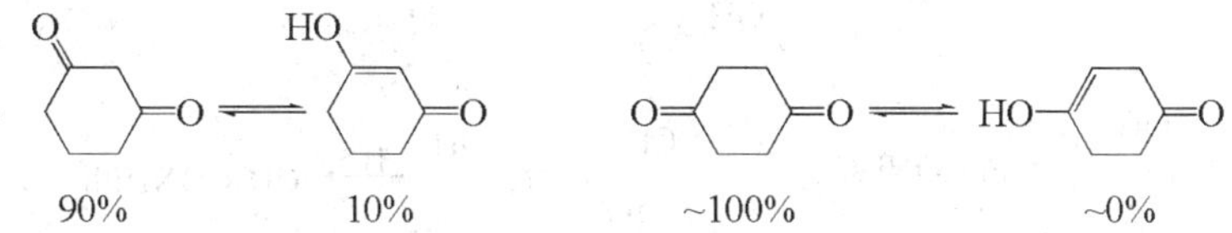

　　　90%　　　　10%　　　　　　　　～100%　　　　～0%

（2）
　　0%　　～100%　　　　　　　99.98%　　　～0.02%

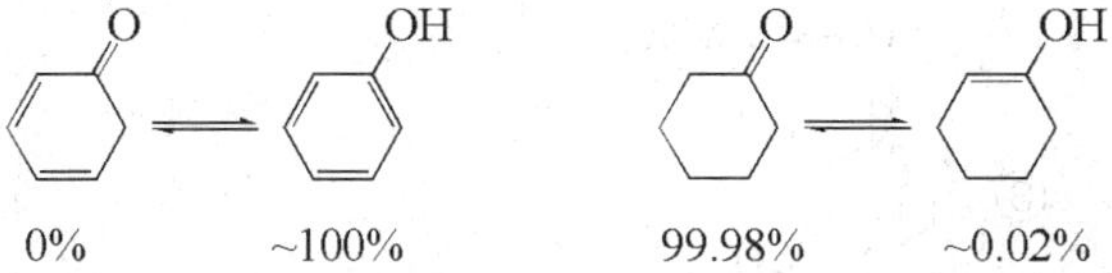

（3）
　　0%　　　～100%　　　　　　100%　　　　0% 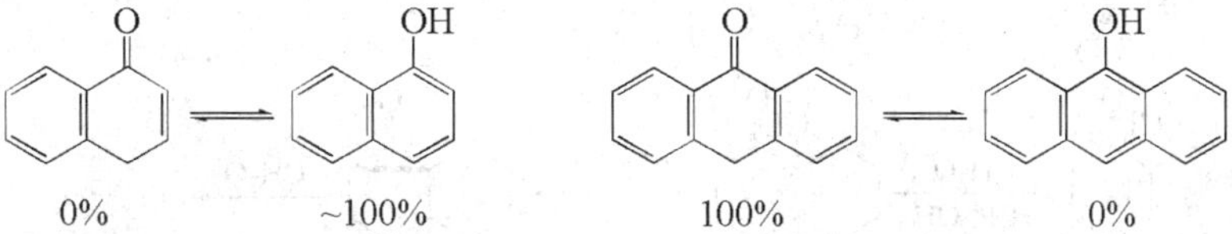

（4）CH$_3$COCH$_2$COCH$_3$ 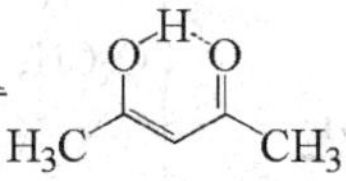 ⇌ 　　烯醇被分子内氢键稳定化

CH$_3$COC(CH$_3$)$_2$COCH$_3$ 不能形成稳定烯醇，因为 C$_3$ 上没有氢。

(5) [环戊二酮 ⇌ 烯醇式]
   1%   99%

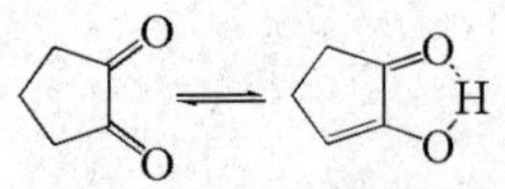

二酮式被彼此相邻的两个羰基间的静电斥力所活化，二酮中重叠张力下降，在较小程度上也帮助了烯醇化。

$$CH_3COCOCH_3 \rightleftharpoons CH_2=C(OH)COCH_3$$
   99.94%   0.06%

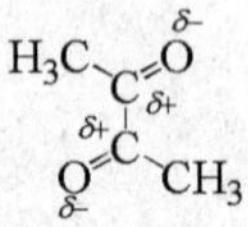

两个羰基能使其中 C=O 偶极彼此处于稳定的反位构象。

(6) 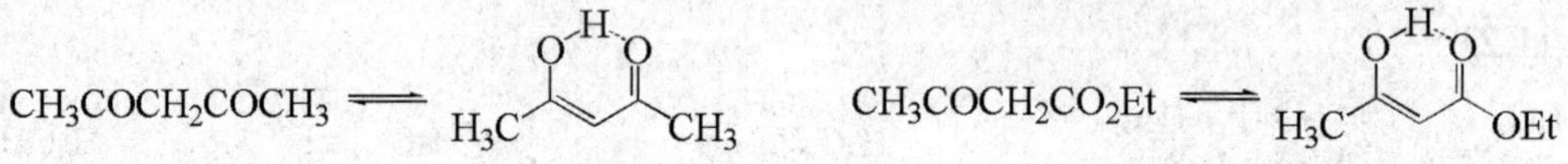 $CH_3COCH_2COCH_3$ ⇌ [烯醇式] $CH_3COCH_2CO_2Et$ ⇌ [烯醇式]
    20%   80%   92%   8%

在使分子内氢键稳定化上，酯基的效应远低于酮基。

11.24

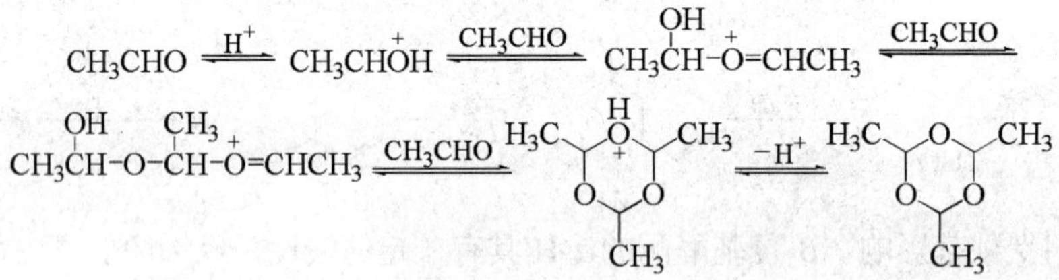

$$CH_3CHO \xrightarrow{H^+} CH_3\overset{+}{C}HOH \xrightarrow{CH_3CHO} CH_3\overset{OH}{\underset{}{C}H}-\overset{+}{O}=CHCH_3 \xrightarrow{CH_3CHO}$$

[进一步反应生成三聚体（三聚乙醛）]

聚合时亲核加成发生在氧上，而不是碳上。解聚的机理相同，蒸去乙醛，平衡向左移动。

11.25（1）
$$\underset{Ph}{\overset{Ph}{>}}C=N\overset{OH}{} \xrightarrow[HCl]{PCl_5} \underset{Ph}{\overset{Ph}{>}}C=N\overset{O-PCl_3}{\underset{Cl}{}} \longrightarrow Ph-\overset{+}{C}=N-Ph + POCl_3$$

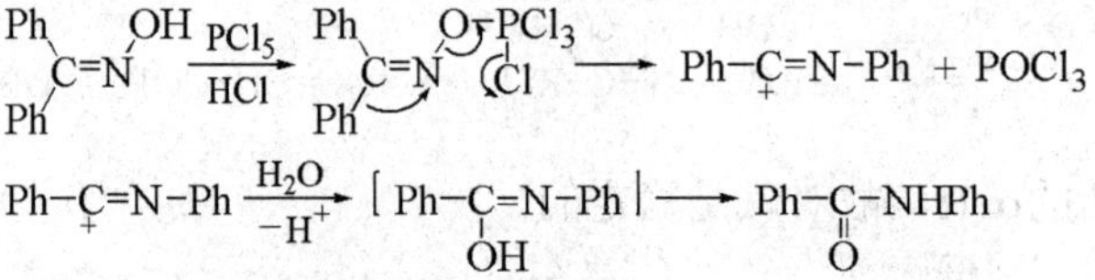

$$Ph-\overset{+}{C}=N-Ph \xrightarrow[-H^+]{H_2O} [Ph-C(OH)=N-Ph] \longrightarrow Ph-\underset{O}{\overset{}{C}}-NHPh$$

(2)
① $\underset{H_3C}{\overset{Ph}{>}}C=N-OH \xrightarrow{H^+} PhCONHCH_3$ $\underset{Ph}{\overset{CH_3}{>}}C=N-OH \xrightarrow{H^+} CH_3CONHPh$
   (Z)-苯乙酮肟   (E)-苯乙酮肟

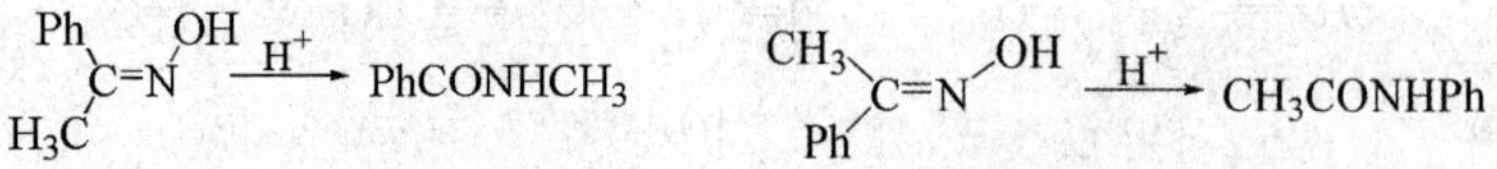

② [3-硝基菲啶酮结构]   ③ [3-甲基-2-哌啶酮-^{18}O]

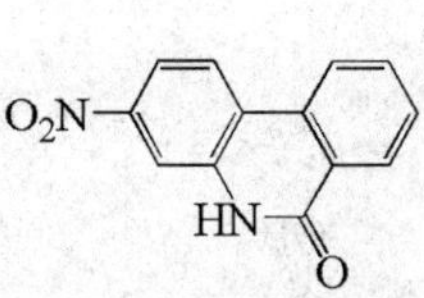

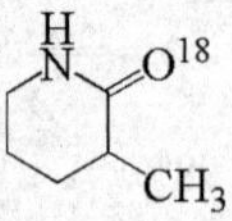

11.26（1）
[十氢萘酮 Cl 构象] $\xrightarrow[-CH_3OH]{CH_3O^-}$ [碳负离子] $\xrightarrow{S_N2 进攻}$ [环丙酮中间体] $\xrightarrow{CH_3O^-}$

[CO₂CH₃ 产物 主] [CO₂CH₃ 产物 次] $\xrightarrow{CH_3OH}$ [CO₂CH₃ 主产物]

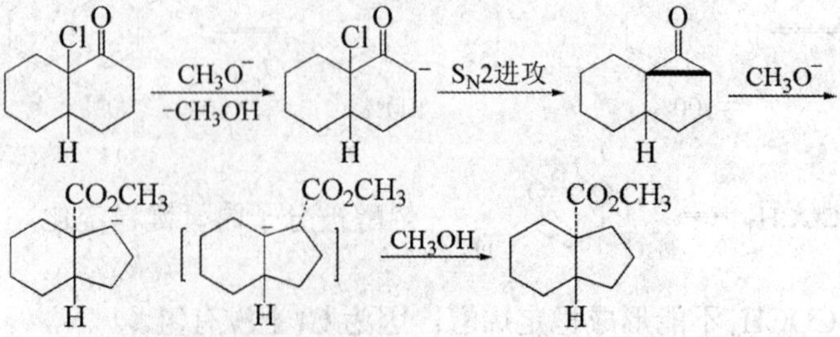

（仲碳负离子比叔碳负离子稳定）

(2) $(CH_3)_2\overset{Br}{\underset{}{C}}-\overset{O}{\underset{}{C}}-CH_2Br \xrightarrow[-CH_3OH]{NaOCH_3} (CH_3)_2\overset{Br}{\underset{}{C}}-\overset{O}{\underset{}{C}}-\bar{C}HBr \xrightarrow{-Br^-}$ 2-methyl-2-... cyclopropanone with Br

$\xrightarrow{CH_3O^-}$ [intermediate with OCH₃, O⁻, Br] $\xrightarrow{-Br^-} (CH_3)_2C=CHCO_2CH_3$

11.27

(1) PhCOOPh (2) Ph(H)(CH₃)CH–O–C(O)CH₃ (3) bicyclic lactone

(4) cyclopropyl acetate (5) H_3CO–C₆H₄–O–C(O)–C₆H₄–Cl

11.28

(1) benzoquinone $\xrightarrow{HCl}$ protonated intermediate → chlorinated intermediate → 2-chlorohydroquinone

(2) $H_2N\ddot{N}H_2 + CH_2=CH-\overset{O}{C}-CH_3 \rightarrow CH_2-CH_2-\overset{O^-}{C}-CH_3$ with $\overset{+}{N}H_2NH_2$ $\rightarrow [CH_2-CH=\overset{OH}{C}-CH_3$ with NHNH₂] $\rightarrow$
1,4-加成

$CH_2-CH_2-\overset{O}{C}-CH_3$ with NHNH₂ → [5-membered ring with CH₃, O⁻, HN–$\overset{+}{N}H_2$] → 5-membered ring with CH₃, OH, HN–NH $\xrightarrow{-H_2O}$ 3-methyl-pyrazoline

11.29

(1) 3-oxocyclohexanecarbonitrile
(2) cyclohexanol
(3) 1-methyl-2-cyclohexen-1-ol
(4) 1-phenyl-2-cyclohexen-1-ol
(5) 3-methylcyclohexanone
(6) 2-cyclohexen-1-ol

11.30

(1) Ph, CH₃, H₃C, H, OH stereo structure
(2) Newman projection with H₃C, Et, Ph, CH₃, OH ≡ Ph–CH₃, Et–OH, CH₃
(3) H, OH, H₃C, Cl, Et, CH₃ (H₃C, Cl, O, CH₃ Newman 优势构象)

(4) norbornane with CH₃, OH (5) cyclopentane with CH₃, OH, CN (6) bicyclic with H₃C, OH, C≡CH
(从位阻较小面进攻)

11.31

(1) $CH_3\overset{OH}{\underset{}{C}}HCH_2CH_2CH_3 \xrightarrow[\text{丙酮}]{CrO_3, H_2SO_4} CH_3\overset{O}{\underset{}{C}}CH_2CH_2CH_2CH_3 \xrightarrow[\text{浓 HCl, }\triangle]{Zn(Hg)} CH_3(CH_2)_4CH_3$

(2) $\underset{CH_3}{\overset{}{C}}=CHCH_2\overset{O}{\underset{}{C}}H \xrightarrow[\text{气态 HCl}]{CH_3OH} \underset{CH_3}{\overset{}{C}}=CHCH_2CH_2\overset{H_3CO\ OCH_3}{\underset{}{C}}H$

$\xrightarrow{O_3} \xrightarrow{Zn/H_2O} \xrightarrow{H_3^+O} \underset{CH_3}{\overset{CH_3}{C}}=O + OHCCH_2CH_2CHO$

(3) [cyclohexanone with CH₂CH=CH₂] $\xrightarrow[\text{TsOH / 苯 / }\triangle]{HOCH_2CH_2OH}$ [dioxolane protected, with CH₂CH=CH₂] $\xrightarrow[\text{THF}]{B_2H_6} \xrightarrow[\text{NaOH}]{H_2O_2} \xrightarrow{H_3^+O}$ [cyclohexanone with (CH₂)₃OH]

（由于酮可被硼烷还原，需保护）

(4) [4,4-dimethylcyclohex-2-enol] $\xrightarrow[CHCl_3]{Cl-C_6H_4-CO_3H}$ [epoxide alcohol] $\xrightarrow[CH_2Cl_2]{CrO_3 / \text{吡啶}}$ [epoxide ketone]

（由于羰基拉电子，使双键难氧化，所以不能首先氧化醇）

(5) [bicyclic compound with CH₂CH=CH₂] $\xrightarrow[CHCl_3]{O_3} \xrightarrow{Zn/H_2O}$ [bicyclic compound with CH₂CHO] $\longrightarrow$

[tricyclic hemiacetal with CH₃OCH₂O] $\xrightarrow{H_3^+O}$ [tricyclic hemiacetal with OH] $\xrightarrow[CH_2Cl_2]{CrO_3 / \text{吡啶}}$ [lactone] （环状半缩醛稳定）

(6) [bicyclic enone] $\xrightarrow[\text{一缩二乙二醇/}\triangle]{H_2NNH_2, KOH}$ [bicyclic alkene] $\xrightarrow{H_2/Ni}$ [decalin]

(7) $\underset{H_3C}{\overset{CH_2=CHCH_2\ \ Cl}{\underset{H_3C}{|}}}$ [bicyclic ketone] $\xrightarrow[\text{乙醚}]{CH_3MgI} \xrightarrow[H_2O]{NH_4Cl}$ [bicyclic alcohol with allyl and Cl] $\xrightarrow{O_3} \xrightarrow[H^+]{Zn/H_2O}$ [bicyclic with O=CHCH₂, Cl, OH]

11.32

(1) [benzylidenecyclopentane] PhCH=C(cyclopentane)

(2) $CH_3CH=CHCH=CH\overset{O}{\underset{}{C}}OCH_2CH_3$

(3) [retinoic acid ethyl ester structure with cyclohexadiene ring and polyene chain ending in COOCH₂CH₃]

(4) [1-methylene-2,2-dimethyltetrahydronaphthalene]

(5) [steroid with exocyclic CH₂ and OH]

11.33

(1) $CH_3CH_2Br \xrightarrow[\text{(2) }n\text{-BuLi}]{\text{(1) }Ph_3P} CH_3CH=PPh_3 \xrightarrow{PhCHO} CH_3CH=CHPh$

(2) $PhCH_2Br \xrightarrow[\text{(2) }n\text{-BuLi}]{\text{(1) }Ph_3P} PhCH=PPh_3 \xrightarrow{\text{cyclopentanone}}$ cyclopentylidene=CHPh

(3) 由（1）$CH_3CH=PPh_3 \xrightarrow{PhCOCH_3} PhC(CH_3)=CHCH_3$

(4) $CH_2=CH-CH_2Br \xrightarrow[\text{(2) EtONa}]{\text{(1) }Ph_3P} CH_2=CH-CH=PPh_3 \xrightarrow{PhCHO} CH_2=CH-CH=CHPh$

11.34

(1) $PhCO(CH_2)_4Br \xrightarrow{Ph_3P} PhCO(CH_2)_3CH_2\overset{+}{-}PPh_3Br^-$

$\xrightarrow{EtONa} PhCO(CH_2)_3CH=PPh_3 \xrightarrow{\text{分子内Wittig反应}}$ Ph-cyclopentene **B** $(C_{11}H_{12})$

(2) $Br(CH_2)_3Br \xrightarrow[\text{(2) }n\text{-BuLi}]{\text{(1) 2 mol }Ph_3P} Ph_3P=CHCH_2CH=PPh_3$ **C** $(C_{39}H_{34}P_2)$

11.35

Ph-epoxide-Ph + Ph_3P: → $PhCH\overset{O^-}{-}\overset{}{CH}-Ph$ / $\overset{+}{Ph_3P}$ → betaine (Ph, Ph, Ph_3P, O ring) → $PhCH=CHPh + Ph_3P=O$

11.36

(1) cyclohexanone + $CH_2=S(CH_3)_2 \longrightarrow$ spiro-epoxide + CH_3SCH_3

(2) $(CH_3)_2C=O + CH_2=S(CH_3)_2 \longrightarrow (CH_3)_2C\overset{\diagdown}{-}CH_2$ (epoxide) $+ CH_3SCH_3$

(3) $(CH_3)_2C=O + (CH_3)_2C=SPh_2 \longrightarrow (CH_3)_2C\overset{\diagdown}{-}C(CH_3)_2$ (epoxide) $+ Ph_2S$

(4) cyclobutanone $+ (CH_3)_2S=CH_2 \longrightarrow$ spiro-epoxide $+ CH_3SCH_3$

11.37

(1) isopentyl-Cl $\xrightarrow[Et_2O]{Mg}$ isopentyl-MgCl $\xrightarrow[\text{(2) }H_3O^+]{\text{(1) }CH_3CHO}$ alcohol (OH)

$\xrightarrow[\text{吡啶}]{SOCl_2}$ chloride (Cl) $\xrightarrow[Et_2O]{Mg} \xrightarrow{D_2O}$ **D**

(2) cyclopentanone $\xrightarrow[H_2O]{\text{BuMgBr, }H^+}$ 1-butylcyclopentanol $\xrightarrow[-H_2O]{H_2SO_4, \Delta}$ 1-butylcyclopentene

$\xrightarrow{B_2H_6} \xrightarrow{H_2O_2, OH^-}$ 2-butylcyclopentanol (OH)

(3) $CH_3CH_2CH_2CHO \xrightarrow{CH_3CH_2CH_2MgBr} \xrightarrow[H_2O]{H^+} CH_3CH_2CH_2\overset{OH}{\underset{|}{CH}}CH_2CH_2CH_3$

$\xrightarrow[H_2SO_4]{K_2Cr_2O_7} CH_3CH_2CH_2\overset{O}{\underset{||}{C}}CH_2CH_2CH_3 \xrightarrow[CH_3COOH]{Br_2} CH_3CH_2CH_2\overset{O}{\underset{||}{C}}\overset{}{\underset{Br}{CH}}CH_2CH_3$

(4) ~~~Cl $\xrightarrow[Et_2O]{Mg}$ ~~~MgCl $\xrightarrow{HCHO} \xrightarrow[H_2O]{H^+}$ ~~~OH

$\xrightarrow[H_2SO_4]{CrO_3}$ ~~~CHO $\xrightarrow[\triangle, -H_2O]{NaOH, H_2O}$ (enal dimer structure)

$\xrightarrow{Ag(NH_3)_2^+} \xrightarrow{H_2, Ni}$ (branched COOH structure)

(5) $CH_3\overset{O}{\underset{||}{C}}CH_2CH_2Br \xrightarrow[干HCl]{HOCH_2CH_2OH}$ (dioxolane-CH_2CH_2Br) $\xrightarrow[Et_2O]{Mg} \xrightarrow{CH_3CHO} \xrightarrow[H_2O]{H^+} CH_3\overset{O}{\underset{||}{C}}CH_2CH_2CH_2\overset{}{\underset{OH}{CH}}CH_3$

(6) (3-hydroxycyclohexanecarbaldehyde) $\xrightarrow[干HCl]{2EtOH}$ (3-hydroxy-CH(OEt)_2) $\xrightarrow[OH^-]{KMnO_4}$ (3-oxo-CH(OEt)_2) $\xrightarrow{H_3^+O}$ (3-oxocyclohexanecarbaldehyde)

(7) (cyclohexanone) $\xrightarrow{PhCO_3H}$ (ε-caprolactone)
（Baeyer-Villiger 反应）

(8) (cyclohexanone) $\xrightarrow[\triangle]{H_2NOH}$ (cyclohexanone oxime) $\xrightarrow{H^+}$ (ε-caprolactam)

(9) $CH_3\overset{O}{\underset{||}{C}}CH_3 \xrightarrow{Mg-Hg} \xrightarrow{H_2O} H_3C\overset{CH_3}{\underset{OH}{\overset{|}{C}}}\overset{CH_3}{\underset{OH}{\overset{|}{-C}}}CH_3 \xrightarrow{H^+} (CH_3)_3C\overset{O}{\underset{||}{-C}}CH_3$

$\xrightarrow{NaOCl} \xrightarrow{H^+} (CH_3)_3C-COOH$

(10) (3-methylcyclohex-2-enone) $\xrightarrow{HCN}$ (3-methyl-3-cyano-cyclohexanone) $\xrightarrow[H_2O, \triangle]{H^+}$ (3-methyl-3-carboxy-cyclohexanone)

(11) $C_2H_5\overset{O}{\underset{||}{C}}$—⟨⟩—$CH_2OCH_3 \xrightarrow[\text{缩二乙二醇, KOH, } \triangle]{H_2NNH_2, H_2O} CH_3CH_2CH_2$—⟨⟩—$CH_2OCH_3$

(12) $C_2H_5\overset{O}{\underset{||}{C}}$—⟨⟩—$CH_2CH_2Br \xrightarrow[\text{浓HCl}]{Zn-Hg} CH_3CH_2CH_2$—⟨⟩—$CH_2CH_2Br$

(13) HOOC—⟨□⟩=$CH_2 \xrightarrow{\text{冷, 稀 } KMnO_4}$ HOOC—⟨□⟩=O $\xrightarrow[\text{浓HCl}]{Zn-Hg}$ HOOC—⟨□⟩

(14) Ph—CH=CH—CHO $\xrightarrow[\text{异丙醇铝}]{\text{异丙醇}}$ Ph—CH=CH—CH_2OH

$\xrightarrow{PCl_3}$ Ph—CH=CH—CH_2Cl $\xrightarrow{Br_2}$ PhCHBrCHBrCH_2Cl

(15) $CH_3\overset{OH}{\underset{|}{CH}}CH_2CH_3 \xrightarrow[H_2SO_4]{CrO_3} CH_3\overset{O}{\underset{||}{C}}CH_2CH_3 \xrightarrow{CH_2=PPh_3} \overset{CH_2}{\underset{||}{C}}H_3C\overset{}{\underset{}{C}}CH_2CH_3$

$\xrightarrow{B_2H_6} \xrightarrow[H_2O_2]{OH^-} CH_3CH_2\overset{CH_3}{\underset{|}{CH}}CH_2OH$

(16) $CH_3-C_6H_5 \xrightarrow[AlCl_3]{CO, HCl} CH_3-C_6H_4-CHO$

$\xrightarrow[-H_2O]{CH_3CHO, OH^-} CH_3-C_6H_4-CH=CHCHO$

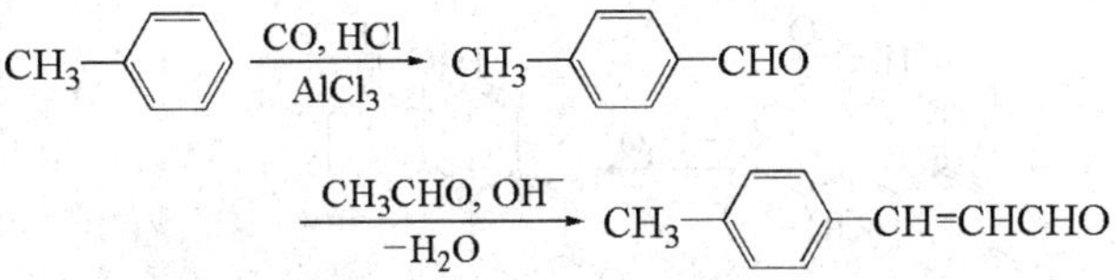

(17) $CH_3-CH=CH_2 \xrightarrow[催化剂]{H_2, CO} CH_3CH_2CH_2CHO$

11.38 缩胺脲的形成是可逆的，环己酮反应较快，但苯甲醛产生较稳定产物。先分离的为速率控制产物，待达到平衡后分离的为平衡控制产物。

11.39（1）威廉姆森醚类合成法。（2）环状缩醛。（3）以酸处理生成甲醛及邻苯二酚，与碱无反应。

11.40 考虑碱在两个位置的反应。在羰基的氧上反应：

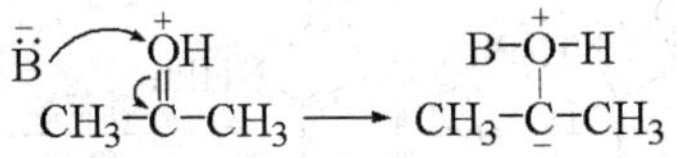

由于氧上已经有 8 个电子，当利用碱上的电子对形成新键的时候，双键上的 1 对电子必定被推向碳，形成的中间体将是高能量的电荷分散体系。

在羰基的碳上反应：

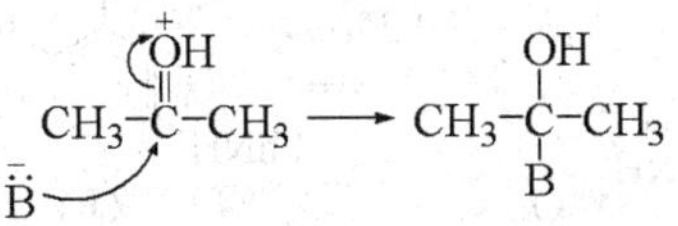

因为碳上已经有 8 个电子，当碱上的 1 对电子跟碳成键的时候，双键上的 1 对电子必定被推向氧，然而，在这种情况下，形成的产物是电中性的，是低能量的稳定体系。

11.41 首先氰化钠起着一种碱的作用，它中和与亚硫酸氢钠加成物处于平衡的亚硫酸氢钠，生成亚硫酸钠和 HCN，使平衡向左移动，而同时产生的醛或酮则和 HCN 相互反应生成氰醇。

11.42

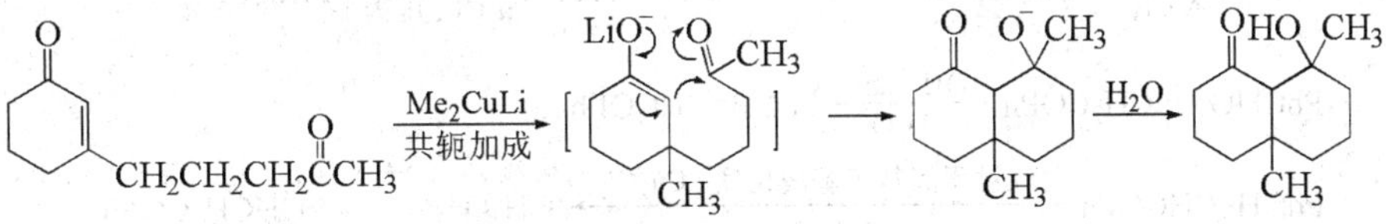

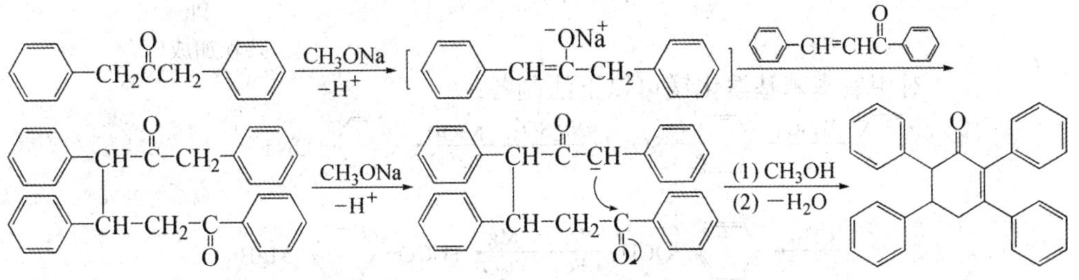

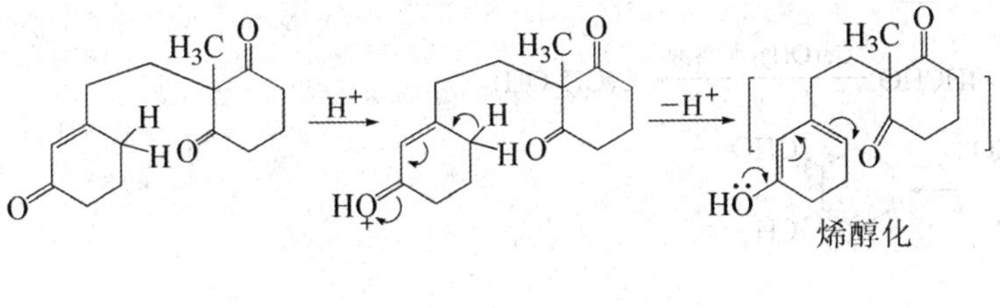

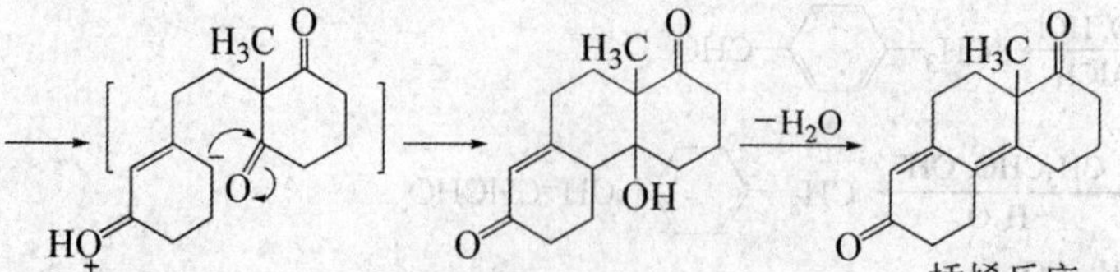

插烯反应

（4）

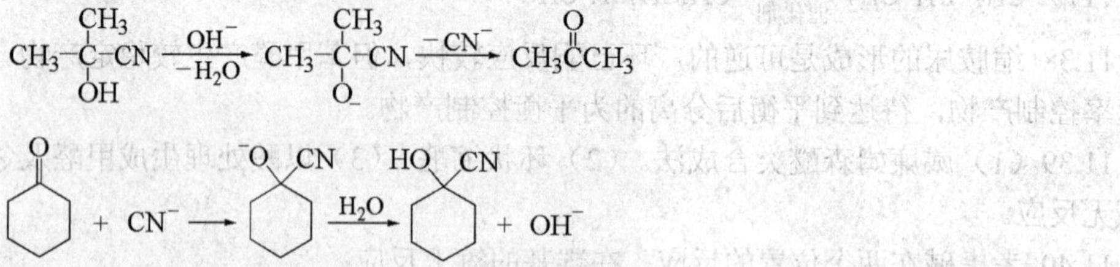

（5）

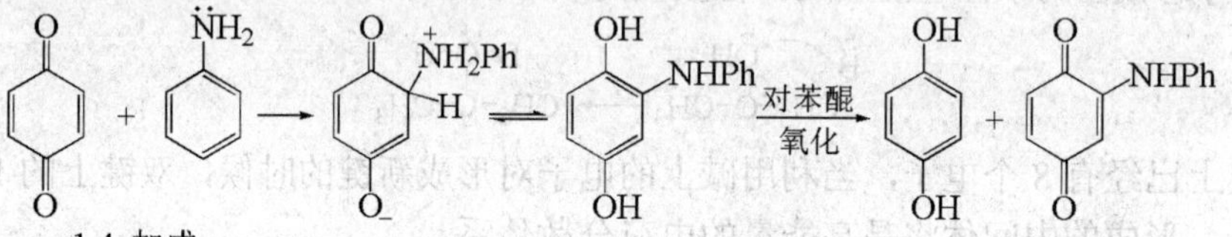

1,4-加成

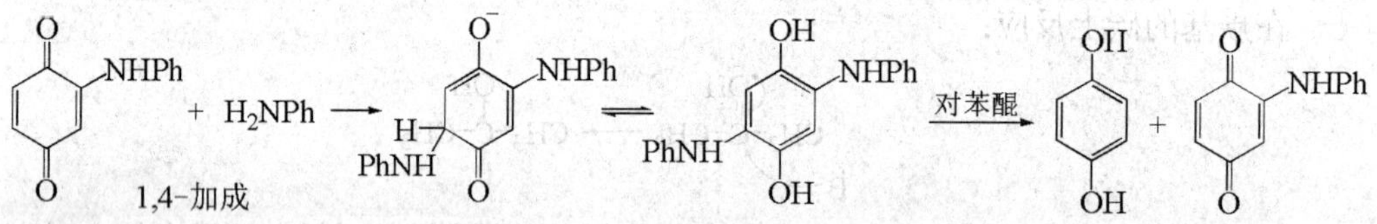

1,4-加成

11.43

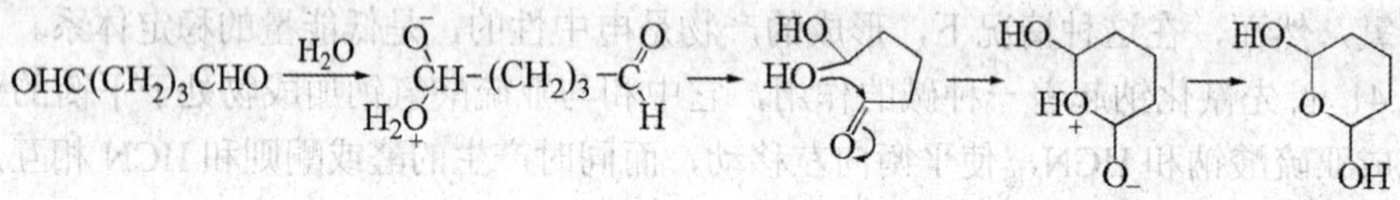

11.44

（1） $PhH \xrightarrow[AlCl_3]{CH_3COCl} PhCOCH_3$　　$PhH + CO + HCl \xrightarrow[Cu_2Cl_2,\ 压力]{AlCl_3} PhCHO$

$PhCHO + CH_3COPh \xrightarrow[-H_2O]{OH^-,\ \triangle} PhCH{=}CHCOPh$

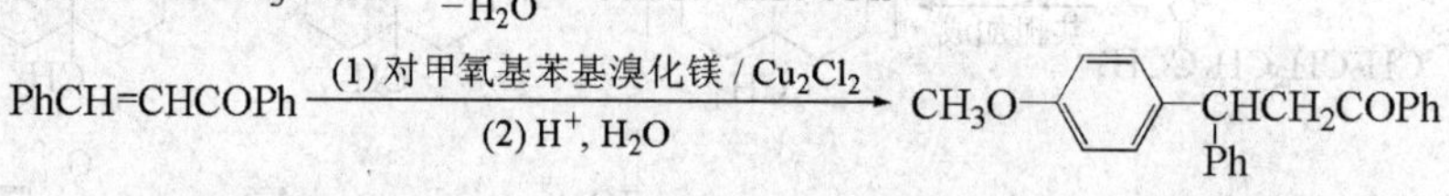

共轭加成

对甲氧基苯基溴化镁可以下法制备：

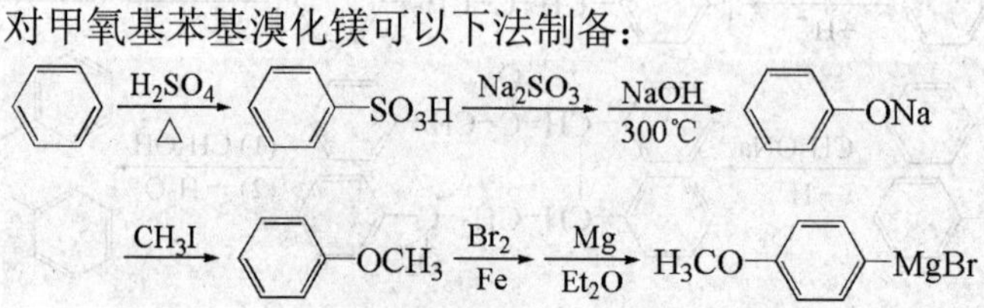

（2） $CH_3CHO + 4HCHO \xrightarrow{Ca(OH)_2水溶液} C(CH_2OH)_4$

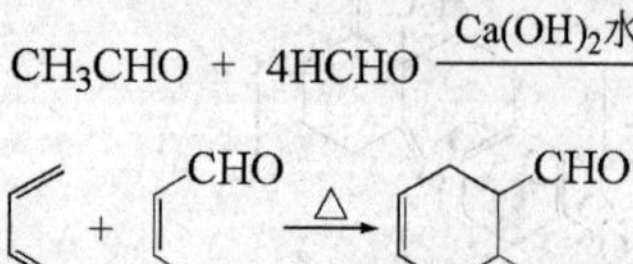

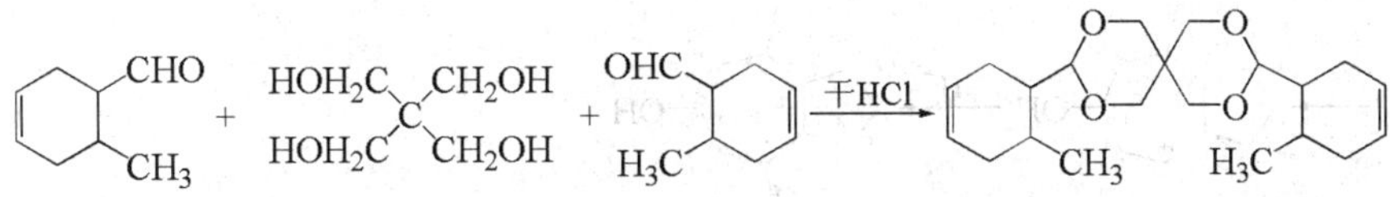

11.45

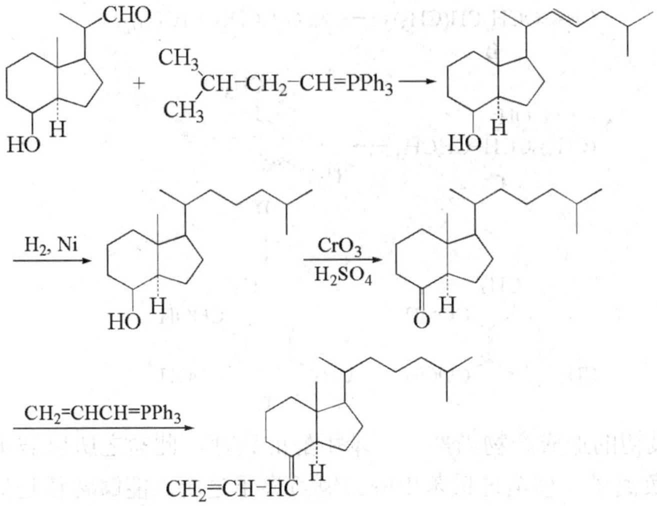

11.46

(1)

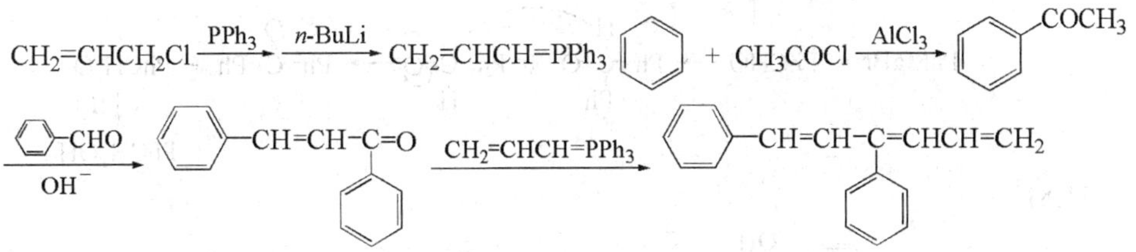

(2)

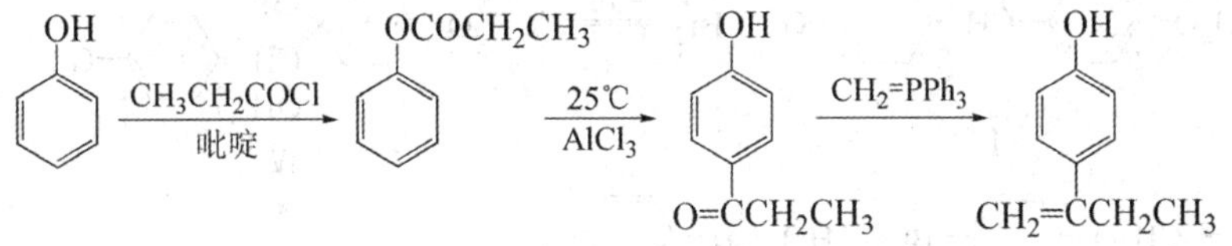

(3)

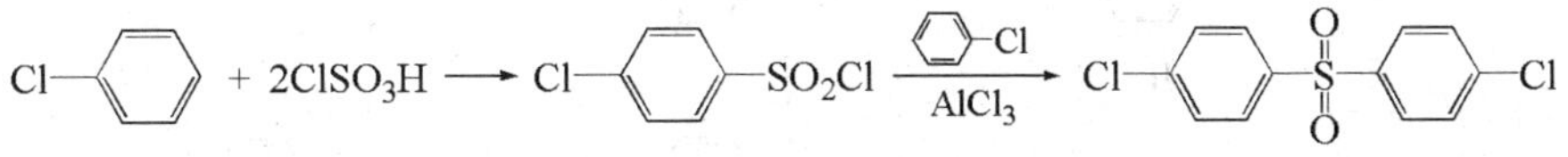

11.47

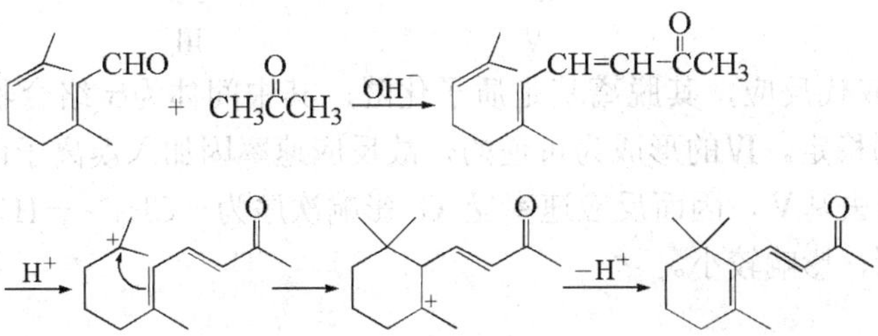

11.48

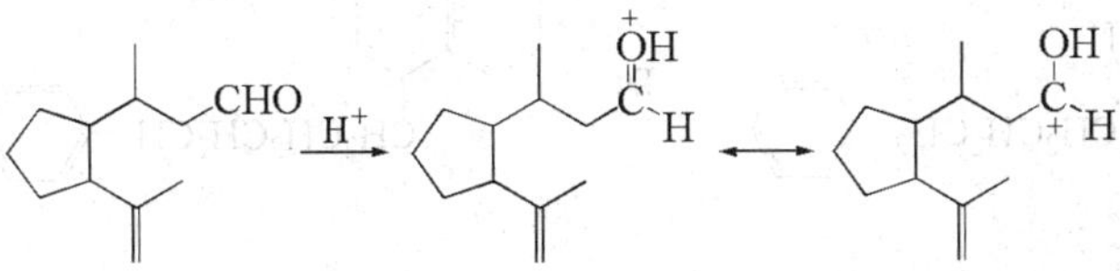

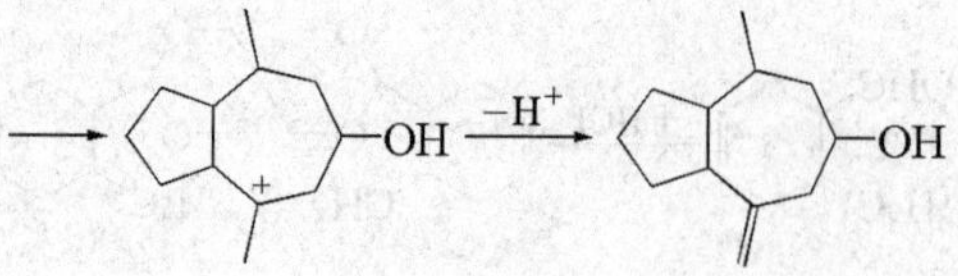

11.49

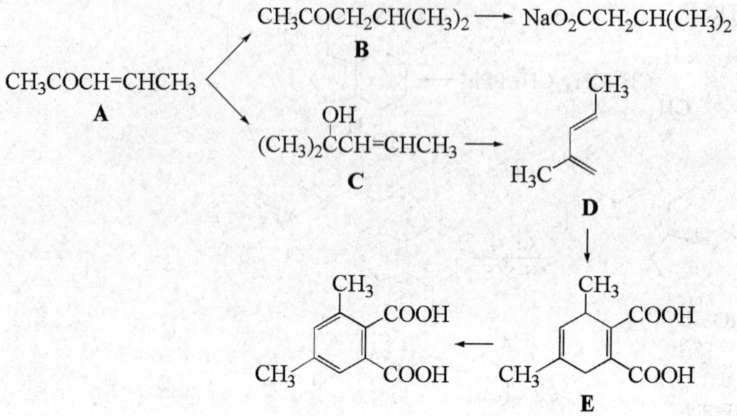

$$CH_3COCH=CHCH_3 \xrightarrow{} \begin{matrix} CH_3COCH_2CH(CH_3)_2 \to NaO_2CCH(CH_3)_2 \\ \text{B} \\ \\ \underset{\text{C}}{(CH_3)_2\overset{OH}{\underset{|}{C}}H-CH=CHCH_3} \to \underset{\text{D}}{H_3C\text{-}C(CH_3)=CH\text{-}CH=CH_2} \end{matrix}$$

A → ... → E (substituted cyclohexadiene dicarboxylic acid) → aromatic dimethyl phthalic acid

11.50 格林尼亚试剂最初的加成产物当然为二苯甲醇的镁盐，此盐之所以被苯甲醛氧化成二苯甲酮，可能由于氢负离子转移至过量苯甲醛。氢负离子之所以能够转移是借氧上的负电荷之助。

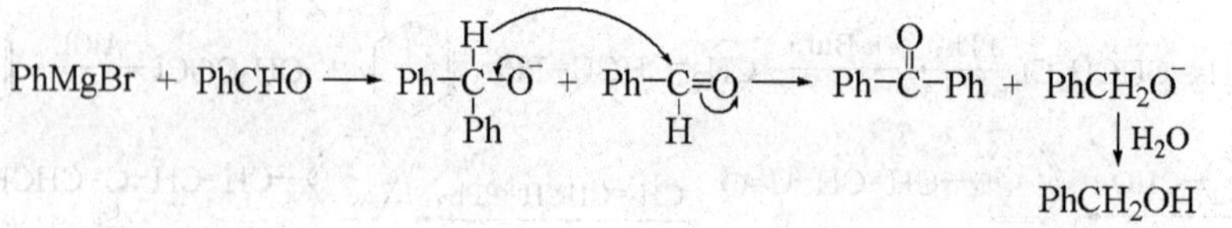

$$PhMgBr + PhCHO \to Ph\text{-}\underset{Ph}{\overset{H}{\underset{|}{C}}}\text{-}O^- + Ph\text{-}C=O \to Ph\text{-}\underset{O}{\overset{\|}{C}}\text{-}Ph + PhCH_2O^- \xrightarrow{H_2O} PhCH_2OH$$

11.51

(Aromatic electrophilic substitution mechanism scheme: I + Br₂ ⇌ IV → II + V ↔ protonated aldehyde → III)

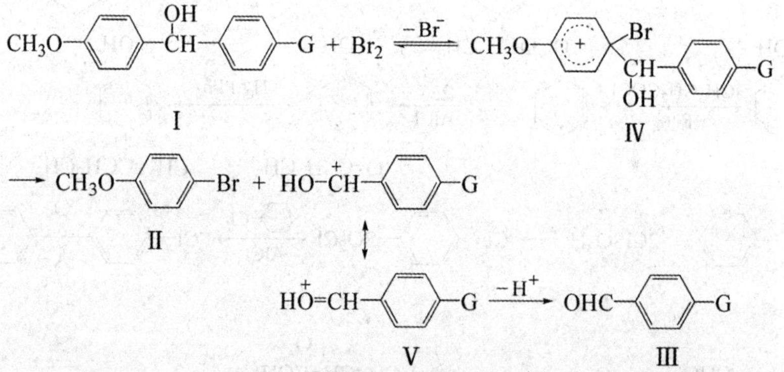

这是一个芳香族亲电取代反应，其脱离基是质子化醛。其中间体为σ-络合物IV，由于—OCH₃ 分散正电荷而得到稳定。IV的形成为可逆的，故反应速率因加入溴离子而减慢。排电子性基 G 能够成稳定离去基V，因而反应速率受 G 影响次序为—CH₃＞—H＞—Br＞—NO₂。但由于不是决速步骤，影响较小。

11.52

A: PhCH₂CH₂CH₂CH=CHCH₂CH₂CH₂Ph

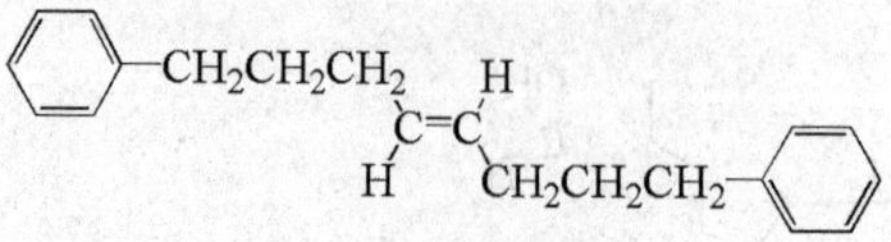

D: 1-(3-phenylpropyl)-1,2,3,4-tetrahydronaphthalene

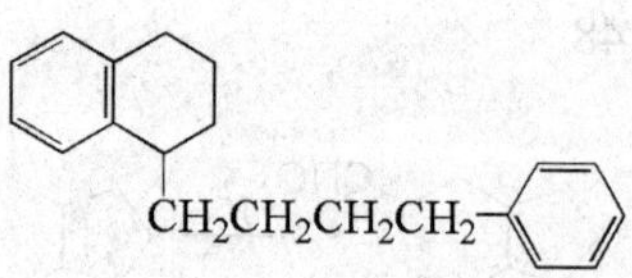

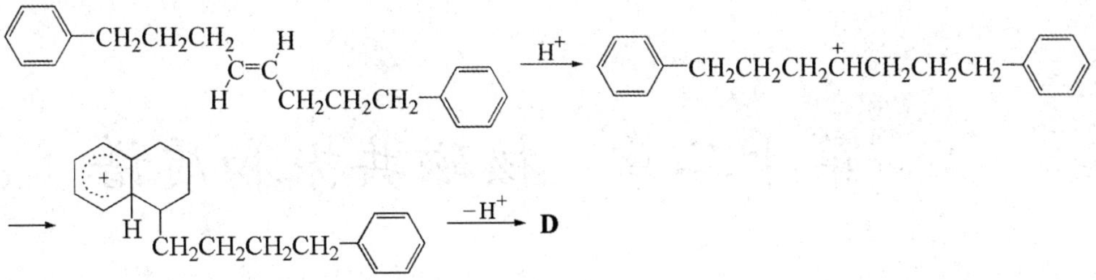

PhCH₂CH₂CH₂-CH=CH-CH₂CH₂CH₂Ph →[H⁺] PhCH₂CH₂CH₂-CH⁺-CH₂CH₂CH₂CH₂Ph

→ [decalin cation with CH₂CH₂CH₂Ph substituent] →[−H⁺] **D**

11.53

A: CH₃COCH₂CH₂CH=C(CH₃)₂ **B:** CH₃COCH₂CH₂COOH

11.54

CH₃CH₂COCH(CH₃)₂

11.55

A: (CH₃)₂CH-CH(OH)-CH(CH₃)₂ 或 (CH₃)₃C-CH(OH)-CH₂CH₃

B: (CH₃)₂CH-CO-CH(CH₃)₂ 或 (CH₃)₃C-CO-CH₂CH₃

11.56

A: [two isomeric bis(methylcyclopentylidene) structures] 和 [...]

B₁: [decalin-like bicyclic with two CH₃ groups] **B₂:** [isomer with CH₃ groups] （位阻较小的一面加氢）

C: 2-methylcyclopentanone **D:** 2-methylcyclopentanone oxime (HON=)

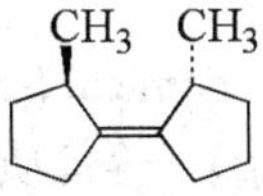

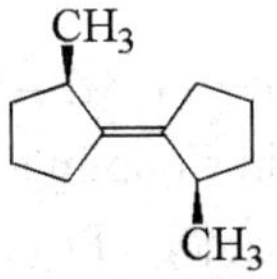

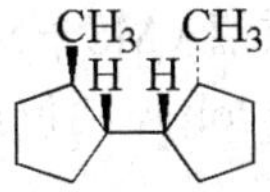

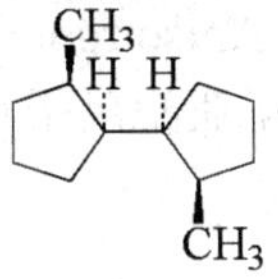

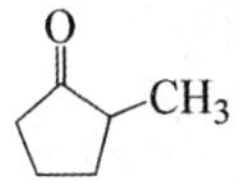

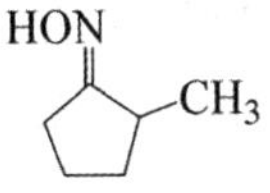

第十二章 核磁共振和质谱

一、复习要点

1. 掌握核磁共振的基本原理。
2. 掌握 ^1H 和 ^{13}C 的化学位移。
3. ^1H 偶合裂分规律。
4. 掌握质谱的基本原理。
5. 分子裂解的规律。
6. 解析核磁共振和质谱谱图。

二、新概念

核磁共振（NMR－Nuclear Magnetic Resonance），化学位移（Chemical Shift），各向异性（Anisotropy），自旋－自旋偶合－裂分（Spin-Spin Coupling-Splitting），等价质子（Homotopic Proton），偶合常数（Coupling Constant），质子去偶（Proton Noisedecoupled），偏共振去偶（Off-resonance Decoupled），各向异性效应（Anisotropic Effect），质谱（MS－Mass Spectrum），分子离子（Molecular Ion）；基峰（Base Peak），亚稳离子（Metastable Ion），同位素离子（Isotopic Ion），碎片离子（Fragment Ion）

三、应用

1. ^1H NMR

^1H NMR 是测定有机化合物结构十分重要的工具，核磁共振谱图可提供如下结构信息：
（1）化学位移值。反映质子在分子中的化学环境。
（2）信号的数目。分子中不等性质子的种类。
（3）信号的强度（积分面积）。每种质子的数目。
（4）信号裂分的情况。可提供相邻质子的数目、类型及相应位置。

图 12-1 是根据实验数据总结的不同类型质子的化学位移的大致范围。

对于羟基，醇羟基的质子化学位移一般为 0.5～5，酚为 4～7，胺为 0.5～5。

分析核磁共振谱图的一般步骤：
（1）根据有机化合物的分子式计算其不饱和度（参考本章红外谱图分析）。
（2）根据积分曲线算出各个信号的相对面积比，结合分子中氢的数目计算出各类质子基团含氢的数目。
（3）根据各类质子的化学位移值及氢的数目列出可能的基团。
（4）根据峰裂分数目及偶合常数把可能基团进行组合。
（5）写出可能的结构式，并核实它是否与核磁共振谱图一致，参考其他分析谱图得出正确的结论。

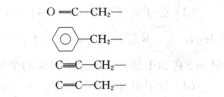
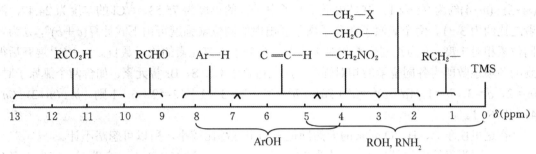

图 12-1 不同类型质子的化学位移大致范围

2. ^{13}C NMR

采用质子去偶法处理的 ^{13}C NMR 可提供的信息：

（1）信号的数目：分子中不等性碳的种类。

（2）化学位移值：分子中碳的化学环境。

一些特征碳的化学位移如表 12-1 所示。

表 12-1 某些碳的化学位移

碳的类型	化学位移 δ(ppm)	碳的类型	化学位移 δ(ppm)
C—I	0~40	≡C— （炔）	65~85
C—Br	25~65	=C— （烯）	100~150
C—Cl	35~80	C=O	170~210
—CH$_3$	8~30	C—O	40~80
—CH$_2$—	15~55	—C$_6$H$_5$（苯）	110~160
—CH—	20~60	C—N	30~65

3．MS 用于测定分子量。

4．用高分辨质谱确定分子式。

5．通过分析质谱谱图了解化合物构造式的信息。

四、例题

例 1 简要回答下列问题：（1）烃类的分子离子峰（m/z）值是奇数还是偶数？（2）含 C、H、O 的化合物的分子离子峰，其 m/z 值是奇数还是偶数？（3）一个含氮的化合物，其分子离子峰在 m/z 为 201 处。试问，该化合物中氮原子的数目是奇数还是偶数？（4）对于含有一个氯原子的化合物来说，m 及 $m+2$ 的相对强度如何？若有两个氯原子，其同位素峰有什么特点？（5）如果在质荷比最大峰的左侧 3~14 个质量单位处有其他碎片离子峰出现，则该峰不是分子离子峰。

解 （1）因为烃分子，如烷 C_nH_{2n+2}、烯 C_nH_{2n}、炔 C_nH_{2n-2}、芳香烃 C_nH_{2n-6} 等总有偶数个 H，而碳原子量为 12，故 m/z 总是偶数。

（2）分子中有 O 存在，不能改变 C、H 比例，而 O 为 16（偶数），故 m/z 总是偶数。

（3）分子式中有 N（$m=14$）存在，若有一个或奇数个氮存在，则相应的氢为奇数，如 CH_3N，C₅H₅N 等；与之对应，分子式中有偶数个氮原子存在时，则氢为偶数。因为分子离子峰 m/z 在 201 处，说明分子中氮的个数为奇数。

（4）分子中含一个氯原子，$m:(m+2)$ 的相对强度比约为 $3:1$；如含有两个氯原子，则 $m:(m+2):(m+4)$ 约为 $9:6:1$。这是由于氯原子中 ^{35}Cl 的丰度为 75.53，^{37}Cl 的丰度为 24.47，两者之比约为 $3:1$。两个氯原子在分子离子区出现的同位素强度可由下式计算 $(a+b)^m$，a 为轻同位素相对丰度，b 为重同位素相对丰度，m 为分子中该元素的原子数目。$(a+b)^m$ 展开后得到的各项系数即为各同位素的相对强度，此式适合于 Cl、S、Br 等元素。如含两个氯原子时，$m=2$，$a=3$，$b=1$，$(a+b)^2=a^2+2ab+b^2=3^2+2\times3\times1+1^2=9+6+1$ 则：$m:(m+2):(m+4)=9:6:1$。

在这里由于 C、H、O 元素的天然同位素的丰度都比较小，所以可忽略不计。

（5）因为氢的原子量为 1，碳的为 12，氧的为 16，一般不会失去一个碳或连续失去多个氢，失去 CH_2 碎片的情况也几乎未发现过。

例 2 试从 2-辛酮的质谱中，说明 $m/z=43$，$m/z=113$，$m/z=58$ 等主要碎片的生成途径。

解 2-辛酮为脂肪酮，容易发生羰基的 α 分裂，生成稳定的氧鎓离子，而其中较长的 R 更易断裂生成为基峰。

$$[CH_3(CH_2)_4CH_2\overset{①}{-}\overset{+}{C}=O\overset{②}{-}CH_3]^+ \xrightarrow{①} CH_3(CH_2)_4CH_2\cdot + CH_3-C\equiv\overset{+}{O}\ (43)$$
$$\xrightarrow{②} CH_3\cdot + \overset{+}{O}\equiv C-CH_2(CH_2)_4CH_3\ (113)$$

当烷基链 ≥3 个碳时，发生麦氏重排：

$$\left[\begin{array}{c}CH_3CH_2CH_2\\ \end{array}\right]^+ \longrightarrow CH_3CH_2CH_2CH=CH_2 + \left[\begin{array}{c}OH\\CH_2=C-CH_3\end{array}\right]^+ (58)$$

例 3 某化合物结构疑为 **A** 或 **B**，质谱图上给出 $m/z=97$ 及 $m/z=111$ 两个离子峰，试问该化合物结构如何？并说明理由。

A　**B**

解 结构为 **B**。带有侧链饱和环烃，容易通过 α 键的异裂，失去侧链，正电荷保留在环上。

① → [环戊基]⁺ + $CH_3CH\cdot CH_3$　$m/z=97$

② → [乙基环戊基]⁺ + $CH_3CH_2\cdot$　$m/z=111$

$m/z=97$ 相当于失去异丙基侧链，而 $m/z=111$ 相当于失去乙基侧链。

例 4 某芳烃（$m=134$），质谱图上 $m/z=91$ 处显一强峰，试问其结构可能为下列化合物中的哪一种？

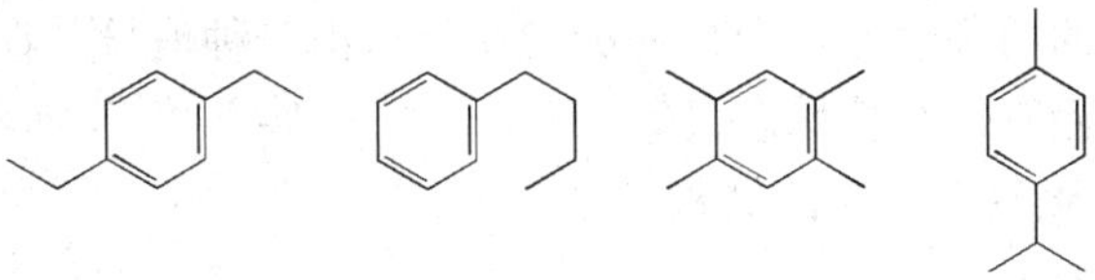

A   **B**   **C**   **D**

解 结构为 **B**。烷基取代的芳香化合物，容易在环的β键处开裂，生成具有多种共振形式的稳定的芳基正离子。

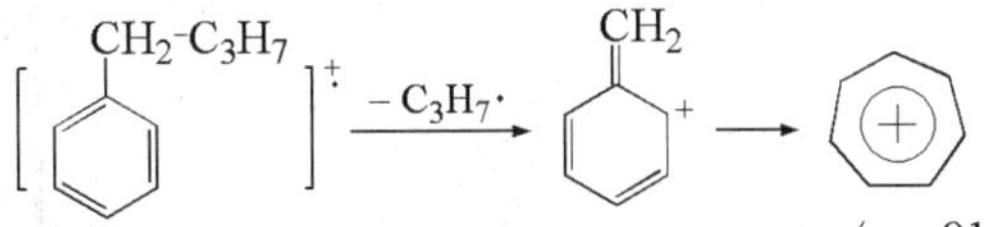

$$[C_6H_5\text{-}CH_2\text{-}C_3H_7]^+ \xrightarrow{-C_3H_7\cdot} \text{（苄基正离子）} \longrightarrow \text{（䓬正离子）} \quad m/z = 91$$

五、习题

12.1 指出下列化合物有几种氢。

（1）$CH_3CH_2CH_2CH_3$ （2）CH_3CH_2OH （3）    （4）

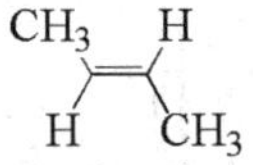

（5） 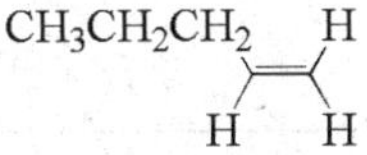   （6）$(CH_3)_3C\text{-}C(CH_3)_3$ （7）

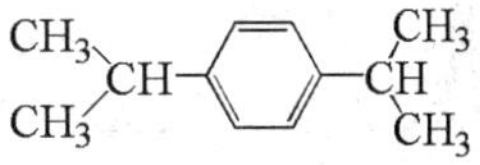

12.2 二甲基环丙烷的 3 个异构体，分别给出 2、3、4 个核磁共振信号，写出引起各种信号的异构体。

12.3 按照下面的描述，选择合适的文字填入空白处。

在溴乙烷的核磁共振谱中，甲基氢 $\delta=1.7$ ppm，亚甲基氢 $\delta=3.3$ ppm，偶合常数 $J=7$ Hz，由甲基氢给出的峰数是_____，具有近似的面积比_____，这些峰的间隔是_____Hz。由亚甲基氢给出的峰数是_____，具有近似的面积比_____，这些峰的间隔是_____Hz。甲基峰和亚甲基峰的总面积比是_____。对于这两组峰而言，_____峰出现在低场。两组峰的化学位移差值是_____ppm。

12.4 $C_5H_{10}Br_2$ 的某些异构体的核磁共振谱的化学位移如下：

（1）$\delta=1.0$（单峰，6H），$\delta=3.4$（单峰，4H）；（2）$\delta=1.0$（三重峰，6H），$\delta=2.4$（四重峰，4H）；（3）$\delta=0.9$（双峰，6H），$\delta=1.5$（多重峰，1H），$\delta=1.85$（三重峰，2H），$\delta=5.3$（三重峰，1H）；（4）$\delta=1.0$（单峰，9H），$\delta=5.3$（单峰，1H）；（5）$\delta=1.0$（双峰，6H），$\delta=1.75$（多重峰，1H），$\delta=3.95$（双峰，2H），$\delta=4.7$（多重峰，1H）；（6）$\delta=1.3$（多重峰，2H），$\delta=1.85$（多重峰，4H），$\delta=3.35$（三重峰，4H）。

写出与有关的化学位移相符的结构。

12.5 假定在某一核磁共振谱中，发现了 2 个强度近于相等的峰，没有把握确定这 2 个峰是由于具有不同化学位移而又互不偶合的 2 种质子所引起的单峰，还是由于 1 种质子跟邻近的 1 种质子相互偶合而引起的双重峰，你如何通过一个简单的实验来区分这两种可能性？

12.6 1,3,5-三甲苯在液态 SO_2 的溶液中用 HF 和 SbF_5 处理时，在核磁共振谱中看到的都是单峰：$\delta=2.8$，6H；$\delta=2.9$，3H；$\delta=4.6$，2H；$\delta=7.7$，2H。这个谱是由什么化合物引起的？指认谱中所有的峰。这样一种观察对化学理论有什么普遍意义？

12.7 当 2,3-二溴-2,3-二甲基丁烷在 -60 ℃液态 SO_2 中用 SbF_5 处理时，其核磁共振谱没有给出预期的碳正离子的两种信号，而只在 $\delta=2.9$ 处给出一种信号，在这个反应中形成了何种正离子？这样一种实验有什么特殊意义？

12.8 写出符合核磁共振谱图的结构。

（1）分子式为 C_8H_9Br。

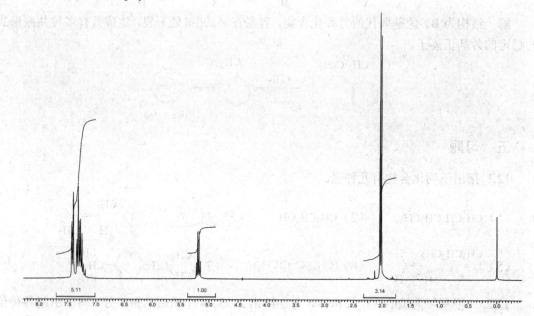

（2）分子式为 $C_3H_6Br_2$。

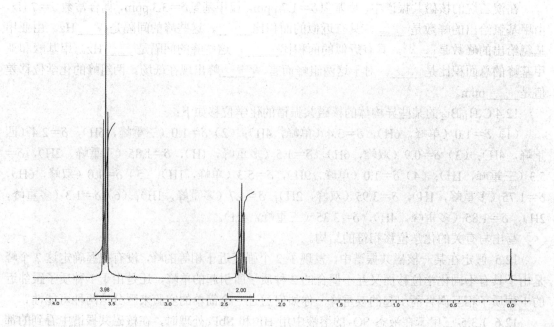

（3）分子式为 C_9H_{10}。

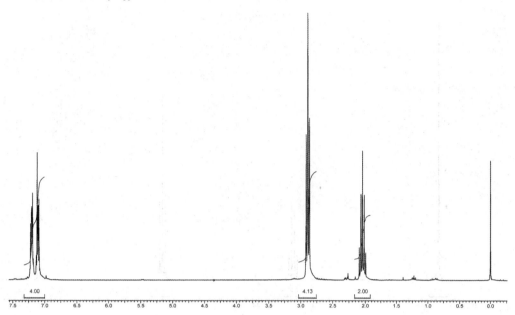

12.9 给出与下列核磁共振谱相符的化合物的结构（$C_4H_8O_2$）。
（1）

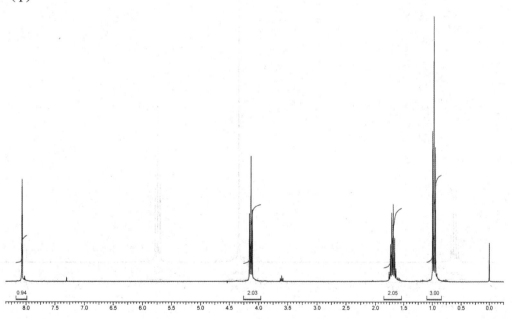

（2）

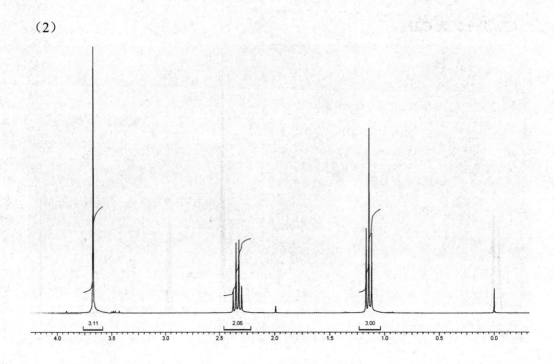

（3）

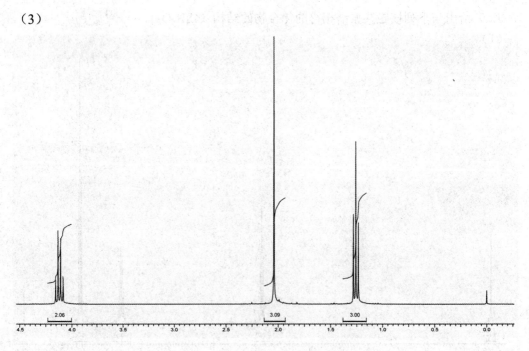

12.10 有一化合物 A 分子式为 $C_8H_8Br_2$，用强碱处理得到 B，B 的 ^1H NMR 图谱如下：

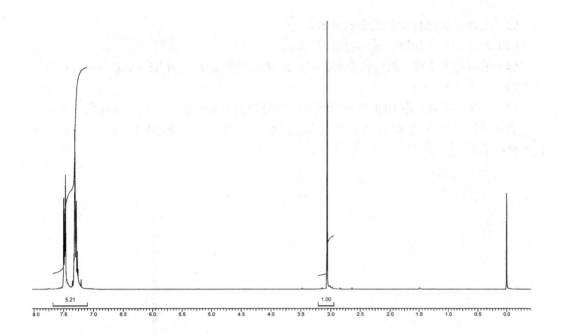

若用 HgSO₄ 水溶液处理 **B**，则得到 **C**，**C** 的 ¹H NMR 图如下：

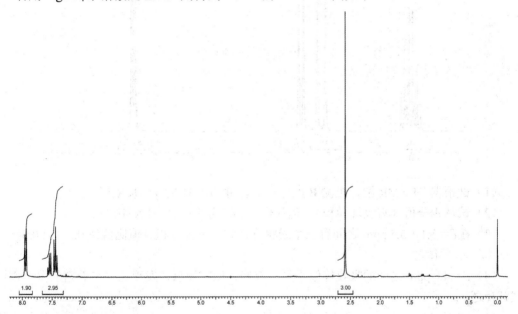

（1）推测 **A**、**B** 的结构；

（2）写出由 **B** 转变为 **C** 的反应历程。

12.11 有一学生企图用铬酸氧化 2-丁炔-1-醇，但他错误地选用了乙醇为溶剂。反应后分离出化合物 **A**，其分子式为 $C_6H_8O_2$，催化氢化吸收 2 mol H_2 后生成丁酸乙酯。用金属钠和液氨处理 **A**，则得到另一化合物 **B**，其分子式为 $C_6H_{10}O_2$。它在 CCl_4 中的 ¹H NMR 图数据如下：三重峰 $\delta=1.2$，3H；2 个双峰 $\delta=1.8$，3H；四重峰 $\delta=4.1$，2H；2 个四重峰 $\delta=5.8$，1H ($J=16$ Hz)；2 个四重峰 $\delta=6.9$，1H。

（1）在用铬酸为氧化剂氧化醇的反应中，选用乙醇作溶剂，有什么错误？

（2）**A** 是什么化合物？试说明原因？

（3）**B** 是什么化合物？试说明原因（提示：可先回答下一个问题）。

（4）试用化学位移、积分和自旋、自旋偶合的裂分说明 **B** 的 ^{1}H NMR 图中各种氢原子的吸收峰。

12.12 有一醚 **A**，用 HCl 处理后得到一个复杂的混合产物。经制备气相色谱分离，分出少量具催泪性的化合物 **B**，**B** 的分子式为 C_3H_5Cl，下面为它的 ^{1}H NMR 图。$\delta=5.1\sim5.6$ ppm，双双峰；$\delta=\sim6$ ppm，多重峰；$\delta=4.0$ ppm，双重峰。

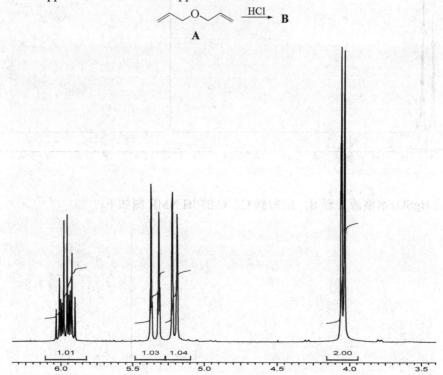

（1）试根据 ^{1}H NMR 图，推测 **B** 的结构式，并写出 **B** 生成的反应历程。

（2）试从积分值（吸收峰面积）、化学位移和裂分来解释 ^{1}H NMR 图。

（3）在 $\delta=5.1\sim5.5$ ppm 之间有三个线状峰，它们的部分积分值比值为 0.5∶1∶0.5（总共 2 个氢），试解释之。

（4）$\delta=4.0$ ppm 之间的吸收峰似乎是一双峰，但扩展后，发现还存在着它的偶合作用，试解释之。

（5）在 $\delta=5.7\sim6.3$ ppm 的多重峰扩展图上，实际应有 12 个峰，因其中两个峰与另外两个峰相互重叠，致使 12 个峰中只能发现 10 个，试说明这 12 个峰是怎样产生的。

（6）在由 **A** 与 HCl 反应的产物中，有一个副产物，分子式为 C_3H_6O，其 ^{1}H NMR 谱数据如下：$\delta=1.13$（三重峰，$J=8$ Hz，3H）；$\delta=2.46$（两个四重峰，$J=8$ Hz，2H）；$\delta=9.81$（三重峰，$J=2$ Hz，1H）；^{13}C NMR $\delta=6.0, 37.3, 202.8$ ppm。试推测产物的结构式，并写出其生成的反应历程。

12.13 下面两图分别是顺、反-3-氯丙烯酸酯基质子的 ^{1}H NMR 谱图。试指出其归属，并简述理由。

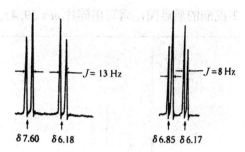

12.14 为什么下面化合物环内氢的δ值为-2.99 ppm，而环外氢的δ值为9.28 ppm？

12.15 简要回答下列问题。
(1) 2,2-二甲基丙烷的最强质子峰产生于 m/z 为 57，这个峰表示什么碳正离子？
(2) 3-甲基戊烷的质谱在 $M-15$ 处有一弱峰，然而在 $M-29$ 处却有一强峰，请予解释。
(3) 环己烷的基峰 $m/z=56$，写出它形成的过程。
(4) 开链烷烃与环烷烃的分子离子峰哪个大？

12.16 请解释下列各类醇的质谱现象。
(1) 伯醇或仲醇的分子离子峰很小，叔醇的峰通常则见不到。
(2) 伯醇在 m/z 31 处呈现一个明显的峰。
(3) 仲醇通常在 m/z 为 45, 59, 73 等处出现明显的峰。
(4) 叔醇在 m/z 为 59, 73, 87 等处出现明显峰。
(5) 醇的质谱由于脱水而与相应烯烃的质谱相似，其中哪些峰的存在往往可以判断样品是醇而不是烯。

12.17 解释下列现象：
(1) 所有的 $PhCH_2R$ 型芳烃在 $m/z=91$ 处都有显著的峰。
(2) $RCH_2CH=CH_2$ 型烯烃在 $m/z=41$ 处都有显著的峰。

12.18 下面是一卤代烃的质谱图，请建议此化合物的结构。

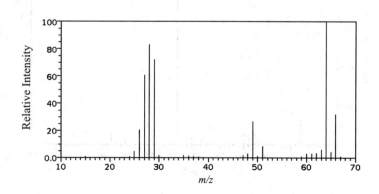

12.19 下面是3-甲基-2-戊酮的质谱图，请写出碎片 m/z 29, 43, 56 和 72 的形成过程。

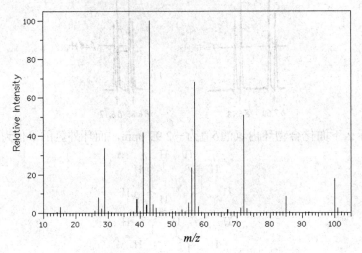

12.20 3个化合物分子式均为 $C_4H_{11}N$，分别为仲丁胺、异丁胺和叔丁胺。它们的质谱图如下，试指出归属，并写出判断的依据。

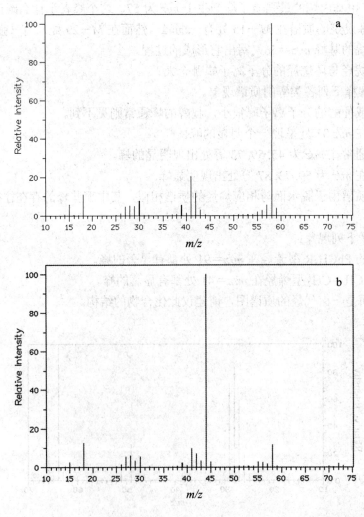

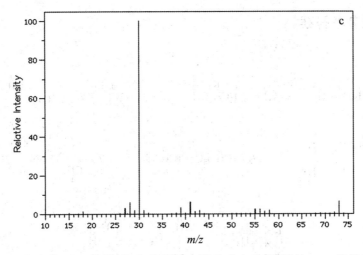

12.21 下面是化合物 **QQ** 的核磁及质谱图，请给出与之相符的 **QQ** 的结构。

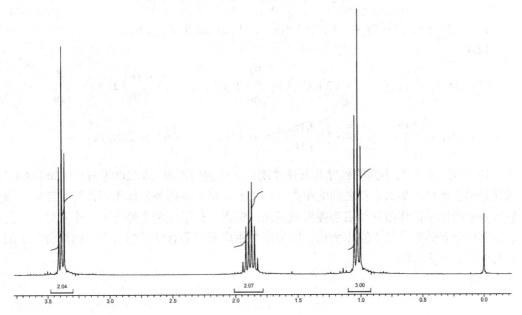

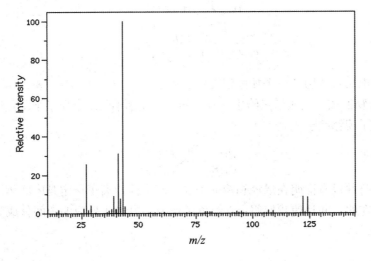

六、习题参考答案

12.1

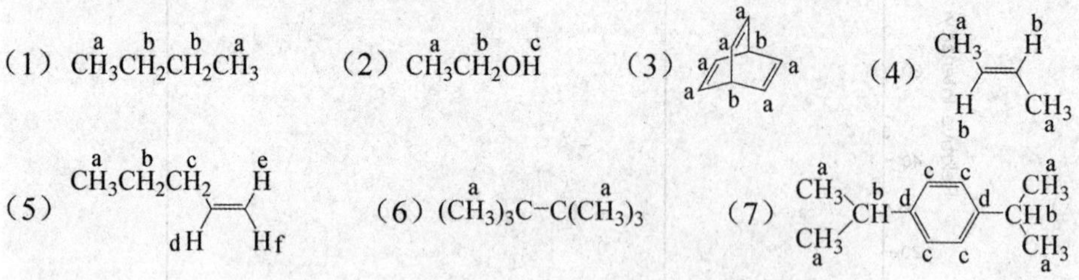

(1) $\text{CH}_3^a\text{CH}_2^b\text{CH}_2^b\text{CH}_3^a$ (2) $\text{CH}_3^a\text{CH}_2^b\text{OH}^c$ (3) 降冰片烯结构 (标有 a, b) (4) $\text{CH}_3^a\text{-CH}^b=\text{CH}^b\text{-CH}_3^a$ 型结构

(5) $\text{CH}_3^a\text{CH}_2^b\text{CH}_2^c\text{CH}^e=\text{CH}^f\text{H}^d$ 结构 (6) $(\text{CH}_3^a)_3\text{C-C}(\text{CH}_3^a)_3$ (7) 对位二异丙基苯型结构, 标记 a, b, c, d

12.2

三个环丙烷衍生物结构, 分别标记 a, b; a, b, c; a, b, c, d

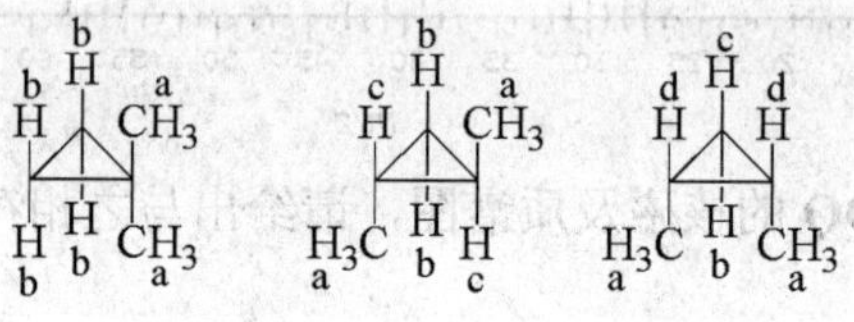

12.3 3; 1:2:1; 7; 4; 1:3:3:1; 7; 3:2; 亚甲基; 1.6。

12.4

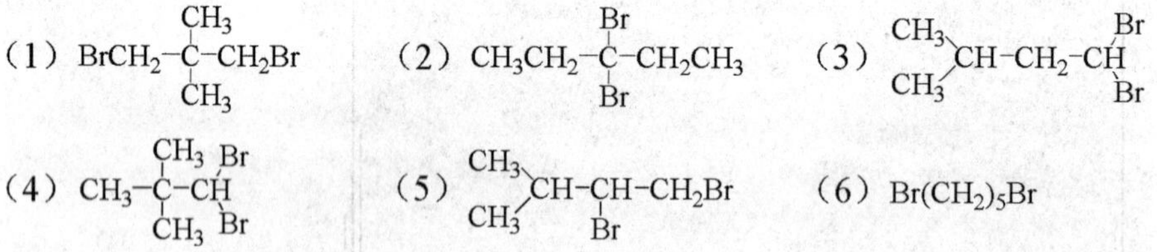

(1) $\text{BrCH}_2\text{-C}(\text{CH}_3)_2\text{-CH}_2\text{Br}$ (2) $\text{CH}_3\text{CH}_2\text{-CBr}_2\text{-CH}_2\text{CH}_3$ (3) $(\text{CH}_3)_2\text{CH-CH}_2\text{-CHBr}_2$

(4) $(\text{CH}_3)_3\text{C-CH}_2\text{Br}$(含结构) (5) $(\text{CH}_3)_2\text{CH-CHBr-CH}_2\text{Br}$ (6) $\text{Br}(\text{CH}_2)_5\text{Br}$

12.5 用两台型号不同的核磁共振仪绘制该化合物的图谱(如 200 MHz 和 300 MHz),如果这是两个单峰,那么它们之间的距离(以 Hz 计算)将因外磁场不同而发生变化。因为以赫兹表示的化学位移跟外加磁场强度成正比。然而,如果这两个峰表示一个双峰,以赫兹表示的它们分开的距离将不发生变化。因为这个距离表示偶合常数的大小,而偶合常数的大小是与外加磁场无关的。

12.6

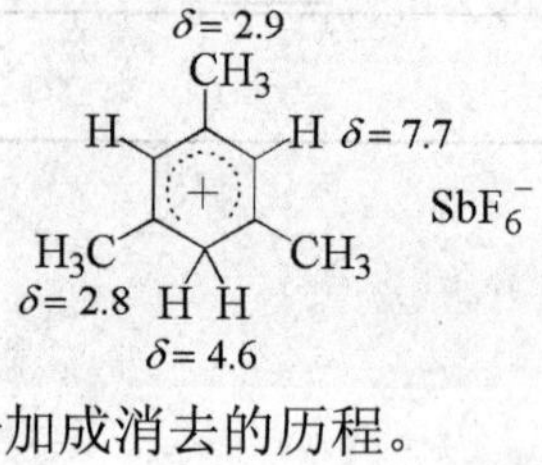

六甲基苯正离子结构, $\delta=2.9$ (CH$_3$), $\delta=7.7$ (H), $\delta=2.8$, $\delta=4.6$, SbF_6^-

说明苯的亲电取代经历了一个加成消去的历程。

12.7 该化合物的核磁共振谱只给出一种信号,说明所有 12 个质子全部是等价的,并强烈暗示可能形成了溴鎓离子:

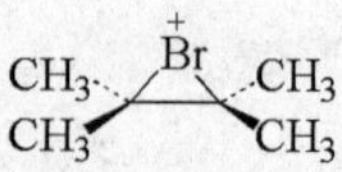

四甲基溴鎓离子结构

这个实验本身并没有证明在烯烃和溴的加成反应中溴鎓离子一定是中间体,但它说明溴鎓离子是能够存在的,并且使我们假定溴鎓离子作为亲电加成反应的中间体成为可能。

12.8

（1）C₆H₅-CHBrCH₃ （2）BrCH₂-CH₂-BrCH₂ （3）indane structure

12.9

（1）H-C(=O)-OCH₂CH₂CH₃   （2）CH₃CH₂-C(=O)-OCH₃   （3）CH₃-C(=O)-OC₂H₅

12.10

（1）**A**: C₆H₅-CHBrCH₂Br 或 C₆H₅-CH₂CHBr₂ 或 C₆H₅-CBr₂CH₃

B: C₆H₅-C≡CH

（2）$$C_6H_5-C≡CH \xrightarrow[H^+/H_2O]{HgSO_4} [C_6H_5-C(OH)=CH_2] \longrightarrow C_6H_5-C(=O)-CH_3 \quad \textbf{C}$$

12.11 （1）铬酸要氧化醇，并且氧化产物 2-丁炔酸可能与醇发生酯化反应。理想的溶剂应不会以任何方式与溶质发生化学反应。

（2）**A**: CH₃C≡CCOOCH₂CH₃

$$CH_3C≡CCH_2OH \xrightarrow[氧化]{H_2CrO_4} CH_3C≡CCOOH \xrightarrow[酯化]{CH_3CH_2OH, H^+} CH_3C≡CCOOCH_2CH_3$$

（3）A $\xrightarrow[液氨]{Na}$ (H)(CH₃)C=C(H)-C(=O)OCH₂CH₃ **B**

（4）结构式标注 H_d, H_e, CH₃(b), C(=O)OCH₂CH₃ (c, a)

a：δ 1.2 三重峰 3H

b：δ 1.8 两个两重峰 3H H_b 除与 H_d 偶合外，还与 H_e 发生远程偶合。

c：δ 4.1 四重峰 2H

d：δ 5.8 两个四重峰 1H H_d 与 H_b 及 H_e 偶合，故 H_d 裂分为 2 个四重峰。
    J=16Hz，这是反式烯烃的氢的偶合常数。

e：δ 6.9 两个四重峰 1H H_e 与 H_d 类似。

10.12

（1）**B**: CH₂=CH-CH₂Cl

$$\diagup\!\!\!\diagup O \diagup\!\!\!\diagup \xrightarrow{H^+} \diagup\!\!\!\diagup \overset{+}{O}(H) \diagup\!\!\!\diagup \longrightarrow \diagup\!\!\!\diagup OH + {}^+\diagup\!\!\!\diagup$$

$$\diagup\!\!\!\diagup OH \xrightarrow{H^+} \diagup\!\!\!\diagup \overset{+}{O}H_2 \xrightarrow{-H_2O} \diagup\!\!\!\diagup^+ + {}^+\diagup\!\!\!\diagup \xrightarrow{Cl^-} \diagup\!\!\!\diagup Cl$$

（2）

结构 (b₁)H, (b₂)H, C=C, (c)H, CH₂Cl(a)

δ 5.7～6.3 ppm，H_c，1H，多重峰

δ 5.1～5.5 ppm，H_b，2H，三重峰

δ 4.0 ppm，H_a，2H，多重峰

（3）这是 H_{b₁} 与 H_{b₂} 两个质子与两个 H_a 发生远程偶合的结果。

（4）H_a（2H）除了与 H_c（1H）偶合外，还与 H_{b₁} 和 H_{b₂} 发生远程偶合。

（5）$(n+1)(n'+1)(n''+1)=(1+1)(1+1)(2+1)=12$

$n=1$, $n'=1$, $n''=2$

H_{b_1} 与 H_{b_2} 是不等同质子，H_c 与 H_a（2H）及 H_{b_1}、H_{b_2}（1H）偶合，故 H_c 分裂为 12 重峰。

（6）副产物为 $\overset{a}{C}H_3\overset{b}{C}H_2\overset{c}{C}HO$。

$$\diagdown\!\!\diagup\!\!O\!\!\diagdown\!\!\diagup \xrightarrow{H^+} \diagdown\!\!\diagup\!\!\overset{+}{O}\!\!\diagdown\!\!\diagup \xrightarrow{-H^+} \diagdown\!\!\diagup\!\!O\!\!\diagdown\!\!\diagup$$

$$\xrightarrow{H^+} \diagdown\!\!\diagup\!\!\overset{+}{\underset{H}{O}}\!\!\diagdown\!\!\diagup \longrightarrow [\diagdown\!\!\diagup\!\!OH] + \overset{+}{\diagdown\!\!\diagup}$$

$$\longrightarrow CH_3CH_2CHO + \diagdown\!\!\diagup\!\!Cl$$

12.13 反式烯的质子偶合常数 $J=13$ Hz。顺式小，$J=8$ Hz。

12.14 受芳环各向异性效应的影响，环内氢处于芳环的屏蔽区，环外氢处于芳环的去屏蔽区，因而环内氢的 δ 值为 -2.99 ppm，而环外氢的 δ 值为 9.28 ppm。

12.15

（1）
$$\left[CH_3-\underset{\underset{CH_3}{|}}{\overset{\overset{CH_3}{|}}{C}}-CH_3\right]^{+\cdot} \longrightarrow CH_3-\underset{\underset{CH_3}{|}}{\overset{\overset{CH_3}{|}}{C^+}} + CH_3\cdot$$

叔碳正离子
$m/z=57$

（2）
$$\left[CH_3CH_2\underset{\underset{CH_3}{|}}{\overset{}{CH}}\!\!\vdots\!\!CH_2CH_3\right]^{+\cdot} \longrightarrow CH_3CH_2\underset{\underset{CH_3}{|}}{\overset{}{\overset{+}{CH}}} + CH_3CH_2\cdot$$

$M-29$

$$\left[CH_3CH_2\underset{\underset{CH_3}{|}}{\overset{}{CH}}CH_2\!\!\vdots\!\!CH_3\right]^{+\cdot} \longrightarrow CH_3CH_2\underset{\underset{CH_3}{|}}{\overset{}{CH}}CH_2^+ + CH_3\cdot$$

$M-15$

因仲碳离子较稳定，因而 $M-29$ 处的峰较强。

（3）
$$\bigcirc \xrightarrow{\text{离子化}} [\bigcirc]^{+\cdot} \longrightarrow C_2H_4 + [\square]^{+\cdot}$$

$m/z=56$

（4）一般环烷烃的分子离子峰较直链烷烃的分子离子峰强。

12.16

（1）醇中紧邻氧原子的碳—碳键发生迅速裂解，生成共振稳定的碳正离子：

伯醇 $R:CH_2-\overset{\cdot\cdot}{O}H \xrightarrow{-R\cdot} CH_2=\overset{+}{O}H$

仲醇 $R-\overset{\overset{R}{|}}{CH}-\overset{\cdot\cdot}{O}H \xrightarrow{-R\cdot} R-CH=\overset{+}{O}H$

叔醇 $R-\overset{\overset{R}{|}}{\underset{\underset{R}{|}}{C}}-\overset{\cdot\cdot}{O}H \xrightarrow{-R\cdot} \overset{R}{\underset{R}{{}^{}}}C=\overset{+}{O}H$

由叔醇得到的正离子是最稳定的，这是由于存在二个供电子基 R。

（2）伯醇 $CH_2=\overset{+}{O}H$　　$m/z=31$

（3）仲醇 $CH_3-CH=\overset{+}{O}H$　$m/z=45$　　$CH_3CH_2-CH=\overset{+}{O}H$　$m/z=59$　　$CH_3CH_2CH_2-CH=\overset{+}{O}H$　$m/z=73$

（4）叔醇 $CH_3-\overset{+}{C}=\overset{H}{O}H$ $m/z=59$ $CH_3CH_2-\overset{+}{C}=\overset{H}{O}H$ $m/z=73$ $CH_3CH_2CH_2-\overset{+}{C}=\overset{H}{O}H$ $m/z=87$
$\qquad\qquad\quad \overset{|}{CH_3}$ $\qquad\qquad\qquad\qquad\quad \overset{|}{CH_3}$ $\qquad\qquad\qquad\qquad\qquad \overset{|}{CH_3}$

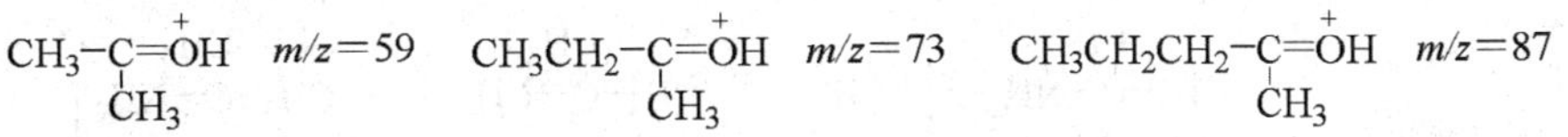

（5）其中如有 31、45 或 59 的峰存在，往往可判断样品是醇不是烯。

12.17

（1） $C_6H_5\overset{H}{\underset{H}{:\!C\!:}}R \xrightarrow{-e} [C_6H_5CH_2R]^{+\cdot} \longrightarrow R\cdot + C_6H_5CH_2^+ \longrightarrow \bigcirc\!\!\!\!\!\oplus$

$\qquad\qquad\qquad\qquad\qquad\qquad\qquad\qquad\qquad$ 苄正离子 $\quad m/z=91$

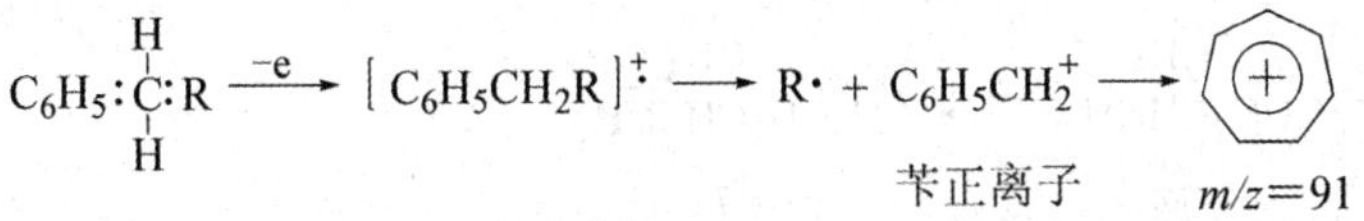

生成稳定的苄正离子，还可重排成具有芳香稳定性的环庚三烯正离子。

（2） $RCH_2CH=CH_2 \xrightarrow{-e} [RCH_2CH=CH_2]^{+\cdot} \longrightarrow R\cdot + \overset{+}{C}H_2CH=CH_2$

$\qquad\qquad\qquad\qquad\qquad\qquad\qquad\qquad\qquad\qquad\qquad m/z=41$

生成稳定的烯丙基正离子。

12.18 两个最高的 m/z 峰分别为 64 与 66，其比值为 3∶1，由此推断此化合物含氯。

$\qquad\qquad\qquad\qquad m/z$ 64 ^{35}Cl m/z 66 ^{37}Cl

分子离子峰给出的一个重要的碎片峰是 $m/z=29$，是失去氯得到的乙基的离子峰，由此推断此化合物为氯乙烷。

$\qquad\qquad\qquad CH_3CH_2Cl \longrightarrow CH_3CH_2^+ + {}^{35}Cl\cdot$ 或 ${}^{37}Cl\cdot$

12.19

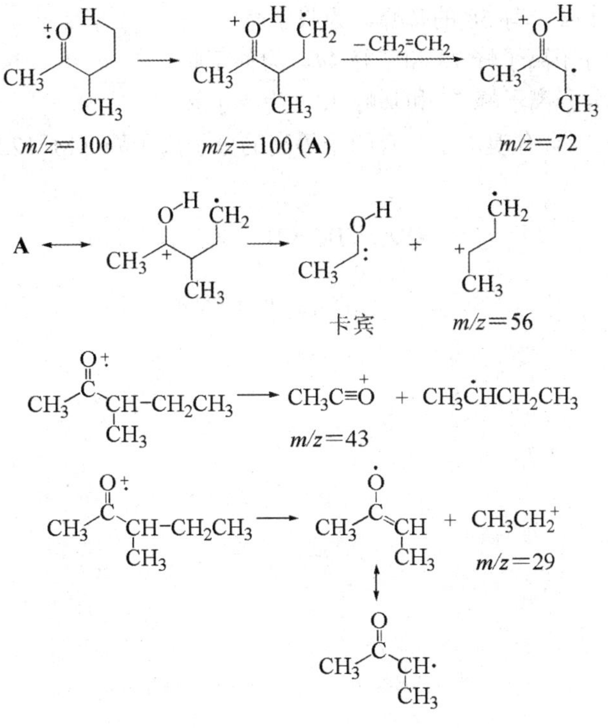

12.20

图 a：

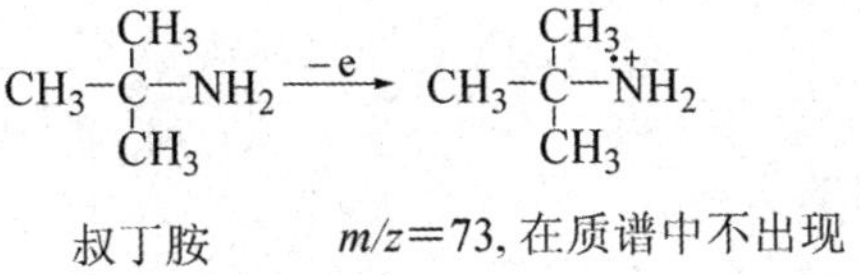

$CH_3-\underset{\underset{CH_3}{|}}{\overset{\overset{CH_3}{|}}{C}}-NH_2 \xrightarrow{-e} CH_3-\underset{\underset{CH_3}{|}}{\overset{\overset{CH_3}{|}}{\overset{+}{C}}}-NH_2$

叔丁胺 $\quad m/z=73$，在质谱中不出现

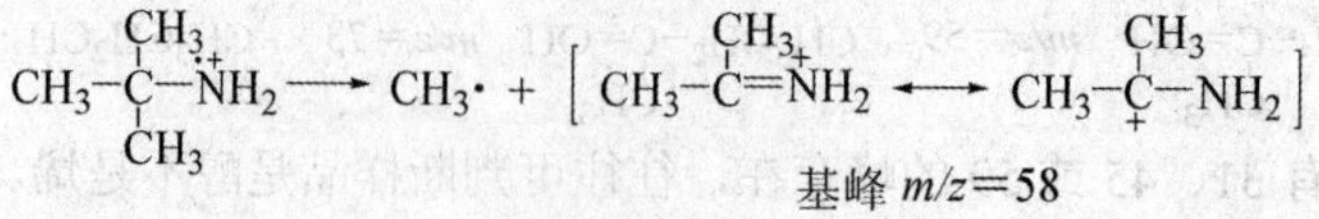

$$\underset{\underset{CH_3}{|}}{\overset{\overset{CH_3}{|}}{CH_3-\overset{+}{C}-NH_2}} \longrightarrow CH_3\cdot + \left[\overset{CH_3}{\underset{|}{CH_3-C=\overset{+}{N}H_2}} \longleftrightarrow \overset{CH_3}{\underset{|}{CH_3-\overset{+}{C}-NH_2}} \right]$$

基峰 $m/z=58$

图 b:

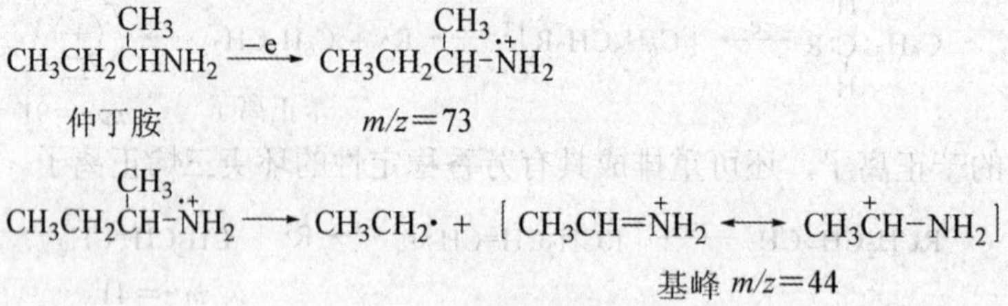

$$CH_3CH_2\overset{CH_3}{\underset{|}{CH}}NH_2 \xrightarrow{-e} CH_3CH_2\overset{CH_3}{\underset{|}{CH}}-\overset{+\cdot}{N}H_2$$

仲丁胺　　　　　　　$m/z=73$

$$CH_3CH_2\overset{CH_3}{\underset{|}{\overset{+\cdot}{CH}}}-NH_2 \longrightarrow CH_3CH_2\cdot + \left[CH_3CH=\overset{+}{N}H_2 \longleftrightarrow CH_3\overset{+}{C}H-NH_2 \right]$$

基峰 $m/z=44$

图 c:

$$CH_3\overset{CH_3}{\underset{|}{CH}}CH_2-NH_2 \xrightarrow{-e} CH_3\overset{CH_3}{\underset{|}{CH}}CH_2-\overset{+\cdot}{N}H_2$$

异丁胺　　　　　　　$m/z=73$

$$CH_3\overset{CH_3}{\underset{|}{CH}}CH_2-\overset{+\cdot}{N}H_2 \longrightarrow CH_3\overset{CH_3}{\underset{|}{CH}}\cdot + \left[CH_2=\overset{+}{N}H_2 \longleftrightarrow \overset{+}{C}H_2-NH_2 \right]$$

基峰 $m/z=30$

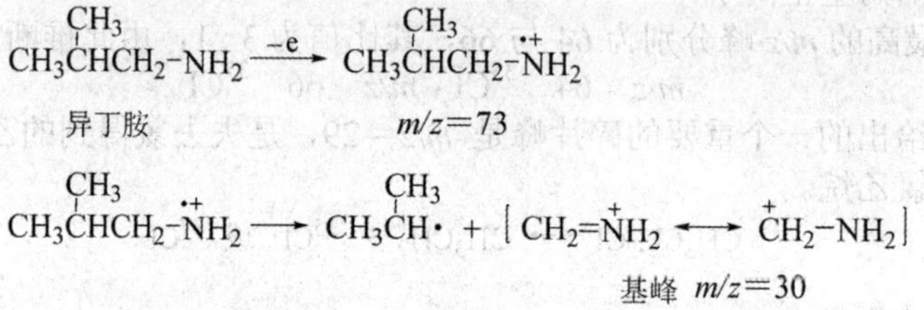

图 a 无分子离子峰，有 58 的基峰，为叔丁胺。

图 b 有很弱的分子离子峰 73 和基峰 44，为仲丁胺。

图 c 有较弱的分子离子峰 73 和基峰 30，为异丁胺。

12.21 质谱图表明含有溴原子，有两个等高的分子离子峰（M^+ 122 和 124），在 $m/z=43$ 有一正丙基离子。

QQ: $CH_3-CH_2-CH_2-Br$
　　　$\delta 1.0$　$\delta 1.9$　$\delta 3.3$
　　　三重峰　六重峰　三重峰

第十三章 红外与紫外光谱

一、复习要点

1. 红外光谱和紫外光谱的基本原理。
2. 重要官能团的特征红外吸收峰的位置。
3. λ_{max} 与化学结构的关系（Woodward 和 Fieser 规律）。
4. 解析红外谱图，并与核磁，质谱等谱图相结合，确定分子结构。

二、新概念

红外光谱（IR，Infrared Spectrum），吸光度（Absorbance），透射比（Transmittance），傅立叶变换光谱仪（FTS，Fourier Transform Spectrometer），红移（Bathochromic Shift），蓝移（Blue Shift），发色团（Chromophonic Group），助色基（Auxochrome），摩尔消光系数（ε，Molecular extinction coefficient），增色效应（Hyperchromic Effect），减色效应（Hypochromic Effect），紫外和可见光谱（UV，Ultraviolet and Visible Spectrum）

三、应用

1. 红外光谱的应用

（1）测定分子中的官能团是否存在。
（2）鉴别饱和及不饱和脂肪族化合物以及芳香化合物。
（3）鉴别烯和苯的取代情况。
（4）对简单分子的结构进行初步推测。

表 13-1 列出一些官能团的伸缩振动频率，表 13-2 是烃类的弯曲振动频率。

表 13-1 一些官能团的伸缩振动频率

波数（cm^{-1}）	强度*	结构
3 650~3 600	s	O—H（游离）
3 600~3 200	s~m	O—H（醇、酚的氢键中）
3 500~3 300	m	N—H（胺和酰胺中）
3 300	s~m	C≡C—H（炔氢）
3 100~3 000	s~m	Ar—H（芳环中）
3 080~3 020	m	C=C—H（烯碳上）
3 000~2 800	s~m	C—H（饱和碳上）
3 000~2 500	m~w	O—H（COO—H 中）

续表

波数（cm^{-1}）	强度*	结构
2 800~2 700	m~w	C—H（CHO）
2 260~2 210	m	C≡N
2 260~2 210	w	C≡C
1 820~1 770	s	C=O（酰氯中，COCl）
1 750~1 690	s	C=O（醛、酮、酯中）
1 725~1 700	s	C=O（羧酸中，COOH）
1 690~1 630	s	C=O（酰胺中，CONH$_2$）
1 680~1 620	s~m	C=C
1 600~1 420	s	苯环（通常几个峰）
1 400~1 050	s	C—O（醇、醚、酯中）

*s—强；m—中等；w—弱（下同）。

表 13-2　烃类的弯曲振动频率（cm^{-1}）

烷烃 C—H 面内弯曲	—CH$_3$	1 420~1 470，1 375
	—CH(CH$_3$)$_2$	1 370，1 385 相等强度的一对峰，另在 1 170 处有吸收
	—C(CH$_3$)$_3$	1 370（强）和 1 395（中）强度不等的一对峰
烯烃 C—H 面外弯曲	RCH=CH$_2$	910 及 990（s）
	RCH=CHR（顺式）	690（m~s）
	RCH=CHR（反式）	970（m~s）
	R$_2$C=CH$_2$	890（m~s）
取代苯 C—H 面外弯曲	一取代	690~710，730~770（m~s）
	邻二取代	735~770（m~s）
	间二取代	690~710，750~810（m~s）
	对二取代	810~840（m~s）

2. 紫外光谱的应用

紫外光谱可提供分子中发色系统和共轭程度的信息，此外还能揭示连接在共轭体系上的取代基的数目和位置。

四、例题

解析红外谱图的一般步骤：

（1）根据有机化合物的分子式计算不饱和度（方法之一）。

不饱和度=（C原子数+1）-（H原子数/2）-（卤原子数/2）+（三价氮原子数/2）

常见化合物中，苯环不饱和度为4，脂环不饱和度为1，叁键不饱和度为2，双键为1，饱和链状化合物为0。

（2）分析官能团区的吸收峰，推断分子中可能存在的官能团，找出与该基团有关的特征吸收峰，进一步做出判断。

例如：一谱图在 1 750 cm^{-1}~1 700 cm^{-1} 处有强的吸收峰，估计有羰基存在。如在 2 820 cm^{-1}、2 720 cm^{-1} 处有峰存在为醛基，在 3 200~2 500 cm^{-1} 处有一宽峰，可能为羧酸中的缔合氢键，如没有，可能为酮或酯等。

（3）若有烯、苯存在，解析指纹区 1 000～650 cm^{-1}，以确定取代基个数及位置。
（4）根据官能团及与邻近基团结构的关系，结合分子式推出可能的结构。

例 1 简要回答下列问题。

（1）**A**、**B** 为同分异构体，它们在红外谱图中存在如下的差别，试解释。

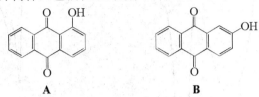

$\tilde{\nu}_{C=O}$ 1 622 cm^{-1}, 1 675 cm^{-1} $\tilde{\nu}_{C=O}$ 1 676 cm^{-1}, 1 673 cm^{-1}

$\tilde{\nu}_{O-H}$ 2 848 cm^{-1} $\tilde{\nu}_{O-H}$ 3 615～3 605 cm^{-1}

（2）试解释为什么化合物 **A** 的 $\nu_{C=O}$ 频率（cm^{-1}）大于 **B** 的。

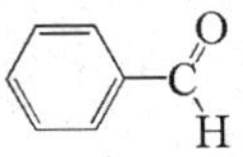

A 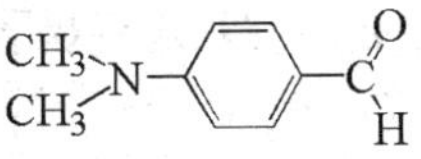   **B**

$\tilde{\nu}_{C=O}=1\,690$ cm^{-1} $\tilde{\nu}_{C=O}=1\,660$ cm^{-1}

（3）分子式为 $C_6H_{12}O$ 的化合物，在 IR 谱图中只有两个比 1 500 cm^{-1} 更高位置的吸收谱带 2 950 cm^{-1} 和 3 350 cm^{-1}（两个强吸收带），这个化合物属于哪一类？

解 （1）由于 **A** 中有一个羰基与相邻的羟基形成分子内氢键，使羟基与羰基的振动频率有所下降，$\tilde{\nu}_{C=O}=1\,676$ cm$^{-1} \to 1\,622$ cm^{-1}，$\tilde{\nu}_{O-H}=3\,615$ cm$^{-1} \to 2\,848$ cm^{-1}，而另一个羰基保持不变。**B** 中由于位置的原因，不能形成分子内氢键。

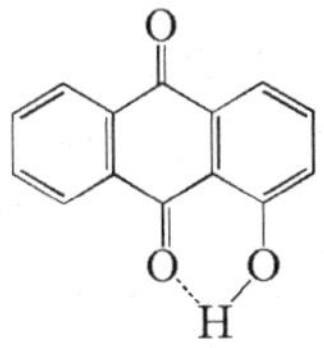

（2）因 **A** 中只有苯环与 C=O 共轭，而 **B** 中又增加了氮原子与苯环的 p-π 共轭，致使 C=O 力常数比 **A** 更小，因此频率较低。

（3）化合物不饱和度＝6+1-12/2=1。而 IR 谱图中没有 C=C 和 C=O 吸收谱带，说明是饱和的环状化合物。在 2 950 cm^{-1} 和 3 350 cm^{-1} 处有两个强吸收带，2 950 cm^{-1} 为饱和碳氢的伸缩振动，3 350 cm^{-1} 为羟基 O—H 的伸缩振动。此化合物为含羟基的环状化合物。

例 2 从下列已给出的化合物的红外光谱，鉴定它们可能属于哪一类型的化合物。

（1）
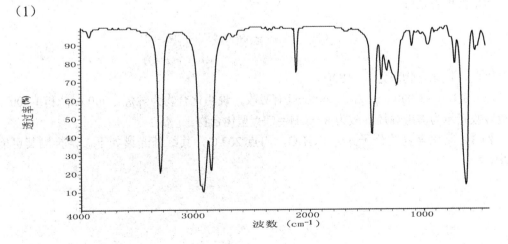

(2)

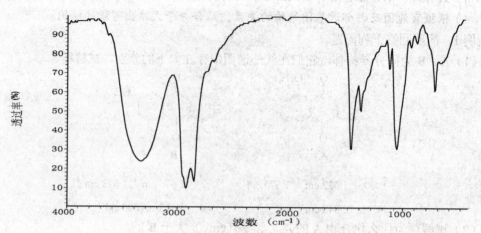

此化合物的 MS 中，在 $m/z=31$ 处有显著的峰。

(3)

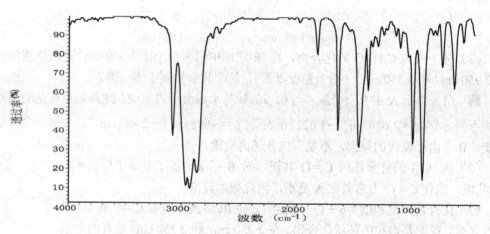

解 （1）3 300、2 120 cm^{-1} 有吸收说明含炔键，630 cm^{-1} 吸收是 ≡C—H 面外弯曲振动引起，故为 R—C≡C—H 型化合物。

（2）3 600～3 200 cm^{-1} 宽峰说明该化合物含醇羟基，质谱在 $m/z=31$ 处有显著的峰，这是一般伯醇的特征峰。

$$\left[R-\overset{H}{\underset{H}{C}}-CH_2OH \right]^{\ddot{+}} \longrightarrow R-CH_2\cdot + CH_2=\overset{+}{O}H$$
$$m/z=31$$

因此，该化合物应为 1° ROH。

（3）3 100～3 000 cm^{-1} 和 1 640 cm^{-1} 有吸收，说明化合物为烯烃。900 cm^{-1} 和 1 000 cm^{-1} 两处吸收暗示为端链烯烃，故为 R—CH=CH$_2$ 型化合物。

例 3 某化合物的分子式为 C$_8$H$_8$O，沸点 202℃，其红外光谱如下。请推测其可能的结构。

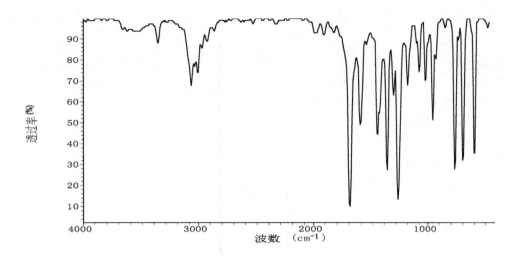

解 此化合物的不饱和度为 $8+1-8/2=5$,可能含有苯环等不饱和键。

在 $3\,500\sim3\,200\,\mathrm{cm^{-1}}$ 无任何强峰,说明分子中无羟基。约在 $1\,690\,\mathrm{cm^{-1}}$ 处有一个很强的吸收,比正常的羰基吸收频率小,为共轭的 C=O,可能为醛或酮。又因在 $2\,820\,\mathrm{cm^{-1}}$、$2\,720\,\mathrm{cm^{-1}}$ 附近无醛基的 $\nu_{\mathrm{C-H}}$ 峰,故知该化合物只可能是酮类。

$3\,000\,\mathrm{cm^{-1}}$ 以上的 $\nu_{\mathrm{C-H}}$ 特征峰及 $1\,600\sim1\,400\,\mathrm{cm^{-1}}$ 之间有几个强的吸收,均表示分子中含有苯环,而 $700\,\mathrm{cm^{-1}}$ 及 $750\,\mathrm{cm^{-1}}$ 两个峰则进一步提示该化合物可能为单取代苯的衍生物。在 $2\,920\,\mathrm{cm^{-1}}$、$2\,960\,\mathrm{cm^{-1}}$ 及 $1\,360\,\mathrm{cm^{-1}}$ 出的吸收又表示含有甲基。

综上分析,化合物结构可能为:

$$\underset{}{\text{C}_6\text{H}_5}-\overset{\text{O}}{\underset{}{\text{C}}}-\text{CH}_3$$

经与标准光谱复合,并对照沸点等数据,证明这一结论是正确的。

例 4 某纯液体化合物分子式为 $\mathrm{C_6H_{12}O_2}$,其红外光谱和核磁共振谱如下所示。

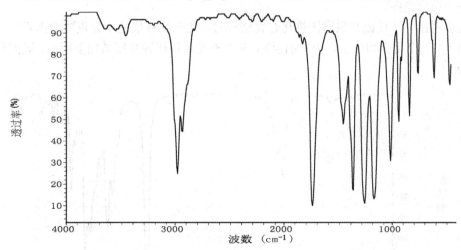

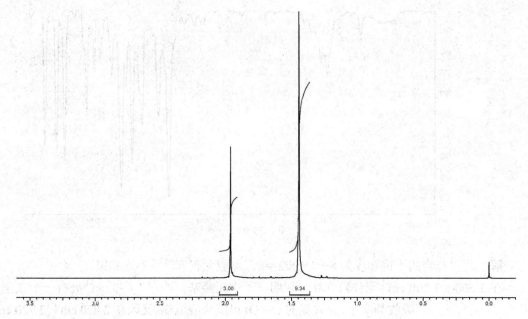

一同学推出结构 **A**：$CH_3CO_2C(CH_3)_3$；另一同学推出结构 **B**：$(CH_3)_3C-CO_2CH_3$。试判断 **A**、**B** 中哪个更符合所给出的数据，为什么？

解 **A** 符合。

$$A: \underset{a}{CH_3}-\underset{O}{\underset{\|}{C}}-O-\underset{b}{C(CH_3)_3}$$

a：$\delta 2.3$（单峰，3H）；b：$\delta 1.2$（单峰，9H）

$$B: \underset{b}{(CH_3)_3}C-\underset{O}{\underset{\|}{C}}-O-\underset{a}{CH_3}$$

B 中单峰，3H，其 δ 应为 3～4；b：单峰，9H，其 δ 应在 1 左右。**B** 结构中，CH_3 氢的化学位移不符合谱图。

可以看出，从核磁共振谱图推化合物结构时，化学位移值是十分重要的因素。

例 5 一个化合物分子式为 $C_7H_{12}O_3$，其红外光谱和核磁共振谱如下所示，试推测化合物的结构。

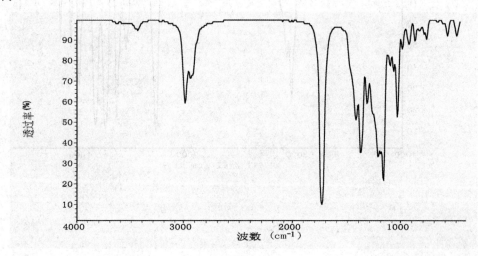

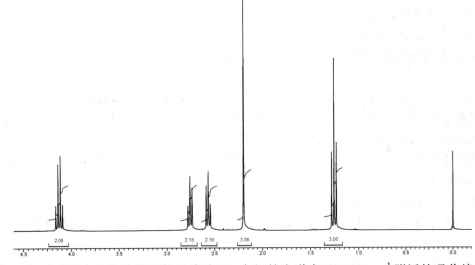

解 分子式指出此化合物不饱和度为 2。在红外光谱中，1 730 cm^{-1} 附近的吸收峰有小的裂分，指示可能含有 2 个羰基。在核磁共振谱中，$\delta=2.1$ ppm 处面积为 3 的单吸收峰是一个甲基跟羰基相连（CH$_3$CO—）的特征。

在核磁共振谱中的三重峰和四重峰是相邻的甲基和亚甲基偶合裂分的典型特征，这说明含有一个乙基。去屏蔽的四重峰暗示乙基中的亚甲基在这个化合物中可能连到一个氧原子上。因为亚甲基连到氧上大约在 3.5 ppm 处产生吸收。在红外光谱中 1 200 cm^{-1} 附近的吸收也跟 C—O 伸缩振动频率一致。因此对未知化合物得到如下两个可能的结构单元：CH$_3$CO— 和 CH$_3$CH$_2$O—。

2.5 ppm 处复杂的多重峰指出，剩下的 4 个质子化学位移相当类似，它们的相互偶合裂分不是一级谱图。但是，有机结构的知识提示，这 4 个质子是在两个相邻的亚甲基上，这样，三个可能的结构单元是：CH$_3$CO—、CH$_3$CH$_2$O— 和 —CH$_2$CH$_2$—。

这三个结构单元的原子总数是 C$_6$H$_{12}$O$_2$，与分子式 C$_7$H$_{12}$O$_3$ 相比还差一个碳和一个氧原子，故剩下的碳和氧必定是一个羰基，而且是酯官能团的一部分。因为只有这样才能写出符合谱图中所有信息的合理结构。所以这个化合物是：

$$\text{CH}_3\overset{\overset{\text{O}}{\|}}{\text{C}}-\text{CH}_2\text{CH}_2-\overset{\overset{\text{O}}{\|}}{\text{C}}-\text{OCH}_2\text{CH}_3$$

表 13-3 列出了一些基团和紫外吸收波长。

表 13-3 一些典型基团的紫外吸收波长

基团	化合物	π—π* λ_{max}/nm (ε)	n—π* λ_{max}/nm (ε)	溶剂
\C=C/	乙烯	185（10 000）	—	（气体）
	丁二烯	217（21 000）	—	己烷
\C=O	乙醛	180（10 000）	290（170）	（气体）
	丙酮	189（900）	279（15）	己烷
\C=C—C=O	丁烯醛	217（16 000）	321（20）	乙醇
—C≡N	乙腈	167（弱）		（气体）

紫外光谱主要研究电子 $\pi-\pi^*$ 和 $n-\pi^*$ 跃迁的吸收光谱，一般吸收波长在 200~400 nm。它是分子发色团和助色团的特征。

紫外吸收光谱分为以下几个带：

$n-\pi^*$ 跃迁引起的吸收带称为 R 带，吸收峰的波长一般在 270nm 以上，该带吸收强度较弱，$\varepsilon_{max} < 100$。

$\pi-\pi^*$ 跃迁引起的吸收带称为 K 带，其吸收波长比 R 带低，但吸收峰很强，$\varepsilon_{max} > 10\ 000$。

苯的 $\pi-\pi^*$ 跃迁引起的吸收带称为 B 带，为一宽峰，并出现若干小峰（或称微细结构），在 230nm~270nm 之间，中心在 254nm，ε 约为 204，B 带的微细结构常用于识别芳香化合物。

当一个化合物中有两种以上的发色团时，其跃迁类型以及由此产生的吸收峰的数目也可能在两种以上。

例 6 简要回答下列问题。

（1）化合物 $CH_3-CH=CH_2$ 和 $CH_3CH=CH-OCH_3$，哪一个能吸收波长较长的光线（只考虑 $\pi-\pi^*$ 跃迁）？

（2）下列化合物，何者吸收的光波最长？何者最短？为什么？

A   B   C

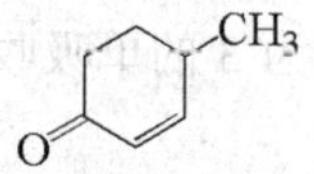

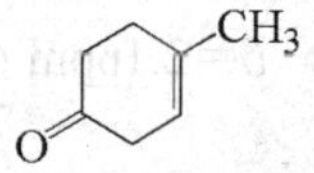

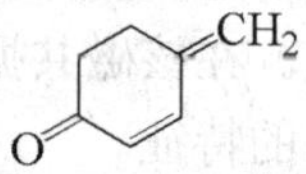

（3）反二苯乙烯 λ_{max}（295.5 nm），ε（29 000）；而顺二苯乙烯 λ_{max}（280 nm），ε（10 500）。为什么？

（4）下列化合物，何者吸收的光波较长，为什么？

A $CH_2=CH-CH=CH_2$ B $CH_3-CH=CH-CH=CH_2$

解 （1）$CH_3CH=CH-OCH_3$ 吸收较长的波长，因分子链上有助色团（$-OCH_3$），使吸收向红移。

（2）**B** 最短，**C** 最长。因为 **C** 的共轭体系最大，故 $\pi-\pi^*$ 跃迁能量低，而 **B** 仅有孤立双键。

（3）因反二苯乙烯基团之间的相互作用小，烯烃上的双键与苯环容易产生共轭，因此吸收波长较长，ε 也较大。

（4）**B** 比 **A** 长。由于 **B** 上甲基的超共轭效应使吸收红移。

例 7 若化合物的紫外及可见光谱分别具有下列情况，你估计其可能的结构怎样？

（1）在 200~400 nm 区间无吸收峰。

（2）在 270~350 nm 区间有弱吸收（$\varepsilon=10\sim100$），并且在 200 nm 以上无其他吸收。

（3）在 210~300 nm 有强吸收（$\varepsilon>10^4$）。

（4）在 250nm 以上，且 ε_{max} 在 1 000~10 000 时，有一定的精细结构。

（5）和另一个化合物的紫外及可见光谱极相似。

（6）化合物有颜色。

解 （1）该化合物无共轭双键系统，或为饱和的有机化合物。

（2）该化合物应含有带孤对电子的未共轭的发色团，例如：$C=\ddot{O}$，$C=C-\ddot{O}-$ 或 $C=C-\ddot{N}<$ 等。

弱峰系由 $n-\pi^*$ 跃迁引起的。

(3) 有 α, β 不饱和酮或共轭烯烃结构。
(4) 该化合物通常具有芳香结构系统。
(5) 表明两个化合物中的发色团体系是相同的（尽管分子中的其余部分可能有很大不同）。
(6) 分子中共轭单元的总数大于 5。

五、习题

13.1 已知乙烷中 C—C 键的力常数为 5 N/cm，乙烯中 C=C 键的力常数为 10.8 N/m，丙炔中 C≡C 键的力常数为 14.7 N/m，计算这三个化合物中 C—C、C=C、C≡C 的红外吸收的基频位置。

13.2 指出如何应用红外光谱来区分下列各组异构体。

(1) $CH_3-CH=CH-CHO$ 和 $CH_3-C\equiv C-CH_2OH$

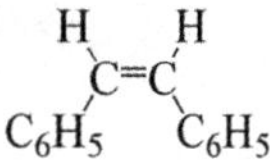

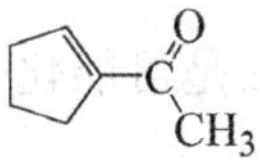

(2)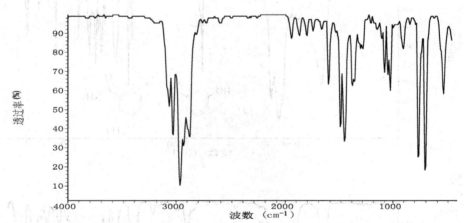

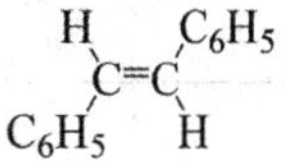

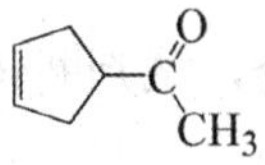

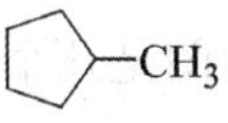

(5) $CH_3C\equiv CCH_3$ 和 $CH_3CH_2C\equiv CH$

(6) $CH_3CH_2CH=CH_2$ 和 $(CH_3)_2C=CH_2$

13.3 给出与以下图中各红外光谱相符的结构。

(1) 分子式为 C_9H_{12}

(2) 分子式为 C_4H_8

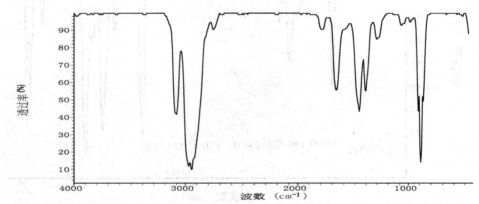

（3）分子式为 C_8H_6

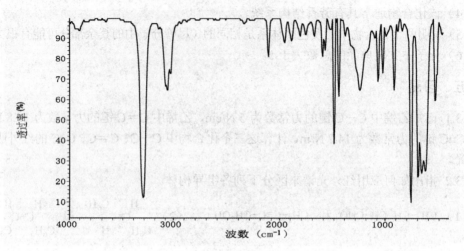

13.4 下面的图是几个未知样品红外光谱的一部分，试判断该样品是可能化合物中的哪一种？

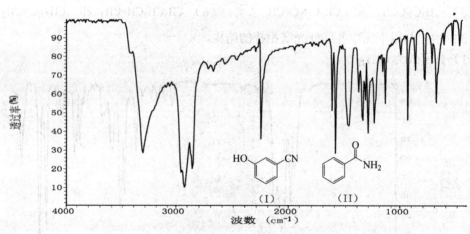

（2）

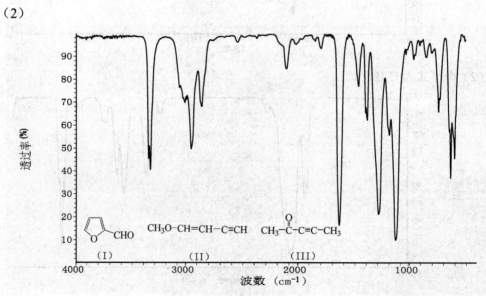

（3）

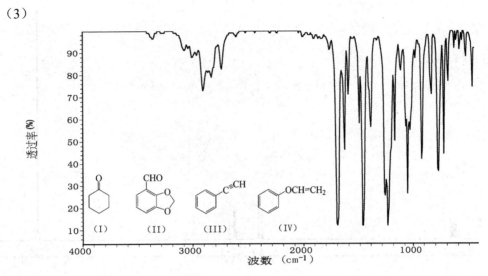

13.5 下面列出的是几种化合物核磁共振谱的吸收峰（在某些情况下也给出了特征的红外吸收）。试给出与每组数据相符的化合物结构。

（1）C_4H_9Cl
^{1}H NMR：δ1.04（双峰,6H）；δ1.95（多重峰,1H）；δ3.35（双峰,2H）

（2）$C_6H_{10}O_3$
^{1}H NMR：δ1.2（三重峰,3H）；δ2.2（单峰,3H）；δ3.5（单峰,2H）；δ4.1（四重峰,2H）
IR：吸收表示有两个不同的羰基

（3）$C_{15}H_{14}O$
^{1}H NMR：δ2.02（单峰,3H）；δ5.08（单峰,1H）；δ7.25（多重峰,10H）
IR：1 720 cm^{-1} 附近有强吸收

（4）$C_4H_8O_3$
^{1}H NMR：δ1.27（三重峰,3H）；δ3.66（四重峰,2H）；δ4.13（单峰,2H）；δ10.95（单峰,1H）
IR：2 500 cm^{-1}～3 000 cm^{-1} 有一宽峰

13.6 已知一化合物的分子式为 $C_4H_6O_2$，其红外光谱和核磁谱图如下，试推测其结构式。

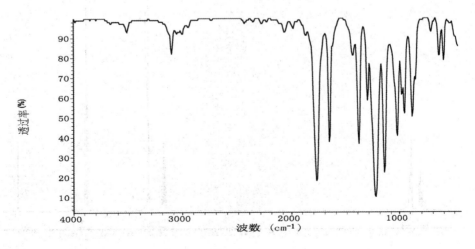

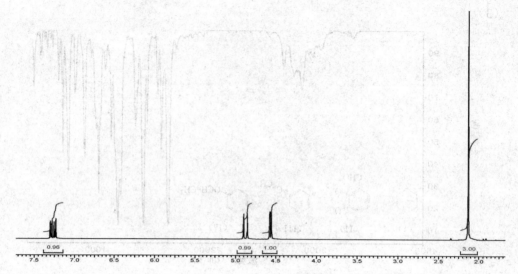

13.7 化合物 **M** 的分子式为 C_9H_{12}，**M** 的核磁共振谱和红外光谱图如下所示，试给出 **M** 的结构。

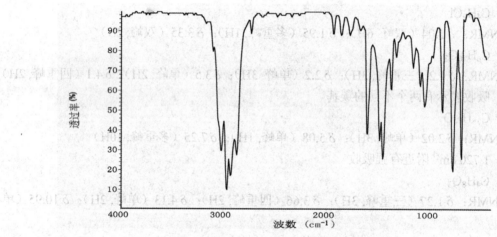

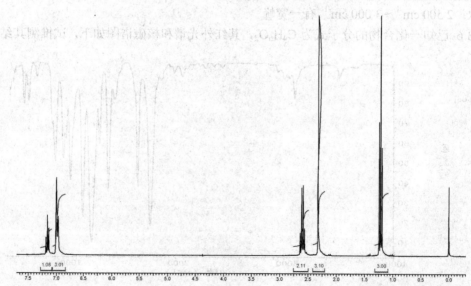

13.8 化合物 I 的分子式为 $C_8H_{10}O$，I 的核磁共振谱和红外光谱如下所示，试给出 I 的结构。

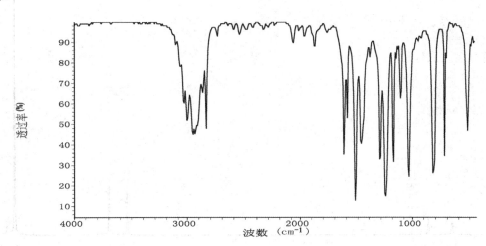

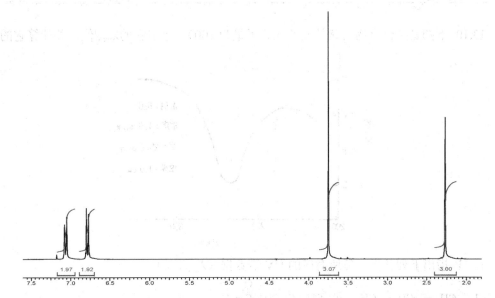

13.9 给出与下面的红外光谱和核磁共振谱相符的化合物的结构。

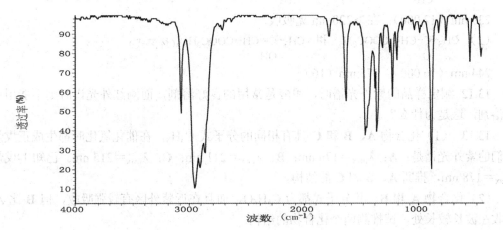

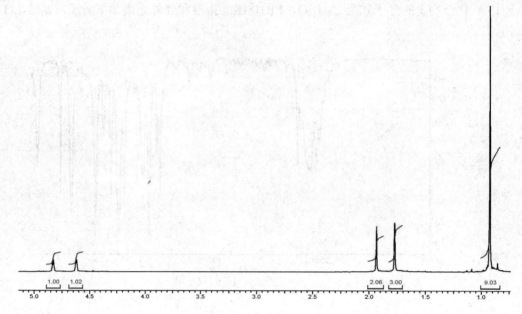

13.10 下图是某化合物的紫外光谱（分子量为 100），指出它的 λ_{max} 值，并计算它的 ε_{max}。

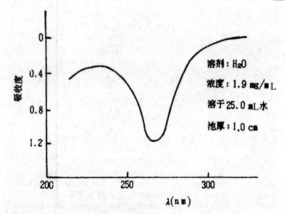

13.11 指出下列各异构体所对应的 UV 谱数据（λ_{max}, ε）。

（1） $CH_3-C=CH-C-CH_3$ 和 $CH_2=C-CH_2-C-CH_3$
　　　　　　$|$　　　$\|$　　　　　　　　$|$　　　　$\|$
　　　　　　CH_3　O　　　　　　　　CH_3　　O

235 nm（12 000）；在＞220 nm 无吸收

（2） $CH_3-C-CH_2-COOC_2H_5$ 和 $CH_3-C=CH-COOC_2H_5$（烯醇式）
　　　　　　$\|$　　　　　　　　　　　　　　$|$
　　　　　　O　　　　　　　　　　　　　　OH

244 nm（16 000）；275 nm（16）

13.12 测定样品的紫外光谱时，甲醇是常用的良好溶剂，而测红外光谱时则不能用甲醇作溶剂，这是为什么？

13.13 （1）化合物 **A**、**B** 和 **C** 具有相同的分子式 C_5H_8，在催化氢化时都生成正戊烷。它们的紫外光谱是：**A**：$\lambda_{max}=176$ nm；**B**：$\lambda_{max}=211$ nm；**C**：$\lambda_{max}=215$ nm。已知 1-戊烯的 $\lambda_{max}=178$ nm，推断 **A**、**B** 和 **C** 的结构。

（2）化合物 **A** 和 **B**，其分子式都为 C_5H_6O，而且在近紫外区有较强吸收，但 **B** 比 **A** 的吸收在波长较长处，试推测两个化合物的结构。

13.14 写出下列化合物的结构：

（1）化合物 **A**（C_4H_8O）在 1 710 cm^{-1} 有一强的红外吸收峰，它的 ^1H NMR 图如下，试推测它的结构并分析说明。

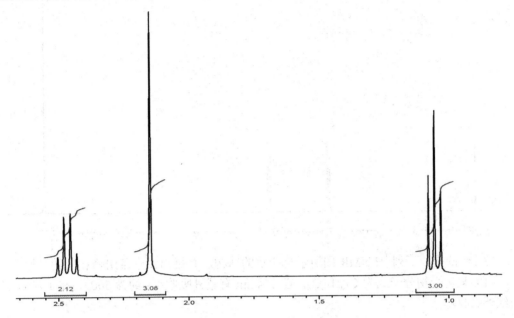

（2）某溴代烃分子式为 $C_9H_{11}Br$（**B**），氧化得苯甲酸。

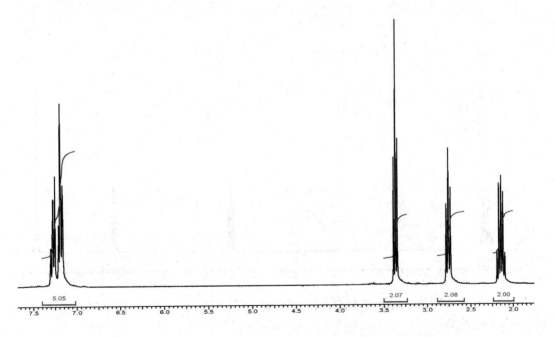

（3）在化合物 **C**（$C_8H_8O_2$）的 ^1H NMR 图中，各吸收峰的比值（从右到左）为 3:4:1，试推测 **C** 的结构，并分析说明。

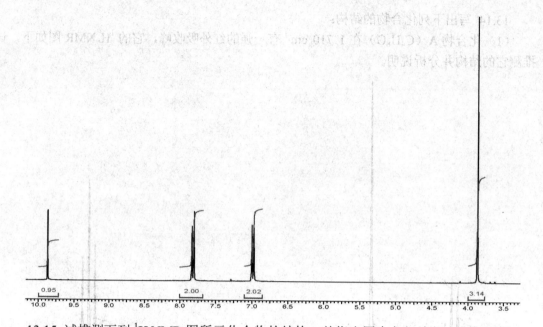

13.15 试推测下列 ^{1}H NMR 图所示化合物的结构，并指出图中各组峰相应的氢原子。

（1）某化合物分子式为 $C_{10}H_{12}O_2$，在 254 nm 有紫外吸收（ε 约为 500），在 1 735 cm^{-1} 有一红外吸收峰。

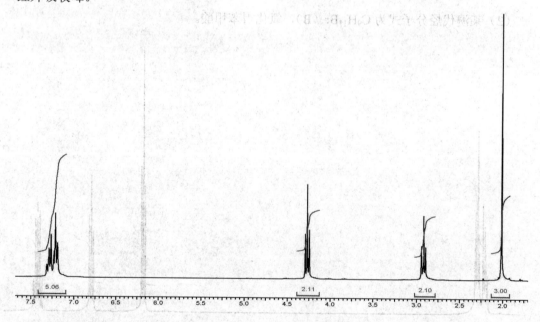

（2）某化合物分子式为 C_9H_8O，在 254 nm 有紫外吸收（ε 约为 13 000），在 1 690 cm^{-1} 有一红外吸收峰。

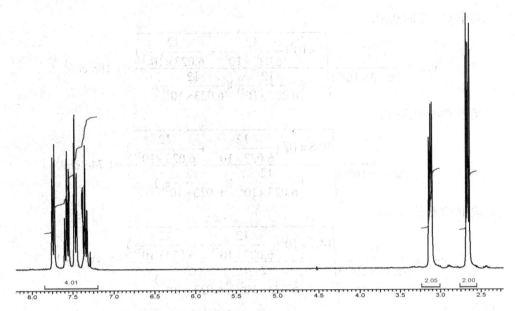

（3）某烃分子式为 $C_{14}H_{12}$，在 254 nm 有紫外吸收（ε约为 18 000）。

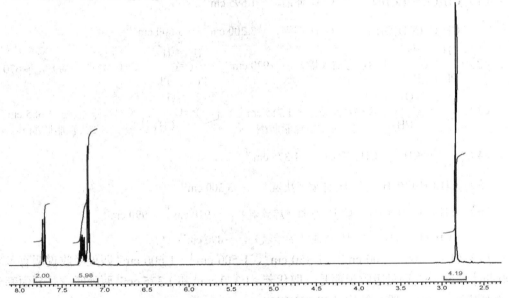

13.16 分子式为 $C_4H_8O_2$ 的化合物 **A** 在 $CDCl_3$ 中测得的 ^1H NMR 谱图，在 $\delta 2.15$ 处为单峰，在 $\delta 3.75$ 处（1H）为一宽的单峰，在 $\delta 4.25$（1H）处为四重峰。如果溶解于 D_2O 中，重新测得的谱图与上述谱图相似，仅 $\delta 3.75$ 处的峰消失。该化合物在 1 720 cm^{-1} 附近产生了一个较强的红外吸收峰。(1) 推测化合物 **A** 的结构；(2) 解释当用 D_2O 作为溶剂时，为什么在 $\delta 3.75$ 处的峰消失。

六、习题参考答案

13.1

$$\tilde{v} = \frac{1}{2\pi C}\sqrt{\frac{K}{U}} \qquad C = 3 \times 10^{10} \text{cm/s} \qquad U = \text{折合质量} = \frac{m_1 \cdot m_2}{m_1 + m_2} \qquad K = \text{力常数}$$

乙烷中 C—C 的基频：

$$\tilde{v}_{C-C} = \frac{1}{2\pi \times 3 \times 10^{10}} \sqrt{\frac{5 \times 10^5 \left(\frac{12}{6.023 \times 10^{23}} + \frac{12}{6.023 \times 10^{23}}\right)}{\left(\frac{12}{6.023 \times 10^{23}}\right)\left(\frac{12}{6.023 \times 10^{23}}\right)}} = 1\,188 \text{ cm}^{-1}$$

乙烯中 C=C 的基频：

$$\tilde{v}_{C=C} = \frac{1}{2\pi \times 3 \times 10^{10}} \sqrt{\frac{10.8 \times 10^5 \left(\frac{12}{6.023 \times 10^{23}} + \frac{12}{6.023 \times 10^{23}}\right)}{\left(\frac{12}{6.023 \times 10^{23}}\right)\left(\frac{12}{6.023 \times 10^{23}}\right)}} = 1\,746 \text{ cm}^{-1}$$

丙炔中 C≡C 的基频：

$$\tilde{v}_{C\equiv C} = \frac{1}{2\pi \times 3 \times 10^{10}} \sqrt{\frac{14.7 \times 10^5 \left(\frac{12}{6.023 \times 10^{23}} + \frac{12}{6.023 \times 10^{23}}\right)}{\left(\frac{12}{6.023 \times 10^{23}}\right)\left(\frac{12}{6.023 \times 10^{23}}\right)}} = 2\,037 \text{ cm}^{-1}$$

13.2

（1） $CH_3CH=CHCHO$： C=O 伸缩，~1 695 cm^{-1}

$CH_3C\equiv CCH_2OH$： O—H 伸缩，~3 200 cm^{-1} ~3 600 cm^{-1}

（2） (顺式烯烃结构 H/Ph, Ph/H)：C—H 弯曲（烯），~970 cm^{-1} (反式 H/H, Ph/Ph)：C—H 弯曲（烯），~670 cm^{-1}

（3） (环戊烯基-COCH₃)：C=O 伸缩，~1 715 cm^{-1}（非共轭脂肪酮） (环戊烯基共轭-COCH₃)：C=O 伸缩，~1 685 cm^{-1}（共轭脂肪酮）

（4） (环戊基—CH₃)： CH_3 弯曲，~1 375 cm^{-1}

（5） $CH_3CH_2C\equiv CH$： C—H 伸缩（炔氢），~3 300 cm^{-1}

（6） $CH_3CH_2CH=CH_2$： C—H 弯曲（烯碳氢），~910 cm^{-1}，990 cm^{-1}

$(CH_3)_2C=CH_2$： C—H 弯曲（烯碳氢），~890 cm^{-1}

13.3 （1）3 000~3 100 cm^{-1}、1 450 cm^{-1}、1 500 cm^{-1}、1 600 cm^{-1} 四处吸收说明有苯环，700 cm^{-1}、750 cm^{-1} 两处吸收说明是一取代苯，1 370 cm^{-1} 和 1 375 cm^{-1} 两处吸收是异丙基分裂的典型特征，所以，唯一结构是 $PhCH(CH_3)_2$。

（2）3 000~3 100 cm^{-1} 和 1 650 cm^{-1} 处吸收说明为烯烃，900 cm^{-1} 处吸收说明为 $R_2C=CH_2$ 型烯烃。故其结构为 $(CH_3)_2C=CH_2$，由 1 470 cm^{-1} 和 1 375 cm^{-1} 两处—CH_3 吸收得到确证。

（3）3 300 cm^{-1} 和 2 120 cm^{-1} 两处吸收说明是炔烃，3 000~3 100 cm^{-1}、1 500 cm^{-1}、1 600 cm^{-1} 三处吸收说明含有苯环，700 cm^{-1}、760 cm^{-1} 两处吸收说明是一取代苯，故必为苯乙炔。

13.4

（1） 间羟基苯甲腈（OH 和 CN 间位取代的苯） （2） $CH_3OCH=CHC\equiv CH$ （3） (亚甲二氧基苯甲醛结构，CHO)

13.5

（1）不饱和度＝4＋1－9/2＋1/2＝0

a: δ 1.04，双峰，6H　　　b: δ 1.95，多重峰，1H　　　c: δ 3.35，双峰，2H

$\underset{a}{H_3C}\underset{}{\overset{a}{\underset{}{\diagdown}}}\underset{a}{\overset{}{CH_3}}$　　$\underset{a}{H_3C}\overset{b}{\underset{}{\diagdown}}\underset{a}{\overset{}{CH_3}}$　另一取代基不定　$\underset{c}{ClCH_2}\overset{}{\diagup}\overset{}{\diagdown}$

结构：$ClCH_2\underset{c}{\,}\underset{b}{CH}(\underset{a}{CH_3})_2$

与核磁谱图对照符合。

（2）不饱和度＝6＋1－10/2＝2

a: δ 1.2，三重峰，3H，$-CH_2\underline{CH_3}$；b: δ 2.2，单峰，3H，$-CO\underline{CH_3}$；c: δ 3.5，单峰，2H，不定；d: δ 4.1，四重峰，2H，$-O\underline{CH_2}CH_3$

IR 中有两个羰基，C 结构可能为：$-\underset{\underset{O}{\|}}{C}-CH_2-\underset{\underset{O}{\|}}{C}-$。几个碎片组合：$\underset{b}{CH_3}-\underset{\underset{O}{\|}}{C}-\underset{c}{CH_2}-\underset{\underset{O}{\|}}{C}-\underset{d}{O}\underset{a}{CH_2CH_3}$。

再与核磁谱图对照，确定结构是正确的。

（3）不饱和度＝15＋1－14/2＝9

由不饱和度知，可能有苯环等其他不饱和基团，从 IR 1 720 cm^{-1} 有峰可知含有羰基。

a: δ 2.20，单峰，3H，$-CO\underline{CH_3}$；b: δ 5.08，单峰，1H，不定；c: δ 7.25，多重峰，10H，2 个一取代苯环

3 个碎片与 b 组合，只有一种可能：

$\underset{}{C_6H_5}\underset{b}{CH}-\underset{\underset{O}{\|}}{C}-\underset{a}{CH_3}$（两个苯环接在 b 位）

与核磁共振谱图一致。

（4）不饱和度＝4＋1－8/2＝1

IR 在 2 500~3 000 cm^{-1} 处有一宽峰，说明有羧基存在。

a: δ 1.27，三重峰，3H，$-CH_2\underline{CH_3}$；b: δ 3.66，四重峰，2H，$-O\underline{CH_2}CH_3$；c: δ 4.13，单峰，2H，$-O\underline{CH_2}X$（拉电子）；d: δ 10.95，单峰，1H，$-COO\underline{H}$

由上分析，化合物结构为：$\underset{a}{CH_3}\underset{}{CH_2}\underset{b}{O}\underset{c}{CH_2}\underset{d}{COOH}$。符合给出的核磁谱图。

13.6 此化合物不饱和度＝4－(6－2)/2＝2

1 770 cm^{-1} 处有吸收表明有羰基；1 642 cm^{-1} 处有吸收表明有 C=C；1 120 cm^{-1} 处有吸收表明有 C—O—C。

核磁中的三组峰的高度分别为 3.0、6.5、10.8，得知氢数之比为 1:2:3。

a: δ 2.1，单峰，3H，$-CO\underline{CH_3}$；

b: δ 4~5，双双峰，2H，$\underset{H}{\overset{H_{b2}}{\diagdown}}C=C\underset{H_{b1}}{\diagup}$；c: δ 7~7.5，四重峰，1H，$\underset{H}{\overset{H}{\diagdown}}C=C\underset{c}{\overset{}{\diagup}}$

结构式为:

$$\text{CH}_3-\overset{\text{O}}{\underset{a}{\text{C}}}-\text{O}-\overset{\text{H}_{b2}}{\underset{\text{H}_c}{\text{C}}}=\overset{}{\underset{\text{H}_{b1}}{\text{C}}}$$

最高场的 H_c 被不等性的 H_{b1} 和 H_{b2} 裂分为四重峰（双双峰），H_{b1} 和 H_{b2} 之间因偶合常数小,在一般谱仪中观察不到裂分,它们各自被 H_c 裂分为双峰, H_{b1} 在低场。

13.7 M 是间乙基甲苯,间位取代由红外光谱 690 cm^{-1} 和 780 cm^{-1} 两处吸收得到证明。
a: δ 1.3, 三重峰, 3H; b: δ 2.6, 四重峰, 2H; c: δ 2.4, 单峰, 3H; d: δ 7.17, 多重峰, 4H。

13.8

$$\underset{\text{I}}{\overset{b}{\text{CH}_3\text{O}}-\underset{c}{\bigcirc}-\overset{a}{\text{CH}_3}}$$

对二取代由红外光谱 810 cm^{-1} 处有吸收得到证明, $\delta=6.9$ ppm 处近似对称的四重峰也暗含此点。

13.9 IR 显然为 RR′C=CH$_2$ 型烯烃（900 cm^{-1} 左右有吸收）, ^{1}H NMR 显示两个乙烯基氢是非等价的,并且有 1 个叔丁基（$\delta = 0.9$ ppm, 9 个等价质子,单峰）,其余 5 个质子分别 2 个和 3 个为等价,且为单峰,互不偶合。唯一可能的结构为:

$$\text{CH}_2=\overset{\text{CH}_3}{\underset{}{\text{C}}}-\text{CH}_2-\text{C}(\text{CH}_3)_3$$

13.10

$$\varepsilon = \frac{A}{bgc} = \frac{1.2}{1.0 \times \dfrac{1.9 \times 1000/25}{100}} = 1.58 \times 10^3$$

$$\lambda_{max}^{H_2O} = 270 \text{ nm}$$

13.11

(1)　　$\text{CH}_2=\overset{}{\underset{\text{CH}_3}{\text{C}}}-\text{CH}_2-\overset{\text{O}}{\underset{}{\text{C}}}-\text{CH}_3$　　　　$\text{CH}_3-\overset{}{\underset{\text{CH}_3}{\text{C}}}=\text{CH}-\overset{\text{O}}{\underset{}{\text{C}}}-\text{CH}_3$

　　　　　235 (12 000)　　　　　　　　　　>220 无吸收

(2)　　$\text{CH}_3\overset{\text{O}}{\underset{}{\text{C}}}\text{CH}_2\text{COOC}_2\text{H}_5$　　　　　$\text{CH}_3\overset{\text{OH}}{\underset{}{\text{C}}}=\text{CHCOOC}_2\text{H}_5$

　　　　　275 (16)　　　　　　　　　　244 (16 000)

13.12 甲醇的紫外吸收在 183 nm, 一般紫外光谱仪工作范围在 200~400 nm, 故无干扰。甲醇的红外光谱吸收带的范围很广,故不适用。CCl$_4$ 和 CS$_2$ 等溶剂只有少数有影响的吸收带,可用作红外测定的溶剂。

13.13

(1) **A**: $\text{CH}_2=\text{CH}-\text{CH}_2-\text{CH}=\text{CH}_2$　　**B**: $\overset{\text{CH}_3}{\underset{\text{H}}{\text{C}}}=\overset{\text{CH}_2}{\underset{\text{H}}{\text{C}}}$　　**C**: $\overset{\text{CH}_3}{\underset{\text{CH}=\text{CH}_2}{\text{C}}}=\overset{\text{H}}{\underset{\text{H}}{\text{C}}}$

（2）**A**: CH₂=CH-CO-CH=CH₂   **B**: CH₂=CH-CH=CH-CHO

13.14（1）**A** CH₃-CO-CH₂-CH₃
              c   b   a

（带 c 在 CH₃ 相连羰基, b 在 CO, a 在 CH₂CH₃ 的标注；实际结构为 CH₃-C(=O)-CH₂-CH₃）

IR 图谱中 1 710 cm^{-1} 为羰基吸收峰。

a: δ 1.1，三重峰，3H，-CH$_2$C$\underline{H_3}$；b: δ 2.0，单峰，3H，-COC$\underline{H_3}$；c: δ 2.2，四重峰，2H，-COC$\underline{H_2}$CH$_3$（拉电子）

（2）**B** 不饱和度 $= 9 - \dfrac{11-1}{2} = 4$

B 结构：苯环-CH$_2$CH$_2$CH$_2$Br，标注 d（苯环H），a、b、c（亚甲基）

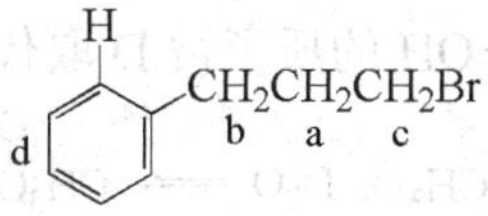

a: δ 2.1，六重峰，2H；b: δ 2.7，三重峰，2H；c: δ 3.4，三重峰，2H；d: δ 2.25，4H，多重峰。

（3）**C** 不饱和度 $= 8 - \dfrac{8-2}{2} = 5$

δ 3.9，单峰，3H，-OC$\underline{H_3}$；δ 6~8，双双峰，4H，Y-C$_6$H$_4$-X，H$_a$ 与 H$_b$ 偶合（峰对称说明为对称取代）；δ 9.2，单峰，1H，-CHO

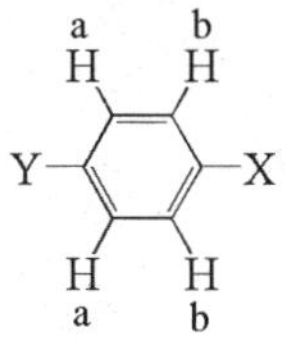

C CH$_3$O-C$_6$H$_4$-CHO

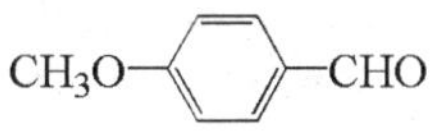

13.15（1）化合物的不饱和度 $= 10 - \dfrac{12-2}{2} = 5$，从 ^{1}H NMR 看有苯环，254 nm（ε~500）为苯环的紫外吸收峰，1 735 cm^{-1} 为酯类羰基的伸缩振动吸收峰。

^{1}H NMR 图中有四组氢：a:b:c:d=3:2:2:5

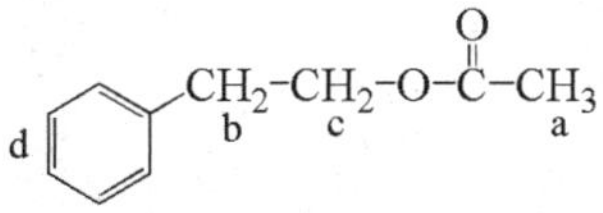

结构：C$_6$H$_5$-CH$_2$-CH$_2$-O-CO-CH$_3$
       d   b   c   a

（2）化合物的不饱和度 $= 9 - \dfrac{8-2}{2} = 6$，从 ^{1}H NMR 看有苯环，254 nm（ε~13 000）为苯环的紫外吸收峰，且消光系数很大，可能有不饱和基团与苯环共轭。1 690 cm^{-1} 为酮羰基的伸缩振动吸收峰，可能与苯环共轭。

^{1}H NMR 图中有四组氢：a:b:c:d=2:2:3:1

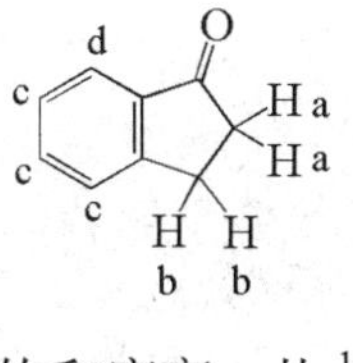

结构：茚满-1-酮（1-indanone），标注 d（芳H邻羰基）、c（其他芳H）、Ha（α-CH$_2$）、Hb（β-CH$_2$）

（3）不饱和度 $= 14 - \dfrac{12-2}{2} = 9$，不饱和度高，从 ^{1}H NMR 看可能含有两个苯环。254 nm（ε~18 000）为苯环的紫外吸收峰，消光系数很大，与不饱和基团或苯环组成共轭体系。

^{1}H NMR 图中有三组氢：a:b:c =4:6:2

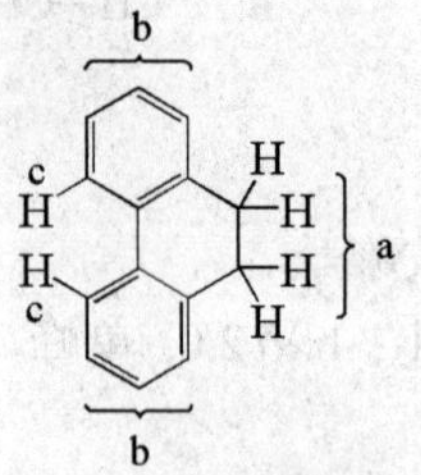

13.16（1）**A**: $\text{CH}_3\overset{\overset{O}{\|}}{\text{C}}-\overset{\overset{OH}{|}}{\text{C}}-\text{CH}_3$

（2）当 **A** 溶于 D_2O 中时，—OH 的质子被 D 取代，因此 ^{1}H NMR 吸收峰消失。

$$\text{CH}_3\overset{\overset{O}{\|}}{\text{C}}-\overset{\overset{OH}{|}}{\text{C}}\text{H}-\text{CH}_3 + D_2O \rightleftharpoons \text{CH}_3\overset{\overset{O}{\|}}{\text{C}}-\overset{\overset{OD}{|}}{\text{C}}\text{H}-\text{CH}_3 + DHO$$

第十四章 羧 酸

一、复习要点

1. 羧酸的物理性质（溶解性、沸点）。
2. 羧酸酸性的产生及影响酸性强弱的因素。
3. 波谱性质。

^{1}H NMR
RCH_2COOH　　　—OH δ 10～12 ppm　　　—CH_2 δ 2～2.5 ppm

IR
C=O 伸缩振动 1 725～1 710 cm^{-1}
O—H 伸缩振动 3 400～2 500 cm^{-1}（宽峰）　　C-O 伸缩振动 1 320～1 210 cm^{-1}
　　　　弯曲振动 925 cm^{-1}

4. 化学性质。

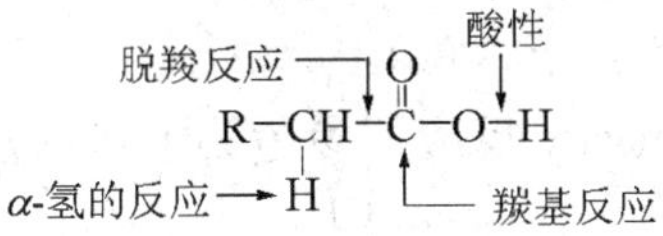

$$\begin{array}{c}\text{脱羧反应}\longrightarrow\underset{\underset{H}{\uparrow}}{\text{R-CH}}-\overset{O}{\underset{\|}{C}}-\overset{\text{酸性}}{\downarrow}\text{O-H}\\ \alpha\text{-氢的反应}\longrightarrow\quad\quad\uparrow\\ \quad\quad\quad\quad\text{羰基反应}\end{array}$$

（1）酸性

RCOOH + NaOH ⟶ RCOONa + H_2O

RCOOH + R'MgX ⟶ RCOOMgX↓ + R'H

（2）羰基反应

① 羧酸转变为羧酸衍生物的反应

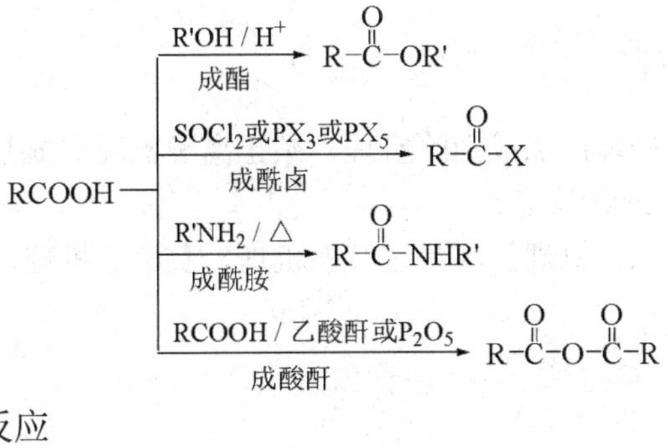

RCOOH
- R'OH/H$^+$ 成酯 ⟶ R-CO-OR'
- SOCl_2或PX_3或PX_5 成酰卤 ⟶ R-CO-X
- R'NH_2/△ 成酰胺 ⟶ R-CO-NHR'
- RCOOH/乙酸酐 或 P$_2$O$_5$ 成酸酐 ⟶ R-CO-O-CO-R

② 与有机锂试剂的反应

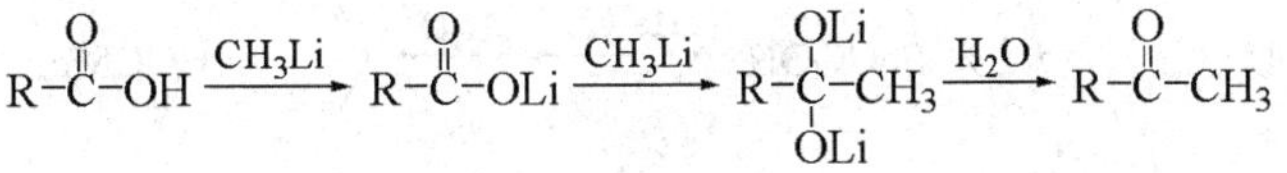

R-CO-OH $\xrightarrow{CH_3Li}$ R-CO-OLi $\xrightarrow{CH_3Li}$ R-C(OLi)(CH_3)(OLi) $\xrightarrow{H_2O}$ R-CO-CH_3（可用于酮的合成）

③ 还原反应

$$RCOOH + LiAlH_4 \longrightarrow RCH_2OH$$

$$RCOOH + B_2H_6 \longrightarrow RCH_2OH$$

（3）脱羧反应

$$R-\underset{O}{\overset{O}{C}}-CH_2-\underset{O}{\overset{O}{C}}-OH \xrightarrow{\Delta} R-\underset{O}{\overset{O}{C}}-CH_3 + CO_2$$

$$R-\underset{O}{\overset{O}{C}}-OAg \xrightarrow[CCl_4]{Br_2} RBr \quad (\text{Hunsdiecker 汉斯狄克反应})$$

（4）α-氢的反应——Hell-Volhard-Zelinski（赫尔－乌尔哈－泽林斯基）反应

$$R-CH_2\overset{O}{\overset{\|}{C}}-OH \xrightarrow[\text{或P(红)}]{PBr_3} R-\underset{Br}{CH}CO_2H + HBr$$

（5）二元羧酸的热解反应及其规律

5. 制法。

除前面学过的醛、醇等化合物氧化之外，还有如下制备方法：

（1）由卤代烃制备

$$RCl \begin{cases} \xrightarrow{Mg/\text{无水乙醚}} \xrightarrow{CO_2} \xrightarrow{H_2O} RCOOH \\ \xrightarrow{CN^-} \xrightarrow{H_2O} RCOOH \end{cases}$$

（2）芳香羧酸

$$\text{Ph-R} \xrightarrow{KMnO_4} \text{Ph-COOH}$$

（3）丙二酸二乙酯法（参考第十六章）。

（4）β-羟基酸酯法（Reformasky 反应，参考第十六章）

$$R-\overset{O}{\overset{\|}{C}}-R'(H) + ClCH_2CO_2C_2H_5 \xrightarrow[2)\text{H}^+]{1)\text{Zn}} R-\underset{R'(H)}{\overset{OH}{\underset{|}{C}}}-CH_2CO_2C_2H_5 \quad (\text{进一步水解制}\beta\text{-羟基酸})$$

二、新概念

羧酸（Carboxylic Acid），脱羧反应（Decarboxylation），酯化反应（Esterification），脂肪酸（Fatty Acid），同位素示踪（Isotope Tracer）

三、重要反应机理

1. 酯化反应的三种机理：加成消除机理，碳正离子机理，酰基正离子机理。
2. Hell-Volhard-Zelinski 反应。
3. 羧酸脱羧反应的三种机理：环状过渡态机理，负离子机理，自由基机理。

四、例题

例1 写出下列反应的历程。

（1）$RCOOH \xrightarrow{PCl_5} RCOCl$ （2）$PhCOOH \xrightarrow{2Me_3CLi} \xrightarrow{H_2O}$ Ph-COCMe$_3$

解

（1）$RCOOH + PCl_5 \xrightarrow{-HCl} R-\underset{Cl}{\overset{O}{\overset{\|}{C}}-O-\overset{Cl}{\underset{Cl}{\overset{|}{P}}}-Cl} \longrightarrow R-\overset{\overset{+}{O}}{\overset{\|}{C}}-O-PCl_3 \longrightarrow RCOCl + POCl_3$

(2) PhCOOH + LiCMe$_3$ $\xrightarrow{-\text{HCMe}_3}$ Ph-C(=O)-OLi $\xrightarrow{\text{LiCMe}_3}$ Ph-C(OLi)(OLi)-CMe$_3$ $\xrightarrow{\text{H}_2\text{O}}$ Ph-C(=O)-CMe$_3$ + 2LiOH

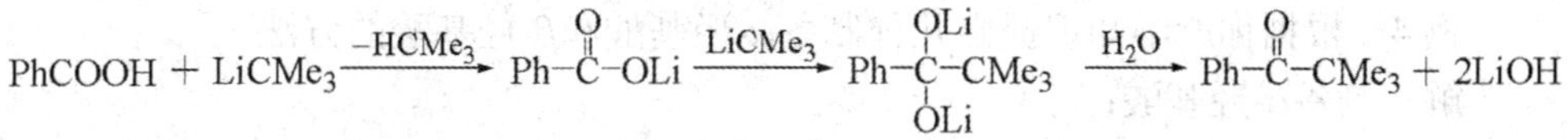

例2 表 14-1 给出了顺丁烯二酸和反丁烯二酸的 pK_{a1} 和 pK_{a2} 值，试解释为什么顺丁烯二酸的 pK_{a1} 较反丁烯二酸的 pK_{a1} 小，而顺丁烯二酸的 pK_{a2} 比反丁烯二酸的 pK_{a2} 大？

表 14-1 丁烯二酸异构体的 pK_{a1} 值

酸	pK_{a1}	pK_{a2}
顺丁烯二酸	1.83	6.07
反丁烯二酸	2.03	4.44

解

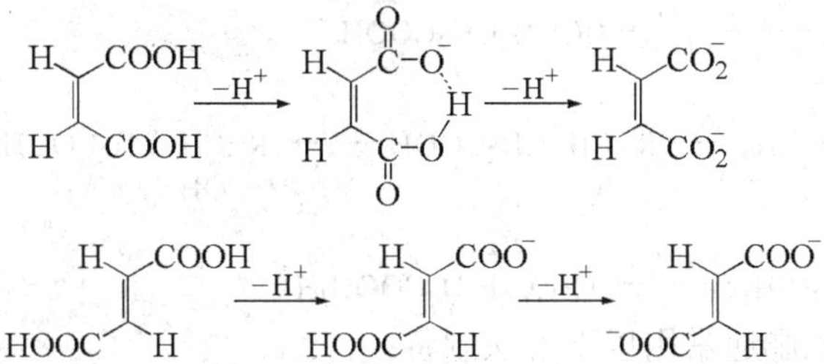

分子内氢键使顺丁烯二酸一价负离子比反丁烯二酸一价负离子稳定，因此前者的解离常数比后者大，即 pK_{a1} 小。而第二步解离时，顺式异构体还必须要断裂氢键，同时，生成的二价负离子的电荷中心在空间上比反式的更靠近，使之不如反式的稳定。因此顺式的第二解离常数 K_{a2} 比反式的小，即 pK_{a2} 大。

例3 把卤代烷转化成增长 1 个碳原子的羧酸，最常见的方法有两种：一种是将卤代烷转化成腈，进而水解成酸；另一种是把卤代烷转变成格林尼亚（Grignard）试剂，然后羧基化。对于下列转化过程，你认为用哪种方法合理？还是两种方法都可以？请说明理由。

(1) CH$_3$CH$_2$CH$_2$CH$_2$Br ⟶ CH$_3$CH$_2$CH$_2$CH$_2$COOH

(2) Me$_3$CCl ⟶ Me$_3$CCOOH

(3) BrCH$_2$CH$_2$Br ⟶ HOOCCH$_2$CH$_2$COOH

(4) CH$_3$COCH$_2$CH$_2$CH$_2$Br ⟶ CH$_3$COCH$_2$CH$_2$CH$_2$COOH

(5) Me$_3$C-CH$_2$Br ⟶ Me$_3$C-CH$_2$COOH

(6) HOCH$_2$CH$_2$CH$_2$CH$_2$Br ⟶ HOCH$_2$CH$_2$CH$_2$CH$_2$COOH

(7) CH$_3$-C$_6$H$_4$-Br ⟶ CH$_3$-C$_6$H$_4$-COOH

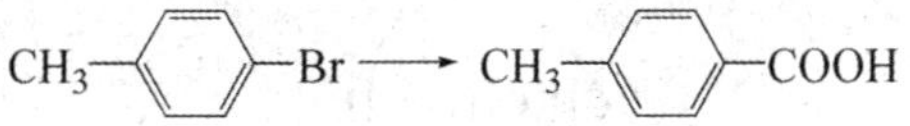

解 (1) 两种方法都可以。
(2) 格氏反应。用 NaCN 将发生消除反应。
(3) NaCN 法。BrCH$_2$CH$_2$Br 与 Mg 反应将产生乙烯和 MgBr$_2$。
(4) NaCN 法。格氏试剂将与羰基反应。
(5) 格氏反应。新戊基溴与 NaCN 的取代反应是极慢的。
(6) NaCN 法。格氏试剂将被羟基分解。
(7) 格氏反应。对于芳基溴，取代反应将是困难的。

例4 根据你所学知识提出几种制备 α-羟基酸和 β-羟基酸的方法。

解 制备 α-羟基酸：

(1) 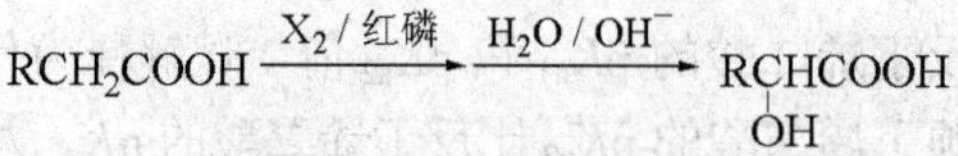 $RCH_2COOH \xrightarrow{X_2/红磷} \xrightarrow{H_2O/OH^-} RCHCOOH$
　　　　　　　　　　　　　　　　　　　　　　|
　　　　　　　　　　　　　　　　　　　　　　OH

(2) $R-\underset{\underset{R'(H)}{|}}{\overset{\overset{O}{\|}}{C}}-R'(H) \xrightarrow{HCN} R-\underset{\underset{R'(H)}{|}}{\overset{\overset{OH}{|}}{C}}-CN \xrightarrow{H^+/H_2O} R-\underset{\underset{R'(H)}{|}}{\overset{\overset{OH}{|}}{C}}-COOH$

制备 β-羟基酸：

(1) 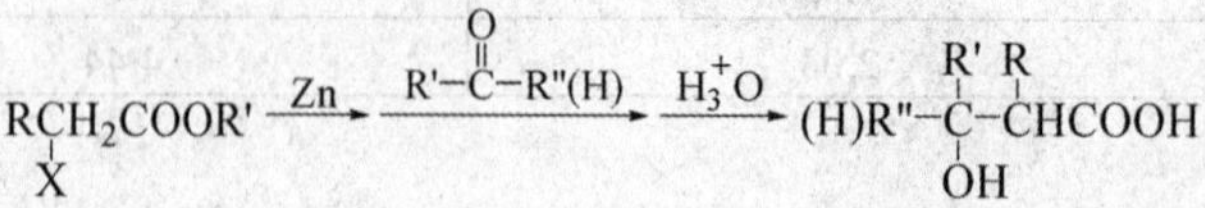 $RCHCOOR' \xrightarrow{Zn} R'-\overset{O}{\underset{\|}{C}}-R''(H) \xrightarrow{H_3^+O} (H)R''-\underset{\underset{OH}{|}}{\overset{\overset{R'\ R}{|}}{C}}-CHCOOH$　（参考第十六章）
　　　|
　　　X

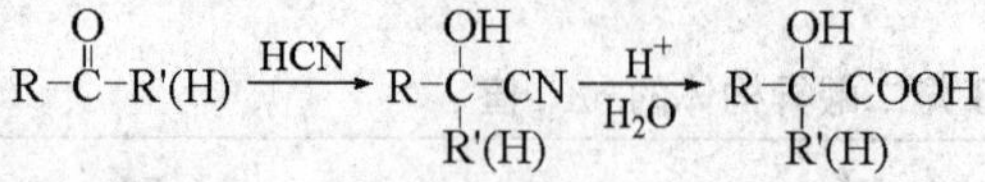

(2) $HOCH_2CH_2Cl \xrightarrow{CN^-} \xrightarrow{H^+/H_2O} HOCH_2CH_2COOH$

(3) 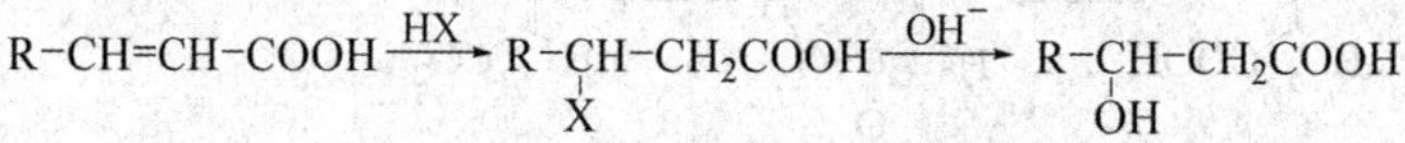 $R-CH=CH-COOH \xrightarrow{HX} R-\underset{\underset{X}{|}}{CH}-CH_2COOH \xrightarrow{OH^-} R-\underset{\underset{OH}{|}}{CH}-CH_2COOH$

(4) $CH_3\overset{O}{\overset{\|}{C}}CH_2COOC_2H_5 \xrightarrow{NaBH_4} CH_3\underset{\underset{}{}}{\overset{\overset{OH}{|}}{CH}}CH_2COOC_2H_5$

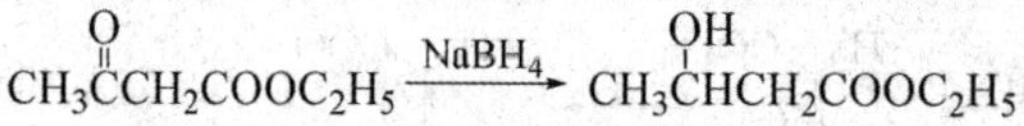

例5 丙二酸二乙酯通常用以下方法制备：

$CH_3COOH \xrightarrow{Cl_2/红磷} \underset{\underset{Cl}{|}}{CH_2}COOH \xrightarrow{Na_2CO_3} \underset{\underset{Cl}{|}}{CH_2}COONa \xrightarrow[-Cl^-]{NaCN} \underset{\underset{CN}{|}}{CH_2}COONa$

$\xrightarrow{2C_2H_5OH/H_2SO_4} CH_2(COOC_2H_5)_2$

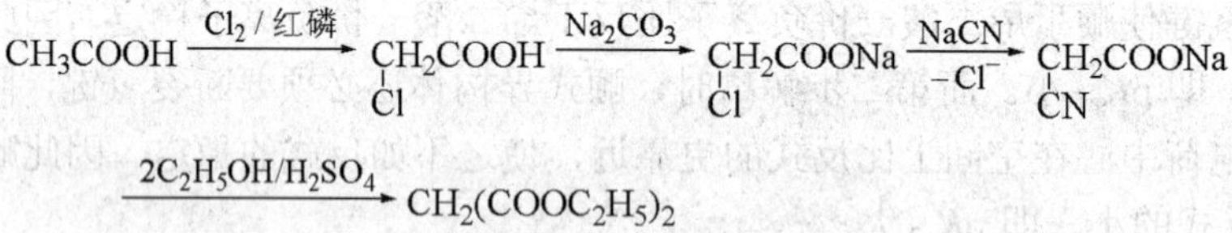

(1) 为何不用丙二酸和乙醇直接进行酯化反应？

(2) α-氯代乙酸在和氰化钠反应前为何先用碱中和？

解 (1) 丙二酸在加热时易脱羧：

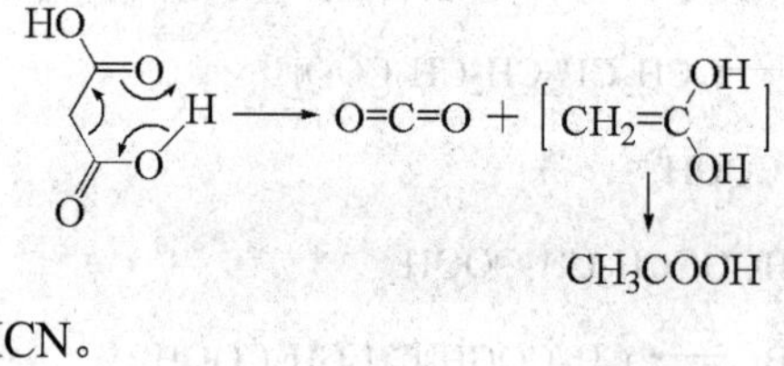

$$\text{(结构式)} \longrightarrow O=C=O + [CH_2(OH)_2] \downarrow CH_3COOH$$

(2) 避免放出剧毒的 HCN。

五、习题

14.1 用中、英文命名下列化合物。

(1) 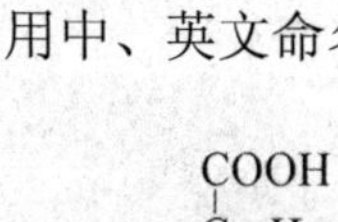 $CH_3CH_2-\underset{\underset{OH}{|}}{\overset{\overset{COOH}{|}}{C}}-H$　　(2) 环丙基-CH_2COOH　　(3) $\underset{H}{\overset{CH_3CH_2}{>}}C=C\underset{COOH}{\overset{H}{<}}$　　(4) 环戊酮-COOH

(5) 间-Br-C_6H_4-COOH　　(6) $CH_3\overset{O}{\overset{\|}{C}}CH_2CH_2CH_2COOH$　　(7) $HOOCCH_2\underset{\underset{OH}{|}}{CH}CH_2\overset{O}{\overset{\|}{C}}OH$

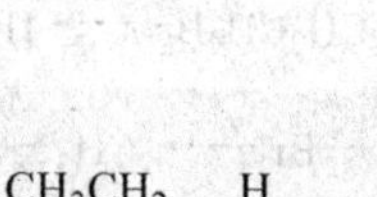

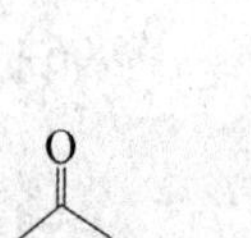

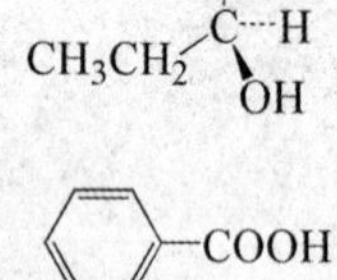

(8) 吡咯烷-COOH-OH　　(9) $CH_3\overset{O}{\overset{\|}{C}}\underset{\underset{NH_3^+}{|}}{CH}O^-$　　(10) 环丁烷-COOH/COOH　　(11) CH_3COOOH

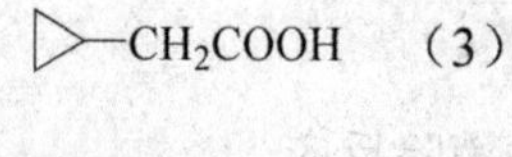

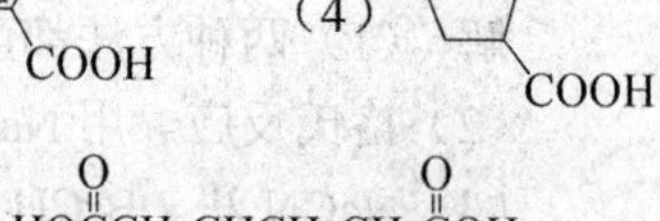

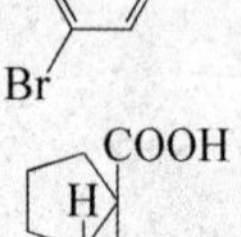

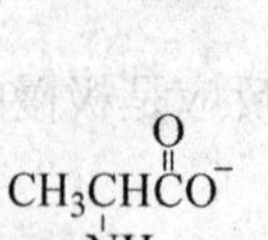

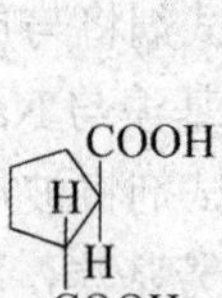

14.2 写出下列化合物的结构及英文名称。
（1）水杨酸（2）R-乳酸（3）酒石酸（4）肉桂酸

14.3 写出正戊酸与下列物质反应的主要产物：
（1）NaHCO$_3$；（2）KOH；（3）Al；（4）CaO；（5）NH$_3$；（6）PCl$_5$；（7）CH$_3$CH$_2^{18}$OH, H$^+$；（8）（5）的产物，加热；（9）（8）的产物，P$_2$O$_5$，加热；（10）LiAlH$_4$；（11）乙酐，加热；（12）Br$_2$, P；（13）（12）的产物，OH$^-$/H$_2$O；（14）（12）的产物，KOH, EtOH；（15）AgOH；（16）（15）的产物，Br$_2$/CCl$_4$；（17）H$^+$，邻羟基苄醇（2-羟基苯甲醇）

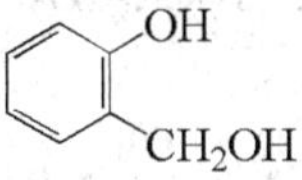

14.4 下列各化合物如何能转变成苯甲酸？
（1）甲苯（2）溴苯（3）苯甲腈（4）苄醇（5）苯乙酮（6）苯三氯甲烷

14.5 解释下述事实。
（1）CH$_3$CH$_2$COOH   CH$_2$=CHCOOH   HC≡CCOOH
pKa   4.87   4.26   1.89
（K 为解离常数）

（2）支链的羧酸比无支链的羧酸酸性弱，例如：Me$_3$CCH$_2$-C(CMe$_3$)(Me)-COOH

（3） 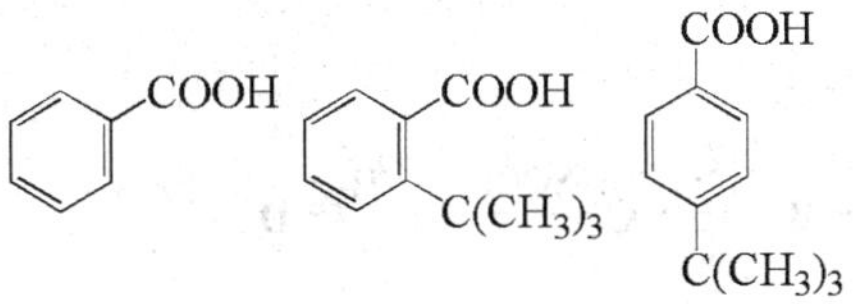 苯甲酸，邻叔丁基苯甲酸，对叔丁基苯甲酸，HCOOH，CH$_3$COOH
K×10^{-5} 6.27   3.5   4.2   17.7   1.76

14.6 已知下列酸的 pK$_a$：
       乙酸   草酸   丙二酸   丁二酸
K×10^{-5} 4.8   1.3   2.9   4.2

请解释上述四种酸在酸度上为何有此等差异（对于二元酸，这里的 pK$_a$ 是指 pK$_{a1}$）。

14.7 两种不溶于水的固体苯甲酸和邻氯苯甲酸，能用甲酸钠的水溶液处理来分开。这里发生了什么反应？已知其电离常数如下：
HCOOH   PhCOOH   o-ClPhCOOH
17.7×10^{-5} 6.3×10^{-5} 120×10^{-5}

14.8 按酸性由强到弱的次序排列下述各组化合物。
(1) 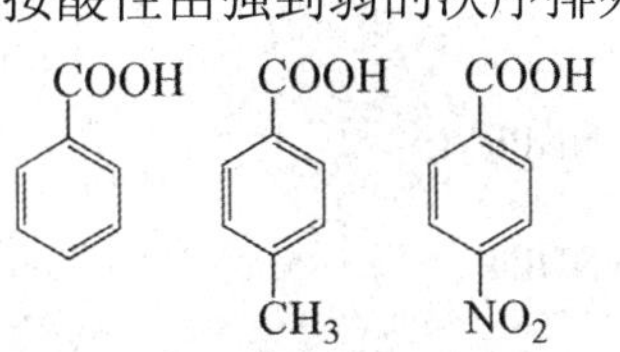 苯甲酸，对甲基苯甲酸，对硝基苯甲酸
(2) 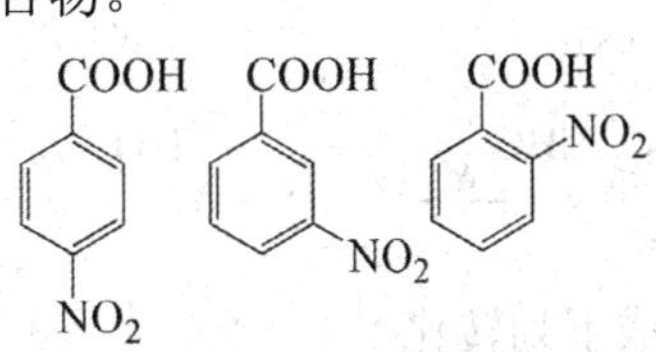 对硝基苯甲酸，间硝基苯甲酸，邻硝基苯甲酸
(3) 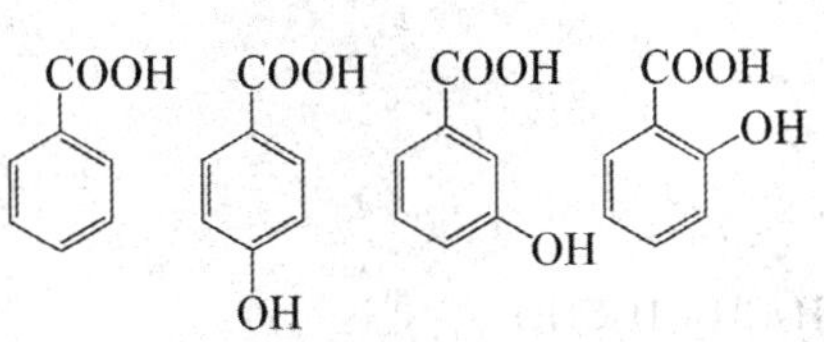 苯甲酸，对羟基苯甲酸，间羟基苯甲酸，邻羟基苯甲酸
(4) 乙烷 乙炔 乙醇 乙酸 水 苯酚 碳酸 氨 硫酸

(5) [structures: two stereoisomers of dichloro-bridged fluorene-carboxylic acid]

(6) HOOCCH₂CH₂COOH   CH₃CH₂CHCOOH   CH₃CH₂CHCOOH   CH₃CH₂CHCOOH
                          | | |
                         CH₃   Ph   NO₂

(7) HO₂CCH₂CH₂CN   HO₂CCH₂CH₂CO₂H   O₂NCH₂CH₂CO₂H   CH₂=CHCH₂CO₂H

14.9 完成下列反应。

(1) CH₃CH₂CH₂CHO $\xrightarrow{NaBH_4}$ A $\xrightarrow{PBr_3}$ B $\xrightarrow[Et_2O]{Mg}$ $\xrightarrow{CO_2}$ $\xrightarrow[H_2O]{H^+}$ C

(2) (CH₃)₃CBr $\xrightarrow[Et_2O]{Mg}$ A $\xrightarrow{B}$ (CH₃)₃CCH₂CH₂OH $\xrightarrow{C}$ (CH₃)₃CCH₂COOH

(3) CH₂=CH₂ $\xrightarrow{A}$ CH₃CH₂OH $\xrightarrow{B}$ CH₃COOH $\xrightarrow{C}$ CH₃CONH₂ $\xrightarrow{D}$ CH₃CN

(4) [tetralin] $\xrightarrow[2) H_3^+O]{1) KMnO_4, NaOH}$ A $\xrightarrow[\Delta]{NH_3}$ B   [dihydronaphthalene] $\xrightarrow{Na_2Cr_2O_7, H_2SO_4}$ C $\xrightarrow{\Delta}$ D

(5) (CH₃)₂CHCH₂COOH $\xrightarrow{P, Br_2}$ A $\xrightarrow[\Delta]{CH_3OH, H^+}$ B $\xrightarrow[CH_3OH]{CH_3ONa}$ C

(6) [toluene] + HCHO $\xrightarrow{HCl, ZnCl_2}$ A $\xrightarrow{CN^-}$ B $\xrightarrow[\Delta]{H_3^+O}$ C $\xrightarrow{SOCl_2}$ $\xrightarrow{NH_3}$ D

(7) [anisole] + CH₃CH₂Br $\xrightarrow{AlCl_3}$ A $\xrightarrow{Br_2/Fe}$ B $\xrightarrow[Et_2O]{Mg}$ $\xrightarrow{CO_2}$ $\xrightarrow[H_2O]{H^+}$ C

(8) CH₃I $\xrightarrow[Et_2O]{Mg}$ A $\xrightarrow{cyclopentanone}$ $\xrightarrow[H_2O]{H^+}$ B $\xrightarrow[\Delta]{H_3PO_4}$ C $\xrightarrow{D}$ [1-bromo-2-methylcyclopentane] $\xrightarrow{NaCN}$ E $\xrightarrow{F}$ [2-methylcyclopentanecarbonyl chloride] $\xrightarrow{CH_3COONa}$ G

(9) CH₃−C(CH₃)₂−COO⁻Li⁺ + Ph−Li ⟶ A $\xrightarrow[H_2O]{H^+}$ B

(10) PhCHO $\xrightarrow{A}$ Ph−CH(OH)−CO−Ph $\xrightarrow{B}$ Ph−C(=NNHPh)−C(=NNHPh)−Ph

14.10 完成下列转化。

(1) CH₃−CH=CH−CH₂Cl ⟶ CH₃−CH=CH−CH₂CH₂Br (cis geometry retained)

(2) CH₃CHCH₂CH₂CH₂CHOCH₃ ⟶ CH₃CHCH₂CH₂CH₂CHO
        | | |
        OH   OCH₃   OCOCH₃

(3) 环己酮 ⟶ HO(CH₂)₅COOC₂H₅　(4) 环戊酮 ⟶ 螺二内酯　(5) 环己酮 ⟶ 环戊酮

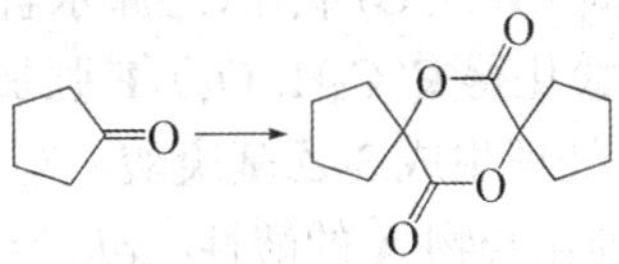

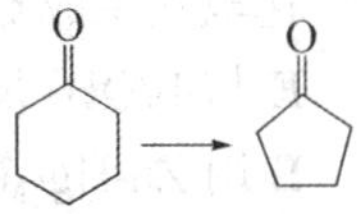

14.11 写出下述反应的机理：

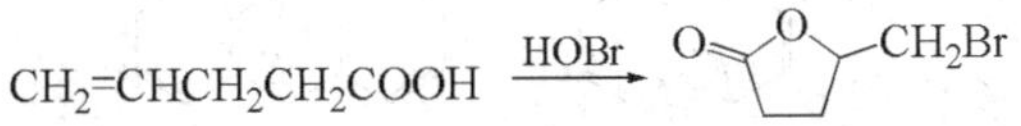

$$CH_2=CHCH_2CH_2COOH \xrightarrow{HOBr} \text{(γ-丁内酯-CH}_2\text{Br)}$$

14.12 2,4,6-三甲基苯甲酸采用一般的酯化方法时不发生反应，如果先将它溶于冷的浓硫酸，而后倒入冷的甲醇中，可以得到高产率的甲酯，这是什么原因？

14.13 将苯磺酸正丁酯与苄醇钾的乙醇溶液共热，生成乙基正丁基醚和苄基正丁基醚的混合物，然而，若将苯磺酸正丁酯与对甲酚钾的乙醇溶液共热，则几乎只生成对甲苯基正丁醚，请说明理由。

14.14 5-羟基己酸在苯溶液中用硫酸处理时，发现如下反应：

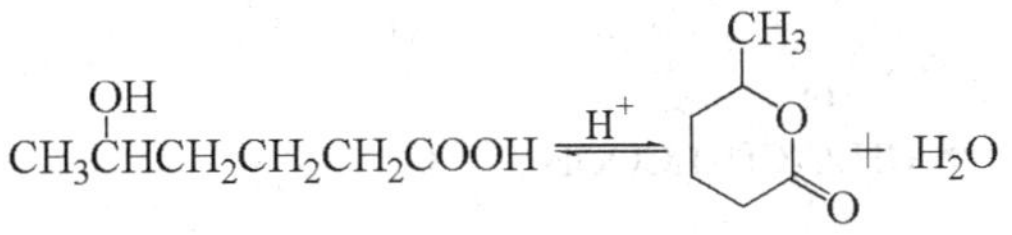

$$CH_3CHCH_2CH_2CH_2COOH \overset{H^+}{\rightleftharpoons} \text{δ-内酯} + H_2O$$
　　　|
　　　OH

试写出此反应的历程。此生成物属于何种类型，试写出其名称。

14.15 用简单化学方法区别下列各组化合物：（1）乙酸和乙醇；（2）甲酸和乙酸；（3）乙酸和草酸；（4）苯甲酸、对甲苯酚和苄醇；（5）乙醛、丙醛、正丙醇、丙酸、环己烯、肉桂酸、甲苯。

14.16 苯甲酸和甲醇在少量硫酸存在下进行酯化时，最后反应混合物中含有 5 种物质：苯甲酸、甲醇、硫酸、水、苯甲酸甲酯。试概述分离纯酯的手段。

14.17 乙酸和乙醇进行酯化反应时，平衡常数 K 约为 4。（1）1 mol 乙酸和 1 mol 乙醇进行酯化反应时，乙酸转化率为多少？（2）欲使乙酸的转化率为 85%，问最少应该用几摩尔乙醇？

14.18 （1）在合成 2,5-二甲基-1,1-环戊烷二羧酸（Ⅰ）时，可得到两个熔点不同的无旋光性物质 **A** 及 **B**，试画出它们的结构。

（2）在加热时，**A** 生成两个 2,5-二甲基环戊烷羧酸（Ⅱ），而 **B** 只产生一个。试写出 **A** 及 **B** 的结构。

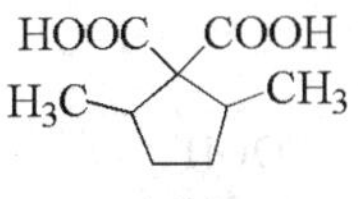

　　HOOC　COOH　　　　H　COOH
　　　 \ /　　　　　　 　\ /
　H₃C—◯—CH₃　　　H₃C—◯—CH₃
　　　（Ⅰ） 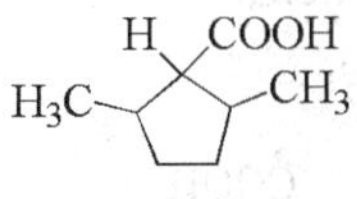　　　　　　　（Ⅱ）

14.19 方酸 **A** 具有很强的酸性，可看做一个二元酸，其 pK_a 分别为 1 和 3.5。试画出方酸两个二元酸的结构，并表明每一个酸的酸性。

A: 方酸（四元环，两个C=O，两个C-OH）

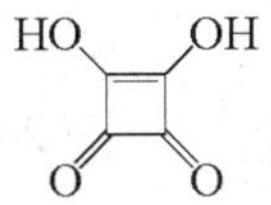

14.20 丙酮酸用 NaBH₄ 还原得到醇酸 **M**。（1）**M** 是否具有旋光活性？（2）**M** 在无机酸存在下加热生成 **N**（$C_6H_8O_4$）。请写出 **N** 的构造式。

14.21 化合物 **A**（$C_9H_{17}Br$）在 OH⁻/H₂O 作用下进行消除反应生成 **B**（C_9H_{16}），**B** 催

化氢化生成 **C**(C_9H_{18})。**B** 经 O_3 氧化、还原水解得 **D**($C_9H_{16}O_2$)，**D** 用 Ag_2O 处理得 **E**($C_9H_{16}O_3$)，**E** 与 I_2/OH^- 反应后酸化得 **F**($C_8H_{14}O_4$)，**F** 强加热得 **G**($C_7H_{12}O$)。**D** 用稀碱处理得 **H**($C_9H_{14}O$)。**E** 用 Zn-Hg/浓 HCl 处理生成 3-乙基庚酸。写出 **A**、**B**、**C**、**D**、**E**、**F**、**G**、**H** 的结构。

14.22 已知下列化合物 **A** 的酸性（$pK_a=6.04$）比 **B** 的酸性（$pK_a=6.25$）强，试解释之。

14.23 用指定原料及必要试剂合成下列化合物。

(1) $CH_3CH=CH_2 \longrightarrow$

(2) $CH_3-\!\!\!$$-CHO \longrightarrow$

(3) $CH_3\overset{O}{C}(CH_2)_3Br \longrightarrow CH_3\overset{O}{C}(CH_2)_3COOH$

六、习题参考答案

14.1

(1) (*S*)-2-羟基丁酸 (*S*)-2-hydroxybutanoic acid

(2) 环丙基乙酸 cyclopropylacetic acid

(3) *E*-2-戊烯酸 *E*-2-pentenoic acid

(4) β-羰基环戊甲酸 β-oxocyclopentanecarboxylic acid

(5) 间溴苯甲酸 *m*-bromobenzoic acid

(6) 5-羰基己酸 5-oxohexanoic acid

(7) 3-羟基己二酸 3-hydroxyhexanedioic acid

(8) (1*R*,2*R*)-2-羟基环戊甲酸 (1*R*,2*R*)-2-hydroxycyclopentanecarboxylic acid

(9) 2-氨基丙酸 2-aminopropanoic acid

(10) (1*R*,2*R*)-1,2-环戊二甲酸 (1*R*,2*R*)-1,2-cyclopentanedicarboxylic acid

(11) 过氧乙酸 Peracetic acid

14.2

(1) 水杨酸 salicyclic acid

(2) *L*-乳酸 *L*-lactic acid

(3) 酒石酸 tartaric acid

(4) 肉桂酸 cinnamic acid

14.3

(1) $CH_3CH_2CH_2CH_2COONa + CO_2\uparrow$

(2) $CH_3CH_2CH_2CH_2COOK$

(3) $(CH_3CH_2CH_2CH_2COO)_3Al$

(4) $(CH_3CH_2CH_2CH_2COO)_2Ca$

(5) $CH_3CH_2CH_2CH_2COO^- NH_4^+$

(6) $CH_3CH_2CH_2CH_2COCl$

(7) $CH_3CH_2CH_2CH_2CO^{18}OCH_2CH_3$

(8) $CH_3CH_2CH_2CH_2CONH_2$

(9) $CH_3CH_2CH_2CH_2CN$ (10) $CH_3CH_2CH_2CH_2OH$

(11) 正戊酸酐   (12) $CH_3CH_2CH_2CH(Br)COOH$

(13) $CH_3CH_2CH_2CH(OH)COOH$ (14) $CH_3CH_2CH=CHCOOH$

(15) $CH_3CH_2CH_2CH_2COOAg$ (16) $CH_3CH_2CH_2CH_2Br$

(17) 邻羟基苯甲酸正丁酯

14.4

(1) $\xrightarrow[\triangle]{KMnO_4, H_2O} \xrightarrow{H^+}$ (2) $\xrightarrow{Mg}{Et_2O} C_6H_5MgBr \xrightarrow{CO_2} \xrightarrow{H^+}{H_2O}$ (3) $\xrightarrow{H^+}{H_2O}$

(4) $\xrightarrow{KMnO_4, H^+}$ (5) $\xrightarrow{NaOBr} \xrightarrow{H^+}$ (6) $\xrightarrow{H_2O}{\triangle} C_6H_5C(OH)_3 \xrightarrow{-H_2O}$

14.5（1）sp^3 杂化的烷基为给电子基团，sp^2 杂化的烯碳原子和 sp 杂化的炔碳原子具有较高的电负性，有 $-I$ 效应，为拉电子基团，其中炔基的 $-I$ 效应尤为显著。

（2）在多支链羧酸中的 CO_2^-，由于受到支链的屏蔽作用，不能和溶剂分子进行充分接触，因此它不像乙酸根离子那样形成溶剂化分子。

（3）

苯甲酸：羧基和苯环共平面，由于共轭效应，酸性比甲酸弱。sp^2 杂化的苯环又有一定的拉电子性，其酸性比乙酸强。

邻叔丁基苯甲酸：叔丁基的空间位阻作用使羧基与苯环不共平面，共轭作用较小，酸性比苯甲酸弱，但仍有一定拉电子效应，酸性比乙酸强。

对叔丁基苯甲酸：对位取代的叔丁基有一定的给电子作用，其酸性比苯甲酸小。但羧基与苯环共平面，苯环有拉电子作用，酸性比邻叔丁基苯甲酸酸性强。

14.6 $-COOH$ 为吸电子基，具有 $-I$ 效应，因此二元酸酸性强于乙酸。$-COOH$ 的 $-I$ 效应随距离增加而迅速减弱，因此四种二元酸酸性强弱次序为：草酸＞丙二酸＞丁二酸＞乙酸。

14.7 选用甲酸钠的理由是甲酸的酸性比苯甲酸强而比邻氯苯甲酸弱：

$o\text{-}ClC_6H_4COOH + HCOO^- \longrightarrow ClC_6H_4COO^- + HCOOH$

较强酸   较强碱   较弱碱   较弱酸

K_a 120×10^{-5} 17.7×10^{-5}

$C_6H_5COOH + HCOO^- \xrightarrow{\;\;\times\;\;} C_6H_5COO^- + HCOOH$

较弱酸   较弱碱   较强碱   较强酸

K_a 6.3×10^{-5} 17.7×10^{-5}

邻氯苯甲酸以其钠盐形式进入水相。而苯甲酸在甲酸钠水溶液中不溶。

14.8

(1) 4-NO2-C6H4-COOH > C6H5COOH > 4-CH3-C6H4-COOH

(2) 2-NO2-C6H4-COOH > 4-NO2-C6H4-COOH > 3-NO2-C6H4-COOH

(3) 2-OH-C6H4-COOH > 3-OH-C6H4-COOH > C6H5COOH > 4-OH-C6H4-COOH

(4) 硫酸＞乙酸＞碳酸＞苯酚＞水＞乙醇＞乙炔＞氨＞乙烷

(5) 结构式 pK_a=5.67 > 结构式 pK_a=6.07

(6) $CH_3CH_2CHCOOH$ > $HOOCCH_2CH_2COOH$ > $CH_3CH_2CHCOOH$ > $CH_3CH_2CHCOOH$
       | | |
       NO_2 Ph CH_3

(7) $O_2NCH_2CH_2CO_2H$ > $HO_2CCH_2CH_2CN$ > $HO_2CCH_2CH_2CO_2H$ > $CH_2=CHCH_2CO_2H$

14.9

(1) $CH_3CH_2CH_2CH_2OH$ $CH_3CH_2CH_2CH_2Br$ $CH_3CH_2CH_2CH_2COOH$
         A   B   C

(2) $(CH_3)_3CMgBr$ 环氧乙烷 $Na_2Cr_2O_7 + H_2SO_4$
         A   B   C

(3) H_2SO_4/H_2O $K_2Cr_2O_7/H_2SO_4$ $NH_3/\triangle$ P_2O_5
         A   B   C   D

(4) 邻苯二甲酸 邻苯二甲酰亚胺 邻苯二乙酸 2-茚酮
     A   B   C   D

(5) $(CH_3)_2CHCHCOOH$ $(CH_3)_2CHCHCOOCH_3$ $(CH_3)_2C=CHCOOCH_3$
              | |
              Br   Br
         A   B   C

(6) 4-CH3-C6H4-CH2Cl   4-CH3-C6H4-CH2CN   4-CH3-C6H4-CH2COOH   4-CH3-C6H4-CH2CONH2
         A   B   C   D

(7) 4-甲氧基乙苯 (2-甲氧基乙苯) 4-甲氧基-3-溴乙苯 2-甲氧基-5-乙基苯甲酸
         A   B   C

(8) 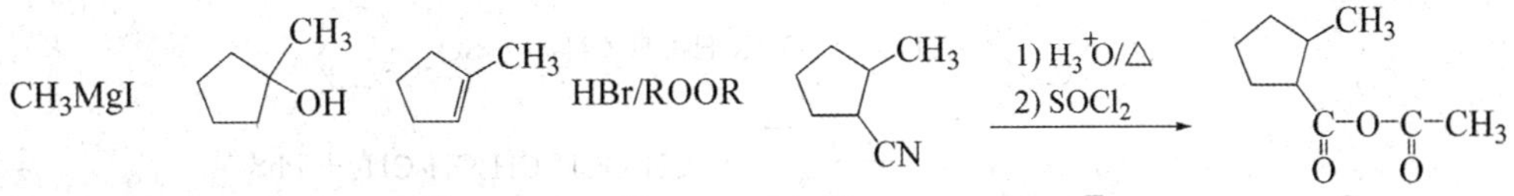 CH₃MgI → A → [1-methylcyclopentan-1-ol] B → HBr/ROOR → [1-methylcyclopentene] C → D → [2-methylcyclopentanecarbonitrile] E → 1) H₃⁺O/△ 2) SOCl₂ → F → [2-methylcyclopentanecarboxylic acetic anhydride] G

(9) 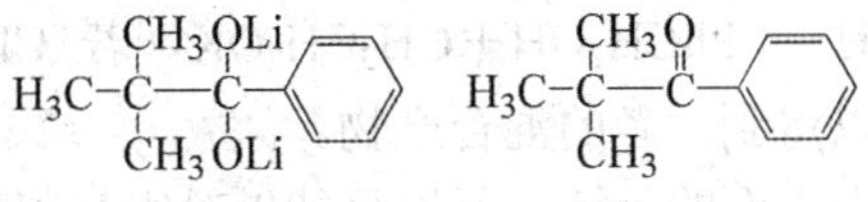 A: H₃C-C(CH₃)(OLi)-C(OLi)(C₆H₅)-CH₃ type structure; B: (CH₃)₂CH-CO-C₆H₅

(10) 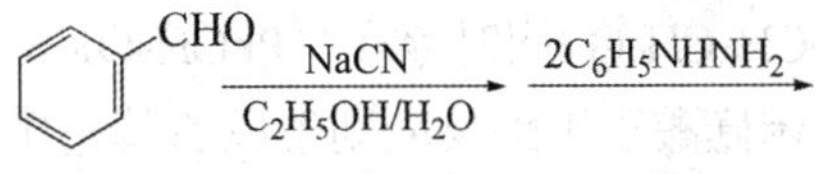 C₆H₅CHO → NaCN, C₂H₅OH/H₂O → A → 2C₆H₅NHNH₂ → B

14.10

(1) 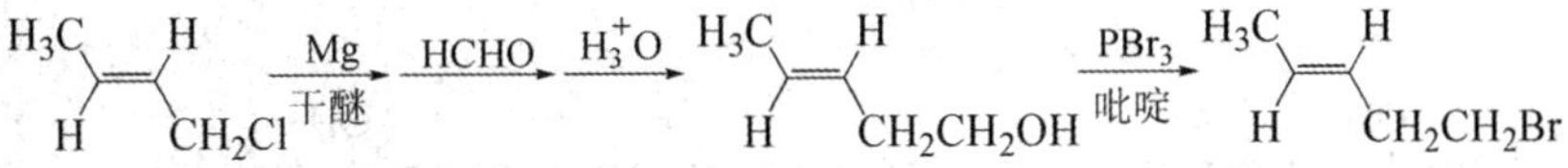 CH₃CH=CHCH₂Cl → Mg/干醚 → HCHO → H₃⁺O → CH₃CH=CHCH₂CH₂OH → PBr₃/吡啶 → CH₃CH=CHCH₂CH₂Br

(2) 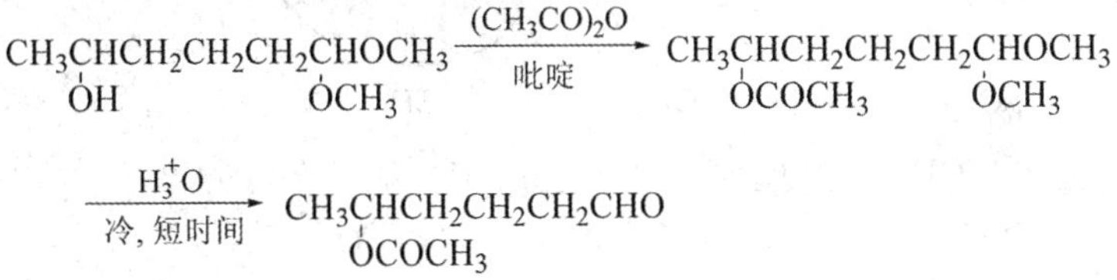 CH₃CH(OH)CH₂CH₂CH₂CH(OCH₃) → (CH₃CO)₂O/吡啶 → CH₃CH(OCOCH₃)CH₂CH₂CH₂CH(OCH₃) → H₃⁺O 冷,短时间 → CH₃CH(OCOCH₃)CH₂CH₂CH₂CHO

(3) 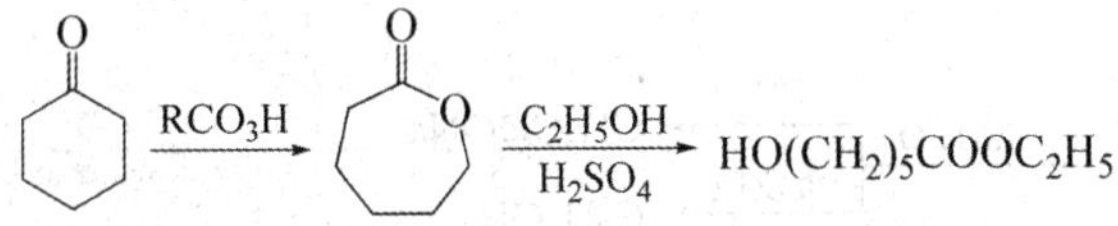 cyclohexanone → RCO₃H → ε-caprolactone → C₂H₅OH/H₂SO₄ → HO(CH₂)₅COOC₂H₅

(4) 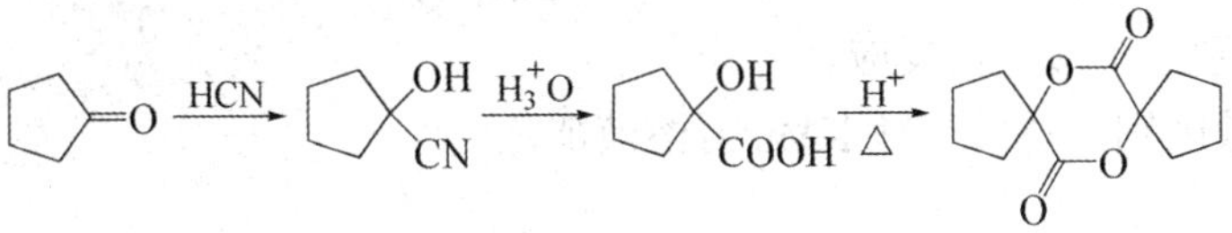 cyclopentanone → HCN → 1-hydroxycyclopentanecarbonitrile → H₃⁺O → 1-hydroxycyclopentanecarboxylic acid → H⁺/△ → spiro dilactone

(5) 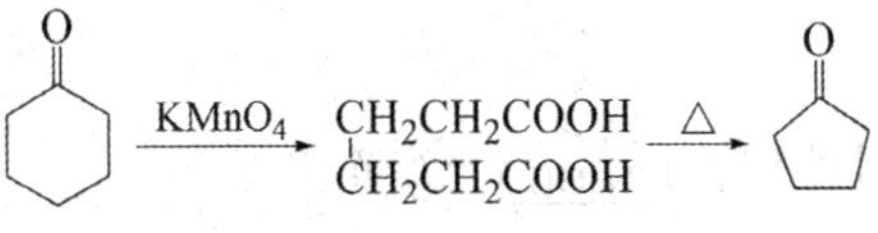 cyclohexanone → KMnO₄ → HOOC-CH₂CH₂-CH₂CH₂-COOH → △ → cyclopentanone

14.11

CH₂=CHCH₂CH₂COOH → HO—Br (δ⁻ δ⁺) → [Br⁺ bridged intermediate with COOH] → BrH₂C-[lactone with OH⁺] → -H⁺ → BrH₂C-[γ-butyrolactone]

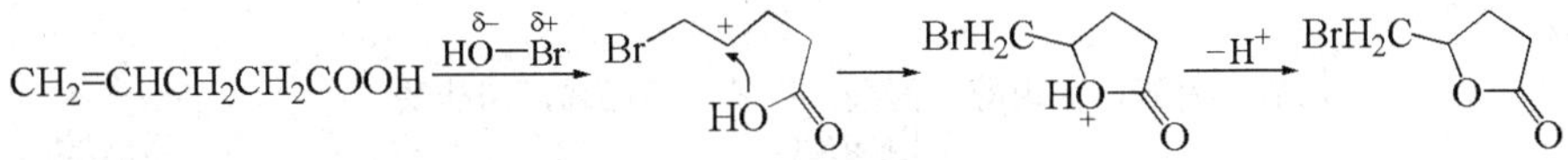

14.12 2 个邻位甲基的位阻使它不能用一般的方法酯化,但溶于浓硫酸后脱水,从而克服了这一不利影响。

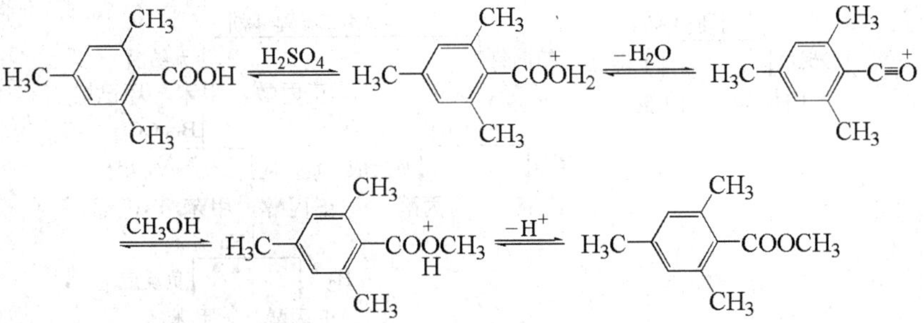

[mesitoic acid] → H₂SO₄ → [protonated COOH₂⁺] → -H₂O → [acylium ion C≡O⁺] → CH₃OH → [protonated ester COOCH₃H⁺] → -H⁺ → [methyl mesitoate COOCH₃]

14.13 磺酸为一强酸,所以磺酸酯易发生 S_N2 反应,RSO_3^- 作为离去基团而被取代,如苯磺酸正丁酯与苄醇钾反应则生成苄基正丁基醚。

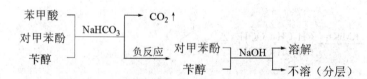

因 $PhCH_2OH$ 与 CH_3CH_2OH 酸性差别不大，所以在苄醇钾的乙醇溶液中 $PhCH_2O^-$ 与 $CH_3CH_2O^-$ 同时存在，$PhCH_2OK+CH_3CH_2OH \rightleftharpoons PhCH_2OH+CH_3CH_2OK$，若 $CH_3CH_2O^-$ 与苯磺酸正丁酯反应则生成乙基正丁基醚，所以得到二者的混合产物。

然而对甲酚的酸性远远大于乙醇，不存在上面的平衡，所以只能以对甲基苯酚负离子与苯磺酸正丁酯发生 S_N2 反应，生成对甲苯基正丁醚。

14.14

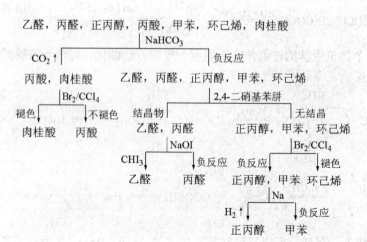

14.15

(1)
$$\begin{array}{c} CH_3COOH \\ C_2H_5OH \end{array} \xrightarrow{NaHCO_3} \begin{array}{l} CO_2\uparrow \rightarrow CH_3COONa \\ \text{负反应} \rightarrow C_2H_5OH \end{array}$$

(2) 以吐伦试剂鉴别，甲酸呈正反应。

(3) 以 $KMnO_4$ 溶液区别，草酸能使 $KMnO_4$ 溶液褪色。

(4)
```
苯甲酸                    CO2↑
对甲苯酚  ─NaHCO3─┤
苄醇              └─负反应→ 对甲苯酚 ─NaOH→ 溶解
                            苄醇           不溶（分层）
```

(5)
```
乙醛，丙醛，正丙醇，丙酸，甲苯，环己烯，肉桂酸
                        │NaHCO3
        CO2↑ ┌──────────┴──────────┐ 负反应
        丙酸，肉桂酸              乙醛，丙醛，正丙醇，甲苯，环己烯
        │Br2/CCl4                             │2,4-二硝基苯肼
   褪色 ┌─┴─┐ 不褪色              结晶物 ┌───┴───┐ 无结晶
   肉桂酸    丙酸                  乙醛，丙醛      正丙醇，甲苯，环己烯
                                  │NaOI                │Br2/CCl4
                              CHI3 ┌─┴─┐ 负反应    负反应 ┌─┴─┐ 褪色
                              乙醛      丙醛      正丙醇，甲苯   环己烯
                                                          │Na
                                                      H2↑ ┌─┴─┐ 负反应
                                                      正丙醇    甲苯
```

14.16

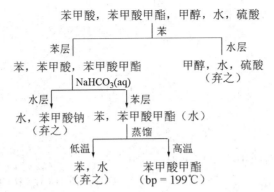

14.17（1）设平衡时乙酸有 x mol 转化为乙酸乙酯。

CH$_3$COOH + C$_2$H$_5$OH $\xrightarrow{H^+}$ CH$_3$COOC$_2$H$_5$ + H$_2$O　　$\dfrac{x^2}{(1-x)^2}=4$　　解得 $x=\dfrac{2}{3}=67\%$

1－x　　　　1－x　　　　　　　　x　　　　　　x

（2）设最少应该用 y mol 乙醇。

CH$_3$COOH + C$_2$H$_5$OH $\xrightarrow{H^+}$ CH$_3$COOC$_2$H$_5$ + H$_2$O　　$\dfrac{0.85^2}{(1-0.85)(y-0.85)}=4$　　解得 $y=2$ mol

1－0.85　　y－0.85　　　　　　0.85　　　　0.85

14.18

（1）

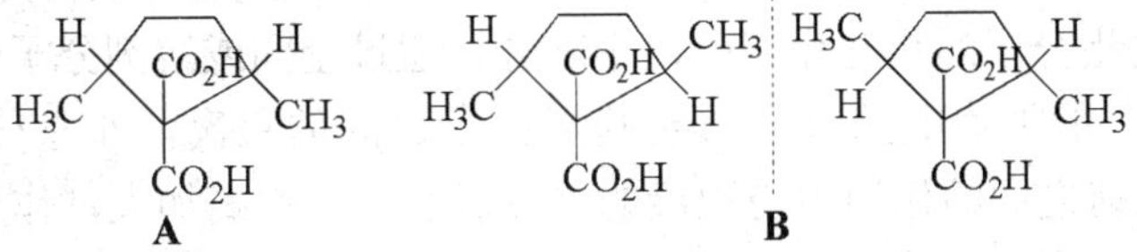

A　内消旋，无光学活性　　　　B　外消旋混合物，无光学活性

（2）A:

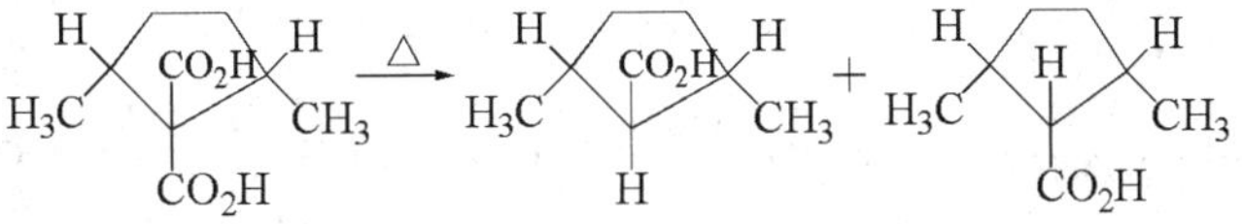

B:

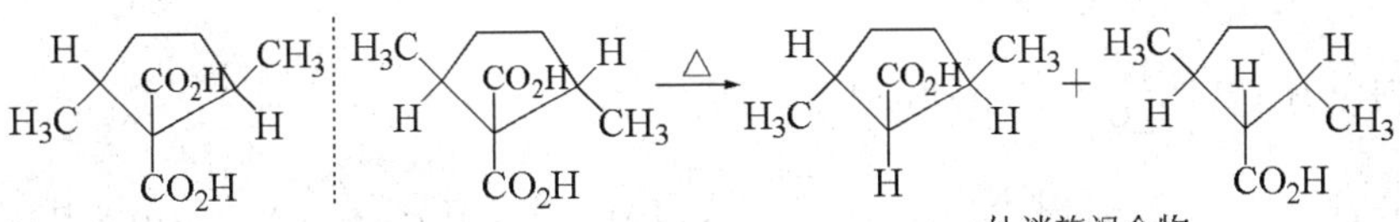

外消旋混合物

14.19

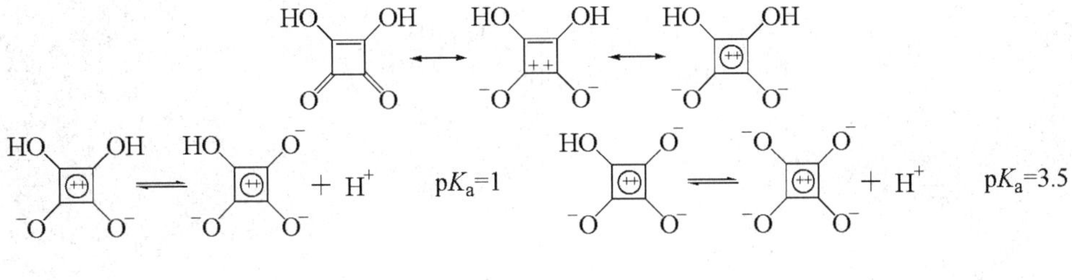

pK_a=1　　　　　　　　　　　　　　　　pK_a=3.5

14.20 M 为一外消旋混合物：CH$_3$*CH(OH)COOH

N: 3,6-二甲基-1,4-二氧六环-2,5-二酮（丙交酯结构）

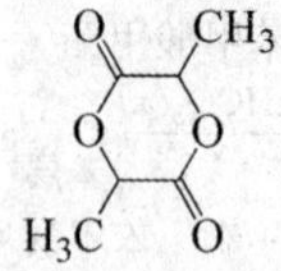

14.21

A: 1-溴-2-甲基-3-乙基环己烷
B: 1-甲基-6-乙基环己烯
C: 1-甲基-2-乙基环己烯
D: CH$_3$COCH(CH$_2$CH$_3$)CH$_2$CH$_2$CHO
E: CH$_3$COCH(CH$_2$CH$_3$)(CH$_2$)$_3$COOH
F: HOOCCH(CH$_2$CH$_3$)(CH$_2$)$_3$COOH
G: 2-乙基环戊酮
H: 1-乙酰基-2-甲基环己烯

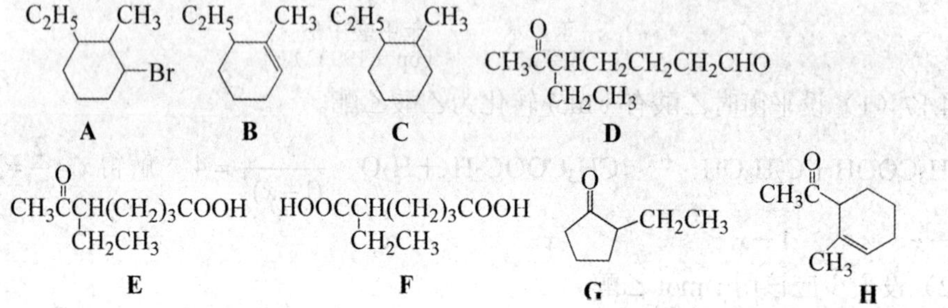

14.22

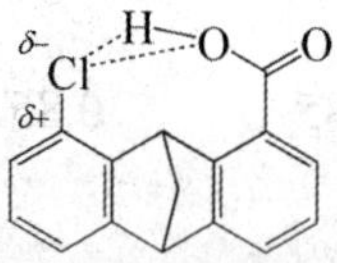

氯代后的酸性不是增强而是减弱，这是不能通过诱导效应来解释的，可用场效应来加以说明。场效应是指分子的相互作用的两个部分，通过空间或溶剂分子传递的电子效应，如上图所示。C—Cl 中带负电的氯端与羧基氢原子之间的距离，小于带正电的碳原子一端（$r_- < r_+$）。由于电荷之间的作用力与距离的平方成反比，距离加大，作用力急剧减弱，因此主要是氯原子上的负电荷对羧基氢原子的影响，即阻止氢原子变成带正电的质子离去，致使酸性减弱。

14.23

（1）CH$_3$CH=CH$_2$ $\xrightarrow[\text{2) Zn/H}_2\text{O}]{\text{1) O}_3}$ CH$_3$CHO $\xrightarrow{\text{NaOH}}$ CH$_3$CH=CHCHO $\xrightarrow{\text{Ag}^+(\text{NH}_3)_2}$ CH$_3$CH=CHCOOH

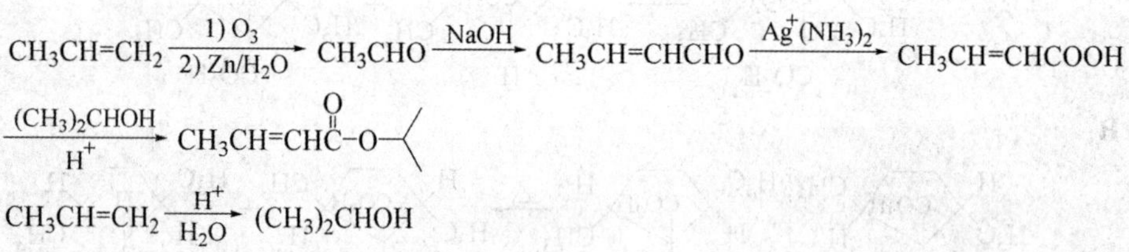

$\xrightarrow[\text{H}^+]{(\text{CH}_3)_2\text{CHOH}}$ CH$_3$CH=CHCOOCH(CH$_3$)$_2$

CH$_3$CH=CH$_2$ $\xrightarrow[\text{H}_2\text{O}]{\text{H}^+}$ (CH$_3$)$_2$CHOH

（2）H$_3$C-C$_6$H$_4$-CHO $\xrightarrow{\text{HCN}}$ H$_3$C-C$_6$H$_4$-CH(OH)CN $\xrightarrow[\text{H}_2\text{O}]{\text{H}^+}$ H$_3$C-C$_6$H$_4$-CH(OH)COOH $\xrightarrow[\triangle]{\text{H}^+}$ 产物

（3）CH$_3$CO(CH$_2$)$_3$Br $\xrightarrow[\text{H}^+]{\text{HOCH}_2\text{CH}_2\text{OH}}$ （缩酮）(CH$_2$)$_3$Br $\xrightarrow[\text{干醚}]{\text{Mg}}$ $\xrightarrow[\text{2) H}_3\text{O}^+]{\text{1) CO}_2}$ 产物

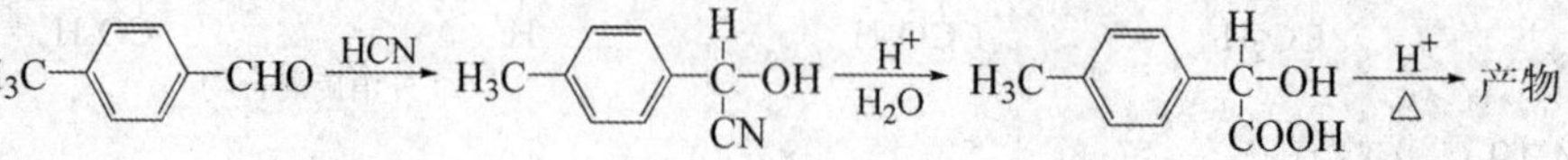

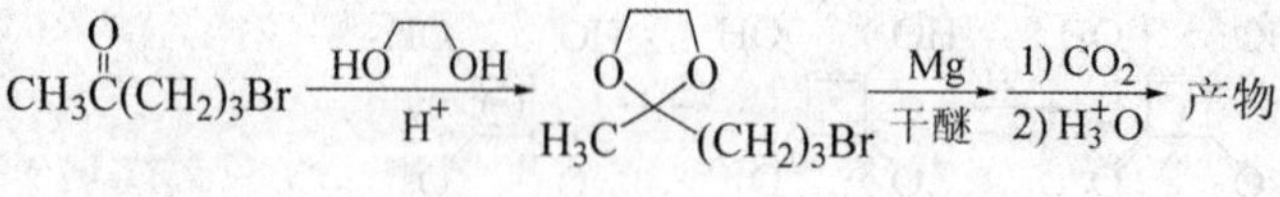

第十五章 羧酸衍生物

一、复习要点

羧酸的羟基被其他基团取代的化合物称为羧酸衍生物（Carboxylic acid derivatives），包括：

RCOX	RCOOR′	RCONH$_2$	(RCO)$_2$O	RCN
酰卤	酯	酰胺	酸酐	腈
acyl halide	ester	amide	anhydride	nitrile

由于腈可水解为酰胺和羧酸，因此也包括在其中。

1. 羧酸衍生物的结构及命名。
2. 波谱性质。

（1）^{1}H NMR（δ）

RCH$_2$COOCH$_3$	a: 2~3 ppm	RCH$_2$CONHR	a: 2~3 ppm
a b	b: 3.7~4 ppm	a b	b: 5~8 ppm

（2）IR

化合物	C=O 伸缩振动	
酯	1 735 cm^{-1}	
酰氯	1 815~1 785 cm^{-1}	
酸酐	1 850~1 800 cm^{-1} 和 1 780~1 740 cm^{-1}	
酰胺	1 680~1 630 cm^{-1}	N—H 伸缩振动 3 500~3 200 cm^{-1}
		N—H 弯曲振动 1 640~1 600 cm^{-1}
腈		C≡N 伸缩振动在 2 260~2 210 cm^{-1}

3. 化学性质。

（1）羧酸及其衍生物的相互转换

这既是制备方法之一，又是它们重要的性质。其反应机理如下：

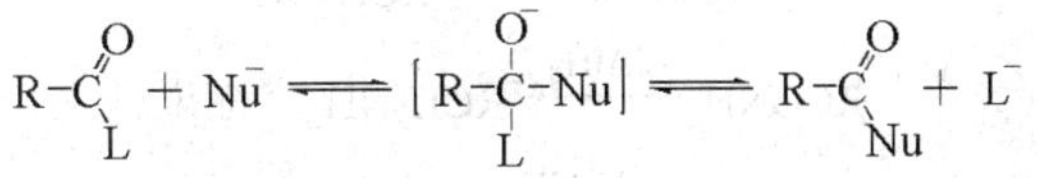

$$R-\underset{L}{\underset{\|}{\overset{O}{C}}}- + Nu^- \rightleftharpoons [R-\underset{L}{\underset{|}{\overset{O^-}{C}}}-Nu] \rightleftharpoons R-\underset{Nu}{\underset{\|}{\overset{O}{C}}}- + L^-$$

羧酸同衍生物之间可相互转化，但衍生物之间的转化与其活性有关，往往是定向的，由活泼的转化为不活泼的。其活性顺序为：酰卤＞酸酐＞酯＞酰胺。

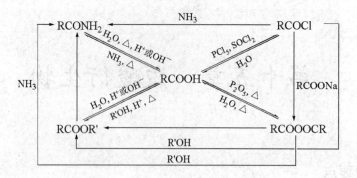

$$RCONH_2 \xrightarrow[H_2O/H^+ \text{或} OH^-]{P_2O_5 \text{或乙酸酐}} RCN$$

（2）与金属试剂的反应

①格氏试剂与酰卤、酯、酸酐、腈的反应：

$$RCOCl + R'MgX \longrightarrow R-\underset{O}{\overset{\|}{C}}-R' \xrightarrow[2) H_3^+O]{1) RMgX} R-\underset{R'}{\overset{OH}{\underset{|}{C}}}-R'$$

条件缓和时可停留在酮这一步。

$$RCO_2R' + R''MgX \xrightarrow{H_3^+O} R-\underset{R''}{\overset{OH}{\underset{|}{C}}}-R''$$

酸酐一般应用于二元酸酐，可制备酮酸。

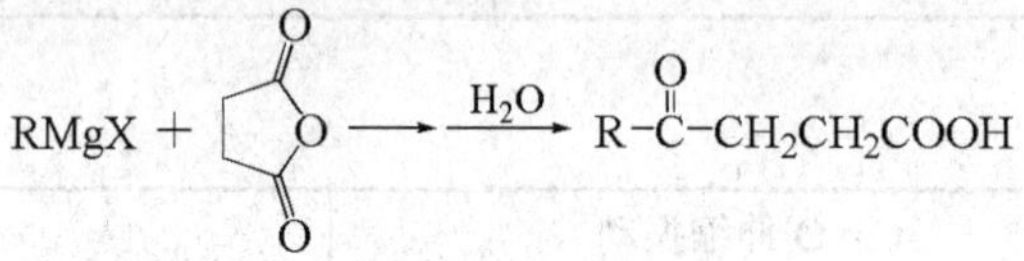

$$RMgX + \underset{}{\text{(琥珀酸酐)}} \xrightarrow{H_2O} R-\overset{O}{\overset{\|}{C}}-CH_2CH_2COOH$$

$$RCN + R'MgBr \xrightarrow{H_3^+O} R-\overset{O}{\overset{\|}{C}}-R'$$

②其他金属试剂与酰氯反应：

$$RCOCl \xrightarrow[R_2'CuLi]{R_2'Cd} \begin{array}{c} RCOR' \\ RCOR' \end{array}$$

（3）还原反应

①金属氢化物（$LiAlH_4$）能还原羧酸及其衍生物：

$$RCOOH \xrightarrow{LiAlH_4} RCH_2OH$$

$$RCOOR' \xrightarrow{LiAlH_4} RCH_2OH + R'OH$$

$$RCOCl \xrightarrow{LiAlH_4} RCH_2OH$$

$$RCONH_2 \xrightarrow{LiAlH_4} RCH_2NH_2 \text{（特殊）}$$

$$RCN \xrightarrow{LiAlH_4} RCH_2NH_2$$

②催化氢化可还原较活泼的酰卤及腈，而一般条件下不能还原其他的衍生物。

$$RCOCl + H_2 \xrightarrow{Pd\text{-}BaSO_4, S\text{—喹啉}} RCHO$$

也可采用位阻较大的金属氢化物还原，得到相同的结果：

$$RCOCl \xrightarrow{Li[OC(CH_3)_3]_3AlH} \xrightarrow{H_2O} RCHO$$

工业上采用铜铬氧化物催化还原酯，也可得到很好的结果。

$$RCOOR' + H_2 \xrightarrow[200\sim300\text{℃}, 10\sim30\text{MPa}]{CuO, CuCrO_4} RCH_2OH + R'OH$$

③酯也可用 Na/ROH 还原：

$$RCOOR' \xrightarrow{Na/ROH} RCH_2OH + R'OH$$

这也是羧酸间接还原的方法之一。

④酮醇缩合（acyloin condensation）：

$$R-\overset{O}{\underset{}{C}}-OR' \xrightarrow[\text{乙醚, 苯等}]{Na/\triangle} \xrightarrow{H_2O} R-\overset{OH}{\underset{}{CH}}-\overset{O}{\underset{}{C}}-R$$

α-羟基酮（醇酮）

此方法用于合成中环化合物及索环化合物。

⑤酯热消除：

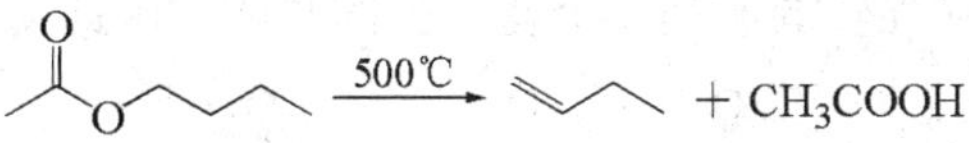

$$\xrightarrow{500\text{℃}} \diagup\!\!\!\diagdown + CH_3COOH$$

为顺式消除，取向为位阻较小的 β 氢。

二、新概念

羧酸衍生物（Carboxylic Acid Derivatives），酰卤（Acylhalide），酯（Ester），酰胺（Amide），酸酐（Anhydride），腈（Nitrile），亲核加成－消除机理（Nucleophilic Addition-Elimination Mechanism），醇解（Alcoholysis），内酯（Lactone），N-溴代丁二酰亚胺（N-Bromosuccinimide）

三、重要机理

1. 羰基反应的亲核取代——消除机理，酸催化与碱催化的具体机理。
2. 酮醇缩合机理。
3. 酯水解的两种机理。
4. 酰胺还原的机理（LiAlH$_4$）。

四、例题

例 1 给下列反应填入适当条件。

（1）$CH_3\overset{O}{\underset{}{C}}CH_2CH_2COOCH_3 \longrightarrow CH_3\overset{OH}{\underset{}{CH}}CH_2CH_2COOCH_3$

（2）$\begin{array}{l}CH_2COOH\\CH_2COOC_2H_5\end{array} \longrightarrow \begin{array}{l}CH_2COOH\\CH_2CH_2OH\end{array}$

（3）NC—⬡=O ⟶ NC—⬡—OH

（4）⬡—COOH ⟶ ⬡—CH$_2$OH

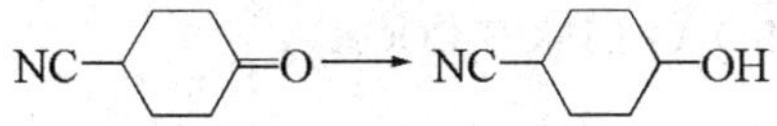

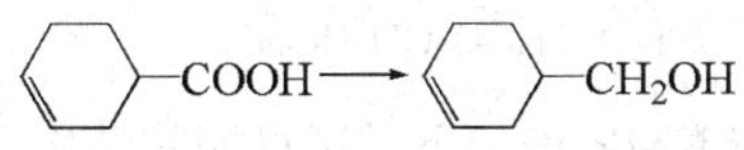

（5）$CH_3O-\overset{O}{\underset{}{C}}-CH_2CH_2COCl \longrightarrow CH_3O-\overset{O}{\underset{}{C}}-CH_2CH_2CHO$

解 （1）$NaBH_4$，（2）$Na/$乙醇，（3）$NaBH_4$，（4）$LiAlH_4$，（5）$H_2/Pd/BaSO_4/S$-喹啉

例 2 回答下列问题：（1）为什么醛酮与亲核试剂总是进行加成反应，而羧酸衍生物与亲核试剂总是进行亲核取代反应？（2）醛酮的羰基活性介于酰氯与酯之间，如何解释？（3）与酯基相近的 α-碳上的氢也具有酸性，它可进行与羟醛缩合类似的酯缩合反应，以乙酸乙酯为例写出其缩合的过程及结构。

解

(1) $$R-\underset{\underset{}{\|}}{\overset{O}{C}}-H(R') + Nu^- \longrightarrow R-\underset{Nu}{\overset{O^-}{\underset{|}{C}}}-H(R') \xrightarrow{H_2O} R-\underset{Nu}{\overset{OH}{\underset{|}{C}}}-H(R')$$

亲核试剂与醛酮加成，由于 H^- 和 R^- 碱性强，是很难离去的基团，因此得到加成产物。

$$R-\overset{O}{\underset{\|}{C}}-L + Nu^- \longrightarrow R-\underset{Nu}{\overset{O^-}{\underset{|}{C}}}-L \xrightarrow{-L^-} R-\overset{O}{\underset{\|}{C}}-Nu$$

羧酸衍生物中 L^- 的碱性较弱，是一个易离去的基团，因此得到亲核取代的产物。

(2) $$R-\overset{O}{\underset{\|}{C}}-X \quad R-\overset{O}{\underset{\|}{C}}-R'(H) \quad R-\overset{O}{\underset{\|}{C}}-OR'$$

酰卤中羰基受到卤素的诱导作用，使羰基碳上的正电荷增加，羰基的活性增大。酯中烃氧基上的未共用电子对与羰基发生共轭，使羰基极性减小，因此羰基活性降低。醛酮中 R′ 基的给电子作用比酯小，它的活性介于酰氯与酯之间。

(3) $$CH_3-\overset{O}{\underset{\|}{C}}-OC_2H_5 \xrightleftharpoons{\text{碱}} \overset{\ominus}{C}H_2-\overset{O}{\underset{\|}{C}}-OC_2H_5$$

$$CH_3-\overset{O}{\underset{\|}{C}}-OC_2H_5 + \overset{\ominus}{C}H_2-\overset{O}{\underset{\|}{C}}-OC_2H_5 \rightleftharpoons CH_3-\underset{OC_2H_5}{\overset{O^-}{\underset{|}{C}}}-CH_2-\overset{O}{\underset{\|}{C}}-OC_2H_5 \xrightarrow{-C_2H_5O^-} CH_3-\overset{O}{\underset{\|}{C}}-CH_2-\overset{O}{\underset{\|}{C}}-OC_2H_5$$

例 3 完成下列反应。

(1) $CH_3COCl + H_2N-\overset{O}{\underset{\|}{C}}-CH_2CH_2NH_2 \longrightarrow$

(2) 丁二酸酐 $+ C_2H_5OH \longrightarrow$

(3) $RCN + NH_3 \xrightarrow[\triangle]{AlCl_3}$

(4) $H_2N-\overset{O}{\underset{\|}{C}}-Cl + CH_3O^- \longrightarrow$

(5) γ-丁内酯 $\xrightarrow{NH_3}$

解

(1) $H_2N-\overset{O}{\underset{\|}{C}}-CH_2CH_2NH-\overset{O}{\underset{\|}{C}}-CH_3$

(2) $C_2H_5O-\overset{O}{\underset{\|}{C}}-CH_2CH_2COOH$

(3) $R-\overset{NH}{\underset{\|}{C}}-NH_2$

(4) $H_2N-\overset{O}{\underset{\|}{C}}-OCH_3$

(5) $HOCH_2CH_2CH_2CONH_2$

例 4 化合物分子式为 $C_{10}H_{13}O_2N$，其 IR 及 ^1H NMR 谱如下，试推测其结构。

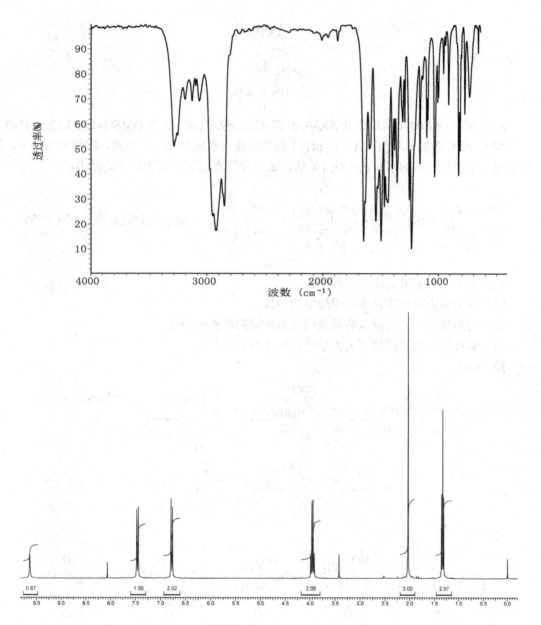

解 此化合物不饱和度 $= 10+1-\dfrac{13}{2}+\dfrac{1}{2}=5$（可能有苯环）。

IR 在 1 600~1 400 cm^{-1} 有多重峰，结合 ^{1}H NMR 在 7.0 左右有 4H，说明有一个二取代的苯环；

IR 在 840 cm^{-1} 左右有一较强的吸收峰，^{1}H NMR 在 7.0 左右有一对称的吸收，说明是对位取代；

IR 在 1 680 cm^{-1} 左右有吸收峰，可能有－CONH－或与苯环共轭的羰基；

IR 在 3 300 cm^{-1} 左右有较强峰，可能有 N－H 或 O－H；

其 ^{1}H NMR 谱图解析如下：

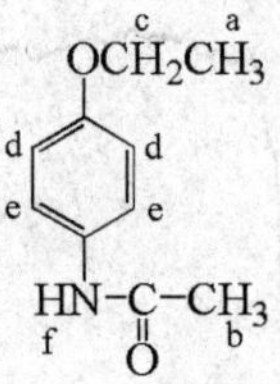

a: $\delta 1.30$, b: $\delta 2.00$, c: $\delta 3.92$, d: $\delta 6.80$, e: $\delta 7.42$; f: $\delta 9.65$; $\delta 2.49$ 为 DMSO-d_6, $\delta 3.32$ 为 H_2O。

例 5 邻甲酰胺苯甲酸（**A**）在 pH=3 的水溶液中水解得邻苯二甲酸，在相同条件下，其水解速度比苯甲酰胺的水解速度快 10^5 倍，如用同位素标记，得到如下的结果：

（$C^{\#}$ 代表 ^{13}C，O^{*} 代表 ^{18}O）

等量酸

预期邻苯二甲酸酐是反应中间体。

（1）写出由原料形成邻苯二甲酸酐的历程。
（2）写出邻苯二甲酸酐水解形成同位素标记的产物的历程。
（3）解释为什么此机理可大大加速反应速度。

解 （1）

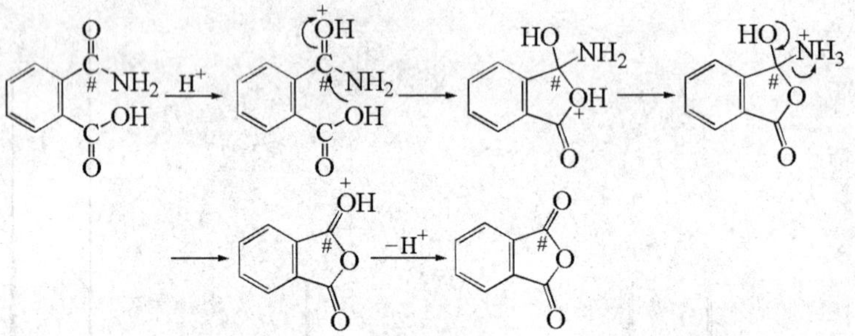

（2）

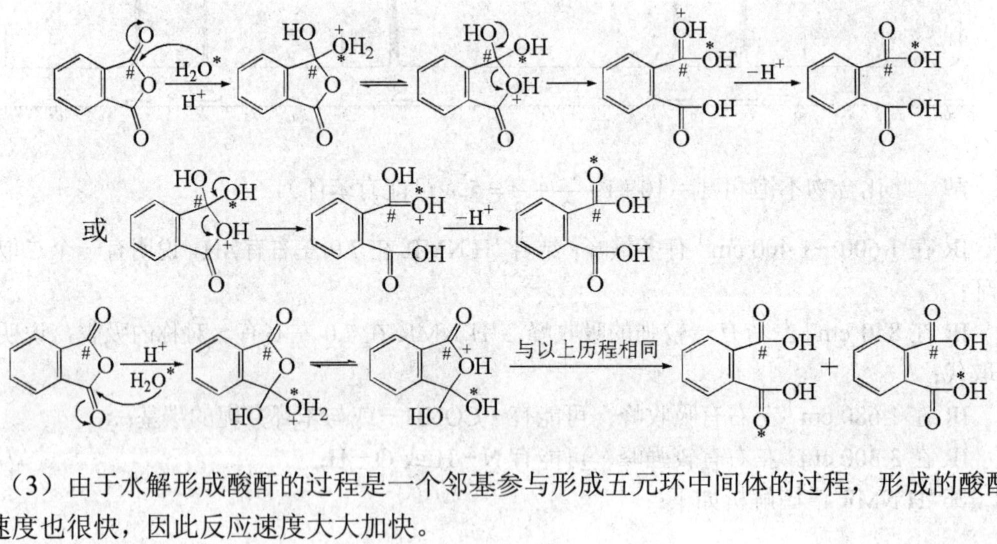

或

（3）由于水解形成酸酐的过程是一个邻基参与形成五元环中间体的过程，形成的酸酐水解速度也很快，因此反应速度大大加快。

五、习题

15.1 用中、英文命名下列化合物。

(1) [邻苯二甲酸酐结构]   (2) [2-甲基丁二酸酐结构]   (3) Cl—C₆H₄—CO—O—CO—C₆H₄—Cl (4-氯苯甲酸酐)

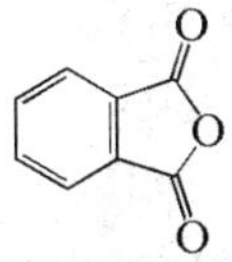

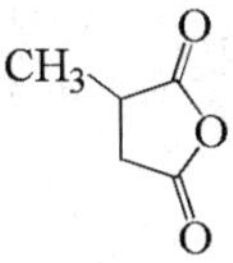

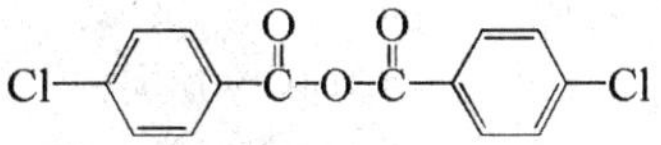

(4) CH₃CH₂CH₂CH(CH₃)C≡N   (5) (CH₃)₂C=CHCN   (6) HOOCCH₂CH₂CH₂C≡N

(7) CH₃COOCH₂C₆H₅   (8) [6-甲基-6-羟基-δ-戊内酯]   (9) C₂H₅OC(O)(CH₂)₄COOH

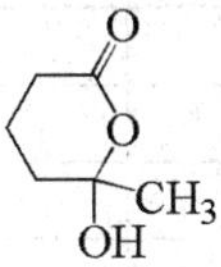

(10) Cl—C(O)—OC₂H₅   (11) 3,5-二硝基苯甲酰氯   (12) CH₃CH₂CHClCOCl

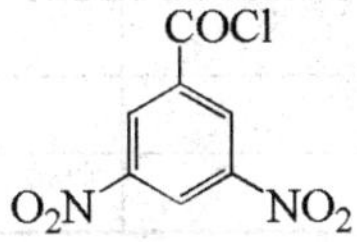

(13) CH₃CH₂—C₆H₄—CONH—C₆H₅   (14) H—C(O)—N(CH₃)₂   (15) SOCl₂

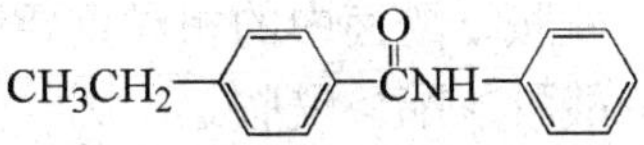

15.2 写出下列化合物的结构式及英文名称:(1) 光气;(2) 原甲酸乙酯;(3) 尿素;(4) 丁二酰亚胺;(5) 马来酐;(6) 邻苯二甲酸酐。

15.3 完成下列反应,写出反应产物。

(1) CH₃C(¹⁸O)OC(CH₃)₃ $\xrightarrow{H^+/H_2O}$

(2) CH₃CH(OH)COOH $\xrightarrow{SOCl_2}$

(3) CH₃CH₂CH₂COCl $\xrightarrow[\text{喹啉,硫}]{H_2, Pd-BaSO_4}$

(4) 3-甲氧基-4-甲基苯甲酰氯 $\xrightarrow[\text{1 mol}]{LiAlH(OBu-t)_3}$

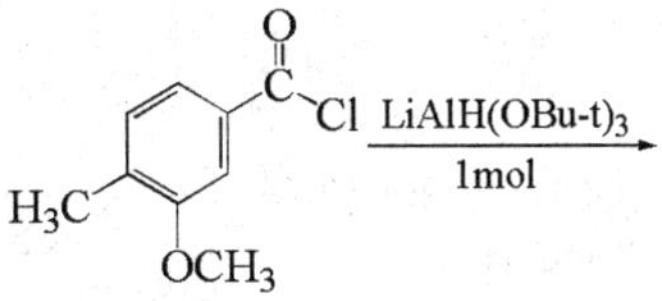

(5) CH₃COCl + CH₃COONa →

(6) 丁二酸酐 + 2NH₃ →

(7) 邻-(HOOC)C₆H₄(CH₂COOH) $\xrightarrow[\triangle]{(CH_3CO)_2O}$

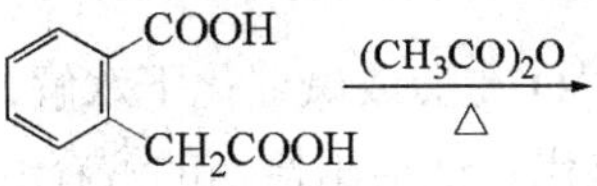

(8) CH₃COOC₂H₅ $\xrightarrow{Na/C_2H_5OH}$

(9) 碳酸乙烯酯 $\xrightarrow[H_2O]{2NaOH}$

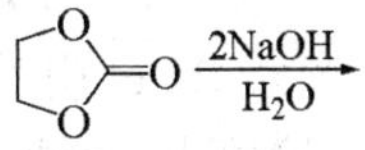

(10) CH₂=CH—C(O)—¹⁸OCH₃ + n-C₄H₉OH $\xrightarrow{H_3C-C_6H_4-SO_3H}$

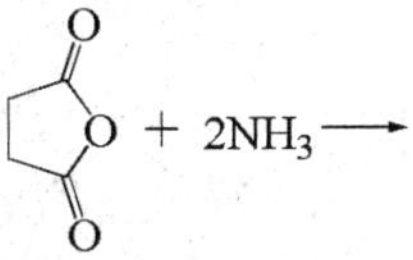

(11) N-甲基-2-吡咯烷酮 $\xrightarrow[\triangle]{H_2O, OH^-}$

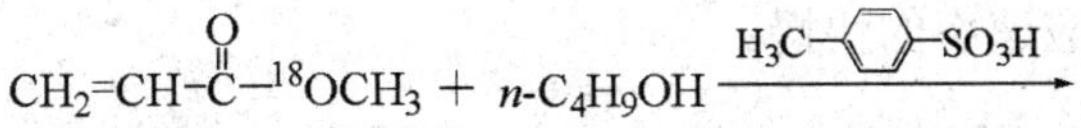

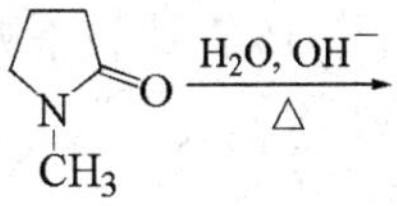

(12) C₆H₅—CONH₂ $\xrightarrow[\triangle]{P_2O_5}$

(13) C₂H₅O—C(O)—OC₂H₅ + EtMgBr(过量) $\xrightarrow{H_3O^+}$

(14) CH₃-C(=O)-O-C(Ph)=CH₂ + H₂O —NaOH→

(15) CH₃OH + Ph-S(=O)₂-Cl —Pyridine, OH⁻→

(16) [γ-butyrolactone with CH₂(CH₂)₃CH₃ substituent] + CH₃MgBr (过量) —→ H₃O⁺

(17) [dicarboxylate COOCH₃ / COOCH₃] —Na, 二甲苯→ A —Cu(OAc)₂, 乙醇, △→ B

(18) CH₃C(=O)CH₂C(=O)OCH —CH₃OH, KOH, △→ A + B

15.4 下列化合物的 C—O、C—N、C—Cl 键的键长列于下表:

化合物	C—O	C—N	C—Cl
CH₃OCH₃	0.142 nm		
CH₃COOCH₃	0.136 nm		
CH₃NH₂		0.147 nm	
CH₃CONH₂		0.137 nm	
CH₃Cl			0.1784 nm
CH₃COCl			0.1789 nm

(1) 利用这些数据讨论偶极共振式的稳定性在酯、酰胺、酰卤中的相对重要性。

(2) 解释它们与亲核试剂反应的活性顺序: 酰氯＞酸酐＞酯＞酰胺。

(3) 为什么酰基碳上的亲核取代比在饱和碳上容易得多? 即: RCOCl 比 R—Cl 更活泼; RCONH₂ 比 R—NH₂ 更活泼; RCOOR′比 R—OR′更活泼。

15.5 完成下列反应,写出反应产物。

(1) [adamantane lactone] —LiAlH₄→

(2) [N-substituted succinimide with C₆H₅ and CH₂COOCH₃] —LiAlH₄ / NaBH₄→

(3) [4-oxocyclohexane-COOC₂H₅] —NaBH₄→

(4) CH₂COOH / CH₂COOC₂H₅ —Na/C₂H₅OH→

(5) [pyrrolidinone HN] —LiAlH₄→

(6) CH₃-C(=O)-C₆H₄-CN —NaBH₄→

(7) [1,4-disubstituted cyclohexane with COCH₃ and CN] —H₂/Pt→

(8) [cyclopentane-1,1-dicarboxylic acid] —LiAlH₄→

(9) [3-oxocyclopentane-CO₂CH₃] —Na/C₂H₅OH→

15.6 用 ¹⁸O 标记羰基的苯甲酸乙酯,用普通的水 H₂¹⁶O 在酸或碱催化下水解,反应被中途停止。经检测发现在未水解的酯中,部分 ¹⁸O 被 ¹⁶O 取代。试给出恰当的解释。

15.7 比较下列各化合物皂化反应速率的快慢。

(1) C₆H₅-COOC₂H₅   Cl-C₆H₄-COOC₂H₅   O₂N-C₆H₄-COOC₂H₅

H₃CO-C₆H₄-COOC₂H₅   H₃C-C₆H₄-COOC₂H₅

(2) CH₃COOCH₃   CH₃COOC₂H₅   CH₃COOCH(CH₃)₂   CH₃COOC(CH₃)₃

（3）HCOOCH$_3$ CH$_3$COOCH$_3$ CH$_3$CH$_2$COOCH$_3$ (CH$_3$)$_2$CHCOOCH$_3$ (CH$_3$)$_3$CCOOCH$_3$

（4）RCOOAr RCOOR'

15.8 甲醇溶液中用甲醇钠催化，乙酸叔丁酯转变成乙酸甲酯的速率只有乙酸乙酯在同样条件下转变为乙酸甲酯的 1/10，试解释之。

15.9 利用 H$_2^{18}$O 或 C^{18}O$_2$ 作为 ^{18}O 的来源，合成下面化合物。

（1）C$_6$H$_5$–C(=^{18}O)–^{18}OCH$_3$ （2）C$_6$H$_5$–C(=O)–^{18}OCH$_3$ （3）C$_6$H$_5$–C(=^{18}O)–OCH$_3$

15.10 预测下列反应产物，并说明理由。

（1）H$_2$N–C(=O)–Cl + CH$_3$O$^-$ ⟶

（2）CH$_3$O–C(=O)–Cl + H$_2$N$^-$ ⟶

15.11 糖精是邻磺酰苯（甲）酰亚胺的俗名，它比蔗糖甜 550 倍，可作调味剂或供糖尿病患者使用。它可由甲苯为原料经下列步骤合成：

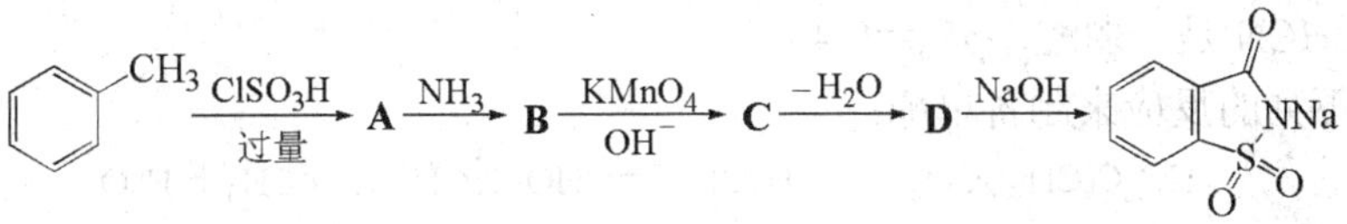

C$_6$H$_5$CH$_3$ $\xrightarrow[\text{过量}]{\text{ClSO}_3\text{H}}$ A $\xrightarrow{\text{NH}_3}$ B $\xrightarrow[\text{OH}^-]{\text{KMnO}_4}$ C $\xrightarrow{-\text{H}_2\text{O}}$ D $\xrightarrow{\text{NaOH}}$ 糖精钠

写出每步的产物。

15.12 完成下列转化（可能不止一步反应）。

（1）$\underset{\text{H}_3\text{C} \quad \text{COOCH}_2\text{CH}_3}{\text{CH}_3\text{C}=\text{CCH}_2\text{COOCH}_2\text{CH}_3}$ ⟶ $\underset{\text{CH}_2\text{OCOCH}_3}{\text{CH}_3}$CHCHCH$_2CH_2$OCCH$_3$

（2）$\underset{\text{H} \quad \text{COCH}_2\text{CH}_3}{\overset{\text{CH}_3(\text{CH}_2)_3 \quad \text{H}}{\text{C}=\text{C}}}$ ⟶ $\underset{\text{H} \quad \text{CHO}}{\overset{\text{CH}_3(\text{CH}_2)_3 \quad \text{H}}{\text{C}=\text{C}}}$

（3）环己烯并内酯-螺环己烷 ⟶ 环己烯-C(CH$_2$OH)(OH)-环己烷

（4）缩酮-CH$_2$O-四氢吡喃-CN ⟶ 环戊酮-=CH$_2$-CONH$_2$

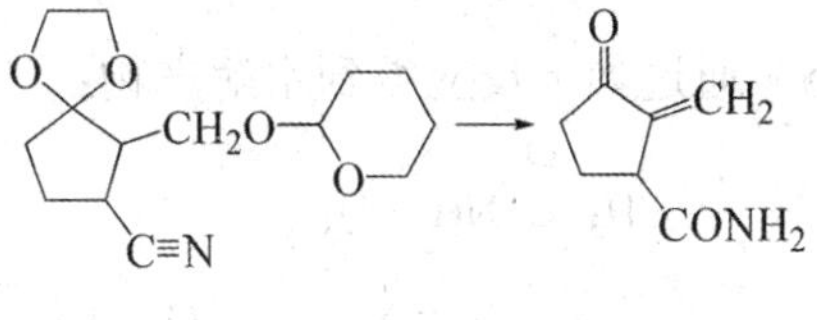

（5）HC≡CCOOCH$_2$CH$_3$ ⟶ CH$_3$(CH$_2$)$_7$CH(OH)C≡CCOOCH$_2$CH$_3$

（6）CH$_3$(CH$_2$)$_7$CH(OH)C≡CCOOCH$_2$CH$_3$ ⟶ CH$_3$(CH$_2$)$_7$-γ-丁内酯

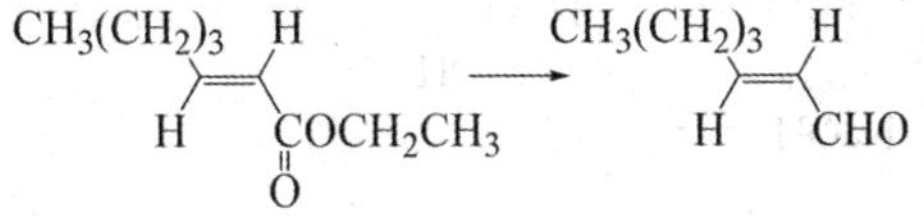

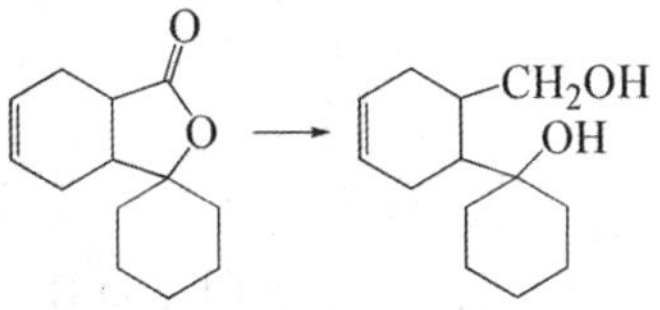

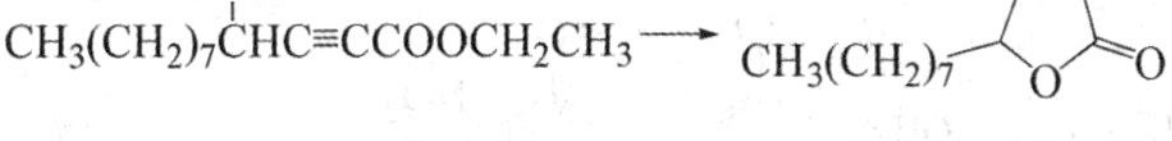

（7）降冰片烯-CH$_2$CO$_2$CH$_3$ ⟶ 降冰片烯-CH$_2$CD$_2$OH

（8）二环戊烷-CH=CH$_2$，OCOCH$_3$ ⟶ 二环戊烷-CH$_2$CH$_2$OH，OH

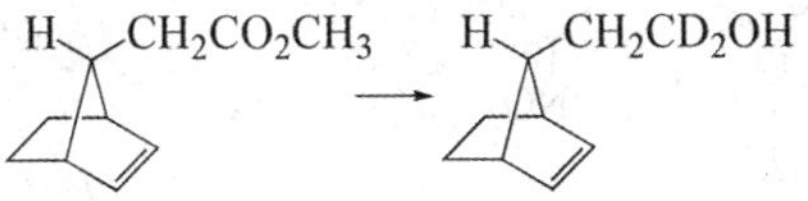

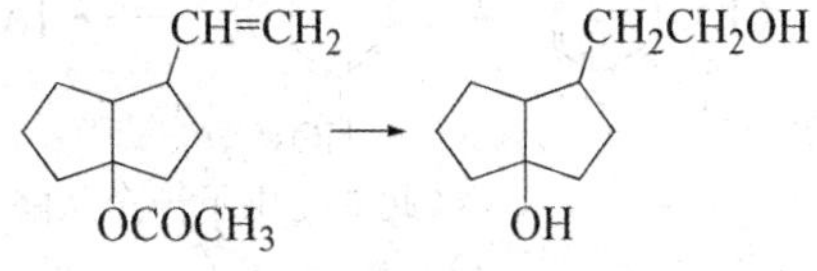

（9）CH$_2$=CH(CH$_2$)$_8$CO$_2$H ⟶ OHC(CH$_2$)$_9$C≡CH

（10）C$_6$H$_5$CHO ⟶ C$_6$H$_5$CH(OH)CH(CH$_3$)COCH$_2$CH$_3$

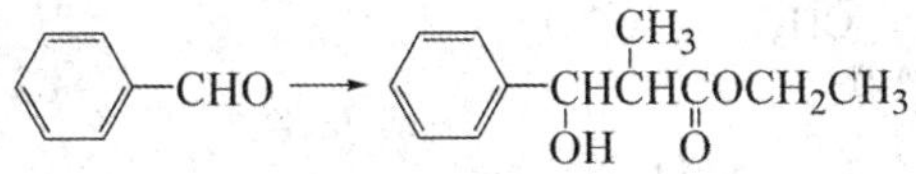

（11）HOCH$_2$(CH$_2$)$_4$CO$_2$CH$_2$CH$_3$ ⟶ CH$_2$=CHCH(OCOCH$_3$)(CH$_2$)$_4$CO$_2$H

15.13 解释下列各名词：(1) 酯；(2) 油脂；(3) 皂化值；(4) 碘值；(5) 干性油。

15.14 写出辣椒素（Capsaicin）在下列条件下可能发生的反应。

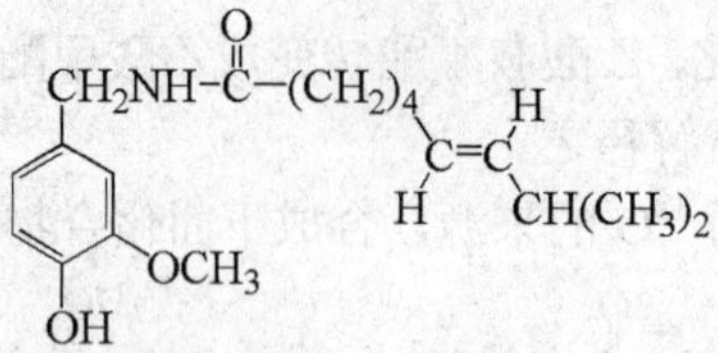

(1) Br_2/CCl_4，(2) 5% $NaOH/H_2O$，(3) 5% HCl/H_2O，(4) H_2/Catalyst，(5) 产物（4）+6 M HCl/△，(6) 产物（2）+CH_3I，(7) 产物（4）+浓 HBr。

15.15 一个学生建议如下的合成反应，但未得到很好的结果，试解释其原因。

(1) 伯醇+HBr 可得到溴化烷，由此他设想了类似的腈的合成：

$$PhCH_2OH + HCN \xrightarrow{H_2O} PhCH_2CN + H_2O$$

（提示：HCN 是一弱酸，pK_a=9.4）

(2) 用下列的反应来制备单酯：

$$HO_2C(CH_2)_4CO_2H + CH_3OH \longrightarrow HO_2C(CH_2)_4CO_2CH_3 + H_2O$$
$$1\text{ mol} \qquad\qquad 1\text{ mol}$$

(3) 用下面反应合成乙酸苯酸酐：

$$CH_3COOH + Ph-\overset{O}{\underset{}{C}}-OH \xrightarrow{P_2O_5} CH_3-\overset{O}{\underset{}{C}}-O-\overset{O}{\underset{}{C}}-Ph$$

(4) 该生想用下列的条件使水杨酸甲酯完全皂化。

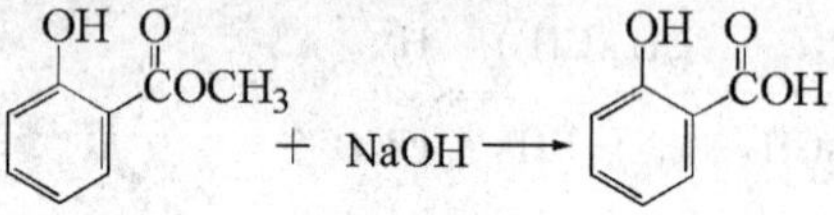

水杨酸甲酯 + NaOH ⟶ 水杨酸
1 mol   1 mol

(5) 通过如下反应得到水解产物：

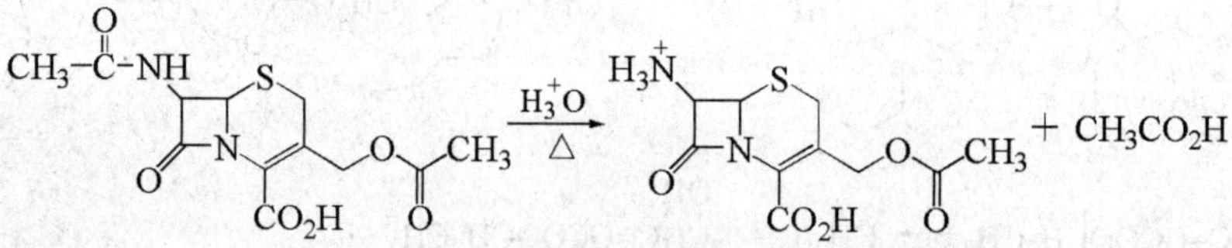

头孢类化合物 $\xrightarrow[\triangle]{H_3O^+}$ 脱乙酰产物 + CH_3CO_2H

15.16 写出下列反应机理，并用弯箭头表示发生反应的位置。

(1) 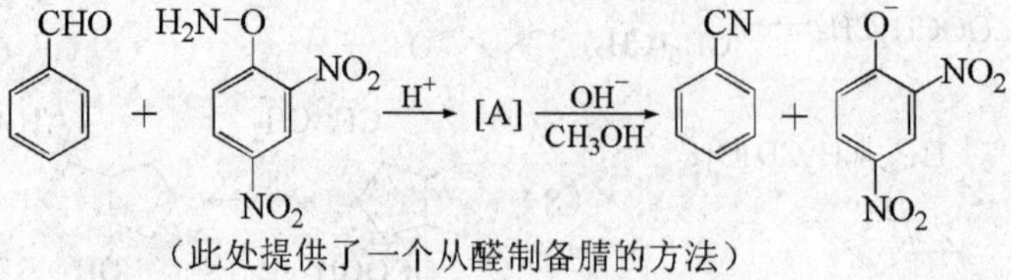 PhCHO + 2,4-二硝基苯氧胺 $\xrightarrow{H^+}$ [A] $\xrightarrow[CH_3OH]{OH^-}$ PhCN + 2,4-二硝基苯酚负离子

（此处提供了一个从醛制备腈的方法）

(2) 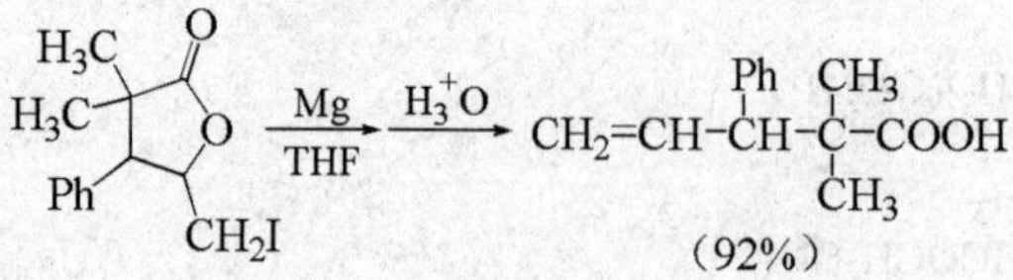 内酯(含 H_3C, H_3C, Ph, CH_2I) $\xrightarrow[THF]{Mg}$ $\xrightarrow{H_3^+O}$ $CH_2=CH-CH(Ph)-C(CH_3)_2-COOH$ (92%)

(3) γ-丁内酯 + C_2H_5OH + HBr(g) $\xrightarrow{0℃}$ $Br(CH_2)_3C(O)OC_2H_5$

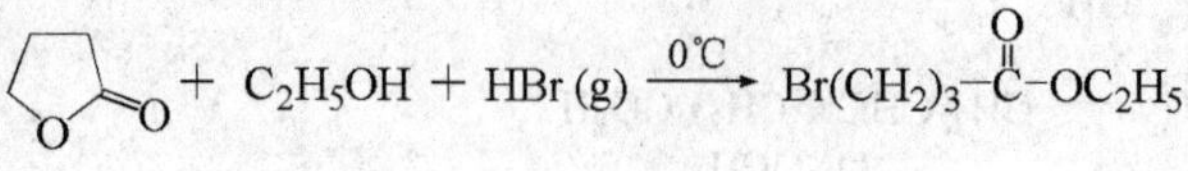

(4) ![structure] + Hg(OCCF₃)₂ —NaBH₄→ [bicyclic lactone structure]

（不需写出NaBH₄还原机理）

15.17 以苯、甲苯和四个碳以下的有机物为原料，合成下述化合物（无机试剂任选）。

(1) $\text{CH}_2\text{-COCl}$
    $\ \ \text{Br}$

(2) 3-硝基二苯甲酮结构

(3) H_3C
    H_3C —丁二酸酐 (α,α-二甲基)

(4) $\text{Br-C}_6\text{H}_4\text{-CH(NH}_2)\text{-COOH}$

(5) 3-溴-4-甲基苯甲酸

(6) 1-甲基萘

(7) $(\text{CH}_3)_3\text{C-COOH}$

(8) 顺式-$\text{CH}_3\text{CH}_2\text{-CH=CH-CH}_2\text{COOH}$

(9) 苯并呋喃-3(2H)-酮

(10) $\text{CH}_3\text{CHCH}_2\text{CHO}$
     $\quad\ \ \text{COOH}$

(11) 1-乙基-1-(氨甲酰甲基)环己烷

(12) 2-苯并呋喃酮（酞内酯）

15.18 用不同的方法制备下述酸酐。

(1) $\text{CH}_3\overset{O}{\text{C}}\text{-O-}\overset{O}{\text{C}}\text{C}_2\text{H}_5$

(2) 戊二酸酐

(3) $\text{CH}_3(\text{CH}_2)_4\overset{O}{\text{C}}\text{-O-}\overset{O}{\text{C}}(\text{CH}_2)_4\text{CH}_3$

15.19 下述反应称为 Ritter 反应：

$$(\text{CH}_3)_3\text{C-OH} + \text{CH}_3\text{CN} \xrightarrow[\Delta]{\text{H}_2\text{O, H}_2\text{SO}_4} (\text{CH}_3)_3\text{CNHCOCH}_3$$

试写出一个机理解释上述反应。

15.20 某化合物 **A** 能溶于水，但不溶于乙醚。**A** 含有 C、H、O、N。**A** 加热后得一化合物 **B**，**B** 和 NaOH 溶液煮沸放出一种有气味的气体，残余物经酸化后得一个不含氮的物质 **C**，**C** 与 LiAlH₄ 反应后的物质用浓 H₂SO₄ 处理，得一气体烯烃 **D**，该烃分子量为 56，臭氧化并水解后得一个醛和酮。推测 **A**，**B**，**C** 和 **D** 的结构。

15.21 有一化合物 **E**，分子式 $C_{10}H_{12}O_3$，**E** 不溶于水，稀硫酸及稀 NaHCO₃ 共热后，在碱性介质中进行水蒸气蒸馏，所得馏出液的成分可发生碘仿反应。把水蒸气蒸馏后剩下的碱性溶液进行酸化，得到一个沉淀 **F**，分子式为 $C_7H_6O_3$，**F** 能溶于 NaHCO₃ 溶液，并放出气体，**F** 与 FeCl₃ 溶液作用有呈色反应，**F** 在酸性介质中可进行水蒸气蒸馏。写出 **E** 和 **F** 的结构，并写出各步反应的方程式。

15.22 某化合物 **A** 的分子式为 $C_5H_6O_3$，它能与乙醇作用得到两个互为异构体的化合物 **B** 和 **C**，而 **B** 和 **C** 分别与亚硫酰氯作用后再加入乙醇中都得到同一化合物 **D**。试推测化合物 **A**～**D** 的结构式，并写出有关的化学反应式。

15.23 四个酰基化合物的核磁共振谱和红外吸收峰如下表，试分别指出它们的结构。

分子式	核磁共振谱			红外吸收峰
(1) $C_8H_{14}O_4$	三重峰	$\delta 1.2$	6H	1 740 cm^{-1}
	单峰	$\delta 2.5$	4H	
	四重峰	$\delta 4.1$	4H	
(2) $C_{11}H_{14}O_2$	双重峰	$\delta 1.0$	6H	1 720 cm^{-1}
	多重峰	$\delta 2.0$	1H	
	双重峰	$\delta 4.1$	2H	
	多重峰	$\delta 7.8$	5H	
(3) $C_4H_7ClO_2$	三重峰	$\delta 1.3$	3H	1 745 cm^{-1}
	单峰	$\delta 4.0$	2H	
	四重峰	$\delta 4.2$	2H	
(4) $C_{10}H_{12}O_2$	三重峰	$\delta 1.2$	3H	1 740 cm^{-1}
	单峰	$\delta 3.5$	2H	
	四重峰	$\delta 4.1$	2H	
	多重峰	$\delta 7.3$	5H	

15.24 下面是分子式为 $C_9H_{10}O_2$ 的两个酯的异构体的 ^1H NMR 图，请给出其结构。

(1)

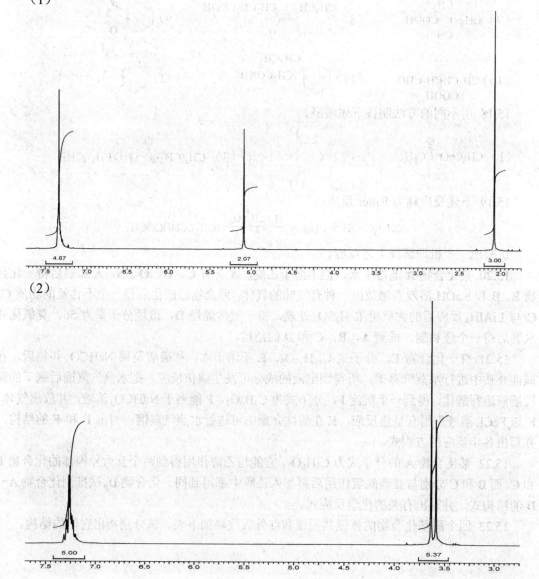

(2)

15.25 下面是化合物 **A** 的核磁共振谱及质谱，它的红外谱在 1 710 cm^{-1} 处有强吸收，试写出化合物 **A** 的结构，并写出质谱中出现的离子的结构。

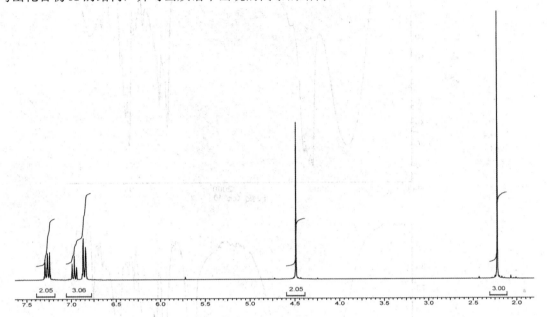

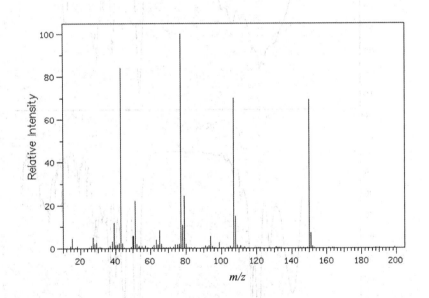

15.26 下面给出 7 个化合物的名称及红外光谱图，确定它们的对照关系，并指出确定其结构的依据。

（1）3-甲基-1-戊醇；（2）环庚酮；（3）*E*-2-己烯醛；（4）环丁甲酸；（5）N-环己基甲酰胺；（6）3-丁烯酸；（7）癸酸乙酯。

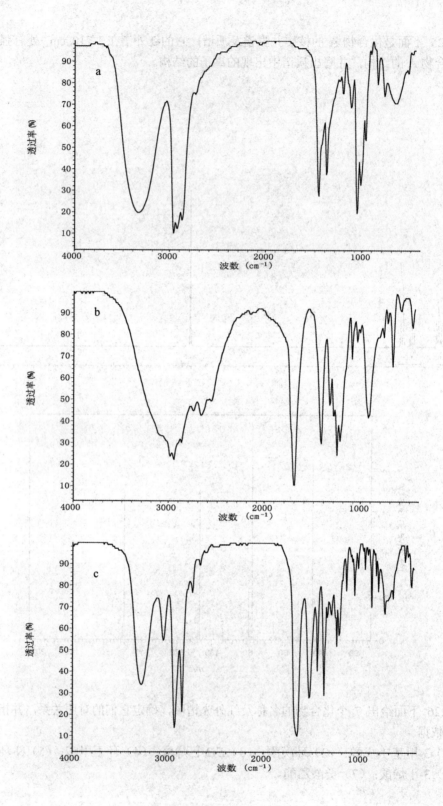

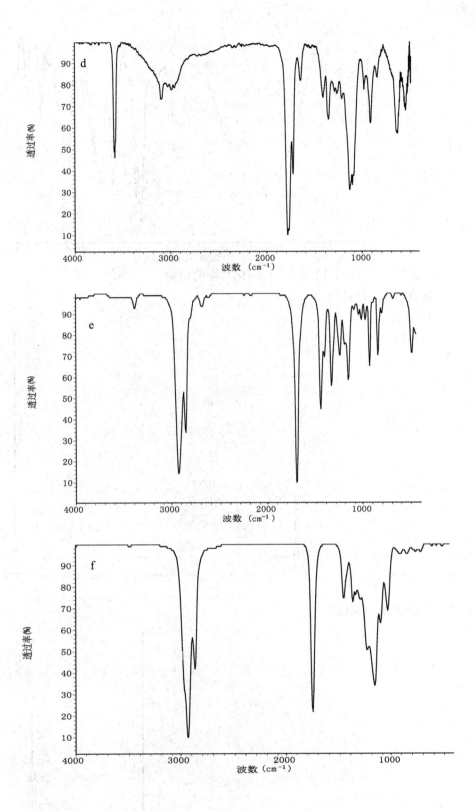

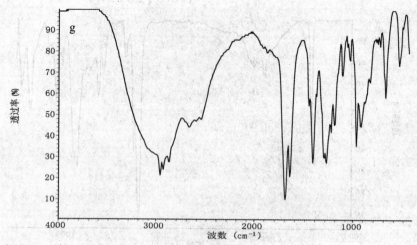

15.27 根据下列核磁共振谱推出相应化合物的结构。

（1）化合物 A，$C_8H_8O_2$

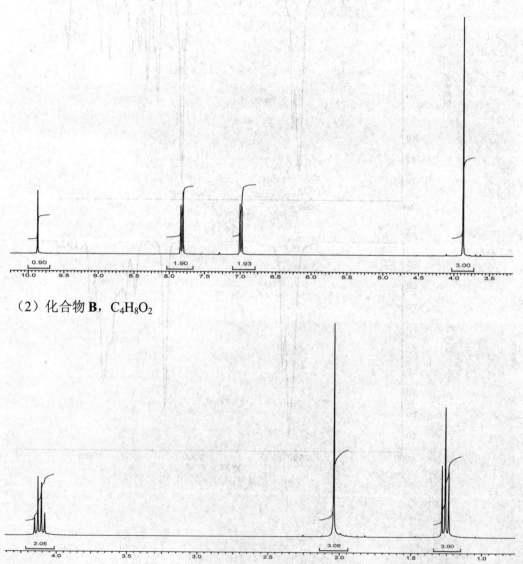

（2）化合物 B，$C_4H_8O_2$

六、习题参考答案

15.1（1）邻苯二甲酸酐（酞酸酐） phthalic anhydride

（2）2-甲基丁二酸酐（2-甲基琥珀酸酐） 2-methylsuccinic anhydride

（3）对氯苯甲酸酐 *p*-chlorobenzoic anhydride

（4）2-甲基戊腈 2-methylpentanenitrile

（5）3-甲基-2-丁烯腈 3-methyl-2-butenenitrile

（6）4-氰基丁酸 4-cyanobutanoic acid

（7）乙酸苄酯 benzyl acetate

（8）5-羟基-5-己酸内酯 5-hydroxy-5-hexanolide

（9）己二酸单乙酯 ethyl adipate

（10）氯甲酸乙酯 ethyl chloroformate

（11）3,5-二硝基苯甲酰氯 3,5-dinitrobenzoyl chloride

（12）2-氯戊酰氯 2-chloropentanoyl chloride

（13）4-乙基苯甲酰苯胺 4-ethyl benzanilide

（14）N,N-二甲基甲酰胺 N,N-dimethyl formamide

（15）二氯亚砜 thionyl chloride

15.2

（1）$Cl-\overset{\overset{O}{\|}}{C}-Cl$ phosgene

（2）$CH(OC_2H_5)_3$ triethyl orthoformate

（3）H_2NCONH_2 urea

（4） 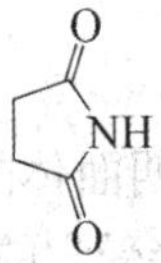 succinimide

（5） 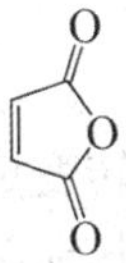 maleic anhydride

（6） 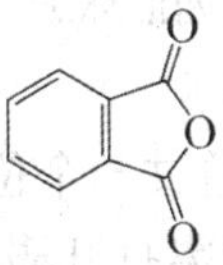 phthalic anhydride

15.3

（1）$CH_3\overset{\overset{O}{\|}}{C}-^{18}OH + (CH_3)_3COH$

（2）$CH_3\underset{Cl}{CH}COCl$

（3）$CH_3CH_2CH_2CHO$

（4） 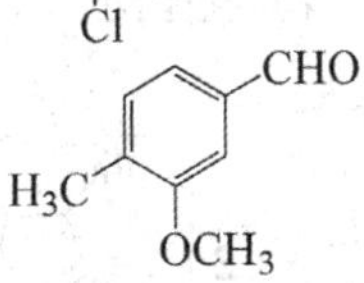 （带 CHO、H_3C、OCH_3 取代基的苯环）

（5）$CH_3\overset{\overset{O}{\|}}{C}-O-\overset{\overset{O}{\|}}{C}CH_3$

（6）$H_2NCOCH_2CH_2COO^-NH_4^+$

（7） 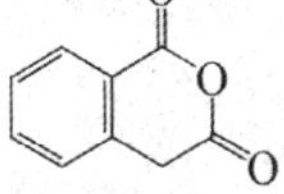 （异色满-1,3-二酮结构）

（8）CH_3CH_2OH

（9）$\begin{matrix}CH_2OH\\CH_2OH\end{matrix} + Na_2CO_3$

（10）$CH_2=CHCOOC_4H_9\text{-}n + CH_3{}^{18}OH$

（11）  （吡咯烷-COO⁻，NHCH₃）

（12）C_6H_5CN

（13）$Et-\underset{Et}{\overset{\overset{OH}{|}}{C}}-Et$

（14）$CH_3COONa + Ph\overset{\overset{O}{\|}}{C}CH_3$

(15) Ph–SO$_2$–OCH$_3$

(16) H$_3$C–C(OH)(CH$_3$)–CH$_2$–CH(OH)–CH$_2$(CH$_2$)$_3$CH$_3$

(17) 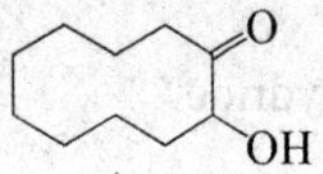 A: 2-hydroxy-decalin-1-one; B: decalin-1,2-dione

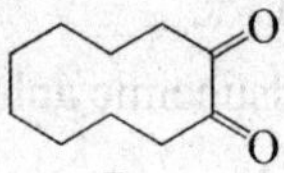

(18) A: CH$_3$COCH$_2$OH + B: CH$_3$OCH (酯交换)

15.4

(1) 键长数据表明,偶极共振式的稳定性对酰胺最为重要,酯次之,酰氯没有多大意义。

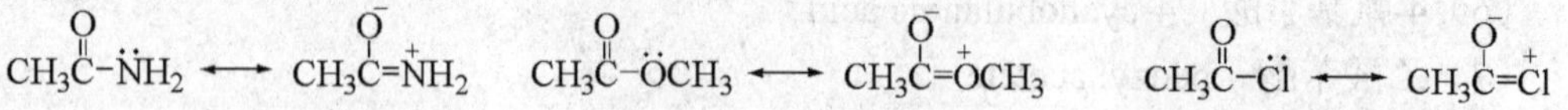

CH$_3$C(=O)–ṄH$_2$ ⟷ CH$_3$C(–O$^-$)=N$^+$H$_2$ 贡献大导致键长缩短

CH$_3$C(=O)–ÖCH$_3$ ⟷ CH$_3$C(–O$^-$)=O$^+$CH$_3$ 有一定贡献导致键长缩短

CH$_3$C(=O)–C̈l ⟷ CH$_3$C(–O$^-$)=Cl$^+$ 与共轭效应相比 诱导效应更强   键长略有增长

(2) 从电子效应和离去基团的离去能力考虑电子效应:I+C 总结果。

给电子能力为: $-NH_2 > -OR > -OCOR > -Cl$

离去能力为: $Cl^- > RCOO^- > RO^- > NH_2^-$

酸酐中 RC(=O)–Ö– 由于羰基的拉电子作用,其氧的给电子作用小于 −OR。

(3) 饱和碳 S_N2 取代反应,过渡态是拥挤的五配位的碳,为了使亲核试剂接上去,必须有一个σ键部分地裂开。

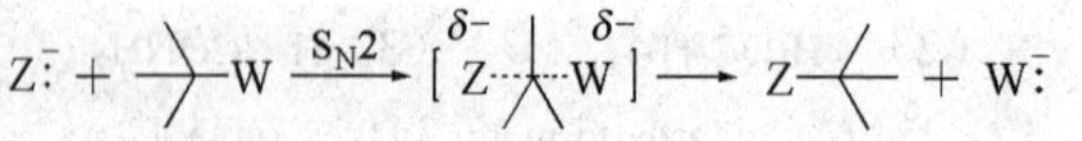

$Z^- +$ ⟶W $\xrightarrow{S_N2}$ [Z$^{\delta-}$⋯⋯W$^{\delta-}$] ⟶ Z— + W$^-$

进攻四面体碳   五配位过渡态
位阻大   不稳定

羰基化合物亲核进攻,通过一个位阻较小的过渡态转变成一个稳定的四面体的中间体,羰基是不饱和的,亲核试剂只需打开弱的π键,并且把负电荷安置在很愿意接受它的氧原子上。

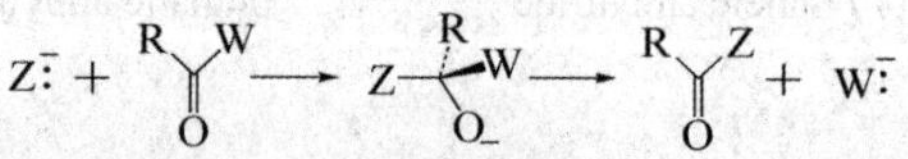

Z$^-$ + R–C(=O)–W ⟶ R–C(Z)(O$^-$)–W ⟶ R–C(=O)–Z + W$^-$

进攻平面结   四面体的中
构碳位阻小   间体较稳定

15.5

(1) 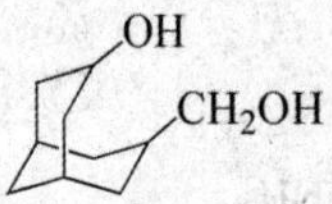 adamantyl-CH$_2$OH with OH

(2) 3-hydroxy-4-phenyl-1-(2-hydroxyethyl)pyrrolidine (LiAlH$_4$) and 3-hydroxy-4-phenyl-1-(methoxycarbonylmethyl)pyrrolidin-2-one (NaBH$_4$)

(3) 4-hydroxycyclohexyl–COOC$_2$H$_5$

(4) CH$_2$COOH / CH$_2$CH$_2$OH

(5) pyrrolidine (NH)

(6) HOCH(CH$_3$)–C$_6$H$_4$–CN

(7) H$_3$C–CH(OH)–cyclohexyl–CH$_2$NH$_2$

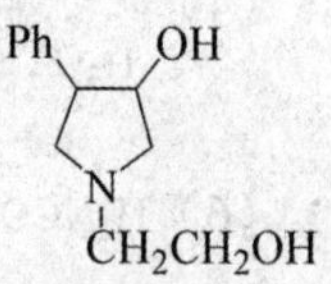

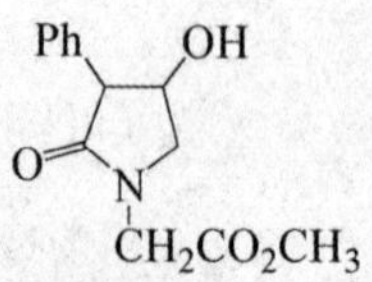

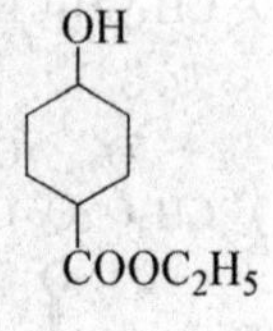

(8) cyclopentane-1,1-bis(CH$_2$OH)

(9) HO–cyclopentyl–CH$_2$OH

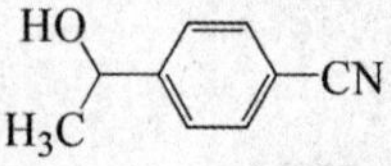

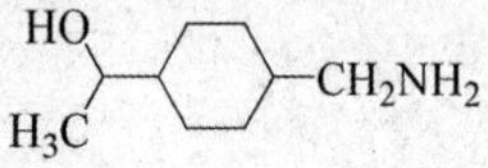

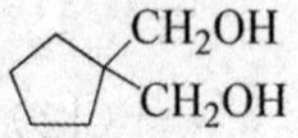

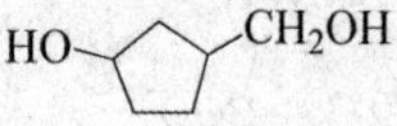

15.6

酸催化反应:

$$\underset{\text{苯甲酸乙酯}}{\text{Ph}-\overset{^{18}O}{\underset{}{C}}-OC_2H_5} \xrightleftharpoons{H^+} \text{Ph}-\overset{^{18}OH^+}{\underset{H_2O}{C}}-OC_2H_5 \xrightleftharpoons{} \text{Ph}-\overset{^{18}OH}{\underset{OH_2^+}{C}}-OC_2H_5$$

$$\xrightleftharpoons{-H^+} \text{Ph}-\overset{^{18}OH}{\underset{OH}{C}}-OC_2H_5 \xrightleftharpoons{H^+} \text{Ph}-\overset{^{18}OH_2^+}{\underset{OH}{C}}-OC_2H_5 \xrightleftharpoons{-H^+} \underset{\text{无标记}}{\text{Ph}-\overset{O}{\underset{}{C}}-OC_2H_5} + H_2O^{18}$$

两个羟基存在一个新的平衡，每一个羟基都能发生可逆的质子化，如果 ^{18}O 被质子化，酯中羰基上的氧将为 ^{18}O。

碱催化反应：

$$\text{Ph}-\overset{^{18}O}{\underset{OH^-}{C}}-OC_2H_5 \xrightleftharpoons{} \text{Ph}-\overset{^{18}O^-}{\underset{OH}{C}}-OC_2H_5 \xrightleftharpoons{-OH^-} \text{Ph}-\overset{^{18}OH}{\underset{OH}{C}}-OC_2H_5 \xrightleftharpoons{OH^-}$$

$$\xrightleftharpoons{} \text{Ph}-\overset{^{18}OH}{\underset{O^-}{C}}-OC_2H_5 \xrightleftharpoons{-^{18}OH^-} \underset{\text{无标记}}{\text{Ph}-\overset{O}{\underset{}{C}}-OC_2H_5} + {}^{18}OH^-$$

也存在相同的情况。每个羟基都可去质子，如果 ^{16}O 被去质子，酯羰基上的氧将为 ^{16}O。

15.7 从上题可知酯的水解与酯化反应类似，都分两步，第一步影响较大，有较大位阻的酯不利于水解，有拉电子基团存在或有较易离去的基团利于水解。

（1）$O_2N-C_6H_4-COOC_2H_5 > Cl-C_6H_4-COOC_2H_5 > C_6H_5-COOC_2H_5$
$> H_3C-C_6H_4-COOC_2H_5 > H_3CO-C_6H_4-COOC_2H_5$

（2）$CH_3CO_2CH_3 > CH_3CO_2C_2H_5 > CH_3CO_2CH(CH_3)_2 > CH_3CO_2C(CH_3)_3$

（3）$HCO_2CH_3 > CH_3CO_2CH_3 > CH_3CH_2CO_2CH_3 > (CH_3)_2CHCO_2CH_3 > (CH_3)_3CCO_2CH_3$

（4）$RCO_2Ar > RCO_2R'$

15.8 酯的碱性水解历程类似于 S_N2，是酰氧键断裂的加成－消去过程：

$$CH_3\overset{O}{\underset{}{C}}OC_2H_5 \xrightarrow{CH_3O^-} H_3C-\overset{O^-}{\underset{OCH_3}{C}}-OC_2H_5 \xrightarrow{-C_2H_5O^-} CH_3\overset{O}{\underset{}{C}}OCH_3$$

$$CH_3\overset{O}{\underset{}{C}}OC(CH_3)_3 \xrightarrow{CH_3O^-} H_3C-\overset{O^-}{\underset{OCH_3}{C}}-OC(CH_3)_3 \xrightarrow{-(CH_3)_3CO^-} CH_3\overset{O}{\underset{}{C}}OCH_3$$

由于反应中叔丁基＋I 小于乙基且立体效应大于乙基，所以后一反应中 CH_3O^- 进攻羰基较难，且加成中间体的四面体也难于形成，因此比乙酸乙酯反应慢得多。

15.9

（1）$CH_3I + H_2O^{18} \longrightarrow CH_3{}^{18}OH$

$$C_6H_5CN \xrightarrow{H^+, H_2O^{18}} C_6H_5-\overset{^{18}O}{\underset{}{C}}-{}^{18}OH \xrightarrow{SOCl_2} C_6H_5-\overset{^{18}O}{\underset{}{C}}-Cl \xrightarrow{CH_3{}^{18}OH} C_6H_5-\overset{^{18}O}{\underset{}{C}}-{}^{18}OCH_3$$

（2）$C_6H_6 \xrightarrow{Br_2/Fe} C_6H_5Br \xrightarrow{Mg, \text{干醚}} C_6H_5MgBr \xrightarrow{CO_2, \text{干醚}} \xrightarrow{H^+/H_2O} C_6H_5COOH \xrightarrow{PCl_5} C_6H_5COCl \xrightarrow{CH_3{}^{18}OH} C_6H_5-\overset{O}{\underset{}{C}}-{}^{18}OCH_3$

(3)

$$\underset{\text{MgBr}}{\text{C}_6\text{H}_5} \xrightarrow[\text{2) H}^+]{\text{1) C}^{18}\text{O}_2} \underset{\text{C}^{18}\text{O}_2\text{H}}{\text{C}_6\text{H}_5} \xrightarrow{\text{SOCl}_2} \text{C}_6\text{H}_5-\overset{^{18}\text{O}}{\underset{}{\text{C}}}-\text{Cl} \xrightarrow{\text{CH}_3\text{OH}} \text{C}_6\text{H}_5-\overset{^{18}\text{O}}{\underset{}{\text{C}}}-\text{OCH}_3$$

15.10

(1)
$$\text{H}_2\text{N}-\overset{\text{O}}{\underset{}{\text{C}}}-\text{Cl} + \text{CH}_3\text{O}^- \longrightarrow \text{H}_2\text{N}-\overset{\text{O}}{\underset{}{\text{C}}}-\text{OCH}_3 + \text{Cl}^-$$

在甲氧基加成后，中间体是 $\text{H}_2\text{N}-\overset{\text{O}^-}{\underset{\text{OCH}_3}{\text{C}}}-\text{Cl}$ ，三个离去基 CH_3O^-、NH_2^- 和 Cl^- 中，最好的离去基是氯离子。

(2)
$$\text{H}_3\text{CO}-\overset{\text{O}}{\underset{}{\text{C}}}-\text{Cl} + \text{NH}_2^- \longrightarrow \text{H}_3\text{CO}-\overset{\text{O}}{\underset{}{\text{C}}}-\text{NH}_2 + \text{Cl}^-$$

理由同上。

15.11

A 邻甲苯磺酰氯 **B** 邻甲苯磺酰胺 **C** 邻羧基苯磺酰胺 **D** 糖精

15.12

(1) $\text{CH}_3\text{C}=\text{CHCH}_2\text{COOCH}_2\text{CH}_3 \xrightarrow{\text{H}_2/\text{Pd}} \text{CH}_3\text{CHCHCH}_2\text{COOCH}_2\text{CH}_3$
（支链 CH_3 及 $\text{COOCH}_2\text{CH}_3$）

$\xrightarrow{\text{LiAlH}_4} \text{CH}_3\text{CHCHCH}_2\text{CH}_2\text{OH}$（支链 CH_3 及 CH_2OH）$\xrightarrow[\text{吡啶}]{2\text{CH}_3\text{COCl}} \text{CH}_3\text{CHCHCH}_2\text{CH}_2\text{OCCH}_3$（支链 CH_3 及 CH_2OCCH_3，O）

(2) $\underset{\text{H}\ \ \ \ \text{COOCH}_2\text{CH}_3}{\overset{\text{CH}_3(\text{CH}_2)_3\ \ \ \ \text{H}}{\text{C}=\text{C}}} \xrightarrow{\text{LiAlH}_4} \underset{\text{H}\ \ \ \ \text{CH}_2\text{OH}}{\overset{\text{CH}_3(\text{CH}_2)_3\ \ \ \ \text{H}}{\text{C}=\text{C}}} \xrightarrow[\text{吡啶}]{\text{CrO}_3} \underset{\text{H}\ \ \ \ \text{CHO}}{\overset{\text{CH}_3(\text{CH}_2)_3\ \ \ \ \text{H}}{\text{C}=\text{C}}}$

(3) $\xrightarrow[\text{乙醚}]{\text{LiAlH}_4}$

(4) （缩酮-CH₂-O-THP，CN 取代环戊烷）$\xrightarrow[40°\text{C}]{\text{H}_2\text{O}/\text{HCl}}$ （环戊酮-CH₂OH，-CONH₂）$\xrightarrow[\text{吡啶}]{\text{PBr}_3}$ （环戊酮-CH₂Br，-CONH₂）$\xrightarrow{\text{喹啉 N}}$ （环戊酮=CH₂，-CONH₂）

(5) $\text{HC}\equiv\text{CCOOCH}_2\text{CH}_3 \xrightarrow{\text{Na}} \text{NaC}\equiv\text{CCOOCH}_2\text{CH}_3$

$\xrightarrow[\text{H}_3^+\text{O}]{\text{CH}_3(\text{CH}_2)_7\text{CHO}} \underset{\text{OH}}{\text{CH}_3(\text{CH}_2)_7\text{CHC}\equiv\text{CCOOCH}_2\text{CH}_3}$

(6) $\underset{\text{OH}}{\text{CH}_3(\text{CH}_2)_7\text{CHC}\equiv\text{CCOOCH}_2\text{CH}_3} \xrightarrow{\text{H}_2 \atop \text{Lindlar}} \underset{\text{OH}\ \ \ \ \ \ \text{COOCH}_2\text{CH}_3}{\overset{\text{CH}_3(\text{CH}_2)_7\ \ \ \ \text{H}}{\underset{\text{H}}{\text{C}=\text{C}}}}$

$\xrightarrow{\text{NaOH} \atop \text{H}_2\text{O}/\triangle} \underset{\text{OH}\ \ \ \ \ \ \text{COONa}}{\overset{\text{CH}_3(\text{CH}_2)_7\text{CH}\ \ \ \ \text{H}}{\underset{\text{H}}{\text{C}=\text{C}}}} \xrightarrow[\triangle]{\text{H}_3^+\text{O}} \text{CH}_3(\text{CH}_2)_7$ - 丁烯内酯环

(7) [structure with CH₂CO₂CH₃] —LiAlD₄→ —H₃O⁺→ [structure with CH₂CD₂OH]

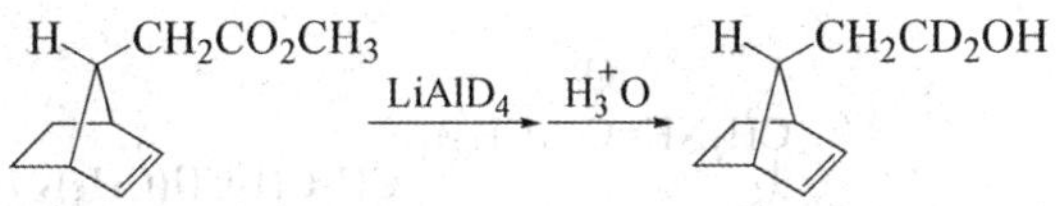

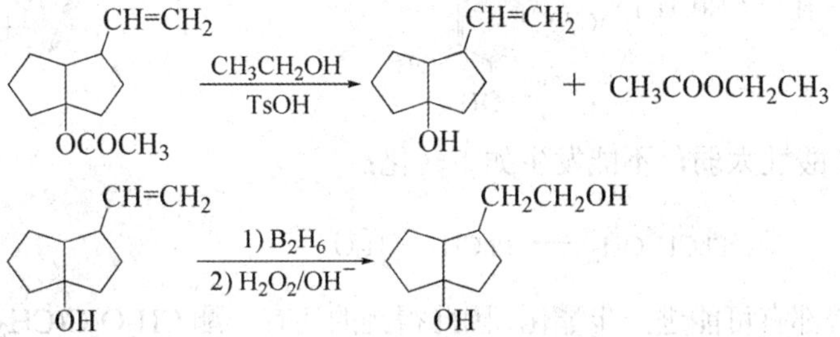

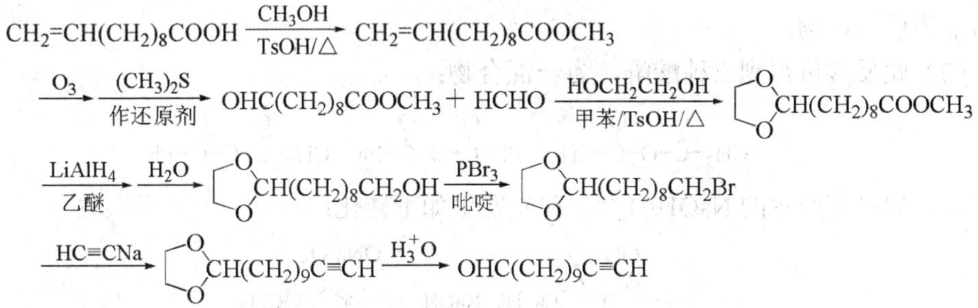

(8) [bicyclic structure with CH=CH₂ and OCOCH₃] —CH₃CH₂OH / TsOH→ [bicyclic structure with CH=CH₂ and OH] + CH₃COOCH₂CH₃

[bicyclic structure with CH=CH₂ and OH] —1) B₂H₆; 2) H₂O₂/OH⁻→ [bicyclic structure with CH₂CH₂OH and OH]

(9) CH₂=CH(CH₂)₈COOH —CH₃OH / TsOH/△→ CH₂=CH(CH₂)₈COOCH₃

—O₃, (CH₃)₂S (作还原剂)→ OHC(CH₂)₈COOCH₃ + HCHO —HOCH₂CH₂OH / 甲苯/TsOH/△→ [dioxolane]CH(CH₂)₈COOCH₃

—LiAlH₄ / 乙醚→ —H₂O→ [dioxolane]CH(CH₂)₈CH₂OH —PBr₃ / 吡啶→ [dioxolane]CH(CH₂)₈CH₂Br

—HC≡CNa→ [dioxolane]CH(CH₂)₉C≡CH —H₃O⁺→ OHC(CH₂)₉C≡CH

(10) PhCHO + CH₃CHBrCOCH₂CH₃ —Zn, H₃O⁺→ PhCH(OH)CH(CH₃)COCH₂CH₃

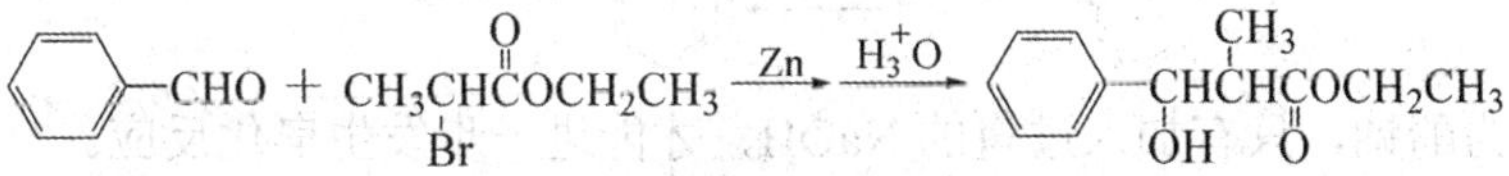

(11) HOCH₂(CH₂)₄COOCH₂CH₃ —CrO₃/吡啶 / CH₂Cl₂→ OHC(CH₂)₄COOCH₂CH₃

—CH₂=CHMgBr, 1 mol→ —NH₄Cl / H₂O→ CH₂=CHCH(OH)(CH₂)₄COOCH₂CH₃

—KOH/H₂O, H₃O⁺→ CH₂=CHCH(OH)(CH₂)₄COOH —(CH₃CO)₂O / 吡啶→ CH₂=CHCH(OCOCH₃)(CH₂)₄COOH

15.13（1）酯：醇与酸（包括有机酸和无机酸）作用的失水产物；（2）油脂：高级脂肪酸的甘油酯，其中的脂肪酸往往不止一种；（3）皂化值：1 g 油脂完全皂化时所需要的氢氧化钾的毫克数，它是测定油脂中脂肪酸平均分子量大小的一种参考数据；（4）碘值：100 g 油脂所能吸收的碘的克数，它用以确定油脂的不饱和度；（5）干性油：能够在空气中很快变干结成膜的油，如桐油。

15.14

(1) 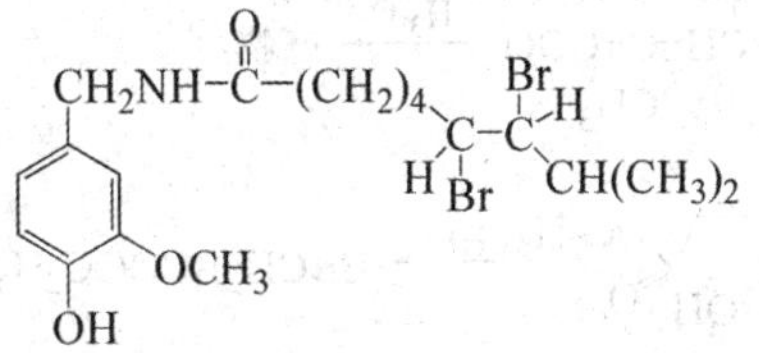 [4-hydroxy-3-methoxybenzyl]CH₂NHC(O)(CH₂)₄CHBrCHBrCH(CH₃)₂

(2) [4-ONa-3-methoxybenzyl]CH₂NHC(O)(CH₂)₄CH=CHCH(CH₃)₂

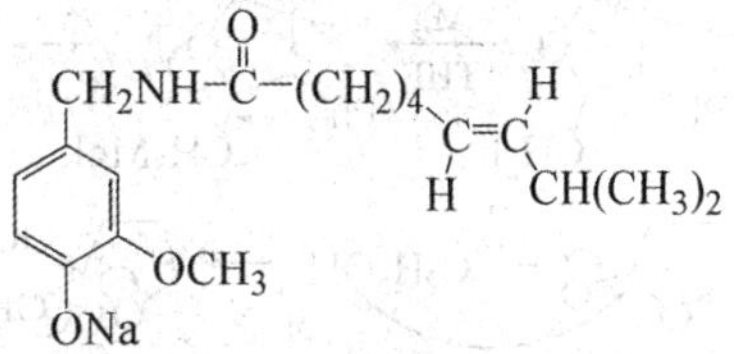

(3) 无明显反应

(4) 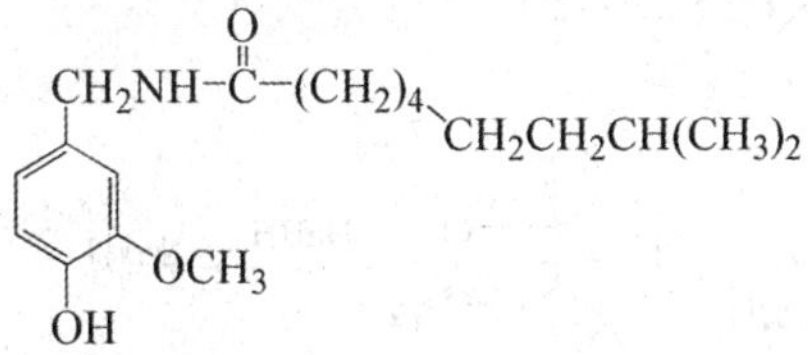 [4-hydroxy-3-methoxybenzyl]CH₂NHC(O)(CH₂)₄CH₂CH₂CH(CH₃)₂

(5) [4-hydroxy-3-methoxybenzyl]CH₂N⁺H₃ + HOOC(CH₂)₄CH₂CH(CH₃)₂

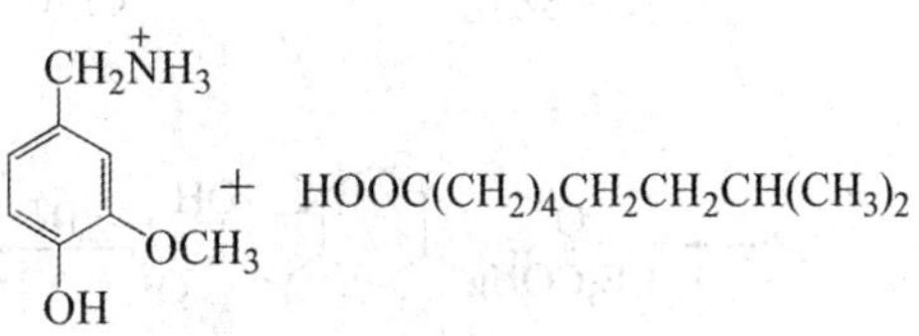

(6) 结构式: 3,4-二甲氧基苄基 -NH-CO-(CH$_2$)$_4$-CH=CH-CH(CH$_3$)$_2$ (顺式)

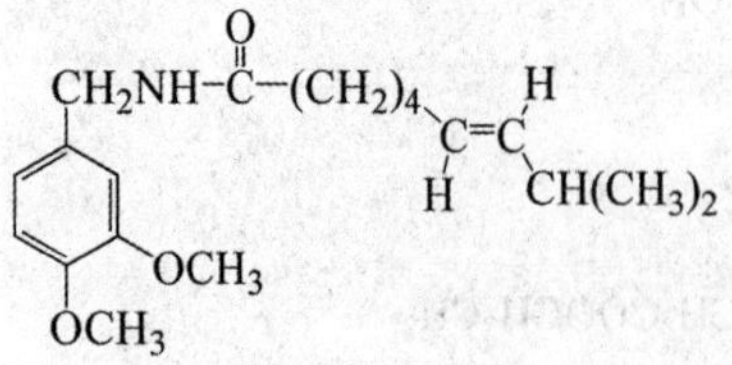

(7) 结构式: 3,4-二羟基苄基 -NH-CO-(CH$_2$)$_4$-CH$_2$CH$_2$CH(CH$_3$)$_2$ + CH$_3$Br

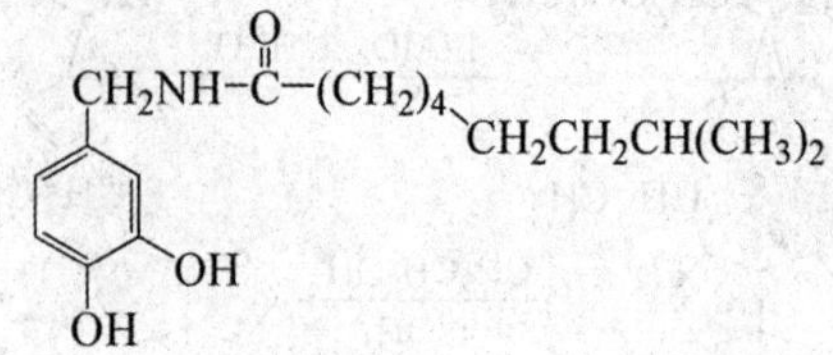

15.15（1）由于 HCN 酸性太弱，不能发生如下转化：

$$PhCH_2\overset{+}{O}H_2 \longrightarrow Ph\overset{+}{C}H_2 + H_2O$$

（2）得到的单酯与二酸都有可能进一步酯化，因此得到的还有二酯 CH$_3$O$_2$C(CH$_2$)$_4$CO$_2$CH$_3$，不可能为单一产物。

（3）此反应可得到三种酸酐，为一混合物：

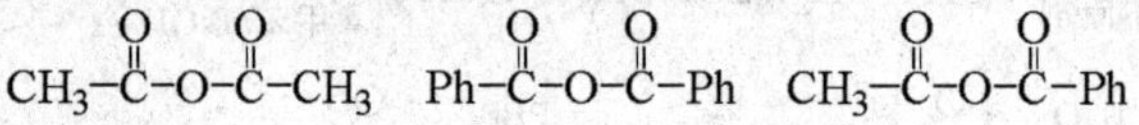

$$CH_3-\overset{O}{C}-O-\overset{O}{C}-CH_3 \quad Ph-\overset{O}{C}-O-\overset{O}{C}-Ph \quad CH_3-\overset{O}{C}-O-\overset{O}{C}-Ph$$

（4）加进等摩尔的 NaOH/H$_2$O，首先发生如下转化：

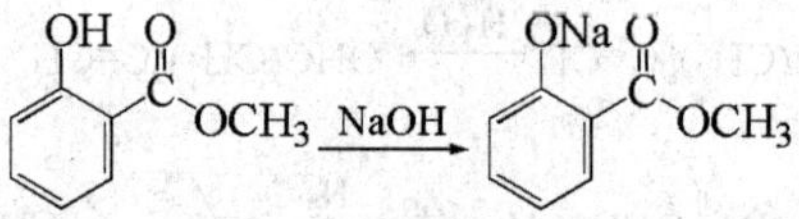

水杨酸甲酯 $\xrightarrow{NaOH}$ 邻-ONa-苯甲酸甲酯

酚首先转化为酚钠，只有加入过量的 NaOH，才能进一步发生皂化反应。

（5）酯比酰胺更容易水解，因此首先水解的是酯而不是酰胺。

15.16

(1) 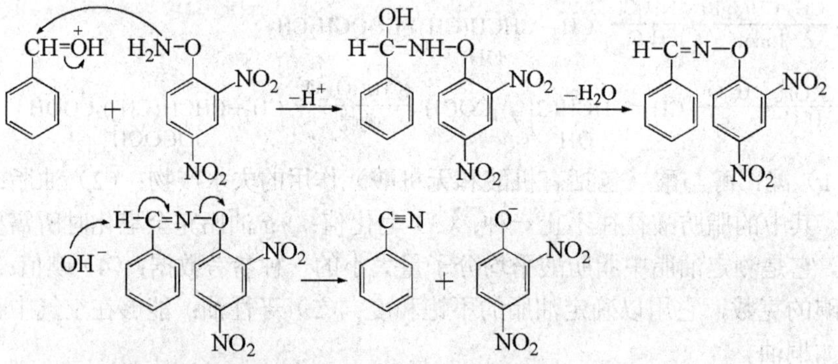 机理图：PhCH=OH + H$_2$N-O-Ar(2,4-二硝基) → 加成产物 $\xrightarrow{-H^+}$ 中间体 $\xrightarrow{-H_2O}$ PhCH=N-O-Ar
然后 OH$^-$ 进攻：PhCH=N-OAr $\rightarrow$ PhC≡N + $^-$O-Ar(2,4-二硝基)

(2) 内酯(Ph, CH$_2$I 取代) $\xrightarrow{Mg/THF}$ 格氏试剂 → CH$_2$=CH-CH(Ph)-C(CH$_3$)$_2$-COO$^-$ $\xrightarrow{H_3^+O}$ 产物

(3) γ-丁内酯 + C$_2$H$_5$OH → 半缩酮 → 开环酯 $\xrightarrow{HBr}$ Br(CH$_2$)$_3$COOC$_2$H$_5$

(4) 烯酸 $\xrightarrow{Hg(OCOCF_3)_2}$ 环化中间体(CF$_3$COHg-, 碳正离子) → 双环内酯中间体 $\xrightarrow{-H^+}$ 双环内酯 $\xrightarrow{NaBH_4}$ 产物

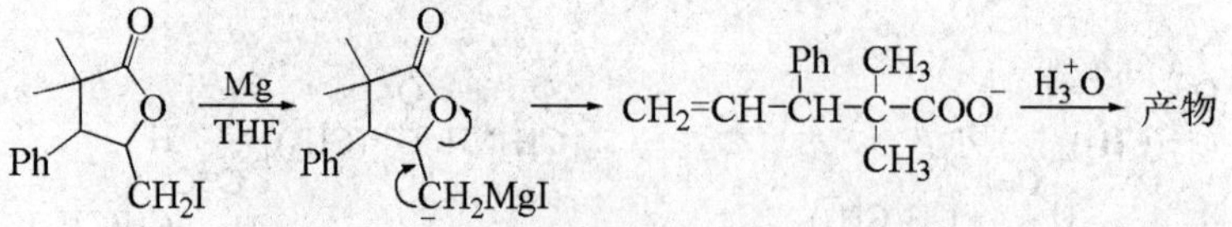

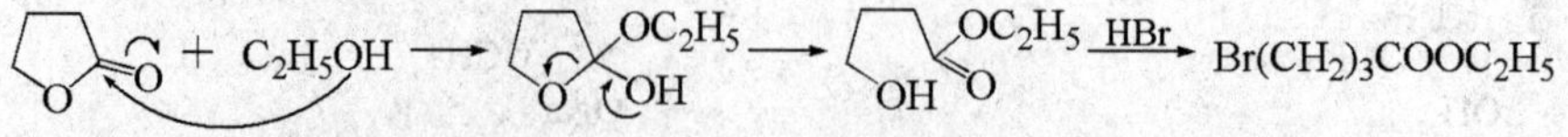

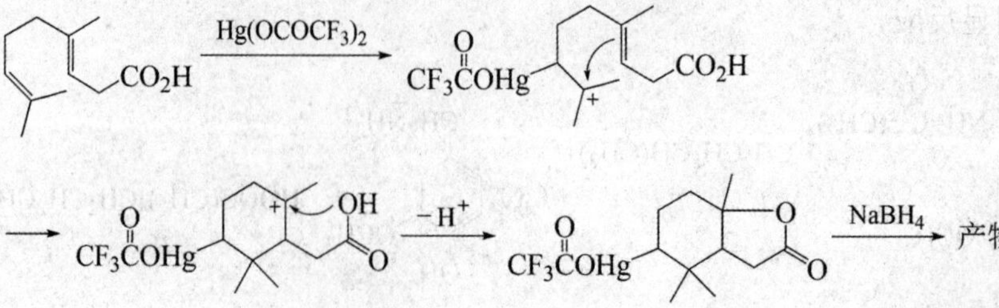

15.17

(1) $CH_3CH_2OH \xrightarrow[H_2SO_4]{K_2Cr_2O_7} CH_3COOH \xrightarrow[P]{Br_2} BrCH_2COOH \xrightarrow{PCl_5} BrCH_2COCl$

(2) PhCH$_3$ $\xrightarrow[2) H^+]{1) KMnO_4, \triangle}$ PhCOOH $\xrightarrow[H_2SO_4]{HNO_3}$ 3-O$_2$N-C$_6$H$_4$-COOH $\xrightarrow{SOCl_2}$ 3-O$_2$N-C$_6$H$_4$-COCl $\xrightarrow[AlCl_3]{苯}$ 3-O$_2$N-C$_6$H$_4$-CO-C$_6$H$_5$

(3) $CH_2=CHBr \xrightarrow[Et_2O]{Mg} \xrightarrow{CH_3COCH_3} \xrightarrow{H_3^+O} CH_2=CH-C(OH)(CH_3)CH_3 \xrightarrow{HBr} CH_2=CH-C(Br)(CH_3)CH_3$

$\xrightarrow[Et_2O]{Mg} \xrightarrow{HCHO} \xrightarrow{H_3^+O} CH_2=CH-C(CH_3)_2-CH_2OH \xrightarrow[2) H_2O_2/OH^-]{1) B_2H_6} HOCH_2CH_2-C(CH_3)_2-CH_2OH$

$\xrightarrow[H_2SO_4]{K_2Cr_2O_7} HOOCCH_2-C(CH_3)_2-COOH \xrightarrow[\triangle]{(CH_3CO)_2O}$ (2,2-dimethylsuccinic anhydride)

(4) PhCH$_3$ $\xrightarrow[Fe]{Br_2}$ 4-Br-C$_6$H$_4$-CH$_3$ $\xrightarrow[h\nu]{Cl_2}$ 4-Br-C$_6$H$_4$-CH$_2$Cl

$\xrightarrow{NaCN} \xrightarrow{H_3^+O}$ 4-Br-C$_6$H$_4$-CH$_2$COOH $\xrightarrow[P]{Br_2}$ 4-Br-C$_6$H$_4$-CHBr-COOH

$\xrightarrow[过量]{NH_3}$ 4-Br-C$_6$H$_4$-CH(NH$_2$)COOH

(5) PhCH$_3$ $\xrightarrow[Fe]{Br_2}$ 4-Br-C$_6$H$_4$-CH$_3$ $\xrightarrow[Et_2O]{Mg} \xrightarrow{CO_2} \xrightarrow{H_3^+O}$ 4-HOOC-C$_6$H$_4$-CH$_3$ $\xrightarrow[Fe]{Br_2}$ 3-Br-4-CH$_3$-C$_6$H$_3$-COOH

(6) C$_6$H$_6$ $\xrightarrow[AlCl_3]{丁二酸酐}$ PhCOCH$_2$CH$_2$COOH $\xrightarrow[浓HCl]{Zn-Hg} \xrightarrow{SOCl_2} \xrightarrow{AlCl_3}$ α-tetralone

$\xrightarrow[H_2O]{CH_3MgI} \xrightarrow{H^+}$ 1-hydroxy-1-methyltetralin $\xrightarrow[-H_2O]{H^+, \triangle}$ 1-methyl-3,4-dihydronaphthalene $\xrightarrow[-H_2]{Pd, \triangle}$ 1-methylnaphthalene

(7) $CH_3COCH_3 \xrightarrow{Mg(Hg)} \xrightarrow{H_3^+O} H_3C-C(OH)(CH_3)-C(OH)(CH_3)-CH_3 \xrightarrow[\triangle]{H_2SO_4} H_3C-C(CH_3)_2-CO-CH_3$

$\xrightarrow{I_2/OH^-} \xrightarrow{H_3^+O} (CH_3)_3C-COOH + CHI_3$

(8) $HC\equiv CH \xrightarrow[NH_3(l)]{NaNH_2} HC\equiv CNa \xrightarrow{CH_3CH_2Br} CH_3CH_2C\equiv CH \xrightarrow{NaNH_2} CH_3CH_2C\equiv CNa$

$\xrightarrow{\triangle} \xrightarrow{H_3^+O} CH_3CH_2C\equiv CCH_2CH_2OH \xrightarrow{PBr_3} CH_3CH_2C\equiv CCH_2CH_2Br$

$\xrightarrow[干醚]{Mg} \xrightarrow{CO_2} \xrightarrow{H_3^+O} CH_3CH_2C\equiv CCH_2CH_2COOH$

$\xrightarrow[Pd/BaSO_4]{H_2}$ CH₃CH₂CH=CHCH₂CH₂COOH (cis)

(9) benzene $\xrightarrow{H_2SO_4} \xrightarrow[300℃]{Na_2SO_3, NaOH}$ PhOH $\xrightarrow{NaOH}$ PhONa

$\xrightarrow{ClCH_2COONa}$ PhOCH₂COOH $\xrightarrow{SOCl_2}$ PhOCH₂COCl $\xrightarrow{AlCl_3}$ benzofuran-3(2H)-one

(10) $CH_3CHO \xrightarrow{OH^-} CH_3CH=CHCHO \xrightarrow{HCl} CH_3CHCH_2CHO$ (Cl)

$\xrightarrow[HCl(g)]{CH_3OH} CH_3CH(Cl)CH_2CH(OCH_3)_2 \xrightarrow[干醚]{Mg} \xrightarrow{CO_2} \xrightarrow{H_3^+O} CH_3CH(COOH)CH_2CHO$

(11) (9)中 PhOH $\xrightarrow[\triangle,压力]{H_2, Ni}$ cyclohexanol $\xrightarrow[吡啶]{CrO_3}$ cyclohexanone $\xrightarrow{CH_3CH_2MgBr} \xrightarrow{H_3^+O}$ 1-ethylcyclohexanol

$\xrightarrow{HBr} \xrightarrow[干醚]{Mg} \xrightarrow{\triangle} \xrightarrow{H_3^+O}$ 1-ethyl-1-(2-hydroxyethyl)cyclohexane $\xrightarrow[H_2SO_4]{K_2Cr_2O_7} \xrightarrow{SOCl_2} \xrightarrow[\triangle]{NH_3}$ 1-ethyl-1-cyclohexylacetamide

(12) butadiene + maleic anhydride $\xrightarrow{\triangle}$ tetrahydrophthalic anhydride $\xrightarrow{H_2O}$ diacid $\xrightarrow{H_2, Ni}$ saturated diacid

$\xrightarrow{\triangle}$ anhydride $\xrightarrow[等摩尔]{CH_3OH/H^+}$ half ester $\xrightarrow[醇]{Na}$ hydroxymethyl acid $\xrightarrow[\triangle]{H_3^+O}$ lactone

(或 anhydride $\xrightarrow{Zn/HOAc}$ lactone)

15.18 (1) 用乙酸和丙酰氯在吡啶存在下作用；(2) 用己二酸加热脱去一分子水和二氧化碳，或用戊二酸加热脱水；(3) 用己酸和乙酸酐加热回流。

15.19

$(CH_3)_3C-OH \xrightarrow{H^+} (CH_3)_3C-\overset{+}{O}H_2 \longrightarrow (CH_3)_3C^+ + H_2O$

$CH_3-C\equiv N + (CH_3)_3C^+ \longrightarrow CH_3-\overset{+}{C}=N-C(CH_3)_3$

$CH_3-\overset{+}{C}=N-C(CH_3)_3 + H_2O \longrightarrow CH_3-C=N-C(CH_3)_3 \xrightarrow{-H^+} CH_3-C=N-C(CH_3)_3$
$\qquad\qquad\qquad\qquad\qquad\qquad\qquad\quad \overset{|}{O}H_2 \qquad\qquad\qquad\qquad\quad \overset{|}{O}H$

$\longrightarrow CH_3-\overset{O}{\overset{\|}{C}}-NHC(CH_3)_3$

15.20

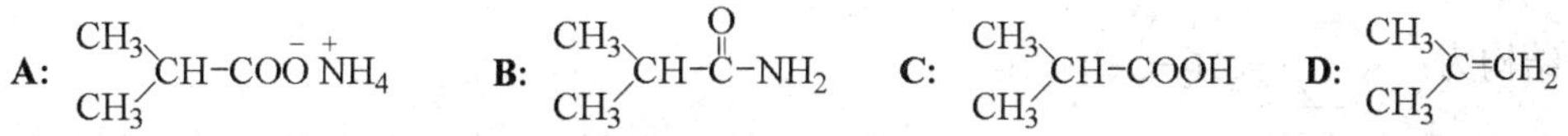

A: (CH₃)₂CH-COO⁻ NH₄⁺   B: (CH₃)₂CH-CO-NH₂   C: (CH₃)₂CH-COOH   D: (CH₃)₂C=CH₂

15.21

E: 2-羟基苯甲酸异丙酯 (邻-HO-C₆H₄-COOCH(CH₃)₂)

F: 水杨酸 (邻-HO-C₆H₄-COOH)

$$\text{E} \xrightarrow{\text{NaOH, H}_2\text{O}, \Delta} \text{邻-NaO-C}_6\text{H}_4\text{-COONa (留于溶液)} + (CH_3)_2CHOH \text{ (馏出物)}$$

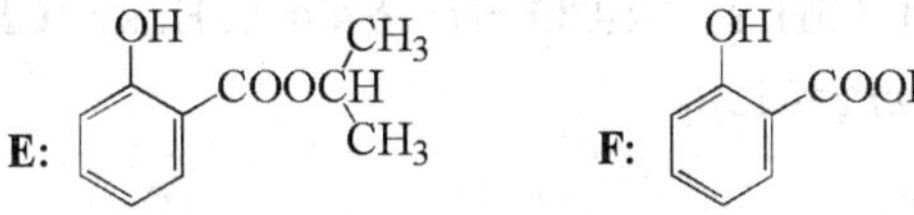

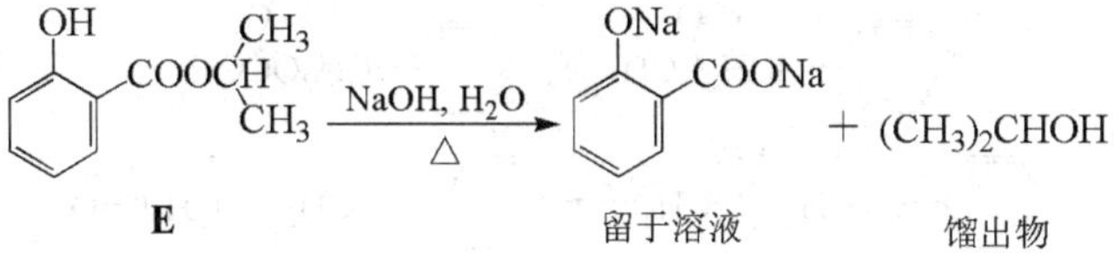

$$(CH_3)_2CHOH \xrightarrow{I_2/NaOH} CH_3COONa + CHI_3\downarrow$$

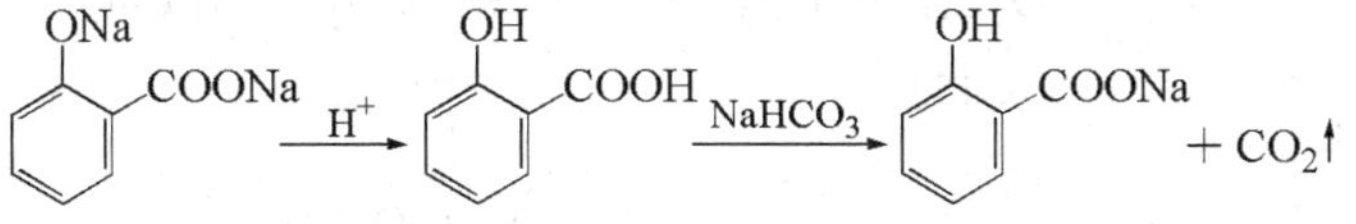

$$\text{邻-NaO-C}_6\text{H}_4\text{-COONa} \xrightarrow{H^+} \text{邻-HO-C}_6\text{H}_4\text{-COOH} \xrightarrow{NaHCO_3} \text{邻-HO-C}_6\text{H}_4\text{-COONa} + CO_2\uparrow$$

F 与 FeCl₃ 显色

15.22

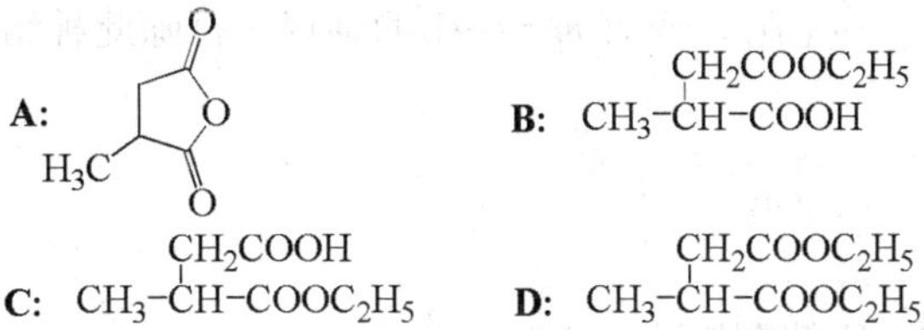

A: 2-甲基丁二酸酐 (3-甲基-2,5-二氧四氢呋喃)

B: CH₃-CH(CH₂COOC₂H₅)-COOH

C: CH₃-CH(CH₂COOH)-COOC₂H₅

D: CH₃-CH(CH₂COOC₂H₅)-COOC₂H₅

15.23

（1）CH₃-CH₂-O-CO-CH₂-CH₂-CO-O-CH₂-CH₃
     a   c   b   b   c   a

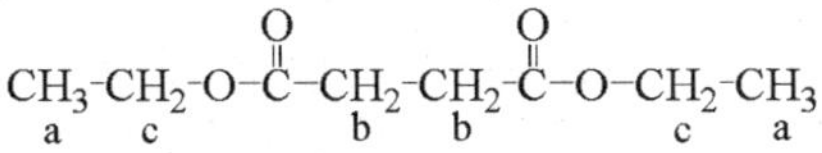

a: 三重峰，δ 1.2 6H
b: 单   峰，δ 2.5 4H
c: 四重峰，δ 4.1 4H
—C(=O)— 1 740 cm⁻¹

（2）C₆H₅-CO-O-CH₂-CH(CH₃)-CH₃
     d   c   b   a

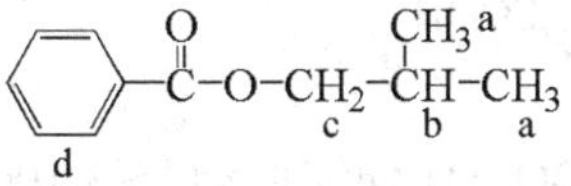

a: 双重峰，δ 1.0 6H
b: 多重峰，δ 2.0 1H
c: 双重峰，δ 4.1 2H
d: 多重峰，δ 7.8 5H
—C(=O)— 1 720 cm⁻¹

（3）Cl-CH₂-CO-O-CH₂-CH₃
          b   c   a

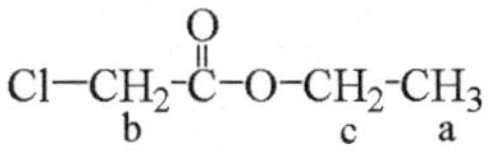

a: 三重峰，δ 1.3 3H
b: 单   峰，δ 4.0 2H
c: 四重峰，δ 4.2 2H
—C(=O)— 1 745 cm⁻¹

（4）C₆H₅-CH₂-CO-O-CH₂-CH₃
     d   c   b   a

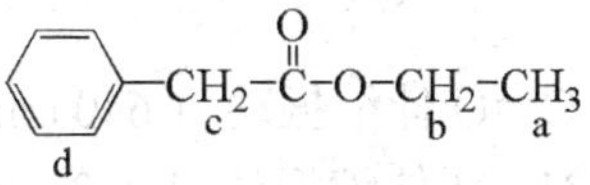

a: 三重峰，δ 1.2 3H
b: 四重峰，δ 4.1 2H
c: 单   峰，δ 3.5 2H
d: 多重峰，δ 7.3 5H
—C(=O)— 1 740 cm⁻¹

15.24 （1）分子式为 $C_9H_{10}O_2$ 的化合物有 5 个不饱和度。

δ 2.1（3H, s, CH₃CO—），δ 5.1（2H, s, Y—CH₂—X），δ 7.5（5H, s, ArH）

结构为：C₆H₅—CH₂—O—CO—CH₃

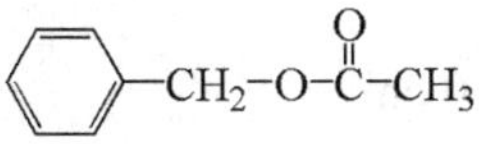

（2）不饱和度为 5。

$\delta\,3.6$（2H, s, Y－CH$_2$－X）， $\delta\,3.7$（3H, s, CH$_3$O－）， $\delta\,7.2$（5H, s, ArH）

结构为：C$_6$H$_5$－CH$_2$－C(=O)－O－CH$_3$

15.25 红外光谱在 1 710 cm^{-1} 处有强吸收峰，表明 **A** 中有与苯环不共轭的羰基存在，^{1}H NMR 的吸收表明：$\delta\,2.1$（3H, s, CH$_3$CO－）， $\delta\,4.4$（2H, s, －CH$_2$O－）， $\delta\,6.8\sim 7.5$（5H, m, ArH）。**A** 的分子离子峰为 $m/z=150$。

结构可能为：

C$_6$H$_5$－O－CH$_2$－C(=O)CH$_3$ 或 C$_6$H$_5$－CH$_2$－O－C(=O)CH$_3$

$$\text{C}_6\text{H}_5\text{-O-CH}_2\text{-C}(=\overset{+}{\text{O}})\text{-CH}_3 \longrightarrow \text{C}_6\text{H}_5\text{-O-}\dot{\text{C}}\text{H}_2 + \text{CH}_3\text{C}\equiv\overset{+}{\text{O}}$$
150   43

$$\text{C}_6\text{H}_5\text{-O-CH}_2\text{-C}(=\overset{+}{\text{O}})\text{-CH}_3 \longrightarrow \text{C}_6\text{H}_5\text{-O-}\overset{+}{\text{C}}\text{H}_2 + \text{CH}_3\dot{\text{C}}=\text{O}$$
150   107

$$\longrightarrow \text{C}_6\text{H}_5^+ + \text{O}=\text{CH}_2$$
       77

如果为：C$_6$H$_5$－CH$_2$OC(=O)CH$_3$，应有 $m/z=91$ 的强峰，排除此种结构。

15.26

图 a：CH$_3$CH$_2$CH(CH$_3$)CH$_2$CH$_2$OH

无羰基，O－H 伸缩振动 3 300 cm^{-1}

图 b：环丁基－COOH

COO－H 伸缩振动 ～3 100～2 500 cm^{-1} 宽峰
C＝O 伸缩振动 ～1 720 cm^{-1}
O－H 弯曲振动 ～925 cm^{-1}

图 c：环己基－NH－CHO

C＝O 伸缩振动 1 640 cm^{-1}
N－H 伸缩振动 3 280 cm^{-1}

图 d：CH$_2$＝CHCH$_2$COOH

COO－H 伸缩振动 ～3 100～2 500 cm^{-1} 宽峰
C＝O 伸缩振动 ～1 720 cm^{-1}
C＝C 伸缩振动 ～1 640 cm^{-1}

H$_2$C＝CH 中的 C－H 面外弯曲 1 000 cm^{-1} 和 910 cm^{-1}

图 e: 环庚酮

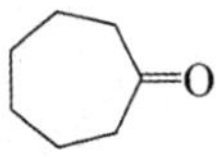

  C=O 伸缩振动 1 710 cm^{-1}

图 f: $CH_3(CH_2)_8COOCH_2CH_3$

  C=O 伸缩振动 1 730 cm^{-1}

  C—O 伸缩振动 1 160 cm^{-1}

图 g: $CH_3CH_2CH_2$—CH=CH—CHO (反式)

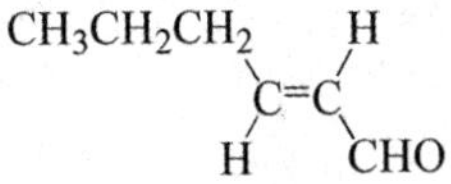

  C=O 伸缩振动 1 700 cm^{-1}（共轭）

  C=C 伸缩振动 1 640 cm^{-1}

  —CHO 伸缩振动～2 700 cm^{-1}, 2 800 cm^{-1} C=C 反式面外弯曲 970 cm^{-1}

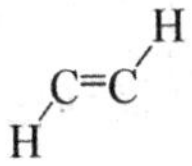

15.27（1）**A**：不饱和度 $= 8 - \dfrac{8-2}{2} = 5$，可能有苯环，峰面积比从右到左 3:4:1，各峰归属如下：δ 3.7（3H, s, $\underline{CH_3}O$—），δ 6.8～8.0（4H, 对称的二组多重峰, ArH），δ 9.6（1H, s, —CHO）。

  结构为：H_3CO—C$_6$H$_4$—CHO

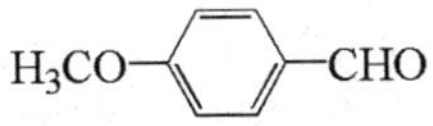

（2）**B**：不饱和度 $= 4 - \dfrac{8-2}{2} = 1$，峰面积比 3:3:2，各峰归属如下：δ 1.2（3H, t, $\underline{CH_3}CH_2$—），δ 2.0（3H, s, $\underline{CH_3}CO$—），δ 4.1（2H, q, $CH_3\underline{CH_2}O$—）。

  结构为：$CH_3COOCH_2CH_3$

第十六章 羧酸衍生物涉及碳负离子的反应及在合成中的应用

一、复习要点

1. α-氢酸性的强弱及其互变异构。
2. 酯缩合反应。

$$CH_3CO_2C_2H_5 \xrightarrow[2) H_2O/H^+]{1) NaOC_2H_5} CH_3COCH_2CO_2C_2H_5 \quad (\text{Claisen 酯缩合})$$

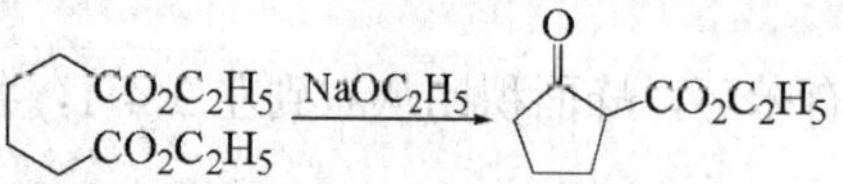

$$\text{环己烷(CO}_2\text{C}_2\text{H}_5)_2 \xrightarrow{NaOC_2H_5} \text{环戊酮-CO}_2\text{C}_2\text{H}_5 \quad (\text{Dieckman 酯缩合})$$

可得到一些重要的1,3-双官能团的链状或环状化合物。

3. β-二羰基化合物的亲核取代反应及在合成中的应用。

(1) "三乙"在合成上的应用

$$CH_3\overset{O}{C}CH_2\overset{O}{C}OC_2H_5 \xrightarrow{NaOC_2H_5} \xrightarrow{RX} CH_3\overset{O}{C}\overset{}{\underset{R}{C}H}\overset{O}{C}OC_2H_5 \xrightarrow{\text{稀}OH^-} \xrightarrow[\Delta]{H_3^+O} CH_3\overset{O}{C}CH_2R$$

以三乙和卤代烃为原料,主要用于合成下列几类化合物(虚线内部分由三乙提供,另一部分为卤代烃):

卤代烃	化合物	
RX	R⊢CH$_2$COCH$_3$	一取代丙酮
RX, R'X	R⊢CHCOCH$_3$ 　　R'	二取代丙酮
RCHCO$_2$C$_2$H$_5$ (α-卤代酯) X	CH$_3$COCH$_2$⊢CHCOOH 　　　　　　R	γ-酮酸
RCOX(酰卤)	CH$_3$COCH$_2$⊢COR	1,3-二酮
RCOCH$_2$X (α-卤代酮)	CH$_3$COCH$_2$⊢CH$_2$COR	1,4-二酮
X(CH$_2$)$_n$X	CH$_3$COCH$_2$⊢(CH$_2$)$_n$⊢CH$_2$COCH$_3$	对称甲基二酮

(2) 丙二酸二乙酯在合成上的应用

$$CH_2(CO_2C_2H_5)_2 \xrightarrow{NaOC_2H_5} \xrightarrow{RX} RCH(CO_2C_2H_5)_2 \xrightarrow{\text{稀}OH^-} \xrightarrow[\Delta]{H_3^+O} RCH_2COOH$$

主要用于合成一取代和二取代乙酸或二元羧酸(虚线内的部分为丙二酸二乙酯提供,其余部分为卤代烃):

卤代烃	化合物	
RX	R─CH₂COOH	一取代乙酸
RX, R'X	R─CHCOOH 　　│ 　　R'	二取代乙酸
XCH₂CO₂C₂H₅	HOOCCH₂─CH₂COOH	丁二酸
X(CH₂)ₙX	HOOCCH₂─(CH₂)ₙ─CH₂COOH	二元羧酸
X(CH₂)ₙX	(CH₂)ₙCHCOOH	环酸，n = 3, 4, 5, 6
2 mol XCH₂CH₂X 2 mol 丙二酸二乙酯	HOOC─⟨ ⟩─COOH	环状二元羧酸

（3）其他 β-羰基酸酯及 β-二羰基化合物在合成上的应用

由酯缩合得到的 1,3-双官能团化合物，含有酸性氢，可进行类似于"三乙"及丙二酸二乙酯的烷基化反应。如：

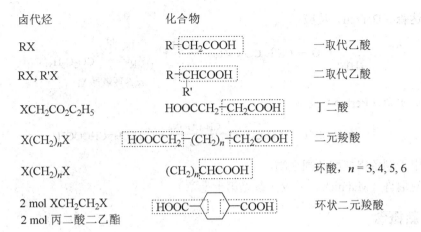

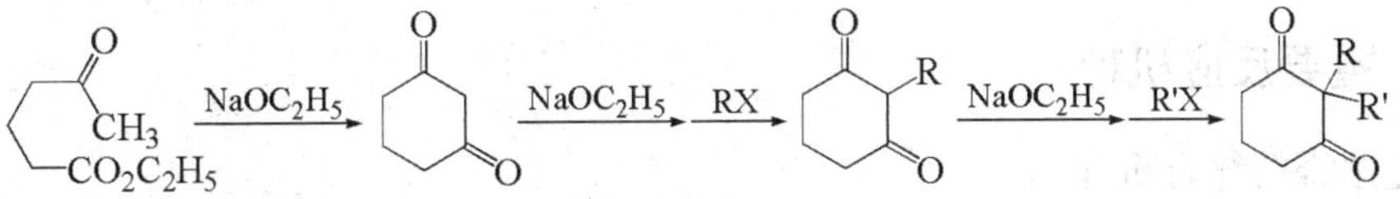

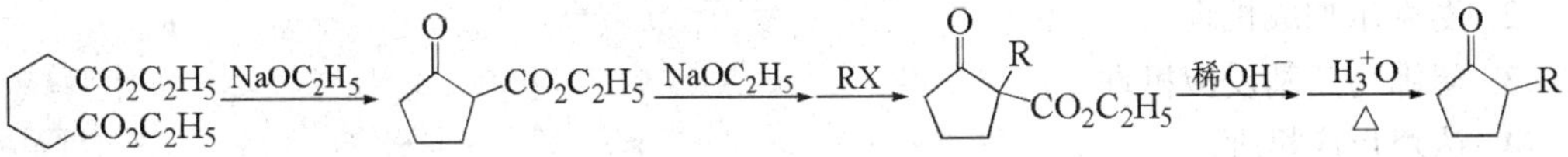

4．碳负离子在亲核加成中的应用。

（1）克脑文盖尔（Knoevenagel）反应

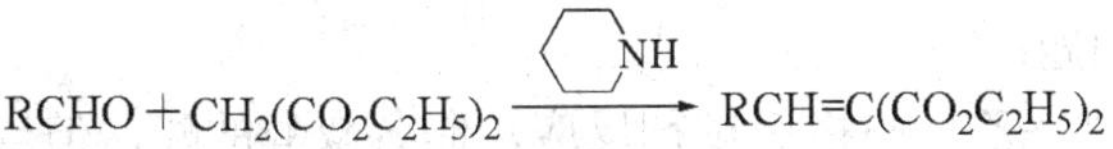

$$RCHO + CH_2(CO_2C_2H_5)_2 \xrightarrow{\text{piperidine NH}} RCH=C(CO_2C_2H_5)_2$$

用于制备 α,β-不饱和酸、酯。

（2）麦克尔（Michael）加成

含活泼亚甲基化合物与 α,β-不饱和化合物在碱存在下进行 1,4-加成，得到 1,5-双官能团的化合物。

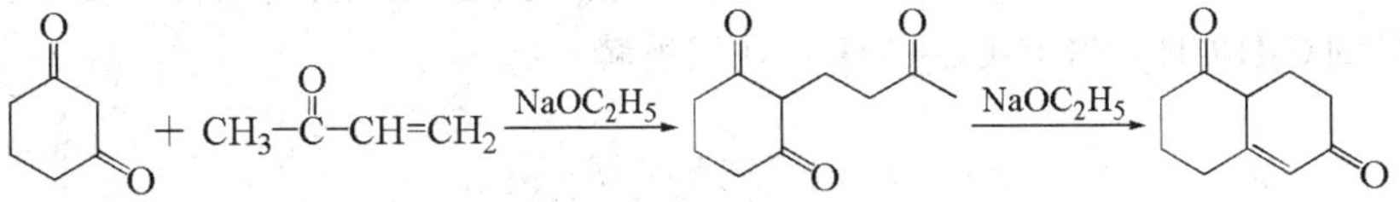

环己-1,3-二酮 + CH₃─CO─CH=CH₂ $\xrightarrow{\text{NaOC}_2\text{H}_5}$ 1,5-官能团化合物 $\xrightarrow{\text{NaOC}_2\text{H}_5}$ （Robinson 成环）

注意：一般简单的酮或酯不易进行此反应。往往麦克尔加成反应是与酯缩合反应相联系的。

（3）瑞佛马斯基（Reformatsky）反应

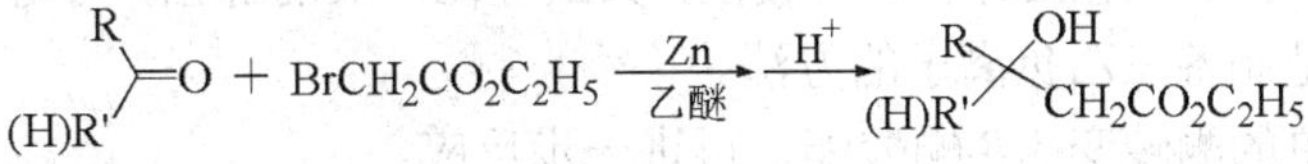

$$\underset{(H)R'}{\overset{R}{>}}\!\!C{=}O + BrCH_2CO_2C_2H_5 \xrightarrow[\text{乙醚}]{Zn} \xrightarrow{H^+} \underset{(H)R'}{\overset{R}{>}}\!\!C\!\!\underset{CH_2CO_2C_2H_5}{\overset{OH}{}}$$

用于制备 β-羟基酸酯和 β-羟基酸。

（4）达森（Darzen）反应

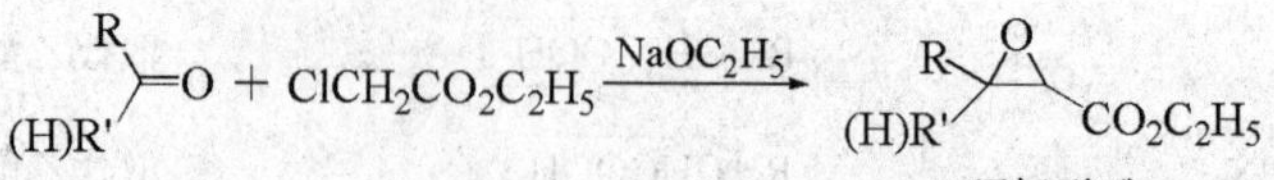

$$\underset{(H)R'}{\overset{R}{>}}C=O + ClCH_2CO_2C_2H_5 \xrightarrow{NaOC_2H_5} \underset{(H)R'}{\overset{R}{>}}\underset{\alpha,\beta\text{-环氧酸酯}}{C-C}\overset{O}{\underset{H}{<}}CO_2C_2H_5$$

（5）普尔金（Perkin）反应

$$C_6H_5CHO + (CH_3CO)_2O \xrightarrow[\Delta]{CH_3COONa} C_6H_5CH=CHCOOH$$

一般用于制备肉桂酸及同系物。

（6）曼尼许（Mannich）反应（参见第十七章）

二、新概念

1,3-二羰基化合物（1,3-Dicarbonyl Compound），三乙或乙酰乙酸乙酯（Ethyl Acetoacetate），烷基化反应（Alkylation），酮式（Keto Form），烯醇式（Enol Form），双重负离子（Ambident Anion），克莱森缩合反应（Claisen Condensation）

三、重要反应机理

1. 克莱森酯缩合机理。
2. 麦克尔加成机理。
3. 瑞佛马斯基反应机理。
4. 达森反应机理。

四、例题

例 1 解答下列问题：

（1）一同学想用"三乙"与格氏试剂反应，制备叔醇的酯，但当加入乙基溴化镁时，产生一种气体。请问发生了什么反应？

（2）简单的酮（如环戊酮），烷基化或进行麦克尔加成十分困难，可通过什么方法使反应容易进行？

（3）一同学用 2 mol KNH_2 处理"三乙"，再加入溴乙烷，烷基化没有发生在活泼的亚甲基上，而得到 $C_2H_5CH_2COCH_2CO_2C_2H_5$。如何解释？

解

（1）

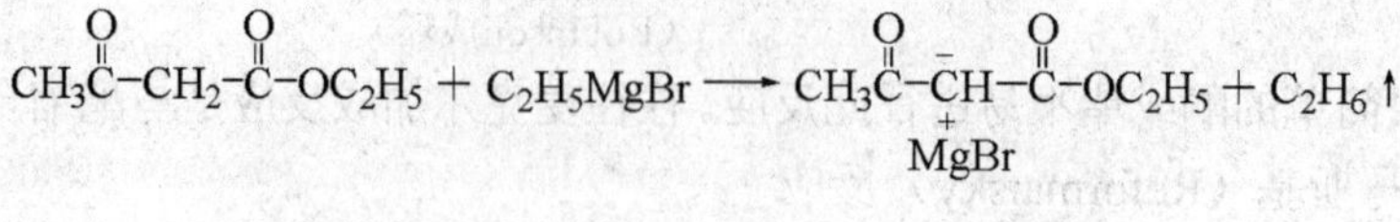

$$CH_3\overset{O}{\overset{\|}{C}}-CH_2-\overset{O}{\overset{\|}{C}}-OC_2H_5 + C_2H_5MgBr \longrightarrow CH_3\overset{O}{\overset{\|}{C}}-\overset{-}{\underset{+MgBr}{C}}H-\overset{O}{\overset{\|}{C}}-OC_2H_5 + C_2H_6\uparrow$$

由于"三乙"中亚甲基上的氢具有酸性，其酸性比一般的醇强，可与乙基格氏试剂作用，放出乙烷，这也是制备三乙负离子的方法。

（2）可把简单的酮转变为 β-酮酸酯，再进一步反应。

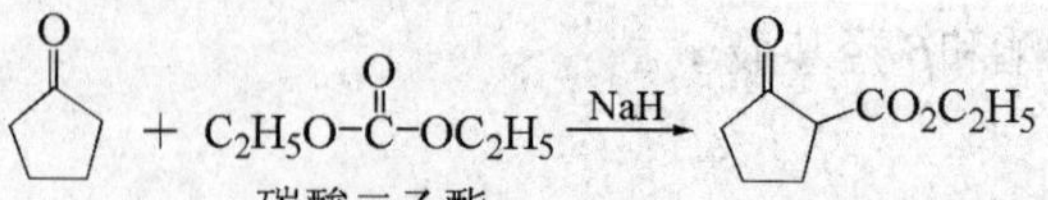

$$\underset{\text{碳酸二乙酯}}{\bigcirc\!\!\!\!=\!\!O + C_2H_5O\overset{O}{\overset{\|}{C}}-OC_2H_5} \xrightarrow{NaH} \bigcirc\!\!\!\!=\!\!O\text{-}CO_2C_2H_5$$

$$\text{环戊酮-2-甲酸乙酯} \xrightarrow{\begin{array}{c}\text{NaOC}_2\text{H}_5,\ RX\\ \text{稀 OH}^-,\ H_3^+O/\Delta\end{array}} \text{2-R-环戊酮}$$

$$\text{环戊酮-2-甲酸乙酯} \xrightarrow{\begin{array}{c}\text{NaOC}_2\text{H}_5,\ CH_3COCH=CH_2\\ \text{稀 OH}^-,\ H_3^+O/\Delta\end{array}} \text{2-(CH}_2\text{CH}_2\text{COCH}_3\text{)-环戊酮}$$

或把简单的酮转变成烯胺进行反应:

$$\text{环戊酮} + \text{吡咯烷} \longrightarrow \text{N-(1-环戊烯基)吡咯烷} \xrightarrow{\begin{array}{c}RX,\ H_3^+O\\ CH_3COCH=CH_2,\ H_3^+O\end{array}} \begin{array}{c}\text{2-R-环戊酮}\\ \text{2-(CH}_2\text{CH}_2\text{COCH}_3\text{)-环戊酮}\end{array}$$

（3）

$$CH_3\overset{O}{C}CH_2\overset{O}{C}OC_2H_5 \xrightarrow{KNH_2} CH_3\overset{O}{C}\overset{\ominus}{C}H\overset{O}{C}OC_2H_5 \xrightarrow{KNH_2} \overset{\ominus}{C}H_2\overset{O}{C}\overset{\ominus}{C}H\overset{O}{C}OC_2H_5$$

$$\xrightarrow{C_2H_5Br} \xrightarrow{NH_4Cl/H_2O} C_2H_5CH_2\overset{O}{C}CH_2\overset{O}{C}OC_2H_5$$

三乙与 2 mol 强碱作用，得到双负离子，而末端碳负离子亲核性较强，所以反应发生在末端。

例 2 α-酮酸最好的制备方法可用下述程序表示：

$$\text{丙酸乙酯} + \text{草酸二乙酯} \xrightarrow{NaOC_2H_5} A\ (C_9H_{14}O_5)$$

$$A + \text{稀}H_2SO_4 \xrightarrow{\text{煮沸}} CO_2 + 2C_2H_5OH + CH_3CH_2COCOOH$$
$$\text{（α-羰基丁酸）}$$

请问这里包含着哪些熟悉的反应？**A** 的结构是怎样的？

解 由交叉的 Claisen 缩合得 **A**，随之是 β-酮酸的水解及脱羧反应（有两个羧基，其中丢失的为酮基 β 位的羧基）。

$$C_2H_5O\overset{O}{C}-\overset{O}{C}OC_2H_5 + CH_2COOC_2H_5\!\!\underset{CH_3}{} \xrightarrow[-C_2H_5OH]{NaOC_2H_5} \underset{A}{C_2H_5O\overset{O}{C}-\overset{O}{C}-\overset{}{C}HCO_2C_2H_5\!\!\underset{CH_3}{}}$$

$$A \xrightarrow[H_2O]{H^+} HOOC-\overset{O}{C}-\overset{}{C}HCOOH\underset{CH_3}{} \xrightarrow{-CO_2/\Delta} HOOC-\overset{O}{C}-CH_2CH_3$$
$$\text{（一种 α-酮酸）}$$

例 3 (1) 在丙二酸二乙酯和"三乙"合成法中，卤代烃不能使用卤化苯和卤乙烯，那么你如何利用简单的酯合成苯基取代的丙二酸二乙酯呢？

(2) 由"三乙"合成甲酰基取代丙酮时，需用甲酰氯（HCOCl），此化合物不能稳定存在，那么你如何利用简单的酯缩合合成之？

解 (1) 可利用苯乙酸乙酯和碳酸酯进行交叉的 Claisen 酯缩合。

$$C_6H_5CH_2CO_2C_2H_5 + C_2H_5O\overset{O}{C}OC_2H_5 \xrightarrow{NaOC_2H_5} C_6H_5CH(CO_2C_2H_5)_2$$

(2) 可利用甲酸酯与丙酮进行交叉的 Claisen 缩合。

$$H-\overset{O}{C}-OC_2H_5 + CH_3-\overset{O}{C}-CH_3 \xrightarrow{NaOC_2H_5} H-\overset{O}{C}-CH_2-\overset{O}{C}-CH_3$$

这也是制备甲酰基取代的 1,3-双官能团化合物的一般方法。如工业上制备颠茄酸酯时，即利用这个反应。

$$H-\overset{O}{\overset{\|}{C}}-OC_2H_5 + C_6H_5CH_2CO_2C_2H_5 \xrightarrow{NaOC_2H_5} C_6H_5\underset{CHO}{\overset{}{CH}}-\overset{O}{\overset{\|}{C}}OC_2H_5 \xrightarrow{H_2/Ni} C_6H_5\underset{CH_2OH}{\overset{}{CH}}-\overset{O}{\overset{\|}{C}}OC_2H_5$$

颠茄酸酯

例4 "三乙"进行一烷基化时的一个副反应是二烷基化。

（1）写出一种机理以说明二烷基化是怎样发生的。

（2）"三乙"比一烷基取代的"三乙"具有更大的酸性，这一事实是利于一烷基化还是二烷基化？

（3）相对于较大的卤代烷而言，当用卤甲烷和卤乙烷作为烷基化剂时，二烷基化副反应更易发生，这是什么因素在起作用？这属于什么类型的反应？

（4）假定需用制备 2-甲基-2-丁基丙二酸二乙酯，你准备首先进行哪一种烷基化？请说明理由。

解 （1）首先进行一烷基化，然后烷基化产物跟醇钠反应产生负离子，这个负离子再发生二烷基化。

$$CH_3COCHCOOC_2H_5 \xrightarrow{NaOC_2H_5} CH_3CO\overset{\ominus}{\underset{R}{C}}COOC_2H_5 \xrightarrow{RX} CH_3CO\underset{R}{\overset{R}{\underset{|}{C}}}COOC_2H_5$$
（一烷基化"三乙"） （二烷基化"三乙"）

（2）有利于一烷基化。

（3）甲基和乙基对于进攻的负离子阻碍较小，此反应为 S_N2 取代反应。

（4）先丁基化，后甲基化，这样，一方面如上述原因可减少二烷基化产物；另外，一烷基化产物和少量的二烷基化产物相差四个碳，沸点相差较大，便于分离。

例5 （1）以浓碱处理时，乙酰乙酸乙酯转变为二分子乙酸钠（酸式分解），请概述此反应的可能机理。

（2）为什么通常不用乙酰乙酸乙酯合成法而用丙二酸酯合成法来制备羧酸。

解 （1）一系列反应是生成乙酰乙酸乙酯的逆反应，即乙酰乙酸乙酯的酮式分解。碱浓度增加，进攻羰基的机会增加，此处平衡向乙酸根离子方向移动，乙酸根离子由于共轭而稳定化。

① $CH_3\overset{O}{\overset{\|}{C}}-CH_2-\overset{O}{\overset{\|}{C}}OC_2H_5 + OH^- \longrightarrow CH_3-\underset{OH}{\overset{O^-}{\underset{|}{C}}}-CH_2\overset{O}{\overset{\|}{C}}OC_2H_5$

② $CH_3-\underset{OH}{\overset{O^-}{\underset{|}{C}}}-CH_2\overset{O}{\overset{\|}{C}}OC_2H_5 \longrightarrow CH_3\overset{O}{\overset{\|}{C}}-OH + {}^-CH_2COOC_2H_5 \longrightarrow CH_3COO^- + CH_3COOC_2H_5$

③ $CH_3COOC_2H_5 + OH^- \longrightarrow CH_3COO^- + C_2H_5OH$

（2）当使用"三乙"合成法时，由于不可避免地伴随着碱式分解，因而产物较复杂，使用丙二酸二乙酯法无此问题。

例6 简单酮可与四氢吡咯（⬡NH），六氢吡啶（⬡NH），吗啉（O⬡NH）等作用转变为烯胺。如：

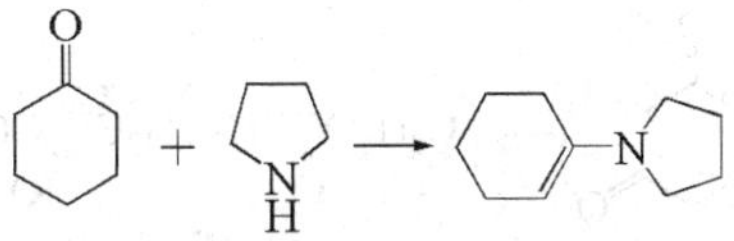

烯胺既可与活泼试剂进行烷基化反应，也可进行麦克尔加成，是使简单酮进行这类反应的有效方法。请写出烯胺与化合物 **A** 的反应，以及生成产物 **B** 的历程。

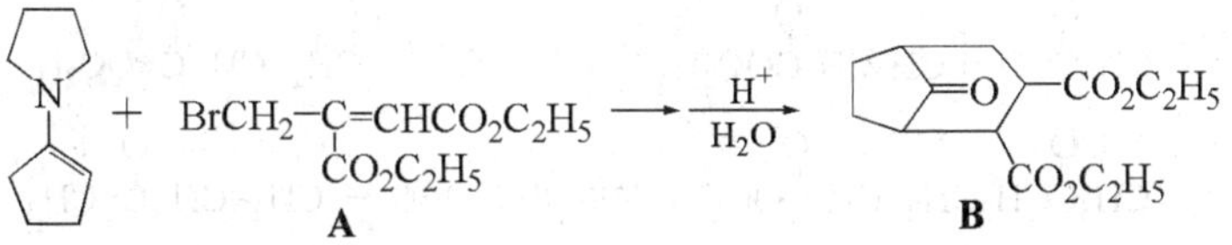

解

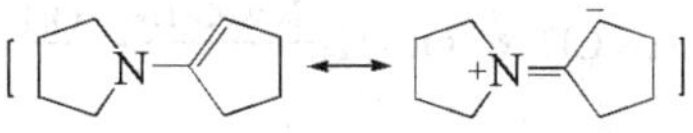

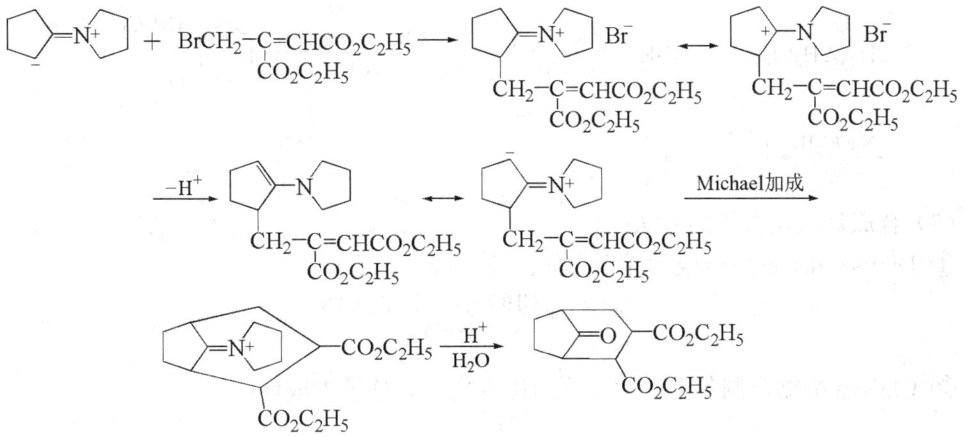

例 7 （1）合成化合物 **A**：

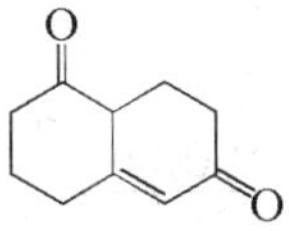

（2）总结合成环状化合物的方法。

解 （1）分析：此化合物为 α,β-不饱和酮，由羟醛缩合得到，在双键处切断。

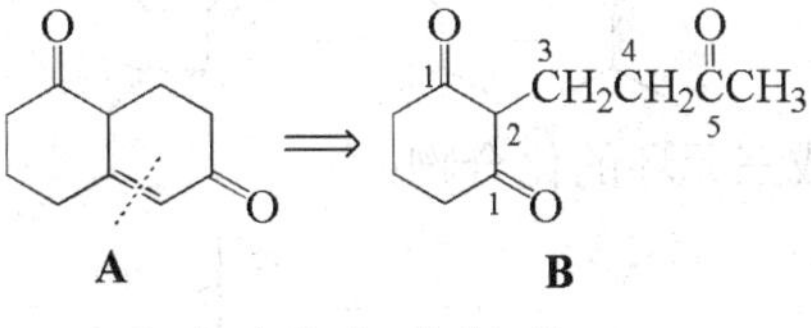

B 为 1,5-双官能团化合物，可由麦克尔加成得到：

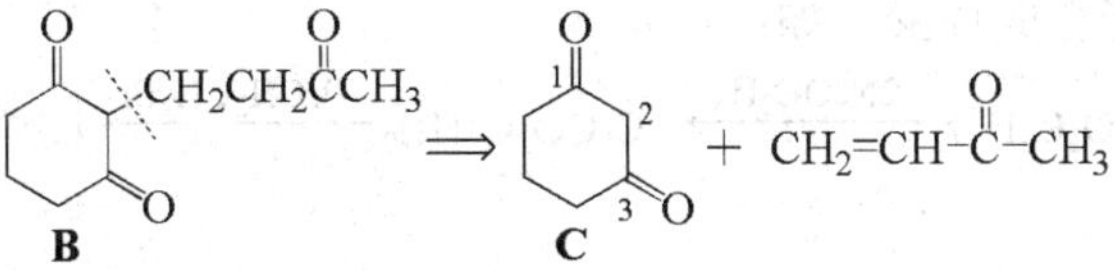

C 为 1,3-双官能团化合物，为酯缩合的产物：

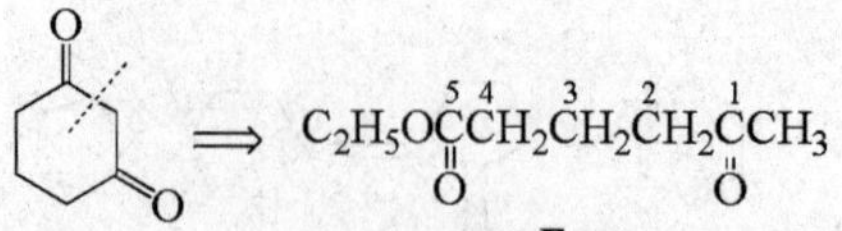

$$\underset{C}{\text{(cyclohexane-1,3-dione)}} \Longrightarrow \underset{E}{C_2H_5O\overset{O}{\underset{\|}{C}}\overset{5}{C}H_2\overset{4}{C}H_2\overset{3}{C}H_2\overset{2}{C}H_2\overset{1}{\underset{\|}{C}}CH_3}$$

E 为 1,5-双官能团化合物，可由麦克尔加成得到：

或 $CH_3\overset{O}{\underset{\|}{C}}CH_2 \vdots CH_2CH_2\overset{O}{\underset{\|}{C}}OC_2H_5 \Longrightarrow$ "三乙" $+ CH_2=CH-\overset{O}{\underset{\|}{C}}-OC_2H_5$

$CH_3\overset{O}{\underset{\|}{C}}CH_2CH_2 \vdots CH_2\overset{O}{\underset{\|}{C}}OC_2H_5 \Longrightarrow$ 丙二酸酯 $+ CH_2=CH-\overset{O}{\underset{\|}{C}}-CH_3$

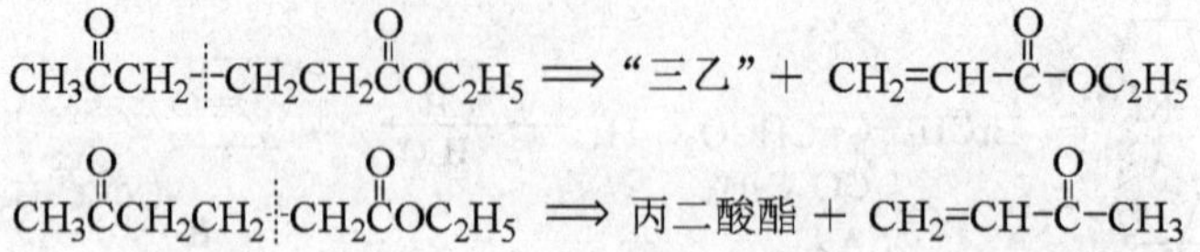

合成：

$CH_3\overset{O}{\underset{\|}{C}}CH_2CO_2C_2H_5 + CH_2=CH-\overset{O}{\underset{\|}{C}}-OC_2H_5 \xrightarrow{NaOC_2H_5} \xrightarrow[\Delta]{OH^-} \xrightarrow{H^+} \xrightarrow[H^+]{C_2H_5OH}$

$CH_3\overset{O}{\underset{\|}{C}}CH_2CH_2CH_2\overset{O}{\underset{\|}{C}}OC_2H_5 \xrightarrow[-C_2H_5OH]{NaOC_2H_5}$ (cyclohexane-1,3-dione) $\xrightarrow[NaOC_2H_5]{CH_2=CH-\overset{O}{\underset{\|}{C}}-CH_3}$ (substituted cyclohexane-1,3-dione with CH$_2$CH$_2$COCH$_3$ group)

$\xrightarrow[-H_2O]{NaOC_2H_5}$ (bicyclic enone)

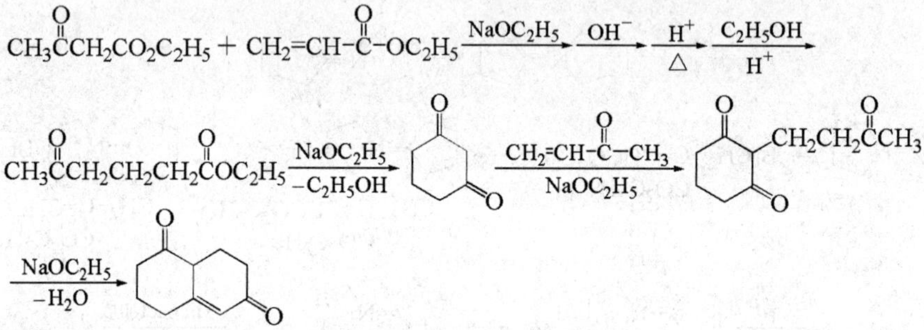

（2）合成环状化合物的方法：

① Diels-Alder 反应合成六元环。如：

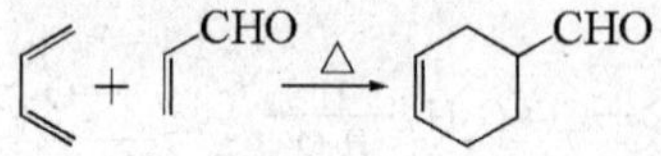

(diene) + (acrolein) $\xrightarrow{\Delta}$ (cyclohexene-CHO)

② Claisen 酯缩合制备五、六元环的化合物，如分子内成环：

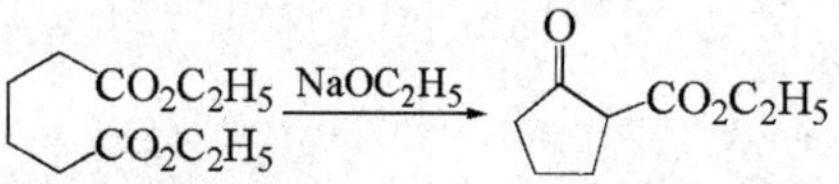

(1,2-bis(ethoxycarbonyl)cyclohexane) $\xrightarrow{NaOC_2H_5}$ (2-ethoxycarbonyl cyclopentanone) （Dieckman 酯缩合）

分子间成环：

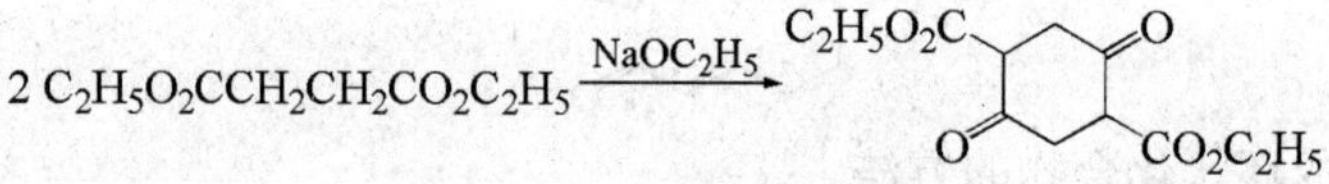

$2\ C_2H_5O_2CCH_2CH_2CO_2C_2H_5 \xrightarrow{NaOC_2H_5}$ (1,4-cyclohexanedione-2,5-dicarboxylate)

③ [2+2] 加成，如：

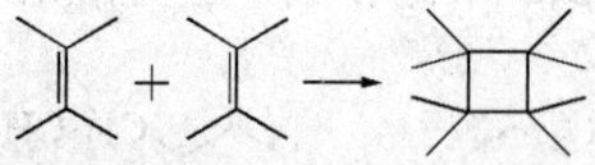

(alkene) + (alkene) $\longrightarrow$ (cyclobutane)

④ 卡宾与烯烃加成合成三元环的化合物：

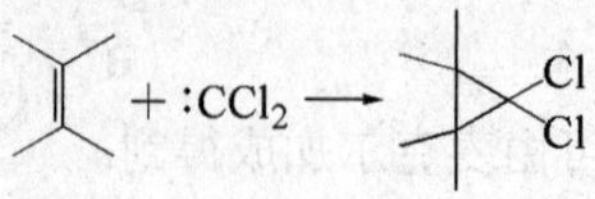

(alkene) + $:CCl_2 \longrightarrow$ (1,1-dichlorocyclopropane)

⑤ 丙二酸二乙酯合成环酸，如：

$CH_2(CO_2C_2H_5)_2 \xrightarrow{2NaOC_2H_5} {}^-C(CO_2C_2H_5)_2 \xrightarrow{BrCH_2CH_2Br}$ (cyclopropane-1,1-dicarboxylate)

$CH_2(CO_2C_2H_5)_2 \xrightarrow{NaOC_2H_5} {}^-CH(CO_2C_2H_5)_2 \xrightarrow{0.5\ mol\ BrCH_2CH_2Br}$ (1,1,4,4-tetrakis(ethoxycarbonyl)butane)

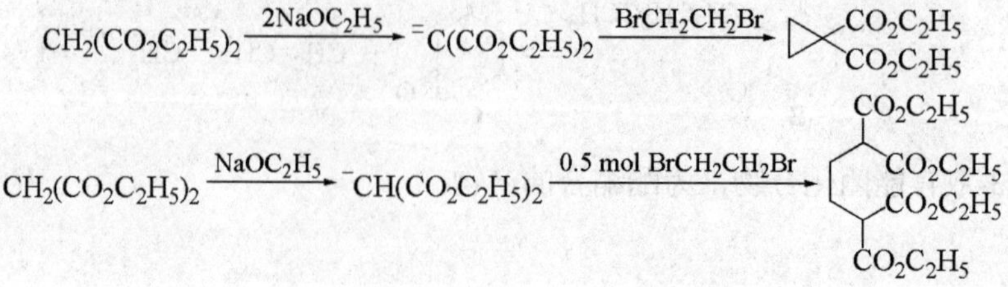

$$\xrightarrow{\text{NaOC}_2\text{H}_5} \underset{\substack{| \\ \text{CO}_2\text{C}_2\text{H}_5}}{\overset{\substack{\text{CO}_2\text{C}_2\text{H}_5 \\ |}}{\text{—C—CH}_2\text{CH}_2\text{—C—}}} \xrightarrow{\text{BrCH}_2\text{CH}_2\text{Br}} \text{(环己烷-1,1,4,4-四甲酸四乙酯)}$$

例 8 合成下列化合物。

(1) [结构式: 3,4-二甲基-γ-丁内酯]

(2) 利用 [间甲氧基苯甲酸甲酯]、[丁二酸二甲酯]、$CH_2=CH-\overset{O}{\overset{\|}{C}}-OCH_3$ 为原料, 合成:

[目标分子: 8-甲氧基-2-(3-甲氧基-3-氧代丙基)-1-四氢萘酮]

解 (1) 分析：目标分子为一内酯，由羧酸和醇进行分子内酯化而得。

$$\underset{A}{\text{[内酯]}} \Longrightarrow \underset{B}{\text{HO-CH-CH-CH}_2\text{COOH}} \text{(CH}_3 \text{ CH}_3\text{)}$$

B 为 γ-羟基酸，没有适当的一步的反应，一般可由相应的酮还原得到。

$$\underset{B}{\text{HO-CH-CH-CH}_2\text{COOH}} \Longrightarrow \underset{C}{\text{CH}_3\text{-C-CH-CH}_2\text{COOH}}$$
(CH$_3$, CH$_3$ 位置; C 中含 C=O 和 CH$_3$ 支链)

C 是取代丙酮，可由"三乙"合成法得到。

$$\text{CH}_3\text{-CO-CH(CH}_3\text{)-CH}_2\text{COOH} \Longrightarrow \text{"三乙"} + \text{CH}_3\text{I} + \text{ClCH}_2\text{-CO-OC}_2\text{H}_5$$

注意，这里选用 α-卤代酸酯，而不能选用 α-卤代酸，因为酸会与"三乙"负离子反应，得到"三乙"和羧酸盐。

合成:

$$\text{CH}_3\text{COCH}_2\text{CO}_2\text{C}_2\text{H}_5 \xrightarrow{\text{NaOC}_2\text{H}_5} \xrightarrow{\text{ClCH}_2\text{CO}_2\text{C}_2\text{H}_5} \text{CH}_3\text{-CO-CH(CH}_2\text{CO}_2\text{C}_2\text{H}_5\text{)-CO}_2\text{C}_2\text{H}_5 \xrightarrow{\text{NaOC}_2\text{H}_5} \xrightarrow{\text{CH}_3\text{I}}$$

$$\text{CH}_3\text{-CO-C(CH}_3\text{)(CH}_2\text{CO}_2\text{C}_2\text{H}_5\text{)-CO}_2\text{C}_2\text{H}_5 \xrightarrow{\text{NaBH}_4} \xrightarrow{\text{OH}^-} \xrightarrow[\Delta]{\text{H}^+} \text{CH}_3\text{-CH(OH)-CH(CH}_3\text{)-CH}_2\text{COOH} \xrightarrow[\Delta]{\text{H}^+} \text{[3,4-二甲基-γ-丁内酯]}$$

(2) 分析：目标分子为一芳酮，可切割为:

[切割图: B ⟹ I + II + III]

其中 I 为间甲氧基苯甲酸甲酯，II 为丁二酸二甲酯，III 为 $CH_2=CH-CO-OCH_3$。

261

B 与原料相比，可判断是由原料 I 和 II 先进行酯缩合，再与原料 III 进行麦克尔加成得到 **B** 碳骨架。

合成：

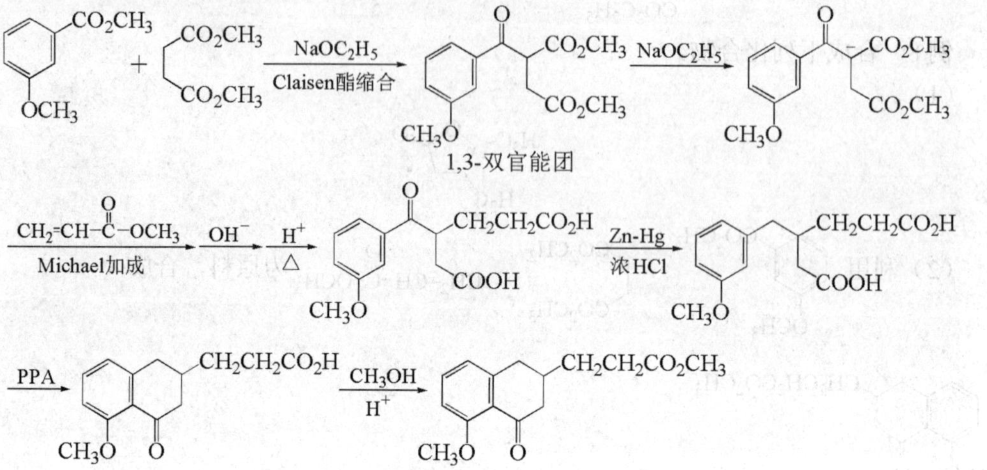

[反应式：间甲氧基苯甲酸甲酯 + 丁二酸二甲酯 —NaOC₂H₅/Claisen 酯缩合→ 1,3-双官能团中间体 —NaOC₂H₅→ 碳负离子中间体]

[反应式：—CH₂=CH-C(O)-OCH₃, Michael 加成 → —OH⁻/△ → —H⁺ → 酮酸中间体 —Zn-Hg/浓 HCl→ 还原产物]

[反应式：—PPA→ 环化产物（8-甲氧基-四氢萘酮衍生物）—CH₃OH/H⁺→ 甲酯化产物]

例 9 （1）写出下面反应的机理。

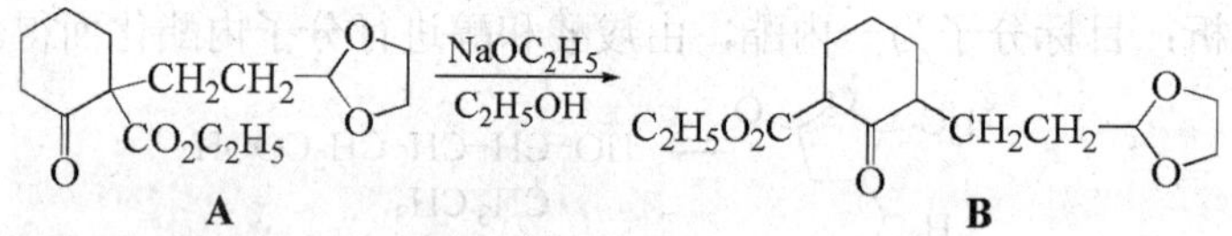

[反应式：A（2-乙氧羰基-2-(2-(1,3-二氧戊环-2-基)乙基)环己酮）—NaOC₂H₅/C₂H₅OH→ B]

（2）由 **B** 转变为 **A** 是否容易，为什么？

解

（1）**A**、**B** 均为取代环己酮，但取代基位置不同，因此由 **A** 转变为 **B** 一定经过一个开环、关环的过程。

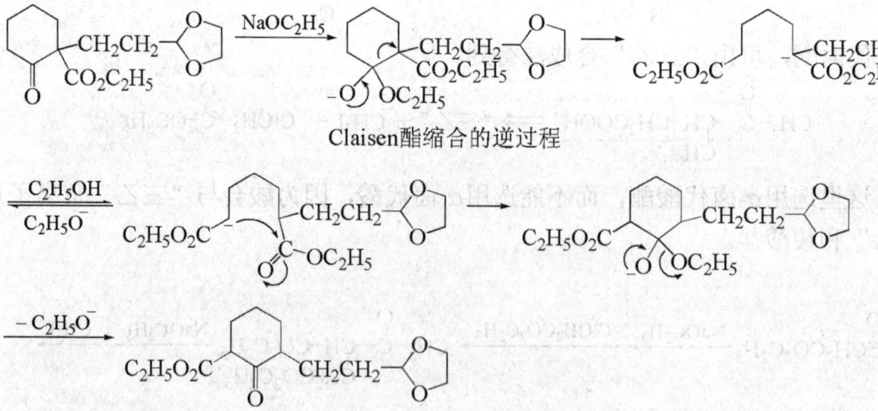

[反应机理图：A —NaOC₂H₅→ 烷氧负离子中间体 → 开环产物（Claisen 酯缩合的逆过程）]

$\xrightleftharpoons[C_2H_5O^-]{C_2H_5OH}$

[反应机理图：烯醇负离子进攻 → 关环中间体 —-C₂H₅O⁻→ B]

（2）由 **B** 转变为 **A** 较困难，由于 **B** 在 NaOC₂H₅ 作用下可得稳定的

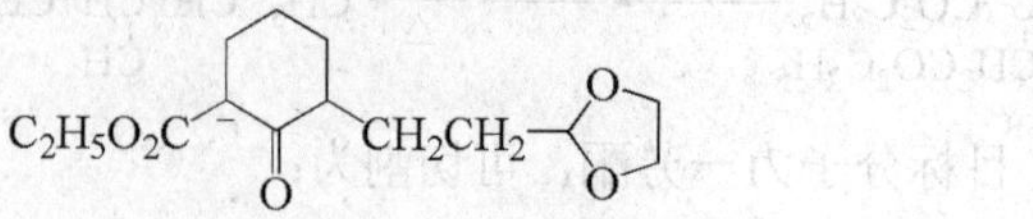

[结构式：B 的碳负离子共振稳定结构]

使 **A** 容易转变为 **B**，反之则难。

五、习题

16.1 用中、英文命名下列化合物。

(1) CH₃CH=CHCHO (2) CH₃-[环戊烯基]-N(吡咯烷基) (3) CH₃COCH₂CH(CH₃)COOH

(4) (CH₃)₂CHCOCH₂COOCH₃ (5) CH₃CH₂COCH₂CHO (6) (CH₃)₂C=CHCH(OH)CH₃

16.2 写出下列化合物的构造式：(1) γ-丁内酯；(2) 哌啶；(3) 甲基乙基乙烯酮；(4) 氯甲酰乙酸；(5) 氰乙酸乙酯。

16.3 写出下列物质与乙醇钠作用的产物（如果有反应）。

(1) 丙酸乙酯；(2) 2-甲基戊酸乙酯；(3) CH₃-C(CO₂C₂H₅)((CH₂)₃CO₂C₂H₅)(CO₂C₂H₅)；(4) 苯乙酮和异丁酸乙酯；(5) 苯甲酸乙酯和γ-丁内酯；(6) 环丁基乙酸乙酯和碳酸乙酯；(7) 环己酮和碳酸乙酯；(8) [缩酮结构 CH₂CO₂C₂H₅ / CH₂CO₂C₂H₅]；(9) 1,3-二苯基丙酮及草酸乙酯。

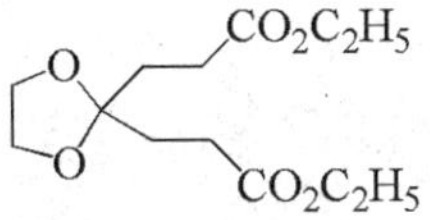

16.4 写出间氯苯甲醛与下列试剂反应的产物：(1) 环己酮，OH⁻；(2) CN⁻；(3) 浓KOH；(4) CH₃CH=P(C₆H₅)₃；(5) "三乙"，三乙胺；(6) 氰基乙酸，吡啶；(7) (CH₃CH₂CO)₂O/CH₃CH₂COONa；(8) CH₃NO₂，OH⁻；(9) ① 丙二酸二乙酯，哌啶，② H₃O⁺。

16.5 写出 [环己烯基吡咯烷] 与下列试剂作用后的产物：(1) CH₃COCl，H₃O⁺；(2) CH₂=CHCOOCH₃，H₃O⁺；(3) CH₂=CHCHO，H₃O⁺；(4) CH₃COCH₂Br，H₃O⁺。

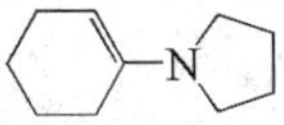

16.6 双烯酮是引入乙酰基的良好试剂。请叙述这个典型反应的历程：

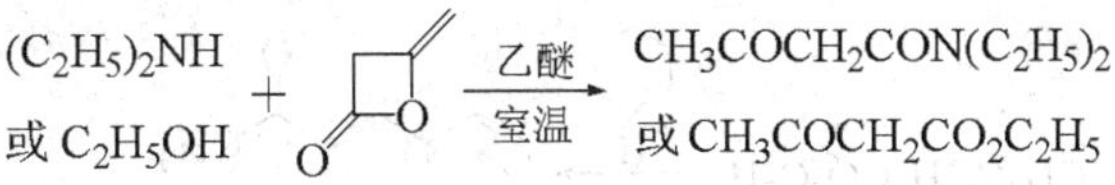

(C₂H₅)₂NH 或 C₂H₅OH + [双烯酮] →(乙醚/室温) CH₃COCH₂CON(C₂H₅)₂ 或 CH₃COCH₂CO₂C₂H₅

该反应已被广泛应用于下列合成中，请写出它们详尽的分步反应历程：

(1) 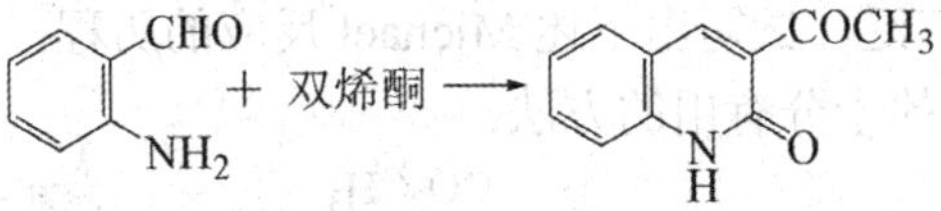 [邻氨基苯甲醛] + 双烯酮 → [3-乙酰基-2-喹啉酮]

(2) 2-羟基环己酮 + 双烯酮 → [3-乙酰基苯并呋喃-2-酮稠环产物]

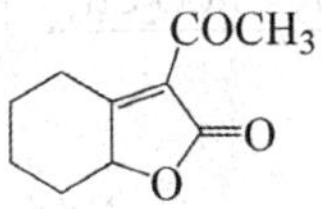

16.7 完成下列反应。

(1) 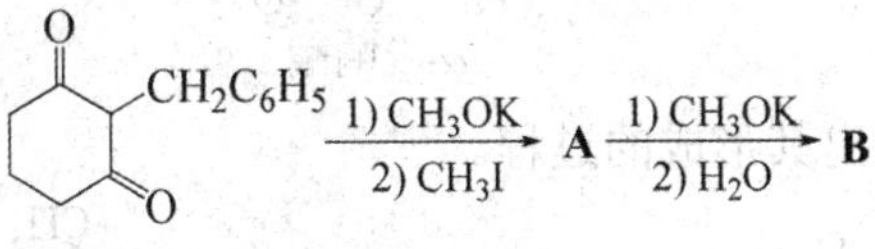 [2-苄基-1,3-环己二酮] —1) CH₃OK / 2) CH₃I→ A —1) CH₃OK / 2) H₂O→ B

(2) [环戊酮-2-甲酸乙酯] + CH₂=CHCOCH₃ —OH⁻→ A —OH⁻/Δ→ B

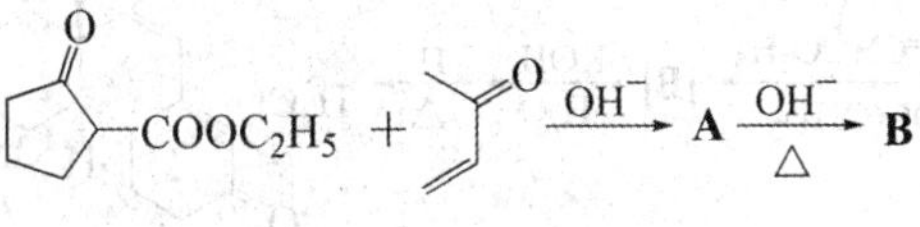

(3) [cyclopentadiene] + Br—C₆H₄—CO—CH=CH—Ph $\xrightarrow{\text{三乙胺}}$

(4) $(CH_3)_2C=CHCOCH_3 + CH_2(COOC_2H_5)_2 \xrightarrow[C_2H_5OH]{NaOC_2H_5} A \xrightarrow{NaOC_2H_5} B \xrightarrow[\triangle]{KOH \; H_3^+O}{H_2O} C$

(5) [2-methylenecyclohexanone] + $CH_3NO_2 \xrightarrow[C_2H_5OH]{KOH}$

(6) [cyclohexanone] + HCHO $\xrightarrow[\triangle]{OH^-} A \xrightarrow[(CH_3)_2CHONa]{CH_3COCH(COOEt)} B \xrightarrow[H_2O]{KOH} \xrightarrow[\triangle]{H_3^+O} C$

(7) $CH_2(CN)_2 + 2CH_2=CHCOCH_3 \xrightarrow{NaOC_2H_5}$

(8) [2-phenylcyclohexanone] + $CH_2=CHCN \xrightarrow{NaOC_2H_5}$

(9) $Cl(CH_2)_2$—[1,3-dioxolane] $\xrightarrow{Mg, CuBr}$ [cyclohexenone] $\xrightarrow[\text{苯}]{H_3^+O}$

16.8 写出下列反应的历程：

(1) [benzocyclic diketone-lactone] $\xrightarrow{1) NaOC_2H_5, \; 2) H^+}$ [naphthalenediol with CH₂CH₂CH₂OH]

(2) [phthalic anhydride with =CHPh] $\xrightarrow{NaOCH_3}$ [indanedione with Ph]

(3) [salicylaldehyde] + $CH_3COCH_2CO_2C_2H_5$ $\xrightarrow{\text{piperidine}}$ [3-acetylcoumarin]

16.9 Michael 反应在有机合成中用途广泛，试写出下述 Michael 反应的历程。

(1) 硫叶立德提供了制备螺环化合物的十分有用的方法：

$Ph_2\overset{+}{S}$—[cyclopropyl] $\xrightarrow{NaH} \xrightarrow{CH_2=CHCO_2CH_3}$ [spirocyclopropane-CO₂CH₃]

(2) PhCOCH₂R + PhC≡C—CO₂C₂H₅ $\xrightarrow{NaOC_2H_5}$ [α-吡喃酮]

16.10 写出中间物 A 及 B 的结构，并写出其形成的过程。

[decalone with CH₃, H] $\xrightarrow[EtO-CO-OEt (\text{过量})]{NaOC_2H_5}$ [A] $\xrightarrow[KOC(CH_3)_3]{CH_2=CHCOC_2H_5}$ [B] $\xrightarrow[H_2O]{KOH} \xrightarrow[\triangle]{H^+}$ [steroid-like product]

16.11 写出下列反应的机理（用弯箭头表示电子转移的方向）。

（1）$CH_3\text{-}\overset{O}{\overset{\|}{C}}\text{-}CH_2\text{-}\overset{O}{\overset{\|}{C}}\text{-}OH + Br_2 \xrightarrow{H_3^+O} CH_3\text{-}\overset{O}{\overset{\|}{C}}\text{-}CH_2Br + HBr + CO_2$

其反应速率常数如下：$v = k[乙酰乙酸]$，与溴无关。

（2）$CH_3\text{-}\overset{O}{\overset{\|}{C}}\text{-}CH_2\text{-}\overset{O}{\overset{\|}{C}}\text{-}OC_2H_5 + Ph\text{-}\overset{O}{\overset{\|}{C}}\text{-}OC_2H_5 \xrightarrow{NaOC_2H_5} \xrightarrow{H_3^+O} Ph\text{-}\overset{O}{\overset{\|}{C}}\text{-}CH_2CO_2C_2H_5 + CH_3CO_2C_2H_5$

（3）$CH_2(CO_2C_2H_5)_2 +$ （环氧化物 Ph）$\xrightarrow[C_2H_5OH]{NaOC_2H_5} \xrightarrow[H_2O]{NaOH} \xrightarrow[\triangle]{H_3^+O}$ （次）Ph位内酯 + （主）Ph位内酯

（4）$Ph(CH_2)_3CHO + N\equiv C\text{-}CH_2\text{-}\overset{O}{\overset{\|}{C}}\text{-}OC_2H_5 \xrightarrow[\substack{2) KCN/EtOH \\ 3) H_3^+O \\ 4) \triangle}]{1) OH^- (1\ mol)} Ph(CH_2)_3\underset{CH_2C\equiv N}{\overset{}{CH}}\text{-}C\equiv N$

16.12 用简单的化学方法区别下列各组化合物：（1）乙酰乙酸乙酯和丙二酸二乙酯；（2）丙酮，3-戊酮，"三乙"；（3）乳酸，3-羟基丙酸。

16.13 一个生物碱 Arecaidine，分子式为 $C_7H_{11}NO_2$，可由如下方法合成，试写出 **A~E** 各中间体和 Quvacine 及 Arecaidine 的结构。

$CH_2=CHCO_2C_2H_5 + NH_3 \longrightarrow \mathbf{A}\ (C_5H_{11}NO_2) \xrightarrow{CH_2=CHCO_2C_2H_5} \mathbf{B}\ (C_{10}H_{19}NO_4)$

$\xrightarrow{NaOC_2H_5} \mathbf{C}\ (C_8H_{13}NO_3) \xrightarrow{PhCOCl} \mathbf{D}\ (C_{15}H_{17}NO_4) \xrightarrow{H_2/Ni} \mathbf{E}\ (C_{15}H_{19}NO_4)$

$\xrightarrow[\triangle]{H_3^+O}$ 另一生物碱 Quvacine $(C_6H_9NO_2) + C_6H_5CO_2H + C_2H_5OH$

Quvacine $+ CH_3I \longrightarrow$ Arecaidine $(C_7H_{11}NO_2)$

16.14 比较下列各组化合物的酸性。

（1）$CH_3\overset{O}{\overset{\|}{C}}CH_2\overset{O}{\overset{\|}{C}}CH_3$ $CH_3\overset{O}{\overset{\|}{C}}CH_2\overset{O}{\overset{\|}{C}}CF_3$
       A   **B**

（2）环己酮-2-基-COCH_3 (A)   环己酮-2-基-COOCH_2CH_3 (B)

（3）$CH_3\overset{O}{\overset{\|}{C}}CH_2\overset{O}{\overset{\|}{C}}OCH_2CH_3$ $CH_3\overset{O}{\overset{\|}{C}}\underset{CH_2CH_3}{\overset{}{CH}}\overset{O}{\overset{\|}{C}}OCH_2CH_3$
       A   **B**

（4）$O_2NCH_2\overset{O}{\overset{\|}{C}}OCH_2CH_3$ $O_2NCH_2NO_2$ $O_2NCH_2\overset{O}{\overset{\|}{C}}CH_3$
       A   **B**   **C**

（5）$OHCCH_2CHO$ $CH_3CH_2O\overset{O}{\overset{\|}{C}}CH_2\overset{O}{\overset{\|}{C}}OCH_2CH_3$ $CH_3CH_2O\overset{O}{\overset{\|}{C}}\underset{CH_2CH_3}{\overset{}{CH}}\overset{O}{\overset{\|}{C}}OCH_2CH_3$
       A   **B**   **C**

16.15 完成下列反应。

(1) [环己酮-2-羧酸-2-乙酸结构] $\xrightarrow{\Delta}$

(2) [环己酮] + $BrCH_2COOC_2H_5$ $\xrightarrow{NaOC_2H_5}$

(3) [Ph]−CH=CHCHO + $CH_3COOC_2H_5$ $\xrightarrow[C_2H_5OH]{NaOC_2H_5}$ $\xrightarrow{H_3^+O}$

(4) $CH_2(COOC_2H_5)_2$ $\xrightarrow[NaOC_2H_5]{\text{1-溴-2-氯-3,5-二硝基苯}}$

(5) [环氧乙烷] + $NaCH(COOC_2H_5)_2 \longrightarrow$

(6) $PhCOCH_2COOC_2H_5$ $\xrightarrow[C_2H_5OH]{NaOC_2H_5}$ $\xrightarrow{BrCH_2C\equiv CH}$ A $\xrightarrow[H_2O]{OH^-}$ $\xrightarrow[\Delta]{H^+}$ B

(7) $PhCOCH=CH_2$ + CH_3OCOCH_2CN $\xrightarrow[C_2H_5OH]{NaOC_2H_5}$

16.16 提供完成下列转化的必要试剂及条件。

(1) [结构图：邻甲基水杨酸乙酯] $\xrightarrow{A}$ [结构图] $\xrightarrow{B}$ [苯并呋喃酮结构] $\xrightarrow{C}$ [烯丙基取代结构] $\xrightarrow{D}$ [结构] $\xrightarrow{E}$ [最终结构]

(2) [β-四氢萘酮] $\longrightarrow$ [菲酮结构]

(3) [环己基甲基酮] $\longrightarrow$ [环己基-$COCH_2CH_2CH_2CO_2C_2H_5$]

16.17 自乙酰乙酸乙酯及任何所需试剂合成下列化合物。

(1) $CH_3CH_2CH_2COCH_3$

(2) $CH_3COCHCH_2CH_3$
      $\quad\quad\quad\quad\quad|$
      $\quad\quad\quad\quad CH_3$

(3) $CH_3COCH_2COCH_3$

(4) $CH_3COCH_2CH_2COCH_3$

(5) $CH_3COCH_2CHCOOH$
      $\quad\quad\quad\quad\quad|$
      $\quad\quad\quad\quad CH_3$

(6) $CH_3COCHCH_2CH_2CHCOCH_3$
      $\quad\quad\quad\quad|\quad\quad\quad\quad\quad|$
      $\quad\quad\quad CH_3\quad\quad\quad CH_3$

(7) $CH_3CHCH_2CH_2CH_2CHCH_3$
      $\quad\;|\quad\quad\quad\quad\quad\quad\;|$
      $\quad OH\quad\quad\quad\quad\;\; OH$

(8) [环戊基-$COCH_3$]

16.18 自丙二酸二乙酯及任何所需试剂合成下列化合物。

(1) $CH_2=CHCH_2CHCO_2H$
      $\quad\quad\quad\quad\;|$
      $\quad\quad\quad\;\; CH_3$

(2) $HOOCCH_2CHCO_2H$
      $\quad\quad\quad\quad|$
      $\quad\quad\quad CH_2CH_3$

(3) [Ph]−$COCH_2CH_2COOH$

(4) $(CH_3)_2CHCOOH$

(5) $HOOC(CH_2)_4CO_2H$

(6) $HOOC(CH_2)_3CO_2H$

(7) ▷—COOH (8) 环丁烷-1,2-二甲酸

(9) 螺[3.3]庚烷-羧酸 (10) HOOC—螺[3.3]庚烷—COOH

(11) C₆H₅—CH₂—CH(COOH)—CH₂—C₆H₅

16.19 当三乙在乙醇中用 1,3-二溴丙烷和 2 mol 乙醇钠处理时得到分子式为 $C_9H_{14}O_3$ 的化合物，其结构如下：

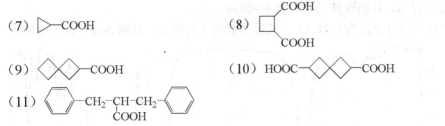

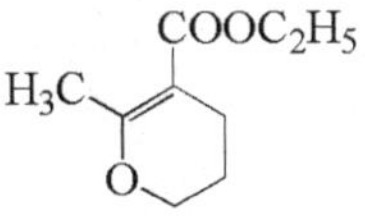

这个产物是怎样形成的？

16.20 对下述反应提出一种合理的机理。

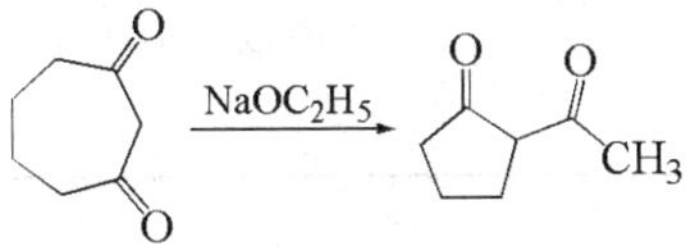

环庚烷-1,3-二酮 $\xrightarrow{NaOC_2H_5}$ 2-乙酰基环戊酮

16.21 用反应式表示下述反应的可能历程。

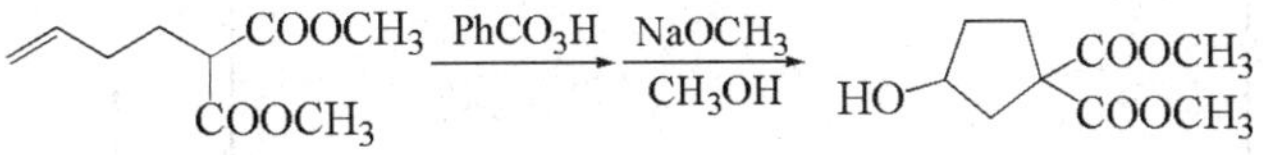

CH₂=CH—CH₂—CH₂—CH(COOCH₃)COOCH₃ $\xrightarrow{PhCO_3H}$ $\xrightarrow[CH_3OH]{NaOCH_3}$ HO—环戊烷—C(COOCH₃)₂

16.22 以苯甲醛、丙酮和丙二酸二乙酯为原料合成：

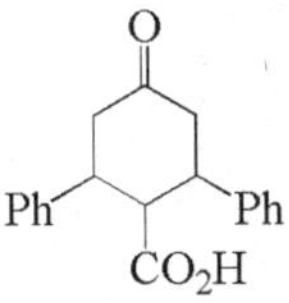

2,6-二苯基-4-氧代环己烷羧酸

16.23 以"三乙"、丙二酸二乙酯及其他必要的有机及无机试剂为原料合成下列化合物。

(1) 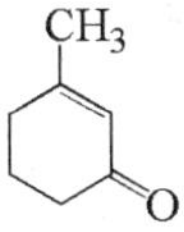 3-甲基-2-环己烯酮

(2) 4-MeO-C₆H₄-CH(CH₂COCH₃)CH₂COCH₃

(3) 5,5-二甲基-1,3-环己二酮

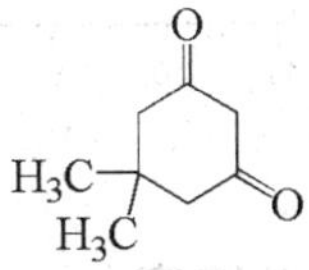

(4) 1-羟基-2-(3-羟基-3,3-二苯基丙基)环戊烷

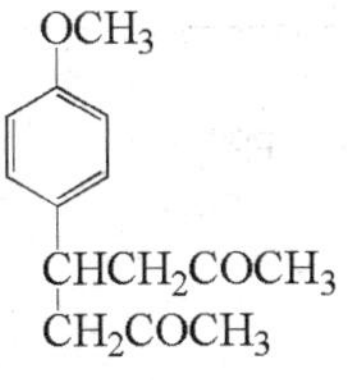

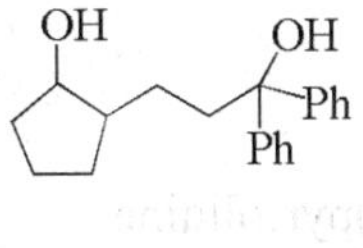

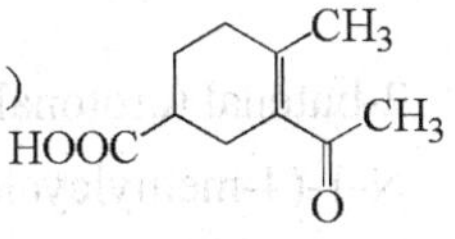

(5) 4-乙酰基-3-甲基-3-环己烯羧酸

(6) CH₃CH₂CH(COOH)CH₂CH₂CH₂COOH 类（戊二酸衍生物）

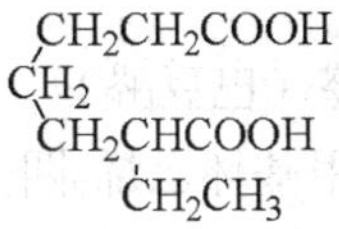

16.24 (1) 根据核磁共振谱数据，指出哪一个异构体与数据相符。

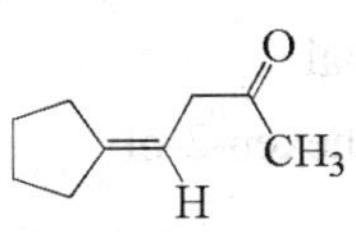

A: 环戊叉基-CH=C(H)-COCH₃
B: 环戊基-CH=CH-COCH₃

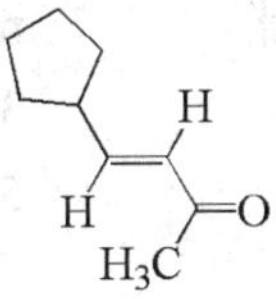

δ 1.65, t, 4H; δ 2.15, s, 3H; δ 2.25, t, 4H; δ 3.13, d, 2H; δ 5.45, t, 1H

（2）你能指出 A、B 的红外光谱有何不同吗？

16.25 一化合物分子式为 $C_6H_{10}O_3$。试通过解析下列图谱，推断该化合物的结构。

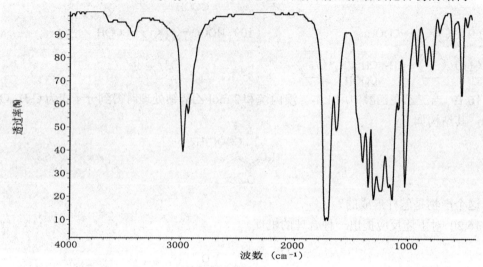

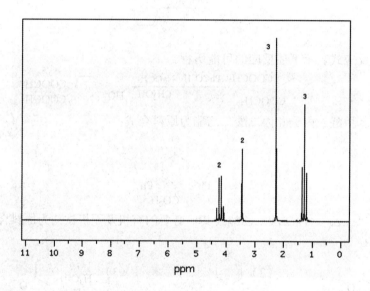

六、习题参考答案

16.1

(1) 2-丁烯醛（巴豆醛）　　　　　2-butenal (crotonaldehyde)
(2) N-1-(4-甲基环己烯)四氢吡咯　　N-1-(4-methylcyclohexene)pyrrolidine
(3) 2-甲基-4-氧代戊酸　　　　　　2-methyl-4-oxopentanoic acid
(4) 4-甲基-3-氧代戊酸甲酯　　　　methyl 4-methyl-3-oxopentate
(5) 3-氧代戊醛　　　　　　　　　3-oxopentanal
(6) 5-甲基-4-己烯-2-醇　　　　　　5-methyl-4-hexen-2-ol

16.2

(1) 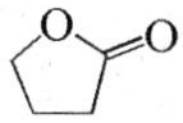 ⟨γ-butyrolactone⟩ (2) ⟨piperidine⟩ (3) CH₃-C(C₂H₅)=C=O

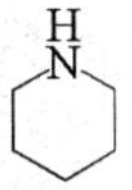

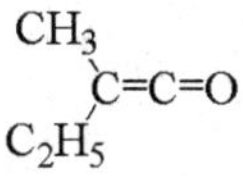

(4) ClCOCH₂COOH   (5) CNCH₂COOC₂H₅

16.3

(1) CH₃CH₂COCH(CH₃)COOC₂H₅   (2) 无变化   (3) 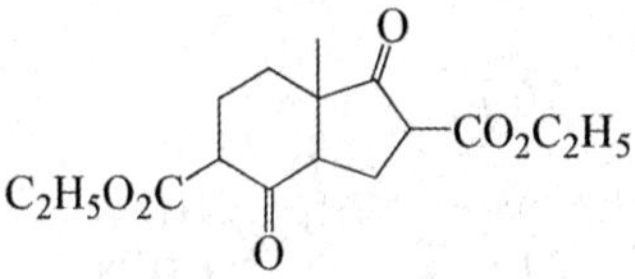 ⟨bicyclic diketone diester⟩

(4) C₆H₅COCH₂COCH(CH₃)₂   (5) ⟨3-benzoyl-γ-butyrolactone⟩   (6) cyclobutyl-CH(COOC₂H₅)₂

(7) ⟨2-ethoxycarbonylcyclohexanone⟩   (8) ⟨ketal-protected diketo ester⟩   (9) ⟨2,5-diphenylcyclopentane-1,3-dione⟩

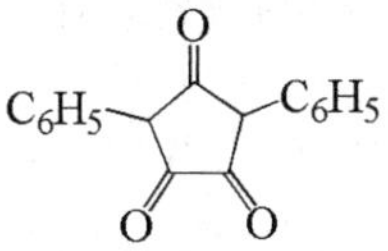

16.4

(1) 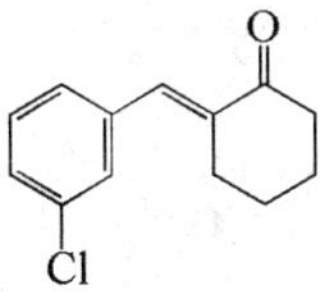 ⟨2-(3-chlorobenzylidene)cyclohexanone⟩   (2) ⟨benzoin derivative with two m-Cl⟩   (3) m-ClC₆H₄CH₂OH , m-ClC₆H₄COOH

(4) m-ClC₆H₄CH=CHCH₃   (5) m-ClC₆H₄CH=C(COCH₃)(CO₂C₂H₅)   (6) m-ClC₆H₄CH=CHCN (此条件自动脱羧)

(7) 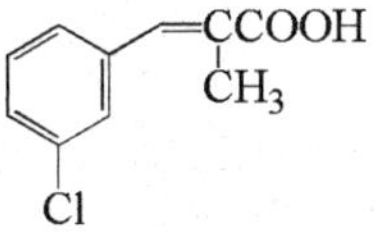 m-ClC₆H₄CH=C(CH₃)COOH   (8) m-ClC₆H₄CH=CHNO₂   (9) m-ClC₆H₄CH=CHCOOH

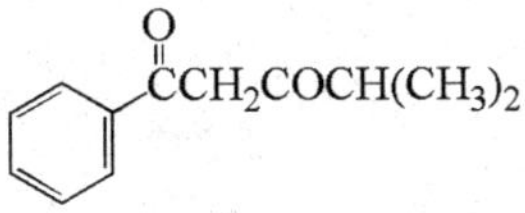

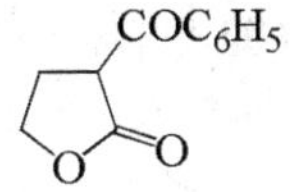

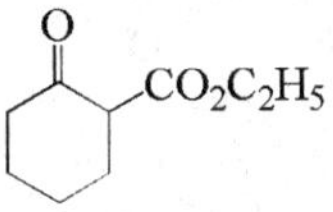

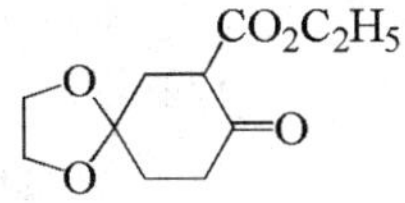

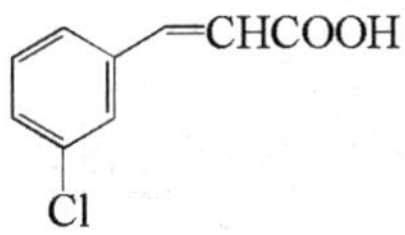

16.5

(1) 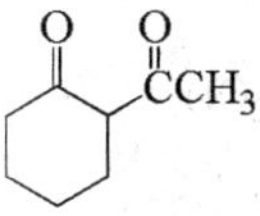 2-acetylcyclohexanone   (2) methyl 3-(2-oxocyclohexyl)propanoate   (3) 3-(2-oxocyclohexyl)propanal   (4) 1-(2-oxocyclohexyl)propan-2-one

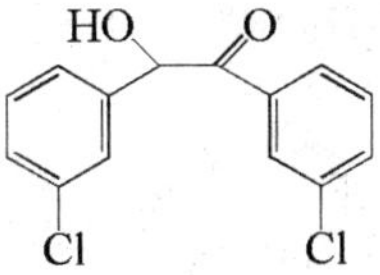

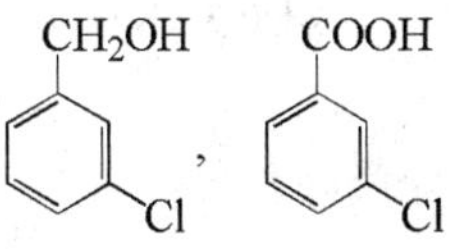

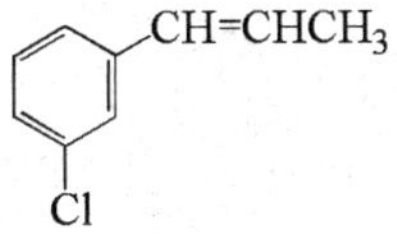

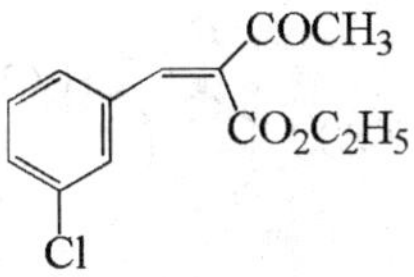

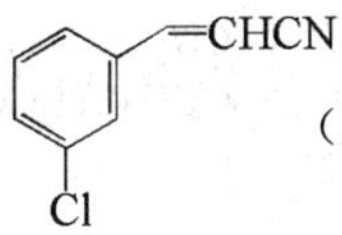

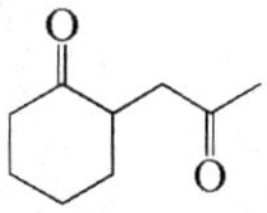

16.6

(1) 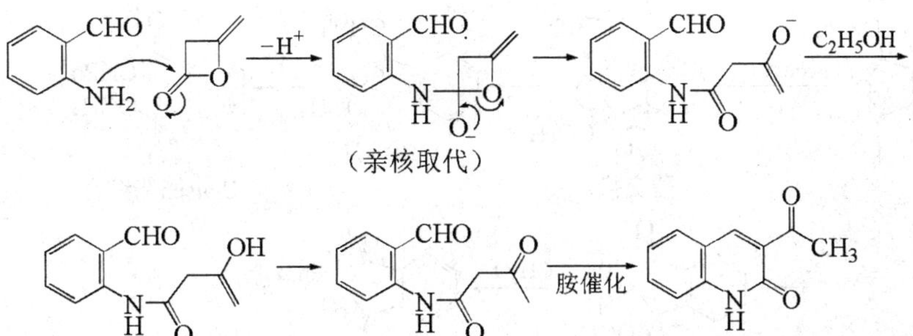 ⟨mechanism: o-aminobenzaldehyde + diketene → nucleophilic substitution → amide intermediate → enol → Knoevenagel condensation → 3-acetyl-2-quinolinone⟩

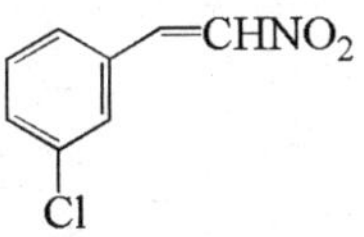

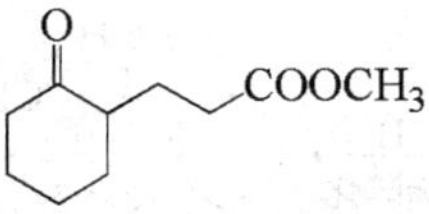

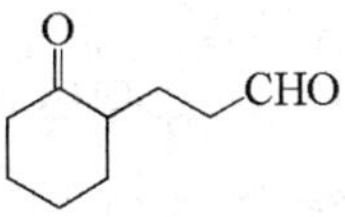

（亲核取代） （胺催化） （克脑文盖尔缩合）

269

(2) [克脑文盖尔缩合 mechanism scheme]

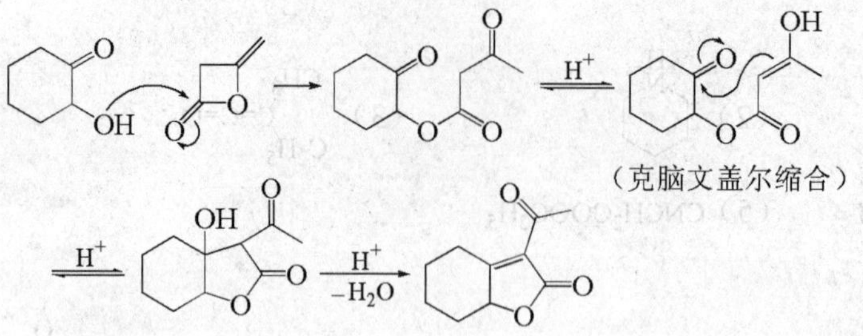

16.7

(1) **A:** 2-methyl-2-benzyl-1,3-cyclohexanedione **B:** $CH_3OCCH_2CH_2CH_2CCHCH_2Ph$ (酸式开环), with CH_3 substituent

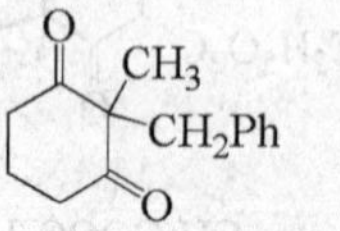

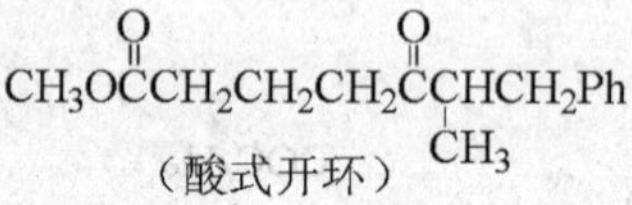

(2) **A:** 1-(ethoxycarbonyl)-2-oxo-cyclopentane with $CH_2CH_2COCH_3$ side chain **B:** bicyclic enone with $CO_2C_2H_5$

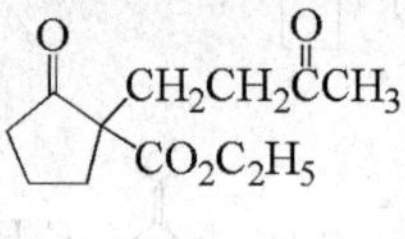

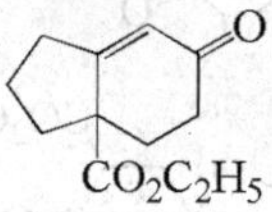

(3) cyclopentadienyl-CH(Ph)-CH$_2$-C(=O)-C$_6$H$_4$-Br

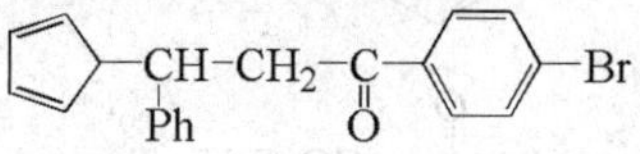

(4) **A:** $(CH_3)_2CCH_2COCH_3$ with $CH(COOC_2H_5)_2$ **B:** 5,5-dimethyl-4-(ethoxycarbonyl)-1,3-cyclohexanedione **C:** 5,5-dimethyl-1,3-cyclohexanedione

(5) 2-(2-nitroethyl)cyclohexanone

(6) **A:** 2-methylenecyclohexanone **B:** octahydronaphthalenone with $CO_2C_2H_5$ **C:** methyl-octahydronaphthalenone

(7) $CH_3CCH_2CH_2C(CN)_2CH_2CH_2CCH_3$ with two C=O

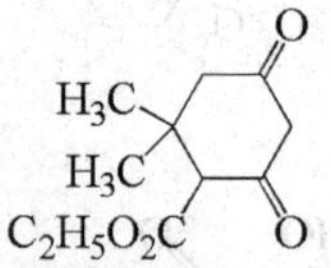

(8) 1-phenyl-1-(2-cyanoethyl)-2-oxocyclohexane

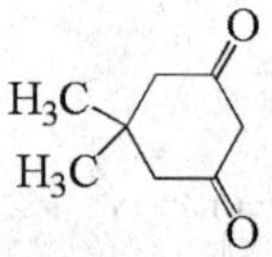

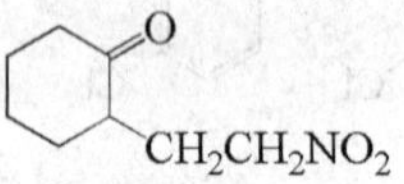

(9) 3-(3-oxopropyl...)cyclohexanone with $(CH_2)_2CHO$

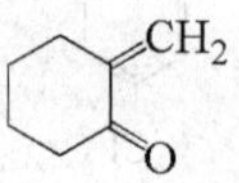

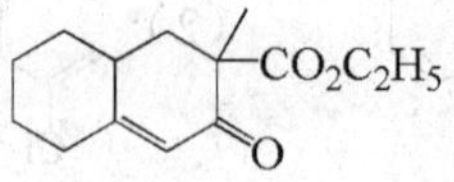

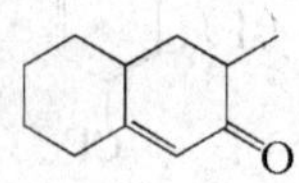

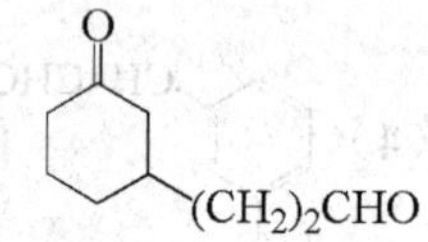

16.8

(1) 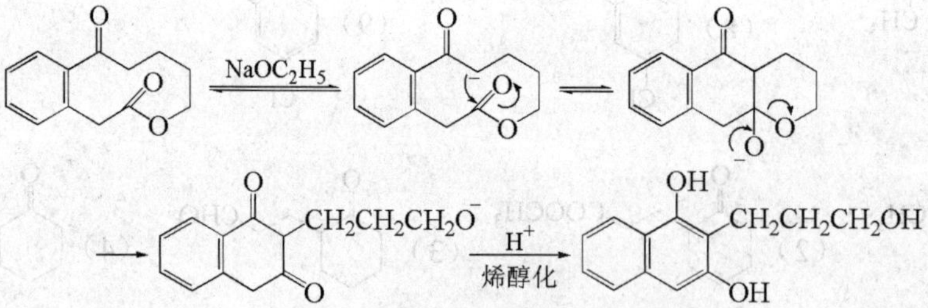 [mechanism scheme with NaOC$_2$H$_5$, $CH_2CH_2CH_2O^-$, H$^+$ 烯醇化]

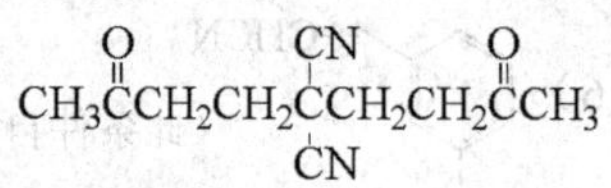

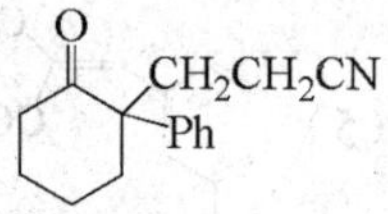

(2) [mechanism scheme: NaOCH$_3$, 酯交换, Claisen酯缩合, $-CH_3O^-$]

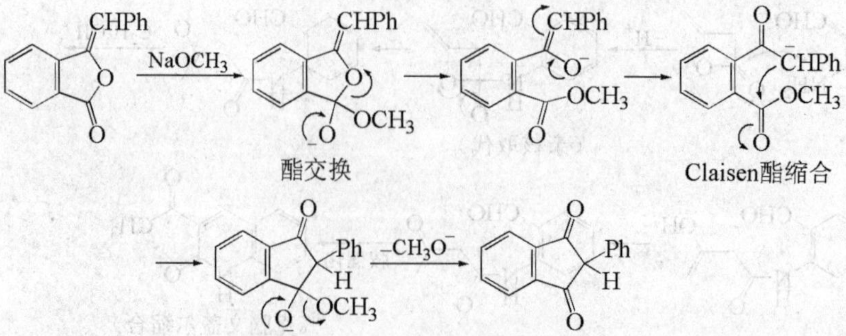

(3) 反应机理图示:

CH₃COCH₂CO₂C₂H₅ + 哌啶 ⟶ CH₃COCHCO₂C₂H₅⁻ + 哌啶-H⁺

水杨醛 + CH₃COCHCO₂C₂H₅⁻ ⟶ 加成中间体 ⟶(哌啶-H⁺) Knoevenagel 反应产物

经 −H₂O ⟶ 烯醇中间体 ⟶(哌啶) ⟶ 酯交换 ⟶(−EtO⁻) 3-乙酰基香豆素

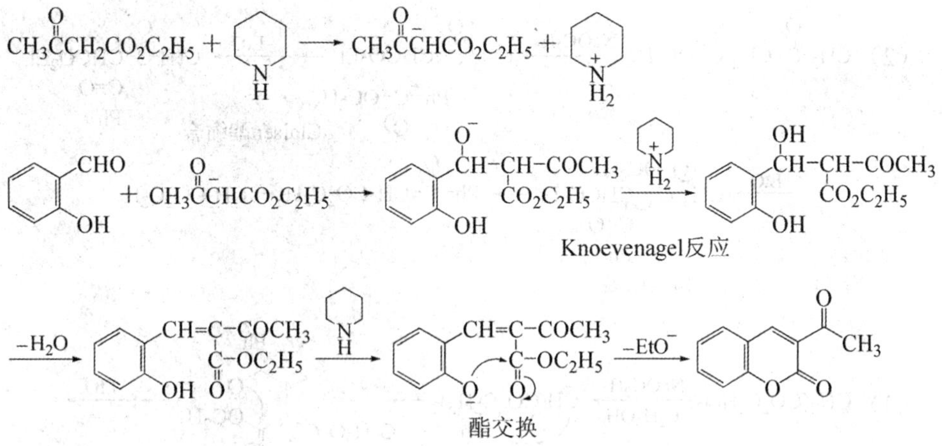

16.9

(1) Ph₂S⁺-环丙基 —NaH→ Ph₂S⁺-环丙基负离子 —CH₂=CHCO₂CH₃, Michael加成→ 中间体 ⟶ 环丙烷甲酸甲酯

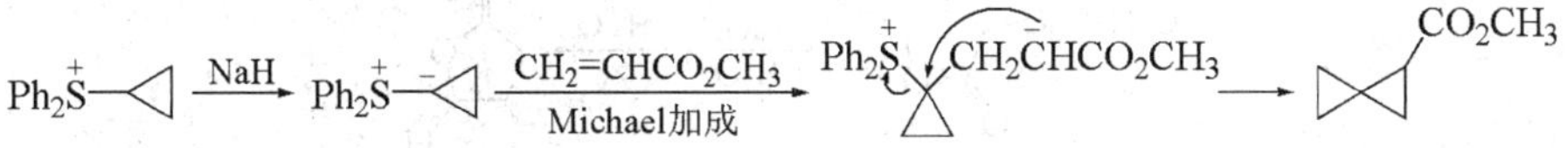

(2) PhCOCH₂R —NaOC₂H₅→ [PhCOCHR⁻ ↔ Ph-C(O⁻)=CHR] (具有较强亲核性) —PhC≡C-CO₂C₂H₅, Michael加成→

PhCOCHR-C(Ph)=CH-COOEt —NaOC₂H₅→ 中间体 ⟶ 酯交换 ⟶ −EtO⁻ ⟶ 2H-吡喃-2-酮衍生物

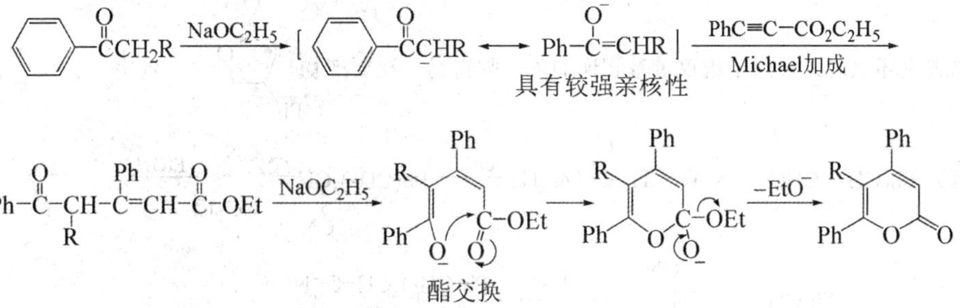

16.10

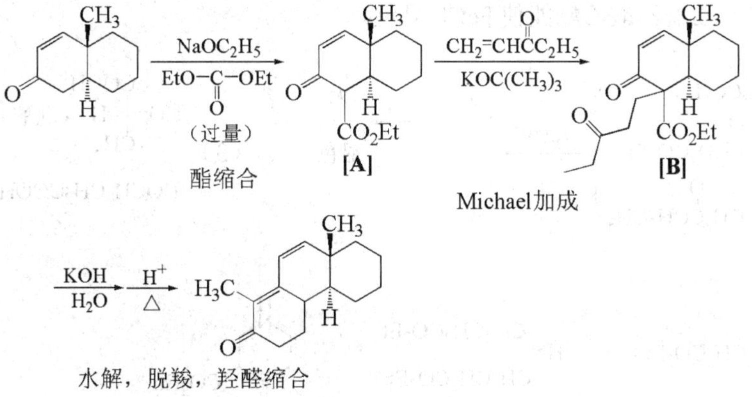

酮(十氢萘酮) —NaOC₂H₅, EtO-CO-OEt(过量)→ [A] (酯缩合)

[A] —CH₂=CHCOC₂H₅, KOC(CH₃)₃→ [B] (Michael加成)

[B] —KOH/H₂O, H⁺, Δ→ 三环产物 (水解，脱羧，羟醛缩合)

16.11

(1) 乙酰乙酸 —−CO₂ (慢步骤)→ CH₃-C(OH)=CH₂ —Br-Br, −Br⁻→ CH₃-C⁺(OH)-CH₂Br —−H⁺→ CH₃-CO-CH₂Br

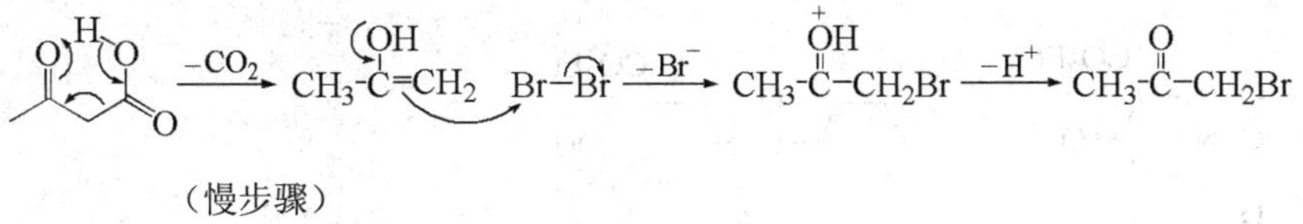

(2) $CH_3\text{-}\overset{O}{\overset{\|}{C}}\text{-}CH_2\text{-}\overset{O}{\overset{\|}{C}}\text{-}OC_2H_5 \xrightarrow{NaOC_2H_5} CH_3\text{-}\overset{\overset{O^-}{|}}{C}=CHCO_2Et \xrightarrow{\underset{Ph\text{-}\overset{\|}{C}\text{-}OC_2H_5}{}} \xrightarrow{-EtO^-} CH_3\text{-}\overset{O}{\overset{\|}{C}}\text{-}\underset{\underset{Ph}{\overset{|}{C=O}}}{CH}CO_2Et$

Claisen 酯缩合

$\xrightarrow{EtO^-} CH_3\text{-}\underset{\underset{Ph}{\overset{|}{C=O}}}{\overset{\overset{O^-}{|}\;\;OC_2H_5}{C}}\text{-}CHCO_2Et \longrightarrow Ph\text{-}\overset{O}{\overset{\|}{C}}\text{-}CH_2CO_2C_2H_5 + CH_3CO_2C_2H_5$

碱式断裂

(3) $CH_2(CO_2C_2H_5)_2 \xrightarrow[C_2H_5OH]{NaOC_2H_5} \bar{C}H(CO_2C_2H_5)_2 \xrightarrow{\underset{Ph}{\overset{O}{\triangle}}} C_2H_5O_2C\underset{}{\overset{Ph}{\underset{\underset{OC_2H_5}{}}{\overset{O^-}{C}}}} \xrightarrow{-EtO^-}$

$C_2H_5O_2C\underset{O}{\overset{Ph}{\underset{\text{(lactone)}}{}}} \xrightarrow[H_2O]{NaOH} \xrightarrow[\triangle]{H_3^+O} \underset{O}{\overset{Ph}{\underset{\text{(lactone)}}{}}}$

如进攻环氧时,负离子进攻苯基相连的碳,则得另一次要产物 $\underset{O}{\overset{Ph}{\underset{\text{(lactone)}}{}}}$

(4) $Ph(CH_2)_3CHO + N\equiv C\text{-}CH_2\text{-}\overset{O}{\overset{\|}{C}}\text{-}OC_2H_5 \xrightarrow{OH^-} Ph(CH_2)_3CH\underset{CO_2Et}{\overset{CN}{\underset{}{=C}}} \xrightarrow{EtOH}$

$Ph(CH_2)_3CHCH\underset{CO_2Et}{\overset{CN}{\underset{}{}}} \xrightarrow[\triangle]{H_3^+O} Ph(CH_2)_3CH\text{-}C\equiv N$
$\quad\quad\quad\quad\quad\quad\quad\quad\quad\quad\quad\quad CH_2C\equiv N$

16.12 (1) 乙酰乙酸乙酯能使 $FeCl_3$ 显色。

(2) $\left.\begin{array}{l}CH_3\overset{O}{\overset{\|}{C}}CH_3 \\ CH_3\overset{O}{\overset{\|}{C}}CH_2CO_2Et \\ CH_3CH_2\overset{O}{\overset{\|}{C}}CH_2CH_3\end{array}\right\} \xrightarrow{I_2/OH^-} \begin{array}{l}\downarrow \\ \downarrow \\ 无\end{array} \xrightarrow{FeCl_3} \begin{array}{l}无 \\ 显色\end{array}$

(3) $\left.\begin{array}{l}\underset{CH_3}{\overset{COOH}{HO\text{-}\overset{|}{C}\text{-}H}} \text{(乳酸)} \\ HOCH_2CH_2COOH\end{array}\right\} \xrightarrow{I_2/OH^-} 无$

16.13

$H_2NCH_2CH_2CO_2Et$

A

$HN\underset{CH_2CH_2CO_2Et}{\overset{CH_2CH_2CO_2Et}{}}$

B

$\underset{O}{\overset{\overset{H}{\overset{|}{N}}}{\underset{}{}}}CO_2Et$

C

$\underset{O}{\overset{O}{\underset{}{\overset{\|}{C}}}}\underset{\underset{O}{}}{N}\underset{}{\overset{CO_2Et}{}}$ (Ph-CO-N ring with CO2Et and =O)

D

$\underset{}{\overset{O}{\underset{}{\overset{\|}{C}}}}N\underset{OH}{\overset{CO_2Et}{}}$

E

Quvacine (HN ring with COOH) ; Arecaidine (CH₃-N ring with COOH)

16.14 (1) B>A; (2) A>B; (3) A>B; (4) B>C>A; (5) A>B>C。

16.15

(1) 2-氧代环己基-CH₂COOH (cyclohexanone with CH₂COOH substituent)

(2) 螺环氧-环己烷 with CO₂Et on epoxide carbon

(3) Ph—CH=CHCH=CHCOOH

(4) 4-Br-2,6-二硝基-C₆H₂-CH(COOEt)₂

(5) NaOCH₂CH₂CH(COOC₂H₅)₂

(6) A: PhCOCHCOOC₂H₅
         |
         CH₂C≡CH
B: PhCOCH₂CH₂C≡CH

(7) PhCOCH₂CH₂CHCOOCH₃
                |
                CN

16.16

(1) A: NaOH, BrCH₂COOCH₂CH₃   B: NaH, 苯   C: NaH, BrCH₂CH=CH₂   D: H₃⁺O, △   E: NaBH₄

(2) NaOC₂H₅, CH₂=CH—C(=O)—CH₃

(3) C₆H₁₁COCH₃ $\xrightarrow[(EtO)_2CO]{NaH}$ C₆H₁₁COCH₂COOEt $\xrightarrow[CH_2=CHCO_2Et]{NaOC_2H_5}$ C₆H₁₁CO-CH(COOEt)-CH₂CH₂CO₂Et $\xrightarrow[EtOH]{OH^-} \xrightarrow{H^+}$ C₆H₁₁COCH₂CH₂CH₂CO₂Et

16.17

(1) CH₃COCH₂COOEt $\xrightarrow{NaOC_2H_5}$ [CH₃COCHCOOEt]⁻Na⁺ $\xrightarrow{CH_3CH_2Br}$ CH₃COCH(CH₂CH₃)COOEt $\xrightarrow{稀NaOH} \xrightarrow{H^+}$ CH₃COCH₂CH₂CH₃

(2) CH₃COCH₂COOEt $\xrightarrow{NaOC_2H_5}$ $\xrightarrow{CH_3CH_2CH_2Br}$ $\xrightarrow{NaOC_2H_5}$ $\xrightarrow{CH_3I}$ CH₃COC(CH₃)(CH₂CH₂CH₃)COOEt $\xrightarrow{稀NaOH} \xrightarrow{H^+} \xrightarrow[\triangle]{-CO_2}$ CH₃COCH(CH₃)CH₂CH₃

(3) CH₃COCH₂COOEt $\xrightarrow[无水乙醚]{NaH}$ [CH₃COCHCOOEt]⁻Na⁺ $\xrightarrow[无水乙醚]{CH_3COCl}$ CH₃COCH(COCH₃)COOEt $\xrightarrow{稀NaOH} \xrightarrow{H^+} \xrightarrow[\triangle]{-CO_2}$ CH₃COCH₂COCH₃

(4) 2 CH₃COCH₂COOEt $\xrightarrow{2NaOC_2H_5}$ 2[CH₃COCHCOOEt]⁻Na⁺ $\xrightarrow{I_2}$ CH₃COCH(COOEt)—C(=O)—CH(COOEt)... CH₃COCHCOOEt / CH₃—C(=O)—CHCOOEt $\xrightarrow{稀NaOH} \xrightarrow{H^+} \xrightarrow[\triangle]{-CO_2}$ CH₃COCH₂CH₂COCH₃

(5) $CH_3COCH_2COOEt \xrightarrow{NaOC_2H_5} \xrightarrow{CH_3CHClCO_2Et}$ $CH_3COCHCOOEt$
$\qquad\qquad\qquad\qquad\qquad\qquad\qquad\qquad\qquad\quad CH_3-CHCOOEt$

$\xrightarrow{\text{稀 NaOH}} \xrightarrow{H^+} \xrightarrow[\Delta]{-CO_2}$ $CH_3COCH_2CHCOOH$
$\qquad\qquad\qquad\qquad\qquad\qquad\qquad\qquad\quad CH_3$

(6) $CH_3COCH_2COOEt \xrightarrow{NaOC_2H_5} \xrightarrow{CH_3I}$ $CH_3COCHCOOEt \xrightarrow{NaOC_2H_5} \xrightarrow{0.5\,BrCH_2CH_2Br}$
$\qquad\qquad\qquad\qquad\qquad\qquad\qquad\qquad\qquad\qquad CH_3$

$\begin{array}{l} CH_3 \\ | \\ CH_3COCCOOEt \\ | \\ CH_2 \\ | \\ CH_2 \\ | \\ CH_3COCCOOEt \\ | \\ CH_3 \end{array}$ $\xrightarrow{\text{稀 NaOH}} \xrightarrow{H^+} \xrightarrow[\Delta]{-CO_2}$ $CH_3COCHCH_2CH_2CHCOCH_3$
$\qquad\qquad\qquad\qquad\qquad\qquad\qquad\qquad CH_3 \qquad\quad CH_3$

(7) 类似（6）方法，制得 2,7-辛二酮后用 $NaBH_4$ 还原。

(8) $CH_3COCH_2COOEt \xrightarrow{NaOC_2H_5} \xrightarrow{Br(CH_2)_4Br}$ $CH_3COCHCOOEt \xrightarrow{NaOC_2H_5}$ $CH_3CO\overset{|}{C}COOEt$
$\qquad\qquad\qquad\qquad\qquad\qquad\qquad\qquad\qquad\quad (CH_2)_4Br \qquad\qquad\qquad\quad (CH_2)_4Br$

$\xrightarrow[\text{亲核取代}]{\text{分子内}}$ [cyclopentane with COCH$_3$ and CO$_2$Et substituents] $\xrightarrow{\text{稀 NaOH}} \xrightarrow{H^+} \xrightarrow[\Delta]{-CO_2}$ [cyclopentane with COCH$_3$]

16.18

(1) $CH_2(CO_2Et)_2 \xrightarrow[2)\,CH_2=CHCH_2Cl]{1)\,NaOC_2H_5} \xrightarrow[2)\,CH_3I]{1)\,NaOC_2H_5} \xrightarrow{NaOH} \xrightarrow{H^+} \xrightarrow[\Delta]{-CO_2}$ $CH_2=CHCH_2CHCO_2H$
$\qquad\qquad\qquad\qquad\qquad\qquad\qquad\qquad\qquad\qquad\qquad\qquad\qquad\qquad\qquad CH_3$

(2) $CH_2(CO_2Et)_2 \xrightarrow{NaOC_2H_5}$ $[CH(CO_2Et)_2]^- Na^+ \xrightarrow{ClCH_2CO_2Et} \xrightarrow{NaOC_2H_5} \xrightarrow{CH_3CH_2Br}$

$CH_3CH_2C(CO_2Et)_2 \xrightarrow{NaOH} \xrightarrow{H^+} \xrightarrow[\Delta]{-CO_2}$ $HOOCCH_2CHCO_2H$
$\quad CH_2COOEt \qquad\qquad\qquad\qquad\qquad\qquad\qquad\qquad\quad CH_2CH_3$

(3) $CH_2(CO_2Et)_2 \xrightarrow[2)\,PhCOCH_2Cl]{1)\,NaOC_2H_5} \xrightarrow{NaOH} \xrightarrow{H^+} \xrightarrow[\Delta]{-CO_2}$ Ph$-COCH_2CH_2COOH$

(4) $CH_2(CO_2Et)_2 \xrightarrow{NaOC_2H_5} \xrightarrow{CH_3I} \xrightarrow{NaOC_2H_5} \xrightarrow{CH_3I}$ $(CH_3)_2C(CO_2Et)_2 \xrightarrow{NaOH} \xrightarrow{H^+} \xrightarrow[\Delta]{-CO_2}$

$(CH_3)_2CHCOOH$

(5) 略

(6) $2\,CH_2(CO_2Et)_2 \xrightarrow{2NaOC_2H_5} \xrightarrow{CH_2I_2}$ $(EtO_2C)_2CH-CH_2-CH(CO_2Et)_2 \xrightarrow{NaOH} \xrightarrow{H^+} \xrightarrow[\Delta]{-CO_2}$

$HOOC(CH_2)_3CO_2H$

(7) 略

(8) $2\ CH_2(CO_2Et)_2 \xrightarrow{2NaOC_2H_5} \xrightarrow{BrCH_2CH_2Br}$ [CH(CO_2Et)_2-CH_2-CH_2-CH(CO_2Et)_2] $\xrightarrow{2NaOC_2H_5} \xrightarrow{I_2}$ [cyclobutane-1,1,2,2-tetracarboxylate]

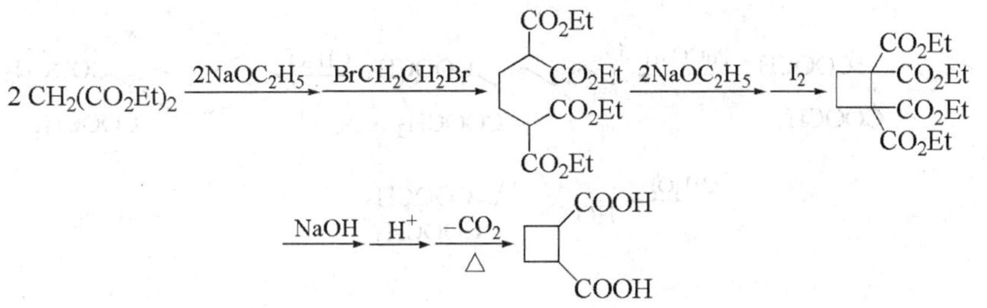

$\xrightarrow{NaOH} \xrightarrow{H^+} \xrightarrow[\Delta]{-CO_2}$ [cyclobutane-1,2-dicarboxylic acid]

(9) $CH_2(CO_2Et)_2 \xrightarrow{2NaOC_2H_5} \xrightarrow{Br(CH_2)_3Br}$ [cyclobutane-1,1-di(CO_2Et)] $\xrightarrow[C_2H_5OH]{Na}$ [cyclobutane-1,1-di(CH_2OH)] $\xrightarrow{SOCl_2}$ [cyclobutane-1,1-di(CH_2Cl)]

[cyclobutane-1,1-di(CH_2Cl)] $\xrightarrow{CH_2(CO_2Et)_2} \xrightarrow{2NaOC_2H_5}$ [spiro compound-(CO_2Et)_2] $\xrightarrow{NaOH} \xrightarrow{H^+} \xrightarrow[\Delta]{-CO_2}$ [spiro-COOH]

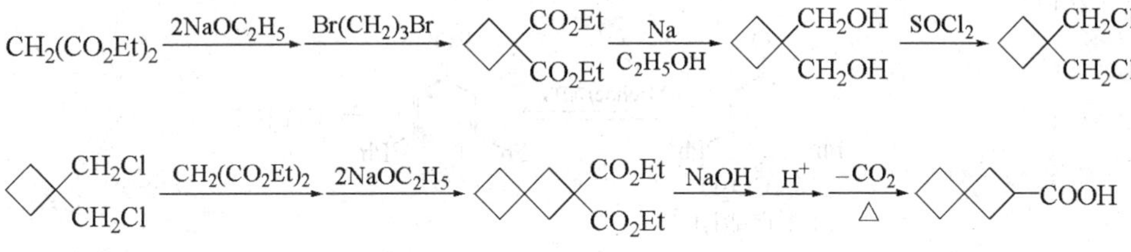

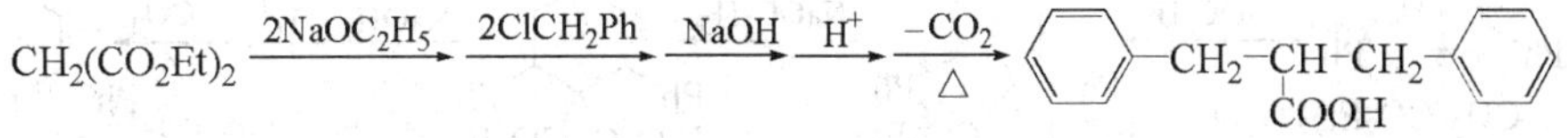

(10) 由乙醛和甲醛制备季戊四醇。

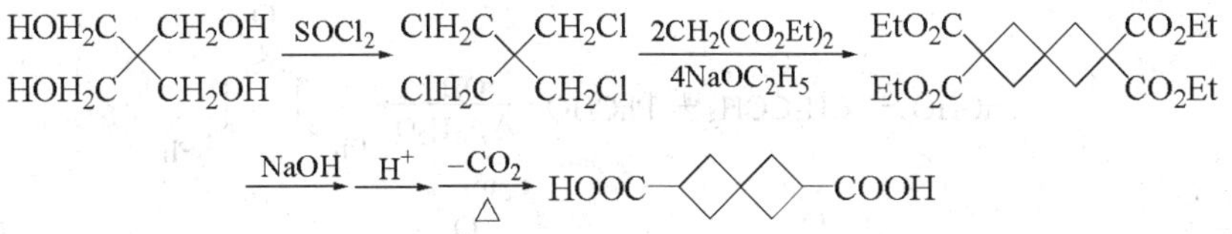

$\begin{array}{c}HOH_2C\\HOH_2C\end{array}\!\!>\!\!<\!\!\begin{array}{c}CH_2OH\\CH_2OH\end{array} \xrightarrow{SOCl_2} \begin{array}{c}ClH_2C\\ClH_2C\end{array}\!\!>\!\!<\!\!\begin{array}{c}CH_2Cl\\CH_2Cl\end{array} \xrightarrow[4NaOC_2H_5]{2CH_2(CO_2Et)_2}$ [dispiro with EtO_2C, CO_2Et, EtO_2C, CO_2Et]

$\xrightarrow{NaOH} \xrightarrow{H^+} \xrightarrow[\Delta]{-CO_2}$ HOOC—[dispiro]—COOH

(11) $CH_2(CO_2Et)_2 \xrightarrow{2NaOC_2H_5} \xrightarrow{2ClCH_2Ph} \xrightarrow{NaOH} \xrightarrow{H^+} \xrightarrow[\Delta]{-CO_2}$ $Ph-CH_2-\underset{COOH}{CH}-CH_2-Ph$

16.19 $CH_3\overset{O}{C}CH_2\overset{O}{C}OC_2H_5 \xrightarrow[①]{NaOC_2H_5} CH_3\overset{O}{C}\overset{-}{C}HCOC_2H_5 \xrightarrow[②]{Br(CH_2)_3Br} CH_3\overset{O}{C}\overset{O}{C}H\overset{O}{C}OC_2H_5$ 其中 $(CH_2)_3Br$

$\xrightarrow[③]{NaOC_2H_5} CH_3\overset{O}{C}\overset{-}{C}\overset{O}{C}OC_2H_5 \underset{(CH_2)_3Br}{} \longleftrightarrow$ [enolate with CH_3, CO_2Et, -O, CH_2Br] $\xrightarrow[\text{生成六元环}]{\text{较快}}$ [dihydropyran with CH_3, CO_2Et]

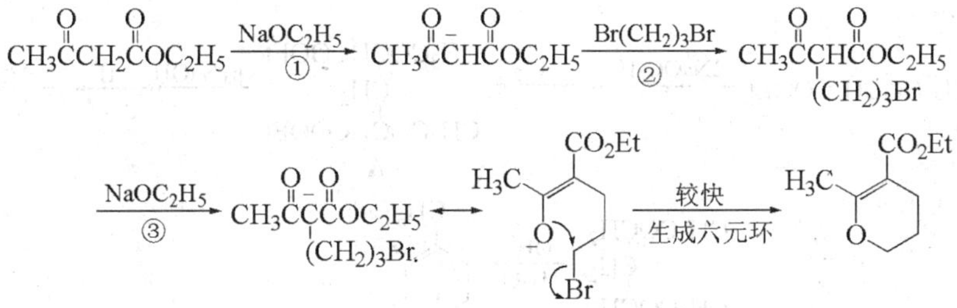

其中，②步是正常的烷基化反应，如果③步所产生的碳负离子进行烷基化，则产生张力较大的四元环：

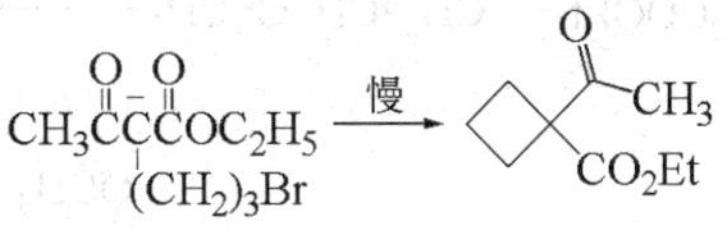

$CH_3\overset{O}{C}\overset{-}{C}\overset{O}{C}OC_2H_5 \underset{(CH_2)_3Br}{} \xrightarrow{\text{慢}}$ [cyclobutane with COCH_3, CO_2Et]

16.20

[cycloheptane-1,3-dione] $\xrightarrow{C_2H_5O^-}$ [enolate-OC_2H_5] $\xrightarrow{\text{逆Claisen酯缩合过程}}$ [open chain with OC_2H_5, ketone, carbanion] $\rightleftharpoons$ [open chain carbanion]

$\xrightarrow{\text{Claisen酯缩合}}$ [cyclopentane with O^-, OEt, COCH_3] $\xrightarrow{-C_2H_5O^-}$ [cyclopentanone-COCH_3]

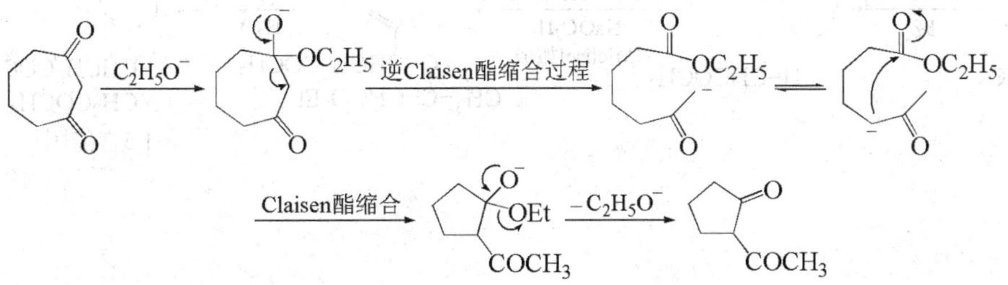

16.21

$$\text{CH}_2=\text{CHCH}_2\text{CH}(\text{COOCH}_3)_2 \xrightarrow{\text{PhCO}_3\text{H}} \text{epoxide-CH}_2\text{CH}_2\text{CH}(\text{COOCH}_3)_2 \xrightarrow{\text{CH}_3\text{O}^-} \text{epoxide-CH}_2\text{CH}_2\text{C}^-(\text{COOCH}_3)_2$$

$$\xrightarrow{\text{CH}_3\text{OH}} \text{HO-cyclopentane-C(COOCH}_3)_2$$

16.22

分析:

$$\underset{\substack{\text{Ph}\quad\quad\text{Ph}\\ \text{CO}_2\text{H}\\ \text{1,5-官能团}}}{\text{环己酮}} \xrightarrow{\text{Michael 加成}} \text{PhCH=CHCOCH=CHPh} + \text{CH}_2(\text{CO}_2\text{Et})_2$$

合成:

$$\text{PhCHO} + \text{CH}_3\text{CCH}_3 + \text{PhCHO} \xrightarrow[\triangle, -\text{H}_2\text{O}]{\text{OH}^-} \text{PhCH=CHCOCH=CHPh}$$

$$\underset{\text{CH}_2(\text{CO}_2\text{Et})_2}{\text{PhCH=CHCOCH=CHPh} +} \xrightarrow{\text{NaOC}_2\text{H}_5} \underset{\text{EtO}_2\text{C}\quad\text{CO}_2\text{Et}}{\text{Ph}\quad\quad\text{Ph}} \xrightarrow{\text{NaOC}_2\text{H}_5} \underset{\text{EtO}_2\text{C}\quad\text{CO}_2\text{Et}}{\text{Ph}\quad\quad\text{Ph}} \xrightarrow[]{\text{NaOH}} \xrightarrow[]{\text{H}^+} \xrightarrow[\triangle]{-\text{CO}_2} \underset{\text{CO}_2\text{H}}{\text{Ph}\quad\quad\text{Ph}}$$

16.23（1）

$$2\,\text{CH}_3\text{COCH}_2\text{COOEt} \xrightarrow{2\text{NaOC}_2\text{H}_5} \xrightarrow{\text{CH}_2\text{I}_2} \underset{\mathbf{A}}{\underset{\text{CH}_3\text{COCHCOOEt}}{\text{CH}_3\text{COCHCOOEt}}\text{CH}_2} \xrightarrow{\text{稀 NaOH}} \xrightarrow{\text{H}^+} \xrightarrow[\triangle]{-\text{CO}_2}$$

$$\underset{\text{CH}_3\text{COCH}_2}{\underset{\text{CH}_3\text{COCH}_2}{\text{CH}_2}} \xrightarrow[-\text{H}_2\text{O}]{\text{OH}^-} \text{3-甲基-2-环己烯酮}$$

对称取代丙酮也可看为 1,5-双官能团化合物，也可采用

$$\text{CH}_3\text{COCH}_2\text{COOEt} + \text{CH}_2=\text{CH-C-CH}_3 \xrightarrow[\triangle]{\text{NaOC}_2\text{H}_5} \xrightarrow{\text{H}_3\text{O}^+} \mathbf{A}$$

（2）

$$\underset{\text{CHO}}{\underset{\text{OCH}_3}{\text{对甲氧基苯甲醛}}} \xrightarrow[\text{碱}]{\text{CH}_3\text{COCH}_3} \underset{\text{CH=CHCOCH}_3}{\underset{\text{OCH}_3}{}} \xrightarrow[\text{Michael 加成}]{\underset{\text{NaOC}_2\text{H}_5}{\text{CH}_3\text{COCH}_2\text{COOEt}}} \underset{\underset{\text{CH}_3-\text{C}-\text{CHCO}_2\text{Et}}{\text{O CHCH}_2\text{COCH}_3}}{\underset{\text{OCH}_3}{}} \xrightarrow[\text{H}_2\text{O}]{\text{H}^+} \xrightarrow{\triangle} \underset{\underset{\text{CH}_2\text{COCH}_3}{\text{CHCH}_2\text{COCH}_3}}{\underset{\text{OCH}_3}{}}$$

1,5 官能团

(3)

$$\text{(CH}_3)_2\text{C=CHCOCH}_3 + \text{CH}_2(\text{CO}_2\text{Et})_2 \xrightarrow{\text{NaOC}_2\text{H}_5} \underset{\text{H}_3\text{C}}{\overset{\text{H}_3\text{C}}{\underset{\text{CO}_2\text{Et}}{\text{C}}}}\text{–CH}_2\text{COCH}_3 \xrightarrow[-\text{EtOH}]{\text{EtONa}} \text{(3,3-dimethyl-2,4-dioxocyclohexanecarboxylate)}$$

$$\xrightarrow{\text{NaOH}} \xrightarrow{\text{H}^+} \xrightarrow[\Delta]{-\text{CO}_2} \text{5,5-dimethyl-1,3-cyclohexanedione}$$

$$\text{CH}_3\text{COCH}_3 \xrightarrow{\text{Ba(OH)}_2} (\text{CH}_3)_2\text{C=CHCOCH}_3 \quad (\text{用特殊装置})$$

或采用:

$$(\text{CH}_3)_2\text{C=CHCO}_2\text{Et} + \text{CH}_3\text{COCH}_2\text{CO}_2\text{CH}_3 \xrightarrow{\text{NaOC}_2\text{H}_5} \text{CH}_3\text{COCHCO}_2\text{CH}_3 \atop (\text{CH}_3)_2\text{C–CH}_2\text{CO}_2\text{Et} \atop \text{CH}_3 \xrightarrow{\text{OH}^-} \xrightarrow[\Delta]{\text{H}_3^+\text{O}}$$

$$\text{CH}_3\text{COCH}_2\underset{\text{CH}_3}{\overset{\text{CH}_3}{\text{C}}}\text{CH}_2\text{COOH} \xrightarrow[\text{H}^+]{\text{EtOH}} \text{(ester)} \xrightarrow[\text{C}_2\text{H}_5\text{OH}]{\text{NaOC}_2\text{H}_5} \text{5,5-dimethyl-1,3-cyclohexanedione}$$

$$\text{CH}_3\text{COCH}_3 + \text{CH}_2(\text{CO}_2\text{Et})_2 \xrightarrow{\text{胺}} \xrightarrow[\Delta]{\text{OH}^-} \xrightarrow[\text{H}^+]{\text{EtOH}} (\text{CH}_3)_2\text{C=CHCO}_2\text{Et}$$

(4) 分析:

$$\text{(2-(3,3-diphenyl-3-hydroxypropyl)cyclopentanol)} \overset{\text{2PhMgCl}}{\Longrightarrow} \text{(bicyclic lactone)} \Longrightarrow \text{(ethyl 3-(2-hydroxycyclopentyl)propanoate)} \xrightarrow{\text{官能团转变}}$$

$$\text{(ethyl 3-(2-oxocyclopentyl)propanoate)} \Longrightarrow \text{(ethyl 2-oxocyclopentanecarboxylate)} + \text{CH}_2\text{=CHCOEt}$$

1,5官能团   Michael加成

$$\text{(ethyl 2-oxocyclopentanecarboxylate)} \Longrightarrow \text{(diethyl adipate, CO}_2\text{Et/CO}_2\text{Et)} \Longrightarrow \text{(adipic acid, CO}_2\text{H/CO}_2\text{H)}$$

1,3官能团   Claisen酯缩合   二元羧酸

合成:

$$\text{CH}_2(\text{CO}_2\text{C}_2\text{H}_5)_2 \xrightarrow{\text{NaOC}_2\text{H}_5} \xrightarrow{\text{BrCH}_2\text{CH}_2\text{Br}} \xrightarrow{\text{OH}^-} \xrightarrow[\Delta]{\text{H}^+} \xrightarrow[\text{H}^+]{\text{EtOH}} \text{(diethyl adipate)} \xrightarrow{\text{NaOC}_2\text{H}_5} \text{Claisen酯缩合}$$

$$\text{(ethyl 2-oxocyclopentanecarboxylate)} \xrightarrow[\text{NaOC}_2\text{H}_5]{\text{CH}_2=\text{CHCOEt}} \text{(Michael adduct)} \xrightarrow{\text{OH}^-} \xrightarrow[\Delta]{\text{H}^+} \xrightarrow[\text{H}^+]{\text{EtOH}} \text{(ethyl 3-(2-oxocyclopentyl)propanoate)}$$

$$\xrightarrow{\text{NaBH}_4} \text{(ethyl 3-(2-hydroxycyclopentyl)propanoate)} \xrightarrow[\Delta]{\text{H}^+} \text{(bicyclic lactone)} \xrightarrow{\text{2PhMgCl}} \xrightarrow{\text{H}_3^+\text{O}} \text{(2-(3,3-diphenyl-3-hydroxypropyl)cyclopentanol)}$$

(5) 分析：

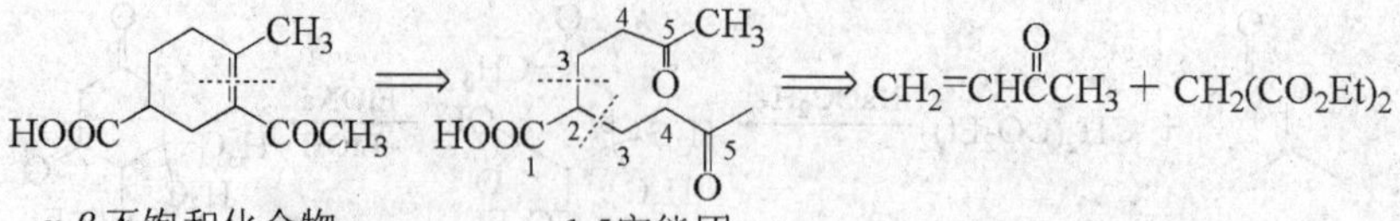

[α,β-不饱和化合物 ⇒ 1,5官能团 ⇒ CH₂=CHCCH₃ + CH₂(CO₂Et)₂]

合成：

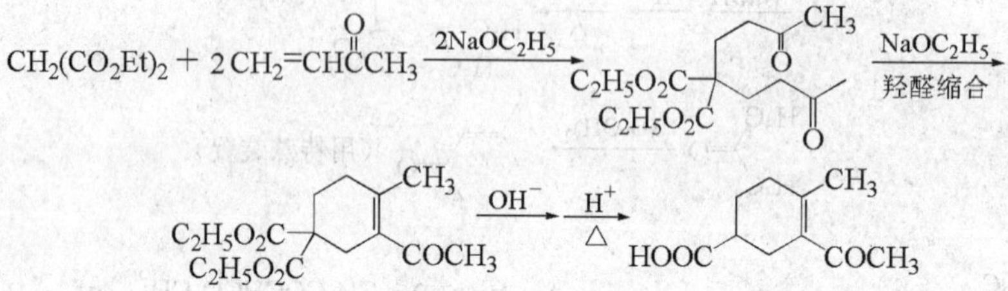

CH₂(CO₂Et)₂ + 2 CH₂=CHCCH₃ —2NaOC₂H₅→ [中间体] —NaOC₂H₅/羟醛缩合→ [环化产物] —OH⁻, H⁺/Δ→ 最终产物

(6)

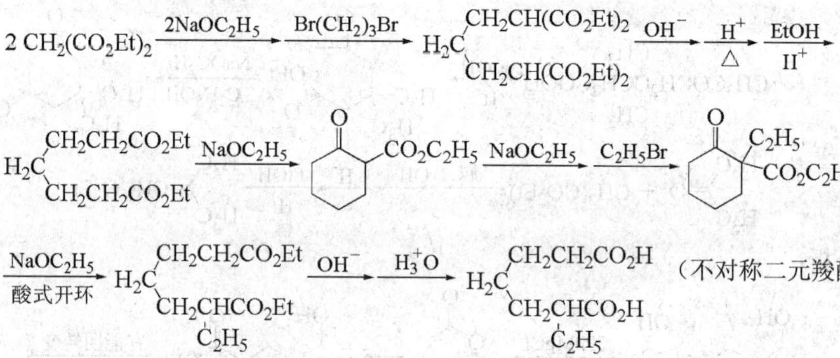

2 CH₂(CO₂Et)₂ —2NaOC₂H₅, Br(CH₂)₃Br→ CH₂[CH₂CH(CO₂Et)₂]₂ —OH⁻, H⁺/Δ, EtOH→ 二酯 —NaOC₂H₅→ 2-乙氧羰基环己酮 —NaOC₂H₅, C₂H₅Br→ 2-乙基-2-乙氧羰基环己酮 —NaOC₂H₅/酸式开环→ 开环产物 —OH⁻, H₃O⁺→ 二元羧酸（不对称二元羧酸的一般制法）

16.24 (1) **A** 与所列核磁共振数据相符：

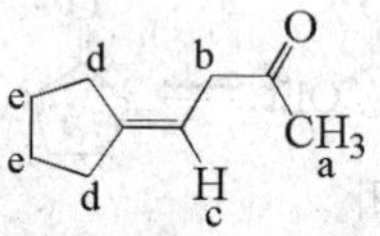

[环戊叉基丙酮结构，标注 a, b, c, d, e]

a: δ 2.15, s, 3H
b: δ 3.13, d, 2H
c: δ 5.45, t, 1H
d: δ 2.25, t, 4H
e: δ 1.65, t, 4H

(2) 在 **A** 中，双键与羰基不共轭，其红外光谱不受影响，羰基吸收峰频率在 1 710 cm⁻¹ 处，双键在 1 647 cm⁻¹ 处。

在 **B** 中，双键与羰基处于共轭体系中。由于共轭，二者的吸收峰频率均有所降低，羰基在 1 685 cm⁻¹ 处，双键在 1 623 cm⁻¹ 处。

16.25 化合物不饱和度 $=6+1-\frac{10}{2}=2$。

IR 光谱，1 720 cm^{-1} 及 1 750 cm^{-1} 处有两个强吸收带，说明存在两个不同的羰基。

δ 4.1　q　2H　—OC$\underline{\text{H}}_2$CH$_3$

δ 1.2　t　3H　—OCH$_2$C$\underline{\text{H}}_3$

δ 3.5　s　2H　X—CH$_2$—Y

δ 2.2　s　3H　—COC$\underline{\text{H}}_3$

δ = 3.5 ppm 的峰说明，该碳既不直接与氧相连（若相连，则 δ 值进一步增大），又不仅仅与 $-\overset{\text{O}}{\underset{\|}{\text{C}}}-$ 相连（否则化学位移值会降低），根据红外中有两个 $-\overset{\text{O}}{\underset{\|}{\text{C}}}-$，其可能有 $-\overset{\text{O}}{\underset{\|}{\text{C}}}-\text{CH}_2-\overset{\text{O}}{\underset{\|}{\text{C}}}-$ 结构。CH$_3\overset{\text{O}}{\underset{\|}{\text{C}}}CH_2\overset{\text{O}}{\underset{\|}{\text{C}}}OCH_2CH_3$ 与谱图相符。

第十七章 胺

一、复习要点

1. 胺的命名、结构特点、碱性及影响碱性强弱的因素。
2. 氢键对胺的物理性质的影响。
3. 波谱性质。

（1）^{1}H NMR

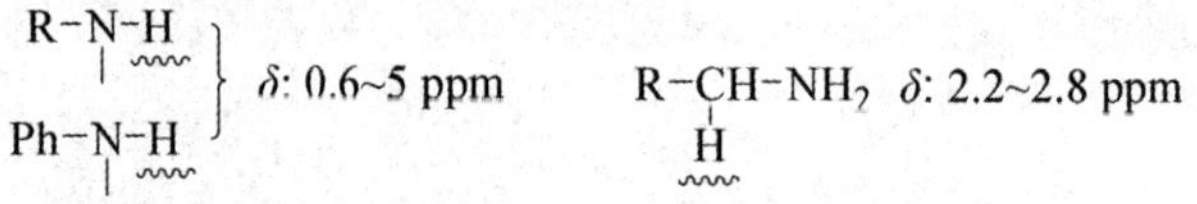

$$\left.\begin{array}{l}\text{R-N-H}\\\text{Ph-N-H}\end{array}\right\} \delta: 0.6\sim5 \text{ ppm} \qquad \text{R-CH-NH}_2 \quad \delta: 2.2\sim2.8 \text{ ppm}$$

（2）胺的 IR 特征吸收

频率（cm^{-1}）	强度	振动形式	胺的类型
3 500~3 400（双峰）	中（尖）	H N—H 伸缩	伯胺
3 350~3 310	中	N—H 伸缩	仲胺
1 650~1 580	强	N—H 弯曲	伯胺
1 570~1 510	强	N—H 弯曲	仲胺
1 250~1 020	弱、中	C—N 伸缩	脂肪胺
1 370~1 250	弱、中	C—N 伸缩	芳香胺

4. 化学性质。

胺的氮上具有一对未共享电子，这是胺类化学性质的基础，胺的碱性、胺作为亲核试剂的反应以及芳胺中芳香环异常高的反应活性都与此直接相关。

（1）碱性

$$\text{RNH}_2 + \text{HX} \longrightarrow \text{R}\overset{+}{\text{N}}\text{H}_3\text{X}^-$$

（2）烃基化

$$\text{NH}_3 \xrightarrow[-\text{HX}]{\text{RX}} \text{RNH}_2 \xrightarrow[-\text{HX}]{\text{RX}} \text{R}_2\text{NH} \xrightarrow[-\text{HX}]{\text{RX}} \text{R}_3\text{N} \xrightarrow{\text{RX}} \text{R}_4\overset{+}{\text{N}}\text{X}^-$$

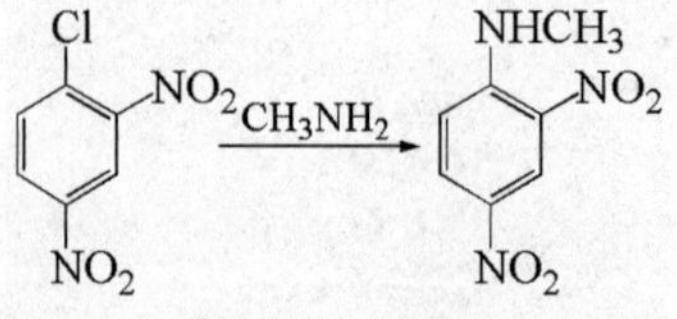

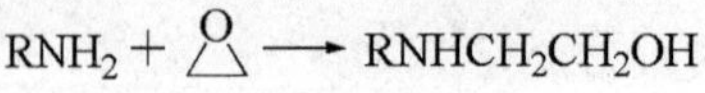

（邻氯二硝基苯 + CH$_3$NH$_2$ → N-甲基-2,4-二硝基苯胺 反应式）

$$\text{RNH}_2 + \overset{\triangle}{\underset{O}{}} \longrightarrow \text{RNHCH}_2\text{CH}_2\text{OH}$$

（3）酰化

$$\text{RNH}_2 + (\text{CH}_3\text{CO})_2\text{O} \text{ 或 } \text{CH}_3\text{COCl} \longrightarrow \text{RNHCOCH}_3$$

（伯胺或仲胺，叔胺不反应）

兴斯堡（Hinsberg）反应：

$$\left.\begin{array}{c}RNH_2\\R_2NH\\R_3N\end{array}\right\} \xrightarrow{C_6H_5SO_2Cl} \left[\begin{array}{c}RNHSO_2C_6H_5\\R_2NSO_2C_6H_5\\\text{不反应}\end{array}\right] \xrightarrow{NaOH} \begin{array}{l}C_6H_5SO_2\overset{-}{N}RNa^+ \quad \text{（溶于水）}\\C_6H_5SO_2NR_2 \quad \text{（油层）}\end{array}$$

（4）与亚硝酸的反应

脂肪胺：

$$\left.\begin{array}{c}RNH_2\\R_2NH\\R_3N\end{array}\right\} \xrightarrow{HX/NaNO_2} \left\{\begin{array}{l}ROH\text{等} + N_2\uparrow\\R_2N-N=O\\\text{（pH<3）无明显现象（成盐）}\end{array}\right.$$

芳香胺：

$$ArNH_2 \xrightarrow[\text{低温}]{HX/NaNO_2} Ar\overset{+}{N}=NX^- \quad \text{（伯胺）}$$
$$\text{重氮化}$$

芳香仲胺反应与脂肪仲胺相似。

$$R_2N-\phi \xrightarrow[HX]{NaNO_2} R_2N-\phi-NO \quad \text{（叔胺）}$$

（5）与醛、酮的反应

环己酮 + RNH_2 ⟶ 环己基=NR
（伯胺）（亚胺）

环己酮 + HN(哌啶) ⟶ 烯胺
（仲胺）（烯胺）

$$RNH_2 + CH_2=CH\overset{O}{\overset{\|}{C}}R \xrightarrow{\text{Michael加成}} RNHCH_2CH_2\overset{O}{\overset{\|}{C}}R$$

（6）季铵碱的霍夫曼（Hoffmann）消除反应

$$-\overset{H}{\underset{}{C}}-\overset{}{\underset{NR_3\ OH^-}{C}}- \xrightarrow{\Delta} \mathop{>}\!C=C\!\mathop{<} + R_3N + H_2O$$

（7）叔胺氧化和（Cope）消除反应

$$CH_3CH_2-\overset{CH_3}{\underset{}{N}}-CH_2CH_2CH_3 \xrightarrow{H_2O_2} CH_3CH_2-\overset{CH_3}{\underset{\overset{\|}{O}}{\overset{+}{N}}}-CH_2CH_2CH_3 \xrightarrow{\Delta} CH_2=CH_2 + HO-\overset{CH_3}{\underset{}{N}}H-(CH_2)_2CH_3$$

（8）曼尼许（Mannich）反应（见制法（6））

5．胺的制法。

（1）氨或胺的烃基化（见化学性质2）

（2）还原胺化

$$\left.\begin{array}{c}RCHO\\RCOR'\end{array}\right\} \xrightarrow[NH_3,\ H_2]{\text{催化剂}} \left\{\begin{array}{l}RCH_2NH_2\\RCHNH_2\\\quad|\\\quad R'\end{array}\right.$$

（3）盖布瑞尔（Gabriel）合成法（合成伯胺）

邻苯二甲酰亚胺-NH $\xrightarrow[2)\ RX]{1)\ KOH}$ 邻苯二甲酰亚胺-N-R $\xrightarrow{H_2NNH_2}$ RNH_2

（4）霍夫曼（Hoffmann）重排（合成伯胺）

$$RCONH_2 \xrightarrow{X_2,\ NaOH} RNH_2$$

类似的还有克尔蒂斯（Curtius）重排：

$$R-\underset{\underset{O}{\|}}{C}-N_3 \xrightarrow[H^+]{H_2O} RNH_2$$

（5）含氮化合物的还原

$$ArNO_2 \xrightarrow{Fe/HCl} ArNH_2$$

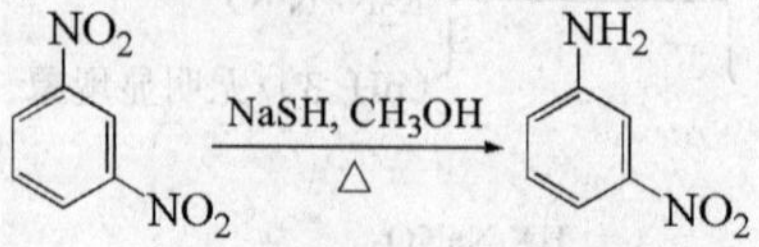

间二硝基苯 $\xrightarrow[\triangle]{NaSH,\ CH_3OH}$ 间硝基苯胺

$$RCN \xrightarrow[\text{或}Ni/H_2]{LiAlH_4} RCH_2NH_2$$

$$RCNH_2 \xrightarrow{LiAlH_4} RCH_2NH_2$$
（O 在 C 上）

（6）曼尼许（Mannich）反应

$$CH_3COCH_3 + CH_2O + (C_2H_5)_2NH\cdot HCl \longrightarrow CH_3-\underset{\underset{O}{\|}}{C}-CH_2CH_2NEt_2\cdot HCl + H_2O$$

含α-H酮等　　甲醛　　　仲胺　　　　　　　β-胺基酮

6. 重氮盐的反应。

（1）取代

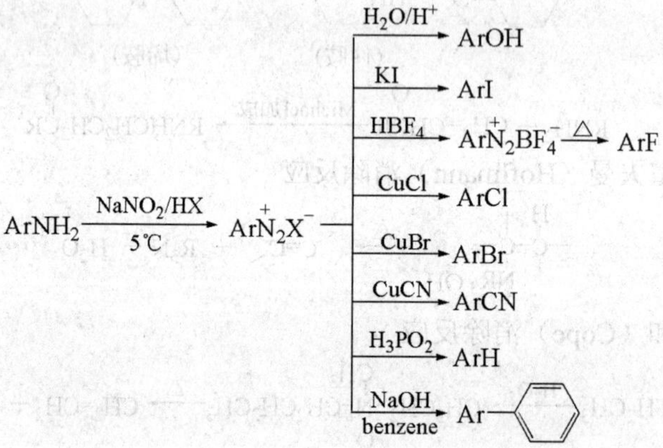

$$ArNH_2 \xrightarrow[5℃]{NaNO_2/HX} ArN_2^+X^-$$

- $\xrightarrow{H_2O/H^+}$ ArOH
- $\xrightarrow{KI}$ ArI
- $\xrightarrow{HBF_4}$ ArN$_2^+$BF$_4^-$ $\xrightarrow{\triangle}$ ArF
- $\xrightarrow{CuCl}$ ArCl
- $\xrightarrow{CuBr}$ ArBr
- $\xrightarrow{CuCN}$ ArCN
- $\xrightarrow{H_3PO_2}$ ArH
- $\xrightarrow[benzene]{NaOH}$ Ar—Ph

（2）偶联反应

PhN$_2^+$Cl$^-$
- $\xrightarrow[\text{弱碱性溶液}]{\text{PhOH}}$ Ph—N=N—C$_6$H$_4$—OH
- $\xrightarrow[\text{弱酸性溶液}]{\text{PhNMe}_2}$ Ph—N=N—C$_6$H$_4$—NMe$_2$

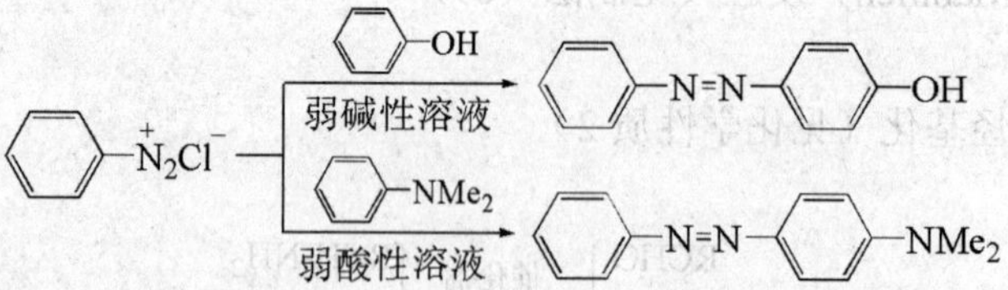

（3）还原成苯肼

$$ArN_2^+X^- + Na_2SO_3（\text{或}SnCl_2/HCl） \longrightarrow ArNHNH_2 + HX$$

7. 重氮甲烷。

（1）与酸性化合物反应

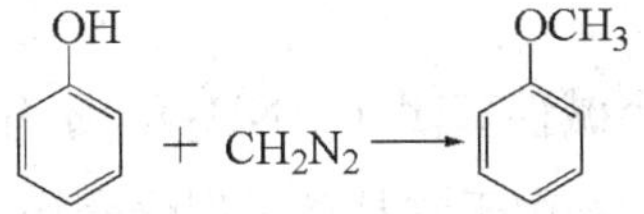

$$\text{C}_6\text{H}_5\text{OH} + \text{CH}_2\text{N}_2 \longrightarrow \text{C}_6\text{H}_5\text{OCH}_3$$

(2) 与酰氯反应

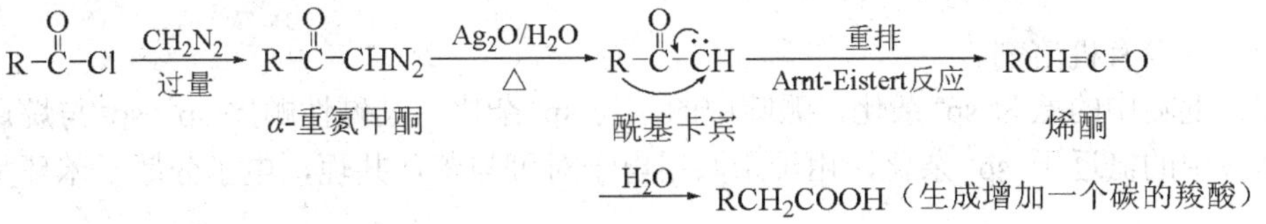

$$\underset{\text{过量}}{\text{R-CO-Cl} \xrightarrow{\text{CH}_2\text{N}_2}} \underset{\alpha\text{-重氮甲酮}}{\text{R-CO-CHN}_2} \xrightarrow[\triangle]{\text{Ag}_2\text{O/H}_2\text{O}} \underset{\text{酰基卡宾}}{\text{R-CO-\ddot{C}H}} \xrightarrow[\text{Arnt-Eistert反应}]{\text{重排}} \underset{\text{烯酮}}{\text{RCH=C=O}}$$

$$\xrightarrow{\text{H}_2\text{O}} \text{RCH}_2\text{COOH （生成增加一个碳的羧酸）}$$

(3) 与醛、酮反应

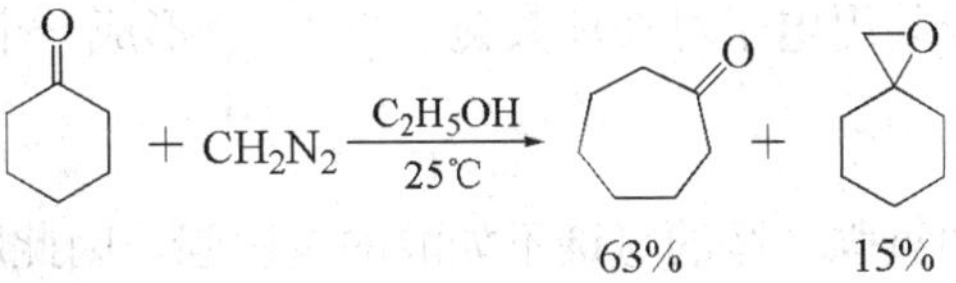

环己酮 + $\text{CH}_2\text{N}_2 \xrightarrow[25℃]{\text{C}_2\text{H}_5\text{OH}}$ 环庚酮 (63%) + 螺环氧化物 (15%)

(4) 生成卡宾

$$\text{CH}_2\text{N}_2 \xrightarrow[-\text{N}_2]{h\nu} \underset{\text{卡宾}}{:\text{CH}_2} \xrightarrow{\text{CH}_3\text{CH}=\text{CH}_2} \text{CH}_3\text{-环丙基}$$

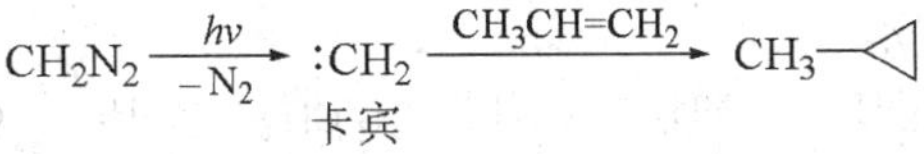

二、新概念

胺（Amine），酰基卡宾（Acyl Carbene），酰基氮宾（Acyl Nitrene），碱性（Basicity），重氮甲烷（Diazomethane），重氮盐（Diazoium Salt），异氰酸酯（Isocyanate）

三、重要反应机理

1. Hoffmann 消除反应。
2. Hoffmann 重排。

四、重要的鉴别反应

1. 利用 Hinsberg 反应鉴别一级、二级、三级胺。
2. 利用胺与亚硝酸的反应鉴别一级、二级、三级胺。

五、例题

例 1 解释下列现象：(1) 三甲胺的分子量虽然比二甲胺大，但其沸点比二甲胺低。(2) α-氨基酸（R-CH(NH$_2$)-COOH）是构成蛋白质的"基石"，它有以下的性质：一般在 200℃ 以下不熔化，氨基酸可溶于水，而不溶于苯、醚等有机溶剂。(3) 吡啶是常用的一种有机碱，它的碱性比哌啶小，比苯胺大。(4) 吲哚中含有氮，但它不显碱性。(5) 丁胺的分子量与丁醇相近，丁胺的沸点 77.8℃，比丁醇的沸点 117℃ 低得多，但丁胺的碱性却比丁醇强得多。

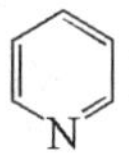

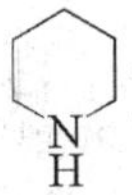

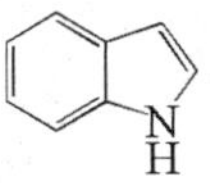

解 (1) 三甲胺分子间不能形成氢键，二甲胺分子间能形成氢键，破坏氢键也需要能量，

故二甲胺的沸点较三甲胺高。

（2）α-氨基酸分子内有一个碱性基团（—NH₂），还有一个酸性基团（—COOH），因此它本身是偶极离子 R-CH-COO⁻。由于它是离子型化合物，具有较高的熔点，可溶于水而不
            |
           NH₃⁺

溶于苯、醚等有机溶剂。

（3）吡啶中的氮为 sp^2 杂化，哌啶中的氮为 sp^3 杂化，其碱性顺序 $sp^3 > sp^2$ 与烷烃中碳类似。苯胺中的氮近于 sp^2 杂化，由于未共用电子对可与苯环共轭，电子分散于苯环上，碱性减弱。

（4）吲哚中氮上的未共用电子对与环共轭，形成一个 10 电子的芳香体系，故无碱性。

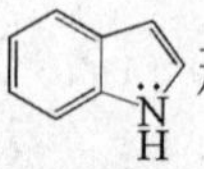

（5）氮的电负性不如氧强，胺的氢键不如醇的氢键强，因此胺的沸点不如同分子量的醇高。同样的原因，氮对未共用电子对的束缚能力比氧小，因此胺的碱性比醇高。

例 2 鉴别下列化合物：

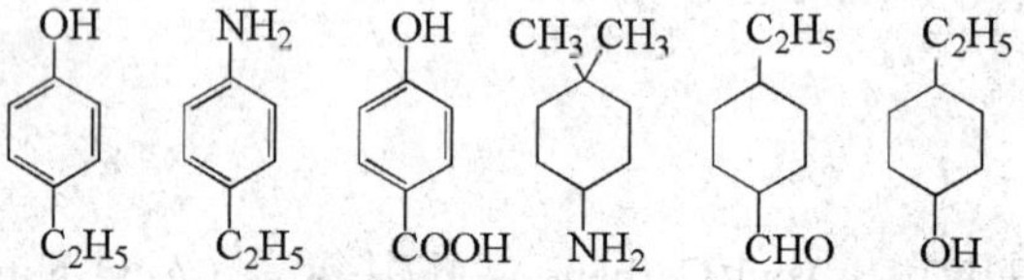

解

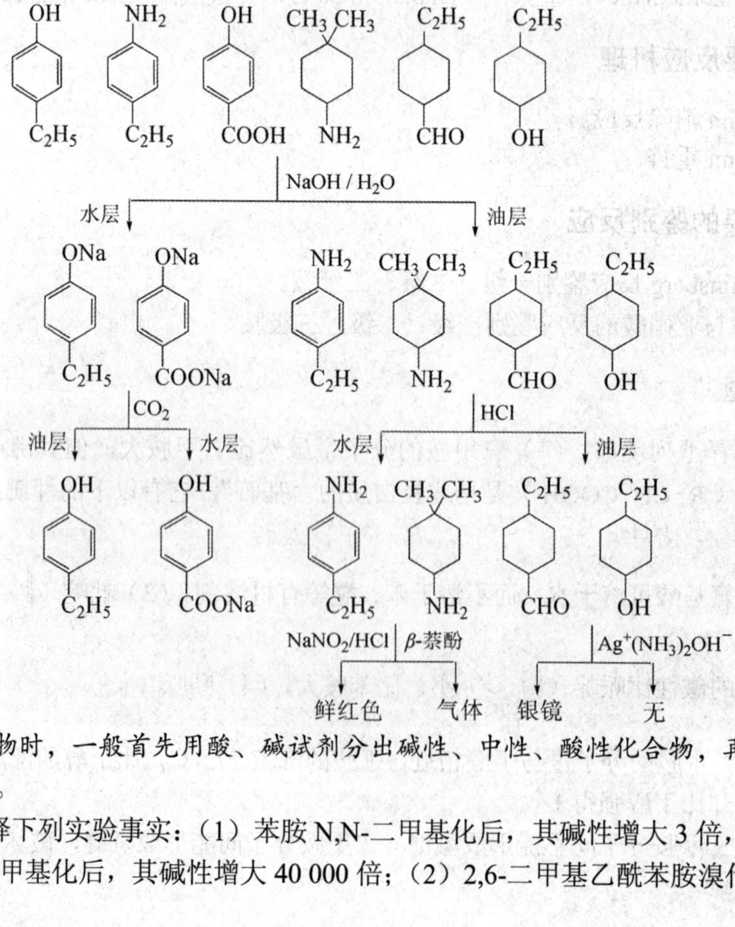

鉴别化合物时，一般首先用酸、碱试剂分出碱性、中性、酸性化合物，再根据其性质鉴别，较为简单。

例 3 解释下列实验事实：（1）苯胺 N,N-二甲基化后，其碱性增大 3 倍，而 2,4,6-三硝基苯胺 N,N-二甲基化后，其碱性增大 40 000 倍；（2）2,6-二甲基乙酰苯胺溴代发生在 3 位。

解 (1) 当苯胺的氮被甲基化后，苯胺和 N,N-二甲苯胺相比，氮上的孤对电子都跟苯环上的 π 电子共轭，但甲基的给电子诱导效应增加了氮上的电子密度，因此，N,N-二甲苯胺的碱性比苯胺有一定程度的增强。

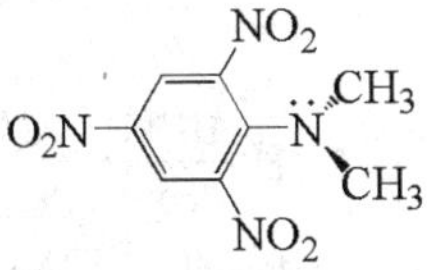

$$\underset{\substack{NO_2\\}}{\underset{O_2N-\bigcirc-N(CH_3)_2}{}}$$

2,4,6-三硝基苯胺由于三个硝基拉电子作用使氮的碱性大大减弱，当氮被甲基化后体积增大 2 个邻位硝基使 —NMe$_2$ 基扭曲到芳香环所在的平面以外，阻止了氮上的孤对电子跟芳环上的 π 电子共轭，使硝基不能通过共轭效应吸引氮上的电子。跟 2,4,6-三硝基苯胺相比，N,N-二甲基-2,4,6-三硝基苯胺中的氮容易被质子化得多，使其碱性大增。

(2) 在 2,6-二甲基乙酰苯胺中，当 2 个甲基将 —NHCOCH$_3$ 基挤出苯环所在平面，使氮上的孤对电子不能离域到苯环上，此时氮为拉电子的基团，因此定位由甲基决定，溴代反应发生在 3 位即 2 个甲基的邻位和对位。

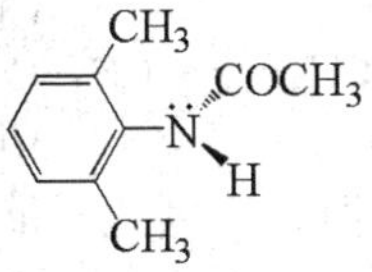

例 4 写出下列反应的历程。

(1) Eschweiler-Clarke 反应是将伯、仲胺和甲醛及甲酸进行还原性甲基化制得叔胺的反应：RNH$_2$ + 2HCHO + 2HCOOH $\longrightarrow$ RN(CH$_3$)$_2$ + 2CO$_2$ + 2H$_2$O 。

(2) $\underset{\substack{OH\quad NH_2}}{C_6H_5-\underset{\substack{C_6H_5}}{C}-\underset{\substack{C_6H_5}}{C}-C_6H_5}$ $\xrightarrow{\text{NaNO}_2}{\text{HCl}}$ $(C_6H_5)_3C\overset{O}{C}C_6H_5$

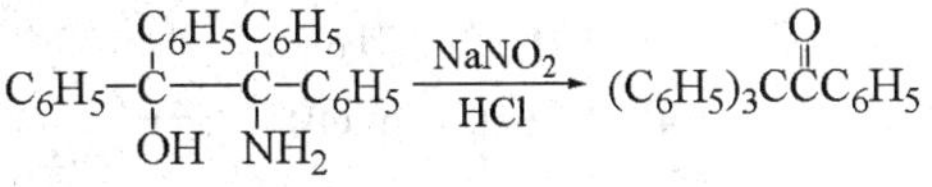

解 (1)

$$RNH_2 + HCHO \underset{}{\overset{H^+}{\rightleftharpoons}} RNHCH_2OH \xrightarrow[-H_2O]{H^+} R\overset{+}{N}H=CH_2$$

$$R\overset{+}{N}H=CH_2 + H-\overset{O}{\overset{\|}{C}}-O-H \overset{H^+}{\rightleftharpoons} RNHCH_3 + CO_2 + H^+$$
仲胺

$$RNHCH_3 + HCHO \overset{H^+}{\rightleftharpoons} \underset{\substack{CH_3}}{R-N-CH_2OH} \xrightarrow[-H_2O]{H^+} \underset{\substack{CH_3}}{R-\overset{+}{N}=CH_2}$$

$$\underset{\substack{CH_3}}{R-\overset{+}{N}=CH_2} + H-\overset{O}{\overset{\|}{C}}-O-H \longrightarrow RN(CH_3)_2 + CO_2 + H^+$$
叔胺

(2) $\underset{\substack{OH\ NH_2}}{C_6H_5-\underset{\substack{C_6H_5}}{C}-\underset{\substack{C_6H_5}}{C}-C_6H_5}$ $\xrightarrow{HNO_2}$ $\underset{\substack{OH\ \overset{+}{N}_2}}{C_6H_5-\underset{\substack{C_6H_5}}{C}-\underset{\substack{C_6H_5}}{C}-C_6H_5}$ $\xrightarrow{-N_2}$ $Ph-\underset{\substack{OH}}{\overset{+}{C}}-CPh_3$ $\xrightarrow{-H^+}$ $Ph-\overset{O}{\overset{\|}{C}}-CPh_3$

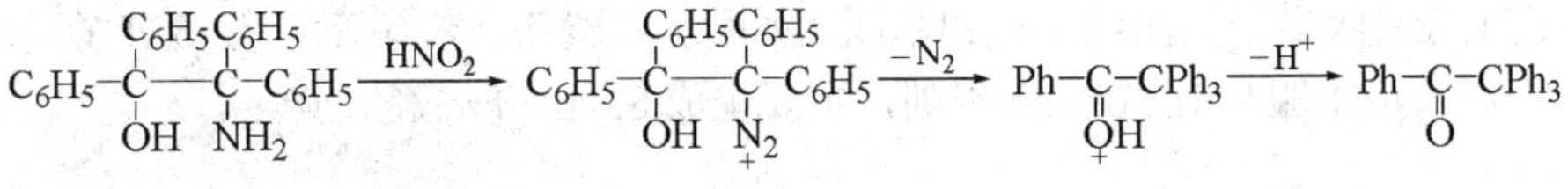

(3) 此重排类似于嚬哪重排，可用于环的扩张或缩小，称为 Demyanov 重排，如：

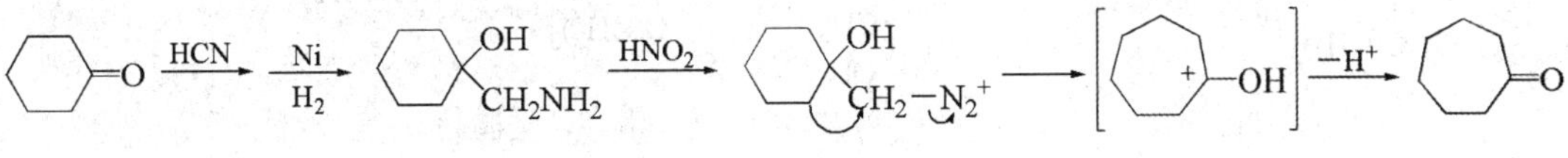

环己酮 $\xrightarrow[H_2]{\text{HCN, Ni}}$ 1-羟基-1-(氨甲基)环己烷 $\xrightarrow{HNO_2}$ $\underset{\substack{CH_2-N_2^+}}{\overset{OH}{\bigcirc}}$ $\longrightarrow$ $[\overset{+}{\bigcirc}-OH]$ $\xrightarrow{-H^+}$ 环庚酮

例 5 下面是 4 种伯胺，请根据需要选用合适原料，采用不同方法合成之。

(1) C₆H₅CH₂CH₂NH₂ (2) C₆H₅CH₂NH₂ (3) CH₃-C₆H₄-CH(NH₂)CH₃ (4) (CH₃)₃CNH₂

解

(1) PhCH₂Cl $\xrightarrow{NaCN}$ PhCH₂CN $\xrightarrow{H_2/Ni}$ PhCH₂CH₂NH₂

(2) PhCH₃ $\xrightarrow{Cl_2, h\nu}$ PhCH₂Cl $\xrightarrow{NH_3 过量}$ PhCH₂NH₂

(3) PhCH₃ $\xrightarrow{CH_3COCl, AlCl_3}$ CH₃-C₆H₄-COCH₃ $\xrightarrow{NH_3, H_2/Ni}$ CH₃-C₆H₄-CH(NH₂)CH₃

(4)
$(CH_3)_3CCl \xrightarrow{Mg, Et_2O} \xrightarrow{CO_2} \xrightarrow{H_2O} (CH_3)_3CCOOH \xrightarrow{PCl_5} \xrightarrow{NH_3} (CH_3)_3CCONH_2 \xrightarrow{Br_2/NaOH} (CH_3)_3CNH_2$

或

$CH_3COCH_3 \xrightarrow{Mg(Hg)} (CH_3)_2C(OH)C(OH)(CH_3)_2 \xrightarrow{H^+, \Delta} (CH_3)_3CCOCH_3 \xrightarrow{Br_2/NaOH} \xrightarrow{H_2O} (CH_3)_3CCOOH$

此伯胺相连的烃基为叔丁基，易消去，因此不能采用 Gabriel 合成法及胺的烃基化。

例 6 写出下列季铵碱按霍夫曼消除所得的主要产物。

(1) CH₃CH₂CH₂CH₂N⁺(CH₃)₃ OH⁻ $\xrightarrow{\Delta}$

(2) (CH₃)₂CHCH(N⁺(CH₃)₃)CH₂CH₃ OH⁻ $\xrightarrow{\Delta}$

(3) 2,4-二甲基-1,1-二甲基吡咯烷鎓 OH⁻ $\xrightarrow{\Delta}$

(4) 1-甲基-1-三甲铵基环己烷 OH⁻ $\xrightarrow{\Delta}$

(5) N-甲基喹嗪鎓-1-甲酸乙酯 OH⁻ $\xrightarrow{\Delta}$

(6) 1,1,1-三甲基-3,3-二甲基环戊铵 OH⁻ $\xrightarrow{\Delta}$

(7) (CH₃)₃C-环己基-N⁺(CH₃)₃ OH⁻ $\xrightarrow{\Delta}$

解

(1) CH₂=CHCH₂CH₃ (2) (CH₃)₂CHCH=CHCH₃

(3) 4-甲基-2-(N,N-二甲氨基)戊-1-烯结构 (4) 亚甲基环己烷 (5) Δ¹,⁹ᵃ-喹嗪-1-甲酸乙酯

β-位上连有吸电子基团或不饱和基团（如硝基、羰基、苯基等），使 β-H 酸性增大，容易消除，有时反应不服从 Hoffmann 规则，主要生成 Saytzeff 烯烃。

(6) 环戊基-N⁺(CH₃)₃ ⇌ (CH₃)₃C-环戊基-N(CH₃)₂-CH₂⁻/OH⁻ → (CH₃)₃C-环戊基-N(CH₃)₂ + CH₃OH

由于季铵碱消除是反应共平面消除，反应（6）中消除构象存在的可能性太小，主要是取代反应。

（7） 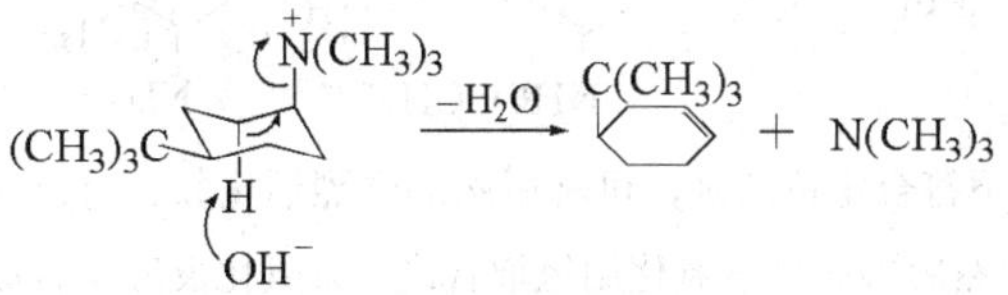 (CH₃)₃C-[环己基含N⁺(CH₃)₃ 及 OH⁻] $\xrightarrow{-H_2O}$ (CH₃)₃C-[环己烯] + N(CH₃)₃

例 7 分子式为 $C_8H_{17}N$ 的化合物 **E** 与过量碘甲烷作用得到 **F**（$C_9H_{20}IN$）。**F** 用氧化银—水处理并加热后生成 **G**（$C_9H_{19}N$），**G** 再与过量碘甲烷作用，并经氧化银—水处理并加热得到 **H** 及三甲胺。**H** 的分子式为 C_7H_{12}，它经高锰酸钾氧化得到 2,4-戊二酮。试写出 **E** 的可能结构（一个或多个）。

解 反应的过程如下：

$$C_8H_{17}N \xrightarrow{CH_3I} F(C_9H_{20}IN) \xrightarrow[\triangle]{Ag_2O} G(C_9H_{19}N)$$

只结合 1 mol CH_3I，推测 **E** 为叔胺。

$$G \xrightarrow[H_2O]{CH_3I \ Ag_2O \ \triangle} H(C_7H_{12}) + (CH_3)_3N$$

反应经过两步彻底甲基化及消除才能将胺基除掉，说明胺中氮原子连在 1 个环内，若氮原子连在 2 个环内，则需 3 次彻底甲基化与消除反应才能去掉胺基。

根据 **H** $\xrightarrow{KMnO_4}$ C-C(O)-C-C(O)-C，推测 **H** 结构为 [CH₂=C(CH₃)-CH₂-C(CH₃)=CH₂]。

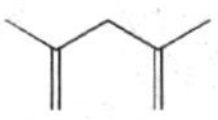

根据产物双键的位置，推断原来胺的结构：[带 a, b, c, d 标注的骨架]，氮原子应连在双键的一端。

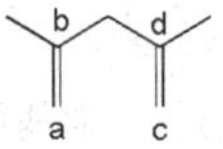

氮原子连在 a、c 端，得 [3,5-二甲基哌啶-N-] (**E₁**)；氮原子连在 a，d 端或 c，b 端，得 [2,2-二甲基吡咯烷-N-] (**E₂**)。氮原子连在 b、d 端，得 [四元环含N] （四元环稳定性较小）。

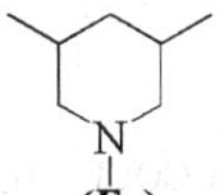

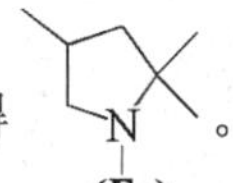

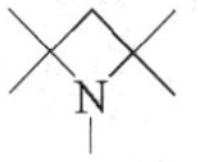

例 8 以苯、甲苯和其他必要试剂为原料，合成下列化合物（不必做重复中间体的过程）。

(1) 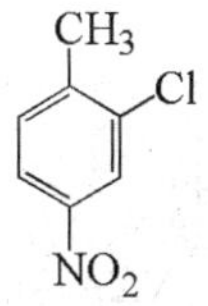 2-氯-4-硝基甲苯 (2) 4-碘甲苯 (3) 3-氯溴苯 (4) 4-甲基-2-碘苯甲酸 (5) 4-硝基苯磺酸 (6) 2,2'-二甲基-4,4'-二氟联苯

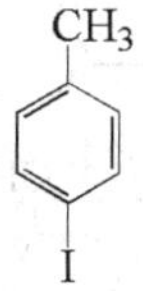

解

(1) 甲苯 $\xrightarrow[H_2SO_4]{HNO_3}$ 对硝基甲苯 $\xrightarrow{Cl_2, Fe}$ 2-氯-4-硝基甲苯 （如符合定位法则，以合理的先后次序直接引入）

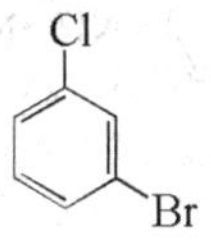

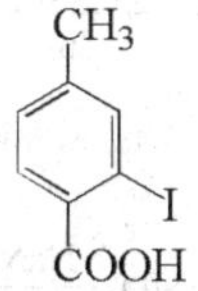

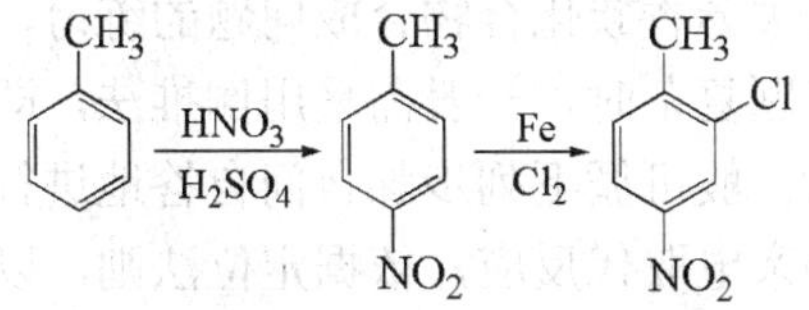

(2) 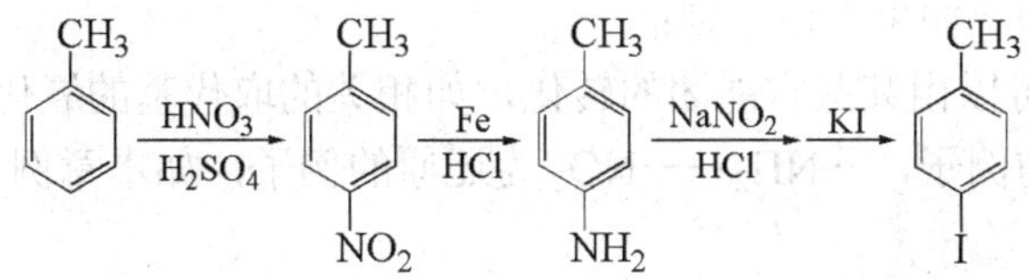 甲苯 $\xrightarrow[H_2SO_4]{HNO_3}$ 对硝基甲苯 $\xrightarrow[HCl]{Fe}$ 对氨基甲苯 $\xrightarrow[HCl]{NaNO_2}$ $\xrightarrow{KI}$ 4-碘甲苯 （若有些基团不能直接引入，可通过重氮盐的置换引入）

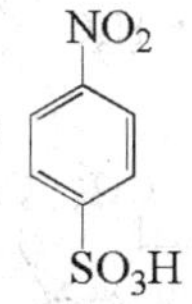

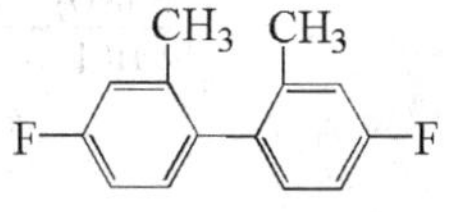

(3) 苯 $\xrightarrow{\text{Fe}}{\text{HCl}}$ 氯苯 $\xrightarrow{\text{HNO}_3}{\text{H}_2\text{SO}_4}$ 对氯硝基苯 $\xrightarrow{\text{Fe}}{\text{HCl}}$ 对氯苯胺 $\xrightarrow{\text{CH}_3\text{COCl}}{\text{吡啶}}$ 对氯乙酰苯胺 $\xrightarrow[\text{H}^+]{\text{Fe/Br}_2,\ \text{H}_2\text{O}}$ 4-氯-2-溴苯胺

$\xrightarrow{\text{NaNO}_2/\text{HCl}} \xrightarrow{\text{H}_3\text{PO}_2}$ 3-溴氯苯

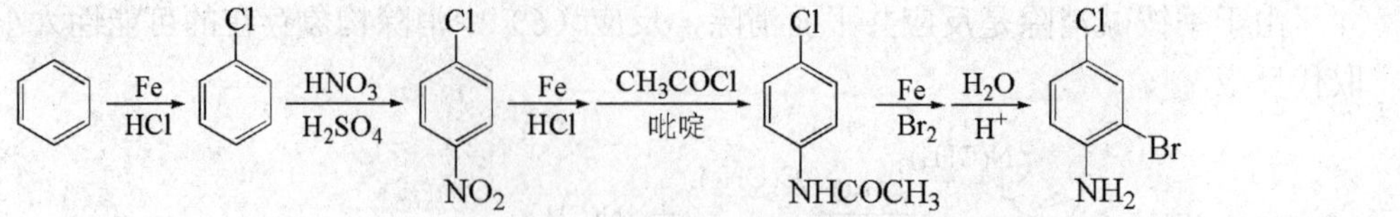

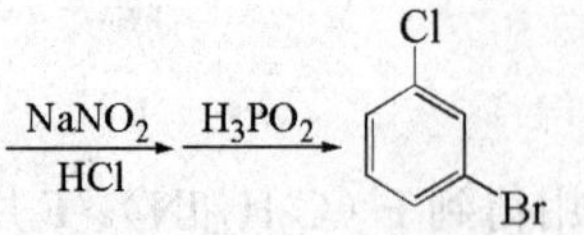

（如不符合定位法则，可利用胺的强烈活化邻、对位的效应引入基团，然后再通过重氮化用氢取代之。去氢化反应在合成中有十分重要的作用）

(4) 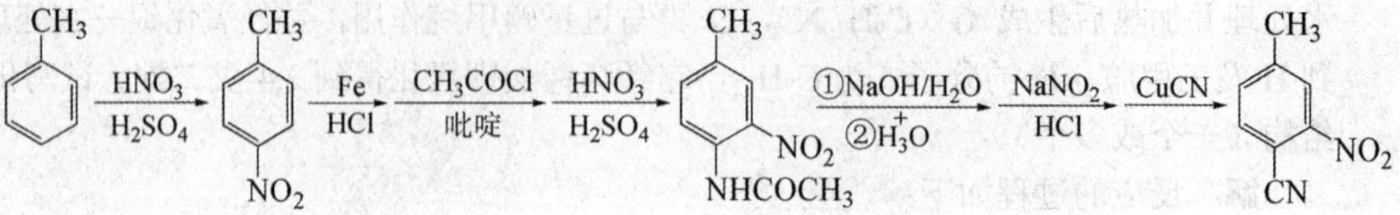 甲苯 $\xrightarrow{\text{HNO}_3}{\text{H}_2\text{SO}_4}$ 对硝基甲苯 $\xrightarrow{\text{Fe}}{\text{HCl}}$ 对甲苯胺 $\xrightarrow{\text{CH}_3\text{COCl}}{\text{吡啶}}$ $\xrightarrow{\text{HNO}_3}{\text{H}_2\text{SO}_4}$ (4-甲基-2-硝基乙酰苯胺) $\xrightarrow[\text{②H}_3\text{O}^+]{\text{①NaOH/H}_2\text{O}}$ $\xrightarrow{\text{NaNO}_2}{\text{HCl}}$ $\xrightarrow{\text{CuCN}}$ 4-甲基-2-硝基苯甲腈

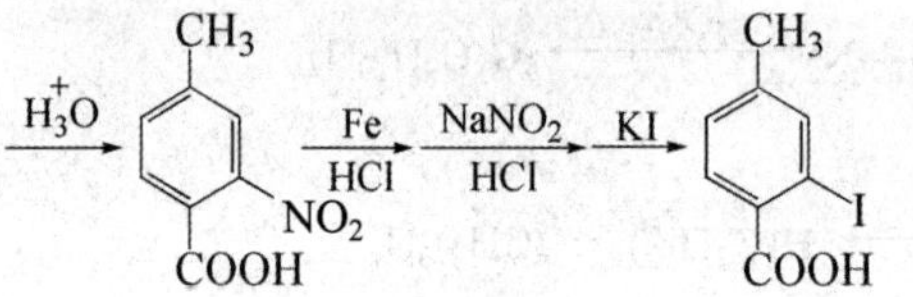

$\xrightarrow{\text{H}_3\text{O}^+}$ 4-甲基-2-硝基苯甲酸 $\xrightarrow{\text{Fe}}{\text{HCl}}$ $\xrightarrow{\text{NaNO}_2}{\text{HCl}}$ $\xrightarrow{\text{KI}}$ 4-甲基-2-碘苯甲酸 （此合成利用了氨基的定位法则，及官能团的转换和取代）

(5) 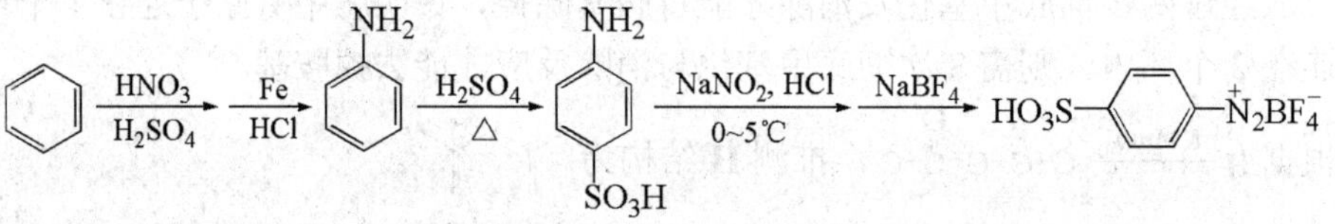 苯 $\xrightarrow{\text{HNO}_3}{\text{H}_2\text{SO}_4}$ $\xrightarrow{\text{Fe}}{\text{HCl}}$ 苯胺 $\xrightarrow{\text{H}_2\text{SO}_4}{\triangle}$ 对氨基苯磺酸 $\xrightarrow[0\sim 5℃]{\text{NaNO}_2,\text{HCl}}$ $\xrightarrow{\text{NaBF}_4}$ $HO_3S\text{-}C_6H_4\text{-}N_2^+BF_4^-$

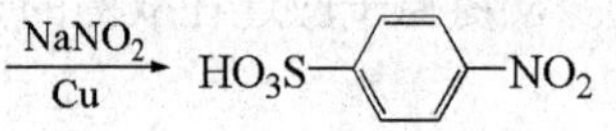

$\xrightarrow{\text{NaNO}_2}{\text{Cu}}$ 对硝基苯磺酸 （硝基可取代氟硼酸的重氮盐）

(6) 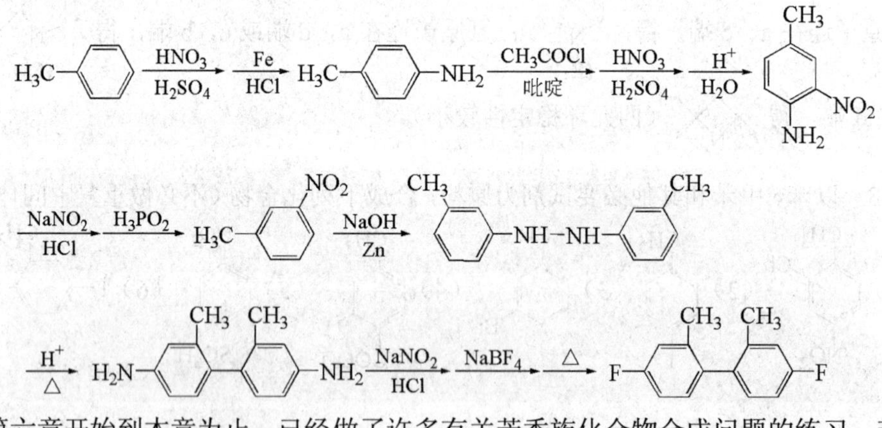 甲苯 $\xrightarrow{\text{HNO}_3}{\text{H}_2\text{SO}_4}$ $\xrightarrow{\text{Fe}}{\text{HCl}}$ 对甲苯胺 $\xrightarrow{\text{CH}_3\text{COCl}}{\text{吡啶}}$ $\xrightarrow{\text{HNO}_3}{\text{H}_2\text{SO}_4}$ $\xrightarrow{\text{H}^+}{\text{H}_2\text{O}}$ 4-甲基-2-硝基苯胺

$\xrightarrow{\text{NaNO}_2}{\text{HCl}}$ $\xrightarrow{\text{H}_3\text{PO}_2}$ 间硝基甲苯 $\xrightarrow{\text{NaOH}}{\text{Zn}}$ 3,3'-二甲基氢化偶氮苯

$\xrightarrow{\text{H}^+}{\triangle}$ 2,2'-二甲基-4,4'-二氨基联苯 $\xrightarrow{\text{NaNO}_2}{\text{HCl}}$ $\xrightarrow{\text{NaBF}_4}$ $\xrightarrow{\triangle}$ 2,2'-二甲基-4,4'-二氟联苯

从第六章开始到本章为止，已经做了许多有关芳香族化合物合成问题的练习，芳香族化合物的合成像其他有机化合物的合成一样，当问题复杂时，一般需采用倒推法，即从所需的目标分子出发，回归到所给的初始原料。倒推法一般可循下列步骤自问自答地进行：

（1）目标分子的取代基是否可以通过芳香族亲电取代反应，依据定位法则，以合理的先后次序直接引入？如本章例 8（1）。如果不通，则：

（2）目标分子的取代基是否可以由某些官能团的转化，如相关的取代基的氧化或还原形成？如 —COOH ← —CH$_3$ 为氧化的例子，—NH$_2$ ← —NO$_2$ 为还原的例子，如本章例 8（4）及下例：

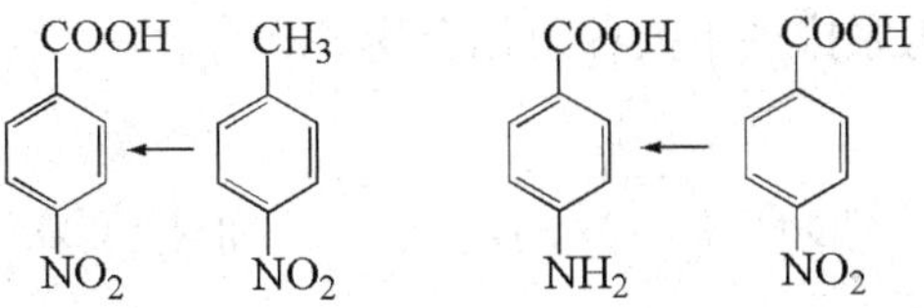

如果不通，则：

（3）目标分子的取代基是否可以由某些基的取代形成？如 —OH ← —Cl（在活化位置）及重氮基被有关基团置换的各种例子。如本章例 8（2）和（5）及下例：

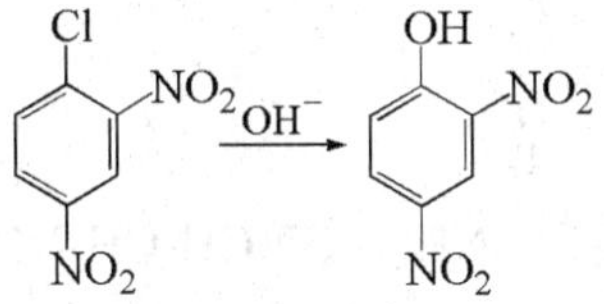

如果还不通，则：

（4）目标分子的氢是否可以由其他取代基得到？如 —H ← —SO$_3$H 及 —H ← —N$_2^+$，对此问题的答案是肯定的，则除去该基，如本章例 8（3）。

六、习题

17.1 用中、英文命名下列化合物。

（1）CH$_3$CHCH$_2$CH$_3$
       |
     NO$_2$

（2）(CH$_3$)$_2$CHCH$_2$NH$_2$

（3）HOCH$_2$CH$_2$CH$_2$CH$_2$NH$_2$

（4）PhN(CH$_2$CH$_3$)$_2$

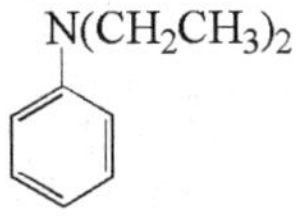

（5）PhCH$_2$NHCH$_2$CH$_3$

（6）2-萘胺

（7）CH$_3$CH(CH$_3$)CH(N(CH$_3$)$_2$)CH$_3$

（8）对氨基苯酚

（9）环己基-NH(CH$_3$)$_2^+$ I$^-$

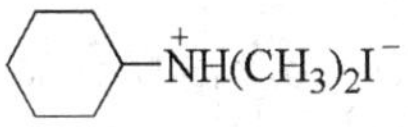

17.2 写出下列化合物的结构式：（1）氰酸；（2）异氰酸；（3）异氰酸甲酯；（4）双烯酮；（5）哌啶；（6）吡咯烷；（7）NBS。

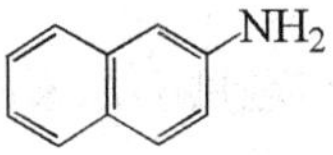

17.3 完成下列反应。

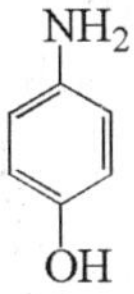

（1）CH$_3$CH$_2$NO$_2$ $\xrightarrow{\text{NaOH(aq)}}$

（2）CH$_3$CH$_2$NO$_2$ $\xrightarrow{\text{OH}^-, \text{Br}_2}$

（3）2,3-二氯硝基苯 $\xrightarrow[\triangle]{\text{Na}_2\text{CO}_3\text{(aq)}}$

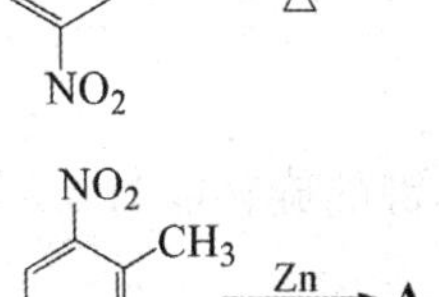

（4）2,4-二硝基甲苯 $\xrightarrow{\text{SnCl}_2, \text{HCl}}$

（5）邻硝基甲苯 + COOEt/COOEt $\xrightarrow{\text{EtONa}}$

（6）邻硝基甲苯 $\xrightarrow{\text{Zn/NaOH}}$ A $\xrightarrow{\text{H}^+, \triangle}$ B

（7）PhNMe$_2$ $\xrightarrow{\text{Me}_2\text{NCHO}, \text{POCl}_3}$

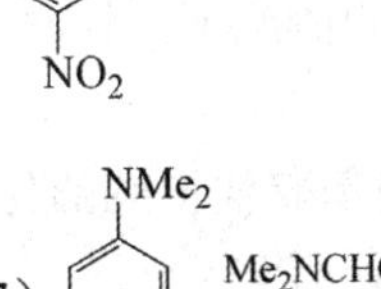

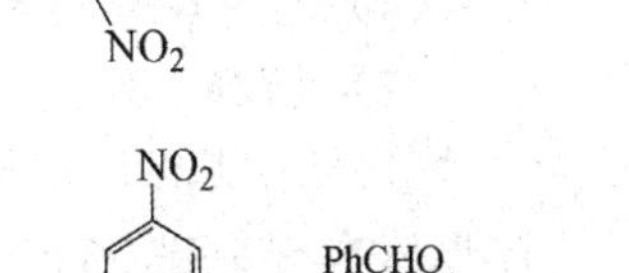

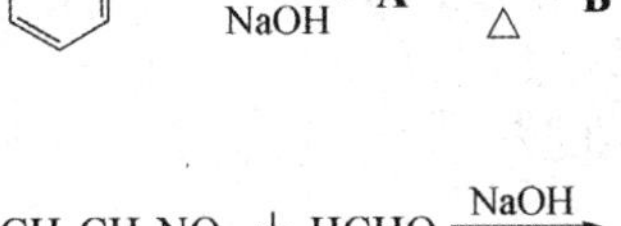

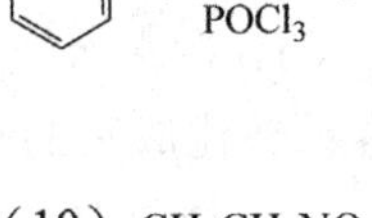

（8）2,4,6-三硝基甲苯 $\xrightarrow{\text{PhCHO}, \text{OH}^-}$

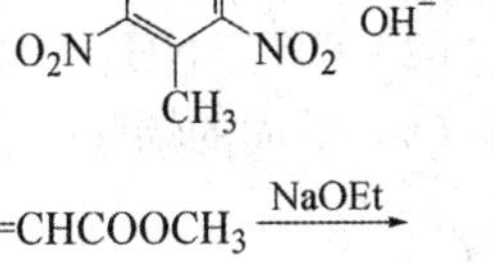

（9）CH$_3$CH$_2$NO$_2$ + HCHO $\xrightarrow{\text{NaOH}}$

（10）CH$_3$CH$_2$NO$_2$ + CH$_2$=CHCOOCH$_3$ $\xrightarrow{\text{NaOEt}}$

17.4 以碱性的大小为序排列下列各组化合物。

(1) 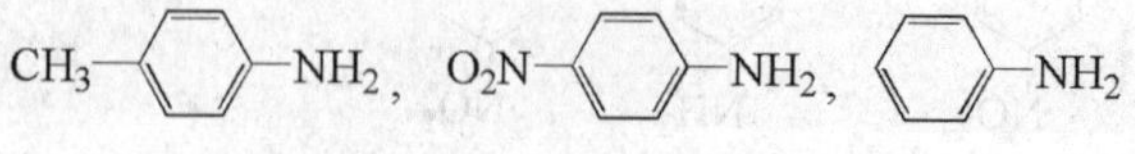 CH_3-C$_6$H$_4$-NH_2, O_2N-C$_6$H$_4$-NH_2, C$_6$H$_5$-NH_2 (2) 间-NH_2-C$_6$H$_4$-CN, 对-NH_2-C$_6$H$_4$-CN

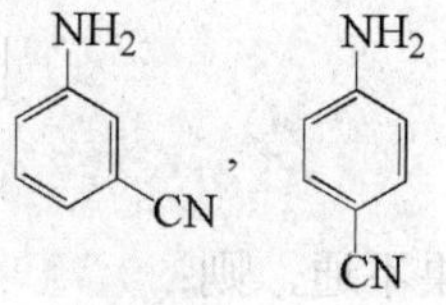

(3) 氨，乙胺，苯胺，三苯胺

(4) 苯胺，乙酰苯胺，邻苯二甲酰亚胺，氢氧化四甲铵，乙胺

(5) **A** 四氢喹啉, **B** 邻甲基-N,N-二乙基苯胺

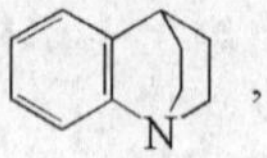

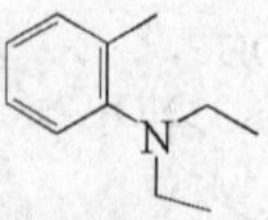

(6) $CNCH_2CH_2NH_2$，$BrCH_2CH_2NH_2$，$CF_3CH_2CH_2NH_2$

(7) $(CH_3)_2NCH=CHCHO$, $(CH_3)_2NCH=CH_2$, $(CH_3)_3N$

17.5 (1) 如下化合物具有 3 个 N，试比较它们的碱性。

(具有标号①②③的三个氮的结构式)

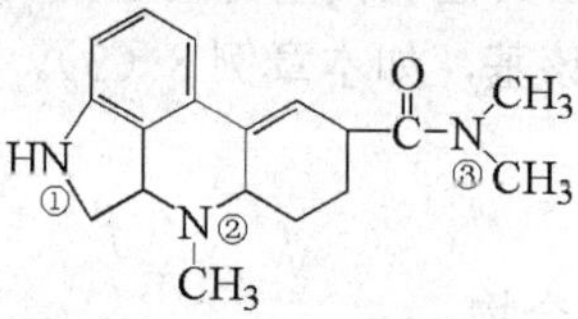

(2) 如下化合物具有 2 个 N，试比较它们的碱性。

$H_2NCH_2CH_2CH_2CHCOOH$
         ② |
                   NH_2 ①

17.6 比较胍与尿素的碱性，并说明原因。

$(NH_2)_2C=NH$ $(NH_2)_2C=O$
   胍   尿素

17.7 一个治疗高血压及心血管病的药品说明书上给出了药物拉贝洛尔（Labetalol）的结构：

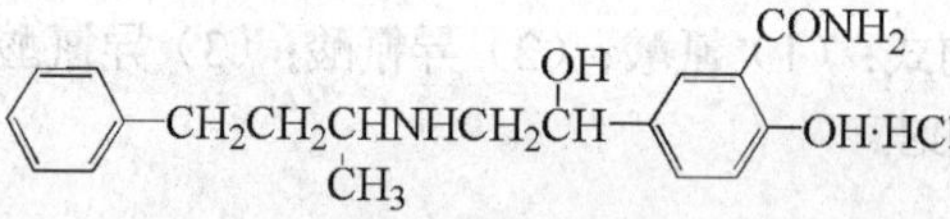

(拉贝洛尔结构式) Labetalol hydrochloride

药剂师想请化学工作者帮助解释一些相关此药物的化学性质问题：

(1) 描述拉贝洛尔成盐的位置；

(2) 当用等量的 NaOH 在室温处理该盐时反应所在的位置；

(3) 当用过量的 NaOH 在加热时处理该盐时反应所在的位置；

(4) 当用 6 M 的盐酸在加热的情况下，该盐得到什么产物。

17.8 解释下列现象。

(1) N-甲基苯胺如果对位被硝基取代得到的化合物中 N-苯基键的旋转能为 42~46 kJ/mol，比母体 N-苯基键 25 kJ/mol 高出近一倍。

(2) $CH_3-NH-CH_2-NH-CH_3$ 在水溶液中不稳定。

(3) 下面的烯胺化合物很容易转化成它的互变异构亚胺：

CH_3-NH
   |
$CH_3-C=CH-C(=O)-OC_2H_5$

(4) 2,4-环戊二烯胺的重氮盐不像多数脂肪重氮盐一样分解得到碳正离子。

17.9 完成下列反应。

（1）$CH_3\overset{+}{N}H_3Cl^- + NaOH \xrightarrow{H_2O}$

（2）[1,2,3,4-四氢喹啉] $+ H_3O^+ + Cl^- \xrightarrow{H_2O}$

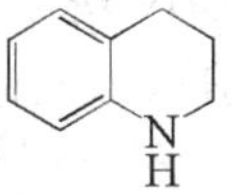

（3）[吡咯烷] $+ BF_3 \xrightarrow{乙醚}$

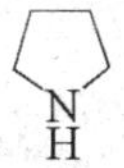

（4）[PhN(CH_3)H_2^+ Cl^-] $+ NaOH \xrightarrow{H_2O}$

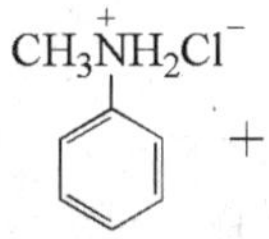

17.10 比较下面化合物的亲核性。

（1）CH_3OH，H_2O，CH_3NH_2

（2）$PhNH_2$，$PhCH_2NH_2$，$PhNHCOCH_3$

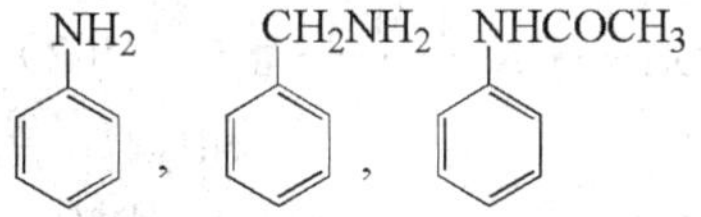

17.11 室温时，化合物 A 的核磁共振谱显示一个乙基的三重峰、四重峰与两个面积相等的峰的信号。当温度升高到 120℃时，后两个信号合并成一个单信号，试解释此现象。

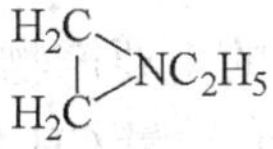

A: 氮杂环丙烷-N-乙基 (H_2C-CH_2-NC_2H_5 三元环)

17.12 给出下列化合物的结构（可能不止一个答案）。

（1）分子式为 C_4H_7N 的手性伯胺（不含叁键）；

（2）分子式为 $C_4H_{11}N$ 的手性伯胺；

（3）两个二级胺，当对其进行彻底甲基化然后用 Ag_2O 处理进一步加热得到丙烯和 N,N-二甲基苯胺。

（4）化合物 C_4H_9N 用 $NaBH_4$ 处理得到 N-甲基-2-丙胺。

17.13（1）叔丁胺不能用常用的制备一级胺的 Gabriel 法制得，为什么？

（2）通过 Ritter 反应可以制备上述胺。

$$(CH_3)_3COH + CH_3CN \xrightarrow[\triangle]{H_2O, H_2SO_4} (CH_3)_3CNHCOCH_3$$

① 写出其反应机理；② 写出最终反应产物。

17.14 对于制备下述类型的伯胺：$R(R')CHNH_2$，采用 $R-\overset{O}{\underset{\|}{C}}-R'$ 进行还原氨化比使用 $R(R')CHCl$ 和 NH_3 反应为好，为什么？

17.15 完成下列转化。

（1）$PhCH_2OH \longrightarrow PhCH_2CH_2NH_2$

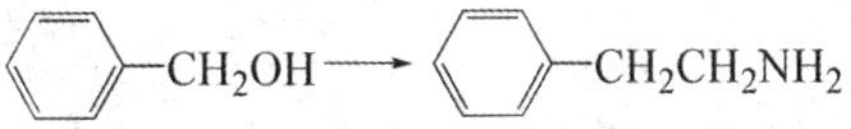

（2）环己酮 $\longrightarrow$ 环己基-$N(CH_3)_2$

（3）$CH_3O-C_6H_5 \longrightarrow CH_3O-C_6H_4-NH_2$

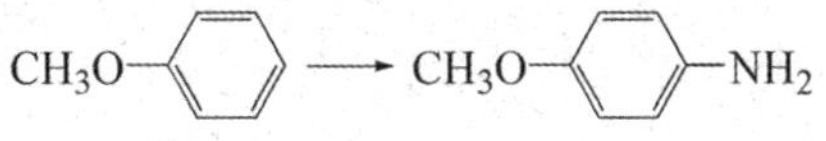

（4）$CH_3(CH_2)_3OH \longrightarrow CH_3CH_2CH_2\overset{NH_2}{\underset{|}{C}H}CH_2CH_3$

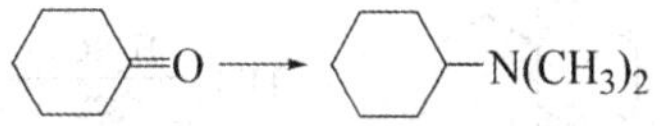

（5）环戊基-COOH $\longrightarrow$ 环戊基-$CH_2NHCH_2CH_3$

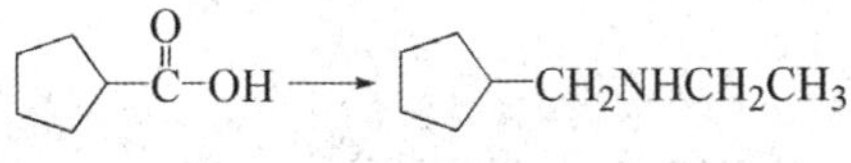

（6）$CH_3(CH_2)_2CHO \longrightarrow PhN(CH_2CH_2CH_3)_2$

（7）甲苯 $\longrightarrow$ 3-硝基苯胺

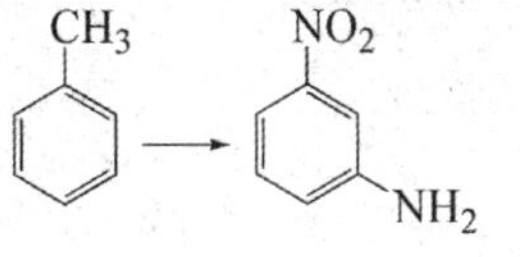

（8）$CH_3CH_2CH_2CH_2Br \longrightarrow CH_3(CH_2)_6CH_2NH_2$

(9) $CH_2=CHCH=CH_2 \longrightarrow$ [cyclohexane with CH₂NH₂ and CH₂NH₂ groups]

(10) [succinic anhydride] $\longrightarrow H_2NCH_2CH_2COOH$

(11) [benzene] + [succinic anhydride] $\longrightarrow$ [tetrahydronaphthalene with NH₂]

17.16 写出下列反应产物。

(1) $RCHO + NH_2OH \longrightarrow A \xrightarrow{LiAlH_4} B$

(2) $RCH=N-OH \xrightarrow[\triangle]{(CH_3CO)_2O}$

(3) [cyclohexanone with CH₂CH₂CN substituent] $\xrightarrow{H_2}_{Ni}$

(4) [2,4-dinitroaniline] $\xrightarrow[\text{乙醇, }\triangle]{H_2S, NH_4OH}$

(5) [4-nitro-α-methylstyrene (C≡CCH₃ with NO₂)] $\xrightarrow{H_2}_{Lindlar}$

17.17 写出正丁胺与下列各物质反应的主要产物：(1) 稀盐酸；(2) 乙酸；(3) 乙酐；(4) 2RMgCl；(5) 苯磺酰氯+NaOH；(6) 过量 CH_3I，然后 Ag_2O/加热；(7)(6)的产物加强热；(8) 丙酮+Ni/H_2；(9) 2,4,6-三硝基氯苯；(10) 对硝基苄氯+吡啶；(11) [β-propiolactone]。

17.18 写出下列反应产物。

(1) [cyclopentane with HOOC, CH₃, CH₃, CONH₂] $\xrightarrow[NaOH]{Br_2} \xrightarrow[HX]{H^+}$

(2) $CH_3NH_2 + CH_3NCO \longrightarrow$

(3) [cycloalkyl-CH₂C(O)N₃] $\xrightarrow{RCO_3H} \xrightarrow{\triangle} \xrightarrow[H_2O]{Na_2CO_3}$

(4) [naphthalene] $\xrightarrow{KMnO_4} \xrightarrow[\triangle]{NH_4OH} \xrightarrow{Br_2/OH^-} \xrightarrow{H^+}$

(5) [4-methyl-1-(aminomethyl)cyclohexanol] $\xrightarrow[HCl]{NaNO_2}$ [参看本章例4(3)]

(6) [Ph-CH(CH₃)-CONH₂] $\xrightarrow[H_2O]{Br_2/NaOH}$

(7) [decalin-type structure with CH₃, COOH, CH₃, OH] $+ HN_3 \xrightarrow[\triangle]{H_2SO_4}$

17.19 写出下列反应的历程。

(1) $Ph\text{-}\overset{O}{\overset{\|}{C}}\text{-}NH\text{-}O\text{-}\overset{O}{\overset{\|}{C}}\text{-}Ph \xrightarrow[-H_2]{KH} \xrightarrow{\triangle}_{\text{苯}} \xrightarrow[-CO_2]{KOH/H_2O} PhCH_2NH_2 + PhCOOK$

(2) $H_2N\text{-}\overset{O}{\overset{\|}{C}}\text{-}CH_2CH_2\text{-}\overset{O}{\overset{\|}{C}}\text{-}N_3 \xrightarrow[-N_2]{\triangle}$ [dihydrouracil]

17.20 写出下面反应的历程。

（1） [structure: 3-amino-2-bromo-tetrahydrothiophene with CH₂CH₂CO₂CH₃ substituent → bicyclic bromo-lactam]

（2）Stevens 重排是指（没有 β 氢）季铵盐在强碱作用下重排得到叔胺的反应。如：

$$PhCH_2\overset{+}{N}(CH_3)_2Br^- \underset{\underset{CH_2Ph}{}}{} \xrightarrow{NaNH_2} PhCHN(CH_3)_2 \underset{CH_2Ph}{}$$

          季铵盐   叔胺

17.21 完成下列转化，可用必要的有机及无机试剂。

环己酮 → 十氢喹啉

17.22 完成下列反应。

（1） 环己酮 + HCHO + (CH₃)₂NH $\xrightarrow{H^+}$ A $\xrightarrow{\triangle}$ B $\xrightarrow[NaOEt]{CH_3COCH_2COOEt}$ C

（2） PhCOCH₃ + HCHO + (CH₃)₂NH $\xrightarrow{H^+}$ A $\xrightarrow{\triangle}$ B $\xrightarrow[NaH]{\text{环己酮}}$ C

17.23 写出下列 Hoffmann 消除所得到的主要烯烃产物。

（1） [N,N-dimethyl decahydroquinolinium hydroxide] $\xrightarrow{\triangle}$

（2） $CH_3CH_2\overset{+}{N}(CH_3)_2OH^-$ 带 ClCH₂CH₂ $\xrightarrow{\triangle}$

（3） [3-phenyl-1,1-dimethyl-piperidinium hydroxide] $\xrightarrow{\triangle}$

（4） [quinolizidine] $\xrightarrow[3\text{次Hoffmann消除}]{3\text{次彻底甲基化}}$

（5） [norbornyl-N(CH₃)₃⁺ OH⁻ with D] $\xrightarrow{\triangle}$

（6） [cyclohexyl N(CH₃)₃⁺ with CH₃] OH⁻ $\xrightarrow{\triangle}$

（7） (CH₃)₂CCH₂CH₃ OH⁻ $\xrightarrow{\triangle}$
      $\overset{+}{N}(CH_3)_3$

（8） [2,6-dimethyl-1,1-dimethyl-piperidinium] OH⁻ $\xrightarrow{\triangle}$

17.24 完成下面反应的历程。

（1） [2-aminobenzoic acid] $\xrightarrow[HCl]{HNO_2}$ $\xrightarrow[Ag_2O]{\text{furan}}$ [bicyclic adduct]

（2） [adamantyl diazoketone] $\xrightarrow[THF]{h\nu}$ [adamantyl ketene] $\xrightarrow{H_2O}$ [adamantyl-CO₂H]

17.25 解释下述反应，说明对甲苯磺酰氯所起的作用。

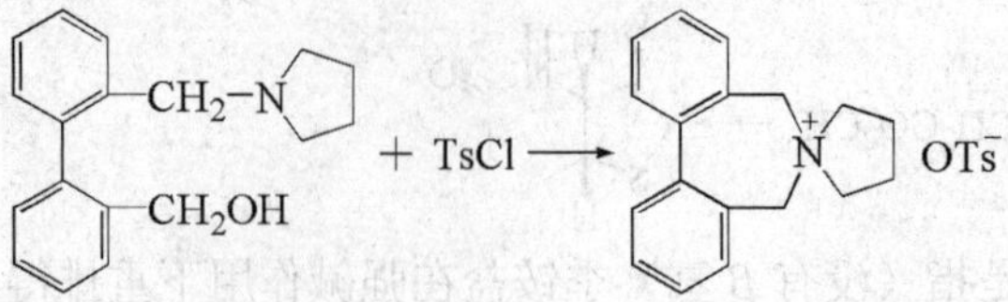

17.26 以苯、甲苯或萘为原料合成下列化合物（不必做重复的中间体合成）。

(1) 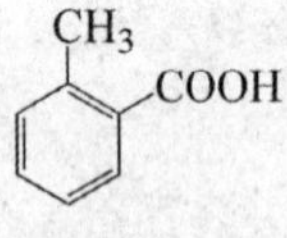 2-甲基苯甲酸（邻甲基COOH）
(2) 对氟甲苯
(3) 间溴甲苯
(4) 4-氯-2-碘甲苯（CH₃/I/Cl）
(5) 2-氟-4-碘甲苯
(6) 邻二溴苯
(7) 2,3-二溴甲苯
(8) 3,3'-二甲基联苯
(9) O_2N—C₆H₄—O—C₆H₄—CH_3
(10) 间甲基苯乙醇
(11) 2-碘-4-硝基甲苯
(12) HO—C₆H₃(NH₂)—NH_2
(13) 1-碘萘
(14) 2-萘甲酸
(15) 1,2-二硝基苯
(16) 2-甲基-4-硝基苯甲腈
(17) 间甲酚

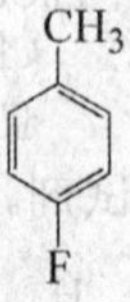

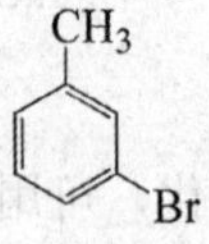

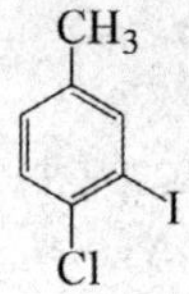

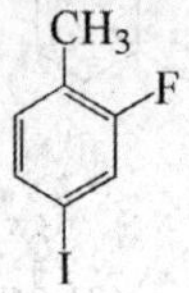

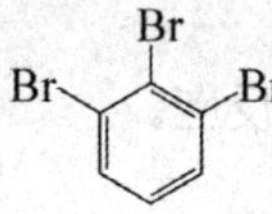

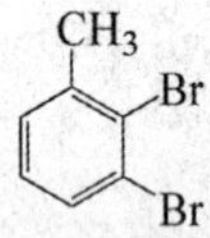

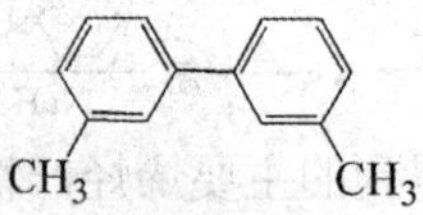

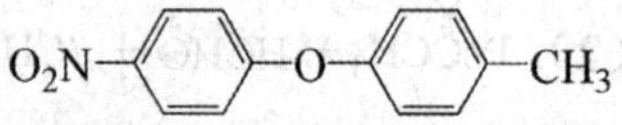

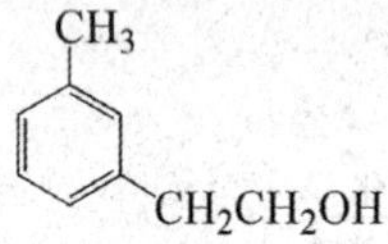

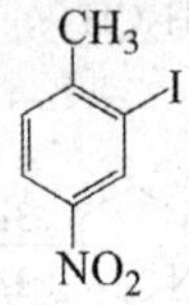

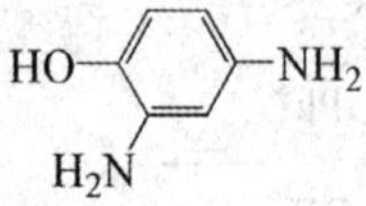

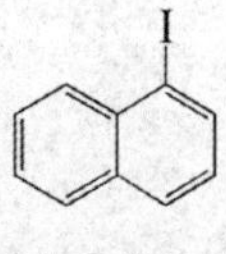

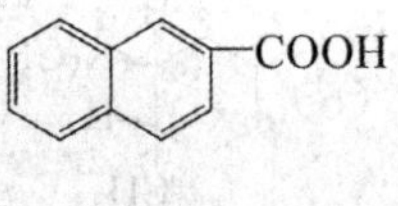

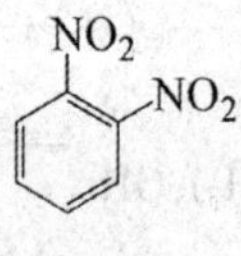

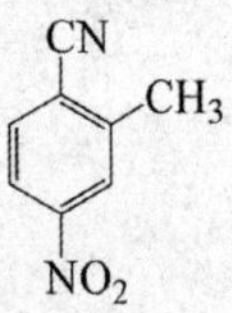

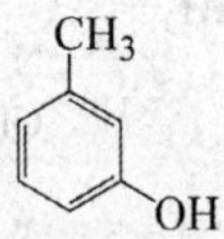

17.27 用简单的化学方法区别下列化合物：（1）间甲苯胺和环己胺；（2）乙酰苯胺和对氨基乙酰苯胺；（3）苯胺氢溴酸盐和对溴苯胺；（4）间氨基苯酚和间甲苯胺；（5）苯酚和2,4,6-三硝基苯酚；（6）$CH_3CH_2CH_2NO_2$和苯胺。

17.28 下列是化合物（1）~（5）的红外谱图：（1）十八酰胺；（2）异丙胺；（3）N-苄基甲酰胺；（4）N,N-二甲基苄胺；（5）N,N-二丁基甲酰胺。请指出各图的归属。

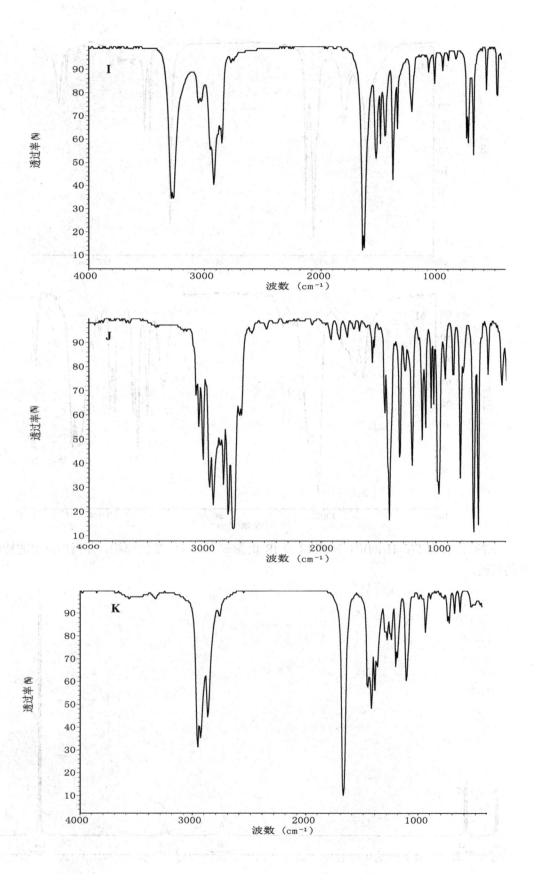

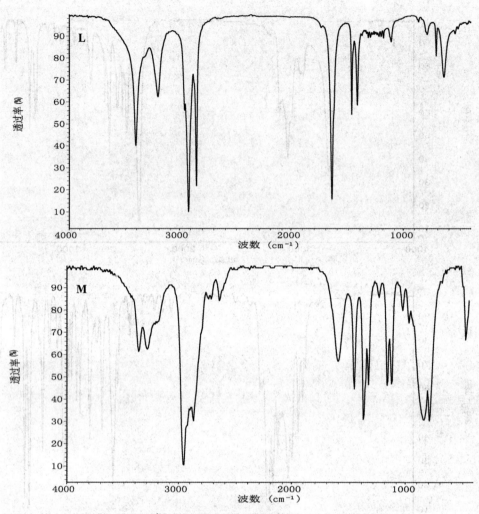

17.29 化合物 **T**($C_9H_{13}N$)的 ^{1}H NMR 及 IR 谱图如下。写出 **T** 的结构，并指出重要的特征峰的归属。

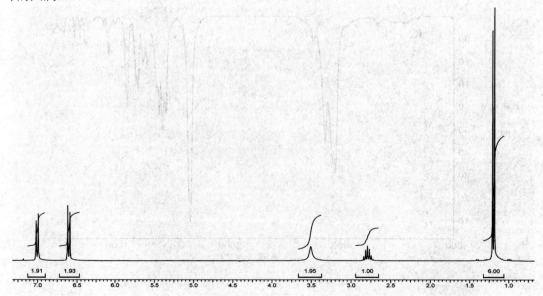

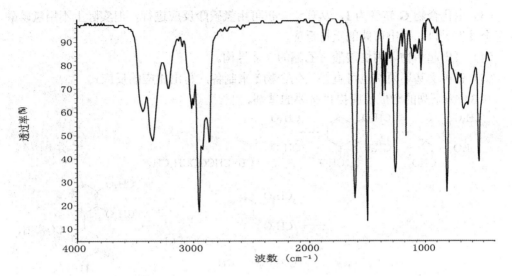

17.30 化合物 **A**（$C_6H_{15}O_2N$）在酸性水溶液中不稳定，其 ^1H NMR 数据如下：
^1H NMR：$\delta 2.30$ (6H,s)；$\delta 2.45$ (2H, d, J = 6 Hz)；$\delta 3.27$ (6H, s)；$\delta 4.50$ (1H, t, J = 6 Hz)
^{13}C NMR：$\delta 46.3$，$\delta 53.2$，$\delta 68.8$，$\delta 102.4$
写出 **A** 的结构，并标出各峰的归属。

17.31 双环胺通过下列方法合成，试写出每一步反应的产物。

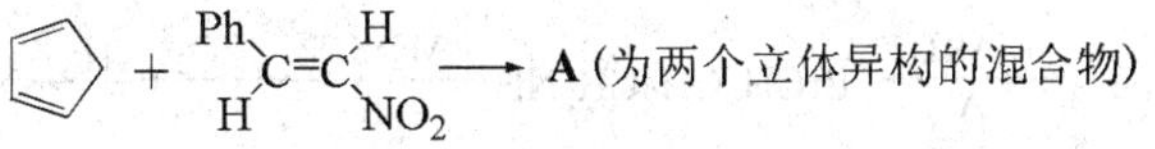

环戊二烯 + Ph-CH=CH-NO₂ ⟶ **A**（为两个立体异构的混合物）

A $\xrightarrow[H_2O]{Fe, HCl}$ **B**

A（用硝基处于内式的产物）$\xrightarrow[Pd/C]{H_2}$ **C**

化合物 **C** 也可以用下列反应制备，给出 **A** 到 **H** 的结构。

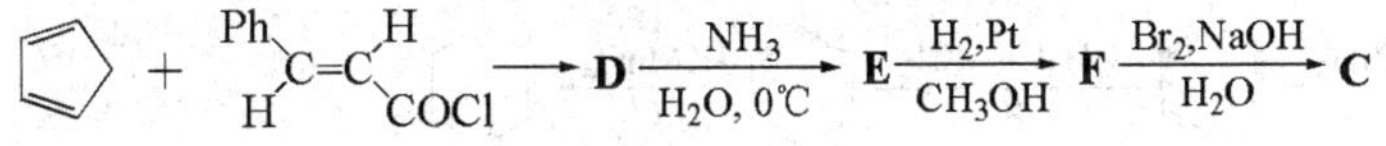

环戊二烯 + Ph-CH=CH-COCl ⟶ **D** $\xrightarrow[H_2O, 0℃]{NH_3}$ **E** $\xrightarrow[CH_3OH]{H_2, Pt}$ **F** $\xrightarrow[H_2O]{Br_2, NaOH}$ **C**

D $\xrightarrow[H_2O]{NaOH}$ **G** $\xrightarrow{H_3O^+}$ **H**

17.32 三叉基环丙烷是苯的异构体，为了研究它的性质合成这一典型化合物。
（1）合成路线如下：

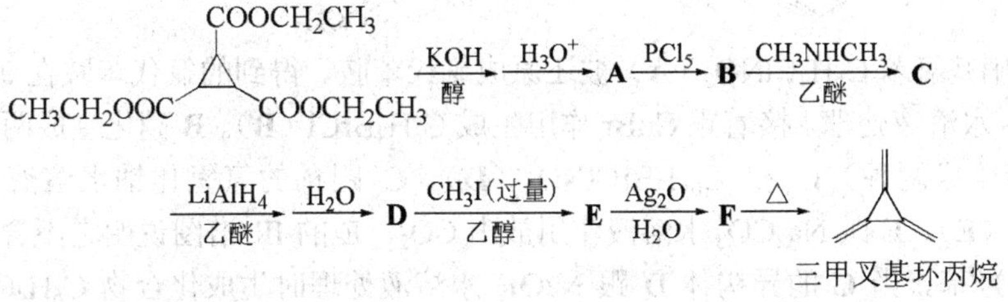

CH₃CH₂OOC—(环丙烷)—COOCH₂CH₃ (带COOCH₂CH₃) $\xrightarrow[醇]{KOH}$ $\xrightarrow{H_3O^+}$ **A** $\xrightarrow{PCl_5}$ **B** $\xrightarrow[乙醚]{CH_3NHCH_3}$ **C**

$\xrightarrow[乙醚]{LiAlH_4}$ $\xrightarrow{H_2O}$ **D** $\xrightarrow[乙醇]{CH_3I(过量)}$ **E** $\xrightarrow[H_2O]{Ag_2O}$ **F** $\xrightarrow{\triangle}$ 三叉基环丙烷

写出每一步的反应及产物。

（2）化合物 **E** 也可用下面的路线制备：

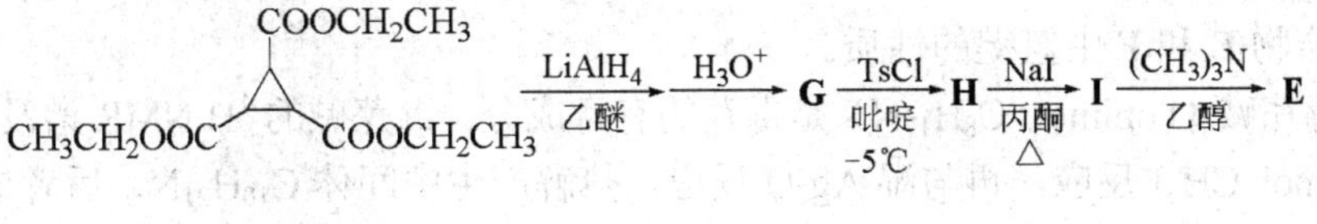

CH₃CH₂OOC—(环丙烷)—COOCH₂CH₃ $\xrightarrow[乙醚]{LiAlH_4}$ $\xrightarrow{H_3O^+}$ **G** $\xrightarrow[\substack{吡啶 \\ -5℃}]{TsCl}$ **H** $\xrightarrow[\substack{丙酮 \\ \triangle}]{NaI}$ **I** $\xrightarrow[乙醇]{(CH_3)_3N}$ **E**

（3）由化合物 **G** 转变为 **I**，从理论上也可用氢碘酸反应进行，但实际上不用氢碘酸，因分子会发生重排，写出可能的重排反应。

（4）写出起始物环丙烷羧酸三乙酯的立体异构。

（5）三甲叉基环丙烷也可直接从化合物 **I** 来制备，写出相应的反应式。

17.33 为下列的合成反应提供必要的试剂。

（结构式略）

17.34 指出下列反应中的错误。

（1）$RCOOH \xrightarrow[A]{SOCl_2} RCOCl \xrightarrow[B]{NH_3} RCONH_2 \xrightarrow[NaOH]{CH_3I}_{C} RCONHCH_3$

（2）$(CH_3)_2C=CH_2 \xrightarrow[A]{HCl} (CH_3)_3CCl \xrightarrow[B]{NH_3} (CH_3)_3CNH_2 \xrightarrow[C]{H_2O_2} (CH_3)_3\overset{+}{N}H_2 \\ \quad\quad\quad\quad\quad\quad\quad\quad\quad\quad\quad\quad\quad\quad\quad\quad\quad\quad\quad\quad\quad\quad\quad\quad\quad\quad\quad\quad\quad O^-$

（3）$BrCH_2CH_2CONH_2 \xrightarrow[A]{LiAlH_4} BrCH_2CH_2CH_2NH_2 \xrightarrow[B]{Mg, 乙醚} \xrightarrow{CO_2} \xrightarrow{H^+} NH_2(CH_2)_3COOH$

（4）（苯系列反应式略）

（5）（苯系列反应式略）

（6）（苯胺偶氮反应式略）

17.35 硝基氯苯 $C_6H_4ClNO_2$（**A**）被还原成氯代苯胺。得到的氯代苯胺在 0℃时在稀硫酸中用 $NaNO_2$ 水溶液处理，接着跟 CuBr 作用生成 C_6H_4BrCl（**B**）。**B** 硝化生成两种一硝基衍生物（只可能生成两种）**C** 和 $C_6H_3BrClNO_2$（**D**）。**C** 跟稀的氢氧化钠水溶液一起煮沸得到 $C_6H_4BrNO_3$（**E**）。**E** 跟 Na_2CO_3 水溶液作用放出 CO_2，**E** 的 IR 谱图说明它不含有羧基但有分子内键合的羟基。当 **C** 的异构体 **D** 跟 NaOH 水溶液处理时生成化合物 $C_6H_4ClNO_3$（**F**）。**F** 用 Na_2CO_3 水溶液处理时也能放出 CO_2，**F** 也存在分子内氢键。写出 **A**~**F** 的结构，并请解释。

（1）在用 NaOH 处理时为什么 **C** 失去氯而不是失去溴，而 **D** 失去溴而不是失去氯。

（2）化合物 **E** 和 **F** 中氢键的性质。

17.36 毒芹碱（coniine，$C_8H_{17}N$）是毒芹的有毒成分，毒芹碱的 ^1H NMR 谱没有双重峰。毒芹碱与 2 mol CH_3I 反应，再与湿 Ag_2O 反应，热解产生中间体 $C_{10}H_{21}N$，后者进一步甲基化后再转变为氢氧化物，经热解生成三甲胺，1,5-辛二烯和 1,4-辛二烯。试推测毒芹碱和中间体的结构。

17.37 一固体化合物 C，分子式为 $C_{15}H_{15}ON$，不溶于水、稀盐酸和稀氢氧化钠。C 与 NaOH 水溶液长时间加热后，发现一液体 D 浮于碱性混合液的表面上，D 可以用水蒸气蒸馏而分离。残留液用盐酸酸化，得一沉淀 E。化合物 D 溶于稀盐酸，其核磁谱图如下。D 与苯磺酰氯及 NaOH 作用得一不溶于碱的固体 F。化合物 E 不含氯，熔点 180℃，溶于 $NaHCO_3$ 水溶液。试推测 C、D、E 和 F 的结构。

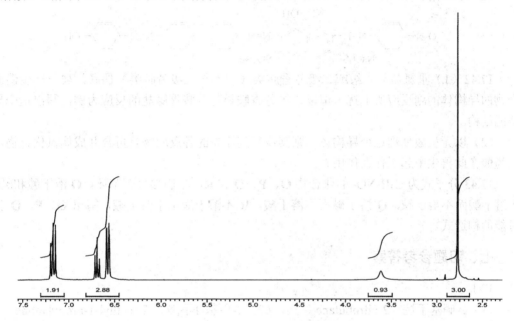

17.38 写出化合物从 G 到 N 的结构。

$\underset{NCH_3}{\bigcirc}=O \xrightarrow{\text{还原}}$ G ($C_9H_{17}ON$, 一个醇)　　　G + 热 ⟶ H ($C_9H_{15}N$)

H + CH_3I；然后 Ag_2O ⟶ I ($C_{10}H_{19}ON$)　　　I + 热 ⟶ J ($C_{10}H_{17}N$)

J + CH_3I；然后 Ag_2O, 热 ⟶ K (C_8H_{10})　　　K + Br_2 ⟶ L ($C_8H_{10}Br_2$)

L + $(CH_3)_2NH$ ⟶ M ($C_{12}H_{22}N_2$)　　　M + CH_3I；然后 Ag_2O, 热 ⟶ N (C_8H_8)

17.39 完成下列反应。

（1）C_6H_5—OH + CH_2N_2 ⟶　　　（2）环己烯—CH_3 + CH_2N_2 ⟶

（3）萘-1-COCl $\xrightarrow[H_2O]{2CH_2N_2}$ A $\xrightarrow[H_2O]{Ag_2O}$ B $\xrightarrow{H_2O}$ C　　　（4）二氯环丁酮 + CH_2N_2 ⟶

（5）$\underset{N_2}{\bigcirc}=O$ (降冰片烯酮) $\xrightarrow[CH_3OH]{h\nu}$

17.40 通常重氮盐与酚是在弱碱性介质中偶联，与芳胺是在弱酸性或中性介质中偶联，试说明原因。

17.41（1）从 β-萘酚和对氨基苯磺酸出发合成：

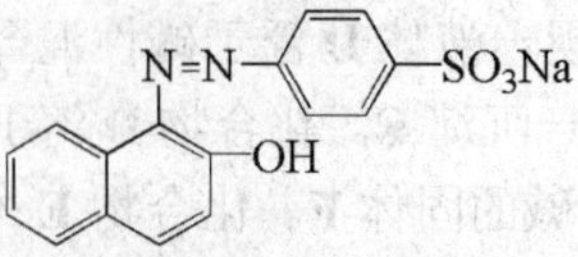

[结构式：1-(4-磺酸钠苯基偶氮)-2-萘酚]

（2）以苯酚、苯胺、联苯胺和 H-酸为原料合成：

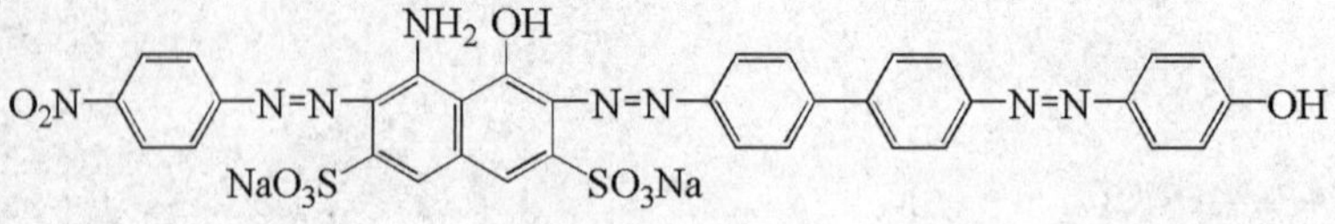

[结构式：含 O_2N-、偶氮、NaO_3S、NH_2、OH、SO_3Na 等基团的双偶氮化合物]

17.42（1）重氮盐与一级或二级芳香胺类（但不与三级芳胺类）偶联，被一产生偶氮化合物的异构体的副反应所干扰。请以二级芳香胺类与苯胺重氮盐的反应为例，写出这个异构体的结构。

（2）以无机酸处理这个异构体，则其恢复到原先的各反应物且再合并成偶氮化合物，你认为酸在此再生中起了什么作用？

17.43 分子式为 $C_7H_7NO_2$ 的化合物 **O**、**P**、**Q** 和 **R**，它们都含有苯环。**O** 溶于酸和碱中，**P** 溶于酸而不溶于碱，**Q** 溶于碱而不溶于酸，**R** 不溶于酸也不溶于碱，写出 **O**、**P**、**Q** 和 **R** 可能的构造式。

七、习题参考答案

17.1

（1）2-硝基丁烷　2-nitrobutane　　　（2）2-甲基-1-丙胺　2-methyl-1-propylamine

（3）4-氨基-1-丁醇　4-amino-1-butanol　　（4）N,N-二乙基苯胺　N,N-diethylaniline

（5）N-乙基苄胺　N-ethylbenzylamine　　（6）β-萘胺　β-naphthylamine

（7）2-(N,N-二甲基氨基)-3-甲基戊烷　2-(N,N-dimethylamino)-3-methylpentane

（8）对氨基苯酚　p-aminophenol

（9）碘化二甲基环己基铵　cyclohexyldimethyl ammonium iodide

17.2

（1）HOCN　　（2）O=C=NH　　（3）CH_3-N=C=O

（4）[β-丙内酯结构]　（5）[哌啶 NH]　（6）[吡咯烷 NH]　（7）[N-溴代丁二酰亚胺]

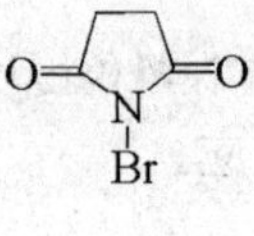

17.3

（1）$[CH_3CH=N\overset{O^-}{\underset{}{O}}]^- Na^+$　　（2）$CH_3CHBrNO_2$

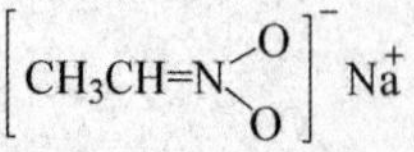

（3） 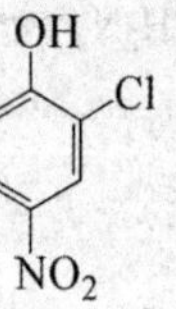 　　（4） 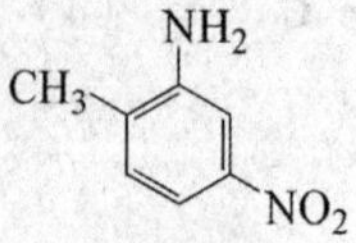 　　（5） 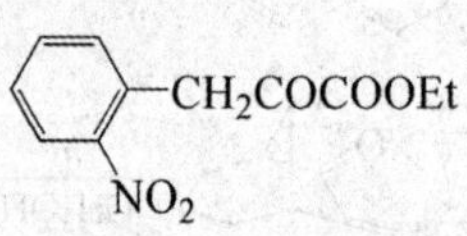 -$CH_2COCOOEt$

(6) **A:** 邻-CH₃-C₆H₄-NH-NH-C₆H₄-CH₃-邻 **B:** H₂N-C₆H₃(CH₃)-C₆H₃(CH₃)-NH₂ (4,4'-二氨基-3,3'-二甲基联苯) (7) 4-(NMe₂)C₆H₄CHO

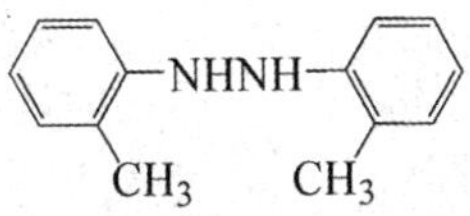

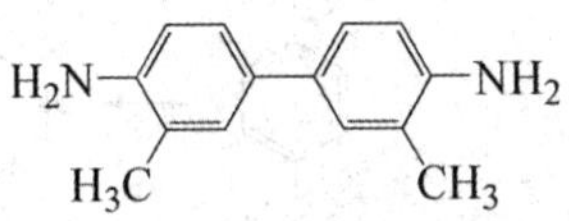

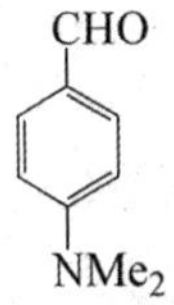

(8) 2,4,6-三硝基苯基-CH=CHPh (9) CH₃CH(NO₂)CH₂OH (10) CH₃CH(NO₂)CH₂CH₂COOCH₃

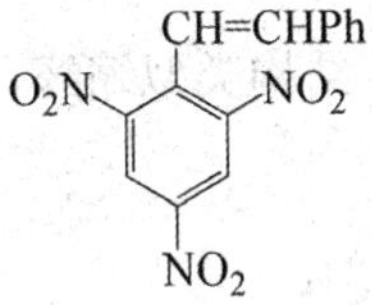

17.4 （1）4-CH₃-C₆H₄-NH₂ > C₆H₅NH₂ > 4-NO₂-C₆H₄-NH₂ （2）3-CN-C₆H₄-NH₂ > 4-CN-C₆H₄-NH₂

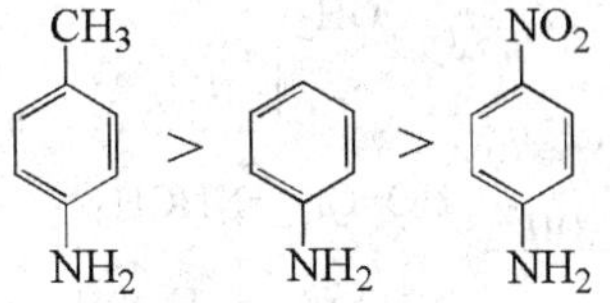

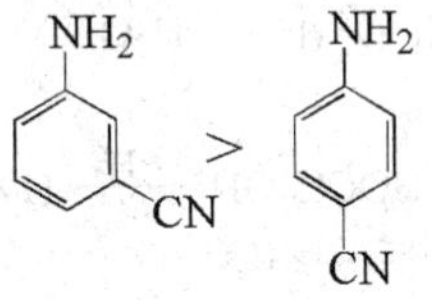

（3）乙胺＞氨＞苯胺＞三苯胺
（4）氢氧化四甲铵＞乙胺＞苯胺＞乙酰苯胺＞邻苯二甲酰亚胺
（5）**A** 因环的几何形状限制，氮原子上未共用电子对不能与苯环发生共轭，其碱性近于脂肪叔胺。**B** 属于芳香叔胺，**A>B**
（6）BrCH₂CH₂NH₂＞CNCH₂CH₂NH₂＞CF₃CH₂CH₂NH₂
（7）(CH₃)₃N＞(CH₃)₂NCH=CH₂＞(CH₃)₂NCH=CHCHO
17.5 （1）②＞①＞③　（2）②＞①
17.6 胍的碱性比尿素强，因为胍接受质子后能形成稳定的胍阳离子。

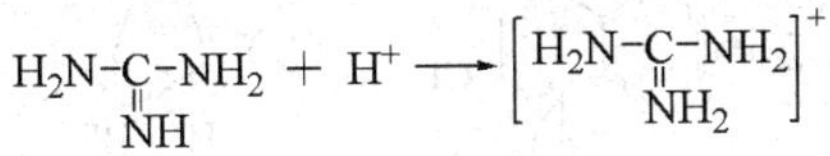

$$H_2N-\underset{\underset{NH}{\|}}{C}-NH_2 + H^+ \longrightarrow \left[H_2N-\underset{\underset{NH_2}{|}}{C}-NH_2\right]^+$$

17.7（1）成盐位置在 NH 上。

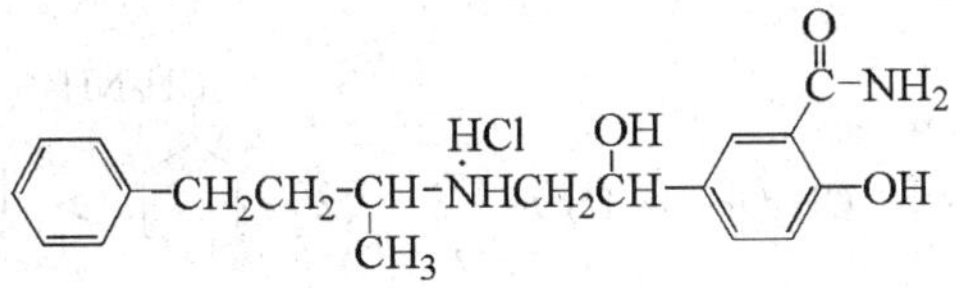

Ph-CH₂CH₂-CH(CH₃)-NH₂⁺·HCl-CH(OH)-C₆H₃(OH)(CONH₂)

（2）酚上的质子被夺去。

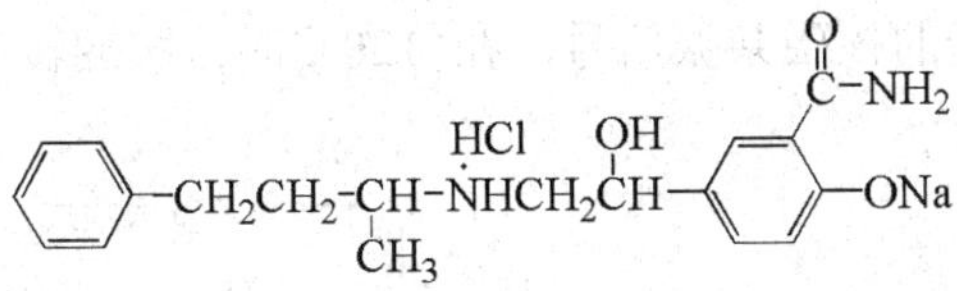

Ph-CH₂CH₂-CH(CH₃)-NH·HCl-CH(OH)-C₆H₃(ONa)(CONH₂)

（3）得到如下化合物：

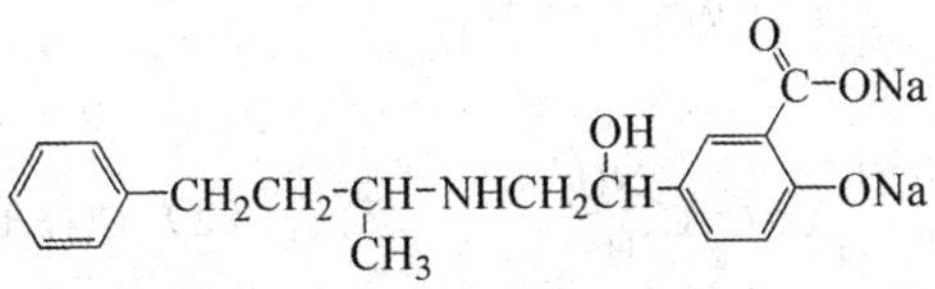

Ph-CH₂CH₂-CH(CH₃)-NH-CH₂-CH(OH)-C₆H₃(ONa)(COONa)

（4）Ph-CH₂CH₂-CH(CH₃)·HCl-N=CH-C₆H₃(OH)(COOH)

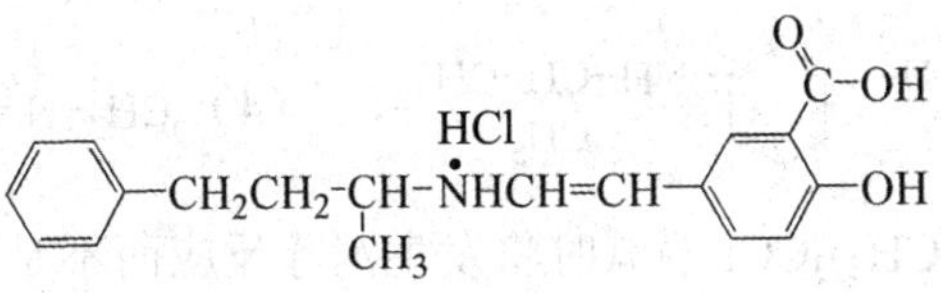

17.8 （1）对硝基取代物 N-苯基有一定双键性质：

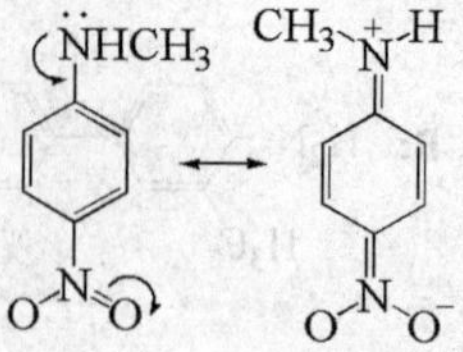

[共振结构式：对硝基-N-甲基苯胺的两个共振结构]

(2) 由于 CH₃NH-CH₂-NHCH₃ 在同一碳上有两个拉电子基团，结构类似缩醛，可发生如下反应：

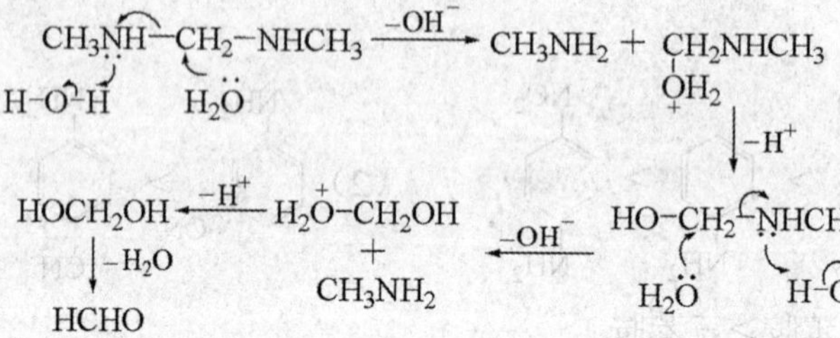

[反应机理图：CH₃NH-CH₂-NHCH₃ 在 H₂O 和 OH⁻ 条件下水解生成 HCHO 的过程]

(3) 此化合物类似 β-二酮的烯醇式，它的稳定性不如类 β-二酮。

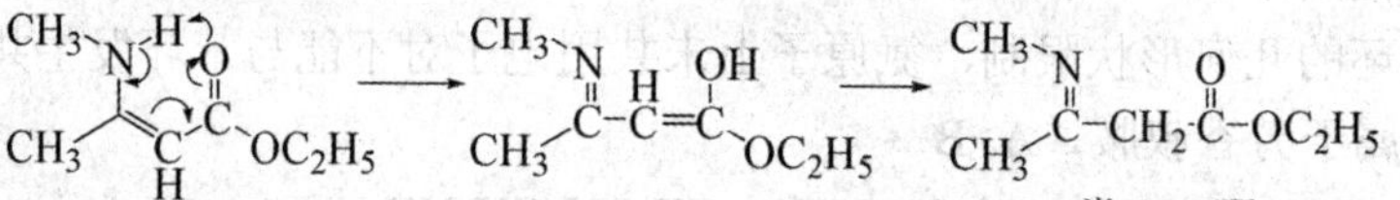

[互变异构反应式，产物标注"类 β-二酮"]

(4) 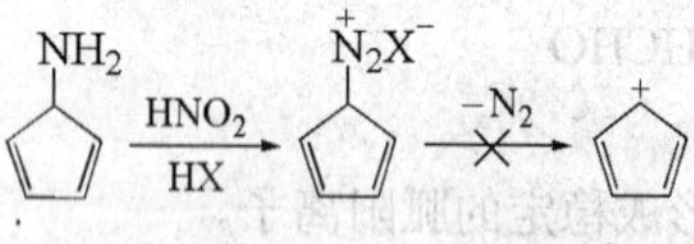 [环戊二烯胺经 HNO₂/HX 生成重氮盐，分解得环戊二烯正离子] 如果此重氮盐分解得到环戊二烯正离子，是反芳香的。

17.9 (1) CH₃NH₂ (2) [四氢喹啉·HCl 结构] Cl⁻ (3) [吡咯烷·BF₃ 结构] BF₃⁻ (4) [PhNHCH₃ 结构]

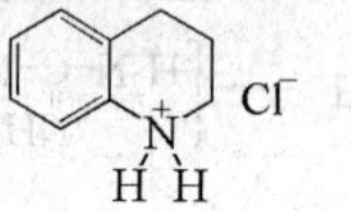

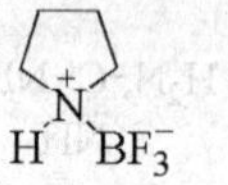

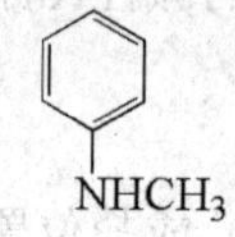

17.10 (1) CH₃NH₂ > CH₃OH > H₂O   (2) [PhCH₂NH₂] > [PhNH₂] > [PhNHCOCH₃]

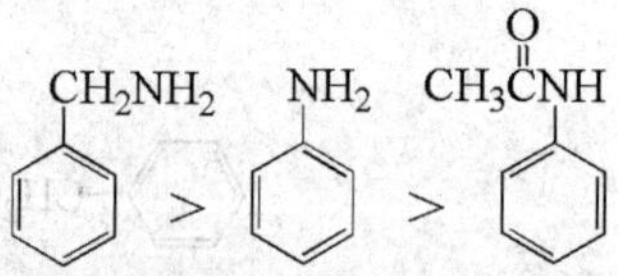

17.11 在室温时，胺的构型翻转较慢，对乙基，环上两个质子成顺式，两个质子与之成反式，故可看到两种质子的核磁共振信号。在 120℃时，胺翻转足够快，只能看到四个质子的平均信号：

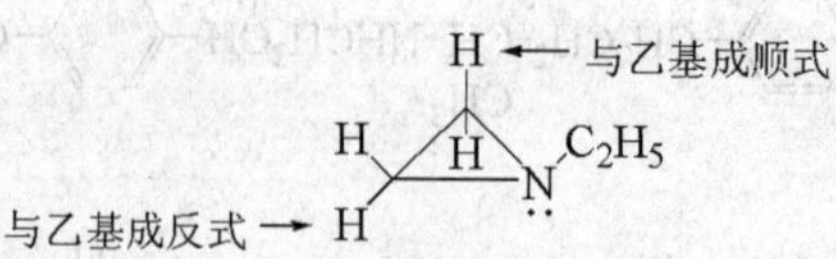

[氮杂环丙烷结构图，标注"与乙基成顺式"、"与乙基成反式"]

17.12

(1) 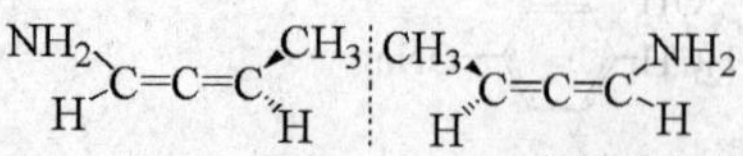 [两个烯丙基胺顺反异构体结构]   (2) CH₃-*CH(NH₂)-CH₂CH₃

(3) [PhNHCH₂CH₂CH₃] [PhNHCH(CH₃)₂]   (4) CH₃-N=C(CH₃)₂ CH₃-CH(CH₃)-N=CH₂

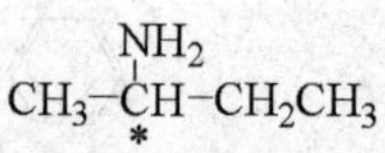

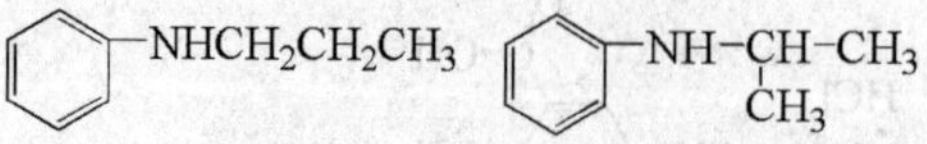

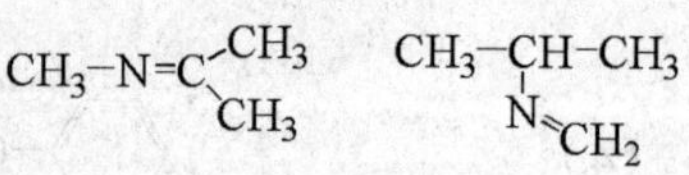

17.13 (1) 因所需的 (CH₃)₃CCl 遇碱时将发生消除反应而不是取代反应。

(2) ① $(CH_3)_3C-\overset{..}{O}H \xrightarrow{H^+} (CH_3)_3C-\overset{+}{O}H_2 \longrightarrow (CH_3)_3\overset{+}{C} + H_2O$

$CH_3C\equiv N + \overset{+}{C}(CH_3)_3 \longrightarrow CH_3C\equiv \overset{+}{N}-C(CH_3)_3 \longleftrightarrow CH_3\overset{+}{C}=N-C(CH_3)_3$

$\xrightarrow{H_2O} CH_3-\underset{\overset{|}{\overset{+}{O}H_2}}{C}=N-C(CH_3)_3 \xrightarrow{-H^+} \left[CH_3-\underset{\overset{|}{OH}}{C}=N-C(CH_3)_3 \right] \xrightarrow{异构化} CH_3-\underset{\overset{\|}{O}}{C}-\overset{H}{\underset{|}{N}}-C(CH_3)_3$

② $(CH_3)_3CNHCOCH_3 \xrightarrow[H_2O]{OH^-} (CH_3)_3CNH_2$

17.14 因二级卤代烃跟氨的反应将不可避免地伴随着相当数量的消除反应,使产率降低。

17.15 (1) 方法1

$PhCH_2OH \xrightarrow[CH_2Cl_2]{CrO_3/吡啶} PhCHO \xrightarrow[NaOH]{CH_3NO_2} PhCH=CHNO_2 \xrightarrow{H_2/Pt}$ 产物

方法2

$PhCH_2OH \xrightarrow{HCl} PhCH_2Cl \xrightarrow{NaCN} PhCH_2CN \xrightarrow{H_2/Pt}$ 产物

(2) 方法1

环己酮 $\xrightarrow[Ni]{NH_3, H_2}$ 环己基-NH_2 $\xrightarrow{2CH_3I}$ 环己基-$N(CH_3)_2$

方法2

环己酮 $\xrightarrow[Ni]{NH_3, H_2}$ 环己基-NH_2 + 2HCHO + 2HCOOH $\longrightarrow$ 环己基-$N(CH_3)_2 + 2CO_2 + 2H_2O$

(3) $CH_3O-C_6H_5 \xrightarrow[H_2SO_4]{HNO_3} CH_3O-C_6H_4-NO_2 \xrightarrow[HCl]{Fe} CH_3O-C_6H_4-NH_2$

(4) $CH_3CH_2CH_2CH_2OH \xrightarrow{CrO_3/吡啶} CH_3CH_2CH_2CHO \xrightarrow{CH_3CH_2MgBr} \xrightarrow[H_2O]{NH_4Cl}$

$CH_3CH_2CH_2\underset{\overset{|}{OH}}{CH}CH_2CH_3 \xrightarrow{CrO_3/吡啶} CH_3CH_2CH_2\underset{\overset{\|}{O}}{C}CH_2CH_3 \xrightarrow[Ni]{NH_3, H_2}$ 产物

(5) 环戊基-COOH $\xrightarrow[\Delta]{SOCl_2}$ 环戊基-COCl $\xrightarrow{CH_3CH_2NH_2}$ 环戊基-CO-$NHCH_2CH_3 \xrightarrow{LiAlH_4}$ 产物

(6) $CH_3CH_2CH_2CHO \xrightarrow{PhNH_2} CH_3CH_2CH_2CH=NPh \xrightarrow[H_2O]{NaBH_4} CH_3CH_2CH_2CH_2-NHPh$

$\xrightarrow{CH_3(CH_2)_3Br} Ph-N(CH_2CH_2CH_2CH_3)_2$

(7) 甲苯 $\xrightarrow[\Delta]{KMnO_4}$ PhCOOH $\xrightarrow[浓H_2SO_4]{浓HNO_3}$ 间-NO_2-C_6H_4-COOH $\xrightarrow[\Delta]{NH_3}$ 间-NO_2-C_6H_4-$CONH_2$ $\xrightarrow{Br_2/OH^-}$ 间-NO_2-C_6H_4-NH_2

(8)
$$CH_3CH_2CH_2CH_2Br \xrightarrow[\text{无水乙醚}]{Mg} \xrightarrow{\triangle O} \xrightarrow{H_3O^+} CH_3(CH_2)_4CH_2OH \xrightarrow[\text{吡啶}]{PBr_3} CH_3(CH_2)_4CH_2Br$$
$$\xrightarrow[\text{无水乙醚}]{Mg} \xrightarrow{\triangle O} \xrightarrow{H_3O^+} \xrightarrow[\text{吡啶}]{PBr_3} CH_3(CH_2)_6CH_2Br \xrightarrow[\text{过量}]{NH_3} CH_3(CH_2)_6CH_2NH_2$$

(9) butadiene + maleonitrile → cyclohexene-dicarbonitrile $\xrightarrow{H_2/Pd}$ cyclohexane-bis(CH$_2$NH$_2$)

(10) succinic anhydride $\xrightarrow{NH_3}$ H$_2$NCOCH$_2$CH$_2$COOH $\xrightarrow{\triangle}$ succinimide $\xrightarrow{NaOBr}$ $\xrightarrow{H^+}$ H$_2$NCH$_2$CH$_2$COOH

(11) benzene + succinic anhydride $\xrightarrow{AlCl_3}$ PhCOCH$_2$CH$_2$COOH $\xrightarrow[\text{浓HCl}]{Zn(Hg)}$ PhCH$_2$CH$_2$CH$_2$COOH $\xrightarrow{PPA}$ α-tetralone $\xrightarrow[Ni,H_2]{NH_3}$ 1-aminotetralin

17.16
(1) **A**: RCH=NOH   **B**: RCH$_2$NH$_2$ (2) RCN

(3) decahydroquinoline   (4) 4-nitro-1,2-phenylenediamine   (5) 4-O$_2$N-C$_6$H$_4$-CH=CHCH$_3$ (trans)

17.17
(1) CH$_3$(CH$_2$)$_3$N$^+$H$_3$Cl$^-$ (2) CH$_3$(CH$_2$)$_3$N$^+$H$_3$$^-$OCOCH$_3$
(3) CH$_3$CONHCH$_2$CH$_2$CH$_2$CH$_3$ (4) CH$_3$CH$_2$CH$_2$CH$_2$N(MgCl)$_2$ + 2RH
(5) PhSO$_2^-$N(CH$_2$)$_3$CH$_3$Na$^+$ (6) CH$_3$(CH$_2$)$_3$N$^+$(CH$_3$)$_3$OH$^-$
(7) CH$_3$CH$_2$CH=CH$_2$ + NMe$_3$ + H$_2$O   (8) CH$_3$(CH$_2$)$_3$NHCH(CH$_3$)$_2$
(9) 2,4-dinitro-N-butyl-6-nitroaniline: O$_2$N-C$_6$H$_2$(NO$_2$)$_2$-NH(CH$_2$)$_3$CH$_3$ (10) O$_2$N-C$_6$H$_4$-CH$_2$NH(CH$_2$)$_3$CH$_3$
(11) CH$_3$(CH$_2$)$_3$NHC(O)CH$_2$CH$_2$OH

17.18

(1) 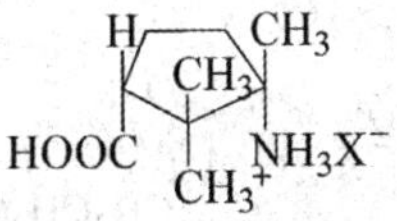 Structure: cyclopentane with HOOC, H, CH₃, CH₃, NH₃⁺X⁻ substituents

(2) CH₃NHCNHCH₃ (with C=O)
         ‖
         O

(3) Scheme: cyclohexene-CH₂CN₃ →[RCO₃H] epoxide-CH₂CN₃ →[Curtius 重排, Δ] bicyclic with NH₂ on CH₂ →[亲核取代] bicyclic aminoalcohol (HO, NH)

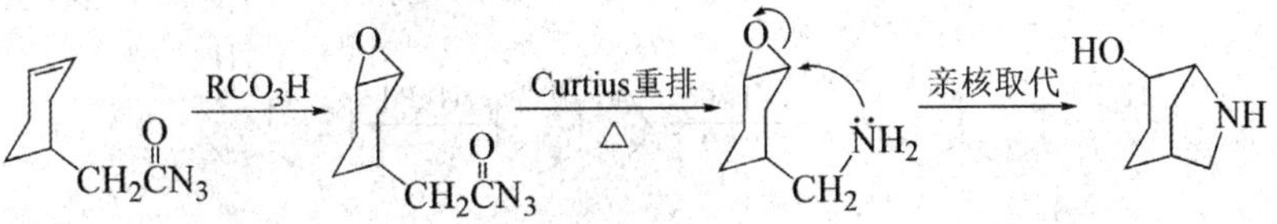

(4) 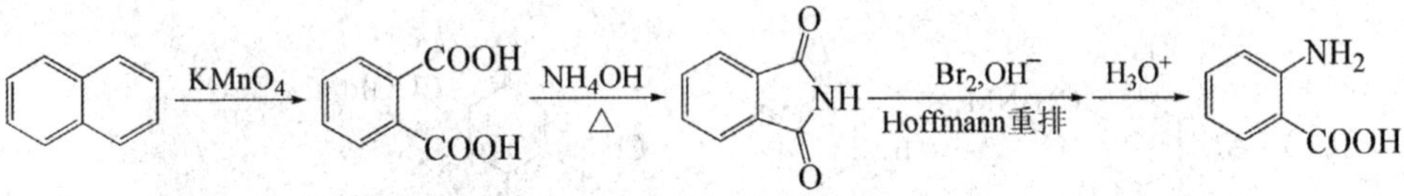 Scheme: naphthalene →[KMnO₄] phthalic acid (1,2-diCOOH benzene) →[NH₄OH, Δ] phthalimide →[Br₂, OH⁻ / Hoffmann 重排] →[H₃O⁺] anthranilic acid (2-aminobenzoic acid)

(5) 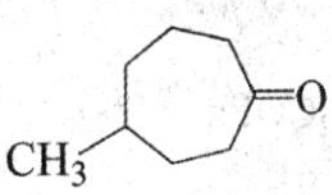 4-methylcycloheptanone

(6) 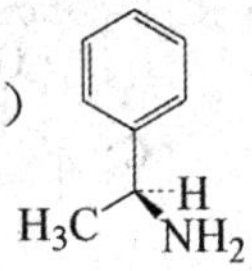 PhCH(CH₃)NH₂ (with stereochemistry shown, H wedge)

(7) 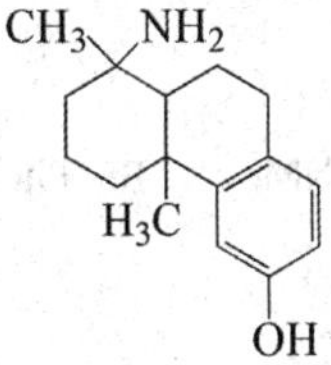 Tricyclic structure with CH₃, NH₂, CH₃, OH substituents

17.19 (1)

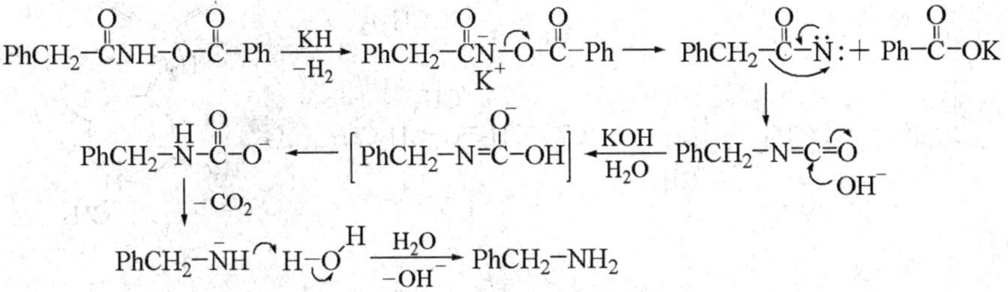

PhCH₂–C(=O)–NH–O–C(=O)–Ph →[KH, –H₂] PhCH₂–C(=O)–N⁻(K⁺)–O–C(=O)–Ph → PhCH₂–C(=O)–N: + Ph–C(=O)–OK → PhCH₂–N=C=O →[OH⁻] PhCH₂–N=C(OH)–O⁻ ⇌ [PhCH₂–N=C–OH]⁻ →[KOH, H₂O] PhCH₂–NH–C(=O)–O⁻ →[–CO₂] PhCH₂–NH⁻···H–OH →[H₂O, –OH⁻] PhCH₂–NH₂

(2)

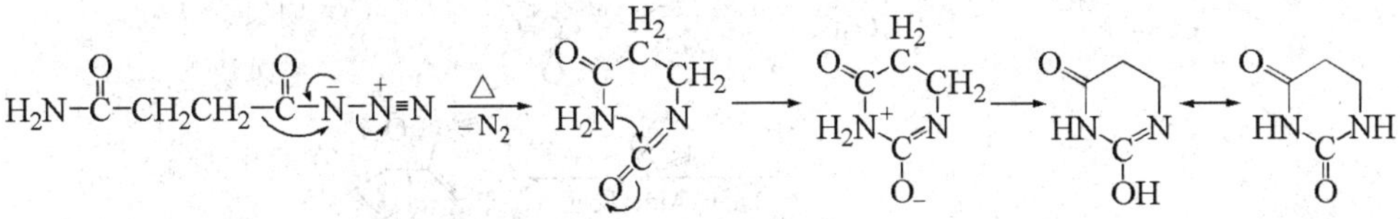

H₂N–C(=O)–CH₂–CH₂–C(=O)–N⁻–N⁺≡N →[Δ, –N₂] cyclic intermediate (H₂N–C(=O)–CH₂–CH₂ with N=C=O) → cyclic → HN–C(=O)–CH₂–CH₂–C(=O)–N with OH → final: 6-membered ring HN–C(=O)–NH–CH₂–CH₂–C(=O) (dihydrouracil)

17.20

(1) 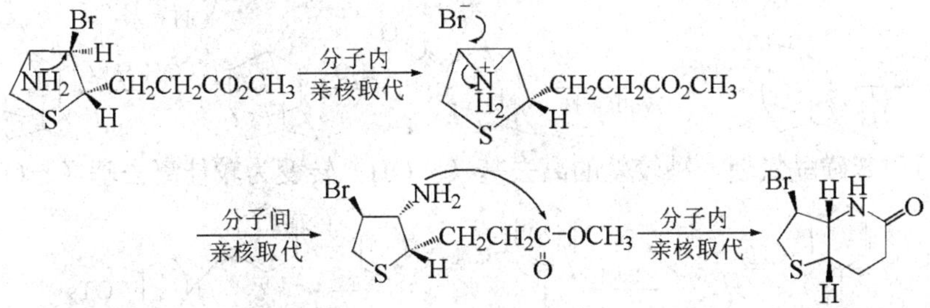 Scheme: thiolane with NH₂, Br, CH₂CH₂CO₂CH₃ →[分子内亲核取代] bicyclic ammonium with Br⁻ leaving →[分子间亲核取代] thiolane with Br, NH₂, CH₂CH₂C(=O)OCH₃ →[分子内亲核取代] bicyclic lactam with Br, NH, S, C=O

(2) 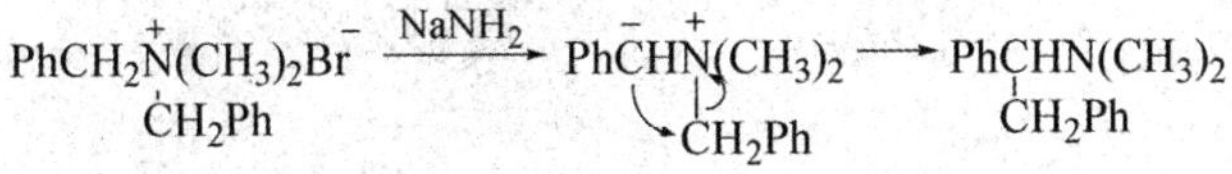 PhCH₂N⁺(CH₃)₂Br⁻, CH₂Ph →[NaNH₂] PhCH⁻N⁺(CH₃)₂, CH₂Ph → PhCHN(CH₃)₂, CH₂Ph

17.21

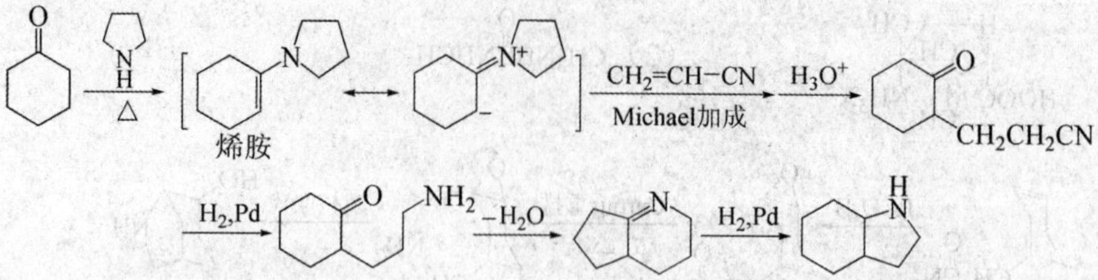

环己酮 + 吡咯烷 →(△) [烯胺 ↔ 亚铵离子] →(CH₂=CH-CN, Michael加成; H₃O⁺) 2-(2-氰乙基)环己酮 →(H₂,Pd) 2-(3-氨基丙基)环己酮 →(−H₂O) 双环亚胺 →(H₂,Pd) 八氢吲哚

17.22

(1) **A:** 2-(二甲氨基甲基)环己酮 **B:** 2-亚甲基环己酮 **C:** 稠环烯酮酯

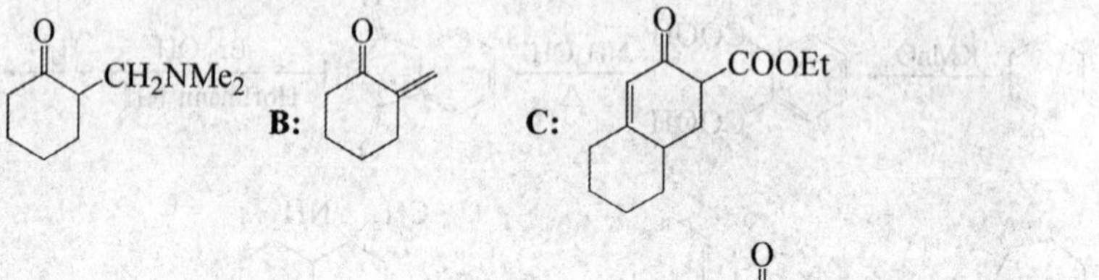

(2) **A:** PhCOCH₂CH₂NMe₂   **B:** PhCOCH=CH₂   **C:** 2-(3-氧代-3-苯基丙基)环己酮

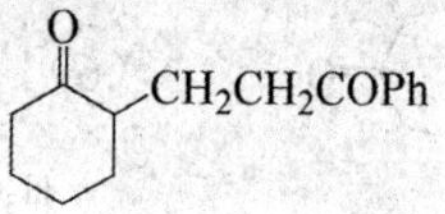

17.23

(1) 八氢喹啉-NMe₂烯胺   (2) CH₂=CHCl   (3) 1-苯基-N,N-二甲基烯胺   (4) 1,3,5-己三烯

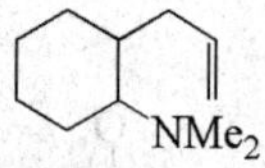

(5) 降冰片烯   (6) (R)-3-甲基环己烯   (7) CH₂=C(CH₃)-CH₂CH₃   (8) 氮杂环辛烷衍生物

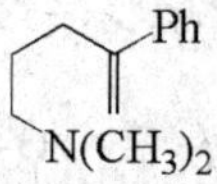

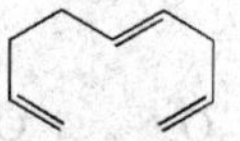

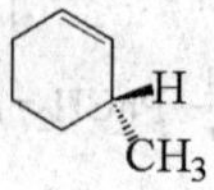

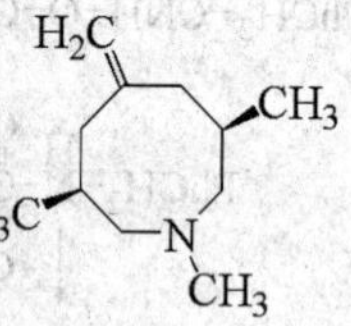

17.24

(1) 邻氨基苯甲酸 →(HNO₂/HCl) 邻羧基重氮盐 →(Ag₂O) 内盐中间体 →(−CO₂, −N₂) [苯炔] →(呋喃, Diels-Alder反应) 氧桥环加合物

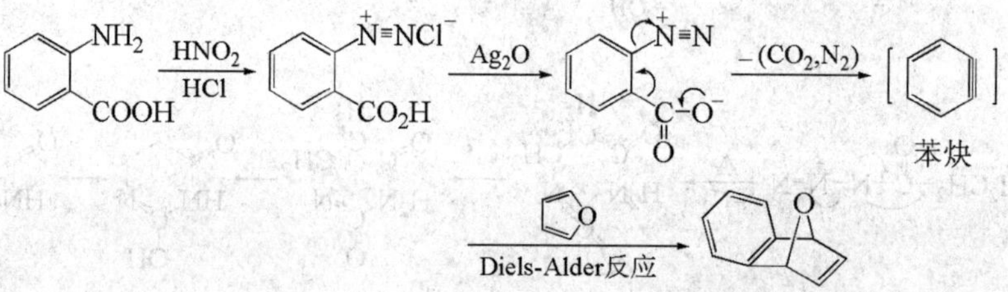

(2) 金刚烷基重氮酮 ↔ 碳负离子共振式 →(hv, Wolff重排) 烯酮 →(H₂O) 烯二醇 →(异构) 1-金刚烷甲酸

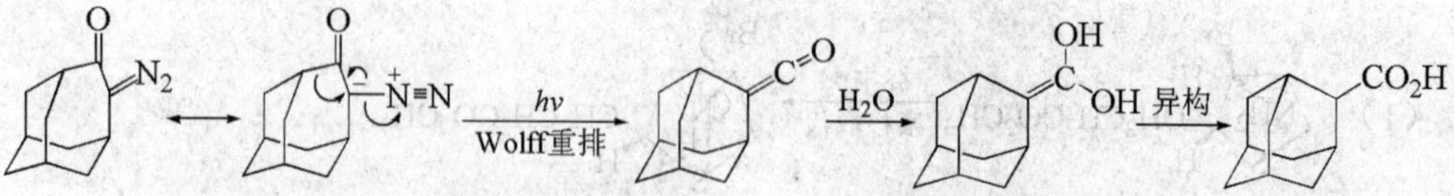

17.25 对甲苯磺酰氯使一种较差的离去基（−OH）转变为较佳离去基（−OTs⁻）。

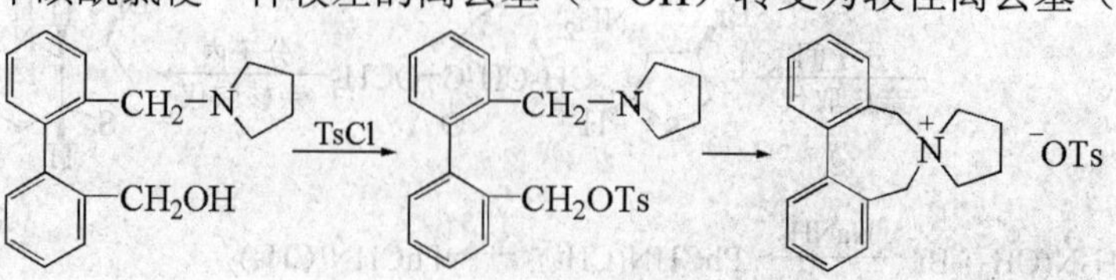

联苯基-CH₂-吡咯烷, CH₂OH →(TsCl) 联苯基-CH₂-吡咯烷, CH₂OTs → 环化季铵盐 OTs⁻

17.26

(1) 甲苯 →(HNO₃/Ac₂O) 邻硝基甲苯 →(Fe/HCl) 邻甲基苯胺 →(NaNO₂,HCl, 0~5℃) 邻甲基重氮盐 →(CuCN) 邻甲基苯甲腈 →(H₃O⁺) 产物

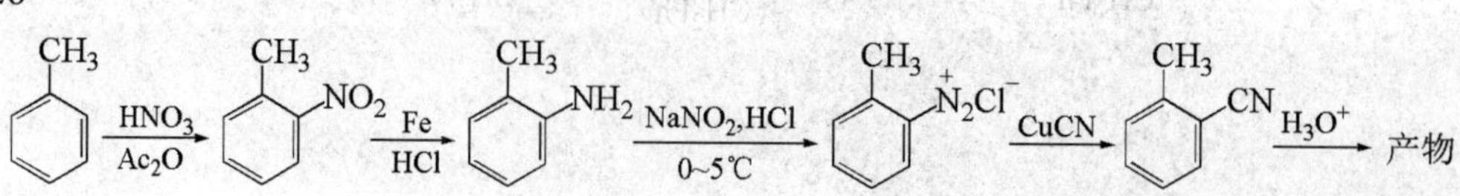

(2) 甲苯 →[HNO₃/H₂SO₄] 对硝基甲苯 →[Fe/HCl] 对甲基苯胺 →[NaNO₂,HCl, 0~5℃] 重氮盐(N₂⁺Cl⁻) →[HBF₄] N₂BF₄⁻ →[Δ] 对氟甲苯

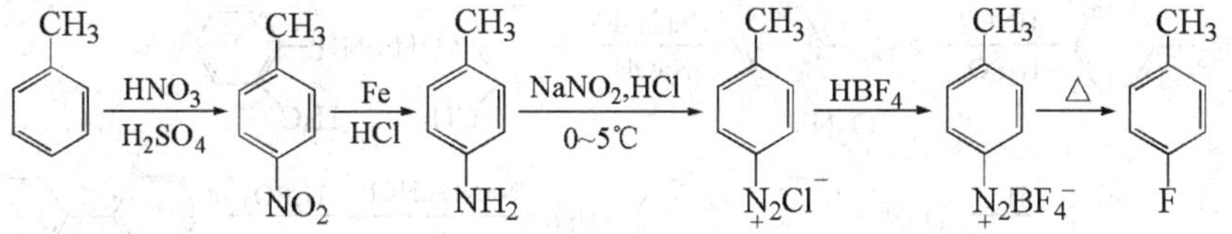

(3) (2)的第二步产物出发：
对甲基苯胺 →[CH₃COCl] 乙酰苯胺衍生物 →[Br₂/CH₃CO₂H] 邻溴乙酰苯胺 →[OH⁻, H₂O, Δ] 邻溴对甲基苯胺 →[NaNO₂,HCl, 0~5℃] 重氮盐 →[H₃PO₂] 产物

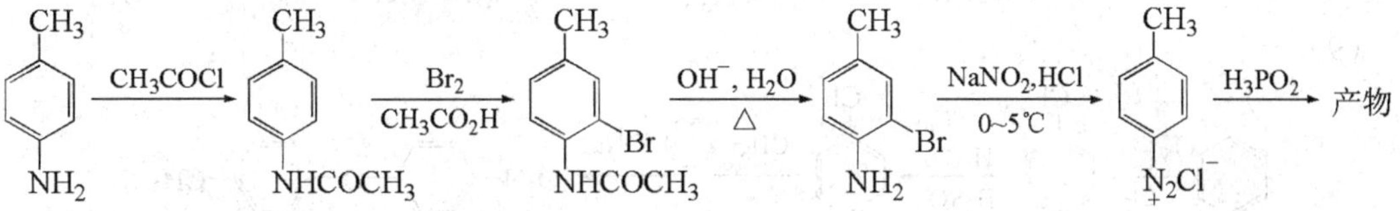

(4) (3)的第一步产物出发：
乙酰苯胺 →[HNO₃/H₂SO₄] 硝基乙酰苯胺 →[OH⁻/H₂O] 硝基苯胺 →[NaNO₂,HCl, 0~5℃] →[Cu₂Cl₂] 氯代硝基甲苯 →[Fe/HCl] →[NaNO₂,HCl, 0~5℃] →[KI] 碘氯甲苯

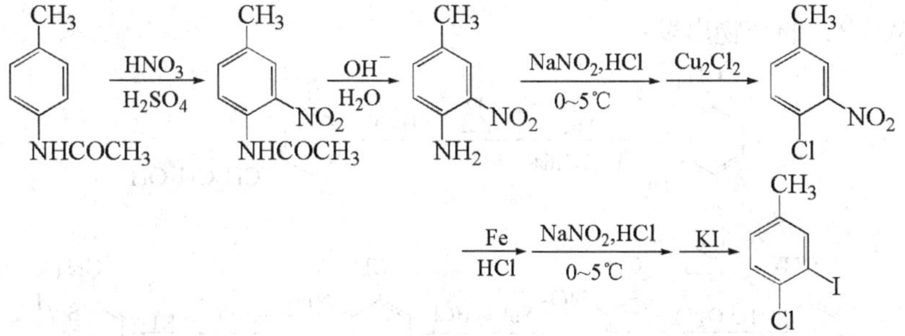

(5) 甲苯 →[HNO₃/H₂SO₄, Δ] 2,4-二硝基甲苯 →[SnCl₂,HCl] 氨基硝基甲苯 →[NaNO₂,HCl, 0~5℃] →[HBF₄, Δ] 氟硝基甲苯 →[Fe/HCl] →[NaNO₂,HCl, 0~5℃] →[KI] 产物

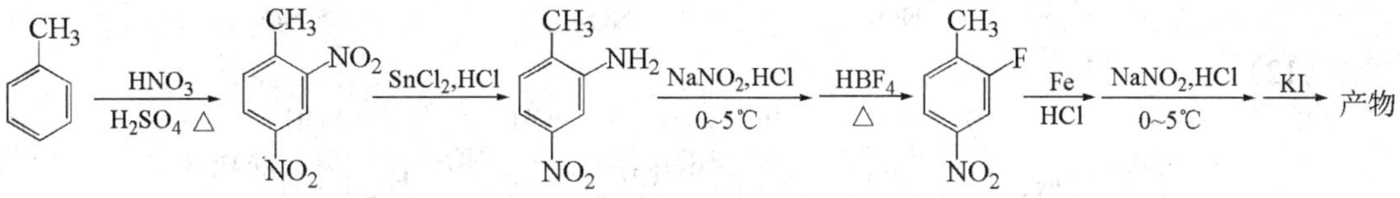

(6) 乙酰苯胺 →[HNO₃/H₂SO₄] 对硝基乙酰苯胺 →[OH⁻/H₂O, Δ] 对硝基苯胺 →[Br₂/CH₃COOH] 2,6-二溴-4-硝基苯胺 →[NaNO₂,HBr, 低温] →[Cu₂Br₂] 2,6-二溴硝基苯 → [Fe/HCl] →[NaNO₂,HCl, 0~5℃] →[H₃PO₂] 1,3-二溴苯

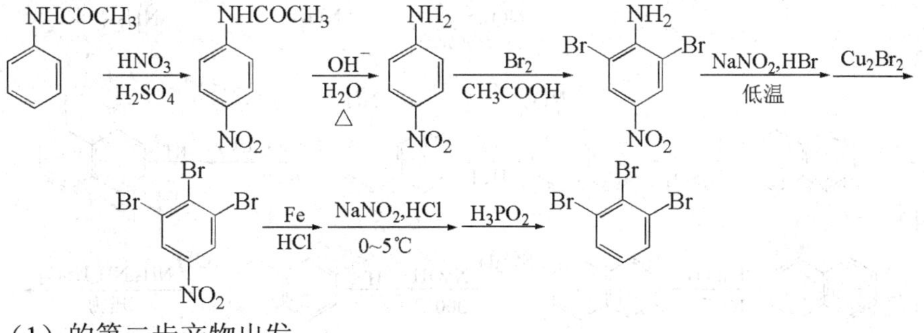

(7) (1)的第二步产物出发：
邻甲基苯胺 →[(CH₃CO)₂O] 邻甲基乙酰苯胺 →[HNO₃/H₂SO₄] 硝基邻甲基乙酰苯胺 →[OH⁻, H₂O, Δ] 硝基邻甲基苯胺 →[Br₂/CH₃COOH] 溴硝基邻甲基苯胺 →[NaNO₂,HCl, 0~5℃] →[Cu₂Br₂] 溴硝基甲苯 →[Fe/HCl] →[NaNO₂,HCl, 0~5℃] →[H₃PO₂] 2,3-二溴甲苯

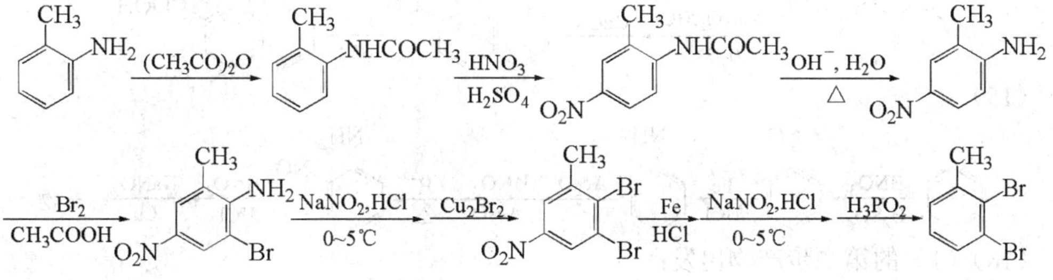

(8) 反应路线图

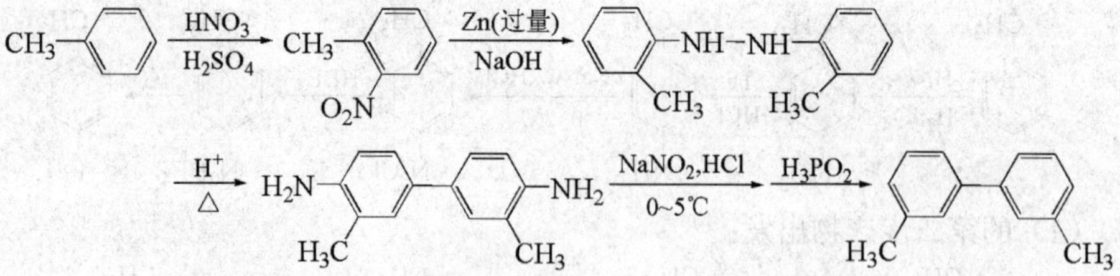

(9) 反应路线图

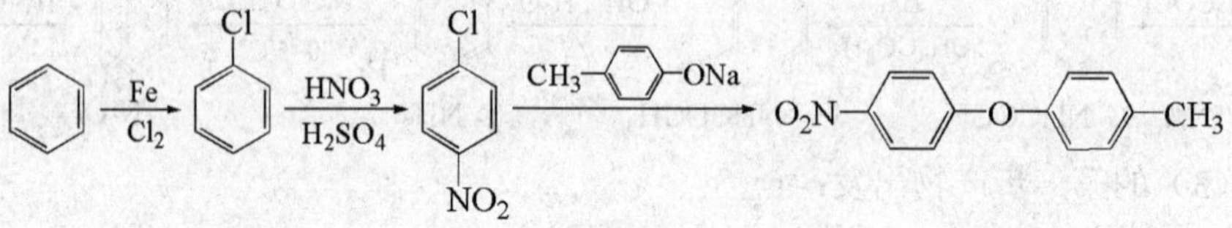

(10) 从（3）的产物出发：

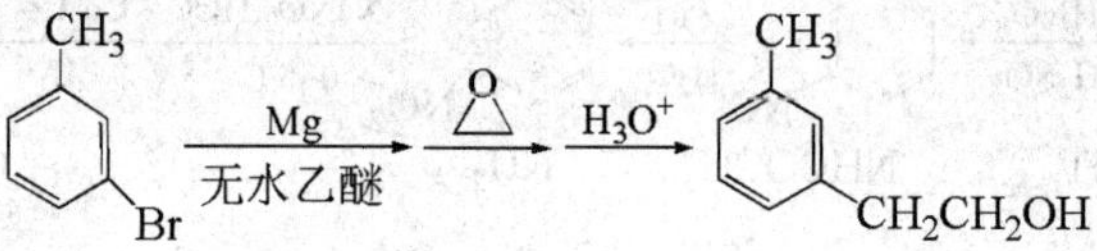

(11) 反应路线图

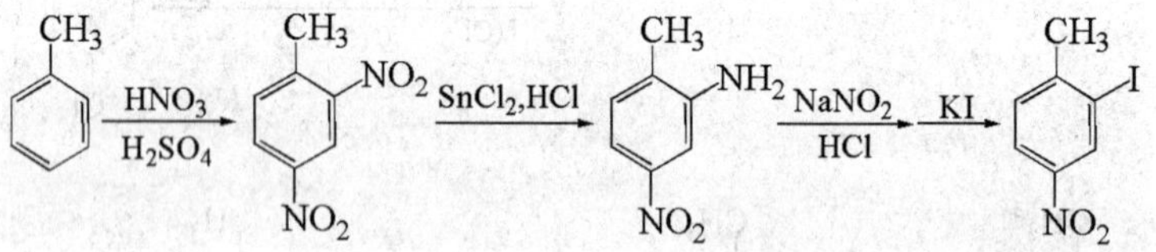

(12) 反应路线图

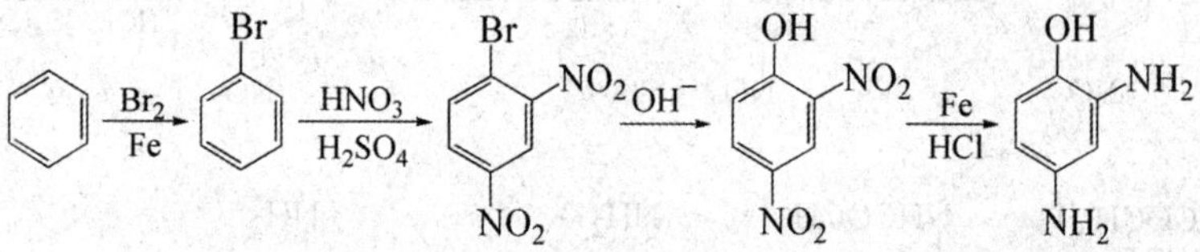

(13) 反应路线图

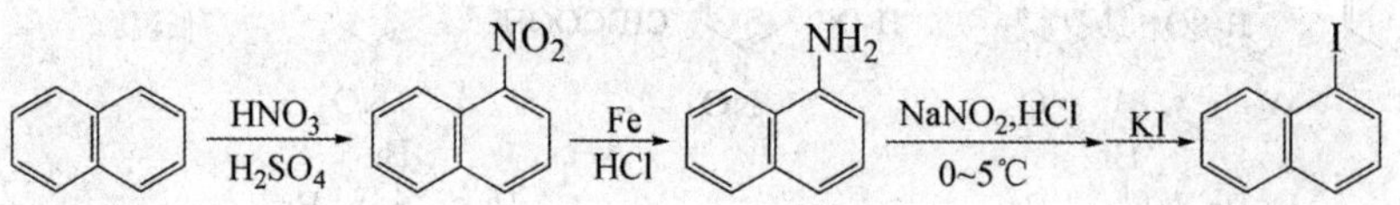

(14) 反应路线图

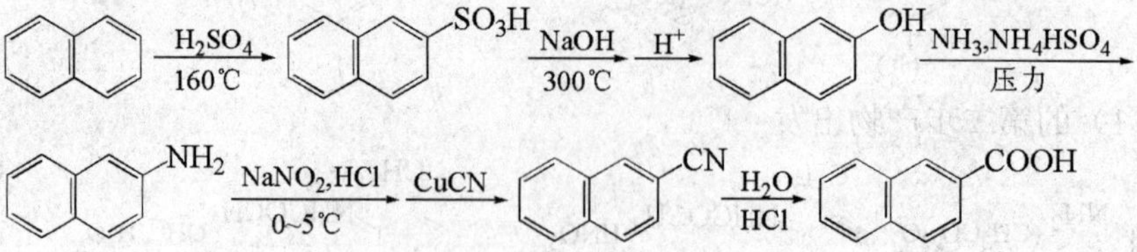

(15) 反应路线图

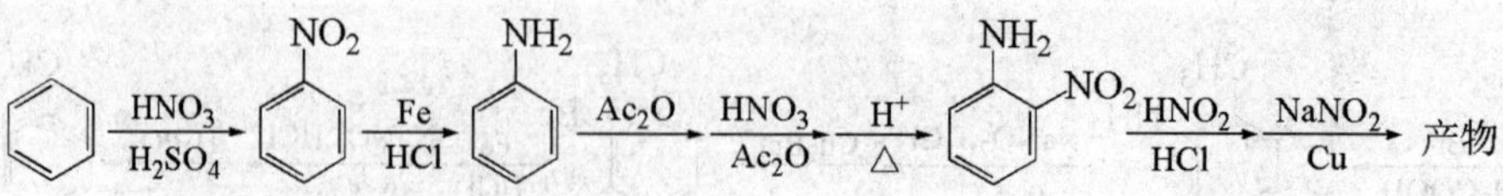

(16)（1）的第二步产物出发：

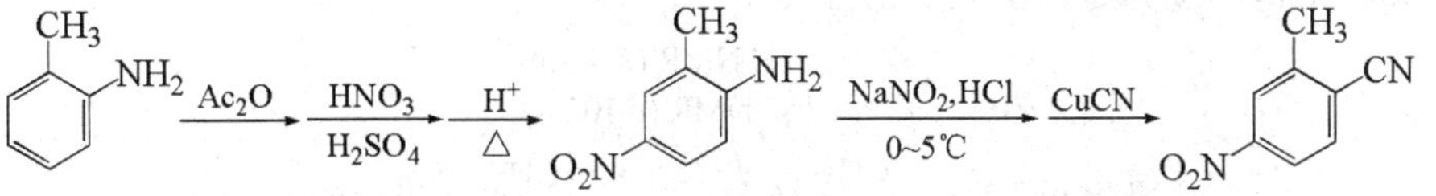

(17)(4) 第二步的产物出发：

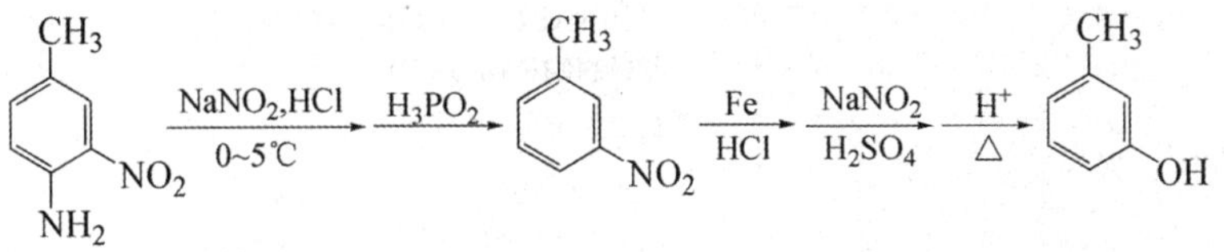

17.27 (1)间甲苯胺重氮化后跟 β-萘酚偶联，显色，也可以用 Br_2-H_2O 区别，间甲苯胺为正反应；(2)对氨基乙酰苯胺溶于稀盐酸，乙酰苯胺不溶；(3)以 $AgNO_3$/EtOH 鉴别，苯胺氢溴酸盐产生 AgBr 沉淀，对溴苯胺为负反应；(4)用 NaOH 水溶液鉴别，间氨基苯酚可溶，间甲苯胺不溶；(5)用 $NaHCO_3$ 水溶液鉴别，2,4,6-三硝基苯酚可溶，苯酚不溶；(6)用 NaOH 水溶液鉴别，$CH_3CH_2CH_2NO_2$ 可溶，苯胺不溶。

17.28 从图中给出的红外谱图中有 3 个酰胺、2 个胺脂肪。酰胺有羰基的伸缩振动（~1 700 cm^{-1}），它们是 I、K、L。进一步区分这 3 个酰胺，十八酰胺是一级胺，N-苄基甲酰胺是二级胺，N,N-二丁基甲酰胺是三级胺。

十八酰胺 $CH_3(CH_2)_{16}\overset{O}{C}NH_2$ 是化合物 L。两个带：3 200 cm^{-1} 和 3 400 cm^{-1} 为 NH_2 的伸缩振动。

N-苄基甲酰胺 $H\overset{O}{C}NHCH_2-\bigcirc$ 是化合物 I。一个带：3 300 cm^{-1} 为 NH 的伸缩振动。

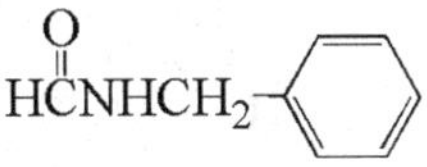

N,N-二丁基甲酰胺 $H\overset{O}{C}N(CH_2CH_2CH_2CH_3)_2$ 是化合物 K。在 3 300 cm^{-1} 以上无吸收。

2 个脂肪胺的结构判断与上面类似。

异丙胺 $CH_3\overset{CH_3}{\underset{}{C}H}NH_2$ 是化合物 M。两个带：~3 200 cm^{-1} 和 3 400 cm^{-1} 为 NH_2 的伸缩振动。

N,N-二甲基苄胺 $\bigcirc-CH_2\overset{CH_3}{\underset{}{N}}CH_3$ 是化合物 J。在 3 300 cm^{-1} 以上无吸收。

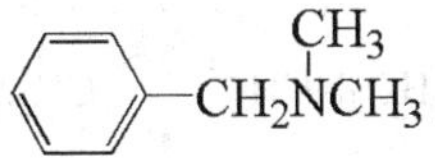

化合物 I 和 J 的红外谱图在 1 600 cm^{-1}、1 500 cm^{-1}、740 cm^{-1} 和 700 cm^{-1} 是芳环的吸收带。

17.29 T 的不饱和度= 9-(13-3)/2=4，可能有苯环。化合物 T 的 ^1H NMR 的分析如下：δ1.2（6H，d，$(\underline{CH_3})_2CH-$），δ2.8（1H，7，$(CH_3)_2\underline{CH}-$可能与苯环相连），δ3.5（2H，宽，NH_2），δ6.6 和 δ7.1（4H，二组对称的 m，$Y-\bigcirc-X$）。它的结构为：$CH_3\overset{H_3C}{\underset{}{C}H}-\bigcirc-NH_2$ 对异丙基苯胺。在 IR 谱中，3 200 cm^{-1} 和 3 400 cm^{-1} 有两个 NH 的伸缩振动吸收带，证实为伯胺。830 cm^{-1} 有一吸收，表明为对位取代的苯。

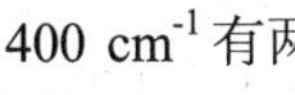

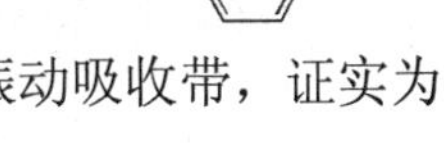

17.30 不饱和度为零：$6-(15-3)/2=0$

^{1}H NMR (δ 3.27) / ^{13}C NMR (δ 68.8) — OCH$_3$ groups

^{1}H NMR (δ 4.50) / ^{13}C NMR (δ 102.4) — CH

$(CH_3O)_2CH-CH_2-N(CH_3)_2$

^{1}H NMR (δ 2.30) / ^{13}C NMR (δ 46.3) — N(CH$_3$)$_2$

^{1}H NMR (δ 2.45) / ^{13}C NMR (δ 53.2) — CH$_2$

17.31

环戊二烯 + PhCH=CHNO$_2$ → A (NO$_2$-成内式, Ph外) + A' (NO$_2$外, Ph内)

A $\xrightarrow{\text{Fe, HCl} / H_2O}$ B (NH$_3$Cl$^-$, Ph)

A $\xrightarrow{H_2 / \text{Pd/C}}$ C (NH$_2$, Ph, 饱和双环)

环戊二烯 + PhCH=CHCOCl → D (COCl, Ph) $\xrightarrow{NH_3 / H_2O, 0℃}$ E (CONH$_2$, Ph) $\xrightarrow{H_2/Pt, CH_3OH}$ F (CONH$_2$, Ph, 饱和) $\xrightarrow{Br_2, NaOH / H_2O}$ C (NH$_2$, Ph)

D $\xrightarrow{NaOH / H_2O}$ G (COONa, Ph) $\xrightarrow{H_3O^+}$ H (COOH, Ph)

17.32 （1）

$\text{CH}_3\text{CH}_2\text{OOC-}\underset{\text{COOCH}_2\text{CH}_3}{\overset{\text{COOCH}_2\text{CH}_3}{\triangle}}$ $\xrightarrow[\text{乙醇}]{\text{KOH, H}_3\text{O}^+}$ A: 环丙烷三羧酸 (HOOC-, COOH, COOH) $\xrightarrow{\text{PCl}_5}$ B: (ClOC-, COCl, COCl)

$\xrightarrow[\text{乙醚}]{\text{CH}_3\text{NHCH}_3}$ C: 环丙烷三(N,N-二甲基)酰胺 [(CH$_3$)$_2$NOC-, CON(CH$_3$)$_2$, CON(CH$_3$)$_2$] $\xrightarrow[\text{乙醚}]{\text{LiAlH}_4, H_2O}$ D: [(CH$_3$)$_2$NCH$_2$-, CH$_2$N(CH$_3$)$_2$, CH$_2$N(CH$_3$)$_2$]

$\xrightarrow[\text{乙醇}]{\text{CH}_3\text{I（过量）}}$ E: 三(三甲基铵碘化物) $\xrightarrow{\text{Ag}_2\text{O}}$ F: 三(三甲基铵氢氧化物) $\xrightarrow{\triangle}$ 三亚甲基环丙烷

（2）

$\text{CH}_3\text{CH}_2\text{OOC-}\underset{\text{COOCH}_2\text{CH}_3}{\overset{\text{COOCH}_2\text{CH}_3}{\triangle}}$ $\xrightarrow[\text{乙醚}]{\text{LiAlH}_4, H_3O^+}$ G: (HOCH$_2$-, CH$_2$OH, CH$_2$OH) $\xrightarrow[\text{TsCl, -5℃}]{\text{吡啶}}$ H: (TsOCH$_2$-, CH$_2$OTs, CH$_2$OTs)

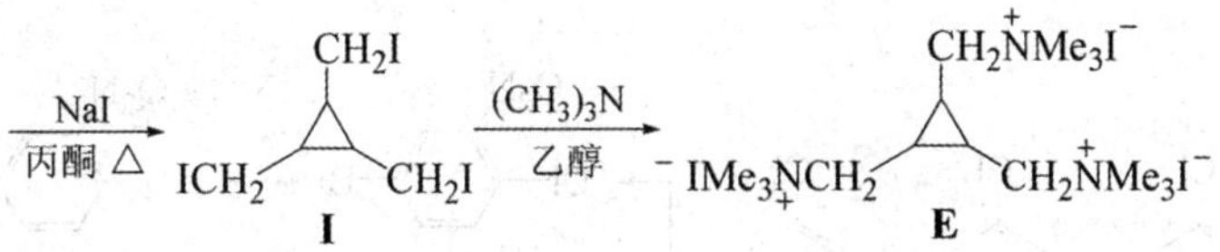

(3)

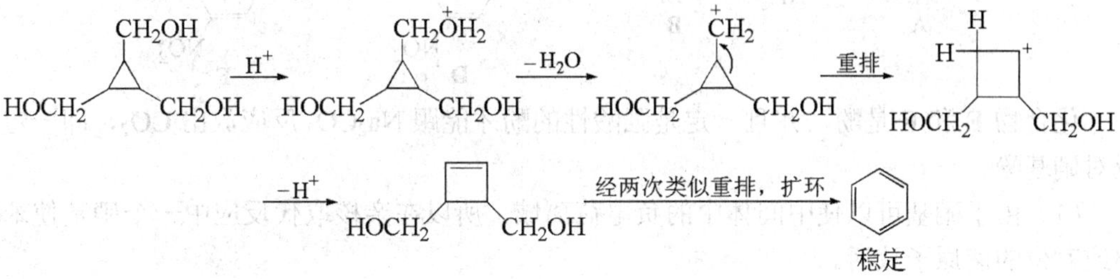

(4)

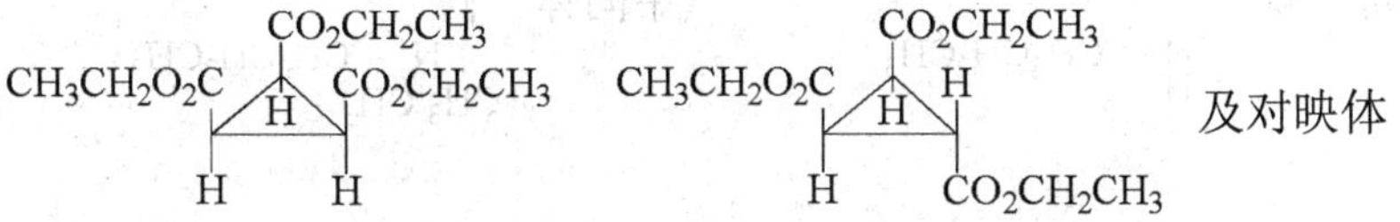

(5) 利用 E2 消除。

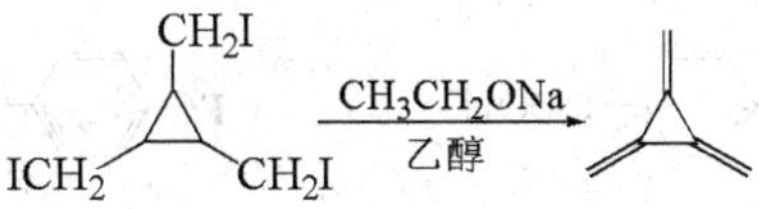

17.33

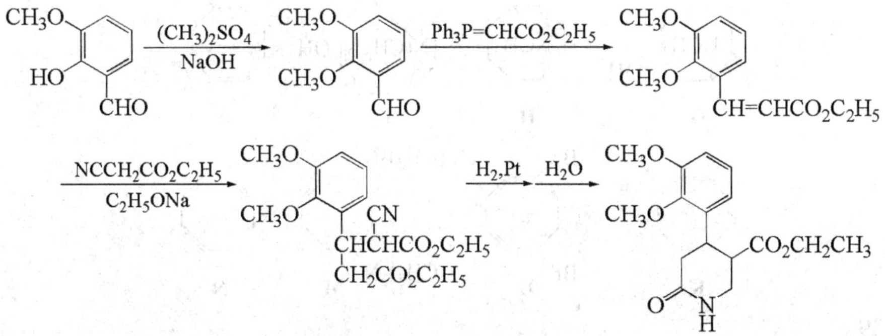

17.34 （1）C 步中酰胺一般不会发生 N-烷基化反应；（2）B 步中主要发生消除反应，C 步中伯胺与 H_2O_2 不会产生 N—O 氧化物，叔胺才会发生；（3）A 步中 Br 也可被还原，B 步中，含 NH_2 的卤化物不宜制备格氏试剂，因其中的酸性氢会与格氏试剂反应；（4）A 步中有错，Br 是邻、对位定位基，主要得到邻、对位取代产物，而不是间位取代产物，B 步中因苯环上有—NO_2 存在，一般不能制备格氏试剂，C 步中应得到酮；（5）A 步要在高温高压下才能进行，B 步中苯胺不能发生傅氏反应，C 步中—NH_2 也能被 $KMnO_4$ 氧化；（6）B 步中甲氧基苯一般不能与重氮盐发生偶联，应当用苯酚先偶联，再甲基化才可能得到该产物。

311

17.35

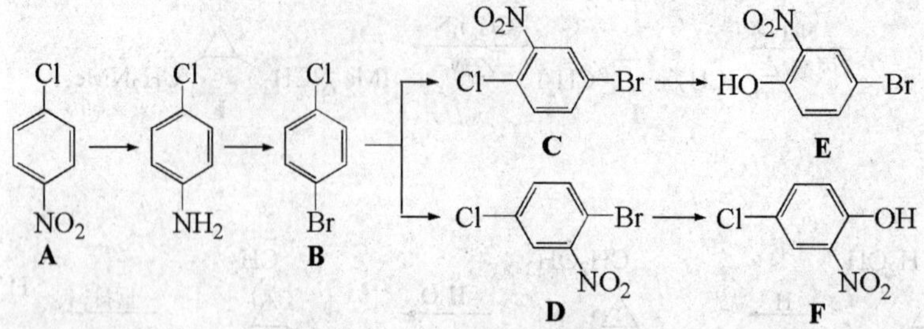

[Scheme: A (p-chloronitrobenzene) → (Cl, NH₂) → B (p-bromochlorobenzene) → C (1-chloro-2-nitro-4-bromobenzene) → E (2-nitro-4-bromophenol); and → D (1-bromo-2-nitro-4-chlorobenzene) → F (4-chloro-2-nitrophenol)]

化合物 E 和 F 是酚，并且一定是强酸性的酚才能跟 Na_2CO_3 反应放出 CO_2，即一定是邻或对硝基酚。

（1）由于硝基可以使中间体中的负电荷离域，所以在亲核取代反应中一个硝基使苯环上邻或对位的卤原子致活。

（2）在 E 和 F 中存在 $-OH$ 和 $-NO_2$ 间形成的分子内氢键。

17.36 毒芹碱： [2-propylpiperidine structure]   中间体： [N-methyl iminium intermediate with propyl]

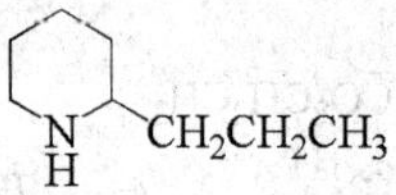

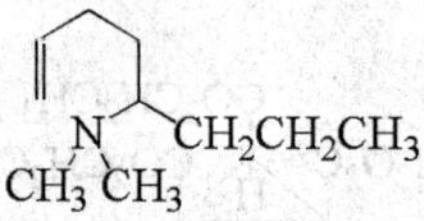

17.37

C: CH_3-C₆H₄-C(=O)-N(CH₃)-C₆H₅

D: C₆H₅-N(CH₃)H

E: CH_3-C₆H₄-COOH

F: C₆H₅-SO_2-N(CH₃)-C₆H₅

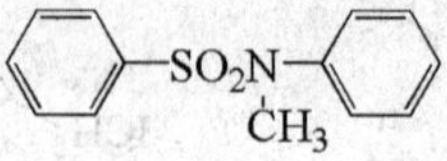

17.38

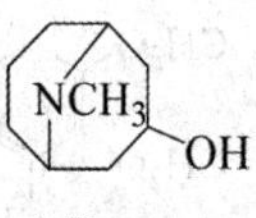

G: [bicyclic N-CH₃ with OH]   H: [bicyclic N-CH₃ alkene]   I: [bicyclic N⁺(CH₃)₂ OH⁻]   J: [cyclooctadiene-N(CH₃)₂]

K: [cyclooctatetraene/cyclooctatriene]   L: [dibromocyclooctadiene]   M: [bis-N(CH₃)₂ cyclooctadiene]   N: [cyclooctatetraene]

17.39

（1）C₆H₅—OCH_3 + N_2 （2）[bicyclic with CH₃]

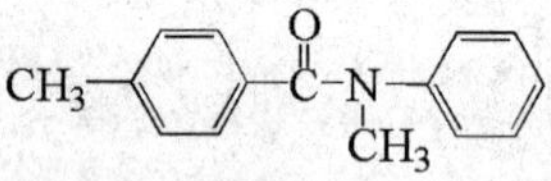

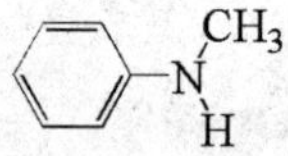

（3） A: [naphthalene-COCHN₂]   B: [naphthalene-CH=C=O]   C: [naphthalene-CH₂COOH]

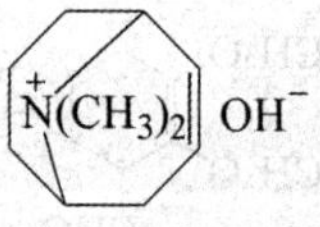

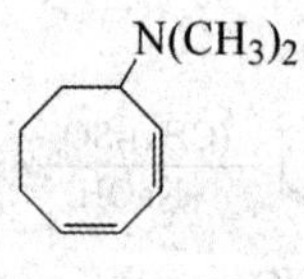

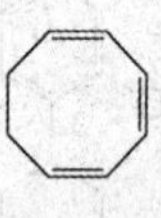

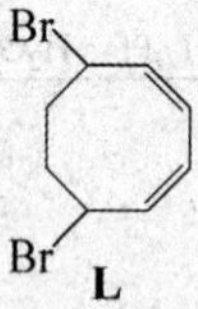

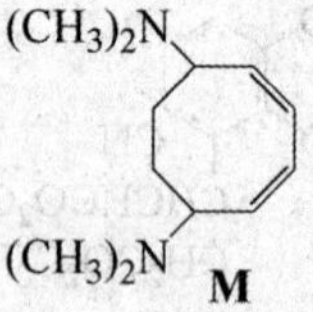

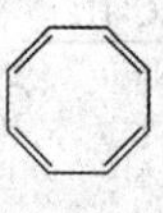

（4）[chlorinated bicyclic ketone with Cl, Cl]   （5）[bicyclic with CO_2CH_3]

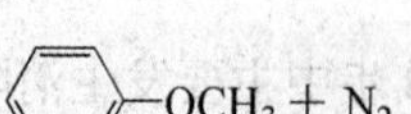

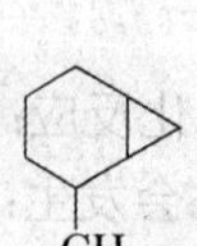

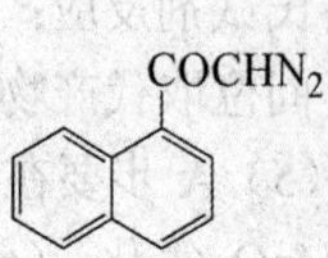

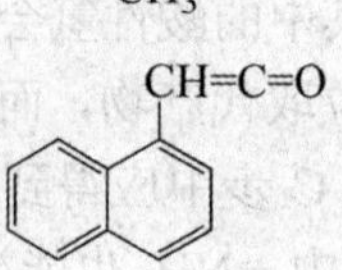

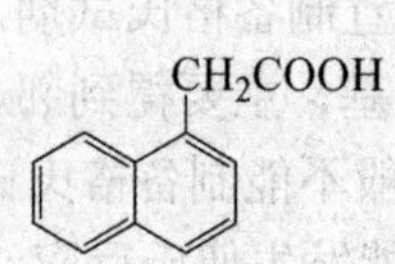

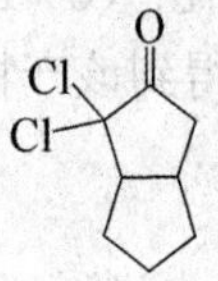

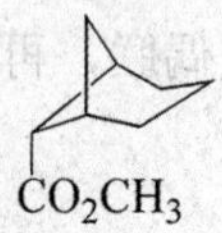

17.40 在弱碱性介质中：

$$\text{PhOH} \underset{H^+}{\overset{OH^-}{\rightleftharpoons}} \text{PhO}^-$$

平衡偏向右边，PhO⁻离子大量存在，—O⁻上的电子与苯环发生共轭效应，使得苯环电子密度增大，它比酚更易发生亲电取代反应，但碱性太强时（pH>10），重氮盐会与OH⁻发生反应，使之失去偶合能力。

$$\text{ArN}^+{\equiv}\text{N} \underset{H^+}{\overset{OH^-}{\rightleftharpoons}} \text{ArN=N-OH} \underset{H^+}{\overset{OH^-}{\rightleftharpoons}} \text{ArN=N-O}^-$$

重氮盐能偶合　　重氮酸不能偶合　　重氮酸负离子不能偶合

与芳胺在弱酸性或中性介质中（pH=5~7），这时重氮盐的浓度最大，过量的酸不会转化成不活泼的铵盐，如果溶液的pH<5，胺转变为铵盐倾向加大，偶合的速度就很慢了。

$$\text{PhNH}_2 \underset{OH^-}{\overset{H^+}{\rightleftharpoons}} \text{PhNH}_3^+$$

能偶合　　　　不能偶合

17.41 （1）

$$\text{HO}_3\text{S-C}_6\text{H}_4\text{-NH}_2 \xrightarrow[0\sim5℃]{\text{NaNO}_2,\text{HCl}} \text{HO}_3\text{S-C}_6\text{H}_4\text{-N}_2^+\text{Cl}^- \xrightarrow[\text{弱碱性溶液}]{\beta\text{-萘酚}} \text{偶氮产物}$$

（2）

$$\text{PhNH}_2 \xrightarrow{\text{CH}_3\text{COCl}} \text{PhNHCOCH}_3 \xrightarrow{\text{HNO}_3/\text{H}_2\text{SO}_4} p\text{-O}_2\text{N-C}_6\text{H}_4\text{-NHCOCH}_3 \xrightarrow[\triangle]{\text{OH}^-,\text{H}_2\text{O}} p\text{-O}_2\text{N-C}_6\text{H}_4\text{-NH}_2 \xrightarrow[0\sim5℃]{\text{NaNO}_2,\text{HCl}} p\text{-O}_2\text{N-C}_6\text{H}_4\text{-N}_2^+\text{Cl}^-$$

$$\xrightarrow[\text{弱碱性溶液}]{\text{H-酸}} \text{(中间偶氮产物)} \xrightarrow[\text{弱碱性溶液}]{^-\text{ClN}_2^+\text{-Ph-Ph-N}_2^+\text{Cl}^-} \text{(双偶氮产物)} \xrightarrow[\text{弱碱性溶液}]{\text{PhOH}} \text{(三偶氮产物)}$$

（其中，⁻ClN₂⁺-Ph-Ph-N₂⁺Cl⁻ 来自联苯胺。）

17.42 （1）在芳香胺中有 2 个富电子处（N 及芳环）可以受到亲电性进攻。

攻击氮则形成中间体 Ⅰ，在一级或二级胺中 Ⅰ 可以丢失一个质子产生 Ⅱ——重氮氨基化物，该物是预期的偶氮产物的异构体。

如攻击芳环则产生中间体 σ-络合物Ⅲ和偶联产物Ⅳ：

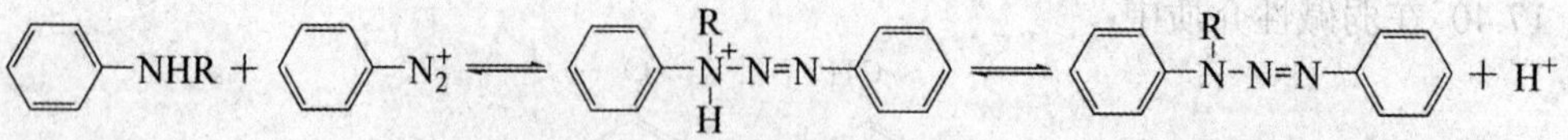

(2) 形成Ⅱ容易，但可逆。无机酸中的 H^+ 对Ⅱ亲电攻击又产生胺及 $Ph-N_2^+$。此物再反应，而最后在环上攻击形成 σ-络合物Ⅲ，而由Ⅲ产生偶氮化合物Ⅳ，Ⅳ一旦形成后就不变，其形成是不可逆的。

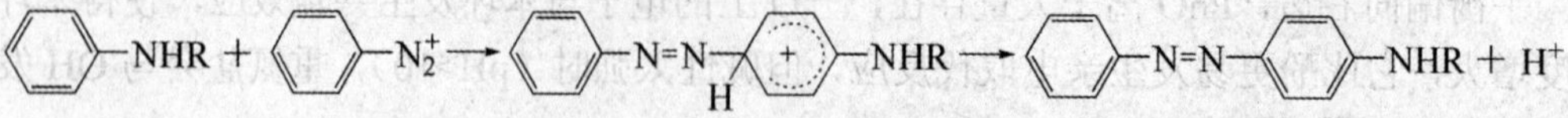

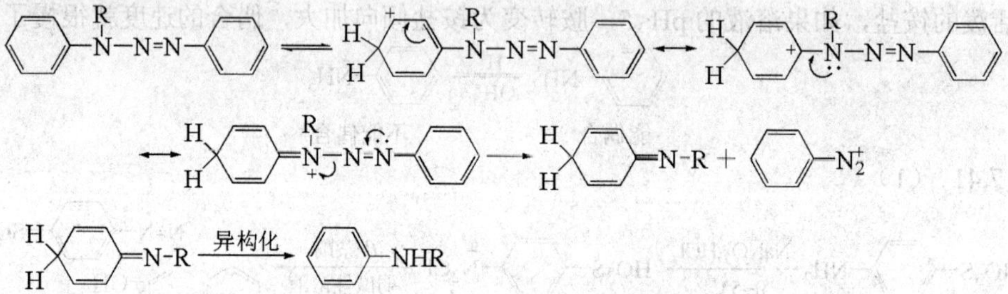

二者再反应，产生偶氮化合物Ⅳ，Ⅳ一旦形成即不再可逆。

17.43 此题有多种解。

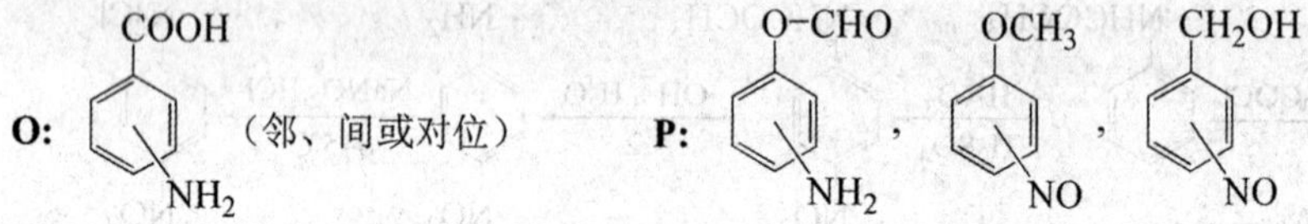

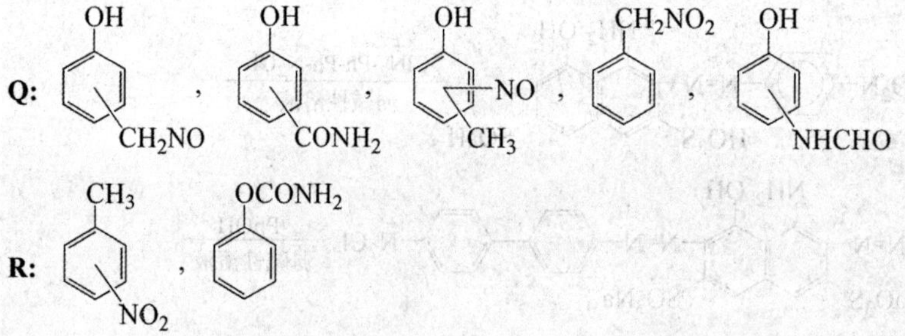

O: 邻氨基苯甲酸（邻、间或对位）

P: 对氨基苯甲酸甲酯类衍生物

Q: 多种酚类衍生物

R: 硝基甲苯及苯基氨基甲酸酯

第十八章 协同反应

一、复习要点

1. 定义。

化学反应中有一类键的断裂和形成是同时发生的反应，叫做协同反应。协同反应是通过环状过渡态进行的反应，因此也称为周环反应。

2. 类型。

（1）电环化反应。

（2）环加成反应。

（3）σ-迁移反应，也包括 H-迁移、C-迁移、Cope 重排、Claisen 重排等。

3. 轨道对称守恒原理。

协同反应遵循轨道对称守恒原理，其主要内容为：当反应物与产物的轨道对称性相匹配时，反应易于发生；不匹配时，反应难以发生。简单地说，协同反应轨道对称守恒。

解释协同反应的几种理论：①前沿轨道理论；②相关图；③过渡态芳香性理论。

4. 几类反应的选择规律。

（1）电环化反应的选择规则

π电子数	热	光
$4n$	顺旋	对旋
$4n+2$	对旋	顺旋

（2）环加成反应的选择规则（同面）

π电子数	热	光
$4n$	禁阻	允许
$4n+2$	允许	禁阻

（3）σ-氢$[i,j]$迁移的选择规则

$i+j$	$4n$	$4n+2$
加热允许的迁移	异面	同面

（4）σ-碳$[i,j]$迁移的选择规则

$i+j$	$4n$	$4n+2$
加热允许的迁移	同面，构型翻转 异面，构型保持	同面，构型保持 异面，构型翻转

二、新概念

协同反应(Concerted Reaction)，周环反应(Pericyclic Reaction)，电环化反应(Electrocyclic Reaction)，环加成反应(Cycloadditions)，σ-迁移反应(Sigmatropic Reactions)，科普重排(Cope Rearrangement)，同面(Sunfacial)，异面(Antarafacial)，基态(Ground State)，激发态(Excited State)，1,3-偶极环加成(1,3-Dipole Cycloaddition)，对旋(Disrotatory)，顺旋(Conratatory)，分子轨道对称守恒原理(Conservation Principle of the Molecular Orbital Symmetry)，前沿轨道理论(Frontier Orbital Theory)

三、例题

例 1 完成下列反应。

(1) 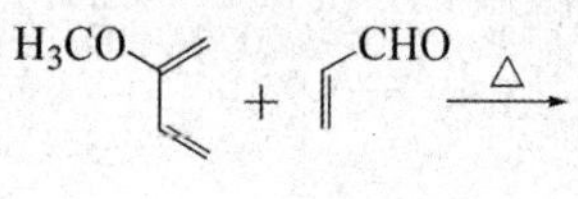 H_3CO-二烯 + CHO-烯 $\xrightarrow{\Delta}$　　(2) 二烯-COOH + Ph-烯 $\xrightarrow{\Delta}$　　(3) 呋喃 + 马来酸酐 $\xrightarrow{\Delta}$

(4) 噻吩 + CO_2Et-C≡C-CO_2Et $\xrightarrow{\Delta}$　　(5) 亚甲基环庚三烯 + (NC)$_2$C=C(CN)$_2$　　(6) 环庚三烯甲叉 + CO_2CH_3-C≡C-CO_2CH_3 $\xrightarrow{\Delta}$

(7) 异丁烯 + NC-CN $\xrightarrow{\Delta}$　　(8) 异丁烯 + PhN=O $\xrightarrow{\Delta}$　　(9) 环戊二烯 + EtO$_2$C-N=N-CO$_2$Et $\longrightarrow$

(10) CH_2N_2 + H_3C-C(CH$_3$)=C(CH$_3$)-CO$_2$CH$_3$（带 H_3CO_2C） $\xrightarrow{\Delta}$　　(11) RO_2C-C≡C-CO_2R + $CH_3-\overset{-}{N}=\overset{+}{N}=N$ $\longrightarrow$

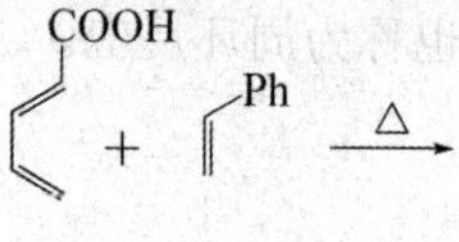

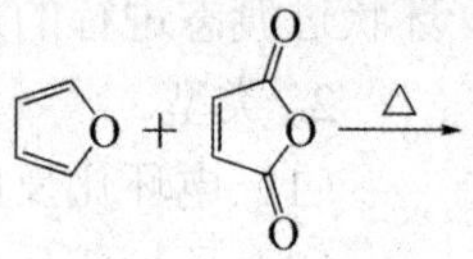

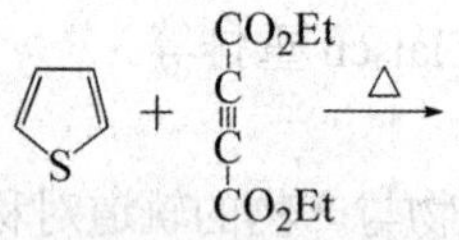

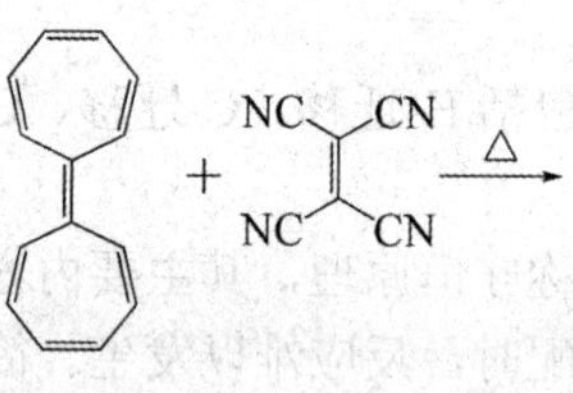

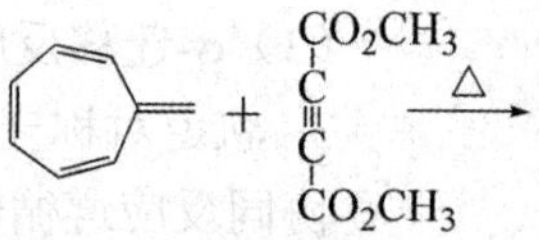

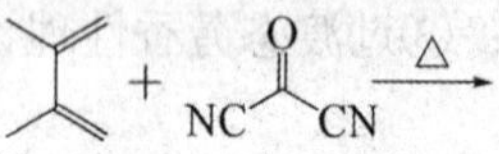

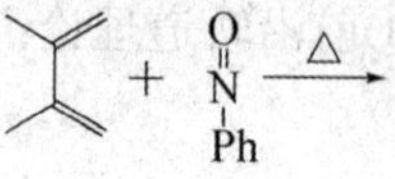

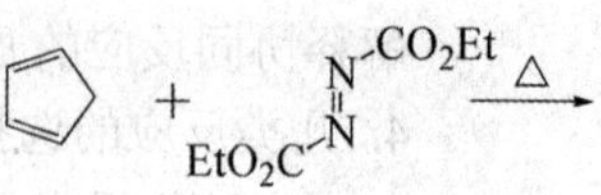

解 (1) 4-甲氧基环己烯-1-甲醛　　(2) 6-苯基环己烯-1-甲酸

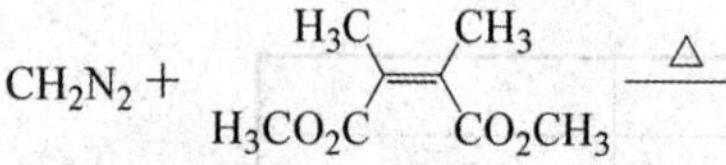

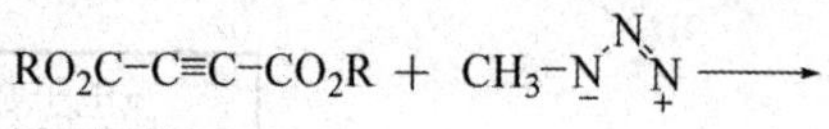

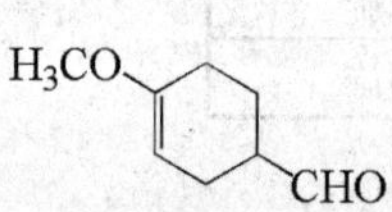

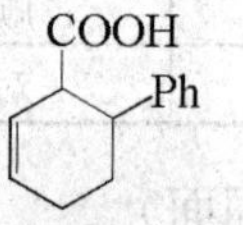

[4+2]加成反应中，1-位取代二烯和亲双烯物加成时主要生成邻位加成物；2-位取代二烯和亲双烯物加成时主要生成对位加成物。

(3) 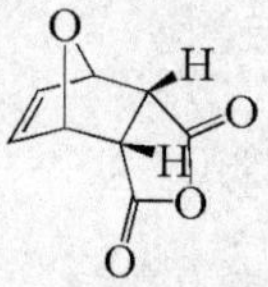 氧桥双环加成产物（内式）　　(4) 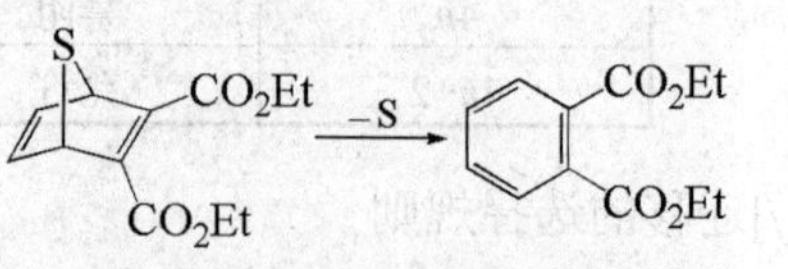 硫桥加成物 $\xrightarrow{-S}$ 邻苯二甲酸二乙酯

杂环化合物也能进行 Diels-Alder 反应，挤出杂原子，形成芳香环。

(5) 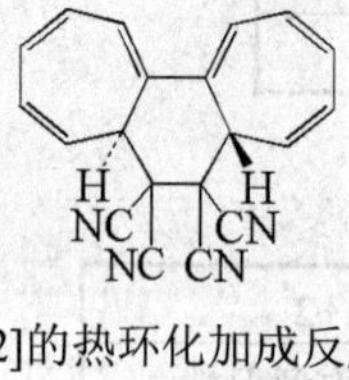 [14+2]加成产物（含 NC、CN）

[14+2]的热环化加成反应，属于 $4n$ 体系，为同面—异面加成

(6) 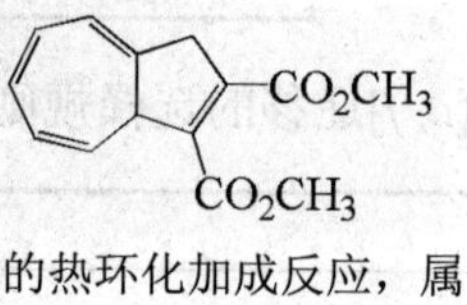 薁并环戊二烯二甲酸甲酯

[8+2]的热环化加成反应，属于 $4n+2$ 体系，为同面—同面加成

一般的环加成都是同面—同面加成，大的环加成反应有些特殊性，不但可进行同面—同面加成，也可进行同面—异面加成，[i+j]系的环化加成反应规则如下：

i+j	热	光
4n	同面—异面 异面—同面	同面—同面 异面—异面
4n+2	同面—同面 异面—异面	同面—异面 异面—同面

（7）[结构式] （8）[结构式] （9）[结构式]

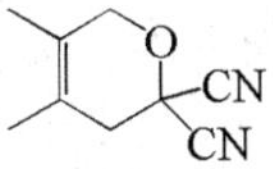

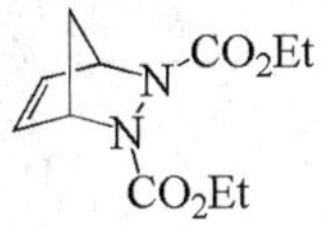

亲双烯体除烯、炔键外，还可以是 C=N、C=O、N=N、N=O 等含杂原子的不饱和双键。

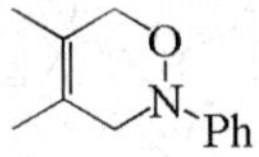

（10）[结构式] （11）[结构式]

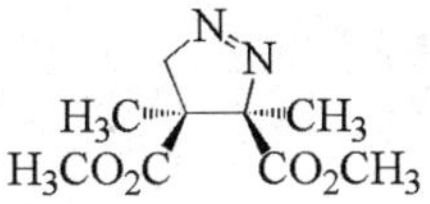

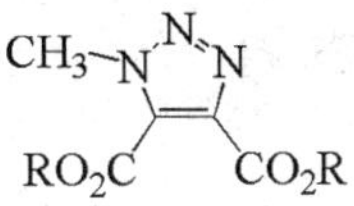

$CH_2N_2 \longrightarrow \overset{-}{C}H_2-N=\overset{+}{N}$

1,3-偶极化合物与烯丙基负离子类似，由于 4 个电子分配在 3 个原子上，可作为双烯体与烯炔加成，加成是立体专属性的，可以用于制备五元杂环化合物。

例2 反-3,4-二甲基环丁烯在加热时可通过 2 种方式顺旋开环。（1）在每种情况下的产物是什么？（2）你预测两种产物会以等量形成吗？

解（1）[结构式] Ⅰ → $H_3C\text{—}\cdots\text{—}CH_3$ （反，反-2,4-己二烯）

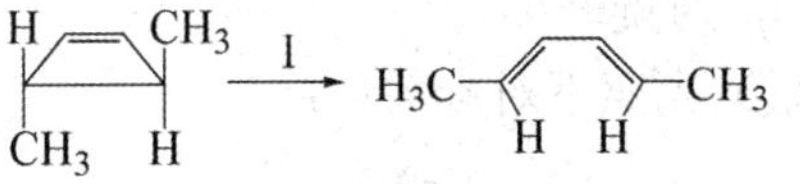

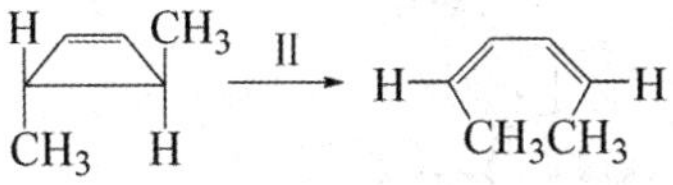

[结构式] Ⅱ → （顺，顺-2,4-己二烯）

（2）按照Ⅱ的方式，顺旋开环在过渡态中将导致 2 个甲基的不利接触，即在立体上是困难的。而按照Ⅰ的方式，顺式开环在过渡态中的两个氢相互接近，在立体上容易，所以将优先发生，即反，反-2,4-己二烯是占优势的产物。

电环化反应在立体化学上能以 4 种方式发生，2 种是对旋的，另外 2 种是顺旋的。轨道对称性守恒理论只能区别开环的对旋方式与顺旋方式。在 2 种可能的对旋（或顺旋）方式中何者占优势，一般能在空间效应的基础上进行预测。

例3 下面所示的各种转变都被认为包括一个协同反应，试说明在各个例子中发生了什么协同反应。

（1）[结构式] $\xrightarrow{110℃}$ [结构式] $\xrightarrow{250℃}$ [结构式]

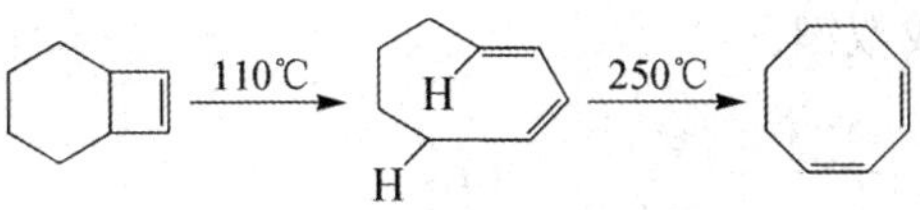

（2）[结构式] $\xrightarrow{\Delta}$ [结构式] → [结构式]

（3）[结构式 B] $\xleftarrow{h\nu}$ [结构式 A] $\xrightarrow{h\nu}$ [结构式] $\xrightleftharpoons{h\nu}$ [结构式 C]

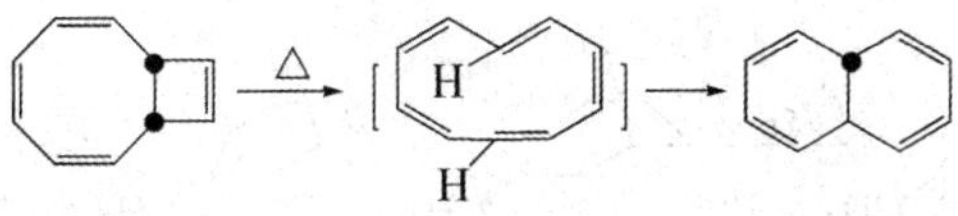

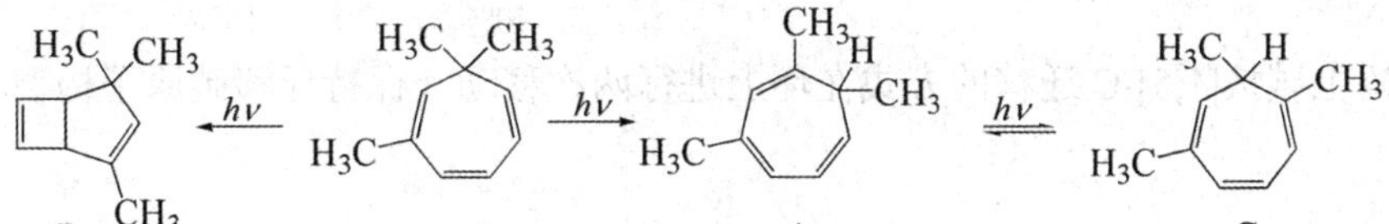

(4) [structure] $\xrightarrow{h\nu}$ [structure] $\xrightarrow{h\nu}$ [structure]

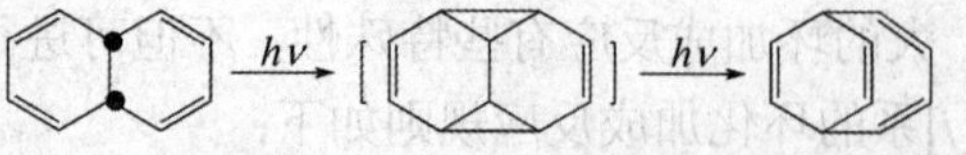

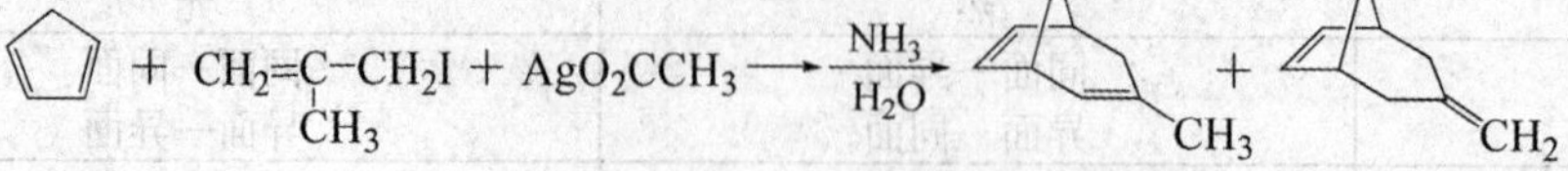

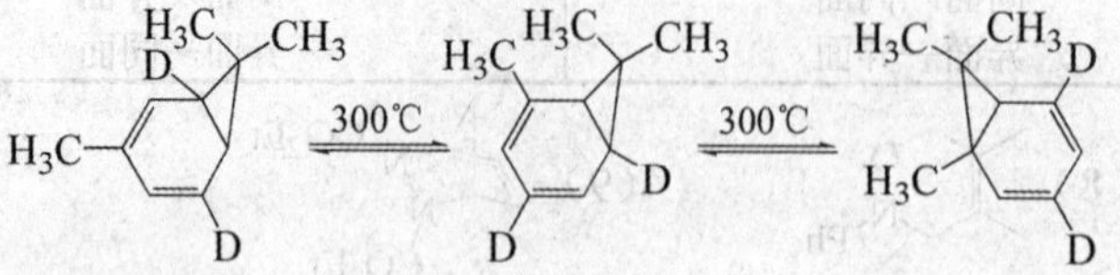

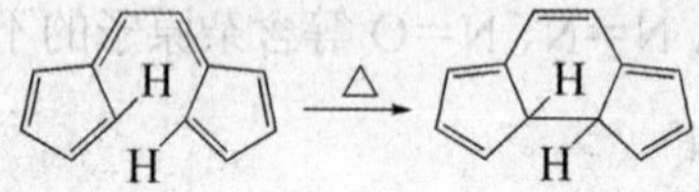

(5) [cyclopentadiene] + CH$_2$=C(CH$_3$)-CH$_2$I + AgO$_2$CCH$_3$ $\xrightarrow{\text{NH}_3/\text{H}_2\text{O}}$ [product with CH$_3$] + [product with CH$_2$]

(6) [structures with H$_3$C, D labels] $\xrightleftharpoons{300℃}$ [structure] $\xrightleftharpoons{300℃}$ [structure]

(7) [structure] $\xrightarrow{\Delta}$ [structure]

解

(1) [structure] $\xrightarrow{110℃}$ [numbered structure 1-8] $\xrightarrow{250℃}$ [numbered structure]

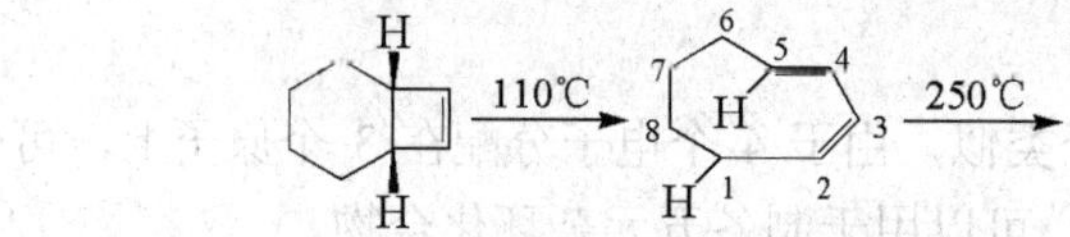

第一步顺旋开环（4π 电子，4n 体系，加热），第二步 1,5-H 同步迁移。

(2) 第一步：环丁烯（4n 体系），加热，顺旋开环。

第二步：三烯（4n+2 体系），加热，对旋开环。

(3) 产物 B 由分子内两个双键（4n 体系）光照下对旋关环：

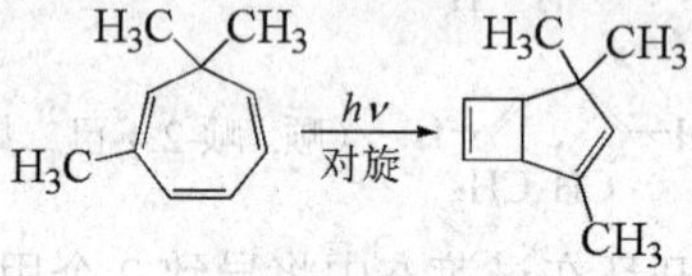

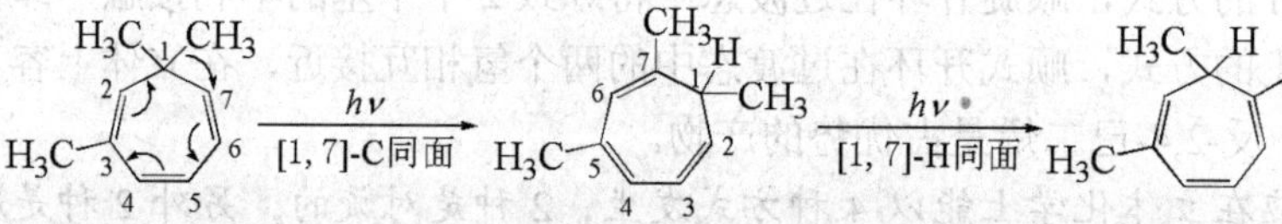

[structure] $\xrightarrow[\text{对旋}]{h\nu}$ [structure]

[structure with numbered positions] $\xrightarrow[\text{[1,7]-C 同面}]{h\nu}$ [structure] $\xrightarrow[\text{[1,7]-H 同面}]{h\nu}$ [structure]

(4) [naphthalene structure] $\xrightarrow[\substack{\text{分子内[4+4]}\\\text{同面-同面加成}}]{h\nu}$ [bracketed intermediate] $\xrightarrow[\text{[4+2]顺旋开环}]{h\nu}$ [structure]

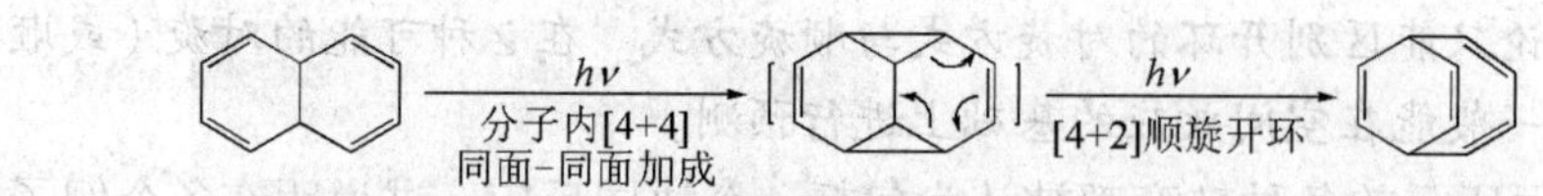

(5) 一个烯丙基亚离子（2π 电子），经历一个（4n+2）环加成，给出正离子，然后这个正离子从两个位置之一失去一个质子，形成双键。

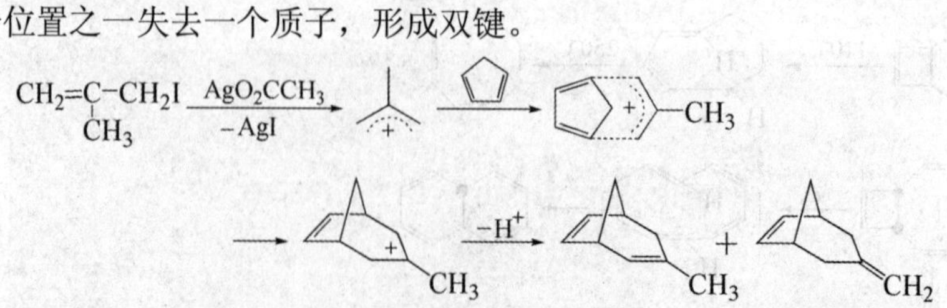

CH$_2$=C(CH$_3$)-CH$_2$I $\xrightarrow[-\text{AgI}]{\text{AgO}_2\text{CCH}_3}$ [allyl cation] [cyclopentadiene] → [cation]-CH$_3$

→ [bicyclic cation] $\xrightarrow{-H^+}$ [product]-CH$_3$ + [product]=CH$_2$

40% 16%

(6) 桥上碳按[1,5]-C 迁移的方式在环上进行两次移动（保持迁移碳原子构型不变）。

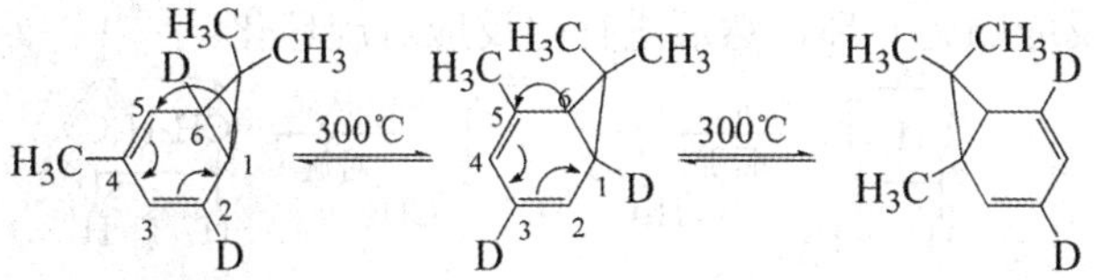

(7) 12π 电子，$4n$ 体系，加热顺旋关环。

例 4 对下面各反应的结果（A）画出反应的 FMO 轨道，解释其立体化学结果；（B）预测反应是在"光"还是在"热"的作用下实现的。

(1)

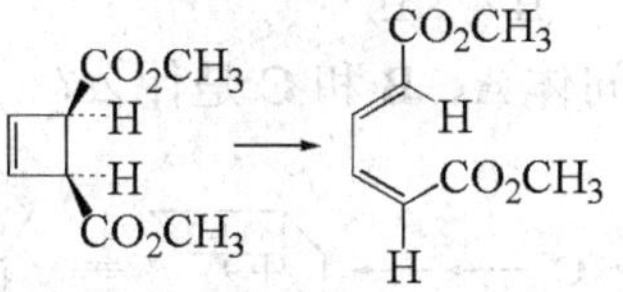

(2)

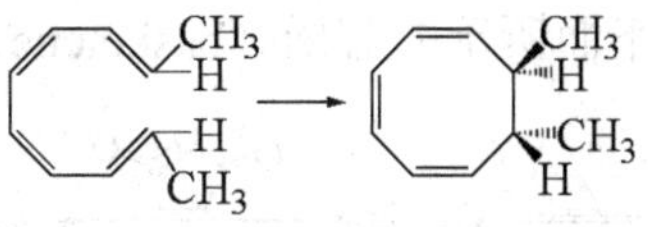

(3)

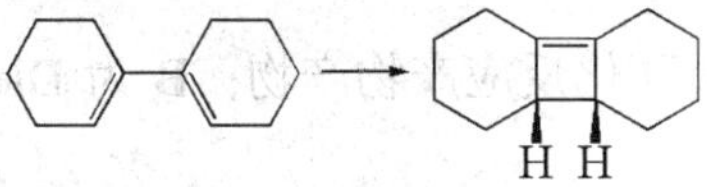

解 （1）此反应是 4π（$4n\pi$）电子体系的开环反应，产物通过顺旋得到，因此是热反应。其 FMO 轨道为丁二烯的 HOMO 轨道：

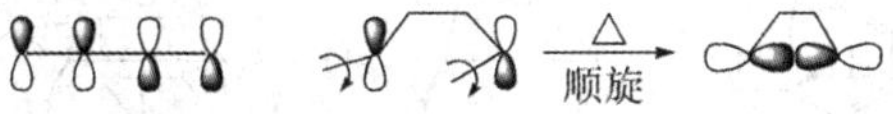

（2）此反应是 8π（$4n\pi$）电子体系的关环反应，产物通过顺旋得到，因此是热反应。其 FMO 轨道为它的 HOMO 轨道：

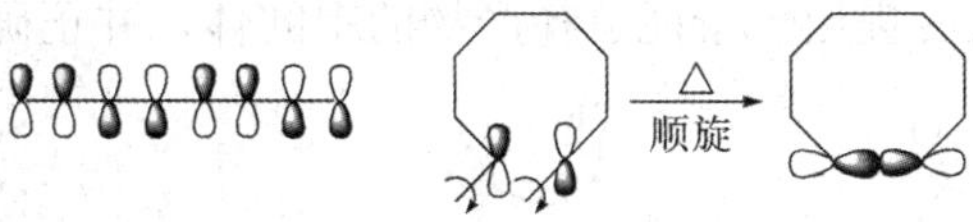

（3）此反应是 4π（$4n\pi$）电子体系的关环反应，产物通过对旋得到，因此是光反应。其 FMO 轨道为它的 LUMO 轨道：

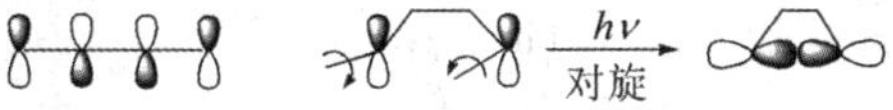

例 5 解释下列现象：

（1）虽然 Dewar 苯不如其异构体苯稳定（差约 250.8 kJ），但是它转变成苯的反应却非常慢，其 $E_{活化}$约为 154.7 kJ，它在室温时半衰期为两天，但 90℃时只要半个小时就完全转变成苯。

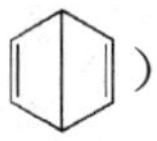

（2）虽然化合物 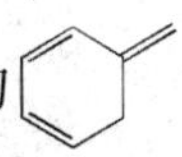 远不如其芳香族异构体甲苯稳定，但它的寿命却出乎意料地长。

解 （1）虽然 Dewar 苯可进行热允许的顺旋开环反应，但得到的产物应为顺,顺,反-1,3,5-环己三烯，存在环内氢，此化合物张力太大，不存在。但温度升高，电子激发到 LUMO 轨道，进行对旋开环，得到稳定的苯。

（2）化合物 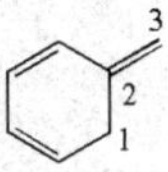 转变为甲苯，通过异面[1,3]-H 迁移，是对称性禁阻反应。

例 6 如何实现下述转变：

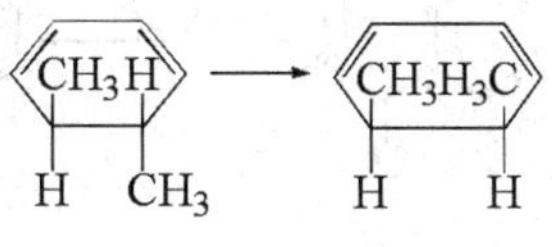

解 先进行光反应顺旋开环,然后进行热反应对旋环化。

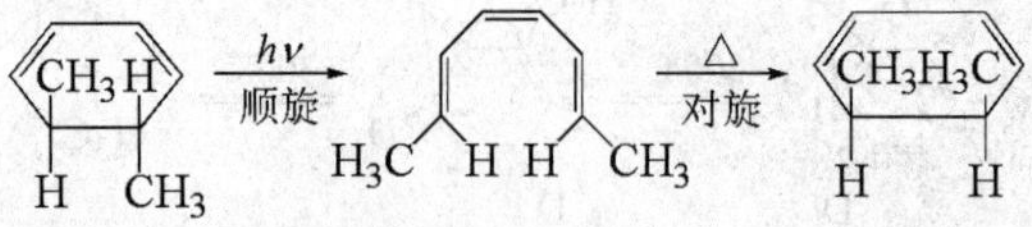

也可先热反应对旋开环,然后光反应顺旋环化。

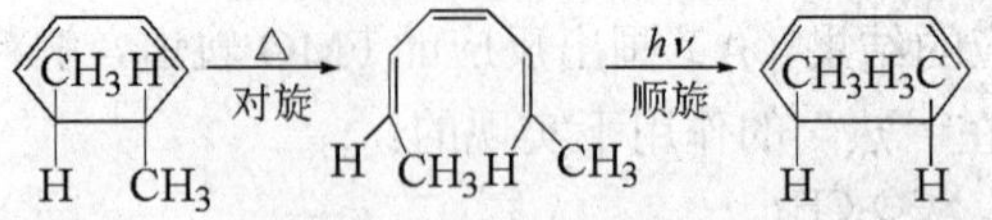

例 7 在下面所示的蓝烯(basketene)合成中,中间体 **A**、**B** 和 **C** 是什么?

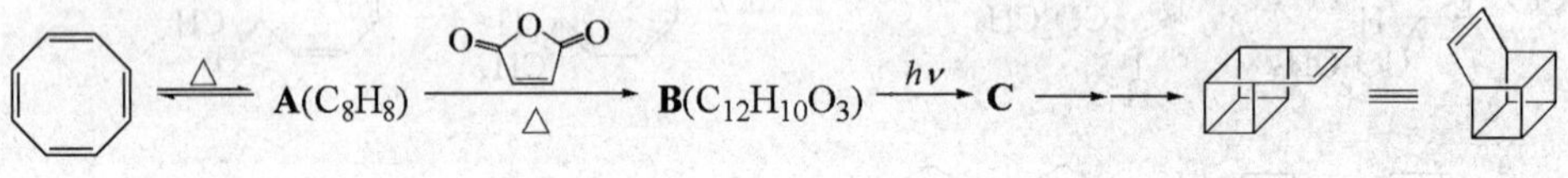

解 **A** 为包含环辛四烯 6π 电子体系的热对旋电环化反应产物产物;**B** 为 Diels-Alder 反应的加合物;**C** 为光照下分子内[2+2]加成反应产物。

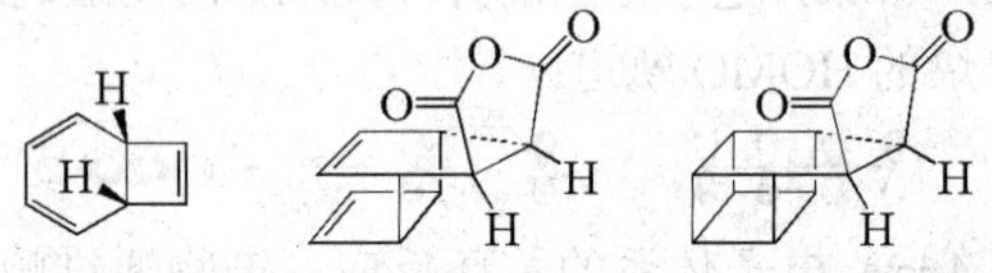

例 8 试为下列各反应提出一个能解释产物的中间体,并正确地指明立体化学。

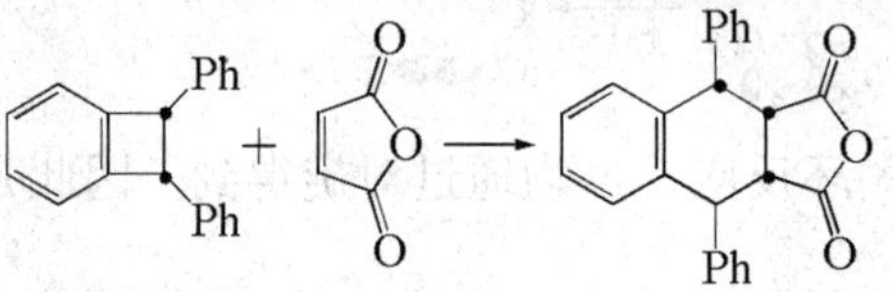

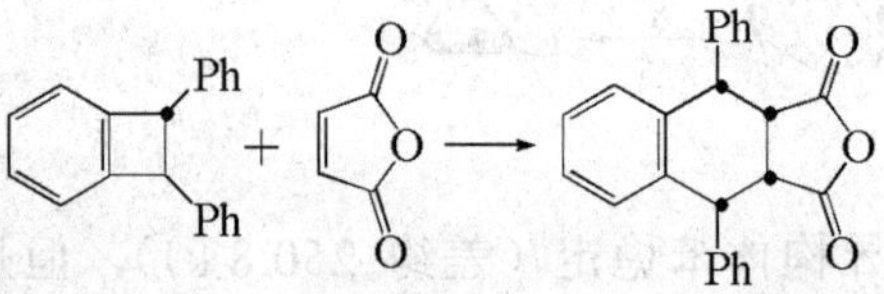

解 此反应第一步是 4π 电子($4n\pi$)体系的开环反应,第二步是[$4n+2$]的 Diels-Alder 反应。Diels-Alder 反应是同面-同面的加成反应,因此反应(1)的中间体为 **A**,反应(2)的中间体为 **B**,即

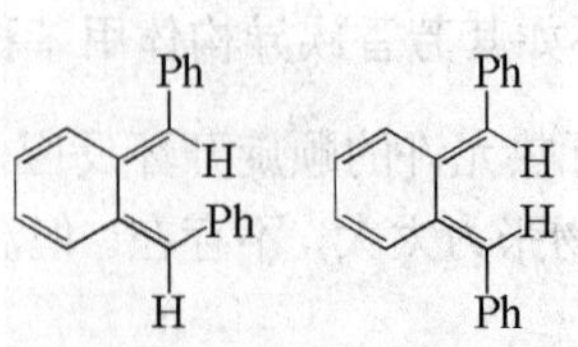

它们是通过原料在加热条件下顺旋开环得到的。

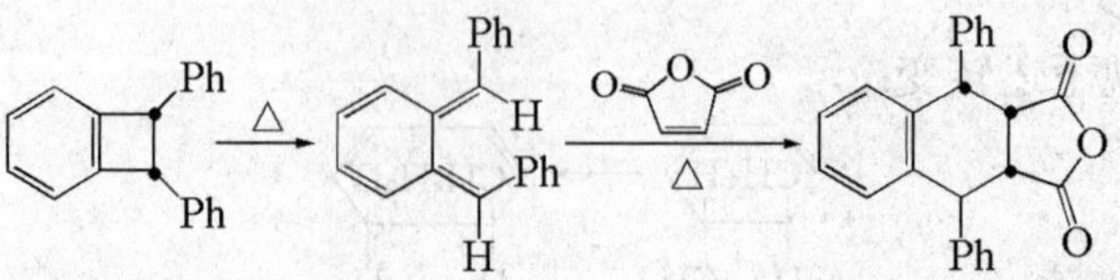

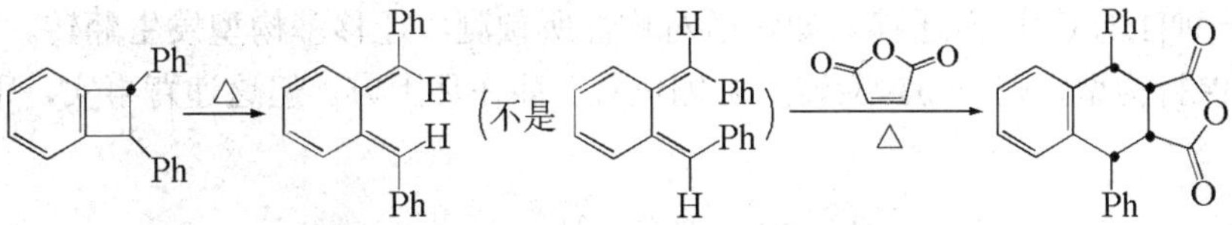

例 9 下述戊二烯基阳离子和环戊烯基阳离子的互变反应为何种反应?

解:戊二烯基阳离子有 4 个 π 电子,预期可加热顺旋关环。

例 10 下述反应涉及按 Woodward-Hoffmann 规则进行的协同反应:

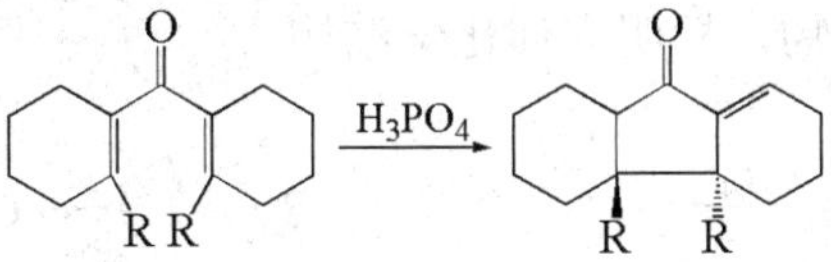

试写出产物的生成过程,并指出各步发生了何种反应。

解 质子化酮得戊二烯基阳离子(4π 电子),此物进行热顺旋关环变成环戊烯基阳离子。

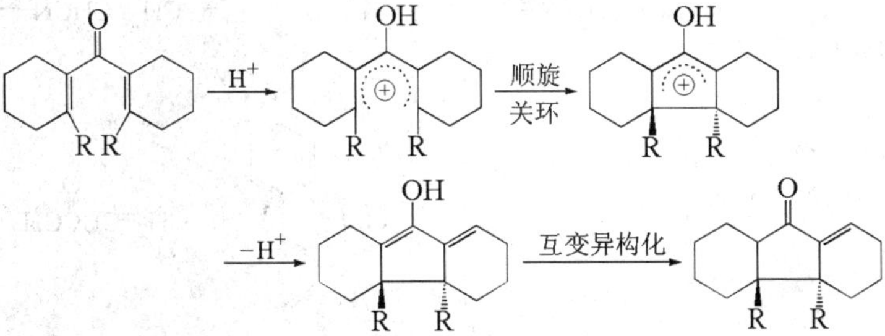

例 11 下述各反应的高度立体专一性或区域定向性,为由轨道对称性原理所做的预测提供了证据,试使用模型解释之。

(1)

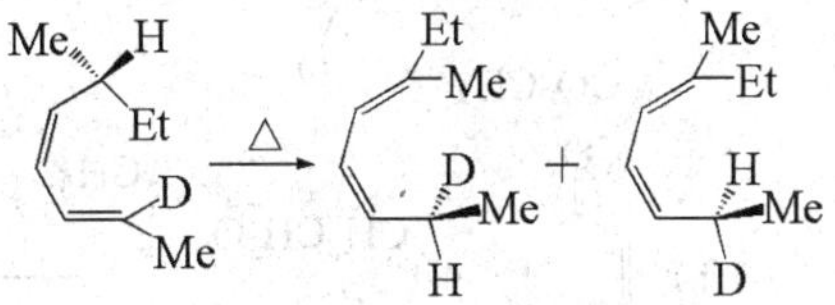

(2)加热 7 及 8 位氘标记的 1,3,5-环辛三烯时,所得产物仅在 3,4,7 及 8 位有标记的氘。

(3)

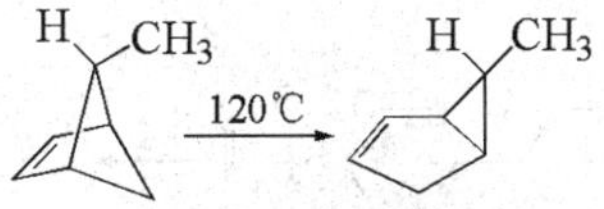

解 (1)反应为[1,5]-H 迁移,据轨道对称性预期为同面,事实如此,转移可发生在上下任何一面。

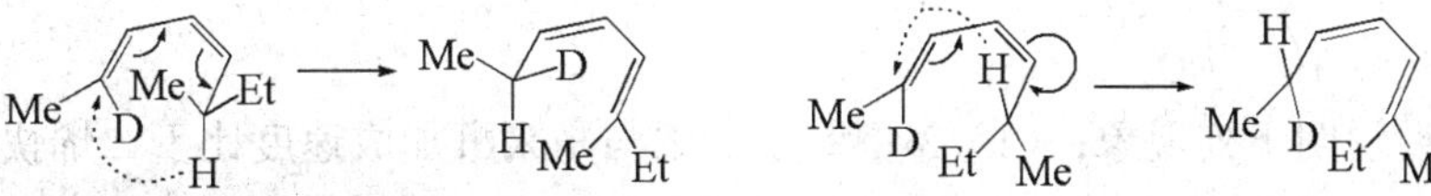

(2)反应结果说明在加热条件下氘的[1,5]同面迁移较[1,3]或[1,7]异面迁移易发生,如所观察,一系列的[1,5]-D 迁移将氘分布在 3,4,7 及 8 位上。

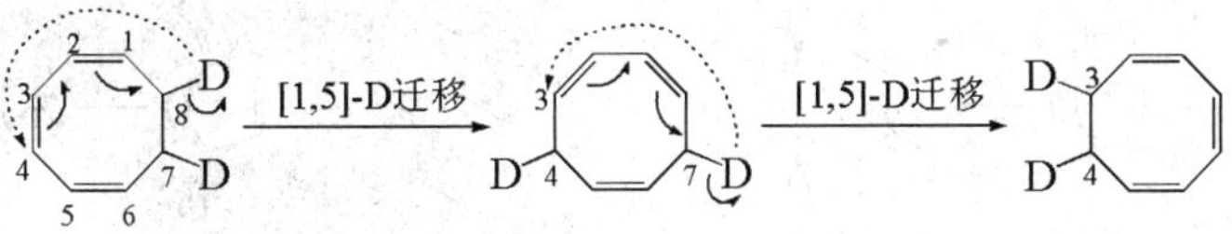

(3) 一种[1,3]-C 同面迁移。如轨道对称性所预测，迁移基构型发生翻转。否则，从 C^1 转到 C^3 而保持构型，则 $-CH_3$ 应转入内侧位置，即在环上方。但这违背事实，甲基实际上在环外侧。

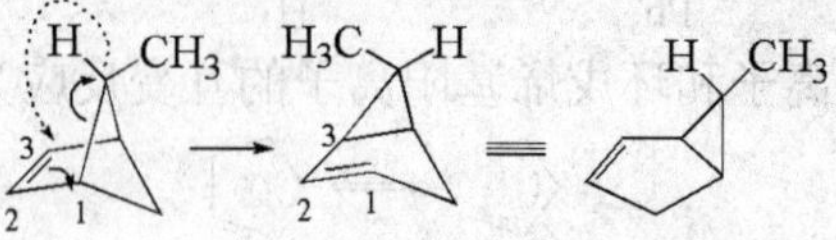

四、习题

18.1 写出下列反应产物，标明立体化学结构。

(1) 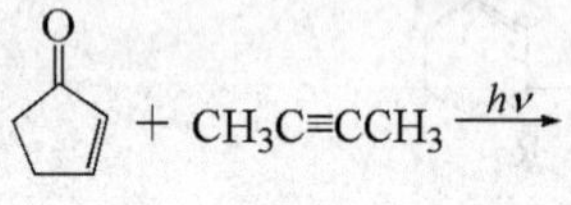 环戊酮 + $CH_3C≡CCH_3$ $\xrightarrow{h\nu}$

(2) 环戊二烯 + $CH_2=CHCH_2CN$ $\xrightarrow{\triangle}$

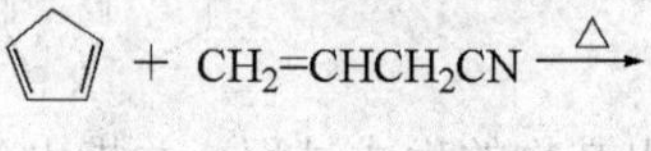

(3) CH_3CH_2O-取代丁二烯 + $HC≡CCOCH_3$ $\xrightarrow{130℃}$

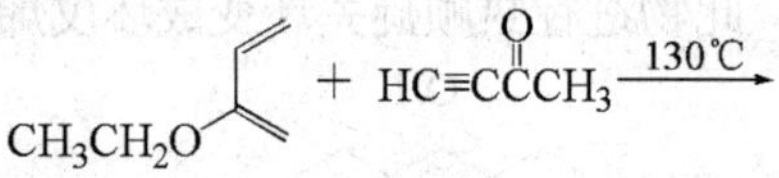

(4) 1-苯基丁二烯 + $CH_2=CHCN$ $\xrightarrow{\triangle}$

(5) 1,3-戊二烯 + 马来酸酐 $\xrightarrow{100℃}$

(6) 1-苯基丁二烯 + $CH_2=CHCOCH_3$ $\xrightarrow[\triangle]{苯}$

(7) 2-环戊烯酮 + $CH_2=C(OCH_3)_2$ $\xrightarrow{h\nu}$

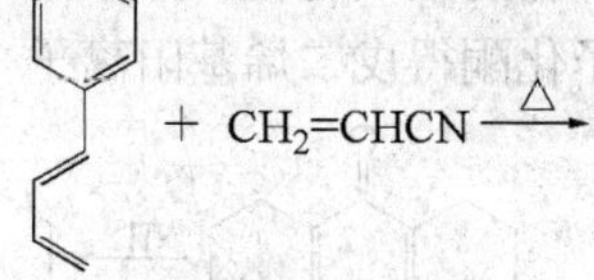

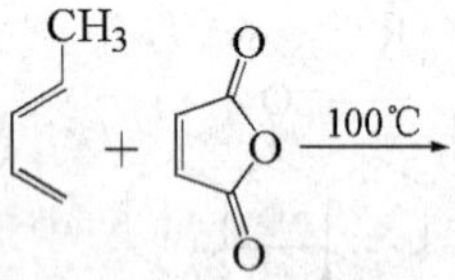

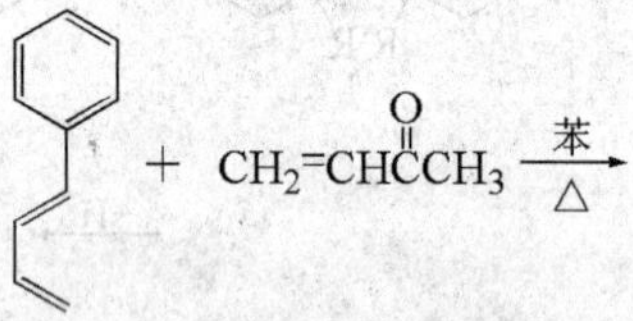

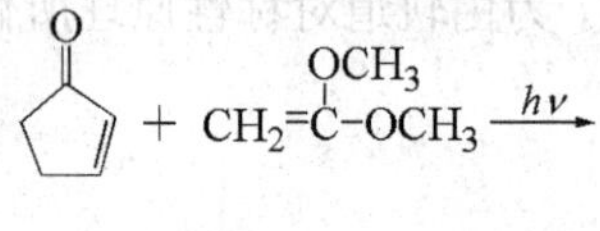

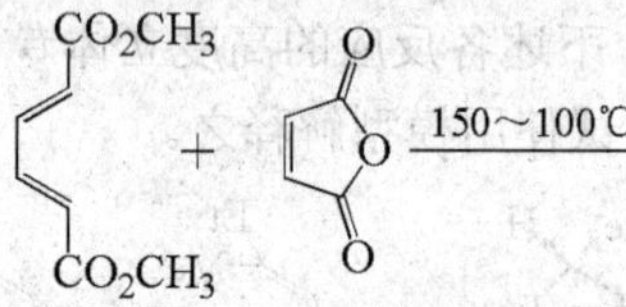

(8) 己二烯二甲酸酯 + 马来酸酐 $\xrightarrow{150\sim100℃}$

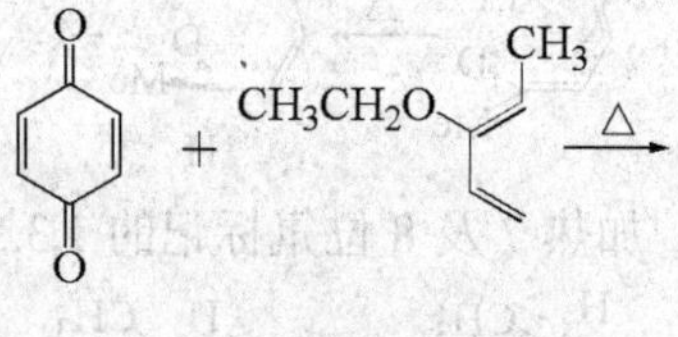

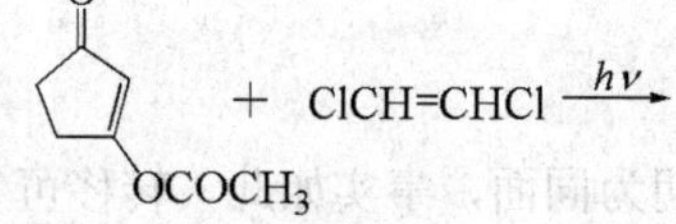

(9) 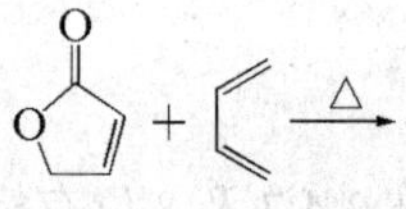 丁烯酸内酯 + 丁二烯 $\xrightarrow{\triangle}$

(10) 对苯醌 + CH_3CH_2O-取代异戊二烯 $\xrightarrow{\triangle}$

(11) 3-乙酰氧基-2-环戊烯酮 + $ClCH=CHCl$ $\xrightarrow{h\nu}$

(12) 联环己烯 + 乙烯 $\xrightarrow{\triangle}$

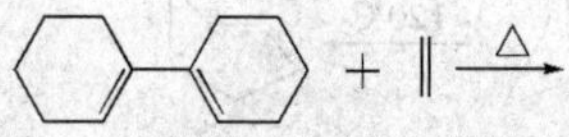

(13) 丁二烯 + $PhCH=CHNO_2$ $\xrightarrow{\triangle}$

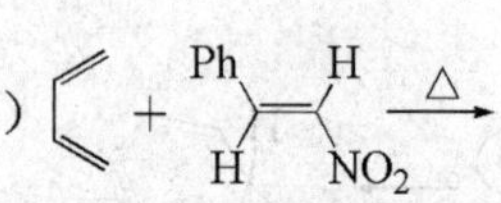

18.2 简要说明下列现象：(1) 3-甲基丁二烯与马来酐加成速度比丁二烯快 10 倍；(2) 反-1,3-戊二烯与四氰基乙烯加成速度比 4-甲基-1,3-戊二烯活性大 10^3 倍；(3) 2,3-二甲基丁二烯易与顺丁烯二酸酐起反应，但 2,3-二异丙基丁二烯却不能与它反应。

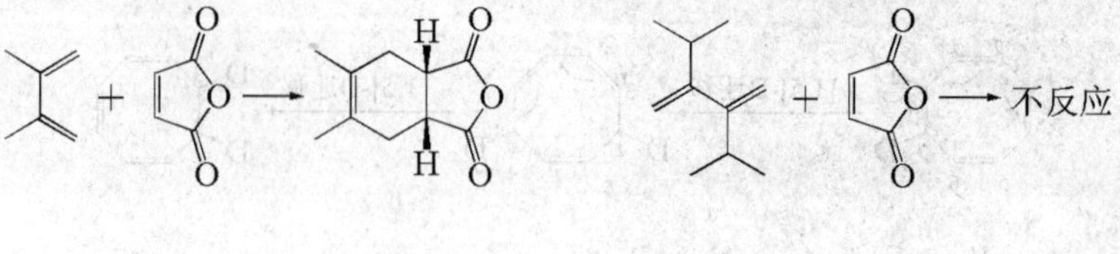

2,3-二甲基丁二烯 + 马来酸酐 ⟶ 加成产物

2,3-二异丙基丁二烯 + 马来酸酐 ⟶ 不反应

18.3 在下列反应序列中，化合物 **A**、**B** 和 **C** 各是什么？

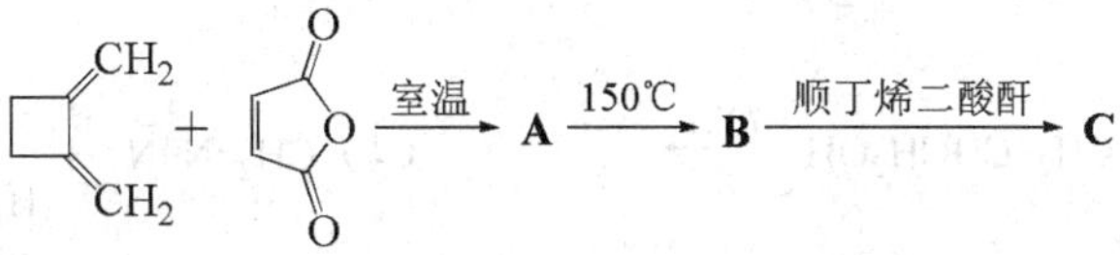

$$\underset{\text{CH}_2}{\overset{\text{CH}_2}{\diagup}}\!\!\!\!\!\!\square\!\!\!\!\!\!\underset{\text{CH}_2}{\overset{\text{CH}_2}{\diagdown}} + \text{马来酸酐} \xrightarrow{\text{室温}} \mathbf{A} \xrightarrow{150\,^\circ\text{C}} \mathbf{B} \xrightarrow{\text{顺丁烯二酸酐}} \mathbf{C}$$

18.4 写出生成下述反应产物的分步历程：

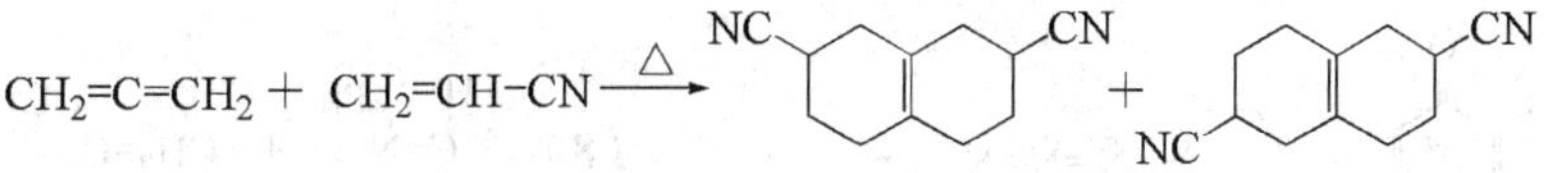

$$\text{CH}_2=\text{C}=\text{CH}_2 + \text{CH}_2=\text{CH—CN} \xrightarrow{\Delta}$$ (产物如图所示)

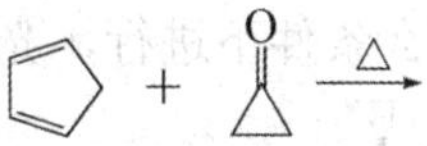

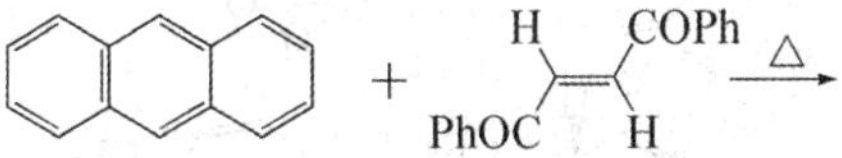

18.5 完成下列反应。

(1) 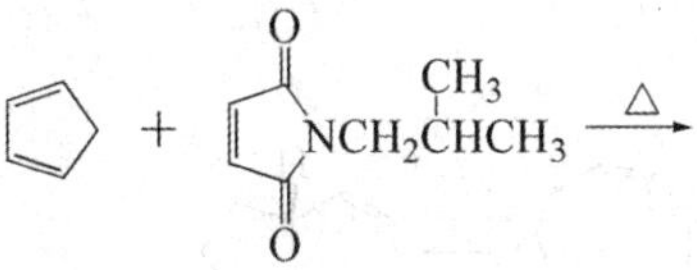 环戊二烯 + N-异丙基马来酰亚胺 $\xrightarrow{\Delta}$

(2) 环戊二烯 + 环丙酮 $\xrightarrow{\Delta}$

(3) 蒽 + (E)-PhCO—CH=CH—COPh $\xrightarrow{\Delta}$

(4) 环己二烯 + CH₂=CH—COOCH₂CH₃ $\longrightarrow$

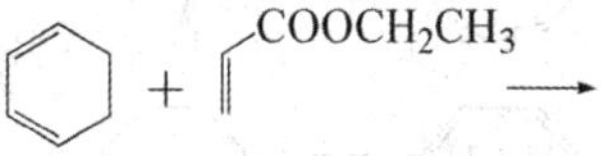

18.6 写出 *E*-2-丁烯光照时得到的产物，并用相应的分子轨道图表示其形成过程。

18.7 （1）Woodward 和 Hoffmann 曾提出 Diels-Alder 反应中内型（endo）加成产物有利是由于次级轨道相互作用（secondary orbital interaction）。有实验证据支持这种提法。以丁二烯的二聚为例，说明这种次级轨道相互作用是如何发生的？（提示：画出所涉及的轨道，仔细考察其结构。）

（2）相较之下，[6+4]环加成反应被推测以外型（exo）方式发生，此推测已被实验证实。以顺-1,3,5-己三烯与 1,3-丁二烯的环加成反应为例，说明此种推测。

18.8 写出下列反应的产物，并说明反应的类型。

(1) 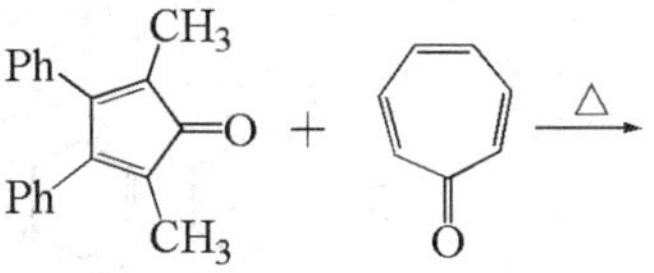 2,5-二甲基-3,4-二苯基环戊二烯酮 + 环庚三烯酮 $\xrightarrow{\Delta}$

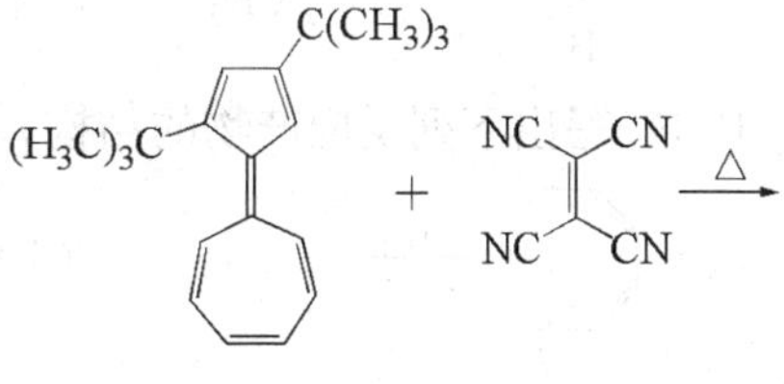

(2) 1,2-二叔丁基-4-(庚三烯亚甲基)环戊二烯 + (NC)₂C=C(CN)₂ $\xrightarrow{\Delta}$

(3) 9-(庚三烯亚甲基)芴 + (NC)₂C=C(CN)₂ $\xrightarrow{\Delta}$

(4) N-苯基氮杂䓬 + 1,3-二苯基异苯并呋喃 $\xrightarrow{\Delta}$

(5) 环戊二烯亚甲基薁 + EtO₂C—C≡C—CO₂Et $\longrightarrow$

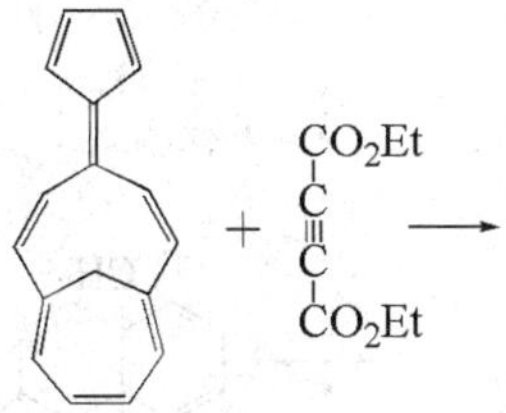

18.9 完成下列反应：

(1) 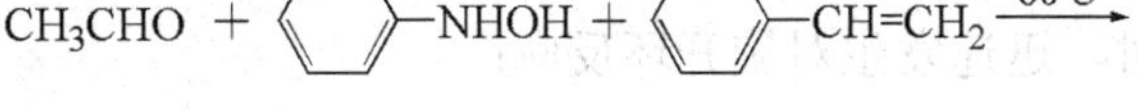 CH₃CHO + C₆H₅—NHOH + C₆H₅—CH=CH₂ $\xrightarrow{60\,^\circ\text{C}}$

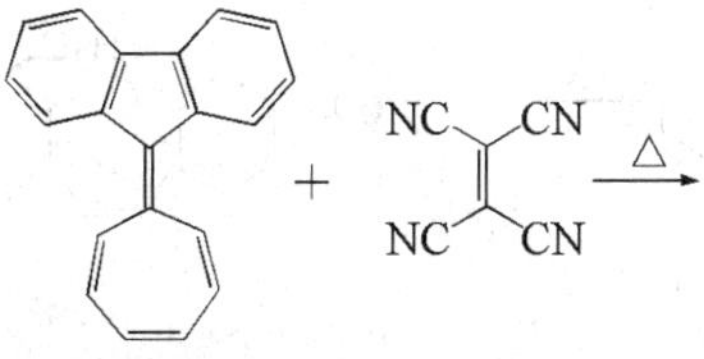

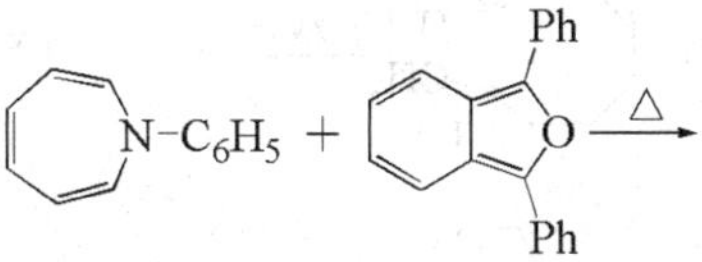

(2) $CH_2=\overset{+}{N}=\overset{-}{N}$ (1mol) + $CH_2=CHCH=CH_2$ $\xrightarrow{\text{乙醚}}$

(3) $\underset{Ph}{\overset{H}{\underset{|}{C}}}=\overset{+}{\underset{|}{N}}\overset{Ph}{\underset{O^-}{}}$ + $CH_2=CHCH_2OH$ $\xrightarrow{70℃}$

(4) $\overset{+}{C}H_2-N=\overset{-}{N}$ + $\underset{H_3COOC}{\overset{H}{C}}=\underset{COOCH_3}{\overset{H}{C}}$ $\longrightarrow$

(5) $Ph-\overset{+}{N}=N=\overset{-}{N}$ + $CH_3OOCC\equiv CCOOCH_3$ $\longrightarrow$

(6) $\overset{+}{C}H_2-N=\overset{-}{N}$ + $HC\equiv CH$ $\longrightarrow$

(7) [naphthoquinone] + $Ph-\overset{+}{N}=N=\overset{-}{N}$ $\longrightarrow$

(8) $\underset{Ph}{\overset{H}{\underset{|}{C}}}=\overset{+}{\underset{|}{N}}\overset{Ph}{\underset{O^-}{}}$ + $CH_2=C\underset{OCH_2CH_3}{\overset{OCH_2CH_3}{}}$ $\xrightarrow[\text{甲苯}]{100℃}$

18.10 下列反应在什么条件下进行，光还是热？

(1) [cyclooctatriene → bicyclic product]

(2) [oxocine → bicyclic ether]

(3) [dihydronaphthalene with CH₃ groups → octatetraene with CH₃]

(4) [cyclopropane with CF₃, CN → cycloheptatriene with CF₃, CN]

(5) [Me-substituted phenanthrene-like → Me-substituted product]

(6) [cyclobutene with CO₂CH₃ groups → open-chain diester]

(7) [diene with CH₃ groups → cyclobutene with CH₃ groups]

18.11 写出下列反应产物的结构。

(1) [cyclooctatetraene] $\xrightarrow{h\nu}$

(2) [cyclononatriene] $\xrightarrow{\Delta}$

(3) [bicyclohexenyl] $\xrightarrow{h\nu}$

(4) [cyclodecadiene with CH₃ groups] $\xrightarrow{\Delta}$

(5) [bicyclic cation with CH₃ groups] $\xrightarrow{\Delta}$

(6) [bicyclic alkene with H₃C] $\xrightarrow{\Delta}$

(7) [large ring polyene] $\xrightarrow{\Delta}$

(8) [dichlorocyclobutene] $\xrightarrow{h\nu}$

18.12 实现下列转化。

(1) [dihydronaphthalene] $\longrightarrow$ [naphthalene]

(2) [complex steroid-like structure] $\longrightarrow$ [complex steroid-like structure]

18.13 环丙烯基正离子加热时，迅速发生对旋开环反应：

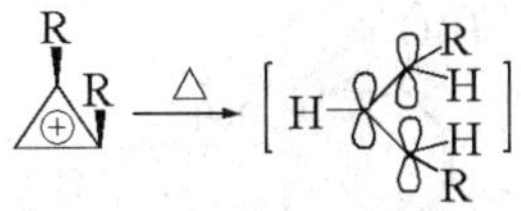

(1) 在此反应中，涉及什么类型的 π 电子体系，$4n$ 还是 $(4n+2)$？
(2) 生成哪种正离子？
(3) 预计环丙烯负离子在热反应时将发生顺旋还是对旋？

18.14 化合物 **A**、**B** 的开环反应难易程度不同：

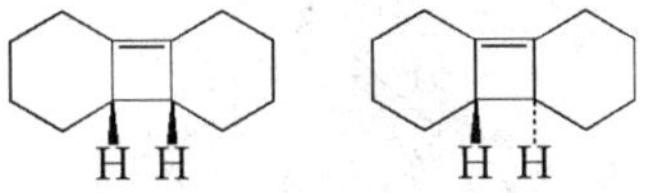

(1) 问哪一个容易？ (2) 简单地解释。

18.15 写出下列 Cope 重排反应的产物。

(1) 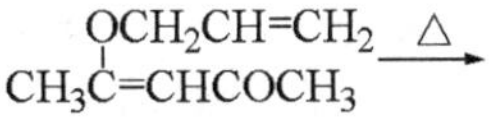 $\text{CH}_3\text{C}=\text{CHCOCH}_3$ 中含 $\text{OCH}_2\text{CH}=\text{CH}_2$ 基 $\xrightarrow{\triangle}$ (2) 苯基-CH(CH=CH$_2$)CH$_2$CH=CH$_2$ $\xrightarrow{180℃}$ (3) $\xrightarrow{150℃}$

(4) $\xrightarrow{200℃}$ (5) $\xrightarrow{200℃}$

(6) $\xrightarrow{180℃}$ (7) $\xrightarrow{\triangle}$

(8) $\xrightarrow{195℃}$

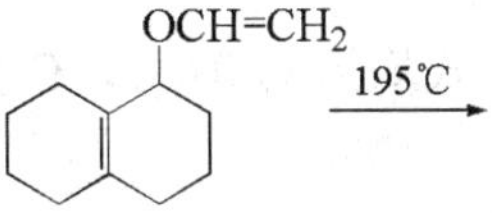

18.16 完成下列反应：

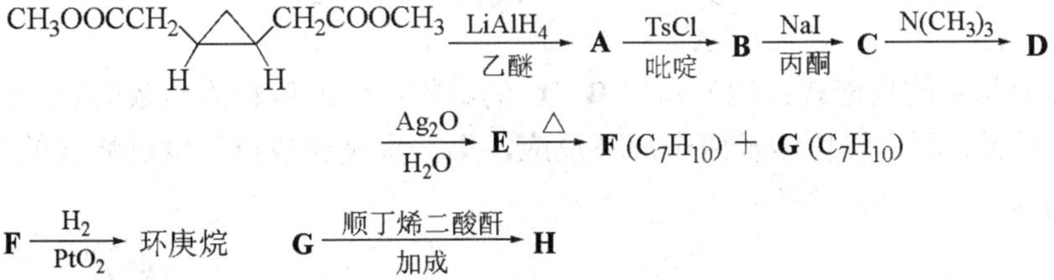

$\text{CH}_3\text{OOCCH}_2\text{—环丙烷—CH}_2\text{COOCH}_3$ $\xrightarrow[\text{乙醚}]{\text{LiAlH}_4}$ **A** $\xrightarrow[\text{吡啶}]{\text{TsCl}}$ **B** $\xrightarrow[\text{丙酮}]{\text{NaI}}$ **C** $\xrightarrow{\text{N(CH}_3)_3}$ **D**

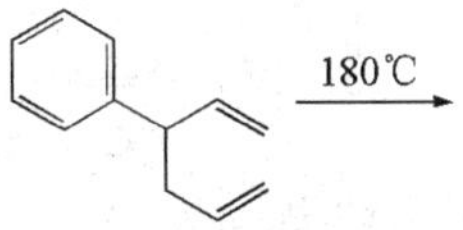

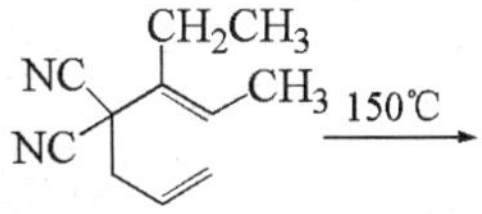

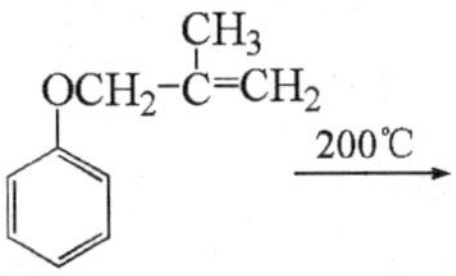

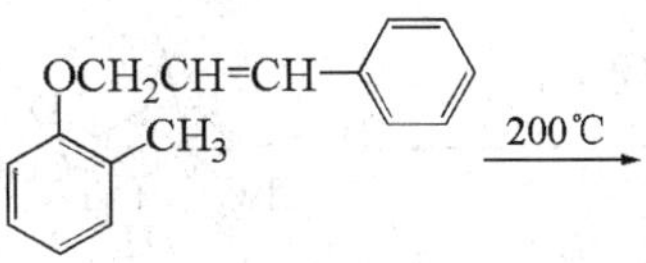

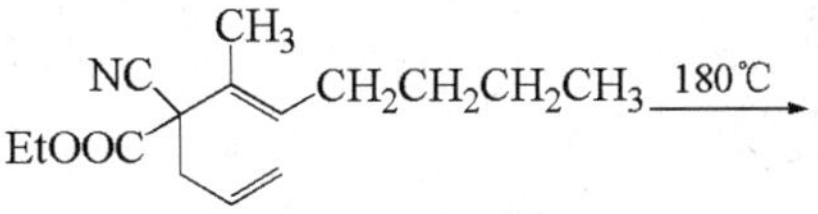

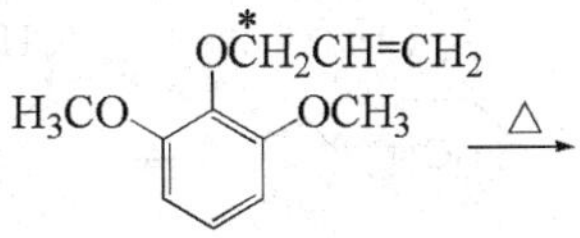

$\xrightarrow[\text{H}_2\text{O}]{\text{Ag}_2\text{O}}$ **E** $\xrightarrow{\triangle}$ **F** (C_7H_{10}) + **G** (C_7H_{10})

F $\xrightarrow[\text{PtO}_2]{\text{H}_2}$ 环庚烷   **G** $\xrightarrow[\text{加成}]{\text{顺丁烯二酸酐}}$ **H**

化合物 **F** 在 215 nm 以上的紫外区无吸收，**G** 在在紫外区 $\lambda_{max}^{己烷}=248$ nm，说明 **F** 和 **G** 形成的过程。

18.17 指出下列各步反应为何种类型的反应（电环化、环加成还是σ迁移），以及每步反应的立体化学（顺旋还是对旋，同面还是异面）。

(1) 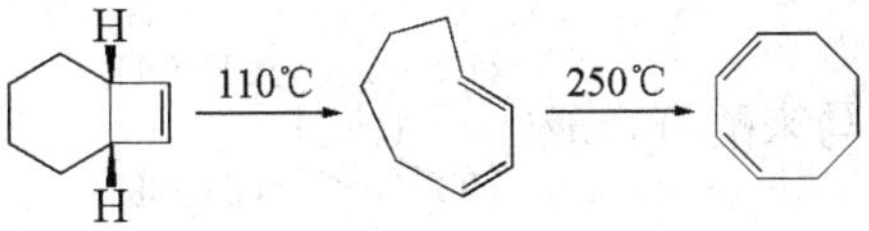 $\xrightarrow{110℃}$ $\xrightarrow{250℃}$

(2) 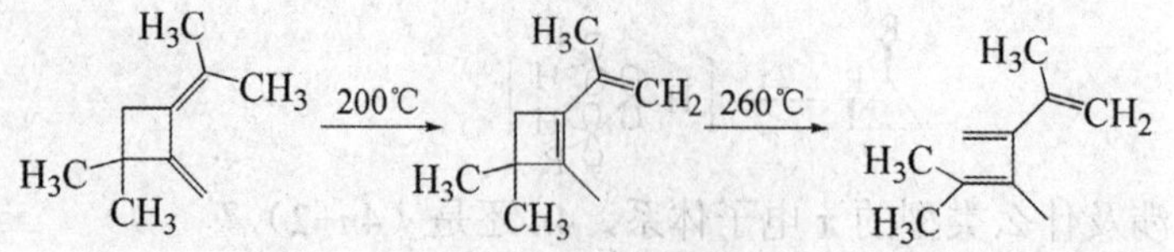 [structure diagrams showing thermal rearrangement at 200°C and 260°C]

18.18 解释以下 4,4'-二环庚烯基苯在加热或者光照条件下双键位置发生变化的原因。

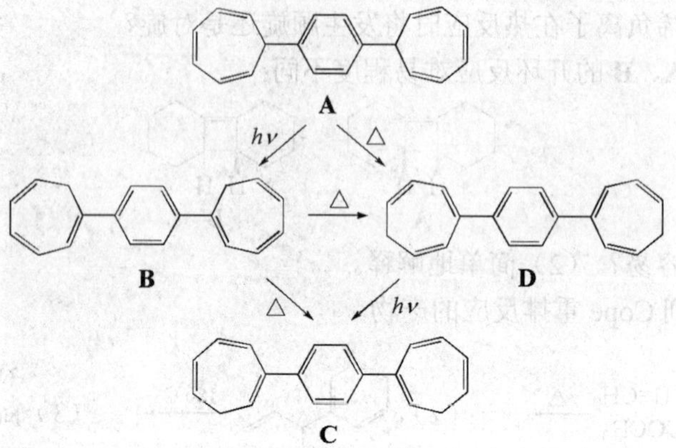

[structure diagrams A, B, C, D with hv and Δ interconversions]

18.19 试用（FMO）解释下面结果。

(1) 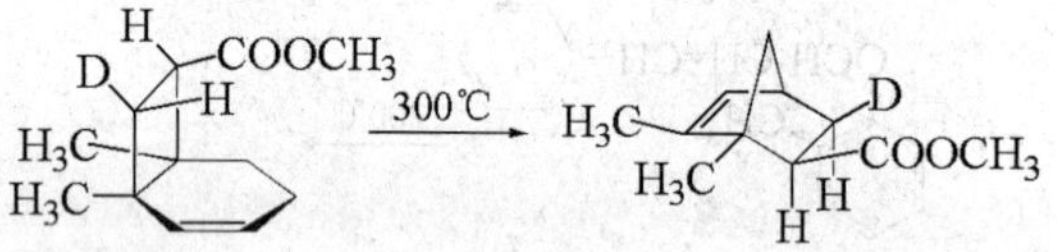 [structure diagram, 300°C rearrangement]

(2) 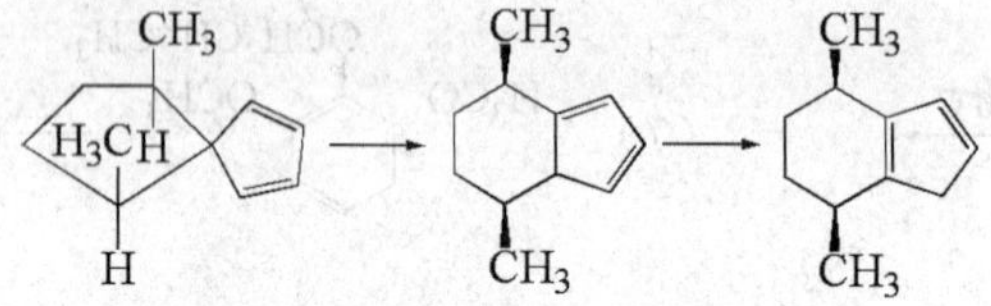 [structure diagrams of bicyclic rearrangements]

18.20 从化合物 **A** 经下列步骤得到化合物 **B** 和 **C**（分子式均为 $C_{11}H_{10}$），**C** 的 ^1H NMR 如下：$\delta\ 7.1$（8H），$\delta\ -0.5$（2H）。

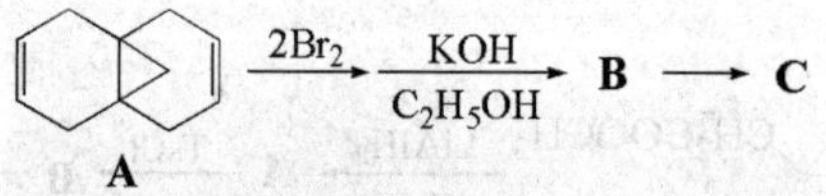

[structure A] $\xrightarrow{2Br_2}$ $\xrightarrow[C_2H_5OH]{KOH}$ **B** $\longrightarrow$ **C**

(1) 写出每步的反应式；(2) 写出 **B**、**C** 的结构；(3) 解释为负数的氢的化学位移。

18.21 下面的两步转化涉及两个周环反应，第一步是合成荷尔蒙雌激素的关键步骤。写出从原料到 **A** 再到产物的机制。

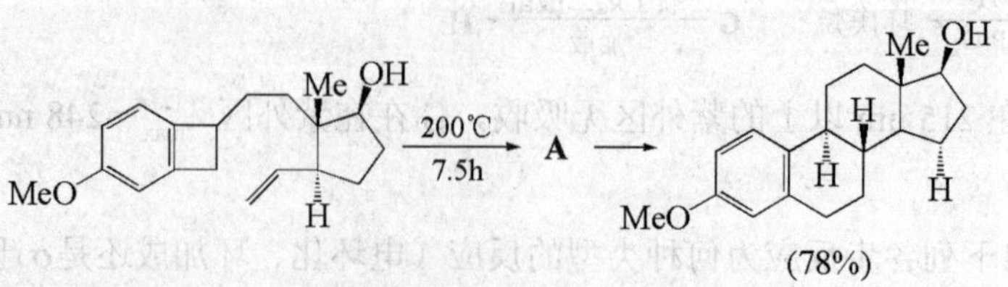

[structure] $\xrightarrow[7.5h]{200℃}$ **A** $\longrightarrow$ [steroid structure] (78%)

18.22 选择合适的原料或者用指定的原料合成以下化合物。

(1) 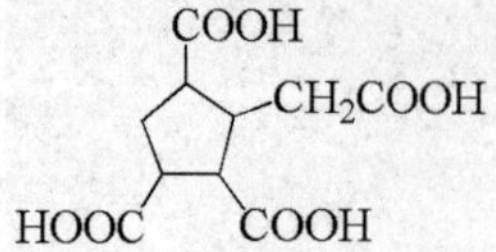 [cyclopentane tetracarboxylic acid structure]   (2) 用马来酸酐合成 [cyclohexane diol dimethanol structure]

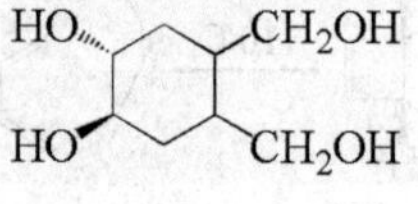

（3）用环戊二烯合成

五、习题参考答案

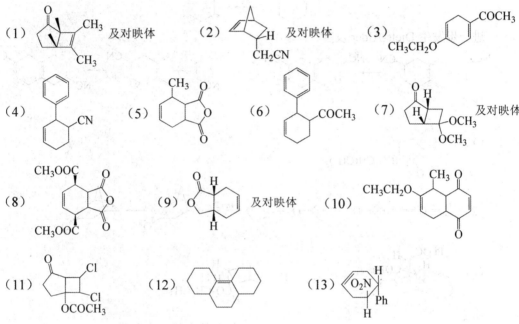

18.2（1）由于甲基的给电子效应的影响。

（2）由于位阻效应，使4-甲基-1,3-戊二烯的s-顺式构象处于不利的状态。

（3）这是典型的Diels-Alder反应，这个反应是通过环状过渡态进行的协同反应。共轭体系化合物必须以s-顺式立体构型才能与含有吸电子基的亲双烯体形成六元环过渡态，发生协同反应。

由于2个异丙基较大的立体位阻，2,3-二异丙基丁二烯不能转变成s-顺式构型，故不能发生Diels-Alder反应。

18.4 第一步为非协同的丙二烯二聚：

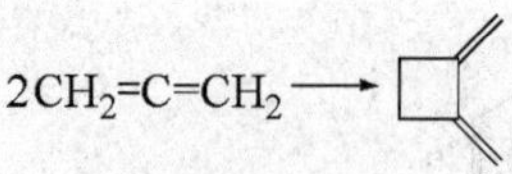

$$2CH_2=C=CH_2 \longrightarrow \text{[cyclobutane with two methylene groups]}$$

第二步为 Diels-Alder 反应：

[结构式：二亚甲基环丁烷 + CH₂=CHCN → 双环产物带CN]

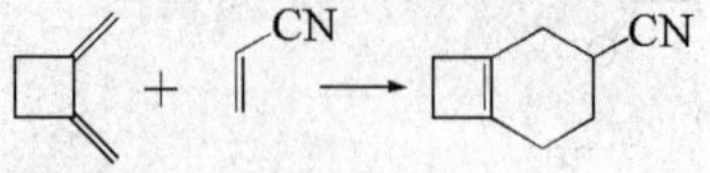

然后发生 4π 电子电环化开环反应：

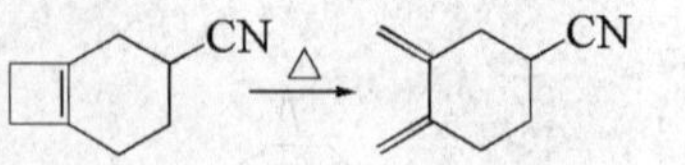

[结构式：双环中间体 —Δ→ 1-亚甲基-4-氰基-环己烯类]

进一步发生 Diels-Alder 反应：

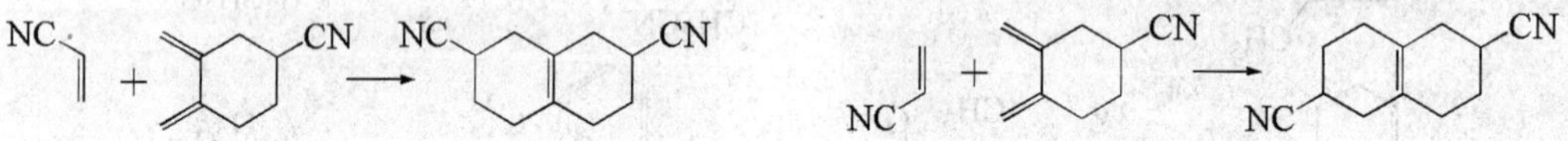

[结构式：CH₂=CHCN + 二烯 → 双氰基十氢萘类产物；再一次反应得到二取代产物]

18.5

（1）[降冰片烯与N-异丙基酰亚胺稠合结构]

（2） 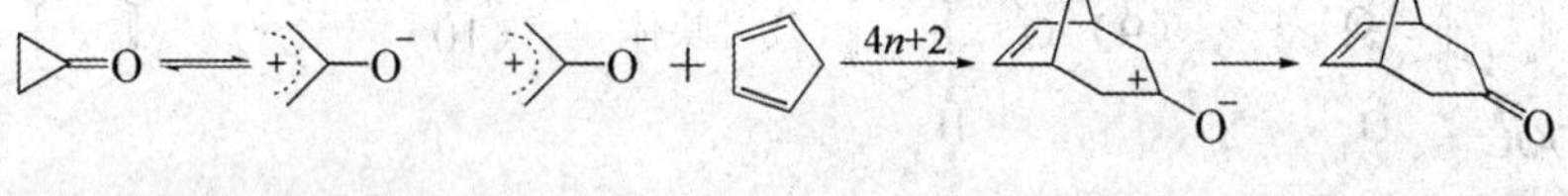
$$\triangleright\!\!-\!\!O \longrightarrow \overset{+}{\triangle}\!\!-\!\!O^- \quad \overset{+}{\triangle}\!\!-\!\!O^- + \text{环戊二烯} \xrightarrow{4n+2} \text{[双环正离子中间体]} \longrightarrow \text{[双环酮产物]}$$

（3）[蒽加成产物，带 PhOC, H, COPh 取代]

（4）[降冰片烯衍生物带 CO₂CH₂CH₃]

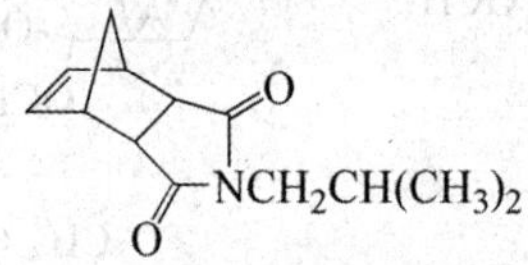

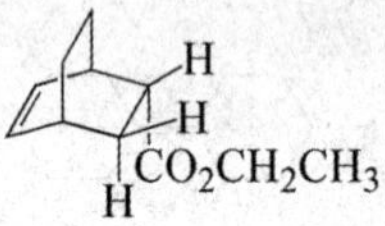

18.6

[两个环丁烷立体异构体结构图]

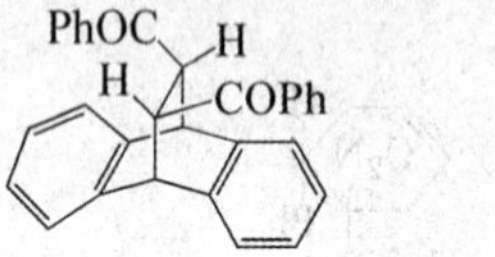

[分子轨道相互作用示意图：HOMO/LUMO 相互作用生成两种立体化学产物]

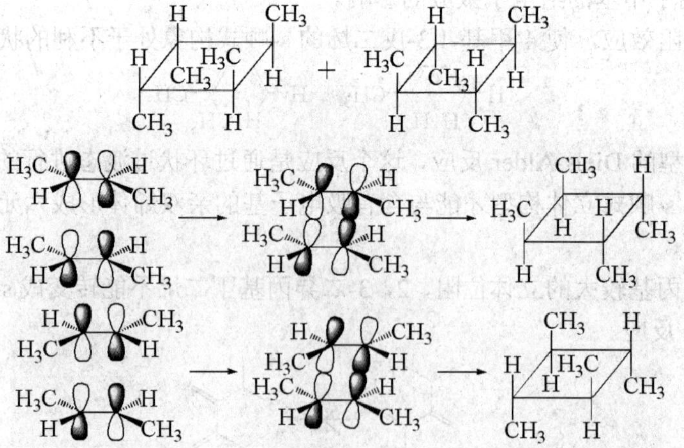

18.7

（1）对丁二烯的二聚可做以下图解：

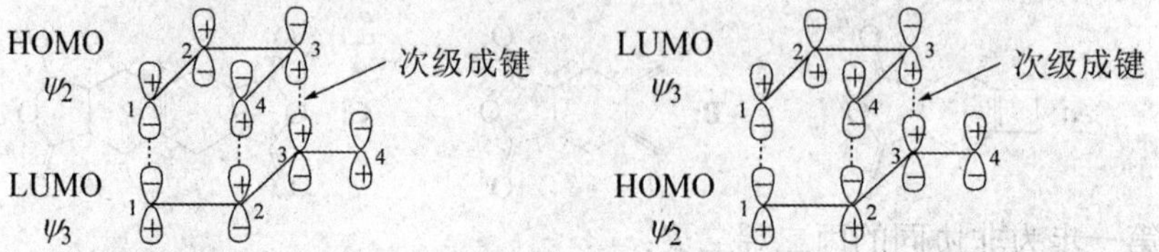

[HOMO ψ₂ 与 LUMO ψ₃ 相互作用图，标注"次级成键"；LUMO ψ₃ 与 HOMO ψ₂ 相互作用图，标注"次级成键"]

已知二烯的 C^1 与 C^4 与烯的 C^1 和 C^2 上位相相同的 2 个叶片互相重叠成键。如果加成为内向的，则在此过程中，二烯的 C^3 叶片与烯的 C^3 的同相叶片相互接近。其实在产物中二碳未曾成键，但这种原子减弱的暂时的成键有助于过渡态的稳定化。倘若加成反应为外向的，则此种次级成键不会发生，因为有关各原子彼此远离。

（2）对三烯与二烯的[6+4]环加成做下述图解：

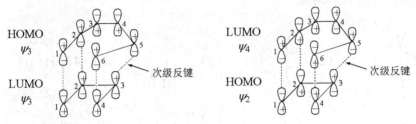

已知三烯的 C^1 与 C^6 与双烯的 C^1 及 C^4 上位相相同的叶片互相重叠成键，但三烯的 C^2 及 C^5 与二烯的 C^2 及 C^3 的并列叶片是反相的，在过渡状态中不发生次级成键，反向作用产生反键合，结果[6+4]环加成以外向方式发生。

18.8

（1）$(\pi_s^4 + \pi_s^6)$

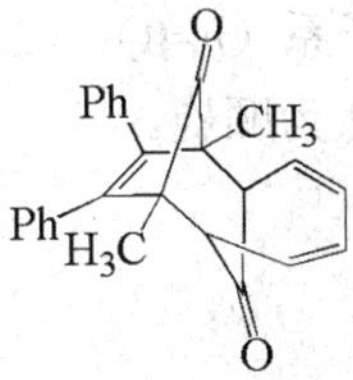

（2）$(\pi_s^{12} + \pi_s^2)$

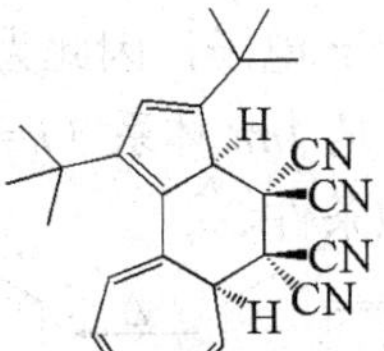

（3）$(\pi_s^8 + \pi_s^2)$

（4）$(\pi_s^4 + \pi_s^2)$

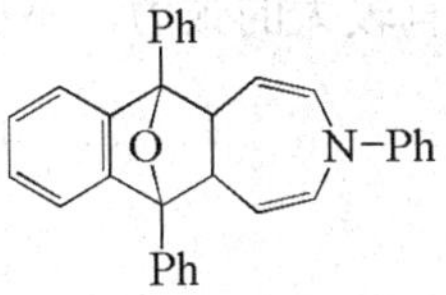

（5）$(\pi_s^6 + \pi_a^2)$

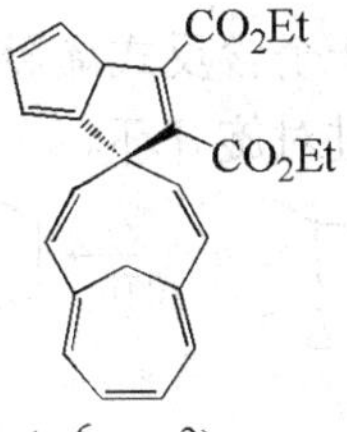

注：s-同面，a-异面。

18.9

（1） 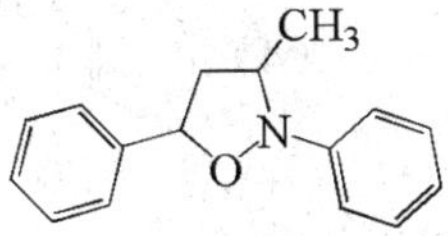 [structure] （CH_3CHO + C_6H_5—NHOH）$\longrightarrow$ [structure]

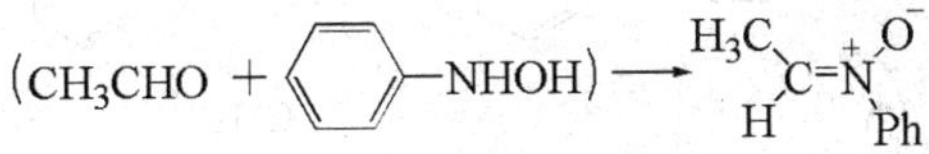

（2） [structure] $\xrightarrow{\text{互变异构}}$ [structure]

（3） [structure]

（4） [structure]

（5） [structure]

（6） [structure] $\xrightarrow{\text{互变异构}}$ [structure]

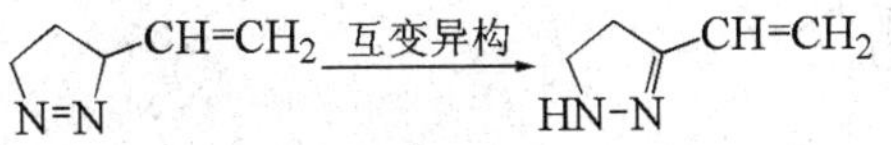

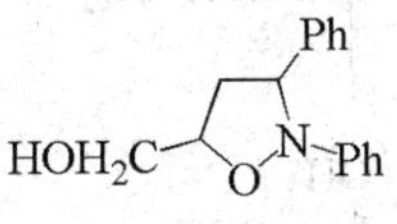

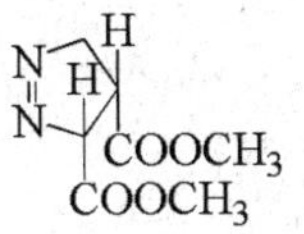

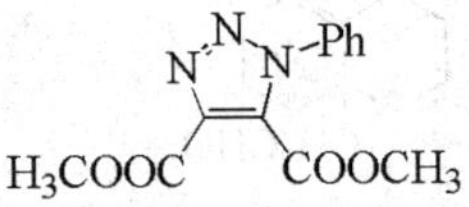

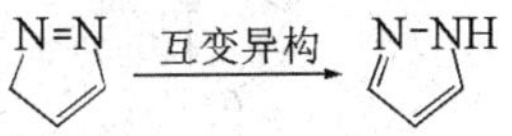

（7） （8）

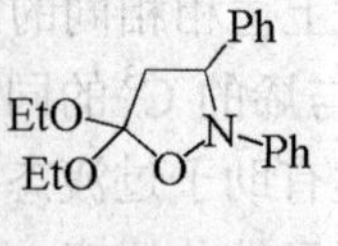

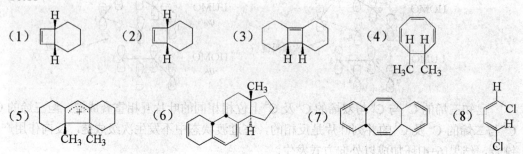

18.10 （1）热，对旋；（2）光，顺旋；（3）光，顺旋；（4）热，对旋；（5）光，顺旋；（6）热，顺旋；（7）光，对旋。

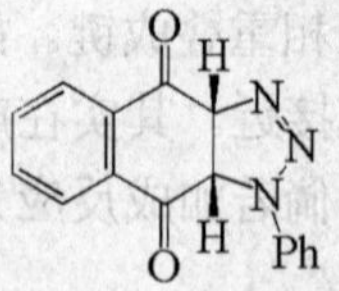

18.11

（1） （2） （3） （4）

（5） （6） （7） （8）

18.12 （1）先光照，顺旋开环；再加热对旋关环。（2）先光照，顺旋开环；再加热对旋关环。

18.13 （1）这个反应包含两个 π 电子，因此为（4*n*+2）π 电子系（*n*=0）；（2）形成烯丙基正离子；（3）环丙烯基负离子，是 4*n*π 体系（*n*=1），热反应必然为顺旋。

18.14 （1）**B** 较易，**A** 需激烈条件。

A

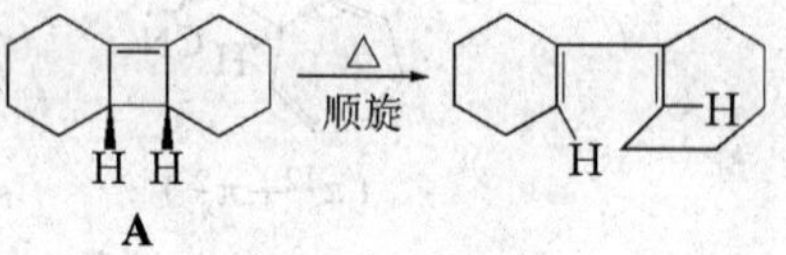

（2）A 加热顺旋协同开环产生一个含反式烯烃的六元环，有较大的张力，不稳定，开环十分困难，需激烈的光照条件，通过对旋开环。

B

B 加热顺旋开环，得两个顺式的六元环烯。

18.15

（1） （2） （3） （4）

（5） （6）

（7） （8）

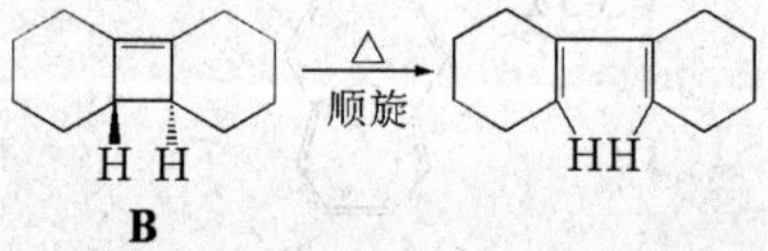

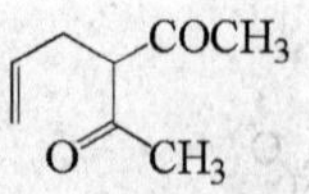

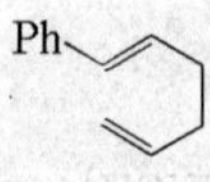

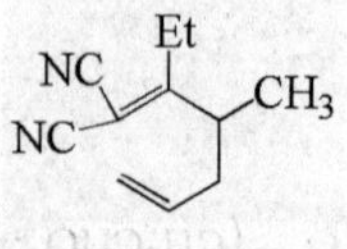

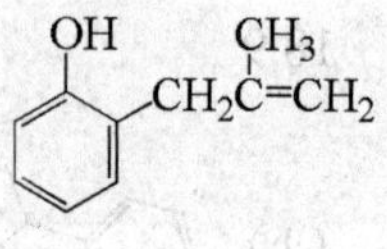

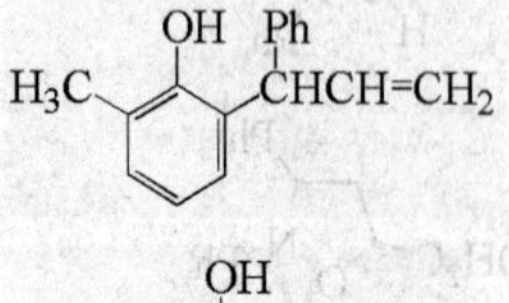

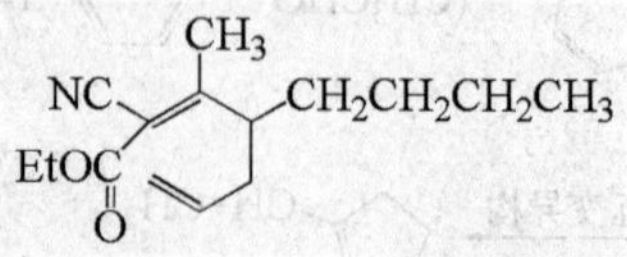

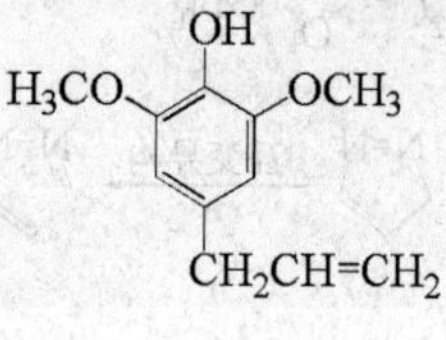

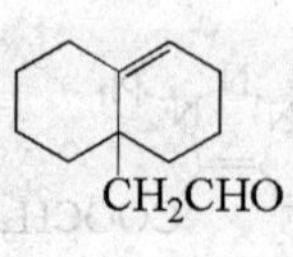

18.16

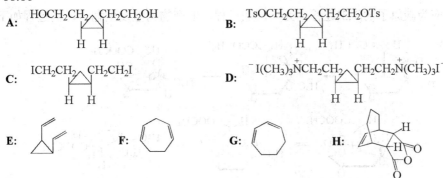

F 是化合物 **E** 在加热下进行[3+3]迁移得到：

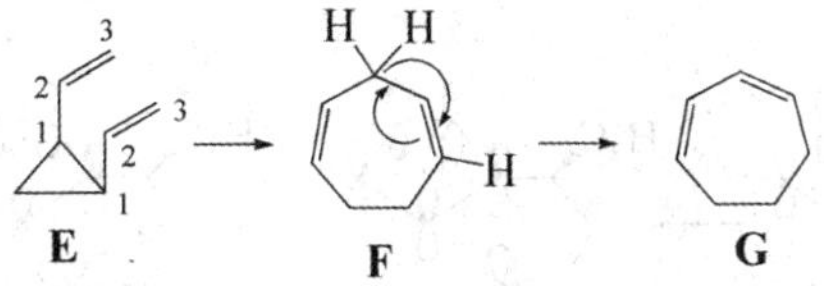

但 **F** 双键不共轭，故无紫外吸收。**G** 是 **F** 重排产物，双键共轭，故在紫外区有吸收。

18.17（1）第 1 步：电环化反应，涉及多烯 4π 电子，热，顺旋开环。

第 2 步：[1,5]-H 迁移，热，同面。

（2）第 1 步：[1,5]-H 迁移，热，同面。

第 2 步：电环化开环，涉及多烯 4π 电子，热，顺旋。

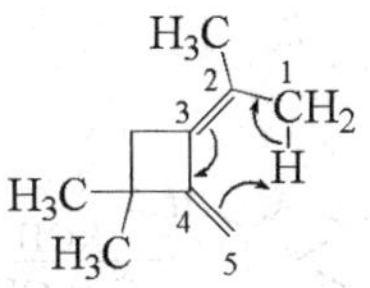

18.18

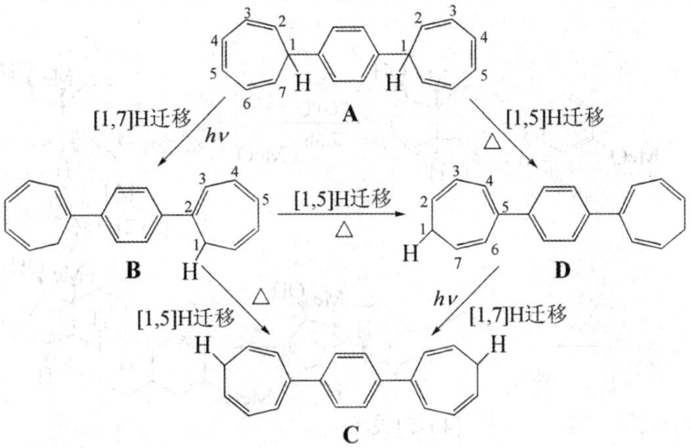

18.19

（1）反应为碳原子的[1,3]迁移，为一同面过程，但产物构型发生翻转，其过程如下：

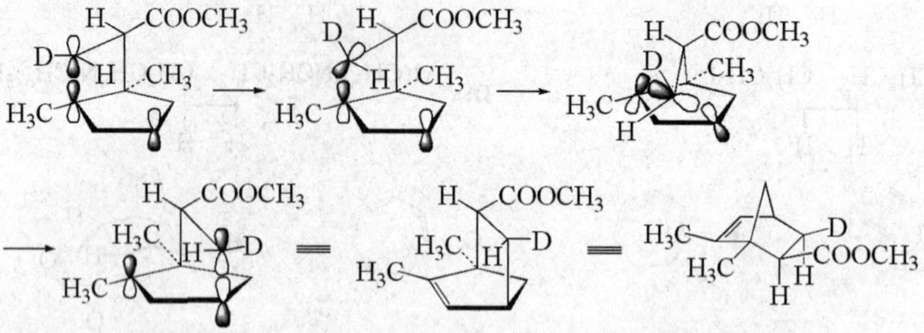

（2）反应为[1,5]烷基迁移，过程为同面平移，产物保持构型，然后再经一同面的[1,5]H迁移。

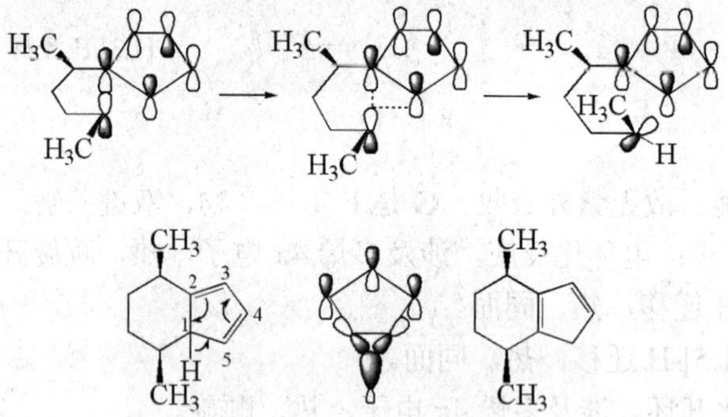

18.20

（1）（2）

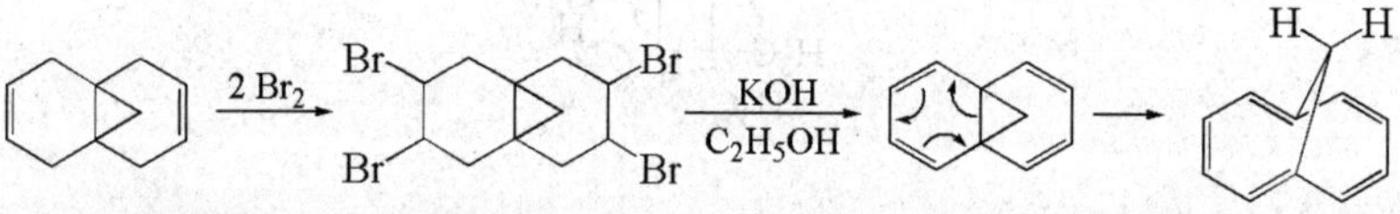

B **C**

（3）亚甲基桥上的氢在下面的芳香的环电流较强的屏蔽区。因此化学位移在 δ =0.5（2H）。

18.21

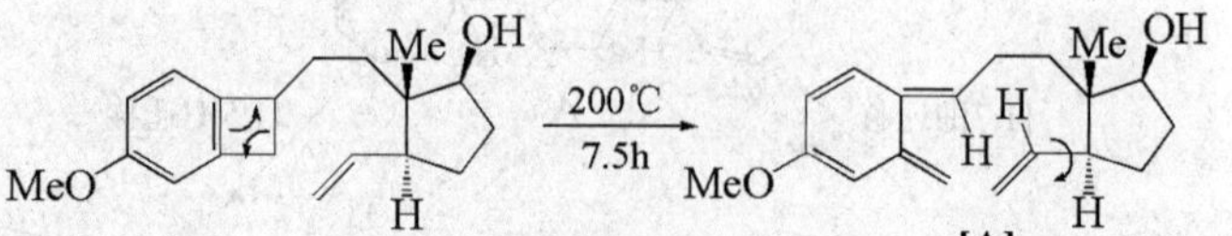

[A]

[2+2]开环

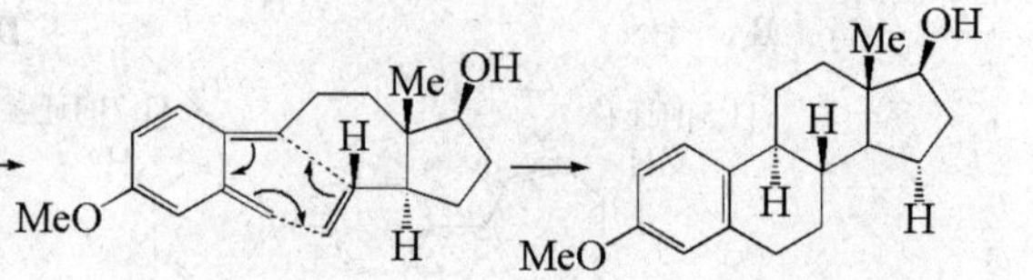

[4*n*+2]关环

18.22

第十九章 碳水化合物

一、复习要点

1. 糖类化合物的分类：单糖、寡糖、多糖。
2. 单糖的结构和构型。
（1）构型

在费歇尔（Fischer）投影式中，编号最大的手性碳原子上的羟基在右侧为 D 构型，在左侧为 L 构型。天然单糖属 D-系列。

$$\begin{array}{cccc}
\text{CHO} & \text{CHO} & \text{CHO} & \text{CHO} \\
\text{—OH} & \text{HO—} & \text{—OH} & \text{HO—} \\
\text{CH}_2\text{OH} & \text{CH}_2\text{OH} & \text{—OH} & \text{—OH} \\
& & \text{CH}_2\text{OH} & \text{CH}_2\text{OH} \\
D\text{-(+)-甘油醛} & L\text{-(-)-甘油醛} & D\text{-(+)-赤藓糖} & D\text{-(-)-苏阿糖}
\end{array}$$

（2）Haworth 式

用环状透视式表示糖的环状结构。

戊糖和己糖可发生内环化反应形成半缩醛或半缩酮，使没有手性的羰基碳变成手性碳原子，产生 α、β 两种异构体。如：

（图：α-D-葡萄糖 ⇌ 开链葡萄糖 ⇌ β-D-葡萄糖）

半缩醛（或酮）羟基与环上标号最大的手性碳原子的羟甲基处于同侧，则为 β 型；如果处于异侧，则为 α 型（参见上图）。如果编号最大的手性碳原子上没有羟甲基，则与此碳上的氢比较，如果与氢同侧，则为 β 型；如果与氢异侧，则为 α 型。

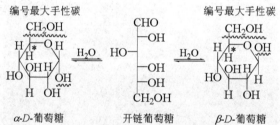

3. 单糖的化学性质。

单糖是多羟基醛酮类化合物，因此既具有羟基的性质，又具有醛酮的性质。又由于官能团的相互影响，还有许多特殊性。

（1）糖链的递增反应（Kiliani）

$$\text{糖} \xrightarrow{HCN} \xrightarrow[H_3^+O]{Ba(OH)_2} \xrightarrow{Na\text{-}Hg} \text{增加一个碳的糖}$$

（2）糖链的递降反应

①Wohl 递降法

$$\text{糖} \xrightarrow{H_2NOH} \xrightarrow[NaOAc]{Ac_2O} \xrightarrow[MeO^-]{\text{碱}} \text{低一级的糖}$$

②Ruff 递降法

$$\text{糖} \xrightarrow{\text{氧化}} \text{糖酸} \xrightarrow{Ca(OH)_2} \xrightarrow[H_2O_2]{Fe(OAc)_3} \alpha\text{-羰基酸} \xrightarrow{\text{脱羧}} \text{低一级的糖}$$

（3）氧化

醛糖用溴水氧化成糖酸；用稀硝酸氧化成糖二酸；用高碘酸氧化发生碳链断裂（邻二醇型、α-羟基醛型、α-羟基酮型）。

（4）还原

用 $NaBH_4$ 或催化氢化还原成多元醇。

（5）脎（Osazone）的生成

糖与苯肼作用生成脎（参见本章例 2）。

（6）成苷、成醚、成酯

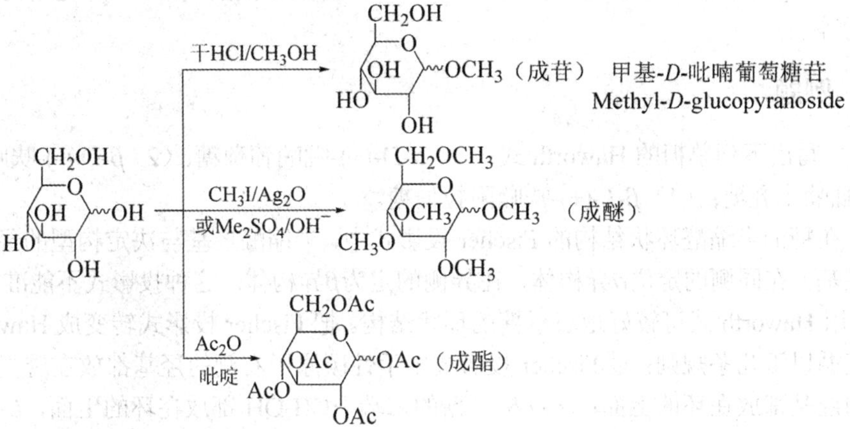

干HCl/CH3OH
CH2OH
OH
HO
OH
OCH3（成苷）
甲基-D-吡喃葡萄糖苷
Methyl-D-glucopyranoside
CH3I/Ag2O
或Me2SO4/OH−
CH2OCH3
OCH3
CH3O
OCH3（成醚）
Ac2O
吡啶
CH2OAc
OAc
AcO
OAc（成酯）

（7）与醛酮生成环状缩醛或缩酮

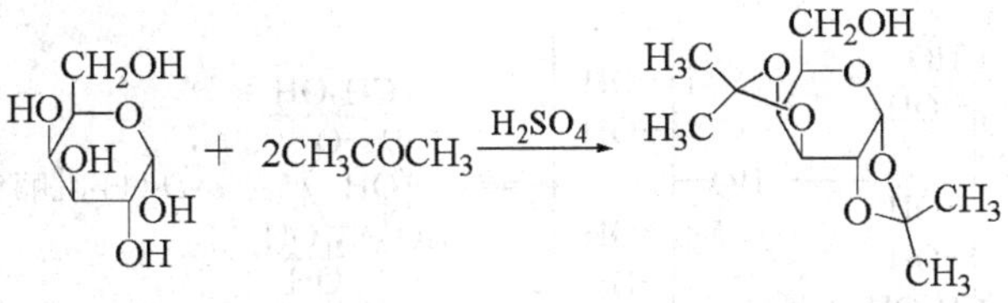

CH2OH
HO
OH
OH
OH
+ 2CH3COCH3
H2SO4
H3C
H3C
CH3
CH3

4. 寡糖，也称低聚糖，一般可看做是由两个到十个左右的单糖失水而成的糖类。

5. 多糖。多糖是由十个以上甚至几百、几千个单糖通过糖苷键相连构成的。如：纤维素（Cellulose）、β-1,4-糖苷键。

淀粉（Starch）主要由α-1,4-糖苷键连接，每隔 20~25 个葡萄糖单元含有一个α-1,4-糖苷键。如为支链淀粉除α-1,4-糖苷链，还存在α-1,6-糖苷链。

二、新概念

碳水化合物（Carbohydrates）亦称糖（Saccharides）、单糖（Momosaccharide）、寡糖（Aligosaccharide）、多糖（Polysaccharide）、苷键（Glucosidic Bond）、糖苷（Glycoside）、抗坏血酸（Ascorbic Acid）、差向异构体（Emimer）、变旋现象（Mutamerism）、淀粉（Starch）、甘油醛（Glyceraldehyde）、呋喃糖（Furanose）、吡喃糖（Pyranose）

常见糖类化合物的中、英文名称：

中文名	英文名	中文名	英文名
葡萄糖	Glucose	蔗糖	Sucrose
甘露糖	Mannose	麦芽糖	Maltose
半乳糖	Galactose	乳糖	Lactose
果糖	Fructose	纤维二糖	Cellobiose
核糖	Ribose	脱氧核糖	Ribodesose
赤藓糖	Erythrose	苏阿糖	Threose

三、结构鉴别和结构测定方法

用 Fehling 试剂、Tollens 试剂、Benedict 试剂鉴别还原糖；测定：开链结构、环尺寸、立体结构等。

四、例题

例 1 写出下列单糖的 Haworth 式：（1）α-D-(+)-吡喃葡萄糖；（2）β-D-(-)-呋喃果糖；（3）β-D-(+)-吡喃半乳糖；（4）β-L-(+)-呋喃阿拉伯糖。

解 在糖的半缩醛环状结构的 Fischer 投影式中，半缩醛羟基与决定构型的羟基（倒数第二位的羟基）在同侧的定位 α 异构体，在异侧的定为 β 异构体。这种投影式不能准确地表示环状结构。用 Haworth 式可较好地表示糖的环状结构。把 Fischer 投影式转变成 Haworth 投影式时，要遵循以下几条规则：①Fischer 投影式中手性碳原子右侧的羟基都放在透视环的下面，而左侧的羟基都放在环的上面；②D 构型糖的末端—CH_2OH 都放在环的上面，L 构型的放在环的下面。

（1）

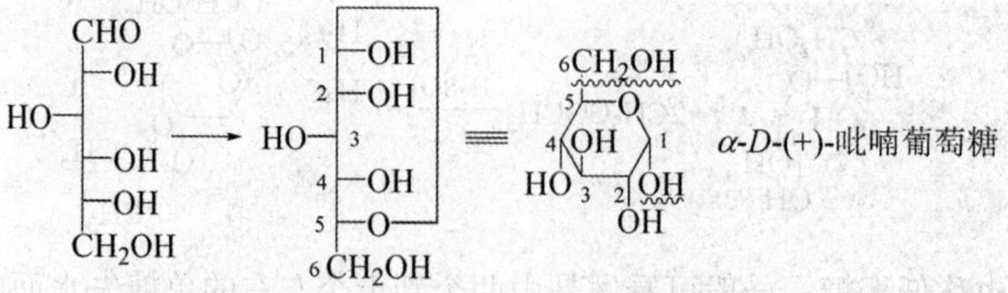

α-D-(+)-吡喃葡萄糖

（2）

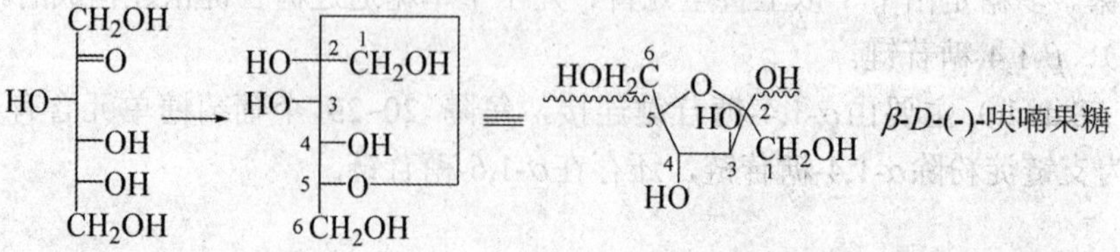

β-D-(-)-呋喃果糖

(3)

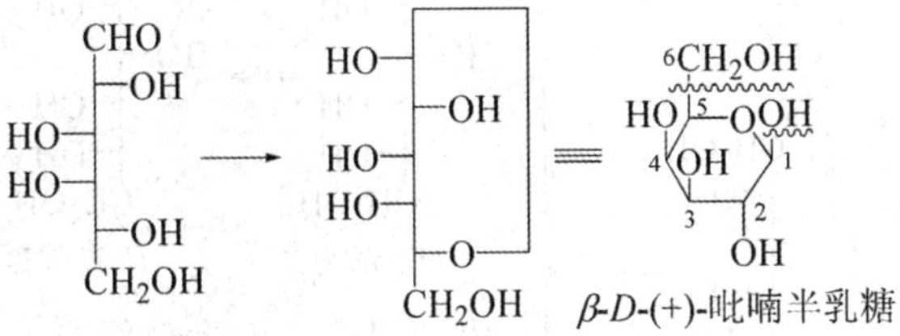

$$\begin{array}{c} \text{CHO} \\ |\text{—OH} \\ \text{HO—}| \\ \text{HO—}| \\ |\text{—OH} \\ \text{CH}_2\text{OH} \end{array} \longrightarrow \text{[环式]} \equiv \beta\text{-}D\text{-}(+)\text{-吡喃半乳糖}$$

(4)

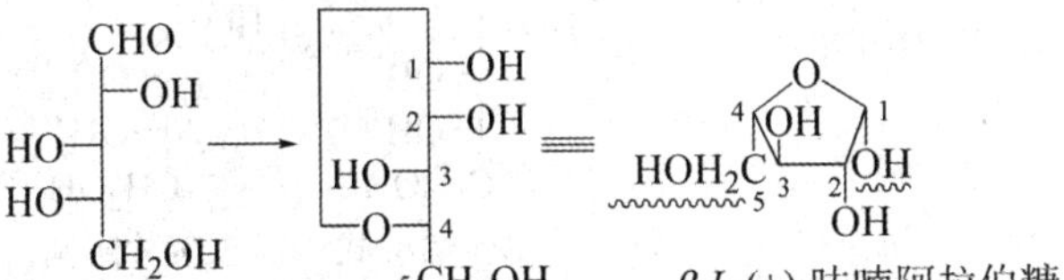

$$\begin{array}{c} \text{CHO} \\ |\text{—OH} \\ \text{HO—}| \\ \text{HO—}| \\ \text{CH}_2\text{OH} \end{array} \longrightarrow \text{[环式]} \equiv \beta\text{-}L\text{-}(+)\text{-呋喃阿拉伯糖}$$

例2 写出葡萄糖成脎的反应机理。

解

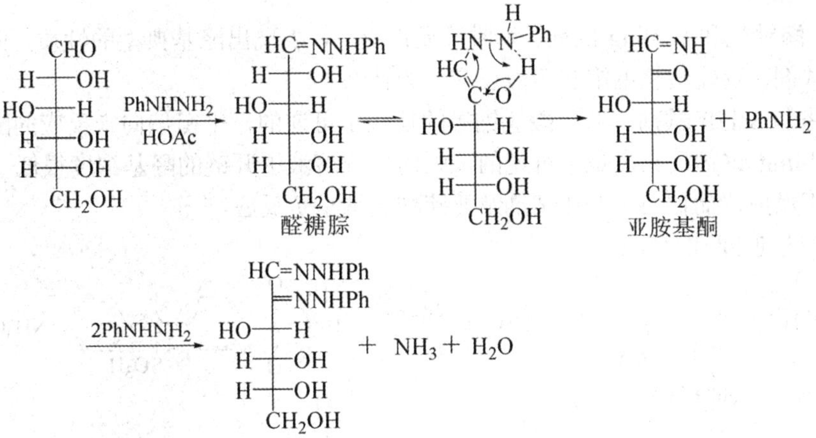

[反应机理示意图：葡萄糖与 PhNHNH$_2$/HOAc 反应生成醛糖腙，经分子内氧化还原转变为亚胺基酮 + PhNH$_2$，再与 2PhNHNH$_2$ 反应生成脎 + NH$_3$ + H$_2$O]

首先形成的苯腙发生分子内的氧化还原作用转变成亚胺基酮和苯胺，亚胺基酮再和两分子苯肼反应，得到脎。

为什么在形成脎后不再重复前面的反应呢，这与脎可形成稳定的六元螯合环有关:

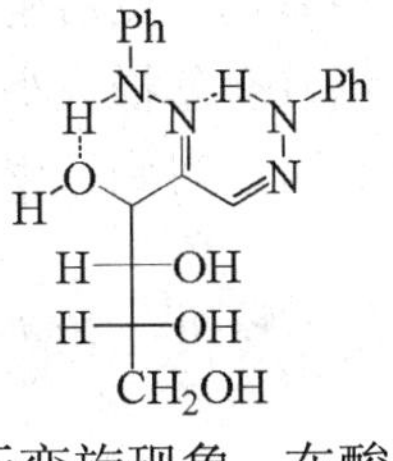

[六元螯合环结构图]

例3 葡萄糖苷在碱性水溶液中无变旋现象，在酸性水溶液中却有变旋现象，试解释之。

解 因为葡萄糖苷是个缩醛，缩醛在碱性水溶液中稳定，因此无变旋现象；缩醛在酸性水溶液中发生互变，故呈变旋现象。

例4 果糖是酮糖，为什么也可以像醛糖一样和 Tollens、Fehling 试剂反应？但它不能与溴水反应？

解 果糖在碱性溶液中可差向异构化，存在如下平衡：

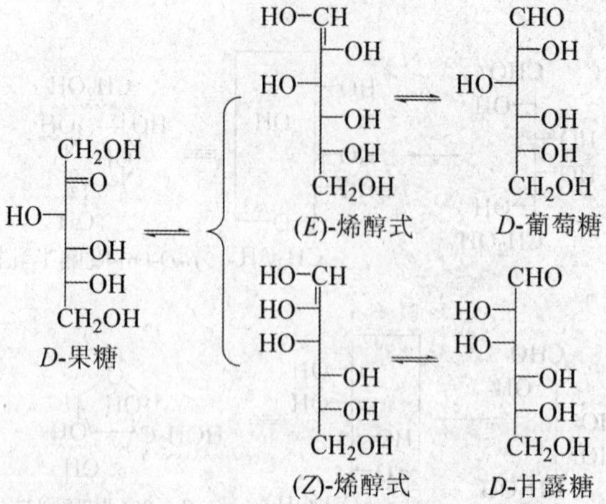

[D-果糖 ⇌ (E)-烯醇式 ⇌ D-葡萄糖; (Z)-烯醇式 ⇌ D-甘露糖 互变异构图示]

Tollens 和 Fehling 试剂呈碱性，果糖在其中发生差向异构化，部分转变为葡萄糖和甘露糖，因此显正反应。但溴水 pH = 6，略显酸性，上述平衡不存在，因此呈负反应，故用溴水可鉴别酮糖和醛糖。

例 5 醛糖能和 Fehling 试剂、苯肼等显正反应，表现出醛基典型的性质，但它不和许夫（Schiff）试剂、亚硫酸氢钠饱和溶液反应，为什么？

解 醛和 Schiff 试剂、亚硫酸氢钠等的反应是可逆的，平衡偏向未反应的醛一边。成脎以及和 Fehling 试剂反应，是不可逆的，因而尽管溶液中开链的醛基浓度很低（0.02%），也可显示出正反应，而糖与 Schiff 试剂及亚硫酸氢钠呈负反应。

Schiff 试剂与醛的反应：

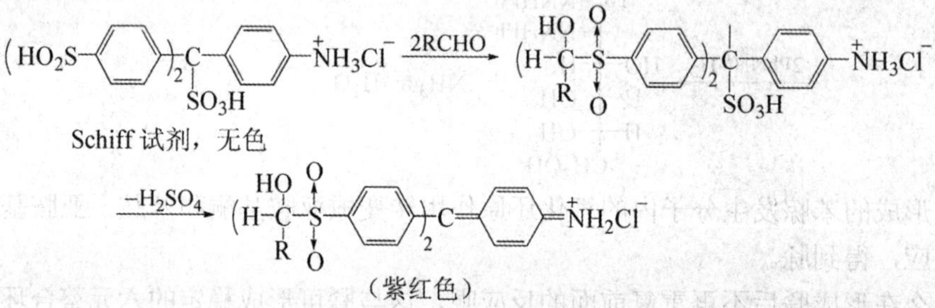

[Schiff 试剂（无色）+ 2RCHO → 加成产物 → (紫红色) 反应式图示]

例 6 结晶的甲基 α-D-果糖苷经甲基化，然后硝酸氧化，得到三甲氧基戊二酸和二甲氧基丁二酸。试问：(1) 这表明该己酮糖苷有怎样大小的环？(2) 写出该糖苷的 Haworth 式；(3) 葡萄糖苷经过类似的处理，氧化也可以得到三甲氧基戊二酸和二甲氧基丁二酸，它们的产物有区别吗？

解 (1) 氧化反应产生三甲氧基戊二酸和二甲氧基丁二酸，表明断裂发生在 C_1、C_2 之间或 C_2、C_3 之间。

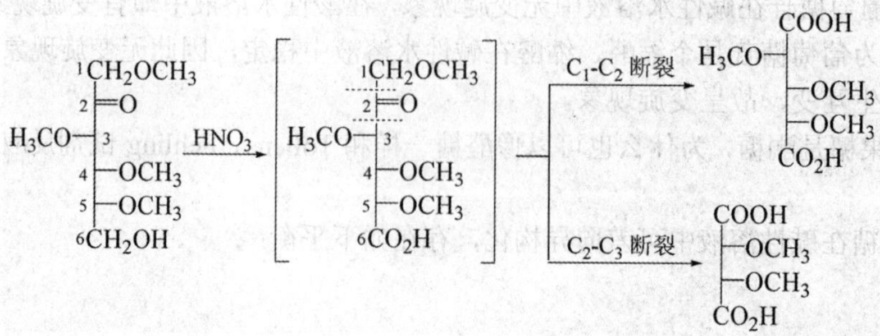

[果糖苷甲基化及 HNO₃ 氧化反应式，C₁-C₂ 断裂得三甲氧基戊二酸 COOH-OCH₃-OCH₃-CO₂H，C₂-C₃ 断裂得二甲氧基丁二酸 COOH-OCH₃-OCH₃-CO₂H 图示]

该甲基 α-D-果糖苷应是六元环。

（2）

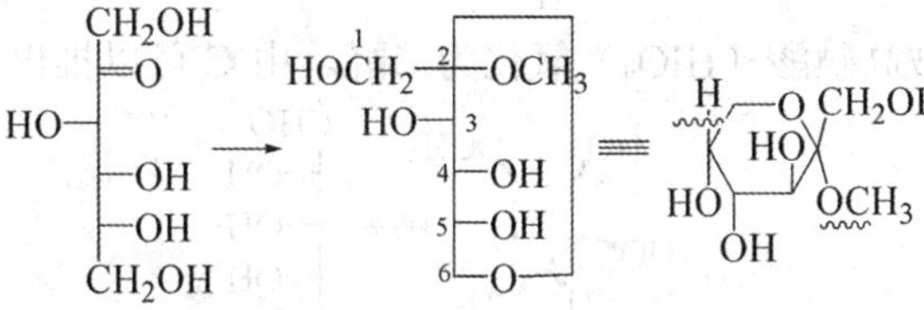

（3）它与葡萄糖断裂生成产物的构型不同：

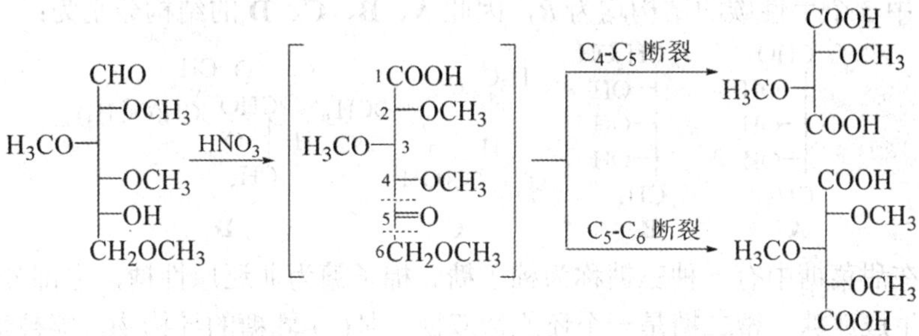

例7 某旋光的 D 型己醛糖 **A** 经 $NaBH_4$ 还原得到糖醇 **B**，**B** 无旋光活性。**A** 经①溴水，②$Ca(OH)_2$，③Fe^{3+}，H_2O_2 降解得到戊醛糖 **C**。**C** 经 HNO_3 氧化得戊二酸 **D**，**D** 有旋光性。试推断 **A** 的构型式。

解 可氧化得有旋光性 **D** 的戊二醛糖有 2 种：

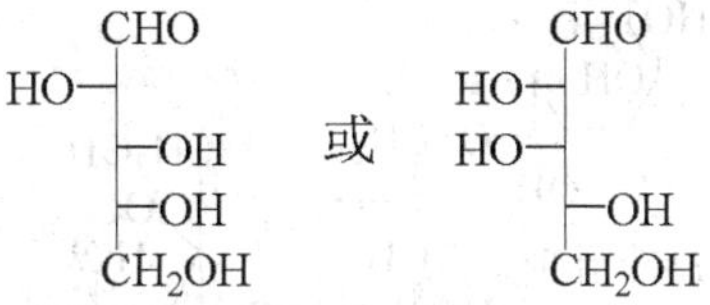

这两种戊醛糖可分别由下面 4 种己醛糖降解得到：

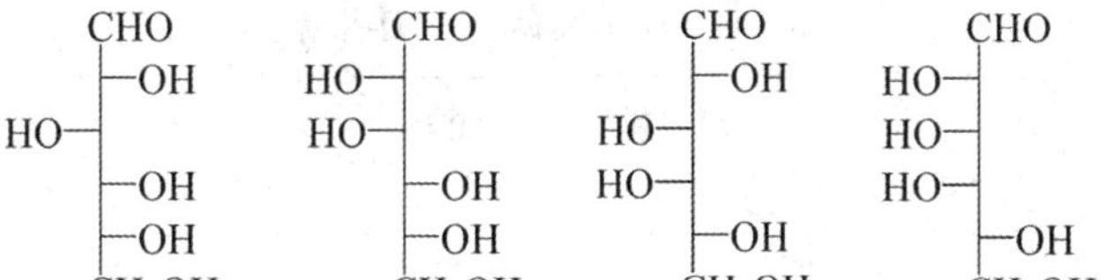

D-葡萄糖　　D-甘露糖　　D-半乳糖　　D-塔罗糖

其中经 $NaBH_4$ 还原得无旋光活性的糖醇 **B** 的 **A** 为 D-半乳糖。

例8 旋光活性化合物 **A**（$C_5H_{10}O_4$），有 3 个手性碳，构型均为 R。**A** 与 NH_2OH 反应生成肟。**A** 用 $NaBH_4$ 处理得旋光活性化合物 **B**（$C_5H_{12}O_4$），**B** 与醋酸酐反应得四乙酯，在酸存在下，**A** 与甲醇作用生成 **C**（$C_6H_{12}O_4$），**C** 与 HIO_4 反应得到 **D**（$C_6H_{10}O_4$），**D** 经酸性水解得乙二醛（$O=CH-CH=O$）和 D-甘油醛及甲醇。试写出 **A**、**B**、**C**、**D** 的结构。

解：根据 **D** 经酸性水解得到的产物分析，可推出 **D** 应为缩醛，其结构为

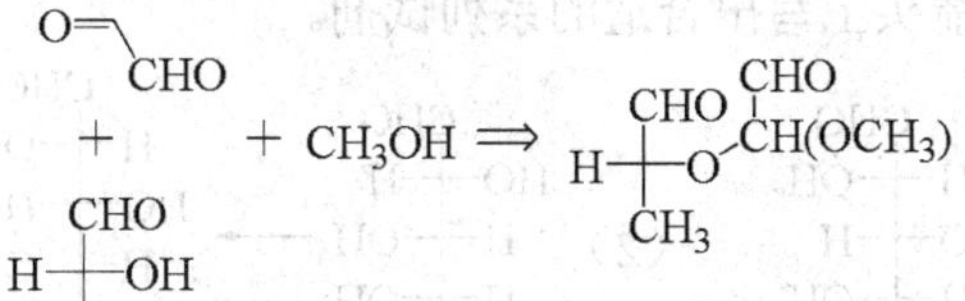

从 **D** 可以推出 **C** 为：

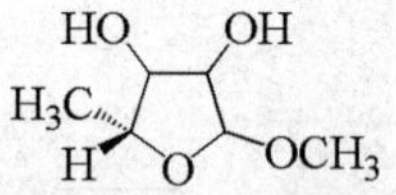

因 C 中的邻二醇被高碘酸（HIO₄）氧化为二醛。由 C 可以推出 A：

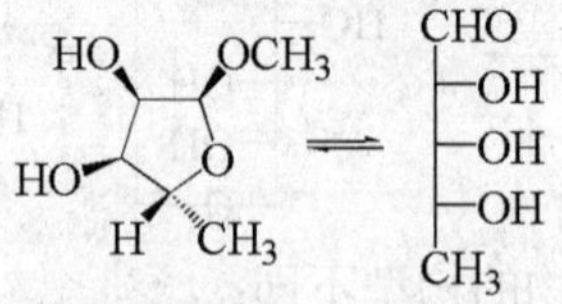

由于 A 中 3 个手性碳的结构均为 R，因此 A、B、C、D 的结构分别为：

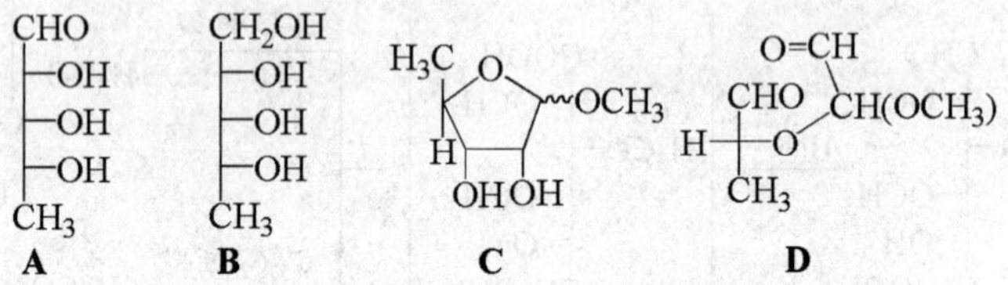

例 9 在甜菜糖中有一种三糖称为棉子糖。棉子糖为非还原性糖，它部分水解后除得蜜二糖外，还生成蔗糖。蜜二糖是一个还原性双糖，是(+)-乳糖的异构物，能被麦芽糖酶水解，但不能被苦杏仁酶水解。蜜二糖经溴水氧化后彻底甲基化在酸催化水解，得 2,3,4,5-四-O-甲基-D-葡萄糖酸和 2,3,4,6-四-O-甲基-D-半乳糖。试写出棉子糖的结构式。

解 棉子糖的结构如下：

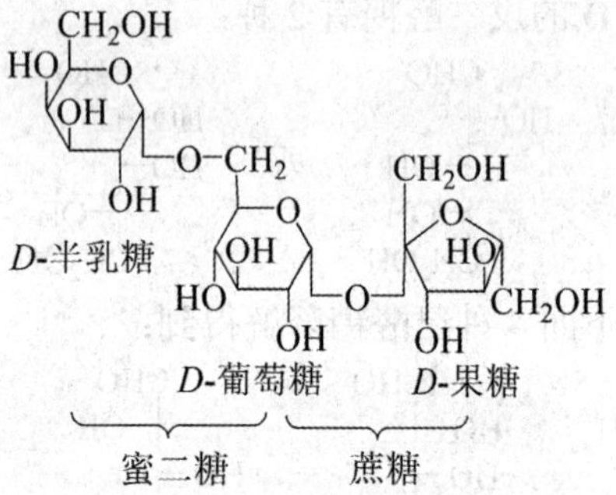

五、习题

19.1 写出 D-(+)-甘露糖与下列物质反应的产物及名称：(1) 羟氨；(2) 苯肼（过量）；(3) 溴水；(4) HNO_3；(5) HIO_4；(6) 乙酐；(7) 苯甲酰氯，吡啶；(8) CH_3OH，HCl；(9) 产物（8）+ $(CH_3)_2SO_4$，NaOH；(10) 产物（9）+稀 HCl；(11) 产物（10）$KMnO_4/H^+$；(12) $NaBH_4$；(13) H_2，Ni；(14) HCN，然后水解；(15) 产物（14）+Na-Hg，CO_2。

19.2 D-(+)-半乳糖怎样转化成下列化合物？试写出其反应式：(1) β-D-甲基半乳糖苷；(2) 甲基-β-D-2,3,4,6-四-O-甲基半乳糖苷；(3) 2,3,4,6-四-O-甲基-D-半乳糖；(4) 塔罗糖；(5) 来苏糖；(6) D-酒石酸。

19.3 在下列反应式的箭头上写出合适的系列试剂。

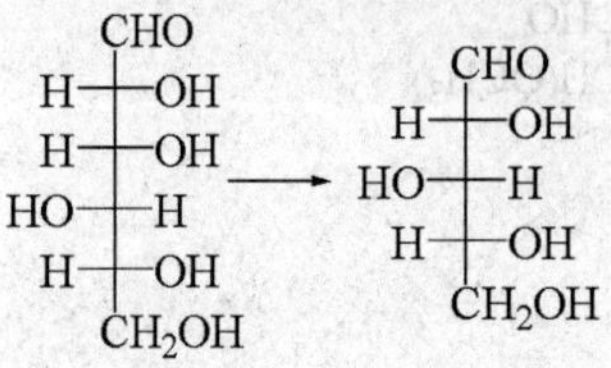

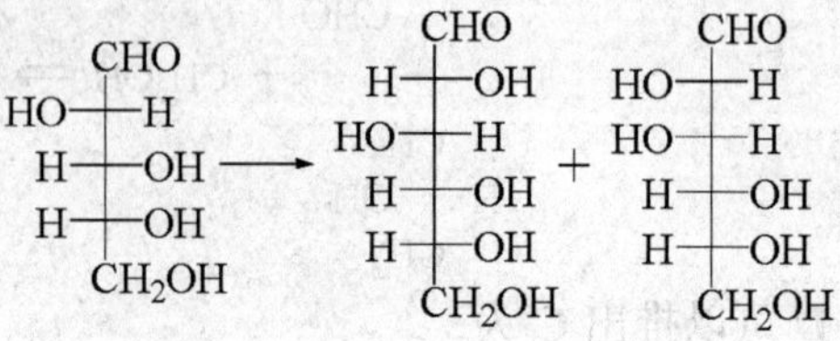

19.4 果糖用 Kiliani 合成法再用 HI 处理得到 2-甲基己酸：（1）写出整个过程的反应式；（2）说明为什么此反应可证实果糖的结构；（3）写出 HI 转变羟基为烃的历程。

19.5 核糖水溶液的平衡体系中，76%以吡喃形式存在，24%以呋喃形式存在，写出β-D-吡喃核糖和α-D-呋喃核糖的 Haworth 式。

19.6 将下列糖的 Fischer 投影式写成 Haworth 式及稳定构象。

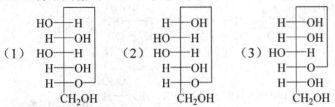

19.7 写出下列化合物最稳定的构象：（1）α-D-吡喃阿拉伯糖；（2）β-D-吡喃果糖；（3）β-L-(-)-吡喃葡萄糖；（4）纤维二糖；（5）蔗糖。

19.8 完成下列反应。

19.9（1）糖类化合物在碱性介质中可以发生差向异构，如果反应在 D_2O 中进行，分析产物发现：葡萄糖和苷露糖的氘原子连在 C_2 上，果糖的氘原子连在 C_1 上，此事实说明反应是怎样进行的？（2）在 D_2O 中果糖的差向异构化得产物，每分子平均含有 1.7D，解释此现象。

19.10 用什么实验方法可以鉴别下述异构体。

（1）HOCH$_2$CHCH(OH)CH(OH)CH(OH)CHCOCH$_3$
         └────────O────────┘

（2）HOCH$_2$CHCH(OH)CH(OH)CH(OCH$_3$)CHOH
         └────────O────────┘

（3）HOCH$_2$CHCH(OH)CH(OCH$_3$)CH(OH)CHOH
         └────────O────────┘

19.11 用简单化学方法鉴别下列化合物：（1）己六醇和 D-葡萄糖；（2）D-葡萄糖和 D-果糖；（3）葡萄糖和蔗糖；（4）葡萄糖与淀粉；（5）蔗糖与淀粉；（6）β-D-甲基吡喃葡萄糖苷和 2,3,4,6-四-O-甲基-β-D 吡喃葡萄糖；（7）α-D-甲基呋喃核糖苷（Ⅰ）和α-D-甲基呋喃-2-脱氧核糖苷（Ⅱ）：

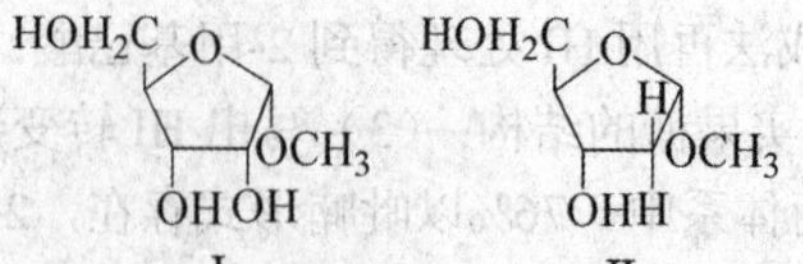

19.12 D-(+)-甘油醛为原料，通过下面步骤合成酒石酸：

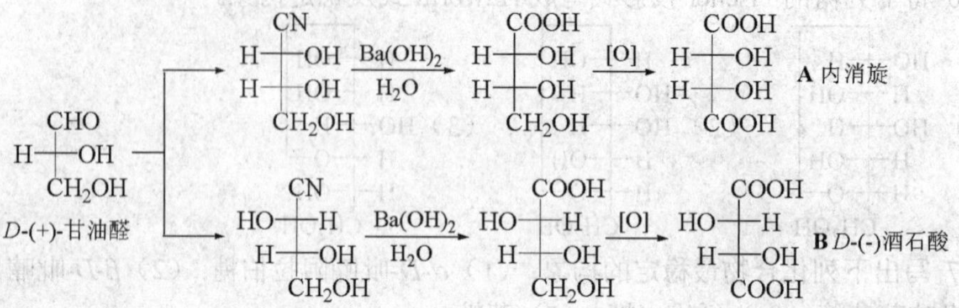

得到两种产物 **A** 和 **B**，其比例约为 1:3，问：

（1）反应以哪种产物为主？为什么？（2）如以外消旋的甘油醛为原料以同样的反应程序合成酒石酸，得到几种产物？产物是否有旋光性？

19.13　α和β-D-吡喃葡萄糖在酸催化下可以互变，提出一种互变机理，并用弯箭头表示电子转移的方向。

19.14　围绕 D-甘露糖的旋光方向问题有两个学生发生了争论。一个学生说他在参考书上看到的 D-甘露糖是右旋的，另一个学生说他看到的是左旋。两人争执不下，只好去请教老师，老师笑着回答说："你们两个的说法都是正确的。"这是怎么回事？

19.15　（1）邻羟基醛和酮被高碘酸氧化，得到羧酸及羰基化合物，写出其反应的历程。

（2）如果采用标记的高碘酸 $HI^{18}O_4$，写出其氧化产物。

$$R-\overset{O}{\underset{}{C}}-\overset{OH}{\underset{H}{C}}-R' + HI^{18}O_4 \longrightarrow$$

（3）写出 1 mol 甲基-α-D-吡喃葡萄糖苷被高碘酸氧化的中间物。整个反应消耗了几摩尔高碘酸？

（4）用高碘酸氧化甲基-β-D-吡喃葡萄糖苷、甲基-α-D-吡喃甘露糖苷、甲基-α-D-吡喃半乳糖苷，得到的产物哪个与（3）中产物相同而构型不同，如不同，二者之间是什么关系？

19.16　写出适量 HIO_4 处理下述化合物所形成的产物。每摩尔反应物将消耗几摩尔 HIO_4？

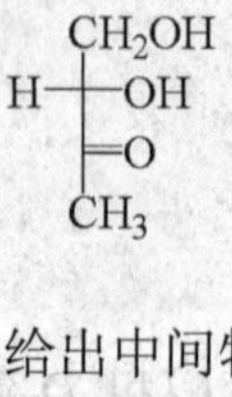

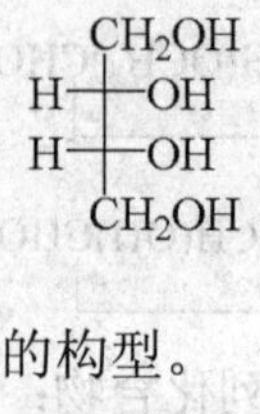

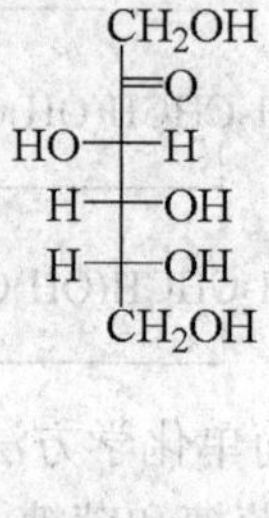

19.17　完成下列反应，给出中间物及产物的构型。

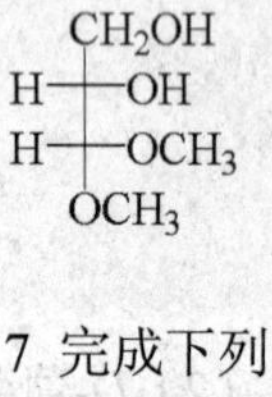

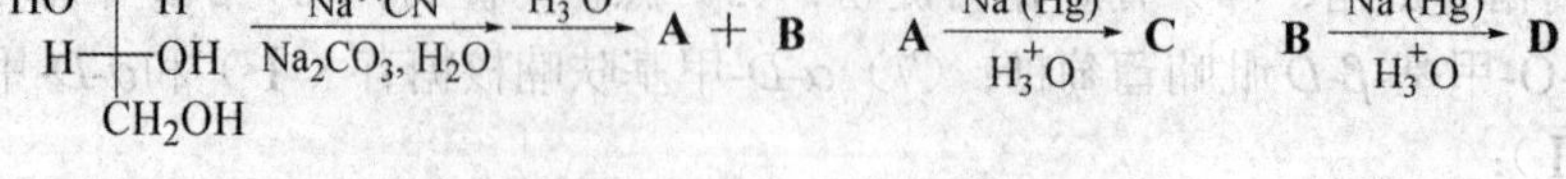

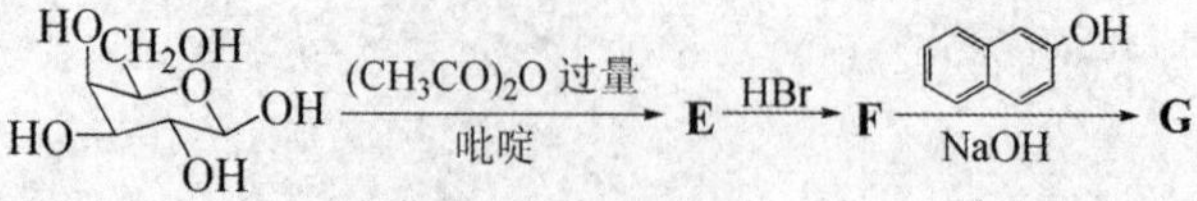

(3) 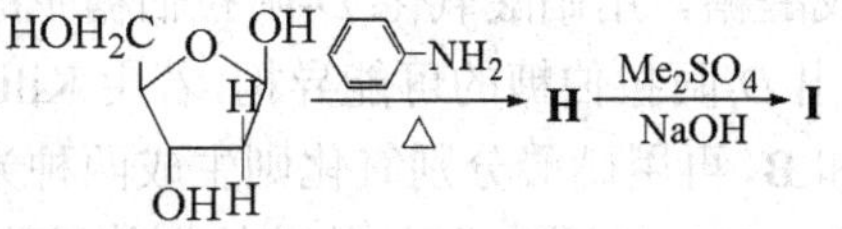 [structure: HOH₂C, OH furanose] $\xrightarrow[\triangle]{C_6H_5NH_2}$ **H** $\xrightarrow[NaOH]{Me_2SO_4}$ **I**

(4) [structure: pyranose with HOH₂C, OH, OH, OH, =O] $\xrightarrow[NaOH]{C_6H_5CH_2Cl(过量)}$ **J**

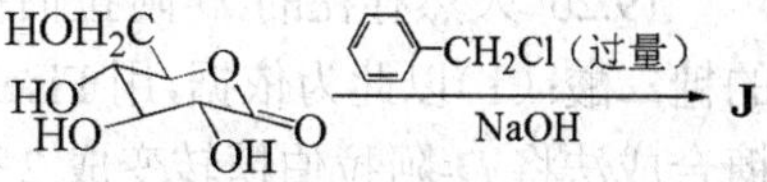

(5) 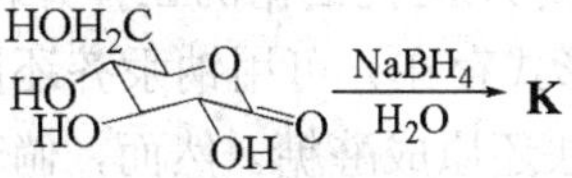 [structure: HOH₂C, HO, HO, =O pyranose] $\xrightarrow[H_2O]{NaBH_4}$ **K**

(6) 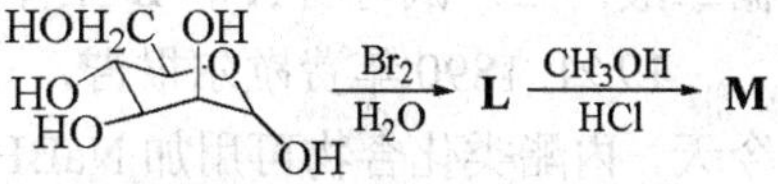 [structure: pyranose HOH₂C, OH, OH, OH] $\xrightarrow[H_2O]{Br_2}$ **L** $\xrightarrow[HCl]{CH_3OH}$ **M**

(7) 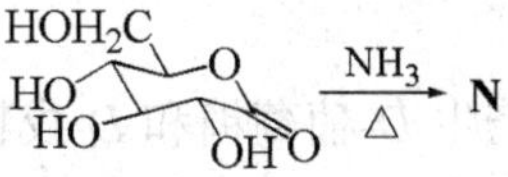 [structure: HOH₂C, HO, HO, =O pyranose] $\xrightarrow{NH_3, \triangle}$ **N**

(8) 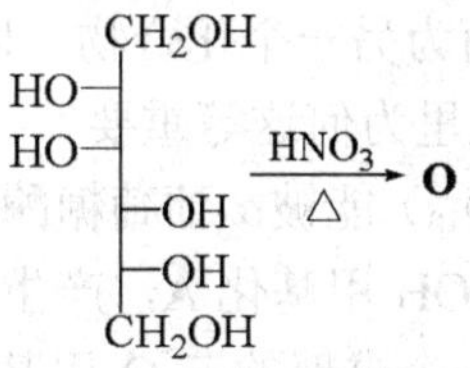 [Fischer: CH₂OH, HO, HO, OH, OH, CH₂OH] $\xrightarrow{HNO_3, \triangle}$ **O**

(9) 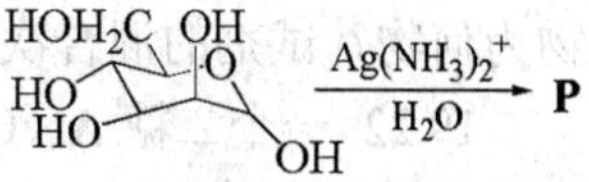 [structure: HOH₂C, OH pyranose OH, OH, OH] $\xrightarrow[H_2O]{Ag(NH_3)_2^+}$ **P**

(10) 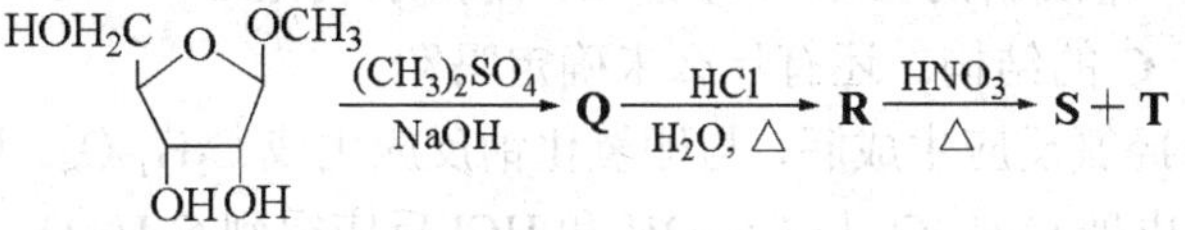 [structure: HOH₂C, OCH₃ furanose, OH, OH] $\xrightarrow[NaOH]{(CH_3)_2SO_4}$ **Q** $\xrightarrow[H_2O, \triangle]{HCl}$ **R** $\xrightarrow{HNO_3, \triangle}$ **S + T**

(11) 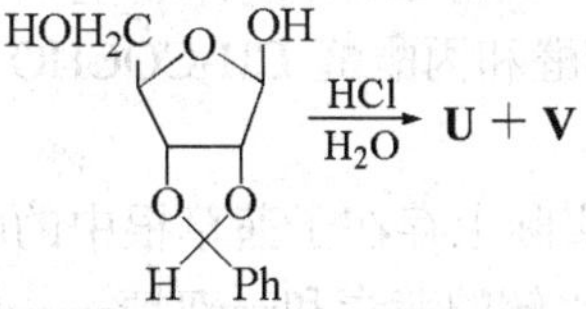 [structure: HOH₂C, OH furanose with benzylidene acetal CHPh] $\xrightarrow[H_2O]{HCl}$ **U + V**

19.18 右旋的苹果酸可用右旋的酒石酸以如下步骤合成：

(+)-酒石酸 $\xrightarrow[HCl, \triangle]{CH_3CH_2OH(过量)}$ **A** $\xrightarrow[吡啶]{SOCl_2}$ **B** $\xrightarrow[CH_3CH_2OH]{Zn}$ **C** $\xrightarrow[NaOH, \triangle]{H_2O}$ $\xrightarrow[H_2O]{HCl}$ (+)-苹果酸

(+)-酒石酸及(+)-苹果酸的 Fischer 投影式如下：

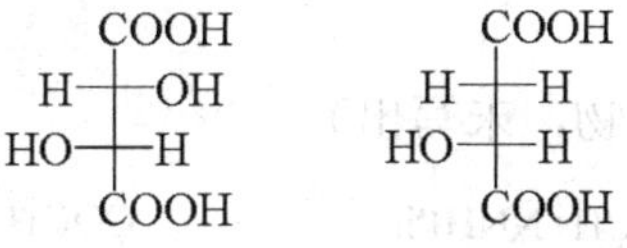

```
   COOH            COOH
H——OH           H——H
HO——H           HO——H
   COOH            COOH
 (+)-酒石酸       (+)-苹果酸
```

试写出每步产物（用 Fischer 投影式表示）。

19.19 （1）有两个互为异构体的 *D*-丁醛糖 **A** 和 **W**，它们可发生下列顺序反应，试写出 **A→B→C→D** 及 **W→X→Y→Z** 的反应过程，并说明 **D** 和 **Z** 的生成原因。

$C_4H_8O_4 \xrightarrow[H_2O]{Br_2} C_4H_8O_5 \xrightarrow[\triangle]{H^+} C_4H_6O_4 \xrightarrow[H^+, 酸酐]{过量\ \text{>=O}} C_7H_{10}O_4 + 聚合物$

A, W　　　　**B, X**　　　　**C, Y**　　　　　　　　**D**　　　**Z**

（2）*D*-来苏糖具有下列开链式结构，若溶于不同溶剂中，冷却后可得到两种不同结晶的吡喃型糖的异构体 **A** 和 **B**，其性质如下：

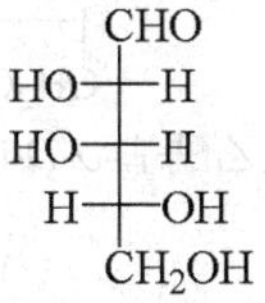

```
        CHO
HO——H
HO——H      A  1H  δ6.4  [α] +6°    变旋
H——OH      B  1H  δ5.7  [α] -74°   ⟶ -14°
        CH₂OH
```

① 画出这两个吡喃型的构象式；② 指出两个异构体构型（α 和 β），并说明理由；③ 计算两种异构体平衡时的百分组成。

19.20 天然存在的 D-阿拉伯糖是一种 D-戊醛糖，用硝酸氧化 D-阿拉伯糖生成光学活性的糖二酸；(1) 以此为依据，用 Fischer 投影式写出 D-阿拉伯糖的可能异构，若用 Kiliani-Fischer 糖合成法将 D-阿拉伯糖转变成 2 个新的糖 **A** 和 **B**，再用硝酸分别氧化则生成两种光学活性的糖二酸；(2) 试写出 **A** 和 **B** 立体异构的投影式；(3) 推测 D-阿拉伯糖的立体异构。

19.21 1890 年费歇尔报告，一种醛糖酸（以其内酯形式存在）可用钠汞齐还原为醛糖。今天，内酯类化合物可用加 $NaBH_4$ 于内酯水溶液中的办法还原成醛糖。然而，倘若加内酯与 $NaBH_4$ 中则所得到并非醛糖，而为另一个化合物。以葡萄糖酸的 δ-内酯为例，说明另一种产物为何物？试剂的混合次序在这里为何这等重要？

19.22 一个二糖 **A**（$C_{11}H_{20}O_{10}$）能被 α-葡萄糖酶水解，产生 D-葡萄糖和 D-戊糖。**A** 不还原菲林试剂，用 $(CH_3)_2SO_4$ 和 NaOH 甲基化 **A**，产生一个七甲基醚 **B**。酸催化水解 **B** 产生 2，3，4，6-四-O-甲基-D 葡萄糖和一个戊糖的三-O-甲基醚 **C**，用溴水氧化 **C** 产生 2，3，4-三-O-甲基-D-核糖酸。试给出 **A**、**B**、**C** 的结构。还有什么未确定吗？

19.23 有一戊糖 $C_5H_{10}O_4$ 与羟氨反应生成肟，与硼氢化钠反应生成 $C_5H_{12}O_4$。后者有光学活性，与乙酐反应得四乙酸酯。戊糖 $C_5H_{10}O_4$ 与 CH_3OH 和 HCl 反应得到 $C_6H_{12}O_4$，再与 HIO_4 反应得 $C_6H_{10}O_4$，$C_6H_{10}O_4$ 在酸催化下水解得到等量乙醇醛和丙酮醛 CH_3COCHO。请从以上实验导出戊糖 $C_5H_{10}O_4$ 结构式。

19.24 天然产红色染料茜素是从茜草根中提取的，实际上存在于茜草根中的叫茜根酸。茜根酸是一种糖苷，它不与吐伦试剂反应。茜根酸小心水解的茜素和一双糖——樱草糖。茜根酸彻底甲基化后再酸催化水解得到等量 2，3，4-三-O-甲基-D-木糖。2，3，4-三-O-甲基-D-葡萄糖和 2-羟基-1-甲氧基-9,10-蒽醌。根据上述实验写出茜根酸的结构式。茜根酸的结构还有什么未能肯定？

六、习题参考答案

19.1 （标*者还应有 β-异头物，未写出）

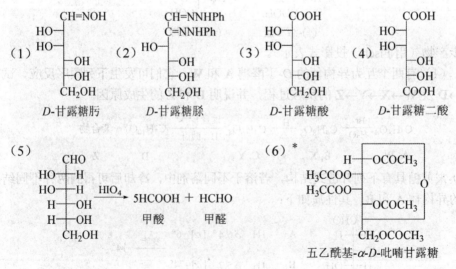

(7) 五苯甲酰基-α-D-吡喃甘露糖

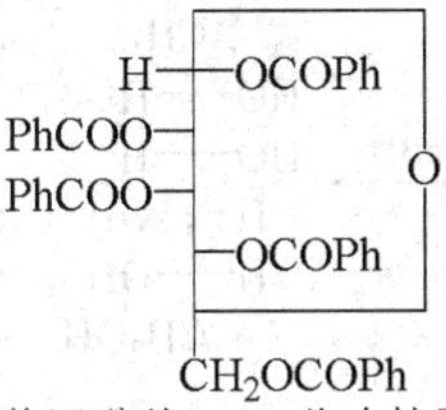

(8) α-D-甲基吡喃甘露糖苷

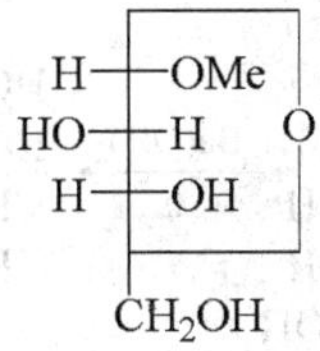

(9) 2,3,4,6-四-O-甲基-α-D-甲基吡喃甘露糖苷

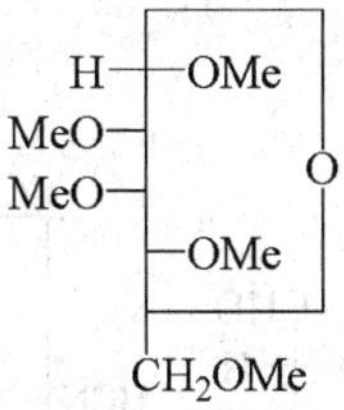

(10) ⇌ 2,3,4,6-四-O-甲基-甲基-D-吡喃甘露糖

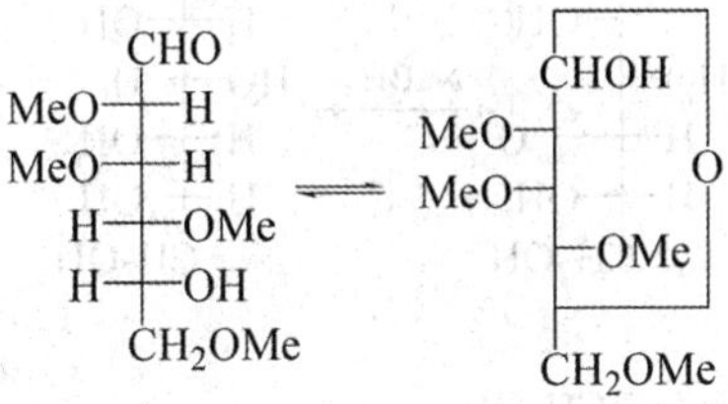

(11) 2,3,4-三-O-甲基-来苏糖二酸 + (2S,3R)-2,3-二-O-甲基丁二酸

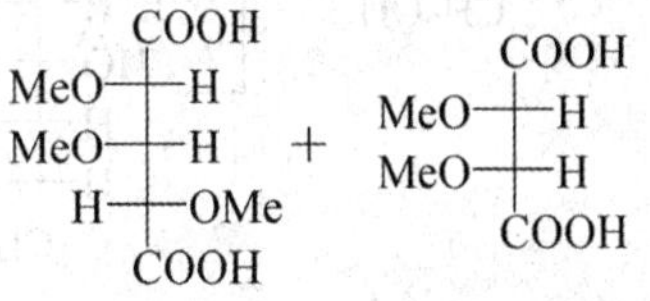

(12)(13) D-甘露糖醇

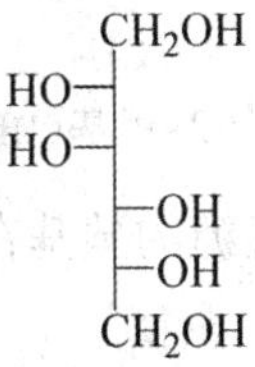

(14) 两种差向异构的 D-庚醛糖酸

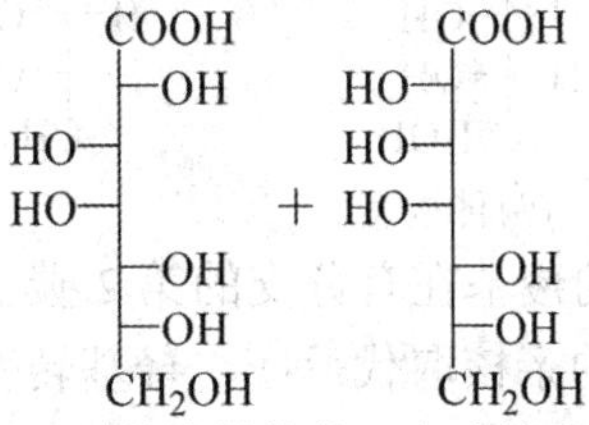

(15) D-庚醛糖

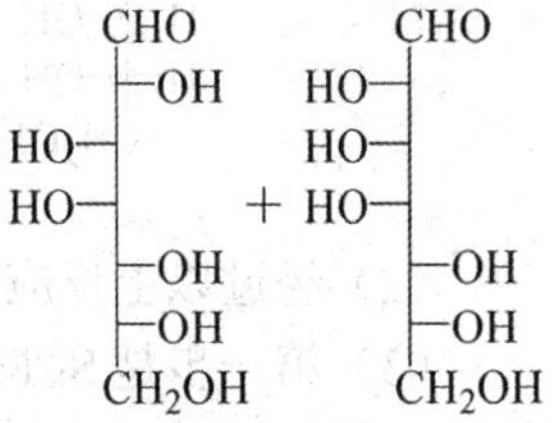

19.2

(1) MeOH, HCl　(2) 产物 (1) + Me_2SO_4, NaOH　(3) 产物 (2) + 稀 HCl

(4) [CHO ... 吡啶 ⇌ ... Br_2/H_2O → ... $-H_2O$ → ... Na-Hg, CO_2 → 塔罗糖]

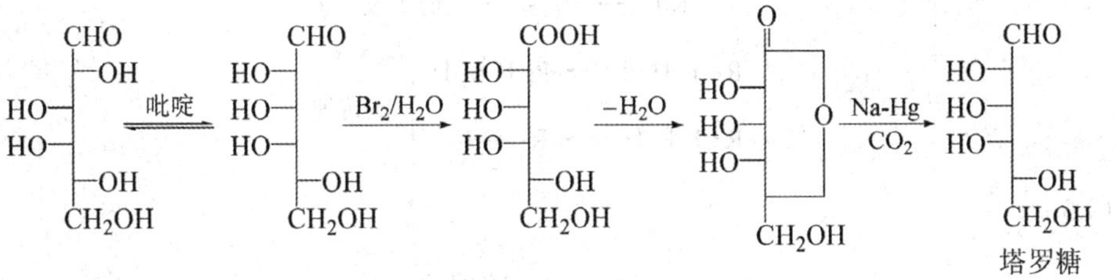

(5) [CHO ... Br_2/H_2O → ... $Ca(OH)_2$ → [...]₂ Ca^{2+}, H_2O_2/Fe^{3+} → 来苏糖]

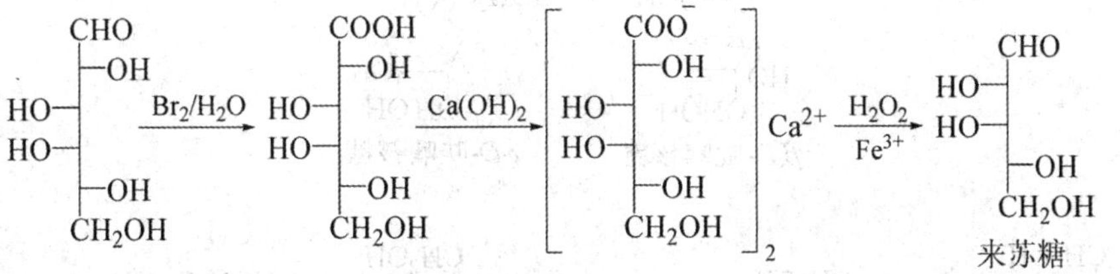

(6) 将产物 (5) 经上法处理，再经硝酸氧化。

19.3

(1) Br_2, H_2O；$Ca(OH)_2$；H_2O_2, Fe^{3+}　或

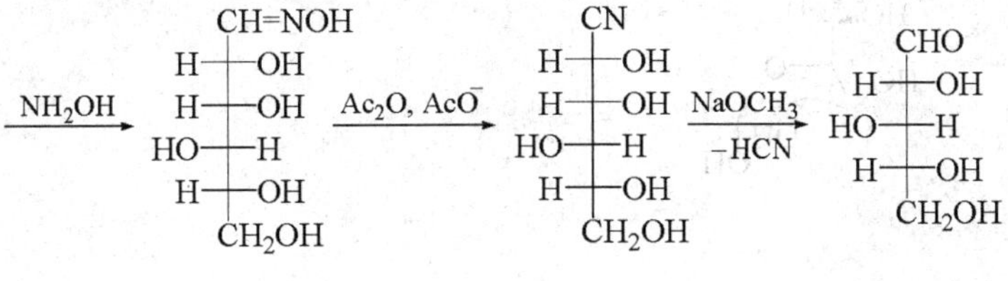

NH_2OH → [CH=NOH ...] → Ac_2O, AcO^- → [CN ...] → $NaOCH_3$, $-HCN$ → [CHO ...]

(2) [结构图：果糖经HCN加成得到两种腈，再经Ba(OH)₂/Δ水解，NaBH₄还原]

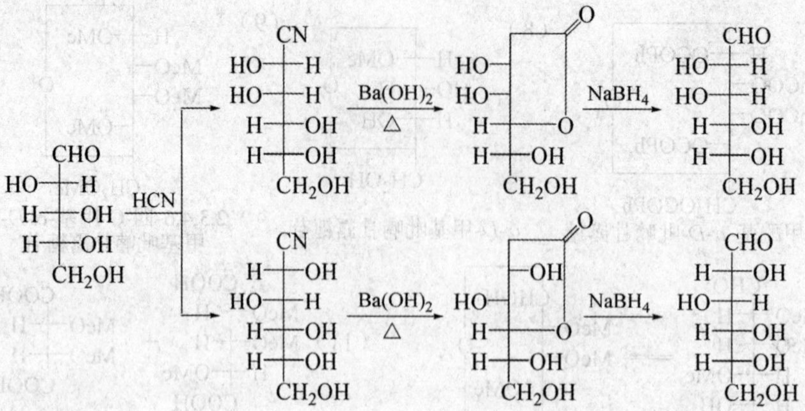

19.4 (1) [结构图：果糖 →HCN→ *CN(OH) →H₂O→ *COOH(OH) →HI→ 2-甲基己酸(CH₃CH(CH₂)₃CH₃ *CHCOOH)]

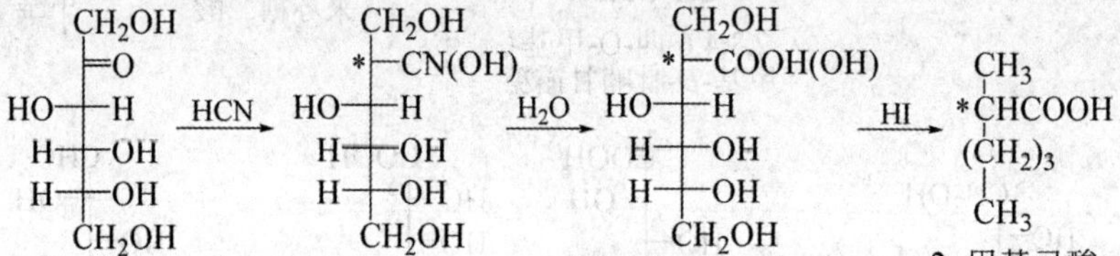

果糖　　　　*为两种构型　　　　　　　　　2-甲基己酸

(2) 经过以上反应，得到的羧基在有分支的第2碳上，说明果糖的羰基在第2碳上。

(3) 第一步是 S_N1 或 S_N2 的亲核取代反应，羟基转变为碘：

$$ROH + H^+ \longrightarrow ROH_2^+ \xrightarrow[-H_2O]{I^-} RI$$

第二步由于碳碘键弱，容易均裂为自由基，进行自由基反应：

$$R{:}I \longrightarrow R\cdot + I\cdot \quad 链引发$$

$$\left.\begin{array}{l} R\cdot + H{-}I \longrightarrow R{-}H + I\cdot \\ R{-}I + I\cdot \longrightarrow R\cdot + I_2 \end{array}\right\} 链传递$$

19.5

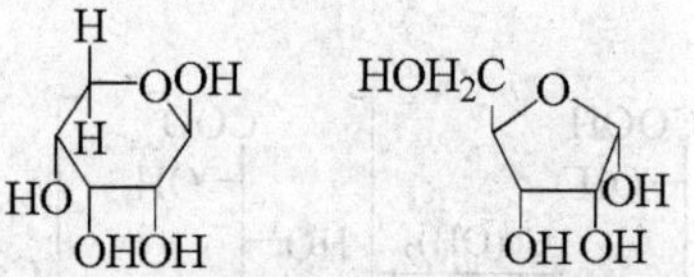

β-D-吡喃核糖　　α-D-呋喃核糖

19.6

(1) [结构图]　　(2) [结构图]

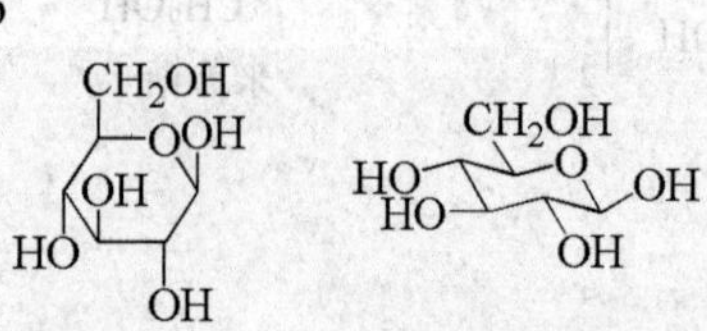

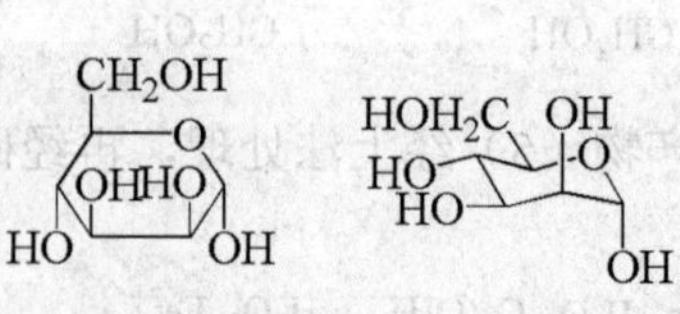

(3) [结构图]

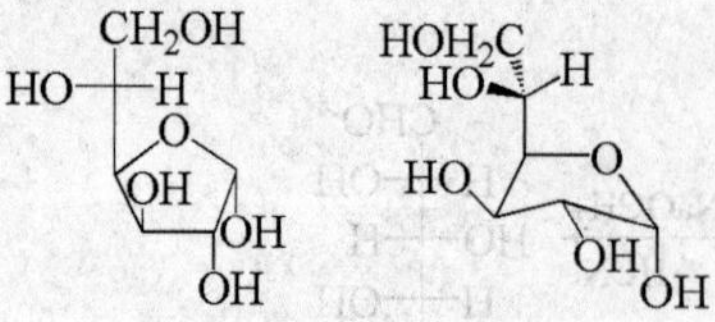

19.7

(1) 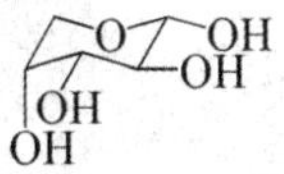 [structure] (2) [structure] (3) [structure]

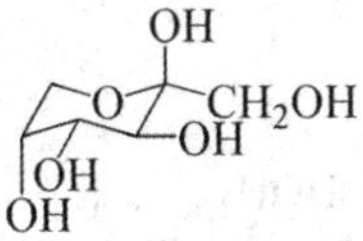

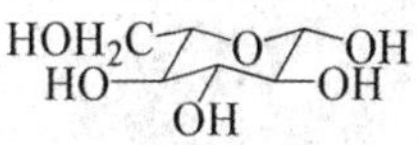

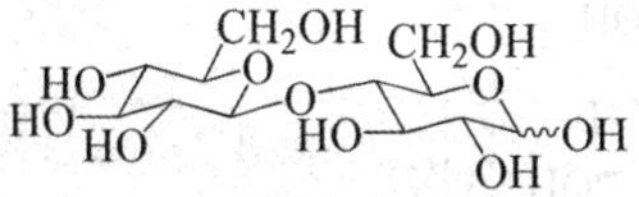

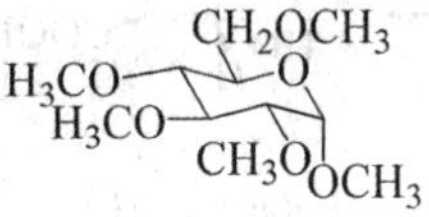

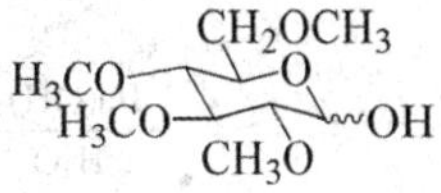

(4) [structure] (5) [structure]

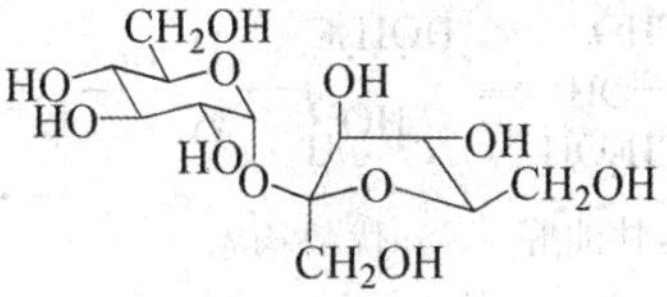

19.8

(1) 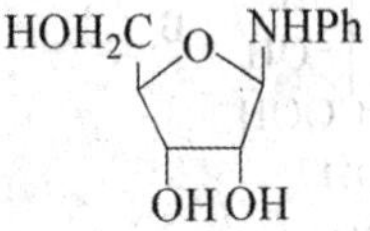 [structure] (2) [structure] (3) [structure]

(4) [structure] (5) OH^-/H_2O

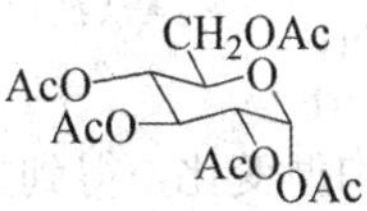

19.9（1）

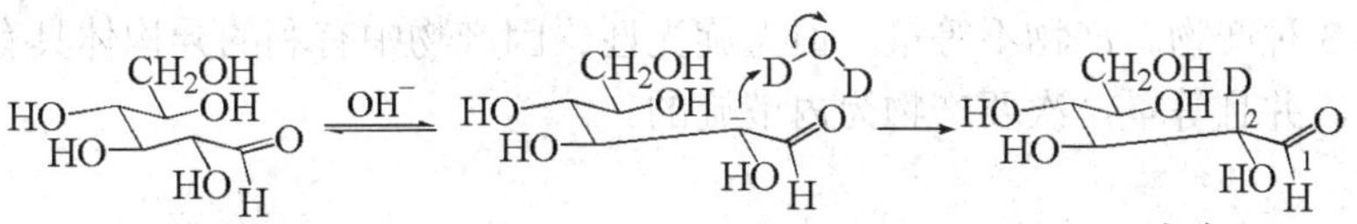

[反应机理图：葡萄糖 → 甘露糖与葡萄糖类似 → C_2上有D]

（2）

[反应机理图：果糖 → C_1上有D]

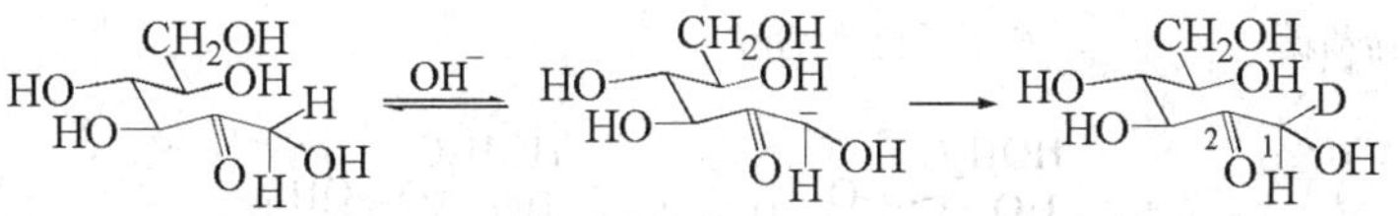

氘代的果糖通过烯醇负离子进一步氘代：

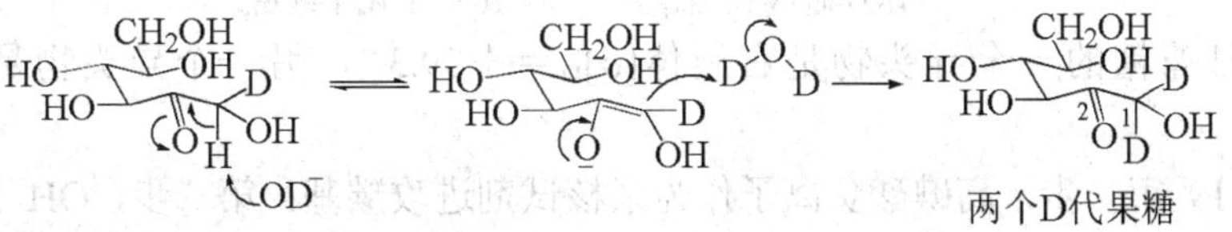

[反应机理图：两个D代果糖]

烯醇也可在C_2上氘代：

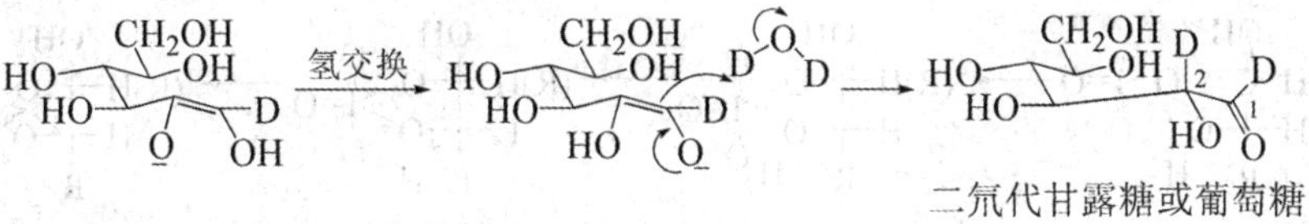

[反应机理图：氢交换 → 二氘代甘露糖或葡萄糖]

每分子平均含有 1.7D。

19.10（1）既不能还原吐伦试剂，也不能成脲；（2）能还原吐伦试剂，但不能成脲；（3）既能还原吐伦试剂，也能成脲。

19.11（1）D-葡萄糖对吐伦试剂显正反应，己六醇呈负反应；（2）D-葡萄糖对溴水呈正反应，果糖为负反应；（3）葡萄糖能成脲，蔗糖不能成脲；（4）葡萄糖对菲林溶液呈正反应，淀粉为负反应；（5）淀粉遇碘呈深蓝色反应；（6）2,3,4,6-四-O-甲基-β-D-吡喃葡萄糖跟吐伦试剂呈正反应，而 β-D-甲基吡喃葡萄糖苷呈负反应；(7) I 对高碘酸及硝酸银呈正反应，II 为负反应。

19.12（1）

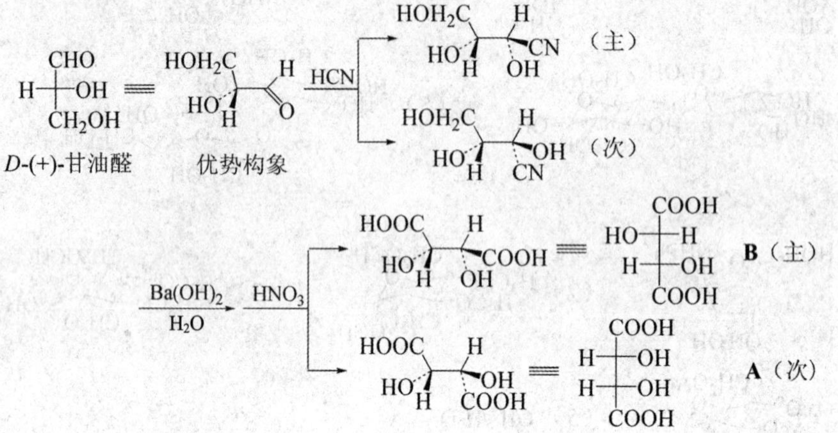

[反应式：D-(+)-甘油醛 ⇌ 优势构象 —HCN→ 主产物与次产物（腈加成），再经 Ba(OH)₂/H₂O、HNO₃ 得 B（主）和 A（次）二酸]

D-(+)-甘油醛与氢氰酸加成，遵循 Cram 规则，后面步骤没有构型变化，得到主要产物为 **B**，其比例为 **B:A=3:1**。

（2）得 3 种产物。产物不等量，但无旋光性，因产物中有利的异构体具有旋光性，但二者互为镜像，并且等量。次要产物为内消旋的。

19.13

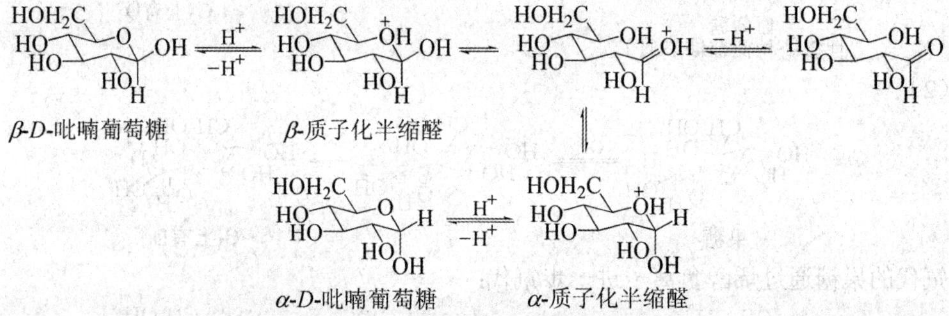

[反应式：β-D-吡喃葡萄糖 ⇌ β-质子化半缩醛 ⇌ … ⇌ α-质子化半缩醛 ⇌ α-D-吡喃葡萄糖]

19.14 甘露糖的一个异头物是右旋体 $[\alpha]_D = +39.3°$，另一个异头物是左旋体 $[\alpha]_D = -17.0°$。

19.15（1）第一步，高碘酸负离子作为亲核试剂进攻羰基；第二步，OH⁻ 进攻 I=O 形成一个环状中间体。

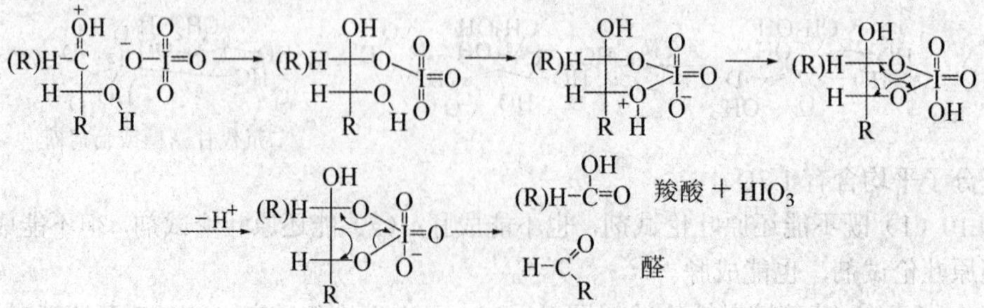

[反应机理式]

$-H^+$ → … → 羧酸 + HIO₃
           醛

（2）

$R-\overset{18}{C}-OH + R'\overset{O}{C}H$

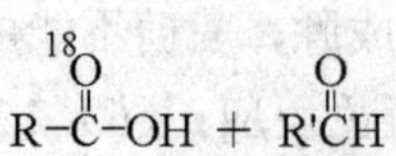

(3)

$$\underset{\text{CH}_3}{\text{HO}}\underset{\text{OH}}{\overset{\text{CH}_2\text{OH}}{\bigcirc}} \xrightarrow{\text{HIO}_4} \underset{\text{OHC}}{\overset{\text{CH}_2\text{OH}}{\bigcirc}}\underset{\text{OH}}{\text{OCH}_3} \text{ 或 } \underset{\text{OHCHO}}{\overset{\text{CH}_2\text{OH}}{\text{OHCOCH}_3}} \xrightarrow{\text{HIO}_4} \underset{\text{OHC}}{\overset{\text{CH}_2\text{OH}}{\bigcirc}}\underset{\text{OCH}_3}{\text{O}} + \text{HCOOH}$$

中间体   反应中消耗了2 mol高碘酸

(4)

不同：

甲基-β-D-吡喃葡萄糖苷 $\xrightarrow{\text{HIO}_4}$ 产物 为非对映异构体

相同：

甲基-α-D-吡喃甘露糖苷 $\xrightarrow{\text{HIO}_4}$ 相同

甲基-α-D-吡喃半乳糖苷 $\xrightarrow{\text{HIO}_4}$ 相同

19.16

(1)
$$\begin{array}{c}\text{CH}_2\text{OH}\\ \text{H--OH}\\ \text{H--OCH}_3\\ \text{OCH}_3\end{array} + \text{HIO}_4 \longrightarrow \begin{array}{c}\text{CH}_2\text{OH}\\ \text{OH}\\ +\\ \text{H--OH}\\ \text{H--OCH}_3\\ \text{OCH}_3\end{array} \xrightarrow{-\text{H}_2\text{O}} \begin{array}{c}\text{HCHO}\\ +\\ \text{CHO}\\ \text{H--OCH}_3\\ \text{OCH}_3\end{array}$$

(2)
$$\begin{array}{c}\text{CH}_2\text{OH}\\ \text{H--OH}\\ \text{O}\\ \text{CH}_3\end{array} + 2\text{HIO}_4 \longrightarrow \begin{array}{c}\text{CH}_2\text{OH}\\ \text{OH}\\ +\\ \text{H--OH}\\ \text{OH}\\ +\\ \text{O}\\ \text{CH}_3\end{array} \xrightarrow{-2\text{H}_2\text{O}} \begin{array}{c}\text{HCHO}\\ +\\ \text{HCOOH}\\ +\\ \text{CH}_3\text{COOH}\end{array}$$

(3)
$$\begin{array}{c}\text{CHO}\\ \text{H--OH}\\ \text{H--OH}\\ \text{CH}_2\text{OH}\end{array} + 3\text{HIO}_4 \longrightarrow 2\begin{array}{c}\text{CHO}\\ \text{OH}\\ +\\ \text{H--OH}\\ \text{OH}\\ +\\ \text{HOCH}_2\text{OH}\end{array} \xrightarrow{-3\text{H}_2\text{O}} \begin{array}{c}3\text{HCOOH}\\ +\\ \text{HCHO}\end{array}$$

(4) 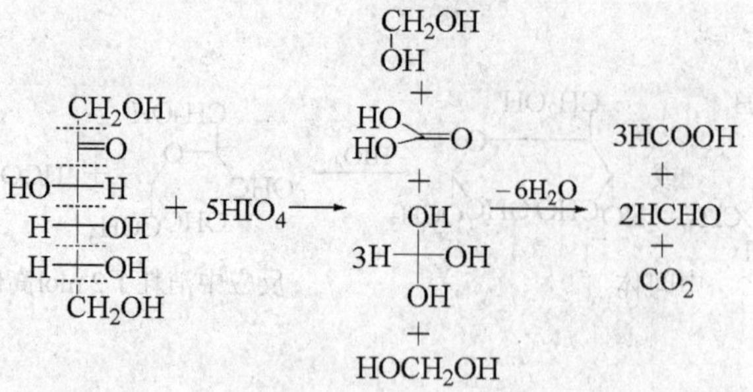 [structure of ketohexose with CH2OH-C(=O)-HO-H-H-OH-H-OH-H-OH-CH2OH] + 5HIO$_4$ → CH$_2$OH-OH + HO-C(OH)-O + 3H-C(OH)(OH)-OH + HOCH$_2$OH $\xrightarrow{-6H_2O}$ 3HCOOH + 2HCHO + CO$_2$

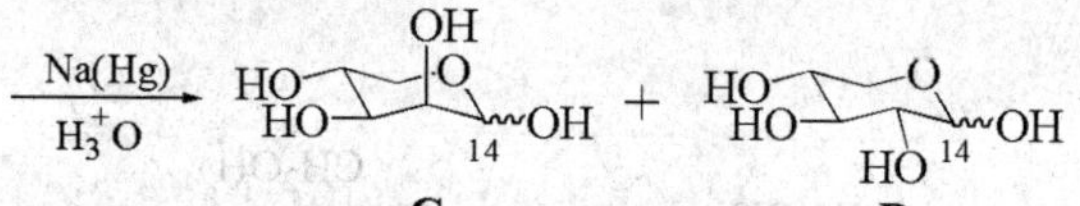

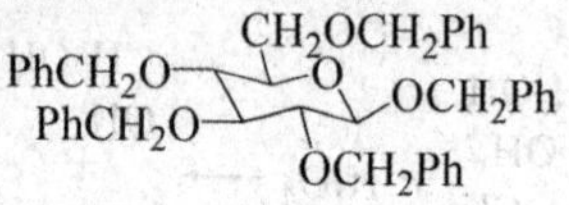

19.17

(1) 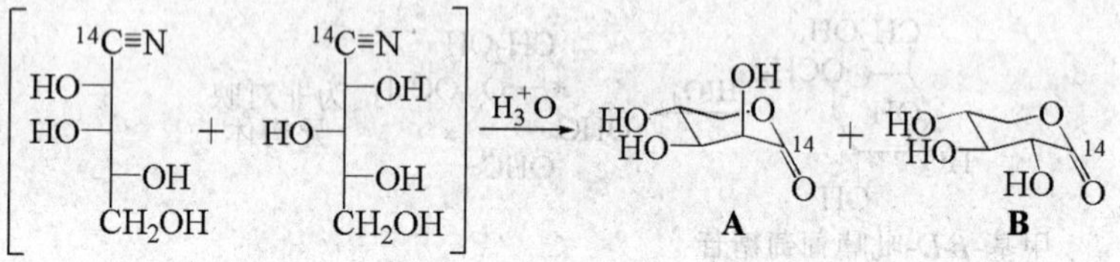 [^{14}C≡N with HO-, HO-, -OH, CH$_2$OH + ^{14}C≡N with -OH, HO-, -OH, CH$_2$OH] $\xrightarrow{H_3^+O}$ **A** + **B**

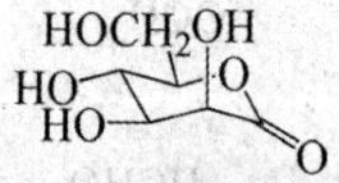

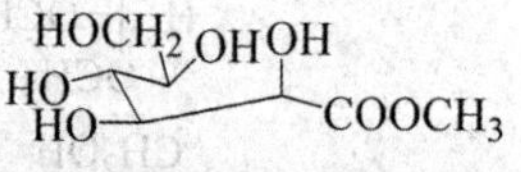

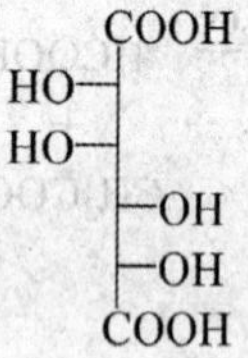

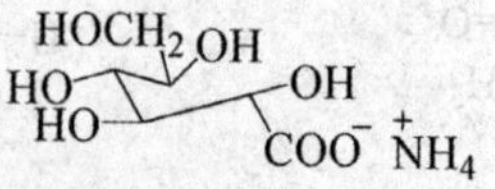

$\xrightarrow{Na(Hg)}{H_3^+O}$ **C** + **D**

(2) 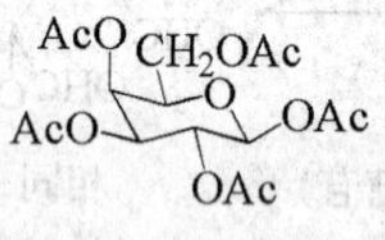 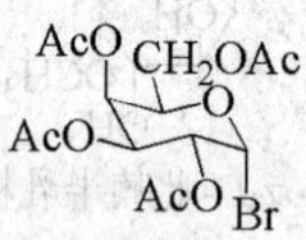 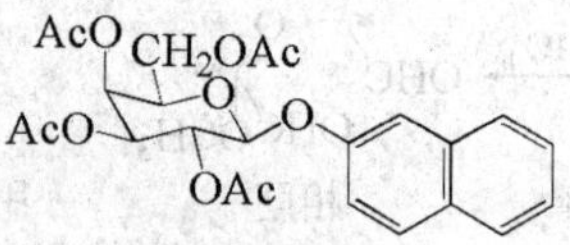 **E**, **F**, **G**

(3) 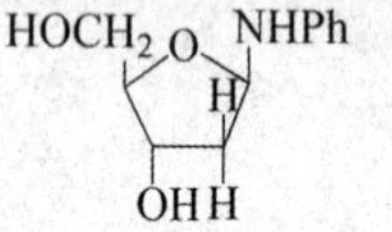 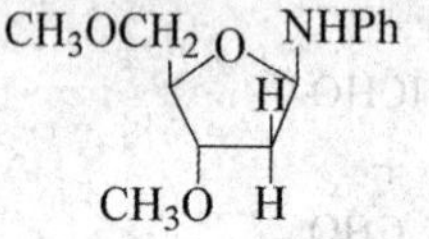 **H**, **I**

(4) **J**

(5) 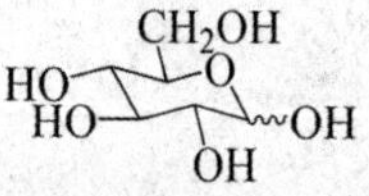 **K**

(6) **L**

(7) 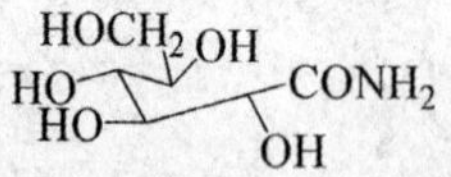 **N**

(8) **O**

(9) **P**

(10) 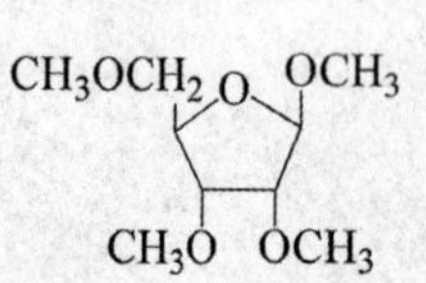 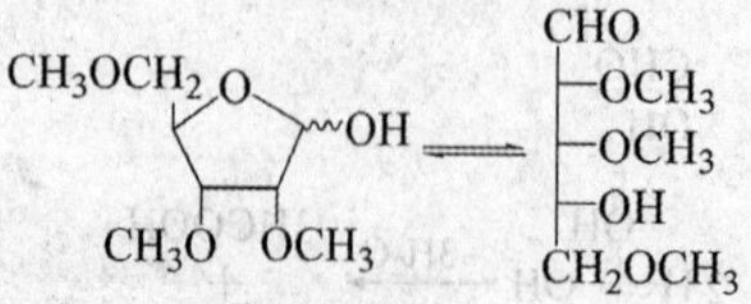 **Q**, **R**

19.18

注意：无论将(+)-酒石酸中的哪一个羟基转变为氯，进一步还原 C−Cl 键所得产物都是相同的，都为(+)-苹果酸。

19.19

(1)

反式邻二醇 **Y** 与丙酮不能发生分子内的缩酮反应，而只能发生分子间的缩酮反应，最后生成聚合物 **Z**。

(2) ①

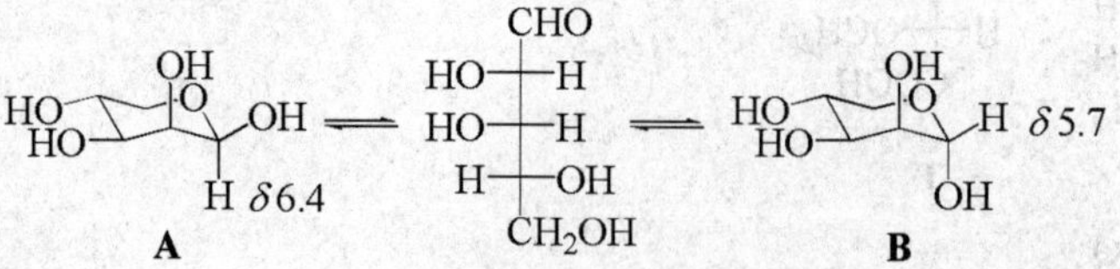

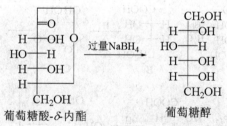

② β异构体有 3 个羟基处于平伏键，较只有 2 个羟基处于平伏键的α异构体稳定。β异构体中半缩醛上的氢是直立键，所以其δ值较大，故 **A** 为β异构体，**B** 为α异构体。

③ 设异构体 **A** 的含量为 **X**，异构体 **B** 的含量为（1−**X**），则：

X（+6°）+（1−**X**）(−74°) = −14°，所以 $X=0.75$ 时的百分组成：**A** 和 **B** 平衡β异构体为 75%，α异构体为 25%。

19.20（1）D-阿拉伯糖的可能结构

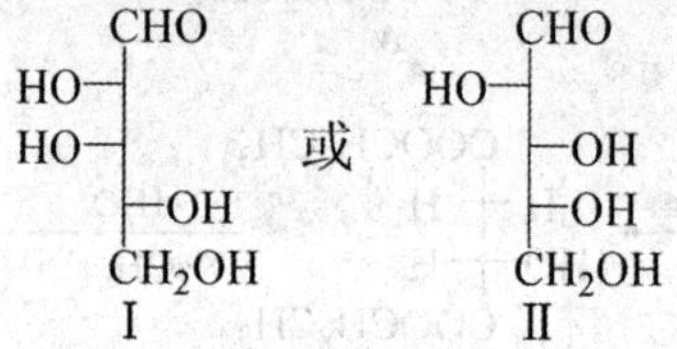

（2）由 II： 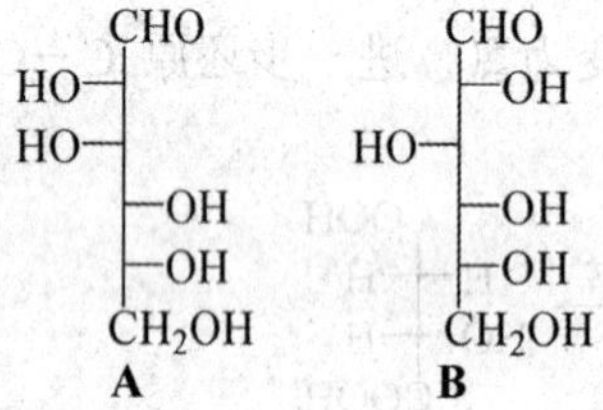   由 I：

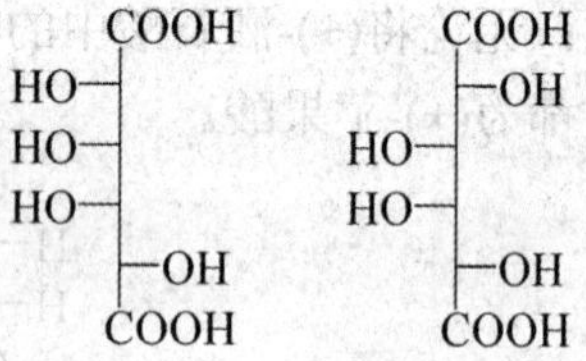

（无光学活性）

（3）D-阿拉伯糖的立体结构为 II。

19.21 加内酯于 $NaBH_4$ 中时，即使限量，总有暂时过量的还原剂存在，可进一步还原醛糖成醇。例如：

葡萄糖酸-δ-内酯   →   葡萄糖醇

19.22

α-苷键   α还是β未确定

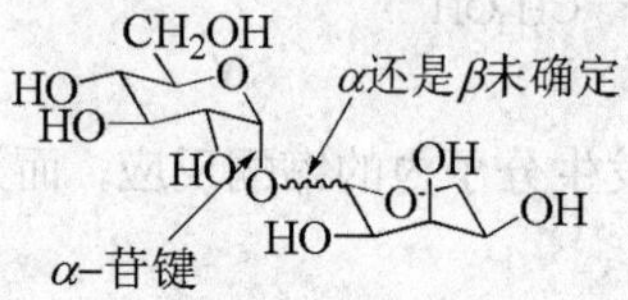

19.23 此戊糖为戊酮糖 $CH_3COCH(OH)CH(OH)CH_2OH$ 或戊醛糖：$CHO-C(CH_3)(OH)-CH(OH)-CH_2OH$

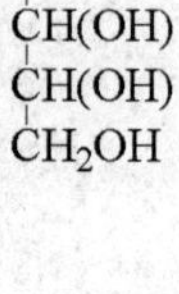

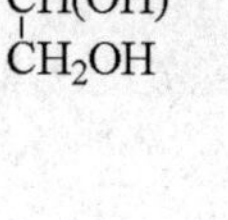

因用 NaBH₄ 还原生成光学活性的醇，故其可能结构有以下八个，其中戊酮糖可能结构为四个：

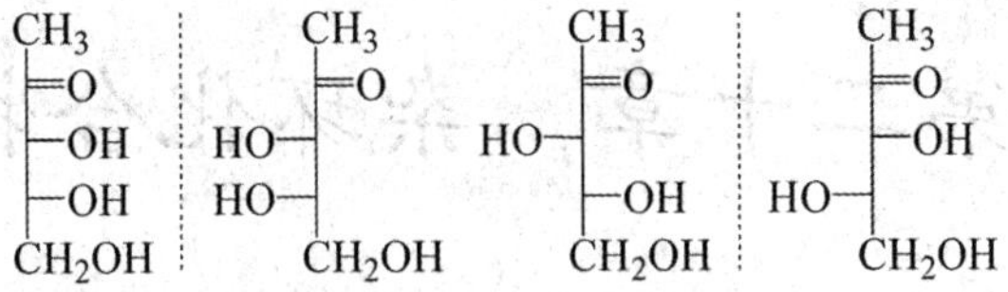

$$\begin{array}{c}CH_3\\ =O\\ -OH\\ -OH\\ CH_2OH\end{array} \quad \begin{array}{c}CH_3\\ =O\\ HO-\\ HO-\\ CH_2OH\end{array} \quad \begin{array}{c}CH_3\\ =O\\ HO-\\ -OH\\ CH_2OH\end{array} \quad \begin{array}{c}CH_3\\ =O\\ -OH\\ HO-\\ CH_2OH\end{array}$$

戊醛糖可能结构为四个：

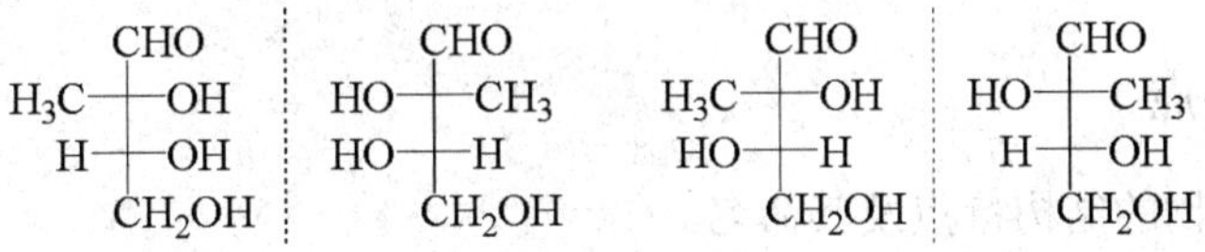

$$\begin{array}{c}CHO\\ H_3C-OH\\ H-OH\\ CH_2OH\end{array} \quad \begin{array}{c}CHO\\ HO-CH_3\\ HO-H\\ CH_2OH\end{array} \quad \begin{array}{c}CHO\\ H_3C-OH\\ HO-H\\ CH_2OH\end{array} \quad \begin{array}{c}CHO\\ HO-CH_3\\ H-OH\\ CH_2OH\end{array}$$

19.24

樱草糖（木糖—葡萄糖）连接茜素的糖苷结构，两个糖苷键 α 或 β 未确定。

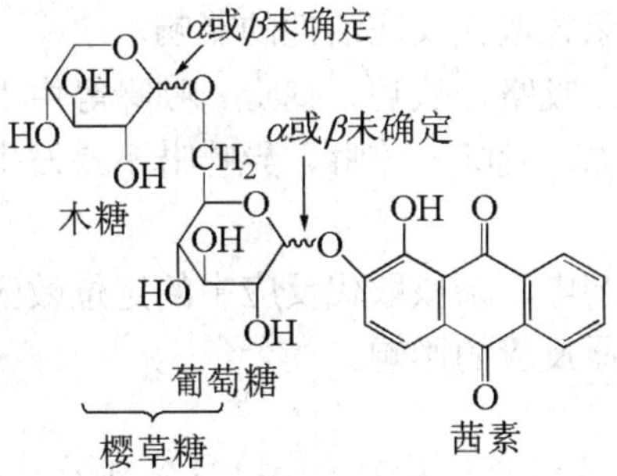

第二十章 杂环化合物

一、复习要点

1. 杂环化合物的结构特点及其命名。
2. 杂环化合物的碱性及杂原子成盐反应。
3. 杂环化合物的化学性质。

（1）杂环结构对亲电、亲核取代反应活性的影响。

单杂五元环化合物，如：吡咯、呋喃、噻吩、吲哚等由于环的富电子性容易发生亲电取代反应。杂六元环化合物，如：吡啶、喹啉、异喹啉不易发生亲电取代反应，容易发生亲核取代反应。

（2）杂原子及取代基在亲电、亲核取代反应中的定位效应。

（3）环结构对氧化、还原反应的影响。

4. 杂环化合物的合成。

（1）Paal-Knorr（帕尔—诺尔）合成法（由1，4-二羰基化合物出发合成五元杂环化合物）

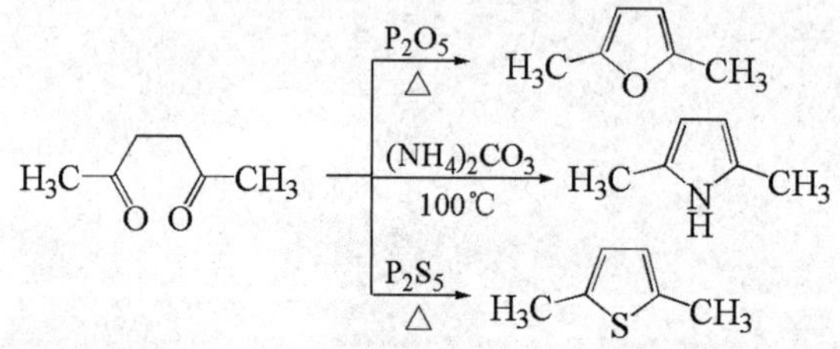

$$H_3C-CO-CH_2-CH_2-CO-CH_3 \xrightarrow{\begin{array}{c}P_2O_5\\ \triangle\end{array}} \text{2,5-二甲基呋喃}$$
$$\xrightarrow{\begin{array}{c}(NH_4)_2CO_3\\ 100℃\end{array}} \text{2,5-二甲基吡咯}$$
$$\xrightarrow{\begin{array}{c}P_2S_5\\ \triangle\end{array}} \text{2,5-二甲基噻吩}$$

（2）喹啉、异喹啉的合成

① 斯科柔普（Skraup）喹啉制法

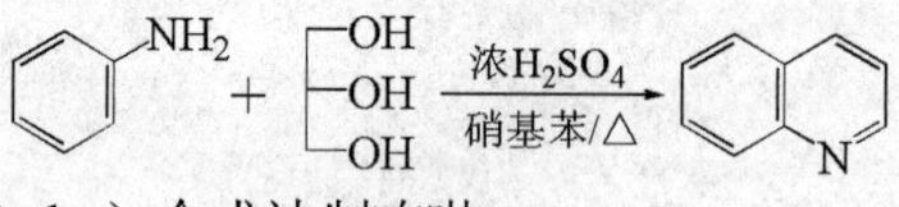

苯胺 + 甘油 $\xrightarrow{\text{浓}H_2SO_4 / \text{硝基苯}/\triangle}$ 喹啉

② 弗里德兰德（Friedländer）合成法制喹啉

③ 毕希素—纳批拉尔斯基（Bischler-Napieralshi）合成法制 1-取代异喹啉

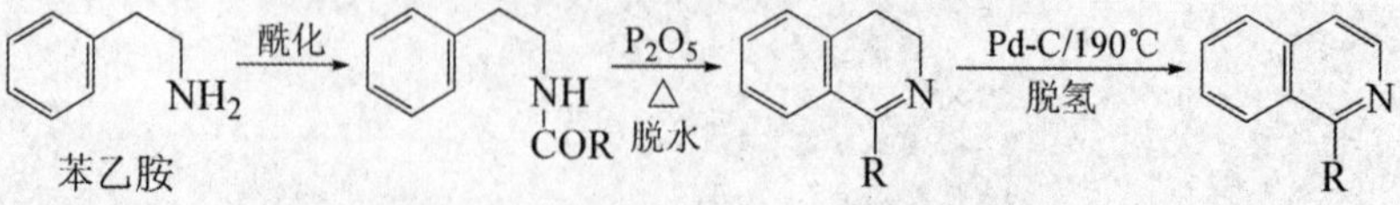

苯乙胺 $\xrightarrow{\text{酰化}}$ 酰胺 $\xrightarrow[\triangle]{P_2O_5}$ 1-取代二氢异喹啉 $\xrightarrow[\text{脱氢}]{Pd-C/190℃}$ 1-取代异喹啉

二、命名

下面是一些常见杂环化合物的中、英文名称及命名时的编号。

1. 五元杂环

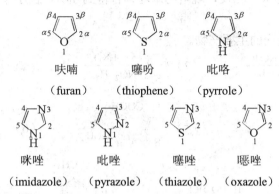

环中含有不同杂原子时，按 O、S、N 的顺序编号。

2. 六元杂环

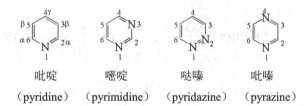

3. 稠杂环

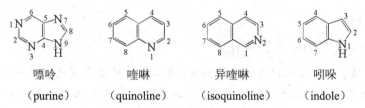

4. 常用合成杂环化合物的含氮原料

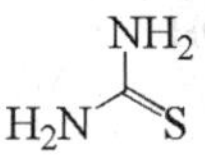

$$\underset{\text{硫尿（thiourea）}}{H_2N-\overset{S}{\underset{}{C}}-NH_2} \quad \underset{\text{胍（guanidine）}}{HN=\overset{NH_2}{\underset{}{C}}-NH_2} \quad \underset{\text{脒（amidine）}}{H_2N-\overset{NH}{\underset{}{C}}-R}$$

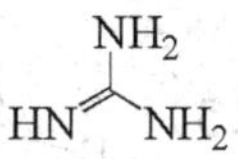

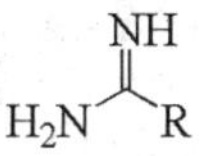

三、例题

例 1 如下化合物具有 3 个氮原子，试比较它们碱性大小。

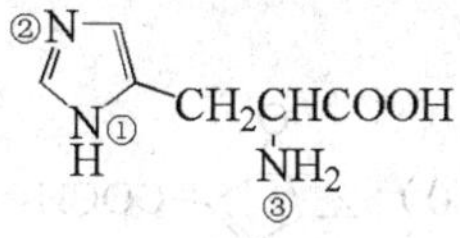

$$\underset{\text{①}}{\underset{H}{N}}\underset{\text{②}}{N}-CH_2CH(NH_2)COOH \quad \text{③}$$

解 ③>②>①

③氮为 sp^3 杂化，碱性最强；①氮和②氮均为 sp^2 杂化，碱性比③小。但由于①氮上的未共用电子对参加环的共轭，因此不显碱性。

例 2 杂环化合物的水溶性对合成药物和燃料具有重要意义。与吡咯相比，吡唑、咪唑的水溶性增加，而吲哚的水溶性却大大降低，为什么？

解 吡咯环中引入叔氮（=N—），得到咪唑和吡唑，该叔氮的未共用电子对可与水形成氢键，故水溶性增大。相反，吡咯与苯环稠合得到吲哚，由于苯环的憎水性，使得水溶性相对降低。

例3 预测下列反应的主要产物。

(1) 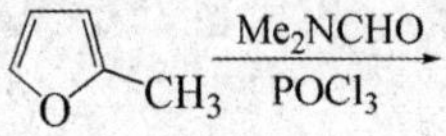 2-甲基呋喃 + Me₂NCHO / POCl₃

(2) 2-硝基噻吩 + HNO₃ / 0℃

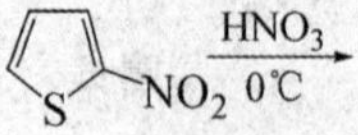

(3) 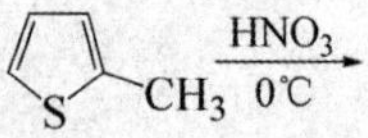 2-甲基噻吩 + HNO₃ / 0℃

(4) 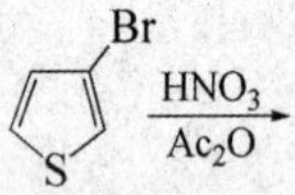 3-溴噻吩 + HNO₃ / Ac₂O

(5) 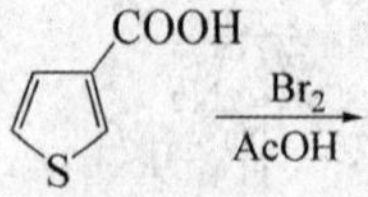 3-噻吩甲酸 + Br₂ / AcOH

(6) 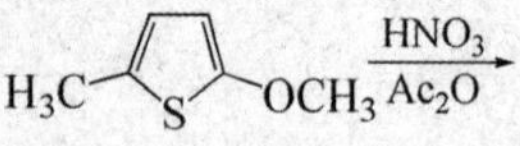 2-甲基-5-甲氧基噻吩 + HNO₃ / Ac₂O

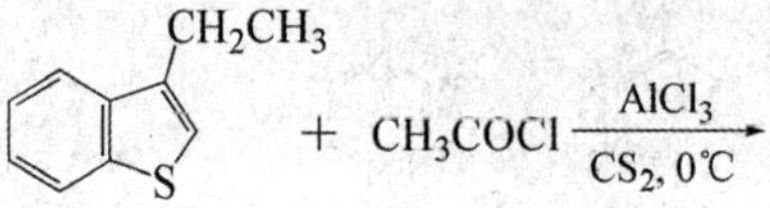

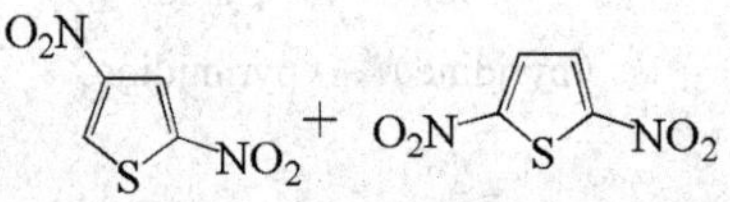

(7) 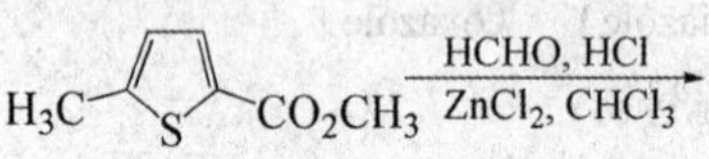 5-甲基-2-噻吩甲酸甲酯 + HCHO, HCl / ZnCl₂, CHCl₃

(8) 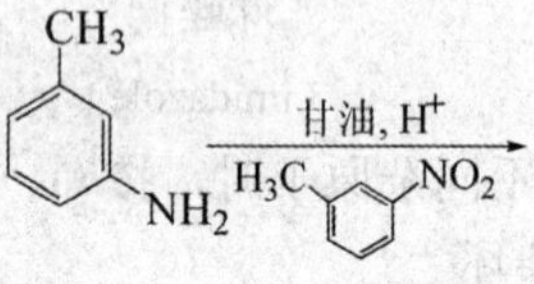 3-甲基苯胺 + 甘油, H⁺ / 3-硝基甲苯

(9) 3-乙基苯并噻吩 + CH₃COCl / AlCl₃, CS₂, 0℃

(10) 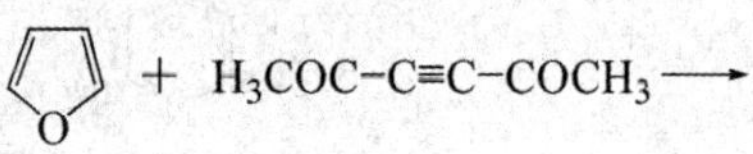 呋喃 + H₃COC-C≡C-COCH₃ ⟶

解

(1) 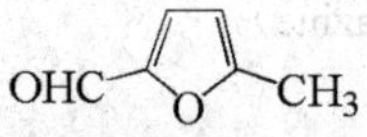 5-甲基-2-呋喃甲醛

(2) 2,4-二硝基噻吩 + 2,5-二硝基噻吩

(3) 2-甲基-3-硝基噻吩 + 2-甲基-5-硝基噻吩

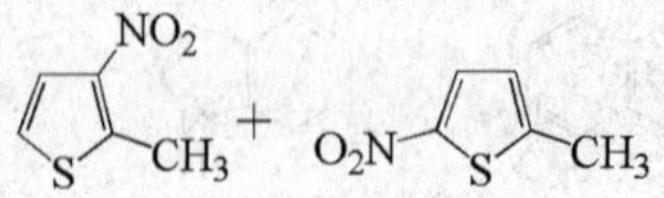

α-取代呋喃，不论原取代基的性质如何，第二个取代基总是进入另一个α位。但α-取代噻吩、吡咯，若原有取代基为间位定位基，第二个取代基进4、5位；若环上有邻对位定位基，反应发生在3、5位。两种产物一个符合取代基的定位效应，一个符合杂原子的定位效应。

(4) 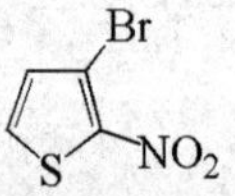 3-溴-2-硝基噻吩

(5) 5-溴-3-噻吩甲酸

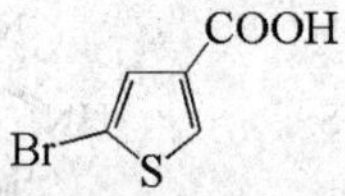

当取代基位于第3位时，第二个基团进入的位置与原有取代基有关，原有取代基为间位定位基时，第二个基团进入5位；若原有取代基为邻对位定位基，则第二个基团进入2位。

(6) 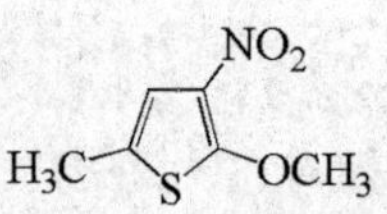 5-甲基-2-甲氧基-3-硝基噻吩

(7) 5-甲基-3-氯甲基-2-噻吩甲酸甲酯

(8) 5-甲基喹啉 + 7-甲基喹啉

(9) 3-乙基-2-乙酰基苯并噻吩

(10) 氧杂二环加成产物（二乙酰基）

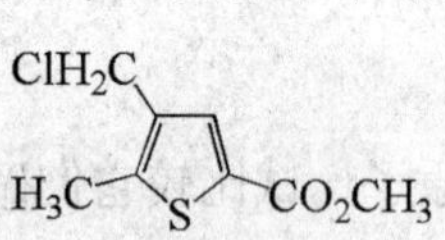

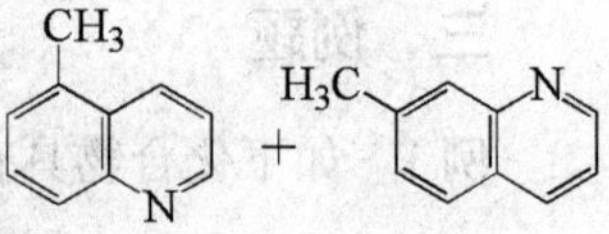

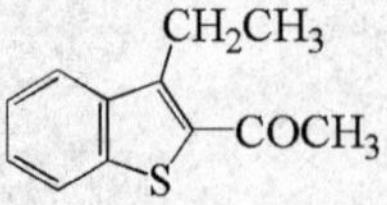

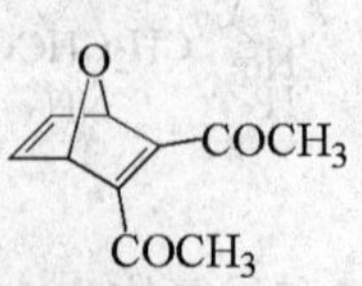

例4 试解释下面反应产物是 **A**，还是 **B**。

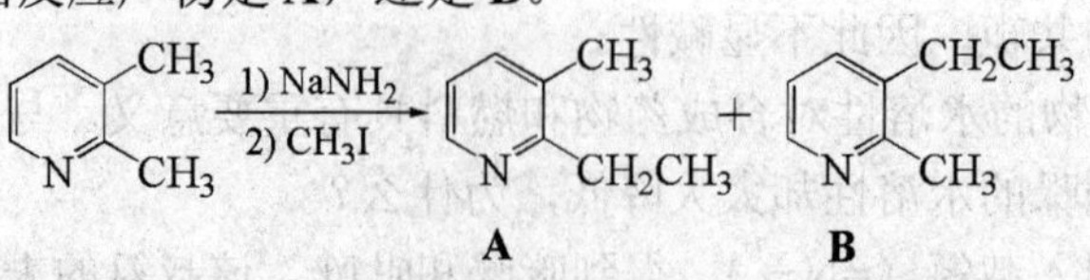

2,3-二甲基吡啶 + 1) NaNH₂ 2) CH₃I ⟶ **A** (2-乙基-3-甲基吡啶) + **B** (2-甲基-3-乙基吡啶)

解 氨基进攻α位及β位甲基，形成的碳负离子共振式如下：

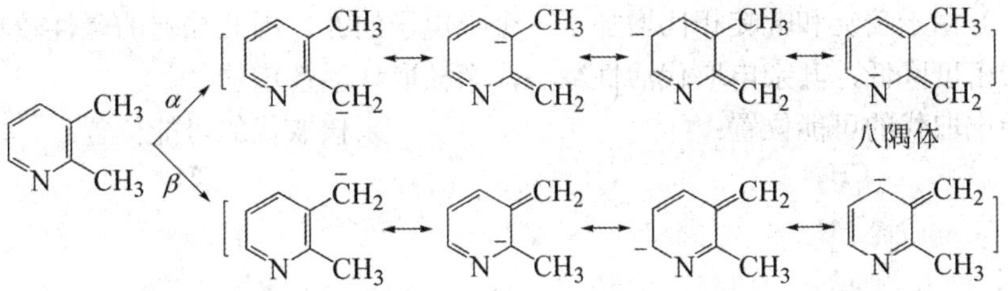

在进攻 α 位甲基形成的碳负离子的共振式中,有一个特别稳定的八隅体,而进攻 β 位甲基时,形成的碳负离子没有这样稳定的共振式,因此取代反应发生 α 位的甲基上,得到产物 **A**。

例5 如同任何其他的三级胺,吡啶能用过氧化苯甲酸或者过氧化氢处理转化成 N-氧化吡啶( )。

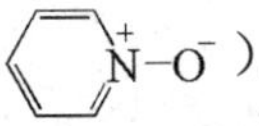

(1)与吡啶相反,吡啶 N-氧化物很容易进行硝化,主要发生在 4 位上,怎样说明这种反应活性和定位效应。

(2)N-氧化吡啶的氧容易用 PCl_3 处理而除掉,试提出制备 4-硝基吡啶的方法。

(3)吡啶 N-氧化物不仅对亲电取代反应是活泼的,而且对亲核取代反应似乎也是活泼的,特别是在 2 位和 4 位上,试解释这种反应活性和定位效应。

解 (1)亲电取代反应经由氮带正电荷的中间体进行,在此中间体中有一共振式,其每一个原子具有完整的八隅体,因此形成的中间体特别稳定。

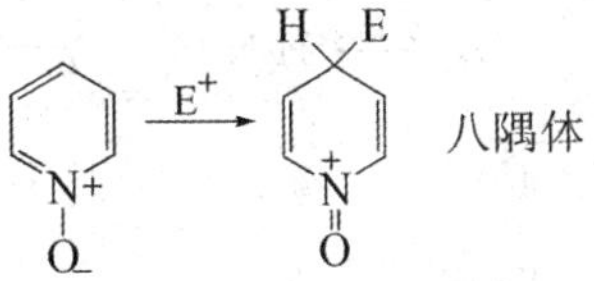

(2)

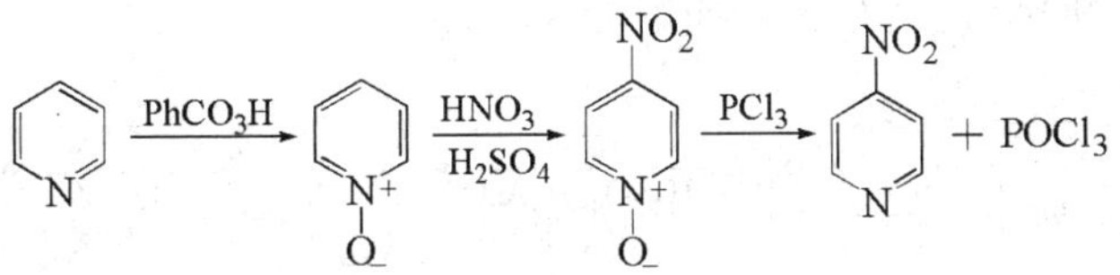

(3)吡啶 N-氧化物有邻、对位带正电荷的共振杂化体,因此对亲核取代也是活泼的。

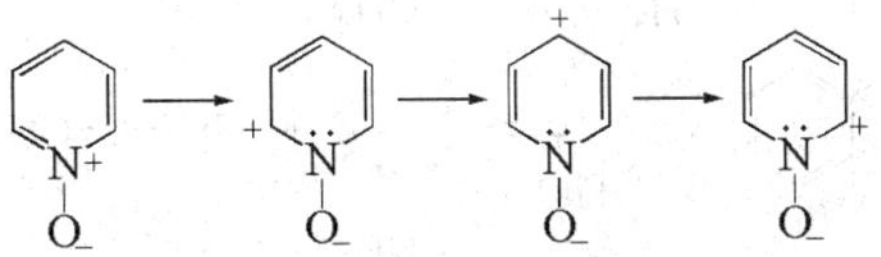

在进行亲核取代时,邻对位取代的共振式中有特别稳定的八隅体,因此中间体稳定,取代活性大。

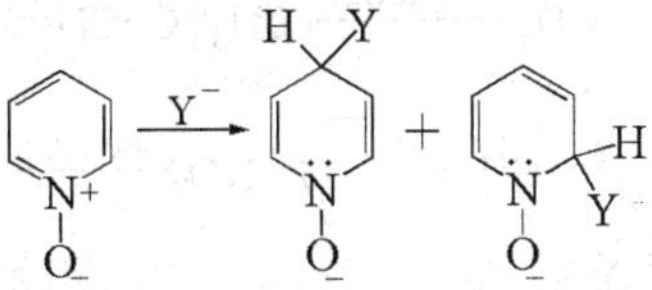

例6 简要回答下列问题:

(1) 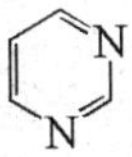 和 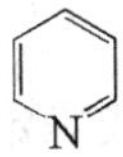 哪一个碱性大?哪一个亲电取代活性较大一些?哪一个亲核取代活性大一些?为什么?

(2)标出 4-甲基嘧啶的亲电取代和亲核取代的可能位置。

解 (1) 由于嘧啶和吡啶相比增加了一个吸电子的氮，因此嘧啶的碱性较吡啶小。嘧啶环的电子云密度降低，其亲电取代活性减小，亲核取代活性增加。

(2) 亲电取代的可能位置：　　　　　　　　亲核取代的可能位置：

例 7 用必要的试剂合成下列化合物。

(1) 联喹啉结构　　(2) 6-甲基-4-甲基-2-苯基喹啉

解 (1) 合成喹啉及其衍生物最常用的方法为 Skraup 法，主要原料为苯胺，取代苯胺及甘油或 α,β-不饱和醛酮，一般以如下方法分割成原料：

合成：

(2) 分析：

合成：

例 8 鸦片生物碱之一罂粟花（$C_{20}H_{21}NO_4$）的结构已由下列合成确定：

3,4-二甲氧基氯苄 + KCN ⟶ **A**($C_{10}H_{11}O_2N$)　　　　**A** + H_2/Ni ⟶ **B**($C_{10}H_{15}O_2N$)

A + 酸的水溶液 $\xrightarrow{\triangle}$ **C** $\xrightarrow{PCl_3}$ **D**($C_{10}H_{11}O_3Cl$)　　　**B** + **D** ⟶ **E**($C_{20}H_{25}O_5N$)

$$E + P_2O_5 \xrightarrow{\triangle} F \xrightarrow{Pd, 200℃} 罂粟碱$$

请写出各步反应及化合物结构。

解

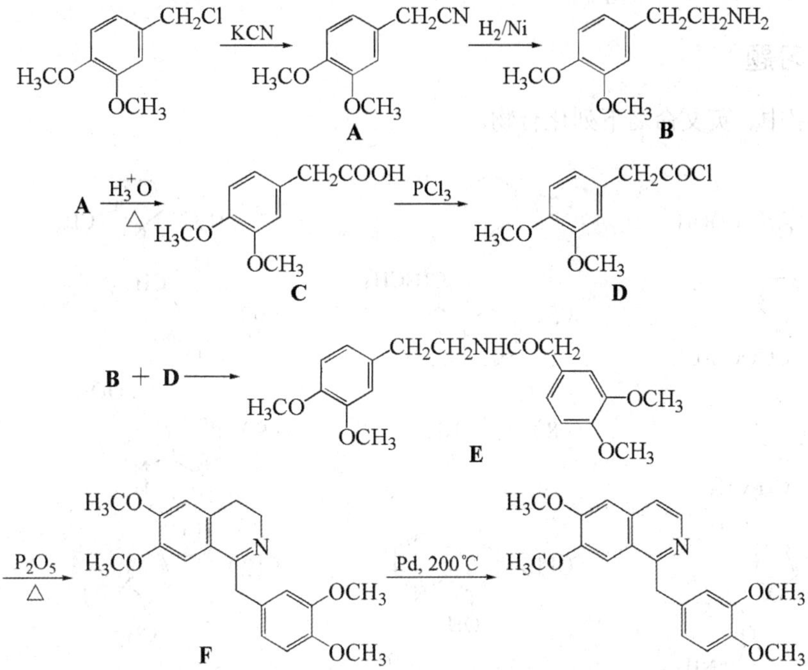

$$\underset{\underset{OCH_3}{H_3CO}}{\bigcirc}-CH_2Cl \xrightarrow{KCN} \underset{A}{\underset{\underset{OCH_3}{H_3CO}}{\bigcirc}-CH_2CN} \xrightarrow{H_2/Ni} \underset{B}{\underset{\underset{OCH_3}{H_3CO}}{\bigcirc}-CH_2CH_2NH_2}$$

$$A \xrightarrow[\triangle]{H_3^+O} \underset{C}{\underset{\underset{OCH_3}{H_3CO}}{\bigcirc}-CH_2COOH} \xrightarrow{PCl_3} \underset{D}{\underset{\underset{OCH_3}{H_3CO}}{\bigcirc}-CH_2COCl}$$

$$B + D \longrightarrow \underset{E}{\underset{\underset{OCH_3}{H_3CO}}{\bigcirc}-CH_2CH_2NHCOCH_2-\underset{\underset{OCH_3}{OCH_3}}{\bigcirc}}$$

$$E \xrightarrow[\triangle]{P_2O_5} \underset{F}{\text{(3,4-二氢异喹啉衍生物)}} \xrightarrow{Pd, 200℃} \text{(罂粟碱)}$$

由 β-苯基乙胺的酰基衍生物（题中 **E**）用酸（常为 P_2O_5）处理使之环化以生成二氢异喹啉（题中 **F**），后者脱氢芳构化。这是制备异喹啉衍生物的重要方法。

例 9 α-吡啶甲酸（**O**）在溶液中加热脱去二氧化碳形成吡啶。脱羧的速率因加入酸或碱而减慢。而酮（$R_2C=O$）存在下进行脱羧时，不但得到吡啶，也得到三级醇 **P**。N-甲基衍生物 **Q** 的脱羧比 **O** 快得多。

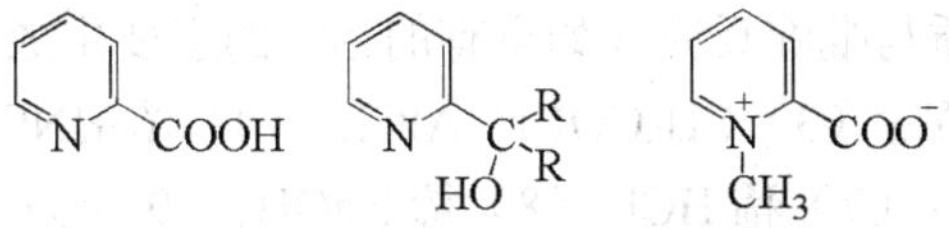

试写出 **O** 脱羧的最可能反应机理的所有步骤。说明此机理是如何解释上述各项事实的。

解 **O** 脱羧的最可能的反应机理如下：

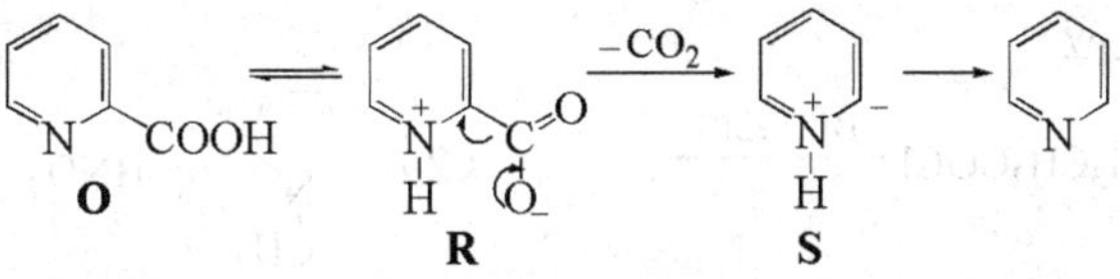

$$\underset{O}{\text{吡啶-COOH}} \rightleftharpoons \underset{R}{\text{偶极离子}} \xrightarrow{-CO_2} \underset{S}{\text{碳负离子}} \longrightarrow \text{吡啶}$$

偶极离子 **R** 失去 CO_2 而形成由氮上的正电荷稳定的碳负离子 **S**。

酸或碱可减少偶极离子 **R** 的浓度，故使反应减慢。

N-甲基衍生物 **Q**，因完全以偶极离子存在，故加速反应。

像其他碳负离子一样，**S** 可和羰基进行亲核加成反应，因此，在酮存在下，一旦产生 **S** 必有部分酮被捕获而产生醇。

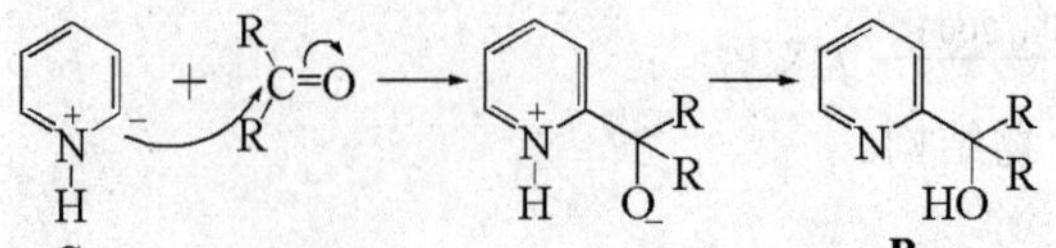

四、习题

20.1 用中、英文命名下列化合物。

(1) 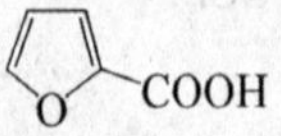 呋喃-2-甲酸   (2) 3-氨基吡啶   (3) 2,5-二甲基噻吩

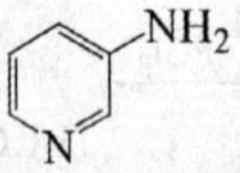

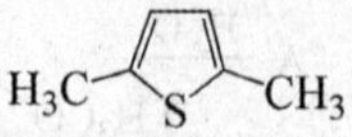

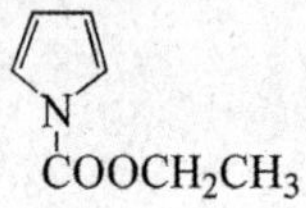

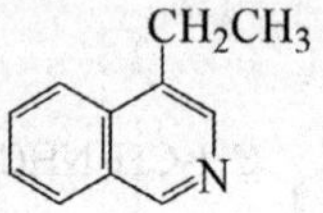

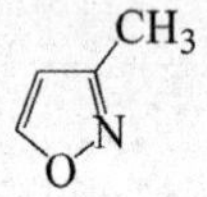

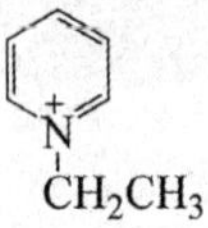

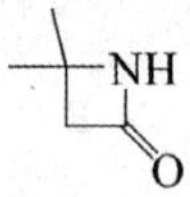

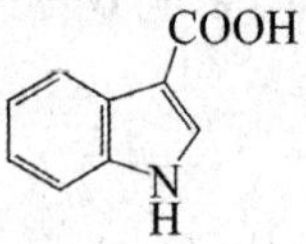

(4) N-乙氧羰基吡咯   (5) 4-乙基异喹啉   (6) 3-甲基异噁唑

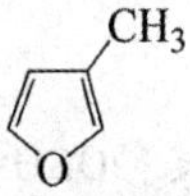

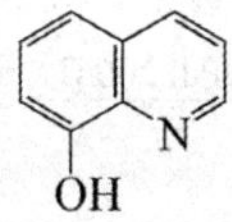

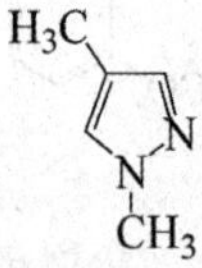

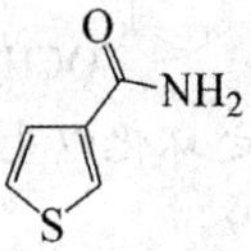

(7) N-乙基吡啶鎓   (8) 3-甲基-β-内酰胺   (9) 吲哚-3-甲酸

(10) 3-甲基呋喃   (11) 8-羟基喹啉   (12) 1,4-二甲基吡唑

(13) 噻吩-3-甲酰胺   (14) 2,5-二苯基噁唑

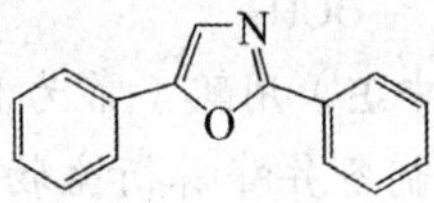

20.2 写出下列化合物的构造式及英文名称：(1) 糠醛；(2) 5-苯基异噻唑；(3) 3-乙基异噁唑；(4) 菸酸；(5) 雷米封；(6) 4-甲基-2-乙基噻唑；(7) 碘化 N,N-二甲基四氢吡咯；(8) β-吲哚乙酸；(9) N-乙烯基咔唑。

20.3 写出下列各物质与吡啶反应（如果有的话）的主要生成物的结构及名称：(1) Br_2，300℃；(2) H_2SO_4，350℃；(3) CH_3COCl，$AlCl_3$；(4) 浓 HNO_3，浓 H_2SO_4，300℃；(5) $NaNH_2$，热；(6) C_6H_5Li；(7) 稀 HCl；(8) 稀 NaOH；(9) 苯磺酰氯；(10) 溴乙烷；(11) 过氧化苯甲酸；(12) H_2，Pt。

20.4 写出喹啉与下列各物质反应的主要产物的结构及名称：(1) 浓 HNO_3，浓 H_2SO_4；(2) KNH_2，二甲苯，100℃；(3) $KMnO_4$，热；(4) 钠+乙醇。

20.5 完成下列反应。

(1)  噻吩 + CH_3CH_2COCl $\xrightarrow{BF_3, 乙醚}$

(2) 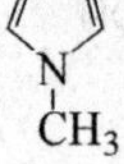 N-甲基吡咯 + HNO_3 $\xrightarrow{乙酸酐}$

(3) 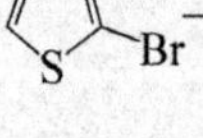 2-溴噻吩 $\xrightarrow{Mg, Et_2O}$ A $\xrightarrow{CO_2}$ $\xrightarrow{H_3O^+}$ B

(4) 4-甲基噻吩-2-甲酸 + HNO_3 $\xrightarrow[-5℃]{乙酸酐}$

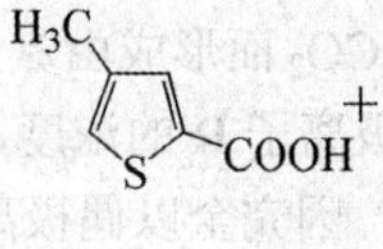

(5) 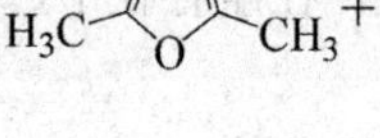 2,5-二甲基呋喃 + $(CH_3CH_2CO)_2O$ $\xrightarrow{BF_3, 乙醚}$

(6) 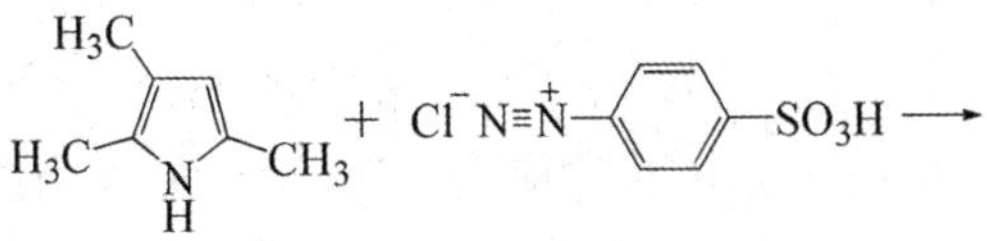 [3,4-dimethyl-2,5-dimethyl pyrrole] + Cl⁻ N≡N⁺—C₆H₄—SO₃H ⟶

(7) 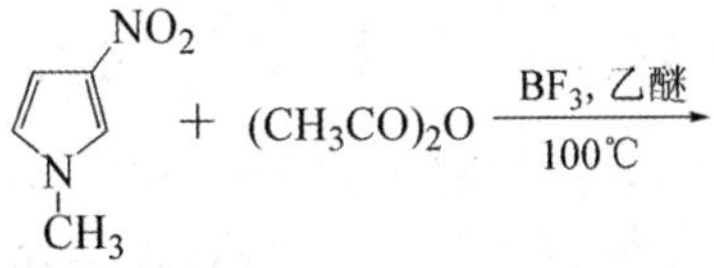 [1-methyl-3-nitropyrrole] + (CH₃CO)₂O $\xrightarrow{BF_3, 乙醚}{100℃}$

(8) 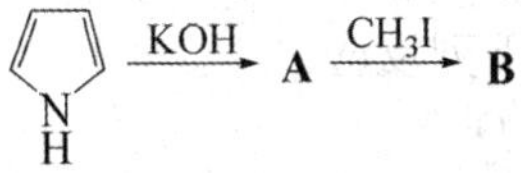 [pyrrole] $\xrightarrow{KOH}$ A $\xrightarrow{CH_3I}$ B

(9) 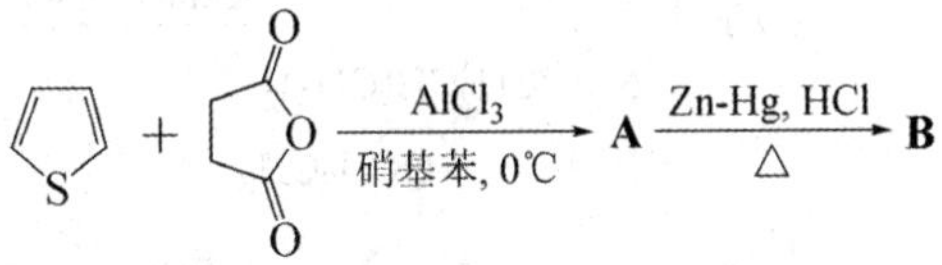 [thiophene] + [succinic anhydride] $\xrightarrow[硝基苯, 0℃]{AlCl_3}$ A $\xrightarrow[\Delta]{Zn-Hg, HCl}$ B

(10) 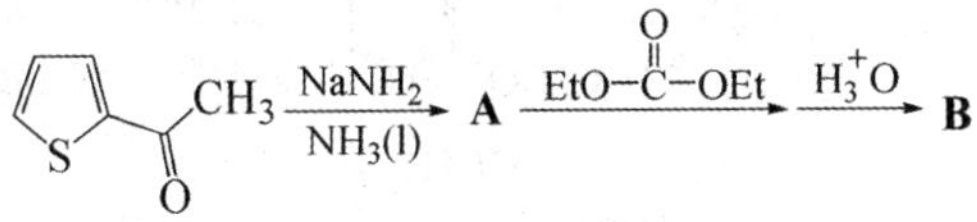 [2-acetylthiophene] $\xrightarrow{NaNH_2}{NH_3(l)}$ A $\xrightarrow{EtO-CO-OEt}$ $\xrightarrow{H_3O^+}$ B

(11) 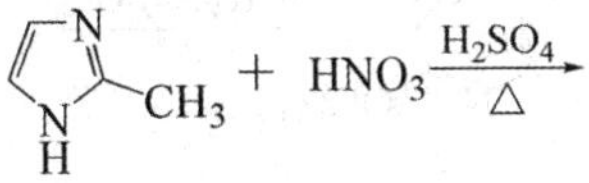 [2-methylimidazole] + HNO₃ $\xrightarrow{H_2SO_4}{\Delta}$

20.6 化合物 A 与某天然药物具有类似结构，人们试图通过如下方法进行合成：

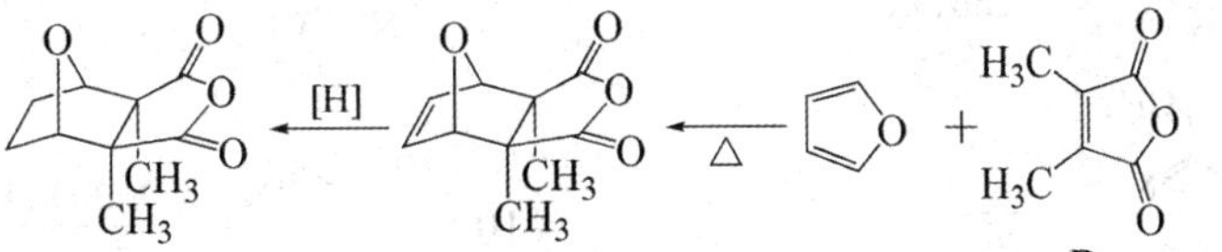

[structure with CH₃, CH₃] $\xleftarrow{[H]}$ [Diels-Alder adduct] $\xleftarrow{\Delta}$ [furan] + [2,3-dimethylmaleic anhydride] **B**

但由于 **B** 中两个甲基的给电子效应的影响及位阻效应使 Diels-Alder 反应不能发生。美国加州大学的 Wiuiam Dauben 利用以下路线直接合成了 **A**：

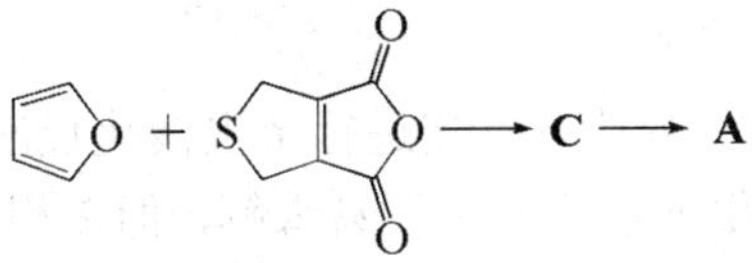

[furan] + [thiophene-fused anhydride] ⟶ **C** ⟶ **A**

（1）写出反应的各步产物及条件；（2）解释此反应能发生的原因。

20.7（1）以碱性大小为序排列下述化合物：甲胺、苯胺、氨、吡咯、喹啉、吡啶。

（2）如下化合物具有三个氮，试比较它们的碱性。

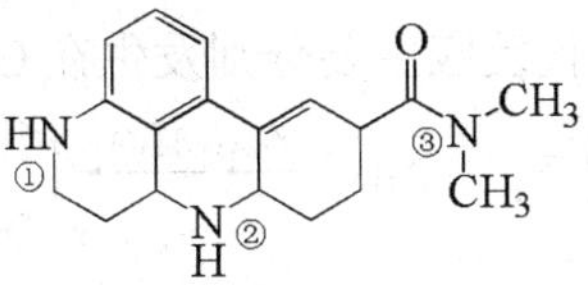

[tricyclic structure with HN① , NH② , C(=O)N(CH₃)₂ ③]

20.8 对下列各组化合物碱性大小作出合理的解释。

(1) 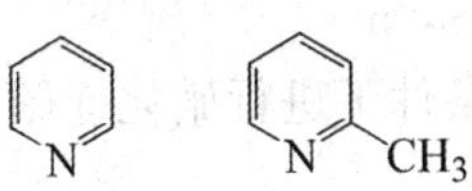 [pyridine]　[2-methylpyridine]　[3-nitropyridine]　　(2) [pyrimidine]　[4-methylpyrimidine]　[2-(methoxycarbonyl)pyrimidine]

pK_a^*　 5.2　　　　6.0　　　　　0.8　　　　　pK_a^*　1.3　　　2.0　　　−0.68

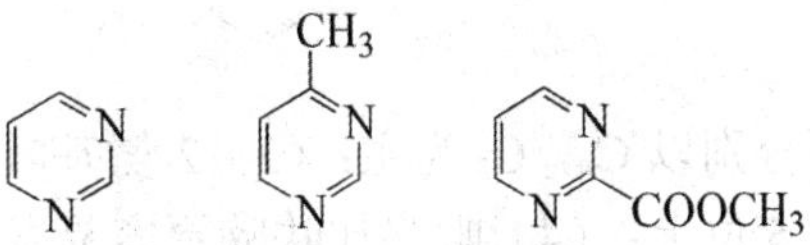

(3) [2-CN-pyridine] [3-CN-pyridine] [4-CN-pyridine]   (4) [quinoline] [isoquinoline] [pyridine]

pK_a^* −0.3   1.5   1.9 pK_a^* 4.9   5.4   5.2

(*为共轭的 pK_a)

20.9 完成下列反应。

(1) [烟酸乙酯] $\xrightarrow[\text{乙醚}]{\text{LiAlH}_4}$ $\xrightarrow{\text{H}_3^+\text{O}}$

(2) [2-异丙基吡啶] $\xrightarrow[\triangle]{\text{KMnO}_4, \text{H}_2\text{O}}$

(3) [3,4-二氯吡啶] + [苯胺] $\xrightarrow{\triangle}$

(4) [2,4-二乙氧基吡啶] $\xrightarrow[\text{吡啶, 0°C}]{\text{Br}_2}$

(5) [2-氨基吡啶] + $\text{CH}_3\text{COCH}_2\text{CH}_2\text{COCH}_3$ $\xrightarrow{\text{HCl}}$

(6) [5-氨基-2,4-二甲氧基嘧啶] $\xrightarrow[\triangle]{(\text{CH}_3\text{CO})_2\text{O}}$

(7) [5-氨基嘧啶] + [对硝基苯甲醛] $\xrightarrow[\triangle]{\text{乙酸}}$

(8) [2-氯嘧啶] + [苯胺] $\xrightarrow{\triangle}$

(9) [5-氰基-4,6-二甲氧基-2-甲基嘧啶] $\xrightarrow{\text{H}_2, \text{Ni}}$

(10) [5-氯-2-氨基嘧啶] $\xrightarrow[\text{H}_2\text{O}, 0°C]{\text{NaNO}_2, \text{HCl}}$

(11) [3-乙基-4-甲基吡啶] $\xrightarrow{\text{NaNH}_2}$? $\xrightarrow{\text{CH}_3\text{I}}$?

20.10 简要回答问题：（1）为什么吡啶进行亲电溴化反应时不用 Lewis 酸催化，例如用 FeBr_3？（2）2-吡啶酮在氢氧化钠水溶液中不易水解，但在相同的条件下，δ-丁内酰胺却迅速水解，为什么？

[2-吡啶酮] [δ-戊内酰胺]

20.11 解释下列现象：（1）1-甲基异喹啉甲基上的质子比 3-甲基异喹啉上的质子的酸性大；（2）喹啉和异喹啉的亲核取代反应主要分别发生在 C_2 和 C_1，例如：

[quinoline] + NaNH_2 $\xrightarrow{\triangle}$ $\xrightarrow{\text{H}_2\text{O}}$ [2-氨基喹啉]

[isoquinoline] + n-BuLi $\longrightarrow$ $\xrightarrow{\text{H}_2\text{O}}$ [1-正丁基异喹啉]

而不分别以 C_4，C_3 为主；（3）2-氨基吡啶能在比吡啶温和的条件下进行硝化或磺化，取代主要在 5 位上；（4）吡咯比呋喃更容易发生亲电取代反应。

20.12 写出反应机理，并用"⌒"表示电子转移方向。

(1) 噻吩 + CH$_3$CHO + HCl ⟶ 噻吩-CHClCH$_3$ —吡啶→ 噻吩-CH=CH$_2$

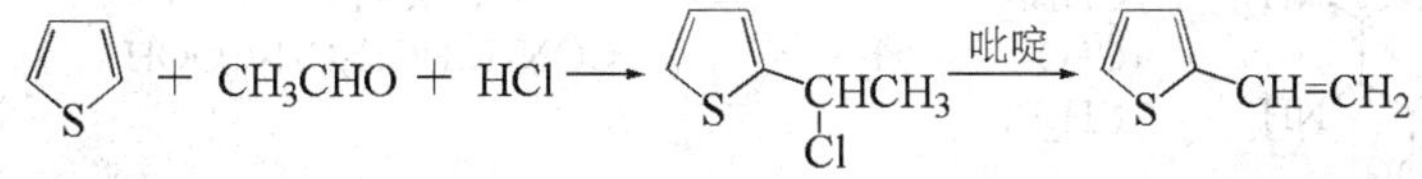

(2) 3-氯吡啶在氨基钠作用下，不但生成 3-氨基吡啶，还得到 4-氨基吡啶。

(3) 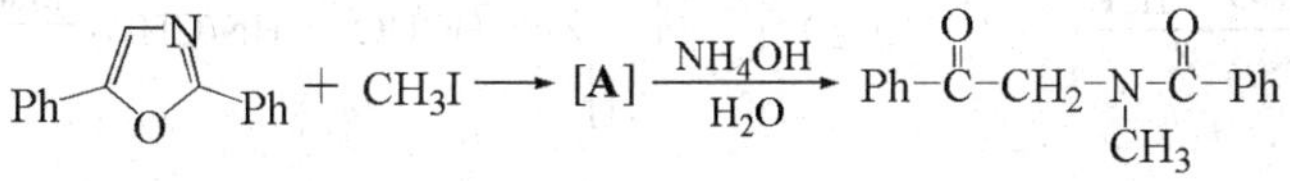 2,5-二苯基噁唑 + CH$_3$I ⟶ [A] $\xrightarrow[H_2O]{NH_4OH}$ Ph-CO-CH$_2$-N(CH$_3$)-CO-Ph

(4) 取代二氢吡啶可用下面反应合成：

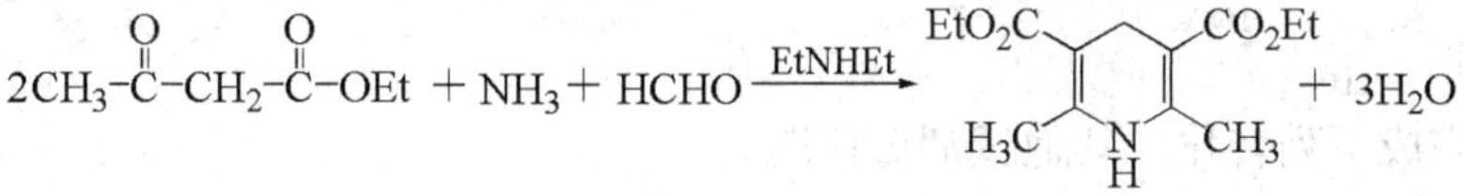

2CH$_3$-CO-CH$_2$-CO-OEt + NH$_3$ + HCHO $\xrightarrow{EtNHEt}$ 3,5-二乙氧羰基-2,6-二甲基-1,4-二氢吡啶 + 3H$_2$O

(5) 香豆素 $\xrightarrow[CHCl_3]{Br_2}$ $\xrightarrow[EtOH]{KOH}$ $\xrightarrow{H_3^+O}$ 苯并呋喃-2-甲酸

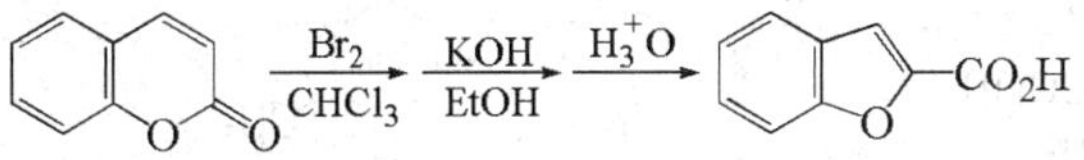

(6) Erlich 试剂与吡咯和吲哚反应可得到有色的物质，因此是吡咯和吲哚的检测试剂。其反应如下。试写出其反应历程。

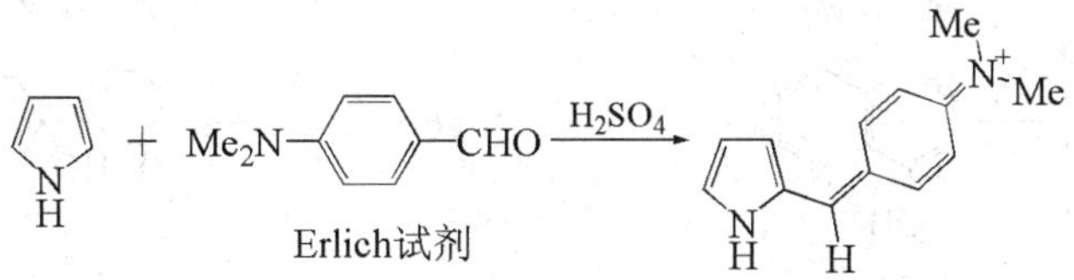

吡咯 + Me$_2$N-C$_6$H$_4$-CHO (Erlich试剂) $\xrightarrow{H_2SO_4}$ 有色物质

20.13 用简单的化学方法鉴别下列化合物：(1) 吡啶与 α-甲基吡啶；(2) 呋喃与吡咯。

20.14 用适当的化学方法除去下列混合物中的少量杂质：(1) 苯中混有少量噻吩；(2) 甲苯中混有少量吡啶；(3) 吡啶中混有少量六氢吡啶。

20.15 (1) 磺胺二甲基嘧啶，简称 SMZ。可由磺胺胍 (SG)(亦称磺胺脒)与乙酰丙酮作用，取得的粗产品用碱溶解，再用盐酸中和即得成品。试写出整个过程的反应式。

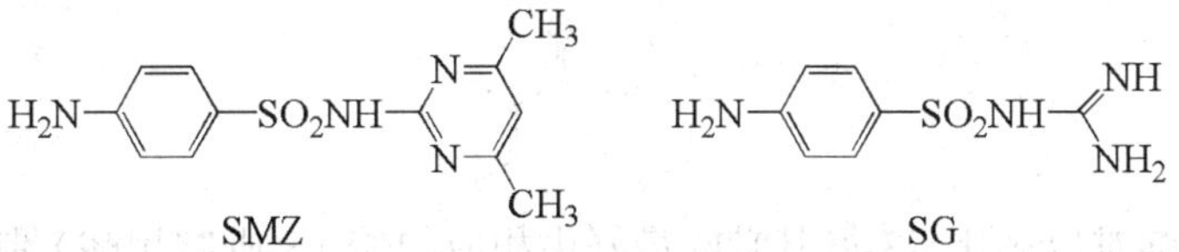

SMZ: H$_2$N-C$_6$H$_4$-SO$_2$NH-(2-嘧啶基-4,6-二甲基)   SG: H$_2$N-C$_6$H$_4$-SO$_2$NH-C(=NH)NH$_2$

(2) Antipyrine 是一种解热镇痛的药物，可由如下反应制得，写出每步的产物：

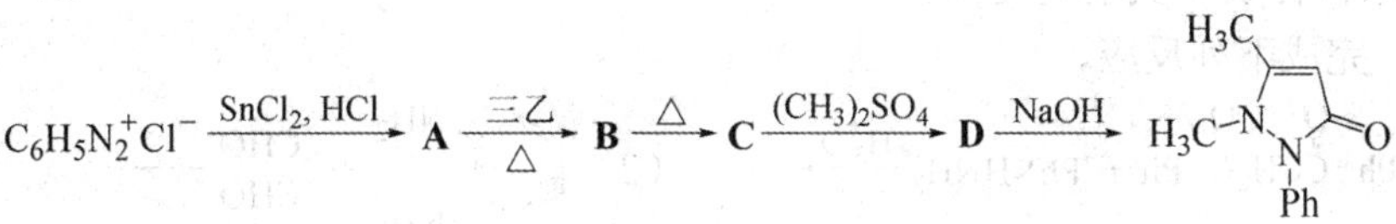

C$_6$H$_5$N$_2^+$Cl$^-$ $\xrightarrow{SnCl_2, HCl}$ A $\xrightarrow[\triangle]{三乙}$ B $\xrightarrow{\triangle}$ C $\xrightarrow{(CH_3)_2SO_4}$ D $\xrightarrow{NaOH}$ Antipyrine (1-苯基-2,3-二甲基-5-吡唑酮)

20.16 叶酸，也称维生素 B$_3$，医药上与维生素 B$_{12}$ 同时使用，用于治疗恶性贫血症。

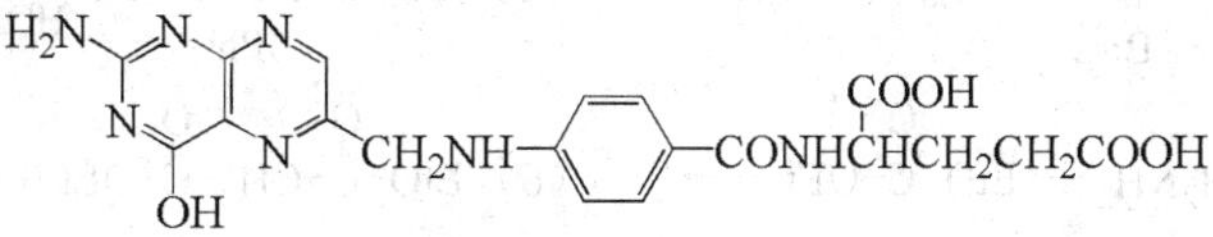

(叶酸结构式)

它可用以下化合物为原料制备。试写出反应过程。

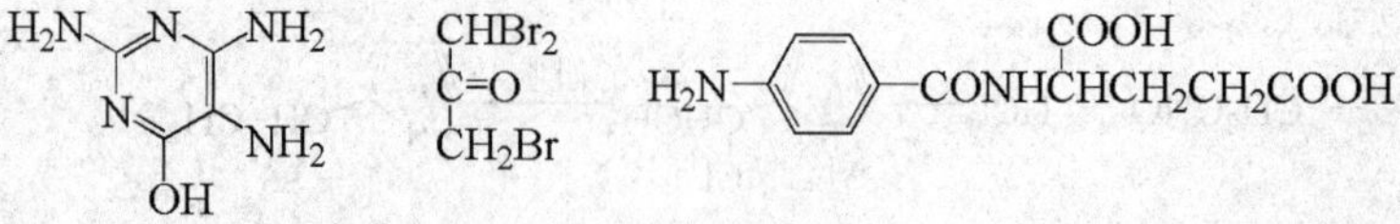

(上部结构式)
2,4,6-三氨基-5-羟基嘧啶   CHBr₂-CO-CH₂Br   H₂N-C₆H₄-CONHCH(COOH)CH₂CH₂COOH

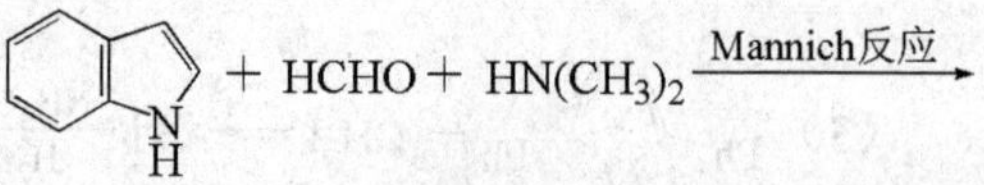

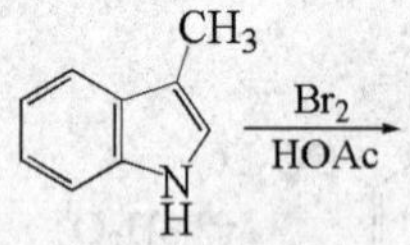

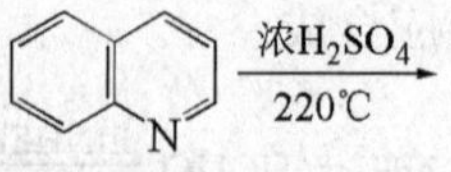

20.17 完成下列反应。

(1) 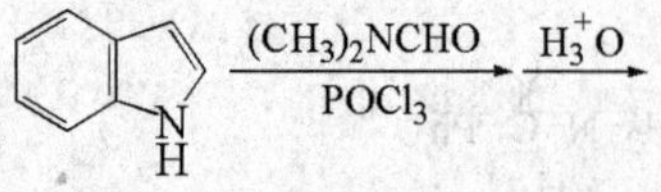 吲哚 $\xrightarrow{(CH_3)_2NCHO / POCl_3} \xrightarrow{H_3^+O}$

(2) 吲哚 + HCHO + HN(CH₃)₂ $\xrightarrow{\text{Mannich反应}}$

(3) 3-甲基吲哚 $\xrightarrow{Br_2 / HOAc}$

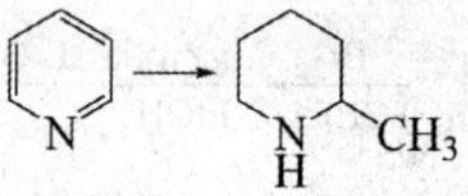

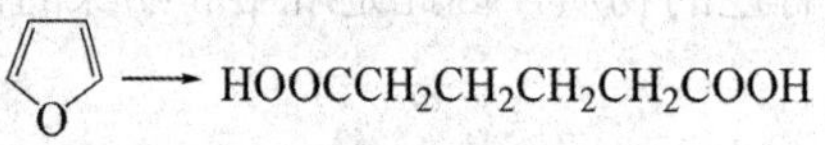

(4) 喹啉 $\xrightarrow{\text{浓}H_2SO_4 / 220℃}$

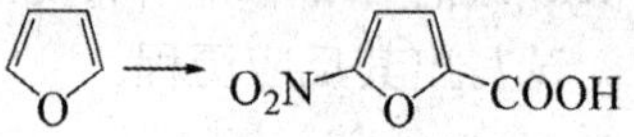

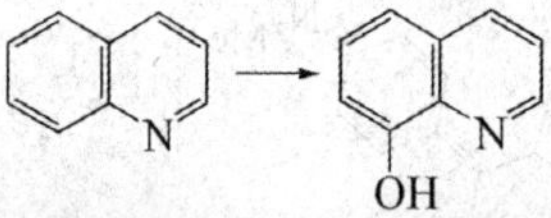

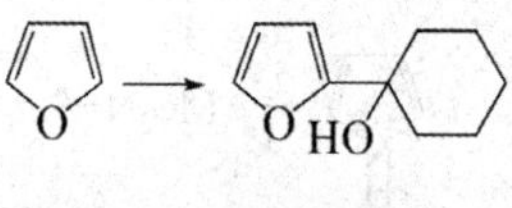

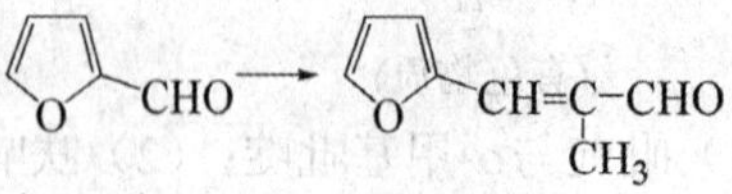

(5) 苯并噻吩 + HCHO $\xrightarrow{HCl}$

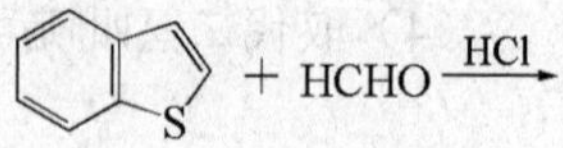

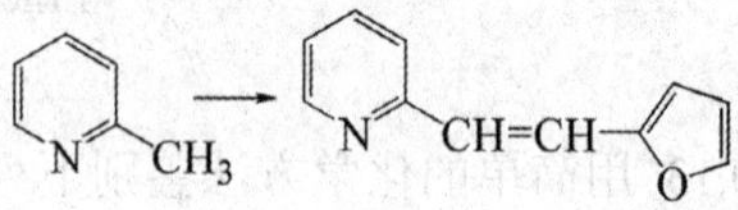

20.18 完成下列转化（其他试剂可任选）。

(1) 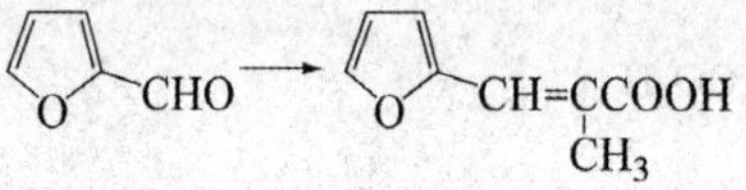 呋喃-2-CHO → 呋喃-2-CH=C(CH₃)COOH

(2) 吡啶 → 2-甲基哌啶

(3) 呋喃 → HOOCCH₂CH₂CH₂CH₂COOH

(4) 呋喃 → 5-硝基-2-呋喃甲酸 (O₂N-呋喃-COOH)

(5) 喹啉 → 8-羟基喹啉

(6) 呋喃 → 2-(1-羟基环己基)呋喃

(7) 呋喃-2-CHO → 呋喃-2-CH=C(CH₃)-CHO

(8) 2-甲基吡啶 → 2-(吡啶基)-CH=CH-(2-呋喃基)

(9) 吲哚 → 3-甲基吲哚

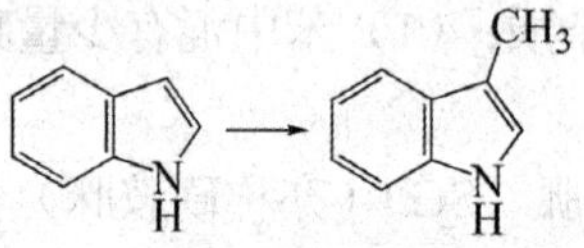

20.19 吡啶不能直接进行傅氏酰基化反应，请设计一种方法合成苯基-3-吡啶基甲酮。

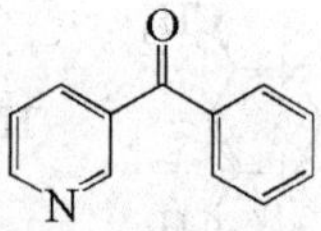

(3-吡啶基-CO-Ph 结构式)

20.20 因吡啶难以硝化，3-氨基吡啶最好由相应的酸（3-吡啶甲酸）制备。请以β-甲基吡啶为起始原料合成 3-氨基吡啶。

20.21 完成下列反应。

(1) 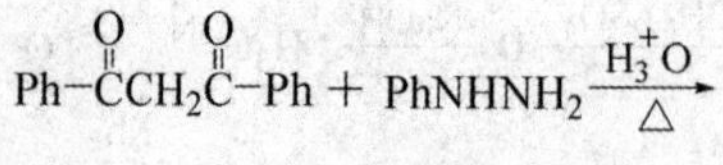 Ph-CO-CH₂-CO-Ph + PhNHNH₂ $\xrightarrow{H_3^+O, \Delta}$

(2) 邻苯二胺 + CHO-CHO →

(3) BrCH₂CH₂CH₂CH(Br)COOH + Na₂S →

(4) Ph-CO-NH-CH(Ph)-CO-Ph $\xrightarrow{NH_4OAc / HOAc, 120℃}$

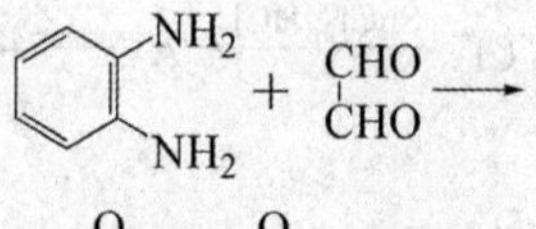

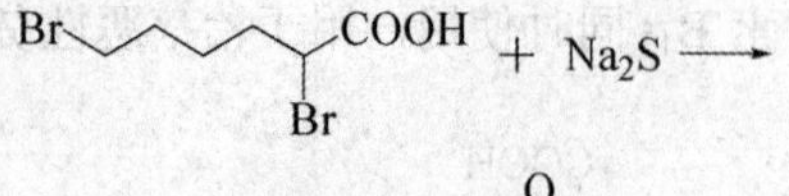

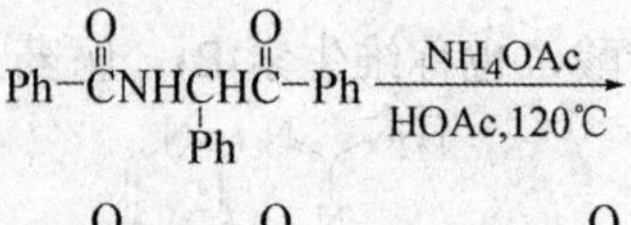

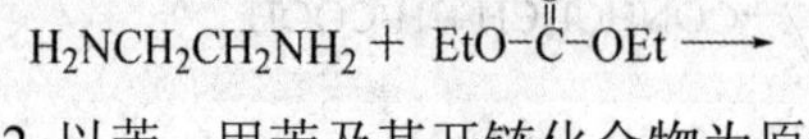

(5) H₂NCH₂CH₂NH₂ + EtO-CO-OEt →

(6) EtO-CO-CH₂-CO-OEt + H₂N-CO-NH₂ $\xrightarrow{OH^- / \Delta}$

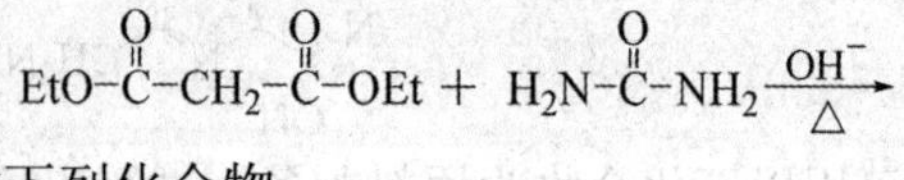

20.22 以苯、甲苯及其开链化合物为原料合成下列化合物。

（1） H₃C—(2-methyl-6-methylquinoline结构) （2） 4-苯基喹啉 （3） 1,10-菲咯啉

（4） 1-异喹啉 （5） 3,5-二苯基异噁唑 （6） 2,5-二甲基呋喃

20.23 喹啉衍生物也可通过邻氨基苯甲醛为起始物来合成。下面是合成实例，请写出相应产物或反应物。

(1) 邻氨基苯甲醛 + 环己酮 →

(2) 邻氨基苯甲醛 + PhCOCH₃ →

(3) 邻氨基苯甲醛 + ? → 2-甲基喹啉-3-甲酸乙酯

20.24 吡啶甲酸的三种异构体的熔点分别是：**A** 137℃，**B** 234~237℃，**C** 317℃。喹啉氧化时得到的二元酸 **D**（C₇H₅O₄N）。**D** 加热时生成 **B**，异喹啉氧化时生成二元酸 **E**（C₇H₅O₄N）。**E** 加热时生成 **B** 和 **C**。推测 **A**、**B**、**C** 的结构。

20.25 N-氧化吡啶跟氯苄反应，然后用强碱（如 NaOH）处理生成苯甲醛（92%）和吡啶。请写出其合理的反应机理。

20.26 吡咯跟乙基溴化镁反应，接着用碘甲烷处理，得 2-甲基吡咯和 3-甲基吡咯的混合物。请写出其可能的反应机理。

20.27 写出下列合成中中间产物的结构：

环氧乙烷＋二乙胺→**A** (C₆H₁₅ON)

A＋SOCl₂→**B** (C₆H₁₄NCl)   **B**＋三乙钠盐→**C** (C₁₂H₂₃O₃N)

C＋稀硫酸，温热→**D** (C₉H₁₉ON)   **D**＋H₂/Ni→**E** (C₉H₂₁ON)

E＋浓 HBr→**F** (C₉H₂₀NBr)

Cl—C₆H₄—NO₂ $\xrightarrow{\text{CH}_3\text{OH}, \text{NaOH}}$ **G** (C₇H₇NO₃)   **G** $\xrightarrow{\text{Fe, HCl}}$ **H** (C₇H₉NO)

H＋(CH₃CO)₂O→**I** (C₉H₁₁NO₂)   **I** + HNO₃→**J** (C₉H₁₀N₂O)

J＋NaOH, H₂O→**K** (C₇H₈N₂O₃)   **K** $\xrightarrow[\text{PhNO}_2]{\text{甘油, H}_2\text{SO}_4}$ **L** (C₁₀H₈N₂O₃)

L $\xrightarrow{\text{SnCl}_2, \text{HCl}}$ **M** (C₁₀H₁₀N₂O)   **M**＋**F**→血浆蛋白

血浆蛋白的结构为何？

20.28 α-溴代丁二酸二乙酯跟吡啶作用转变成反-丁烯二酸二乙酯。问吡啶的作用如何？这比利用通常的氢氧化钾醇溶液进行消除有何好处？

20.29 2,4-二甲基-3-吡咯甲酸乙酯以甲醛及酸处理转变成化学式为 C₁₉H₂₆O₄N₂ 的化合物。试写出该化合物的结构，并表示其生成过程。

五、习题参考答案

20.1

（1）2-呋喃甲酸   2-furancarboxylic acid

（2）3-氨基吡啶   3-aminopyridine

(3) 2,5-二甲基噻吩　　　2,5-dimethylthiophene
(4) 1-吡咯甲酸乙酯　　　ethyl-1-pyrrolecarboxylate
(5) 4-乙基异喹啉　　　　4-ethylisoquinoline
(6) 3-甲基异噁唑　　　　3-methylisoxazole
(7) N-乙基吡啶　　　　　N-ethylpyridine
(8) 4,4-二甲基氮杂环丁酮　4,4-dimethylazetidinone
(9) 3-吲哚甲酸　　　　　3-indolecarboxylic acid
(10) 3-甲基呋喃　　　　　3-methylfuran
(11) 8-羟基喹啉　　　　　8-hydroxyquinoline
(12) 1,4-二甲基吡唑　　　1,4-dimethylpyrazole
(13) 3-噻吩甲酰胺　　　　3-thiophenecarboxamide
(14) 2,5-二苯基噁唑　　　2,5-diphenyloxazole

20.2

(1) 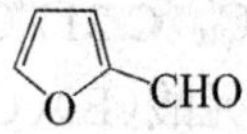 furaldehyde

(2) 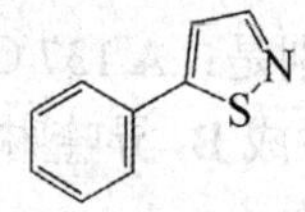 5-phenylisothiazole

(3) 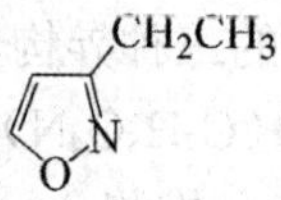 3-ethylisoxazole

(4) 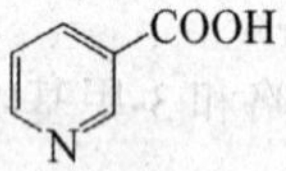 nicotinic acid

(5) 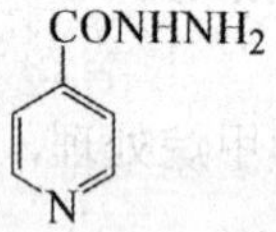 remifon

(6) 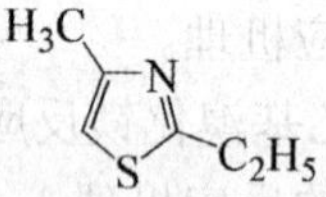 2-ethyl-4-methylthiazole

(7) 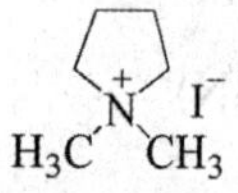 N,N-dimethylpyrrodinium iodide

(8) 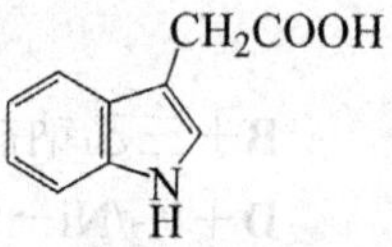 β-indoleacetic acid

(9) 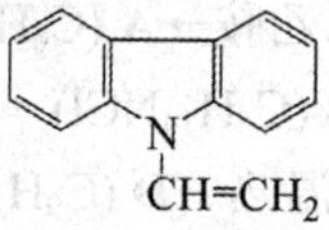 N-vinylcarbazole

20.3

(1) 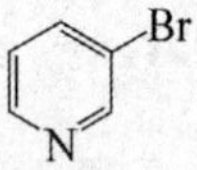 3-溴吡啶

(2) 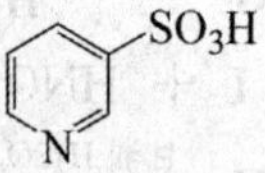 3-吡啶磺酸

(3) 不反应

(4) 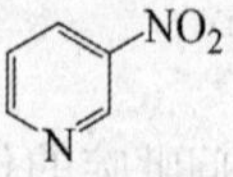 3-硝基吡啶

(5) 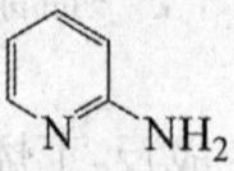 α-氨基吡啶

(6) 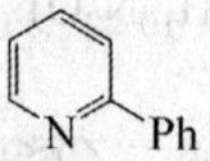 2-苯基吡啶

(7) 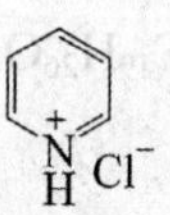 吡啶盐酸盐

(8) 不反应

(9) 不反应

(10) 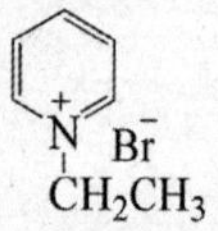 溴化N-乙基吡啶

(11) 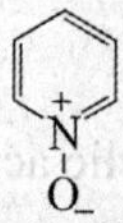 N-氧化吡啶

(12) 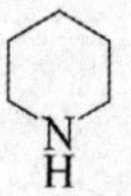 六氢吡啶

20.4

（1）8-硝基喹啉 + 5-硝基喹啉

（2）2-氨基喹啉

（3）2,3-吡啶二甲酸

（4）1,2,3,4-四氢化喹啉

20.5

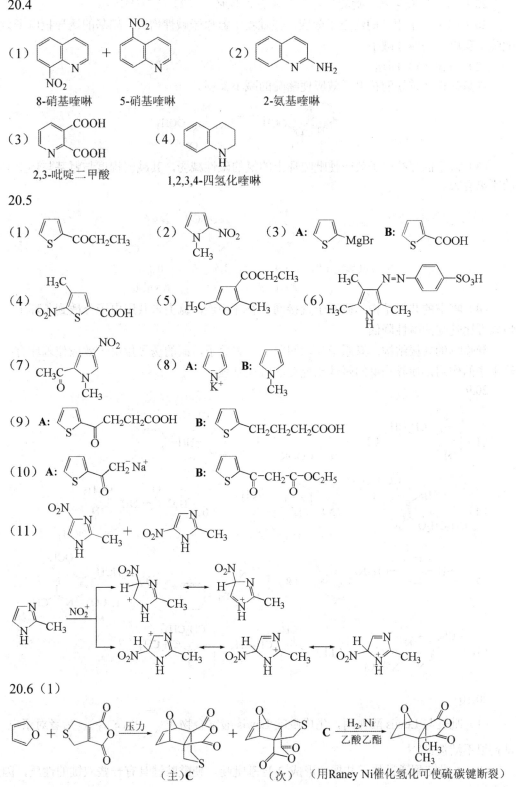

（2）改用含硫的五元环使与双键相连的基团为亚甲基，使位阻效应减小；另一方面硫的拉电子效应降低了烷基的给电子作用，增加亲双烯体的活性。

20.7（1）甲胺＞氨＞吡啶＞喹啉＞苯胺＞吡咯　　（2）②＞①＞③

20.8（1）由于甲基的给电子效应，使吡啶上氮原子碱性增大，硝基的诱导拉电子效应使吡啶上氮原子的碱性减小。

（2）与题（1）同理。

羰基共轭及诱导的拉电子效应使嘧啶的减小减弱。

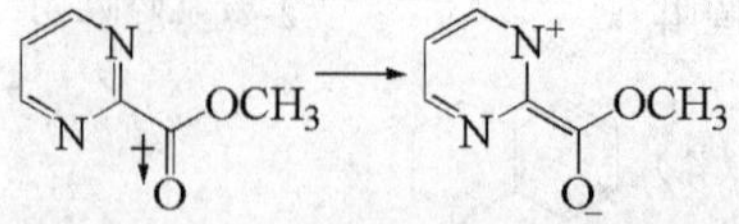

（3）氰基的强拉电子效应使吡啶环上的氮的碱性减弱，其减弱程度与氰基与环上氮原子的距离有关。

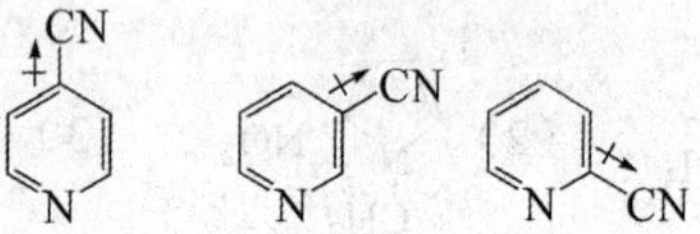

共轭酸 pK_a　　1.9　　　　1.5　　　　−0.3
　　　　　　　　离N最远　　　　　　　离N最近

（4）喹啉的共振结构：氮原子直接同芳香环相连，氮上未共用电子分散到苯环上，使喹啉碱性比吡啶的碱性降低。

异喹啉的共振结构：氮原子与苯间隔一个碳原子，氮的诱导拉电子效应使苯环有一定的给电子的作用，使异喹啉的碱性比吡啶的碱性略强。

20.9

(1) 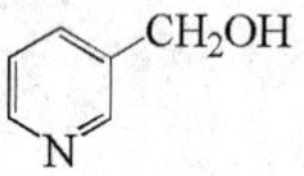 3-吡啶基-CH$_2$OH　　(2) 2-吡啶基-COOK　　(3) 3-氯-4-苯胺基吡啶

(4) 2,4-二乙氧基-3,5-二溴吡啶　　(5) 1-(2-吡啶基)-2,5-二甲基吡咯　　(6) 5-乙酰氨基-2,4-二甲氧基嘧啶

(7) 对硝基苯甲醛-5-嘧啶基亚胺　　(8) 2-苯胺基嘧啶　　(9) 5-氨甲基-4,6-二甲氧基-2-甲基嘧啶

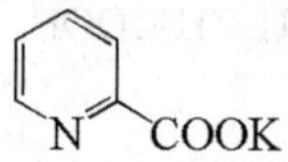

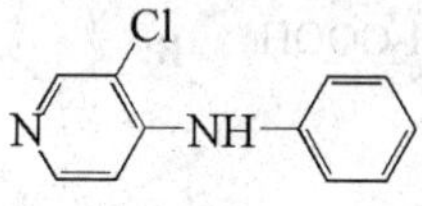

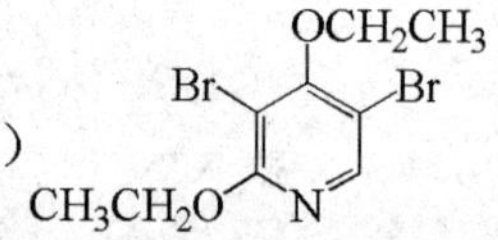

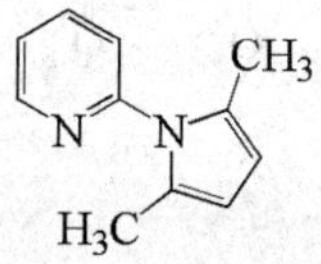

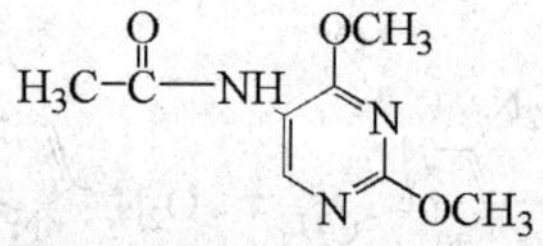

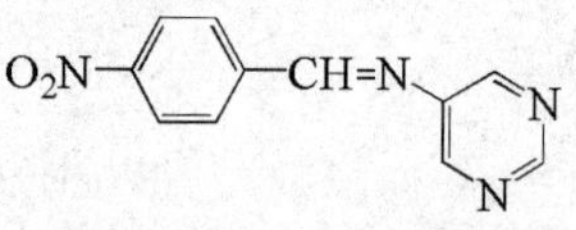

(10) 5-氯-2-嘧啶基重氮氯化物　　(11) 3-乙基-4-甲基吡啶；3,4-二乙基吡啶

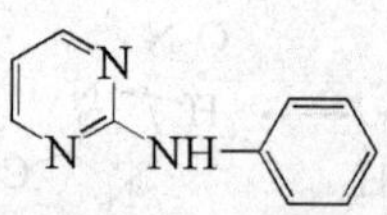

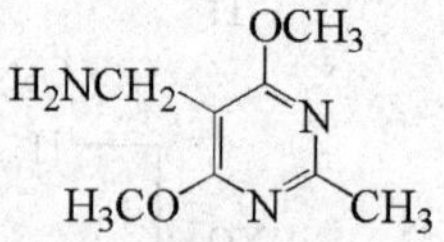

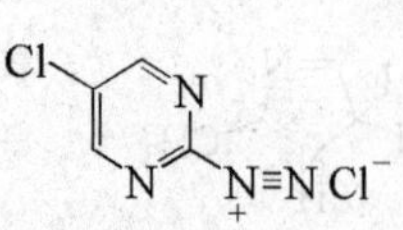

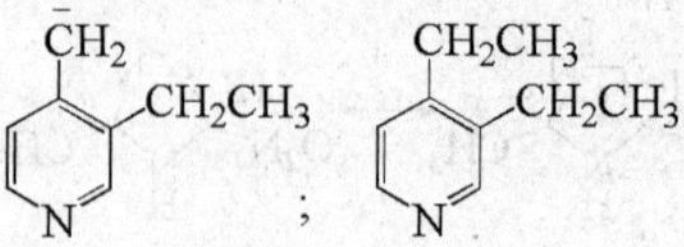

20.10

（1）吡啶与 Lewis 酸作用，生成吡啶 Lewis 酸络合物（⊕N FeBr$_3$），后者对亲电试剂很不活泼。

（2）2-吡啶酮通过如下共振，形成 2-羟基吡啶，使酰胺键具有一些双键的性质，因此不能水解。

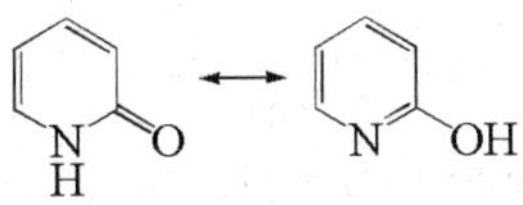

而 δ-丁内酰胺是一个单纯的酰胺，在相同的条件下迅速水解。

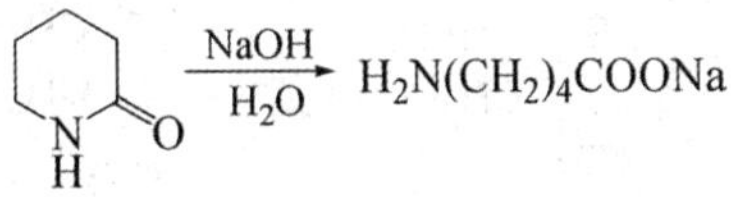

20.11
（1）

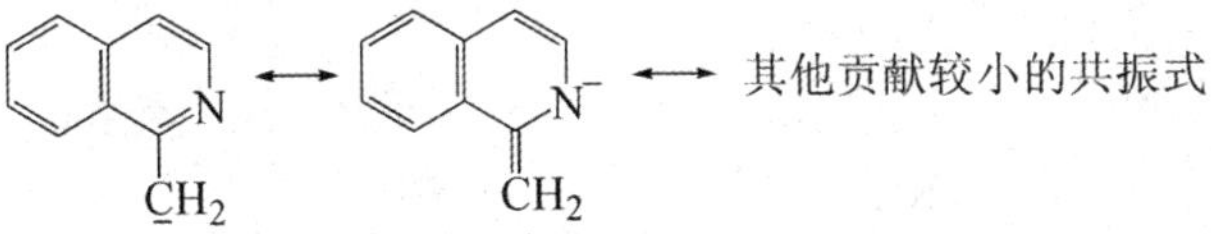

A 苯环完整 ↔ 其他贡献较小的共振式

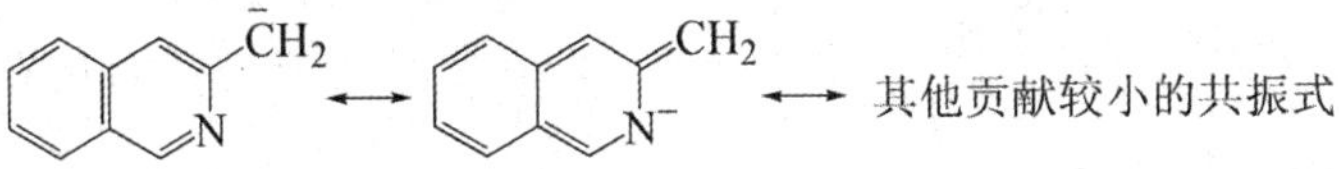

B 苯环不完整 ↔ 其他贡献较小的共振式

其生成负离子的稳定性 1-甲基异喹啉极稳定，其相应的共轭酸的酸性大。

（2）

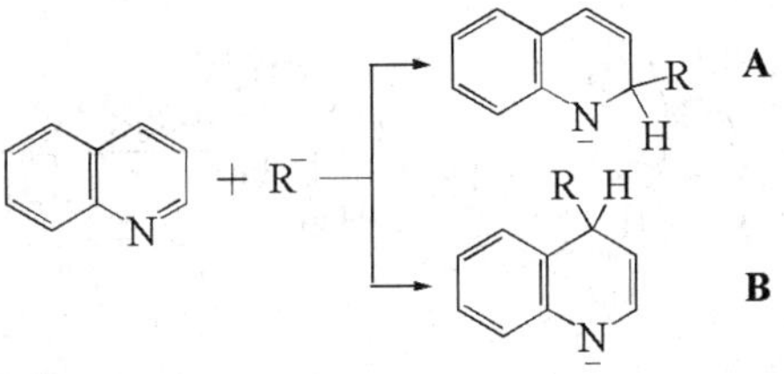

贡献较大的共振式 **A** 和 **B** 中，**A** 比 **B** 稳定，因为含氮环中的双键与苯环共轭。

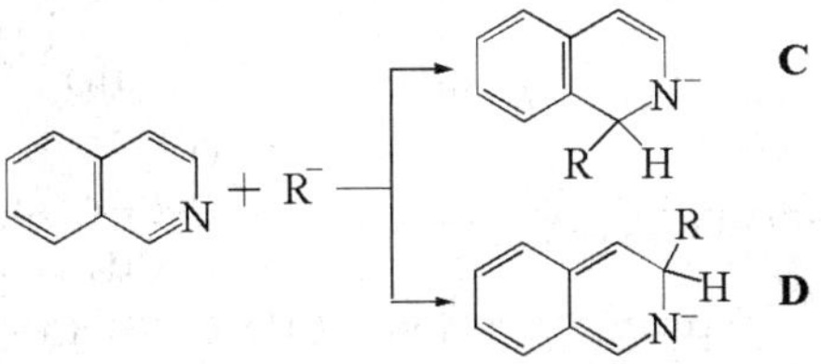

贡献较大的共振式 **C** 和 **D** 中，**C** 比 **D** 稳定，因为 **C** 的无氮环是苯型而不是醌型。

（3）由氨基定位。
（4）两个亲电反应活性中间体为：

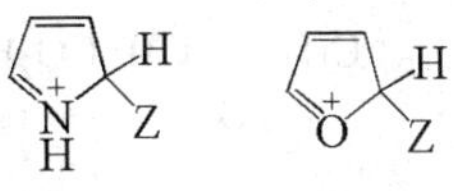

A　　**B**

N 和 O 都带正电荷，由于 O 的电负性比 N 大，呋喃较难形成正离子，即 **A** 比 **B** 稳定，因此吡咯比呋喃活泼。

20.12（1）

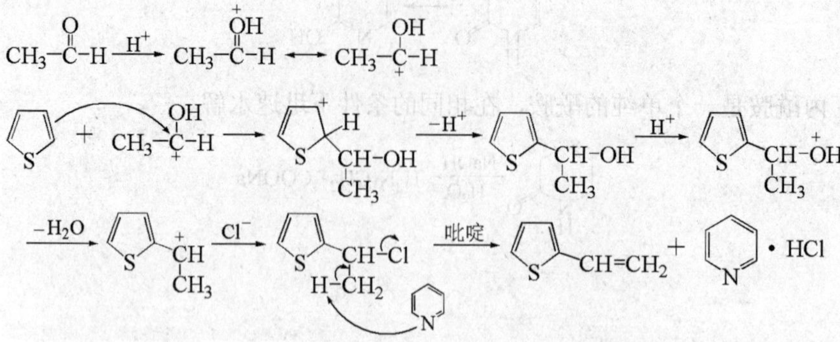

（2）

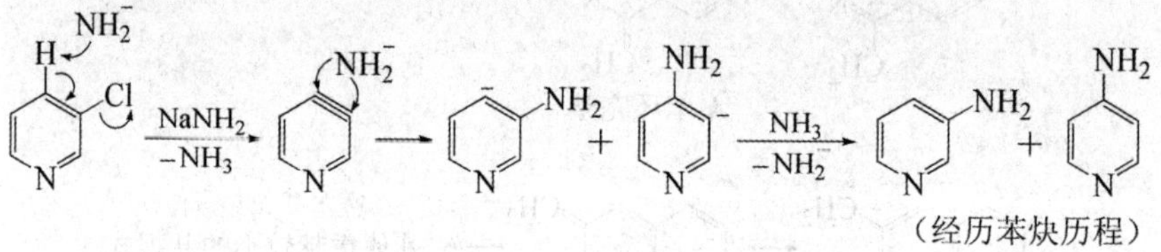
NaNH2
–NH3
NH3
–NH2–
（经历苯炔历程）

（3）

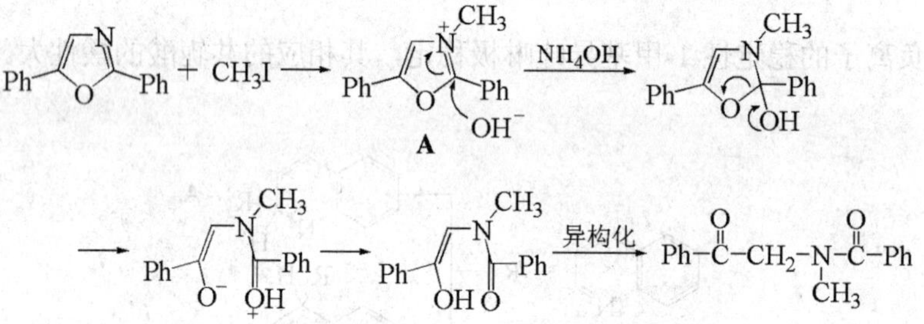
NH4OH
A
异构化

（4）

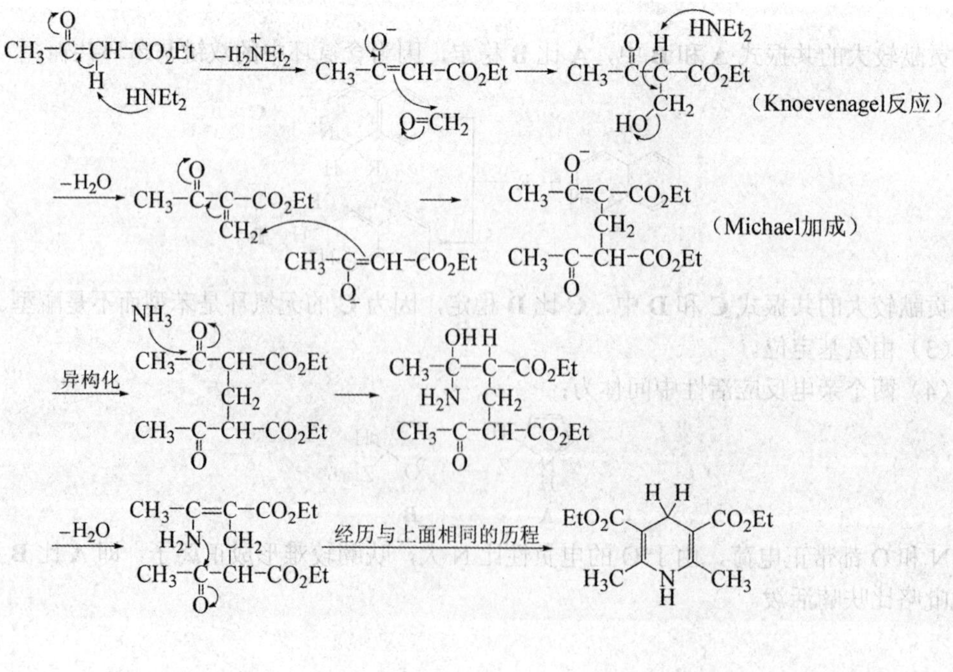
（Knoevenagel反应）
（Michael加成）
异构化
经历与上面相同的历程

(5)

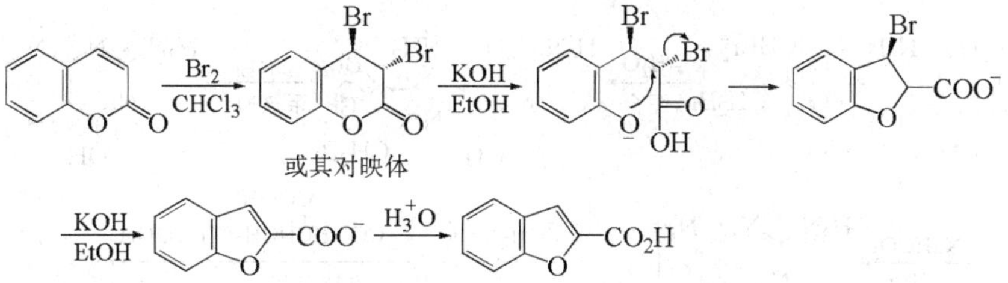

[Reaction scheme: coumarin + Br₂/CHCl₃ → dibromide (or its enantiomer) → KOH/EtOH → intermediate → bromo-dihydrobenzofuran carboxylate → KOH/EtOH → benzofuran-2-carboxylate → H₃O⁺ → benzofuran-2-carboxylic acid]

(6)

[Mechanism scheme: pyrrole + p-Me₂N-C₆H₄-CHO with H⁺, showing formation of pyrrolyl carbinol intermediate, then protonation, loss of H₂O, and formation of the quinonoid iminium dye]

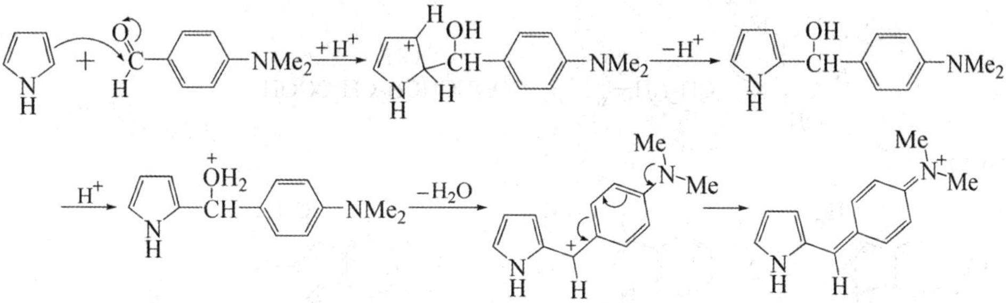

20.13 (1) 用 KMnO₄ 溶液鉴别，使 KMnO₄ 溶液褪色者为 α-甲基吡啶，吡啶为负反应；
(2) 松片反应，吡咯显红色，呋喃显绿色。

20.14 (1) 室温下用少量浓 H_2SO_4 洗去噻吩；(2) 用稀盐酸洗去吡啶；(3) 加入苯磺酰氯，六氢吡啶作用生成苯磺酰胺，吡啶不作用，蒸出吡啶。

20.15 (1) 乙酰丙酮有互变异构现象：

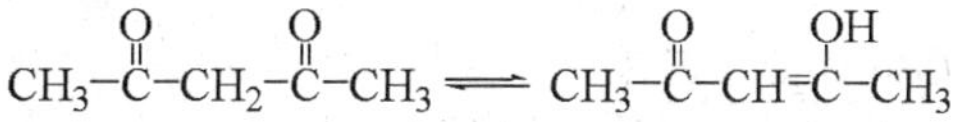

$$CH_3-\underset{O}{\overset{\parallel}{C}}-CH_2-\underset{O}{\overset{\parallel}{C}}-CH_3 \rightleftharpoons CH_3-\underset{O}{\overset{\parallel}{C}}-CH=\underset{OH}{\overset{|}{C}}-CH_3$$

SG 与乙酰丙酮可发生如下反应：

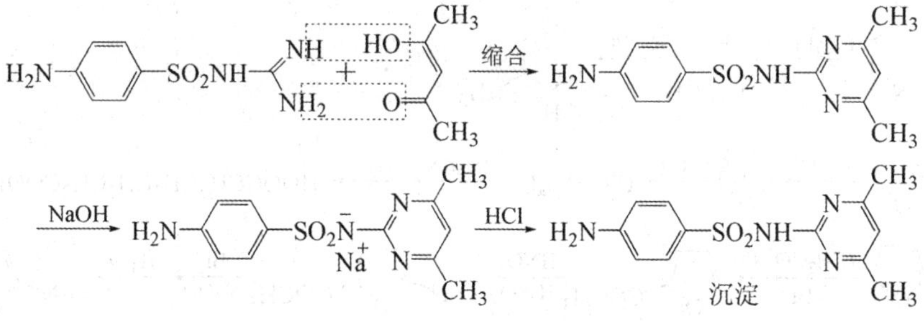

[Reaction scheme: sulfaguanidine + acetylacetone → condensation → sulfadiazine derivative with dimethylpyrimidine; then NaOH → sodium salt; then HCl → precipitate]

(2)

$$C_6H_5N_2^+Cl^- \xrightarrow{SnCl_2, HCl} \underset{\mathbf{A}}{PhNHNH_2}$$

[Reaction scheme: CH₃COCH₂COOEt + PhNHNH₂ →缩合→ B (hydrazone) →取代/Δ→ C (3-methyl-1-phenyl-5-pyrazolone)]

[Reaction scheme: C + (CH₃)₂SO₄ 亲核取代 → D (methylated pyrazolinium) → NaOH → Antipyrine]

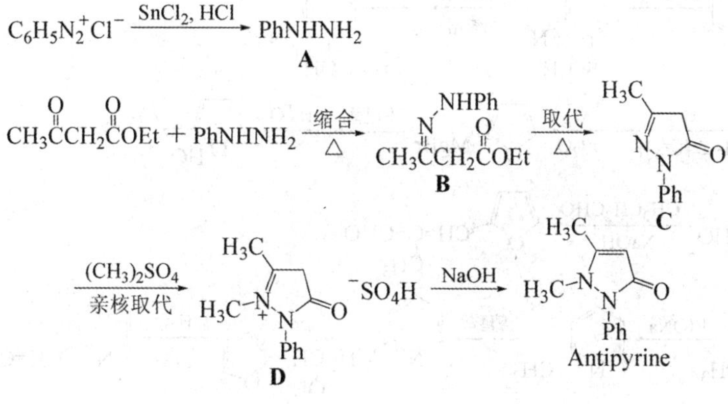

20.16

$$\underset{\substack{\text{OH}\\\text{NH}_2}}{\text{H}_2\text{N}}\underset{\text{NH}_2}{\overset{\text{NH}_2}{\bigcirc}} + \underset{\text{CH}_2\text{Br}}{\text{CHBr}_2\text{CO}} \xrightarrow[\text{缩合}]{-\text{H}_2\text{O}} \text{中间体} \xrightarrow[\text{亲核取代}]{-\text{HBr}} \text{中间体} \xrightarrow[\text{}]{\text{NaHCO}_3}{-\text{HBr}}$$

(condensation → pyrimidine intermediate → dihydropteridine → pteridine–CH$_2$Br)

$$\xrightarrow{\text{H}_2\text{N-C}_6\text{H}_4\text{-CONHCH(COOH)CH}_2\text{CH}_2\text{COOH}}_{-\text{HBr},\ \text{亲核取代}}$$

产物: 2-氨基-4-羟基-6-[(对-谷氨酰胺基苯胺基)甲基]蝶啶 (叶酸)

20.17

(1) 1H-吲哚-3-甲醛
(2) 3-(二甲氨基甲基)-1H-吲哚
(3) 2-溴-3-甲基-1H-吲哚
(4) 喹啉-8-磺酸
(5) 3-(氯甲基)苯并[b]噻吩

20.18

(1) 糠醛 $\xrightarrow[\text{CH}_3\text{CH}_2\text{CO}_2\text{Na}]{(\text{CH}_3\text{CH}_2\text{CO})_2\text{O}}$ 呋喃-CH=C(CH$_3$)COOH

(2) 吡啶 $\xrightarrow{\text{CH}_3\text{Li}}$ 2-甲基吡啶 $\xrightarrow{\text{H}_2,\ \text{Pt}}$ 2-甲基哌啶

(3) 呋喃 $\xrightarrow{\text{H}_2,\ \text{Ni}}$ 四氢呋喃 $\xrightarrow{\text{HCl}}$ Cl(CH$_2$)$_4$Cl $\xrightarrow{2\text{NaCN}}$ $\xrightarrow{\text{H}_3^+\text{O}}$ HOOCCH$_2$CH$_2$CH$_2$CH$_2$COOH

(4) 呋喃 $\xrightarrow[\text{BF}_3]{(\text{CH}_3\text{CO})_2\text{O}}$ 2-乙酰基呋喃 $\xrightarrow[\text{H}_2\text{SO}_4]{\text{HNO}_3}$ 5-硝基-2-乙酰基呋喃 $\xrightarrow[\text{NaOH}]{\text{Br}_2}$ $\xrightarrow{\text{H}_3^+\text{O}}$ 5-硝基呋喃-2-甲酸

(5) 喹啉 $\xrightarrow{\text{H}_2\text{SO}_4}$ 喹啉-8-磺酸 $\xrightarrow[\text{碱熔}]{\text{NaOH}}$ $\xrightarrow{\text{H}^+}$ 8-羟基喹啉

(6) 呋喃 $\xrightarrow[\text{1,4-二氧六环}]{\text{Br}_2}$ 2-溴呋喃 $\xrightarrow[\text{Et}_2\text{O}]{\text{Mg}}$ 2-呋喃基MgBr $\xrightarrow{\text{环己酮}}$ $\xrightarrow{\text{H}_3^+\text{O}}$ 1-(2-呋喃基)环己醇

(7) 糠醛 $\xrightarrow[\text{NaOH}]{\text{CH}_3\text{CH}_2\text{CHO}}$ 2-呋喃基-CH=C(CH$_3$)CHO

(8) 2-甲基吡啶 $\xrightarrow{\text{EtONa}}$ 2-吡啶基-CH$_2^-$ $\xrightarrow{\text{糠醛}}$ 2-吡啶基-CH$_2$CH(OH)-2-呋喃基 $\xrightarrow{-\text{H}_2\text{O}}$ 2-吡啶基-CH=CH-2-呋喃基

(9) Indole + KOH → indole K⁺ salt + CH₃I → 3-methylindole

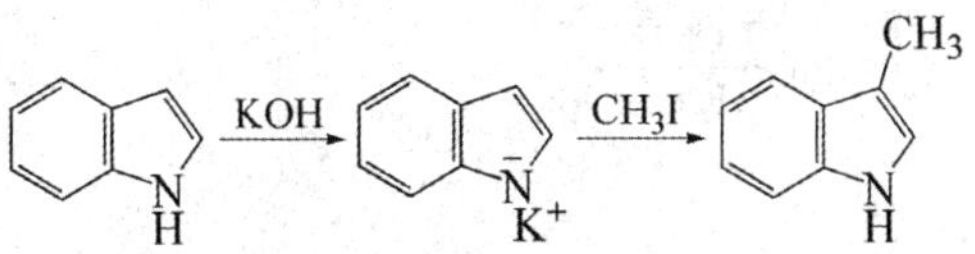

20.19 3-methylpyridine —KMnO₄/Δ→ nicotinic acid —SOCl₂→ nicotinoyl chloride —AlCl₃/benzene→ 3-benzoylpyridine

20.20 3-methylpyridine —KMnO₄/Δ→ nicotinic acid —SOCl₂→ nicotinoyl chloride —NH₃→ nicotinamide —Br₂/NaOH→ 3-aminopyridine

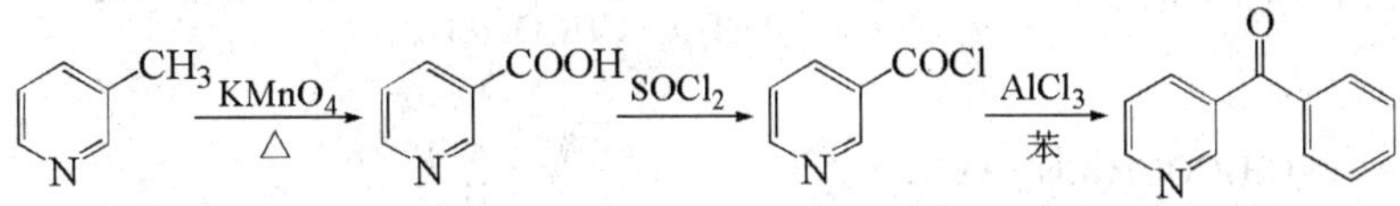

20.21
(1) 1,3,5-triphenylpyrazole (2) quinoxaline (3) tetrahydrothiopyran-2-carboxylic acid (4) 2,4,5-triphenylimidazole

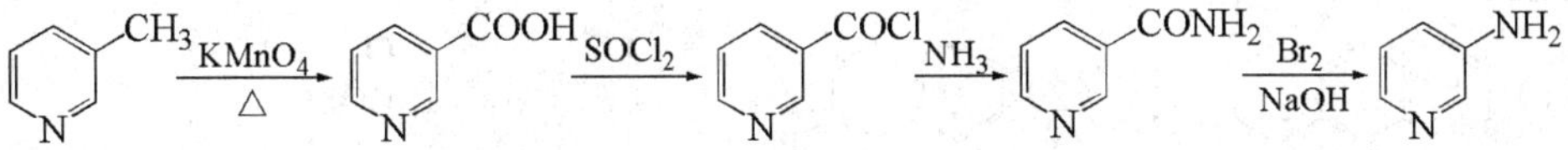

(5) imidazolidin-2-one (6) barbituric acid (keto form) (2,4,6-trihydroxypyrimidine, enol form)

20.22
(1) toluene —HNO₃/H₂SO₄→ p-nitrotoluene —Fe/HCl→ p-toluidine —CH₃CH=CHCHO, H₃C-C₆H₄-NO₂, H₂SO₄→ 2,6-dimethylquinoline derivative

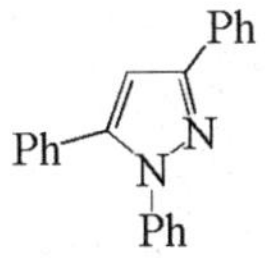

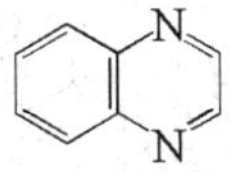

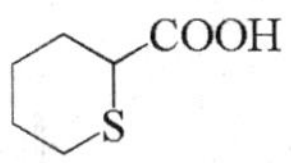

(2) benzene —HNO₃/H₂SO₄→ nitrobenzene —Fe/HCl→ aniline —H₂SO₄, PhNO₂, CH₂=CHCPh(=O)→ 4-phenylquinoline

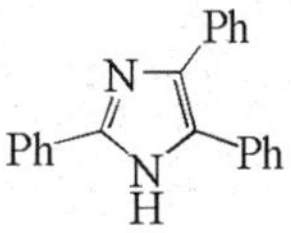

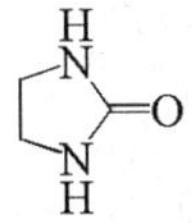

Ph-CO-CH₃ + HCHO —NaOH/Δ→ CH₂=CHCPh(=O)

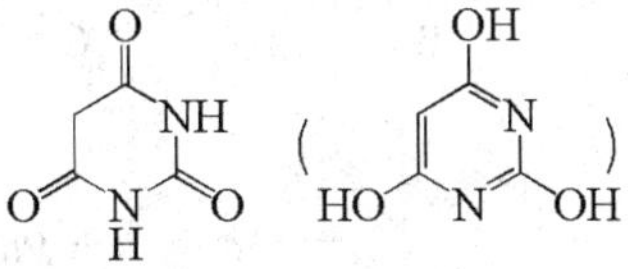

(3) benzene —浓HNO₃/浓H₂SO₄/Δ→ m-dinitrobenzene —Fe/HCl→ m-phenylenediamine —甘油, H₂SO₄, m-NO₂-nitrobenzene→ 1,10-phenanthroline type product

(4) benzaldehyde —CH₃NO₂/CH₃CH₂ONa→ PhCH=CHNO₂ —H₂, Ni→ PhCH₂CH₂NH₂ —PhCOCl→ PhCH₂CH₂NHCOPh —POCl₃→ 1-phenyl-3,4-dihydroisoquinoline —Pd-C, -H₂→ 1-phenylisoquinoline

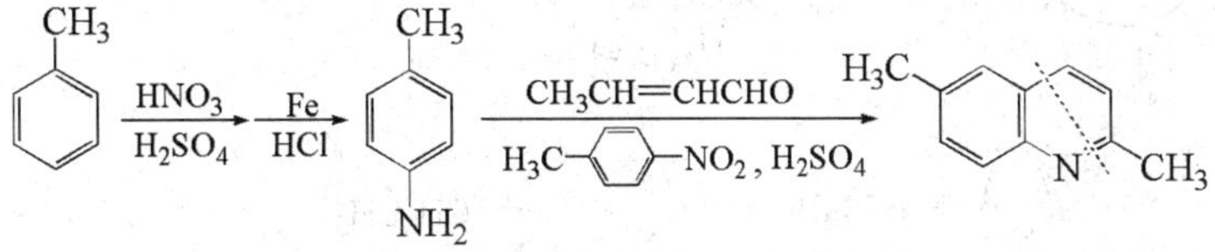

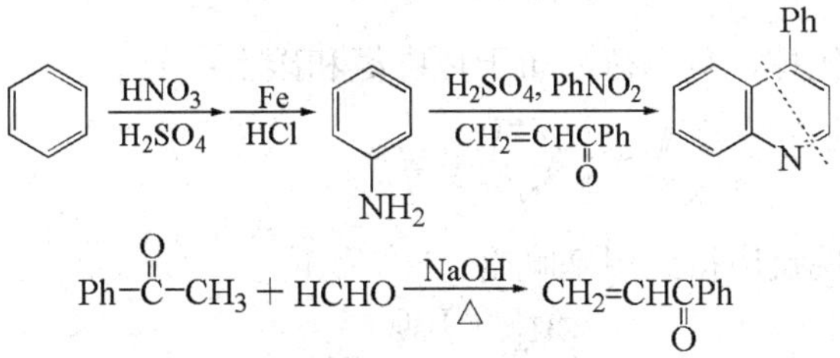

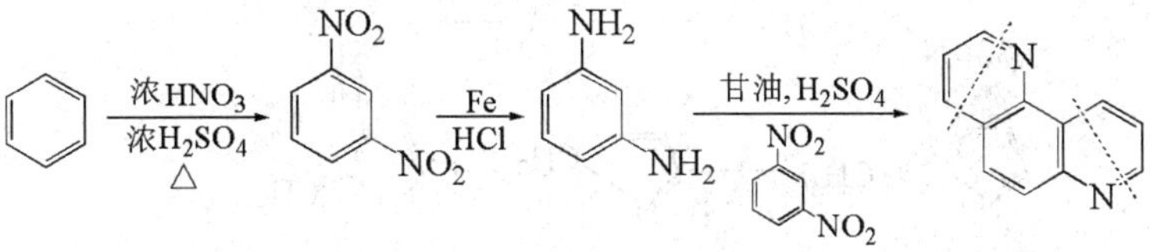

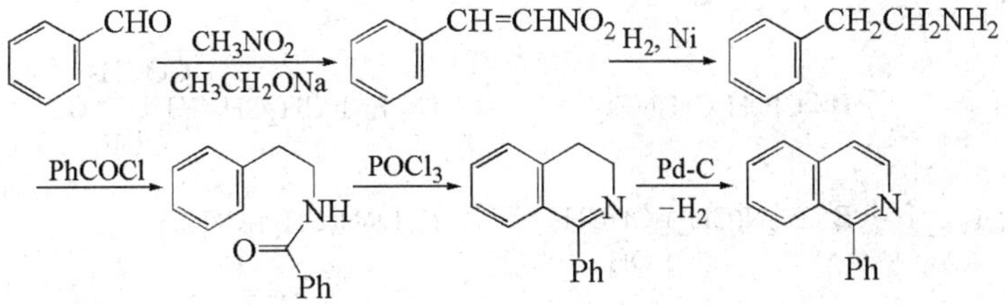

(5) $PhCOCH_3 + PhCOOEt \xrightarrow[EtOH]{EtO^-} PhCOCH_2COPh \xrightarrow[HCl, \Delta]{HONH_2}$ 3,5-diphenylisoxazole (Ph at 3 and 5 positions, O-N ring)

(6) $CH_3COOEt \xrightarrow{EtONa} CH_3COCH_2COOEt$

$2CH_3COCH_2COOEt \xrightarrow{2EtONa} \xrightarrow{I_2} \begin{array}{c}CH_3COCHCOOEt \\ CH_3CO-CHCOOEt\end{array} \xrightarrow{NaOH} \xrightarrow{H^+} \xrightarrow[\Delta]{-CO_2}$

$CH_3COCH_2CH_2COCH_3 \xrightarrow[\Delta]{P_2O_5}$ 2,5-dimethylfuran (H_3C and CH_3 on furan O-ring)

20.23

(1) 1,2,3,4-tetrahydroacridine structure (2) 2-phenylquinoline (3) CH_3COCH_2COOEt — shown as $CH_3\overset{O}{C}CH_2\overset{O}{C}OEt$

20.24

A pyridine-2-COOH   **B** pyridine-3-COOH (nicotinic acid)   **C** pyridine-4-COOH (isonicotinic acid)

20.25

Pyridinium N-oxide + PhCH$_2$Cl $\xrightarrow{NaOH}$ intermediate $\rightarrow$ pyridine + PhCHO + H$_2$O

20.26

Pyrrole + EtMgBr $\longrightarrow$ pyrrolyl-MgBr + CH_3CH_3

生成的吡咯负离子是个共振杂化体，负电荷分布于环中氮和碳上：

[pyrrole anion resonance structures with charge on N, C-2, C-3] 等等

但碳亲核性更强，因此跟碘甲烷反应得到甲基吡咯：

pyrrole anion + $CH_3I \xrightarrow{-I^-}$ 3H-3-methyl-pyrrolenine $\rightarrow$ 3-methylpyrrole

pyrrole anion + $CH_3I \xrightarrow{-I^-}$ 2H-2-methyl-pyrrolenine $\rightarrow$ 2-methylpyrrole

20.27

A $HOCH_2CH_2NEt_2$ **B** $ClCH_2CH_2NEt_2$ **C** $Et_2NCH_2CH_2\underset{COOEt}{\overset{COCH_3}{CH}}$

D $Et_2N(CH_2)_3COCH_3$ **E** $Et_2N(CH_2)_3\underset{OH}{CH}CH_3$ **F** $Et_2N(CH_2)_3\underset{Br}{CH}CH_3$

G H_3CO—C$_6$H$_4$—NO_2 **H** H_3CO—C$_6$H$_4$—NH_2 **I** H_3CO—C$_6$H$_4$—$NHCOCH_3$

J 4-methoxy-2-nitroacetanilide (H₃CO–C₆H₃(NO₂)–NHCOCH₃)

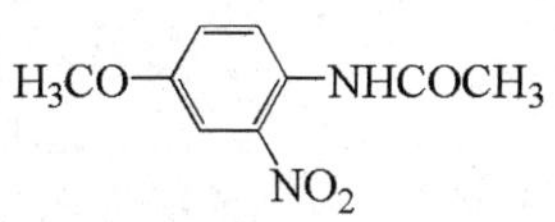

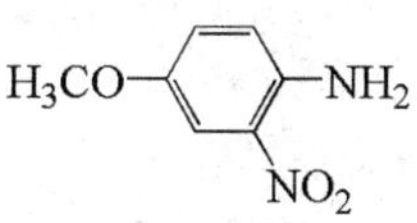

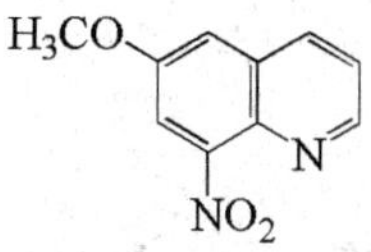

K 4-methoxy-2-nitroaniline (H₃CO–C₆H₃(NO₂)–NH₂)

L 6-methoxy-8-nitroquinoline

M 6-methoxy-8-aminoquinoline

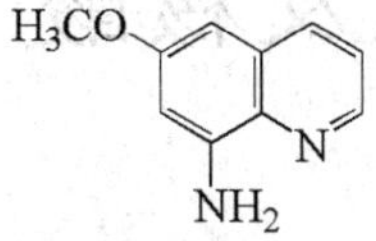

血浆蛋白: 6-methoxy-8-[(4-diethylamino-1-methylbutyl)amino]quinoline, 侧链为 –NH–CH(CH₃)–(CH₂)₃–NEt₂

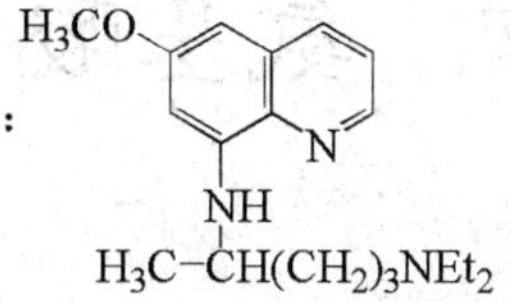

20.28 吡啶为脱溴化氢所必需的碱，它不像 KOH 醇溶液那样有可能使酯开裂。

20.29 由酚的知识可知，酚和甲醛在酸催化下可形成酚醛树脂。像酚一样，吡咯具有活化环的特点，同样能进行类似反应。

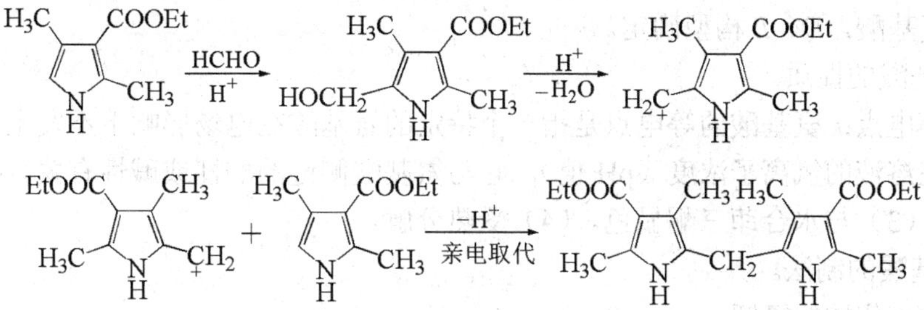

[反应式：2-甲基-4-甲基-3-乙氧羰基吡咯 + HCHO/H⁺ → 5-羟甲基取代物 → （H⁺, –H₂O）→ 5-亚甲基碳正离子；该碳正离子与另一分子吡咯经亲电取代（–H⁺）生成二吡咯甲烷产物]

第二十一章 氨基酸、多肽及核酸

一、复习要点

1. 氨基酸的定义和分类。
2. α-氨基酸，D、L 构型确定。
3. 氨基酸的性质。
（1）等电点：氨基酸的等电点是指一个特定的氨基酸在电场影响下不发生迁移时，这个氨基酸所在溶液的氢离子浓度（pH 值）。它与氨基酸侧链的酸性或碱性有关。（2）羧基和氨基的反应。（3）与水合茚三酮显色。（4）受热分解。
4. 氨基酸的制法。
（1）α-卤代酸的氨解

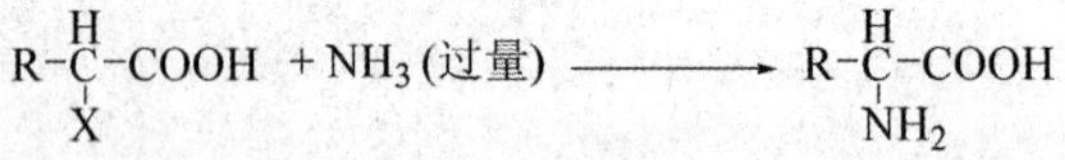

$$\underset{X}{\overset{H}{R-C-COOH}} + NH_3(\text{过量}) \longrightarrow \underset{NH_2}{\overset{H}{R-C-COOH}}$$

（2）Gabriel 法

$$\text{邻苯二甲酰亚胺钾} \xrightarrow[]{\text{RCHCOOR'}\atop X} \xrightarrow{H_3O^+} H_2N-\underset{R}{\overset{H}{C}}-COOH$$

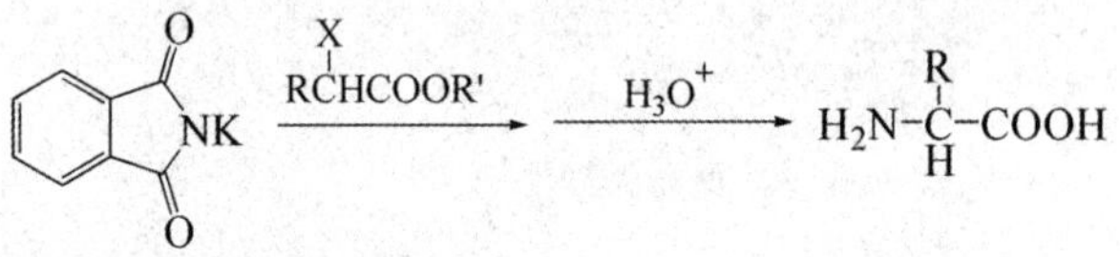

以上两法均可用 α-卤代酸酯为原料。

（3）邻苯二甲酰亚胺丙二酸酯法

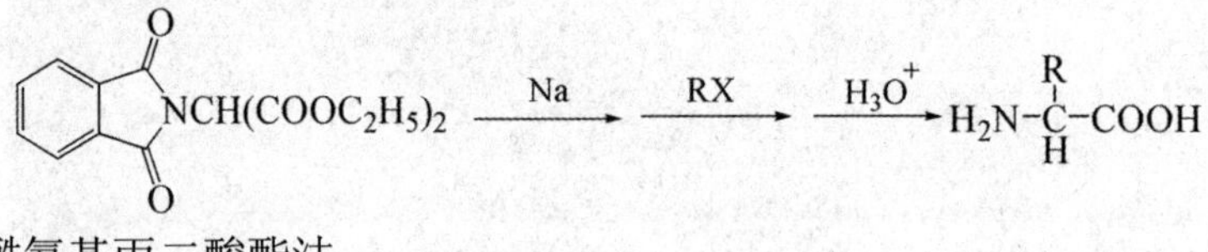

$$\text{NCH(COOC}_2\text{H}_5)_2 \xrightarrow{Na} \xrightarrow{RX} \xrightarrow{H_3O^+} H_2N-\underset{R}{\overset{H}{C}}-COOH$$

（4）N-乙酰氨基丙二酸酯法

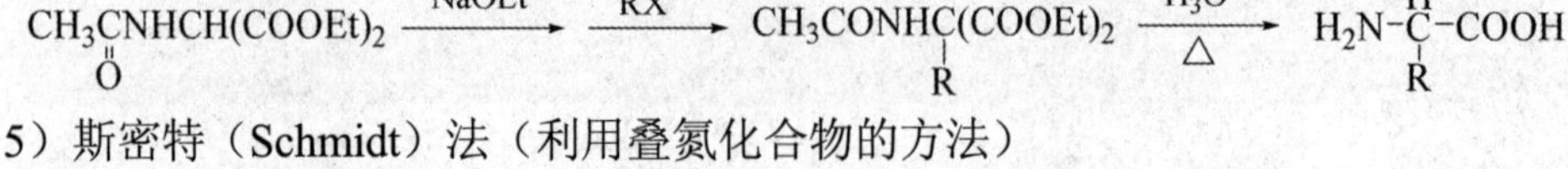

$$CH_3\underset{O}{\overset{\|}{C}}NHCH(COOEt)_2 \xrightarrow{NaOEt} \xrightarrow{RX} CH_3CONHC(COOEt)_2 \xrightarrow[\triangle]{H_3O^+} H_2N-\underset{R}{\overset{H}{C}}-COOH$$

（5）斯密特（Schmidt）法（利用叠氮化合物的方法）

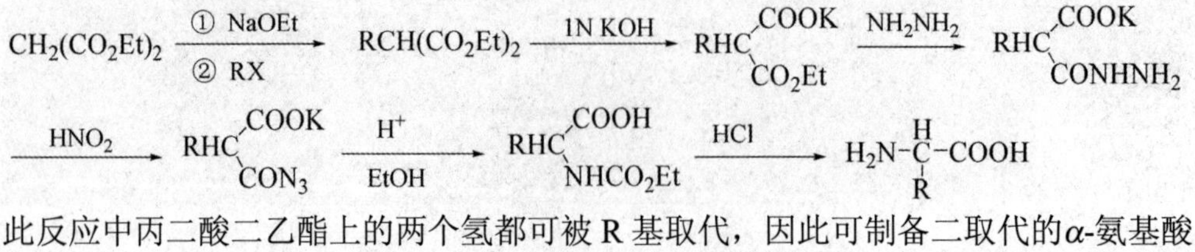

$$CH_2(CO_2Et)_2 \xrightarrow[\text{② RX}]{\text{① NaOEt}} RCH(CO_2Et)_2 \xrightarrow{1N\ KOH} R\underset{CO_2Et}{\overset{COOK}{HC}} \xrightarrow{NH_2NH_2} R\underset{CONHNH_2}{\overset{COOK}{HC}}$$

$$\xrightarrow{HNO_2} R\underset{CON_3}{\overset{COOK}{HC}} \xrightarrow[EtOH]{H^+} R\underset{NHCO_2Et}{\overset{COOH}{HC}} \xrightarrow{HCl} H_2N-\underset{R}{\overset{H}{C}}-COOH$$

此反应中丙二酸二乙酯上的两个氢都可被 R 基取代，因此可制备二取代的 α-氨基酸。
方法（3）、（4）、（5）可采用较简单易得的卤代烃为原料。

（6）斯特瑞克（Strecker）合成法

$$RCH(R')O + NH_4Cl + KCN \longrightarrow \underset{NH_2}{RCH(R')CN} \xrightarrow[\triangle]{H^+} \underset{NH_2}{\overset{R'H}{R-C-COOH}}$$ 方框内部来自母体原料。

5. 多肽的定义：一分子氨基酸的氨基和另一分子氨基酸的羧基之间脱水而形成的酰胺键（—NH—CO—）称为肽键，以肽键相连的化合物称多肽。分子量较大的多肽（分子量 10 000 以上或含 100 个以上氨基酸单位）称为蛋白质。

6. 多肽结构的测定。

7. 多肽的合成。

8. 多肽常见的有关概念：肽键（肽链的 N-端和 C-端）；保护基团的名称和结构、活化剂的名称和结构。

9. 蛋白质的一级、二级、三级和四级结构、α-螺旋、β-折叠。

10. 酶的定义、分类、酶催化功能的特点。

11. 核酸的定义：核酸是存在于细胞中的一种酸性物质。核酸包括两类：核糖核酸（RNA）和脱氧核糖核酸（DNA）。核酸组成如下：

核酸 →(水解) 核苷酸 →(水解) { 磷酸; 核苷 →(水解) { 核糖或脱氧核糖; 五个主要碱基 } }

12. 核酸的几个重要概念：核糖和脱氧核糖的结构和表达；五个主要碱基（腺嘌呤、胸腺嘧啶、鸟嘌呤、胞嘧啶和尿嘧啶）的结构和表达；核苷的定义；核苷酸的定义；双螺旋结构；三叶草的结构。

二、中英文名词对照

氨基酸（Amino Acid），两性分子（Amphoteric Molecular），等电点（Isoelectric Point），电离平衡（Ionization Equilibrium），巯基（Sulfydryl），水合茚三酮（Ninhydrin），肽（Peptide），肽键（Peptide Bond），多肽（Polypeptide），缩合剂（Condensation Agent），活泼酯法（Active Ester Method），二环己基碳二亚胺（Dicyclohexylcarbodiimide，DCC），丁二酰亚胺（Succinimide），三级丁氧羰基（t-Butoxy-Carbony，Boc），苄氧羰基（Benzoxycarbonyl，Z），蛋白质（Protein），β-折叠结构（β-Pleated Structure），α-螺旋结构（α-Helixstructure），酶（Enzymes），辅酶（Coenzyme），核酸（Nucleic Acid），核苷（Nucleoside），核苷酸（Nucleotide），脱氧核糖核酸（Deoxyribo-Nucleic Acid，DNA），核糖核酸（Ribonucleic Acid，RNA），腺嘌呤（Aclenine），鸟嘌呤（Guanine），尿嘧啶（Uracil），胸腺嘧啶（Thymine），胞嘧啶（Cytosine）。

三、重要反应机理

1. 与茚三酮的反应。
2. 二环己基碳二亚胺（DCC）对羧基的活化。

四、重要鉴别方法

茚三酮鉴别氨基酸。

五、例题

例 1 下述反应在何种介质中进行有利？（1）氨基酸的酯化反应；（2）氨基酸的酰化反应。

解（1）在强酸介质中酯化氨基酸，其重要成分为：

$$R-\underset{\overset{|}{+NH_3}}{\overset{H}{\underset{|}{C}}}-COOH$$

含游离的—COOH。

（2）在强碱性介质中酰化氨基酸，其主要成分为：

$$R-\underset{\overset{|}{NH_2}}{\overset{H}{\underset{|}{C}}}-COO^-$$

含游离的—NH_2。

例 2 已测出氨基酸的离解常数 K_1 和 K_2，如何由此计算这个氨基酸等电点的 pH?

$$H_3\overset{+}{N}-\underset{R}{\overset{H}{\underset{|}{C}}}-COOH \xrightleftharpoons{K_1} H^+ + H_3\overset{+}{N}-\underset{R}{\overset{H}{\underset{|}{C}}}-COO^-$$

$$H_3\overset{+}{N}-\underset{R}{\overset{H}{\underset{|}{C}}}-COO^- \xrightleftharpoons{K_2} H^+ + H_2N-\underset{R}{\overset{H}{\underset{|}{C}}}-COO^-$$

解

$$K_1 = \frac{[H_3\overset{+}{N}-\overset{H}{\underset{R}{C}}-COO^-][H^+]}{[H_3\overset{+}{N}-\overset{H}{\underset{R}{C}}-COOH]} \quad K_2 = \frac{[H_2N-\overset{R}{\underset{H}{C}}-COO^-][H^+]}{[H_3\overset{+}{N}-\overset{H}{\underset{R}{C}}-COO^-]} \quad K_1 \cdot K_2 = \frac{[H_2N-\overset{R}{\underset{H}{C}}-COO^-][H^+]^2}{[H_3\overset{+}{N}-\overset{H}{\underset{R}{C}}-COOH]}$$

等电点时，$\left[H_2N-\overset{R}{\underset{H}{C}}-COO^-\right] = \left[H_3\overset{+}{N}-\overset{R}{\underset{H}{C}}-COOH\right]$，所以在等电点时，$K_1K_2 = [H^+]^2$，$[H^+] = [K_1K_2]^{1/2}$ 即 pH $= 1/2(pK_1 + pK_2)$。

例 3 简要回答下列问题：

（1）写出赖氨酸（Lys）、精氨酸（Arg）、谷氨酸（Glu）在强酸、强碱及其等电点时优势结构的偶极离子。

（2）精氨酸的等电点（pH = 10.7）比赖氨酸的等电点（pH = 9.74）高，为什么？

氨基酸	强酸中	强碱中	等电点
赖氨酸	$H_3\overset{+}{N}(CH_2)_4CHCOOH$ $\underset{+NH_3}{\|}$	$H_2N(CH_2)_4CHCOO^-$ $\underset{NH_2}{\|}$	$H_3\overset{+}{N}(CH_2)_4CHCOO^-$ $\underset{NH_2}{\|}$
精氨酸	$H_2NCNH(CH_2)_3CHCOOH$ $\underset{+NH_2}{\|} \quad \underset{+NH_3}{\|}$	$H_2NCNH(CH_2)_3CHCOO^-$ $\underset{NH}{\|} \quad \underset{NH_2}{\|}$	$H_2NCNH(CH_2)_3CHCOO^-$ $\underset{+NH_2}{\|} \quad \underset{NH_2}{\|}$
谷氨酸	$HOOC(CH_2)_2CHCO_2H$ $\underset{+NH_3}{\|}$	$^-OOC(CH_2)_2CHCOO^-$ $\underset{NH_2}{\|}$	$HOOC(CH)_2CHCOO^-$ $\underset{+NH_3}{\|}$

解（1）等电点时，赖氨酸中具有电子效应的羧酸距 α-NH_2 较 ε-NH_2 为近，因此 ε-NH_2 碱性强于 α-NH_2，先与质子结合；精氨酸也有类似情况，更重要的是精氨酸中的胍基碱性较一般氨基的碱性大[参见（2）]。谷氨酸中的氨基也有拉电子效应，因此与之较近的羧基酸性大。

（2）精氨酸中胍基接受 H^+，其电子有离域作用，使正电荷分散到 3 个氮上：

$$\overset{..}{H_2N}-\underset{\overset{+}{NH_2}}{\overset{|}{C}}-N\overset{..}{H}R \longleftrightarrow H_2\overset{+}{N}=\underset{NH_2}{\overset{|}{C}}-\overset{..}{N}HR \longleftrightarrow H_2N-\underset{\overset{+}{NH_2}}{\overset{|}{C}}=\overset{+}{N}HR$$

它比赖氨酸 ε 位上的—NH_2 有更强的碱性，因此精氨酸的等电点比赖氨酸的等电点高。

例 4 （1）根据下列反应程序，Emil、Fischer 证明了左旋丝氨酸（Ser）根与 $L\text{-}(+)$ 丙氨酸（Ala）具有相同的构型，试写出中间体 **A~C** 的投影式。

$$(-)\text{-Ser} \xrightarrow[CH_3OH]{HCl} \underset{\mathbf{A}}{C_4H_{10}ClNO_3} \xrightarrow{PCl_5} \underset{\mathbf{B}}{C_4H_9Cl_2NO_2} \xrightarrow[\text{② }OH^-]{\text{① }H_3O^+,\Delta} \underset{\mathbf{C}}{C_3H_6ClNO_2} \xrightarrow[\text{稀酸}]{Na(Hg)} \underset{[L\text{-}(+)\text{-Ala}]}{H_2N-\overset{COOH}{\underset{CH_3}{|}}-H}$$

（2）$L\text{-}(-)$-半胱氨酸（Cys）的构型通过下列反应可以跟 $L\text{-}(-)$-丝氨酸（Ser）联系起来，写出 **D** 和 **E** 的投影式。

由（1）得到：

$$\mathbf{B} \xrightarrow{OH^-} \underset{\mathbf{D}}{C_4H_8ClNO_2} \xrightarrow{NaHS} \underset{\mathbf{E}}{C_4H_9NO_2S} \xrightarrow[\text{② }OH^-]{\text{① }H_3O^+,\Delta} L\text{-}(-)\text{-半胱氨酸}$$

（3）$L\text{-}(-)$ 天门冬酰胺（Asn）的结构可以通过下述方法跟 $L\text{-}(-)$-丝氨酸（Ser）联系起来，**F** 的构型是什么？

$$L\text{-}(-)\text{-天门冬酰氨} \xrightarrow{NaOBr, OH^-} \underset{\mathbf{F}}{C_3H_7N_2O_2} \xleftarrow{NH_3} \mathbf{C}$$

解

（1） $H_2N-\overset{COOH}{\underset{CH_2OH}{|}}-H \xrightarrow[CH_3OH]{HCl} \underset{\mathbf{A}\ (C_4H_{10}ClNO_3)}{H_3\overset{+}{N}-\overset{COOCH_3}{\underset{CH_2OH}{|}}-H\ Cl^-} \xrightarrow{PCl_5} \underset{\mathbf{B}\ (C_4H_9Cl_2NO_2)}{H_3\overset{+}{N}-\overset{COOCH_3}{\underset{CH_2Cl}{|}}-H\ Cl^-}$

(-)-Ser

$\xrightarrow[2)\ OH^-]{1)\ H^+, H_2O} H_2N-\overset{COOH}{\underset{CH_2Cl}{|}}-H \xrightarrow[\text{稀酸}]{Na(Hg)} H_2N-\overset{COOH}{\underset{CH_3}{|}}-H$

（2） $\underset{\mathbf{B}\ (C_4H_9Cl_2NO_2)}{H_3\overset{+}{N}-\overset{COOCH_3}{\underset{CH_2Cl}{|}}-H\ Cl^-} \xrightarrow{OH^-} \underset{\mathbf{D}\ (C_4H_8ClNO_2)}{H_2N-\overset{COOCH_3}{\underset{CH_2Cl}{|}}-H} \xrightarrow{NaHS} \underset{\mathbf{E}\ (C_4H_9NO_2S)}{H_2N-\overset{COOCH_3}{\underset{CH_2SH}{|}}-H}$

$\xrightarrow[2)\ OH^-]{1)\ H^+, H_2O, \Delta} \underset{L\text{-}(-)\text{-Cys}}{H_2N-\overset{COOH}{\underset{CH_2SH}{|}}-H}$

（3） $H_2N-\overset{COOH}{\underset{CH_2CONH_2}{|}}-H \xrightarrow[OH^-]{NaOBr} \underset{\mathbf{F}\ (C_3H_7N_2O_2)}{H_2N-\overset{COO^-}{\underset{CH_2NH_2}{|}}-H} \xleftarrow{NH_3} \underset{\mathbf{C}\ (C_3H_6ClNO_2)}{H_2N-\overset{COOH}{\underset{CH_2Cl}{|}}-H}$

例 5 用同位素标记氨基酸，对于生物化学研究工作是很有用的。试提出制备下列同位素标记氨基酸的方法。（以 $Ba^{14}CO_3$ 和 $Na^{14}CN$ 为 ^{14}C 的来源，以 D_2O、$LiAlD_4$ 或 D_2 为氘源）。

(1) $H_3C-\underset{NH_2}{\overset{H}{C}}-^{14}COOH$ (2) $H_3C-\underset{NH_2}{\overset{^{14}H}{C}}-COOH$ (3) $D_3C-\underset{NH_2}{\overset{H}{C}}-COOH$

(4) $PhH_2C-\underset{NH_2}{CD}-COOH$ (5) $(D_3C)_2HC-\underset{NH_2}{CH}-COOH$ (6) $HOO^{14}CCH_2-\underset{NH_2}{CH}-COOH$

解 (1) $CH_3CHO \xrightarrow{NH_3,\ Na^{14}CN} H_3C-\underset{NH_2}{\overset{H}{C}}-^{14}CN \xrightarrow[\Delta]{OH^-} \xrightarrow{H^+} H_3C-\underset{NH_2}{\overset{H}{C}}-^{14}COOH$

(2) $CH_3MgBr + {}^{14}CO_2 \longrightarrow CH_3{}^{14}COOMgBr \xrightarrow{H^+} \xrightarrow{PCl_5}$

$\xrightarrow[BaSO_4]{Pd/H_2} CH_3{}^{14}CHO \xrightarrow[NaCN]{NH_4Cl} \xrightarrow[\Delta]{NaOH} \xrightarrow{H^+} CH_3{}^{14}\underset{NH_2}{CH}COOH$

(3) $C_2H_5O\underset{O}{\overset{}{C}}OC_2H_5 \xrightarrow{LiAlD_4} CD_3OD \xrightarrow{SOCl_2} \xrightarrow[EtONa,\ EtOH]{CH_3CONHCH(CO_2Et)_2} CD_3\underset{NHCOCH_3}{C(CO_2Et)_2}$

$\xrightarrow[\Delta]{NaOH} \xrightarrow{H^+} CD_3\underset{NH_2}{CH}COOH$

(4) $PhCH_2Cl + CH_3CONHCH(CO_2Et)_2 \xrightarrow{EtO^-} PhCH_2\underset{NHCOCH_3}{C(CO_2Et)_2}$

$\xrightarrow{OH^-} \xrightarrow{H^+} PhCH_2\underset{NH_2}{C(COOH)_2} \xrightarrow[氢交换]{过量D_2O} PhH_2C-\underset{COOD}{\overset{ND_2}{C}}-COOD$

$\xrightarrow{\Delta} PhCH_2\underset{ND_2}{CD}COOD \xrightarrow{用H_2O洗} PhCH_2\underset{NH_2}{CD}COOH$

一般氮上、氧上的氢具有一定的酸性，容易与重水进行氢—氘交换，但与碳相连的氢活性小，一般不容易进行这种交换。

(5) $H_3C-\underset{O}{\overset{}{C}}-CH_3 \xrightarrow[Na_2CO_3]{D_2O} H_2C=\underset{OD}{\overset{}{C}}-CH_3 \longrightarrow DH_2C-\underset{O}{\overset{}{C}}-CH_3$

$\xrightarrow{D_2O} CD_3COCD_3 \xrightarrow{LiAlH_4} CD_3\underset{OH}{CH}CD_3 \xrightarrow{HBr} (CD_3)_2CHBr$

$\underset{O}{\overset{O}{\underset{\|}{C}}}\!\!\!\!NCH(CO_2Et)_2 \xrightarrow{EtONa} \xrightarrow{(CD_3)_2CHBr} \xrightarrow[\Delta]{OH^-}$

$\xrightarrow{H^+} (CD_3)_2CH\underset{NH_2}{CH}COOH$

（6） $CH_3MgBr + {}^{14}CO_2 \xrightarrow{H^+} CH_3{}^{14}COOH \xrightarrow{Br_2/P} BrCH_2{}^{14}COOH$

$\xrightarrow[H^+]{EtOH} BrCH_2{}^{14}COOEt$

[邻苯二甲酰亚胺]−NCH(CO$_2$Et)$_2$ $\xrightarrow[BrCH_2{}^{14}COOEt]{EtO^-}$ $\xrightarrow[\triangle]{OH^-}$

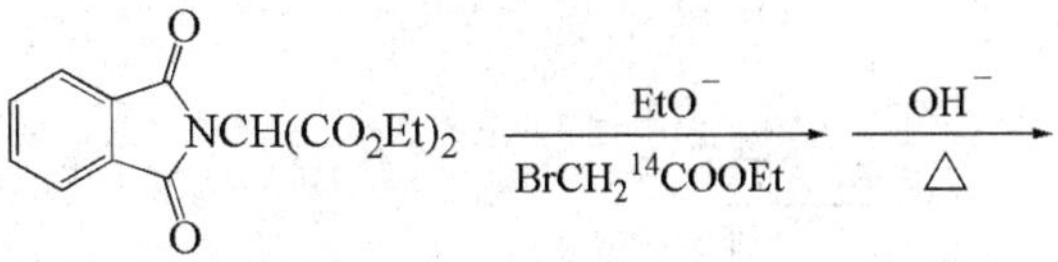

$\xrightarrow{H^+} HOO{}^{14}CCH_2CHCOOH$
$\qquad\qquad\qquad\quad |$
$\qquad\qquad\qquad NH_2$

例 6 在多肽的端基分析中，常用 2,4-二硝基氟苯作 N-端标记，标记后的多肽经水解后，与 2,4-二硝基苯基相连的氨基酸很容易与其他氨基酸分离，为什么？

解 2,4-二硝基苯基的强烈吸电子性，与其相连的氨基碱性已极弱，故不溶于稀酸水溶液中，而其他非标记的氨基酸是溶于稀酸水溶液的，借此可以分离。

例 7 1 个五肽部分水解得到 3 个三肽，即 Glu－Arg－Gly、Gly－Glu－Arg、Arg－Gly－Phe，经 N-端分析发现 N-端为 Gly，请分别用中英文缩写写出这个五肽中氨基酸的连接顺序。

解

$\qquad$ Gly-Glu-Arg
$\qquad\quad$ Glu-Arg-Gly
$\qquad\qquad$ Arg-Gly-Phe
$\overline{\qquad\qquad\qquad\qquad\qquad\qquad}$
$\quad$ Gly-Glu-Arg-Gly-Phe
$\qquad$ 甘－谷－精－甘－苯丙

例 8 变异也可以化学因素引起，亚硝酸就是一种最强有力的化学致变物，对于亚硝酸致变效应的一种解释是由含有氨基的嘌呤和嘧啶引起的脱氨基反应：

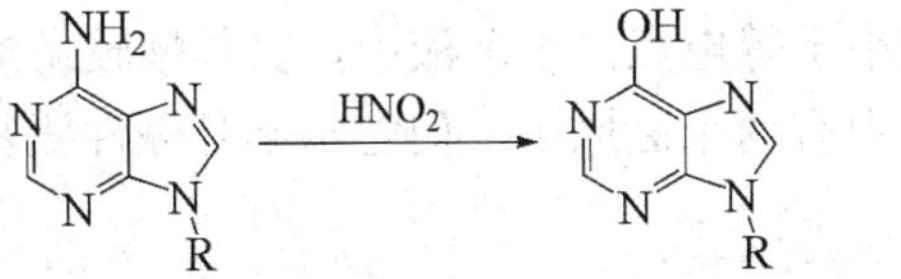

[腺嘌呤结构 NH$_2$] $\xrightarrow{HNO_2}$ [6-羟基腺嘌呤结构 OH]

$\quad$ 腺嘌呤核苷酸(**A**) $\qquad$ 6-羟基腺嘌呤核苷酸(**H**)

（1）在由腺嘌呤到 6-羟基嘌呤的变化中，中间体多半是什么？

（2）在 DNA 中，腺嘌呤通常与胸腺嘧啶（**T**）配对。但 6-羟基嘌呤却与胞嘧啶（**C**）配对，表明 6-羟基嘌呤与胞嘧啶碱基间的氢键。

（3）说明腺嘌呤——6-羟基嘌呤转变在 DNA 二次复制中会产生出什么错误？

解（1）中间体可能是重氮盐和酚的杂环类似物：

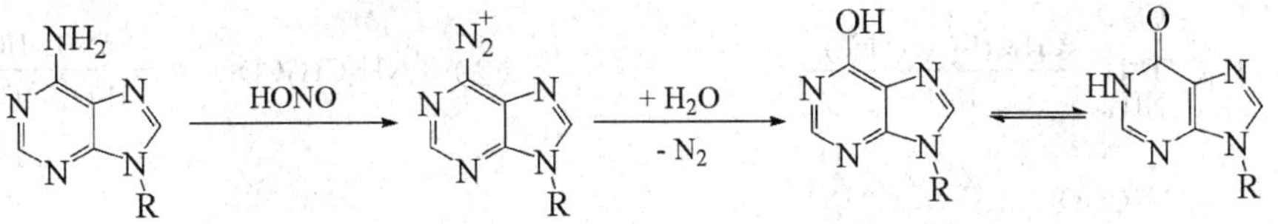

[NH$_2$结构] $\xrightarrow{HONO}$ [N$_2^+$结构] $\xrightarrow[-N_2]{+H_2O}$ [OH结构] $\rightleftharpoons$ [酮式结构 **H**]

（2）

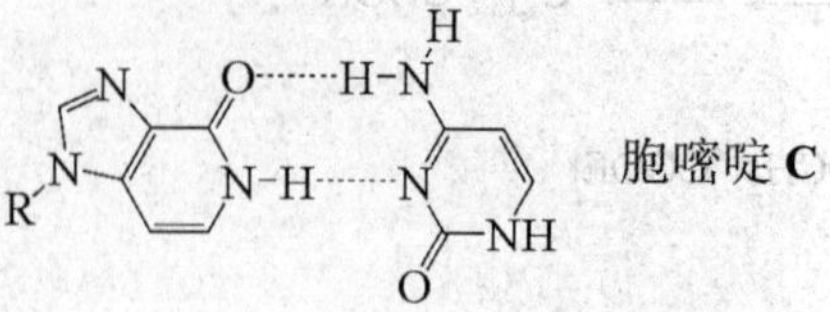

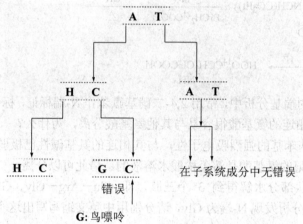
胞嘧啶 C

（3）原始双成分：

```
            A T
           ↙   ↘
       H C       A T
      ↙   ↘      ↓↓
    H C   G C   在子系统成分中无错误
          错误↑
     G: 鸟嘌呤
```

六、习题

21.1 写出下列化合物的结构式：（1）丙氨酰甘氨酸；（2）谷半胱甘肽；（3）一个三聚核苷酸其序列为腺—胞—鸟；（4）DCC；（5）DNFB。

21.2 DNA 和 RNA 在结构上有什么主要差别？

21.3 某氨基酸溶于 pH = 7 的纯水中，所得氨基酸的水溶液 pH = 6。问此氨基酸等电点是大于 6，等于 6，还是小于 6？

21.4 氨基酸既具有酸性又具有碱性，但等电点都不等于 7。即使一氨基一羧基的氨基酸其等电点也不等于 7，这是为什么？

21.5 在 pH 值大于或小于等电点的水溶液中，氨基酸较易溶解还是较难溶解，为什么？

21.6 色氨酸（Try-）中有两个氮原子，但它却不是碱性氨基酸，为什么？

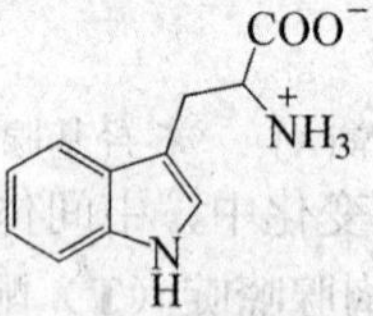

21.7 氨基酸以偶极离子形式存在，但是偶极离子与不带电荷的氨基酸存在平衡，因此氨基酸既具有羧基的性质，又具有氨基的性质。如果侧链有其他官能团，也能进行其特征反应。试完成下列反应。

(1) 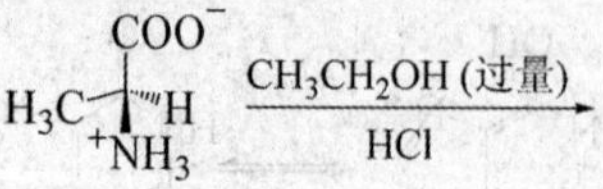 $H_3C-\overset{COO^-}{\underset{{}^+NH_3}{C}}H \xrightarrow[HCl]{CH_3CH_2OH(过量)}$

(2) $^+NH_3CH_2COO^- \xrightarrow[H_2O, 0\ ^\circ C]{NaNO_2, HCl}$

(3) 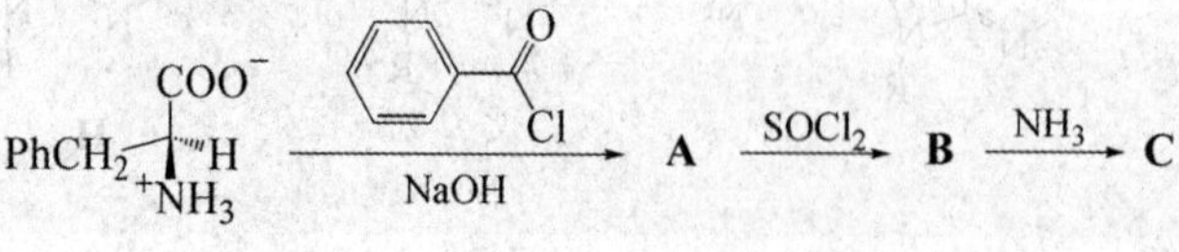 $PhCH_2-\overset{COO^-}{\underset{{}^+NH_3}{C}}H \xrightarrow[NaOH]{\underset{Cl}{\overset{O}{\underset{\|}{Ph-C}}}} A \xrightarrow{SOCl_2} B \xrightarrow{NH_3} C$

(4) $HSCH_2\overset{COO^-}{\underset{\overset{+}{N}H_3}{\overset{|}{C}}}H \xrightarrow[NaOH]{CH_3I(过量)}$

(5) $HOCH_2\overset{COO^-}{\underset{\overset{+}{N}H_3}{\overset{|}{C}}}H \xrightarrow[CH_2Cl_2]{\text{吡啶}\overset{+}{N}H-CrO_3Cl^-}$

(6) $\underset{\underset{OH}{\bigcirc}}{H_2C}\overset{COO^-}{\underset{\overset{+}{N}H_3}{\overset{|}{C}}}H \xrightarrow[H_2O]{NaOH}$

(7) $(CH_3)_2CH\overset{COO^-}{\underset{\overset{+}{N}H_3}{\overset{|}{C}}}H \xrightarrow{PhCHO}$

(8) $H_2N(CH_2)_4\overset{COO^-}{\underset{\overset{+}{N}H_3}{\overset{|}{C}}}H \xrightarrow[\text{过量}]{(CH_3CO)_2O}$

(9) $\underset{\underset{OH}{\bigcirc}}{H_2C}\overset{COO^-}{\underset{\overset{+}{N}H_3}{\overset{|}{C}}}H \xrightarrow{HNO_3}$

(10) $\underset{\underset{OH}{\bigcirc}}{H_2C}\overset{COO^-}{\underset{\overset{+}{N}H_3}{\overset{|}{C}}}H \xrightarrow[H_2O]{Br_2}$

(11) $H_2N(CH_2)_4\overset{COO^-}{\underset{\overset{+}{N}H_3}{\overset{|}{C}}}H \xrightarrow[H_2O,\ 0\ ^\circ C]{NaNO_2,\ HCl}$

(12) $Ph-N=C=S + (CH_3)_2CHCHNH_3^+ \text{(COO}^-\text{)} \xrightarrow{OH^-} A \xrightarrow{H^+} B$

21.8 （1）在完全碱性的溶液中，氨基酸含有两个碱性基—NH_2和—COO^-，何者碱性较强？当加酸于该溶液时，质子先与哪个基结合？请写出其生成物。

（2）在完全酸性的溶液中，氨基酸含有两个酸性基：—NH_3^+和—$COOH$，何者酸性较强？当加碱于该溶液时，哪个较易释放出质子？请写出其生成物。

21.9 试确定下列各化合物的等电点，并说明如何达到等电点。

(1) $HOOC-\bigcirc-CH_2CH(NH_3^+)COOH$ A （$pK_a \sim 4.0$, $pK_a \sim 2.5$, $pK_a > 10$）

(2) $H_3N^+-\bigcirc-CH_2CH(NH_3^+)COOH$ B （$pK_a \sim 4.5$, $pK_a \sim 2.5$, $pK_a > 10$）

21.10 从所给原料开始，用指定的方法合成下列氨基酸（其他试剂任选）。

（1）$(CH_3)_2CHCH_2CH_2COOH \xrightarrow[\text{直接氨解法}]{\text{卤代酸}} (CH_3)_2CHCH_2\underset{NH_2}{CH}COOH$ （亮氨酸）

（2）$(CH_3)_2CHBr \xrightarrow{\text{丙二酸酯法}} (CH_3)_2CH\underset{NH_2}{CH}COOH$ （缬氨酸）

（3）$ClCH_2COOC_2H_5 \xrightarrow[\text{合成法}]{Gabriel} NH_2CH_2COOH$ （甘氨酸）

（4）$BrCH_2CH_2COOEt \xrightarrow[\text{丙二酸酯法}]{\text{邻苯二甲酰亚胺}} HOOCCH_2CH_2\underset{NH_2}{CH}COOH$ （谷氨酸）

(5) 环己酮 $\xrightarrow[\text{合成法}]{\text{Strecker}}$ 1-氨基环己烷甲酸 (H₂N-C(COOH)环己基)

21.11 DL-蛋氨酸可由 Strecker 法合成，原料可用丙烯醛、甲硫醇及其他必要的无机试剂，写出 DL-蛋氨酸合成的所有步骤。

21.12 （1）DL-谷氨酸可由乙酰氨基丙二酸二乙酯通过下列反应合成，写出合成反应式。

$$CH_3CONHCH(COOEt)_2 + H_2C=CH-C\equiv N \xrightarrow[EtOH]{NaOEt} A$$

$$A(C_{12}H_{18}N_2O_5) \xrightarrow[\text{回流6 h}]{\text{浓HCl}} DL\text{-谷氨酸}$$

（2）也可利用氢化合成 **B** 通过下列所示的路线制备氨基酸：

$$A(C_{12}H_{18}N_2O_5) \xrightarrow[68℃，压力]{H_2,\ Ni} B(C_{10}H_{16}N_2O_4)\ \delta\text{-内酰胺}$$

$$\xrightarrow[\text{回流4 h}]{\text{浓HCl}} DL\text{-鸟氨酸盐酸盐}(C_5H_{13}N_2O_2Cl)$$

L-鸟氨酸为一天然氨基酸，但不是在蛋白质中发现的。在一种代谢过程中，L-鸟氨基酸作为精氨酸的前身。

（3）如果不用丙烯腈作为试剂，改用什么也可以制备谷氨酸？

21.13 下面是合成 DL-苏氨酸的方法：

$$\text{反式巴豆酸} \xrightarrow{CH_3OH + Br_2} A(C_5H_9O_3Br) \xrightarrow{SOCl_2} B$$

$$\xrightarrow{2Et_2NH} C_9H_{18}O_2NBr \xrightarrow{NH_3} \xrightarrow{\text{水解}} DL\text{-苏氨酸}(\text{主})$$

（1）用方程式表示它们的转化。

（2）如果化合物 **A** 与 NH₃ 一起作用，只得到一种 DL-苏氨酸的非对映异构体，试解释之。

21.14 利用合适原料合成下列氨基酸。

（1）$NH_2CH(CH_2)_4\overset{+}{N}H_3$
    $\overset{|}{COO^-}$

（2）哌啶-2-甲酸（$\overset{+}{N}H_2$—CH—COO⁻ 环状）

21.15 利用苄氧甲酰氯（$PhCH_2OCOCl$）作为氨基的保护试剂，苄醇作为羧基的保护试剂，DCC 作为羧基的活化剂，写出合成 Val·Ala（缬氨酰丙氨酸）的所有步骤。

21.16 假定由光学活性的纯 L-缬氨酸与外消旋丝氨酸合成一种二肽，写出生成物的立体结构式，并用 R、S 标出其结构。

21.17 由 α-氨基酸及其他必要试剂为原料，合成：

（双环二酮哌嗪结构式）

21.18 完成下面转化：

Gly—Ala—Val—Leu ⟹ Ala—Val—Leu

21.19 解释在肽的合成中，苯甲酰基不能用作氨基的保护基。例如，N-苯甲酰基甘氨酸 $PhCONHCH_2COOH$ 不能用于肽的合成，为什么？保护氨基常用哪些试剂？

21.20 有一从天然蛋白质分离出来的十肽，其经验组成为[丙₃, 甘₂, 异亮, 亮, 蛋, 苯丙, 色]，若用羧肽酶降解，则首先出现在溶液中的游离氨基酸是丙氨酸；若用 Edman 法作两次降解，则第一次得到甘氨酸的 N-苯基硫代丙酰硫脲衍生物，第二次得到甘氨酸的相应衍生物；若用胰凝乳蛋白酶（能专一性地使苯丙氨酸、色氨酸、酪氨酸处的肽键断裂）降解，则得到 3 个分子量较小的多肽Ⅰ～Ⅲ。经分析可知，它们的经验组成如下：Ⅰ为[丙，异亮，蛋]，Ⅱ为[丙，甘$_2$，苯丙]，Ⅲ为[丙，亮，色]。上述的分析结果表明，该十肽有 4 种可能的序列结构。(1) 试写出这 4 种结构；(2) N-端测定还可用什么试剂，采用什么方法？

21.21 短杆菌肽 S 是霉菌的代谢物，具有抗菌性质，它是由 10 个氨基酸单位以肽键联结成环组成的，完全水解是生成 L-缬氨酸、L-亮氨酸、L-脯氨酸、D-苯丙氨酸和 L-鸟氨酸（$H_2N(CH_2)_3CH(NH_2)COOH$），其比例都是 1:1。部分水解得到下列多肽：（亮·苯丙）、（苯丙·脯）、（鸟·亮）、（缬·鸟）、（苯丙·脯·缬）、（缬·鸟·亮）、（脯·缬·鸟）。试推测这个环状十肽的结构。

21.22 鸟嘌呤最稳定的互变异构体是下面所示的内酰胺结构，那么它将同胸腺嘧啶配对。
(1) 请写出此种反常碱基对中氢键的结构式：

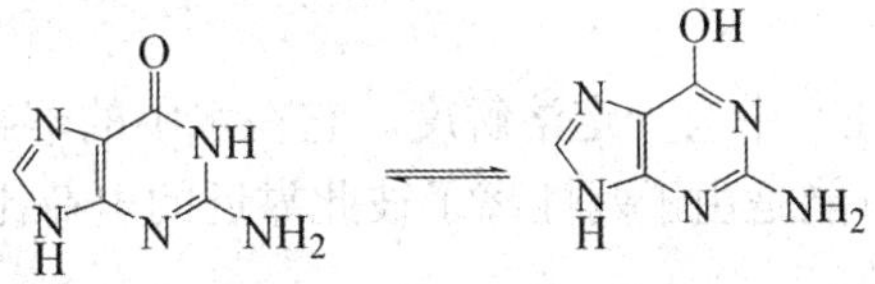

鸟嘌呤的内酰胺结构　　　　　鸟嘌呤

(2) 在 DNA 复制过程中，由于互变异构而产生的不适当的碱基配对，可被看做是一种自然变异的起因。在 (1) 中我们看到，如果鸟嘌呤的互变异构发生在某适当的时候，那么就使得胸腺嘧啶（代替胞嘧啶）进入其互补的 DNA 键中。如果在下一次复制中，不再发生互变异构的话，这个新的 DNA 键会使它的互补键中出现什么错误？

七、习题参考答案

21.1

(1) $CH_3CH(NH_2)C(O)NH-CH_2COOH$

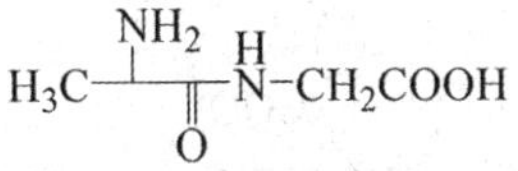

(2) $HOOCCH(NH_2)CH_2CH_2C(O)NHCH(CH_2SH)C(O)NHCH_2COOH$

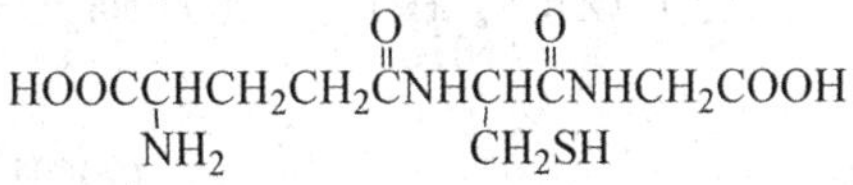

(3) [三核苷酸结构式：5'-磷酸-腺苷-磷酸-胞苷-磷酸-鸟苷-3'-磷酸]

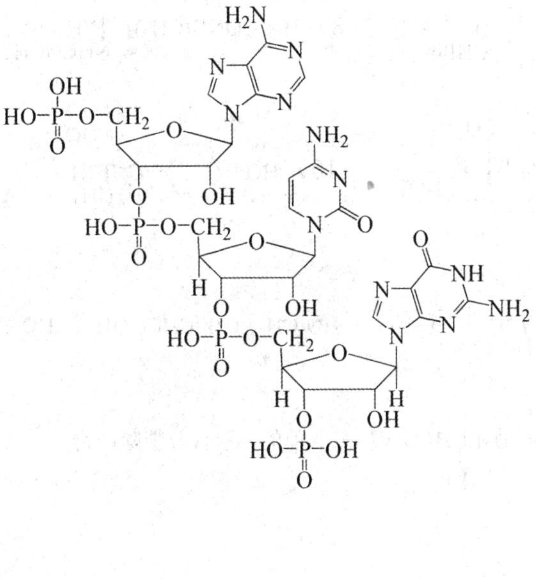

(4) ⌬-N=C=N-⌬   (5) O₂N-⌬(NO₂)-F

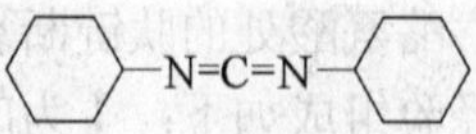

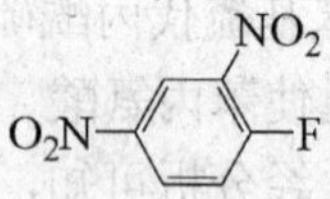

21.2 DNA 由脱氧核糖组成，分子链上含有胸腺嘧啶；RNA 由核糖组成，分子链上含有尿嘧啶。

21.3 氨基酸的水溶液 pH 为 6，说明该氨基酸中 COO⁻较多，必须增加 H⁺才能到等电点，所以等电点小于 6。因为只要等电点小于 6 时，水中的 −OH 中和部分⁺NH₃ 中的 H⁺，才使 pH 增加到 6。如果等电点大于 6 或等于 6，则 pH 只能大于 6，而不能等于 6。

21.4 氨基酸以偶极离子存在（H₃N⁺CHRCOO⁻），其酸性来源与⁺H₃N−而不是−COOH，碱性来源于−COO⁻而不是 H₂N−。在一般情况下，H₃N⁺−离解程度比−COO⁻水解程度大，即使含 1 个氨基 1 个羧基的氨基酸也是如此，必须加酸抑制−⁺NH₃ 的离解，所以其等电点一般都小于 7。

21.5 通常，氨基酸在水中有一定溶解度。它在水中的溶解度随 pH 值变化而变化，在等电点是溶解度最小，这可能是由于两性离子彼此靠近的电荷比在高或低 pH 时彼此远离的单个离子难以溶剂化的缘故。

21.6 色氨酸中吲哚环氮上的未共用电子同苯形成一个 10 电子的芳香体系，它不具有碱性。

21.7

(1) 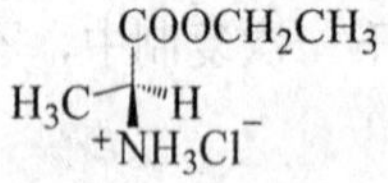 H₃C−C*H(COOCH₂CH₃)(⁺NH₃Cl⁻)   (2) HOCH₂COOH + ClCH₂COOH + N₂↑

(3) A: PhH₂C−C*H(COONa)(NHCOPh)   B: PhH₂C−C*H(COCl)(NHCOPh)   C: PhH₂C−C*H(CONH₂)(NHCOPh)

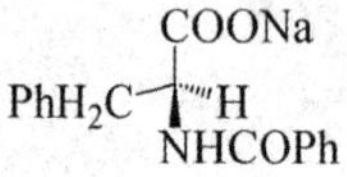

(4) CH₃SCH₂−C*H(COOCH₃)(⁺N(CH₃)₃I⁻)   (5) OHC−C*H(COO⁻)(⁺NH₃)   (6) Na⁺⁻O−C₆H₄−CH₂−C*H(COO⁻Na⁺)(H₂N₂)

(7) (CH₃)₂CHCH₂−C*H(COOH)(N=CHPh)   (8) H₃CCONH(CH₂)₄−C*H(COOH)(NHCOCH₃)

(9) HO−C₆H₂(O₂N)(NO₂)−CH₂−C*H(COOH)(⁺NH₃) NO₃⁻   (10) HO−C₆H₂(Br)(Br)−CH₂−C*H(COO⁻)(H₂N₃⁺)

(11) [⁺N₂(H₃C)₄−C*H(COO⁻)(N₂⁺)] $\xrightarrow{-2N_2}$ HO(CH₂)₃CH=CHCOOH + HO(CH₂)₄CHCOOH(OH)

+ HO(CH₂)₄CHCOOH(Cl) + 其他的二取代及消除产物

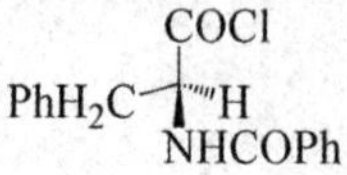

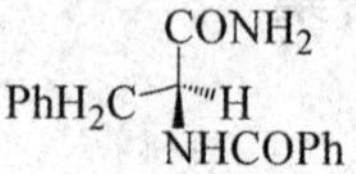

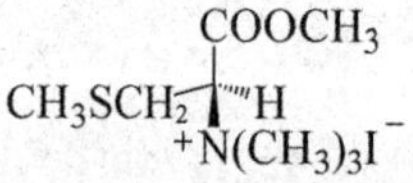

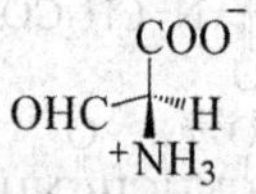

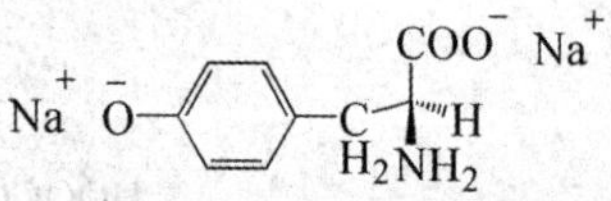

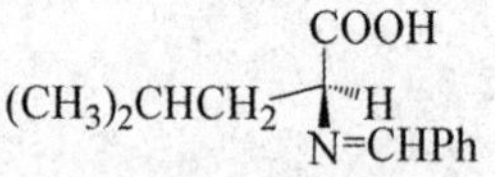

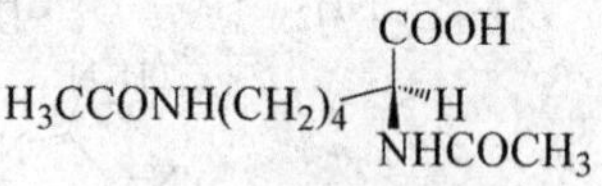

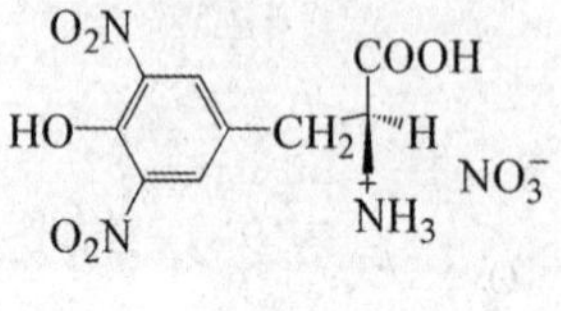

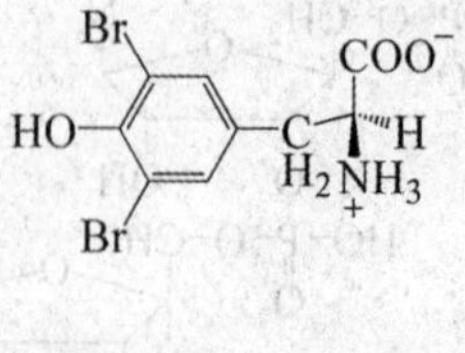

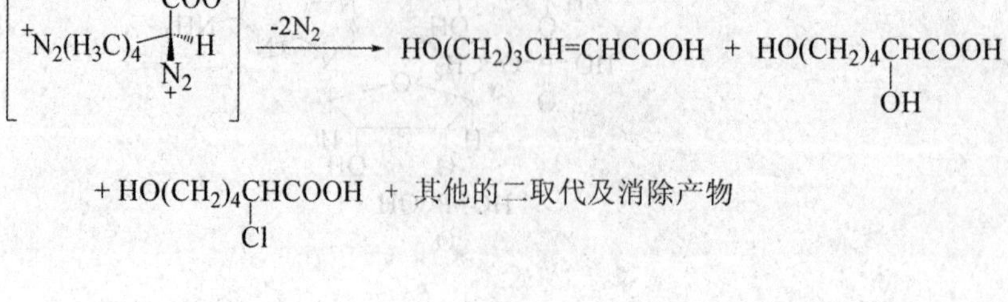

（12）**A**: Ph-NH-C(=S)-NH-CH(COOH)-CH(CH₃)₂ **B**: (咪唑烷硫酮结构) Ph-N, NH, C=S, 环上带 CH(CH₃)₂ 和 C=O

21.8 （1）$-NH_2 > -COO^-$，质子先与$-NH_2$结合：

$$H_2N-\underset{R}{\underset{|}{C}}H-COO^- + H^+ \longrightarrow H_3\overset{+}{N}-\underset{R}{\underset{|}{C}}H-COO^-$$

这是因为$-NH_2$的$K_b = 10^{-4}$，而$-COOH$在溶液中存在下述平衡：

$$-COOH \rightleftharpoons -COO^- + H^+$$

对 $R-\underset{NH_2}{\underset{|}{C}}H-COOH$ 而言，$-COOH$ 的 $K_a = 10^{-3}$，故 $K_b = K_w/K_a = 10^{-14}/10^{-3} = 10^{-11}$。

（2）$-COOH > -^+NH_3$，当加碱时，$-COOH$先放出质子：

$$R-\underset{^+NH_3}{\underset{|}{C}}H-COOH + OH^- \longrightarrow R-\underset{^+NH_3}{\underset{|}{C}}H-COO^- + H_2O$$

21.9 （1）等电点 pH~3.25，**A** 可通过加入碱失去质子达到等电点，留下一个100%质子化的氨基（$-^+NH_3$），这样两个$-CO_2$基争夺 1 mol H⁺，因此 $pH \approx \dfrac{4+2.5}{2} = 3.25$。

（2）等电点 pH~7.25，**B** 可通过碱失去两个质子，留下一个100%离解的羧基（$-CO_2^-$），这样两个$-NH_2$基争夺 1 mol H⁺，因此 $pH \cong \dfrac{4.5+10}{2} = 7.25$。

21.10

（1）$(CH_3)_2CHCH_2CH_2COOH \xrightarrow[P]{Br_2} \xrightarrow[\text{（过量）}]{NH_3} (CH_3)_2CHCH_2CH(NH_2)COOH$

（2）$(CH_3)_2CHBr \xrightarrow{NaCH(COOEt)_2} (CH_3)_2CHCH(COOEt)_2$

$\xrightarrow{OH^-, H_2O} \xrightarrow{H^+, -CO_2} \xrightarrow[P]{Br_2} \xrightarrow[\text{过量}]{NH_3} (CH_3)_2CHCH(NH_2)COOH$

（3）邻苯二甲酰亚胺钾 $\xrightarrow{ClCH_2COOEt}$ 邻苯二甲酰亚胺-NCH₂COOEt $\xrightarrow{OH^-, H_2O} \xrightarrow{H^+} H_2NCH_2COOH$

（4）$BrCH_2CH_2COOEt +$ 邻苯二甲酰亚胺-NC(COOEt)₂Na⁺ $\longrightarrow$ 邻苯二甲酰亚胺-NC(COOEt)₂(CH₂CH₂COOEt)

$\xrightarrow{OH^-} \xrightarrow[-CO_2]{H^+, \triangle} HOOCCH_2CH_2CH(NH_2)COOH$

（5）环己酮 $\xrightarrow{NH_3, HCN}$ 1-氨基-1-氰基环己烷 $\xrightarrow[\triangle]{H^+, H_2O}$ 1-氨基环己烷-1-甲酸

21.11

$$CH_3SH + H_2C=CHCHO \xrightarrow{\text{碱}} CH_3SCH_2CH_2CHO$$

$$\xrightarrow[\text{HCN}]{NH_3} CH_3SCH_2CH_2\underset{NH_2}{\overset{|}{C}}HCN \xrightarrow{H_3O^+} CH_3SCH_2CH_2\underset{{}^+NH_3}{\overset{|}{C}}HCOO^-$$

21.12

（1） $CH_3CONHCH(CO_2Et)_2 + H_2C=\underset{H}{\overset{|}{C}}-C\equiv N \xrightarrow[\text{EtOH}]{NaOEt} CH_3CONH\underset{CO_2Et}{\overset{CO_2Et}{\underset{|}{\overset{|}{C}}}}CH_2CH_2C\equiv N$

$\xrightarrow[\text{回流}]{\text{浓HCl}} HOOCCH_2CH_2\underset{{}^+NH_3}{\overset{|}{C}}HCOO^- + 2EtOH + CH_3COO^-NH_4^+ + CO_2$

（2） $H_3CCONH-\underset{CO_2Et}{\overset{CO_2Et}{\underset{|}{\overset{|}{C}}}}-CH_2CH_2-C\equiv N \xrightarrow[\text{68 °C, 压力}]{H_2, Ni} \left[H_3CCONH-\underset{CO_2Et}{\overset{CO_2Et}{\underset{|}{\overset{|}{C}}}}-CH_2CH_2CH_2NH_2 \right]$
A

$\xrightarrow{-EtOH}$ [环状内酰胺 B: EtOOC, CH₃CONH 取代的六元内酰胺环] $\xrightarrow[\text{回流}]{\text{浓HCl}} \underset{Cl^-}{\overset{+}{H_3N}}(CH_2)_3\underset{{}^+NH_3}{\overset{|}{C}}HCOO^-$

DL-鸟氨酸盐酸盐

（3）改用 $H_2C=CHCOOEt$。

21.13 （1）

[反式丁烯酸 + Br₂/CH₃OH → 两种非对映异构体 A (anti 加成产物, OCH₃ 和 Br 在相邻碳)]

$\xrightarrow{SOCl_2}$ [对应的酰氯 B] $\xrightarrow{Et_2NH}$

[CONEt₂ 取代产物两种非对映体] $\xrightarrow{NH_3, S_N2}$ [NH₂ 取代两种非对映体]

$\xrightarrow[\text{2) HI}]{\text{1) 水解}}$ [HO—, —NH₂, —COOH 两种对映体]

DL-苏氨酸

（2）如果化合物 **A** 与 NH_3 作用，就会引起羧基的邻基参与，构型不会发生转化。首先 —COO⁻ 从溴原子的背面进攻，生成不稳定的α-内酯，同时手性碳原子的构型发生转化，NH_3 再从内酯环的背面进攻，生成氨基酸，手性碳原子的构型再发生一次转化，由于手性碳的原子连续两次转化，其结果等于构型不变。

21.14

(1) $CH_3CONHCH(COOEt)_2 \xrightarrow{CH_2=CHCHO} \xrightarrow{CN^-, H^+} \xrightarrow{H_3O^+, \Delta}$

$CH_3CONHC(COOEt)_2CH_2CH=CHCN \xrightarrow{H_2, Ni} CH_3CONHC(COOEt)_2CH_2CH_2CH_2CH_2NH_2 \xrightarrow{Ac_2O}$

$CH_3CONHC(COOEt)_2CH_2CH_2CH_2CH_2NHCOCH_3 \xrightarrow{OH^-} \xrightarrow{H^+} \xrightarrow[\Delta]{-CO_2} H_2NCH(CH_2)_4\overset{+}{NH_3}$ with COO^-

(2) Phthalimide-NCH(COOEt)$_2$ $\xrightarrow{EtONa}$ $\xrightarrow{Br(CH_2)_4Br}$ Phthalimide-NC(COOEt)$_2$(CH$_2$)$_4$Br

$\xrightarrow[EtOH]{NaOH} \xrightarrow{H^+} \xrightarrow{\Delta}$ piperidine-2-carboxylate (cyclic structure with $\overset{+}{N}H_2$ and COO^-)

21.15

$H_3C-\underset{H}{\overset{CH_3\ NH_2}{C}}-COOH + PhCH_2OCOCl \xrightarrow{OH^-} H_3C-\underset{H}{\overset{CH_3\ NHCOOCH_2Ph}{C}}-COOH$

$CH_3CHCOOH + PhCH_2OH \xrightarrow{H^+} CH_3CHCOOCH_2Ph$
$\ \ \ \ |NH_2$ $\ |NH_2$

$H_3C-\underset{H}{\overset{CH_3\ NHCOOCH_2Ph}{C}}-COOH\ +\ CH_3CHCOOCH_2Ph$
$\ |NH_2$

$\downarrow DCC$

$H_3C-\underset{H}{\overset{CH_3\ NHCOOCH_2Ph}{C}}-CONHCHCOOCH_2Ph$
$\ |CH_3$

$\downarrow H_2, Pd$

$H_3C-\underset{H}{\overset{CH_3\ NH_2}{C}}-CONHCHCOOH$
$\ |CH_3$

21.16

$\underset{H_3\overset{+}{N}}{\overset{(CH_3)_2HC}{\underset{|}{C}}}\underset{H}{\overset{O}{\underset{\|}{C}}}-N-\underset{H}{\overset{CH_2OH}{\underset{|}{C}}}-COOH$ L-缬氨酰-L-丝氨酸
(S)-缬氨酰-(S)-丝氨酸

$\underset{H_3\overset{+}{N}}{\overset{(CH_3)_2HC}{\underset{|}{C}}}\underset{H}{\overset{O}{\underset{\|}{C}}}-N-\underset{CH_2OH}{\overset{H}{\underset{|}{C}}}-COO^-$ L-缬氨酰-D-丝氨酸
(S)-缬氨酰-(R)-丝氨酸

21.17 从该环状三肽的结构可知，它是由以下三种氨基酸合成的：

proline (环状, NH, COOH) $\underset{NH_2}{\overset{COOH}{CH-CH_3}}$ H_2N-CH_2-COOH

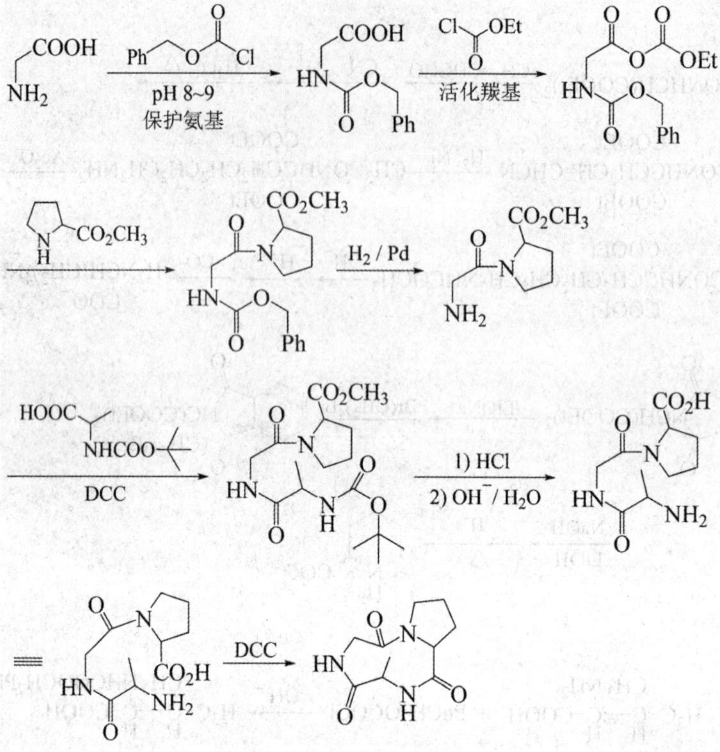

21.18

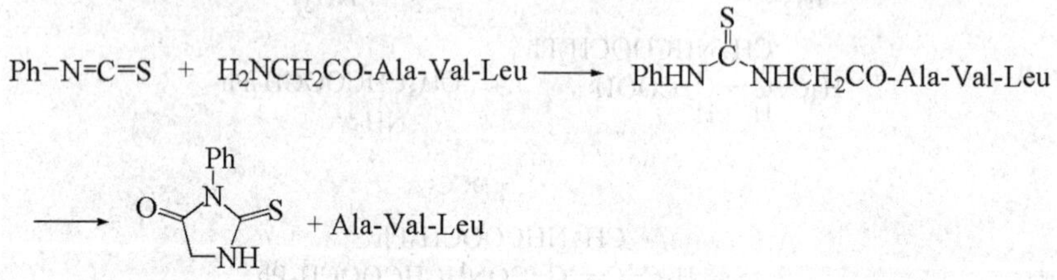

21.19 因 PhC(=O)NHCH$_2$COOH 之中苯甲酰胺键水解时,其条件和肽键水解条件基本相同,所以在除去苯甲酰基时肽键也要断裂。

保护氨基常用苄氧羰基(PhCH$_2$OCO—)、三氟乙酰基(CF$_3$CO—)、叔丁氧羰基[(CH$_3$)$_3$COCO—]、对甲苯磺酰基。

21.20

(1) Ala-Gly-Gly-Phe-Leu-Ala-Trp-Ile-Met-Ala
   Ala-Gly-Gly-Phe-Leu-Ala-Trp-Met-Ile-Ala
   Ala-Gly-Gly-Phe-Ala-Leu-Trp-Ile-Met-Ala
   Ala-Gly-Gly-Phe-Ala-Leu-Trp-Met-Ile-Ala

(2) Sanger 法,采用 2,4-二硝基氟苯。

21.21 Leu·Phe
　　　　Phe·Pro
　　　Phe·Pro·Val
　　　　　　Val·Gmp
　　　　　　　　Gmp·Leu
　　　　　　Val·Gmp·Leu
　　　Pro·Val·Gmp

　　Leu·Phe·Pro·Val·Gmp·Leu

从其结构可知，Phe、Pro、Val 和 Gmp 仍值得考虑，其次序必为 Phe·Pro·Val·Gme，鸟氨酸（Gmp）C 端与亮氨酸（Leu）N 端结合以完成环。

```
  ┌ Leu·Phe·Pro·Val·Gmp ┐
  └ Gmp·Val·Pro·Phe·Leu ┘   短杆菌肽 S
```

21.22
（1）

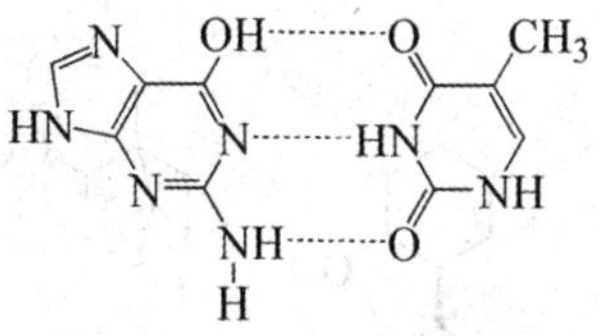

鸟嘌呤　　胸腺嘧啶

（2）胸腺嘧啶将同腺嘌呤配对，这样腺嘌呤将被导入应当出现鸟嘌呤的互补链中。

第二十二章 脂肪、萜、甾族化合物

一、复习要点

1. 脂肪的定义、生物合成与降解。
2. 萜类化合物的组成和分离。

（1）萜类（Terpenens）化合物的共同特点是分子中的碳原子都是 5 的整数倍。它的分子骨架是以异戊二烯（$CH_2=CH-C=CH_2$，其中C上连CH_3）为单位，主要以首尾相连组成的。

（2）萜类化合物分类。

几种常见的萜类化合物如下：

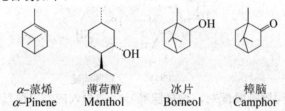

α-蒎烯　　薄荷醇　　冰片　　樟脑
α-Pinene　Menthol　Borneol　Camphor

3. 甾族化合物基本骨架及构象。

甾体化合物可看做是氢化程度不同的环戊基并菲及其衍生物，通常含有 3 个支链。"甾"是这个结构的形象表达。

表示甾族化合物的构型时，是以 A、B 环之间的角甲基为标准，把它安排在环系平面的上面，其他的原子团分别与之比较，与其同侧的原子或原子团用 β 表示，在异侧的用 α 表示。胆甾烷及其异构体粪甾烷的构型和构象如下：

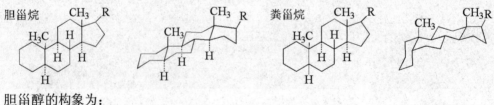

胆甾醇的构象为：

3β-胆甾醇，$R = \underset{20}{HC}-\underset{22}{CH_2}\underset{23}{CH_2}\underset{24}{CH_3}$，$\overset{21}{CH_3}$

二、例题

例 1　画出下列化合物的异戊二烯单位，并指出它是什么萜。

(1) 蒈烷　(2) 雪松醇　(3) 山道年　(4) 松香酸

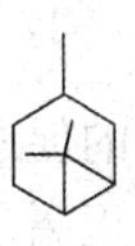

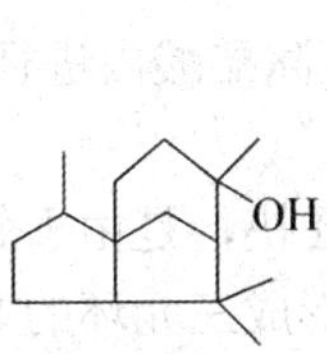

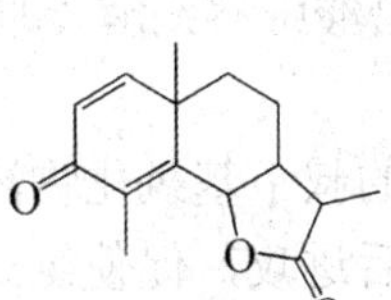

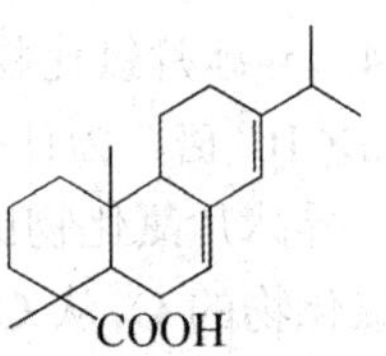

解

(1) 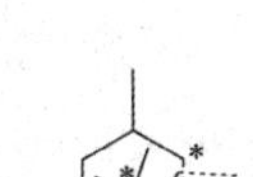 单萜　(2) 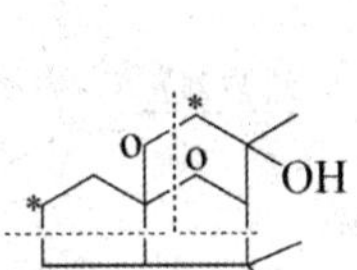 倍半萜　(3) 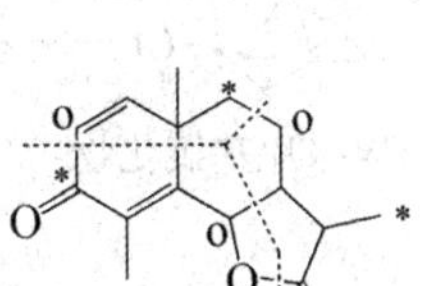 *表示头 o表示尾 倍半萜　(4) 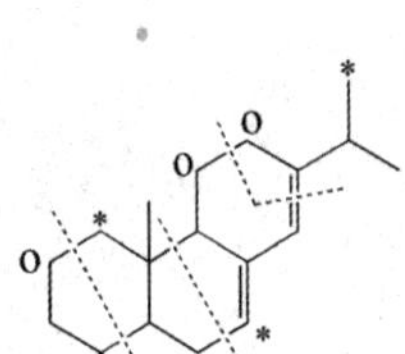 双萜（有一个结构为尾-尾相连）

例2 薄荷醇、冰片、樟脑有多少个手性碳原子，它们各有多少立体异构？请画出它们各种异构体中天然产物的构型及薄荷醇的稳定构象。

解

薄荷醇 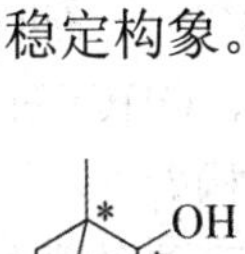　冰片 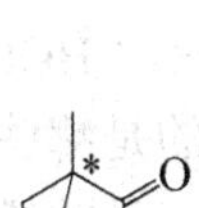　樟脑

其天然产物的构型为：

稳定构象

薄荷醇有 3 个不同的手性碳，应有 $2^3=8$ 个立体异构体；樟脑有 2 个不同的手性碳，应有 $2^2=4$ 个立体异构体，实际上由于桥环的限制，它只有一对对映体；冰片有 3 个不同的手性碳原子，应有 $2^3=8$ 个立体异构体，实际只有两对对映体（原因与樟脑相同）。

例3 写出下列反应的中间体和最后产物。

(1) 冰片 $\xrightarrow[-H_2O]{H^+}$ 重排 $\xrightarrow{H_2O}$ 水合莰醇 $\xrightarrow{-H_2O}$ 莰烯　(2) 柠檬醛 $\xrightarrow[NaOEt]{CH_3COCH_3}$? $\xrightarrow{H_2SO_4}$?

解

(1)

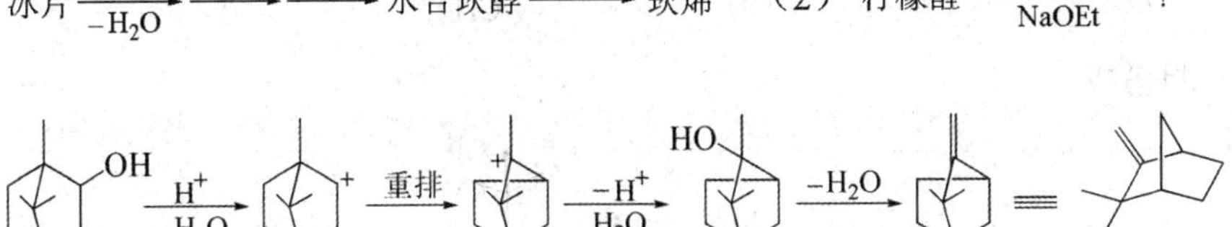

(2)

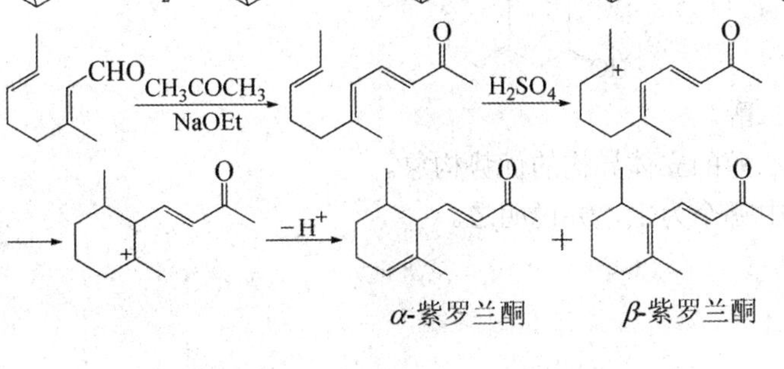

α-紫罗兰酮　β-紫罗兰酮

例 4 异冰片氯化物在冰醋酸中溶剂解（即在大量冰醋酸内进行取代反应），速度是叔丁基氯的 6×10^3 倍，为什么？

解 异冰片氯化物比 3° 的叔丁基氯化物溶剂解还快，是由于邻近基团的促进作用。异冰片基氯化物的 C_6 从 C_2 的背后进攻，促使氯离去，形成三元环的非经典碳正离子，然后醋酸分子从 2 位和 1 位进攻环，形成取代产物，邻基σ键的参与促进了溶剂解。

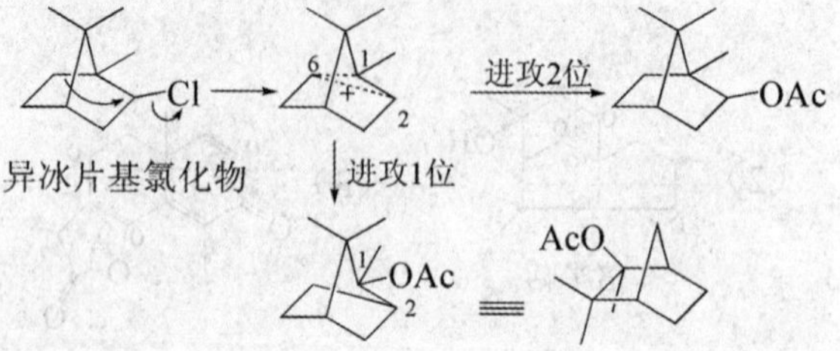

但叔丁基氯化物没有邻近基团的促进作用，所以溶剂解较异冰片基氯化物慢。

$$(CH_3)_3CCl \longrightarrow (CH_3)_3C^+ + Cl^- \xrightarrow{AcOH} (CH_3)_3COAc$$

例 5 从月桂油中可分离出一种萜烯——香叶烯（$C_{10}H_{16}$），它吸收 3 mol 氢生成 $C_{10}H_{22}$，臭氧分解时，产生 CH_3COCH_3、$HCHO$、$OHCCH_2CH_2COCHO$。

（1）与这些事实相符合的是哪些结构？

（2）根据异戊二烯规则，香叶烯最可能的结构是什么？

（3）二氢香叶烯是从香叶烯得来，它吸收 1mol 氢形成 $C_{10}H_{18}$，用 $KMnO_4$ 氧化二氢香叶烯则产生 CH_3COCH_3、CH_3COOH、$CH_3COCH_2CH_2COOH$。二氢香叶烯最可能的结构是什么？它是怎样由香叶烯转变得到的？

解 香叶烯中含 10 个碳原子，但臭氧分解产物只有 3 种，共 9 个碳原子，这说明产物中应有两分子甲醛，香叶烯可能的 3 种结构为：

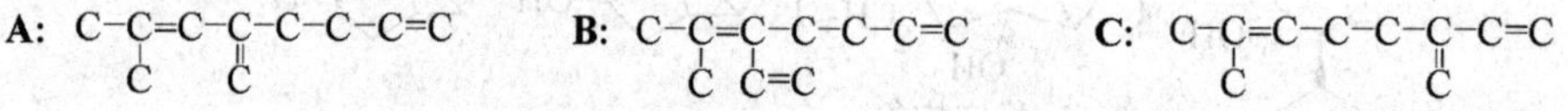

A: C-C=C-C-C-C=C
      | ||
      C   C

B: C-C-C-C=C-C
     | |
     C C=C

C: C=C-C-C-C=C-C
         | |
         C   C

（2）根据异戊二烯法则，香叶烯的结构应该是 **C**：

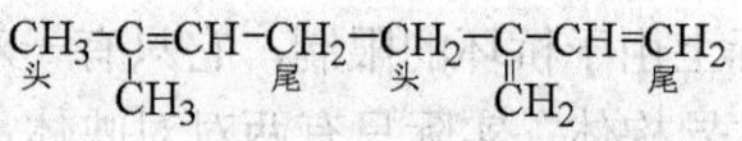

$$CH_3-C=CH-CH_2-CH_2-C-CH=CH_2$$
$$\quad\quad\;\;|\text{头}\quad\quad\quad\text{尾}\;\;|\text{头}\quad\quad\text{尾}$$
$$\quad\quad CH_3\quad\quad\quad\quad\;\;CH_2$$

（3）二氢香叶烯的结构为：

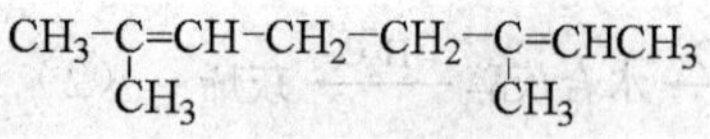

$$CH_3-C=CH-CH_2-CH_2-C=CHCH_3$$
$$\quad\quad\;|\quad\quad\quad\quad\quad\quad\quad|$$
$$\quad\quad CH_3\quad\quad\quad\quad\quad CH_3$$

例 6 胆甾醇

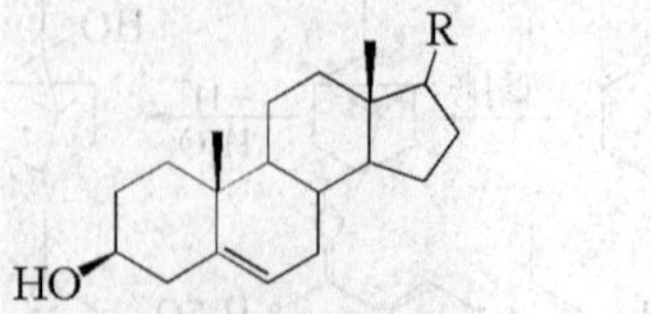

通过硼氢化氧化得到 2 个二醇。

（1）分别写出这两个二醇的立体异构的优势构象。

（2）指出两个异构体中哪个为主，并说明之。

解 （1）

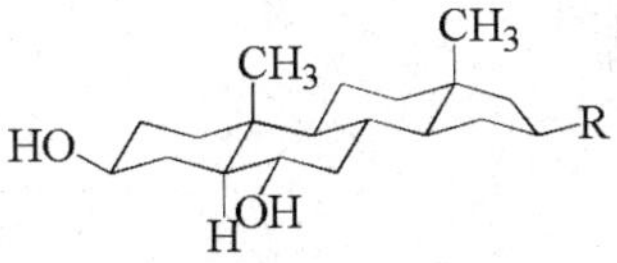

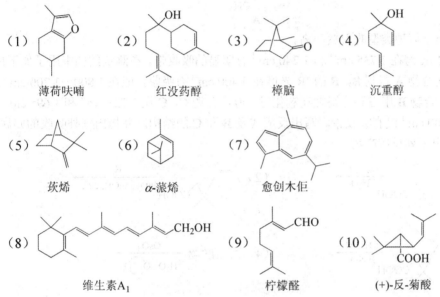

胆甾烷-3β,6α-二醇 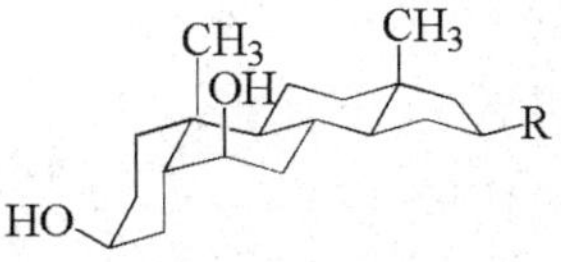   粪甾烷-3β,6β-二醇

（2）胆甾烷-3β,6α-二醇为主要产物。由于 10 位角甲基的影响，硼氢化从下面进攻比从上面进攻空间为主小。

三、习题

22.1 画出下列萜类化合物的异戊二烯单位，并指出它们是什么萜。

（1）薄荷呋喃　（2）红没药醇　（3）樟脑　（4）沉重醇

（5）莰烯　（6）α-蒎烯　（7）愈创木佳

（8）维生素 A_1　（9）柠檬醛　（10）(+)-反-菊酸

22.2 （1）写出牻牛儿醇的几何异构体橙花醇的构型式。牻牛儿醇和橙花醇都存在于自然界中，牻牛儿醇存在更广泛，它可转变为橙花醇，写出牻牛儿醇在酸催化下转变为橙花醇的历程。

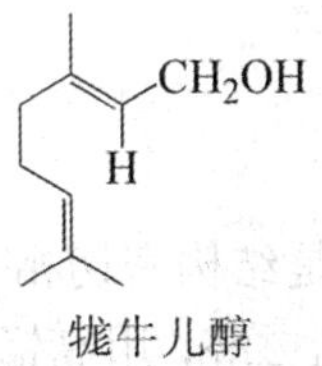

牻牛儿醇

（2）这两个醇在酸催化下都可转变为α-萜品醇和萜品，其中橙花醇转变速度快，写出从橙花醇转变为α-萜品醇和萜品的历程。

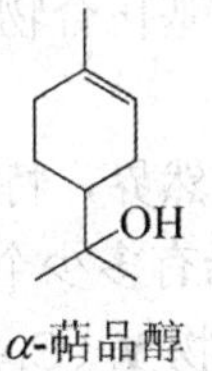

α-萜品醇 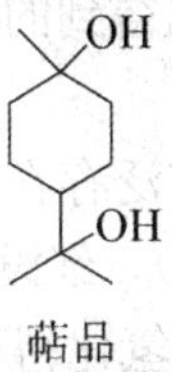 萜品

（3）橙花醇在酸作用下可转变为沉重醇，写出其反应历程。

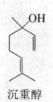
沉重醇

22.3 异戊二烯进行 Diels-Alder 反应,可得到一个外消旋的天然的萜,写出此反应产物。

22.4 植物保护剂 **A**(Shiromodiol diacetate)是一种杀虫剂,它的结构已被确定:

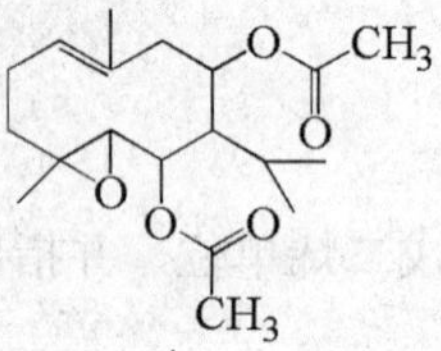

A

(1)**A** 属于何种类型的天然产物。

(2)**A** 的 IR 谱在 1 735 cm^{-1} 和 1 240 cm^{-1} 有明显的吸收带。在测定结构中用了如下反应:用稀碱水解化合物 **A** 得到 **B**,**B** 的 IR 光谱在 3 400 cm^{-1} 有吸收,但在 1 800~1 700 cm^{-1} 之间无吸收。当化合物 **B** 用三氧化铬吡啶氧化时,得化合物 **C**,**C** 在 1 720 cm^{-1} 和 1 695 cm^{-1} 有吸收,但在 3 400 cm^{-1} 没有吸收带。写出反应式及 **B** 和 **C** 的结构,并指出红外吸收的归属。

22.5 写出下列反应产物。

(1) 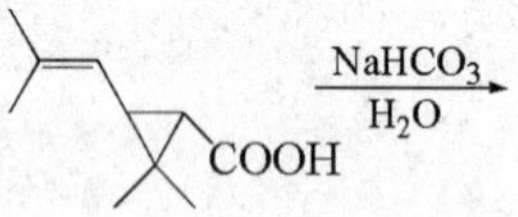 ... $\xrightarrow{\text{NaHCO}_3}{\text{H}_2\text{O}}$

(2) ... $\xrightarrow{\text{H}_2}{\text{PtO}_2, \text{AcOH}, 20\ ℃}$

(3) ... $\xrightarrow{\text{CH}_3\text{OH}}{\text{H}_2\text{SO}_4}$

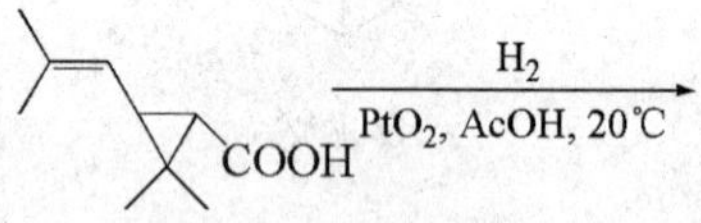

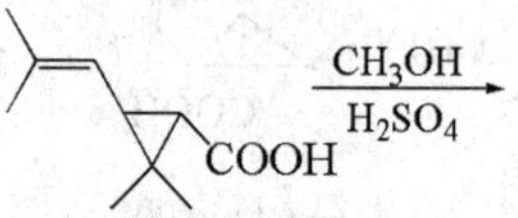

(4)(3)的产物 $\xrightarrow{\text{OsO}_4}{\text{H}_2\text{O}/\text{二氧六环}}$

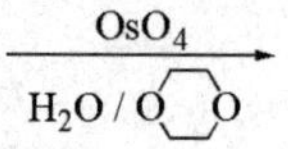

(5)(3)的产物 $\xrightarrow{\text{O}_3}{} \xrightarrow{\text{Zn}}{\text{H}_2\text{O}}$

(6) ... $\xrightarrow{\text{间-Cl-C}_6\text{H}_4\text{CO}_3\text{H}}{}$

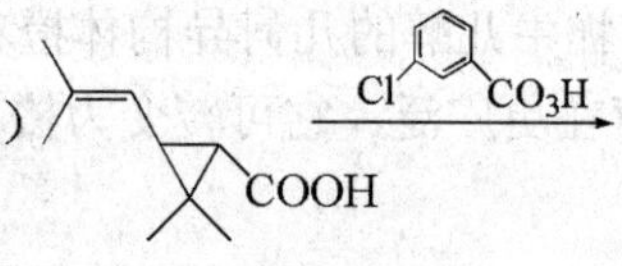

(7)(6)的产物 $\xrightarrow{\text{CH}_3\text{NHCH}_3}{\text{H}_2\text{O}/\triangle}$

22.6 柠檬醛 **A** 和 **B**($C_{10}H_{16}O$)是结构密切相关的萜醛,它们都从柠檬草油中分离。**A** 和 **B** 氧化都得到丙酮、4-羰基戊醛和乙二醛,用高锰酸钾分别处理 **A** 和 **B** 都得到一个多羟基化合物,用三氧化铬进一步氧化得丙酮、4-羰基戊酸和草酸。

(1)写出柠檬醛的可能结构,哪一个是正确的?两个醛有什么区别?

(2)写出柠檬醛被高锰酸钾氧化得到的多羟基化合物的结构,确定多羟基化合物断裂的方式。

22.7(1)红没药烯($C_{15}H_{24}$)广泛存在于自然界,特别是没药树和香柠檬油中,在乙酸中由铂催化氢化得化合物 **X**($C_{15}H_{30}$)。红没药烯有多少个不饱和单位?有几个环?

(2)红没药烯在环己烷中不完全氢化得化合物 **Y**($C_{15}H_{28}$),**Y** 臭氧化得 6-甲基-2-庚酮和 4-甲基环己酮,化合物 **Y** 的结构是什么?

（3）红没药烯自身臭氧化得丙酮和 4-羰基戊酸，以及其他氧化产物，根据以上实验，写出红没药烯的结构，其中哪一点结构还不能确定？

（4）由橙花叔醇在酸催化下环化可得红没药烯及其他的醇（红没药醇）的衍生物，结合上面结论推出红没药烯的结构。

橙花叔醇

（5）写出红没药醇的结构。

（6）红没药烯很容易与 HCl 反应得化合物 **Z**（$C_{15}H_{27}Cl_3$），写出 **Z** 的结构。

22.8 莰醇（ 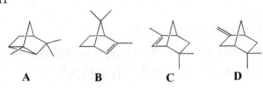 ）脱水后生成了 4 种异构体 **A、B、C、D**，试写出合理的重排历程。

A　　**B**　　**C**　　**D**

22.9 阿托品（ 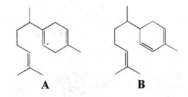 ）水解得托品和（±）托品酸：

（1）它们的结构式是什么？
（2）托品有手性碳原子，但却没有手性，为什么？
（3）ψ-托品是托品的立体异构，它们为什么异构？

22.10（1）两个倍半萜姜烯和 β-姜黄烯可用 UV 光谱鉴别，一个在 λ_{max} 260 nm 有吸收，另一个没有。两个萜的结构如下，指出哪个是姜烯，哪个是 β-姜黄烯。

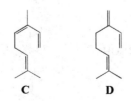

A　　**B**

（2）化合物 **C** 和 **D** 的紫外吸收分别为 $\lambda_{max}=225$ nm 和 $\lambda_{max}=237$ nm，指出其归属。

C　　**D**

22.11 角鲨烯通过一系列反应合成胆甾醇：

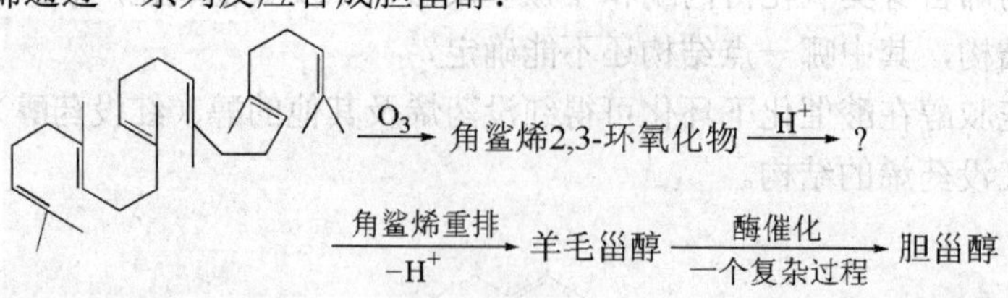

$$\text{角鲨烯} \xrightarrow{O_3} \text{角鲨烯2,3-环氧化物} \xrightarrow{H^+} ?$$

$$\xrightarrow[-H^+]{\text{角鲨烯重排}} \text{羊毛甾醇} \xrightarrow[\text{一个复杂过程}]{\text{酶催化}} \text{胆甾醇}$$

（1）画出角鲨烯的异戊二烯单位。根据异戊二烯法则，发现其中有一差错，它在什么地方？

（2）写出上述反应中间体的结构式。

22.12 胆酸是存在于人体胆石中的甾体化合物，它的一个衍生物结构如下图所示：

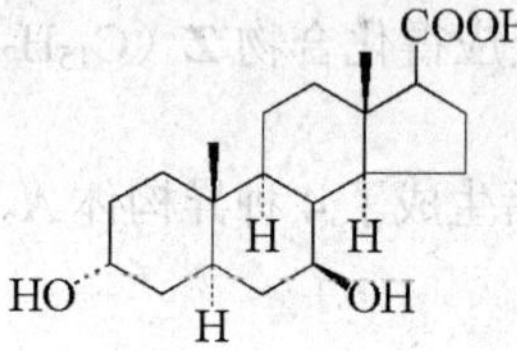

（1）画出胆酸这个衍生物的最稳定的构象。

（2）环碳原子上连的—OH 基团的位置对差向异构体的稳定性有什么影响？

（3）如果 C* 的构型没有确定，它有多少立体异构体？

（4）如果用一分子 RCOOH 与之进行酯化，在哪个羟基上发生反应，为什么？

22.13 胆甾醇通过硼氢化－氧化起顺式水合反应后转变为胆甾烷-3β-,6α-二醇，在顺式水合反应中能形成什么立体异构产物？实际上这个反应能得到 78% 的胆甾烷-3β-,6α-二醇，只有少量的立体异构体，这个立体专一性反应与什么特殊因素有关？

四、习题参考答案

22.1

(1) 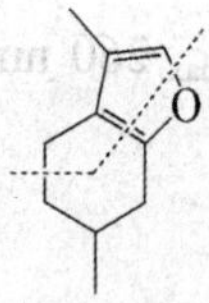 单萜 或 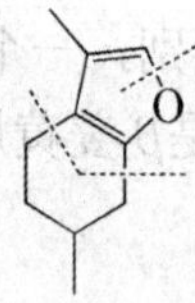 单萜

(2) 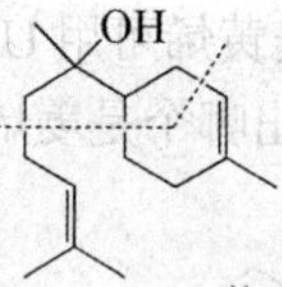 倍半萜 或 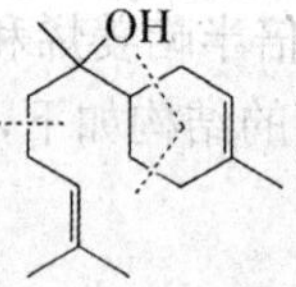 倍半萜

(3) 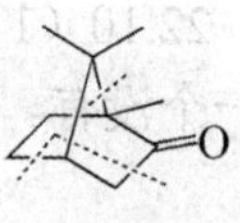 单萜

(4) 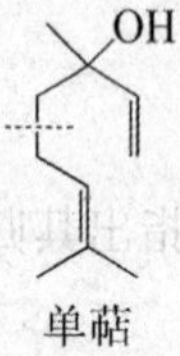 单萜

(5) 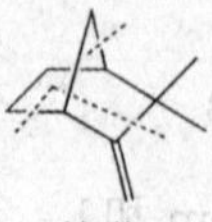 单萜

(6) 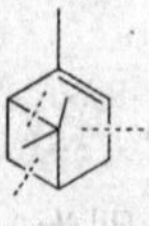 单萜

(7) 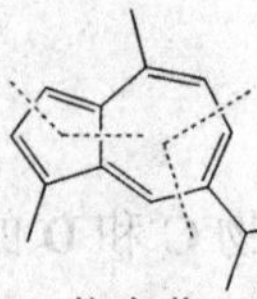 倍半萜

(8) 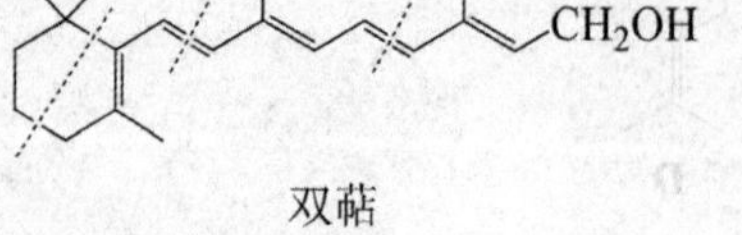 双萜

(9) 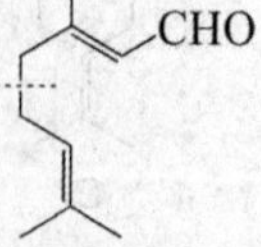 单萜

(10) 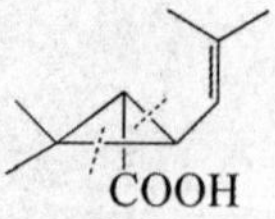 单萜

22.2

(1) 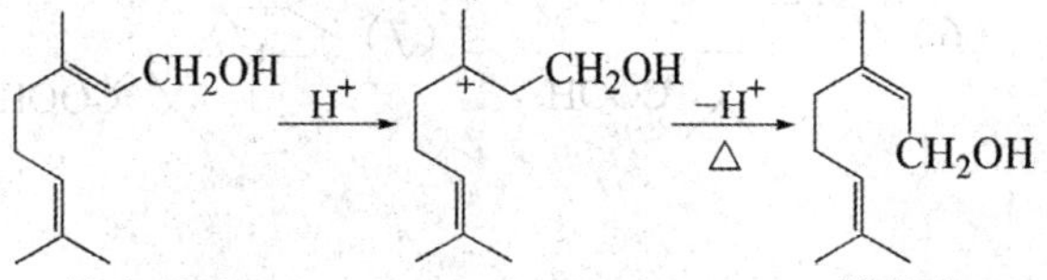 牻牛儿醇 $\xrightarrow{H^+}$ [碳正离子中间体] $\xrightarrow[\Delta]{-H^+}$ 橙花醇（反式烯更稳定）

(2) 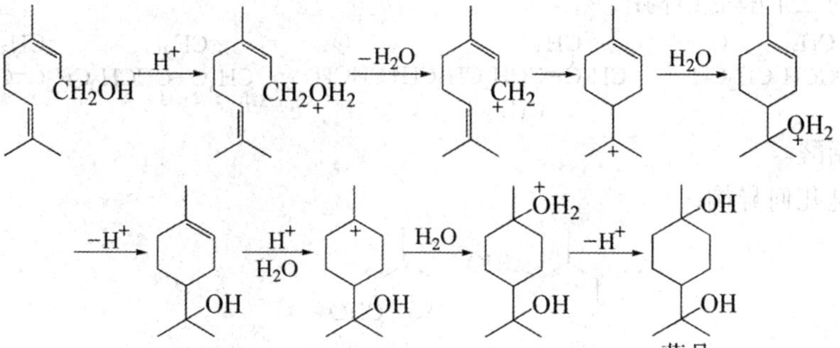 [一系列反应机理图示，经由碳正离子中间体、环化，生成 α-萜品醇和萜品]

(3) 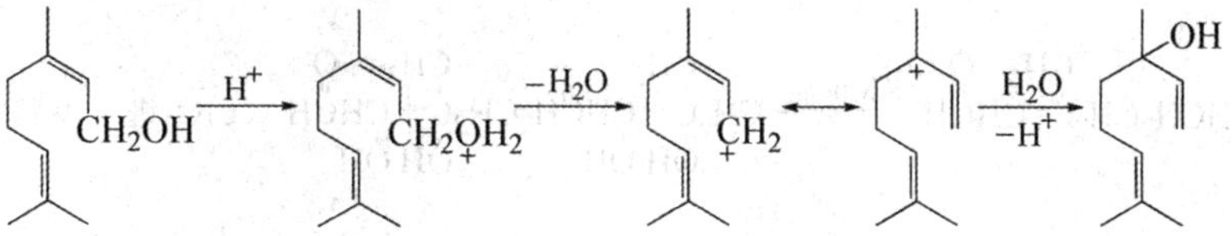 [生成叔醇的反应机理图示]

22.3

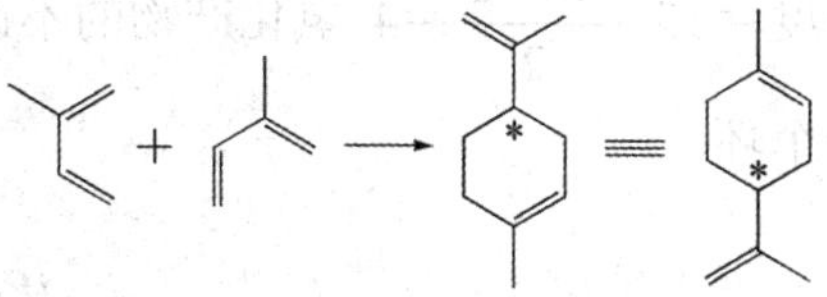

异戊二烯 + 异戊二烯 → 苧烯（外消旋）

22.4

(1) **A** 是倍半萜，它有三个首尾相连的异戊二烯单位。

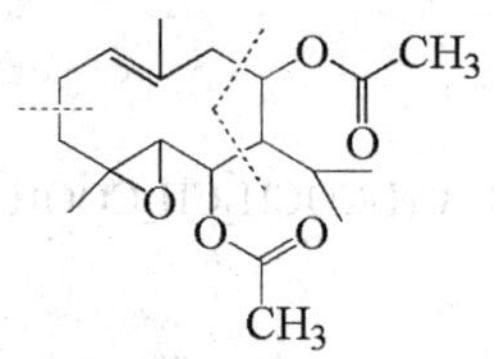

[结构式：含环氧和两个乙酸酯基团的大环结构]

(2)

A $\xrightarrow[H_2O]{OH^-}$ B $\xrightarrow{CrO_3 / Pyridine}$ C

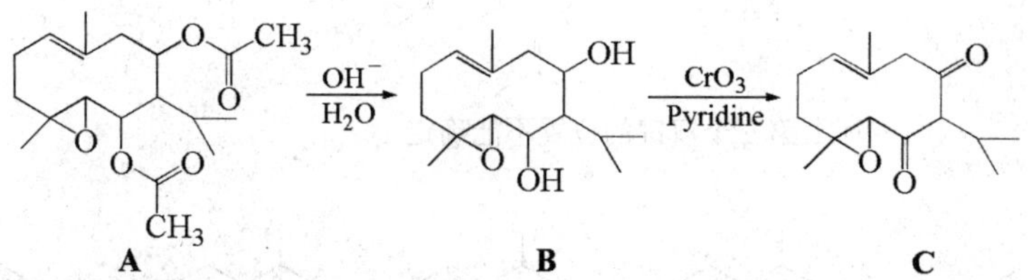

- **A**: 酯的 C=O 1 735 cm^{-1}；C—O 1 240 cm^{-1}
- **B**: O—H 3 400 cm^{-1}
- **C**: C=O 1 720 cm^{-1}，1 695 cm^{-1}

22.5

(1) 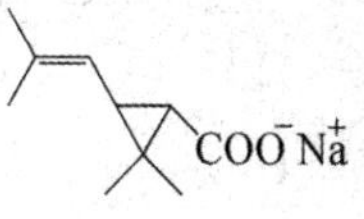 [结构：环丙烷羧酸钠，带异丁烯基取代] COO$^-$Na$^+$

(2) [结构：环丙烷羧酸，带异丁基取代] COOH

(3) [结构：环丙烷羧酸甲酯，带异丁烯基取代] COOCH$_3$

(4) [结构：环丙烷羧酸甲酯，带二醇取代] HOHO—...—COOCH$_3$

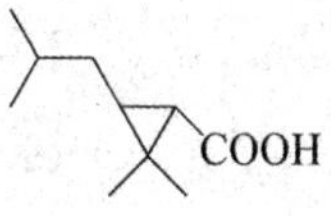

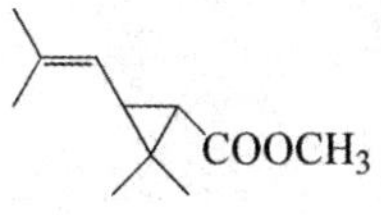

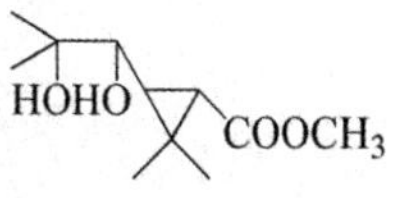

(5)

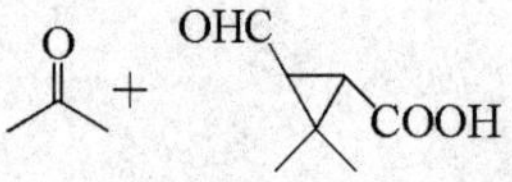

结构式: (CH₃)₂C=O + OHC-环丙烷(CH₃)₂-COOH

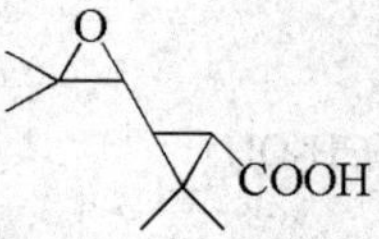

(6) 环氧-(CH₃)₂-环丙烷-COOH

(7) HO-C(CH₃)-N(CH₃)-环丙烷-COOH

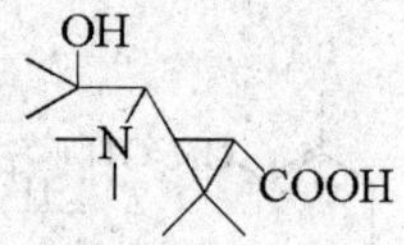

22.6

$$C_{10}H_{16}O \xrightarrow[2)\ Zn/H_2O]{1)\ O_3} CH_3COCH_3 + CH_3COCH_2CH_2CHO + OHCCHO$$

由产物推出的三个醛的结构：

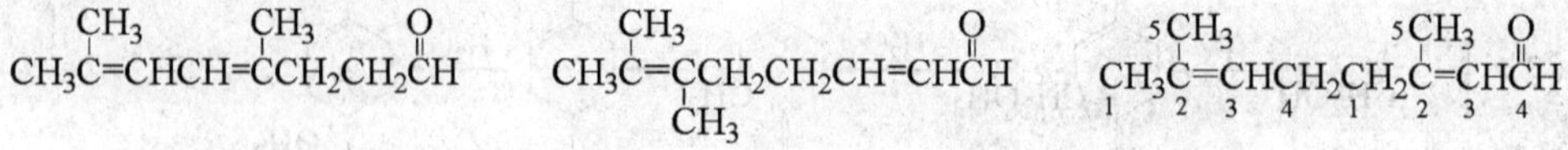

$CH_3C(CH_3)=CHCH=CHCH_2CH_2CHO$ $CH_3C(CH_3)=CHCH_2CH_2C(CH_3)=CHCHO$ $\overset{5}{C}H_3\overset{}{C}(CH_3)=\overset{}{C}HCH_2\overset{4}{C}(CH_3)=\overset{3}{C}H\overset{2}{C}HO$ (标号 1 2 3 4)

第三个醛为萜醛。

两个柠檬醛是几何异构：

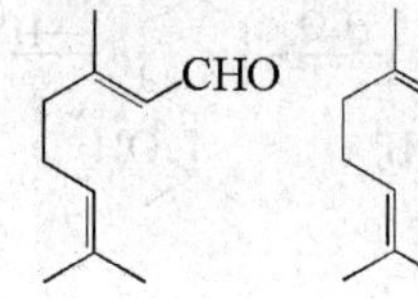

[两个柠檬醛几何异构结构式：CHO 基与甲基分别处于 E/Z 构型]

(2) $CH_3C(CH_3)=CHCH_2CH_2C(CH_3)=CHCHO \xrightarrow{KMnO_4} CH_3\underset{OH}{C}(CH_3)\underset{OH}{-}CHCH_2CH_2\underset{OH}{C}(CH_3)\underset{OH}{-}CHCHO$ （CrO_3进一步氧化发生断裂）

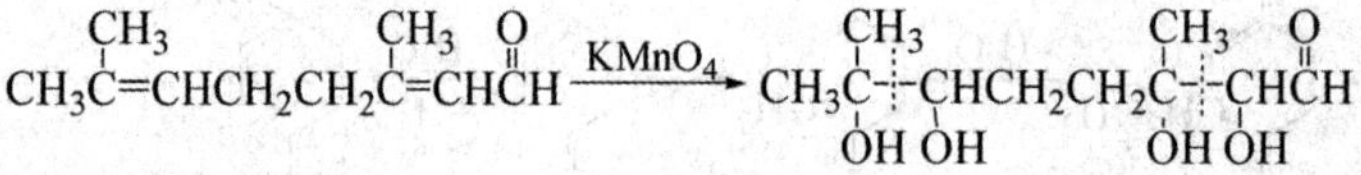

22.7

(1) 红没药烯的不饱和度 $=15-\dfrac{24-2}{2}=4$ 氢化产物的不饱和度 $=15-\dfrac{30-2}{2}=1$

红没药烯有三个重键一个环。

(2) 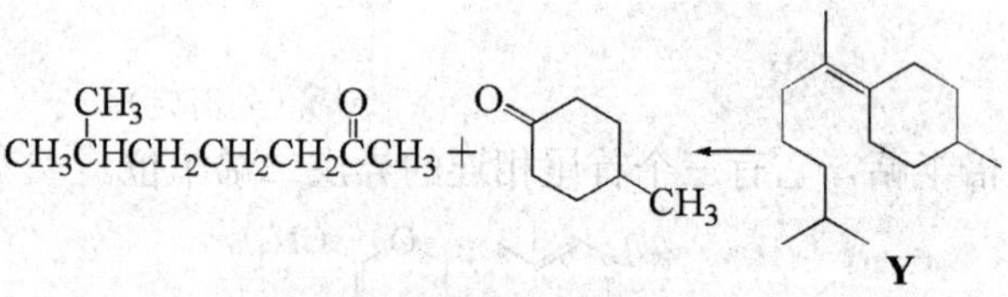 $CH_3CH(CH_3)CH_2CH_2CH_2COCH_3$ + 4-甲基环己酮 ← Y (含环己烯结构的红没药烯)

(3) $CH_3COCH_3 + CH_3COCH_2CH_2COOH$ + 其他断裂产物

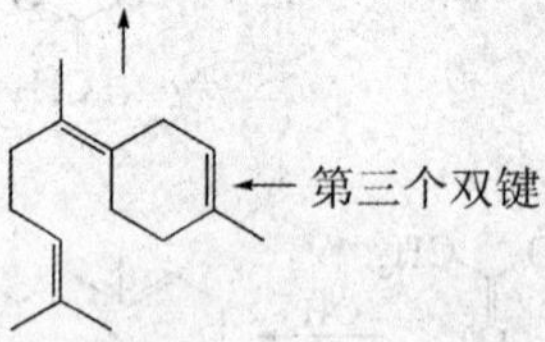

↑

[环己烯结构，标注"第三个双键"]

环上第三个双键的位置不能确定

(4)

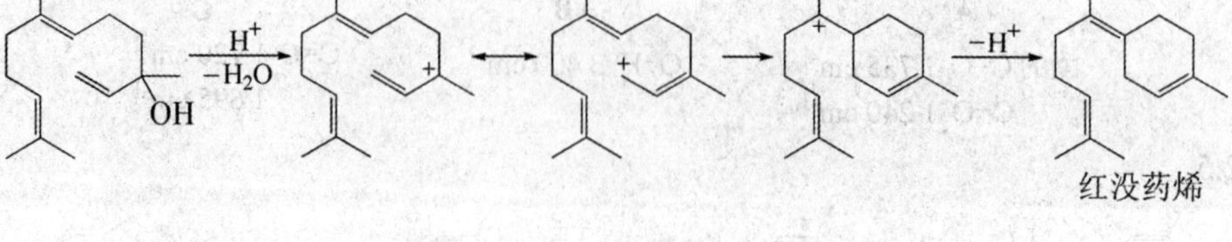

[反应机理示意图: 含 OH 的开链结构 $\xrightarrow[-H_2O]{H^+}$ 碳正离子 ↔ 碳正离子 → 环化碳正离子 $\xrightarrow{-H^+}$ 红没药烯]

(5)

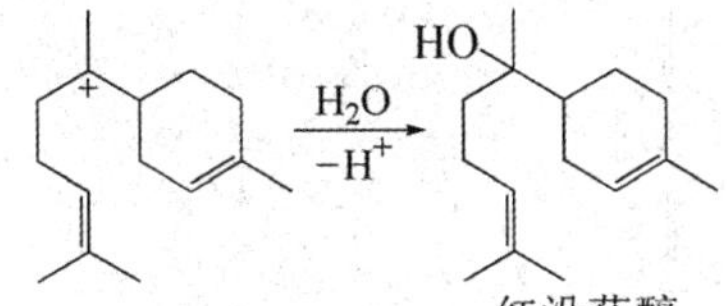

红没药醇

(6)

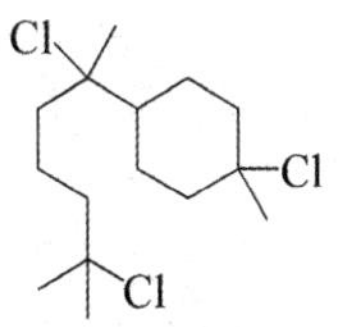

Z

22.8

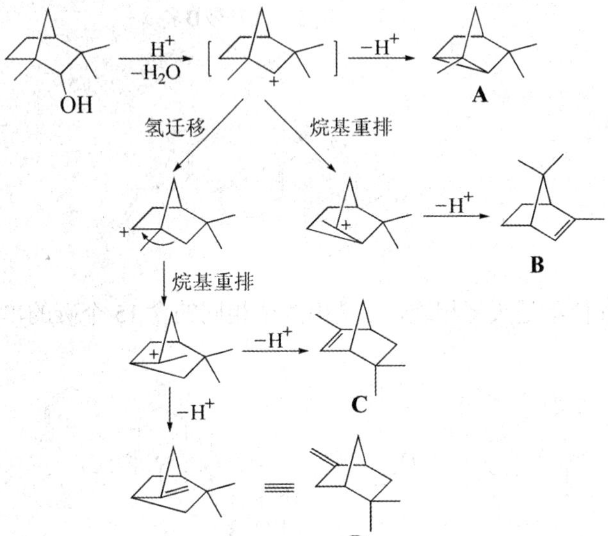

氢迁移 烷基重排

A

B

烷基重排

C

D

22.9

(1)

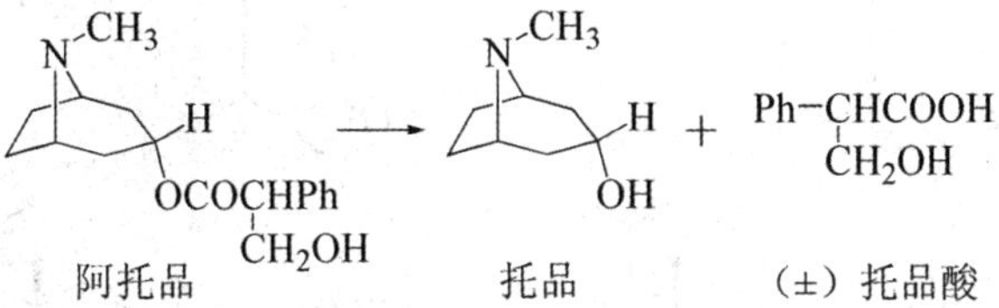

阿托品   托品   (±)托品酸

(2) 托品虽然有手性碳原子，但它有对称面，所以分子无手性。

(3)

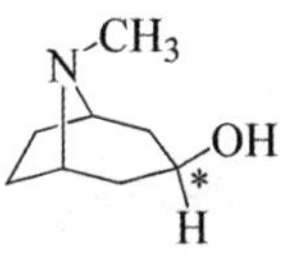

ψ-托品，与托品互为几何异构

22.10 (1)

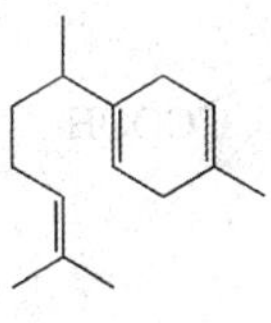

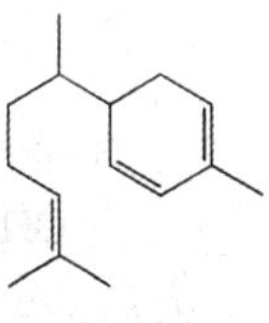

分离双键，无紫外吸收
A为姜烯

共轭双键，有紫外吸收
B为β-姜黄烯

(2)

C $\lambda_{max}=237$ nm **D** $\lambda_{max}=225$ nm

C共轭双烯取代基较**D**多

22.11
(1)

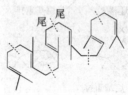

角鲨烯的中心部位不是头尾相连，而是由两个相同的含15个碳的单位尾与尾相连而成的。

(2)

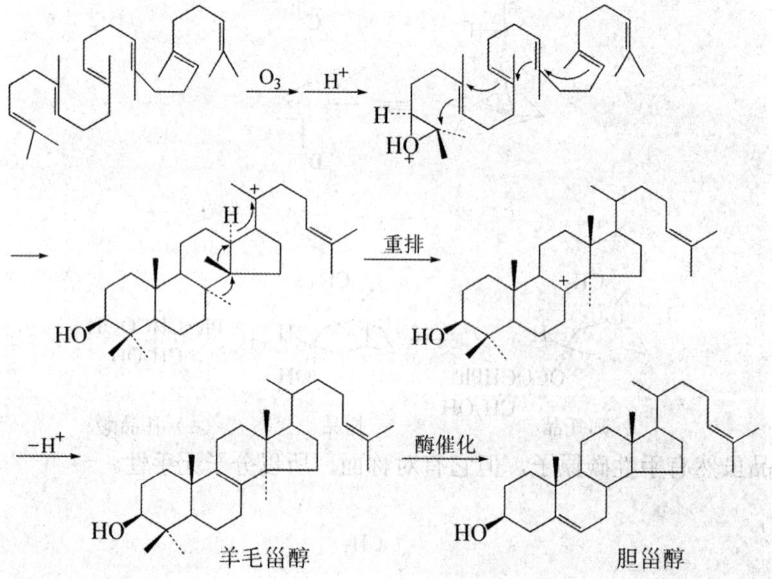

22.12
(1)

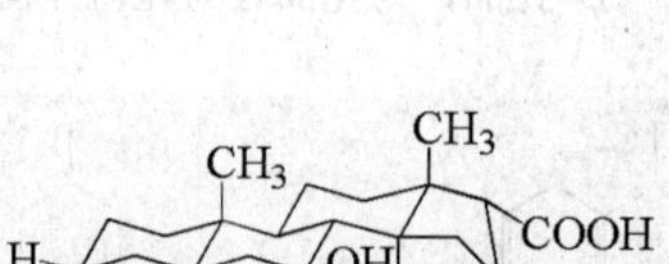

(2) —OH 在 e 键比在 a 键的差向异构体稳定。

(3) 手性碳原子个数为9，应该有 $2^9=512$ 个立体异构体。

（4）从化合物最稳定的构象可以看到，C_3 上的 —OH 在 a 键，C_7 上的 —OH 在 e 键，酯化反应时，在 C_7 上的 —OH 上进行。

22.13 顺式水合有两种方式，一种是试剂从"下面"进攻，水合生成胆甾烷-3β，6α-二醇；另一种是从"上面"进攻，水合生成立体异构体粪甾烷-3β，6β-二醇。从"下面"进攻比从"上面"进攻的空间位阻小，因为在 C_{10} 上，—CH_3 是面上的，因此试剂从下面进攻形成的产物占优势。

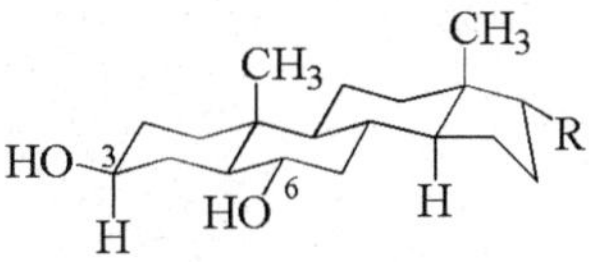

胆甾烷-3β，6α-二醇占很大优势

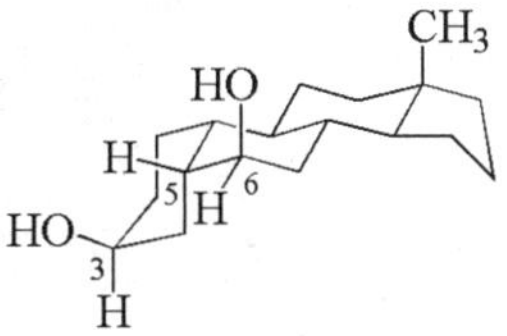

粪甾烷-3β，6β-二醇